广东科学技术学术专著项目资金资助出版

安 全 风 险 物 质
高通量质谱检测技术

HIGH-THROUGHPUT MASS SPECTROMETRY
ANALYTICAL TECHNIQUES FOR SECURITY RISK SUBSTANCES

吴惠勤 等 著

华南理工大学出版社
SOUTH CHINA UNIVERSITY OF TECHNOLOGY PRESS
·广州·

图书在版编目(CIP)数据

安全风险物质高通量质谱检测技术/吴惠勤等著. —广州：华南理工大学出版社，2019.2
ISBN 978 – 7 – 5623 – 5664 – 6

Ⅰ.①安…　Ⅱ.①吴…　Ⅲ.①分析化学 – 质谱法　Ⅳ.①O657.63

中国版本图书馆 CIP 数据核字(2018)第 118448 号

安全风险物质高通量质谱检测技术

吴惠勤 等　著

出　版　人：卢家明
出版发行：华南理工大学出版社
　　　　　（广州五山华南理工大学 17 号楼，邮编 510640）
　　　　　http：//www.scutpress.com.cn　E-mail：scutc13@ scut.edu.cn
　　　　　营销部电话：020 – 87113487　87111048（传真）
策划编辑：詹志青
责任编辑：袁　泽　王荷英　詹志青
印　刷　者：广州市新怡印务有限公司
开　　本：787mm×1092mm　1/16　印张：31.25　字数：966 千
版　　次：2019 年 2 月第 1 版　2019 年 2 月第 1 次印刷
定　　价：138.00 元

《安全风险物质高通量质谱检测技术》

编委会

吴惠勤　黄晓兰　罗辉泰

黄　芳　林晓珊　朱志鑫

张春华　侯思润　王玉芹

序

　　食品、药品、保健品、化妆品与人们日常生活息息相关。在这些产品的生产过程中，有可能引入各种安全风险物质，对消费者的健康造成危害。当前各国及国际组织已制定了相关的检测标准加强监管，但利益驱动下的非法添加行为仍时有发生，导致安全风险物质多样化及不确定性增加，逐渐成为公众普遍关注的问题，亟须建立一系列精确、快速的鉴别方法。

　　安全风险物质监管的难点在于，风险物质的种类繁多且不断增加，而同时检测标准滞后或检测方法缺乏。吴惠勤带领的研究团队，在有毒有害物质的分析鉴定和安全检测技术方面，进行了20年的系统研究，发现了新的风险物质，建立了一系列的高通量质谱筛查新方法，涵盖了法规内外的各类安全风险物质，适用于食品、药品、保健品和化妆品等产品中风险物质的快速检测。新方法可同时测定多类多种成分，解决了原方法时间长、成本高、易漏检和方法缺失的问题，已应用于政府部门的监管和检测机构的工作中，为保障食品、药品、保健品和化妆品的安全提供了有力的技术支撑。

　　本书是吴惠勤团队多年来在安全风险物质检测技术研究方面所取得的成果的汇总。书中重点介绍了作者团队在食品、药品、保健品和化妆品质量安全领域研究建立的高通量质谱检测新方法。新方法检测对象覆盖了530多种对人体有害的安全风险物质，其中包括新发现的130多种风险物质，食品中13类200多种药物及风险物质，保健食品中5类100多种非法添加的化学药物，化妆品中非法添加的4类115种激素，以及中药凉茶中非法添加的感冒类西药、抗痛风和抗风湿类中成药中非法添加的西药成分、中药中非法添加的合成色素等。书中还介绍了这些新方法筛查各类安全风险物质的实际应用案例。

　　本书还介绍了安全风险物质检测中常用的样品前处理技术、质谱检测技术原理和仪器设备，介绍了气相色谱－质谱联用、液相色谱－质谱联用、电感耦合等离子体质谱技术及其应用；同时，也介绍了各类安全风险物质的功效与用途、毒理作用与危害、化合物结构、理化性质、质谱数据库，国家相关部门发布的标准检测方法，以及当前的文献方法，为读者提供了系统而全面的参考。

本书介绍的检测方法技术先进、灵敏度高、简便快速、实用性强，对从事食品、药品、保健品和化妆品等领域的分析检测技术研究与服务的科研工作者、检验检测技术人员以及高等院校相关专业的教师学者，都具有非常高的参考价值。

中国工程院院士

2018 年 5 月 28 日

前　言

　　安全风险物质是指对人体健康有危害或潜在危害作用的物质。在食品、药品、保健品和化妆品（以下简称"食药保化"）等产品中存在的安全风险物质问题，长期以来受到社会各界的关注。我国政府一直高度重视食药保化产品的安全问题，相关部门不断制定各种标准和法规用于监管。然而，不法生产商受利益驱使，在食药保化产品中非法添加安全风险物质以提高产品功效的现象屡禁不止；更有法规和标准检测方法以外的安全风险物质被添加到产品中，以逃避监管。消费者在不知情的情况下使用，对人体健康造成严重危害。由此引发的安全事故频繁发生，且涉及领域广泛，引起社会的高度关注。

　　作者团队对食药保化中非法添加的安全风险物质检测技术经过 20 年的持续研究，建立了一系列高通量质谱检测新方法，可以一次同时检测多类别多品种的安全风险物质，所涉及的安全风险物质种类齐全、适用范围广、灵敏度高、可靠性强，为保障食药保化产品的安全提供了技术支撑。本书汇集了这些高通量质谱检测的新技术、新方法及其应用。

　　本书分为基础篇和分析篇两大部分共 7 章。第一部分包括第 1、2、3 章，主要介绍基本概念和基本原理。第 1 章简要概述了安全风险物质在食品、药品、保健食品和化妆品中非法添加的现状，以及安全风险物质检测技术；第 2 章介绍了常用的样品前处理技术，包括液液萃取、液固萃取、固相萃取、固相微萃取、QuEChERS 净化、基质固相分散萃取、加速溶剂萃取、凝胶渗透色谱及无机样品消解；第 3 章介绍了质谱检测技术，重点是各种离子源和质谱分析器（包括高分辨质谱的基本原理、仪器构造），同时也介绍了气相色谱 - 质谱联用、液相色谱 - 质谱联用以及电感耦合等离子体质谱技术及其应用。

　　第二部分包括第 4 章至第 7 章，分别介绍了食品、保健食品、化妆品和中药中常见的安全风险物质，包括其功效与用途、毒理作用与危害、化合物结构信息、理化性质，国家相关部门发布的标准检测方法，以及作者团队研究建立的高通量质谱检测新方法及实际应用案例等内容。在第 4 章 "食品中安全风险物质检测方法" 中，介绍了 β - 受体激动剂类、喹诺酮类、磺胺类、磺胺增效剂、四环素类、三苯甲烷类、β - 内酰胺类、激素类、氯霉素类、抗球虫类、大环内酯类、林可胺类、糠醛类等 13 类共 200 多种药物的多残留测定方法；在第 5 章 "保健食品中安全风险物质检测方法" 中，介绍了壮阳类、减肥类、降糖类、降血压类、降血脂类等 5 类共 100 多种非法添加的化学药物成分及其检测方法；在第 6 章 "化妆品中安全风险物质检测方法" 中，介绍了美白类、祛痘类、丰胸类化妆品中非法添加的糖皮质激素、抗生素和性激素的化学药物成分及其检测方法；在第7章"药品中安全风险物质检测方法"中，介绍了凉茶、抗痛风类和抗风湿类中成药中非法添加西药成分，以及中药中非法添加合成色素的检测方法。

在本书最后，还附有各类安全风险物质化合物信息表（含化合物信息、精确质量数等），便于读者查阅。

本书可供从事食品、药品、保健品和化妆品检测的技术人员阅读，也可供从事分析检测技术研究与开发的科研人员阅读，同时，对于高等院校、政府监测部门、第三方检测机构等单位的相关人员也具有参考价值。由于我们水平有限，疏漏之处在所难免，希望各位专家、读者提出宝贵意见。

编　者

2018 年 4 月

目 录

基 础 篇

分　析　篇

基 础 篇

1 概 述

1.1 安全风险物质的概念

安全风险物质是指由原料带入、生产过程中产生或带入，以及人为故意添加到产品中的可能对人体健康造成潜在危害的物质。

在食品、保健食品、药品、化妆品生产过程中添加一些化学成分是不可避免的。添加的化学成分有可能是功效成分，也有可能是存在安全风险的有害物质。因此，法律法规对产品中的安全风险物质以及添加行为有明确的规定，基本原则是添加的化学成分的安全性必须是可被接受的、有效性必须是可被认可的、质量必须是可以保证的，并在此基础上进行风险评估。

对于由原料带入、生产过程中产生或带入的安全风险物质，只要从源头上把好原料关，改进生产工艺，其含量在产品中是可控的；而在食品、保健食品、药品、化妆品的生产过程中，为达到某些特定的效果，存在非法添加对人体健康存在危害、法律法规上明令禁止使用的一些有毒有害物质的现象。当前食品、保健食品、药品、化妆品等领域的非法添加现状不容乐观。

1.1.1 食品中的安全风险物质

根据 2015 年 4 月 24 日第十二届全国人民代表大会常务委员会第十四次会议修订的《中华人民共和国食品安全法》（以下简称"《食品安全法》"），食品是指各种供人食用或者饮用的成品和原料以及按照传统既是食品又是药品的物品，但是不包括以治疗为目的的物品。

我国的《食品安全法》第二十八条规定禁止生产经营下列食品：①用非食品原料生产的食品或者添加食品添加剂以外的化学物质和其他可能危害人体健康物质的食品，或者用回收食品作为原料生产的食品；②致病性微生物、农药残留、兽药残留、重金属、污染物质以及其他危害人体健康的物质含量超过食品安全标准限量的食品。国家对食品添加剂实行许可制度，凡未获得注册许可的食品添加剂均为非法产品。同时第五十条明确规定："生产经营的食品中不得添加药品，但是可以添加按照传统既是食品又是中药材的物质。"

判定一种物质是否属于食品中的非法添加物，根据相关法律、法规、标准的规定，可以参考以下原则：①不属于传统上认为是食品原料的；②不属于批准使用的新资源食品的；③不属于卫生部公布的食药两用或作为普通食品管理物质的；④未列入我国食品添加剂[《食品添加剂使用标准》产业（GB 2760—2014）及卫生部食品添加剂公告]、营养强化剂品种名单[《食品营养强化剂使用标准》（GB 14880—2012）及卫生部食品添加剂公告]的；⑤其他我国法律法规允许使用物质之外的物质。

1.1.2 保健食品中的安全风险物质

保健食品是指声称具有特定保健功能或者以补充维生素、矿物质为目的的食品，即适宜于特定人群食用，具有调节机体功能，不以治疗疾病为目的，并且对人体不产生任何急性、亚急性或者慢性危害的食品。

保健食品属于"声称具有特定保健功能的食品"，属于食品的管理范畴，因此，食品中有关非法添加行为的禁止性规定，同样适用于保健食品。同时，《食品安全法》第五十一条规定："国家对声称具有特定保健功能的食品实行严格监管。""声称具有特定保健功能的食品不得对人体产生急性、亚急性或者慢性危害，其标签、说明书不得涉及疾病预防、治疗功能，内容必须真实，应当载明适宜人群、不适宜人群、功效成分或者标志性成分及其含量等；产品的功能和成分必须与标签、说明书相一致。"根据《保健食品良好生产规范》（GB 17405—1998）和《保健食品注册管理办法》的规定，保健食品应严格按照注册的配方和工艺生产，因此，注册配方以外添加的其他物质均属于非法添加物质。目前较多见的是非法添加化学药物，由于保健功能与药物作用有相似之处，不法分子常把可产生类似作用的化学药物违法添加到保健食品中，以产生立竿见影的"功效"来蒙骗消费者。服用含药物的保健食品，将产生严重的安全性问题，对使用者可能产生严重伤害。非法添加化学药物和虚假宣传广告是目前保健食品产业的两大安全隐患。

1.1.3　化妆品中的安全风险物质

根据 2007 年 8 月 27 日国家质检总局公布的《化妆品标识管理规定》，化妆品是指以涂抹、喷洒或者其他类似方法，散布于人体表面的任何部位，如皮肤、毛发、指趾甲、唇齿等，以达到清洁、保养、美容、修饰和改变外观，或者修正人体气味，保持良好状态为目的的化学工业品或精细化工产品。

《化妆品卫生监督条例》第八条规定："生产化妆品所需的原料、辅料以及直接接触化妆品的容器和包装材料必须符合国家卫生标准。"第九条规定："使用化妆品新原料生产化妆品，必须经国务院卫生行政部门批准。化妆品新原料是指在国内首次使用于化妆品生产的天然或人工原料。"

国家食品药品监督管理总局颁布的《化妆品安全技术规范》（2015 年版）第一章中"3.2 配方要求"对化妆品的配方要求作了明确规定，规定化妆品配方不得使用《化妆品安全技术规范》（2015 年版）第二章表 1和表 2 所列的化妆品禁用组分，限制使用表 3 的组分，并给出了限制使用物质的使用范围、最大允许使用浓度、其他限制和要求以及标签上必须标印的使用条件和注意事项。因此，化妆品中的非法添加主要是指非法添加规定的禁用组分并有意隐瞒添加行为。例如，将暂时允许添加的染发剂限用物质有意隐瞒，宣称"不含有"，或将该类禁限用物质非法添加入非特殊用途化妆品（如洗发剂）中。

1.1.4　药品中的安全风险物质

根据《中华人民共和国药品管理法》（以下简称"《药品管理法》"）第一百零二条关于药品的定义，药品是指用于预防、治疗、诊断人的疾病，有目的地调节人的生理机能并规定有适应症或者功能主治、用法和用量的物质，包括中药材、中药饮片、中成药、化学原料药及其制剂、抗生素、生化药品、放射性药品、血清、疫苗、血液制品和诊断药品等。

《药品管理法》第十六条规定："生产药品所需的原料、辅料，必须符合药用要求。"第三十二条规定："药品必须符合国家药品标准。"第四十八条规定："禁止生产假药"；"药品所含成分与国家药品标准规定的成分不符的为假药"。《中国药典》2015 年版规定："任何违反 GMP 或有未经批准添加物质所生产的药品，即使符合《中国药典》或按照《中国药典》没有检出其添加物质或相关杂质，亦不能认为其符合规定。"国家对药品有最严格的上市许可规定："药品必须按照国家药品标准和国务院药品监督管理部门批准的生产工艺进行生产，生产记录必须完整准确。药品生产企业改变影响药品质量的生产工艺的，必须报原批准部门审核批准。"因此，药品生产过程中任何未经注册许可的添加行为都是绝对禁止的，一经发现必须按照假药进行查处。为了提高药效，赢得市场，不法分子往往添加标示成分以外的药物，但服用这类药物会对消费者造成安全隐患。

1.2 安全风险物质非法添加现状

进入 21 世纪以来，在食品、保健食品、药品、化妆品中非法添加的行为愈演愈烈，其中一些非法添加产品已对人们的健康及生活造成严重影响。虽然国家出台了很多政策和法律法规来规范非法添加的问题，但在巨大的利益诱惑面前，仍有不法分子铤而走险，添加有害的化学物质，且不断添加新的品种，逃避监管。现有的检测标准和检测方法不能满足快速发展的市场需求，存在检测标准滞后、品种覆盖不全面的问题，给监管工作带来困难，非法添加的现象屡禁不止。非法添加行为不仅仅在发展中国家和地区泛滥，而且已经蔓延到发达国家和地区，产品中的非法添加问题已经成为全球性的问题。

1.2.1 食品中的非法添加现状

进入 20 世纪之后，我国的食品工业迅速发展，各类食品添加剂成为食品工业生存和发展的命脉，农药、兽药等在农牧业生产中滥用，城镇化以及现代工业发展对环境和食品的污染日益严重，食品加工中含有安全风险物质的问题日渐突出，食品安全风险物质包括兽药残留、农药残留、环境污染物、食品添加剂等。近几年来，频频曝光的食品安全事件严重威胁着居民的健康，影响了公众对食品安全的信任。我国近年来也发生不少食品安全事件，涉及一些非法添加以及检出的安全风险物质超标问题。例如，2014 年毒腐竹事件中非法添加了吊白块；2013 年的毒大米事件中检出镉超标；2011 年的瘦肉精事件中非法添加了盐酸克仑特罗；2008 年"三鹿奶粉"重大食品安全事件中非法添加了三聚氰胺；2006 年苏丹红鸭蛋事件中非法添加了苏丹红；2005 年海鲜产品中检出孔雀石绿。众多食品安全事件频频发生，我国乃至全球的食品安全问题形势十分严峻。

随着现代化经济的快速发展，人民的生活水平不断提高，对动物源性食品的需求也越来越大，但我国动物源性食品的安全却不容乐观。在养殖生产过程中滥用抗生素、激素、使用违禁添加剂等严重影响到动物源性食品的食用安全。植物源食品和加工食品中农药残留超标等问题也时有发生。

食品安全问题，往往会使社会付出惨痛代价。以三聚氰胺事件为例，累计造成超 30 万婴幼儿健康损害。食品安全事件很多是由于在食品中添加了非法添加物引起的，食品非法添加物成了行业关注的热点问题。国家高度重视非法添加物和食品安全，2011 年 4 月 21 日，国务院办公厅下发了《关于严厉打击食品非法添加行为切实加强食品添加剂监管的通知》，要求全面部署开展严厉打击食品非法添加和滥用食品添加剂的专项行动。

1.2.2 保健食品中的非法添加现状

保健食品具有特定的保健功能，可补充维生素、矿物质、调节机体功能，并且对人体不产生任何急性、亚急性或者慢性危害，具有相当大的消费市场。但是，一些不法商贩利欲熏心，不择手段，向保健食品中非法添加具有特殊功效的化学药品，然后再进行非法宣传，从而扩大销量，欺骗群众，牟取暴利。20 世纪 90 年代非法添加化学药品的情况还是个别现象，目前的状况更令人忧虑。从补肾壮阳药到减肥药，从降血糖药、降血压药到降血脂药，无不含化学药品。多年来，药品监督管理部门从未停止过对非法添加的专项整治和打击，但面对巨大的市场诱惑，不法商人仍然愿意铤而走险，打着"纯天然保健食品"的旗号，在保健食品中加入西药成分。在保健食品中加入西药成分是违法行为，同时，由于存在用量不准等问题，很可能造成不同的副作用，如药物依赖、抗药性、肝功能损害、重度肾功能损害，尤其是心率过速等严重问题，甚至造成死亡。

从近年来保健食品产品检测以及文献调研情况看，目前保健食品中呈现出的非法化学药物添加有如下一些特点：

（1）添加化学药物成分来源多样。可能添加的化学药物：①处方药。该类物质被添加后，在使用中无法控制用法用量，很容易导致不良反应，甚至会损害消费者肝肾等功能。②现有药物的结构类似物。这些化合物是在已有药物结构基础上进行微小修饰，结构基本骨架类似，可能存在相似的临床作用。由于大部分结构类似物没有进行药物临床前及临床研究，存在较大的安全隐患。③已撤市药物。例如，芬氟拉明、西布曲明、安非拉酮等药物曾因显著的减肥功效而风靡一时，但它们会产生心血管系统及中枢神经系统不良反应，因此美国食品药品监督管理局（FDA）、欧盟、原国家食品药品监督管理总局（CFDA）相继召回了这些药物。④尚未获得批准的新型药物或先导化合物。⑤药物的化工合成品。为降低成本，有部分添加的药物成分是以粗原料的形式加入的，其杂质和可能的潜在风险物质不明。

（2）非法添加药物的剂量不确定。例如，不同批次产品添加的量差别大；个别生产批次不添加，主要用于应付检查，大部分批次产品非法添加等。

（3）厂家生产合格的产品取得保健食品批准文号，然后在上市产品中非法添加化学药物。

（4）保健食品中非法添加的药物与保健食品所含化学成分存在相互作用，或者可能与消费者正在服用的药物之间存在相互作用。

（5）减少添加化学药物的剂量，增加添加化学药物的种类。由于部分药物添加处于较低浓度水平，因此，即使检测到，也可能被认为是污染，降低了应受处罚的程度，存在一定的隐蔽性。

目前保健食品中非法添加化学药品的情形主要集中在以下几大类保健食品中：①减肥类保健食品，非法添加西布曲明、酚酞等减肥药，泻药，利尿剂，中枢食欲抑制剂类药物；②补肾壮阳类保健食品，非法添加"伟哥"或类似成分；③调节血糖类保健食品，非法添加二甲双胍、格列苯脲等降糖药；④改善睡眠类保健食品，非法添加安定、苯巴比妥等镇静和催眠药物；⑤消炎止痛类保健食品，加入阿司匹林、氨基比林等止痛成分；⑥降血压类保健食品，非法添加利血平、硝苯地平、氢氯噻嗪等。

近年来，保健食品中非法添加的案例层出不穷。国家食品药品监督管理局2015年8月在官网发布通告称，51家企业生产的69种保健酒、配制酒中非法添加了壮阳药西地那非（俗称"伟哥"的药品成分）等化学物质，其中不乏一些知名品牌和企业。2013年7月广州市食品药品监督管理局联合广州市公安局食品药品犯罪侦查支队查获保健食品"肤姿美闪电瘦胶囊"，涉嫌非法添加禁用药物西布曲明。2017年6月，台州黄岩区食品药品监督管理局查获某降压胶囊中含有降压药"氨氯地平"，某牌知葛胶囊（基因口服液胰岛素Ⅱ代）中含有降糖药"格列苯脲""盐酸苯乙双胍"等非法添加成分。2017年11月4日，大竹县食品药品监督管理局缴获美国伟哥、肾黄金等共计81盒性保健食品，涉嫌非法添加壮阳药西地那非和他达拉非。2015年11月，国家食品药品监督管理总局查获了31种违法添加药物成分的假冒保健食品。由此可以看出，保健食品违法添加形势严峻。

出现以上局面的原因除了相关法律法规不够健全外，相关检测标准和质控技术相对滞后、缺乏标准方法及个别标准检测成本高也给执法和监管带来困难。本书将对降糖类、减肥类、壮阳类、降压类以及降血脂类等保健食品中非法添加化学药物进行检测的液相色谱和高通量液相色谱－串联质谱技术进行系统详细的介绍，对保健食品中非法添加的化学药物进行快速筛查检测。

1.2.3　化妆品中的非法添加现状

近年来，在化妆品中非法添加禁用物质的案例时有发生，有些不法商家为了追求立竿见影的效果，让顾客满意，获取更大的利益，非法向化妆品中加入一些药物、激素、重金属等禁用物质，对化妆品的使用安全产生很大威胁。比如，在宣称有美白功能的化妆品中非法添加糖皮质激素，以达到快速美白嫩肤的作用；在宣称祛痘类化妆品中非法添加氯霉素类、四环素类、喹诺酮类、磺胺类及大环内酯类等抗生素药物，以达到消炎抗菌的目的；在宣称丰胸类化妆品中非法添加雌激素及孕激素，通过促进乳腺管增生的途径达到丰胸效果等。消费者在不知情的情况下长期使用这些非法添加具有治疗作用化学成分的化妆品，将会对身体健康造成严重危害。由此类问题引发的安全事故频繁发生，引起社会强烈关注。

广东省是化妆品生产及销售大省,占全国总量的70%以上,政府部门非常重视化妆品的安全。广东省食品药品监督管理局连续四年委托广东省测试分析研究所(中国广州分析测试中心)对网络上销售的化妆品以及广州市化妆品主流市场销售使用的以广东生产为主的面膜类化妆品进行风险监测,结果表明,化妆品中的非法添加现象依然严峻。其中,2015年广东省测试分析研究所承担的"广东省化妆品企业网络销售面膜类产品安全风险监测"项目,于2016年7月24日在中央电视台新闻频道"每周质量报告"以"模糊的面膜"为题进行了报道。近年来涉嫌化妆品非法添加的案例有:

据广东省食品药品监督管理局关于不合格化妆品的通告(2015年第3期),"靓邦素白皙红润净白三件套"等66批产品含有禁用物质或超量使用限用物质,部分化妆品被检出汞超标,产品中检出禁用激素物质倍他米松、倍他米松戊酸酯、氯倍他索丙酸酯以及禁用物质抗生素甲硝唑、氧氟沙星。2016年10月26日,广东省食品药品监督管理局官网发布通告称,该局组织开展了化妆品监督抽检工作,经检验,发现21批次产品存在非法添加禁用物质问题。当期公布的不合格产品名单中,主要是美白、祛斑、祛痘方面的产品,存在的问题主要是汞超标,检出抗生素甲硝唑、氯霉素、氧氟沙星,糖皮质激素倍氯米松、曲安奈德等。2017年11月,广东省食品药品监督管理局组织开展了化妆品安全专项整治行动,经监督抽检发现"金至尊美斯®祛斑霜"等45批次产品存在非法添加禁用物质问题,其中32批次产品被检测出汞含量严重超标,产品检出含有禁用抗生素氯霉素、甲硝唑、氧氟沙星,禁用激素地塞米松、倍他米松、倍他米松戊酸酯、地塞米松醋酸酯、氯倍他索丙酸酯、倍氯米松、倍氯米松丙酸酯。

2016年11月,国家食品药品监督管理总局发布通告,在全国范围组织开展的化妆品监督抽查中,发现50批次面膜类化妆品存在非法添加禁用物质问题。产品检出含有氯倍他索丙酸酯、倍他米松、曲安奈德、曲安奈德醋酸酯、倍他米松双丙酸酯、倍氯米松双丙酸酯、倍他米松戊酸酯等糖皮质激素物质。2017年1月国家食品药品监督管理总局公布全国祛斑类产品抽检结果,抽检的4332批次祛斑类产品中,有60批次存在非法添加禁用物质问题,包括非法添加汞或氯倍他索丙酸酯、倍他米松、曲安奈德等糖皮质激素类禁用物质,一些知名品牌也榜上有名,其中不乏多位韩国明星代言的、斥巨资投放电视广告的知名品牌。

从以上政府部门的通告情况来看,化妆品中非法添加重金属、激素以及抗生素的情况依然严重。国家食品药品监督管理总局于2010—2015年期间相继发布了58个相关的检测方法,涉及200多种禁限用物质。这些检测方法仍然不能覆盖法规规定的禁限用物质种类。而且,新型非法添加物层出不穷,现行检测标准滞后、覆盖不全面。不法分子添加国标(GB/T 24800.2—2009)规定的41种之外的糖皮质激素,逃避监管,广东省测试分析研究所针对此情况,开展深入研究,开发出"QuEChERS-同位素稀释/液相色谱-高分辨飞行质谱法高通量筛查化妆品中86种糖皮质激素"等一系列新方法,为政府部门打击非法添加行为提供了有力的技术支撑。

1.2.4 中药制品中的非法添加现状

中药制品中的非法添加一般是指在中成药或者中药材中添加化学药物成分。中成药中非法添加化学药物有很多危害,例如,降压类中成药里添加氢氯噻嗪、利血平、盐酸可乐定、硝苯地平等西药,长期服用会导致抑郁症或肾病,甚至死亡;治疗哮喘的中成药中添加醋酸泼尼松、氨茶碱、磺胺类西药会导致依赖性并加重病症;减肥的中成药里加入酚酞等西药可能导致厌食、失眠、肝功能异常;镇静催眠类中成药中加入安定、利眠宁、舒乐安定等西药可致患者产生耐药性并可成瘾。因此,患者服用含非法添加的中药后可能会出现一系列不明原因的致畸致突变、肝肾损害、过敏反应等。同时,非法添加化学药品有可能会出现联合用药的安全性问题,对消费者的身体健康造成潜在的危害。一些不法商家为牟取利益,在一些宣称抗痛风类、抗风湿类中成药中非法添加一些西药成分,如布洛芬类、吲哚乙酸类、肾上腺皮质激素类、双氯酚酸等。还有不法商贩将一些中药材或中成药非法染色以次充好或者冒充正品,不仅降低了中药药效,而且严重影响用药安全。2012年国家药监局曝光了安徽亳州一批中药生产企业涉嫌违法使用化工色素金胺O给中药饮片染色。

近年因违法添加造成严重后果的例子：2001 年 8 月发生多名群众因服用非法添加了抗生素四环素的"梅花 K"黄柏胶囊，导致中毒住院；2002 年，"御芝堂清脂素"因为非法添加禁用减肥药物芬氟拉明，致人死亡；2009 年 1 月，一糖尿病患者在服用非法添加了降糖药格列本脲的"糖脂宁胶囊"之后，出现疑似低血糖并发症并导致死亡；2016 年，越秀区中山六路一家凉茶铺为了增加凉茶的功效、吸引更多回头客，向凉茶中违法添加治疗咳嗽、感冒的西药对乙酰氨基酚和马来酸氯苯那敏。

政府非常重视食品、保健食品、化妆品、药品的安全问题，相关部门制定了各种标准和法规用于监管，但仍有不法生产商为提高产品功效，追求高额利润，非法使用标准规定以外的、功效相同、化学结构相似的物质，钻现有的检测标准滞后和检测方法缺失的空子逃避监管。因此，加强检测方法研究，加快标准的建立和更新迫在眉睫，开发与时俱进的安全风险物质检测技术是非常有必要的。

1.3　安全风险物质检测技术

对于食品、保健食品、药品、化妆品中的安全风险物质，国家、地方以及行业会制定一些法规和标准方法进行监测和监控。同时由于非法添加的复杂性、多样性、不确定性以及隐蔽性，国家层面难以制定一个统一的检验标准对所有类别的非法添加进行检验，标准检测方法很难覆盖全面，也很难及时更新，所以，一些检测机构和科研院所会根据实际情况研究开发一些新的检测技术和方法。目前的标准方法以及文献报道的安全风险物质检测方法主要有理化分析法、薄层色谱（thin layer chromatography，TLC）法、高效液相色谱（high performance liquid chromatography，HPLC）法、气相色谱（gas chromatography，GC）法、色谱 - 质谱联用法、毛细管电泳法、红外光谱法、核磁共振谱法、电化学方法等。

1.3.1　理化分析方法

一般情况下，采用简单前处理方法的理化鉴别技术灵敏度较低，适合于常量或微量分析，不适合痕量分析，常用于检测非法添加的初筛。常见的理化鉴别技术有沉淀反应、颜色反应等，如那非类快速筛查方法应用了理化鉴别技术中的沉淀反应，拉非类快速筛查方法应用了理化鉴别技术中的颜色反应。

1.3.2　薄层色谱法

薄层色谱为平面色谱，属固液吸附色谱，是将适宜的固定相涂布于玻璃板、塑料或铝基片上，成一均匀薄层，将供试品溶液点样于薄层板上，在展开容器内用展开剂展开，使供试品所含成分分离，然后将其比移值 R_f（溶质移动的距离/溶液移动的距离，表示物质移动的相对距离）与适宜的对照物按同法所得的色谱图的比移值（R_f）做对比，以对药品进行鉴别、杂质检查或含量测定的方法。

薄层色谱本身具有分离的功能，用于定性分析，具有前处理简单、样品用量小、分离能力较强、灵敏度较高等优点，是快速分离和定量分析少量物质的一种重要实验技术，也用于跟踪反应进程。该方法一般需要固定的实验场所，而且一般需要使用多种有机溶剂，现场操作受到一定的限制。在基层快检室或药品检测车上可以用于药品的快速分析。例如，采用薄层色谱法快速检测祛痘类化妆品中的氯霉素。但由于薄层色谱法检测的灵敏度差，多个成分之间经常会有干扰，因此有时候会出现假阳性的情况。

1.3.3　高效液相色谱法

高效液相色谱法是色谱法的一个重要分支，以液体为流动相，采用高压输液系统，将具有不同极性的单一溶剂或不同比例的混合溶剂、缓冲液等流动相泵入装有固定相的色谱柱，样品溶液经进样器进入流动相，被流动相载入色谱柱（固定相）内，由于样品溶液中的各组分在两相中具有不同的分配系数，在两相中做相对运动时，经过反复多次的吸附 - 解吸的分配过程，各组分在移动速度上产生较大的差别，被分离成单个组分依次从柱内流出，通过检测器时，样品浓度被转换成电信号传送到记录仪，数据以图谱形式打印出来。

高效液相色谱法是检测产品中非法添加的一个非常重要的手段，几乎所有的化合物包括高极性/离子型待测物和大分子物质均可用 HPLC 法进行测定。HPLC 的分辨率高，分析速度快，一般几分钟到几十分钟即可完成一次分析，分离度、重复性好，分析准确度高。紫外检测器（UVD）最普及，其次是荧光检测器和电化学检测器。光电二极管检测器（DAD）的使用是近十年来 HPLC 最重要的突破。DAD 可同时接收整个光谱区的信息，在色谱峰流出同时能进行每个瞬间的动态光谱扫描并快速采集信号，经计算机处理后得到色谱 – 光谱的三维图谱，信息量大大增加，可以利用光谱图进一步确认样品中是否含有非法添加的成分，一次进样即可得到每个组分峰的定量、定性和纯度信息，灵敏度亦明显提高。但对某些异构体化合物，采用该方法鉴别仍较困难。可用液相色谱法检测的非法添加物很多，如对乙酰氨基酚、磺胺嘧啶、巴比妥、盐酸二甲双胍，以及一些激素如醋酸泼尼松、曲安西龙等。

1.3.4　气相色谱法

气相色谱法是色谱法的一种，用气体作流动相。当载气携带着含不同物质的混合样品通过色谱柱时，气相中的物质一部分溶解或吸附到固定相内，随着固定相中物质分子的增加，从固定相挥发到气相中的试样物质分子也逐渐增加，组分在固定相与流动相之间不断进行溶解、挥发（气液色谱），或吸附、解吸而相互分离。也就是说，试样中各物质分子在两相中进行分配，最后达到平衡。所以，气相色谱的分离原理是利用不同物质在两相间具有不同的分配系数，当两相做相对运动时，试样的各组分就在两相中反复多次地分配，使得原来分配系数只有微小差别的各组分产生很大的分离效果，从而将各组分分离开来，然后再进入检测器对各组分进行鉴定。

气相色谱属于柱色谱，色谱柱可分为填充柱和毛细管柱两类，20 世纪 50—80 年代主要使用填充柱，80 年代之后毛细管气相色谱高速发展，现在的气相色谱仪大多采用毛细管柱作为分析柱，灵敏度得到了极大的提高，而且气相色谱法有许多高灵敏、通用性或专一性强的检测器供选用，适用于不同化合物的检测。比如，对于易气化的一般化合物可以采用火焰离子化检测器（FID）检测，含卤族元素的有机氯农药残留可以采用电子捕获检测器（ECD）进行检测，含氮、磷等元素的化合物用氮磷检测器（NPD）检测等。但是，大多数非法添加物极性或沸点偏高，需繁琐的衍生化步骤，限制了 GC 的应用范围。

1.3.5　气相色谱 – 质谱联用法

气相色谱 – 质谱联用（gas chromatography-mass spectrometry，GC-MS）技术是将气相色谱（GC）与质谱检测器（MS）联合使用，质谱技术主要起到检测器的作用。GC-MS 不仅具备普通气相色谱的特点，同时还能给出化合物的相对分子质量、元素组成、结构式及分子结构信息。气质联用仪中，一般使用电子轰击电离源（EI 源），采用 70 eV 的轰击能量使化合物电离，质谱将在高真空离子源条件下气化后的样品分子在离子源的轰击下转为带电离子并进行电离，在质量分析器中，样品分子根据质荷比的差异通过电场和磁场的作用实现分离，根据时间顺序和空间位置差异通过离子检测器进行检测。将采集到的待测化合物的质谱图在标准的质谱图库中进行检索，即可以确认该化合物。特别是在无对照品的情况下，GC-MS 对于可气化的非法添加化合物的分析是一个是十分重要的手段，比如可以用气相色谱 – 质谱法检测非法添加药物盐酸氟桂利嗪等。但是，由于非法添加物多为低浓度、难挥发、热不稳定的化合物，GC-MS 的应用范围受到限制。

1.3.6　液相色谱 – 串联质谱法

液相色谱 – 串联质谱（liquid chromatography-tandem mass spectrometry，LC-MS/MS）法是一种集高效分离和多组分定性、定量于一体的方法，对高沸点、不挥发和热不稳定化合物的分离和鉴定具有独特优势，成为近年来药物残留分析中一种重要的检测技术。在过去十多年的时间里，随着电喷雾电离（ESI）和大气压化学电离（APCI）技术的发展，LC-MS/MS 在非法添加残留分析中的应用领域迅速扩展。与气相色谱质谱法（GC-MS）相比，高效液相色谱－串联质谱法可用于检测强极性、难挥发、热不稳定性的化合物；与高效液相色谱法、气相色谱法相比，高效液相色谱－串联质谱法前处理方法相对简单，基质干扰小，方法灵敏度高，且兼分离、定量和定性（分子结构信息）于一体，因而特别适用于药残的定量和确证分析，其灵敏度最低可达 ng/kg 级。目前质谱仪主要分为四极杆质谱、离子阱质谱、飞行时间质谱、傅立叶变换质谱等，在水产品药物残留检测方面常用的为三重四极杆质谱仪。

利用质谱分析器可以消除液相色谱中不同相对分子质量组分共流出峰的影响，另外，还可以得到化合物一级、二级甚至更多高级的离子碎片信息。在采用 HPLC-DAD-MS/MS 方法进行化合物分析时，利用色谱的高效分离能力，与质谱的高专属性、高灵敏度特性，可以同时得到保留时间、紫外吸收图、化合物相对分子质量、离子碎片等信息，进一步得到化合物的结构信息，从而对化合物进行确证。而且 LC-MS/MS 不用衍生化步骤，操作简单，分析效率高，可一次检测多种组分。另外，在无对照品的情况下，使用 TLC 与 HPLC 法往往无法对非法添加组分进行定性，而采用 LC-MS/MS 技术，可以利用化合物的相对分子质量、同位素丰度比等信息，或者自建的谱图库，对化合物进行初筛。LC-MS/MS 技术的缺点是仪器昂贵、操作复杂、影响因素多，难以建立相应的标准谱库；另外，由于样品基质效应的影响，在缺乏内标物质的情况下，LC-MS/MS 的准确定量较为复杂，往往需要采用基质辅助标准曲线或基质添加标准曲线进行定量。

目前，LC-MS/MS 法是对非法添加的化学成分进行检测的最常用、最有效的手段，近几年国家食品药品监督管理局下发的药品补充检验方法均采用这一方法。比如，用 LC-MS/MS 检测激素类、抗生素类药物以及兽药，等等。

1.3.7　其他的分析与检测手段

除了上述的几种常见方法外，对非法添加的化学成分进行检测的方法还有紫外分光光度法、薄层扫描法、红外光谱法、毛细管电泳法、核磁共振谱法、电化学方法等。

近年来，非法添加现象已开始受到广泛重视，监管部门不断加大对非法添加的打击力度，非法添加检测技术研究和应用取得了一定的进展，对非法添加的检测技术正向快速、便捷、高通量的方向发展。虽然光谱、核磁共振谱、电化学等分析方法也能针对某些特定的化合物实现高灵敏度的准确检测，但最普适、最强有力的分离分析手段依然是色谱－质谱联用，尤其是液相色谱－质谱联用技术。鉴于非法添加样品的复杂性，色谱技术及色质联用技术具有灵敏度高、选择性强和定量准确的优点，可进行定量和确证检测，在非法添加分析中具有显著的优势。本书主要阐述安全风险物质的色谱检测技术、高通量质谱以及色质联用检测技术。

参 考 文 献

[1] 谢志洁. 健康产品中非法添加化学成分快速筛查方法理论与实践[M]. 广州：华南理工大学出版社，2011.
[2] 王静文，曹进，王钢力，等. 保健食品中非法添加药物检测技术研究进展[J]. 药物分析杂志，2014，34(1)：1 – 11.
[3] 罗辉泰，黄晓兰，吴惠勤，等. QuEChERS－同位素稀释－液相色谱－高分辨飞行质谱法高通量筛查化妆品中 86 种糖皮质激素[J]. 分析化学，2017，45(9)：1381 – 1388.
[4] 罗辉泰，黄晓兰，吴惠勤，等. 分散固相萃取－液相色谱－串联质谱法同时快速测定化妆品中 81 种糖皮质激素[J]. 色谱，2017，35(8)：816 – 825.
[5] 罗辉泰，黄晓兰，吴惠勤，等. 固相萃取/液相色谱－串联质谱法同时测定面膜类化妆品中非法添加的 53 种糖皮质激素[J]. 分析测试学报，2016，35(2)：119 – 126.
[6] 岳振峰. 食品中兽药残留检测指南[M]. 北京：中国标准出版社，2010.
[7] 朱坚，邓晓军. 食品安全检测技术[M]. 北京：化学工业出版社，2006.
[8] 张小龙，王昆，吴先富，等. 中药及保健食品中非法添加状况分析[J]. 中国药师，2014，17(10)：1749 – 1753.

2 样品前处理技术

安全风险物质的检测过程主要包括样品采集、样品前处理、检测分析、谱图分析、数据计算与结果报告。其中，前处理是非常重要的一个环节，决定了能否获得可靠准确的检测结果。

安全风险物质的检测所面对的分析对象成分复杂、形态各异、风险物质成分不同，具体表现在多个方面：①样品的存在形式多样，如固体、液体、膏体等；②待测目标物浓度一般较低，少部分为常量级别水平，绝大部分为微量水平，甚至为痕量水平；③样品组成复杂，内部基质互相干扰严重，共存的干扰物可能与目标化合物产生相互作用，极大影响结果准确性；④部分样品稳定性差，前处理必须快速、准确完成，否则易产生结果偏差。在这种情况下，如何选择准确可靠的前处理方法，从复杂样品基质中快速准确地获取目标化合物的详细信息，更有效地解决安全风险物质所面临的问题，除了需要依靠高灵敏度、高精密度的分析仪器外，准确、高效、快速、环保的样品前处理技术至关重要。

样品前处理的主要目标为：从待测样品中提取目标化合物；富集目标化合物，提高检测灵敏度；转化目标化合物，使之成为适合检测的形态；去除基质中共存干扰物，提高方法选择性；开发通用的前处理方法，方便对各种基质通用处理。

理想的样品前处理方法，理论上应具备以下条件：①方法科学，结果可靠；②操作简便，过程简洁；③样品消耗量少，可回收利用；④不用剧毒溶剂，少用有毒溶剂，尽量选择低毒或无毒溶剂；⑤易与其他仪器联用，易自动化；⑥成本低廉，适用范围广，环境友好。

前处理的方法种类繁多，主要可分类为传统前处理技术及现代前处理技术，亦可分类为提取前处理技术及净化前处理技术。其中，提取前处理技术主要包括液液萃取（liquid-liquid extraction，LLE）、液固萃取（liquid-solid extraction，LSE）、加速溶剂萃取（accelerated solvent extraction，ASE）；净化前处理技术主要包括固相萃取（solid-phase extraction，SPE）、QuEChERS 净化（quick、easy、cheap、effective、rugged、safe）、基质固相分散萃取（matrix solid-phase dispersion，MSPD）、凝胶渗透色谱（gel permeation chromatography，GPC）；此外，固相微萃取（solid-phase microextraction，SPME）是提取与净化一体化的前处理技术。

2.1 液液萃取

在安全风险物质检测中，液液萃取（LLE）是常用的前处理技术之一，主要用于目标化合物与待测样品基质的分离，即在两种互不相溶或相溶性较差的相之间，通过目标化合物在两相中的重新分配来进行分离，从而达到纯化目标化合物以及消除干扰物质的目的。在一般情况下，两相溶剂中，一相是水溶剂，另一相是有机溶剂。通过选择不同的萃取液体，可控制萃取过程的选择性和萃取率。在最常见的"水 – 有机相"体系中，目标化合物的亲水性越弱，亲油性越强，其进入有机相中的程度就越大；反之，亲水性越强，亲油性越弱，其进入水相中的程度就越大。最后，液液萃取分离出的目标化合物，可以通过蒸发的方法将萃取溶剂除去，以便浓缩目标化合物，并用于测定。

2.1.1 基本原理

液液萃取法即两相溶剂提取法，是利用混合物中各组分在两种互不相溶的溶剂中分配系数的差异达到分离目的的方法。最简单的萃取过程是将萃取溶剂加入到样品溶液中，使其充分混合，目标化合物在萃取溶剂中的平衡浓度高于其在原样品溶液中的浓度，从而自样品溶液向萃取溶剂扩散，使该目标化合物与样品溶液中的其他组分离。萃取过程的分离效果，主要表现为目标化合物的萃取率和分离程度。萃取率为目标化合物在萃取液中与原溶液中的含量之比。萃取率越高，表示萃取过程的分离效果越好。

液液萃取技术可以用分配定律来描述：将物质分配在两种不混溶的液相中。以有机溶剂和水两相为例，将含有有机物质的水溶液用有机溶剂萃取时，有机化合物就在这两相间进行分配。在一定的温度下，目标化合物在两种液相中的浓度比是一常数：

$$K_D = c_o/c_{aq}, \qquad\qquad (2-1)$$

式中，K_D 为分配系数；c_o 为有机相中目标化合物的浓度；c_{aq} 为水相中目标化合物的浓度。上式即为分配定律。对于液液萃取而言，K_D 通常称为分配系数，可将其近似地看作目标化合物在萃取溶剂和样品溶液中的溶解度之比。

目标化合物在萃取溶剂和原溶液中的溶解度差别越大，即 K_D 值越大，萃取分离效果越好。当 $K_D >$ 100 时，所用萃取溶剂的体积与原溶液体积大致相等，一次萃取即可达到99%以上的萃取率，但这种情况往往很少，大部分需要2次或以上的萃取。K_D 值与多种条件有关，包括萃取温度、萃取溶剂、目标化合物性质等。

有机物质在有机溶剂中的溶解度一般比在水相中的溶解度大，所以可以将它们从水溶液中萃取出来。分配系数越大，水相中的有机物可被有机溶剂萃取的效率会越高。但是，在许多的样品体系中这些物质的分配系数差别较大，使用一次萃取不可能将全部物质从水相中移入有机相。被萃取物质的萃取效率（E）常用的表达式为

$$E = c_o V_o/(c_o V_o + c_{aq} V_{aq}) = K_D V/(1 + K_D V), \qquad\qquad (2-2)$$

式中，V_o 为有机相体积；V_{aq} 为水相体积；V 为相比 V_o/V_{aq}。

2.1.2 常用方法

2.1.2.1 常规液液萃取

在安全风险物质的检测中，如果待测样品量不大，或者目标化合物的分配系数 K_D 值适中，则可以使用常规液液萃取方法。常规液液萃取使用分液漏斗或离心管，体积一般在 10 ～ 1 000 mL 之间。萃取可分为一步萃取以及多步萃取：对于一步萃取而言，为了获得较大的萃取率（大于99%），分配系数 K_D 必须大于100，因为（V_o/V_{aq}）必须保持在 0.1 ～ 10 之间，而绝大部分的情况下都较难满足。因此，在大部分的常规液液萃取中，完全萃取都需要2次或以上的次数。萃取效率 E 的计算方法如式（2-3）所示。

$$E = 1 - [1/(1 + K_D V)]^n, \qquad\qquad (2-3)$$

式中，n 为萃取次数。如果某一种物质的分配系数 $K_D = 5$，两相的体积相等时（$V = 1$），若每一次萃取都使用不含目标化合物的溶剂，必须进行3次萃取（$n = 3$）才能获得大于99%的萃取率。因此，一般来说，多次萃取与一次萃取相比，具有较高的萃取效率。

常规液液萃取通常使用的玻璃仪器为分液漏斗。操作前应当选择容积较样品体积大1倍以上的分液漏斗，这样才有足够的空间使萃取溶剂与待测样品充分混合。使用时应将分液漏斗的活塞擦干，薄薄地涂上一层润滑脂，塞好后再将活塞旋转数圈，使润滑脂均匀分布，关好活塞，然后放在萃取架上；如选用聚四氟乙烯塞的分液漏斗，则无需上述操作。

在液液萃取实验前，可以先用小试管或小离心管进行预试验，分别加入少量样品和萃取溶剂，剧烈振荡后观察分层现象和萃取效果。如果容易产生乳化现象，则在萃取时采用轻微振摇以及延长萃取时间的方式来达到萃取平衡，避免剧烈振荡。

将待测样品溶液和萃取溶剂依次自上口倒入分液漏斗中，塞好上口塞子。一般情况下，样品溶液与萃取溶剂的体积比应为3：1左右。两相之间的接触是决定萃取效率的关键因素，所以应取下分液漏斗进

行振荡。初始振摇时要轻微缓慢，然后将分液漏斗下口向上倾斜，缓慢打开活塞，逸出溶剂蒸气。然后将活塞关闭再进行振荡，多次重复直至放气时几乎无压力，此时应剧烈地振摇3～5 min后，将分液漏斗放回漏斗架上静置。待其中两相溶液完全分开，打开上面的瓶塞，再将活塞慢慢地旋开，将下层液体自活塞放出，然后将上层液体从分液漏斗的上口倒出。

分液时尽量分离干净，有时在两相间可能出现的一些絮状物也应及时放出。萃取次数取决于被测物在两相中的分配系数，一般为3～5次。将所有的萃取液合并，加入合适的干燥剂干燥后即可用于色谱测定。如果浓缩倍数不够，可将萃取液进行蒸发浓缩。

样品溶液的相对密度在1.1～1.2之间为最适宜，过浓则无法完全提取，过稀则萃取溶剂用量大，不利于操作，并且目标化合物的回收率低。样品溶液与萃取溶剂应保持一定的比例，初次萃取应为3:1，后逐渐改为4:1～5:1，一般萃取5次以内为宜。萃取如用分液漏斗(图2-1)，必须保证下层液体经活塞放出，上层液体从上口倒出；如用离心试管，萃取后可用滴管将萃取相吸出。

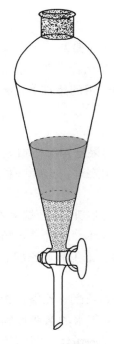
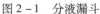

图2-1 分液漏斗

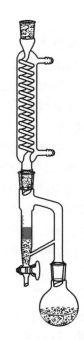

图2-2 连续液液萃取装置

2.1.2.2 连续液液萃取

在安全风险物质的检测中，如果待测样品量大，或者目标化合物的分配系数K_D值小，则可能存在以下两种情况：需要很多次萃取才能萃取完全，且萃取溶剂的总体积巨大；在特定的情况下，萃取速度慢，需要长时间才能达到萃取完全。在这两种情况下，多次常规液液萃取是难以实施的，这时可以使用连续液液萃取技术。

在连续液液萃取中，萃取溶剂可以被循环利用，不断通过含有被萃取物的待测样品水相，再回到圆底烧瓶中。图2-2所示为常用的连续液液萃取装置，适用对比水重的有机溶剂进行萃取。萃取过程为：萃取溶剂从烧瓶中加热气化，上升到冷凝器中冷却液化后滴入并穿过样品溶液下沉至底部，通过与样品溶液接触，带走部分目标化合物，并一同通过斜管返回到烧瓶中。该过程连续地进行，直到目标化合物绝大部分被萃取出来。萃取完成后，烧瓶也作为浓缩器使用，蒸发和除去萃取溶剂。

与常规液液萃取相比，连续液液萃取具有如下优点：搭好装置后即可自动回流萃取，无需人工手动振摇操作；可以萃取较低K_D值的待测样品；使用较少的萃取溶剂就可以得到较高的萃取效率。连续液液萃取同样有不足：萃取过程中高温可能会导致易挥发目标化合物的损失，同时热不稳定的目标化合物也可能会降解。

2.1.2.3 自动液液萃取

在安全风险物质的检测中，若批量样品的前处理均要用到液液萃取法，仅靠人工手动操作，费力费时，繁琐易错，工作量大，无法满足检测需求。自动液液萃取装置，可极好地解决此类问题。

自动液液萃取装置一般为自动摇动分液漏斗装置，可完成液液萃取、样品混匀等实验过程。自动液液萃取装置一般包括以下参数：①振荡方式，垂直振荡或倾斜振荡；②定时器，设置一定浸泡时间后自动运行；③振荡时间，一般为 5～30 min；④振荡幅度，一般为 0～60 mm。此外，自动液液萃取装置一般有弹性无级可调一体式夹具，可自由滑动，适用于分液漏斗、容量瓶、三角瓶、具塞量筒、比色管、试管、离心管等，同时装有防护罩，可保证使用人员安全。

在使用液液萃取装置时，实验人员仅需要进行加料及分液的操作，即可批量处理大量样品，极大提高工作效率，且不易出错，是未来自动化实验室的发展方向。

2.1.3 影响因素

影响萃取效果的因素较多，且可能导致安全风险物质检测结果的偏差，主要包括：①萃取溶剂的选择；②目标化合物在萃取溶剂与原溶液两相之间的平衡关系（即目标化合物在萃取溶剂与原溶液两相中的溶解度差异）；③萃取过程中两相之间的接触情况。在目标化合物一定的条件下，影响萃取效果的因素主要由萃取溶剂的选择以及萃取次数决定。

2.1.3.1 萃取溶剂的选择

液液萃取法是安全风险物质检测中前处理常用的提取方法。如果已知某个或某一类待测目标化合物的分子结构，可以根据相似相溶原理以及有关萃取溶剂选择的常用定理，选择一种合适的萃取溶剂，从而把待测目标化合物从混合样品中萃取出来。

常用的萃取分离溶剂极性不同，极性由小到大分别为：小极性溶剂（环己烷 < 石油醚Ⅰ、石油醚Ⅱ、正己烷 < 甲苯、二甲苯、苯，等）、中极性溶剂（四氢呋喃、二氧六环、乙醚 < 氯仿、二氯甲烷、吡啶 < 乙酸乙酯，等）、大极性溶剂（丙酮、乙腈、DMF、DMSO < 异丙醇、正丁醇、乙醇、甲醇 < 乙酸、甲酸 < 水，等）。

常用的萃取溶剂有苯/甲苯、石油醚/正己烷、二氯甲烷/氯仿、乙醚、乙酸乙酯、正丁醇等。根据安全风险物质检测中目标化合物性质的不同，选择合适的溶剂：不溶于水的亲脂性物质，一般多用强亲脂性有机溶剂（如苯/甲苯、石油醚/正己烷）作萃取溶剂；较易溶于水的甾体、黄酮等物质，一般多用中等亲脂性的溶剂（如二氯甲烷/氯仿、乙醚等）进行萃取；偏亲水性的物质，在亲脂性溶剂中难溶解，一般多用弱亲脂性的溶剂（如乙酸乙酯、正丁醇、水饱和的正丁醇等）进行萃取。

此外，使用混合溶剂来萃取，一般效果比单一溶剂好得多。如"乙醚 – 苯"混合溶剂、"二氯甲烷/氯仿 – 乙酸乙酯"混合溶剂、"二氯甲烷/氯仿 – 四氢呋喃"混合溶剂等，都是良好的混合溶剂。此外还可以在二氯甲烷/氯仿、乙醚中加入适量的甲醇/乙醇，制成亲水性较大的混合溶剂，以此来萃取亲水性目标化合物。由于使用亲水性大的有机溶剂，会使得样品中部分亲水性杂质伴随而出，影响萃取效率，因此，向样品水溶液中加入无机盐，可以显著降低目标化合物在样品水中的溶解度，使其分配系数 K_D 发生变化。中性样品常加入氯化钠和硫酸钠，酸性样品常加入硫酸铵，碱性物质常加入碳酸钠，从而极大提高萃取效率。

2.1.3.2 萃取溶剂的影响

萃取溶剂的选择对萃取结果的影响很大，是萃取结果的决定性因素。萃取溶剂选择的主要依据是目标化合物的性质，相似相溶原理是萃取溶剂选择的基本原则，此外还应考虑分配系数、密度、界面张力、黏度等几个方面的因素。

（1）相似相溶原理。相似相溶原理是指如果目标化合物是极性分子组成的溶质，由于极性分子间的电性作用，使得其易溶于极性分子组成的萃取溶剂，而难溶于非极性分子组成的萃取溶剂；如果目标化合物是非极性分子组成的溶质，则易溶于非极性分子组成的萃取溶剂，而难溶于极性分子组成的萃取溶剂。相似相溶原理是萃取溶剂选择的基本原则，选择适当的萃取溶剂对萃取结果有决定性影响。

（2）分配系数。目标化合物在萃取溶剂和原溶液之间的分配系数 K_D 是选择萃取溶剂前首先应该考虑的因素，可以根据目标化合物分别在萃取溶剂和原溶液中的溶解度来做粗略预估。K_D 数值大，表示目标化合物在萃取相的组成高，即目标化合物在萃取溶剂中的溶解度大，萃取溶剂用量需求小，目标化合物容易被萃取出来。

（3）密度。在液液萃取中，萃取溶剂和原溶液两相间应保持一定程度的密度差，以利于两相的分层。如果两相的密度过于接近，则极容易出现乳化现象，不利于萃取，也会导致结果的偏差。

（4）界面张力。萃取体系的界面张力对萃取过程也有较大影响。当界面张力适中时，细小的液滴比较容易聚集，有利于两相的分离；当界面张力过大时，液体不易分散，难以使两相很好地混合；当界面张力过小时，液体易分散，但易产生乳化现象，使两相难以分离。因此，应对界面张力进行综合考虑，一般宜选择界面张力较大的萃取溶剂，不宜选择界面张力过小的萃取溶剂。

（5）黏度。萃取溶剂黏度高，不利于两相的混合与分层，萃取溶剂黏度低时则相反，因而黏度低的萃取溶剂对萃取有利。

（6）其他。萃取溶剂应有良好的化学稳定性，应不易发生分解或聚合反应。一般而言，低沸点溶剂是较好的选择，既容易与目标化合物分离，又容易回收。同时，萃取溶剂的毒性应尽可能低，以此保护实验人员的安全与健康。此外，萃取溶剂价格的高低、是否为高度易燃易爆、购买及运输的难度等，都应该加以考虑。

2.1.3.3　萃取操作的影响

萃取的操作过程，对萃取结果的影响很大，它决定了能否把目标化合物由样品相转移到萃取溶剂相中。萃取操作包括萃取次数、萃取时间、萃取力度等因素。

（1）萃取次数。根据萃取的分配定律可知，所用萃取溶剂的总体积不变时，当萃取次数≤4 次，萃取次数越多，样品溶液中目标化合物的残留量越小，萃取效果越好；当萃取次数≥5 次时，随着萃取次数的增加，萃取次数和萃取溶剂体积所带来的影响越弱，增加萃取次数或增大萃取溶剂体积，样品溶液中目标化合物的残留量变化很小。因此，在操作时，将全部萃取溶剂分为 5 次以内萃取比 1 次全部用完萃取效果好，一般同体积溶剂分 3～5 次萃取即可。

（2）萃取时间。萃取时间应适中，一般 3～5 min 即可获得较大的萃取率。萃取时间过短，则萃取不充分，影响最终检测结果；萃取时间过长，萃取程度不再增加，还可能导致某些不稳定的目标化合物变化，或乳化现象严重，如萃取溶剂为乙醚等易挥发溶剂，过长的萃取时间会导致溶剂挥发。

（3）萃取力度。由于液液萃取是目标化合物的相转移过程，因此，在萃取过程中必须有足够的力度，才能使得目标化合物从原样品相中分离，并转移到萃取溶剂相中。萃取力度过小，则萃取不充分，将导致结果偏差。如果由于萃取力度过大导致乳化现象，可通过静置或离心去除，不影响萃取结果。

2.1.4　液液萃取中的破乳

2.1.4.1　乳化现象

在液液萃取的过程中，高频率、急速、充分地振摇样品，是非常关键的操作，也是影响检测结果的重要因素之一。该操作可以保证样品中的两相得到完全、充分的接触，从而产生质量传递、在分液漏斗或离心管中发生两相完全混合，产生巨量的界面区域，使得有效的分配得以出现。由于物质剧烈振动的存在，在液液萃取中经常会出现乳化现象。当样品中含有表面活性剂或脂肪和油脂类物质时，乳化现象尤其明显。

当乳化现象出现时，若要富集待测物质，则必须先进行破乳。常用的破乳方法很多，如采用加热、加盐等方法进行破乳，其本质都是加入改变溶剂或化学平衡作用的添加剂，通过改变 K_D 值，达到破乳的目的。

常用的破乳方法技术如下：向液液萃取的样品中加盐（如无水氯化钠、无水硫酸钠等）；加热萃取容器（如用热风吹分液漏斗瓶壁），或冷却萃取容器（如把盛有样品的离心管放进低温冰箱）；通过相过滤纸或玻璃棉塞，过滤乳化液样品；通过加入缓冲剂调节 pH 值；通过离心作用；加入少量的不同的有机溶剂。

2.1.4.2　不同乳化程度的处理方法

液液萃取过程中，如已经发生乳化现象，根据乳化的程度的不同，可把乳化程度分为轻度乳化、中度乳化、高度乳化。可基于乳化程度的不同，采用适当的方法来消除乳化。

（1）样品出现轻度乳化，即两相间形成一层较薄的乳化层。可使用玻璃棒搅动乳化层，削弱乳化物分子的吸附作用；或者使用细金属丝与容器壁摩擦，破坏胶体粒子的双电层；或采用静置法破乳，即将其静置一定的时间后，可自然分层。以上方法均能较好地消除轻度乳化，既简单又避免了杂质的引入。这是由于轻度乳浊液是液体杂质以微小珠滴散布在液体溶剂中的一种分散体系，是热力学不稳定体系，通过简单操作可容易破乳。

（2）样品出现中度乳化，即两相乳化率较高，但仍能观测到分层界限。此时可加入电解质进行破乳，譬如，属于两相比重引起的乳化，加入可溶解性无机盐类（如无水氯化钠、无水硫酸钠）于水相中，通过提高体系中水相的比重使两相分层，如果仍然不能分层，可加入 1 mol/L 的盐酸消除乳化，通常破乳率与加入电解质的量成正比；或者加入少量不同的有机溶剂进行破乳，如果属于两相比重相差较大形成的乳化，加入无水乙醇能溶解相互黏合的两相液滴，破乳的效果也比较好；或者将乳浊液经过无水硫酸钠漏斗过滤，也可以完全地消除中度乳化，但必须进行淋洗，以防待测组分的损失。

（3）样品出现高度乳化，即两相全部乳化，无明显分层界限。此时可使用离心法破乳。破乳率与离心转数及作用时间呈正相关，即转速越高、离心时间越长，破乳效果越好。通常采用 4 000 r/min，作用 3 min 的破乳率可达 99% 以上，极端情况可以 11 000 r/min 超高速离心，但必须注意的是，离心法不适用微乳液的破乳；若采用无水硫酸钠研磨法破乳，即将乳浊液转入研钵中，使用无水硫酸钠研磨至沙状后再进行萃取消除乳化，应注意防止待测组分的损失；采用蒸干法也可以破乳：将乳浊液置入蒸发皿中，于 100℃ 沸水浴蒸干后，再用有机溶剂萃取，但此法不适于挥发性物质的萃取。

2.2　液固萃取

液固萃取（LSE），是指通过用适当的溶剂，将原料中的目标化合物从固体相中抽提到溶剂相的分离过程。液固萃取在不同领域有不同的名称，如在矿石富集中常称为浸取，在中药提取中常称为浸提等。液固萃取在安全风险物质检测中是一种常用的、极其重要的前处理技术。

常用的液固萃取方法较多，主要包括传统法和现代法。传统法有五种形式：渗漉法、煎煮法、浸渍法、回流法、水蒸气蒸馏法；现代法有三种形式：超声波提取法、微波萃取法、超临界流体提取法。其中，回流法和超声波提取法是安全风险物质检测中最常用的两种分析方法。

2.2.1　基本原理

液固萃取的原理，实际上是目标化合物扩散到萃取溶剂的过程。它包含两个过程：固体样品中某些待测定目标化合物分子在溶剂中溶解的过程，以及待测定目标化合物分子与溶剂分子相互扩散的过程。这两个过程同时进行。萃取时的扩散过程主要由分子扩散和对流扩散组成。在固体样品表面与溶剂交界处为分子扩散，而固体样品内部为对流扩散，在对流扩散中也有分子扩散。

一般来说，液固萃取可由以下三个阶段组成：①浸润阶段。待测样品与萃取溶剂混合时，溶剂首先附着于样品表面使之润湿，固体样品表面层的溶质溶解于萃取剂中，目标化合物从固相表面层进入液相，同时溶剂从液相进入固相表面层。②溶解阶段。萃取溶剂在浸润固体样品表面层后，通过样品间隙进入内部，在溶剂的作用下，内部可溶性成分（包括目标化合物及其余杂质成分）逐渐溶解，进入固体样品内的溶剂逐渐形成浓溶液，高于外部浓度，产生浓度差。③扩散阶段。由于浓度差的存在，产生了扩散的推动力，固体内层溶质通过萃取剂从固体小孔中向固体外表面扩散，并向溶液主体中移动，最终溶质转入到溶剂中。

上述三个阶段中，哪一阶段进行得最慢，该步就成为液固萃取速率的主要控制因素，而且直接影响到液固萃取装置及操作条件的选择。一般而言，浸润阶段通常进行得很快，因此，在整个液固萃取过程中，对萃取速率的影响可以忽略不计。如果溶解阶段是主要控制因素，例如，在某些样品中，溶质在待测样品中含量较少，并分布在不易为萃取剂所渗透到的颗粒内部，在这种情况下，就必须将固体粉碎成细小的固体颗粒。因为颗粒越细，溶质从固体内部扩散到固体表面所移动的距离越短，同时，液固两相的接触面积增加，与大颗粒比较，萃取速率就会提高，所以应将固体加以粉碎，以使尽可能多的溶质和萃取剂接触。如果扩散阶段是控制因素，则应将液固混合物进行搅拌，增加固体表面与溶剂间的浓度差，进而大大提高萃取速率。

此外，目标化合物在固体中的分布情况将直接影响液固萃取的速率。若溶质均匀地分布在固体中，则靠近表面的溶质将最先溶解，而使固体残渣变成多孔性的结构。因此，萃取剂在和较内层的溶质接触之前，必须先透过外层向内渗透，这样，萃取过程就逐渐变得困难，萃取速率逐渐下降。若溶质在固体中含量很高，则此多孔性的结构会很快松散，成为很细的不溶解的残渣，这时更多的萃取剂将很容易地接近溶质，使萃取进行得很充分。

2.2.2　常用方法

在安全风险物质的检测中，常用的液固萃取方法有液固分次萃取和液固连续萃取。

1. 液固分次萃取

液固分次萃取，即用萃取溶剂多次地将固体待测样品中的某个或某几个目标化合物萃取出来。该法常用超声提取实现，将预处理的固体待测样品置于比色管或烧杯中，直接加入适当、适量的萃取溶剂中浸泡一段时间，然后进行超声提取处理，之后过滤固体再用新鲜溶剂超声提取，如此重复操作 3～5 次，即可基本萃取完全，合并所有萃取溶液，蒸馏浓缩样品回收溶剂，最后进样分析。这种方法的萃取阶段很像民间泡药酒的方法，并辅以现代超声提取技术，是实验室最常用的液固提取方法。

超声提取法是近几年发展起来的一种提取技术，它利用超声波的空化作用、机械效应和热效应等，加速待测化合物内有效物质的释放、扩散和溶解，可以显著提高提取效率。超声提取法具有明显的优势：多次总萃取效率高，可以提取完全；反应条件温和，不对目标化合物造成破坏。其缺点是，单次提取效率一般，须进行多次操作，较为繁琐；萃取溶剂需求量大，后续需要浓缩。

在使用超声提取法时，若使用乙醚、正戊烷等沸点较低的挥发性溶剂，连续超声提取会使得水槽温度上升，导致溶剂沸腾甚至冲盖，影响最后测定结果。因此，可在水槽中加入适量冰袋，维持温度在一个适度较低的状态。

对于某些超声难以提取且热稳定性高的目标化合物，可以用液固热溶剂分次萃取。该法常用加热回流实现，将被萃取待测样品放在圆底烧瓶中，加入萃取溶剂，加热回流一段时间，用倾泻法或过滤法分出溶液，再加入新鲜溶剂进行下一次萃取。

2. 液固连续萃取

在液固萃取中，除了分次萃取外，从固体物质中萃取所需要的成分，还可以使用连续萃取装置。液固连续萃取通常是在如图 2-3 所示的 Soxhlet 提取器（即索氏提取器，也称脂肪提取器）中进行的。它基于溶剂回流及虹吸原理，使固体待测样品每次都能为新鲜的、具有一定温度的、不含溶质的萃取溶剂所浸润及萃取，因而萃取效率较高，同时又节省溶剂。

萃取前将固体待测样品粉碎，装进滤纸筒中密闭，轻轻压紧并均匀平铺，再套入另一个稍大的滤纸筒中，再次密闭，以防止固体粉末漏出堵塞虹吸管。滤纸筒上口向内叠成凹形，滤纸筒的直径应略小于萃取器的内径，以便于取放。筒中所装的固体物质的高度应低于虹吸管的最高点，使萃取剂能充分浸润被萃取物质。

将装好了被萃取固体的滤纸筒放进萃取器中，萃取器的下端与盛有溶剂的圆底（或平底）烧瓶相连，上端接回流冷凝管并通回流水。底部加热烧瓶，若使用低沸点溶剂，如二氯甲烷、乙醇等，则用水浴加热法；若使用较高沸点溶剂，如水、异丙醇等，则用电热套加热。萃取溶剂沸腾后，纯溶剂蒸汽沿侧管上升，并进入回流冷凝管遇冷液化，被冷凝下来的液态溶剂不断地滴入滤纸筒的凹形位置。由于具有一定的温度，萃取溶剂可以有效地把目标化合物从待测样品中抽提出来。当萃取器内萃取溶剂的液面超过虹吸管的最高点，因虹吸作用，含有目标化合物的萃取液会自动流入圆底烧瓶中，并再度蒸发出纯溶剂蒸汽。此过程经多次循环，被萃取的目标化合物就会不断地被具有一定温度的纯溶剂萃取出来，并随萃取溶剂在圆底烧瓶中浓缩和富集，再根据其浓度，经浓缩或稀释定容后，即可进样分析。

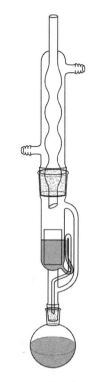

图 2-3　索氏提取器

索氏提取法是 Franz von Soxhlet 发明的实验方法，它是公认的一种从固体物质中萃取化合物的经典方法。索氏提取法具有明显的优势：萃取循环次数多，总萃取效率高；萃取溶剂带有一定温度，萃取效果好；萃取溶剂可反复利用，总体积需求少；搭建好萃取装置后，不再需要操作处理即可自动提取，节省人力物力。其缺点为：萃取溶剂温度较高，某些对温度敏感的目标化合物可能会受热分解；采用高沸点溶剂（如甲苯、二甲苯等）进行提取时，不宜采用索氏提取法。

在使用索氏抽提法时，如果当时环境气温较低，萃取溶剂蒸汽由侧管上升时容易冷凝，难以上升进入回流冷凝管，可在侧管处包上部分棉花保温，提高萃取溶剂气化效率。

除了传统的索氏提取器外，市售的还有批量自动索氏提取器，即将 4～6 个索氏提取器组成一个整体仪器，包括串联回流冷凝管和烧瓶共用加热水槽，并辅以温度控制及时间控制，方便批量处理液固萃取。

2.2.3　影响因素

在液固萃取的过程中，如何把待测样品中的目标化合物完全提取出来，关系到测定结果的准确性。影响萃取效果的因素较多，主要因素包括：待测样品的粒度、萃取溶剂的选择、萃取溶剂的黏度、两相的浓度差、提取溶剂用量、提取时间、提取次数、提取过程的温度、提取过程的相对运动。

1. 待测样品的粒度

待测样品的粒度，对液固提取有较大影响。待测样品在提取之前，必须用粉碎机进行破碎，得到具有一定破碎程度的样品，才能进行提取。待测样品的粒度必须适中，过大或过小均不利于提取。样品的粒度过大，溶剂难以进入样品内部，无法完全抽提出目标化合物；样品的粒度过小，重量过轻，容易浮在溶剂表面或粘在提取容器壁上，无法完全浸润在容积内部，同时萃取完成后不易液固分离。

2. 萃取溶剂的选择

萃取溶剂的选择，是液固提取中最关键的要素。其基本原则是相似相溶原理，即极性溶剂易溶解极性溶质，非极性溶剂易溶解非极性溶质。因此，选择适当的溶剂，才能有效抽提出待测目标化合物，否则提取不能完全，影响最终结果的定量。

3. 萃取溶剂的黏度

萃取溶剂的黏度，对液固提取有一定影响。对同一类溶剂而言，一般来说，碳数越大，则溶剂黏度越大，如甲醇、乙醇的黏度小于正丁醇等。在根据相似相溶原理确定某一类溶剂以后，应尽量选择黏度小的溶剂，以利于溶剂进入待测样品抽提出目标化合物，同时也有利于抽提出的目标化合物向外扩散，使得液固萃取向正平衡方向移动。

4. 两相的浓度差

两相的浓度差，是液固提取动力学的驱动力，对液固提取有较大影响。液固提取实际上是分子扩散运动，即目标化合物受到外界的能量作用，从待测样品中扩散到有机溶剂，直到平衡的过程。两相的浓度差越大，扩散的趋势越大，目标化合物越容易被提取出来；反之，两相的浓度差越小，扩散的趋势越小，目标化合物越难被提取出来。因此，在液固萃取中，进行适量多次萃取比大量单次萃取的萃取效果好，萃取过程中要常更换不含目标化合物的新鲜溶剂，即增多提取次数，并将已含目标化合物的溶剂收集浓缩。

5. 提取溶剂用量

提取的溶剂用量对液固提取有一定影响。原则上来说，提取溶剂的用量必须没过待测样品的顶部，使之完全浸入。此外，提取过程中由于温度的升高，部分溶剂可能会挥发损失，因此，必须加入比适量稍多的溶剂，以防止提取过程中的溶剂损失，导致结果的偏差。萃取溶剂过多或过少，均不利于液固提取过程：溶剂过少，则无法完全没过待测样品，且两相的浓度差很快达到平衡，影响提取效率；溶剂过多，对超声提取法而言会导致提取空间小，对索氏提取法而言则容易暴沸，且最后浓缩过程需时长。

6. 提取时间

提取时间对液固提取有较大影响。提取率与时间一般呈正相关，即在一定的范围内提取时间越长越好，时间越长，被萃取物质的分子就有足够的时间达到溶解平衡，提取效率越高。但是，当萃取液达到一定的浓度时，被萃取物在固液相之间达到平衡，再无限制地延长萃取时间没有实际意义。因为在这种情况下萃取推动力减少（浓度差降低），样品中的被萃取物质不可能完全地被萃取。

7. 提取次数

提取次数对液固提取有较大影响。提取率与提取的次数一般呈正相关，即提取次数越多，提取效率越高。若使用超声提取法，3 次即提取完全，一般不超过 5 次；使用索氏抽提法则不存在此问题。

8. 提取过程的温度

提取过程的温度对液固提取有较大影响。提取过程的温度必须适中，温度过低，则分子运动小，提取效率低，且部分高凝点溶剂（如二甲基亚砜）在低温下黏度变大，甚至凝结，影响提取效果；温度过高，则待测样品中的目标化合物可能会被高温破坏，被萃取出来的杂质也随之增多，且部分低沸点溶剂（如乙醚、正戊烷）在高温下易挥发，甚至沸腾，致使萃取难以进行，影响提取效果。通常，萃取时的温度应当比所用溶剂的沸点低 10～15℃。

9. 提取过程的相对运动

提取过程的相对运动，有利于目标化合物的扩散，可使提取过程向正向平衡移动，因此，在液固萃取的过程中必须加入搅拌或振摇过程，以提高萃取率。

2.3 固相萃取

与传统的液液萃取和液固萃取不同，固相萃取（SPE）是现代前处理萃取技术，其基本原理是利用固体吸附剂将液体待测样品中的目标化合物吸附，与待测样品的基质和干扰化合物分离，然后再用洗脱液洗脱或加热解吸附，达到分离和富集目标化合物的效果。

与液液萃取相比，固相萃取有很多优点：①采用高效、高选择性的吸附剂（固定相），显著减少了萃取溶剂的用量，简化了处理过程，缩短了处理时间，降低了所需费用；②与常规液液萃取相比，无需大量互不相溶的萃取溶剂，因此处理过程中不会产生乳化现象；③与连续液液萃取相比，无需高温，常温下即可进行，不破坏目标化合物。一般而言，固相萃取与液液萃取相比，所费时间仅为其50%，费用仅为其20%，是一种先进、高效、便捷的前处理方法。

2.3.1 基本原理

固相萃取实质上是一种液相色谱分离，所用的吸附剂也与液相色谱常用的固定相相同，只是在粒度上有所区别。其主要分离模式也与液相色谱相同，可分为正相（吸附剂极性大于洗脱液极性）固相萃取、反相（吸附剂极性小于洗脱液极性）固相萃取和离子交换固相萃取。

（1）正相固相萃取所用的吸附剂都是极性的，所萃取的目标化合物都是极性化合物。目标化合物与吸附剂间的作用，是两者极性官能团之间的相互作用，其中包括氢键相互作用、$\pi-\pi$键相互作用、偶极 – 偶极相互作用、偶极 – 诱导偶极相互作用以及其他的极性 – 极性作用。

（2）反相固相萃取所用的吸附剂通常是非极性或极性较弱的，所萃取的目标化合物通常是中等极性、弱极性以及非极性化合物。目标化合物与吸附剂间的作用，是两者间的疏水性相互作用，包括范德华力和色散力，以及其他非极性 – 非极性相互作用。

（3）离子交换固相萃取所用的吸附剂是带有电荷的离子交换树脂，所萃取的目标化合物是带有电荷的化合物，目标化合物与吸附剂之间的作用，是静电吸引力。

2.3.2 常用方法

1. 活化吸附剂

固相萃取柱在使用之前需用适当的溶剂淋洗活化，以使吸附剂保持湿润，从而可以吸附目标化合物或干扰化合物。不同模式固相萃取小柱活化用溶剂不同：①反相固相萃取所用的是弱极性或非极性吸附剂，因此，通常先用强溶剂（如正己烷）淋洗，以消除吸附剂上吸附的杂质及其对目标化合物的干扰，再用水溶性有机溶剂（如甲醇）淋洗，然后用水或缓冲溶液淋洗。②正相固相萃取所用的是极性吸附剂，因此，通常用目标化合物所在的有机溶剂（样品基质）进行淋洗。③离子交换固相萃取所用的吸附剂，当用于非极性有机溶剂中的样品时，可用样品溶剂淋洗；当用于极性溶剂中的样品时，可用水溶性有机溶剂淋洗后，再用适当 pH 值的水溶液（含有一定有机溶剂和盐）进行淋洗。

当活化处理完成以后，为了使固相萃取柱中的吸附剂在活化后、样品加入前能够保持湿润，应于活化处理后在吸附剂上保留约 1 mL 活化处理时使用的溶剂，以防萃取柱干裂。

2. 上样

将液态或溶解后的固态样品倒入活化后的固相萃取小柱，使其进入吸附剂。如果不易进入，则可利用抽真空、加压或离心的方法辅助。

3. 洗涤

当上样完成，样品进入吸附剂后，目标化合物首先被吸附，干扰化合物同样会被吸附在固相萃取小柱中。用较弱的溶剂将弱保留的干扰化合物洗脱弃去，而强保留的目标化合物则依然保持在固相萃取小柱上，以此对样品进行净化处理。需要注意的是，淋洗过程中，溶剂流速不得过快，必须逐滴下落。

4. 洗脱

通过淋洗将干扰化合物去除后，再用较强的溶剂将强保留的目标化合物洗脱收集。洗脱与淋洗类似，溶剂流速不得过快，必须逐滴下落；如下滴困难，可采用抽真空、加压或离心的方法使淋洗液或洗脱液流过吸附剂。收集洗脱液，浓缩或直接上机分析。

2.3.3　影响因素

1. 固相萃取柱的规格

固相萃取柱可以是玻璃的、不锈钢的，也可以是聚丙烯、聚乙烯、聚四氟乙烯等塑料的。小柱的直径为数毫米，下端有一孔径为 20 μm 的烧结筛板，用以支撑吸附剂，在筛板上填装一定量的吸附剂后再在吸附剂上加一块筛板，以防止加样品时破坏柱床。以上即为最简单的固相萃取装置。根据不同的需求，可以加入不同种以及不同量的吸附剂，用以分离不同的样品。

目前市面上已有各种规格、各种吸附剂的、商业化的固相萃取柱，不再需要自己填装，使用起来十分方便快捷。同时，为了方便固相萃取的使用，很多厂家除了生产各种规格和型号的固相萃取小柱之外，还研制开发了很多固相萃取的专用装置，使固相萃取更加方便简单。例如，给单个固相萃取小柱加压的单管处理塞，可方便地与固相萃取小柱配套使用；又如，为了能使多个固相萃取小柱同时进行抽真空，研发出了 12 孔径和 24 孔径的真空多歧管装置，可同时处理多个固相萃取小柱。

2. 吸附剂的选择

固相萃取中吸附剂的选择，主要基于目标化合物和样品基质（溶剂）的性质，两者极性越相似，吸附越好（即保留越好），因此应尽量选择与目标化合物极性相似的吸附剂。当目标化合物与吸附剂的极性非常相似时，可以得到最佳吸附（即最佳保留）。例如，萃取碳氢化合物（非极性）时，采用反相固相萃取（非极性吸附剂）；萃取有机弱酸（极性）时，采用正相固相萃取（极性吸附剂）；当目标化合物极性适中时，正、反相固相萃取均适用；当目标化合物为离子交换时，则选用离子交换型固相萃取。

固相萃取中吸附剂的选择，还受样品溶剂强度（即洗脱强度）的制约。待测样品的溶剂强度相对吸附剂为弱溶剂时，可增强目标化合物在吸附剂上的吸附（保留）。待测样品的溶剂强度太大，目标化合物吸附将很弱，甚至完全得不到吸附。溶剂强度在正、反固相萃取中的顺序是不同的。例如，若样品溶剂是环己烷，则不宜采用反相固相萃取，因为环己烷对反相固相萃取是强溶剂，目标化合物将不会吸附在吸附剂上；若样品溶剂是水，则应采用反相固相萃取，因为水对反相固相萃取是弱溶剂，不会影响目标化合物在吸附剂上的吸附。

选择吸附剂时，必须选择对目标化合物吸附很强而对干扰化合物吸附很弱或不吸附的吸附剂；当选择对目标化合物吸附很弱或不吸附而对干扰化合物有较强吸附的吸附剂时，可以先将目标化合物淋洗下来加以收集，而干扰化合物保留（吸附）在吸附剂上，从而使两者得到分离。在多数情况下选择前者，这样更有利于样品的净化。表 2-1 所示为固相萃取常用溶剂强度。

此外，固相萃取选择分离模式和吸附剂时，还要考虑以下几点：

（1）目标化合物在极性或非极性溶剂中的溶解度，这主要涉及淋洗液的选择。

（2）目标化合物有无可能离子化（可用调节 pH 值实现离子化），从而决定是否采用离子交换固相萃取。

（3）目标化合物有无可能与吸附剂形成共价键，如形成共价键，在洗脱时可能会遇到麻烦。

（4）目标化合物与非目标化合物在吸附剂上吸附点的竞争程度。这关系到目标化合物与干扰化合物能否很好分离。

表2-1　固相萃取常用溶剂强度

溶剂	在水中溶解度	极性	溶剂强度	
正己烷	不溶	非极性	强反相	弱正相
异辛烷	不溶			
四氯化碳	不溶			
三氯甲烷	不溶			
二氯甲烷	不溶			
四氢呋喃	可溶			
乙醚	不溶			
乙酸乙酯	微溶			
丙酮	可溶			
乙腈	可溶			
异丙醇	可溶			
甲醇	可溶			
水	可溶			
乙酸	可溶	极性	弱反相	强正相

2.3.4　固相萃取的常用吸附剂(固定相)

1. 固相萃取的常用吸附剂

固相萃取实质上是一种液相色谱的分离,因此,原则上可作为液相色谱柱填料的材料都可用于固相萃取柱。液相色谱的柱压较高,要求柱效较高,故填料的粒度要求较严格,随着泵压的提高,填料的粒径逐渐减小,以往常用 10 μm 粒径填料,目前高效柱多用 5 μm 粒径,甚至 3 μm 粒径的填料,且对填料的粒径分布要求也很窄。相比较而言,固相萃取柱上加压一般不大,能将目标化合物与干扰化合物和基体分开即可,因此柱效要求一般不高,故作为固相萃取吸附剂的填料都较粗(一般在 40 μm 即可使用),粒径分布要求也不严格,大大降低了固相萃取柱的成本。

2. 常用填料

(1)硅胶为基体的填料(见表2-2)

表2-2　硅胶为基体的填料

名　称	模式	填料特性	应　用
LC-18	反相	硅胶上接有十八烷基,键端处理过	适合于非极性到中等极性的化合物,如抗菌素、巴比妥酸盐、酞嗪、咖啡因、药物、染料、芳香油、脂溶性维生素、杀真菌剂、锄草剂、农药、碳水化合物、对羟基苯甲酸酯、苯酚、邻苯二甲酸酯、类固醇、表面活化剂、茶碱、水溶性维生素
ENVI™-18	反相	硅胶上接有十八烷基,键端处理过	相覆盖率和碳含量高于 LC-18,有很强的耐酸碱性,对非极性化合物有较高的容量。适合于非极性到中等极性的化合物,如抗菌素、咖啡因、药物、染料、芳香油、脂溶性维生素、杀真菌剂、锄草剂、农药、PNAs、碳水化合物、对羟基苯甲酸酯、苯酚、邻苯二甲酸酯、类固醇、表面活化剂、水溶性维生素,同时也有片状型号

（续表2-2）

名　称	模式	填料特性	应　用
LC-8	反相	硅胶上接有辛烷，键端处理过	适合于非极性到中等极性的化合物，如抗菌素、巴比妥酸盐、酞嗪、咖啡因、药物、染料、芳香油、脂溶性维生素、杀真菌剂、锄草剂、农药、碳水化合物、对羟基苯甲酸酯、苯酚、邻苯二甲酸酯、类固醇、表面活化剂、水溶性维生素，同时也有片状型号
ENVI-8	反相	硅胶上接有辛烷，键端处理过	相覆盖率和碳含量高于LC-8，有很强的耐酸碱性，对非极性化合物有较高的容量，如巴比妥酸盐、酞嗪、咖啡因、药物、染料、芳香油、脂溶性维生素、杀真菌剂、锄草剂、农药、PNAs、碳水化合物、对羟苯甲酸酯、苯酚、邻苯二甲酸酯、类固醇、表面活化剂、茶碱，水脂溶性维生素
LC-4	反相	硅胶上接有二甲基丁烷，键端处理过（孔径500Å）	相对LC-8或LC-18，其疏水性弱一点，适合于多酞和蛋白质的萃取
LC-Ph	反相	硅胶上接有苯基，尤其是芳香族化合物	相对LC-8或LC-18，其保留时间稍短，适合于非极性到中等极性的化合物
Hisep™	反相	疏水性的表面上键合亲水性基团	生物样品中的蛋白质被排出，药物小分子被保留
LC-CN	正相	硅胶上接有丙氰基烷，键端处理过	适合于中等极性的化合物，如黄曲霉毒素、抗菌素、染料、锄草剂、农药、苯酚、类固醇；弱阳离子交换萃取，适合于碳水化合物和阳离子化合物
LC-Diol	正相	硅胶上接有二醇基	适合于极性化合物
LC-NH₂	正相	硅胶上接丙氨基	适合于极性化合物；弱阴离子交换萃取，适用于碳水化合物，弱性阴离子和有机酸化合物
LC-SAX	离子交换	硅胶上接卤化季铵盐	强阴离子交换萃取，适合于阴离子、有机酸、核酸、核苷酸、表面活化剂，容量：0.2 mmol/g
LC-SCX	离子交换	硅胶上接磺酸钠盐	强阳离子交换萃取，适合于阳离子、抗菌素、药物、有机碱、氨基酸、儿茶酚胺、锄草剂、核酸碱、核苷、表面活化剂，容量：0.2 mmol/g
LC-WCX	离子交换	硅胶上接碳酸钠盐	弱阳离子交换萃取，适合于阳离子、胺、抗菌素、药物、有机碱、氨基酸、儿茶酚胺、锄草剂、核酸碱、核苷、表面活化剂
LC-Si	吸附	无键合硅胶	极性化合物萃取，如乙醇、醛、胺、药物、染料、锄草剂、农药、酮、含氮类化合物、有机酸、苯酚、类固醇

（2）Al_2O_3填料（见表2-3）

表2-3　Al_2O_3填料

名称	模式	填料特性	应　用
LC-Alumina-A	吸附	酸性，pH值约为5	极性化合物离子交换和吸附萃取，如维生素
LC-Alumina-B	吸附	碱性，pH值约为8.5	吸附萃取和阳离子交换
LC-Alumina-C	吸附	中性，pH值约为6.5	极性化合物吸附萃取。调节pH值，阳离子和阴离子交换。维生素、抗菌素、芳香油、酶、糖苷、激素

（3）Florisil®填料——硅酸镁（见表2-4）

表2-4　Florisil®填料——硅酸镁

名称	模式	填料特性	应用
LC-Florisil	吸附	硅酸镁填料	极性化合物的吸附萃取，如乙醇、醛、胺、药物、染料锄草剂、农药、PCBs、酮、含氮类化合物、有机酸、苯酚类固醇
ENVI-Florisil®	吸附	硅酸镁填料	极性化合物的吸附萃取，如乙醇、醛、胺、药物、染料、锄草剂、农药PCBs、酮、含氮类化合物，有机酸，苯酚，类固醇

（4）石墨碳填料（见表2-4）

表2-5　石墨碳填料

名称	模式	表面特性	应用
ENVI-Carb	吸附	无孔，比表面积100 m²/g，120/400目	极性和非极性化合物的吸附萃取
ENVI-Carb C	吸附	无孔，比表面积10 m²/g，300/100目	极性和非极性化合物的吸附萃取

（5）树脂填料（见表2-6）

表2-6　树脂填料

名称	模式	填料特性	应用
ENVI-Chrom P	吸附	树脂填料	极性芳香化合物的萃取，如从水溶液样品中萃取苯酚；也能用于非极性到中等极性芳香化合物的吸附

2.4　固相微萃取

　　固相微萃取（SPME）技术，于1989年由加拿大Waterloo大学的Pawlinszyn及其合作者Arthur等提出，并于1994年由美国Supelco公司推出其商业化产品，属于非溶剂型选择性萃取法，是一项新颖的样品前处理与富集技术。

　　SPME最初应用于环境化学分析，随着研究的深入和方法本身的不断完善及装置的改进，现在已逐步扩展到食品、天然产物、医药卫生、临床化学、生物化学、毒理和法医学等诸多领域，几乎可以用于气体、液体、生物、固体等样品中各类挥发性或半挥发性物质的分析，在安全风险物质的检测也有广泛使用，其显著的技术优势正受到各行各业分析人员的普遍关注，并大力推广应用。

　　SPME是在固相萃取的基础上发展起来的一种新的萃取分离技术。它根据"相似相溶"原理，结合被测物质的沸点、极性和分配系数，通过选用具有不同涂层材料的纤维萃取头，使分析物在涂层和样品基质中达到分配平衡来实现采样、萃取和浓缩的目的，克服了传统样品前处理技术的缺陷，集采样、萃取、浓缩、进样于一体，大大加快了分析检测的速度。与液液萃取和固相萃取相比，SPME具有操作时间短、样品量小、无需萃取溶剂、适于分析挥发性与非挥发性物质、重现性好等优点。

2.4.1　基本原理

1. 萃取原理

目前存在两种类型截然不同的商用SPME涂层。最广泛使用的是聚二甲基硅氧烷

（polydimethylsiloxane，PDMS），它是高分子液膜，虽然看起来像固体，但实际上是高黏度胶状液体。聚丙烯酸酯（polyacrylate，PA）是固态水晶状的涂层，在解吸温度下，可以转变成液体。PDMS 和 PA 经过吸收过程萃取目标分析物。其余涂层（包括 PDMS-DVB、Carbowax-DVB、Carbowax-TR、Carboxen-PDMS）都是混合涂层，基本萃取相是多孔的固体，它们以吸附方式萃取目标分析物。吸附和吸收的基本原理是不同的。但不管涂层的特性如何，分析物最初总是到达涂层的表面，最终分析物是进入涂层体内还是停留在表面，依赖于它在涂层中扩散系数的数量级。

有机分子在 PDMS 中的扩散系数接近于在有机溶剂中的扩散系数，因此它在 PDMS 中的扩散系数相对较快，PDMS 通过吸收萃取分析物。PA 涂层的扩散系数虽然低一个数量级，但是吸收仍然是它的基本萃取机理。有机分子在 DVB 和 Carboxen 体系中的扩散系数较小，因此在 SPME 分析的时间范围内，基本上所有的分子都停留在涂层的表面。如果有机分子在涂层表面上停留足够长的时间，仍能扩散到涂层的内部，足以说明其在分析过程中的持续滞留，甚至在重复解吸时也难以消除。从实际目的考虑，吸附应该是这些涂层的基本机理。

2. 定量原理

SPME 的基本原理和萃取机制，可以描述为待测物在介质相和/或顶空相以及萃取纤维相的分配平衡过程，在一定条件下达动态平衡时，涂层吸附的待测物的量与样品中的浓度成正比，以此作为定量分析的依据。在单相、单组分的萃取系统中达到分配平衡时，待测物在萃取纤维涂层中的量可由式（2-4）表达：

$$n = K_{fs}V_fC_0V_s / (K_{fs}V_f + V_s)，\qquad (2-4)$$

式中，n 为待测物在萃取纤维涂层中的量；K_{fs} 为待测物在样品及涂层间的分配系数；V_f 为萃取涂层的体积；C_0 为待测物的初始浓度；V_s 为样品体积。当样品体积 $V_s \gg K_{fs}V_f$ 时，可近似地表达为：

$$n = K_{fs} \cdot V_f \cdot C_0。\qquad (2-5)$$

也就是说，萃取纤维涂层所能吸附的待测物质的量与其初始浓度成正比。此为 SPME 的定量基础。

2.4.2 固相微萃取装置

2.4.2.1 整体结构

目前国内外所用的 SPME 装置，大多为美国 Supelco 公司的专利产品，萃取效果好；也有部分自行研发的简易装置，效果也较为理想。SPME 装置形状类似于一支改装的微量进样器，由萃取手柄和萃取头内的纤维两部分构成。萃取头是一根 1 cm 长、涂有不同吸附剂的熔融纤维，接在不锈钢丝上，外套细不锈钢管，保护石英纤维不被折断，纤维头在钢管内可伸缩或进出，细不锈钢管可穿透橡胶或塑料垫片进行取样或进样。萃取头有两种类型：一种萃取头由一根熔融的石英细丝表面涂覆某种色谱固定相或吸附剂做成；另一种萃取头是内部涂有固定相的细管或毛细管，称为管内 SPME。萃取手柄用于安装或固定萃取头，可连接不同的萃取头，并可永久使用。

2.4.2.2 萃取涂层

SPME 技术中起决定作用的是萃取纤维，萃取的关键在于选择石英纤维上的涂层（吸附剂）。由于熔融石英具有很好的耐热性和化学稳定性，因此一般以其为材质作为萃取器的萃取纤维支撑体。利用萃取纤维外的有机涂层对样品中的待测有机物进行选择性吸附，使目标化合物能吸附在涂层上，而干扰化合物和溶剂不吸附，以达到富集、浓缩待测组分的目的。涂层在应用中遵循"相似相溶"的原理。极性涂层对于极性物质如酚类、羧酸类等有较好的吸附性，而非极性涂层对于非极性的物质具有较好的萃取效果。

SPME 的涂层材料大体上可分为两类：有机高分子聚合物涂层和无机介质涂层。有机高分子涂层材料主要用于萃取有机分子及少量无机分子，无机涂层主要用于萃取无机物质及少量有机物质。除了常用的气相色谱（GC）固定相，一些液相色谱（HPLC）固定相也可作为 SPME 的涂层材料。

SPME 在各个领域的广泛应用，促成了涂层材料的多样化和涂层技术的不断发展。到目前为止，已实现商品化的以有机高分子聚合物为涂层材料的探针有：聚二甲基硅氧烷（PDMS，7、30、65、100 μm），聚丙烯酸酯（PA，85 μm），聚二甲基硅氧烷/二乙烯基苯（PDMS/DVB，75 μm），聚乙二醇/聚二甲基硅氧烷（CW/PDMS，75 μm），聚乙二醇/二乙烯基苯（CW/PVB，65 μm），聚乙二醇/模板树脂（DB/TR，50 μm）。

无机涂层材料作为吸附剂必须符合下列条件：①有大的比表面积、丰富的孔径和适宜的孔结构；②不与被吸附剂和介质发生化学反应；③在吸附条件下不发生升华和溶解；④有良好的热稳定性和机械强度。已实现商品化的无机涂层材料的探针主要有石墨炭黑和活性炭。

随着 SPME 在各个领域的广泛应用，被萃取化合物的种类越来越多，浓度越来越低，对 SPME 探针的要求也随之增强。除商品化探针外，一些新颖的 SPME 探针已被研制出来并用于环境、食品、生物等领域中样品的富集与检测。

2.4.3　固相微萃取的常用方法

2.4.3.1　萃取方式

SPME 萃取方式的选择主要与待测物的挥发性、基质和探针固定相涂层的性质有关。SPME 技术有两种萃取方式：一种是将萃取纤维直接暴露在样品中的直接浸入萃取法（DI-SPME），适于分析气体样品和洁净水样中的有机化合物；另一种是将纤维暴露于样品顶空中的顶空萃取法（HS-SPME），广泛适用于废水、油脂及其他固体样品中挥发、半挥发性的化合物的分析。一般而言，对挥发性特别强的样品，可采用顶空或空气萃取；对于半挥发性和不挥发性样品来说，应采用直接萃取。这两种萃取方式均可与 GC 和HPLC 联用进行后续分析操作。

对于半挥发性和不挥发性样品来说，典型的 SPME 萃取方式就是直接固相微萃取，即把 SPME 探针直接插入水相或暴露于气体中进行萃取。它要求所萃取的基质比较干净，否则将有严重的基体干扰。当基体比较复杂时，应采用膜保护萃取。对于挥发性和半挥发性样品来说，典型的 SPME 萃取方式就是顶空萃取，即把 SPME 纤维头置于待测样品的上部空间进行萃取的方法。该方法适合于待测物容易逸出进入液上空间的挥发性特别强的样品。当样品的基质复杂时，可以减少基体的干扰。

样品的振摇可使目标分析物分子分布均一化，更快达到分配平衡，缩短萃取时间。通常所用的振摇方式有三种：磁力振摇、强制混合以及声波振摇。磁力振摇只产生很小的混合效率；强制搅拌可以提高混合效率，但缺点是使样品发热；声波振摇被认为是一种最有效的方式，但也存在样品发热和难以自动化的问题。针对这三种振摇方式的不足，最近在 SPME-GC 自动进样系统中又引入了新的搅拌模式——纤维振颤，这种模式以纤维移动取代溶液的运动，可比传统的样品搅拌获得更快的平衡时间。

2.4.3.2　基本操作

1. 装样

SPME 在实验前必须先把样品装入特制的顶空瓶中。若为挥发性成分较多的固体样品，如木材、挥发油等，则所需样品量较少，仅 0.5 g 左右即可；若为液体样品，则一般不超过顶空瓶的一半。装样完毕后，放入水浴锅内或仪器自带的萃取装置内，以一定温度加热萃取。

2. 吸附和解吸

SPME 的采样方法包括吸附和解吸两步。吸附是将固相微萃取针管（不锈钢套管）穿过样品瓶密封垫，插入样品瓶中。然后推出萃取头，将萃取头浸入样品（浸入方式）或置于样品上部空间（顶空方式）进行萃取。萃取时间为 2～30 min，以达到目标化合物吸附平衡为准。最后缩回萃取头，将针管拔出。吸附过程主要是物理吸附过程，待测物可在样品及纤维萃取头外涂渍的固定相中快速达到分配平衡，涂层上吸附的待测物的量与样品中的待测物浓度线性相关。

3. 仪器分析

SPME 可用于气相色谱（GC）及气相色谱－质谱联用（GC-MS），也可用于液相色谱（HPLC）及液相色谱－质谱联用（LC-MS）。用于 GC 或 GC-MS 时，是将固相微萃取针管（不锈钢套管）插入进样口，推出纤维头，使用进样口的高温进行热解吸，解吸后的目标化合物被载气带入色谱柱；用于 HPLC 或 LC-MS 时，是将固相微萃取针管（不锈钢套管）插入固相微萃取/HPLC 接口解吸池，然后再利用 HPLC 的流动相通过解吸池洗脱目标化合物，并将目标化合物带入色谱柱。

2.4.4　固相微萃取的影响因素

1. 萃取纤维涂层

根据 SPME 技术的原理及萃取过程不难看出，萃取纤维涂层是影响 SPME 萃取选择性及灵敏度的重要部分。通过改变萃取纤维涂层的性质及长度和厚度，可以改变对不同待测化合物的选择特性和吸附量，即相应的萃取灵敏度。一般而言，选择与目标化合物性质相近的萃取涂层，可以提高萃取选择性。另外，增加涂层厚度和长度可以提高萃取的吸附量即灵敏度。一般而言，增加萃取纤维涂层的厚度有助于待测物质萃取回收率的提高，但是相应的萃取时间会增加。

2. 萃取温度

SPME 提取和富集样品是一个动态平衡的过程，萃取效率与待测物质在各相之间的分配系数有关。分配系数是热力学常数，温度是直接影响分配系数的重要参数。升高温度会促进挥发性化合物到达顶空及萃取纤维表面，然而 SPME 的表面吸附过程一般为放热反应，低温适合于反应进行。综合考虑参数条件，应使萃取介质温度较高，而萃取纤维表面保持低温。其次还要考虑不同性质化合物的适宜萃取温度条件。

对于浸入式 SPME，适当升高温度可使分子运动加快，分子扩散速度更快，从而萃取相和水相之间的平衡时间可以缩短。对于顶空式 SPME，适当升高温度可以提高液上气体浓度，从而提高分析灵敏度。但是，萃取吸附是一个放热过程，升温反而使检测灵敏度下降，所以萃取通常在室温下进行。

3. 萃取时间

萃取时间主要是指达到平衡时所需的时间。而平衡时间往往由众多因素决定，如分配系数、物质的扩散速度、样品基质、样品的体积、萃取头的性质等。实际萃取时间可由萃取时间和萃取量的吸附平衡曲线来决定。萃取过程一开始吸附量迅速增加，而接近平衡时速度变得非常缓慢。一般选择有较大萃取量且萃取时间不太长的时间作为实际萃取时间。顶空式 SPME 所需萃取时间比浸入式要少，通常只需几分钟即可使萃取量与原始浓度的比值达到最大。而浸入式 SPME 萃取时间多为半个小时，特别是极性分子，由于与水分子作用力强，在水中扩散较慢，萃取时间相对较长。一般的测试系统均为多组分、多相的混合体系，因而存在萃取竞争吸附。

不同的待测物达到动态平衡的时间长短，取决于物质的传递速率和待测物本身的性质、萃取纤维的种类等因素。挥发性强的化合物在较短时间内即可达到分配平衡，而挥发性弱的待测物质则需要相对较长的平衡时间。

4. 其他因素

除萃取纤维涂层、萃取温度和时间等参数外，离子强度、pH 值、搅拌效率、样品体积、顶空体积、进样方式、纤维位置、解析温度和时间等，都会对萃取效率产生影响。

2.4.5　固相微萃取与仪器联用

SPME 可以方便地与气相色谱联用，GC 的汽化室可用于分析物从纤维上的解吸。当温度上升时，分析物对纤维的亲和力下降从而释放出来。汽化室较小的体积能够保证解吸下来的分析物由载气迅速转入色谱柱。对于大多数化合物而言，解吸通常在两分钟内完成。GC 的热解吸受若干参数的影响，如汽化室的温度和载气的流速等决定了 SPME 的解吸时间。一般汽化室的温度设定在可保持纤维涂层稳定的最大温度。最高解析温度有助于减少滞留影响。SPME 与 GC 的联用是应用得最普遍的一种方法，这是因为 SPME 与 GC 联用所需附加设备最少，操作最为简单，而方法的灵敏度却可以大大提高。目前，应用于 SPME-GC 联用的检测器多为质谱（MS）和氢火焰检测器（FID）。除此之外，还有其他一些检测器也与

SPME-GC 联用进行检测。

目前广泛使用的有机物(如某些药物、蛋白质、氨基酸等)多半为半挥发性或不挥发性化合物，不能与 GC 联用进行检测，于是 SPME-HPLC 的联用应运而生。它与 GC 联用的不同之处在于解吸过程和探针的形状，即 HPLC 是通过使用微量溶剂洗涤萃取纤维来解析萃取物并直接进入后续的 HPLC 分析，而非 GC 的快速热解吸。在 SPME 和 HPLC 的联用中必须解决接口技术，以实现分析物的解吸。

2.5　QuEChERS 净化技术

Anastassiades 等在 2003 年发明了一种更具普适性且集各种基质中农药残留提取和净化于一体的农药残留检测样品前处理技术，在安全风险物质的检测方面也有广泛应用。该方法以乙腈为单一提取试剂，辅以氯化钠和无水硫酸镁去除乙腈中混合的水分，然后将提取液用 N–丙基乙二胺(primary secondary amine，PSA)和无水硫酸镁涡旋混合进一步去除样品中的杂质和水分，是一种融合了固相微萃取技术和分散固相萃取技术的新方法。

由于这种前处理方法具有快速(quick)、简单(easy)、便宜(cheap)、高效(effective)、耐用(rugged)和安全(safe)的特点，因此将其命名为 QuEChERS。此技术集以上优势于一身，其实质是固相萃取技术与基质固相分散技术的衍生和进一步发展。该方法的基本原理是将均质后的样品经乙腈(或酸化乙腈)提取后，采用萃取盐盐析分层，利用基质分散萃取机理，采用 PSA 或其他吸附剂与基质中绝大部分干扰物(有机酸、脂肪酸、碳水化合物等)结合，通过离心方式去除，从而达到净化的目的。

QuEChERS 是在 MSPD 的基础上，建立的一种新的样品前处理方法，其基本流程为：用乙腈(ACN)萃取样品中的安全风险物质，用氯化钠和无水硫水镁盐析分层，萃取液经无水硫酸镁和硅胶基伯胺仲胺键合相吸附剂 PSA 分散萃取(dispersive SPE，d-SPE)净化后，用 GC 或 GC-MS 进行多残留分析。QuEChERS 因简化了以前繁杂的萃取步骤并扩大了所萃取农药残留的范围，自发布以来，被包括美国官定分析化学家协会(Association of Official Analytical Chemists，AOAC)在内的多个国际农药残留分析机构广泛采纳，并在农药残留领域获得了大量的应用，随后迅速在全世界范围内得到推广和好评。该方法发布至今经过了各方研究人员的改进和完善，已经发展成为一个适用性极强的多样化前处理技术，在安全风险物质检测中亦有广泛应用。

2.5.1　QuEChERS 原理

QuEChERS 最初设计是为了解决高含水量蔬菜和水果样品的前处理问题，是在 MSPD 技术基础上开发的一种新型样品前处理方法，其原理与高效液相色谱(HPLC)和固相萃取(SPE)相似，都是利用吸附剂填料与基质中的杂质相互作用，吸附杂质从而达到除杂净化的目的。

Anastassiades 等考察了不同溶剂(丙酮、乙酸乙酯及乙腈)的提取效果、无水硫酸镁和硫酸钠的盐析除水效果、固相萃取吸附剂(PSA)的净化效果，发现用丙酮作为提取溶剂，通过 PSA 净化，可以检测到样品中 ng 级的极性和非极性农药残留，但由于丙酮的水溶性极强，若使用极性溶剂很难实现丙酮和水的分离，非极性溶剂如二氯甲烷或二氯甲烷–石油醚毒性较大，对分析工作者的健康具有潜在的危害，而以乙腈提取、盐析分离后，仍会有相当一部分水残留在有机相中，结合无水硫酸镁即能达到较好的除水效果；PSA 则可去除大部分样品的基质干扰，净化效果最好。

此方法一经发布就受到各国农药残留分析人员的广泛关注。QuEChERS 灵活性强，已经成为世界各国残留分析技术的模板。根据目标化合物性质、样品基质、设备、分析技术的不同，研究者对 QuEChERS 法进行了如下改进：①提取溶剂的改进；②分散固相萃取中吸附剂的选择；③辅助提取方式的引入。此后，改进后的 QuEChERS 方法扩大了所适用的基质范围，提高了农药回收率，其中两个版本被定义为官方方法：

1. AOAC2007.01 法

2005 年，Lehotay 等提出了缓冲 QuEChERS 法，即采用含 0.1% 乙酸的乙腈作为提取液，以无水乙酸钠代替氯化钠作为盐析剂，借助乙酸/乙酸钠缓冲体系（pH = 4.8）控制水相和有机相的酸碱度，提高了对酸性或碱性基质较敏感的农药的回收率；采用优化后的 QuEChERS 方法进行前处理，气相色谱－质谱（GC-MS）或液相色谱－质谱（LC-MS）检测，可以同时分析果蔬样品中的 229 种农药残留，其中 206 种农药的回收率在 90% ～ 110% 之间，11 种在 70% ～ 120% 之间，相对标准偏差均小于 10%。该方法经过多个权威实验室验证后，于 2007 年被美国分析化学师协会确定为其官方方法，即为 AOAC2007.01。

2. EN15662：2008 法

Anastassiades 提出另外一种缓冲 QuEChERS 法，以乙腈为萃取剂，添加离子强度较小的柠檬酸钠和柠檬酸二钠缓冲溶液调节提取过程中溶液的 pH 值（5.0 ～ 5.5），提取液经无水硫酸镁和氯化钠盐析离心分层，分散固相萃取后采用 GC-MS 或 LC-MS 检测。该方法经验证后成为欧洲标准化委员会的标准方法，即为 EN15662：2008 法。

QuEChERS 发布后，不仅 AOAC 和欧盟先后发布了基于 QuEChERS 的方法标准 AOAC2007.01 和 EN15662：2008，诸多仪器公司如美国 Agilent、Waters 等，也推出了基于以上两个标准的预称质量试剂盒产品，Anastassiades 还建立了网站，用以介绍、推广以及和世界各地的科研工作者交流 QuEChERS 方法。各国分析工作者结合各自待分析样品的性质，开发了针对各种农作物、农产品以及与农药相关的土壤、中药材等特定基质的改进型 QuEChERS 方法。到目前为止，在科学引文索引（SCI）上发表的有关 QuEChERS 的文章以及 Anastassiades 的原始文献被引频次均逐年增多。

2.5.2　QuEChERS 的方法步骤

1. 一般步骤

（1）待测样品的粉碎和均质处理。通过粉碎减小样品粒度，使之更有利于待测组分的提取，通过均质处理可使待测组分在样品中的分布更均匀。

（2）待测组分的提取。使用有机溶剂和水的混合溶剂溶解样品中的待测组分，并通过液液分配使待测组分集中于上层有机溶剂中。

（3）待测样品的净化。通过添加净化剂去除待测样品中的脂肪酸、色素、糖类等杂质。其处理过程为：首先，样品粉碎后用乙腈、乙酸乙酯或丙酮等有机溶剂提取，同时加入盐（硫酸镁或氯化钠），以促使溶剂和水相分离；其次，混合体系经过振摇和离心后，取部分有机相与吸附剂混合，利用分散固相萃取净化；最后，将有机相与吸附剂的混合物离心后所得上清液直接用于分析或浓缩或溶剂交换。

2. 注意事项

在萃取的过程中，加入无水硫酸镁、氯化钠以除去萃取环境中的水分，并促使待测物从水相转移到有机相；硫酸镁吸水的同时也产生热量，促进了农药的萃取；加入醋酸钠（NaAc）或柠檬酸三钠（Na₃Citr）来调节萃取环境的 pH 值。在净化的过程中加入硫酸镁可吸取多余的水分，加入 PSA 和 C_{18} 能清除许多基质成分，如来自样品共萃物的脂肪酸、某些色素和糖类；如要减少或去除叶绿素，可额外使用石墨化炭黑（graphitized carbon black，GCB）。

2.5.3　QuEChERS 的影响因素

1. 提取溶剂的选择

QuEChERS 法中常用的提取溶剂有乙腈、甲醇、乙酸乙酯、丙酮等。乙腈最适宜于萃取极性范围较宽的多种农药，且萃出物中杂质（如脂类物质等）含量较低。此外，乙腈与色谱分析（GC 和 HPLC）过程的兼容性较强。因此，乙腈是目前使用最广泛的提取溶剂。但是，乙腈对弱极性物质的提取效果较差，且由于其挥发性较差，导致样品浓缩过程所需时间较长。

丙酮是另外一种较常用的提取溶剂。与乙腈相比，丙酮的挥发性更强，大大缩短了样品浓缩所需的时间。但是在盐析的过程中，丙酮与水的分层效果比乙腈差，导致待测组分的回收率较低。乙酸乙酯在水中溶解度较小，无需添加其他非极性溶剂即可达到较好的萃取效果。但是，乙酸乙酯更适用于提取弱极性的物质，对于某些极性较强的有机污染物，使用乙酸乙酯难以达到很好的提取效果。因此，实际应用过程中，通常将甲醇或乙醇与乙酸乙酯混合后作为提取溶剂，以提高有机相的极性。

甲醇通常不单独作为提取溶剂，而是与其他有机溶剂混合使用，以达到调节溶剂极性的目的。在某些有机污染物的提取过程中，可以通过添加少量甲酸或乙酸来调节溶液的 pH 值，以取得更好的提取效果。

2. 盐析剂的选择

常用的盐析剂有硫酸镁（$MgSO_4$）、氯化钠（NaCl）、硫酸钠（Na_2SO_4）、柠檬酸三钠（Na_3Citr）、柠檬酸氢二钠（Na_2HCitr）等。$MgSO_4$ 是促进液液分配最佳的无机盐，且可以增大极性组分的回收率，但在使用过程中可能导致提取液中极性杂质含量增加；添加 NaCl 可以调节极性、减少极性杂质的干扰，但同时也会导致液液分配效果变差。因此，在实际应用时常将 $MgSO_4$ 和 NaCl 混合使用。Anastassiades 等的研究显示，在进行农药多残留提取时，选取 $MgSO_4$ 和 NaCl 质量比为 4∶1 作为盐析剂时盐析效果最佳，但在兽药残留和真菌毒素等其他物质提取时，该比例并不一定是最佳比例。Na_2SO_4 在水中的溶解度小于 $MgSO_4$，盐析效果相对较差，目前应用较少。Na_3Citr 和 Na_2HCitr 常作为缓冲盐添加，以减少 pH 值对待测组分的影响。

3. 净化剂的选择

常用的净化剂有 PSA、十八烷基硅烷（C_{18}）、GCB、无水 $MgSO_4$ 等。PSA 的主要作用是吸附糖类、脂肪酸、有机酸、脂类以及某些色素等；C_{18} 的主要作用是吸附长链脂类化合物、甾醇以及其他非极性杂质等；GCB 的主要作用是吸附色素、多元酚以及其他极性杂质等；$MgSO_4$ 的主要作用是吸附样品中多余的水分。在选择净化剂时应根据不同食品的组分差异选择合适的净化剂，同时应尽量避免净化剂吸附待测组分。

4. 选择 QuEChERS 法的一般思路

尽管 QuEChERS 法有着较广泛的应用范围，但由于不同样品性质差异较大、待测组分性质不同、部分样品回收率较低以及待测样品中的有机组分干扰等问题，使得该方法的推广应用受到一定程度的限制。因此，针对不同待测样品和待测组分性质的差异对 QuEChERS 方法进行优化，才能够达到提高回收率、减少杂质干扰、增加同时提取的待测组分种类的目的。因此，在对 QuEChERS 方法优化时应考虑以下几个因素：①了解样品的主要组成和性质；②减小固体样品的粒度，提高待测组分在样品中分布的均匀度；③根据待测组分性质选择合适的提取溶剂，并根据回收率对溶剂中各组分的比例进行优化；④选择合适的提取方法，主要包括提取方式（搅拌、振荡、超声等）、提取温度和溶剂 pH 值等；⑤优化待测样品质量和提取液比例；⑥根据待测样品性质和提取溶剂性质选择合适的盐析剂，并对盐析剂的添加量及盐析剂中各组分的比例进行优化；⑦根据待测样品类型选择合适的净化剂。QuEChERS 方法的优化需要通过大量的实验来完成，可以选择正交试验设计、响应面试验设计等方法，并结合上述因素进行方案设计与优化。

2.5.4　优势与不足

1. 优势

与传统方法相比，QuEChERS 方法仅需几步即可完成样品的前处理过程，大大节省了处理时间，而且具有溶剂用量少、回收率高的优点，这对农药残留检测来说意义重大，因为每增加一个步骤都有可能引入新的系统误差和随机误差，且增加分析人员的工作量，降低工作效率，因而近年来在食品中兽药残留、真菌毒素和其他有机污染物等安全风险物质的检测中得到了广泛应用。QuEChERS 方法的显著优点有：

（1）基质效应低。不同种类的吸附剂被用来除去基质中的不同干扰物质。PSA 用于去除有机酸、酚类和少量的色素等，与—NH₂ 基柱相似，但 PSA 有两个氨基，比—NH₂ 柱具有更强的离子交换能力。GCB 是在含有惰性气体的条件下将炭黑加热到 2 700～3 000℃ 而制成，其表面是由 6 个碳原子构成的平面六角形，多用于农残样品中色素的去除。由于 GCB 对于片状化合物的特殊选择性，使用时可能导致片状结构化合物的回收率降低，可以考虑通过在萃取液中加入甲苯来提高该类化合物的回收率。C₁₈ 可除去脂肪和脂类等非极性干扰，对于富含油脂的样品，比如橄榄油，同时添加 C₁₈ 填料、PSA 和 GCB 能明显地改善这些样品的净化效果，大部分都能得到很好的回收率。

（2）环境污染小。选择适合的提取溶剂对药物残留分析非常重要，QuEChERS 方法所用提取溶剂可根据目标物特点进行选择。溶剂使用量仅为 10～15 mL，比一般方法减少 65%～92%。环境友好，污染量小，对环境污染降低 56%～87%，且不使用含氯化物溶剂。乙腈加到容器后立即密封，与工作人员的接触机会少，降低了操作人员的危险，且减少了实验室人员接触有毒有害试剂的机会。

（3）简便快速、价格低廉。QuEChERS 方法操作简便，无需良好的培训和较高的技能便可很好地操作。分析时间短，在 30～40 min 内可完成 10～20 个预先称重样品的测定，节省了时间和工作量，同时也降低了成本。所需空间小，在小型的、可移动的实验室便可完成，这对现场检测是一项有利条件。所耗费的溶剂价格低廉，费用是一般方法的 1/2～1/4；样品制备过程中所使用装置简单，整个过程只需要两个离心管。

（4）方法灵活，应用范围广。QuEChERS 方法灵活性强，对于不同种类样品、不同种类残留物的分析只需将方法进行或多或少的变化和改进即能得到较高的回收率，方法十分灵活，在净化过程中有机酸均被除去，对色谱仪器的影响较小。

2. 不足之处

QuEChERS 法作为一种新型的广谱性的残留提取净化技术，自问世以来得到迅速发展和广泛应用。其提取净化介质涉及水果、蔬菜、谷物、动物肝脏、肉类、各类深加工食品以及土壤、水、血液等，提取目标物包括农药、兽药、医药、食品添加剂等。可以说 QuEChERS 法现在已经渗透到了各个领域，不仅仅是一种农药残留前处理手段了。其快速、简便、廉价、高效的特点已得到业内人士的一致认可，但也存在一些不足之处：

（1）由于样品用量的减少，目标物的最小检出量提高。

（2）主要提取溶剂乙腈在气相色谱检测时效果较差；另外，酸化乙腈对仪器存在一定程度上的损害。

（3）对于部分基质复杂的样品，QuEChERS 法提取产生的基质效应问题，仍然无法从方法本身得到解决，校正过程的加入增大了试验误差。

3. 优化手段

然而任何事情都有其两面性。QuEChERS 法的灵活性强，已经成为世界各国残留分析技术的模板，实验人员可以根据不同情况灵活改进优化方法，达到实验目的，同时规避方法的缺陷。对于 QuEChERS 法现存的缺陷，随着科学技术的不断发展，仪器设备自动化和精密程度的提高将会被逐步解决，当前可以通过以下方式进行弥补和完善：

（1）优化色谱、质谱仪器分析条件，随时关注仪器的发展研究动态，不断更新设备，改进方法，提高检测的灵敏度。

（2）使用新的提取净化材料，筛选更多合适的提取溶剂。

（3）加强对提取物的定性定量检测，增加基质效应校正方法的准确度，使用多种校正方法进行综合比对。

QuEChERS 法经过近 10 年的发展，得到了不断完善和进步，其优势在现有残留前处理技术中仍然十分明显，潜力巨大。在今后的应用中，通过不断加强与各种检测仪器的兼容和联用，其应用范围将会进一步扩大，逐步成为世界各国进行各类药物多残留痕量、超痕量分析时首选的前处理方法。

4. 未来展望

作为一种新的多残留分析样品前处理技术，QuEChERS 方法发展十分迅速，基于 QuEChERS 方法的显著优势以及仪器检测技术的不断发展，分析人员不断拓展 QuEChERS 方法的应用领域。目前，QuEChERS 方法除广泛应用于水果和蔬菜等高含水量样品中的农药残留检测外，还被应用于油脂类、粮谷类、土壤、中药材、动物源食品等样品中农药残留的检测和牛乳、鸡蛋、蜂蜜、肌肉组织等样品中兽药等安全风险物质残留的检测。除此之外，其研究应用领域还包括食品添加剂、多环芳香烃类、生物毒素、药物残留的检测和中药中非法添加物等安全风险物质的鉴别。该技术解决了传统分析方法中样品前处理时间长、有毒溶剂使用量大、共存物易干扰定性、定量等问题，尤其在缩短分析时间方面优势明显。

当前 QuEChERS 方法已经成为模板，分析人员可根据具体实验情况灵活应用。但由于不同待分析物的物理化学性质差异较大，而且不同基质对同一种待分析物具有不同的影响，因此实际上要实现所有分析物同时获得最优的回收率是比较困难的。为了尽可能提高回收率及检测效率，研究工作者对 QuEChERS 方法进行了多种改进，如减少基质取样量，筛选适合的提取溶剂和新型净化材料等，改进过程依据待测的基质及实验室条件等灵活调整，取得了不错的效果。

另外，由于 QuEChERS 前处理方法的主要优势是简单、快速，还无法做到基质的完全净化，因此，在与各种精密高端检测仪器联用进行痕量或超痕量分析时，容易产生基质效应，影响检测结果的准确度与可靠性。随着二维气相(GC/GC)、串联质谱(MS/MS)以及其与色谱的联用等各种精密仪器的不断研发与持续改进，QuEChERS 方法与各种检测仪器联用技术的发展必将更加成熟，有望逐渐成为世界各国进行药物多残留分析时首选的前处理方法。

2.6　基质固相分散萃取

样品的处理和待检测组分的分离、富集往往是检测技术的关键。特别是各种有机污染物和其他人造或天然有机产物，含量低，分离困难，可靠的分离和富集技术对检测效率具有决定性意义。为了满足对食品、药物、生物、环境保护和其他领域对痕量有机物日益增长的检测需求，近年来人们发展了以固相萃取(SPE)、固相微萃取(SPME)、超临界流体萃取(SFE)、加速溶剂萃取(ASE)、微波辅助萃取(MAE)和凝胶渗透色谱(GPC)、微波辅助萃取(MAE)等为代表的一系列高效快速提取富集方法。

基质固相分散(MSPD)是美国 Louisiana 州立大学的 Barker 教授在 1989 年提出并给予理论解释的一种快速样品处理技术。其独特之处在于样品中的成分分离分散在固体表面键合的有机相中，随后作为填料装柱，目标化合物被溶剂洗脱。MSPD 是在常规 SPE 基础上发展起来的，也是色谱的一种形式，符合其一般原则，但与其他色谱形式(如 SPE)不同，其样品彻底分散在柱中，变成整个层析系统的一部分，可同时分散和萃取固体、半固体样品。自提出以来，MSPD 在各个领域得到广泛应用，尤其是在食品中药物、毒物的安全分析中，显示出独一无二的特性。与其他前处理技术相比，MSPD 技术样品和有机溶剂用量少，且避免了样品均化、沉淀、离心、转溶、乳化、浓缩等环节可能造成的待测物的损失，操作简单快速，特别适合于固体、半固体和黏性样品(包括生物组织)的处理。MSPD 技术自发明以来，其与 GC 和 GC-MS 相结合，在环境、医药卫生等方面得到了广泛的应用，并有取代传统的索氏提取、MAE 和 SFE 的趋势。

2.6.1　基质固相分散分离原理

MSPD 方法的首次提出是用来处理动物组织样品，其原理是将该样品与涂渍有脂溶性材料(C_{18})等的各种聚合物担体固相萃取材料一起研磨，得到半干状态的混合物并将其作为填料装柱，然后用不同的溶液淋洗柱子，将各种待测物洗脱下来。其依据是采用脂溶性材料 C_{18} 破坏细胞膜并将组织分散，除 C_{18} 外，C_3、C_8 也可充当分散剂。在硅胶固相萃取材料表面键合有机相，在样品与固体材料搅拌的过程中，利用剪切力作用将组织分散。键合的有机相如溶剂或洗涤剂，将样品组分溶解和分散在支持物表面，这大大增加了萃取样品的表面积，样品按各自极性分布在有机相中，如非极性组分分散在非极性有机相中，受此过程的动力变化影响，小的、极性分子(水)与硅胶粒子上的硅烷醇结合，也可与基质组分形成氢键；大的、弱极性分子则分散在多相物质表面。显微扫描电镜观察可证明 MSPD 方法对样品基质的分离分散效果明显，而且经过 MSPD 得到的萃取物在仪器分析前一般不需再处理。

MSPD 分离的原理在于分散剂对样品结构和生物组织的完全破坏和高度分散，从而大大增加了萃取溶剂与样品中目标分子的接触面积，达到快速溶解分离的目的。此外，MSPD 也具有类似色谱分离中分离、吸附和离子对相互作用所构成的保留作用。基质分散的程度是 MSPD 效果的关键因素，样品研磨混合时间的长短取决于样品本身的性质，研磨时间从数十秒到数分钟不等。有些生物样品由于结缔组织的存在，要想取得好的效果，研磨分散要进行 1 h 以上。

2.6.2　基质固相分散操作方法

MSPD 所需装置非常简单，黏性、半固体或固体样品与固体吸附材料在研钵中充分地搅拌，即可达到完全分离分散。因为固体吸附剂吸水，所以样品不会很稀，将混合样品转移到层析柱或注射器中，进行层析洗脱，以分离目标分析物或其他样品成分。相对其他样品前处理方法，MSPD 操作极其简便，不需要特殊的仪器设备，一般可以分为研磨分散、装柱、洗脱三个步骤。

1. 分散

将样品与固相吸附剂(样品与支持物质量比为 1∶2 或 1∶4)混合放入研钵中研磨，应使用玻璃制研钵与研棒，避免瓷或其他多孔渗水材料导致被分析物或样品损失。研磨力度与时间应考虑被分析物和样品的稳定性，被分析物不同，搅拌时的力度不同，样品分散程度也不同。将固体、半固体或黏滞性的样品(固体、半固体样品已经过适当的粉碎处理)置于玻璃或玛瑙研钵中，与适量的分散剂(吸附剂)混合，手工研磨数十秒至数分钟，使分散剂与样品均匀混合；常用的分散剂有衍生化/未衍生化硅藻土、弗罗里硅土、硅胶、石英砂、C_8 和 C_{18} 填料等。研磨前，可向样品中加入内标样品。一般样品/分散剂按照 1∶4 的比例混合，也可以根据实际研究的需要进行调节。研磨时加入适当的改性剂，如酸、碱、盐、螯合剂(如EDTA)，有助于待测物回收率的提高。

2. 装柱

混合过程完成后，立即将混合物装入柱中，柱子由注射器或其他类似装置改装而成，柱底放一滤纸片，以免样品损失。在样品上方放另一滤纸片，用注射器活塞将样品压紧。层析过程中的经典理论仍适合于 MSPD，装柱时要防止起泡和缝隙的产生，避免过分挤压柱中的材料。将上述研磨好的样品装入适当尺寸的层析柱或其他尺寸适当的柱状物中，柱底部事先安装衬底，以利于萃取液与样品的分离。在层析柱底部还可以事先填充弗罗里硅土、硅土或其他吸附材料，从而对目标物进一步分离提纯。整个分离过程甚至可以在经过处理的注射器中进行。

3. 洗脱

装好柱子后，用溶剂冲洗研钵和研棒，之后转入柱子，溶剂通常用量为 8 mL。研究发现，0.5 g 样品与 2 g 固相支持物混合时，用 4 mL 溶剂即可将大多目标分析物洗脱。用一系列洗脱剂冲洗柱子，先用非极性的正己烷，之后逐渐增加极性(乙酸乙酯、乙腈、甲醇)，如有必要最后可用水冲洗。典型单一化合物洗脱时选择中等极性洗脱剂，用酸、盐等调节溶剂或改变其他溶剂的比例进行洗脱。大多数 MSPD 洗脱剂靠重力流动，一些情况下可用橡皮球在柱顶加压，或使用真空减压装置控制流速。简要操作过程如图 2－4所示，采用适当的溶剂对层析柱中的样品进行洗脱，收集滤液后进行进一步处理或定容后直接分析；根据具体分离物质的种类和研究的需要，还可以采用一定的溶剂组合进行顺序洗脱；也可以采用混合有机溶剂对样品进行洗脱；在有些情况下，热水也具有良好的洗脱效果。

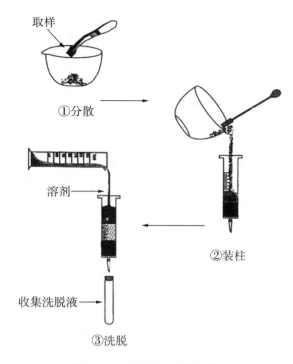

图 2-4　基质固相分散操作步骤

2.6.3　影响因素

影响 MSPD 的因素与 SPE 相似，都是基于色谱原理提取和分离目标化合物，但由于 MSPD 将样品分散到整个柱中，并与固定相、担体、淋洗剂都发生动态反应，因此，影响 MSPD 的因素较 SPE 复杂，有基质种类、固定相的性质、担体的性质、洗脱剂的性质等。

影响 MSPD 分析效果的因素包括以下几个方面：①分散剂的尺寸。分散剂尺寸过小（3～10 μm）会导致洗脱剂流速的下降和洗脱剂体积的增加或压力的增加。一般来说，40～100 μm 的硅藻土具有良好的分散效果。②分散剂的修饰效果。③有机物-分散剂表层的键合特征。与选择的分散剂的极性有关，一般选择亲脂性的 C$_{18}$ 和 C$_8$ 填充料。④分散剂的衍生化。未经衍生化的分散剂，如石英砂，虽然具有对基质的机械分散作用，但修饰后的分散剂因发生表面相互作用，分散效果更好。

1. 基质的种类

MSPD 主要用于固体、半固体或黏性液体样品中农药残留的分析。MSPD 中基质作为柱子的一部分对目标化合物的测定结果和回收率会产生很大的影响。同一目标化合物在不同的基质中，会因为基质脂类、蛋白质含量及其分布的不同而结果不同。另外，目标化合物流出的同时，基质组分也会与洗脱剂、固定相发生动态反应，有些组分会被洗脱。但由于目标化合物和共萃取物的相对极性不同，用不同溶剂淋洗，可以将其分离，并除去这些潜在干扰因素。因此，基质与固相的相互作用以及流动相对化合物的洗脱顺序有很大影响。

2. 固定相的性质

固定相种类和性质在 MSPD 中具有很重要的作用，与 SPE 类似，正相 MSPD 所使用的吸附剂都是极性的，如键合硅胶、氧化铝、硅镁吸附剂等，用来萃取极性物质；反相 MSPD 所用的吸附剂通常是非极性的或弱极性的，如 C$_8$、C$_{18}$、苯基柱等，所萃取的目标化合物是中等极性到非极性的化合物。在保证回收率的前提下应尽可能使用能够使提取液尽量干净的固定相。

3. 担体的性质

目前大多数 MSPD 所采用的担体为硅胶键合固相支持物，其中有机相发挥作用。担体的孔径对 MSPD 效果没有明显影响，然而其粒径影响较大。粒径太小会使流速很慢，甚至滞留；粒径太大会使表面积太小，吸附能力减弱。大多 MSPD 应用中使用 40 μm 粒径，也可使用 40 ~ 100 μm 混合粒径的硅胶。

4. 洗脱剂的性质

与 SPE 和液相色谱分离机理相同，洗脱剂与固定相相对极性的强弱决定了组分流出的先后顺序。一般先用极性较小的溶剂，如正己烷淋洗，再慢慢增加溶剂的极性。在 MSPD 中，选择洗脱剂必须同时考虑样品基质成分的保留和洗脱，最佳洗脱剂应能使更多的基质留在柱中，而尽量多的目标化合物流出，从而达到分离、净化的目的。

2.6.4　分散/吸附剂的选择

作为一种样品前处理方法，MSPD 被用于不同样品、不同种类分析物的萃取，其在方法学上的进展主要集中在分散剂的创新及与其他样品处理技术的联用。新型分散剂的应用成为 MSPD 研究的一个重要方向，活性炭、高分子材料、矾土等都被作为分散剂用于有机物的提取。

1. 反相分散剂

C_{18} 和 C_8 修饰的硅藻土是应用最为广泛的亲脂性分散剂，这类分散剂被认为能够与细胞膜发生作用而破坏细胞结构，因此广泛应用于食物和高脂肪含量物质中天然产物和人类污染物的提取，最近也用于环境污染物的萃取。反相分散剂处理后的样品，其洗脱溶剂的选择主要取决于基质的性质和目标物分子的极性。利用甲醇、乙腈或者 60 ~ 80 ℃ 热水就可以从高脂肪含量的基质样品中洗脱得到较纯净的中等极性的目标分子。在某些情况下，为了得到较纯净的样品萃取液，还需要加入其他正相（亲水性）辅助吸附剂。一般不需要在洗脱前用水洗脱盐和强极性分子，但使用 GC 作为检测器时，需要在样品中加入无水硫酸钠以除去样品中的水分。

2. 正相分散剂

矾土（alumina）和弗罗里硅土是常用的正相分散剂，其表面有带有大量的酸碱中心，具有很强的极性和亲水性。与反相分散剂相比，这类分散剂的主要作用是机械摩擦和对极性分子的吸附作用，不能对细胞结构进行有效破坏。正相分散剂主要用于环境样品中微量有机污染物的提取。在保证细胞破碎污染物能够与吸附剂接触的前提下，正相吸附剂也越来越多地用于植物和动物组织中污染物的提取。洗脱剂的选择取决于目标分子的极性，有时候会加入适量的反相吸附剂作为辅助。未经过衍生化的硅藻土或表面修饰了极性基团（如氨基酸）的硅藻土也是常用的正相吸附剂，这类吸附剂与基质的作用比矾土和弗罗里硅土弱得多，在农药残留检测中应用广泛。

3. 无吸附分散剂

中性吸附剂与基质或目标分子之间没有作用，因此也被认为是惰性分散剂。常用的无吸附分散剂包括石英砂和硅藻土。使用无吸附分散剂会降低萃取的选择性。许多基于惰性分散剂的工作都是用热水作为洗脱溶液。

4. 分子印迹聚合物分散剂

分子印迹聚合物（molecularly imprinted polymers，MIPs）因其高度的结构特异性，在某些方面具有与抗体相似的性质，因此人工合成的分子印迹聚合物在 MSPD 中具有高度的选择性和分离性。在某些生物样品中，分子印迹分散剂对目标物分子的回收率要显著优于 C_{18}、硅酸、弗罗里硅土和石英砂。分子印迹聚合物甚至能够从血清中分离出 6 种氟喹诺酮类药物（fluoroquino lones，FQs）而不受基质的干扰。

5. 多层碳纳米管分散剂

理论上，多层碳纳米管（multi-walled carbon nanotubes，MWCNT）具有的巨大的比表面积和结构特异性，是 MSPD 理想的分散/吸附材料，并已被用于杀虫剂和除草剂的固相萃取（SPE）研究。使用 MWCNT

作为分散剂，其对农产品中 31 种杀虫剂的萃取效果要优于 C_{18} 硅藻土填充料，证实了 MWCNT 在 MSPD 上的应用潜力。

6. 与其他萃取技术的联用

与其他萃取技术的联用，可以进一步提高 MSPD 的萃取效率。当分散剂与目标分子相互作用过强时，与加压溶剂萃取（PLE）的联用，可以充分利用高温高压下溶剂的洗脱性能，提高目标分子的回收率，与此同时对目标分子的选择性得到了保持。此外，对混合后的基质和分散剂的混合物进行超声波处理，也有利于提高分散剂的提取效果。将分散性固相萃取与固相萃取技术结合，能够有效去除样品杂质的干扰，结合高效液相色谱，可使样品中的三聚氰胺得到较好的保留和分离。

2.6.5　基质固相分散萃取的应用

MSPD 是在常规 SPE 基础上发展起来的，并很快实现了商品化，可以不用萃取溶剂，是真正意义上的固相萃取。与常规 SPE 相比，MSPD 具有显著优点：浓缩了传统的样品前处理中所需的样品均化、组织细胞裂解、提取、净化等过程，避免了样品均化、沉淀、离心、转溶、乳化、浓缩等造成的被测物的损失。MSPD 适用于农药的多残留分析，特别适合于进行一类化合物或单个化合物的分离，内源物或外源物均可。除动物组织外，MSPD 还适用于植物样品。MSPD 不仅提高了分析速度，使现场监测成为可能，而且更适用于自动化分析。

近年来 MSPD 在样品分离萃取中的应用相当普遍，已被应用于人血、动物组织、奶、苹果、橘子、梨、土豆、生菜等样品的安全分析中。MSPD 最频繁的使用是从牛奶和动物组织中分离药物。最近 MSPD 被发现应用在除草剂、农药和其他果蔬及加工产品的污染物的检测中。MSPD 技术可用以检测果蔬、牛奶、油等的农药残留，说明它可在单一样品中分离一类或几类药物多残留。

2.6.6　基质固相分散萃取存在的问题及对未来的展望

MSPD 是一种基于 SPE 的样品前处理技术，可直接处理固体、半固体和黏性液体样品，提取净化一步完成。其独特之处在于，样品分离分散在固体表面键合的有机相中，成为整个层析系统的一部分，提供了样品分离新空间，可以避免样品均化、沉淀、离心、转溶、乳化、浓缩等造成的被测物损失，节约了分析时间，减少了溶剂用量，操作简单，分析结果等同于或优于传统方法，且易实现自动化，因此 MSPD 在农药残留检测领域得到了广泛应用。但是，MSPD 用于农药残留分析时存在以下两个方面问题：一方面，目前农药残留限量标准日益严格，由于 MSPD 取样量较少，故所得检测限较高，不能满足残留分析要求。要解决上述问题，一是可在取样量较少的情况下，采用价格昂贵、精密度更高的仪器（GC/MS，LC/MS 等）进行检测；二是增加取样量，但给净化增添难度。以上问题在一定程度上限制了其发展。另一方面，MSPD 方法中样品与被分析的目标化合物一同分散在固体表面键合的有机相中，目标化合物随洗脱剂流出的同时，样品成分也被洗脱，难以分离达到理想的净化效果。可以预见，随着科技的进步和现代检测手段的不断发展，MSPD 必将进一步成熟，它在色谱分析中的应用必将越来越广泛。

MSPD 最大的优势在于其对固体、半固体样品进行处理时只需要很少的样品和溶剂，简便快速，条件温和。利用 MSPD 对样品进行前处理，需要根据样品的性质和待分析的物质，对分散剂、洗脱溶剂进行优化，必要时还需要对洗脱液进行进一步的处理和纯化。虽然与 SPE、SFE、索氏提取、超声波等传统的样品萃取方法相比，其萃取效率有时不能令人满意。但随着分子印迹聚合物、多层碳纳米管等新型分散剂/吸附剂的应用，以及 MSPD 和其他萃取方法（如超声）的结合，MSPD 高效、快速的特长将会进一步发挥，在药物、天然产物和环境污染物检测领域的应用将越来越广泛。

2.7 加速溶剂萃取

复杂样品的前处理,常常是现代分析方法的薄弱环节。样品的前处理往往关系到残留检测的成功与否。近年来,研究者们不断地探索,以期找到一种高效、快捷的方法取代传统的萃取法,例如,自动索氏萃取、微波消解、超声萃取和超临界萃取等。自动索氏萃取是将样品浸入沸腾的溶剂中,萃取的速度和效率比传统萃取法有很大的提高,且溶剂用量大大减少;超临界流体萃取则是通过提高萃取时的温度来改善样品的回收率;微波萃取是在萃取时施加一定的压力,将溶剂加热到其沸点之上,从而提高萃取的效率。值得注意的是,以上各法,无论是自动索氏萃取,还是超临界流体萃取等,都有一个共同点,即与温度或压力有关,在萃取过程中提高温度或施加一定的压力,可以获得较好的萃取结果。与传统的、经典的索氏法萃取法相比,虽然以上各法已有了很大的进步,在分离速度和效率上有了很大的改善,但仍存在溶剂用量偏多、萃取时间过长、萃取效率不高等问题。

1995 年,Richter 等提出了一种全新的萃取方法,称为加速溶剂萃取法(ASE)。该法是一种在提高温度和压力的条件下,用有机溶剂萃取的自动化方法。与前几种方法相比,其突出的优点是有机溶剂用量少、萃取快速、样品回收率高。该法已被美国环保局(EPA)选定为推荐的标准方法(标准方法编号 3545)。

2.7.1 加速溶剂萃取原理

加速溶剂萃取的原理:加速溶剂萃取是在提高温度(50 ~ 200℃)和压力(10.3 ~ 20.6 MPa)的条件下用溶剂萃取固体或半固体样品的新颖样品前处理方法。

1. 提高温度萃取

提高温度可使溶剂溶解待测物的量增加。在低温低压下,溶剂易从"水封微孔"中被排斥出来,然而当温度升高时,由于水的溶解度增加,可提高这些微孔的可利用性。在提高的温度下能极大地减弱由范德华力、氢键、溶质分子和样品基体活性位置的偶极吸引力所引起的溶质与基体之间的强的相互作用力,加速溶质分子的解析动力学过程,减小解析过程所需的活化能,降低溶剂的黏度,进而减小溶剂进入样品基体的阻滞,增加溶剂进入样品基体的扩散。据报道,温度从25℃增至150℃,其扩散系数增加2 ~ 10倍,降低了溶剂和样品基体之间的表面张力,溶剂更好地"浸润"样品基体,有利于被萃取物与溶剂的接触。

由于加速溶剂萃取在高温下进行,因此,热降解是一个令人关注的问题。由于加速溶剂萃取是在高压下加热,高温的时间一般少于10 min,因此,热降解不甚明显。加速溶剂萃取法可用于样品中易挥发组分的萃取。

2. 增大压力萃取

液体对溶质的溶解能力远大于气体对溶质的溶解能力。液体的沸点一般随压力的升高而提高,因此欲在提高的温度下仍保持溶剂在液态,需增加压力。如丙酮在常压下的沸点为56.3℃,而在5个大气压下,其沸点高于100℃。另外,在加压下,可将溶剂迅速加到萃取池和收集瓶。此外,增加压力还可提高溶剂对溶质的萃取速度,缩短分析时间。

2.7.2 加速溶剂萃取仪器及方法

加速溶剂萃取仪是利用加速溶剂萃取技术开发的全自动萃取仪器,由溶剂瓶、泵、气路、加温炉、不锈钢萃取池和收集瓶等构成。

2.7.2.1 加速溶剂萃取仪的特点

1. 全自动提供溶剂

加速溶剂萃取仪使用溶剂控制器，最多可以同时进行4种溶剂的混合。溶剂控制器包含4个密封的溶剂瓶，避免了萃取时溶剂不必要的挥发。如加速溶剂萃取仪在萃取有机氯杀虫剂时，可设定程序将正己烷与丙酮预先混合，以减少溶剂的挥发。这些溶剂瓶存放在一个定型设计的盒体内，其溢出的溶剂被直接导入废液收集器，这些独特设计减少了实验室溶剂计量和溶剂混合的工作量，不仅提高了萃取的效率，而且提高了实验的安全性。

2. 全自动萃取过程控制

加速溶剂萃取仪的溶剂控制器可以独立地控制每个样品池的温度和压力，从而提高残留检测的精度，保证实验结果的重复性，有利于残留检测工作的开展。

对不同的样品基质进行残留检测需使用不同的萃取方法。加速溶剂萃取仪的溶剂控制器能自动控制萃取的温度、压力、时间、次数以及各种溶剂的比例，有利于方法的开发，取得最佳的萃取效果。

2.7.2.2 加速溶剂萃取仪的使用方法

首先将欲处理的样品装入萃取池，放到圆盘式传送装置上，通过圆盘传送装置将萃取池送入加热炉腔并与标号的搜集瓶相对连接，泵将溶剂输送到萃取池（20～60 s），萃取池在加热炉被加温和加压（5～8 min），在设定的温度和压力下静态萃取5 min，多步少量向萃取池加入清洗溶剂（20～60 s），萃取液自动经过滤膜进入收集瓶，用N_2吹洗萃取池和管道（60～100 s），萃取液自动过滤膜进入收集瓶待分析，全过程仅需13～17 min。ASE的工作流程可表述为：装样入样品池→萃取池加注溶剂→萃取池加热、加压→样品处于高温、高压下→外部向萃取池加注溶剂→用N_2吹洗萃取池→萃取物待分析，如图2-5所示。

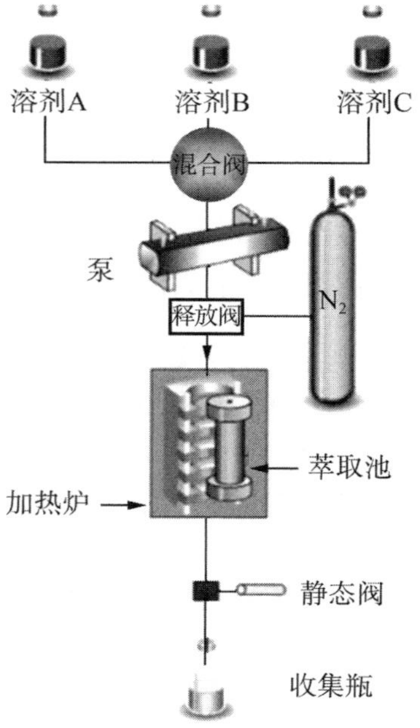

2.7.3 加速溶剂萃取的突出优点

图2-5 加速溶剂萃取工作流程图

与索氏提取、超声、微波、超临界和经典的分液漏斗振摇等成熟方法相比，加速溶剂萃取的突出优点如下：①有机溶剂用量少，10 g样品一般仅需15 mL溶剂；②快速，完成一次萃取全过程的时间一般仅需15 min；③基体影响小，对不同基体可用相同的萃取条件；④萃取效率高，选择性好，已进入美国EPA标准方法，标准方法编号3545；⑤目前成熟的用溶剂萃取的方法都可采用加速溶剂萃取法，且使用方便，安全性好，自动化程度高。

1. 缩短萃取时间

在现代残留检测中，分析技术的发展大大提高了实验的速度，短时间即可获得分析结果。但作为样品前处理的萃取仍然要花费很多时间：传统的索氏萃取需4～48 h，自动索氏萃取需1～4 h，超临界流体萃取、微波萃取也需0.5～1 h。加速溶剂萃取缩短了样品前处理的时间，仅需12～20 min，大大提高了残留检测的效率。

2. 减少溶剂用量

就溶剂消耗量而言，传统的索氏萃取为200～500 mL，自动索氏萃取为50～100 mL，超临界流体萃取为150～200 mL，即使是微波萃取也要消耗25～50 mL。ASE减少了溶剂用量，仅需15 mL，使溶剂的消耗量降低90%以上，不仅减少了残留检测的成本，而且由于溶剂量的减少加快了样品前处理中提纯和浓缩的速度，进一步缩短了分析时间。

3. 提高萃取效率

ASE 通过提高温度和增加压力来进行萃取，减少了基质对溶质（被提取物）的影响，增加了溶剂对溶质的溶解能力，使溶质较完全地提取出来，提高了残留检测中的萃取效率和样品的回收率，现已被美国环保局（EPA）作为标准方法（SW-8463545A）用于环境样品中杀虫剂、除草剂以及多氯联苯（PCB）、二噁英等污染物的检测。

尽管加速溶剂萃取是近年才发展的新技术，但由于其突出的优点，已受到分析化学界的极大关注，并已在环境、药物、食品和聚合物工业等领域得到广泛应用。已用于土壤、污泥、沉积物、大气颗粒物、粉尘、动植物组织、蔬菜和水果等样品中的多氯联苯、多环芳烃、有机磷（或氯）、农药、苯氧基除草剂、三嗪除草剂、柴油、总石油烃、二噁英、呋喃、炸药（TNT、RDX、HMX）等的萃取。

2.8 凝胶渗透色谱

凝胶渗透色谱（gel permeation chromatography，GPC）又称为尺寸排阻色谱（size exclusion chromatography，SEC），基于体积排阻的分离机理，采用具有分子筛性质的固定相，可分离相对分子质量较小的物质，还可分析分子体积不同、具有相同化学性质的高分子同系物。GPC 净化因可有效去除高脂肪基质中的脂肪、色素等高相对分子质量杂质，提高检测效率，而成为风险物质分析前处理的主要净化手段之一，并不断得到改进和发展。

2.8.1 凝胶渗透色谱原理

凝胶渗透色谱的柱填料为凝胶，它是一种表面惰性物质，含有许多不同尺寸的孔穴，不具有吸附、分配和离子交换作用。凝胶的孔径与被分离组分分子大小相适应，当试样中大小不同的组分分子随流动相经过凝胶颗粒时，其渗入凝胶微孔的程度不同，大分子受排阻不能进入微孔，分子越小则进入微孔越深，从而导致滞留时间不同，试样中的各组分按照分子大小顺序洗脱，大分子的油脂、色素（叶绿素、叶黄素）、生物碱、聚合物等先淋洗出来，小分子风险物质等相对分子质量较小，后淋洗出来。然后通过收集经分离的含有农药成分的洗脱液，再与 GC、GC/MS、HPLC 等仪器联用进行检测分析。

凝胶柱的总体积：
$$V_t = V_g + V_i + V_o, \qquad (2-6)$$
式中，V_g 为凝胶填料骨架的体积，一般很小；V_i 为凝胶填料孔体积；V_o 为凝胶颗粒之间的体积。孔体积 V_i 中的溶剂即固定相中的溶剂，而在粒间体积 V_o 中的溶剂是流动相。

组分分子通过凝胶柱的行为可用分配系数 K_d 来描述，K_d 定义为组分分子进入凝胶填料孔后占孔体积 V_i 的比例。设 V_R 为保留体积，即淋出体积或洗脱体积，$V_R - V_o$ 即为进入凝胶填料孔的组分分子体积，故分配系数 $K_d = (V_R - V_o)/V_i$，从而获得保留体积 $V_R = V_o + K_d V_i$。由于不同物质在凝胶色谱柱中的分配系数 K_d 不同，因此其保留体积 V_R 也不同，凝胶渗透色谱正是通过这一分离机理使不同化合物按相对分子质量降低的次序被洗脱的。

因为 GPC 为液体色谱，所以，要求流动相的熔点在室温以下，沸点高于实验温度，且流动相的黏度要小，以减少流动阻力。另外，流动相还必须具备毒性小、易纯化、化学性质稳定及不腐蚀色谱设备的特点。

2.8.2 凝胶渗透色谱柱填料

柱填料是 GPC 分离的关键因素，其结构直接影响仪器性能及分离效果。因此，要求柱填料具有良好的化学惰性、一定的机械强度、不易变形、流动阻力小、不吸附待测物、分离度高等性质。柱填料可分为有机凝胶和无机凝胶。一般来说有机凝胶要求湿法装柱，柱效较高，但其热稳定性、机械强度和化学惰性差，凝胶易于老化，对使用条件要求较高；无机凝胶除微粒凝胶外都能够用干法装柱，虽然柱效稍差，但在长期使用中性能稳定，对使用条件要求较低，且易于掌握。根据凝胶对溶剂的使用范围不同，还可以把凝胶分为亲水性凝胶、亲油性凝胶和两性凝胶。亲水性凝胶多应用于生化体系的分离和分析；亲油性凝胶多用于合成高分子材料的分离和分析。表 2 - 7 所示为常用的 GPC 凝胶柱填料。

表 2 - 7　常用的 GPC 凝胶柱填料

凝　胶	常 见 牌 号	来　源	类　型
交联葡聚糖	Sephadex 交联葡聚糖凝胶	Pharmacia，瑞典 上海东风生化制品厂	有机亲水性凝胶
羟丙基化交联葡聚糖	Sephadex LH - 20 交联葡聚糖凝胶 LH-20	Pharmacia，瑞典 上海东风生化制品厂	有机两性凝胶
交联聚丙烯酰胺	Bio-Gel P Sepharose	Bio- Rad，美国 Pharmacia，瑞典	有机亲水性凝胶
琼脂糖凝胶	Bio-Gel A 珠状琼脂糖	Bio- Rad，美国 上海东风生化制品厂	有机亲水性凝胶
交联聚乙酸乙烯酯	Merckogel-OR μ- Styragel Paragel	E. Merck，德国 Waters，美国 Waters，美国	有机亲油性凝胶
交联聚苯乙烯	Bio-Beads NGX JD	Bio- Rad，美国 天津化学试剂二厂 吉林大学化工厂	有机亲油性凝胶
多孔硅胶	Porasil Spherosil NDG	Waters，美国 Pechiney-St. Gobain，法国 天津化学试剂二厂	无机亲油性或亲水性凝胶
多孔玻璃	CPG Bio-Glass	Electro Nucleoni，美国 Bio- Rad，美国	无机亲油性凝胶

2.8.3　凝胶渗透色谱的优点

与传统的液液萃取、索氏提取、活性炭吸附、固相萃取等净化方法相比，凝胶渗透色谱具有净化容量大、可重复使用、适用范围广、自动化程度高等特点。

通常在利用不同粒径、不同活性、不同柱径的氧化铝、硅胶、弗罗里硅土、活性炭等柱或几种不同混合柱净化样品时常常会考虑柱子的容量，要求样品提取物中的脂肪含量不能太高，例如，10 ～ 20 g 的氧化铝柱只有 250 mg 脂肪的处理容量，因此对于脂肪含量高的样品来说柱吸附是远远不够的。目前商品化的 GPC 柱容量都比较大，特别适合处理脂肪含量比较高的样品，例如，美国 J2 Scientific 公司的 Express™ GPC 柱(300 mm × 10 mm)可以处理含 500 mg 脂肪的样品。此外，GPC 系统中的凝胶再生能力很强，且无可逆吸附，所以凝胶性能可保持较长时间，能够反复使用。

由于 GPC 是利用样品中各组分相对分子质量大小不同而加以分离的，只要样品中待分离的物质相对分子质量有差异，GPC 就能把它们分开，因此 GPC 分离的样品范围比较广，且分离效果基本不受样品分子其他性质的影响。事实证明，GPC 净化是适合各种样品基体的最全能、最便捷的样品制备技术。

按体积大小分离的方式决定了 GPC 技术可在温和条件下进行，且由于 GPC 过程不是依靠分子间力的作用，一般没有强保留的分子积累在柱上，因此分离时不会丢失试样组分。另外，GPC净化容量大、适用范围广，使用自动化装置后能够使净化时间缩短，且简便、准确，是一种很好的分离手段。

目前商品化的GPC系统都可以实现自动化，操作非常简单，只要用户设定程序后仪器就能自动运行，真正意义上解放了劳动力，提高了样品分析的效率。综上所述，GPC系统在残留分析中表现出样品适用面广、方法简单等特点，也正是这些特点使得这一技术被越来越多的用户认可。

2.8.4　凝胶渗透色谱的应用

1. 农副产品类样本的净化

国内最早利用GPC对农副产品进行净化处理，包括各种农产品，如茶叶、小麦、糙米、花生、玉米、大米等粮食或粮食制品。农副产品的主要成分包括蛋白质、淀粉、脂肪等，利用GPC净化能去除这些大分子物质，从而有效地将农药分离出来。

2. 蔬菜水果类样本的净化

蔬菜水果类样本主要富含色素、糖类、蜡酯等杂质，利用GPC作为净化方法可以很好地将这些杂质去除。目前GPC作为净化方法已经用于胡萝卜、西红柿、番茄、青椒、蘑菇等蔬菜类样品和西瓜、柑橘类、苹果、草莓、葡萄等水果类样本的净化处理，效果良好。

3. 高蛋白高脂肪样本的净化

随着技术的进步，GPC的应用又发展到高脂肪、高蛋白含量基质样本的处理，如坚果类、油脂类、动物类食品、动物组织甚至人体组织。这些样本中含有大量的脂肪、甾醇、蛋白质等大分子干扰基质。

4. 其他特殊样本的净化

除了常规样本外，GPC还被应用于中药材、土壤、酱腌菜等农残检测的样本净化。

2.8.5　凝胶渗透色谱存在的问题及其解决措施

1. 分离不完全

GPC净化方法是一种分离大分子类干扰杂质的方法，能把农药等从各种复杂基质中分离出来，其分离效果的好坏取决于分子的大小、形状以及凝胶阻滞作用的差异，因此对于分子尺寸相同的混合物来说分离效果较差。另外，由于小分子干扰物可能会被夹带洗脱到农药中，而较大分子的农药可能会随着油脂等干扰物先流出，影响回收率。因此，在实际使用中要结合其他前处理方法来实现对复杂样品的富集净化。

2. 溶剂消耗大

由于GPC柱内径较大，连续处理样品的能力相对较慢，造成溶剂耗费量也较大，而且由于收集体积大使得实验室现有的普通浓缩技术成为制约整个分析速度的瓶颈。为解决这些问题，目前商品化的全自动GPC净化仪都朝着净化柱内径小、载荷量大以及小体积进样的方向发展，减少溶剂的消耗量。此外，新一代在线浓缩GPC系统的研制，使得浓缩过程能与GPC同步，且浓缩速度快。此系统能够自动完成溶剂转换，用户可以自由设定终点体积，满足定量浓缩后直接上色谱分析的要求，大大提高GPC净化的分离效率。

GPC技术作为一种样品前处理的手段，在国外应用已较普遍，但在我国较少应用。凝胶渗透色谱是农药多残留分析的净化手段之一。目前，商品化的全自动GPC净化仪，使用的净化柱正朝着小内径、大载荷量以及小体积进样的方向发展，这样不仅提高了GPC净化技术的分离度，还扩展了凝胶渗透色谱技术的应用范围。把凝胶渗透色谱技术与溶剂萃取、固相萃取（SPE）、固相微萃取（SPME）、超临界流体萃取（SFE）等前处理技术相结合，进一步去除小分子杂质，再与GC、GC/MS、HPLC等仪器联用，可以实现自动化分析，大大地提高样品的分析效率。可见，GPC技术是一项有发展潜力的新技术，在农药残留分析上有着广泛的应用前景。

2.9 无机分析样品前处理方法

各种现代先进的无机分析测试仪器，如原子吸收分光光度计（AAS）、原子荧光分光光度计（AFS）、电感耦合等离子体发射光谱仪（ICP-OES）、电感耦合等离子体质谱仪（ICP-MS）等，被用于样品中金属、类金属或部分非金属元素的测定。虽然各种新的样品引入技术发展起来，如固体样品直接进样，但是液体进样是最主要、最优先考虑的样品引入方法。因此，对大多数样品类型而言，必须首先将样品转化为水溶液。样品分解的目的就是，消耗样品基质（如有机物），使样品中待测元素进入溶液中，同时减少或去除基体对仪器测定的影响。

对 ICP-MS 而言，样品消解技术可大致分为三类：敞开式酸消解法（如平板电热板法和石墨消解法）、密闭式酸消解法（如消解罐消解法和微波消解法）和碱熔融法。酸式消解是利用一种无机酸或多种无机酸的组合来处理样品，在大部分样品消解中得到应用，如食品、保健品、药物、日化产品、土壤、沉积物等。碱式消解是将样品与助熔剂混合后进行高温熔融，再用无机酸溶解，如岩石、矿物样品等。ICP-MS 具有灵敏度高、线性范围宽、能同时测定多种元素等优点，常用于样品中微量、痕量元素的测定。

2.9.1 消解方法

1. 敞开式酸消解法

敞开式酸消解法包括电热板法和石墨消解法，是简单的、得到广泛使用的酸消解法，主要是指用不同酸或过氧化氢或其他氧化剂的混合液，在加热状态下将含有大量有机物的待测组分转化为可测定形态的方法。硝酸是广泛使用的预氧化剂，它可破坏样品中的有机质；硫酸具有强脱水能力，可使有机物炭化，使难溶物质部分降解并提高混合酸的沸点；热的高氯酸是最强的氧化剂和脱水剂，由于其沸点较高，可在除去硝酸以后继续氧化样品。当样品基体含有较多的无机物时，多采用含盐酸的混合酸进行消解；而氢氟酸主要用于分解含硅酸盐的样品。湿法消解样品常用的消解试剂体系有 HNO_3、HNO_3-$HClO_4$、HNO_3-H_2O_2、HNO_3-H_2SO_4、HNO_3-H_2SO_4-$HClO_4$ 等。

电热板法的热源为电热板或电炉，石墨消解仪通过石墨块进行发热产生高温作为热源，对消解管中的样品进行高温的消解，使用者可以自定义需要的温度及其升温程序，现在市面上已有自动石墨消解仪，可实现对样品的全自动消解。石墨消解管位于固定的石墨孔中，消解管与热源接触面积大，所以传热比电热板好。

样品消解处于常压下，样品消解的温度取决于所使用的酸的沸点，同时，随着反应的进行，酸会挥发减少，需要补充消解用的酸，所以酸用量大，相应由酸引入的本底会提高。挥发性元素（如汞、砷、锡）容易挥发损失。其优点在于设备成本低，操作简单，可批量消解样品。

2. 密闭式酸消解法

密闭式酸消解法包括消解罐消解法和微波消解法。密闭的消解体系，使样品在一个高温高压的环境中消解，实现了常压下一些难消解的样品的消解；减少挥发性元素（如 As、B、Cr、Hg、Sb、Se、Sn）的损失，提高了方法的准确性，减少了消解试剂的使用量，降低了过程的本底值。

消解罐消解法俗称闷罐消解法，常用的消解罐由 PTFE 材质的消解管和盖子以及不锈钢外套组成。通过外套上的螺旋顶将消解管与盖子密封，加入样品和消解试剂后，将消解罐拧紧，然后放到烘箱中加热。因为是密闭体系，所以消解处于高温高压状态。消解罐消解法能承受更高的压力，样品的取样量可达到 2 g，但是其加热及其消解完成后冷却慢，所以整个消解的时间较长。

1975 年，Abu-Samra 等首次用微波炉湿法消解了一些生物样品，开始将微波加热技术应用到分析化学中。到 20 世纪末，发达国家已经普遍采用微波加热技术，取代沿用已久的电热板技术，推出一系列的微波加热设备。例如，美国 CEM 公司和意大利 Milestone 公司是生产微波仪器较早的公司。20 世纪 90 年代初我国也自制了微波消解仪，上海、北京、西安等地生产的微波消解系统为众多用户使用，大大推动了我国微波消解技术的发展。

对于微波的作用原理，一般认为其具有"热效应"，即微波加热和传统加热有着本质的区别：微波中的电磁场以每秒数亿次甚至数十亿次的频率转换方向，极性电介质分子中的偶极矩的转向运动来不及跟上如此快速的交变电场，引起极化滞后于电场，导致材料内部摩擦而发热，试样温度急剧上升。微波加热过程中能量通过空间或介质以电磁波形式来传播，这种加热方式称为"体加热"或"内加热"。微波加热是电场能量深入到物料内部，直接作用于物质分子使之运动而发热，微波加热更快、更均匀。

微波消解法与消解罐消解法相比，大大减少了样品的消解时间、提高了消解的效率。微波消解样品常用的消解试剂体系有 HNO_3、HCl、HF、H_2O_2 等，避免使用或是尽量少使用硫酸、磷酸等高沸点试剂。微波消解的缺点就是仪器成本高，后期使用、维护成本也高。虽然各个微波消解仪生产厂家的仪器不同，但是消解的样品量一般不超过 0.5 g。

3. 碱熔融法

碱熔融法将样品与某些固体熔剂相混合，在高温作用下发生多相化学反应，使样品分解为可溶于水或酸的化合物，主要用于无法用酸分解或酸分解不完全的样品，如复杂矿物、难熔合金等。碱熔融法的助熔剂有偏硼酸锂、四硼酸锂、碳酸钠、氢氧化钠、过氧化钠、相应的钾盐和碱金属的氟化物。碱熔融法由于需采用大量助熔剂进行熔融，引入大量基体，提高了消解液的固含量，易引起新的基体干扰，分析前必须进行多倍稀释，会降低方法的检出限。

2.9.2 无机酸的选择

用于消解样品的无机酸及其他试剂的种类有限，同时，也要关注使用的试剂对 ICP – MS 分析的干扰。用于样品消解的无机酸的物理性质见表 2 – 8。

表 2 – 8 常用无机酸的物理性质

酸	分子式	质量分数/%	浓度/($mol \cdot L^{-1}$)	相对密度	沸点/℃
硝酸	HNO_3	68	16	1.42	122
盐酸	HCl	36	12	1.18	110
氢氟酸	HF	48	29	1.16	112
高氯酸	$HClO_4$	70	12	1.67	203
硫酸	H_2SO_4	98	18	1.84	338
磷酸	H_3PO_4	85	15	1.70	213

1. 硝酸(HNO_3)

硝酸是样品消解过程中最常用的试剂，热的浓硝酸是强氧化剂，能够与许多样品基体反应，使痕量元素形成高溶解度硝酸盐。通常用于消化各种中药材、食品、生物样品、金属等，而对于某些金属、矿石、硅酸盐类样品，则需要加入能形成络合物的酸，如 HCl 和 HF，才能完全溶解样品。另外，硝酸的沸点相对较低（122℃），为了使样品彻底消化，缩短消解时间，常加入双氧水或高氯酸。硝酸是 ICP – MS 分析中最好和最常用的酸介质，因为等离子体中吸入的空气及溶剂中已经含有 N、H、O 原子，加入后 N、H、O 相关多原子离子并未显著增加。

王水是 HNO_3 与 HCl 按 1：3（体积比）的比例混合而成，由于存在 Cl_2 及 NOCl，氧化性更强，溶解效果比单用 HNO_3 更好。主要用于分解硅酸盐基体（与 HF 混合使用）、硫酸盐基体及 Au、Pt 及 Pd。

2. 盐酸（HCl）

浓盐酸是弱还原性酸，可分解碳酸盐、许多金属氧化物和比氢更易氧化的金属，但是很少单独分解比较复杂的基体。通常与其他无机酸混合使用，如 HF 及 HNO_3，在高温高压下，用于分解许多硅酸盐、难熔氧化物、硫酸盐及氟化物。可分解酸性挥发性硫化物及一些硫酸盐，但不能分解黄铁矿或重晶石。

ICP – MS 应用中，氯离子易形成多原子离子（如 $ArCl^+$、ClO^+、$ClOH^+$），干扰^{75}As、^{51}V、^{52}Cr 的测定，且对质荷比低于 80 的许多元素（Cr、Fe、Ga、Ge、Se、Ti 及 Zn）也会有一定程度的干扰。ICP – MS 普遍采用了去干扰的碰撞反应池技术，多原子离子干扰基本消除，实际使用时也依然需要留意多原子离子的干扰。对于只有在氯化物介质中稳定存在的某些元素，如 Au 及铂族元素的测定并无影响。使用 HCl 进行酸式消解时，利用 HCl 的沸点低，可用 HNO_3 将样品溶液蒸发而去除，但是需注意 Ge、As、Se、Sn、Sb 和 Hg 形成易挥发的金属氯化物而挥发损失。

3. 氢氟酸（HF）

氢氟酸是唯一能溶解硅基体的样品的无机酸，可以溶解样品中的硅，形成可溶性 Si_6^{2-}。硅酸盐可以被转化成挥发性的 SiF_4，在敞开式的消解过程中去除。氢氟酸与硅反应、挥硅的过程可用化学方程式表示：

$$SiO_2 + 6HF \rightarrow H_2SiF_6 + 2H_2O$$

$$H_2SiF_6 \rightarrow SiF_4 + 2HF$$

B、As、Sb 和 Ge 也可能形成易挥发的氟化物，同 HF 一起挥发损失。通常将氢氟酸与其他氧化性、沸点更高的无机酸联合使用，如 $HClO_4$，可以将残留的 F^- 去除，且 Si 以挥发性 SiF_4 形式挥发，同时不溶性氟化物转变成可溶性产物。

即使浓度很低的氢氟酸也会腐蚀玻璃，因此通常使用 PTFE 材质容器。另外，由于样品溶液中残留的 HF 会腐蚀 ICP – MS 仪器中的玻璃组件，如石英雾化器、雾化室及炬管的中心管。此时，可在进行分析前加入饱和硼酸溶液中和过量的 HF。但由于引入大量硼酸，大大增加了溶液中可溶固体总量，会降低方法检出限。因此，通常在分析前，采用高沸点无机酸（如 $HClO_4$）将 HF 从溶液中除去，但此时会造成某些元素损失。

4. 高氯酸（$HClO_4$）

高氯酸是目前已知氧化性最强的无机酸之一，热浓高氯酸具有强氧化性，遇到有机物发生剧烈反应甚至发生爆炸，但是冷高氯酸或稀的高氯酸则没有这种特性。因此，对含有机质的样品，最好先用 HNO_3 或 HNO_3-$HClO_4$ 混合酸处理。除碱金属 K、Rb 及 Cs 的高氯酸盐溶解度稍差外，大部分高氯酸盐可溶。由于高氯酸沸点较高，对难熔矿物的溶解效果比 HNO_3 等无机酸好，且加热蒸发阶段去除 HF 的效果更好。不过，高氯酸分解过程中引入的氯离子很难用蒸发法去除，因此残留的 Cl^- 易对^{75}As 及^{51}V 造成多原子离子干扰，影响低浓度 As、V 的测定。

5. 硫酸（H_2SO_4）

浓硫酸具有脱水性，中等氧化性，高沸点，样品消解过程中加入 H_2SO_4，可能形成不溶性硫酸盐（尤其是 Ba、Ca、Pb 及 Sr），黏度增大，形成多原子干扰离子，同时腐蚀镍锥，因此，分解样品时使用并不广泛。然而，H_2SO_4 与 HF 联合使用，可以分解最难溶矿物，如锆石、独居石、铬铁矿及许多自然形成的卤化物（如氟化物）。利用硫酸高沸点性质进行长时间蒸发，去除氟元素效果好；若样品溶液中再加入 $HClO_4$，加热至干，用 2% HNO_3 转移定容，可用于 ICP – MS 分析。单用 H_2SO_4 可以分解 As、Sb、Te、Se 矿物，与 $(NH_4)_2SO_4$ 混合使用，可以分解 Nb 及 Ta 矿物。但是，总的来说，ICP – MS 的样品消解过程尽量避免使用硫酸。

6. 过氧化氢（H_2O_2）

过氧化氢又称双氧水，是较强的氧化剂，在某些情况下具有还原性。通常不单独使用，分解有机类样品时，如食品等植物性样品，通常与 HNO_3 混合使用。

2.9.3 污染、损失及注意事项

在样品制备、样品消解过程中，需特别注意待测元素的污染和损失问题。从整个样品的前处理过程来看，可能产生污染的 3 个主要来源如下：①样品的粉碎、过筛和混匀样品的设备；②实验室环境和器皿；③消解样品时所用的分析试剂。

为了保证分析的样品具有代表性、均匀性，许多样品在消解前必须经过粉碎、研磨或混匀。在这一过程中必须保证粉碎机等设备彻底干净，我们曾经在分析甘草中药材样品中的重金属及有害元素项目时，遇到样品中铜元素含量达 40 mg/kg，超过中国药典的限量值 20 mg/kg，而复检铜元素含量为 4.5 mg/kg。通过对实验过程分析、排查，发现样品所用的粉碎机的转动轴处有少量碎屑产生，且碎屑中铜元素高达 1 000 mg/kg。

实验所用器皿及工具的材质在痕量分析中极为重要。污染物可能从器皿或工具中溶出，或是其表面的杂质解吸进入样品溶液。

玻璃烧杯或玻璃锥形瓶是酸式湿法消解样品中最为常用的器皿之一，可耐除 HF 以外的大部分无机酸。但是，普通玻璃材质的器皿主要成分为硅酸盐，同时其他元素含量不稳定，存在元素溶出风险，如硼、硅元素溶出。人造石英烧杯纯度高，不易受污染，表面平滑吸附性差，可耐 1 200℃高温，可耐除氢氟酸外的大部分无机酸，是痕量分析中最佳材质之一。

PTFE（聚四氟乙烯）、PFA（全氟代烷氧乙烯）和 TFM（改性的聚四氟乙烯），这三种材料由于表面非极化，对极性离子吸附最小，因此吸附或解吸造成的污染及损失很小，消解过程中可以优先选用此类材质容器，特别是在消解过程中用到氢氟酸时。PTFE 材质具有多孔结构，TFM 是化学改性后的 PTFE，消除了多孔结构。但是，三者最高可耐温度为 250℃，当使用高氯酸、硫酸处理样品时，要注意消解温度不能超过 250℃。

常用的存储容器材质有 FEP、PE 及 PP，其中 FEP 表面致密非极化，吸附造成的损失几乎可以忽略，PE 及 PP 广泛用于存储容器、烧杯及烧瓶，但性能不如 FEP。

如前所述，使用的器皿及工具材料本身为污染源，另一个污染则为表面吸附的杂质。通常需对所用容器进行充分清洗后才可进行使用。一般情况下，采用质量分数 10%～40% 的硝酸浸泡过夜，用去离子水冲洗干净，干燥后使用。采用 ICP - MS 分析元素时，并不是每一次都是需要测定所有仪器能测的元素，所以应该根据实际需求来选择各种器皿或容器。

参 考 文 献

[1] Chen Y, Guo Z, Wang X, et al. Sample preparation [J]. Journal of Chromatograply A, 2008, 1184(1)：191 - 219.

[2] 邵鸿飞. 分析化学样品前处理技术研究进展 [J]. 化学分析计量, 2007(5)：81 - 83.

[3] 张艳树，林振华，胡玉玲，等. 化妆品分析样品前处理方法研究进展 [J]. 分析测试学报, 2016(2)：127 - 136.

[4] 谷苗苗，王蔚嘉. 仪器分析中常用定量方法研究 [J]. 广州化工, 2017(16)：166 - 168.

[5] 陈燕清，颜流水. 食品中农药残留前处理技术进展 [J]. 江西化工, 2004(3)：17 - 23.

[6] 吴倩，王璐，吴大朋，等. 植物激素样品前处理方法的研究进展 [J]. 色谱, 2014(4)：319 - 329.

[7] 李业东. 仪器分析中常用定量方法的特点对比和选用 [J]. 科技与企业, 2013(11)：382.

[8] 何建丽，姚凯，李存，等. 环境友好的样品前处理方法的研究进展 [J]. 天津农学院学报, 2015(2)：48 - 54.

[9] 王雪梅，王欢，鲁沐心，等. 样品前处理介质的制备与应用研究进展 [J]. 分析测试学报, 2015(12)：1439 - 1445.

[10] 唐永良. 溶剂萃取法综述 [J]. 杭州化工, 2003(4)：9 - 10, 24.

[11] 冯国琳，王焕英，邢广恩. 新型萃取技术研究进展 [J]. 化工中间体, 2013(2)：1 - 5.

[12] 戚文炜，朱培瑜，吴薇. 液液萃取/气相色谱法测定环境水样中邻苯二甲酸酯类化合物 [J]. 干旱环境监测, 2006(4)：196 - 199.

[13] 于振花，荆淼，王小如，等. 液液萃取 - 高效液相色谱 - 电感耦合等离子体质谱同时测定海水中的多种有机锡 [J]. 光谱学与光谱分析, 2009(10)：2855 - 2859.

[14] 液液萃取装置的新进展 [J]. 化学世界, 1985(8)：38 - 39.

[15] 曲国福，陆舍铭，孟昭宇，等. 超声辅助液液萃取法提取烟用香精成分的研究 [J]. 分析试验室, 2007(11)：57 - 60.

[16] 徐静，肖珊珊，董伟峰，等．两次液液萃取－气相色谱－质谱联用法测定动物肝脏中左旋咪唑残留［J］．色谱，2012（9）：922－925.
[17] 贾立革，刘锁兰，李秀青，等．中药提取分离新技术的研究进展［J］．解放军药学学报，2004(4)：279－283.
[18] 高镱萌，徐愿坚，杜洪飞，等．中药提取新技术的研究进展［J］．世界科学技术－中医药现代化，2014(4)：890－894.
[19] 钟玲，尹蓉莉，张仲林．超声提取技术在中药提取中的研究进展［J］．西南军医，2007(6)：84－87.
[20] 张晓东，潘国凤，吕圭源．超声提取在中药化学成分提取中的应用研究进展［J］．时珍国医国药，2004(12)：861－862.
[21] 陆家骝，周民峰，兰韬．索氏提取法与超声提取法的比较研究［J］．污染防治技术，2015(3)：67－69.
[22] 秦梅颂．超声提取技术在中药中的研究进展［J］．安徽农学通报(上半月刊)，2010(13)：54－55，78.
[23] 关雅琼，张曜武，杨浩．索氏提取器的起源与发展［J］．天津化工，2011(3)：17－20.
[24] 李丕高，高桂枝，刘启瑞．实验型液固萃取器的探索［J］．延安大学学报(自然科学版)，2004(4)：50－51.
[25] 郭锦棠，杨俊红，李雄勇，等．微波与索氏提取甘草酸的正交实验研究［J］．中国药学杂志，2002(12)：41－44.
[26] 张海霞，朱彭龄．固相萃取［J］．分析化学，2000(9)：1172－1180.
[27] 马娜，陈玲，熊飞．固相萃取技术及其研究进展［J］．上海环境科学，2002(3)：181－184.
[28] 王璟琳，刘国宏，李善茂，等．固相萃取技术及其应用［J］．长治学院学报，2005(5)：21－26.
[29] 傅若农．近年国内固相萃取－色谱分析的进展［J］．分析试验室，2007(2)：100－122.
[30] 孙海红，钱叶苗，宋相丽，等．固相萃取技术的应用与研究新进展［J］．现代化工，2011(S2)：21－24.
[31] 郭启雷，杨红梅，刘艳琴，等．固相萃取技术在化妆品样品前处理中的应用研究［J］．日用化学品科学，2011(2)：30－32.
[32] 李广庆，马国辉．固相萃取技术在食品痕量残留和污染分析中的应用［J］．色谱，2011(7)：606－612.
[33] 刘俊亭．新一代萃取分离技术——固相微萃取［J］．色谱，1997(2)：118－119.
[34] 傅若农．固相微萃取(SPME)的演变和现状［J］．化学试剂，2008(1)：13－22.
[35] 张金艳，叶非．新型无溶剂样品制备方法——固相微萃取法［J］．理化检验(化学分册)，2001(5)：236－239.
[36] 马继平，王涵文，关亚风．固相微萃取新技术［J］．色谱，2002(1)：16－20.
[37] 周珊，赵立文，马腾蛟，等．固相微萃取(SPME)技术基本理论及应用进展［J］．现代科学仪器，2006(2)：86－90.
[38] 黄悯嘉，游静，梁冰，等．固相微萃取的涂层进展［J］．色谱，2001(4)：314－318.
[39] 王超英，李碧芳，李攻科．固相微萃取/高效液相色谱联用分析水样中邻苯二甲酸酯［J］．分析测试学报，2005(5)：36－39.
[40] 刘源，周光宏，徐幸莲．固相微萃取及其在食品分析中的应用［J］．食品与发酵工业，2003(7)：83－87.
[41] 贾金平，何翊，黄骏雄．固相微萃取技术与环境样品前处理［J］．化学进展，1998(1)：76－86.
[42] 吴继红，张美莉，陈芳，等．固相微萃取 GC-MS 法测定苹果不同品种中主要芳香成分的研究［J］．分析测试学报，2005(4)：101－104.
[43] 胡国栋．固相微萃取技术的进展及其在食品分析中应用的现状［J］．色谱，2009(1)：1－8.
[44] 洪萍，徐陆妹，楼冰冰，等．QuEChERS 方法及其在农药残留分析中的应用进展［J］．中国卫生检验杂志，2008(4)：756－758.
[45] 刘胜男，卫星，巩卫东．QuEChERS 方法在检测分析中的应用研究进展［J］．食品研究与开发，2013(10)：133－136.
[46] 赵祥梅，董英，王和生．QuEChERS 法在农产品农药残留物检测中的应用研究进展［J］．中国卫生检验杂志，2008(5)：952－954.
[47] 胡西洲，程运斌，胡定金．QuEChERS 法测定蔬菜中有机磷类农药多残留分析［J］．中国测试技术，2006(3)：132－133.
[48] 刘亚伟，董一威，孙宝利，等．QuEChERS 在食品中农药多残留检测的应用研究进展［J］．食品科学，2009(9)：285－289.
[49] 冯岩．QuEChERS 方法在农药多残留分析中的应用研究进展［J］．吉林农业，2017(20)：84.
[50] 高阳，徐应明，孙扬，等．QuEChERS 提取法在农产品农药残留检测中的应用进展［J］．农业资源与环境学报，2014(2)：110－117.
[51] 刘满满，康澍，姚成．QuEChERS 方法在农药多残留检测中的应用研究进展［J］．农药学学报，2013(1)：8－22.
[52] 刘远晓，关二旗，卞科，等．QuEChERS 法在食品有机污染物检测中的研究进展［J］．食品科学，2017(19)：294－300.
[53] 曲斌．QuEChERS 在动物源性食品兽药残留检测中的研究进展［J］．食品科学，2013(5)：327－331.

[54] 乌日娜, 李建科. 基质固相分散在食品安全分析中的应用 [J]. 食品科学, 2005(6): 266 - 268.

[55] 段劲生, 王梅, 孙明娜, 等. 基质固相分散在农药残留分析中的应用研究进展 [J]. 农药, 2006(8): 508 - 510.

[56] 邵兵, 高迎新, 韩灏, 等. 基质固相分散萃取 - 液相色谱 - 质谱/质谱测定牛奶和鸡蛋中的烷基酚和双酚 A [J]. 环境化学, 2005(4): 483 - 484.

[57] 刘浩, 周芳, 李月娥. 分散固相萃取法对果蔬中农药残留前处理的优化 [J]. 环境科学与管理, 2008(5): 137 - 139.

[58] 闵光. 基质固相分散萃取在农药残留检测技术中的应用 [J]. 现代农业科技, 2010(9): 169 - 171.

[59] 石杰, 龚炜, 程玉山, 等. 基质固相分散技术在农药残留分析中的应用 [J]. 化学通报, 2007(6): 467 - 470.

[60] 游辉, 于辉, 武彦文, 等. 快速溶剂萃取 - 基质固相分散 - 高效液相色谱法测定牛肉中 5 种磺胺类药物残留 [J]. 分析测试学报, 2010(10): 1087 - 1090.

[61] 李建科, 胡秋辉, 乌日娜, 等. 基质固相分散萃取气相色谱法检测苹果浓缩汁中 5 种有机磷农药的残留 [J]. 南京农业大学学报, 2005(2): 111 - 115.

[62] 杨海玉, 俞英, 郑秀丽. 固相萃取法与基质固相分散法在橙子中有机磷农药残留分析中的应用 [J]. 色谱, 2008(6): 744 - 748.

[63] 牟世芬. 加速溶剂萃取的原理及应用 [J]. 环境化学, 2001(3): 299 - 300.

[64] 牟世芬, 刘勇建. 加速溶剂萃取的原理及应用 [J]. 现代科学仪器, 2001(3): 18 - 20.

[65] 屈健. 加速溶剂萃取技术的原理及应用 [J]. 中国兽药杂志, 2005(6): 46 - 48.

[66] 叶明立, 朱岩. ASE 加速溶剂萃取技术在食品、农残方面的分析应用 [J]. 现代科学仪器, 2003(1): 35 - 37.

[67] 朱雪梅, 崔艳红, 郭丽青, 等. 用加速溶剂提取仪提取污染土壤中的有机氯农药 [J]. 环境科学, 2002(5): 113 - 116.

[68] 赵海香, 袁光耀, 邱月明, 等. 加速溶剂萃取技术 (ASE) 在农药残留分析中的应用 [J]. 农药, 2006(1): 15 - 17.

[69] 黄东勤, 王盛才, 陈一清, 等. 加速溶剂萃取 - 高效液相色谱法测定土壤中 16 种多环芳烃 [J]. 中国环境监测, 2008(3): 26 - 29.

[70] 吴刚, 鲍晓霞, 王华雄, 等. 加速溶剂萃取 - 凝胶渗透色谱净化 - 气相色谱快速分析动物源性食品中残留的多种有机磷农药 [J]. 色谱, 2008(5): 577 - 582.

[71] 吴胜芳, 王利平, 刘杨岷, 等. 加速溶剂萃取 - 气相色谱串联质谱测定菊花中的 3 种菊酯类农药残留量 [J]. 分析试验室, 2008(11): 65 - 67.

[72] 王静静, 李学才. 凝胶渗透色谱的应用及进展 [J]. 农业开发与装备, 2017(10): 35 - 45.

[73] 周相娟, 李伟, 许华, 等. 凝胶渗透色谱技术及其在食品安全检测方面的应用 [J]. 现代仪器, 2009(1): 1 - 4.

[74] 赵子刚, 吕建华, 王建. 凝胶渗透色谱技术在农药残留检测中的应用 [J]. 粮油食品科技, 2010(2): 47 - 50.

[75] 王敏, 叶非. 凝胶渗透色谱在农药残留分析前处理中的应用进展 [J]. 农药科学与管理, 2008(6): 9 - 13.

[76] 刘咏梅, 王志华, 储晓刚. 凝胶渗透色谱净化 - 气相色谱分离同时测定糙米中 50 种有机磷农药残留 [J]. 分析化学, 2005(6): 808 - 810.

[77] 李樱, 储晓刚, 仲维科, 等. 凝胶渗透色谱 - 气相色谱同时测定糙米中拟除虫菊酯、有机氯农药和多氯联苯的残留量 [J]. 色谱, 2004(5): 551 - 554.

[78] 栾玉静, 王先亮, 王瑞花, 等. 凝胶渗透色谱在不同样本检验中的应用和进展 [J]. 刑事技术, 2014(4): 41 - 44.

[79] 和顺琴, 杨光宇, 胡秋芬. 凝胶渗透色谱技术在卷烟分析前处理中的应用进展 [J]. 云南化工, 2010(6): 41 - 44.

[80] 马腾达, 王慧玲, 周凤霞, 等. 凝胶渗透色谱技术在食品安全检测中的应用研究新进展 [J]. 吉林农业, 2017(15): 103.

[81] Abu-Samra A, Morris J S, Koirtyohann S R. Wet ashing of some biological samples in a microwave oven [J]. Analytical Chemistry, 1975, 47(8): 1475.

3　质谱检测技术

质谱（mass spectrometry，MS）是与光谱、核磁共振波谱并称的三大定性分析手段之一。其起源可追溯至 19 与 20 世纪之交。英国物理学家汤姆孙用自制的实验装置研究阴极射线发现了电子并测定了其质荷比（m/z），并于 1912 年制成了一种利用电磁场使 Ne 阴极射线发生偏转的抛物线摄谱仪，这被认为是最早的质谱仪（至少是质谱仪的雏形）。质谱技术从研究一个简单的物理现象（带电离子的运动轨迹在磁场和电场影响下会发生偏转）开始，为化学和原子物理学的发展做出了不可磨灭的贡献。除了为原子结构提供了可靠证据外，质谱还验证了元素周期表，揭示了原子核中核子的结构。20 世纪 40 年代以前，质谱主要用于气体分析与同位素测定。如今，质谱既能测定无机物，又能测定有机物；既可用于测定小分子，也可用于测定生物大分子和高分子聚合物。

3.1　质谱技术概述

3.1.1　质谱的发展

1886 年，德国物理学家 Goldstein 因首次观察到低压气体放电管中由阳极发出的正离子经电场加速后形成正离子流的现象，这个现象由德国物理学家维恩于 1898 年予以证实。后来英国物理学家 Thomson 研究了一个可用于区分电子和氢原子（核子，nucleus）的装置，它通过磁场使阳极射线的粒子发生偏转，并通过电场使具有不同电荷和质量的离子分隔开，使用这个被称为"抛物线摄谱仪"（parabola machine）的装置可以同时测量 e/m 和 e 值，由此可以测出电子的质量。Thomson 的学生、英国化学家、物理学家 Aston 对此装置的进一步改进使他们获得了残留气体包括一系列正离子如 H^+、H_2^+、N^+、N_2^+、O^+、O_2^+、C^+、C_2^+、CO_2^+ 以及复合离子 N_2^+/CO^+ 和 Hg^{2+}/Hg^+ 的质谱图。这成为第一张分子质谱图。进而他们发现了 Ne 的两个稳定的同位素 ^{20}Ne 和 ^{22}Ne。在此基础上 Aston 发现了稳定元素具有同位素，并证实自然界中的某元素实际上是该元素的几种同位素的混合体，而该元素的原子质量也是依据这些同位素在自然界占据不同比例而得到的平均原子质量。1920 年 Aston 将他的仪器命名为"质谱仪"（mass spectrograph），而将这个学科称为"质谱学"（mass spectroscopy，MS）。如今，质谱学的这个定义已因涉及离子研究方面太多的领域显得含混而不再使用。大部分人倾向使用的现代"质谱学"的定义是，一个借量电子测量技术来对离子的 m/z 值及其丰度进行测量的技术。

综观质谱的发展过程，不难发现质谱仪的两大核心器件——质量分析器和离子源的不断革新，是贯穿质谱发展的主线。略早于 Aston，Dempster 发明了扇形磁场质谱仪。1934 年和 1953 年，Mattauch 等和 Johnson 等分别设计出了两种双聚焦质谱仪，特别是后者设计的高性能质谱仪 20 世纪 90 年代前在相关领域内占统治地位。1946 年，Stephens 提出了飞行时间（time-of-flight，TOF）质谱仪的构想。随后研制出的 TOF 质谱仪虽曾风行一时，但直到最近二三十年突破关键技术后才得以广泛应用。1949 年 Hipple 等研制出了离子回旋共振（ion cyclotron resonance，ICR）质谱仪，为首个具有超高分辨率的质谱仪。1953 年 Paul 等提出了四极质量分析器（quadrupole mass analyzer，QMA）和四极离子阱（quadrupole ion trap，QIT）的理论。在此基础上四极质谱仪和 QIT 质谱仪诞生了。1966 年 Futre 等研制出了首台串联质谱仪（由两台双聚焦质谱仪组成），1974 年 Comisarow 等将傅立叶变换（Fourier transform，FT）用于处理 ICR-MS 数据，从而开创了 FT-ICR-MS 方法。Dehmelt 因对 ICR 质谱仪的分析器——ICR 离子阱贡献良多，于 1989 年与 QIT 的发明者 Paul 平分了当年的诺贝尔物理奖。1978 年和 1984 年，两种重要的串联质谱仪——三重四极（triple quadrupole，QQQ）和 Q – TOF 分别诞生。1995 年和 1998 年，Bier 等和 Hager 分别设计出了两种不同于 QIT 的离子阱——线性离子阱（linear ion trap，LIT）。1999 年 Makarov 提出了一种全新概念的分析器——轨道阱（orbitrap），其性能堪与 ICR – IT 媲美。

相对于质量分析器，离子源至今保持着较为迅速的发展势头，各种电离技术层出不穷。至今仍在广泛使用的电子电离（electron ionization，EI）技术是最早出现的有机电离技术，仅晚于气体放电电离、火花电离、辉光放电电离和热电离等几种无机电离技术，其发明者正是 Dempster。1951 年，Mullery 首次观察到了场电离现象；1954 年 Inghram 等将场电离用于质谱，使之成为最早的"软"电离技术；1966 年 Munson 等发明了化学电离（chemical ionization，CI）。20 世纪 60 年代，电喷雾电离（electrospray ionization，ESI）昙花一现，直到 80 年代 Fenn 等才使之成为一种实用的电离技术。1969 年 Beckey 发明了场电离的变型——场解吸，由此打开了质谱用于生物大分子分析的大门。1973 年 Horning 等发明了大气压化学电离（atmospheric pressure chemical ionization，APCI）。1980 年 Houk 等以电感耦合等离子体（inductively coupled plasma，ICP）为离子源发明了 ICP – MS，为元素分析提供了新的利器。1981 年 Barber 等和 Liu 等分别发明了快原子轰击电离（fast atom bombardment，FAB）和基质辅助解吸电离（matrix-assisted desorption ionization，MADI）。

1985 年 Karas 等首次提出了基质辅助激光解吸电离（matrix-assisted laser desorption ionization，MALDI）技术；1987 年 Tanaka 等开创性地将其用于蛋白质分析，并因此在 2002 年与 Femn 共享了诺贝尔化学奖。进入 21 世纪以来，解吸 ESI（desorption ESI，DESI）和实时直接分析（direct analysis in real time，DART）相继问世，从而掀起了新一轮电离技术开发的热潮。

为了更好地发挥质谱在化合物结构解析与定性确证方面的优势，常将其与一些分离技术，如气相色谱法（GC）、液相色谱法（LC）、超临界流体色谱法（supercritical fluid chromatography，SFC）及毛细管电泳（capillary electrophoresis，CE）技术等联合使用，这种将两种及以上不同的分析方法联合起来的技术称为"联用技术"。与单方法相比，联用技术不仅能发挥各自的优势，还能实现"$1 + 1 > 2$"的效应。例如，LC 是一种很好的色谱分离手段，但定性能力不足；质谱尤其是串联质谱（tandem MS，MS/MS）和（超）高分辨率质谱可将 m/z 不同的离子加以分离，但对 m/z 相同的不同离子却无能为力；LC-MS 则集合了色谱分离与质谱定性的优点，可进行更准确的定性、定量分析。从分离技术的角度看，质谱可视为一种检测手段，而从质谱的角度看，分离技术则可视为一种进样方式。

质谱与分离技术联用，关键是要解决好质谱仪与其他仪器的"接口"问题。上述分离技术中，GC 的流动相为气态，与质谱联用相对容易，早在 1955 年左右就实现了 GC-TOF-MS；而 LC-MS 的实现则要困难许多，一度进展缓慢。虽然也曾出现过各式接口，但直到 APCI 接口、ESI 接口等接口（同时也是离子源）的出现，LC-MS 仪才逐渐成熟并商品化。在电喷雾电离源与串联质谱，MALDI 与 TOF 结合都获得成功之际，其他一度不被看好的质量分析技术如三维四极杆（three dimensional quadrupole，3D-QIT）、线性四极杆（linear quadrupole）、离子回旋共振（ion cyclotron resonance，ICR）等也因为计算机技术的使用和用傅立叶变换对离子检测结果进行处理而获得了新生。所有这些仪器都具有时间串联（tamdem-in-time）的特点，即其 MS/MS 功能的所有基本行为（前体离子的选择、裂解产物离子的分析）都是在同一台仪器上于不同的时间段完成的。另一种新的离子分离技术——轨道离子阱（orbitrap）技术也于 2005 年正式上市，它作为时间串联仪器的第二级，在 LC-MS 中发挥着越来越重要的作用。

现代质谱仪主要由五个部分组成：①进样系统和离子源，其主要功能是将待测样品引入质谱仪并将其离子化；②质量分析器，它将离子按其质荷比 m/z 进行分离；③检测器，负责将分离后的离子信号按其 m/z 及强度（丰度）记录下来；④所有的这些过程均在真空系统中进行，以防止离子与其他不必要的东西发生碰撞而导致信号损失或结果复杂化；⑤计算机系统则负责对仪器状态进行控制，对分析结果进行数据收集处理。

3.1.2 质量分析

质量分析就是对一个物体的质量进行测量，通常的方法是将待测物体质量与某一已确定质量的标准物进行比较，从而得到待测物体的质量。测量后将测得的物体质量用某一种公认的单位表达出来，这个过程即结束，天平的使用即是一例。在微观世界中，化合物的质量则是用另外一种方式来测量的，这种测量方法就是质谱分析，其通用的质量单位符号为"u"，$1\,u = 1.660540 \times 10^{-27}\,kg$。

3.1.3 质谱数据的采集与处理

离子是带电微粒，运用磁场和(或)电场在真空中可以将动量相同而质量不同但携带相同电荷的带电微粒(离子)分离。这些分离后的离子信号经检测器检测并被记录下来后，就成为质谱图。早期获得的质谱图都是模拟信号，无论是采集还是处理，都是一个漫长、繁琐的人工过程。为简化对此类谱图的数据处理，人们将质谱图中及质谱峰的多个数据点进行人工测量后加权平均处理，简化成棒图，以此来减小数据的存储量。棒图成为迄今运用最广的质谱图形式。现在越来越多的人开始认识到质谱图中许多有用的信息，包括同位素的精细特征、质谱干扰因子、仪器噪声特性、离子信号线性等均已在数据简化中消失。随着现代计算机技术的发展，全面采集质谱测量数据已不是难事，大量的数据储存也不再是问题，因此这种数据简化已无必要，且那些在数据简化中消失的因素实际上可以为质谱学家提供更多、更有用的信息。

原始数据经计算机进一步处理，就成为可供使用的质谱图。一般的质谱数据系统都有几个选项供选择：棒图(bar graph)、连续图(profile)及质量表(mass list)。棒图是将整个谱图中的各个质谱峰各自进行加权平均后以一条垂线在横坐标 m/z 处标出质谱峰的重心，并对各峰高度进行归一化，即将丰度最高的峰高定为 100%，以此来提供各个峰的相对丰度信息。棒图的简化过程中并不区别各种噪声引起的峰型歧变，导致 m/z 值可能发生漂移，且这种简化也会导致许多有价值的信息丢失。

连续图则是将所有数据点连接起来形成的谱图。这种图也经过数学处理，以扣除电子噪声，获得平滑的曲线。连续图保留了质谱图的原貌，数据量要大很多。质量表则能根据使用者的需要提供不同的数据，如峰的绝对丰度、半峰宽面积百分比等。使用者也可以将质量表拷贝，根据需要用其他程序重建质谱图。

3.1.4 质谱和质谱图相关名词概念

3.1.4.1 元素的同位素及同位素质量

质谱分析的是离子中元素的同位素质量，确切地说是待测离子中元素的单一同位素质量(monoisotopic mass)。无论使用的是何种离子化技术，一个离子的元素组成总是可以由质谱图中代表该离子的各个同位素峰及其丰度比获得。

同位素(isotopes)：具有相同核电荷但原子质量不同的原子，其原子具有相同数目的质子，但中子数目不同。同位素原子在元素周期表上同一位置，化学性质几乎相同，仅原子质量或质量数不同。例如，氢的三种同位素——氢(H)、氘(D，又称重氢)、氚(T，又称超重氢)，原子核中都有 1 个质子，原子核中则分别有 0 个中子、1 个中子及 2 个中子，所以它们为同位素。

同位素相对丰度(relative isotopic abundance)：自然界中存在的某一元素的各种同位素的相对含量(以原子百分数计)。地球上元素的同位素丰度是指它们在地壳中的相对含量，例如，氢的同位素丰度为 ^1H 99.985%，$^2H(D)\,0.015\%$；氧的同位素丰度为 $^{16}O\,99.76\%$，$^{17}O\,0.04\%$，$^{18}O\,0.20\%$；碳的同位素丰度为 ^{12}C 98.89%，$^{13}C\,1.109\%$，^{14}C 则低于 0.0001%。大多数元素都是由具有一定自然丰度的同位素组成的，根据其具有的稳定同位素数目，可以将元素划分为 X、$X+1$ 及 $X+2$ 等类型。例如，F、Na、P 和 I 仅有一种稳定同位素，为 X 类；而 C、N 等元素有两种稳定同位素，即为 $X+1$ 类；Cl、Br 等则为 $X+2$ 类。这些元素形成化合物后，其同位素以一定的丰度出现在化合物中。这种具有特征性的同位素丰度分布就成为鉴别一个化合物的重要指标。

平均质量(average mass):据分子式计算出的分子、离子或自由基的质量,也称式量,是组成分子的所有元素的质量之和。由于元素同位素的存在,有机化合物的分子式实际上包括了其组成元素的各个同位素的排列组合。

以计算出的这些同位素质量及其归一化(最大质量的丰度为100%)的丰度作图即可获得一张该化合物的理论预测质谱图,称为同位素分布图(isotopic distribution)。这个预测质谱图在质谱分析中极为有用。它为实际的质谱分析提供了一个理论参照,以用来检验实际测量结果的优劣。

整数质量(integer mass/nominal mass):一个元素的整数质量是其最大丰度稳定同位素的质量。以溴为例,因为其同位素^{79}Br的丰度(51%)高于^{81}Br(49%),其整数质量为79 u。而一个分子、自由基或离子的整数质量是其所有组成元素的整数质量之和。分子离子$C_3H_6O^{+\cdot}$的整数质量是58 u,分子离子$C_{60}H_{100}O_7^{+\cdot}$的整数质量是932 u。就有机质谱中通常遇到的元素而言,同位素中质量最低的数值就是整数质量。但这个规律也有例外,汞元素有九种稳定同位素,其质量为199 ~ 204 u,最大丰度同位素是^{202}Hg,因此汞的整数质量是202 u而不是199 u。

单一同位素质量(monoisotopic mass):元素的单一同位素质量为其最大丰度稳定同位素的准确质量。这个数值是以^{12}C的质量是12.000 0 u为基准得到的,例如,甲烷的单一同位素质量(^{12}CH$_4$)是16.031 20 u;同样,分子离子$C_{60}H_{100}O_7^{+\cdot}$的单一同位素质量是932.775 8 u。元素的单一同位素质量不一定是同位素中量最低的数值,但对于有机质谱中通常遇到的元素(C、H、O、N、S、Si、P、K、Na及卤素),它们的单一同位素质量就是同位素中质量最低的数值。

质量缺失(mass defects):有机质谱中通常遇到的元素,其整数质量与单一同位素质量之差为质量缺失,除氢与氮以外,所有其他元素的质量缺失都为负值。由于氢的质量缺失为正值(0.78%),当一个分子中含有超过100个氢原子(分子质量大于500 u)后,积累起来的数值将使分子的单一同位素质量和整数质量不再相同。

在一个离子的元素组成已知时,稳定同位素类型X、$X+1$、$X+2$可以用于预测质谱峰的相对丰度,同样,根据一组质谱峰中的离子强度之比,用X、$X+1$、$X+2$可以估计出分子中元素组成。例如,碳的两种稳定同位素^{12}C和^{13}C的丰度之比约为100 : 1.1,如果由^{12}C组成的化合物质量为M,那么,由^{13}C组成的同一化合物的质量则为$M+1$。同样一种化合物生成的分子离子会有质量为M和$M+1$的两种离子。如果化合物中含有一个碳,则$M+1$离子的强度为M离子强度的1.1%;如果含有两个碳,则$M+1$离子强度为M离子强度的2.2%。

3.1.4.2 化合物的离子及同位素离子

离子(ion):携带一定数目电荷的原子或分子,由在带偶数电荷的中性分子上加上或移除电荷而形成,也可以由在中性原子或分子上添加带负电荷的离子如Cl^-、带正电荷的离子如Na^+、K^+、NH_4^+等。

分子离子(molecular ion):分子离子是通过在带偶数电荷的中性分子上加上或移除一个电荷而形成的带单电荷的分子,前者形成的是负离子(M^-),而后者则为正离子($M^{+\cdot}$)。由于分子结构未被破坏,分子离子的质量为构成这个分子的所有元素的最大丰度同位素质量之和再加上(负离子)或减去(正离子)电子的质量。分子离子可能进一步碎裂生成碎片离子,此时两者即为前体离子和产物离子的关系。

加合离子(adduct ion),指前体离子与一个或多个原子或分子反应,在分子上加上一个具有明显质量的带电颗粒,如质子(H^+)、钠离子(Na^+)、氯离子(Cl^-)等形成的离子,如[M+H]$^+$、[M+Na]$^+$及[M+NH$_4$]$^+$等。

前体离子(precursor ion):指能通过反应形成特定产物离子的离子,或经历了特定中性丢失的离子。前体离子可能经历的反应包括单分子解离、离子/分子反应和电荷态改变等。

碎片离子(fragment ion):指由其他离子([M+H]$^+$、[M−H]$^-$、[M+Na]$^+$等)分解所产生的离子,由化学键断裂后形成这种离子还可进一步分解。碎片离子可以是正离子,也可以是负离子,还可以为奇电子或偶电子离子。其质量总是低于前体离子。但在其前体离子携带复合电荷时，碎片离子的 m/z 值有时会高于前体离子。

复合电荷离子（multiple-charge ion）：带有两个或两个以上电荷的离子，常由电喷雾电离源（electron spray ionization，ESI）产生，多见于多肽、蛋白质等分子。复合电荷离子使在较低质量范围操作的仪器上对大分子进行质量分析成为可能。

单一同位素离子（monoisotopic ion）：以化合物元素的单一同位素组成的质量为其最大丰度稳定同位素的离子。对于有机质谱中通常遇到的元素（C、H、O、N、S、Si、P、K、Na 及卤素），它们的单一同位素离子就是同位素离子簇中质量最低的。

3.1.4.3 质谱峰

峰（peak）：质谱图中的峰代表的是质谱仪中形成的离子，其强度（intensity）与离子的丰度（abundance）呈正相关。质谱图中强度最高的峰称为基峰（base peak）。绘制质谱图的方法有两种：以绝对峰强度为纵坐标和以相对峰强度为纵坐标，质量数为横坐标。大部分质谱仪显示的质谱图为后者。由于经过归一化将基峰定为 100%，导致信号强度信息消失。为弥补这一缺陷，质谱仪制造商通常将基峰绝对强度标注在质谱图的抬头（header）部分。所有的质谱数据库采用的都是峰强度归一化后的相对峰强度质谱图。

同位素离子簇峰（isotopic cluster peak）：由一组元素组成相同但同位素组合不同的离子簇形成的峰。

单一同位素峰（monoisotopic peak）：质谱图中由以化合物元素的单一同位素组成的同位素离子形成的峰，其在同位素离子簇中是质量最低的，通常因其相对丰度最大而在峰簇中形成基峰。需要注意的是，随离子质量增大，单一同位素峰的丰度会逐渐降低，峰簇的中心逐渐向高质量方向移动，直至不再成为基峰。这是由于质量大的离子常含有数目较大的碳原子，而碳原子数目越大，离子中出现 ^{13}C 的概率越大。换句话说，此时要出现 1 个含有 ^{12}C 的离子，其概率要低于离子中含有 1 个以上 ^{13}C 的概率。

3.1.5 准确质量测定

使用质谱的最终目的是通过质量测定获得有机化合物的元素组成（分子式），进一步从中获得有关分子结构的信息。准确质量测定（accurate mass measurement）是达到这一目的的唯一手段。首先还是要了解常用的名词及其定义。

3.1.5.1 分辨率与解析能力

分辨率和解析能力是两个极易混淆的概念，前者是对于质谱图而言，而后者则是仪器的功能。它们在质谱分析中常被混用。

1. 分辨率

分辨率（resolution）称为峰分辨率更为合适，总是与分离具有不同质荷比的一对离子有关，涉及的是质谱图中相邻两质荷比组分的峰分离。美国质谱学会对分辨率有两种定义方法：

1）10% 峰谷定义

若两个等高质谱峰 M 及 ΔM 在质谱图中分离，其峰谷为峰高的 10%，其分辨率可用下式表示：

$$R = M/\Delta M，$$

式中，M 为第一个峰的 m/z 值；ΔM 为两个峰的 m/z 值差。

2）半峰宽定义

分辨率的公式不变，M 改为待测峰的 m/z 值，ΔM 为半峰宽处 m/z 值差。

2. 解析能力

解析能力（resolution power）是仪器的分析能力，指的是质谱仪能将一对相邻的、m/z 值差为 ΔM 的粒子分开的能力，其数学表达式与分辨率相同：

$$R = M/\Delta M。$$

将此式重排，可以更清楚地看出它的含义：

$$\Delta M = M / R \,。$$

3.1.5.2 离子的准确质量测定

准确质量测定的最终目的是通过测量有机化合物的离子质量，获得其元素组成（分子式），进一步从中获得有关分子结构的信息。其步骤如下：①从对分子离子的测定中获得分子质量，进而获得分子式；②从特定碎片离子或碎片离子系列测定该分子中的官能团；③将上述结果结合以确定分子结构。

所有这些都与仪器的解析能力有关。如上所述，除了碳元素以外，所有元素的同位素质量都不是整数，因此不管这些元素如何组合，其对应的准确质量都是唯一的，由它代表的元素组成即分子式也是唯一的。如果仪器的解析能力足够高，离子质量准确测定的误差足够小，从理论上来说，测定这个唯一的值即准确质量，并从中得出其分子式是完全可能的。

3.1.5.3 准确质量测量与测量误差

准确质量测量，实际上就是尽可能准确地测量一个离子的 m/z 值，并将这个数值与理论质量进行比较，其差别就是测量误差。其中，准确质量（accurate mass）是指由实验测定出的，其测量精度达到某一设定的限度或满足离子质量测定要求的一个离子的质量；而理论质量（exact mass）是根据一个已知元素组成、同位素组成及电荷携带状况的分子（离子）式计算出来的质量。

3.2　质谱离子源

质谱技术的核心就是制造离子和检测离子，其他所有的一切都是为这个目的服务的。要在质谱仪上检测到一种有机化合物，前提是这种化合物首先必须被离子化。离子源是使样品分子、原子或自由基转化为气相离子的器件。离子源及其相应电离技术的革新一直推动着质谱的跨越式发展。离子源的类型很多，可满足不同极性、不同相对分子质量范围化合物的分析需求（见图 3 – 1）。使用何种离子源取决于样品的状态（液体、固体）、挥发性和热稳定性以及需探寻的样品信息类型（分子结构或序列分析）等。

ESI　电喷雾电离
APPI　大气压光电离
APCI　大气压化学电离
GC/MS　气相色谱/质谱联用系统

图 3 – 1　不同离子源的适用范围

本节将重点介绍几种常见的有机离子源。

3.2.1　电子电离源

电子电离（electron ionization，EI）源是使用高能电子束与中性气态分子相互作用并使之电离的方法。这是由 Dempster 发展出的最经典的离子化方法，经过 Bleakney 和 Nier 等的改进后，成为早期对挥发性有机物进行离子化的主要方法。典型的电子电离源如图 3 – 2 所示。

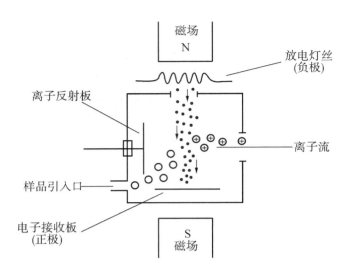

图 3 - 2　典型的电子电离源

电子电离源主要由离子反射板、放电灯丝、电子接收板和一对磁极等组成。在高真空的离子源中，用钨或铼制作的放电灯丝被通过灯丝的电流加热，发射出热电子，这些电子被加速后形成电子束被聚焦于电子接收板上，同时气化后的中性待测物则被从电子束的垂直方向引入。外加的磁场使得电子束以螺旋的方式运动，从而提高了电子与待测物碰撞的概率，其结果是电子将携带的能量传递给待测物分子，导致分子丢失一个电子，以下面的方式形成正离子：

$$M + e^- \rightarrow M^{+\cdot} + 2e^-,$$

可进一步裂解产生碎片离子：

$$M^{+\cdot} \rightarrow F^+ + A^\cdot 。$$

早期认为离子是由电子直接轰击气化后的中性待测物分子产生的，但这个机理现在已被纠正。根据量子力学，光、电粒子都具有波粒二象性，因此电子具有如下德布罗意波长：

$$\lambda = \frac{h}{mv},$$

式中，m 为电子质量；v 为速度；h 为普朗克常数。离子的产生及其效率与电子携带的能量及待测物的分子结构直接相关。当电子波长为 0.27 nm 时，具有的动能是 20 eV；当电子波长为 0.14 nm 时，具有的动能是 70 eV。当电子的德布罗意波长与有机分子的键长（约 0.14 nm）相当时，会引起有机分子共价键与其共振。正是这种共振可将电子携带的能量传递给待测有机分子，进而从分子共价键中激发出一个电子，使分子离子化。通常而言，在这种条件下（70 eV），电子传递到分子的能量为 10 ~ 20 eV。这时电子的能量传递效应被最大化，导致离子化效率达到最高，有大约千分之一的分子会被离子化。因此，电子电离源中的电子并不"轰击"分子，离子也不是由电子和分子之间的碰撞产生的。传统的"电子轰击电离"的说法并不正确，应称为电子碰撞诱导裂解。

一般有机化合物的电离能为 10 eV 左右，而电子电离常用的电离能量是 70 eV，离子中过剩的能量还会引起其中的某些键进一步断裂而产生丰富的次级离子，而这些断裂与分子结构密切相关，所产生的次级离子常具有特征性，从而成为判断分子结构的依据。由于高能量的电子电离源能大量形成次级离子，因此电子电离源又称为硬电离源（hard ionization source）。如果将有机分子比喻为一个瓶子，用电子电离对其进行分析就是首先随机将瓶子敲碎，再根据碎片来复原瓶子。由此可见，碎片太小将增加复原的难度，碎片太大则会导致瓶子的细节损失。电子电离的电离效率和电离能量有关，电离能量低于 50 eV 时电离效率随着电离能量增加较快，接近 70 eV 时增加渐缓趋于稳定，以后电子能量再增加，电离效率几乎不变，因此可以获得重复性较好的谱图。

电子电离的优点：非选择性电离，只要样品能气化都能够离子化；离子化效率高，灵敏度高；EI 谱图可以提供丰富的结构信息，是化合物的"指纹谱"；有庞大的标准谱库供检索，谱库中的谱图是在 70 eV 条件下获得的，谱图重复性好，被称作经典的 EI 谱图。所谓经典谱图，是指谱图中同位素峰的比例应能反映构成该离子的天然同位素丰度分布规律。以硬脂酸甲酯($C_{19}H_{38}O_2$)为例，其分子中含有 19 个 C 原子、38 个 H 原子。分子离子峰 $M^{+\cdot}$(m/z 298)和同位素峰 $M+1$(m/z 299)的强度比应为 100：21.5，因为：

C 同位素的贡献(^{13}C 丰度 1.1%)$=19 \times 1.1\% = 20.9\%$，

H 同位素的贡献(D 丰度 0.015%)$= 38 \times 0.015\% = 0.06\%$，

总的同位素丰度为 $20.9\% + 0.06\% = 21.5\%$。

电子电离的缺点：样品必须能气化，不适用于难挥发、热不稳定的样品；有的化合物在 EI 方式下分子离子不稳定易碎裂，得不到相对分子质量信息，谱图复杂且谱图解释有一定困难；EI 方式只检测正离子，不能检测负离子。

3.2.2 化学电离源

化学电离(chemical ionization，CI)源是 B. Munson 和 F. Field 于 1966 年开发的，其结构与 EI 源类似，但在电离室增加了一个通道以引入反应剂气体，由于其电离涉及的是分子－离子反应，即气态的待测物分子(M)与同样是气态的、通常携带质子的反应剂离子(RH^+)在离子源中发生反应，导致形成大量待测物的质子化加合离子(MH^+)。电离过程可以用下面的通式表示：

$$M + RH^+ \rightarrow MH^+ + R 。$$

用于化学电离的反应剂多为小分子气态化合物如甲烷、氨、异丁烷等。极度过量的反应气体在离子源中首先被高能电子离子化并与其他反应气体分子碰撞形成等离子体，待测有机分子在等离子体中经下列过程形成离子(以甲烷为反应气为例)。

初级反应：

$$CH_4 + e^- \rightarrow {}^{+\cdot}CH_4 + 2e^-，\quad \text{（离子化）}$$

初级反应随即引发次级反应：

$$^{+\cdot}CH_4 \rightarrow {}^{+\cdot}CH_2 + H_2，\quad \text{（离子裂解）}$$

$$^{+\cdot}CH_4 \rightarrow {}^+CH_3 + {}^{\cdot}H，\quad \text{（离子裂解）}$$

$$^{+\cdot}CH_4 + CH_4 \rightarrow {}^+CH_5 + {}^{\cdot}CH_3，\quad \text{（质子转移）}$$

$$^+CH_3 + CH_4 \rightarrow C_2H_5^+ + H_2，\quad \text{（质子转移产生稳定复合离子）}$$

$$^{+\cdot}CH_2 + 2CH_4 \rightarrow C_3H_5^+ + 2H_2 + {}^{\cdot}H 。\quad \text{（产生稳定复合离子）}$$

次级反应产生的稳定复合离子为富质子离子(proton-rich ions)，它们会迅速与待测物分子反应形成不同的加合离子：

$$M + CH_5^+ \rightarrow CH_4 + MH^+，\quad \text{（质子化）}$$

$$M + C_2H_5^+ \rightarrow [M + C_2H_5]^+ 。\quad \text{（形成加合物）}$$

由于电离室中待测物的浓度仅为反应气体的千分之一到万分之一，因此电离室中的主要离子由反应气体形成，且整个反应由反应气体的离子化而引发。由上面的过程可见，首先有部分甲烷分子被转化为分子离子，裂解也就开始了；裂解后的离子与其他甲烷分子离子会进一步与中性甲烷分子发生分子－离子反应而形成一系列富质子离子，如 $^+CH_5$、$^+C_2H_5$ 及 $^+C_3H_5$ 等。这些富质子离子的浓度要远远高于待测物分子的浓度，这就意味着待测物分子与富质子离子发生反应的概率要大于与携带 200 eV 能量的电子发生反应的概率，因此化学电离中没有分子离子($MH^{+\cdot}$)形成。在待测物分子与富质子离子发生碰撞时，如果待测物分子对质子的亲和能高于甲烷，质子就会被转移至待测物分子而形成质子化分子 MH^+。应该指出的是，将质子化分子 MH^+ 称为质子化产物离子是不适当的，后者意味着在分子离子上又增加了一个质子。由于离子上的正电荷会相互排斥，这样的情况在小分子上是不存在的。

由于化学电离的能量传递要大大低于电子电离，CI 主要形成的是完整的质子化分子 MH^+，其中只有少数 MH^+ 会发生进一步裂解，这种裂解可以为对待测物分子进行结构测定提供方便。

化学电离是第一个问世的软电离方法，此后发展出来的其他软电离方法，如快原子轰击（fast atom bombardment，FAB）、大气压化学电离（atmospheric pressure chemical ionization，APCI）、电喷雾电离（electrospray ionization，ESI），基质辅助激光解吸电离（matrix assisted laser desorption ionization，MALDI）一个比一个更软，其分子离子的裂解更少。这些软电离技术又推动了串联质谱技术的发展，从而将质谱技术又推上了一个新的台阶。

用化学电离进行负离子检测时的一个必要条件是待测物必须能够形成负离子，由于不是所有的有机物都能满足这个条件，与 EI 相比，它的应用就有一定局限性。通常可以用于进行负离子检测的包括酸类以及具有电负性基团（如卤素）的化合物，还包括多氯联苯（PCBs）、农药及阻燃剂等。

化学电离源的特点：① 准分子离子峰的强度高，便于由它推算相对分子质量。其原因有两点，一是化学电离产生的准分子离子的过剩的能量低，不易再断裂；二是化学电离产生的准分子离子是偶电子离子，比电子电离产生的分子离子（为奇电子离子）稳定。②碎片离子峰少，强度低。

可见，化学电离谱和电子电离源构成较好的互补关系。

3.2.3 大气压化学电离源

大气压化学电离（atmospheric pressure chemical ionization，APCI）源是一种大气压下进行化学电离的电离源，其结构图见图 3 - 3。大气压化学电离原理如下：在气体辅助下，溶剂和样品流过进样器，在进样器内有一加热器使溶剂和样品加热汽化，从进样器出口喷出，在进样器出口处有一电针，通过电针电晕放电，使溶剂离子化，溶剂离子再与样品分子发生分子 - 离子反应，使样品离子化。这个过程和传统的化学电离很类似，所不同的是传统的化学电离是在真空下电子轰击溶剂使之电离，而大气压化学电离是在常压下靠放电针电晕放电使溶剂电离。大气压化学电离主要用于分析热稳定性好、相对易挥发的样品。

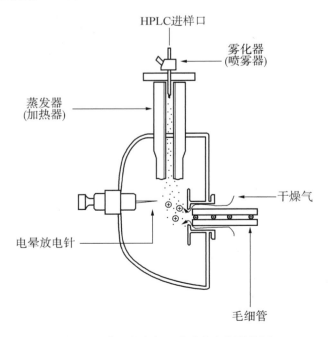

图 3 - 3　典型的大气压化学电离源结构图

典型的大气压化学电离过程如图 3 – 4 所示。

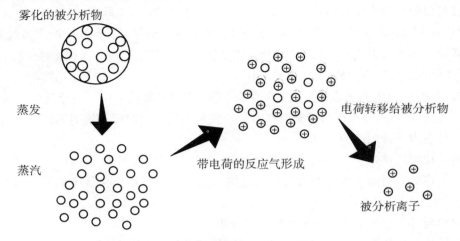

蒸发

蒸汽

带电荷的反应气形成

电荷转移给被分析物

雾化的被分析物

被分析离子

图 3 – 4 典型的大气压化学电离过程

大气压化学电离源的优点：①利用所得到的[M + 1]⁺及[M – 1]⁻进行相对分子质量确认；②源参数调整简单，容易使用；③耐受性好，喷雾器及针的位置不关键；④液相部分流速可达 2.0 mL/min；⑤灵敏度高。

大气压化学电离源缺点：①结构信息有限；②易发生热裂解；③低质量时化学噪声大；④不适合分析相对分子质量大于 2 000 的化合物。

3.2.4 电喷雾电离源

电喷雾电离(electron spray ionization，ESI)是近年来新发展起来的一种产生气相离子的软电离技术，为离子的生成只能依赖样品气化的经典质谱技术带来了一场革命。电喷雾电离过程可以分为液滴的形成、去溶剂化、气相离子的形成 3 个阶段。首先，样品溶液通过雾化器进入喷雾室，这时雾化气体通过围绕喷雾针的同轴套管进入喷雾室，雾化气体强的剪切力及喷雾室上筛网电极与端板上的强电压(2 ～ 6 kV)将样品溶液拉出，并将其碎裂成小液滴。随着小液滴的分散，由于静电引力的作用，一种极性的离子倾向于移到液滴表面，结果样品被载运并分散成带电荷的更微小液滴。进入喷雾室内的液滴，由于加热的干燥气 – 氮气的逆流使溶剂不断蒸发，液滴的直径随之变小，并形成一个"突出"使表面电荷密度增加，液滴越小，其表面单位面积的电荷数越大，当达到 Rayleigh(雷利)极限时，电荷间的库仑排斥力足以抵消液滴表面张力，液滴发生爆裂，即库仑爆炸，产生了更细小的带电液滴。随着溶剂的继续蒸发，重复这一过程，分析物离子从溶剂分子中脱离进入气相的整个过程都持续着这种爆炸。当液滴表面的电场强达到 10^8 V/cm³时，裸离子从液滴表面发射出来，即转变为气体离子。电喷雾电离源的结构及带电液滴传送过程如图 3 – 5 所示。

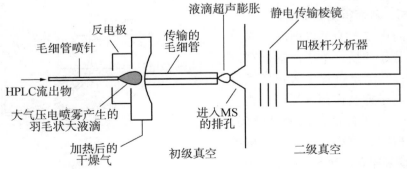

液滴超声膨胀

静电传输棱镜

反电极

传输的毛细管

四极杆分析器

毛细管喷针

HPLC流出物

大气压电喷雾产生的羽毛状大液滴

加热后的干燥气

进入MS的排孔

初级真空

二级真空

图 3 – 5 电喷雾电离源的结构及带电液滴传送过程

1) 电喷雾电离技术的优点

(1) 电喷雾可以提供一个相对简单的方式使非挥发性溶液相离子(具有高的离子化效率,对蛋白质而言接近100%)转入到气相(主要用来产生分子离子),从而使质谱仪可进行灵敏的直接检测。

(2) 电喷雾质谱不但可以用于无机物(如元素周期表中的大部分元素)的检测分析,还可以用来分析有机金属离子复合物以及生物大分子。

(3) 最显著的优点(仅电喷雾质谱才具有的优点)是,在电喷雾质谱中,高相对分子质量的分子通常会带有多个电荷,电荷状态的分布可以精确对相对分子质量定量,同时提供精确的分子质量和结构信息。

(4) 快速,可在数分钟内完成测试。

(5) 多种离子化模式供选择:正离子模式 ESI($^+$)、负离子模式 ESI($^-$)。

(6) 可以使大多数分析离子进入质谱仪检测范围,因此可以使用价格低廉的质谱分析器(如四极杆质谱过滤器)。

(7) 能有效地与各种色谱联用,用于复杂体系分析。

(8) 仪器专用化学站的开发使得仪器在调试、操作 HPLC-MS 联机控制、故障诊断等方面都变得简单可靠。

2) 电喷雾电离技术的缺点

(1) 每一个电喷雾的变量(如真空度、电势、溶剂的挥发性、溶液的导电性、电解质的浓度、样品液的各种物理特性等)都有一个应用的限制范围,同时,实验参数或技术条件必须根据需要解决的问题仔细选择。

(2) 另一个限制因素是,溶剂的选择范围和可以使用的溶液范围也有限制,尤其是使用纯水或高导电性溶液时,该问题很难解决,大多情况下凭经验操作。同时,质谱检测器对不同复合物的响应变化范围较大(如与蛋白质相比,电喷雾质谱对糖的灵敏度较低),这将妨碍准确的定量分析。

(3) 由于溶液参数控制喷雾过程,因此,即使在良好的条件下也存在离子信号的波动。

3.2.5　大气压光电离

大气压光电离(atmospheric-pressure photoionization,APPI)是一种新兴的用于液质联用的软电离离子化技术,它是利用光化学作用将气相中的样品进行电离的离子化技术。典型的大气压光电离源结构图见图3-6。在大气压光电离过程中,来自液相色谱的流动相及样品首先在雾化气的作用下形成细小雾滴,随后被喷射蒸发,由光源发射的光子与气态被分析物发生相互碰撞作用产生离子,然后离子被引入质谱仪进行质量分析,从而得到质谱图。

大气压光电离的优点:①可以同时电离出极性和非极性的小分子物质,单次注射却可以分析更多的化合物;②测定过程中大幅度减少了基质效应和相对离子抑制作用,从而简化了样品的净化程序,节省了样品的前处理时间,可以获得更好的分析物回收率,保证了分析数据的质量;③测定结果拥有达到5个数量级的动态线性范围,是定量分析者首选的离子源方式。

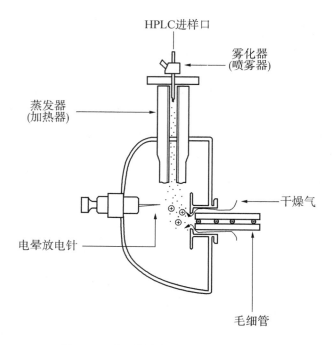

图3-6　典型的大气压光电离源结构图

3.2.6　其他离子源

伴随着新的电离技术的发展，可用于质谱的离子源越来越多，其中一些经典的电离技术有快原子轰击(fast atom bombardment，FAB)、基质辅助激光解吸电离(matrix-assisted laser desorption ionization，MALDI)及解析电喷雾电离(desorption electrospray ionization，DESI)等。

3.2.6.1　快原子轰击

快原子轰击(FAB)是 Barber 等于 20 世纪 80 年代初发展的一种新颖的电离方法。其基本原理是先将待测物溶解在高沸点的液体基质(如甘油)中，再将其涂在金属表面，然后用"快原子"即高速定向运动的中性原子束(氩或氙)轰击溶于液态基质中的待测有机化合物，使有机化合物电离，因而称为快原子轰击。液体基质对电离的作用非常关键，可吸收来自快原子的大部分能量，有效避免样品分子的辐照分解，并参与分子离子的形成。快原子轰击对低到高极性、难挥发、热不稳定化合物的电离独具优势，在多肽和蛋白质分析上也有报道，但近年来有渐被基质辅助激光解吸电离(MALDI)、电喷雾电离(ESI)等替代的趋势。图 3-7 为快原子轰击源的示意图。

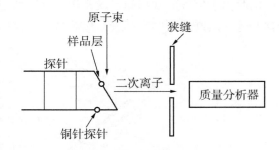

图 3-7　快原子轰击源示意图

3.2.6.2　基质辅助激光解吸电离

基质辅助激光解吸电离(MALDI)由激光解吸电离技术发展而来，示意图见图 3-8。基质辅助激光解吸电离的基本原理是将待测物与固体有机小分子基质以 1:5 000 以上的比例混合后，在真空条件下，用激光脉冲轰击样品靶上的样品。基质吸收激光能量后，发生电离产生离子，然后将电荷均匀传递给待测物，瞬间完成一系列复杂的解吸/电离过程。其具体机制尚待进一步研究，一般认为存在两种可能性：离子在固态时已形成，激光照射时只是简单地释出，或由激光引发的离子-分子反应产生。

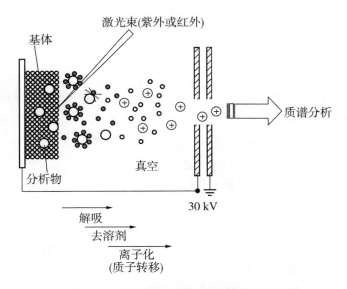

图 3-8　基质辅助激光解吸电离源示意图

与电子轰击电离、化学电离等其他质谱电离技术相比，基质辅助激光解吸电离技术具有以下特点：
(1)可电离一些较难电离的样品(特别是生物大分子)，得到完整的电离产物，且无明显碎片；
(2)单电荷分子离子峰占多数，质谱图较简单，适合多组分样品的分析；
(3)适用范围广，能耐受一定程度的盐和缓冲液；

（4）对样品处理的要求不严格，甚至可以直接分析未处理过的生物样品，从而简化繁琐的制样过程；

（5）灵敏度高。

目前基质辅助激光解吸电离广泛应用于蛋白质、多肽、低聚核苷酸、低聚糖、合成聚合物等分析。

3.6.2.3　解析电喷雾电离

解析电喷雾电离（DESI）基本原理：样品用适当溶剂溶解后被滴加在绝缘材料［如聚四氟乙烯（PTFE）、聚甲基丙烯酸甲酯（PMMA）］等的表面，并挥去溶剂，样品即被沉积在载物表面。所用的喷雾溶剂先被加以一定的电压，并从雾化器的内套管中喷出，雾化器外套管喷出的高速氮气（线速度可达 350 m/s）迅速将溶剂雾化并使其加速，令带电的液滴撞击到样品表面。样品在被高速液滴撞击后发生溅射进入气相；同时由于氮气的吹扫和干燥作用，含有样品的带电液滴发生去溶剂化，并沿大气压下的离子传输管迁移，进入质谱前端的毛细管，然后被质谱仪的检测器检测。图 3 - 9 为解析电喷雾电离源示意图。

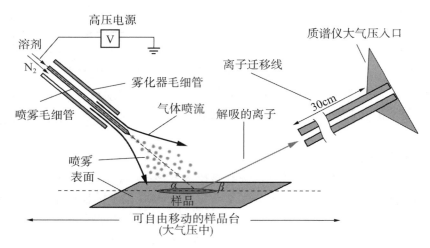

图 3 - 9　解析电喷雾电离源示意图

3.3　质量分析器

质量分析器的功能是将离子源产生的粒子，按质荷比（m/z），根据其在空间的位置、时间的先后以及运行的轨道稳定与否进行分离，从而获得离子按质荷比大小排列而成的质谱图。质量分析器按其工作原理可以分为以下几种类型：扇形磁场（magnetic sector）质量分析器、四极杆（quadrupole）质量分析器、离子阱（ion trap，IT）质量分析器、飞行时间（time of flight，TOF）质量分析器、傅立叶变换离子回旋共振（FT-ICR）质量分析器及轨道离子阱（orbitrap）质量分析器等。

3.3.1　扇形磁场质量分析器

扇形磁场质量分析器是历史上最早出现的质量分析器，具有重现性好、分辨率与质量大小无关等诸多优点。其基本原理是离子源中形成的离子束被加速至极高速度后通过一个与其运动方向垂直的磁场发生圆周运动，在磁场强度相同的情况下，质荷比不同的粒子运行轨迹半径不同；当固定轨道半径，改变磁场强度（扫描方式），可使具有不同质荷比的离子依次通过，从而实现不同质荷比的离子的分离，其工作原理见图 3 - 10。

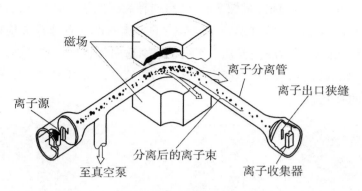

图 3 – 10　扇形磁场质量分析器工作原理

扇形磁场质量分析器包括单聚焦型和双聚焦型两种。基于单聚焦磁质谱仪不能解决离子能量分散问题，发展出由扇形磁场和扇形电场（E）组成的质量分析器，即双聚焦型质量分析器，因为扇形电场具有能量色散和方向聚焦作用，将扇形电场和磁场适当组合，可使两者的能量色散相互补偿而实现能量聚焦，从而提高了分辨率，其原理见图 3 – 11。

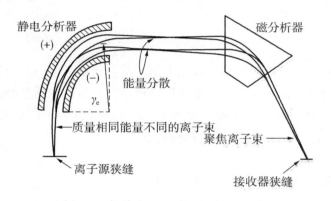

图 3 – 11　双聚焦型质量分析器

在离子源中生成的离子被几千伏高压加速，以一定的曲率半径通过电场（E）、磁场（B），其运动轨道曲率半径取决于离子的动量、质荷比、加速电压和电场、磁场强度，不同质量的离子在变化的电场、磁场或加速电压下被分离后到达检测器被检测。不同组合的电场和磁场有不同的扫描方式（EB、BE、EBE、BEB 等），使其成为具有多种 MS/MS 功能的质量分析器，其最大优点之一是有高能碰撞，可获得更多的结构信息。

尽管其他质量分析器已经取代扇形磁场质量分析器在许多方面的应用，但因其在高分辨应用中的悠久历史和高能碰撞在 MS/MS 应用上仍然具有优势，在高分辨应用中尤其是在二噁英和兴奋剂等痕量物质的定量分析中因其宽动态范围和可靠性高极其具有竞争力。

3.3.2　四极杆质量分析器

四极杆质量分析器是由四根平行并与中心轴等间隔的圆柱形或双曲面柱状构成的正、负两组电极，其上施加直流电压（DC）和射频电压（RF），两对电极之间的电位相反，因而产生一动态电场即四极场。离子在四极场的运动轨迹呈上下、左右、前后三维波动，即对于给定的直流和射频电压，只有特定质荷比的离子能够通过并到达检测器，其他质荷比的离子则与电极碰撞湮灭。改变 DC/RF，从而不同质荷比的离子从小至大依次通过四极杆，实现质谱扫描功能，不同质荷比的离子得以分开。

　　单四极杆有两种扫描方式：全扫描（见图 3 - 12）和选择离子监测（SIM，见图3 - 13），其特点是扫描速度快、灵敏度高。尤其是选择离子监测模式，以最大的采集效率，有选择性地检测单个或几个质量离子，可以显著降低信噪比从而将灵敏度提高几个量级，特别适用于各种定量分析，满足高通量分析要求。若同时配置 EI 和正、负 CI 离子源，EI 可以获得丰富的结构信息，CI 源可以提供 EI 源较难获得的分子离子峰信息，两组是很好的补充。

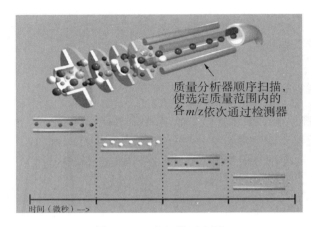

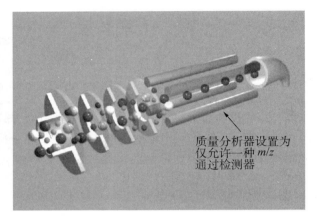

图 3 - 12　全扫描示意图　　　　　　　　　　图 3 - 13　选择离子监测（SIM）示意图

　　三重四极杆质量分析器是将三组四极杆串联起来的质量分析器，第一组四极和第三组四极是质量分析器，中间一组四极是碰撞活化室。因此，三重四极杆质谱仪是有两个质量分析器的串联质谱仪，是具有多种扫描功能的 MS/MS 分析方法，这有别于离子阱质量分析器的多级质谱（MS^n）功能。

　　分析器由三个四极杆（$Q_1 - Q_3$）组成，常见的设置如下：

　　Q_1：用作特定 m/z（前体离子）的过滤器；

　　Q_2：用作碰撞池，使前体离子碎裂并生成产物离子；

　　Q_3：设置为特定的 m/z（SRM 或 MRM）或扫描模式（产物离子扫描），其结构见图 3 - 14。

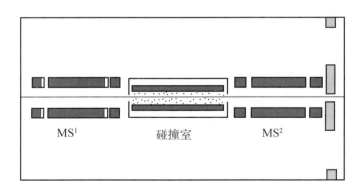

图 3 - 14　三重四极杆质量分析器

　　通过产物离子、前体离子及中性丢失三种扫描方式，由"前体离子找产物离子"获得产物离子或"产物离子找前体离子"获得前体离子以及中心基团相关质量的离子，可获得各个离子的归属。研究离子的碎裂途径，主要用于化合物的结构分析，而多反应选择离子监测（MRM）主要用于定量分析。三重四极杆较单四极杆的 SIM 方式选择性更好，排除干扰能力更强，信噪比更高，检测限更低，常在许多标准中作为最终确证方法。

3.3.3 离子阱质量分析器

离子阱质量分析器是 20 世纪 80 年代推出的商品仪器，亦称"四极离子阱"，它是由环形电极和上下两个端盖电极构成三维四极场，形成一个"陷阱"，其示意图见图 3 - 15。与四极杆质量分析器由四根平行杆只有两个方向 (x, y) 受控不同的是，其离子在离子阱中受三个方向 (x, y, z) 控制，但同样可以用马绍方程描述离子的运动。在方程解的稳定区离子可稳定存在，保持一定振幅大小，在不稳定区离子振幅很快增大撞击到电极而消失。离子呈 8 字形轨迹运动，不断增大扫描电压，在引出电极加一个负脉冲，就可把阱中稳定的离子引出，由

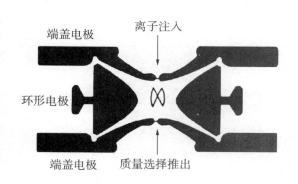

图 3 - 15 离子阱质量分析器

检测器检测。即首先将离子储存在"阱"里，然后改变电场按不同质荷比将离子推出"阱"外进行检测。离子阱内需充一定量的氦气 (0.133 322 Pa)，氦气有利于离子朝中心聚集，离子聚集得越紧凑，则离子发射出去和被检测的效率就越高，减少了离子能量和位置的分散，提高了分辨率和灵敏度。

离子阱质量分析器有全扫描和选择离子扫描功能，同时利用离子储存技术，可选择任一质量离子进行碰撞解离，实现二级或多级质谱 (MS^n) 分析的功能，也有称作 MS/MS 功能，但它有别于三级四极串联质谱及其他形式的串联质谱的 MS/MS 功能，实际上 MS/MS 意味着有两个质量分析器串联，而离子阱只有一个质量分析器，不是由两个质量分析器分别扫描产物离子和前体离子（在空间上的质量分离），而是在时间上实现多级质量分离，即某一瞬间选择一前体离子进行碰撞裂解，扫描获得产物离子谱，下一瞬间从产物离子中再选择一个离子与前体离子再碰撞裂解，扫描获得下一级的产物离子谱。理论上可以一直继续下去获得多级产物离子信息，实际上越往下一级，离子丰度越小。当然通过数据、谱图解析也可以得到前体离子、产物离子和中性丢失信息，但不是同时扫描获得的。

与其他串联质谱相比，离子阱因体积小、结构简单，尤其是价格便宜，在 LC/MS 用户中成为可用于多级质谱方法进行定性分析的常用仪器，广泛应用于蛋白质组学和药物代谢分析领域。相对于 GC-MS 的定性分析应用，有 EI 电离可提供丰富的结构信息，又有谱库检索，离子阱 MS^n 的功能优势并不突出。而在定量分析中，无论是检测限、线性范围、稳定性，公认四极杆质谱略胜一筹。四极杆质谱的选择离子扫描比全扫描灵敏度可提高 2 个数量级，而离子阱的选择离子扫描和全扫描的灵敏度相似。

离子阱质量分析器属低分辨仪器，质量范围在 10 ~ 1 000 u，质量精度 ±0.1 u，与气相色谱联用的离子阱质量分析器同样可配置 EI、CI 两种电离源，有内置和外置离子源两种结构。内置式离子源因阱内压力相对高些，存在自身化学电离反应，所得 EI 谱和标准谱存在一定差距。

3.3.4 飞行时间质量分析器

飞行时间质量分析器最早出现于 1950 年，其基本思想是测量一个离子自离开离子源后，在通常为 1 ~ 2 m 长的真空飞行管中飞行到达检测器所需的时间。离子源中形成的离子从加速电压获得初始动能后在一个无场空间飞行。由于飞行路径中既无电场亦无磁场的影响，尽管所有的离子在离开离子源时具有同样的动能，但由于不同的离子具有不同的质荷比 (m/z)，其飞行速度会根据 m/z 不同发生变化。到达检测器的时间也就有先后，m/z 小的离子先到，而 m/z 大的离子后到，不同质量的离子通过飞行管实现了质量分离，其示意图见图 3 - 16。

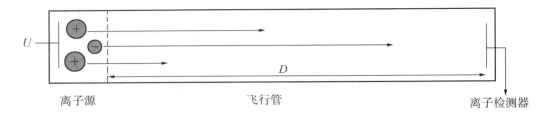

离子源　　　　　　　　　　　飞行管　　　　　　　　　　离子检测器

图 3 - 16　飞行时间质量分析器示意图

飞行时间质量分析器在 20 世纪 90 年代取得重大技术突破而得以迅速发展。其快速的扫描和极高的离子采集效率、宽的质量范围和能达到 1 000 以上的分辨率，使之具有广阔的应用前景。尤其在那些需要记录全过程的完整"谱图"以作鉴定的应用方面，TOF 成为被应用的主要技术。由于 TOF 理论上不存在质量上限，因此在高相对分子质量(如生物大分子和高分子聚合物)分析应用中的重要性是无敌的。TOF 还是高速/高效分离的理想分析器(CE/MS、CEC/MS 联用技术)。由于采用了离子的延迟引出、反射器以及快速电子技术，使 TOF 具备了高分辨和高质量准确度的性能。目前飞行时间质谱主要的应用是在生物质谱领域，在 GC/MS 联用仪器中的 GC/TOF，可配置 EI、±CI 源等。但与四极杆和离子阱质谱相比，其应用并不十分广泛。

3.3.5　傅立叶变换离子回旋共振质量分析器

傅立叶变换离子回旋共振是一种根据给定磁场中的离子回旋频率来测量离子质荷比(m/z)的质谱分析方法。其核心部分由超导磁体组成的强磁场和置于磁场中的离子回旋共振(ICR)盒(分析室)组成。傅立叶变换离子回旋共振的分析室是一个置于均匀超导磁场中的立方空腔，离子的分析和检测都在分析室进行。进入分析室的离子，在强磁场作用下被迫以很小的轨道半径运动，不产生可检出信号。在发射极上加一个快速扫频电压，若射频电压的频率正好与离子回旋的频率相同，满足共振条件时，离子吸收射频能量，轨道逐渐增大，产生可检出信号。这种信号是一种正弦波式的时间域信号，其频率与离子固有的回旋频率相同。振幅与离子数目成正比。实际测得的信号是在同一时间内所对应的正弦波信号的叠加，这种信号输入计算机进行快速傅立叶变换，便可检出各频率成分，利用频率和质量的已知关系可得到正常的质谱图。

与其他质量分析技术相比，傅立叶变换离子回旋共振不需要将不同质荷比的离子分开，而是在同一时间(通常为 1 s)内同时测量全部离子的质荷比和丰度，因此能最大限度地利用所有离子的信息，从而大大提高了仪器的分析灵敏度。与其他使用傅立叶变换的技术类似，质谱仪器的解析能力与其信号采集的时间长短正相关。因此延长离子信号采集时间可以大大提高仪器的解析能力。傅立叶变换质谱是分辨能力最强的质谱，分辨率可达 1 000 多万，可准确测出分子的元素组成，并可以与多种离子化方式连接进行多级质谱的检测，在化合物相对分子质量测定、结构信息获取及反应机理的研究等方面发挥着重要作用，近年来与 MALDI 及 ESI 联用成为生物大分子研究中一个不可多得的工具。

3.3.6　轨道离子阱质量分析器

轨道离子阱质量分析器的工作原理类似于电子围绕原子核旋转。由于静电力作用，离子受到来自中心纺锤形电极的吸引力。离子进入离子阱之前的初速度以及角度，使之围绕中心电极做圆周运动。离子的运动可以分为两部分：围绕中心电极的运动(径向)和沿中心电极的运动(轴向)。因为离子质量不同，在达到谐振时，不同离子的轴向往复速度是不同的。在离子阱中部的检测器设定检测离子通过时产生的感应电流，继而通过放大器得到一个时序信号。因为多种离子同时存在，这个时序信号实际是多种离子同时共振在不同频率的混频信号。通过傅立叶变换得到频谱图，因为共振频率和离子质量的直接对应关系，可以由此得到质谱图。

　　轨道离子阱属于静电场离子阱。其最大特点是无磁场、无高频电场，只用静电场，由于使用傅立叶变换模式采集数据、检测分子质量，其拥有高的分辨率和质量精度，分辨率高达 1.5×10^5，质量测量准确度可优于 2 ppm。由于没有 FT-ICR 所需要的超高磁场，因而不需要 FT-ICR 质谱维持超导磁体工作所需的大量液氦和液氮的消耗，使维持仪器的运转大为简化，而且大大降低了使用成本，因此轨道离子阱质量分析器在药物研究、蛋白质组学和代谢组学等重大研究领域迅速得到越来越广泛的应用。

3.4　气相色谱 – 质谱联用技术

　　气相色谱 – 质谱联用技术（GC-MS）就是将气相色谱（GC）与质谱检测器（MS）联合使用，同时具有气相色谱的高分离能力和质谱对未知化合物的鉴定能力，弥补了气相色谱定性差而质谱分离能力差而一般只能测单一物质的不足，实现了将复杂的样品经气相色谱分开后各成分依次进入质谱测定，成为处理复杂化合物分析检测问题的有力手段。气相色谱在整个气相色谱 – 质谱联用系统中起到样品制备和分离的作用，质谱则扮演着样品检测器的角色，气相色谱 – 质谱联用技术结合了气相色谱和质谱的优点，可高效准确地实现复杂化合物的分离、鉴定和分析。

3.4.1　气相色谱 – 质谱联用技术原理

　　气相色谱的流动相为惰性气体，气 – 固色谱法中以表面积大且具有一定活性的吸附剂作为固定相。当多组分的混合样品进入色谱柱后，由于吸附剂对每个组分的吸附力不同，经过一定时间后，各组分在色谱柱中的运行速度也就不同。吸附力弱的组分容易被解吸下来，最先离开色谱柱进入检测器，而吸附力最强的组分最不容易被解吸下来，因此最后离开色谱柱。各组分因此得以在色谱柱中彼此分离，顺序进入检测器中被检测、记录下来。气相色谱最大的特点是高效的分离能力，因此是分离混合物的有效手段，在几分钟内可以实现几十甚至上百组分混合物的有效分离。但是气相色谱的保留时间不具备唯一性和专一性，比如同一根色谱柱，不同化合物的保留时间可能相同，无法分开；不同色谱柱，同一化合物保留时间也不相同；未知样品无法根据保留时间进行定性分析。

　　质谱技术主要起到检测器的作用，质谱在高真空离子源的条件下将气化后的样品分子在离子源的轰击下转为带电离子并进行电离，在质量分析器中，根据质荷比的差异通过电场和磁场的作用实现分离，根据时间顺序和空间位置差异通过离子检测器进行检测。质谱技术可以得到化合物的分子式及相对分子质量等信息，具有结构鉴定功能，其辨识度和灵敏度较高。但质谱技术要求样品纯度较高，只能对单一组分样品进行测定，多种物质混合无法测定，需要气相色谱技术协同。

3.4.2　气相色谱 – 质谱联用技术工作系统

　　气相色谱分离样品的各个组分，起样品制备的作用，接口将气相色谱流出的各个组分送入质谱仪进行检测；质谱仪对接口引入的各个组分进行分析，成为气相色谱的检测器。计算机系统控制色谱仪、接口、质谱仪，进行数据采集和处理，其结构见图 3 – 17。

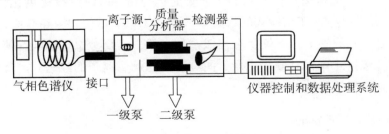

图 3 – 17　气相色谱 – 质谱结构图

在气相色谱－质谱系统中，气相色谱包含进样系统、色谱柱和柱箱等几个部分。进样系统由进样器和气化室构成，最简单的进样器是用于气体、液体进样的注射器和气体进样阀，随着对高灵敏度、高通量的分析需求，出现了一些具有样品预处理功能的装置，如顶空进样器、吹扫捕集进样器及裂解进样器等。

气相色谱－质谱系统多采取将色谱柱直接插入质谱的离子源的直接进样方式，接口仅仅是一段由金属导管和加热套组成的传输线，其接口示意图见图3－18。金属导管的长度取决于色谱柱出口和离子源入口的距离，内径大小应能使不同柱径的色谱柱穿过，金属导管的最高加热温度和色谱的最高使用温度相匹配，以保证色谱柱流出物不发生冷凝。

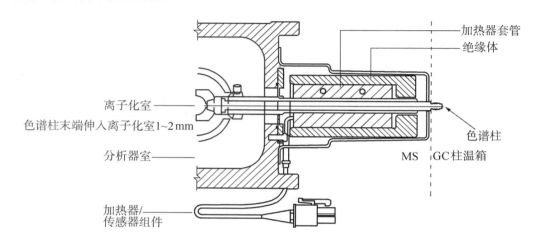

图 3 – 18　气相色谱 – 质谱接口示意图

3.4.3　谱库检索

气相色谱－质谱分析在单位时间内所产生的信息量巨大，光靠人工检索是不能处理的，尽管人们对获得的信息和化合物之间相关性的知识在不断深入，但色谱和质谱提供的信息远比人们已经应用的要多得多。因此对大量试验数据的分析，没有快速、有效的手段和方法去获得正确、可靠的结果，这不止是工作效率问题，也可能丢失许多宝贵的信息。目前已有各种类型的质谱数据库和计算机辅助功能软件可供使用，而且相关的技术也在日益发展。

人们将在标准电离条件(电子电离源，电子能量70 eV)得到的大量已知化合物的质谱图收集、存储在计算机的磁盘中，制成已知化合物的标准质谱谱库，人们习惯上称之为"标准谱图"(实际上称作"参考谱图"更确切，因为收集的谱图都是纯化合物的正常EI谱，经过一定评估和筛选，但不可避免会有疏漏，且谱图的来源不同，所用仪器类型、操作条件也不可能完全相同。例如一个化合物可能有多张谱图，由于操作条件不同，相同化合物的谱图和相对强度都会有差别)。

通常检索结果给出的信息是按相似系数顺序列表的化合物，同时可以提供化合物的相对分子质量、分子式、结构式(有无结构式取决于结构式的数据库)、ID、CAS、谱图来源等信息。不能认为检索结果列出的第一个化合物就是正确的答案，不仅要看相似系数高低，还要考虑影响匹配值的所有因素，并根据质谱解析知识和经验，包括计算相对分子质量、同位素峰比例、离子的经验式、环及双键数、碎片离子等来决定哪一个结果是正确的。

3.4.4　气相色谱 – 质谱联用技术的应用

鉴于气相色谱－质谱联用技术(GC-MS)的高选择性和高灵敏度，其主要应用在食品与化妆品安全检测、中药成分研究分析、保健品及医药卫生等方向。

1. 在食品安全上的应用实例

吴惠勤等采用气相色谱－质谱分析技术，选择离子检测法，开发出一种准确可靠、灵敏度高的测定奶粉及奶制品中三聚氰胺的分析方法。色谱柱为 DB-1 MS 石英毛细管柱，选择 m/z 为 171、285、327、342 的离子用于 SIM 检测，根据这 4 个抽出离子的峰面积比进行目标物确证，以基峰 m/z 327 做定量分析。三聚氰胺的线性范围为 $0.01 \sim 50$ mg/L，平均回收率为 $90\% \sim 98\%$，检出限为 1 μg/kg，定量限为 5 μg/kg。该法用色谱保留时间、质谱同时定性，消除了奶粉及奶制品中杂质的干扰，避免了可能产生的假阳性，结果准确可靠，选择性和重复性好。

吴惠勤等提出采用气相色谱－质谱选择离子检测法测定食品中苏丹红 1 号的方法。采用色谱柱 30 m × 0.25 mm PR－SR 石英毛细管柱，进样口温度 280℃，柱温 200℃，以 10℃/min 升至 280℃；柱前压 100 kPa，载气 He；EI 离子源，选择 m/z 为 77、115、143、248 离子用于 SIM 检测，并根据这 4 个抽出离子的峰面积比进行确证。苏丹红 1 号的线性范围为 $0.01 \sim 10.0$ mg/L，相对标准偏差小于 6.1%，回收率 $85\% \sim 90\%$，检出限为 0.001 mg/kg，每个样品分析时间为 5 min。该法用色谱保留时间、质谱同时定性，消除了食品中杂质的干扰，避免了只用色谱保留时间定性可能产生的假阳性，结果准确可靠，选择性和重复性好。

吴惠勤等采用固相微萃取（SPME）/气相色谱－质谱联用（GC-MS）技术，研究了油脂内源及外源物质的微量化学成分。结果发现：纯正花生油和大豆油不含反式脂肪酸，地沟油含有反式脂肪酸 $trans$-C18：1、$trans$-C18：2；纯正花生油和大豆油中含有正己醛、正壬醛和正癸醛等杂质，而地沟油中除了这几种醛类外还含有乙酸、3－丁烯腈、2，5－二甲基吡嗪等特征杂质成分。通过测定内源性物质和外源性物质的存在，两种检测结果互相印证，综合判断，最终可确定是否为地沟油，据此首次建立了 SPME/GC-MS 鉴别地沟油的新方法。该方法不但可用于地沟油的鉴别，还可用于掺假食用油的检测。

2. 在化妆品安全上的应用实例

林晓珊等使用顶空气相色谱－质谱联用法测定了洗浴用品及原材料中 1，4－二氧杂环己烷的残留量，方法采用选择离子监测模式，以质荷比 m/z 为 43、58、88 的特征离子进行定性分析；以质荷比 m/z 为 88 的特征离子进行定量检测。1，4－二氧杂环己烷的质量浓度在 500 mg/L 以内时与其峰面积呈线性关系，检出限为 0.5 mg/kg。加标回收率为 $92.8\% \sim 105.5\%$，相对标准偏差（$n = 6$）为 $2.50\% \sim 6.35\%$。

3. 在中药成分研究上的应用实例

吴惠勤等建立新的白豆蔻挥发油的 GC-MS 指纹图谱，采用气相色谱－质谱测定白豆蔻挥发油化学成分，得到 GC-MS 总离子流（TIC）指纹图谱，并用面积归一化法测定其相对含量；自编了提取多离子重建色谱（EMIC）软件，建立了 10 个特征成分的 EMIC 指纹图谱；在 GC-MS/TIC 指纹图谱中鉴定出 42 种化合物，比色谱指纹图谱增加了定性信息；首次建立 EMIC 质量评价方法，并可计算出挥发油相对含量，能更直观、量化地评价白豆蔻及控制其中成药的加工、生产，以得到质量恒定的产品；得到的 GC-MS/TIC 指纹图全面完整，GC-MS/EMIC 指纹图谱直观明确，为中草药深加工提供了科学的质量控制方法。

4. 在保健品方面的应用实例

朱志鑫等采用气相色谱－质谱分析技术，选择离子检测法（SIM），测定减肥食品中芬氟拉明和西布曲明。样品经乙醇超声提取，用 HP-5MS 石英毛细管柱分离，选择 m/z 为 72、114 和 159 用于 SIM 检测，并根据提取离子色谱图的峰面积比进行目标物确证，实现了色谱保留时间、质谱特征离子同时定性，消除了减肥食品中复杂基体的干扰，避免了假阳性结果的出现。西布曲明和芬氟拉明在 $0.1 \sim 50$ mg/L 质量浓度范围内与峰面积之间线性关系良好，在低、中、高 3 个添加水平范围内的平均回收率为 $93.8\% \sim 97.6\%$，检出限可以达到 1.0 mg/kg。

5. 在医药卫生方面的应用实例

吴惠勤等采用气相色谱－质谱分析技术，建立了同时检测人血液样品中 10 种常见精神类药物的新方法。通过对提取溶剂、酸度等预处理条件及 GC-MS 分析条件的优化，可以同时检测尼可刹米、利多卡因、苯巴比妥、安乃近、阿托品、异丙嗪、卡马西平、地西泮、氯丙嗪及氯氮平这 10 种常见的精神类药物。在选定的条件下，尼可刹米等 7 种药物在 0.10 ~ 25.0 mg/L 范围内线性关系良好，异丙嗪等 3 种药物在 0.50 ~ 25.0 mg/L 范围内线性关系良好。方法回收率在 77% ~ 97% 之间，RSD 小于 7%，检出限为 5 ~ 40 μg/kg。

3.4.5 气相色谱 – 串联质谱技术

由于单级质谱在使用全扫描时，需要对低浓度的样品进行富集浓缩，这样不仅耗时，还容易导致目标化合物的损失、提高干扰物的浓度，分析时会产生较强的背景干扰；通过使用选择离子监测模式虽然能够使仪器的灵敏度得到某种程度上的提高，但样品基质中的干扰离子或近似化合物产生的离子很难消除且往往会使定量结果偏高，同时也会降低被测物的定性信息。所以，极其需要一种抗干扰能力强、检测灵敏度更高、检出限更低的气相色谱 – 串联质谱联用技术（GC-MS/MS）。

自从 1983 年 Mclafferty 等开发 MS/MS 以来，经过 30 多年的发展，MS/MS 已经发展为一项成熟的分析技术。目前三重四极杆（QQQ）串联技术在串联质谱技术中的应用最为普遍，MS/MS 联用技术可以提供特征产物离子的信息，增强了结构解析和定性的能力，其优势在于能够为定性分析提供丰富的结构信息，抗干扰能力增强；在定量分析时本底噪音低、高检测灵敏度使分析结果更加准确可靠；因此，GC-MS/MS 普遍应用于复杂基质中痕量级待测化合物的准确测定。

1. GC-MS/MS 的工作原理及优势

三重四极杆串联质谱仪是目前应用最普遍的串联质谱仪之一，其工作原理是在 GC-MS 的基础上增加碰撞池和一个四极杆，碰撞池起碰撞电离作用，使前体离子碰撞并进一步电离，第二个四极杆起分离鉴定作用，检测经碰撞池电离的产物离子，其结构图见图 3 – 19。MS/MS 在不同软件上的操作使其扫描方式有很大的差异，主要方式有：前体产物离子扫描、产物离子扫描、中性丢失扫描、多反应监测分析，随着扫描方式的不同能获得不同的结构裂解信息。三重四极杆中第一级四极杆（Q_1）或第三级四极杆（Q_2）都能够和单个的四极杆一样采用全扫描模式或者选择离子扫描（SIM）模式。扫描方式通常会被交叉使用，这样可以得到大量的样品结构信息，从而可用于研究前体离子和产物离子的关系，获得化合物质谱裂解过程的信息。

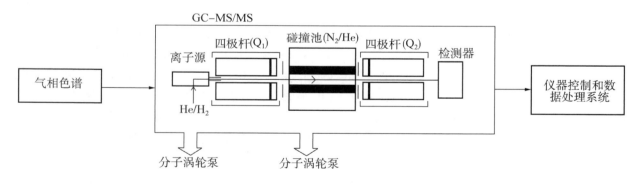

图 3 – 19　GC-MS/MS 结构图

GC-MS/MS 通过多反应模式监测 MS^1 和 MS^2，将特征前体离子隔离出来，在碰撞池活化碰撞后产生相应的特征产物离子，通过对产物离子的检测得到二级质谱，实现特征前体离子和产物离子的一一对应，可有效地减少其他离子的干扰，降低本底噪音值，具有较强的抗干扰能力，在很大程度上提高检测的选择性和灵敏度，成为痕量检测的优选方法。所以，GC-MS/MS 法特别适用于分析基质复杂、干扰因素多、待测化合物含量极低的样品，是对复杂基质样品中痕量级的待测化合物进行准确的定性、定量分析最为有效的方法之一，同时还能达到简化样品的前处理过程、节省实验成本、提高工作效率的目的。

2. GC-MS/MS 的应用

复杂基质样品的分析一般包括的流程为：提取、净化、浓缩、上机检测，GC-MS/MS 的高选择性和高灵敏度，使得样品的前处理变得更简单、更快捷，其主要应用在食品与中药材安全检测、保健品分析、医药卫生及化妆品安全等方面。

1）在食品安全上的应用实例

林晓珊等建立了气相色谱 – 串联质谱（GC-MS/MS）快速测定乳制品中三聚氰胺、三聚氰酸、三聚氰酸一酰胺和三聚氰酸二酰胺的方法。样品用混合溶剂提取后，取少量提取液氮气吹干，硅烷化试剂衍生化后，采用 GC-MS/MS 多反应监测模式（MRM）测定。三聚氰胺及其 3 种类似物在 $0.01 \sim 1.0$ mg/L 质量浓度范围内均呈现良好的线性关系，线性相关系数分别为 0.999 8、0.998 2、0.999 9、0.999 8；检出限均为 0.05 mg/kg（$S/N=3$），加标回收率为 92.5%～102.5%。该方法操作简便、快速，能消除乳制品中复杂基质的干扰，结果准确可靠、灵敏度高，适用于乳制品中三聚氰胺及其 3 种类似物的同时测定。

2）在中药材安全上的应用实例

程志等利用气相色谱 – 串联质谱（GC-MS/MS）检测技术，采用 QuEChERS 法作为样品前处理方法，建立了能应用于 11 种中药材中 144 种农药残留的检测方法。144 种农药在 $10 \sim 2\,000$ μg/kg 之间线性关系良好，相关系数（R^2）>0.983；除乙酰甲胺磷、灭虫威、西玛津、克菌丹、异狄氏剂、异菌脲外，其余农药的定量限均低于 20 μg/kg；此方法与已有标准方法的检测结果一致，而且高效、快速、准确性好、灵敏度高，适用于中药材中 144 种农药残留的快速筛查与定量分析。

3）在保健品分析中的应用实例

李蓉等建立了气相色谱 – 三重四极杆串联质谱（GC-MS/MS）同时测定焙烤食品中 28 种邻苯二甲酸酯类（PAEs）物质残留量的方法。样品经乙酸乙酯超声提取，用中性氧化铝净化后进行检测。经程序升温气化进样口（PTV）不分流进样，TR-5MS 色谱柱（30 m×0.25 mm×0.25 μm）进行色谱分离，在选择反应监测（SRM）模式下进行质谱扫描，采用内标法定量。28 种邻苯二甲酸酯中，除邻苯二甲酸二异壬酯（DINP）为的线性范围为 $0.1 \sim 20$ mg/L 外，其余 27 种均在 $0.05 \sim 10$ mg/L 范围内呈线性关系，相关系数 $R^2 \geqslant 0.996\,2$。方法检出限范围为 $0.1 \sim 9.8$ μg/kg，方法定量限范围为 $0.4 \sim 32.6$ μg/kg。分别在面包、饼干、糕点、馅料 4 类样品中进行低、中、高 3 个添加水平的加标回收试验，加标回收率为 81.0%～117%，相对标准偏差（RSD，$n=6$）为 1.3%～13.6%，并用建立的方法测定了不同焙烤食品中塑化剂的含量。该方法操作简单、可靠性高、适用范围广，适用于焙烤食品中邻苯二甲酸酯类物质残留量的检测。

4）在医药卫生方面的应用实例

吴惠勤等在气相色谱 – 串联质谱（GC-MS/MS）多反应监测（MRM）模式下建立了对尿液中八角枫碱、芦竹碱、毒扁豆碱、毛果芸香碱、哈尔碱、氧化苦参碱、黄华碱、钩吻素子、钩吻碱、延胡索乙素、吴茱萸碱、血根碱、白屈菜红碱、士的宁和马钱子碱 15 种有毒生物碱的定性定量分析方法，对样品前处理、色谱、质谱条件进行了优化。在优化条件下，毒扁豆碱、哈尔碱、钩吻素子和士的宁在 $20 \sim 800$ μg/L 范围内线性关系良好，其余生物碱在 $40 \sim 800$ μg/L 范围内线性关系良好，相关系数均不小于 0.993 2。在高、中、低 3 种加标水平下，除八角枫碱的平均回收率为 60.0%～68.3%外，其余 14 种生物碱的平均回收率为 81.9%～114.4%，各生物碱的相对标准偏差（RSD）不大于 17.6%。方法的检出限（LOD）为 $4 \sim 20$ μg/L，定量下限（LOQ）为 $10 \sim 40$ μg/L。该方法操作简便、快捷、灵敏，适用于中毒患者尿液中有毒生物碱成分的检测。

5）在化妆品安全上的应用实例

马强等建立了同时测定化妆品中 10 种挥发性亚硝胺（N – 亚硝基二甲基胺、N – 亚硝基二乙基胺、N – 亚硝基二正丙基胺、N – 亚硝基吗啉、N – 亚硝基吡咯烷、N – 亚硝基哌啶、N – 亚硝基二正丁基胺、N – 亚硝基二苯基胺、N – 亚硝基二环己基胺及 N – 亚硝基二苄基胺）的气相色谱 – 串联质谱分析方法。对膏霜、水剂、散粉、香波、唇膏等不同类型的化妆品样品分别采用适宜的提取溶剂经超声提取后，样品提取液高速离心处理,上清液以 Oasis HLB 固相萃取柱净化,收集甲醇洗脱液,经 DB-624(30 m × 0.25 mm,1.40 μm)石英毛细管色谱柱分离后以 EI-GC-MS/MS 多反应监测技术进行定性及定量分析。10 种挥发性亚硝胺的方法定量限为 2.5 ~ 10 mg/kg;在低、中、高的 3 个添加水平下,平均回收率为 85.2% ~ 102.3%;相对标准偏差为 3.0% ~ 9.2%。本方法准确、快速、灵敏度高,可用于化妆品的实际检验。

3.5　液相色谱 - 质谱联用技术

由于已知化合物中约 80% 的化合物是不适宜用气相色谱分析的亲水性强、挥发性低、热不稳定的化合物及生物大分子(包括蛋白、多肽、多聚物等),因此使用液相作为色谱流动相的尝试也就随气相色谱的发展而迅速发展起来。液相色谱 - 质谱联用技术(LC-MS),以液相色谱作为分离系统,质谱为检测系统。样品在质谱部分和流动相分离、被离子化后,经质谱的质量分析器将离子碎片按质荷比分开,经检测器得到质谱图。作为一种新的现代技术分析手段,液相色谱 - 质谱联用技术在分离效能、灵敏度和专属性等方面都有着巨大的优势,展现出强大的定性、定量分析能力,从而得到广泛的运用。

3.5.1　液相色谱 - 质谱联用技术特点

液相色谱 - 质谱联用除了可以分析气相色谱 - 质谱(GC-MS)所不能分析的强极性、难挥发、热不稳定性的化合物之外,还具有以下几个方面的优点:分析范围广、分离能力强、定性分析结果可靠、检测限低、分析时间快、自动化程度高。

液相色谱 - 质谱联用技术发展的关键是接口问题,即如何解决高压液相和低压气相间的矛盾。质谱离子源的真空度多为 1.33×10^{-2} ~ 1.00×10^{-5} Pa,真空泵抽去液体的速度一般为 10 ~ 20 μL/min,这与通常使用的高压液相色谱 0.5 mL/min 的流速相差甚远。因此,去除 LC 的流动相是 LC-MS 发展所面临的主要问题之一。另一个重要的问题是分析物的电离。用液相色谱分离的化合物大多是极性高、挥发度低、易热分解或大相对分子质量的化合物。经典的电子轰击电离(EI)并不适用于这些化合物。

自 LC-MS 研究以来,前后至少提出过 27 种以上接口技术,但是直到热喷雾电离(TSI)、大气压化学电离(APCI)、特别是电喷雾电离(ESI)方法出现后,LC-MS 的研究才有突破性的进展。当前有成效的 LC-MS 技术多是集接口和电离于一身,在去除大量 LC 溶剂的同时解决分析物的电离问题。

3.5.2　液相色谱 - 质谱联用技术的应用

鉴于 LC-MS 高选择性和高灵敏度的特点,其主要应用在食品与化妆品安全检测、中药成分研究分析、环境及医药卫生等方面。

1. 在食品安全上的应用实例

李优等建立了液相色谱 - 串联质谱(LC-MS/MS)测定食品中二甲基黄(DMY)的分析方法。样品经乙酸乙酯提取,二甲基黄专用固相萃取小柱(ProElut DMY SPE)净化,XDB - C18 色谱柱(50 mm × 4.6 mm,1.8 μm)分离,并以 5 mmol/L 乙酸铵水溶液(含体积分数为 0.1% 的甲酸) - 乙腈(含体积分数为 0.1% 的甲酸)为流动相,梯度洗脱,电喷雾正离子模式(ESI$^+$)电离,多反应监测模式(MRM)检测,内标法定量。结果表明,二甲基黄在 0 ~ 50 μg/L 范围内线性关系良好,相关系数(R^2)均大于 0.999。方法的检出限(LOD,$S/N > 3$)和定量限(LOQ,$S/N > 10$)分别为 2 μg/kg 和 10 μg/kg。不同食品基质中,二甲基黄在 10、20、100 μg/kg 的添加水平下的平均加标回收率为 93.3% ~ 98.9%,相对标准偏差为 1.6% ~ 3.9%($n = 6$)。该方法有效补偿了液相色谱 - 串联质谱检测过程中的离子化抑制效应,灵敏度和准确度高,适用于腐乳、辣椒酱、禽蛋、豆干、糖果和火腿中二甲基黄的测定。

2. 在化妆品安全上的应用实例

罗辉泰等建立了分散固相萃取/液相色谱－串联质谱同时快速测定化妆品中 81 种非法添加糖皮质激素的分析方法。样品用水分散后加乙腈超声提取，经十八烷基键合硅胶（C_{18}）和 N－丙基乙二胺（PSA）净化，在电喷雾正离子模式下以动态多反应监测方式测定，内标法定量。81 种待测物在各自的浓度范围内线性关系良好，相关系数均大于 0.99，在 3 个不同的添加水平下，平均回收率为 68.8% ～ 105.3%，RSD 为 2.9% ～ 13.1%（$n = 6$），方法的检出限（$S/N \geqslant 3$）和定量限（$S/N \geqslant 10$）分别为 0.002 ～ 0.006 μg/g 和 0.005 ～ 0.020 μg/g。该法简便快速、灵敏可靠，适用于化妆品中 81 种糖皮质激素的同时快速定性定量筛查分析。

3. 在中药成分上的应用实例

黄芳建立了枸杞子药材中甜菜碱的高效液相色谱－质谱测定方法，优化了样品提取方法、液相色谱条件和质谱参数。样品用 60% 甲醇超声提取，高效液相色谱分离，色谱柱为正相硅胶柱，流动相为乙腈－水（均含有体积分数为 0.2% 的甲酸）（体积比 75∶25），流速 0.4 mL/min。采用正离子模式的电喷雾质谱检测，多反应选择离子检测（MRM），检测离子对为：m/z 118→58；m/z 118→59。方法简便快速、准确可靠，成功用于枸杞子药材中甜菜碱的测定。

4. 在保健品上的应用实例

黄芳等建立了高效液相色谱－串联质谱（LC-MS/MS）同时测定补肾壮阳类保健品及中成药中非法添加的 17 种壮阳化学药的定性、定量分析方法。实验优化了前处理方法，并针对几对同分异构体成分优化了分离条件和质谱参数。样品经甲醇超声萃取，提取液经 Aglient Extend C_{18} 色谱柱（100 mm × 2.1 mm，3.5 μm）分离，流动相为乙腈和水（含有 10 mmol/L 乙酸铵），梯度洗脱，流速为 0.25 mL/min，以电喷雾离子源正离子多反应监测（MRM）模式进行 MS/MS 检测。该方法能很好地分离并定量 17 种壮阳类化学药以及其中的 3 组同分异构体。方法简便、快速、准确可靠，已经应用于补肾壮阳类保健品及中成药中非法添加壮阳类化学药的筛查及检测。

5. 在医药卫生方面的应用实例

张春华等建立了高效液相色谱－电喷雾串联质谱同时检测尿液和胃液中 12 种有毒生物碱的方法，优化了提取条件及色谱－质谱条件，并考察了基质效应的影响，探讨了质谱碎裂机理。采用电喷雾电离（ESI^+）、多反应监测（MRM）方式，可同时对黄华碱、倒千里光碱、山莨菪碱、钩吻碱、芦竹碱、哈尔碱、吐根碱、血根碱、吴茱萸碱、吴茱萸次碱、雷公藤吉碱和雷公藤次碱 12 种有毒生物碱进行定性和定量分析。12 种成分分别在 0.5 ～ 200、1 ～ 200、5 ～ 200 μg/L 范围内线性关系良好，尿液中除黄华碱和山莨菪碱外，各生物碱的回收率为 61.9% ～ 119.1%，胃液中各生物碱回收率为 61.0% ～ 110.2%，精密度 RSD < 15%，检出限（LOD）为 0.1 ～ 0.5 μg/L，定量限（LOQ）为 0.5 ～ 5.0 μg/L。方法操作简便、快捷、灵敏度高，适用于中毒患者尿液和胃液中有毒生物碱成分的检测。

3.6 电感耦合等离子体质谱仪器与技术

3.6.1 电感耦合等离子体质谱技术简介

电感耦合等离子体质谱（inductively coupled plasma mass spectrometry，ICP－MS）是 20 世纪 80 年代发展起来的新的仪器分析技术，Houk 等将具有高温电离特性的电感耦合等离子体作为质谱的离子源，形成一种强有力的多元素同时测定、检出限低的痕量元素分析技术。1983 年，第一台商用电感耦合等离子体质谱仪（ICP－MS）诞生，此后，ICP－MS 发展成为最重要的元素检测技术。

起初，ICP－MS 主要是指电感耦合等离子体与单级四极杆质量分析器相结合，随着分析仪器技术的发展，逐渐扩展到其他类型的质谱技术，如飞行时间质谱仪、双聚焦扇形场质谱仪、多聚焦扇形场质谱仪、离子阱质谱仪等。

另外，针对进样系统采取的联用技术，也使 ICP – MS 应用领域扩展到形态分析、固体直接分析等方面，如与液相色谱技术、气相色谱技术、离子色谱技术、电泳技术联用进行金属形态/价态分析；与激光烧蚀技术联用进行固体直接分析。

以氩气为等离子气体的等离子体的温度达到 6 000 ～ 10 000 K，这样的高温可以使元素周期表中的大部分元素气化并发生一级电离，形成单电荷离子；在等离子体内，样品分子电离效率很高，与样品结构无关，只有极少数以分子形式存在，元素电离程度相当高，多数大于 99%。ICP – MS 可检测元素周期表中大多数元素及其同位素，部分元素的检出限可达到万亿分之一（10^{-12}）的量级甚至更低。每一种元素（In 除外），均有一种同位素的谱线不受其他元素的谱线干扰，谱线简单，多元素测定时干扰少。配备了四极杆质量分析器的 ICP – MS 具有 0.7 ～ 1.0 个原子单位的分辨率，并且可以同时扫描 4 ～ 260 的同位素，进行快速定性、半定量分析。样品常压引入质谱，方便不同样品的切换，同时分析速度快，通常为 1 ～ 2 min（若清洗，时间约 4 min）。值得注意的是，ICP – MS 依据同位素相对灵敏度测定含量，分析人工同位素富集的样品时，需要改变数据采集和数据处理方法。

ICP – MS 从最初在地质科学研究方面的应用迅速发展，目前已在如食品、保健品、医药、日化等领域广泛应用。ICP – MS 除进行元素分析外，在同位素比值分析、形态分析等方面也已有大量研究应用。

3.6.2　电感耦合等离子体质谱仪的基本结构

在 ICP – MS 仪器结构方面，不同厂家具有其特殊设计，但基本组成相同，如图 3 – 20 所示，主要包括进样系统、ICP 离子源、接口室、离子聚焦透镜、碰撞/反应池、质量分析器、离子检测器、真空系统等。

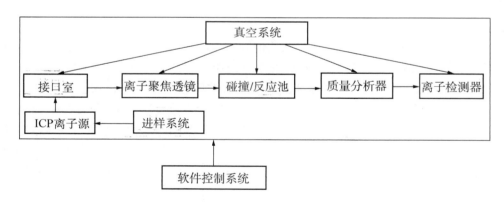

图 3 – 20　ICP – MS 典型基本结构示意图

（1）进样系统：将样品直接汽化或转化成气态或气溶胶的形式送入高温等离子体。

（2）ICP 离子源：将样品在高温等离子体中干燥、蒸发、原子化并离子化，产生带正电荷的离子。

（3）接口室：连接常压高温等离子体及高真空质谱仪，从 ICP 离子源中提取样品离子流。

（4）离子聚焦透镜：将接口室提取的离子流聚焦，同时去除电子、光子、颗粒物等形成背景噪声的干扰。

（5）碰撞/反应池：通过各种碰撞气、反应气，进一步去除通过离子透镜后的离子干扰，如多原子离子干扰。

（6）质量分析器：根据离子质荷比 m/z 的不同，筛选不同质荷比的离子，将不同质量数的离子分离开。

（7）离子检测器：接收质量分析器分离的离子，同时将离子信号转化为电信号。

（8）真空系统：通常由机械泵、涡轮分子泵组成，确保接口、离子透镜、碰撞/反应池、质量分析器及其检测器所需要的真空工作环境。

（9）软件控制系统：仪器控制一般实现了自动化，通过软件监测仪器工作状态，控制仪器各工作参数设定值，还有后续的数据处理。

3.6.2.1　进样系统

等离子体要求所有样品以气体、蒸气、气溶胶或固体小颗粒的形式引入炬管中心通道气流中。根据样品的物理状态，样品导入方式主要分为三大类：

①溶液气溶胶进样系统（如气动雾化器或超声雾化器）；

②气体进样系统（如氢化物发生或气相色谱）；

③固态粉末进样系统（如粉末或固体的直接插入或吹入等离子体）。

ICP – MS 主要采用液体进样，所以溶液气溶胶进样系统最为常用，也是大多数 ICP – MS 系统的标准配件。这里也主要介绍溶液气溶胶进样系统，其主要由蠕动泵、雾化器、雾化室组成。液态样品的引入过程包括利用雾化器形成气溶胶和利用雾化室选择气溶胶两个过程。

1）液体样品引入过程

蠕动泵能把液体样品比较均匀地送入雾化器，并同时排除雾化室中的废液。通过控制蠕动泵的转速，可以得到理想的进样速度，样品提升速度一般为 0.7 ~ 1 mL/min。如果不采用蠕动泵，通过雾化器中雾化气体的流动也可以提取样品，样品的自然提取速度为 0.6 mL/min 左右，但会随着雾化气流速的变化而改变。蠕动泵的均匀转动及滚筒压力，使样品流速一致，消除样品溶液、标准溶液及空白之间的黏度差异，同时限制了空气的引入，减少了造成等离子体不稳定的因素。样品进入雾化器后，在高速气流的切割下，被"破碎"成细小雾滴的气溶胶。

雾化器产生的气溶胶通过雾化室向等离子体炬传递，雾化器产生的气溶胶雾滴大小高度分散，而等离子体放电对大雾滴的电离效果较差，因此要求进入等离子体的气溶胶液滴有均匀和细小的几何尺寸。为了达到这个目的，仪器中采用了雾化室。雾化室是一个气体流过的通道，当气溶胶通过时，直径大于 10 μm 的液滴将被冷凝下来，从废液管排出。保持稳定的细小雾滴的气溶胶，最终使其均匀地进入等离子体，降低进样系统噪声，改善信号稳定性。

2）雾化器

目前，ICP – MS 仪器中最常用的雾化器为气动雾化器，其机理为利用气流的机械力使液体样品产生气溶胶，常用的雾化器有同心雾化器、错流雾化器（直角交叉雾化器）和 Babington 雾化器，如图 3 – 21 所示。同心雾化器由两组平行的玻璃管组成，中心管引入样品溶液，外侧管引入雾化气（载气）；直角交叉雾化器，样品毛细管与气流毛细管成直角。Babington 雾化器，在样品毛细管下方设置一个载气通道，用于气流通过，溶液经过毛细管达到载气出口时，形成气溶胶。

（1）同心雾化器

在 ICP – MS 中使用最广泛的同心雾化器要属 Meinhard 玻璃同心雾化器。同心雾化器中，样品溶液通过水平毛细管引入，雾化气（载气）从垂直导管进入后与样品毛细管平行。气流快速通过毛细管末端时形成一定低压区，溶液在此低压及高速气流作用下破碎形成气溶胶。同时，毛细管末端形成一定低压也有利于样品的自提升。

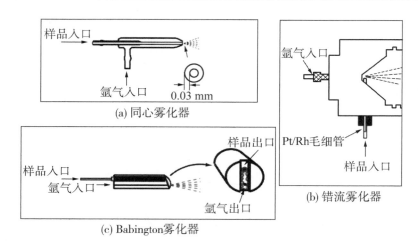

图3-21　三种常见气动雾化器

Meinhard 气动同心雾化器具有三种设计：A 型、C 型及 K 型喷嘴（见图3-22）。三种喷嘴的区别主要在样品毛细管与雾化器顶端的位置：A 型雾化器中，样品毛细管与雾化器顶端共平面，喷嘴及毛细管顶端均为圆形平整表面，气溶胶在雾化器外部形成；C 型和 K 型雾化器，样品毛细管较喷嘴凹进0.5 mm，溶液与气体之间较早混合，灵敏度和精密度有所改善。C 型及 K 型的主要区别在于样品毛细管与雾化器顶端的形状不同，C 型雾化器中，顶端经过抛光处理，而 K 型雾化器顶端与 A 型雾化器一致。引入高盐溶液时，C 型及 K 型雾化器比 A 型雾化器更不易堵塞，且能有效用于分析黏性样品。

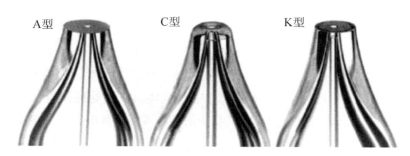

图3-22　Meinhard 气动同心雾化器的三种喷嘴

同心雾化器的优点是操作简单，吸入溶液方便，灵敏度高，稳定性好。缺点是对于盐分较高的样品溶液，容易出现盐析而堵塞，更换成本高。

（2）错流雾化器

错流雾化器中样品流与气流毛细管安装在聚合物基座上，喷嘴互相垂直，因此也称为直角雾化器或垂直雾化器。气流通过时在其毛细管顶端形成负压区，溶液在此负压作用下从另一个毛细管吸入，提升量约3 mL/min，利用高速气流使溶液破碎形成气溶胶。产生的气溶胶粒径分布通常较大，雾化效果比同心雾化器略差。

样品溶液的雾化效果受样品和气体喷嘴相对位置的影响，所以使用中要关注喷嘴的位置。直角交叉雾化器的优点是稳定性更强，喷嘴端口不易堵塞，更易于清洗。

（3）Babington 雾化器

Babington 雾化器是由 Babington 首次提出设计的一款雾化器。在样品毛细管下方设置一个载气通道，用于气流通过，溶液经过毛细管到达基座，并沿基座沟槽自由流下，在流经载气出气孔时，被喷出的高流速载气雾化，形成气溶胶。由于出气孔处有连续的液体流过，不会出现盐沉积，所以，Babington 雾化器非常适合高盐分样品的分析。

（4）超声雾化器

超声雾化器是将样品溶液引入频率在 200 kHz ～ 10 MHz 的压电换能器上，利用超声波震动产生的空化作用使液体膜破碎，形成气溶胶，随后被雾化气带走。典型的超声雾化器见图 3 - 23。

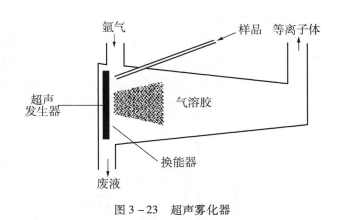

图 3 - 23　超声雾化器

由于气溶胶产生速率快，且与载气流速无关，可以在低载气条件下工作，与传统气动雾化器相比，超声雾化器中传输至等离子体的样品更多，载气流量较小，使得灵敏度增强，进而降低了所有待测元素的检出限。通常情况下，对于简单样品基体，超声雾化器的检出限可降低 1 ～ 2 个数量级；但是若样品溶液中固含量高，则检出限无明显改善。

由于雾化效率高，传输至等离子体的样品溶剂更多，对等离子体原子化及电离造成负作用，若溶液过量，会使等离子体熄灭或"降温"，降低待测离子转化成能电离离子的效果。

不同样品之间需用大量水冲洗换能器表面，以去除残留元素，记忆效应较大。超声雾化器的精密度比传统气动雾化器差很多。如待测元素浓度相当时，使用超声雾化器的 RSD 为 2% ～ 3%，而传统气动雾化器则为 1%。

3）雾化室

为了获得较高的气溶胶传输效率和使气溶胶雾粒进入等离子体后能够迅速地去溶剂、蒸发和原子化，进入等离子体的气溶胶雾粒的直径必须小于 10 μm，但是气动雾化器产生的气溶胶雾粒直径分布较广，有的甚至可达 100 μm。雾化室的主要作用是去除大的气溶胶雾滴，保持稳定的细小雾粒的气溶胶流，消除雾化过程中的脉冲现象，获得较高的气溶胶传输效率，从而降低进样系统的噪声，改善信号的稳定性。另一方面，雾化室设计要考虑的是进样时间和冲洗时间。雾化器设计中有采用较小的内部体积的倾向。小体积的雾化室有利于缩短冲洗时间，减小记忆效应，提高分析效率。雾化室主要有三种设计：Scott 双通道雾化室（double-pass spray chamber）、旋流雾化室（cyclonic spray chamber）及撞击球雾化室（impact bead spray chamber）。

（1）Scott 双通道雾化室

Scott 双通道雾化室在 ICP 技术中使用最为广泛，由两个同心管组成（图 3 - 24）。气溶胶首先进入内层管，在底端反向后，从外层管上端出射口离开雾化室。样品气溶胶中大部分雾滴（特别是大直径雾滴）因雾化室内层管的湍流沉降作用或重力作用而除去；内层管的另一个

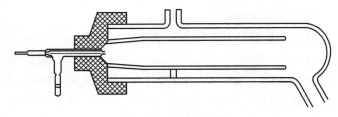

图 3 - 24　双通道雾化室

作用是降低雾化过程造成的波动，提高信号稳定性。但是双通道雾化室存在一定死体积，记忆效应较明显，且延长了样品之间的冲洗时间。

（2）旋流雾化室

旋流雾化室只有一个环形空间（图 3 - 25），气溶胶以切线方向进入雾化室。气溶胶在旋流雾化室中采取双同心螺旋运动方式。进入雾化室的气溶胶以外螺旋运动方式沿雾化室内壁向下运动。雾滴到达雾化室底部时，以内螺旋运动方式向上运动到达雾化室顶端。在离心力作用下，大雾滴撞击雾化室内壁，形

成废液排出，而小雾滴则通过雾化室进入等离子体。旋流雾化室容积通常较小，设计简单，操作方便，冲洗时间短。缺点是精密度差一些，氧化水平较高。

（3）撞击球雾化室

撞击球雾化室属于单通道雾化室，在雾化室内镶嵌玻璃材质或 PTFE 材质的撞击球（图 3－26）。利用雾室内嵌撞击球截阻气溶胶的方法分离大雾粒，气溶胶进入雾室后直接撞击到雾室内的球体表面，大雾粒被甩落到底部排出。小雾滴则在载气作用下绕过球体进入等离子体。即带撞击球雾化室有利于将雾滴破碎得更小。

图 3－25　旋流雾化室

图 3－26　撞击球雾化室

4）去溶剂系统

在 ICP－MS 分析中，过多的溶剂引入等离子体，会改变待测样品的离子化过程，例如消耗部分等离子体能量，改变等离子体激发温度，降低待测元素激发效率，改变信号稳定性。另外，溶剂解离形成分子或原子干扰粒子，电离后干扰待测信号，有机溶剂或是有机物会带来由碳元素的相关干扰和接口锥的碳堆积。因此，需采用去溶剂系统降低等离子体中溶剂负载，减少溶剂造成的干扰离子。

溶剂去除方式主要有两种方式：溶剂凝结和膜去除。溶剂凝结是利用蒸气在低温表面凝结的原理工作，早期的雾化室采用水冷装置，现在大多数仪器使用半导体制冷装置。水溶液进样分析时，半导体制冷装置的雾化室温度一般设为 2～3℃；含有机溶剂溶液进样分析时，雾化室温度一般设为 －10℃或以下。恒温的制冷雾化室有利于减少室内环境对雾化效率的影响，改善仪器长时间的漂移现象。膜去除是在溶剂蒸气及干燥氩气吹扫气之间安装一膜层，利用气溶胶与膜外侧之间的浓度差异去除溶剂蒸气。

3.6.2.2　ICP 离子源

1. ICP 离子源基本装置

ICP 离子源基本装置包括三个部分：射频发生器、负载线圈、炬管和工作气体。

1）射频发生器

射频发生器是 ICP 离子源的能量来源或供电装置，产生能量足够大的高频电流，通过感应线圈形成高频的磁场，从而输送稳定的高频电流给等离子体炬，用以激发和维持氩气形成的高温等离子体。常用的射频发生器有它激式和自激式两种，两者的振荡频率分别为 27.12 MHz 和 40.68 MHz。

自激式射频发生器能将稳定的直流电流转变为具有一定周期的交流电流，并且无需外加交变信号控制就可以产生交变输出。其频率由振荡电路和负载线圈参数控制，因此调试容易，当振荡电路参数变化引起频率迁移时，能自动补偿阻抗的少量变化，但是其功率转换效率低、振荡频率稳定性不高。它激式射频发生器的工作频率由石英晶体控制，高频功率通过同轴电缆传输至负载线圈，功率输出效率高、振荡频率稳定且易实现频率的自动控制，不足在于其电路复杂、成本高。

2）负载线圈

负载线圈作为自由运行发生器中射频振荡电路的组成部分或晶控振荡系统的调谐网络组成部分，通常是由直径为 3 mm 的铜管环绕成 2 匝或 3 匝 3 cm 大小螺旋环，绕石英炬管安装并将所形成的等离子限制在炬管内。铜管中可通过冷却液或冷却气，带走热量，减少铜管过度受热形变、损坏。负载线圈将射频能量传输给等离子体并维持等离子体,且等离子体主要集中在负载线圈内部。

在射频线圈和等离子体之间的电容耦合会产生几百伏的电压差,这种电压差会引起等离子体和接口之间的二次放电,而二次放电严重影响离子束中分子氧化物及双电荷离子的形成,增加干扰离子的产生和离子动能扩散,所以必须保持接口区域尽量接近零电位。ICP - MS 仪器有多种接地的方式,如在负载线圈与炬管间安装接地的金属屏蔽罩或金属板,或采用交错式线圈。

3)炬管和工作气体

炬管是用于包含并辅助等离子体形成的器件,位于负载线圈中心。通常是由不吸收射频辐射的材料(如陶瓷或氮化硼)制成,因此不会降低负载线圈形成的磁场,但目前大多采用石英制成,因石英熔点足够高,能够在高温氩气 ICP 中工作。典型的炬管为三重同心圆设计,如图 3 - 27 所示。外层管与中层管间以 10 ~ 20 L/min 的流速通入冷却气(氩气),并以切线方向进入形成涡流,其作用为形成环形等离子,同时隔绝外层管内壁与等离子体,防止外层管熔化。中心管与中层管之间以约 1.0 L/min 的流速引入辅助气(氩气),辅助等离子的形成且将等离子体向前推,防止注射管顶端熔化。中心管为注射管,样品气溶胶随载气沿中心管进入等离子体,载气流速一般为 0.5 ~ 1.5 L/min。

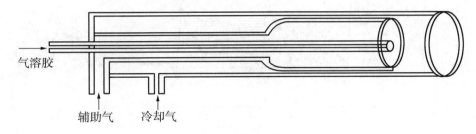

图 3 - 27　三重同心圆炬管

2. 等离子体的产生

等离子体焰炬的产生过程俗称为点火。先在炬管中通入等离子支持气(氩气),在等离子体形成处建立氩气氛围,射频发生器向负载线圈施加频率为 27 ~ 40 MHz 的高频电源,负载线圈产生高频电磁场。利用特斯拉线圈放电或压电启动器使线圈附近的氩气局部电离,产生少量的带电粒子,即为"种子"电子,"种子"电子在高频电磁场中高速运动,与氩气原子碰撞,使氩气进一步电离,产生更多电子,造成"雪崩"效应,进而产生等离子体。氩气一旦电离后,只要负载线圈上施加有射频功率,气体粒子将进行自我维持。等离子体是由电离的正离子和电子组成的呈电中性的放电体,如图 3 - 28 所示。

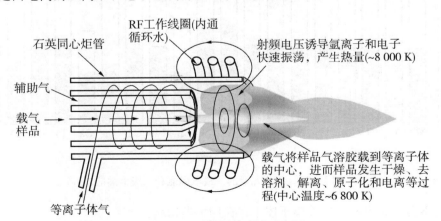

图 3 - 28　等离子体产生示意图

3. 样品的历程

虽然有不同的样品引入方法,但是最终都必须在进入质谱仪前形成离子。在最常用的气动雾化气溶胶进样的方式下,载气将样品气溶胶载到等离子体的中心,在等离子体高温环境下,样品发生干燥、去溶剂、解离、原子化和电离等过程。样品一旦被原子化，实质上就是已经在高温中被电离了。

　　由于常压下氩气等离子的平均电离能取决于氩气的第一电离能(15.76 eV)，且大多数元素(除 He、F、Ne 外)的第一电离能低于氩气的第一电离能，如图 3 - 29 所示，因此等离子能有效地将除 He、F、Ne 外的所有元素电离成带单个电荷的离子。另一方面，由于除 Mg、Ca、Sr、Ba、Pb 等大多数元素的第二电离能大于氩气的第一电离能，如图 3 - 30 所示，因此几乎不会发生二次电子离子而形成双电荷离子。ICP 离子源中将待测元素电离成单个电荷的离子，因此，在质谱仪中检测到某个质荷比的离子时，我们就认为某个同位素存在。

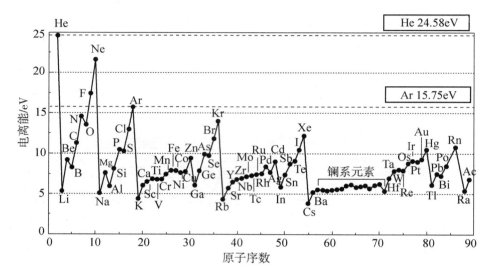

图 3 - 29　元素的一级电离能

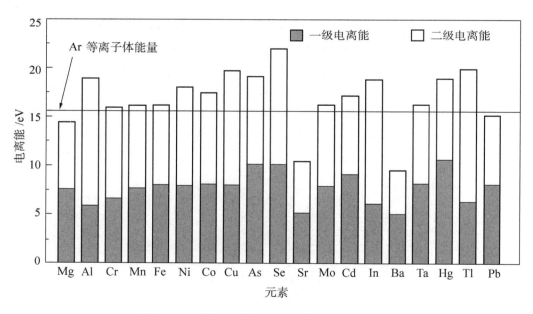

图 3 - 30　部分元素的一级电离能和二级电离能

　　ICP 能将绝大部分元素电离，在等离子体中存在四大类物质：

　　①已电离的待测元素：As^+、Pb^+、Hg^+、Cd^+、Cu^+、Zn^+ 等；

　　②主体：Ar 原子(>99.99%)；

　　③未电离的样品基体：Cl、$NaCl(H_2O)_n$、SO_n、PO_n、CaO、$Ca(OH)_n$、FeO、$Fe(OH)_n$ 等，这些成分会沉积在采样锥、截取锥、透镜系统上，是实际样品分析时使仪器不稳定的主要因素，也是仪器污染

的主要因素；

④已电离的样品基体：ArO^+、Ar^+、ArH^+、ArC^+、$ArCl^+$、$ArAr^+$（Ar 基分子离子）、CaO^+、$CaOH^+$、SO_n^+、PO_n^+、NOH^+、ClO^+ 等（样品基体产生），这些成分因相对分子质量与待测元素如 Fe、Ca、K、Cr、As、Se、P、V、Zn、Cu 等的原子量相同，是测定这些元素的主要干扰。

3.6.2.3 接口室

接口系统是 ICP 离子源与质谱仪的连接装置，接口的功能是将等离子体中的离子有效地传输到质谱仪，并保持离子一致性及完整性。在接口的两端是截然不同的两个环境，一边是常压、高温($\sim 10\,000\,K$)的等离子体焰炬，另一边则是真空($10^{-3} \sim 10^{-7}\,Pa$)、常温、洁净的环境的质谱(如图 3 – 31 所示)，接口技术就是要解决两者的连接问题。

目前，市面上的 ICP – MS 多采用双锥设计理念，即采样锥(孔径 $0.8 \sim 1.2\,mm$)和截取锥($0.4 \sim 0.8\,mm$)，并通过机械泵维持接口处的低真空($2 \sim 5\,mbar$)，见图 3 – 32。采样锥直接与等离子体焰炬接触，把来自等离子体中心通道的载气流(即离子流)大部分吸入锥孔，进入第一级真空室。采样锥通常由 Ni、Cu、Pt、Al 等金属制成，Ni 锥使用最多。截取锥安装在采样锥后，并与其在同一轴线，两者相距 $6 \sim 7\,mm$，通常也由镍材料制成，截取锥通常比采样锥的角度更尖一些，以便在尖口边缘形成的冲击波最小。其作用是选择来自采样锥孔的膨胀射流的中心部分，并让其通过截取锥进入下一级真空。粒子的接口过程如图 3 – 31 所示。

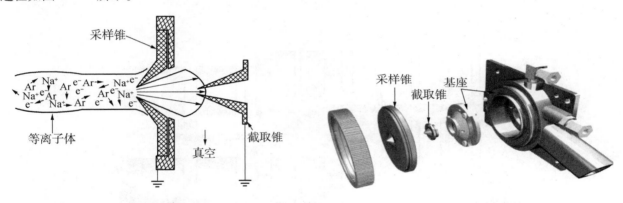

图 3 – 31　粒子的接口过程　　　　　　　　图 3 – 32　采样锥和截取锥

3.6.2.4 离子聚焦透镜

在高温等离子体中，除待测元素离子外，还存在大量 Ar^+，电子、光子等中性粒子、样品基质离子。离子聚焦透镜系统的作用是最大限度地将通过接口的离子流聚焦成散角小的很细的离子束送入质量分析器，同时尽可能去除非离子化的粒子，如颗粒物、中性粒子和光子。

离子透镜系统位于截取锥后，由一组或多组静电控制的透镜组成。整个离子聚集透镜系统由一组静电控制的金属片或金属筒或金属环组成，其上施加一定值的电压。其原理是利用离子的带电性质，用电场聚集或偏转牵引离子，将离子限制在通向质量分析器的路径上，也就是将来自截取锥的离子聚焦到质量分析器，拒绝中性原子并消除来自 ICP 的光子通过。非带电粒子以直线传播，设计离子以离轴方式偏转或采用光子挡板或 90°转弯，就可以将其与非带电粒子(光子和中性粒子)分离。

在离子聚集透镜系统中，"空间电荷效应"(space charge effect)导致的"质量歧视"是直接影响离子传输效率以及整个质量范围内离子传输均匀性的重要因素，空间电荷效应是 ICP – MS 基体效应的主要根源，在基体离子的质量大于分析离子时尤为严重。

在等离子体中，离子流被一个电荷相等的电子流所平衡，因此整个离子束基本上呈电中性。但离子流离开截取锥后，透镜建立起的电场将收集离子而排斥电子，电子将不再存在。从而使离子被束缚在一个很窄的离子束中，离子束在瞬间不是准中性的，但离子密度仍然非常高。同电荷离子间的相互排斥使离子束中的离子总数受到限制。基体浓度越高，重离子数越多，空间电荷效应就越显著。如果不采取任何方式补偿的话，较高质荷比的离子将会在离子束中占优势，而较低质荷比的离子则遭排斥。高动能的离子(重质量元素)传输效率高于中质量以及轻质量元素。

与传统的光学透镜不同，常见的离子聚焦透镜系统通常采用离轴离子路径设计，如离子透镜由带光子挡板的金属圆筒透镜系统、90°离子偏转透镜系统、多金属片组成的 Ω 偏转透镜系统组成。常见的离子聚焦透镜系统示意图如图 3 - 33 ~ 图 3 - 35 所示。

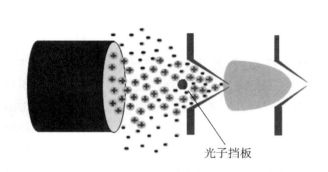

图 3 - 33　带光子挡板的圆筒透镜系统示意图

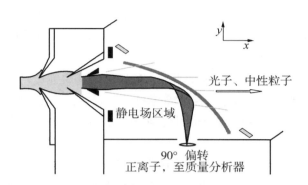

图 3 - 34　90°离子偏转透镜系统示意图

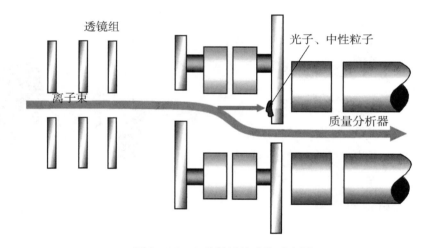

图 3 - 35　Ω 偏转透镜系统示意图

3.6.2.5　碰撞/反应池

最初的 ICP - MS 仪器，离子束从接口进入，被离子透镜聚焦后直接进入质量分析器，而单级四极杆的分辨率有限，离子束中的多原子离子对部分元素测定造成很大的干扰。如等离子体中存在最多的离子为 $^{40}Ar^+$，当样品中含有氯元素时，很容易产生 $^{40}Ar^{35}Cl^+$，对唯一同位素 ^{75}As 产生干扰。

为解决多原子离子造成的干扰，碰撞/反应池技术被引入 ICP - MS 仪中，并且成为 ICP - MS 的标准配置。碰撞/反应池技术的原理和运用源于有机质谱分析中混合物的结构分析以及离子 - 分子反应的基础研究，它是靠气相离子 - 分子反应(如碰撞诱导解离反应、电荷转移、质子转移、原子转移、缩合反应、缔和反应)消除多原子干扰，是最有效的多原子离子干扰去除技术。

碰撞/反应池安装在离子透镜与四极杆质量分析器之间，内置多极杆，在池体充入各种碰撞/反应气体(如 He、H_2、NH_3、CH_4、O_2 等)，对通过池体的离子进行碰撞、反应，多原子离子被大量消除，而单原子离子则可多数通过，从而达到消除基体干扰的目的。

各个仪器厂商的碰撞/反应池整体框架相似，如图 3 - 36 所示，但是内部设计各不相同，各有特色，同时各自的名称也不同。目前，ICP - MS 仪器中安装的碰撞/反应池系统大致可分为三大类：

（1）四极杆碰撞/反应池，如动态反应池技术（dynamic reaction cell，DRC）；

（2）六极杆碰撞/反应池，如碰撞池技术（collision cell technology，CCT）；

（3）八极杆碰撞/反应池，如八极杆反应系统（octopole reaction system，ORS）。

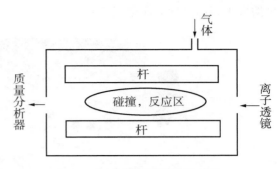

图3－36　碰撞/反应池示意图

四极杆碰撞/反应池可以对进入池体的离子进行一定质量范围的初步筛选，通过设定质量范围窗口使产生干扰的离子（如 O^+、N^+、C^+、H^+）由于不符合四极杆的稳定条件而被消除，也可以对反应池内产生的副产物选择性消除。六极杆碰撞/反应池和八极杆碰撞/反应池没有质量筛选功能，仅作为离子传输通道，具有很好的离子聚焦功能，待测离子损失较少，干扰离子利用碰撞/反应气体消除。

虽然碰撞/反应池的设计各有不同，按干扰消除机理来分，主要具有3种类型，即碰撞解离型（CID）、动能歧视型（KED）和化学反应型（CR）。

1. 碰撞解离型（CID）

碰撞池中充入了惰性的碰撞气体（如 He），当离子进入碰撞池后，与碰撞气体发生碰撞，当碰撞能量足够大时，多原子干扰离子解离成中性粒子和其他质荷比的离子，这样就消除了对待测质荷比离子的干扰。如图3－37所示，要测定 $^{63}Cu^+$ 含量，存在多原子干扰离子 $[^{23}Na^{40}Ar]^+$，两者质荷比均为63，在没有碰撞池时，四极杆质量分析器无法分离 $^{63}Cu^+$ 和多原子干扰离子 $[^{23}Na^{40}Ar]^+$，导致结果正偏差。有碰撞池时，$[^{23}Na^{40}Ar]^+$ 与池体中的 He 发生碰撞解离成 $^{23}Na^+$ 和 Ar，这样只有 $^{63}Cu^+$ 通过了四极杆质量分析器。但是，只有在碰撞能量高于多原子离子的解离能的情况下，碰撞解离消除干扰才有效，所以，CID 模式能有效消除的干扰种类有限。

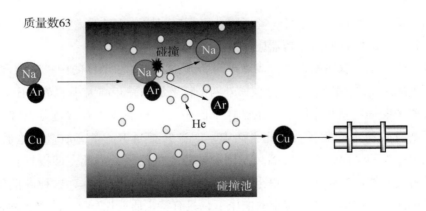

图3－37　碰撞解离型消除干扰

2. 动能歧视型（KED）

同碰撞解离型的碰撞池，KED 碰撞池中充入了惰性的碰撞气体（如 He），当离子进入碰撞池后，与碰撞气体发生碰撞，但是碰撞能量不足使多原子干扰离子解离，经过多次碰撞后多原子干扰离子失去能量而不能进入四极杆。多原子干扰离子比待测的单原子离子具有更大的碰撞截面，碰撞频率更高，动能降低更快，四极杆的能量选择效应使没有足够能量的干扰离子不能进入四极杆，这样就消除了对待测质荷比离子的干扰。利用本原理的碰撞池技术要求进入碰撞池时离子的能量尽量相近，在仪器设计上一般会在等离子体炬管与负载线圈之间安装屏蔽炬。如图3－38所示，多原子干扰离子 $^{40}Ar^{35}Cl^+$ 比被干扰的离子 $^{75}As^+$ 有更大的碰撞截面，$^{40}Ar^{35}Cl^+$ 与 He/H_2 的碰撞频率更高，动能降低，远低于 $^{75}As^+$ 的动能。屏蔽炬的能量聚焦和四极杆的能量选择效应使只有$^{75}As^+$进入四极杆，而$^{40}Ar^{35}Cl^+$完全无法进入。

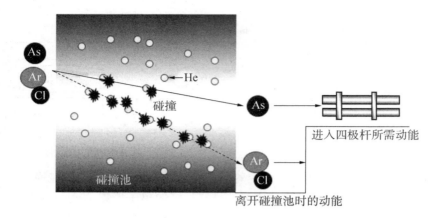

图3-38　动能歧视型消除干扰

3. 化学反应型(CR)

化学反应型为多原子干扰离子与反应气发生反应，转化为中性粒子和其他质荷比的离子，从而无法进入四极杆。常用的碰撞/反应池气体有H_2、O_2、CH_4、NH_3等。

例如分析$^{56}Fe^+$时，反应气CH_4与$^{40}Ar^{16}O^+$发生反应产生O原子、Ar原子及带正电的CH_4^+离子，从而消除了$^{40}Ar^{16}O^+$对$^{56}Fe^+$的干扰。

又如，分析$^{40}Ca^+$时，由于CH_4的电离电位(10.2 eV)比Ar的电离电位(15.8 eV)低，发生CH_4与$^{40}Ar^+$的反应，进行电荷置换，这种反应是放热反应，而且速率快；但是，Ca的电离电位(6.1 eV)比CH_4低，无法进行电荷置换，从而消除了$^{40}Ar^+$对$^{40}Ca^+$的干扰。

3.6.2.6　质量分析器

与ICP联用的质量分析器包括四极杆、离子阱、飞行时间质谱、磁质谱等，这些分析器的原理在前面章节都有介绍过，其中，四极杆质量分析器应用最广泛。

四极杆由四根精密加工的双曲面杆平行成对排列而成，工作时四个杆的中央空隙部分排列着离子束。RF电压和DC电压加在对角的两个杆上，而在另外两个杆上加的是相同大小的负电压。电压的交替改变，产生了电磁场，与离子束发生相互作用。在正极棒平面中，较轻的离子有被过分偏转并与极棒相撞的倾向，而较重的离子则有较稳定的路径。在此平面中，四极杆相当于一个高质量过滤器。在负极棒平面，较重的离子有优先被丢失的倾向，而较轻的离子则有较稳定的路径，因此，四极杆在负极杆平面的作用又相当于一个低质量过滤器。在同一离子束上，这两个过滤作用同时发生，这种高低质量过滤作用的交叉重叠并列产生了这样一个结构，即在特定的电压下，只有特定质荷比(m/z)的离子才能稳定地沿轨道穿过四极杆。

因此，通过快速扫描、变换电压的方式，不同质量数的离子可以在不同时间内稳定，并穿过四极杆到达检测器。四极杆是一个顺序质量分析器，必须依次对感兴趣的质量进行扫描，并在一个测量周期内采集离子。四极杆质量分析器的扫描速度超过每秒3 000 amu，相当于每秒时间内可以对整个质量范围扫描10次。

因为四极杆的扫描速度毕竟是有限的，当离子进入四极杆的速度太快时，会导致四极杆分离离子的能力降低。因此，仪器在四极杆之前使用了一个Plate Bias透镜，并在其上施加电压以降低离子进入质量分析器的速度。如果在该透镜上施加的是正电压(最大为+5 V)，那么就更可以有效地降低离子速率，得到更好的峰形。

3.6.2.7 离子检测器

质量分析器将离子按质荷比分离后最终引入检测器，检测器将离子转换成电子脉冲，然后由积分线路计数。电子脉冲的大小与样品中分析离子的浓度有关。通过与已知浓度的标准比较，实现未知样品中痕量元素的定量分析。

离子检测器有连续打拿极电子倍增器、不连续打拿极电子倍增器、法拉第杯检测器、Daley 检测器等。现在的 ICP – MS 系统主要采用的是一种不连续打拿极电子倍增器。

1. 连续打拿极电子倍增器

连续打拿极电子倍增器是 ICP – MS 早期使用的检测器，也叫连续通道式电子倍增器，是一端具有锥形开口的玻璃管，其工作原理类似于一个光电倍增管，内表面涂有一种金属氧化物半导体类物质，当离子撞击其表面时，形成一个或多个二次电子，随着这些电子不断撞击新的涂层，发射出更多的二次电子，当检测正离子时，在其锥口部分加一负高压（3 kV），而在靠近接收器的玻璃管的背部则保持接近地电位，内部涂层的电阻随位置不同而连续变化，

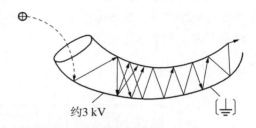

约3 kV

图 3 – 39　连续打拿极电子倍增器工作示意图

当将一个电压跨接在管子的两端时，在管子内部存在一个连续的电压梯度，二次电子在玻璃管中可以向另一端运动，其结果是在一个离子撞击到检测器口内壁时，在接收器上将产生一个含有多达 10^8 个电子的不连续脉冲。其工作示意图如 3 – 39 所示。

2. 不连续打拿极电子倍增器

不连续打拿极电子倍增器的工作方式和连续通道式电子倍增器相似，但使用的是多个不连续的分立式打拿极实现电子增值，根据不同的应用，一般由 12 ～ 24 个分立打拿极组成（见图 3 – 40），相应的工作增益在 10^4 ～ 10^8 之间，在来自四极杆的离子撞击第一个打拿极之前，先通过一个弯曲的路径，撞击第一个打拿极后，释放二次电子，打拿极电子路径的设计将二次电子加速到下一个打拿极，这个过程在每个打拿极上重复，产生电子脉冲，最终到达倍增器的接收器。

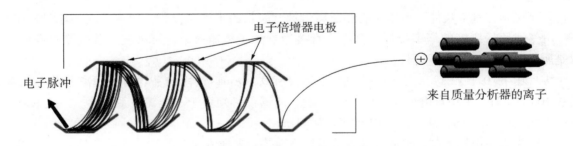

电子倍增器电极

电子脉冲

来自质量分析器的离子

图 3 – 40　不连续打拿极电子倍增器工作示意图

3. 检测器的测量方式

1）模拟和脉冲交叉校准

检测低含量信号时，检测器使用脉冲模式，此时直接记录的是撞击到检测器的总离子数量，从而给出每秒计数（cps）值。如果离子撞击到检测器的量大于每秒一百万个（1 000 000），则检测器会自动使用模拟模式进行检测，以保护检测器，延长其使用寿命。此时测量的是检测器中间部分电子流产生的电势，并给出模拟电压，最后将电压变换成数字信号，给出 cps 值。这样可以测量很宽动态范围的瞬时信号，如激光烧蚀或色谱法等引入的样品。

脉冲检测器具有一定的局限性：在测量脉冲信号时，脉冲宽度随强度增加而增加，所以在某些点脉冲信号变成了连续信号。当计算脉冲强度时，检测器自动处于"关闭"状态，即死时间（dead time）。随着

脉冲宽度的增加，死时间也增加到一定程度，使得数据点丢失影响到所有数据。在某些数据点处，脉冲宽度相互叠加、覆盖过于严重，以至于不能区分脉冲信号。脉冲检测模式的检测上限是 10^8 cps。当脉冲响应达到 10^7 cps 时，死时间会造成 10%～20% 的信号损失；而脉冲响应为 10^6 cps 时，信号损失仅 5% 左右。检测器会使用一个校正参数来弥补死时间（约 25 ns）造成的损失。

这两种检测方式有一段交叉检测范围，在 10^4～10^6 之间，可得到脉冲和模拟两种检测信号。这两种信号必须进行归一化，使两条直线合并为一条直线，如图 3 - 41 所示。这就需要做一种交叉校准（P/A factor 调谐），将模拟和脉冲输出量都统一为每秒脉冲计数。

交叉校准一般是根据已知的模拟电压和输出电流，计算出模拟和脉冲之间的转换系数，然后将模拟信号转换为脉冲信号。具体操作是选择合适浓度的调谐溶液（最好是含低、中、高不同质量代表元素的溶液，理论上讲，元素浓度应该使其计数在 10^4～10^6 之间；实际上一般选择计数约为 10^5，比如 30 ng/mL 左右）。

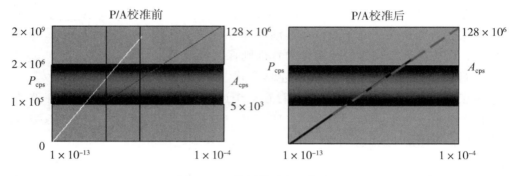

图 3 - 41　检测信号归一化处理

2）全数字电子测量

全数字电子测量可以同时测量一个样品中的高浓度和低浓度离子，有 9 个数量级的线性范围。与其他双模式检测器不同的是：它不需要进行脉冲和模拟的交叉校准。

3.6.2.8　真空系统

质谱仪都必须在真空条件下工作才能保证离子具有较长的平均自由程，使离子在传输过程中与其他的离子、分子或原子碰撞的概率降低，真空度直接影响离子传输效率、质谱波形及检测器寿命。所以，真空泵是所有质谱仪的"核心"部件。

一个大气压下（0.1 MPa），离子的平均自由程仅有 0.1 μm，这样的平均自由程离子是不能走远的；而压力在 10^{-6} Pa 时，平均自由程为 5 000 m，因此，质谱仪必须置于一个真空系统中。一般 ICP - MS 仪器的真空度大约为 10^{-4} Pa，离子的平均自由程为 50 m。

ICP - MS 中真空由机械泵、扩散泵或分子涡轮泵维持：采样锥与截取锥之间真空约为 0.01 Pa，由机械泵维持；离子透镜区、碰撞/反应池、四极杆和检测器部分真空约为 10^{-4} Pa，由扩散泵或涡轮分子泵实现。

3.6.3　电感耦合等离子体质谱技术分析

3.6.3.1　数据的采集

在日常分析中，ICP - MS 的数据采集主要有两种方式：跳峰方式和扫描方式。在 ICP 离子源中，各元素主要被一级电离，形成单电荷离子，所以质量分析器筛选出某 m/z 的离子，其 m/z 即为同位素。

1. 跳峰方式

在跳峰方式中，质谱仪只对几个选定 m/z 的同位素进行数据采集。每一个峰可以选择采集 1 点、3 点或是更多的点，若每个峰采用 1 点，则采集的为峰中心位置的峰高，若每个峰采用 3 点，则采集的为峰中心位置的峰高及其两边各取一点的峰高。

此外，不同的同位素其丰度不同，电离程度有差别，为改善低丰度同位素的计数统计误差，可以增加低丰度同位素数据采集时的驻留时间或积分时间。

在日常的 ICP – MS 分析中，数据主要采用跳峰方式采集。而跳峰方式最大的缺点就是没有记录目标同位素以外的同位素信息，从而不能够观察到干扰和基体的影响。为了解决这个问题，可以在跳峰方式测试完一个样品后，采用几秒钟的时间对所有的同位素进行一次快速扫描。

2. 扫描方式

在扫描方式中，质谱仪在相当多的点上采集数据，可以确定每个同位素的峰形并对曲线下的峰面积进行积分。由于数据量大，样品数据采集的时间受四极杆的扫描速率和数据存储传输速率的影响。

扫描方式的优点是能够获得全质量轴范围的同位素信息，可以很容易辨认出干扰峰；缺点是样品采集的时间较长，仪器的检测寿命减短。

3.6.3.2　定性分析

定性分析通常只是用来初步判断未知样品的样品组分，确定样品中某个或某几个元素是否存在。采用跳峰方式或是扫描方式采集整个质量范围内($m/z = 4 \sim 260$)的信号，得到每个同位素及其强度的每秒计数(cps)。由于 ICP – MS 谱图信息丰富，可通过观察某个元素各个同位素 cps 的大小及其同位素比值，快速判断是否存在这个元素。一般来说，选择没有同量异位素干扰的同位素，若该同位素的 cps 同本底值相近，表明元素不存在，其浓度大小与相同操作条件下测定的检出限相当；若该同位素的 cps 高出本底值，可进一步通过比较其他同位素比值来确认该元素的存在。

3.6.3.3　半定量分析

考虑到不同元素的电离度和同位素丰度差异，在 ICP – MS 测定时，将元素的单位浓度的 cps 称为元素的半定量因子，如图 3 – 42 所示，深黑色为安捷伦公司 7700x ICP – MS 出厂时的半定量因子。实际半定量因子受仪器状态，如接口锥孔、离子透镜系统的调谐等影响，所以在半定量分析时，需要对半定量因子进行校准。采用分布在质量轴低、中、高的一个多元素混合标准溶液对仪器的半定量因子进行校准，如图 3 – 42 中灰色为校准后的半定量因子图。未知样品中所有元素的浓度都可以根据半定量因子计算给出。半定量因子只有一个标准浓度校准，而且只有几个代表性的元素，所以得到的浓度数据准确度波动较大，一般为 30% ~ 50%，个别元素可能准确度更差。

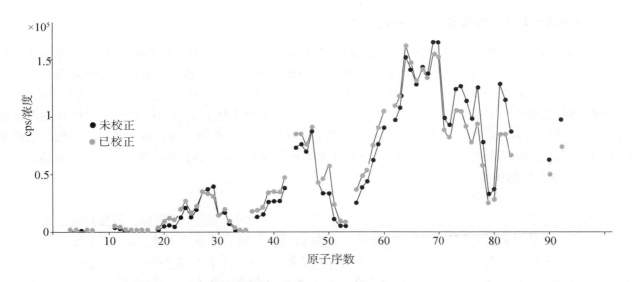

图 3 – 42　半定量因子图(He 模式)

3.6.3.4 定量分析

定量分析用于测定样品中元素的精确浓度，准确度高，通常采用外标法、内标法和标准加入法。样品测定前需要先建立待测元素的标准工作曲线，待测元素含量由曲线直接计算得出。

1. 外标法

样品测定前需要先建立各个待测元素的标准工作曲线。如果同时测定多种元素，一般采用混合标准溶液。需对每个元素标准溶液测试结果进行线性拟合，建立浓度为横坐标、元素响应（cps）为纵坐标的标准工作曲线，得到校准方程，其相关系数应大于 0.999。虽然 ICP – MS 具有能够覆盖 ng/L ~ mg/L 质量浓度线性范围，但一般要求待测元素质量浓度在标准曲线的浓度范围内。

外标法适合基体较简单，固含量较小的样品的测试。

2. 内标法

在外标法的基础上，在标准系列溶液和样品溶液中加入一种或几种内标元素，或者通过三通管在线加入内标元素。内标元素的主要作用是监测和校正仪器信号的短期和长期稳定性，以及校正样品中的酸度、盐分不同引起的基体效应。内标选择的原则：①样品中不含有的元素或含量极低的元素；②与待测元素的质量和电离能接近；③不会干扰待测元素的测定；④不受样品基体或分析物的干扰，不与样品基体或分析物反应；⑤不受同量异位素或多原子离子的干扰。常用的内标元素有 ^{6}Li（同位素富积）、^{45}Sc、^{72}Ge、^{103}Rh、^{115}In、^{187}Re、^{209}Bi 等，在实际分析应用中可根据分析的元素选择合适的内标元素。内标法标准曲线的纵坐标是待测元素与相应内标的比值。内标法是 ICP – MS 定量分析中最常用的方法。

3. 标准加入法

标准加入法适用于组成比较复杂、基体干扰严重并且无法配制与样品组成相似的标准溶液的样品。取同体积的样品溶液 4 份，分别置于 4 个同体积的量瓶中，第 1 个量瓶不加标准溶液，在其他 3 个量瓶中分别精密加入不同浓度的待测元素标准溶液，分别稀释至刻度，摇匀，制成系列待测溶液。在选定的分析条件下分别测定，以待测元素加入量为横坐标、待测元素的响应值为纵坐标，绘制标准曲线，相关系数应不低于 0.999，将标准曲线延长交于横坐标，交点与原点的距离所相应的含量，即为样品取用量中待测元素的含量。

标准加入法结果准确，但是测试过程更为繁琐、耗时，只适用于少量样品的分析。因要根据样品中待测元素含量决定加入的标准溶液量，所以，采用标准加入法前可先用半定量方法获得待测元素的大致含量。

3.6.4 电感耦合等离子体质谱分析干扰的消除

ICP – MS 分析的是同位素的质荷比，天然同位素共有 260 个，并且具有较多同位素的元素也只有 10 个，所以，ICP – MS 分析时谱线相对简单。但是 ICP – MS 同样也存在干扰，特别是复杂样品分析时，干扰显得更为严重、复杂。干扰的消除或是干扰的校正一直是 ICP – MS 分析研究的重点和仪器改进的方向。

ICP – MS 分析中的干扰主要分为两大类：质谱干扰和非质谱干扰。质谱干扰是 ICP – MS 中最严重的干扰，一般产生正干扰导致结果正偏差，可分为四类：同量异位素重叠干扰、多原子离子干扰、难熔氧化物干扰和双电荷离子干扰。非质谱干扰可分为基体抑制和增强效应、由高盐含量引起的物理效应。

3.6.4.1 质谱干扰的种类

1. 同量异位素重叠干扰

同量异位素是指原子质量相同，但是原子序数不同的不同粒子，如 ^{54}Cr 和 ^{54}Fe。同量异位素重叠干扰主要是样品中其他元素的同位素与待测元素离子质量相同引起的质谱重叠干扰，如 ^{204}Hg 与 ^{204}Pb 相互干扰、^{164}Dy 与 ^{164}Er 相互干扰。不过，除了 In 之外的所有元素至少有一个同位素不与其他元素的同位素重叠，可以选择不受同量异位素重叠干扰的同位素作为该分析的同位素。In 的两个同位素 ^{115}In 和 ^{113}In 分别与 ^{115}Sn 和 ^{113}Cd 重叠。同量异位素重叠干扰可以采用干扰校正方程进行校正，使测试结果不产生较大的误差。^{115}In 为常用的内标元素，需要同时监测 ^{115}Sn 是否会产生干扰。在同位素比值测定时，元素的各个同位素均需要测定，所以同量异位素重叠干扰无法通过选择没有干扰的同位素的方法去除。

2. 多原子离子干扰

多原子离子干扰是由两个或更多个原子结合形成的复合离子产生的干扰，是 ICP - MS 中最严重的质谱干扰。多原子离子的来源为：等离子体气体和雾化气体、溶剂和样品基体组分、样品中的其他元素、样品处理过程中所用的酸以及环境中的氧气和氮气。多原子离子产生于等离子体中元素电离、离子提取及其进入接口过程发生的离子/分子反应；等离子体与采样锥之间的电势差导致两种之间的二次放电会增加多原子离子的形成。一般来说，多原子离子主要产生 $m/z = 82$ 以下的干扰。

在氩等离子体中，Ar^+ 是主要的离子，与许多离子结合，形成质谱重叠干扰，如 Ar 与 O 结合形成 $^{40}Ar^{16}O^+$、$^{40}Ar^{17}O^+$ 干扰 ^{56}Fe、^{57}Fe 的测定，$^{38}Ar^1H^+$ 干扰 ^{39}K 的测定。由于大多数 ICP - MS 采用溶液进样，样品需采用无机酸酸化或是消解，所以消解用的无机酸的选择对多原子离子干扰产生很大的影响。常用的无机酸如 HCl、$HClO_4$、H_2SO_4 等处理样品后，在 ICP - MS 产生含 Cl 和 S 的多原子离子，如 $^{40}Ar^{35}Cl^+$ 与 As 的唯一同位素 $^{75}As^+$ 重叠；S 与两个 O 结合形成 $^{32}S^{16}O_2^+$，对 ^{64}Zn 产生干扰。测定高钠盐组分的样品（如氯化钠注射液）时，Ar 与 Na 结合形成 $^{40}Ar^{23}Na^+$，对 ^{63}Cu 产生干扰。常见的多原子离子干扰见表 3 - 1。

表 3 - 1 常见多原子离子和双电荷干扰

受干扰元素	质量数	多原子离子	受干扰元素	质量数	多原子离子
Mg	24	$^{12}C_2^+$	Cu	63	$^{31}P^{16}O_2^+$、$^{40}Ar^{23}Na^+$
Mg	26	$^{12}C^{14}N^+$	Cu	65	$^{130}Ba^{2+}$
Si	28	$^{12}C^{16}O^+$、$^{14}N_2^+$	Cu	66	$^{132}Ba^{2+}$
Si	29	$^{14}N_2^1H^+$	Cu	67	$^{134}Ba^{2+}$
Si	30	$^{14}N^{16}O^+$	Zn	64	$^{32}S^{16}O_2^+$、$^{32}S_2^+$
P	31	$^{14}N^{16}O^1H^+$	Ga	69	$^{138}Ba^{2+}$
S	32	$^{16}O_2^+$	Ga	71	$^{40}Ar^{31}P^+$
S	33	$^{16}O_2^1H^+$	Ge	72	$^{40}Ar^{32}S^+$
Cl	37	$^{36}Ar^1H^+$	Ge	74	$^{40}Ar^{34}S^+$
K	39	$^{38}Ar^1H^+$	As	75	$^{40}Ar^{35}Cl^+$
K	41	$^{40}Ar^1H^+$	Se	76	$^{40}Ar^{36}Ar^+$
Ca	44	$^{12}C^{16}O_2^+$	Se	77	$^{40}Ar^{37}Cl^+$
Sc	45	$^{12}C^{16}O_2^1H^+$	Se	78	$^{40}Ar^{38}Ar^+$
Ti	47	$^{31}P^{16}O^+$	Br	79	$^{40}Ar^{39}K^+$
Ti	48	$^{32}S^{16}O^+$	Se	80	$^{40}Ar^{40}Ar^+$、$^{40}Ar^{40}Ca^+$
Ti	49	$^{32}S^{16}O^1H^+$、$^{31}P^{17}O^1H^+$	Se	82	$^{81}Br^1H^+$
V、Cr	50	$^{34}S^{16}O^+$	Mo	95	$^{79}Br^{16}O^+$
V	51	$^{35}Cl^{16}O^+$、$^{34}S^{16}O^1H^+$	Mo	97	$^{81}Br^{16}O^+$
Cr	52	$^{40}Ar^{12}C^+$、$^{36}Ar^{16}O^+$、$^{35}Cl^{16}O^1H^+$	Mo	98	$^{81}Br^{16}O^1H^+$
Cr	53	$^{37}Cl^{16}O^+$	Sb	121	$^{40}Ar^{81}Br^+$
Cr、Fe	54	$^{40}Ar^{14}N^+$、$^{37}Cl^{16}O^1H^+$	Ni、Cu、Zn	62～66	TiO
Mn	55	$^{40}Ar^{14}N^1H^+$	Ag、Cd	106～112	ZrO
Fe	56	$^{40}Ar^{16}O^+$	Cd	108～116	MoO
Fe	57	$^{40}Ar^{16}O^1H^+$			

多原子离子的形成与多种因素有关，如仪器接口的设计、锥孔的尺寸、离子提取的几何位置、等离子体以及雾化系统的操作参数等等。除了 Ar，N、H 和 O 也是大量存在的，所以产生相应的多原子离子。现代商品化的 ICP - MS 仪器一般采用配有碰撞/反应池装置，能有效地去除多原子离子产生的干扰。笔者

采用安捷伦公司 7700x ICP – MS 在 He 为碰撞/反应池气体的条件下，分析了质量比为 3.7% 的优级纯盐酸中的 As 含量，结果为 0.37 ng/mL，$^{40}Ar^{35}Cl^+$ 的多原子离子干扰基本被消除。

3. 难熔氧化物干扰

难熔氧化物干扰是在 ICP – MS 分析过程中，由于样品某些元素不完全解离或是由于在等离子体尾焰中已经解离元素与氧再次结合产生的。难熔氧化物离子的质量数是在离子母体质量数加上 16，如 M + 16（MO^+），氧化物离子的产率用氧化物离子峰的信号强度与元素本身离子峰的信号强度的比值表示，即 MO^+/M^+。氧化物离子的产率可用元素的单氧化物键强度来预测，单氧化物键强度越大，氧化物离子的产率越大。

氧化物离子产率一般用 $^{156}CeO^+/^{140}Ce^+$ 或 $^{154}BaO^+/^{138}Ba^+$ 的比值来衡量，因为 Ce 或 Ba 的氧化物键强度较大，最易形成氧化物离子。ICP – MS 仪器的技术指标要求氧化物离子产率≤3.0%，仪器在调谐过程中会自动监测氧化物离子产率，以达到最佳的仪器状态。

仪器的操作条件影响氧化物离子产率，增大射频发生器的射频正向功率、降低载气的流速、增大采样深度均可以降低氧化物离子产率，同时，减少进入等离子体的水量也能减低氧化物离子产率。载气的流速决定了等离子体中心通道元素有效解离的位置，在更低的载气流速下，增加了样品在等离子体中的滞留时间，样品解离更完全且氧化物离子产率更低。

氧化物离子产率同样受样品基体和分析物浓度的影响。虽然 ICP – MS 仪器调谐结果显示氧化物离子产率≤3.0%，在分析高的总溶解固体的溶液或是某个元素含量较高的溶液时，氧化物离子产率依然会干扰测试，如分析质量分数为 1% 的硝酸铁溶液时，发现氧化物离子 $^{56}Fe^{16}O^+$ 使内标元素 ^{72}Ge 的回收率达 200%。

4. 双电荷离子干扰

在 ICP 离子源中，大部分的元素只发生了一级电离形成单电荷离子，但一些低电离能的元素易失去两个电子形成双电荷离子。四极杆质量分析器是基于 m/z 来分离不同离子的，所以双电荷离子的分析结果在 m/z 处出现。在等离子体中双电荷的形成受元素的二级电离能和等离子体平衡条件控制，只有二级电离能低于 Ar 的一级电离能的元素才会形成明显的双电荷离子，如碱土金属、一些过渡金属和稀土元素。

双电荷离子产率一般用 $^{70}Ce^{2+}/^{140}Ce^+$ 或 $^{69}Ba^{2+}/^{138}Ba^+$ 的比值来衡量，因为 Ce 或 Ba 易形成双电荷离子。ICP – MS 仪器的技术指标要求氧化物离子产率≤3.0%，仪器在调谐过程中会自动监测氧化物离子产率，以达到最佳的仪器状态。

同氧化物离子产率一样，仪器的操作条件影响双电荷离子产率，如低载气流速能使等离子体的温度升高，增加双电荷离子形成。降低双电荷离子产率和氧化物离子产率，要求仪器的操作条件往往相反，所以仪器的操作条件需要兼顾两者。

3.6.4.2 质谱干扰的消除

质谱干扰的消除首先是通过仪器的调谐，保证仪器的氧化物离子产率和双电荷离子产率达到最低，此外，常用的方法还有去除干扰元素、数学校正法、冷等离子体技术和碰撞/反应池技术。

1. 去除干扰元素

去除由基体产生的质谱干扰，最常用的方法是稀释和分离去除基体。用稀释的方法需要考虑方法的灵敏度是否能满足要求；分离去除基体主要有共沉淀法、色谱分离富集。如刘伟等采用 $Mg(OH)_2$ 共沉淀法和直接稀释法处理海水样品后，用 ICP – MS 测定海水中的多种常量和微量元素。共沉淀法最大的缺点是容易造成试剂空白以及污染问题。

2. 数学校正法

数学校正法又称干扰方程法，其理论基础是，自然界中几乎所有元素的同位素的相对丰度固定，且不随样品的预处理方法而改变，所以同量异位素的谱图的重叠可以预测。这样就可以采用数学方法对同量异位素干扰进行校正。数学校正法不是将干扰离子消除，只是用计算的方法扣除干扰。

如 ^{115}In 测定时受到同量异位素 ^{115}Sn 的干扰，那可以先测定 ^{118}Sn 的信号，再通过 ^{115}Sn 与 ^{118}Sn 的同位素丰度比值计算得到^{115}Sn 的信号，将测得的^{115}In 的信号减去计算得到的^{115}Sn 的信号，就得到真实的^{115}In 的信号。

在采用没有碰撞/反应池技术的 ICP - MS 仪器分析时，数学校正法的实际分析应用较多，并且结果也令人较为满意。上述列举的^{115}In 的干扰方程考虑受影响的因素较少，方程较简单。当计算的干扰方程受到多个中间元素且中间元素又受到其他干扰时，干扰方程就不再适用。

另一方面，如果干扰元素的浓度特别大而待测元素含量又很低时，干扰方程的误差会相当大而无法适用，如^{38}Ar^{1}H、^{40}Ar 和^{40}Ar^{16}O 分别对^{39}K、^{40}Ca 和^{56}Fe 的干扰。

3. 冷等离子体技术

冷等离子体技术是指通过改变 ICP 的操作参数，降低 ICP 的功率、增大载气的流速、增加采用深度，利用较低的等离子体温度降低由氩元素产生的多原子离子的形成。在冷等离子体条件下，背景离子峰主要为 NO$^+$、O$_2^+$ 及 H$_3$O$^+$，Ar 相关的离子大幅降低，同时，也降低了电离能低的易电离元素 Na、Li 等的背景值。

冷等离子体的温度较低，样品的基体分解不完全，氧化物干扰加大，高电离能元素 B、Cd、Zn 等的电离效率降低，只适合基体简单的样品分析。

4. 碰撞/反应池技术

碰撞/反应池技术是解决 ICP - MS 测试干扰的重大突破，成为 ICP - MS 的标准配置，具体内容可参见前面章节。

3.6.4.3 非质谱干扰的种类

1. 基体抑制和增强效应

在 ICP - MS 分析中，空间电荷效应是基体干扰的主要原因，表现为分析信号受到抑制或是增强。在等离子体中，正离子流与电子流电荷平衡，表现为电中性。但是，当离子束离开截取锥，在透镜系统传输过程中，电子被排除，这时的离子束不是电中性的，但是离子密度非常高。同电荷离子相互排斥，离子束表现为发散，这就限制了能被压缩在离子通道的离子束的离子总数，因此，离子透镜的传输效率变差，高密度的离子束将产生空间电荷效应。

空间电荷效应使得仪器的灵敏度和检出限变差，并且轻质量离子受到的基体离子抑制比重质量离子严重。特别是在分析高浓度、重质量数的基体样品中的痕量轻质量元素时，重质量数基体元素离子在离子束中起到支配作用，把离子束中轻质量数元素离子排斥出离子束，表现为分析元素的信号受到抑制。

一些低相对分子质量的有机物，如甲醇、乙醇、醋酸、柠檬酸等，使信号得到增强，但是不同元素的增强效应有差别，电离能大的元素如 B、As 的信号增强效应较明显。

在 ICP - MS 分析中，任何一种基体元素都会对待测元素有影响，只是影响的程度有所不同。产生基体效应的一般规律是：质量数越小的待测元素受基体效应影响越严重；质量数越大的基体元素产生的基体效应越大。电离程度越大的基体元素产生的基体效应越大；基体效应与仪器的透镜系统有很大的相关性；基体效应取决于基体元素的绝对浓度，而不是与待测元素的相对浓度。溶解性总固体含量高的溶液使信号受抑制；而一些低相对分子质量的有机物使信号得到增强。基体效应通常很难被测量和定量。

2. 高盐含量引起的物理效应

早期的研究表明，ICP - MS 最大的一个局限性就是盐含量(溶解性总固体，TDS)不能太高，最好小于 0.2%。溶解性总固体含量高的样品易引起锥孔堵塞，导致分析信号的漂移。尤其是在最初的 20 min 内，盐分在采样锥孔上沉积，信号迅速下降。同时，溶解性总固体含量高的样品，其在等离子体中电离后产生大量离子，也会加重锥孔的损坏，而基体电离时会消耗等离子体的瞬时能量，从而影响待测元素的电离。

为了避免分析高盐基体样品时的信号迅速下降，可以在分析前先引入与待测样品相似组成的溶液或待测样品大约 20 min，使系统达到平衡。

3.6.4.4 非质谱干扰的消除

高盐含量引起的物理效应最常用的消除方法是在保证灵敏度的情况下，采用稀释样品的方法使盐浓度降低。基体抑制和增强效应、高盐含量引起的物理效应主要是通过内标法、标准加入法和基体匹配法来减小和消除。同时，也可以采用离子交换分离或共沉淀分离等方法将基体去除，而达到消除干扰的目的。

参 考 文 献

[1] GOLDSTEIN E. Uber eine noch nicht untersuchte Strahlungsform an der Kathode inducirter Entladungen[J]. Berlin Akd Monatsber, 1886, Ⅱ: 691.

[2] McLafferty F W. Mass spectra of organic ions[M]. New York: Academic, 1963.

[3] LEDERBERG J. Computation of molecular formulas for mass spectrometry [M]. San Francisco: Holden – Day, 1964.

[4] GRIFFITHS J. A brief history of mass spectrometry[J]. Analytical Chemistry, 2008, 80: 5678 – 5683.

[5] THOMSON G P J J. Thomson and the cavendish laboratory in his day[M]. New York: Doubleday, 1965.

[6] ASTON F W. Neon [J]. Nature, 1919, 104: 334.

[7] ASTON F W. The constitution of atmospheric neon[J]. Philosophical Magazine, 1920, 39(6): 449 – 455.

[8] ASTON F W. A positive-ray spectrograph[J]. Philosophical Magazine, 1919, 38: 707 – 714.

[9] WATSON J T, Sparkman O D. Introduction to mass spectrometry: instrumentation, applications and strategies for data interpretation[M]. 4th edition. West Sussex: John Wiley & Sons Ltd, 2007.

[10] DEMPSTER A J. A new method of positive ray analysis[J]. Physical Review, 1918, 11(4): 316 – 325.

[11] BLEAKNEY W. A new method of positive-ray analysis and its application to the measurement of ionization potentials in mercury vapor [J]. Physical Review, 1929, 34: 157 – 160.

[12] NIER A O. A mass spectrometer for isotope and gas analysis[J]. Review of Scientific Instruments, 1947, 18: 398 – 411.

[13] 吴惠勤, 黄芳, 林晓珊, 等. 气相色谱 – 质谱法测定奶粉及奶制品中的三聚氰胺[J]. 分析测试学报, 2008, (10): 1044 – 1048.

[14] 吴惠勤, 黄晓兰, 黄芳, 等. 食品中苏丹红 1 号的 GC-MS/SIM 快速分析方法研究[J]. 分析测试学报, 2005, (3): 1 – 5.

[15] 吴惠勤, 黄晓兰, 陈江韩, 等. SPME/GC-MS 鉴别地沟油新方法[J]. 分析测试学报, 2012, 31(1): 1 – 6.

[16] 林晓珊, 吴惠勤, 黄晓兰, 等. 顶空气相色谱 – 质谱法测定洗浴用品及原材料中 1, 4 – 二氧杂环己烷残留量[J]. 理化检验(化学分册), 2010, 46(8): 938 – 939, 942.

[17] 吴惠勤, 黄晓兰, 林晓珊, 等. 白豆蔻挥发油 GC-MS 指纹图谱研究[J]. 中药材, 2006, (8): 788 – 792.

[18] 朱志鑫, 吴惠勤, 黄晓兰, 等. 气相色谱 – 质谱法检测减肥食品中芬氟拉明和西布曲明[J]. 现代食品科技, 2012, 28(10): 1419 – 1422.

[19] 吴惠勤, 金永春, 蔡明招, 等. 气相色谱 – 质谱法同时检测 10 种常见精神类药物[J]. 分析化学, 2007, (4): 500 – 504.

[20] 林晓珊, 吴惠勤, 黄晓兰, 等. 气相色谱 – 串联质谱法快速测定乳制品中三聚氰胺及其 3 种类似物[J]. 质谱学报, 2014, 35(6): 537 – 543.

[21] 程志, 张蓉, 刘韦华, 等. 气相色谱 – 串联质谱法快速筛查测定中药材中 144 种农药残留[J]. 色谱, 2014, 32(1): 57 – 68.

[22] 李蓉, 薄艳娜, 卢俊文, 等. 气相色谱 – 三重四极杆串联质谱法同时测定焙烤食品中 28 种邻苯二甲酸酯[J]. 色谱, 2016, 34(5): 502 – 511.

[23] 吴惠勤, 张春华, 黄晓兰, 等. 气相色谱 – 串联质谱法同时检测尿液中 15 种有毒生物碱[J]. 分析测试学报, 2013, 32(9): 1031 – 1037.

[24] 马强, 席海为, 王超, 等. 气相色谱 – 串联质谱法同时测定化妆品中的 10 种挥发性亚硝胺[J]. 分析化学, 2011, 39(8): 1201 – 1207.

[25] 李优, 徐敦明, 伊雄海, 等. 固相萃取/液相色谱 – 串联质谱法测定食品中二甲基黄[J]. 色谱, 2017, 35(4): 398 – 404.

[26] 罗辉泰, 黄晓兰, 吴惠勤, 等. 分散固相萃取 – 液相色谱 – 串联质谱法同时快速测定化妆品中 81 种糖皮质激素[J]. 色谱, 2017, 35(8): 816 – 825.

［27］黄芳. 高效液相色谱 - 串联质谱法快速测定枸杞子中甜菜碱［A］.《分析测试学报》2010 年 11 月增刊 2——第四届广东省分析化学研讨会论文集［C］. 广东省分析测试协会、广州市化学化工学会，2010：4.

［28］黄芳，吴惠勤，黄晓兰，等. 高效液相色谱 - 串联质谱法同时测定保健品及中成药中非法添加的 17 种壮阳类化学药［J］. 色谱，2016，34(3)：270 - 278.

［29］张春华，吴惠勤，黄晓兰，等. 液相色谱 - 电喷雾串联质谱同时检测尿液和胃液中 12 种有毒生物碱［J］. 分析化学，2012，40(6)：862 - 869.

［30］HOUK R S, FASSEL V A, FLESCH G D, et al. Inductively coupled argon plasma as an ion source for mass spectrometric determination of trace elements［J］. Analytical Chemistry，1980，52(14)：2283 - 2289.

［31］MEINHAROD B A, BROWN D K, MEINHARD J E. The effect of nebulizer structure on flame emission［J］. Applied Spectroscopy，1992，46(7)：1134 - 1139.

［32］SHARP B L. Pneumatic nebulizers and spray chambers for Inductively Coupled Plasma Spectrometry. A Review：Part I. Nebulizers［J］. Journal of Analytical Atomic Spectrometry，1988，3(5)：613 - 652.

［33］BABINGTON R S, YETMAN A A, SLIVKA W R. Method of atomizing liquids in a mono-dispersed spray［M］. US. 1969.

［34］MICHAELS A S, BUCKLES R G, KELLER M P. Ultrasonic nebulizer［M］. 1974.

［35］TANNER S D, BARANOV V I. Theory, design, and operation of a dynamic reaction cell for ICP - MS［J］. Atomic Spectroscopy - Norwalk Connecticut - , 1999，20(2)：45 - 52.

［36］DATE A R, HUTCHISSON D. Determination of rare earth elements in geological samples by inductively coupled plasma source mass spectrometry［J］. Journal of Analytical Atomic Spectrometry，1987，2(1 - 2)：115 - 122.

［37］王长华，李明洁，李继东，等. 共沉淀分离 - ICP - MS 测定高纯阴极铜中硒和碲［J］. 分析试验室，2006，25(8)：100 - 103.

［38］刘伟，宋金明，袁华茂，等. $Mg(OH)_2$ 共沉淀和直接稀释联用 ICP - MS 法准确测定海水中的多种常量 - 微量元素［J］. 分析测试学报，2017，36(4)：471 - 477.

［39］JIANG S J, HOUK R S, STEVENS M A. Alleviation of overlap interferences for determination of potassium isotope ratios by inductively coupled plasma mass spectrometry［J］. Analytical Chemistry，1988，60(11)：1217 - 1221.

分 析 篇

4 食品中安全风险物质检测方法

食品是人类赖以生存的物质基础。中国有句古话："民以食为天，食以安为先。"吃得安心、放心，是人们对食品最基本的要求。食品安全关系着百姓的生命健康，关系着社会的和谐稳定。食品安全是个综合概念，既包括卫生、质量、营养等相关方面的内容，也包括种植、养殖、生产、包装、储存、运输、流通、消费等环节。食品中安全风险物质包括兽药残留、农药残留、环境污染物、食品添加剂、调味品中糠醛类物质残留等。

兽药在防治微生物及寄生虫引起的疾病方面起着不可替代的作用，主要应用于畜牧业生产、禽类饲养以及水产品养殖，但在兽药使用过程中，滥用、误用以及不遵守休药期等现象屡禁不止，致使动物源性食品和水产品中安全风险物质残留日趋严重，不仅对生态环境造成了破坏，还通过食物链对人体健康造成了潜在的危害，由此造成的餐桌污染和引发的中毒事件时有发生。因畜禽产品或水产品中药物残留超标而被拒绝接收的事件，也给我国农产品出口造成巨大经济损失，对养殖业的发展带来不良影响。国际食品法典委员会(Codex Alimentarius Commission，CAC)、欧盟、美国、日本以及我国对不同种类动物源性食品(鸡、鸭、鹅等家禽，猪、牛、羊等家畜以及鱼、虾等水产品)中的兽药残留制定了最高残留限量(maximum residue limits，MRLs)，涉及十几类数百种兽药，其MRLs指标大多低至 $\mu g/kg$ 级水平。因此，建立快速、简便、灵敏、可靠，可同时测定畜禽产品、水产品和饲料中多种安全风险物质的检测手段非常必要，同时对促进畜禽产品出口和保障动物源性食品安全也具有重要意义。

调味品是指能增加菜肴的色、香、味，促进食欲，有益于人体健康的辅助食品。它的主要功能是增进菜品质量，满足消费者的感官需要，从而刺激食欲，增进人体健康。如酱油、蚝油、烧烤汁、酸水解植物蛋白调味液、调味粉、调味酱等。其中以酱油的应用最多、用量最大，包括天然酿造酱油和配制酱油。天然酿造酱油是指以大豆(饼粕)、小麦和(或)麸皮等为原料，经微生物发酵制成的具有特殊色、香、味的液体调味品；配制酱油是指以酿造酱油为主体，与酸水解植物蛋白调味液、焦糖色素、食品添加剂等配制而成的液体调味品。调味品的成分比较复杂，除食盐外，还有氨基酸、糖类、有机酸、色素及香料等成分，而含糖的食品在加工和储存过程中，会发生糖的热降解反应和美拉德反应，这两个反应均会产生5-羟甲基糠醛(5-HMF)，进而热分解产生糠醛和5-甲基糠醛。糠醛类物质对皮肤和黏膜有刺激作用，特别对眼角膜刺激较大，摄入过多会与人体蛋白质结合发生蓄积中毒，因而建立一种快速、方便、经济的糠醛类物质检测方法，有利于保障人们的消费安全。

本章将重点介绍动物源性食品、水产品、饲料等产品类型中可能存在的安全风险物质兽药残留的高通量液相色谱-串联质谱技术，以及调味品中糠醛类物质残留的气相色谱-串联质谱技术。

4.1 食品中的安全风险物质

食品中兽药类的安全风险物质兽药残留主要包括 β-受体激动剂、β-内酰胺类、喹诺酮类、磺胺类、磺胺类抗菌增效剂、孔雀石绿等三苯甲烷类、抗球虫药、四环素类、大环内酯类、林可胺类、激素类、氯霉素类等12类药物残留。调味品中安全风险物质残留主要为糠醛类物质残留。本节重点介绍这12类药物和糠醛类物质的结构、理化性质、功效与用途和毒副作用。

4.1.1　β-受体激动剂

1.　β-受体激动剂的结构与理化性质

1）β-受体激动剂的结构

β-受体激动剂（全称：β-肾上腺素受体激动剂，β-adrenergic agonist）是结构和生理作用与肾上腺素相似的有机胺类化合物，具有β-苯乙醇胺母核结构，而肾上腺素受体（adrenergic receptors，AR）是一类膜表面糖蛋白，它的内源性激动剂为去甲肾上腺素和肾上腺素，分别由交感神经末梢及肾上腺髓质释放。AR通过识别并选择性地与β-受体激动剂特异性结合，激活细胞内信号转导通路，引起一系列生物反应，产生肾上腺素样的作用，所以β-受体激动剂又可称为拟交感胺类（sympathomimetic amine）药物。根据结构类型不同，一般可分为含取代基的苯胺型（如克伦特罗）、苯酚型（如沙丁胺醇）、苯二酚型（如特布他林）等3大类，基本结构如图4-1所示。

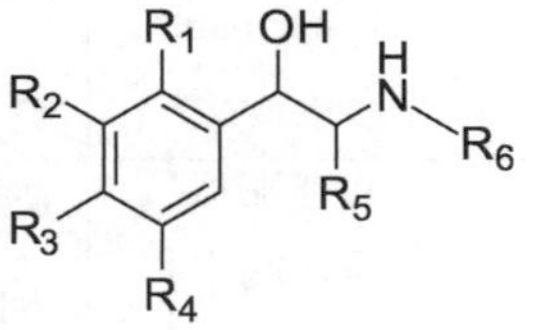

图4-1　β-受体激动剂的基本结构

2）β-受体激动剂的理化性质

β-受体激动剂多为白色或类白色的结晶粉末，常以盐酸盐或硫酸盐的形式存在，易溶于水、甲醇、乙醇，微溶于氯仿、丙酮，不溶于乙醚。常见β-受体激动剂的理化性质见表4-1。

表4-1　常见β-受体激动剂的理化性质

序号	化合物中英文名	CAS号	分子式	精确质量数	化学结构式	lg$P$*	熔点/℃
1	克伦特罗 Clenbuterol	37148-27-9	$C_{12}H_{18}Cl_2N_2O$	276.07962	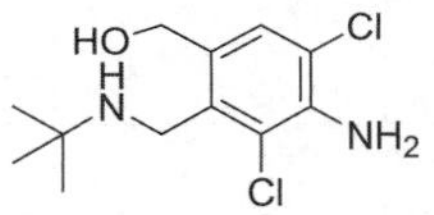	2.00	112～115
2	莱克多巴胺 Ractopamine	97825-25-7	$C_{18}H_{23}NO_3$	301.16779	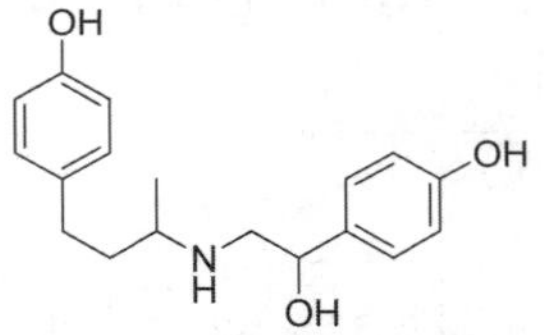	2.41	165～167
3	沙丁胺醇 Salbutamol	34391-04-3	$C_{13}H_{21}NO_3$	239.15214	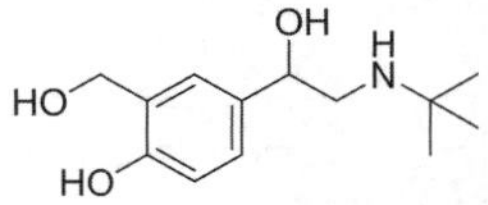	0.64	145.79
4	特布他林 Terbutaline	23031-25-6	$C_{12}H_{19}NO_3$	225.13649	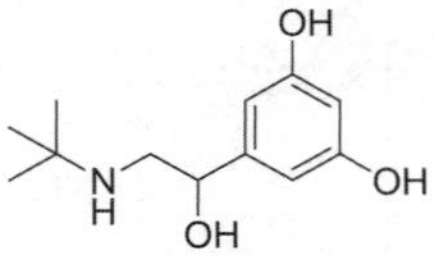	0.90	204～208
5	西马特罗 Cimaterol	54239-37-1	$C_{12}H_{17}N_3O$	219.13716	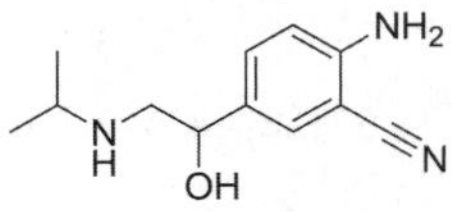	0.35	140.48
6	塞布特罗 Cimbuterol	54239-39-3	$C_{13}H_{19}N_3O$	233.15281	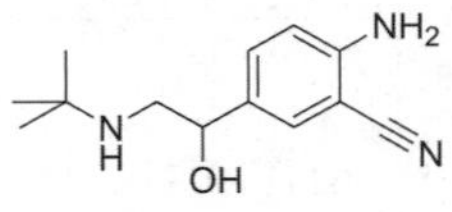	0.81	143.19

* lg$P$表示辛醇-水分配系数，后同。

（续表4-2）

序号	化合物 中英文名	CAS号	分子式	精确质量数	化学结构式	lgP	熔点/℃
7	溴布特罗 Brombuterol	41937-02-4	$C_{12}H_{18}Br_2N_2O$	363.97858	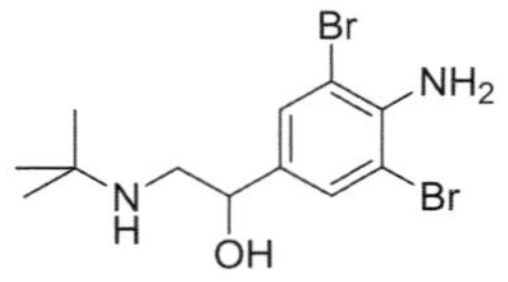	2.49	161.19
8	奥西那林 （异丙喘宁） Orciprenaline （Metaproterenol）	586-06-1	$C_{11}H_{17}NO_3$	211.12084	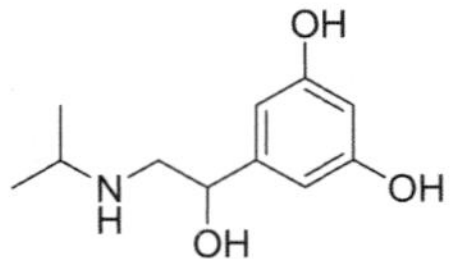	0.21	132.76
9	非诺特罗 Fenoterol	13392-18-2	$C_{17}H_{21}NO_4$	303.14706	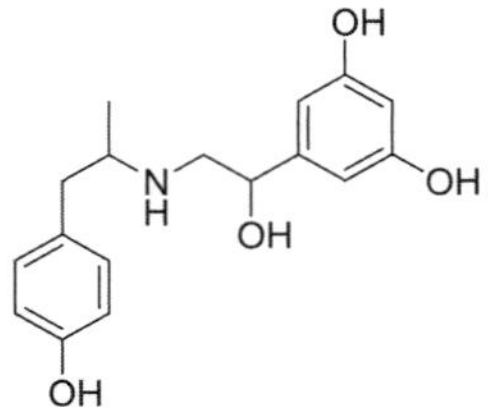	1.22	203.53
10	利托君 （羟苄羟麻黄碱） Ritodrine	26652-09-5	$C_{17}H_{21}NO_3$	287.15214	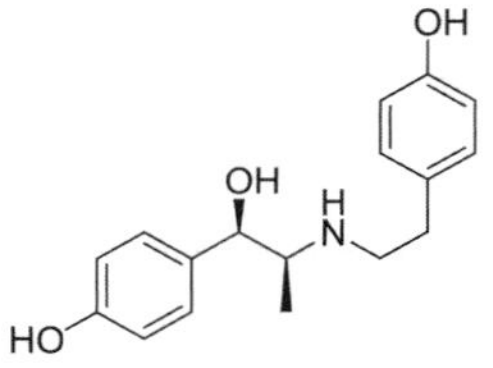	1.70	187.26
11	妥布特罗 （妥洛特罗） Tulobuterol	41570-61-0	$C_{12}H_{18}ClNO$	227.10769	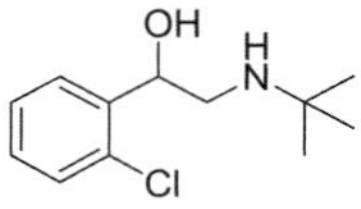	2.27	87.40
12	福莫特罗 Formoterol	73573-87-2	$C_{19}H_{24}N_2O_4$	344.17361	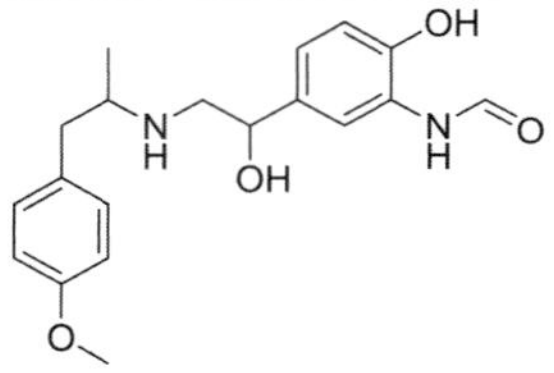	2.89	232.91
13	班布特罗 Bambuterol	81732-65-2	$C_{18}H_{29}N_3O_5$	367.21072	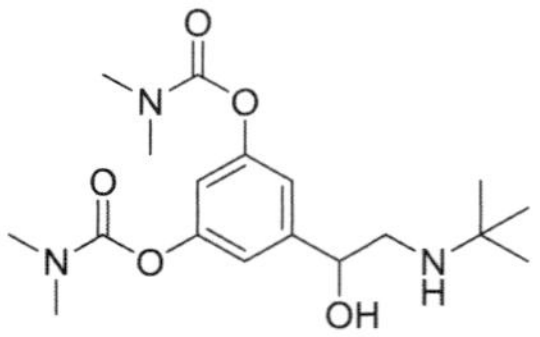	1.49	154.12
14	克仑潘特 Clenpenterol	37158-47-7	$C_{13}H_{20}Cl_2N_2O$	290.09527	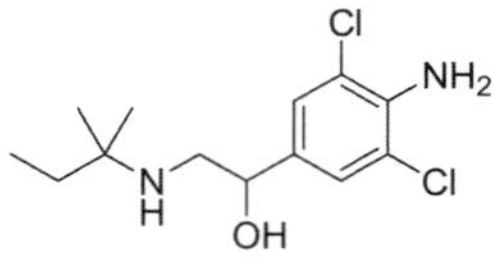	—	—
15	马布特罗 Mabuterol	56341-08-3	$C_{13}H_{18}ClF_3N_2O$	310.10598	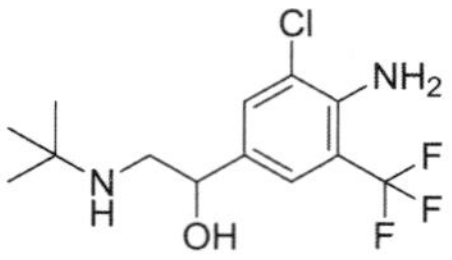	2.32	135.33

（续表4－2）

序号	化合物中英文名	CAS号	分子式	精确质量数	化学结构式	lg$P$	熔点/℃
16	马喷特罗 Mapenterol	54238－51－6	$C_{14}H_{20}ClF_3N_2O$	324.12163	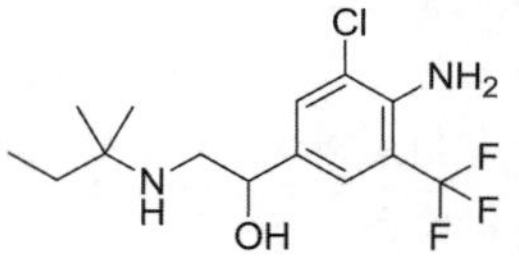	3.83	135.66
17	喷布特罗 Penbutolol	38363－40－5	$C_{18}H_{29}NO_2$	291.21983	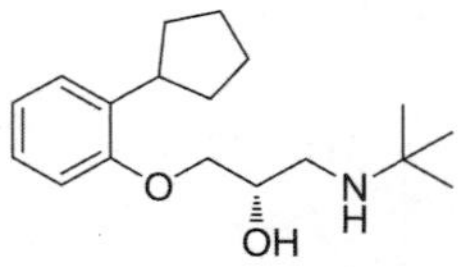	4.15	131.33
18	沙美特罗 Salmeterol	89365－50－4	$C_{25}H_{37}NO_4$	415.27226	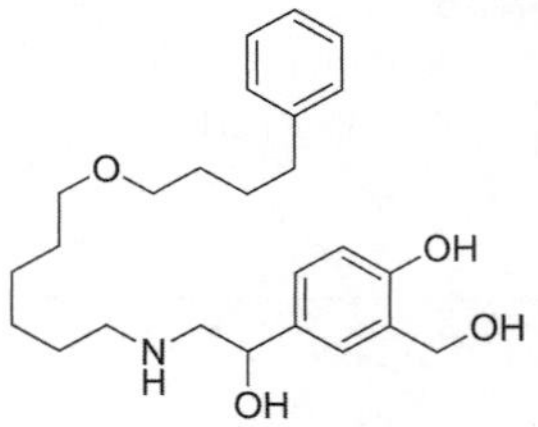	4.15	243.54
19	克伦丙罗（克伦普罗）Clenproperol	38339－11－6	$C_{11}H_{16}Cl_2N_2O$	262.06397	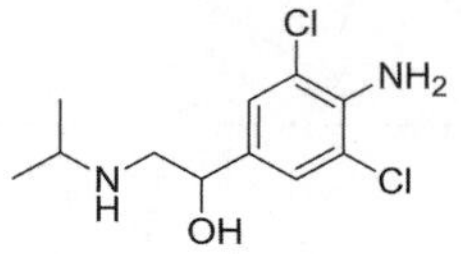	1.55	135.39
20	齐帕特罗 Zilpaterol	117827－79－9	$C_{14}H_{19}N_3O_2$	261.14773	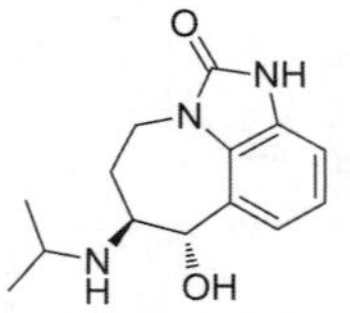	0.52	184.94
21	可尔特罗（叔丁肾素）Colterol	18866－78－9	$C_{12}H_{19}NO_3$	225.13649	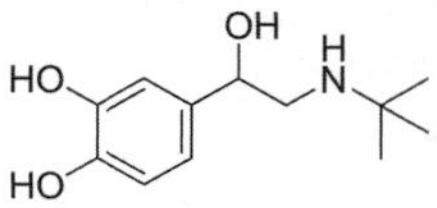	0.67	141.77
22	丙卡特罗 Procaterol	72332－33－3	$C_{16}H_{22}N_2O_3$	290.16304	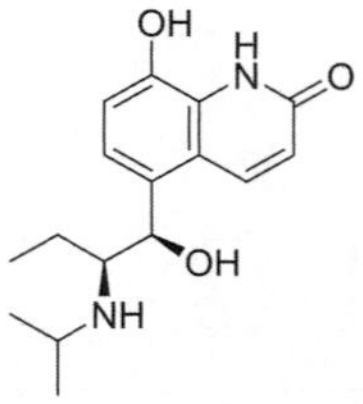	0.93	207.87
23	异丙肾上腺素 Isoprenaline	51－30－9	$C_{11}H_{17}NO_3$	211.12084	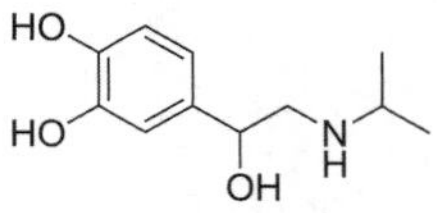	—	170.00
24	异舒普林（苯氧丙酚胺）Isoxsuprine	579－56－6	$C_{18}H_{23}NO_3$	301.16779	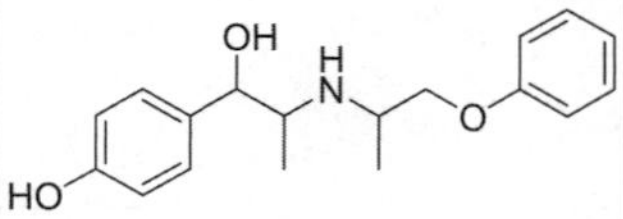	2.97	274.24

（续表 4 - 2）

序号	化合物 中英文名	CAS 号	分子式	精确质量数	化学结构式	lgP	熔点/℃
25	苯乙醇胺 A （克伦巴胺） Phenylethanolamine A	1346746 - 81 - 3	$C_{19}H_{24}N_2O_4$	344.17361	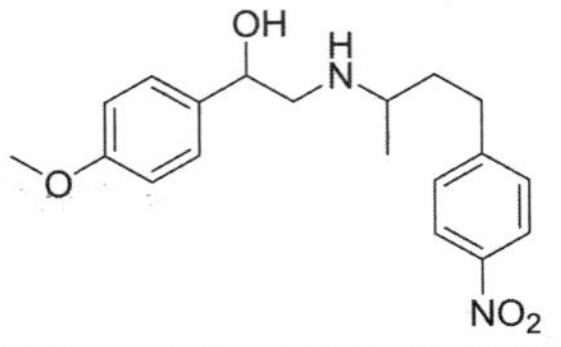	—	—
26	氯丙那林 Clorprenaline	3811 - 25 - 4	$C_{11}H_{16}ClNO$	213.09204	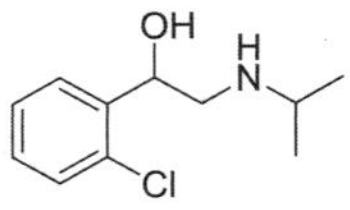	1.82	79.14
27	托特罗定 Tolterodine	124937 - 51 - 5	$C_{22}H_{31}NO$	325.24056	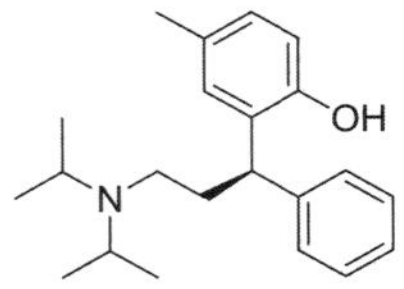	5.73	152.37
28	环仑特罗 Cycloclenbuterol	50617 - 62 - 4	$C_{13}H_{18}Cl_2N_2O$	288.07962	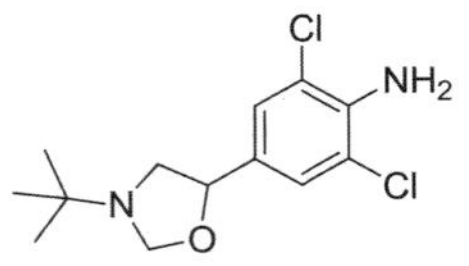	—	—
29	克伦塞罗 Clencyclohexerol	157877 - 79 - 7	$C_{14}H_{20}Cl_2N_2O_2$	318.09018	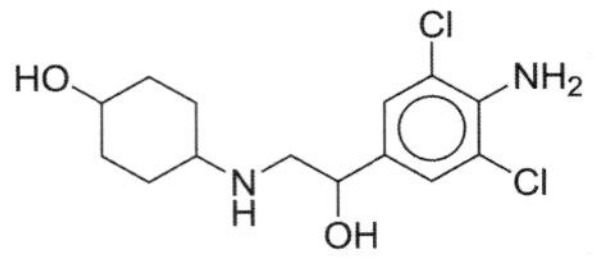	1.69	343.41
30	羟甲基克伦特罗 Hydroxymethyl- clenbuterol	38339 - 18 - 3	$C_{12}H_{18}Cl_2N_2O_2$	292.07452	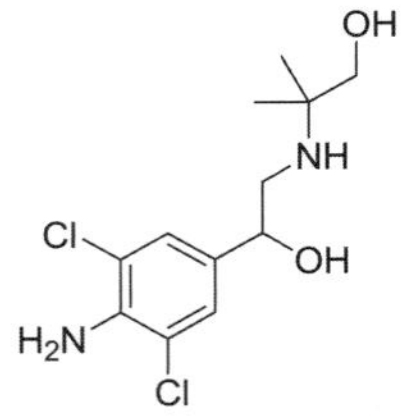	0.94	170.48
31	普萘洛尔 Propranolol	318 - 98 - 9	$C_{16}H_{21}NO_2$	259.34344	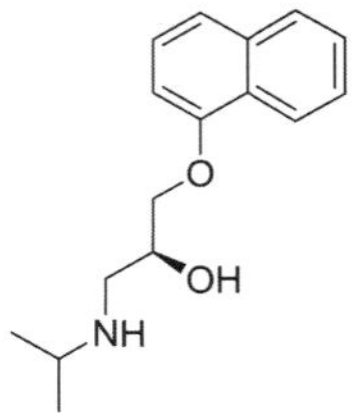	3.48	132.76
32	拉贝洛尔 Labetalol	36894 - 69 - 6	$C_{19}H_{24}N_2O_3$	328.17868	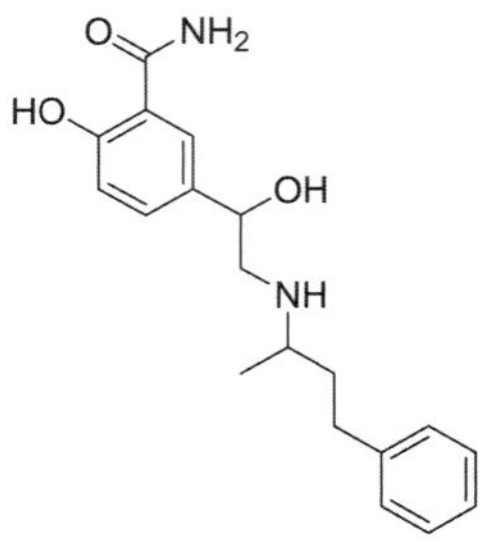	3.09	228.46

（续表 4 - 2）

序号	化合物中英文名	CAS 号	分子式	精确质量数	化学结构式	lgP	熔点/℃
33	利妥特灵 Ritodrine	26652 - 09 - 5	$C_{17}H_{21}NO_3$	287.35354	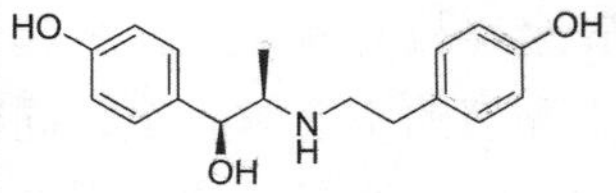	1.70	187.26
34	溴代克伦特罗 Bromchlorbuterol	37153 - 52 - 9	$C_{12}H_{18}BrClN_2O$	320.02908	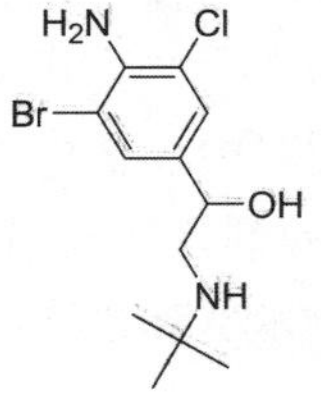	2.25	149.6
35	纳多洛尔 Nadolol	42200 - 33 - 9	$C_{17}H_{27}NO_4$	309.194	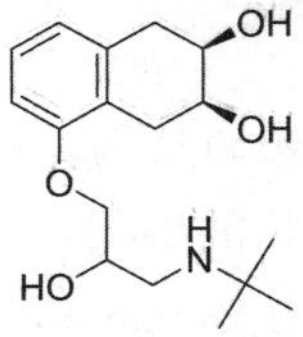	0.81	181.29
36	倍他洛儿 Betaxolol	63659 - 18 - 7	$C_{18}H_{29}NO_3$	307.21475	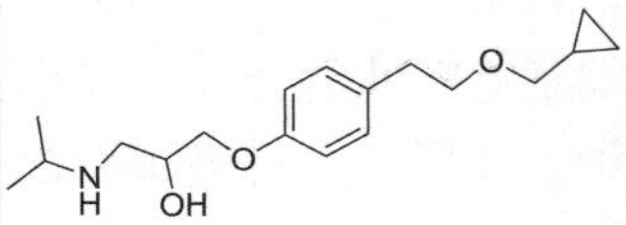	2.81	140.65
37	美托洛儿 Metoprolol	37350 - 58 - 6	$C_{15}H_{25}NO_3$	267.18344	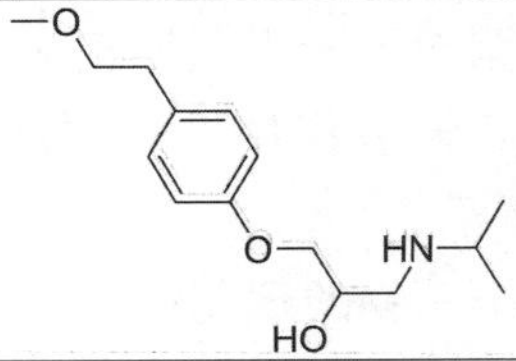	1.88	116.15
38	吡布特罗 Pirbuterol	38677 - 81 - 5	$C_{12}H_{20}N_2O_3$	240.1474	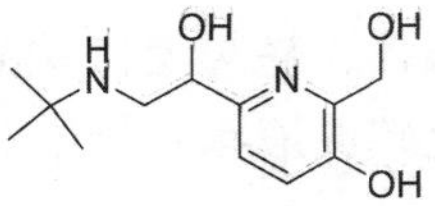	- 0.33	160.39

2. β - 受体激动剂的功效与用途

β - 受体激动剂与肾上腺素结合后，快速逆转支气管平滑肌细胞，使支气管收缩，同时 β - 受体与特异性配基相互作用后，利用蛋白作中继站耦联信息传递，激活腺苷环化酶，使支气管平滑肌细胞磷酸腺酐浓度增高，激活蛋白磷酸酶，使底物磷酸化，产生松弛平滑肌细胞效应；同时，β - 受体激动剂能防止支气管收缩，舒张气道平滑肌，增加黏液纤毛清除功能，降低血管通透性；它主要用于防治支气管哮喘。此外，β - 受体激动剂具有调节交感神经系统兴奋及促使体内营养素重新分配的功能，治疗剂量较低。若剂量加大，并延长使用期，则可作为生长促进剂，能有效促进动物肌肉生长，毛色红润光亮，卖相好；屠宰后，肉色鲜红，蛋白质含量增加，改善肉质，脂肪层极薄，往往是皮贴着瘦肉，瘦肉率大幅度提高，即俗称的瘦肉精，因而被部分养殖户非法用于畜禽饲养。普遍认为 β - 受体激动剂可作为肌肉增强剂，增强运动能力，国际奥委会已将 β - 受体激动剂列为禁止使用的药物。

3. β - 受体激动剂的毒副作用

β - 受体激动剂虽有一定的药用价值，但对于人体和动物均有很强的副作用，人类食用后出现反应的最低剂量每 kg 体重约为 42 ng。动物饲用含 β – 受体激动剂的饲料，会在体内大量蓄积，主要分布在肝等内脏器官，在体内代谢的时间较长，容易造成药物在组织中残留，并且普通烹饪手段无法使其分解，给消费者的健康带来危害。健康的人在食用一定量的残留有 β – 受体激动剂的猪肉或内脏后，可能出现头昏、肌肉震颤、心慌、战栗、恶心、代谢紊乱、呼吸急促、烦躁不安、抽搐等急性中毒症状，甚至会危及生命，类似的食品安全事故时有发生，引起社会广泛关注。另有报道，长期摄入 β – 受体激动剂后，会直接导致子宫和阴道中黏液的不正常收集，同时伴随微囊卵巢和子宫内膜的显著扩张等症状的生殖系统病变。

一些学者通过实验证明，长期使用 β – 受体激动剂反而会降低运动成绩，并且会对使用者的心肌和心脏产生有害影响。这是因为 β – 受体激动剂可显著减少柠檬酸合成酶、细胞色素氧化酶和琥珀酸脱氢酶活性，限制三磷酸腺酐的产生，当运动状态下要求有更多的三磷酸腺酐为运动提供能量时，就必须增加无氧代谢，从而导致骨骼肌中乳酸的增加，细胞间的 H^+ 积累，影响骨骼肌的收缩能力，加速疲劳。

总之，β – 受体激动剂在运动员和畜牧饲养业方面属于违禁品，该类药物的滥用已经严重危害人体健康，影响我国的畜牧业发展和畜产品国际、国内贸易。

4.1.2 β – 内酰胺类药物

1. β – 内酰胺类药物的结构与理化性质

1）β – 内酰胺类药物的结构

β – 内酰胺类药物（β-lactam antibiotics）具有一个四元的 β – 内酰胺环，除单环的诺卡霉素外，其余均是 β – 内酰胺环与第二个杂环相糅合。β – 内酰胺类药物干扰敏感细菌细胞壁粘肽的合成，使细菌细胞壁缺损，菌体失去渗透保护屏障，导致细菌肿胀、变形，在自溶酶激活下，细菌破裂溶解而死亡。按结构不同，可分为青霉素类、头孢菌素类、单环 β – 内酰胺类、碳青霉烯和 β – 内酰胺酶抑制剂。青霉素对处于繁殖期正大量合成细胞壁的细菌作用强，而对已合成细胞壁、处于静止期者作用弱，故称繁殖期杀菌剂。β – 内酰胺类药物的基本结构如图 4 – 2 所示。

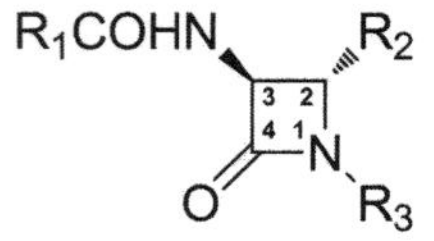

图 4 – 2 β – 内酰胺类的基本结构

2）β – 内酰胺类药物的理化性质

β – 内酰胺类药物多为有机酸，无色或微黄的结晶或粉末，难溶于水。其中青霉素类和头孢菌素类药物的游离羧基酸性很强，易与无机碱或有机碱成盐，临床上一般为钾盐或钠盐，易溶于水，几乎不溶于氯仿、乙醚、四氯化碳或液状石蜡中。常见 β – 内酰胺类药物的理化性质见表 4 – 2。

表 4 – 2 常见 β – 内酰胺类药物的理化性质

序号	化合物中英文名	CAS 号	分子式	精确质量数	化学结构式	lg$P$	熔点/℃
1	阿莫西林 Amoxicillin	26787 – 78 – 0	$C_{16}H_{19}N_3O_5S$	365.10454	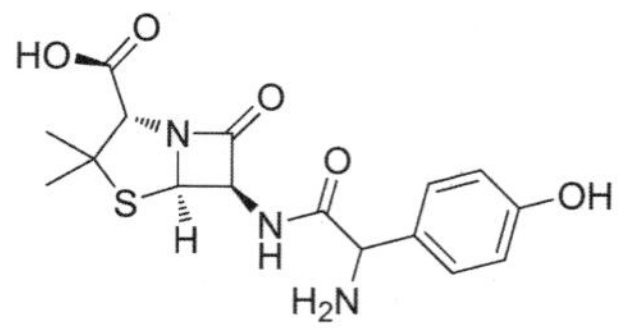	0.87	329.94
2	青霉素 G Penicilline G	61 – 33 – 6	$C_{16}H_{18}N_2O_4S$	334.09873	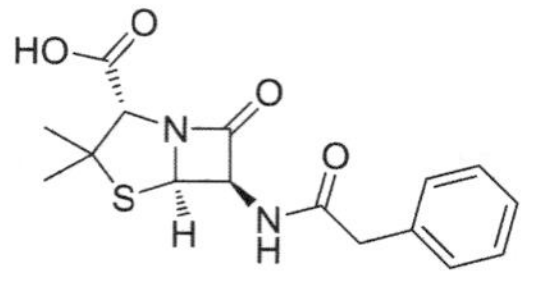	1.83	243.10

（续表4－2）

序号	化合物中英文名	CAS 号	分子式	精确质量数	化学结构式	lgP	熔点/℃
3	青霉素 V Penicilline V	87－08－1	$C_{16}H_{18}N_2O_5S$	350.09364		2.09	248.73
4	氨苄西林 （氨苄青霉素） Ampicillin	69－53－4	$C_{16}H_{19}N_3O_4S$	349.10963		1.35	324.85
5	苯唑西林 Oxacillin	66－79－5	$C_{19}H_{19}N_3O_5S$	401.10454		2.38	282.11
6	氯唑西林 Cloxacillin	61－72－3	$C_{19}H_{18}ClN_3O_5S$	435.06557		2.48	290.85
7	哌拉西林 （氧哌嗪青霉素） Piperacillin	61477－96－1	$C_{23}H_{27}N_5O_7S$	517.16312		—	—
8	双氯西林 Dicloxacillin	3116－76－5	$C_{19}H_{17}Cl_2N_3O_5S$	469.02660		2.91	299.58
9	萘夫西林 （乙氧萘青霉素） Nafcillin	147－52－4	$C_{21}H_{22}N_2NaO_5S$	414.12494		—	287.27

（续表4-2）

序号	化合物中英文名	CAS 号	分子式	精确质量数	化学结构式	lgP	熔点/℃
10	阿洛西林 Azlocillin	37091-66-0	$C_{20}H_{23}N_5O_6S$	461.13690		2.63	349.84
11	甲氧西林 Methicillin	61-32-5	$C_{17}H_{20}N_2O_6S$	380.10421		1.22	259.78
12	头孢拉定 Cefradine	38821-53-3	$C_{16}H_{19}N_3O_4S$	349.10963		3.41	326.24
13	头孢唑啉 Cefazolin	25953-19-9	$C_{14}H_{14}N_8O_4S_3$	454.03001		—	332.98
14	头孢哌酮 Cefoperazone	62893-19-0	$C_{25}H_{27}N_9O_8S_2$	645.14240		—	—
15	头孢噻吩 Cefalotin	58-71-9	$C_{16}H_{16}N_2O_6S_2$	418.02692		0	275.12
16	头孢克肟 Cefixime	79350-37-1	$C_{16}H_{15}N_5O_7S_2$	453.04129		0.12	335.42
17	头孢呋辛酯 Cefuroxime axetil	64544-07-6	$C_{20}H_{22}N_4O_{10}S$	510.10566		—	—

（续表4-2）

序号	化合物中英文名	CAS 号	分子式	精确质量数	化学结构式	lgP	熔点/℃
18	头孢噻肟 Cefotaxime	63527-52-6	$C_{16}H_{17}N_5O_7S_2$	455.05694	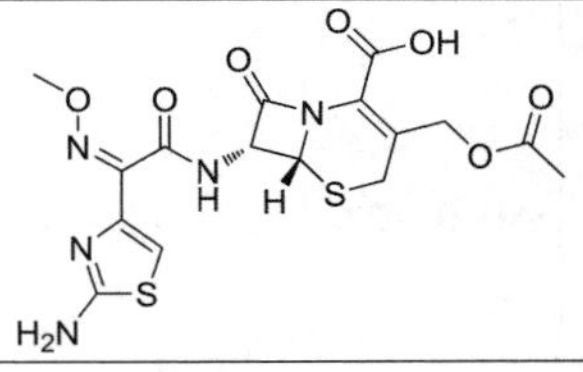	—	314.96
19	头孢氨苄 Cefalexin	15686-71-2	$C_{16}H_{17}N_3O_4S$	347.09398	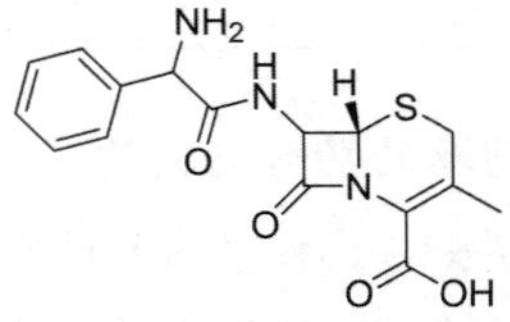	0.65	—
20	环烯氨苄青霉素 Epicillin	26774-90-3	$C_{16}H_{21}N_3O_4S$	351.12528	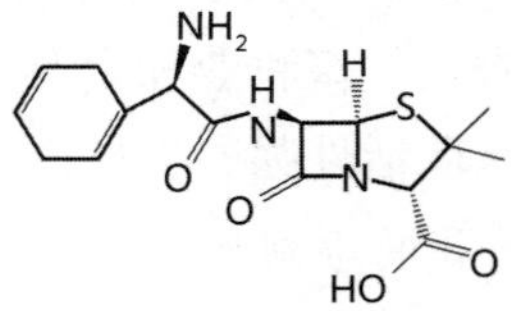	—	—
21	氮脒青霉素 Mecillinam	32887-01-7	$C_{15}H_{23}N_3O_3S$	325.14601	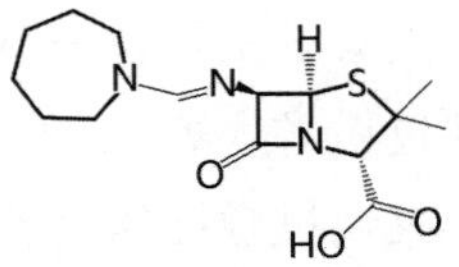	—	—
22	替卡西林 Ticarcillin	34787-01-4	$C_{15}H_{16}N_2O_6S_2$	384.04498	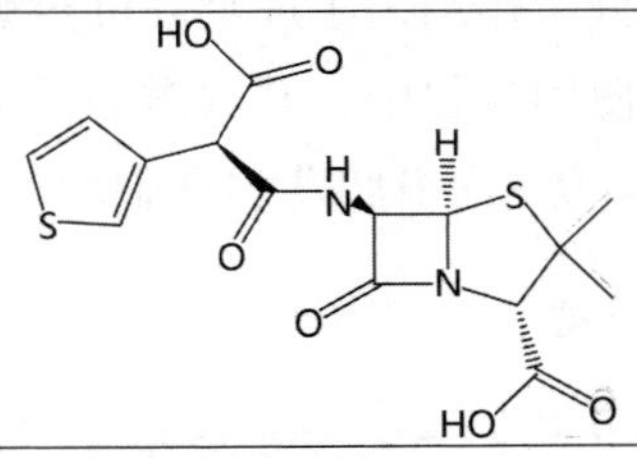	—	—
23	头孢匹林 Cefapirin	21953-23-7	$C_{17}H_{17}N_3O_6S_2$	423.05588	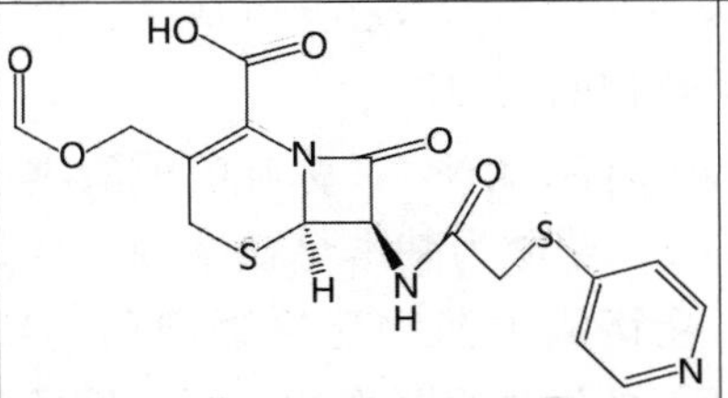	—	—
24	头孢羟氨苄 Cefadroxil	50370-12-2	$C_{16}H_{17}N_3O_5S$	363.08889	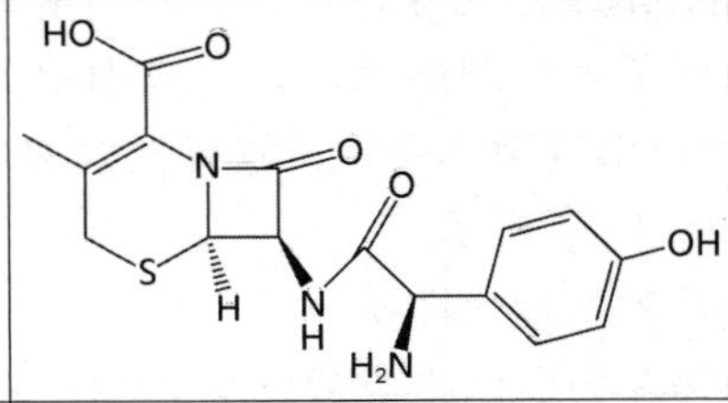	—	197.00
25	头孢甲肟 Cefmenoxime	65085-01-0	$C_{16}H_{17}N_9O_5S_3$	511.05148	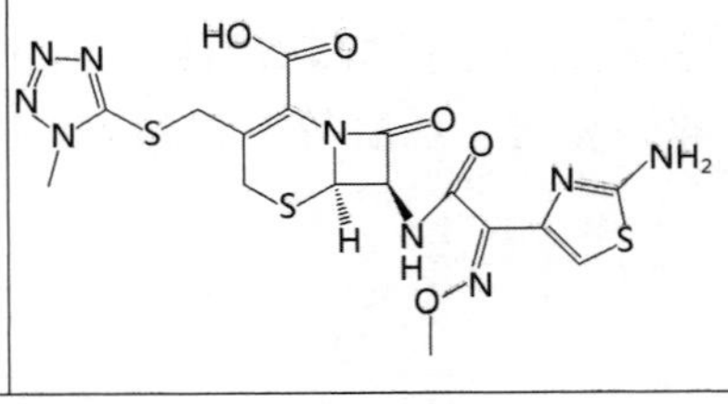	—	—

（续表4－2）

序号	化合物中英文名	CAS 号	分子式	精确质量数	化学结构式	lgP	熔点/℃
26	头孢吡肟 Cefepime	88040－23－7	$C_{19}H_{24}N_6O_5S_2$	480.12496	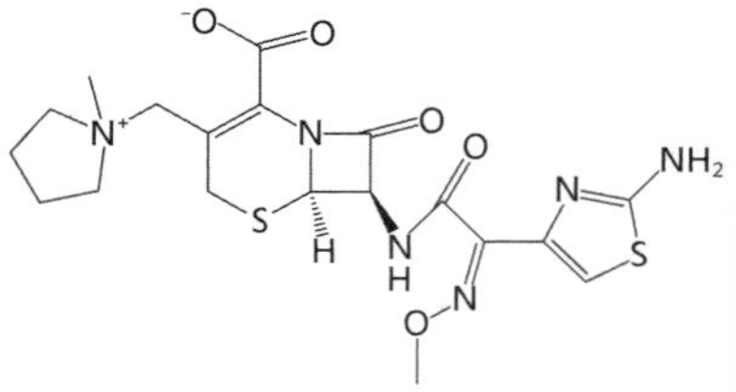	—	150.00

2. β－内酰胺类药物的功效与用途

β－内酰胺类药物除用于治疗细菌性感染外，还用于真菌、立克次体、病毒、螺旋体、阿米巴原虫等感染及肿瘤的治疗。部分β－内酰胺类药物还具有免疫抑制和刺激植物生长等作用。该类药物不仅应用于医疗领域，还推广至农业、畜牧业和食品工业等方面。由于哺乳动物和真菌无细胞壁结构，故对人类毒性小。此外，还具有杀菌活性强、毒性低、适应症广及临床疗效好的优点。

3. β－内酰胺类药物的毒副作用

β－内酰胺类药物对人体毒性极低，除肌肉注射引起局部刺激疼痛，钾盐大量静脉注射易致高血钾症，以及大剂量普鲁卡因青霉素因快速释出普鲁卡因可致头晕、头痛等外，最主要的为过敏反应，主要有外源性和内源性两种过敏源。常见的过敏反应有药疹、荨麻疹、药热、支气管哮喘、脉管炎、血清病样反应、甚至剥脱性皮炎及过敏性休克等。外源性过敏原为蛋白多肽类和青霉噻唑蛋白，β－内酰胺环可通过与蛋白多肽类分子作用，生成具高度过敏性的青霉噻唑蛋白。内源性过敏原为高聚物，β－内酰胺药物在生产、储存和使用过程中，其内酰胺环开环自身聚合，生成具有致敏性的高聚物，且聚合度愈高引发的过敏反应愈强。β－内酰胺药物在临床使用中常发生交叉过敏反应。

4.1.3 喹诺酮类药物

1. 喹诺酮类药物的结构与理化性质

1）喹诺酮类药物的结构

喹诺酮（quinolones，QNs）又称吡啶酮酸类或吡酮酸类，是以1，4－二氢－4－氧吡啶－3－羧酸为基本母核结构，从萘啶酸或吡酮酸演化而来的合成抗菌药物。喹诺酮类药物能穿透细菌的细胞壁，进入内部，与细菌DNA促旋酶及拓扑酶发生交互作用，当旋转酶移位到药物结合点时，形成三元复合物，阻碍了旋转酶的活动，造成细菌遗传物质的不可逆损伤，导致细菌DNA发生降解或菌体死亡，故有强大的杀菌作用。常见喹诺酮类药物的基本结构如图4－3所示。

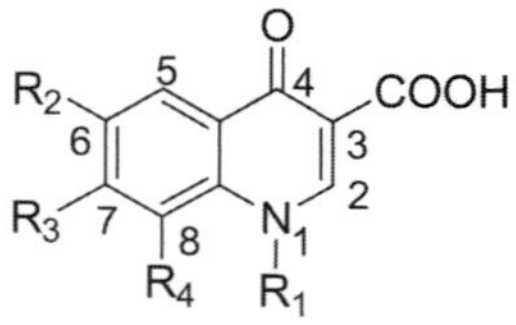

图4－3 喹诺酮类药物的基本结构

2）喹诺酮类药物的理化性质

喹诺酮类药物多为白色或淡黄色结晶性粉末，无臭，味微苦，在空气中能吸收水分，遇光颜色渐变深。一般易溶于稀酸、稀碱和冰醋酸溶液，在pH 6.0～8.0的水中溶解度最低，略溶于二甲基甲酰胺，难溶或不溶于甲醇、氯仿、乙醚等有机溶剂，形成盐后易溶于水。常见喹诺酮类药物的理化性质见表4－3。

表 4-3 常见喹诺酮类药物的理化性质

序号	化合物中英文名	CAS 号	分子式	精确质量数	化学结构式	lgP	熔点/℃
1	恩诺沙星 Enrofloxacin	93106 - 60 - 6	$C_{19}H_{22}FN_3O_3$	359.16452	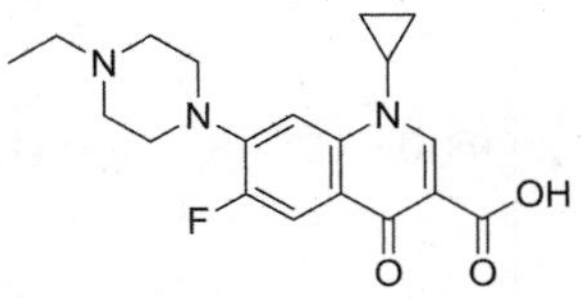	0.70	317.61
2	培氟沙星 Pefloxacin	70458 - 92 - 3	$C_{17}H_{20}FN_3O_3$	333.14887	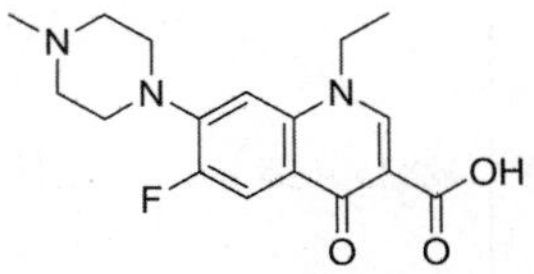	0.27	313.93
3	环丙沙星 Ciprofloxacin	85721 - 33 - 1	$C_{17}H_{18}FN_3O_3$	331.13322	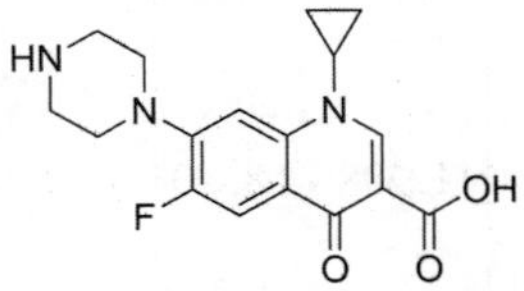	0.28	316.67
4	洛美沙星 Lomefloxacin	98079 - 51 - 7	$C_{17}H_{19}F_2N_3O_3$	351.13945	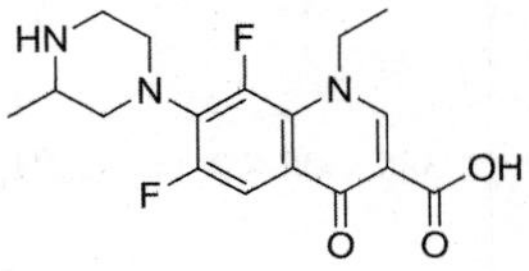	- 0.30	315.50
5	沙拉沙星 Sarafloxacin	98105 - 99 - 8	$C_{20}H_{17}F_2N_3O_3$	385.12380	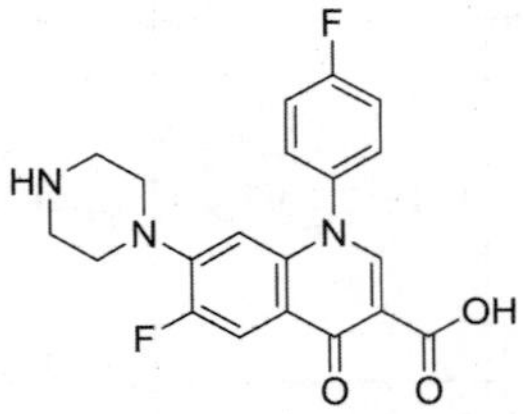	1.07	323.19
6	诺氟沙星 Norfloxacin	70458 - 96 - 7	$C_{16}H_{18}FN_3O_3$	319.13322	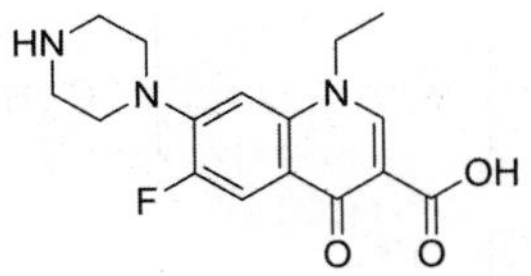	- 1.03	314.68
7	马波沙星 Marbofloxacin	115550 - 35 - 1	$C_{17}H_{19}FN_4O_4$	362.13903	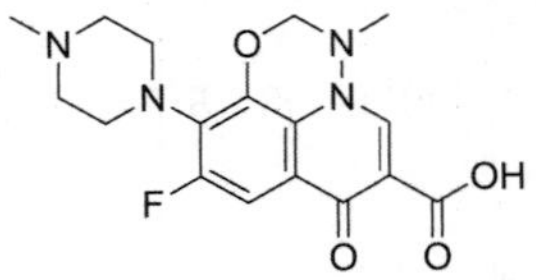	- 2.92	318.46
8	氧氟沙星 Ofloxacin	82419 - 36 - 1	$C_{18}H_{20}FN_3O_4$	361.14378	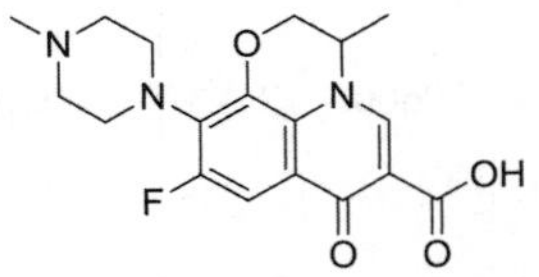	- 2.00	317.69

（续表4-3）

序号	化合物中英文名	CAS 号	分子式	精确质量数	化学结构式	lgP	熔点/℃
9	双氟沙星 Difloxacin	98106-17-3	$C_{21}H_{19}F_2N_3O_3$	399.13945	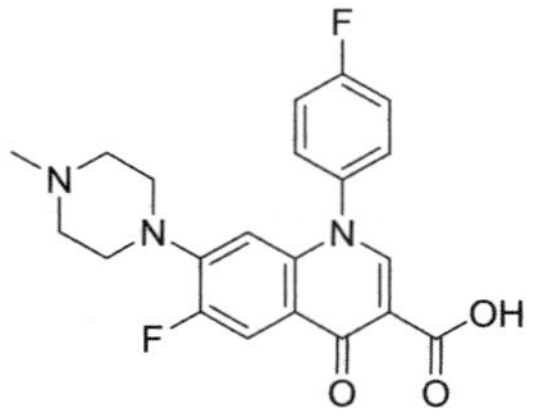	0.89	322.44
10	氟甲喹 Flumequine	42835-25-6	$C_{14}H_{12}FNO_3$	261.08012	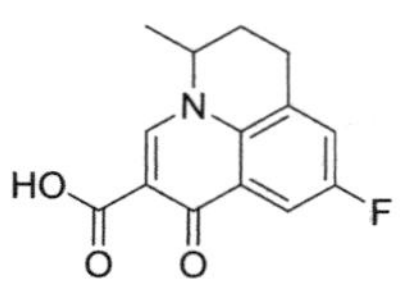	2.60	303.70
11	达氟沙星 （丹诺沙星） Danofloxacin	112398-08-0	$C_{19}H_{20}FN_3O_3$	357.14887	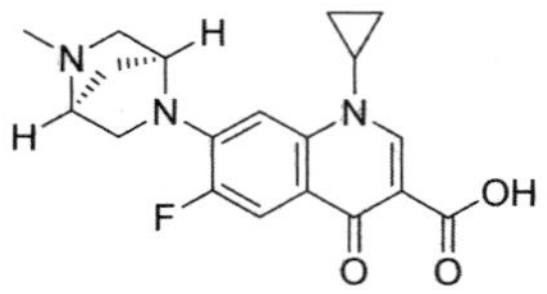	0.44	317.10
12	萘啶酸 Nalidixic acid	389-08-2	$C_{12}H_{12}N_2O_3$	232.08479	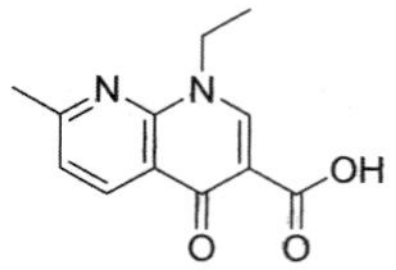	1.59	164.58
13	司帕沙星 Sparfloxacin	111542-93-9	$C_{19}H_{22}F_2N_4O_3$	392.16600	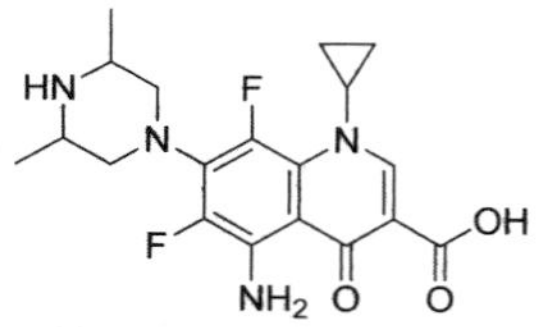	0.12	324.90
14	恶喹酸 Oxolinic acid	26893-27-6	$C_{13}H_{11}NO_5$	261.06372	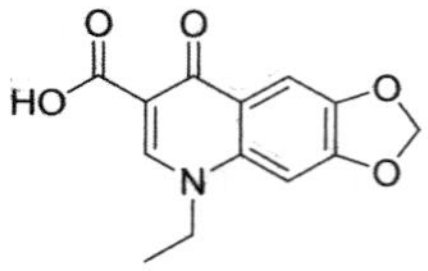	0.67	175.29
15	依诺沙星 Enoxacin	74011-58-8	$C_{15}H_{17}FN_4O_3$	320.12847	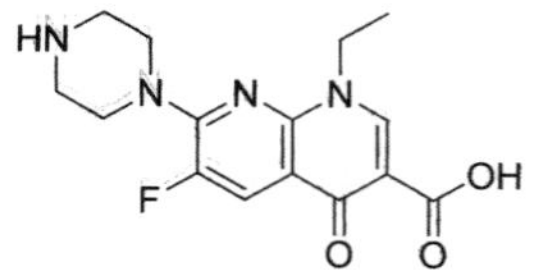	-0.20	315.48
16	氟罗沙星 Fleroxacin	79660-72-3	$C_{17}H_{18}F_3N_3O_3$	369.13003	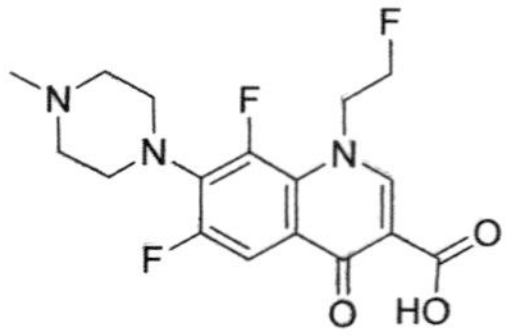	0.24	270.00

序号	化合物中英文名	CAS 号	分子式	精确质量数	化学结构式	lg$P$	熔点/℃
17	莫西沙星 Moxifloxacin	151096 - 09 - 2	$C_{21}H_{24}FN_3O_4$	401. 17508	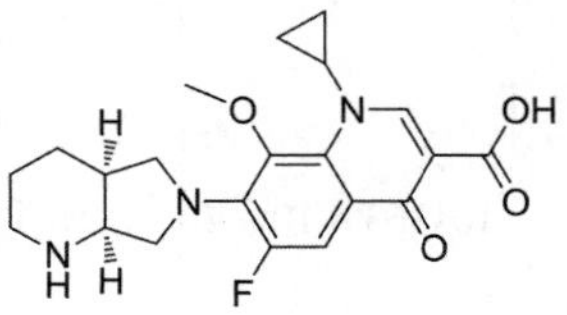	—	—
18	奥比沙星 Orbifloxacin	113617 - 63 - 3	$C_{19}H_{20}F_3N_3O_3$	395. 14568	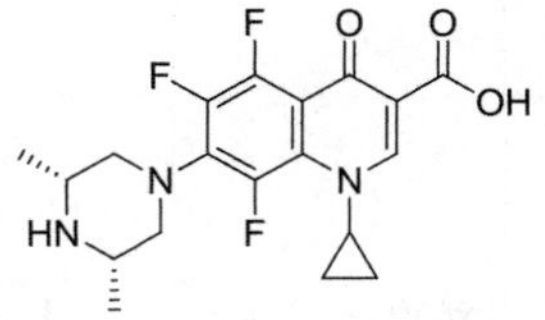	—	259. 00
19	吡咯酸 Piromidic acid	19562 - 30 - 2	$C_{14}H_{16}N_4O_3$	288. 12220	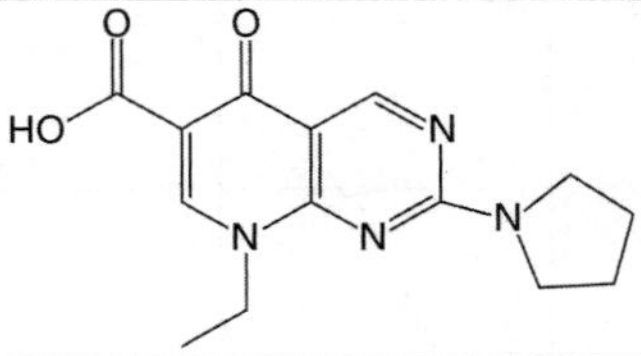	—	—
20	西诺沙星 Cinoxacin	28657 - 80 - 9	$C_{12}H_{10}N_2O_5$	262. 05897	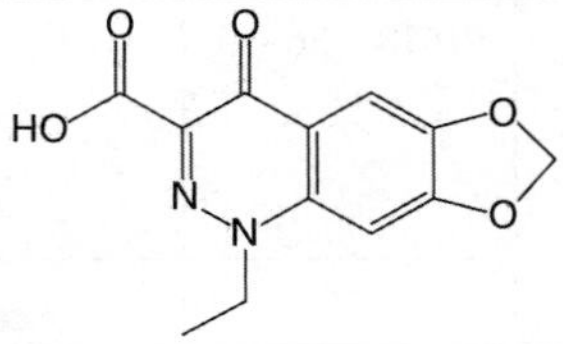	—	261. 00
21	吡哌酸 Pipernidic acid	51940 - 44 - 4	$C_{14}H_{17}N_5O_3$	303. 13314	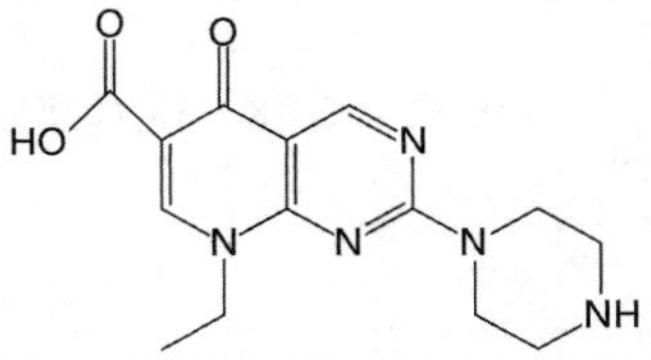	—	255. 00
22	托氟沙星 Tosufloxacin	100490 - 36 - 6	$C_{19}H_{15}F_3N_4O_3$	404. 10962	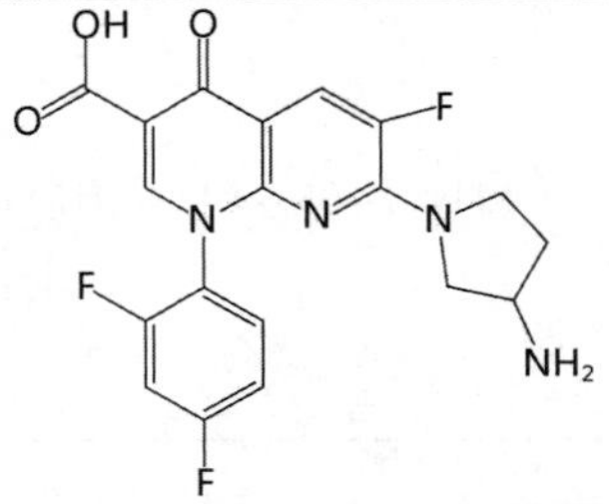	—	—
23	替马沙星 Temafloxacin	108319 - 06 - 8	$C_{21}H_{18}F_3N_3O_3$	417. 13003	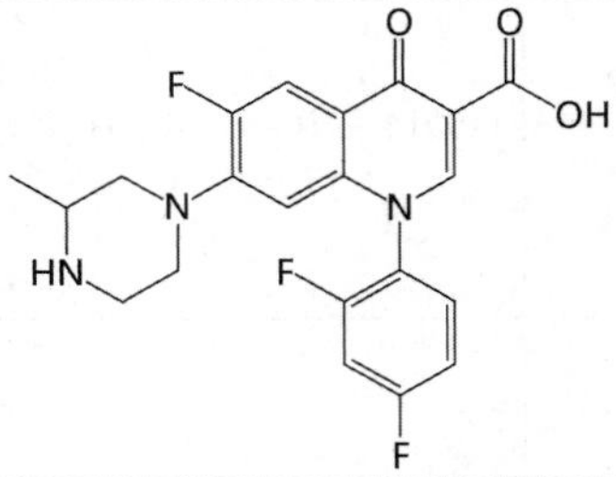	—	274. 00

（续表 4 - 3）

序号	化合物中英文名	CAS 号	分子式	精确质量数	化学结构式	lgP	熔点/℃
24	芦氟沙星 Rufloxacin	101363 - 10 - 4	$C_{17}H_{18}FN_3O_3S$	363.10529	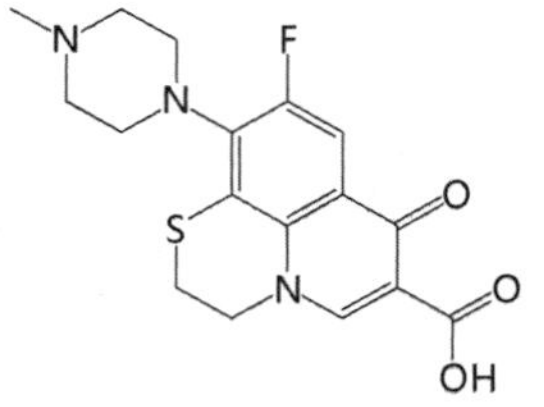	—	—
25	氨氟沙星 Amifloxacin	86393 - 37 - 5	$C_{16}H_{19}FN_4O_3$	334.14412	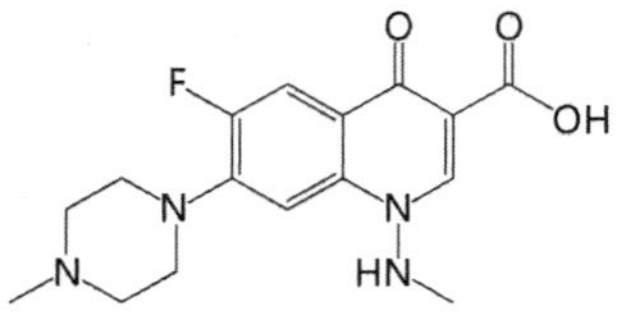	—	300.00
26	依巴沙星 Ibafloxacin	91618 - 36 - 9	$C_{15}H_{14}FNO_3$	275.09577	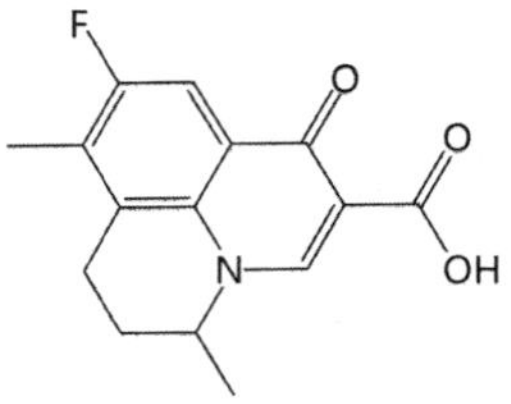	—	—
27	普多沙星 Pradofloxacin	195532 - 12 - 8	$C_{21}H_{21}FN_4O_3$	396.15977	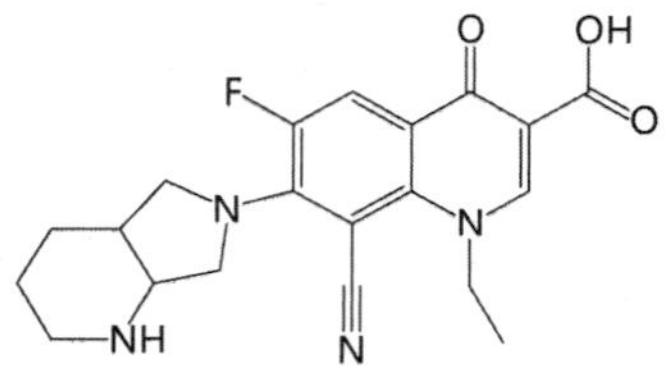	—	—
28	那氟沙星 Nadifloxacin	124858 - 35 - 1	$C_{19}H_{21}FN_2O_4$	360.14854	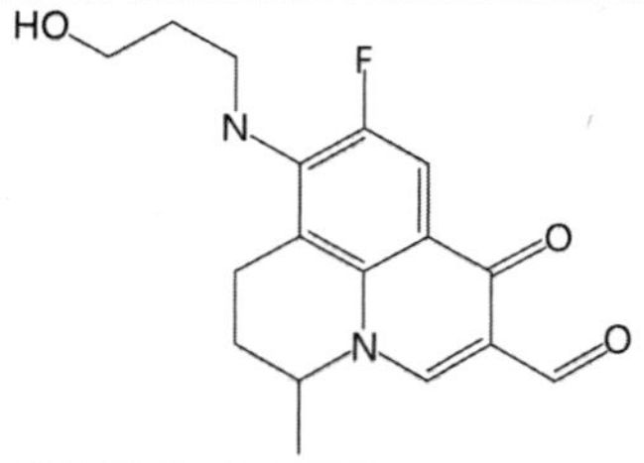	—	245.00
29	格帕沙星 Grepafloxacin	119914 - 60 - 2	$C_{19}H_{22}FN_3O_3$	359.16452	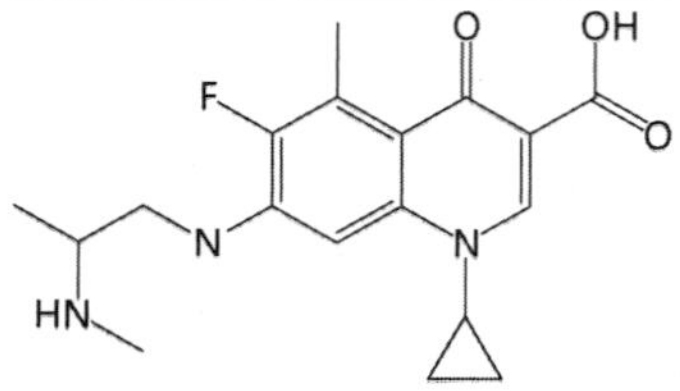	—	189.00
30	曲伐沙星 Trovafloxacin	147059 - 72 - 1	$C_{20}H_{15}F_3N_4O_3$	416.10962	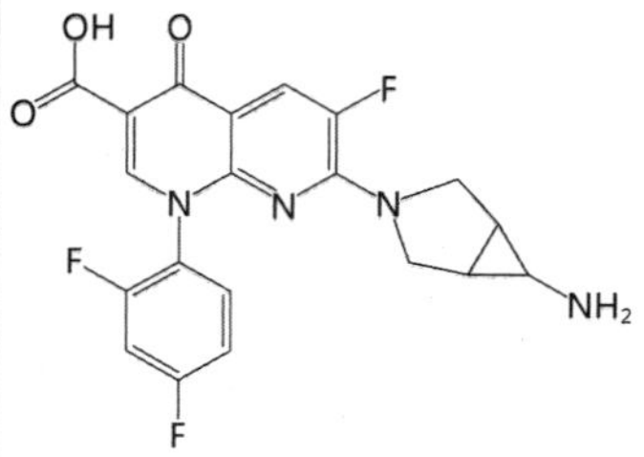	—	—

（续表4－3）

序号	化合物中英文名	CAS 号	分子式	精确质量数	化学结构式	lgP	熔点/℃
31	西他沙星 Sitafloxacin	127254 – 12 – 0	$C_{19}H_{18}ClF_2N_3O_3$	409.10048	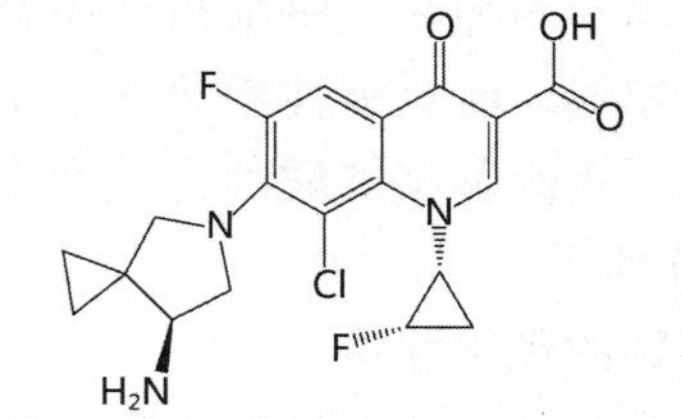	—	—
32	加雷沙星 Garenoxacin	194804 – 75 – 6	$C_{23}H_{20}F_2N_2O_4$	426.13911	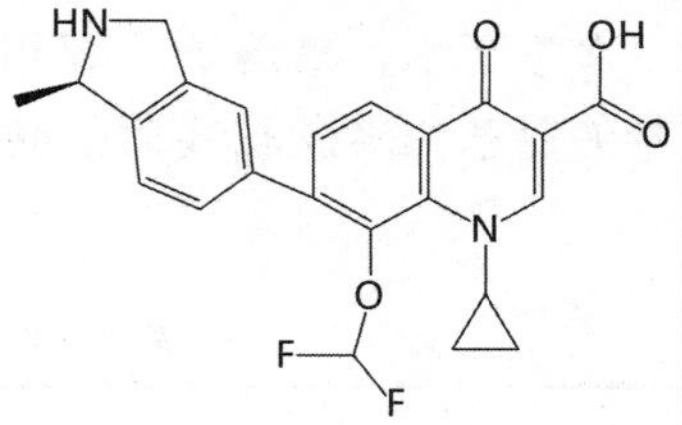	—	226.00
33	贝西沙星 Besifloxacin	141388 – 76 – 3	$C_{19}H_{21}ClFN_3O_3$	393.12555	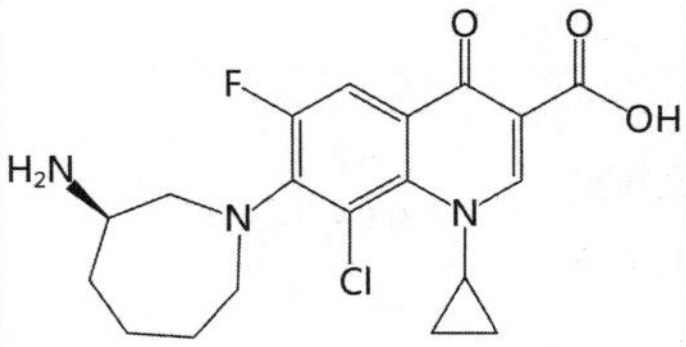	—	—

2. 喹诺酮类药物的功效与用途

喹诺酮类药物抗菌谱广、抗菌活力强、口服吸收好、组织浓度高，与其他抗菌药物之间无交叉耐药性，不需要皮肤试验，不良反应小，且与其他药物合用不良配伍少，对多种耐药菌有较好的疗效。常用作青霉素及头孢菌素替代药物，治疗全身感染，也常用于治疗肺部感染、尿路感染、肠道感染、皮肤软组织感染、腹腔和骨关节等感染。

3. 喹诺酮类药物的毒副作用

①胃肠道反应：常见为恶心、呕吐、腹痛、腹泻、厌食。此类的不良反应一般可耐受。

②中枢神经系统反应：表现为头晕、头痛、失眠、谵妄、精神萎靡、癫痫。大多为可逆性。有精神病及癫痫者慎用或禁用。有资料表明，此类不良反应大多由于药物能够穿透血脑屏障而引发。

③皮肤及光敏毒性：表现为皮疹、丘疹，大多与用药剂量及用药速度有关，发生率高，与剂量有较大关系。

④肝肾毒性：国内资料报道肝功能损害居多，表现为一过性谷丙转氨酶升高，大部分资料认为与肝脏的直接作用有关系；国外报道肾损害较多，常为间质肾炎。

⑤关节病变：本类药物可导致幼龄动物软骨损伤，但人类尚无此类报道，临床常为儿童禁用药。

⑥血系统毒性：临床有导致白细胞数量降低，溶血贫血、再障性贫血等报道，还有部分病例出现心脏不良反应，但均为可逆性。

4.1.4 磺胺类药物

1. 磺胺类药物的结构与理化性质

1）磺胺类药物的结构

磺胺类药物（sulfonamides，SAs）具有对氨基苯磺酰胺结构，能抑制细菌的繁殖。这是因为有些细菌生长时，需利用对氨基苯甲酸（PABA），对氨基苯甲酸和二氢喋啶在二氢叶酸合成酶的作用下，合成二氢叶酸；二氢叶酸在二氢叶酸还原酶的作用下，又生成四氢叶酸；四氢叶酸再进一步形成活化型四氢叶酸，也就是辅酶 F，它能传递一碳基团参与嘌呤、嘧啶核苷酸合成。而磺胺类药物的化学结构与对氨基苯甲酸相似，能竞争性地争夺二氢叶酸合成酶，使得细菌的二氢叶酸的合成受阻，从而影响核酸的合成而发挥抑菌作用。磺胺类药物的基本结构如图 4-4 所示。

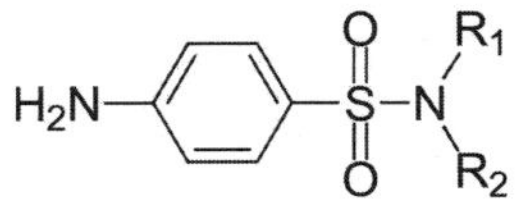

图 4-4 磺胺类药物的基本结构

2）磺胺类药物的理化性质

磺胺类药物多为白色或微黄色结晶性粉末，无臭，长期暴露于日光下，颜色会逐渐变黄，但性质稳定，可保存数年。微溶于水，易溶于乙醇和丙酮，几乎不溶于氯仿和乙醚。除磺胺脒为碱性外，其他磺胺类药物因含有芳伯氨基和磺酰胺基而呈酸碱两性，可溶解于酸性和碱性溶液。常见磺胺类药物的理化性质见表 4-4。

表 4-4 常见磺胺类药物的理化性质

序号	化合物中英文名	CAS 号	分子式	精确质量数	化学结构式	lgP	熔点/℃
1	磺胺（磺酰胺）Sulfanilamide	63-74-1	$C_6H_8N_2O_2S$	172.03065	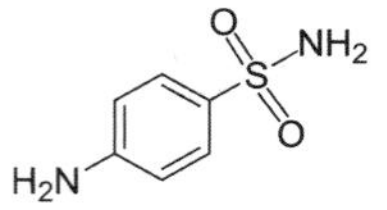	-0.62	124.42
2	磺胺脒 Sulfaguanidine	57-67-0	$C_7H_{10}N_4O_2S$	214.05245	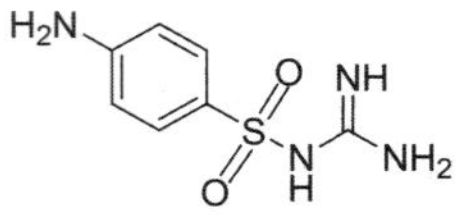	-0.99	158.54
3	磺胺索嘧啶（磺胺二甲异嘧啶）Sulfisomidin	515-64-0	$C_{12}H_{14}N_4O_2S$	278.08375	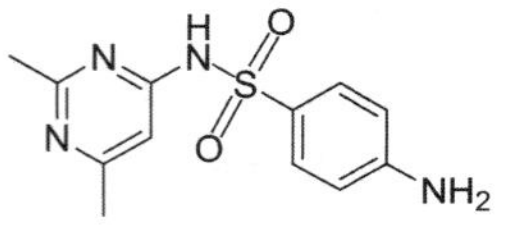	-0.33	189.80
4	磺胺醋酰 Sulfacetamide	144-80-9	$C_8H_{10}N_2O_3S$	214.04121	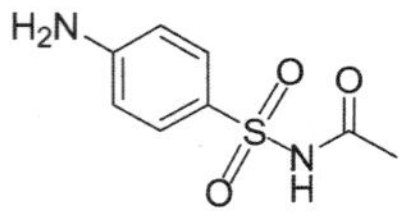	-0.96	180.23
5	磺胺嘧啶 Sulfadiazine	68-35-9	$C_{10}H_{10}N_4O_2S$	250.05245	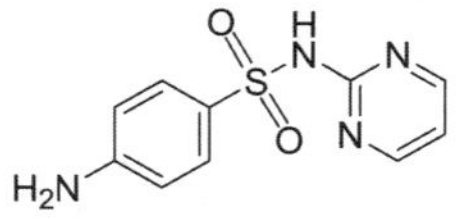	-0.09	178.96
6	磺胺吡啶 Sulfapyridine	144-83-2	$C_{11}H_{11}N_3O_2S$	249.05720	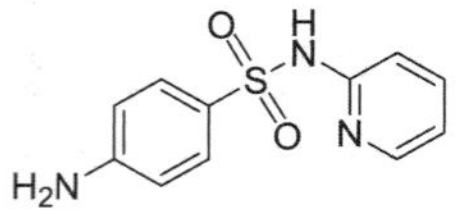	0.35	176.42
7	磺胺噻唑 Sulfathiazole	72-14-0	$C_9H_9N_3O_2S_2$	255.01362	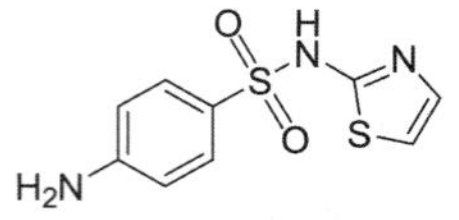	0.05	179.10

（续表 4-4）

序号	化合物中英文名	CAS 号	分子式	精确质量数	化学结构式	lgP	熔点/℃
8	磺胺甲嘧啶 Sulfamerazine	127-79-7	$C_{11}H_{12}N_4O_2S$	264.06810	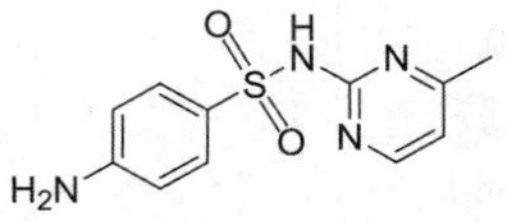	0.14	184.38
9	磺胺二甲嘧啶 Sulfamethazine	57-68-1	$C_{12}H_{14}N_4O_2S$	278.08375	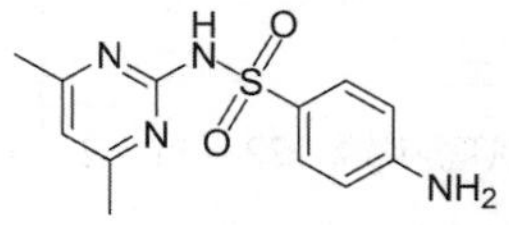	0.89	189.80
10	磺胺甲氧哒嗪 Sulfamethoxypyridazine	80-35-3	$C_{11}H_{12}N_4O_3S$	280.06301	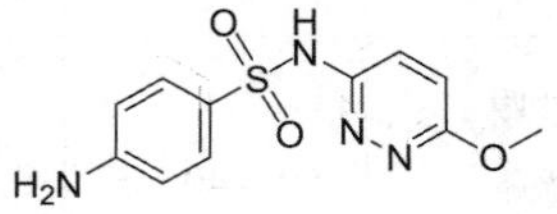	0.32	207.92
11	磺胺甲噻二唑 Sulfamethizol	144-82-1	$C_9H_{10}N_4O_2S_2$	270.02452	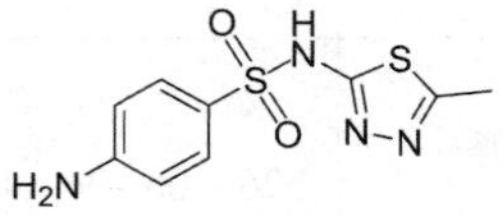	0.54	199.36
12	磺胺对甲氧嘧啶 Sulfameter（Sulfamethoxydiazine）	18179-67-4	$C_{11}H_{12}N_4O_3S$	280.06301	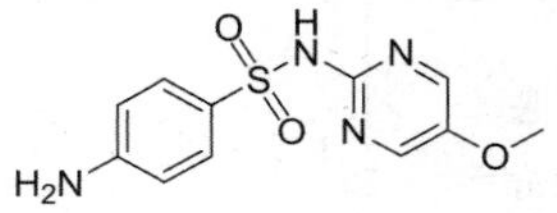	—	214～216
13	磺胺间甲氧嘧啶 Sulfamonomethoxine	1220-83-3	$C_{11}H_{12}N_4O_3S$	280.06301	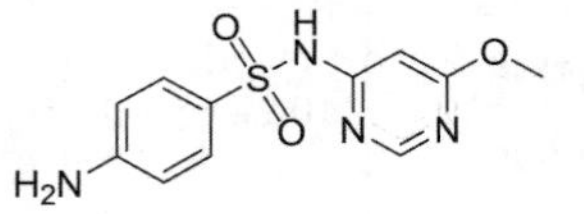	0.70	190.01
14	磺胺氯哒嗪 Sulfachloropyridazine	80-32-0	$C_{10}H_9ClN_4O_2S$	284.01347	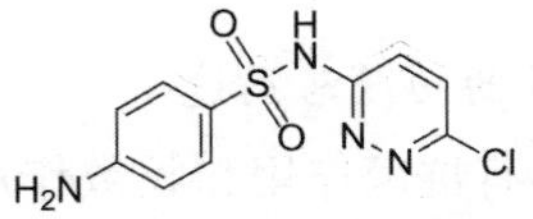	0.31	186～187
15	磺胺多辛（磺胺邻二甲氧嘧啶）（周效磺胺）Sulfadoxine	80-35-3	$C_{12}H_{14}N_4O_4S$	310.07358	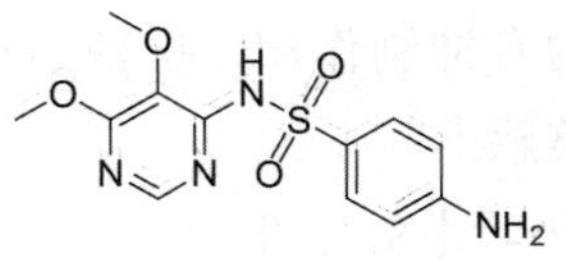	0.32	207.92
16	磺胺甲噁唑（磺胺甲基异噁唑）Sulfamethoxazole	723-46-6	$C_{10}H_{11}N_3O_3S$	253.05211	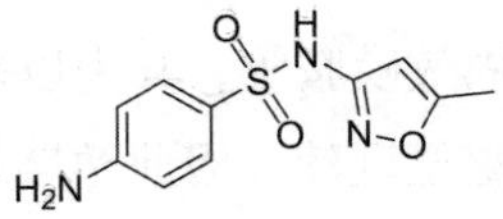	0.89	172.43
17	磺胺异噁唑（磺胺二甲异噁唑）Sulfisoxazole	127-69-5	$C_{11}H_{13}N_3O_3S$	267.06776	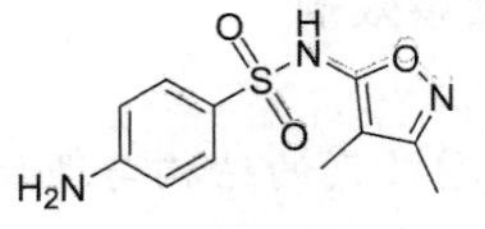	1.01	191.10

（续表4-4）

序号	化合物中英文名	CAS号	分子式	精确质量数	化学结构式	lgP	熔点/℃
18	磺胺苯酰（苯甲酰磺胺）Sulfabenzamide	127-71-9	$C_{13}H_{12}N_2O_3S$	276.05686	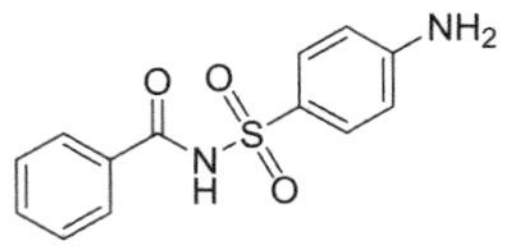	1.30	181.50
19	磺胺地索辛（磺胺间二甲氧嘧啶）Sulfadimethoxine	122-11-2	$C_{12}H_{14}N_4O_4S$	310.07358	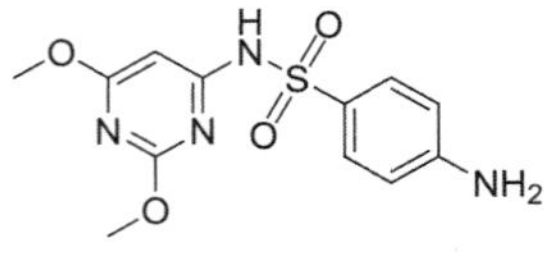	1.63	203.50
20	磺胺喹沙啉（磺胺喹噁啉）Sulfachinoxalin	59-40-5	$C_{14}H_{12}N_4O_2S$	300.06810	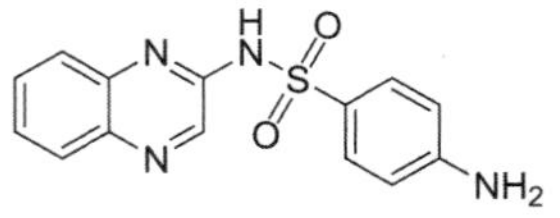	1.68	247.50
21	磺胺苯吡唑 Sulfaphenazole	526-08-9	$C_{15}H_{14}N_4O_2S$	314.08375	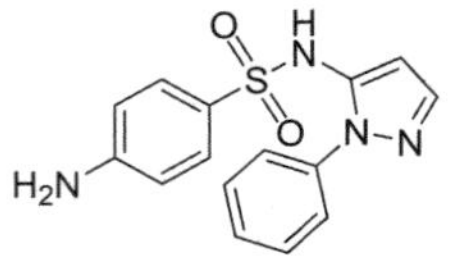	1.52	181.00
22	磺胺硝苯 Sulfanitran	122-16-7	$C_{14}H_{13}N_3O_5S$	335.05759	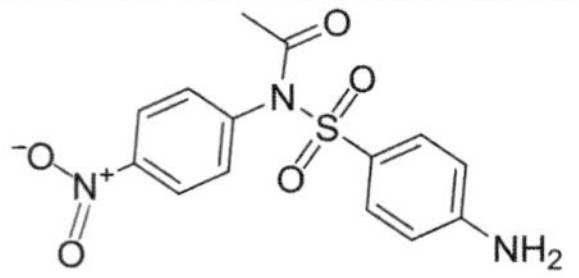	2.26	235.00
23	磺胺氯吡嗪 Sulfaclozine	102-65-8	$C_{10}H_9ClN_4O_2S$	284.01347	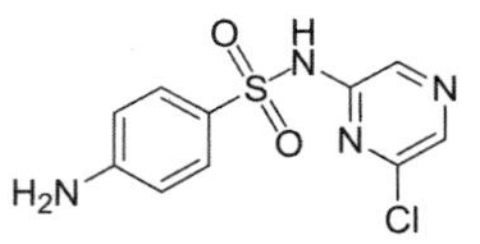	0.31	187.70

2. 磺胺类药物的功效与用途

磺胺类药物具有抗菌作用和收敛作用，可用于烧伤、烫伤创面的抗感染，以及作为预防和治疗细菌感染性疾病的化学治疗药物。其对绿脓杆菌、溶血性链球菌、脑膜炎双球菌、肺炎球菌、淋球菌、大肠杆菌、痢疾杆菌均有抑制作用，抗菌谱广。其中，磺胺嘧啶是治疗流行性脑脊髓膜炎的首选药物之一，也适用于治疗尿路感染。

3. 磺胺类药物的毒副作用

磺胺类药物如使用剂量过大，时间过长，会产生毒性，现已知对鸡有毒性的有磺胺二甲嘧啶、磺胺喹噁啉、磺胺脒、周效磺胺等，其中以磺胺二甲嘧啶的毒性为最大。而磺胺甲噁唑能通过胎盘进入胎儿循环，并以低浓度分泌至乳汁，因此孕期及哺乳期妇女用药应慎重。

4.1.5 磺胺类抗菌增效剂

1. 磺胺类抗菌增效剂的结构与理化性质

1）磺胺类抗菌增效剂的结构

磺胺类抗菌增效剂与磺胺药物配伍使用后，可逆性地抑制二氢叶酸还原酶，阻碍二氢叶酸还原为四氢叶酸，影响辅酶 F 的形成以及微生物 DNA、RNA 及蛋白质的合成。该类药物与磺胺类药物合用后，可产生协同抗菌作用，增强抗菌效果。磺胺类抗菌增效剂的基本结构如图 4-5 所示。

2）磺胺类抗菌增效剂的理化性质

磺胺类抗菌增效剂多为淡黄色或白色结晶性粉末，味微苦，无臭，难溶于水，可溶于盐酸及冰醋酸，在乙醇、丙酮或氯仿中微溶，不溶于乙醚和稀碱溶液。常见磺胺类抗菌增效剂的理化性质见表 4-5。

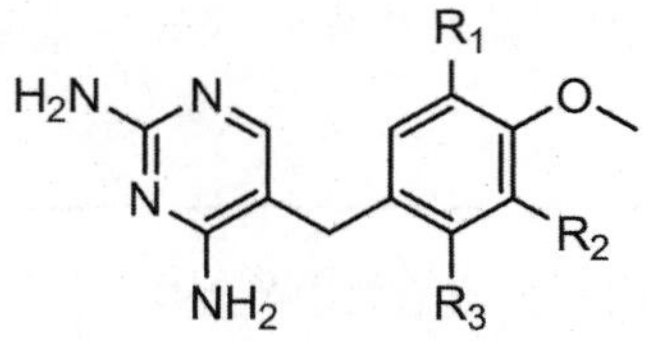

图 4-5 磺胺类抗菌增效剂的基本结构

表 4-5 常见磺胺类抗菌增效剂的理化性质

序号	化合物中英文名	CAS 号	分子式	精确质量数	化学结构式	lg$P$	熔点/℃
1	二甲氧甲基苄氨嘧啶（奥美普林）Ormetoprim	6981-18-6	$C_{14}H_{18}N_4O_2$	274.14298	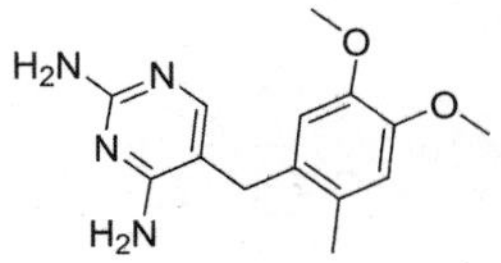	1.23	183.25
2	三甲氧苄氨嘧啶 Trimethoprim	738-70-5	$C_{14}H_{18}N_4O_3$	290.13789	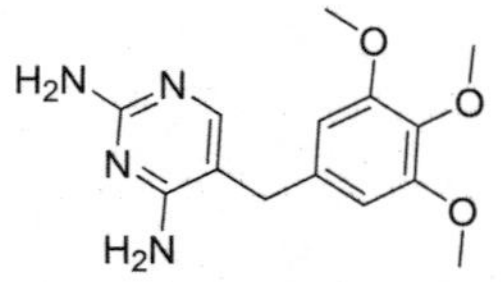	0.91	188.88
3	二甲氧苄氨嘧啶 Diaveridine	5355-16-8	$C_{13}H_{16}N_4O_2$	260.12733	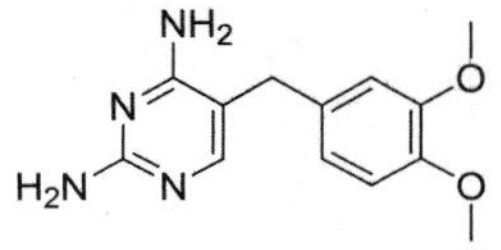	0.97	177.84

2. 磺胺类抗菌增效剂的功效与用途

磺胺类抗菌增效剂为广谱抗菌药，它对革兰阳性菌和革兰阴性菌具有广泛的抑制作用，与磺胺类药物制成复方合用，可使细菌的叶酸代谢受到双重阻断，从而使其抗菌作用增强数倍至数十倍，同时可减少细菌对其的耐药性。

3. 磺胺类抗菌增效剂的毒副作用

磺胺类抗菌增效剂对人的毒性微小，但细菌对其易产生耐药性，不宜单独应用。长期大剂量应用，可影响人体的叶酸代谢，出现中性粒细胞减少、巨幼红细胞性贫血等，使用时应主要查血象，必要时可用亚叶酸钙治疗。还可能致畸，故妊娠早期禁用，早产儿、新生儿、哺乳期妇女、骨髓造血功能不全及严重肝肾功能不全者禁用。

4.1.6 孔雀石绿等三苯甲烷类药物

1. 孔雀石绿等三苯甲烷类药物的结构与理化性质

1）孔雀石绿等三苯甲烷类药物的结构

孔雀石绿等三苯甲烷类药物属于三苯甲烷类染料，它的抑菌机理是当细胞分裂时，抑制细胞内的谷氨酸转变为肽类和有关产物，从而使细胞分裂受到抑制，产生抗菌效果。孔雀石绿等三苯甲烷类药物的基本结构如图 4-6 所示。

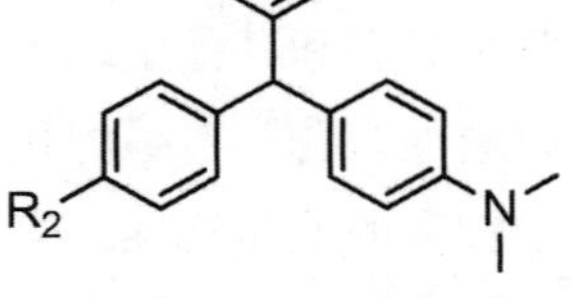

2）孔雀石绿等三苯甲烷类药物的理化性质

孔雀石绿等三苯甲烷类药物多为绿色、有金属光泽的晶体，易溶于水，溶于乙醇、甲醇和戊醇，能溶于酸类，水溶液呈蓝

图 4-6 孔雀石绿等三苯甲烷类药物的基本结构

绿色。常见孔雀石绿等三苯甲烷类药物的理化性质见表4-6。

表4-6　常见孔雀石绿等三苯甲烷类药物的理化性质

序号	化合物中英文名	CAS 号	分子式	精确质量数	化学结构式	lg$P$	熔点/℃
1	无色孔雀石绿 Leucomalachite green	129-73-7	$C_{23}H_{26}N_2$	330.20960	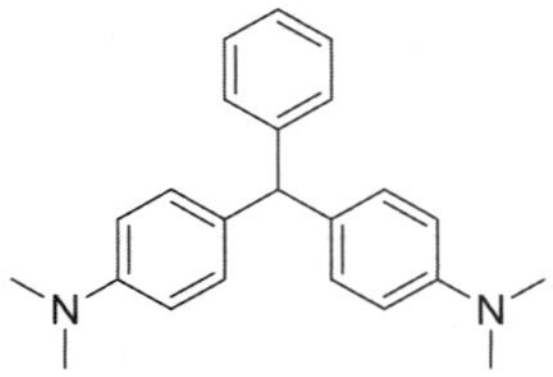	5.72	216.38
2	孔雀石绿 Malachite green	569-64-2	$C_{23}H_{25}ClN_2$	364.17063	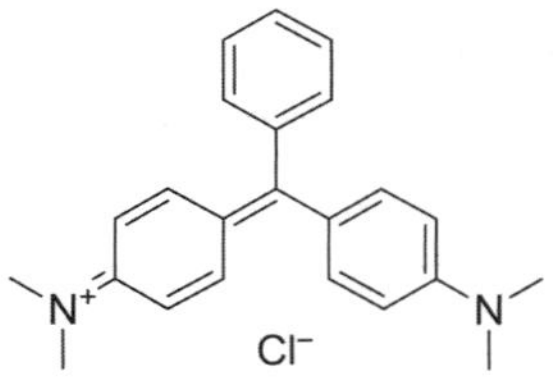	0.62	234.19
3	结晶紫 Crystal violet	548-62-9	$C_{23}H_{26}N_2$	407.21283	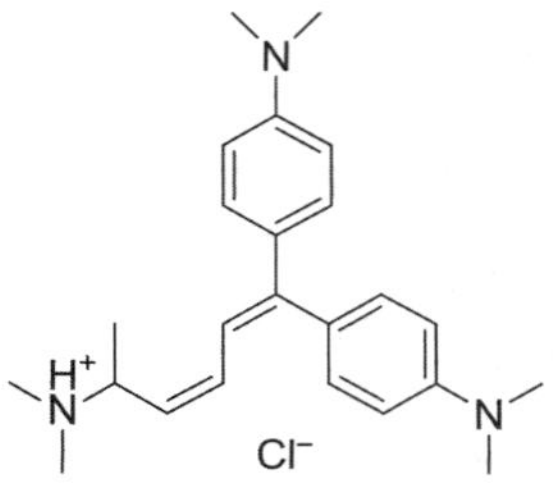	0.51	214.42
4	无色结晶紫 Leucocrystal violet	603-48-5	$C_{25}H_{31}N_3$	373.25180	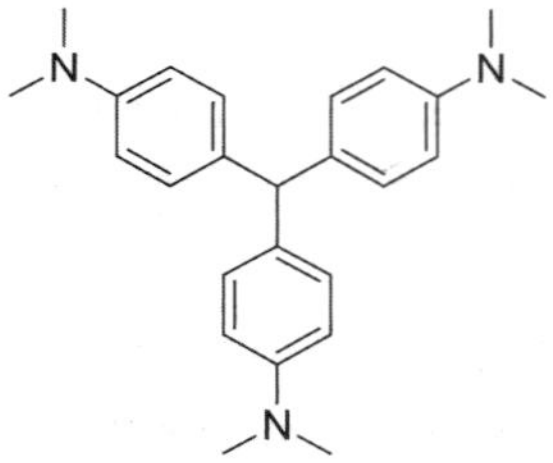	—	126.00

2. 孔雀石绿等三苯甲烷类药物的功效与用途

孔雀石绿等三苯甲烷类药物既是染料,也是杀菌和杀寄生虫的化学制剂,对鱼体水霉病和鱼卵的水霉病有特效,对鳃霉病、小瓜虫病、车轮虫病、指环虫病、斜管虫病、三代虫病也有很好的效果,可用于治理鱼类或鱼卵的寄生虫、真菌或细菌感染,对真菌特别有效,也常用作处理受寄生虫影响的淡水水产,用作抑菌剂或杀阿米巴原虫剂。

3. 孔雀石绿等三苯甲烷类药物的毒副作用

①高残留性。孔雀石绿及其代谢产物无色孔雀石绿能迅速在组织中蓄积,并已在受精卵和鱼苗的血清、肝、肾、肌肉和其他组织中有检出。无色孔雀石绿由于不溶于水,其残留毒性比孔雀石绿更强。

②高致癌性。孔雀石绿的化学官能团是三苯甲烷,其分子中与苯基相连的亚甲基和次甲基因受苯环影响而显示较高的反应活性,可生成自由基——三苯甲基,同时孔雀石绿也能抑制人类谷光甘肽S转移酶的活性,此两者均能造成人类器官组织氧压的改变,使细胞凋亡出现异常,诱发肿瘤和脂质过氧化。

③高致畸性。孔雀石绿能致使淡水鱼卵染色体异常,致使发育畸形。

④致突变性。孔雀石绿可使鲥鱼和尼罗罗非鱼的红细胞产生微核。

⑤高毒性。孔雀石绿对哺乳动物细胞具有高毒性，还能抑制血浆胆碱酯酶的作用，进而有可能造成乙酰胆碱的蓄积而出现神经症状。

此外，还能通过溶解足够的锌，引起水生动物急性锌中毒，并引起鱼类消化道、鳃和皮肤轻度发炎，从而影响鱼类的正常摄食和生长，能阻碍肠道酶如胰蛋白酶、α - 淀粉酶的活性，影响动物的消化吸收功能。因此，农业部已将其列为水产养殖业的禁药，非食用的观赏鱼才可以使用。

4.1.7 抗球虫类药物

1. 抗球虫类药物的结构与理化性质

1）抗球虫类药物的结构

抗球虫类药物主要包括两类：

①聚醚类离子载体抗生素。其分子结构中有一个有机酸基团和多个醚基团，在溶液中带负电荷，可与在虫体内起重要作用的钠、钾、钙、镁等阳离子结合成脂溶性络合物，提高虫体细胞膜对钾、钠、钙、镁等离子的通透性，协助阳离子进入虫体内，使细胞内外形成较大渗透压差，水分大量进入，虫体细胞膨胀、破裂而死亡；还可通过干扰营养物质穿过细胞膜的运输，限制寄生虫对糖类的吸收，从而抑制虫体的生长发育，达到杀虫效果。

②化学合成抗球虫药。三嗪类如地克珠利可以抑制子孢子的裂殖增殖；妥曲珠利能干扰虫体细胞核分裂和线粒体，影响虫体的呼吸和代谢功能；二硝基类如二硝托胺能抑制无性周期的裂殖芽孢；尼卡巴嗪能抑制第二个无性繁殖期裂殖体的生长繁殖；磺胺类如磺胺喹噁啉可通过作用第一代和第二代裂殖体，与对氨基苯甲酸竞争二氢叶酸合成酶，以阻碍二氢叶酸的合成，最终影响核蛋白的合成。

2）抗球虫类药物的理化性质

抗球虫类药物多为白色或类白色针状结晶或结晶性粉末，无臭、无味，易溶于水和乙醇，微溶于氯仿。常见抗球虫类药物的理化性质见表4 - 7。

表4 - 7　常见抗球虫类药物的理化性质

序号	化合物中英文名	CAS 号	分子式	精确质量数	化学结构式	lgP	熔点/℃
1	乙胺嘧啶 Pyrimethamine	58 - 14 - 0	$C_{12}H_{13}ClN_4$	248.08287	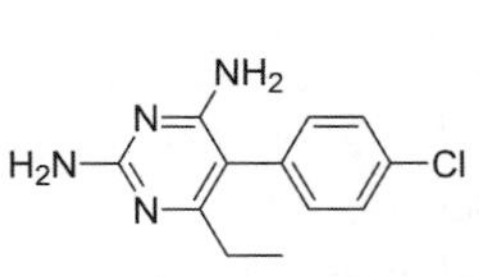	2.69	176.47
2	氯羟吡啶 Clopidol	2971 - 90 - 6	$C_7H_7Cl_2NO$	190.99047	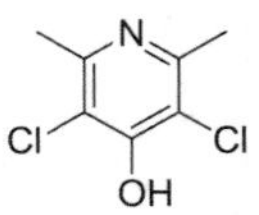	1.08	84.65
3	氯苯胍 Robenidine	25875 - 50 - 7	$C_{15}H_{13}Cl_2N_5$	333.05480	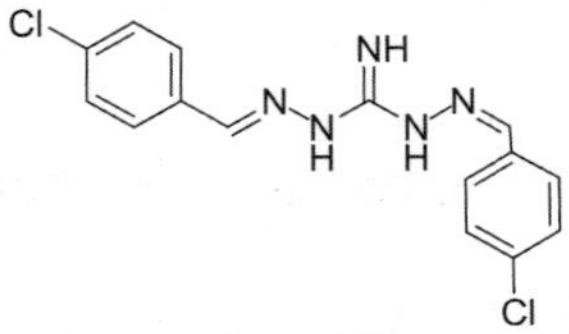	—	252～254

序号	化合物中英文名	CAS 号	分子式	精确质量数	化学结构式	lgP	熔点/℃
4	癸氧喹酯 Decoquinate	18507－89－6	$C_{24}H_{35}NO_5$	417.25152	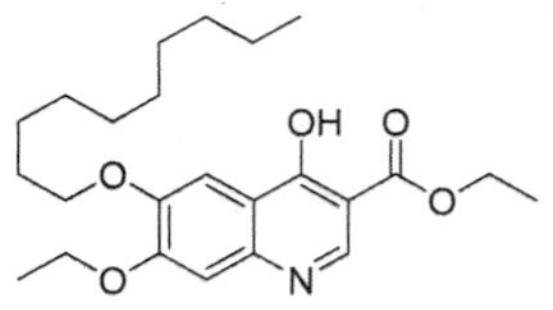	5.94	219.89
5	盐霉素 Salinomycin	55721－31－8	$C_{42}H_{71}NaO_{12}$	772.47376	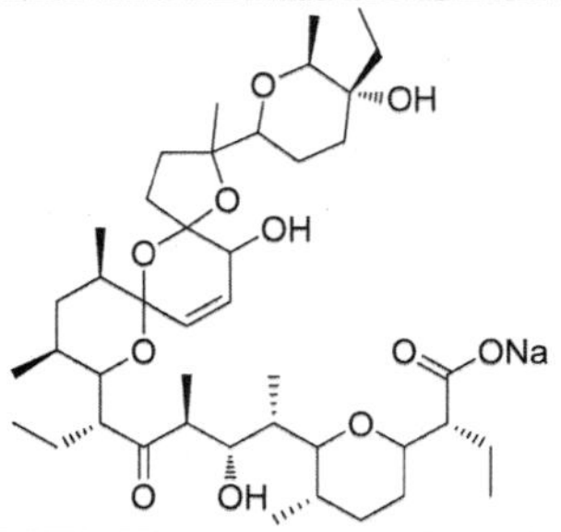	—	140～142
6	马杜霉素 Maduramicin	61991－54－6	$C_{47}H_{80}O_{17} \cdot NH_3$	933.56610	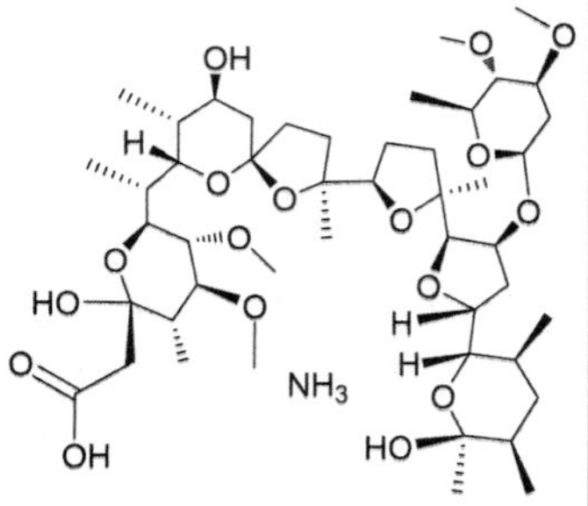	—	165～167
7	氨丙啉 Amprolium	121－25－5	$C_{14}H_{19}ClN_4$	278.12982	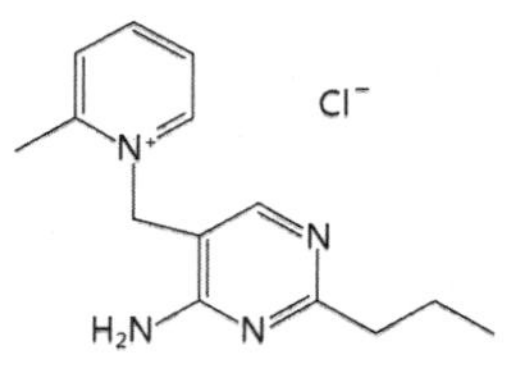	—	239.00
8	拉沙里菌素 A 钠盐 Lasalocid A sodium salt	25999－20－6	$C_{34}H_{53}NaO_8$	612.36381	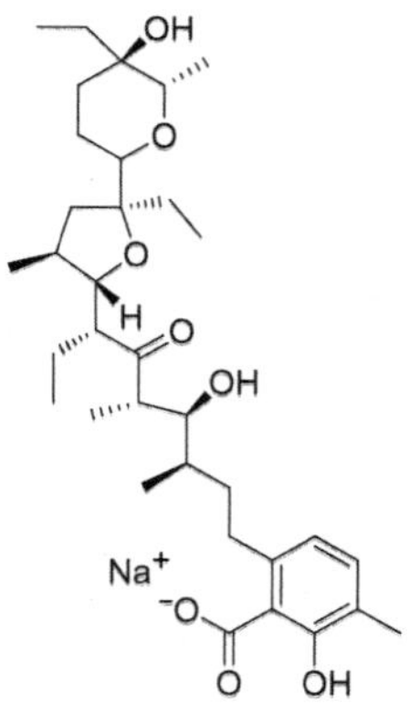	—	180.00
9	常山酮 Halofuginone	55837－20－2	$C_{16}H_{17}BrClN_3O_3$	413.01418	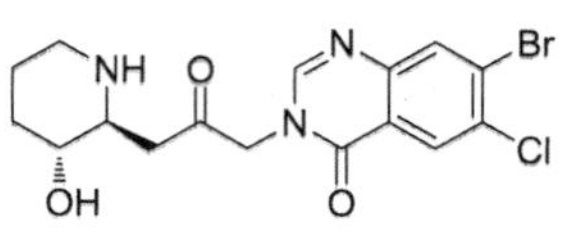	—	150.00

（续表 4 - 7）

序号	化合物中英文名	CAS 号	分子式	精确质量数	化学结构式	lgP	熔点/℃
10	莫能菌素 Monensin	17090 - 79 - 8	$C_{36}H_{62}O_{11}$	670.42921	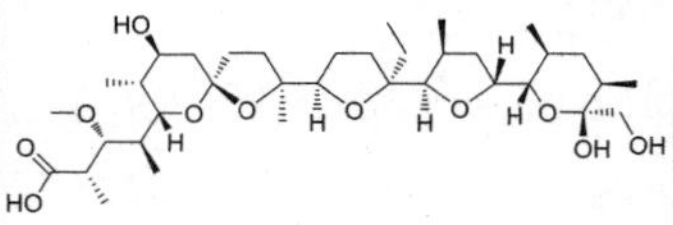	—	103～105
11	氟嘌呤 Fluoropurine	1651 - 29 - 2	$C_5H_2ClFN_4$	171.9952	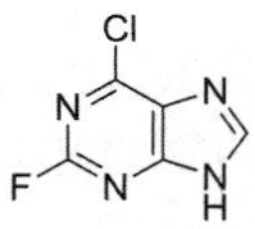	—	162.00
12	二硝托胺 Dinitolmide	148 - 01 - 6	$C_8H_7N_3O_5$	225.03857	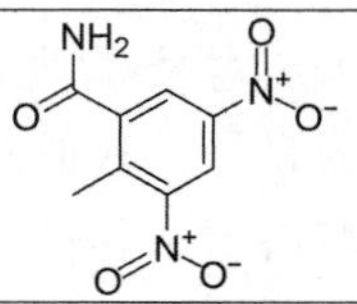	—	183.00
13	克拉珠利 Clazuril	101831 - 36 - 1	$C_{17}H_{10}Cl_2N_4O_2$	372.01808	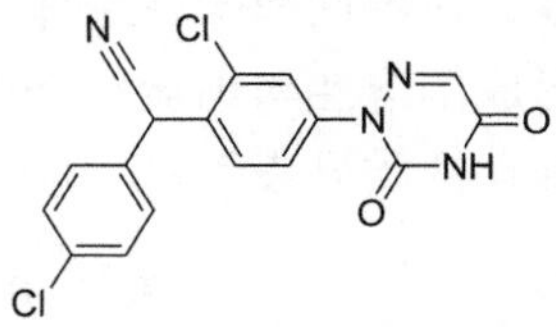	—	—
14	妥曲珠利 Toltrazuril	69004 - 03 - 1	$C_{18}H_{14}F_3N_3O_4S$	425.06571	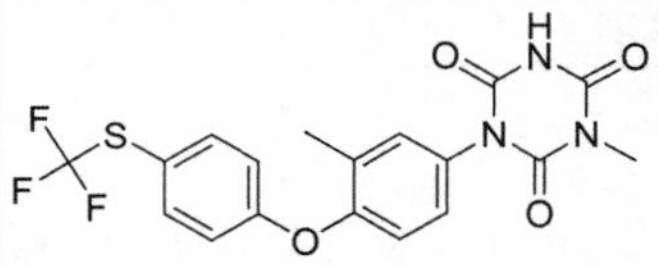	—	—
15	地克珠利 Diclazuril	101831 - 37 - 2	$C_{17}H_9Cl_3N_4O_2$	405.97911	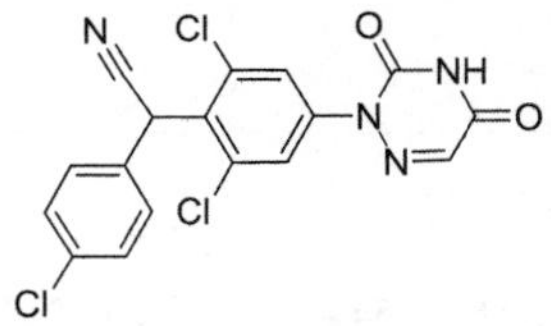	—	548.00
16	乙氧酰胺苯甲酯 Ethopabate	59 - 06 - 3	$C_{12}H_{15}NO_4$	237.10011	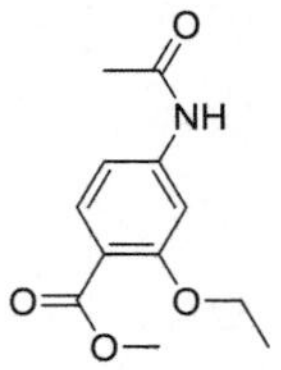	—	148.00

2. 抗球虫类药物的功效与用途

抗球虫类药物具有很广的抗球虫谱，对子孢子和第一代裂殖体均有抑制作用，作用峰期为感染后的第二天。对鸡柔嫩、毒害、堆型、巨型、布氏、变位艾美耳等 6 种常见鸡球虫具有高效杀灭作用，另外对革兰阳性菌和猪痢疾密螺旋体也有抑制作用，并促进动物生长发育，增加体重，提高饲料利用率。临床上其预混剂添加于饲料中可预防鸡球虫病、坏死性肠炎、羔羊和兔球虫病，对肉牛有促生长作用。

3. 抗球虫类药物的毒副作用

抗球虫类药物具有一定的毒副作用，产蛋期禁用。长期用药易产生耐药性，且药效期短，用药 2 天后作用基本消失，因此，要交替连续用药以防球虫病再次爆发。另一方面，由于抗球虫药使用的时间一般较长，在肉、蛋中出现残留是必然的，这往往会影响产品的质量和人们的健康，因此要严格执行抗球虫药的停药期限。

4.1.8 四环素类药物

1. 四环素类药物的结构与理化性质

1）四环素类药物的结构

四环素类药物（tetracyclines，TCs）是由放线菌产生的一类广谱抗生素，具有氢化并四苯母核的化学结构，能特异性地与细菌核糖体30S 亚基的 A 位置结合，阻止氨基酰 – tRNA 在该位上的联结，从而抑制肽链的增长和影响细菌蛋白质的合成，与细菌形成金属络合物，发挥抗菌作用。四环素类药物的基本结构如图4 – 7 所示。

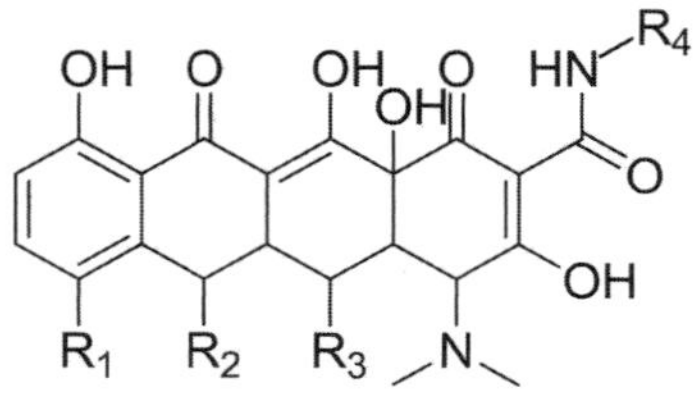

图 4 – 7　四环素类药物的基本结构

2）四环素类药物的理化性质

四环素类药物本身及其盐类均为黄色或淡黄色的晶体，在干燥状态下极为稳定。除金霉素外，其他四环素族的水溶液都相当稳定，能溶于稀酸、稀碱等，略溶于水和低级醇，但不溶于氯仿、乙醚及石油醚。四环素类药物中含有许多羟基、烯醇羟基及羧基，在酸性和碱性条件下均不稳定，在中性条件下能与多种金属离子形成不溶性螯合物。与钙或镁离子形成不溶性的钙盐或镁盐，与铁离子形成红色络合物，与铝离子形成黄色络合物。常见四环素类药物的理化性质见表4 – 8。

表4 – 8　常见四环素类药物的理化性质

序号	化合物中英文名	CAS 号	分子式	精确质量数	化学结构式	lg$P$	熔点/℃
1	美满霉素 Minocycline	10118 – 90 – 8	$C_{23}H_{27}N_3O_7$	457.18490	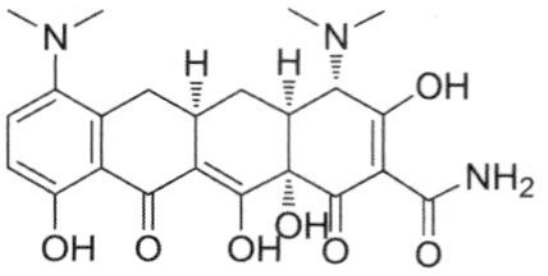	0.05	326.30
2	四环素 Tetracycline	60 – 54 – 8	$C_{22}H_{24}N_2O_8$	444.15327	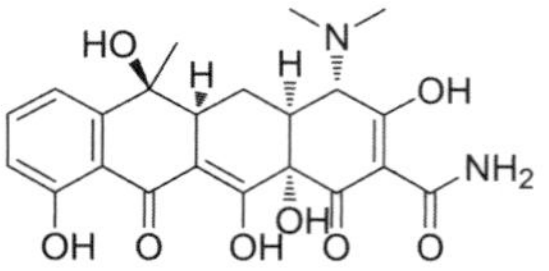	– 1.30	327.19
3	土霉素 Oxytetracycline	79 – 57 – 2	$C_{22}H_{24}N_2O_9$	460.14818	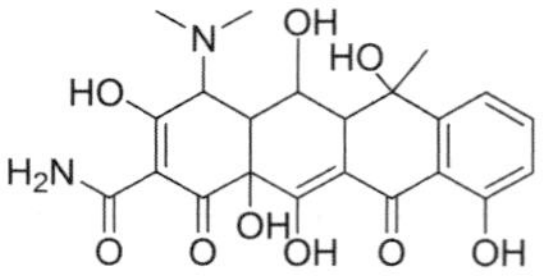	– 1.72	326.65
4	强力霉素 Doxycycline	564 – 25 – 0	$C_{22}H_{24}N_2O_8$	444.15327	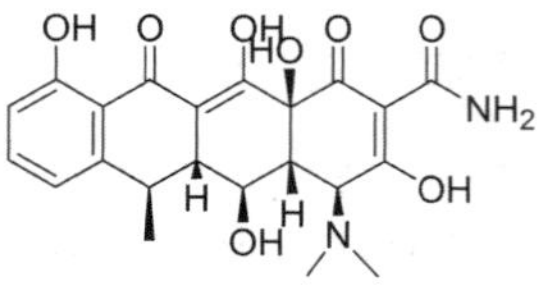	– 0.22	313.50
5	金霉素 Chlortetracycline	57 – 62 – 5	$C_{22}H_{23}ClN_2O_8$	478.11429	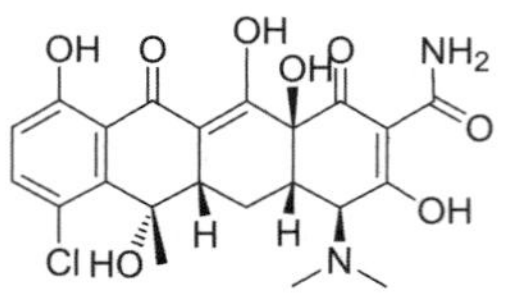	– 0.62	335.93

（续表4-8）

序号	化合物中英文名	CAS号	分子式	精确质量数	化学结构式	lgP	熔点/℃
6	美他环素 Metacycline	914-00-1	$C_{22}H_{24}N_2O_8$	444.15327	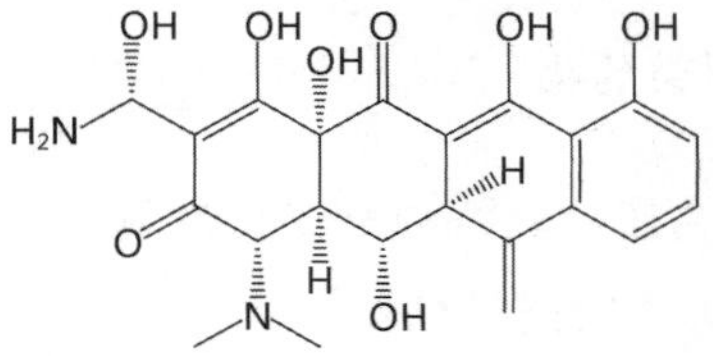	—	—
7	地美环素 Demeclocycline	12-33-3	$C_{21}H_{21}ClN_2O_8$	464.09864	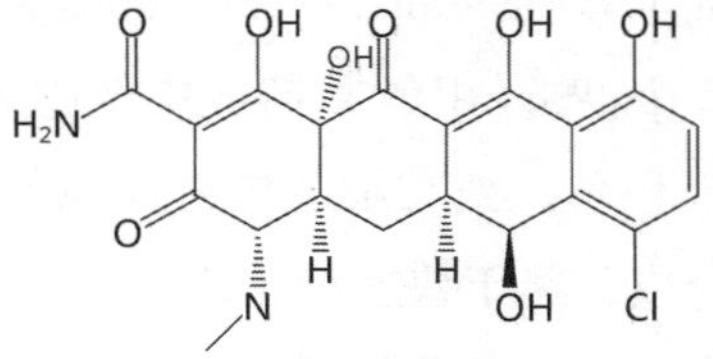	—	220.00
8	甲氯环素 Meclocycline	2013-58-3	$C_{22}H_{21}ClN_2O_8$	476.09864	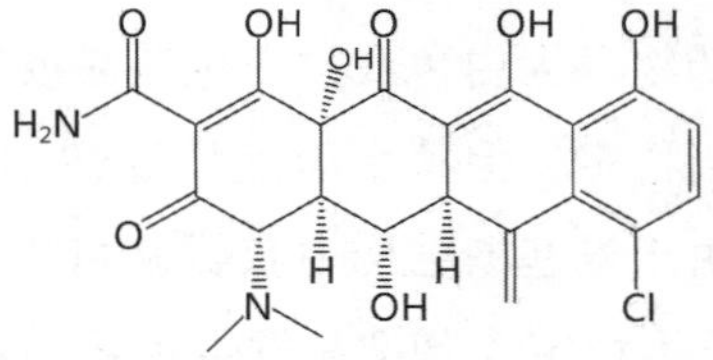	—	—
9	罗利环素 Rolitetracycline	751-97-3	$C_{27}H_{33}N_3O_8$	527.22677	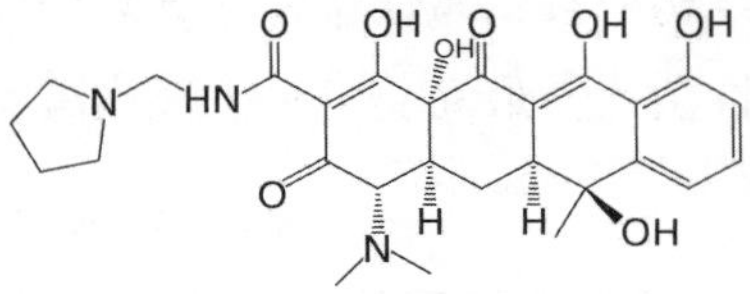	—	—

2. 四环素类药物的功效与用途

四环素类药物抗菌谱广，除对革兰阳性菌和革兰阴性菌有效外，对立克次体、衣原体、支原体、螺旋体、放线菌也有抑制作用，对阿米巴原虫也有间接抑制作用。但对革兰阳性菌的作用不如青霉素和头孢菌素，对革兰阴性菌的作用不如氨基苷类和氯霉素，对绿脓杆菌、结核杆菌、病毒等无效。

四环素类药物的主要用途有：①用于立克次体病，如斑疹伤寒、恙虫病、Q热；肺炎支原体引起的原发性非典型肺炎，衣原体引起的沙眼、鹦鹉热、性病淋巴肉芽肿等。②革兰阴性杆菌，如百日咳杆菌、痢疾杆菌、布鲁氏杆菌、流感杆菌引起的百日咳以及呼吸道、肠道及泌尿道感染。③对球菌和革兰阳性杆菌感染，其疗效不如青霉素，因口服方便，仍较常用。也用于抗青霉素的金葡菌感染和对青霉素过敏病人的葡萄球菌感染。④抑制肠内阿米巴原虫的共生菌，间接抑制阿米巴原虫，因土霉素在肠内浓度较高，疗效较佳，可治疗肠内阿米巴病，对肠外阿米巴病无效。

3. 四环素类药物的毒副作用

①局部刺激作用。口服易引起恶心、呕吐、食欲减退等症状。饭后服用可减轻，但影响药物的吸收。

②二重感染。正常人体的口腔、鼻咽部、消化道等处寄生着多种微生物，由于菌群之间相互拮抗，而维持相对平衡的共生状态。但长期使用广谱抗生素后，其中敏感的细菌受到抑制，而不敏感菌株乘机在体内大量繁殖，形成新的感染，称为二重感染，也称为菌群交替症。

③四环素类药物能与新形成的牙和骨中的钙结合，形成稳定的黄色络化物沉积于骨中，而使牙齿有黄色色素沉着，牙釉质发育不全，易造成龋齿，还能抑制婴幼儿的骨骼成长。因药物可从乳汁中分泌，还能通过胎盘影响胎儿，故妊娠五月以上的孕妇、哺乳者及7岁以下儿童禁用。

④肝脏毒性。肾功能不全者及孕妇更易发生，故肾功能不全者应减量慎用。

⑤偶见药热、皮疹、血管神经性水肿等过敏反应。

4.1.9　大环内酯类药物

1. 大环内酯类药物的结构与理化性质

1）大环内酯类药物的结构

大环内酯类抗生素（macrolides antibiotics，MALs）结构中具有十四或十六元内酯环配糖基，内酯环通过苷键与1个或2个糖链（甲氨基糖或中性糖）连接。不可逆地结合到细菌核糖体50S亚基上，通过阻断转肽作用及mRNA位移，或与细菌核糖体50S亚基的L22蛋白质结合，导致核糖体结构被破坏，选择性抑制细菌蛋白质合成，属于快速抑菌剂。

2）大环内酯类药物的理化性质

大环内酯类药物多为白色或类白色结晶或粉末，一般以盐或酯的形式存在，无臭、味苦，有引湿性。在干燥状态下相当稳定，但其水溶液稳定性差，易溶于甲醇、乙醇、丙酮、乙腈、乙酸乙酯、氯仿、乙醚，微溶于水。由于氨基糖结构中叔氨基可以被离子化，因此在酸性水溶液中也有相当的溶解度。酸性条件（pH<4.0）下不稳定，苷键易发生水解，氨基糖苷结构较中性糖苷稳定得多，正常水解碱性糖苷的条件往往导致大环结构分解；碱性条件（pH>9.0）能使内酯环开裂；在pH 6.8的水溶液中相对较稳定，此时水溶性下降，抗菌活性最高。常见大环内酯类药物的理化性质见表4-9。

表4-9　常见大环内酯类药物的理化性质

序号	化合物中英文名	CAS号	分子式	精确质量数	化学结构式	lgP	熔点/℃
1	红霉素 Erythromycin	114-07-8	$C_{37}H_{67}NO_{13}$	733.46124	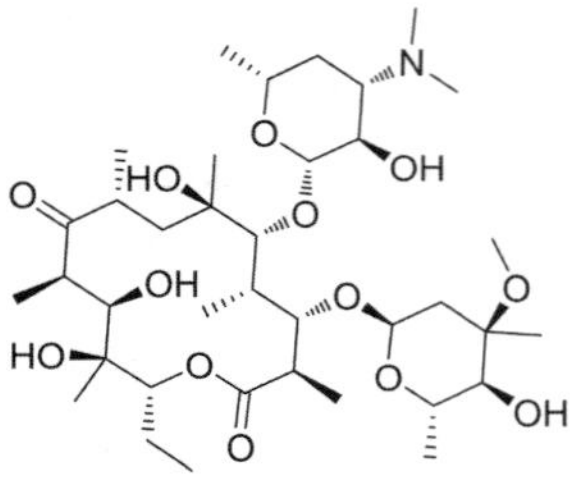	3.06	191.00
2	罗红霉素 Roxithromycin	80214-83-1	$C_{41}H_{76}N_2O_{15}$	836.52457	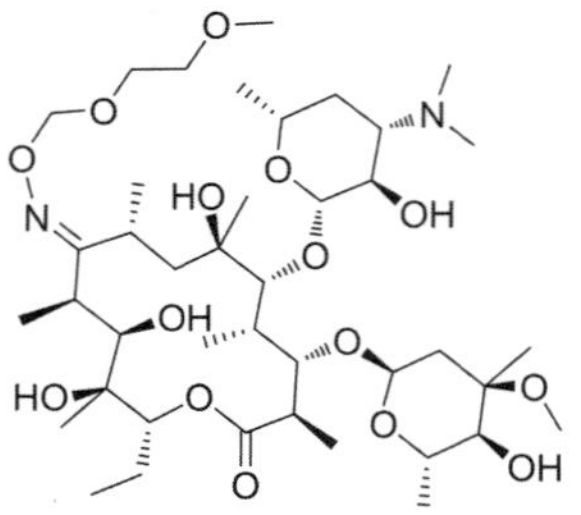	2.75	115～120
3	交沙霉素 Josamycin	16846-24-5	$C_{42}H_{69}NO_{15}$	827.46672	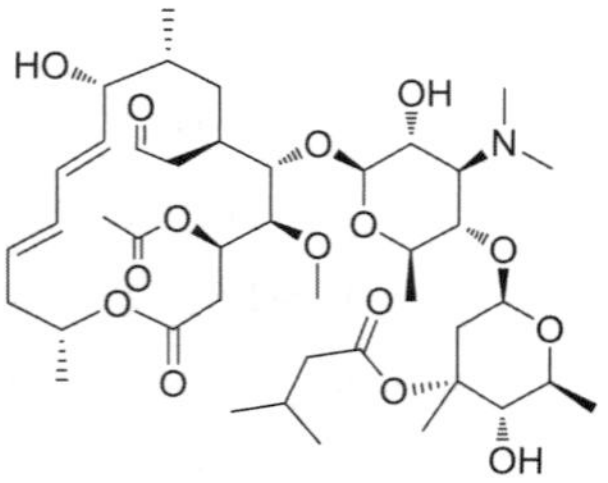	3.16	131.50

序号	化合物中英文名	CAS 号	分子式	精确质量数	化学结构式	lgP	熔点/℃
4	螺旋霉素 Spiramycin	8025-81-8	$C_{40}H_{67}N_2O_{14}$	843.05270	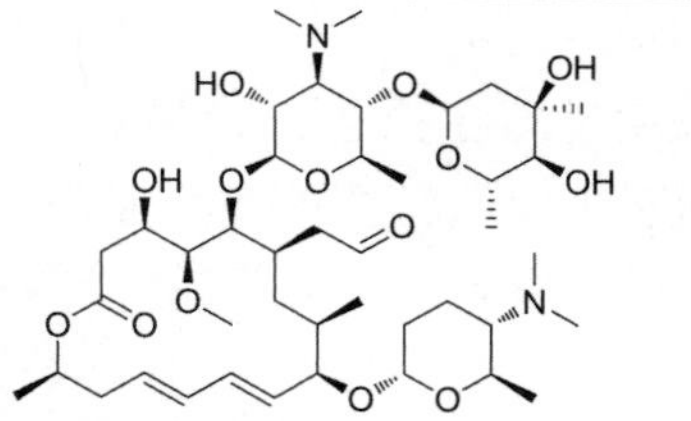	3.06	—
5	泰乐菌素 Tylosin	1401-69-0	$C_{46}H_{77}NO_{17}$	915.51915	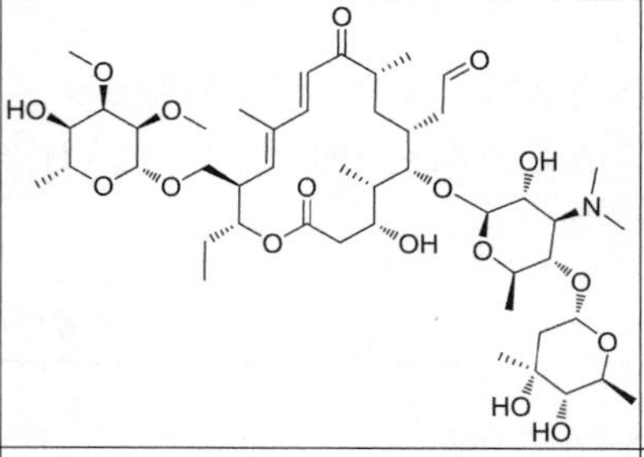	3.27	135～137
6	阿奇霉素 Azithromycin	83905-01-5	$C_{38}H_{72}N_2O_{12}$	748.50853	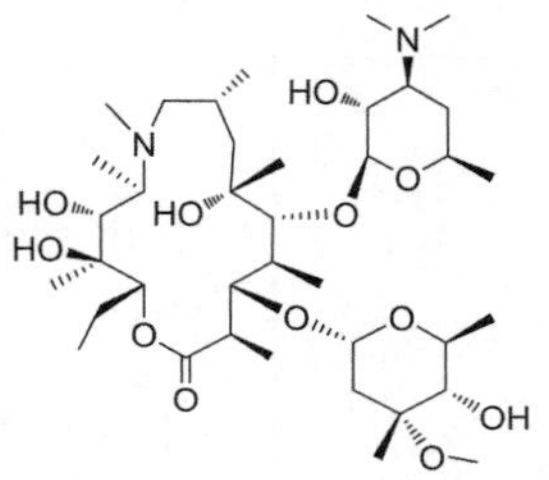	4.02	114.00
7	竹桃霉素 Oleandomycin	3922-90-5	$C_{35}H_{61}NO_{12}$	687.42	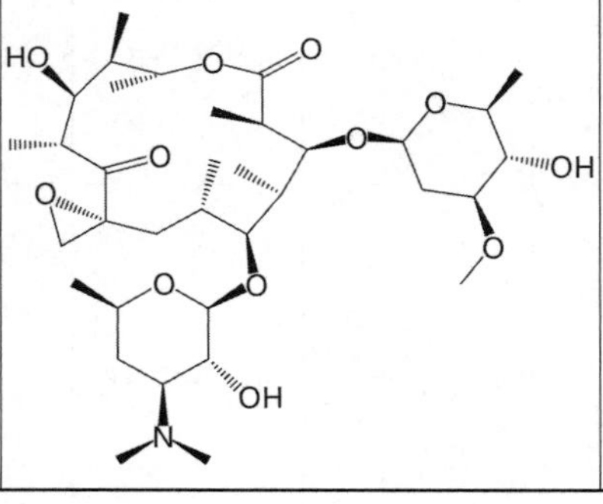	1.69	—

2. 大环内酯类药物的功效与用途

大环内酯类药物具有抑菌和杀菌作用，抗菌谱与青霉素相似。对革兰氏阳性菌，抗青霉素金葡菌、链球菌、肺炎球菌、白喉杆菌、炭疽杆菌、破伤风杆菌、梭状芽孢杆菌等均有较强作用。主要用于治疗抗青霉素的严重感染，如肺炎、败血症、伪膜性肠炎。对青霉素敏感的金葡菌感染，效力不如青霉素，且易产生抗药性，故只用于对青霉素过敏者。与氯霉素、链霉素、杆菌肽等合用可避免产生抗药性。此外，对敏感的肺炎球菌和化脓性链球菌感染、流感杆菌引起的中耳炎、肺炎支原体所致肺炎、肺炎球菌和流感杆菌混合感染的支气管炎以及白喉杆菌者均有较好的疗效，与其他抗生素之间无交叉抗药性。

3. 大环内酯类药物的毒副作用

大环内酯类药物的毒性较低，但大剂量口服，可引起恶心、呕吐、腹泻等胃肠道刺激症状。红霉素连服2～3周可引起胆汁郁积性黄疸、发热、嗜酸性粒细胞增多等过敏反应，停药后可消失。浓度太高或静脉滴注速度较快可发生静脉疼痛和静脉炎。

4.1.10 林可胺类药物

1. 林可胺类药物的结构与理化性质

1）林可胺类药物的结构

林可胺类药物由链霉菌产生，为强效、窄谱的抑菌性抗菌药物，主要作用于细菌核糖体的 50S 亚基，抑制肽链延长，干扰细菌蛋白质合成，属生长期抑菌剂。其基本结构如图 4 - 8 所示。

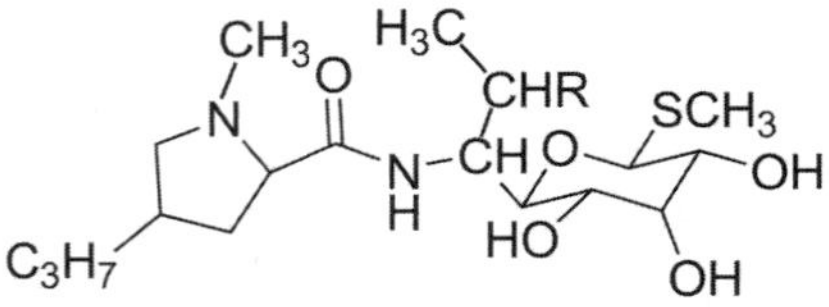

图 4 - 8 林可胺类药物的基本结构

2）林可胺类药物的理化性质

林可胺类药物的盐酸盐多为白色结晶粉末，微臭或有特殊臭味，味苦，易溶于水或甲醇，略溶于乙醇，几乎不溶于氯仿或丙酮，20% 水溶液的 pH 值为 3.5 ～ 5.5，性质较稳定。常见林可胺类药物的理化性质见表 4 - 10。

表 4 - 10 常见林可胺类药物的理化性质

序号	化合物中英文名	CAS 号	分子式	精确质量数	化学结构式	lgP	熔点/℃
1	林可霉素 Lincomycin	154 - 21 - 2	$C_{18}H_{34}N_2O_6S$	406.21376	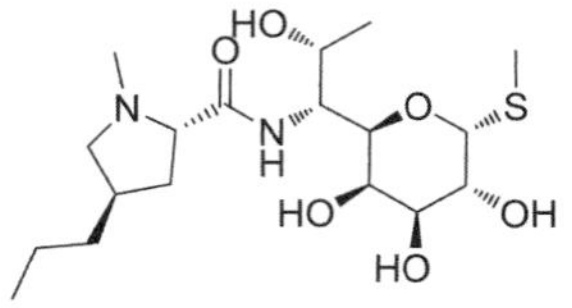	0.56	262.24
2	克林霉素 Clindamycin	18323 - 44 - 9	$C_{18}H_{33}ClN_2O_5S$	424.17987	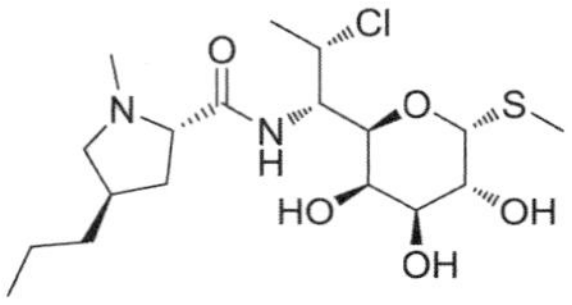	2.16	255.26
3	吡利霉素 Pirlimycin	79548 - 73 - 5	$C_{17}H_{31}ClN_2O_5S$	410.16422	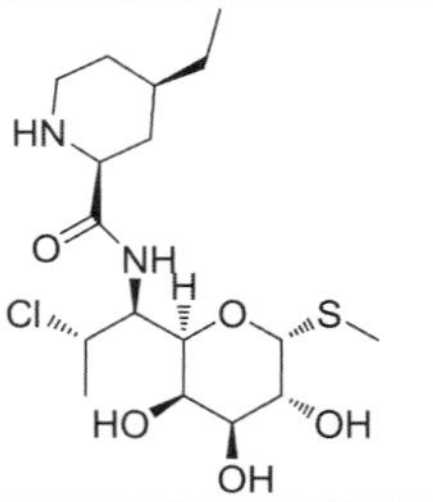	—	—
4	克林霉素磷酸酯 Clindamycin phosphate	24729 - 96 - 2	$C_{18}H_{34}ClN_2O_8PS$	504.1462	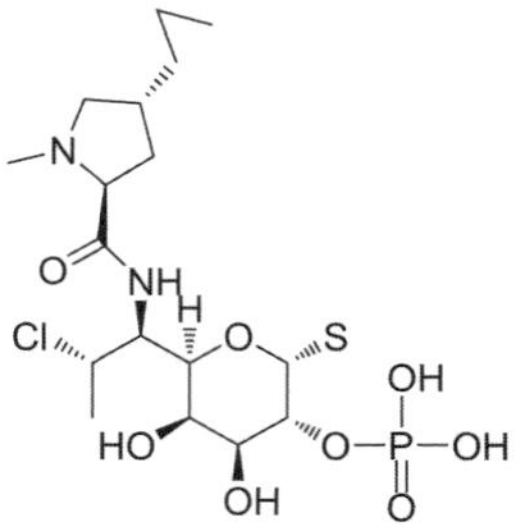	—	114

2. 林可胺类药物的功效与用途

林可胺类药物抗菌谱窄，主要用于厌氧菌和革兰阳性球菌所致的各种感染，厌氧菌包括脆弱拟杆菌、梭杆菌属、消化球菌、消化链球菌、产气荚膜杆菌等，革兰阳性球菌包括葡萄球菌属、链球菌属、白喉杆菌、炭疽杆菌等。临床上主要用于葡萄球菌、链球菌、肺炎链球菌引起的呼吸道感染、骨髓炎、关节和软组织感染、胆道感染及泌尿系统感染等，尤其适用于由厌氧菌引起的感染，是金黄色葡萄球菌性骨髓炎的首选治疗药。

3. 林可胺类药物的毒副作用

林可胺类药物对胃肠道的毒副作用较小，但由于该类药物为高脂溶性碱性化合物，易从肠道吸收，体内分布广泛，在肝、肾、骨髓内浓度较高，能透过胎盘，不易进入脑脊液，肝代谢有活性代谢物产生，原型及代谢物从尿、粪便与乳汁中排出，故孕畜和新生幼龄动物禁用。

4.1.11 激素类药物

1. 激素类药物的结构与理化性质

1）激素类药物的结构

激素类药物主要包括雄激素（androgens）、雌激素（estrogens）、孕激素（progestogens）及糖皮质激素（glucocorticoids）等。雄激素是雄甾烷的衍生物，含 4 – 烯 – 3 – 酮结构，17β 位有羟基或羟基与羧酸形成的酯。雌激素是雌甾烷的衍生物，其 A 环为苯环，3 位有酚羟基或羟基与羧酸形成的酯，17 位有羟基或酮基或羟基与羧酸形成的酯。孕激素的结构特征为 A 环上具有 4 – 烯 – 3 – 酮基，17 位有甲酮基。糖皮质激素含 4 – 烯 – 3 – 酮基，17β 位有羟甲基酮基的孕甾烷衍生物，C_{11} 上有氧原子。激素类药物的基本结构如图 4 – 9 所示。

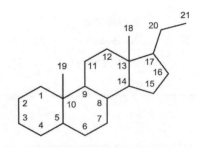

图 4 – 9　激素类药物的基本结构

2）激素类药物的理化性质

雄激素类药物多为白色或类白色结晶性粉末，易溶于乙醇、氯仿、丙酮，几乎不溶于水，应避光密闭保存。雌激素类药物多为白色或类白色结晶性粉末，易溶于乙醇、丙酮及乙醚，不溶于水。孕激素类药物为白色或类白色结晶性粉末，无臭，味微苦，溶于氯仿，微溶于乙醇，略溶于丙酮，不溶于水。糖皮质激素类药物为白色或类白色结晶或结晶性粉末，无臭，味微苦，易溶于丙酮，在甲醇或无水乙醇中溶解，在乙醇或氯仿中略溶，在乙醚中极微溶解，在水中不溶。常见的雄激素、雌激素、孕激素及糖皮质激素类药物的理化性质分别见表 4 – 11 ～ 表 4 – 14。

表 4 –11　常见雄激素类药物的理化性质

序号	化合物中英文名	CAS 号	分子式	精确质量数	化学结构式	lg$P$	熔点/℃
1	睾酮 Testosterone	58 – 22 – 0	$C_{19}H_{28}O_2$	288.20893		3.32	144.56
2	甲基睾酮 Methoxytestosterone	58 – 18 – 4	$C_{20}H_{30}O_2$	302.22458		3.36	151.62
3	诺龙 Nandrolone	434 – 22 – 0	$C_{18}H_{26}O_2$	274.19328		2.62	140.99

（续表4－11）

序号	化合物中英文名	CAS 号	分子式	精确质量数	化学结构式	lgP	熔点/℃
4	丙酸睾酮 Testosterone propionate	57－85－2	$C_{22}H_{32}O_3$	344.23514	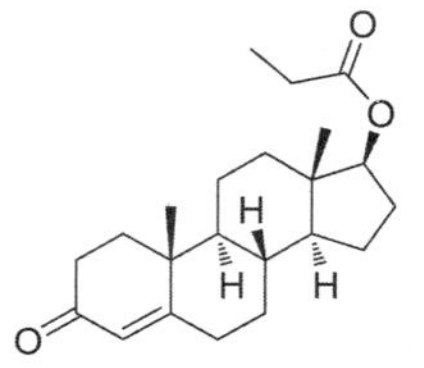	4.77	157.57
5	苯丙酸诺龙 Nandrolone phenylpropionate	62－90－8	$C_{27}H_{34}O_3$	406.25079	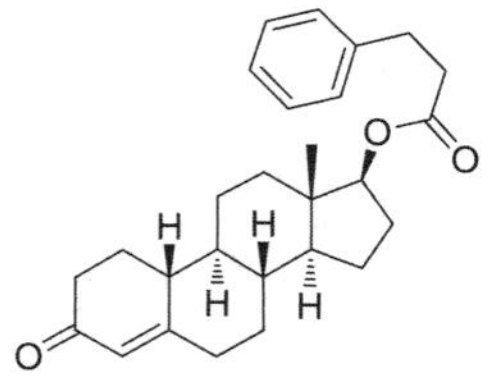	6.02	206.09

表4－12　常见雌激素类药物的理化性质

序号	化合物中英文名	CAS 号	分子式	精确质量数	化学结构式	lgP	熔点/℃
1	雌酮 Estrone	53－16－7	$C_{18}H_{22}O_2$	270.16198	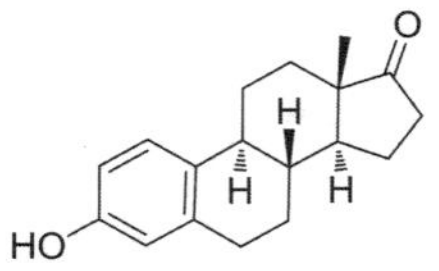	3.13	153.08
2	雌二醇 Estradiol	50－28－2	$C_{18}H_{24}O_2$	272.17763	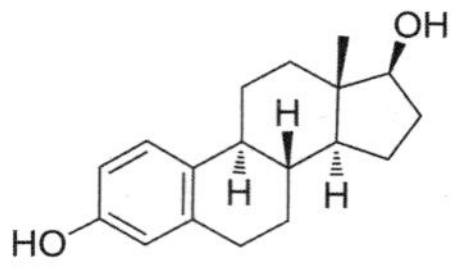	4.01	152.43
3	雌三醇 Estriol	50－27－1	$C_{18}H_{24}O_3$	288.17254	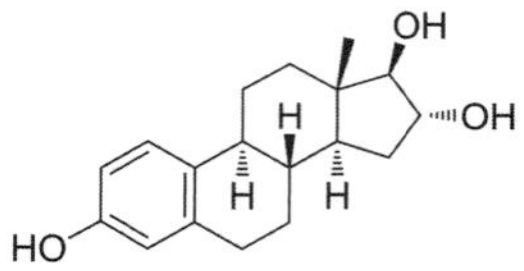	2.45	180.72
4	己烷雌酚 Hexestrol	5776－72－7	$C_{18}H_{22}O_2$	270.16198	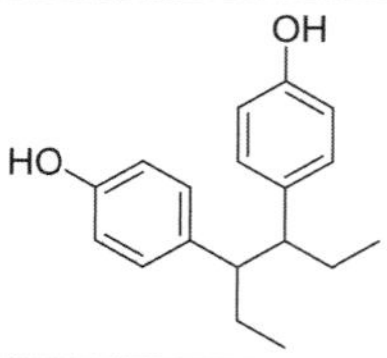	5.6	147.18
5	己烯雌酚 Diethylstilbestrol	6898－97－1	$C_{18}H_{20}O_2$	268.14633	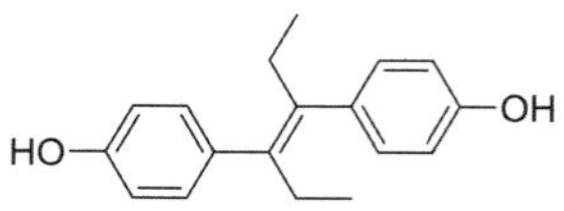	5.07	147.18
6	己二烯雌酚 Dienestrol	13029－44－2	$C_{18}H_{18}O_2$	266.13068	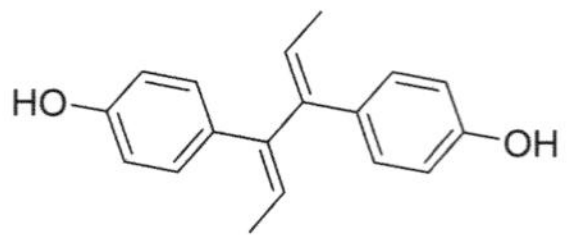	5.43	152.48

（续表4－12）

序号	化合物中英文名	CAS 号	分子式	精确质量数	化学结构式	lgP	熔点/℃
7	炔雌醇 Ethynyl estradiol	57－63－6	$C_{20}H_{24}O_2$	296.17763	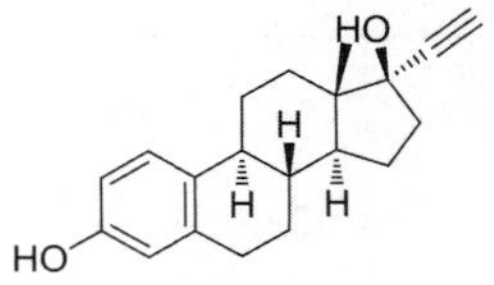	3.67	171.12
8	苯甲酸雌二醇 Estradiol benzoate	50－50－0	$C_{25}H_{28}O_3$	376.20384	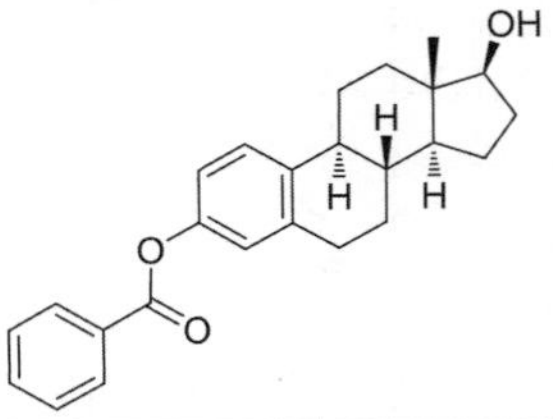	5.47	202.80

表4－13　常见孕激素类药物的理化性质

序号	化合物中英文名	CAS 号	分子式	精确质量数	化学结构式	lgP	熔点/℃
1	孕酮 Progesterone	57－83－0	$C_{21}H_{30}O_2$	314.22458	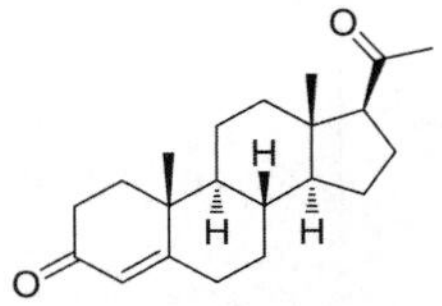	3.87	121.00
2	17α－羟孕酮 17α－Hydroxy progesterone	68－96－2	$C_{21}H_{30}O_3$	330.21949	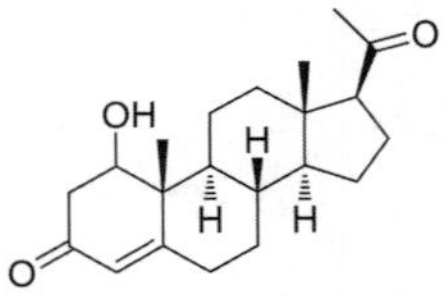	3.17	222.00
3	甲羟孕酮 Medroxyprogesterone	520－85－4	$C_{22}H_{32}O_3$	344.23514	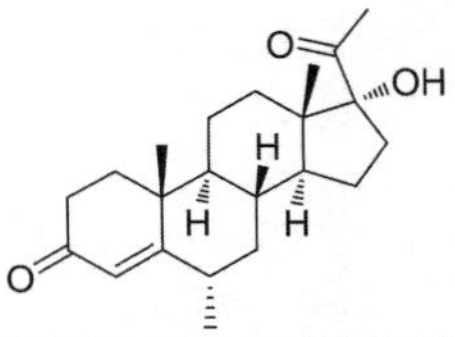	3.50	214.00
4	醋酸氯地孕酮 Chloromadinone 17－acetate	302－22－7	$C_{23}H_{29}ClO_4$	404.17544	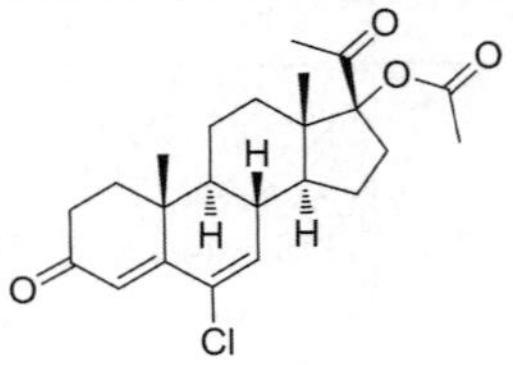	3.95	213.00
5	醋酸甲地孕酮 Megestrol 17－acetate	595－33－5	$C_{24}H_{32}O_4$	384.23006	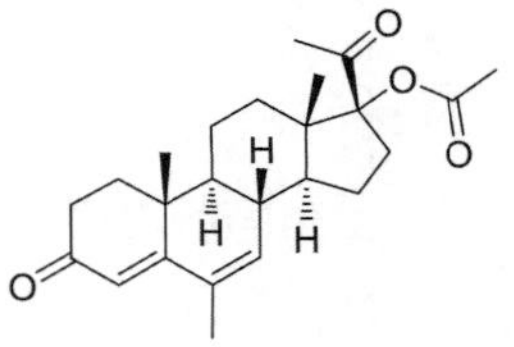	4.00	214.00
6	醋酸甲羟孕酮 Medroxyprogesterone 17－acetate	71－58－9	$C_{24}H_{34}O_4$	386.24571	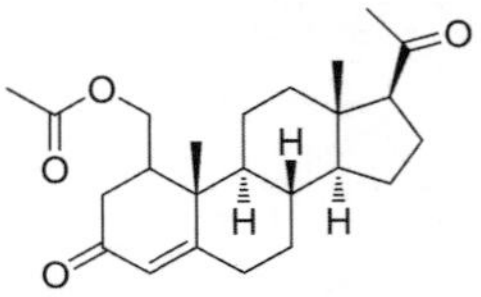	4.09	188.16

表 4 - 14　常见糖皮质激素类药物的理化性质

序号	化合物中英文名	CAS 号	分子式	精确质量数	化学结构式	lgP	熔点/℃
1	曲安西龙 Triamcinolone	124 - 94 - 7	$C_{21}H_{27}FO_6$	394.17917	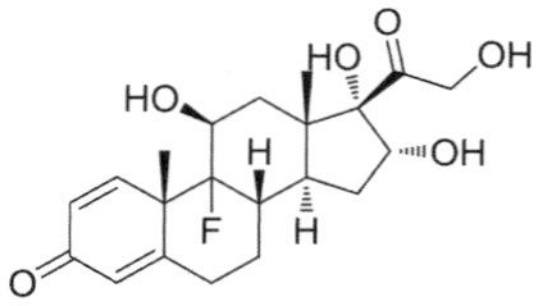	1.16	229.89
2	泼尼松龙 Prednisolone	50 - 24 - 8	$C_{21}H_{28}O_5$	360.19367	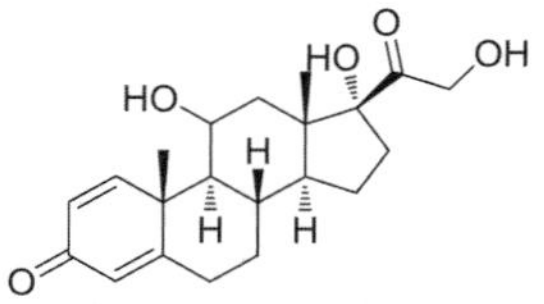	1.62	215.25
3	氢化可的松 Hydrocortisone	50 - 23 - 7	$C_{21}H_{30}O_5$	362.20932	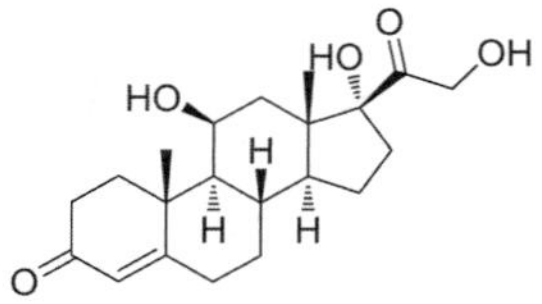	1.61	214.53
4	泼尼松 Prednisone	53 - 03 - 2	$C_{21}H_{26}O_5$	358.17802	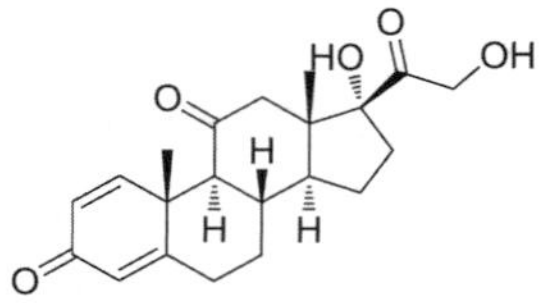	1.46	213.56
5	可的松 Cortisone	53 - 06 - 5	$C_{21}H_{28}O_5$	360.19367	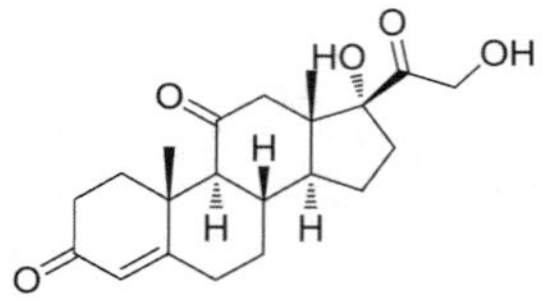	1.47	212.85
6	甲基泼尼松龙 Methylprednisolone	83 - 43 - 2	$C_{22}H_{30}O_5$	374.20932	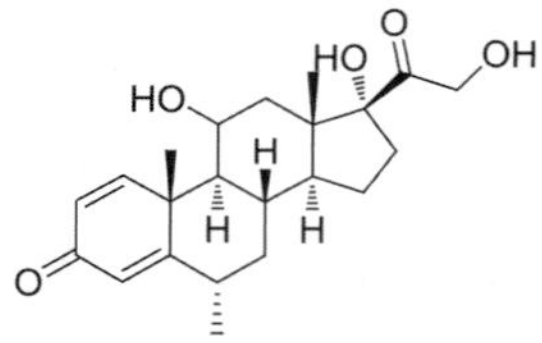	1.82	219.10
7	倍他米松 Betamethasone	378 - 44 - 9	$C_{22}H_{29}FO_5$	392.19990	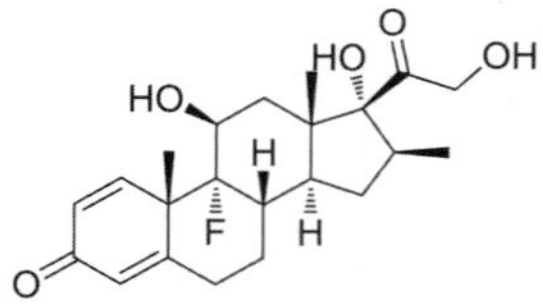	1.94	216.77
8	地塞米松 Dexamethasone	50 - 02 - 2	$C_{22}H_{29}FO_5$	392.19990	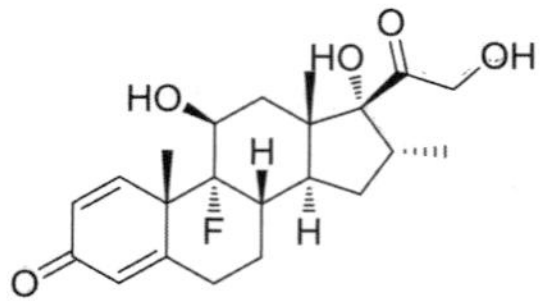	1.94	216.77

（续表 4 – 14）

序号	化合物中英文名	CAS 号	分子式	精确质量数	化学结构式	lgP	熔点/℃
9	氟米松 Flumethasone	2135 – 17 – 3	$C_{22}H_{28}F_2O_5$	410.19048	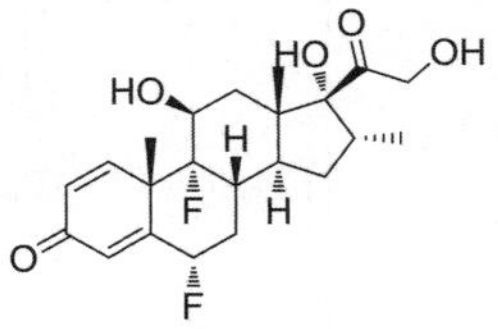	1.94	215.72
10	倍氯米松 Beclomethasone	4419 – 39 – 0	$C_{22}H_{29}ClO_5$	408.17035	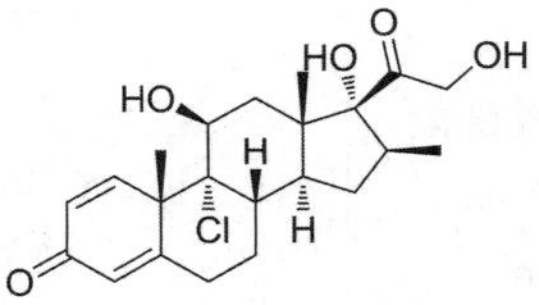	—	198.00
11	曲安奈德 Triamcinolone acetonide	76 – 25 – 5	$C_{24}H_{31}FO_6$	434.21047	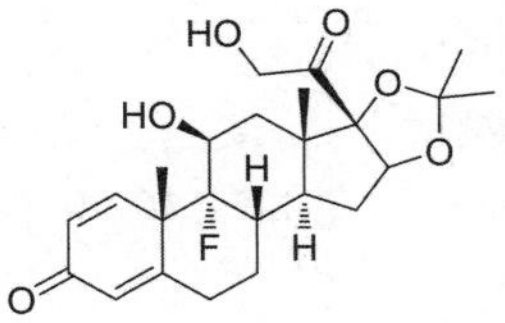	2.53	223.42
12	氟氢缩松 Fludroxycortide	1524 – 88 – 5	$C_{24}H_{33}FO_6$	436.22612	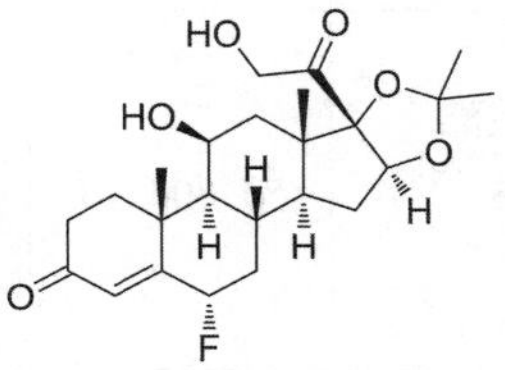	2.87	224.00
13	曲安西龙双醋酸酯 Triamcinolone diacetate	67 – 78 – 7	$C_{25}H_{31}FO_8$	478.20030	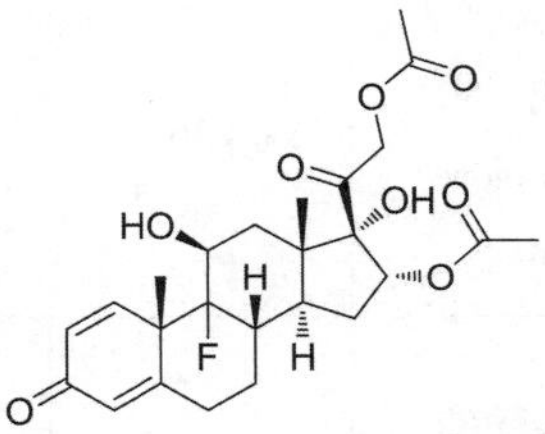	1.92	229.35
14	泼尼松龙醋酸酯 Prednisolone 21-acetate	52 – 21 – 1	$C_{23}H_{30}O_6$	402.20424	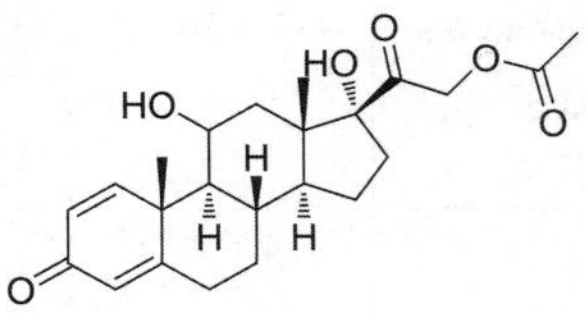	2.40	218.01
15	氟米龙 Fluoromethalone	426 – 13 – 1	$C_{22}H_{29}FO_4$	376.20499	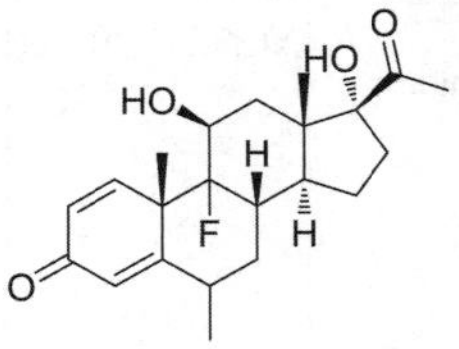	2.00	196.47
16	氢化可的松醋酸酯 Hydrocortisone 21-acetate	50 – 03 – 3	$C_{23}H_{32}O_6$	404.21989	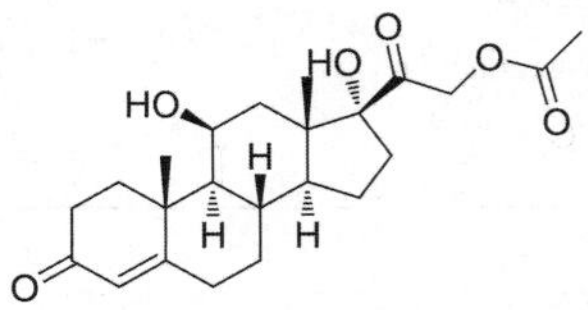	2.19	217.35

（续表 4 – 14）

序号	化合物中英文名	CAS 号	分子式	精确质量数	化学结构式	lgP	熔点/℃
17	地夫可特 Deflazacort	14484 – 47 – 0	$C_{25}H_{31}NO_6$	441.21514	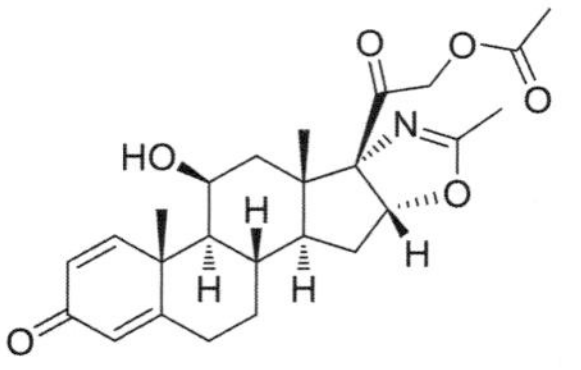	1.31	229.78
18	氟氢可的松醋酸酯 Fludrocortisone 21-acetate	514 – 36 – 3	$C_{23}H_{31}FO_6$	422.21047	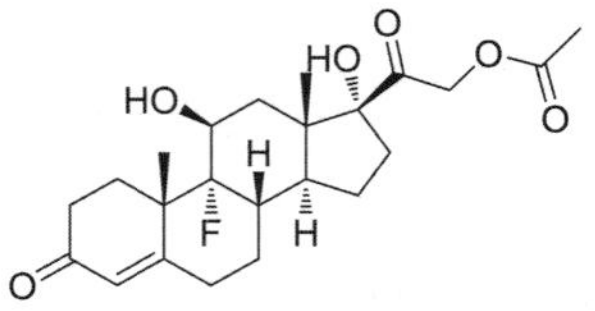	2.26	214.97
19	泼尼松醋酸酯 Prednisone 21-acetate	125 – 10 – 0	$C_{23}H_{28}O_6$	400.18859	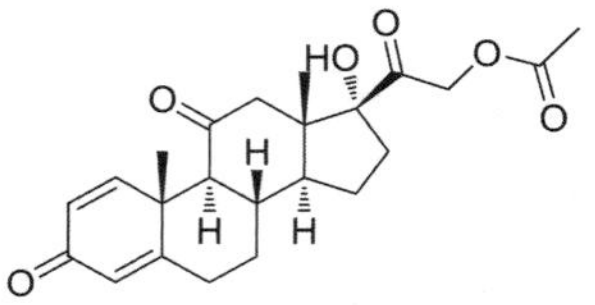	1.93	216.33
20	可的松醋酸酯 Cortisone 21-acetate	50 – 04 – 4	$C_{23}H_{30}O_6$	402.20424	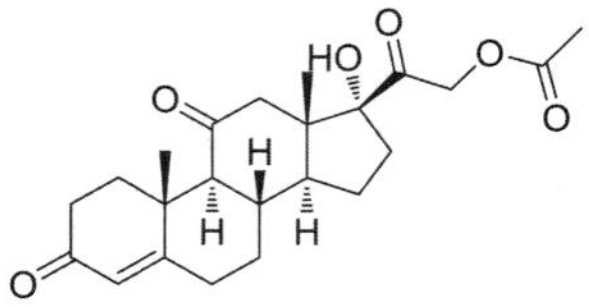	2.10	215.62
21	甲基泼尼松龙 醋酸酯 Methylprednisolone 21-acetate	53 – 36 – 1	$C_{24}H_{32}O_6$	416.21989	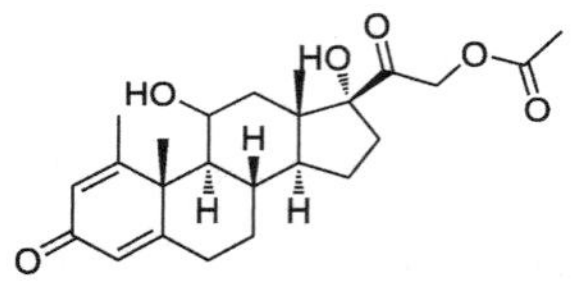	2.56	221.86
22	倍他米松醋酸酯 Betamethasone 21-acetate	987 – 24 – 6	$C_{24}H_{31}FO_6$	434.21047	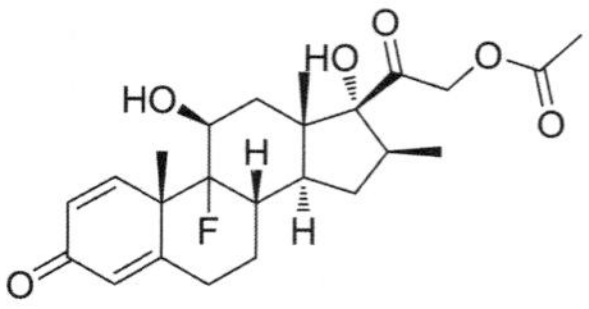	2.91	219.53
23	22(R)-布地奈德 22(R)-Budesonide	51372 – 29 – 3	$C_{25}H_{34}O_6$	430.23554	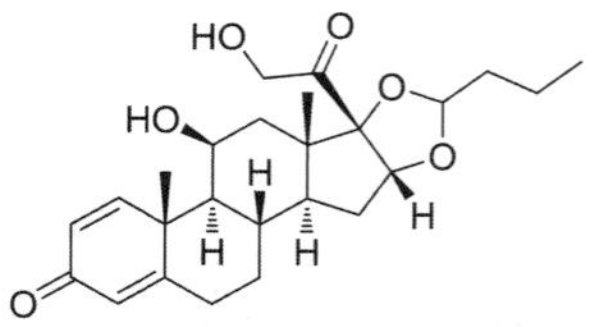	3.98	234.03
24	22(S)-布地奈德 22(S)-Budesonide	51372 – 28 – 2	$C_{25}H_{34}O_6$	430.23554	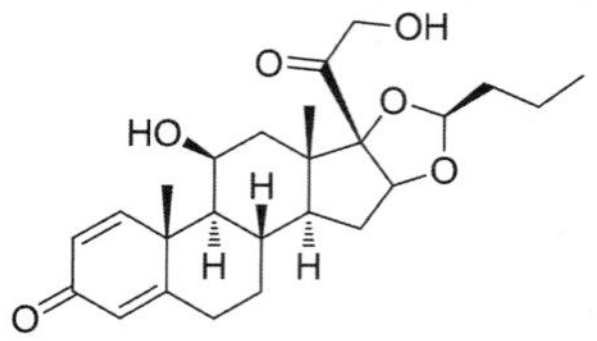	3.98	234.03

序号	化合物中英文名	CAS 号	分子式	精确质量数	化学结构式	lg$P$	熔点/℃
25	氢化可的松丁酸酯 Hydrocortisone 17 - butyrate	13609 - 67 - 1	$C_{25}H_{36}O_6$	432.25119	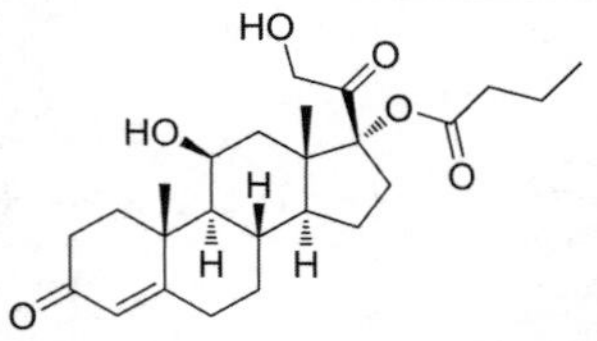	3.18	232.43
26	地塞米松醋酸酯 Dexamethasone 21-acetate	1177 - 87 - 3	$C_{24}H_{31}FO_6$	434.21047	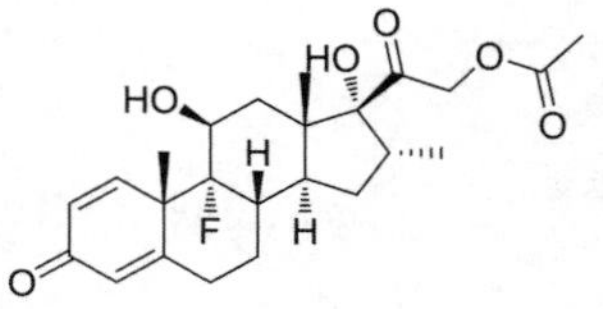	2.91	219.53
27	氟米龙醋酸酯 Fluorometholone 17-acetate	3801 - 06 - 7	$C_{24}H_{31}FO_5$	418.21555	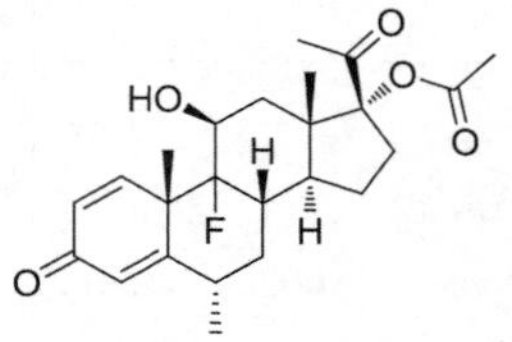	1.50	203.52
28	氢化可的松戊酸酯 Hydrocortisone 17-valerate	57524 - 89 - 7	$C_{26}H_{38}O_6$	446.26684	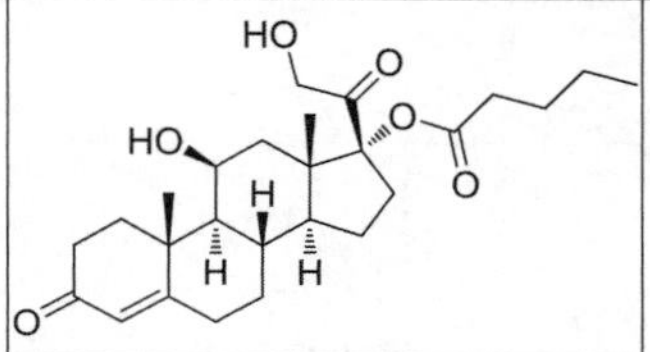	3.79	237.85
29	曲安奈德醋酸酯 Triamcinolone acetonide 21-acetate	3870 - 07 - 3	$C_{26}H_{33}FO_7$	476.22103	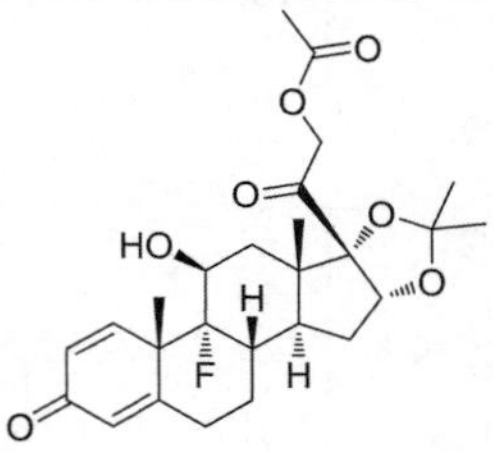	2.91	226.19
30	氟轻松醋酸酯 Fluocinonide	356 - 12 - 7	$C_{26}H_{32}F_2O_7$	494.21161	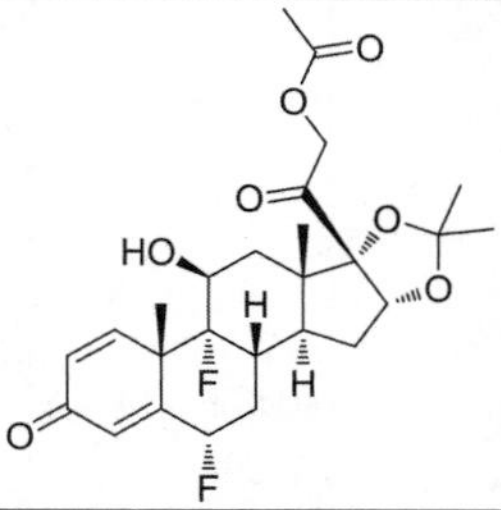	3.19	225.15
31	二氟拉松双醋酸酯 Diflorasone diacetate	33564 - 31 - 7	$C_{26}H_{32}F_2O_7$	494.21161	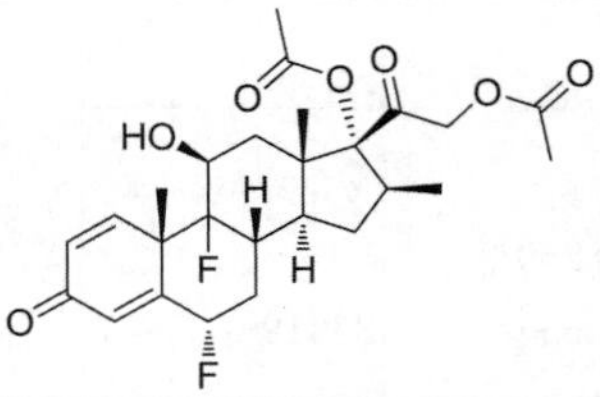	2.93	219.46
32	倍他米松戊酸酯 Betamethasone 17-valerate	2152 - 44 - 5	$C_{27}H_{37}FO_6$	476.25742	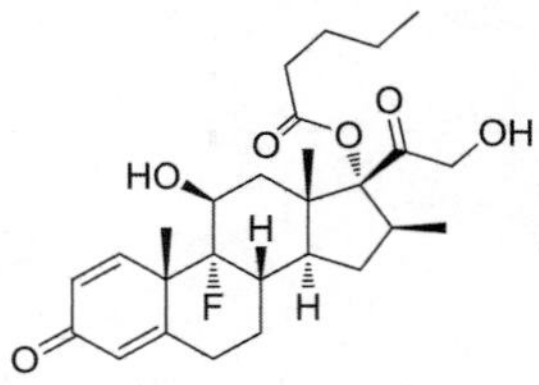	3.60	240.08

（续表 4 - 14）

序号	化合物中英文名	CAS 号	分子式	精确质量数	化学结构式	lg$P$	熔点/℃
33	泼尼卡酯 Prednicarbate	73771 - 04 - 7	$C_{27}H_{36}O_8$	488.24102	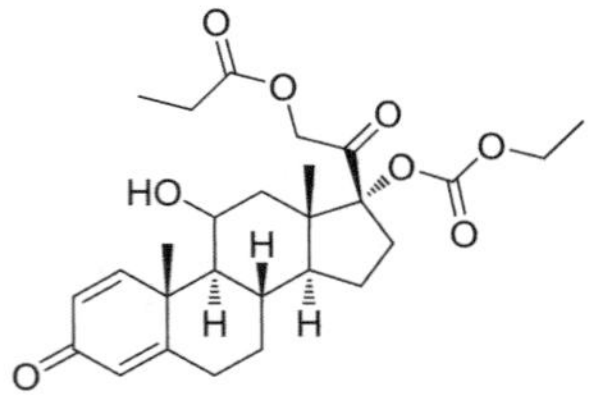	3.20	245.72
34	哈西奈德 Halcinonide	3093 - 35 - 4	$C_{24}H_{32}ClFO_5$	454.19223	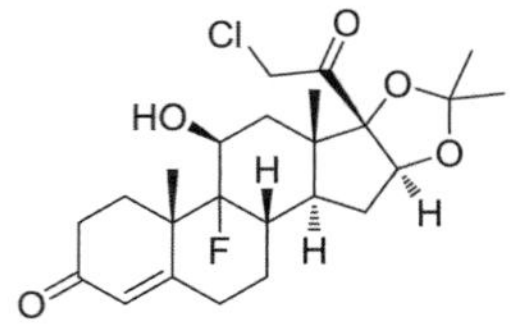	2.93	216.93
35	阿氯米松双丙酸酯 Alclomethasone dipropionate	66734 - 13 - 2	$C_{28}H_{37}ClO_7$	520.22278	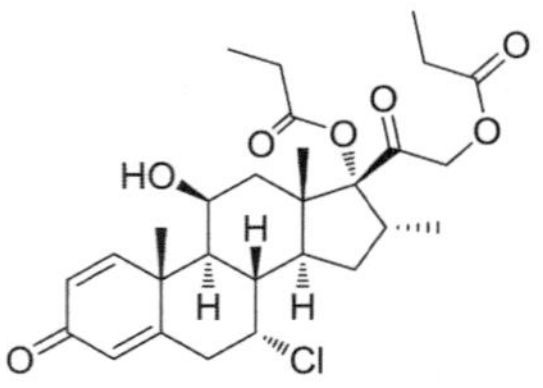	—	212～216
36	安西奈德 Amcinonide	51022 - 69 - 6	$C_{28}H_{35}FO_7$	502.23668	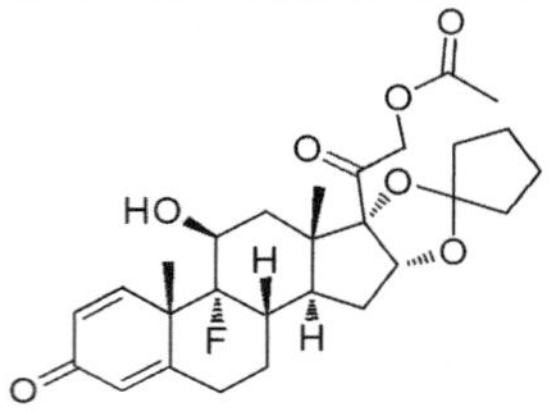	—	—
37	氯倍他索丙酸酯 Clobetasol 17-propionate	25122 - 46 - 7	$C_{25}H_{32}ClFO_5$	466.19223	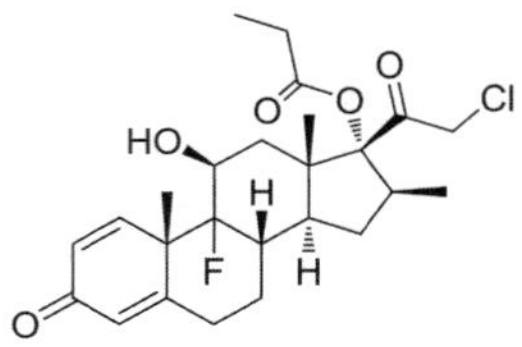	3.50	223.46
38	氟替卡松丙酸酯 Fluticasone propionate	80474 - 14 - 2	$C_{25}H_{31}F_3O_5S$	500.18443	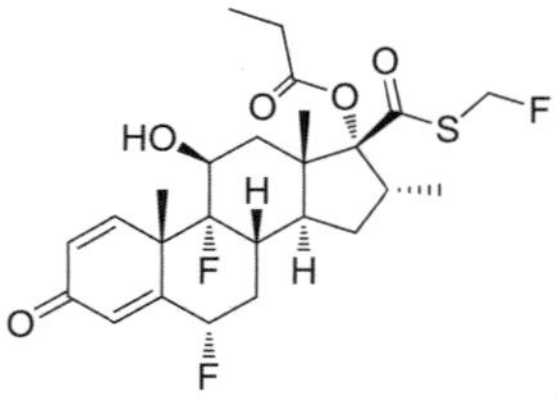	—	275.00
39	莫米他松糠酸酯 Mometasone furoate	83919 - 23 - 7	$C_{27}H_{30}Cl_2O_6$	520.14194	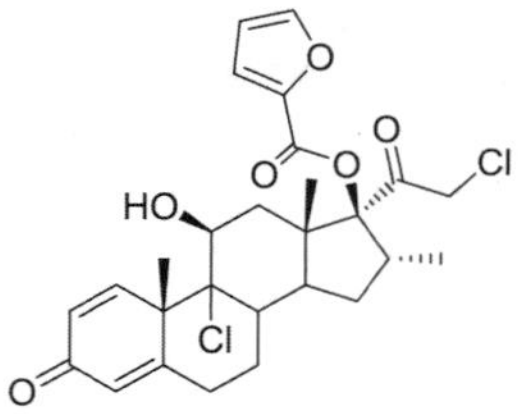	—	218～220

（续表 4 - 14）

序号	化合物中英文名	CAS 号	分子式	精确质量数	化学结构式	lgP	熔点/℃
40	倍他米松双丙酸酯 Betamethasone dipropionate	5593 - 20 - 4	$C_{28}H_{37}FO_7$	504. 25233	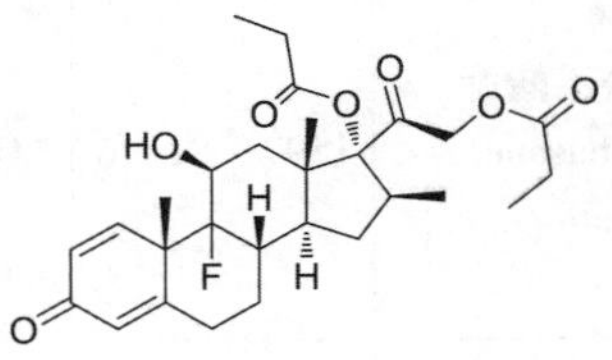	—	178. 00
41	倍氯米松双丙酸酯 Beclometasone dipropionate	5534 - 09 - 8	$C_{28}H_{37}ClO_7$	520. 22278	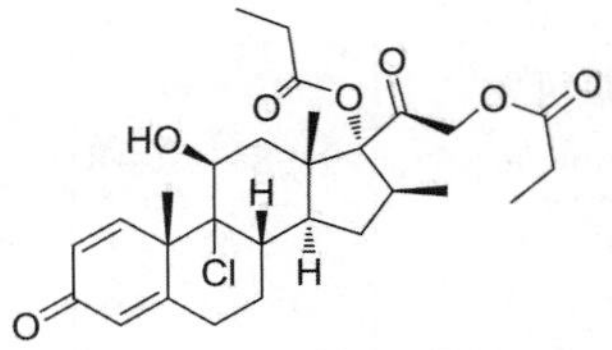	—	117 ～ 120
42	氯倍他松丁酸酯 Clobetasone 17-butyrate	25122 - 57 - 0	$C_{26}H_{32}ClFO_5$	478. 19223	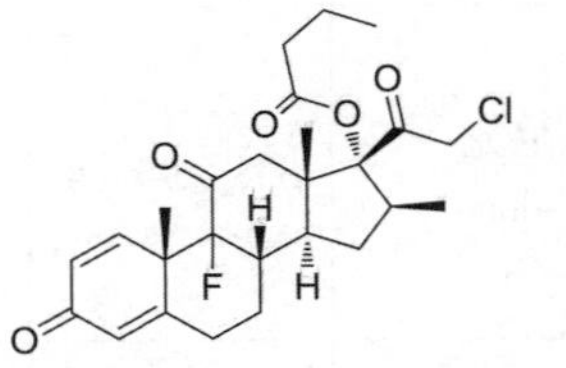	3. 76	227. 19
43	氟轻松 Fluocinolone acetonide	67 - 73 - 2	$C_{24}H_{30}F_2O_6$	452. 20105	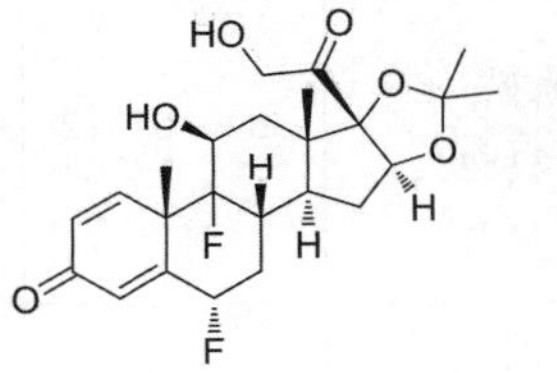	2. 48	222. 38
44	地索奈德 Desonide	638 - 94 - 8	$C_{24}H_{32}O_6$	416. 21989	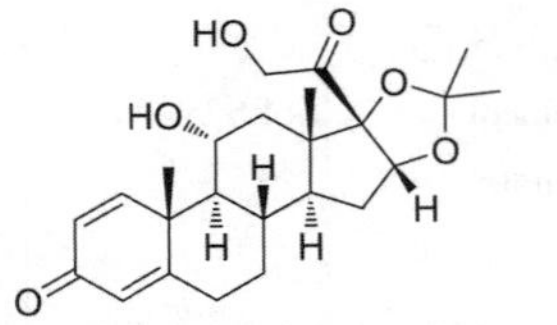	4. 16	225. 75
45	环索奈德 Ciclesonide	126544 - 47 - 6	$C_{32}H_{44}O_7$	540. 30870	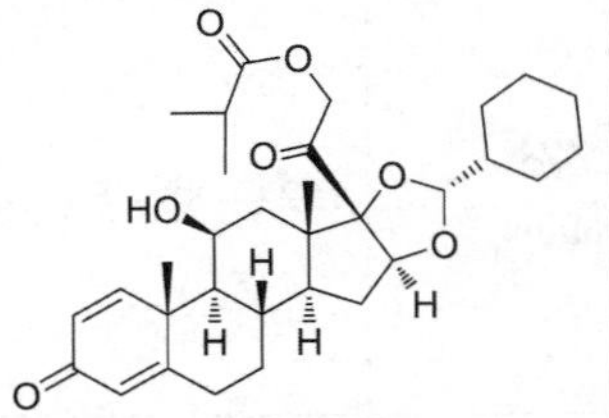	—	202 ～ 209
46	卤美他松 （卤甲松） Halometasone	50629 - 82 - 8	$C_{22}H_{27}ClF_2O_5$	444. 15151	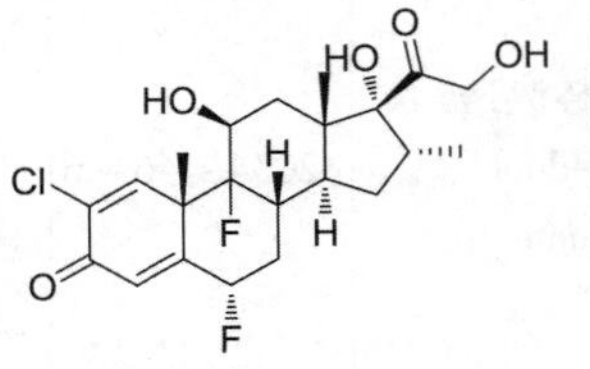	2. 58	223. 39
47	帕拉米松 Paramethasone	53 - 33 - 8	$C_{22}H_{29}FO_5$	392. 19990	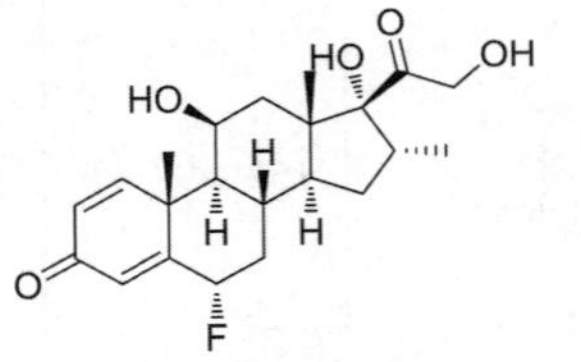	1. 68	218. 05

（续表4-14）

序号	化合物中英文名	CAS号	分子式	精确质量数	化学结构式	lgP	熔点/℃
48	帕拉米松乙酸酯 Paramethasone acetate	1597-82-6	$C_{24}H_{31}FO_6$	434.21047	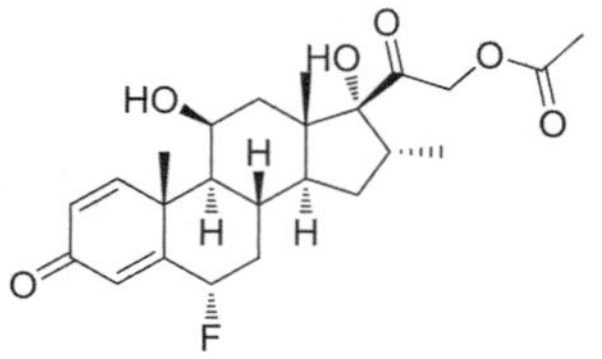	2.43	220.82
49	戊酸双氟可龙 Diflucortolone valerate	59198-70-8	$C_{27}H_{36}F_2O_5$	478.25308	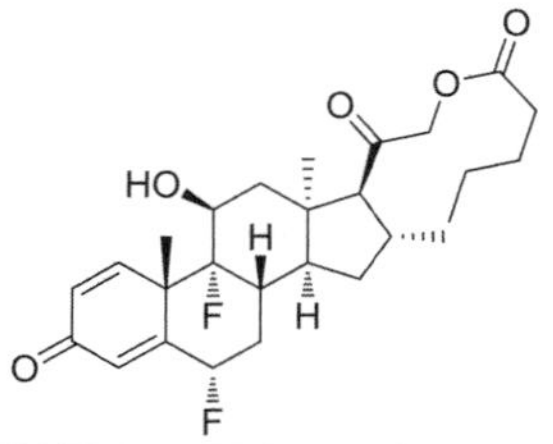	3.62	221.60
50	异氟泼尼龙 Isoflupredone	338-95-4	$C_{21}H_{27}FO_5$	378.18425	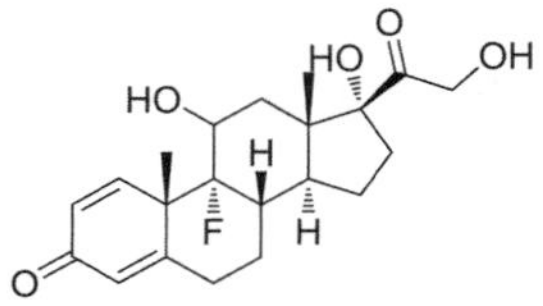	4.13	212.92
51	去羟米松 Desoximetasone	382-67-2	$C_{22}H_{29}FO_4$	376.20499	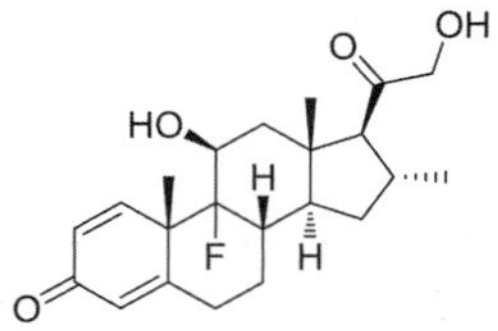	2.35	203.61
52	卤贝他索丙酸酯 Halobetasol Propionate	66852-54-8	$C_{25}H_{31}ClF_2O_5$	484.18281	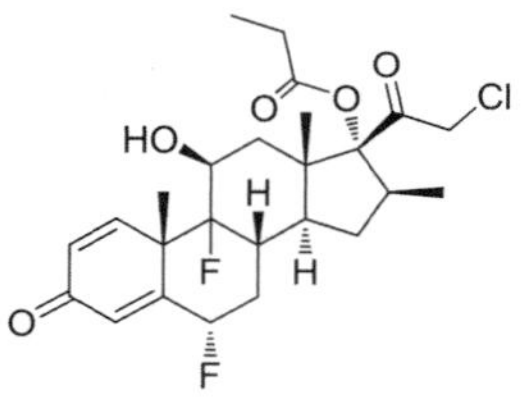	2.85	222.42
53	氟尼缩松 Flunisolide	1524-88-5	$C_{24}H_{31}FO_6$	434.21047	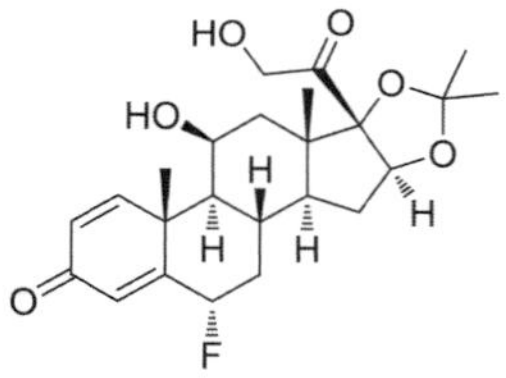	2.87	224.00
54	依碳氯替泼诺 Loteprednol etabonate	82034-46-6	$C_{24}H_{31}ClO_7$	466.17583	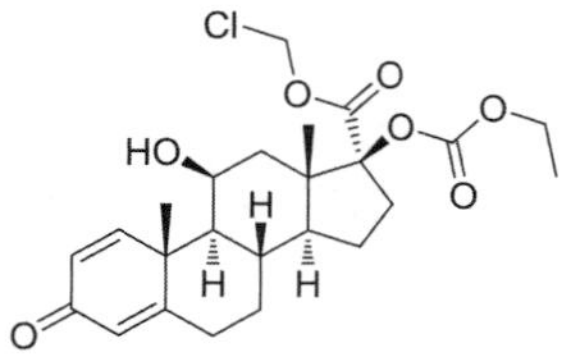	2.63	233.39
55	氟可龙 Fluocortolone	152-97-6	$C_{22}H_{29}FO_4$	376.20499	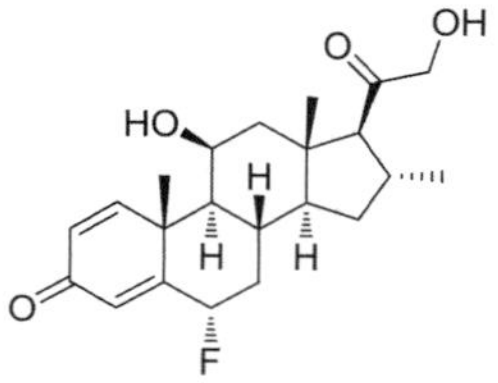	2.06	204.90

序号	化合物中英文名	CAS 号	分子式	精确质量数	化学结构式	lgP	熔点/℃
56	瑞美松龙 Rimexolone	49697-38-3	$C_{24}H_{34}O_3$	370.25079	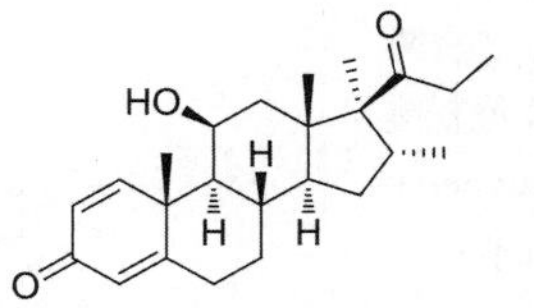	3.28	193.62
57	苯甲酸倍他米松 Betamethasone 17-benzoate	22298-29-9	$C_{29}H_{33}FO_6$	496.22612	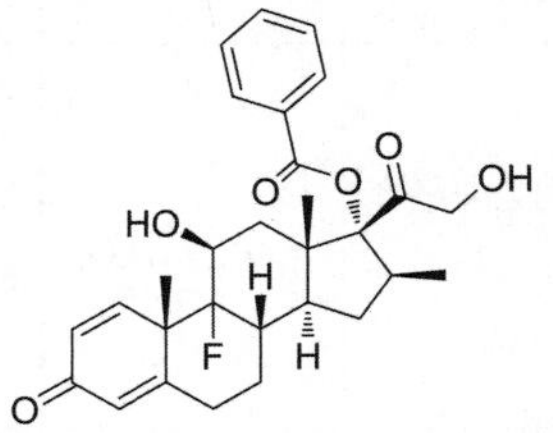	3.92	257.71
58	泼尼松龙特戊酸酯 Prednisolone 21-pivalate	1107-99-9	$C_{26}H_{36}O_6$	444.25119	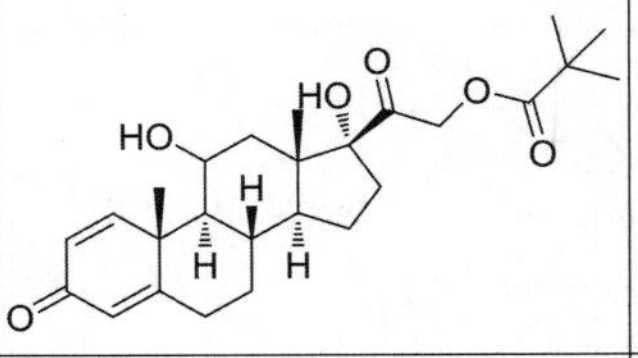	3.50	228.86
59	倍他米松丙酸酯 Betamethasone 17-propionate	5534-13-4	$C_{25}H_{33}FO_6$	448.22612	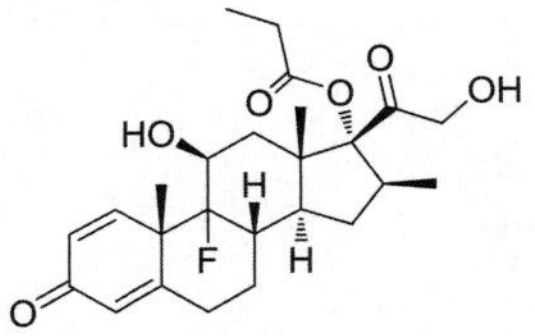	2.95	229.24
60	地塞米松异烟酸酯 Dexamethasone 21-isonicotinate	2265-64-7	$C_{28}H_{32}FNO_6$	497.22137	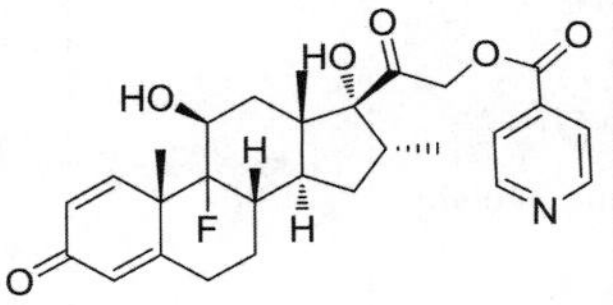	2.73	255.96
61	地塞米松特戊酸酯 （地塞米松新戊酸酯） Dexamethasone 21-pivalate	1926-94-9	$C_{27}H_{37}FO_6$	476.25742	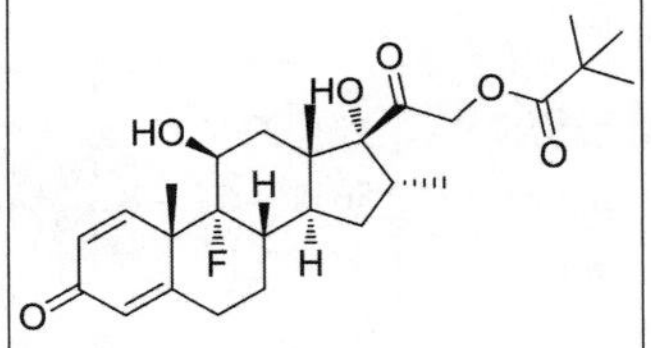	—	—
62	氟米松特戊酸酯 （氟米松新戊酸酯） Flumethasone 21-pivalate	2002-29-1	$C_{27}H_{36}F_2O_6$	494.24800	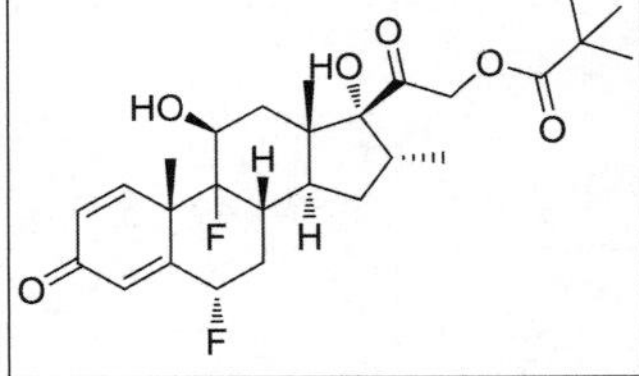	3.86	229.34
63	氟可龙特戊酸酯 Fluocortolone 21-pivalate	29205-06-9	$C_{27}H_{37}FO_5$	460.26250	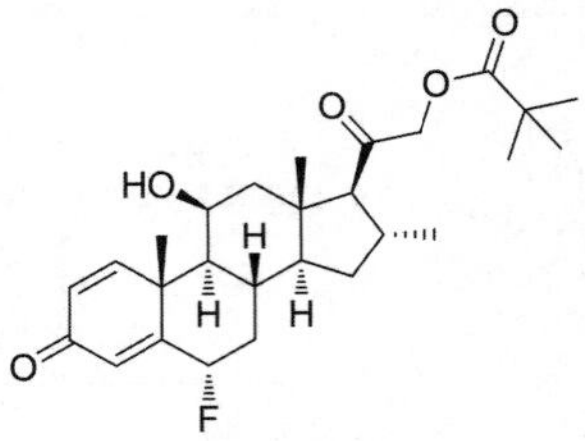	3.60	218.51

序号	化合物中英文名	CAS 号	分子式	精确质量数	化学结构式	lgP	熔点/℃
64	异氟泼尼松醋酸酯（9－氟醋酸泼尼松龙）Isoflupredone acetate（9-α-Fluropre-dnisolone acetate）	338－98－7	C₂₃H₂₉FO₆	420.19482	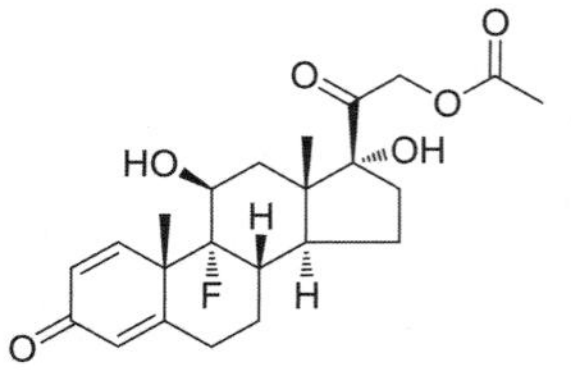	2.04	215.68
65	氢化可的松环戊丙酸酯 Hydrocortisone 21-cypionate	508－99－6	C₂₉H₄₂O₆	486.29814	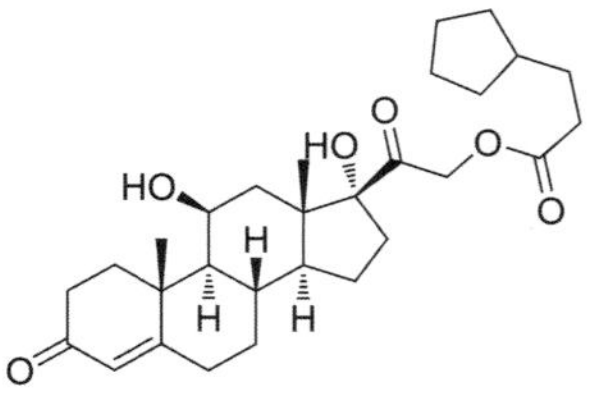	5.12	251.74
66	氢化可的松半琥酯 Hydrocortisone hemisuccinate	2203－97－6	C₂₅H₃₄O₈	462.22537	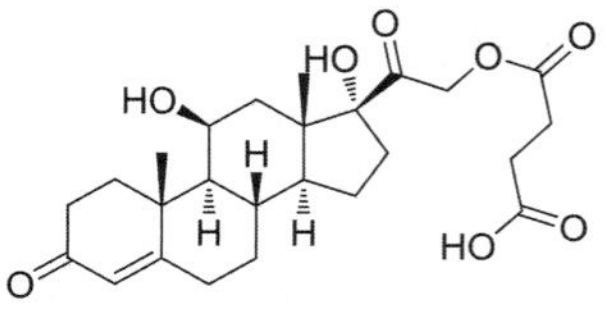	—	261.23
67	甲泼尼松 Meprednisone	1247－42－3	C₂₂H₂₈O₅	372.19367	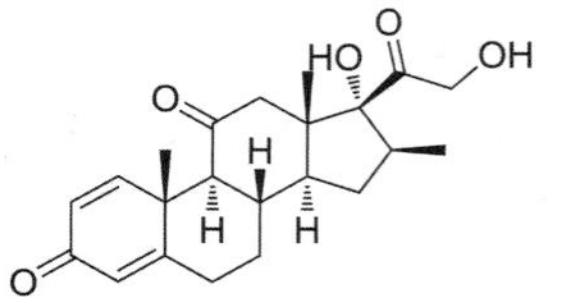	2.56	217.41
68	甲泼尼松醋酸酯 Meprednisone acetate	1106－03－2	C₂₄H₃₀O₆	414.20424	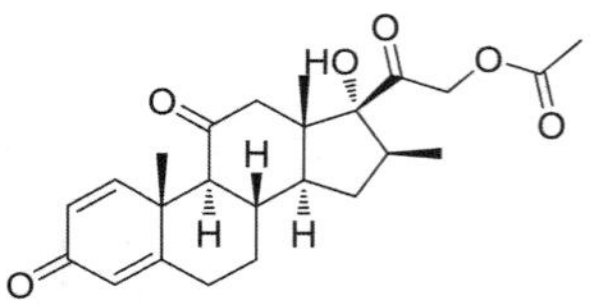	2.35	220.18
69	己曲安奈德 Triamcinolone hexacetonide	5611－51－8	C₃₀H₄₁FO₇	532.28363	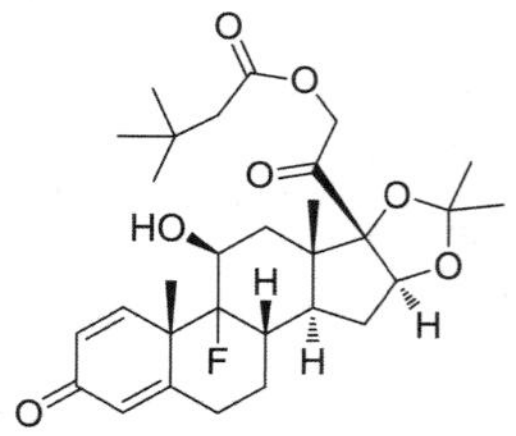	—	—
70	双氟拉松 Diflorasone	2557－49－5	C₂₂H₂₈F₂O₅	410.19048	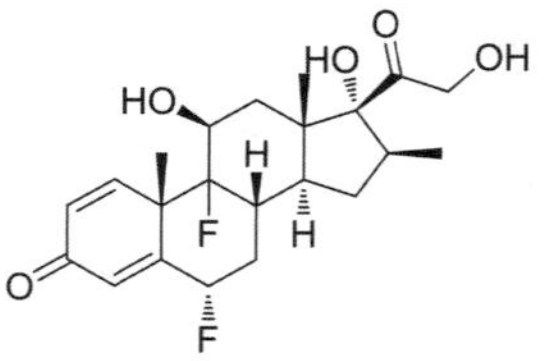	1.94	215.72
71	氟氢可的松 Fludrocortisone	127－31－1	C₂₁H₂₉FO₅	380.19990	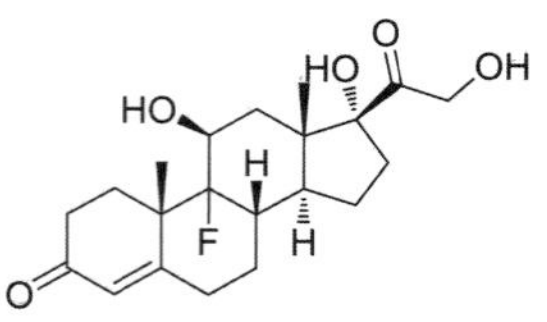	1.67	212.20

（续表 4 – 14）

序号	化合物中英文名	CAS 号	分子式	精确质量数	化学结构式	lgP	熔点/℃
72	16α – 羟基泼尼松龙 16α-Hydroxyprednisonlone	13951 – 70 – 7	C$_{21}$H$_{28}$O$_6$	376.18859		1.06	232.22
73	16α – 羟基泼尼松龙 醋酸酯 16α-Hydroxyprednisonlo neacetate	86401 – 80 – 1	C$_{23}$H$_{30}$O$_7$	418.19915		—	—
74	6α – 氟 – 异氟泼尼龙 6α-Fluoro-isoflupredone	806 – 29 – 1	C$_{21}$H$_{26}$F$_2$O$_5$	396.17483		1.17	211.88
75	甲基泼尼松龙琥珀酸酯 Methylprednisolone hemisuccinate	2921 – 57 – 5	C$_{26}$H$_{34}$O$_8$	474.22537		2.30	265.79
76	甲基泼尼松龙乙丙酸酯 （醋丙酸甲基泼尼松龙） Methylprednisolone aceponate	86401 – 95 – 8	C$_{27}$H$_{36}$O$_7$	472.24610		3.27	226.50
77	氯可托龙特戊酸酯 Clocortolone pivalate	34097 – 16 – 0	C$_{27}$H$_{36}$ClFO$_5$	494.22353		3.82	224.26
78	乌倍他索 Ulobetasol （Halobetasol）	98651 – 66 – 2	C$_{22}$H$_{27}$ClF$_2$O$_4$	428.15659		2.18	209.94
79	丁乙酸泼尼松龙 （丁乙酸氢化泼尼松） Prednisolone 21-tebutate	7681 – 14 – 3	C$_{27}$H$_{38}$O$_6$	458.26684		3.99	234.28

（续表 4 – 14）

序号	化合物中英文名	CAS 号	分子式	精确质量数	化学结构式	lgP	熔点/℃
80	新戊酸替可的松（21 – 巯基氢化可的松特戊酸酯）Tixocortol pivalate	55560 – 96 – 8	$C_{26}H_{38}O_5S$	462.24400	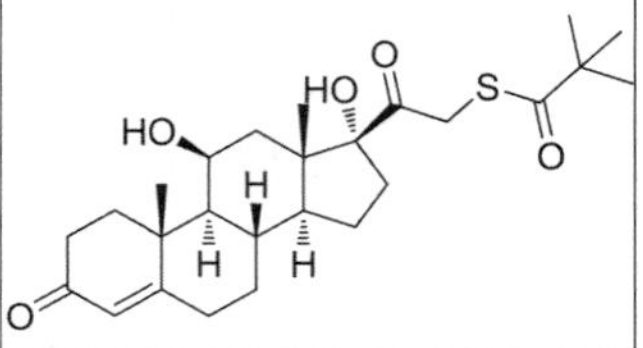	2.70	242.05
81	氯泼尼醇 Cloprednol	5251 – 34 – 3	$C_{21}H_{25}ClO_5$	392.13905	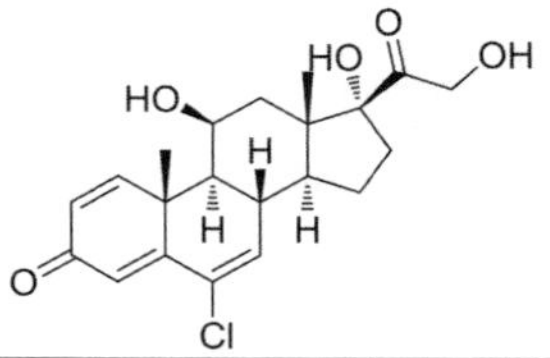	1.68	223.62
82	地塞米松戊酸酯 Dexamethasone 17-valerate	33755 – 46 – 3	$C_{27}H_{37}FO_6$	476.25740	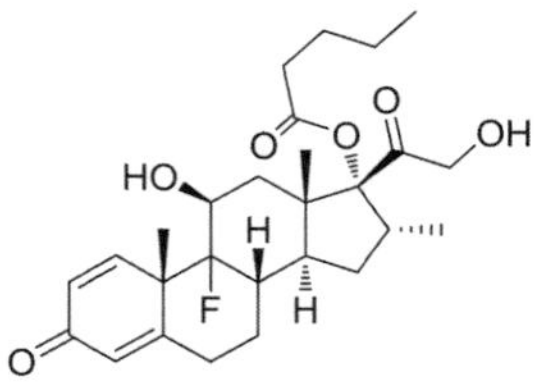	3.60	240.08
83	二氟孕甾丁酯（双氟泼尼酯）Difluprednate	23674 – 86 – 4	$C_{27}H_{34}F_2O_7$	508.22726	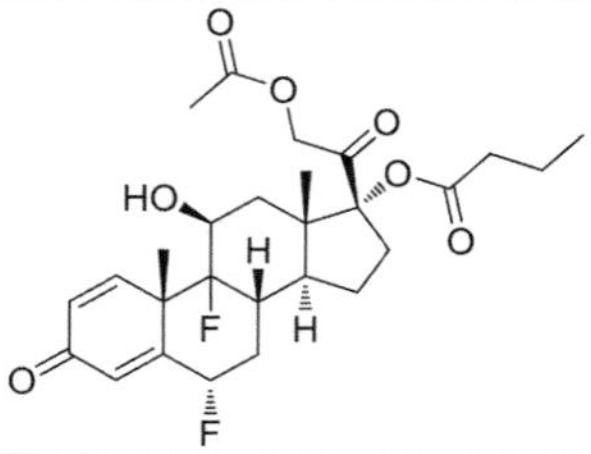	—	—
84	双氟美松醋酸酯 Flumethasone acetate	2823 – 42 – 9	$C_{24}H_{30}F_2O_6$	452.20105	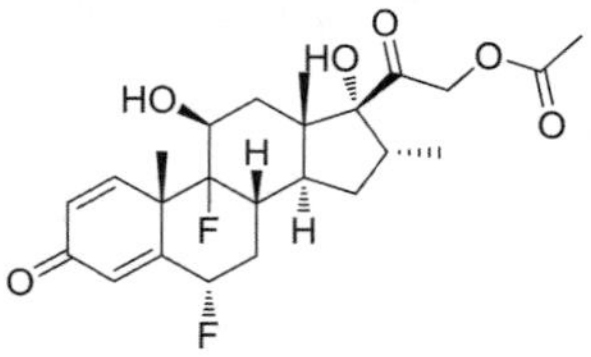	2.33	218.49
85	醋丙氢可的松 Hydrocortisone aceponate	74050 – 20 – 7	$C_{26}H_{36}O_7$	460.24610	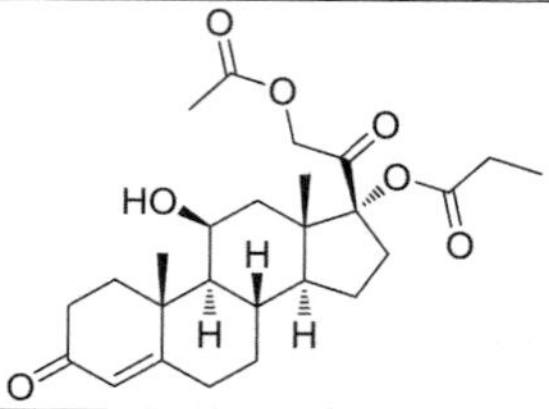	3.06	221.94
86	甲羟松 Medrysone	2668 – 66 – 8	$C_{22}H_{32}O_3$	344.23514	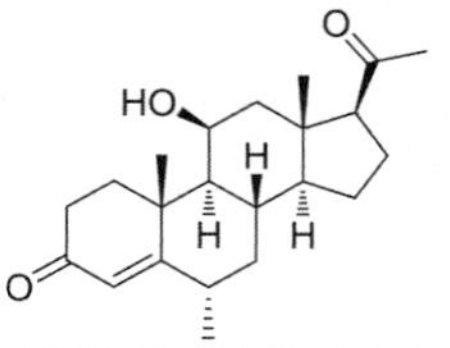	2.55	183.32

2. 激素类药物的功效与用途

1）雄激素的功效与用途

雄激素主要由睾丸产生，具有促进男性性器官发育成熟和维持男性第二性征的作用，以及促进蛋白质的合成，减少分解的蛋白同化作用，能促进生长和骨骼、肌肉的发育，减少尿素的排出。在青春期，雄激素能刺激肌肉及骨的生长，使身高和体重快速增长，能加速软骨骨骺的融合，刺激骨骼成熟。对于女性，雄激素与雌激素配合决定体毛、腋毛和阴毛的分布。在卵巢局部产生的雄激素，转变为雌激素后才发挥生理作用。较大剂量的雄激素可以刺激骨髓的造血功能，特别是红细胞的生成。临床上雄激素用于治疗蛋白代谢系统和内分泌系统疾病，如睾丸机能不足、先天发育不良、消耗性疾病、骨质疏松等，可加速虚弱病人的康复。还用于乳腺癌、卵巢癌、子宫肌瘤和再生障碍性贫血的治疗。

2）雌激素的功效与用途

雌激素由卵巢分泌，其作用为促进女性性器官的发育成熟和维持第二性征，与孕激素一起完成经期、妊娠、授乳等方面的作用，也有降低血胆固醇的作用。能促进卵泡和子宫发育、子宫内膜增生、肌层增厚，增加子宫平滑肌对催产素的敏感性和收缩力；能使子宫颈管黏液分泌量增多，质变稀薄，易拉成丝状，以利精子通过；能促进输卵管发育，并加强输卵管节律性收缩，有利于孕卵的输送；能使阴道上皮细胞增生和角化，细胞内糖原增多，保持阴道呈弱酸性；能促进乳腺腺管细胞增生，乳头、乳晕着色，乳房组织中脂肪积聚，并通过对催乳素分泌的抑制而抑制乳汁分泌；对丘脑下部和垂体的反馈调节，有抑制性负反馈，也有促进性正反馈作用，即抑制脑垂体促卵泡素的分泌，促进脑垂体产生黄体生成素，因而间接对卵巢功能产生调节作用；能促进骨中钙的沉积，加速骨骺闭合。临床上用于雌激素缺乏引起的绝经期或更年期综合征、月经紊乱、子宫发育不全，也应用于治疗前列腺癌，并常与孕激素组成复方。

3）孕激素的功效与用途

孕激素是卵巢的黄体所分泌的一类甾体激素，可促进子宫内膜腺体的增长，使子宫内膜由增生期转变为分泌期，降低子宫肌肉的兴奋性，为接纳受精卵做好准备，具有保胎作用；能抑制子宫颈内膜的黏液分泌，并使之黏稠；能抑制输卵管蠕动；使阴道上皮细胞脱落、糖原沉积和阴道乳酸杆菌减少，酸性降低；能促进乳腺腺泡发育，大剂量孕激素对乳汁的分泌有一定抑制作用；对丘脑下部和脑垂体仅有抑制性的负反馈作用，因而能抑制脑垂体前叶黄体生成素和促卵泡素的释放，从而阻止排卵。临床上用于预防先兆流产、治疗子宫内膜移位等妇科疾病，与雌激素一起共同维持性周期及保持怀孕等，也是女用甾体口服避孕药的主要组分。

4）糖皮质激素的功效与用途

糖皮质激素是由肾上腺皮质分泌的一类甾体激素，也可采用化学方法人工合成。其具有快速、强大而非特异性的抗炎抗过敏作用；小剂量时抑制细胞免疫；大剂量时通过抑制浆细胞和抗体生成而抑制体液免疫功能；能降低血管对某些缩血管活性物质的敏感性，使微循环血流动力学恢复正常，改善休克；能刺激骨髓造血功能；能提高机体对细菌内毒素的耐受性，即有良好的退热作用，以及明显的缓解毒血症的作用，但不能中和内毒素，也不能破坏内毒素，对外毒素亦无作用。临床上用于肾上腺皮质功能不足症的替代疗法，风湿性关节炎，皮炎、湿疹等，以及红斑狼疮、支气管哮喘、眼炎和某些感染性疾病的综合治疗，也可用于治疗过敏性休克，对急性淋巴细胞性白血病和再生障碍性贫血、粒细胞缺乏症、血小板减少性紫癜、过敏性紫癜等有效。

3. 激素类药物的毒副作用

1）雄激素类药物的毒副作用

雄激素类药物长期用于女性患者，可引起多毛、痤疮、声音变粗、闭经等男性化现象，还可干扰肝内毛细胆管的排泄功能，引起胆汁淤积性黄疸；长期应用可致水肿，应立即停药。

2）雌激素类药物的毒副作用

雌激素类药物可引起厌食、恶心、呕吐、轻度腹泻及头晕等不良反应。长期大量应用可引起子宫内膜过度增生及子宫出血，故子宫内膜炎患者慎用。用药过程中应提示患者每年须做乳腺和盆腔检查，每

2～3年须做子宫内膜活检。对于偏头痛、高血压、抑郁症及子宫肌病患者慎用；妊娠前3个月禁用；由于可引起胆汁淤积性黄疸，故肝功能不全者慎用。

3）孕激素类药物的毒副作用

孕激素类药物的毒副作用较少，偶见头晕、恶心及乳房胀痛等。长期应用可引起子宫内膜萎缩，月经量减少，并易诱发阴道真菌感染。大剂量有可能致胎儿生殖器畸形，肝功能障碍、肝功能不全，动脉疾患高危者禁用。

4）糖皮质激素类药物的毒副作用

糖皮质激素类药物长期大量应用，可出现糖、蛋白质、脂肪代谢和水盐代谢紊乱，引起医源性肾上腺皮质功能亢进综合征；降低机体防御能力，诱发和加重感染；增加胃酸与胃蛋白酶的分泌，减少黏液产生，降低胃黏膜的保护和修复功能，诱发和加重胃、十二指肠溃疡；抑制蛋白质合成，促进蛋白质分解，增加钙、磷的排泄以及炎症后期抑制肉芽组织的形成，可造成伤口愈合减慢和骨质疏松；对儿童可抑制生长激素分泌和造成负氮平衡，使生长发育减慢；对糖代谢的影响，可升高血糖；对脂肪代谢的影响，可升高血脂；水钠潴留可致血容量增加，导致高血压和水肿；保钠排钾造成体内钾离子丢失，易致低血钾；同时可诱发精神失常和癫痫等；对孕妇偶可引起畸胎。

4.1.12　氯霉素类药物

1. 氯霉素类药物的结构与理化性质

1）氯霉素类药物的结构

氯霉素类药物（chloramphenicols，CAPs）又称为酰胺醇类抗生素（amphenicols），是由委内瑞拉链霉菌产生的一种广谱抗生素，是自然界中发现的第一个带氮原子的化合物，也是世界上首种完全由合成方法大量制造的抗生素。其左旋体结构具有抗菌活性。氯霉素通过可逆地与50S亚基结合，阻断转肽酰酶的作用，干扰带有氨基酸的氨基酰－tRNA终端与50S亚基结合，从而使新肽链的形成受阻，抑制蛋白质合成，达到抑菌的作用。氯霉素类药物的基本结构如图4－10所示。

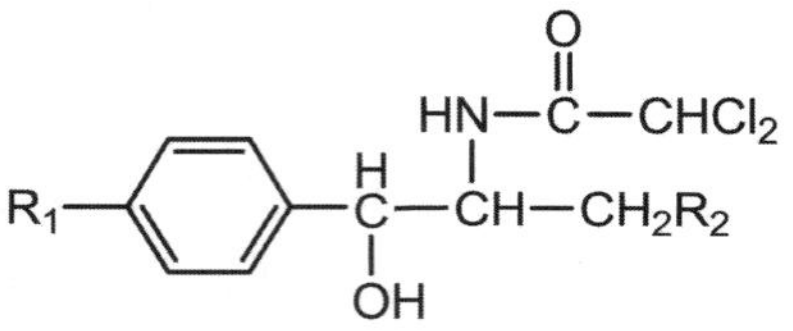

图4－10　氯霉素类药物的基本结构

2）氯霉素类药物的理化性质

氯霉素类药物多为白色或无色的针状或片状结晶，味极苦，属中性有机化合物，微溶于水，水溶液性质稳定，且耐热，易溶于甲醇、乙醇、丙醇、乙酸乙酯及二甲基甲酰胺，不溶于乙醚、苯、石油醚和植物油。为降低CAPs对造血系统的毒性，增加水溶性和生物利用度等，曾对CAPs进行了结构改造。例如将CAPs与琥珀酸、硬脂酸、泛酸以及棕榈酸等反应制成各种氯霉素酯，如棕榈氯霉素、琥珀酸氯霉素（单酯）。这些酯类作为CAPs前药，进入体内后经酶解释放出CAPs发挥药效，借此可降低CAPs的毒性，延长作用时间，提高其血浓度。棕榈氯霉素俗称无味氯霉素，为白色滑腻结晶粉末，熔点86～92℃，不溶于水、石油醚，易溶于醇类、氯仿、乙醚及苯。琥珀酸氯霉素为淡黄色结晶性粉末，易溶于稀碱和乙醇，不溶于乙醚和氯仿。甲砜霉素为无色无臭结晶性粉末，味微苦，为中性物质，对光和热稳定，有吸湿性，室温下水中溶解度为0.5%～1%，醇中溶解度约为5%，其稳定性与溶解度不受pH值的影响。氟甲砜霉素是TAP的单氟衍生物，是美国先灵－葆雅（Schering-Plough）公司在20世纪80年代后期研制开发的氯霉素类动物专用药物，化学名称为D(+)苏－1－对甲砜基苯基－2－二氯乙酰基－3－氟丙醇，化学式为$C_{12}H_{14}Cl_2FNO_4S$，相对分子质量为358.22。常见氯霉素类药物的理化性质见表4－15。

表4-15　常见氯霉素类药物的理化性质

序号	化合物中英文名	CAS 号	分子式	精确质量数	化学结构式	lgP	熔点/℃
1	氯霉素 Chloramphenicol	56 - 75 - 7	$C_{11}H_{12}Cl_2N_2O_5$	322.01233	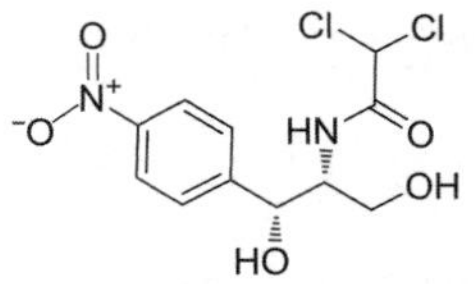	1.14	216.38
2	甲砜霉素 Thiophenicol	15318 - 45 - 3	$C_{12}H_{15}Cl_2NO_5S$	355.00480	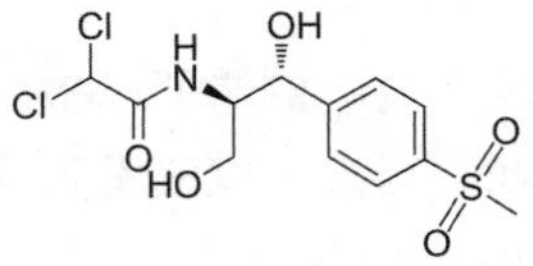	-0.27	234.19
3	氟甲砜霉素 Florfenicol	73231 - 34 - 2	$C_{12}H_{14}Cl_2FNO_4S$	357.00046	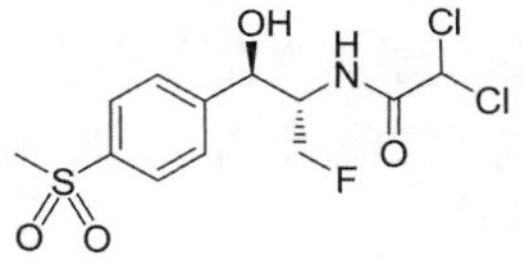	-0.04	214.42
4	琥珀酸氯霉素 Chloramphenicol succinate	3544 - 94 - 3	$C_{15}H_{16}Cl_2N_2O_8$	422.02837	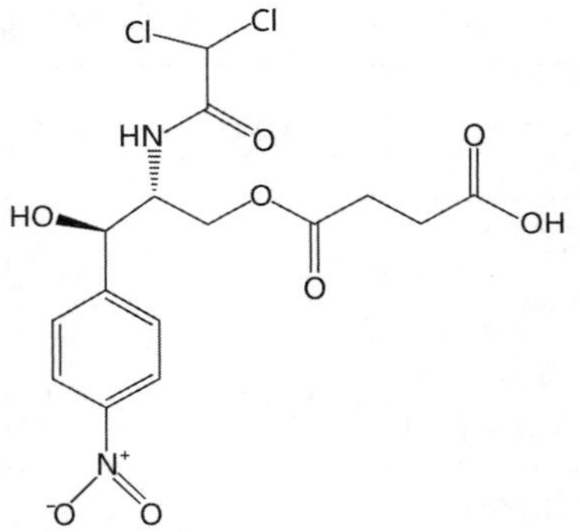	—	126.00
5	棕榈氯霉素 Chloramphenicol palmitate	530 - 43 - 8	$C_{27}H_{42}Cl_2N_2O_6$	560.24199	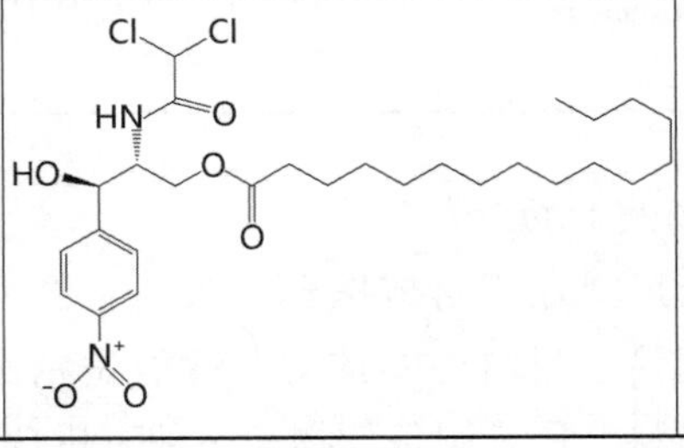	—	—

2. 氯霉素类药物的功效与用途

氯霉素类药物对70S核糖体的结合是可逆的,属广谱抗生素,为速效抑菌剂,对革兰阳性和革兰阴性菌均有抑制作用,是治疗伤寒、斑疹伤寒、副伤寒的首选药物,对立克次体和沙眼衣原体、流感嗜血杆菌引起的肺炎和厌氧菌(脆弱类杆菌)引起的感染有效。对百日咳杆菌、布鲁杆菌作用也较强。因为氯霉素对70S核糖体的结合是可逆的,故被认为是抑菌性抗生素,但在高药物浓度时对某些细菌亦可产生杀菌作用,对流感杆菌甚至在较低浓度时即可产生杀菌作用。

3. 氯霉素类药物的毒副作用

由于氯霉素类药物还可与人体线粒体的70S结合,因而也可抑制人体线粒体的蛋白合成,对人体产生毒性。氯霉素类药物的主要毒副作用是抑制骨髓造血机能。症状有二:一是可逆的各类血细胞减少,其中粒细胞首先下降,这一反应与剂量和疗程有关。一旦发现,应及时停药;可以恢复。二是不可逆的再生障碍性贫血，虽然少见，但死亡率高。此反应属于变态反应，与剂量疗程无直接关系。可能与氯霉素抑制骨髓造血细胞内线粒体中的、与细菌相同的70S核蛋白体有关。为了防止造血系统的毒性反应，应避免滥用，应用时应勤查血象。氯霉素也可产生胃肠道反应和二重感染。此外，少数患者可出现皮疹及血管神经性水肿等过敏反应，但均比较轻微。新生儿与早产儿剂量过大可发生循环衰竭（灰婴综合征），这是由于他们的肝发育不全，排泄能力差，使氯霉素的代谢、解毒过程受限制，导致药物在体内蓄积。

4.1.13 糠醛类物质

1. 糠醛类物质的结构与理化性质

1）糠醛类物质的结构

糠醛类物质是呋喃2位上的氢原子被醛基取代的衍生物。它最初由米糠与稀酸共热制得，所以叫作糠醛。糠醛类物质的基本结构如图4-11所示。

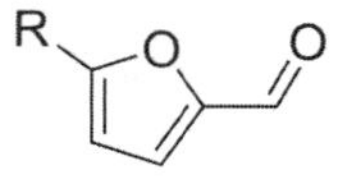

2）糠醛类物质的理化性质

糠醛类物质多为无色透明油状液体，或略带黄色透明液体，气味刺鼻，有类似苯甲醛的特殊气味，暴露在空气中很快变为红棕色。微溶于水，易溶于乙醇、乙醚、丙酮、氯仿、四氯甲烷、苯、甲苯等溶剂。常见糠醛类物质的理化性质见表4-16。

图4-11　糠醛类物质的基本结构

表4-16　常见糠醛类物质的理化性质

序号	化合物中英文名	CAS 号	分子式	精确质量数	化学结构式	lg$P$	熔点/℃
1	糠醛 Furfural	98-01-1	$C_5H_4O_2$	96.02113	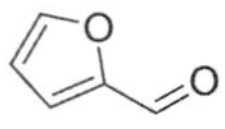	—	-36.00
2	5-甲基糠醛 5-Methyl furfural	620-02-0	$C_6H_6O_2$	110.03678	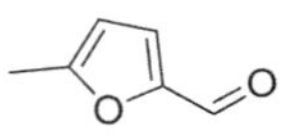	—	—
3	5-羟甲基糠醛 5-Hydroxymethyl furfural	67-47-0	$C_6H_6O_3$	126.03169	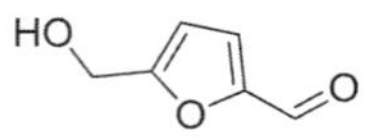	—	28.00

2. 糠醛类物质的功效与用途

糠醛类物质广泛用于合成医药、农药、兽药、染料、香料、橡胶助剂、防腐剂等精细化学品、化学试剂、医药中间体、材料中间体等。糠醛是精制石油时常用的溶剂，是合成树脂、电绝缘材料、尼龙、涂料等的重要原料，还是制备药物和多种有机合成的原料和试剂，主要用作生产呋喃衍生物（如糠醇、四氢糠醇、甲基呋喃、脱羧制呋喃、氧化制糠酸、硝基呋喃类药物等）的原料，也用作分离饱和脂肪族化合物（如石油系润滑油、汽油、煤油和植物油）中不饱和化合物的选择性溶剂，松香的脱色剂和树脂生产的溶剂，以及从C_4馏分中分离丁二烯等的萃取蒸馏溶剂。糠醛的一些衍生物还具有很强的杀菌能力，抑菌谱相当宽广。例如糠醛经由5-硝基糠醛，再与盐酸氨基脲缩合得到呋喃西林，是一种消毒防腐药。

3. 糠醛类物质的毒副作用

糠醛类物质具有神经毒性、遗传及生殖毒性，其蒸气有强烈的刺激性味道，并有麻醉作用。人体吸入、摄入或经皮肤吸收均可引起急性中毒，表现为呼吸道刺激、肺水肿、肝损害、中枢神经系统损害、呼吸中枢麻痹，以致死亡。含糖的食品在加工和储存过程中，会发生糖的热降解反应和美拉德反应，这两个反应均会产生5-羟甲基糠醛（5-HMF），进而热分解产生糠醛和5-甲基糠醛。糠醛类物质在体内不断积累会引起中毒，其症状为胸口痛、呕吐、抽筋、无法正常进食。

4.2　相关检测标准与方法概述

本节重点介绍食品中安全风险物质兽药残留和糠醛类物质残留检测的相关国家标准、行业标准、地方标准和相关公告。

4.2.1　相关标准和法规

1. 国家标准、行业标准和地方标准

目前，针对动物源性食品、水产品、饲料等产品类型中可能存在的安全风险物质残留，已经制定了兽药残留检测的相关国家标准、行业标准和地方标准，具体见表4-17。食品中糠醛类物质残留检测也有相关的国家标准、行业标准和地方标准，具体见表4-18。

表4-17　食品中兽药残留检测的相关国家标准、行业标准和地方标准

序号	标准	检测对象	检测化合物	检测方法	检出限	定量限
1	GB/T 5009.116—2003 畜、禽肉中土霉素、四环素、金霉素残留量的测定	各种禽畜肉	土霉素、四环素、金霉素	高效液相色谱法	0.15～0.65mg/kg	—
2	GB/T 20366—2006 动物源产品中喹诺酮类残留量的测定	禽、兔、鱼、虾等动物源产品	依诺沙星、氟氧沙星等11种喹诺酮类	液相色谱-串联质谱法	0.1～1.0μg/kg	—
3	GB/T 20444—2006 猪组织中四环素族抗生素残留量检测方法	猪组织	四环素族(四环素、金霉素、土霉素、强力霉素)	微生物学检测方法	0.01～0.05mg/kg	—
4	GB/T 20759—2006 畜禽肉中十六种磺胺类药物残留量的测定	牛肉、羊肉、猪肉、鸡肉和兔肉	磺胺甲噻二唑、磺胺醋酰等16种磺胺类药物	液相色谱-串联质谱法	2.5～40.0μg/kg	—
5	GB/T 20764—2006 可食动物肌肉中土霉素、四环素、金霉素、强力霉素残留量的测定	牛肉、羊肉、猪肉、鸡肉和兔肉	土霉素、四环素、金霉素、强力霉素	液相色谱-紫外检测法	0.005mg/kg	—
6	GB/T 21173—2007 动物源性食品中磺胺类药物残留测定方法	肉类和水产品	磺胺类药物	放射受体分析法	以磺胺二甲嘧啶计，磺胺类药物总量为20μg/kg	—
7	GB/T 21174—2007 动物源性食品中β-内酰胺类药物残留测定方法	肉类和水产品	β-内酰胺类药物残留的筛选测定	放射受体分析法	以青霉素G计，β-内酰胺类药物总量为25μg/kg	—

（续表 4 - 17）

序号	标准	检测对象	检测化合物	检测方法	检出限	定量限
8	GB/T 21313—2007 动物源性食品中 β - 受体激动剂残留检测方法	猪肉、猪肝、猪肾等动物源性食品以及猪尿	克伦特罗、沙丁胺醇等 8 种 β - 受体激动剂类	高效液相色谱 - 质谱/质谱法	0.10μg/kg	0.30μg/kg
9	GB/T 21316—2007 动物源性食品中磺胺类药物残留量的测定	肝、肾、肌肉、水产品和牛奶等动物源性食品	磺胺脒、甲基苄啶等 23 种磺胺药物	高效液相色谱 - 质谱/质谱法	—	在动物肝、肾、肌肉组织和牛奶中均为50μg/kg，在水产品中均为 10μg/kg
10	GB/T 21317—2007 动物源性食品中四环素类兽药残留量检测方法	动物肌肉、内脏组织、水产品、牛奶等动物源性食品	二甲胺四环素、土霉素等 10 种四环素类兽药	高效液相色谱法和液相色谱 - 质谱/质谱法	50.0μg/kg	—
11	GB/T 22286—2008 动物源性食品中多种 β - 受体激动剂残留量的测定	动物源性食品：猪肝和猪肉	沙丁胺醇、特布他林等 11 种 β - 受体激动剂	液相色谱 - 串联质谱法	0.5μg/kg	—
12	GB/T 22338—2008 动物源性食品中氯霉素类药物残留量测定	水产品、禽畜产品和禽畜副产品	氯霉素、氟甲砜霉素、甲砜霉素残留	气相色谱 - 质谱法和液相色谱 - 质谱/质谱法	气相色谱 - 质谱法：0.1～0.5 μg/kg；液相色谱 - 质谱/质谱法：0.1μg/kg	—
13	GB/T22966—2008 牛奶和奶粉中 16 种磺胺类药物残留量的测定	牛奶和奶粉	磺胺醋酰、磺胺甲基嘧啶等 16 种磺胺类药物	液相色谱 - 串联质谱法	牛奶：1.0μg/kg，奶粉：4.0μg/kg	—
14	GB/T 22990—2008 牛奶和奶粉中土霉素、四环素、金霉素、强力霉素残留量的测定	牛奶和奶粉	土霉素、四环素、金霉素、强力霉素	液相色谱 - 紫外检测法	牛奶：5～10μg/kg；奶粉：25～50μg/kg	—
15	GB 29692—2013 食品安全国家标准牛奶中喹诺酮类药物多残留的测定	牛奶	环丙沙星、达氟沙星等 11 种喹诺酮类药物	高效液相色谱法	方法一：1～5μg/kg；方法二：7.5～25μg/kg	方法一：2～10μg/kg；方法二：15～50μg/kg

（续表 4 - 17）

序号	标准	检测对象	检测化合物	检测方法	检出限	定量限
16	GB 29694—2013 食品安全国家标准动物性食品中 13 种磺胺类药物多残留的测定	猪和鸡的肌肉和肝脏组织	磺胺醋酰、磺胺吡啶等 13 种磺胺类药物	高效液相色谱法	猪和鸡的肌肉组织：5μg/kg；猪和鸡的肝脏组织：12μg/kg	猪和鸡的肌肉组织：10μg/kg；猪和鸡的肝脏组织：25μg/kg
17	SN/T 1750—2006 动物源性食品中抗生素类药物残留量检测方法	肉类、蛋、鱼和虾	抗生素残留筛选检测	微生物抑制法	0.05～0.5mg/kg	—
18	SN/T 1751.2—2007 动物源性食品中 16 种喹诺酮类药物残留量检测方法	动物肌肉、内脏、水产品、奶等动物源食品	萘啶酸、氟甲喹等 16 种喹诺酮类药物	液相色谱 - 质谱/质谱法	10.0μg/kg	—
19	SN/T 1751.3—2011 进出口动物源性食品中喹诺酮类药物残留量的测定	虾肉、鱼肉、鸡肉和奶粉	环丙沙星、丹诺沙星等 15 种喹诺酮药物	高效液相色谱法	0.2～50μg/kg	—
20	SN/T 1765—2006 动物组织中磺胺类抗生素残留量检测方法	动物（牛、猪、家禽和鱼虾等）组织	磺胺类抗生素	放射免疫受体筛选法	磺胺类抗生素残留总量筛选水平分别为：肌肉组织 20μg/kg，肝脏组织 50μg/kg	—
21	SN/T 1960—2007 进出口动物源性食品中磺胺类药物残留量的检测方法	猪肉、鸡肉、猪肝、鸡蛋、鱼、牛奶	磺胺噻唑、磺胺对甲氧嘧啶等 7 种磺胺类药物	酶联免疫吸附法	1～120μg/kg	—
22	SN/T 2050—2008 进出口动物源食品中 14 种 β - 内酰胺类抗生素残留量检测方法	动物肌肉、肝脏、肾脏、牛奶和鸡蛋	羟氨苄青霉素、氨苄青霉素等 14 种 β - 内酰胺类抗生素	液相色谱 - 质谱/质谱法	0.1～10μg/kg	—
23	SN/T 2127—2008 进出口动物源性食品中 β - 内酰胺类药物残留检测方法	牛奶、肉类、鱼和虾	苄青霉素、氨苄青霉素等 7 种 β - 内酰胺类药物	微生物抑制法	牛奶：4～100μg/kg；肉类、鱼和虾：20～800μg/kg	—
24	SN/T 3144—2011 出口动物源食品中抗球虫药物残留量检测方法	鸡肉、鸡肝、鸡蛋、牛肉、牛肝和牛奶	甲基盐霉素、莫能霉素等 20 种抗球虫药物	液相色谱 - 质谱/质谱法	0.005～0.05mg/kg	—

序号	标准	检测对象	检测化合物	检测方法	检出限	定量限
25	SN/T 3155—2012 出口猪肉、虾、蜂蜜中多类药物残留量的测定	猪肉、虾和蜂蜜	磺胺嘧啶、羟基甲硝唑、依诺沙星、噁喹酸、红霉素等多类药物	液相色谱 - 质谱/质谱法	磺胺类药物 0.3 ～ 3.0μg/kg	—
26	SN/T 3235—2012 出口动物源食品中多类禁用药物残留量检测方法	牛奶、动物肌肉、肝脏、水产品	β - 受体激动剂类、雄性激素类等9类禁用药物	液相色谱 - 质谱/质谱法	0.05 ～ 1μg/kg	—
27	SN/T 3256—2012 出口牛奶中 β - 内酰胺类和四环素类药物残留快速检测法	出口牛奶	β - 内酰胺类和四环素类药物	ROSA 法	3 ～ 30μg/L	—
28	SN/T 4057—2014 出口动物源性食品中磺胺类药物残留量的测定	猪肉、猪肝、鱼肉、猪脂肪、牛奶、蜂蜜和鸡蛋	磺胺醋酰、磺胺嘧啶等16 种磺胺类药物	高效液相色谱 - 串联质谱法	0.01mg/kg	—
29	DB33/T 746—2009 动物源性食品中20 种磺胺类药物残留的测定法	鱼、虾、蟹、猪肉、蜂蜜等动物源性食品	磺胺甲基嘧啶、磺胺嘧啶等20 种磺胺类药物	液相色谱 - 串联质谱法	—	5.0μg/kg
30	DBS22 004—2013 食品安全地方标准动物源性食品中24 种受体激动剂残留量的测定	动物源性食品猪肉、猪肝、猪肾和牛肉	马布特罗、克仑潘特等24 种受体激动剂	液相色谱 - 串联质谱法	0.1μg/kg	—
31	GB/T 19857—2005 水产品中孔雀石绿和结晶紫残留量的测定	鲜活水产品及其制品	孔雀石绿及其代谢物	液相色谱 - 串联质谱法、高效液相色谱法	液相色谱 - 串联质谱法：0.5μg/kg，高效液相色谱法：2.0μg/kg	—
32	GB/T 20361—2006 水产品中孔雀石绿和结晶紫残留量的测定	水产品可食部分	孔雀石绿和结晶紫	高效液相色谱荧光法	0.5μg/kg	—
33	GB/T 20751—2006 鳗鱼及制品中15 种喹诺酮类药物残留量的测定	鳗鱼及制品	氟罗沙星、氧氟沙星等15 种喹诺酮类药物	液相色谱 - 串联质谱法	5μg/kg	—

（续表 4 - 17）

序号	标准	检测对象	检测化合物	检测方法	检出限	定量限
34	GB/T 22951—2008 河豚鱼、鳗鱼中 18 种磺胺类药物残留量的测定	河豚鱼、鳗鱼	磺胺嘧啶、磺胺噻唑等 18 种磺胺类药物	液相色谱 - 串联质谱法	5.0μg/kg	—
35	GB/T 22961—2008 河豚鱼、鳗鱼中土霉素、四环素、金霉素、强力霉素残留量的测定	河豚鱼、鳗鱼	土霉素、四环素、金霉素、强力霉素	液相色谱 - 紫外检测法	0.010mg/kg	—
36	SN/T 1965—2007 鳗鱼及其制品中磺胺类药物残留量测定方法	鳗鱼及烤鳗	磺胺嘧啶、磺胺甲基嘧啶等 7 种磺胺类药物	高效液相色谱法	鳗鱼：0.010mg/kg，烤鳗：0.020mg/kg	—
37	SC/T 3015—2002 水产品中土霉素、四环素、金霉素残留量的测定	水产品可食部分	土霉素、四环素、金霉素	高效液相色谱法	0.05 ～ 0.1mg/kg	—
38	SC/T 3021—2004 水产品中孔雀石绿残留量的测定	水产品可食部分	孔雀石绿和无色孔雀石绿	液相色谱法	2 ～ 4μg/kg	—
39	DB34/T 2252—2014 水产品中孔雀石绿残留的检测	鱼、甲鱼、龟肌肉组织和虾、蟹去壳、肠腺的可食用组织	孔雀石绿	胶体金免疫层析法	3.0μg/kg	—
40	DB35/T 898—2009 水产品中喹诺酮类药物残留量的测定	水产品可食部分	恩诺沙星、环丙沙星等 6 种喹酮类药物	高效液相色谱法	2.5 ～ 5μg/kg	5 ～ 10μg/kg
41	GB/T 19542—2007 饲料中磺胺类药物的测定	配合饲料、浓缩饲料和添加剂预混合饲料	磺胺嘧啶、磺胺二甲嘧啶等 5 种磺胺类药物	高效液相色谱法	—	2 ～ 5mg/kg
42	SN/T 3649—2013 饲料中氟喹诺酮类药物含量的检测	配合饲料、浓缩饲料和添加剂预混合饲料	恩诺沙星、环丙沙星等 13 种氟喹诺酮类药物	液相色谱 - 质谱/质谱法	0.5mg/kg	—
43	DB13/T 1384.2—2011 饲料中土霉素、四环素、金霉素的测定方法	饲料	土霉素、四环素、金霉素	液相色谱 - 串联质谱法	50μg/kg	—

（续表 4 - 17）

序号	标准	检测对象	检测化合物	检测方法	检出限	定量限
44	DB13/T 1384.10—2011 饲料中 20 种磺胺类药物的测定	饲料	磺胺甲基嘧啶、磺胺吡啶等 20 种磺胺类药物	液相色谱 - 串联质谱法	—	10.0μg/kg
45	DB33/T 701—2008 配合饲料中磺胺类药物的测定	配合饲料	磺胺、磺胺嘧啶等 15 种磺胺类药物	高效液相色谱法	—	0.5mg/kg
46	DB34/T 1998—2013 饲料中 5 种喹诺酮类药物的测定	饲料	氟罗沙星等 5 种喹诺酮类药物	液相色谱 - 串联质谱法	20μg/kg	—

表 4 - 18　食品中糠醛类物质残留检测的相关国家标准、行业标准和地方标准

序号	标准	检测对象	检测化合物	检测方法	检出限	定量限
1	GB/T 18932.18—2003 蜂蜜中羟甲基糠醛含量的测定方法	蜂蜜	羟甲基糠醛	液相色谱 - 紫外检测法	1.0mg/kg	—
2	SN/T 1859—2007 饮料中棒曲霉素和 5 - 羟甲基糠醛的测定方法	饮料	5 - 羟甲基糠醛	液相色谱 - 质谱法和气相色谱 - 质谱法	1.0mg/L	—
3	NY/T 1332—2007 乳与乳制品中 5 - 羟甲基糠醛含量的测定	乳与乳制品	5 - 羟甲基糠醛	高效液相色谱法	0.005mg/kg	—

2. 相关公告

近年来，针对动物源性食品、水产品、饲料等产品类型中可能存在的安全风险物残留，农业部制定了相关公告，具体见表 4 - 19。

表 4 - 19　食品中安全风险物质检测的相关公告

序号	公告	检测对象	检测化合物	检测方法	检出限	定量限
1	农业部 781 号公告 - 6—2006 鸡蛋中氟喹诺酮类药物残留量的测定	鸡蛋	环丙沙星、达氟沙星等 4 种氟喹诺酮类药物	高效液相色谱法	2 ~ 10μg/kg	—
2	农业部 958 号公告 - 2—2007 猪鸡可食性组织中四环素类残留检测方法	猪的肌肉、肝脏、肾脏，鸡的肌肉、肝脏组织	四环素、土霉素等 4 种四环素类药物	高效液相色谱法	猪鸡肌肉组织：10μg/kg，猪鸡肝脏组织：25μg/kg，猪肾脏组织：30μg/kg	猪鸡肌肉组织：20μg/kg，猪鸡肝脏组织：50μg/kg，猪肾脏组织：50μg/kg

（续表 4 – 19）

序号	公告	检测对象	检测化合物	检测方法	检出限	定量限
3	农业部 958 号公告 – 12—2007 水产品中磺胺类药物残留量的测定 液相色谱法	水产品	磺胺、磺胺嘧啶等 14 种磺胺类药物	液相色谱 – 紫外检测法、液相色谱 – 柱后衍生荧光检测法	液相色谱 – 紫外检测法：10 ～ 20μg/kg，液相色谱 – 柱后衍生荧光检测法：2.5 ～ 20μg/kg	—
4	农业部 1025 号公告 – 7—2008 动物性食品中磺胺类药物残留检测	猪肌肉、猪肝脏、鸡肌肉、鸡肝脏和鸡蛋	磺胺二甲嘧啶、磺胺二甲氧嘧啶、磺胺甲基嘧啶	酶联免疫吸附法	2.0μg/kg	—
5	农业部 1025 号公告 – 8—2008 动物性食品中氟喹诺酮类药物残留检测	动物源性食品中猪肌肉、鸡肌肉、鸡肝脏、蜂蜜、鸡蛋和虾	恩诺沙星、环丙沙星等 12 种氟喹诺酮类药物	酶联免疫吸附法	动物组织：3μg/kg，鸡蛋：2μg/kg	—
6	农业部 1025 号公告 – 12—2008 鸡肉、猪肉中四环素类药物残留检测	猪肉、鸡肉组织	四环素、土霉素、金霉素	高效液相色谱 – 串联质谱法	5ng/g	10ng/kg
7	农业部 1025 号公告 – 14—2008 动物性食品中氟喹诺酮类药物残留检测	猪的肌肉、脂肪、肝脏和肾脏，鸡的肝脏和肾脏	达氟沙星、恩诺沙星等 4 种氟喹诺酮类药物	高效液相色谱法	20μg/kg	—
8	农业部 1025 号公告 – 18—2008 动物源性食品中 β – 受体激动剂残留检测	猪肝、猪肉、牛奶和鸡蛋	特布他林、西马特罗等 9 种 β – 受体激动剂	液相色谱 – 串联质谱	0.25μg/kg	0.50μg/kg
9	农业部 1025 号公告 – 20—2008 动物性食品中四环素类药物残留检测	牛、猪、鸡的肌肉、猪的肝脏、牛奶和带皮鱼肌肉组织	四环素、金霉素等四环素类药物	酶联免疫吸附法	牛奶：10μg/L，猪肝脏组织：30μg/kg，其余样品：15μg/kg	—
10	农业部 1025 号公告 – 23—2008 动物源食品中磺胺类药物残留检测	动物源食品	磺胺醋酰、磺胺嘧啶等 18 种磺胺类药物	高效液相色谱 – 串联质谱法	0.5μg/kg	—
11	农业部 1029 号公告 – 1—2011 饲料中 16 种 β – 受体激动剂的测定	配合饲料、浓缩饲料以及预混合饲料	克伦特罗等 16 种 β – 受体激动剂	液相色谱 – 串联质谱法	10μg/kg	50μg/kg

（续表 4 - 19）

序号	公告	检测对象	检测化合物	检测方法	检出限	定量限
12	农业部 1031 号公告 - 3—2008 猪肝和猪尿中 β - 受体激动剂残留检测	猪肝和猪尿	马布特罗、盐酸克伦特罗等 5 种 β - 受体激动剂类药物	气相色谱 - 质谱法	1.0～2.0μg/kg	—
13	农业部 1063 号公告 - 6—2008 饲料中 13 种 β - 受体激动剂的检测	饲料	克伦特罗等 13 种 β - 受体激动剂	液相色谱 - 串联质谱法	0.01mg/kg	0.05mg/kg
14	农业部 1063 号公告 - 7—2008 饲料中 8 种 β - 受体激动剂的监测	配合饲料	氯丙那林、马布特罗等 8 种 β - 受体激动剂	气相色谱 - 质谱法	0.01～0.1mg/kg	0.05～0.5mg/kg
15	农业部 1077 号公告 - 1—2008 水产品中 17 种磺胺类及 15 种喹诺酮类药物残留量的测定	水产品	磺胺噻唑、磺胺吡啶等 17 种磺胺类和氟罗沙星、氧氟沙星等 15 种喹诺酮类药物	液相色谱 - 串联质谱法	1.0μg/kg	2.0μg/kg
16	农业部 1486 号公告 - 7—2010 饲料中 9 种磺胺类药物的测定	配合饲料、浓缩饲料、添加剂预混合饲料	磺胺醋酰、磺胺嘧啶等 9 种磺胺类药物	高效液相色谱法	0.1mg/kg	0.5mg/kg
17	农业部 2086 号公告 - 4—2014 饲料中氟喹诺酮类药物的测定	配合饲料、浓缩饲料、添加剂预混合饲料和精料补充料	环丙沙星、恩诺沙星等 6 种氟喹诺酮类药物	液相色谱 - 串联质谱法	60.0μg/kg	200.0μg/kg
18	农业部 2349 号公告 - 5—2015 饲料中磺胺类和喹诺酮类药物的测定	畜禽配合饲料、浓缩饲料、添加剂预混合饲料和精料补充料	磺胺吡啶、磺胺嘧啶等 21 种磺胺类药物和萘啶酸、噁喹酸等 12 种喹诺酮类药物	液相色谱 - 串联质谱法	0.05mg/kg	0.10mg/kg

4.2.2　检测方法介绍

目前用于食品中安全风险物质兽药残留的检测方法主要有微生物法、非竞争性受体荧光分析法、胶体金免疫层析法、酶联免疫吸附法（ELISA）、纳米均相时间分辨荧光免疫技术法（ALPHALISA）、薄层色谱法、气相色谱法（GC）、气相色谱 - 质谱法（GC-MS）、高效液相色谱法（HPLC）、高效液相色谱 - 串联质谱法（HPLC-MS/MS）、高效液相色谱 - 飞行时间质谱法（HPLC-Q-TOF-MS）。用于食品中糠醛类物质含量的测定方法主要有紫外分光光度法、气相色谱法、气相色谱 – 质谱法、高效液相色谱法和液相色谱 – 质谱法。

1. 微生物法

微生物法是建立在抗生素能抑制细菌生长原理的基础上，能简单快速地测定所有抗生素残留的一种筛选检测技术。该检测方法的主要优点是廉价，易于操作和适于大量样品的筛选，但所需时间长，显色状态需通过肉眼判断，易产生误差。同时，由于具备抑菌作用的抗生素种类繁多，而动物源性食品中干扰物质又多，结果造成假阳性率较高，方法缺乏特异性。例如，同一个样品用沙丁胺醇试剂盒和克伦特罗试剂盒检测，如果是阳性样品就会显示两项均为阳性，不易区分此样品含有哪一种瘦肉精。这是由于在分子结构方面，沙丁胺醇和克伦特罗较为相似，使得克伦特罗抗体和沙丁胺醇反应具有一定的交叉性，两者无法区分。

2. 非竞争性受体荧光分析法

利用遗传编码非天然氨基酸技术，将荧光氨基酸 7HC 定点插入到青霉素结合蛋白 $PBP2_x$ 的抗生素区域，制备一种新型的荧光检测物，利用 7HC 荧光强度对微环境 pH 值和极性敏感的特性，直接反映 $PBP2_x$ 与抗生素结合后所引起的底物结合区域微环境的变化。但该方法首先必须制备一种荧光检测物，适用范围小，操作过程繁琐，不利于推广。

3. 胶体金免疫层析法

胶体金免疫层析是以胶体金作为示踪标志物应用于抗原抗体的一种新型的免疫标记技术。由氯金酸（$HAuCl_4$）在还原剂如白磷、抗坏血酸、枸橼酸钠、鞣酸等作用下，聚合成为特定大小的金颗粒，并由于静电作用成为一种稳定的胶体状态，称为胶体金。胶体金在弱碱环境下带负电荷，可与蛋白质分子的正电荷基团牢固结合。胶体金免疫层析法因其快速、简便的优点成为近几年用于牛奶、鸡蛋中安全风险物质残留检测的新方法。但该方法也存在一些不足，如质量控制困难、灵敏度低、不易定量等，在一定程度上限制了其应用。

4. 酶联免疫吸附法（ELISA）

酶联免疫吸附法也叫竞争性酶联免疫吸附法。ELISA 的基本原理是基于抗原抗体的反应。目前，我国的这种技术已经非常成熟，市场上有很多商品化的检测试剂盒，只要按照试剂盒中的说明书即可完成检测，ELISA 操作简便、快速，可用于对大批量样品进行快速筛选检测。但需要注意的是：由于同一类药物分子结构较为相似，使得反应具有一定的交叉性，易出现假阳性，免疫过程时间长和酶标物易失活等问题，不能作为最后科学准确定性的依据，必须使用其他方法加以确证。

5. 纳米均相时间分辨荧光免疫技术法（ALPHALISA）

纳米均相时间分辨荧光免疫技术法是一种均相的免疫法，具有快速、稳定、免洗、无放射污染以及操作简单等特点。该技术主要依赖于供体微珠和受体微珠之间的相互作用。当抗原抗体发生反应使供体微珠和受体微珠相互接近发生级联反应后，产生极大的放大信号，并被仪器检测记录。即当两种微珠在 680nm 的激光照射下，供体微珠上的光敏剂将周围环境中的氧气转化为更为活跃的单体氧。单体氧将能量传递给受体微珠激发 615nm 光。当待测物与生物素化抗原竞争抗体时，供体微珠和受体微珠将无法相互靠近，从而使得单体氧无法扩散到受体微珠，导致光信号下降。但该方法灵敏度低、不易定量，在一定程度上限制了其应用。

6. 薄层色谱法

薄层色谱法是将适宜的固定相涂布于玻璃板、塑料或铝基片上，成一均匀薄层，以合适的溶剂为流动相，对混合样品进行分离、鉴定和定量的一种层析分离技术。该检测方法具有操作方便、设备简单、显色容易等特点。但由于食品中成分复杂、干扰物质多，导致其灵敏度低，且容易造成假阳性结果。

7. 紫外分光光度法

紫外分光光度法通过测定物质在不同波长处的吸光度，并绘制其吸光度与波长的关系图即得被测物质的吸收光谱。从吸收光谱中，可以确定最大吸收波长 λ_{max}。由于被测物质的吸收光谱具有与其结构相关的特征性，因此，可以通过特定波长范围内样品光谱与对照品光谱的吸收比值的比较而进行定性定量分析。该检测方法操作简便，但易受到其他物质的干扰，造成假阳性结果，检测结果波动也很大。

8. 气相色谱法（GC）

气相色谱法采用电子捕获检测器（ECD）、氢火焰离子化检测器（FID）或氮磷检测器（NPD），适用于分析热稳定、易挥发的物质，而食品中安全风险物质大多具有强极性和难挥发性，需要将样品进行提取、净化、柱前衍生化，再进入气相色谱仪分析。该检测方法快速、分离度好、精密度高，无需昂贵的设备，具有较好的实用性，适用于基层使用。但只靠保留时间定性，易受杂质干扰，色谱峰分离不开，可能出现假阳性，且样品前处理复杂，需要衍生化。

9. 气相色谱－质谱法（GC-MS）

气相色谱－质谱法已经比较成熟，适用于分析热稳定、易挥发的物质，对于难挥发组分需要将样品进行前处理，然后净化、衍生化后置于气相色谱－质谱仪进行分析。样品进行前处理常使用酶解法。这是因为水解法的反应非常强烈，且通常使用盐酸或高氯酸。而酶解法则比较温和，不需要耐高温高压设备。GC 在整个分析测试系统中起到预处理器的作用，MS 则扮演着样品检测器的角色，结合 GC 和 MS 的优点，高效准确地实现复杂化合物的分离、鉴定和分析。该方法具有检出限较低、稳定性好、准确性高、灵敏度高的特点，通过萃取净化大大降低了样品中杂质的干扰，但样品前处理复杂，需要衍生化。

10. 气相色谱－串联质谱法（GC-MS/MS）

气相色谱－串联质谱法是目前用于复杂基质中痕量目标化合物检测的最好手段，适用于分析热稳定、易挥发的物质，具有保留时间和串联质谱确证的优点，提高了检测的准确度及灵敏度，简化了实验步骤，节省了样品的前处理时间，且选择性好、信噪比高。

11. 高效液相色谱法（HPLC）

高效液相色谱法采用紫外检测器（UVD）、荧光检测器（FLD）或蒸发光散射法（ELSD），常用于难挥发、强极性物质的分离检测，往往不需要对提取液进行柱前衍生，样品前处理较为简单，采用固相萃取有效解决了萃取过程中的乳化问题。但高效液相色谱法只靠保留时间定性，且检出限不一定满足残留检测的要求。

12. 高效液相色谱－串联质谱法（HPLC-MS/MS）

高效液相色谱－串联质谱法常用于强极性、难挥发、热不稳定化合物的分离检测，是近年来发展最快的用于食品中安全风险物质兽药残留的检测方法，采用高压泵、高效色谱柱、高灵敏度的检测器，具有重现性好、分离能力强、分析时间快、自动化程度高等优点，可同时测定的药物种类覆盖面广，选择性好，检出限低；以保留时间和质谱数据定性，检测结果准确可靠。

13. 高效液相色谱－飞行时间质谱法（HPLC-Q-TOF-MS）

高效液相色谱－飞行时间质谱法主要用于食品中安全风险物质兽药残留的高通量筛查。该方法具有结构简单、灵敏度高、分析速度快、分辨率高和质量范围宽等优点，可实现精确质量数的测定，用于复杂基质化合物的定性和定量分析，结果准确可靠。但由于仪器价格比较昂贵，不能得到推广。

4.3　动物源性食品中安全风险物质残留的测定

动物源性食品是指动物来源的食物，包括畜禽肉、蛋类、奶及其制品等。随着人们生活水平的提高，肉、蛋、奶及其制品极大地丰富餐桌；同时，也不同程度遭受一些动物源性食品中安全风险物质残留超标带来的危害。β－受体激动剂能有效促进动物肌肉生长、增加蛋白质含量、减少脂肪沉积、提高瘦肉率，而 β－内酰胺类（β-lactams）、喹诺酮类（quinolones，QNs）、磺胺类（sulfonamides，SAs）、磺胺类增效剂(sulfonamides potentiator，SPs)及抗球虫类(anticoccidiosis，ACs)药物是畜禽养殖行业中常用的抗菌、抗球虫药物，因而被部分养殖户非法用于畜禽饲养。滥用这些药物易造成畜禽产品的严重污染，通过食物链可在人体内蓄积，使人体产生耐药性及过敏反应等副作用，甚至存在致突变、致畸、致癌等严重危害。类似的食品安全事故也时有发生，已引起社会的广泛关注。

4.3.1　动物源性食品中安全风险物质残留的测定方法概述

目前用于动物源性食品中 β – 受体激动剂残留的检测方法主要有酶联免疫吸附法(ELISA)、纳米均相时间分辨荧光免疫技术法(ALPHALISA)、气相色谱法(GC)、高效液相色谱法(HPLC)、气相色谱 – 质谱法(GC-MS)、高效液相色谱 – 串联质谱法(HPLC-MS/MS)以及高效液相色谱 – 飞行时间质谱法(HPLC – Q – TOF – MS)。用于测定 β – 内酰胺类、喹诺酮类、磺胺类、磺胺类增效剂及抗球虫类 5 类药物的方法主要有微生物法、非竞争性受体荧光分析法、胶体金免疫层析法、酶联免疫吸附法(ELISA)、薄层色谱法、高效液相色谱法(HPLC)、高效液相色谱 – 质谱法(HPLC-MS)以及高效液相色谱 – 飞行时间质谱法(HPLC – Q – TOF – MS)，同时测定上述 2～3 类兽药的方法也有报道，但同时测定上述 5 类药物在畜禽产品中残留量的液相色谱 – 串联质谱法尚未见报道。由于 HPLC-MS/MS 具有选择性好、灵敏度高、抗干扰能力强以及样品无需衍生化等优势，已成为该类药物残留分析的主要手段，然而所报道的文献几乎均选用 C$_{18}$ 填料的色谱柱，对结构相近的 β – 受体激动剂的分离效果不甚理想，尤其对于多组同分异构体的同时测定。另外，样品前处理通常都包括水解(如酸解或酶解等)及提取净化步骤，其提取净化方法主要有液 – 液萃取、基质分散固相萃取、凝胶色谱结合固相萃取、分子印迹固相萃取以及 QuEChERS 等，前 4 种方法均用到成本较高的固相萃取柱，非常繁杂耗时，而 QuEChERS 方法基于分散固相萃取(dSPE)原理，具有简便、快速、廉价且净化效果良好的特点。表 4 – 20 列举了各种检测技术在动物源性食品中安全风险物质残留的应用情况。

表 4 –20　动物源性食品中安全风险物质残留分析技术

序号	发表时间	提取方法	净化手段	检测方法	待测物种类	色谱柱	检出限	定量限	文献
1	2013	抗体制备	盐析法和 DEAE 纤维柱层析法分离纯化	ELISA	克伦特罗	—	0.13μg/L	—	陈小锋[73]
2	2017			ALPHALISA	4 项激动剂	—	0.03～0.08 ng/mL	—	龚倩[75]
3	2003	乙醚提取	C$_{18}$ 固相萃取净化	GC	盐酸克伦特罗	HP – 1(30 m × 0.32 mm ×1μm)	0.03mg/L	0.1mg/L	谢维平[76]
4	2012	乙醚提取	HLB 固相萃取小柱净化	HPLC	3 项激动剂	Zorbax – C$_{18}$ (250mm ×4.6mm，2.5mm)	—	—	臧李纳[77]
5	2012	乙酸乙酯提取	SCX 柱净化	GC-MS	6 种 β – 受体激动剂	HP – 5MS (30m ×250μm × 0.25μm)	0.08～0.10μg/kg	0.24～0.30μg/kg	蒋万枫[89]
6	2012	乙酸铵提取	PXC 固相萃取柱净化	HPLC-MS/MS	莱克多巴胺，克伦特罗	Agilengt Zorbax 300SCX (150mm ×2.1mm，5μm)	0.03～0.04μg/kg	0.12～0.15μg/kg	汪辉[90]
7	2017	甲酸乙腈提取	Oasis PRi ME HLB 柱净化	UPLC-MS/MS	27 种 β – 受体激动剂	Acquity UPLC BEH C$_{18}$ (100mm ×2.1mm，1.7μm)	—	0.1～2.0μg/kg	刘洪斌[91]

（续表4-20）

序号	发表时间	提取方法	净化手段	检测方法	待测物种类	色谱柱	检出限	定量限	文献
8	2015	乙酸钠缓冲液，β-葡萄糖醛苷酶/芳基硫酸酯酶水解	Oasis MCX 阳离子交换柱净化	HPLC-Q-TOF-MS	19种β-受体激动剂	Agilengt Zorbax Eclipse Plus C_{18}（100mm×2.1mm，1.8μm）	—	0.5ng/g	颜春荣[92]
9	2008	菌种培养	离心	微生物方法	6种β-内酰胺类	—	4～100μg/kg	—	李延华[79]
10	2016	蛋白培养	GE HisTrap 预装柱	非竞争性受体荧光分析法	13种β-内酰胺类	—	0.49～2.44 ng/mL	—	王谦[93]
11	2016	离心		ELISA	磺胺二甲嘧啶	—	0.3 ng/mL	—	苏明明[81]
12	2010	结合物 Amp-HRP	离心	胶体金免疫层析法	10种β-内酰胺类	—	0.6～3.5μg/L	—	姜侃[80]
13	2015	乙酸乙腈提取	QuEChERS 方法	薄层色谱法	6种喹诺酮	—	2～20μg/kg	—	杨勇[82]
14	2010	乙腈提取	乙腈饱和正己烷脱脂	UPLC法	5种磺胺类	Aequity BEH C_{18}（2.1mm×50mm，1.7μm）	20ng/g	50ng/g	李品艾[94]
15	2017	乙腈提取	正己烷除脂	HPLC	4种氟喹诺酮类	C_{18}（4.6mm×250mm，5μm）	10ng/mL	—	任杨[95]
16	2017	甲醇-甲酸(9:1)萃取	分子印迹固相萃取柱	分子印迹固相萃取-高效液相色谱联用	7种磺胺类	ODS-C_{18}（4.6mm×250mm，5μm）	1.7～4.5μg/L	—	李玲[96]
17	2011	乙腈沉淀蛋白	正己烷除脂	LC-MS/MS	23种磺胺及其增效剂	Waters Xtena C_{18}（150mm×4.6mm，3.5μm）	—	0.2～5.0μg/kg	杜玥[97]
18	2012	2%乙酸酸化的乙腈/二甲亚砜(4:1)提取	二甲基十八碳硅烷、石墨化炭黑、弗罗里硅土吸附剂分散固相萃取净化	HPLC-MS/MS	9种抗球虫类	Hypersil GOLD C_{18}（150mm×4.6mm，5μm）	<0.020μg/kg	0.005～0.010μg/kg	施祖灏[191]
19	2014	甲酸-乙腈(1:9)提取	正己烷除脂净化	UPLC-MS/MS	3种磺胺增效剂	Acquity UPLC BEH C_{18}（50mm×2.1mm，1.7μm）	—	5.0μg/kg	高洋洋[98]

（续表 4 - 20）

序号	发表时间	提取方法	净化手段	检测方法	待测物种类	色谱柱	检出限	定量限	文献
20	2014	甲醇 - 乙腈 - 乙酸(4：1：0.05)提取	Sep - Pak tC$_{18}$固相萃取柱净化	UPLC-MS/MS	7 种抗球虫类	Acquity UPLC BEH C$_{18}$(50mm × 2.1mm，1.7μm)	5.0 ～ 7.0μg/kg	15 ～ 20μg/kg	王盈予[99]
21	2014	乙腈水溶液提取	正己烷脱脂	基质固相分散萃取 - 液相色谱串联质谱	4 种磺胺类	Venusil MP C$_{18}$(100mm × 2.1mm，3μm)	50μg/kg	—	刘谦[100]
22	2015	乙腈提取	Oasis HLB 固相萃取柱净化	LC-MS/MS	14 种β - 内酰胺类	COSMOSIL C$_{18}$(250mm × 4.6mm，5μm)	0.05 ～ 5 ug/kg	—	王宏伟[101]
23	2017	2% 甲酸乙腈提取	Oasis HLB 固相萃取柱净化	UPLC-MS/MS	22 种喹诺酮	Acquity UPLC BEH Shield RP18(100mm × 2.1mm，1.7μm)	—	0.3 ～ 1.0μg/kg	杨盛茹[102]
24	2017	磷酸盐缓冲溶液	HLB 固相萃取柱	HPLC-MS/MS	15 种喹诺酮类，17 种磺胺类药物	CORTECS C$_{18+}$	0.4μg/kg	1.0 μg/kg	阚广磊[103]
25	2017	乙腈提取	正己烷除脂	UPLC-MS/MS	5 种磺胺类药物	Acquity UPLC HSS T3	5μg/kg	—	杨梅[104]
26	2017	乙酸乙腈提取	正己烷除脂	UPLC-MS/MS	氯霉素和5 种磺胺类	BEH C$_{18}$(2.1mm × 50mm，1.7μm)	0.0032 ～ 0.173μg/kg	0.0096 ～ 0.52μg/kg	陆苑[105]
27	2015	乙腈 - 水(8：2)提取	Waters Seppak C$_{18}$固相萃取柱净化	HPLC - Q - TOF - MS	22 种磺胺类药物	Agilengt Poroshell 120EC - C$_{18}$(150mm × 2.1mm，2.7μm)	0.1 ～ 0.5μg/kg	0.25 ～ 5μg/kg	李晓雯[83]

4.3.2　液相色谱 - 串联质谱法同时测定猪肉中 26 种 β - 受体激动剂残留

　　针对现有方法存在的样品前处理方法复杂、成本高、分离效果较差、可同时测定药物种类少等问题，采用具有疏水相互作用与 π - π 相互作用混合模式的新型色谱柱——苯基 - 己基柱，获得了传统 C$_{18}$ 色谱柱难以得到的良好选择性与色谱峰形。通过优化样品前处理方法及色谱 - 质谱条件，建立了分散固相萃取 - 同位素稀释 - 高效液相色谱 - 串联质谱同时快速测定猪肉中 26 种 β - 受体激动剂的方法。该方法可同时测定的药物种类多，样品的提取净化效果好，简便、快速、成本低廉、灵敏度高、选择性好，且采用同位素内标法定量，有效消除了基质效应，结果准确可靠，为动物源性食品中安全风险物质检测提供了技术支持。

4.3.2.1　实验部分

　　1. 仪器与试剂

　　仪器：Agilent 1200 SL Series RRLC/6410B Triple Quard MS 快速高效液相色谱 - 串联四极杆质谱联用仪（美国 Agilent 公司），AS 3120 超声波发生器（天津奥特赛恩斯仪器有限公司），DC12H 水浴式氮吹浓缩

（上海安谱科学仪器有限公司）。

试剂：甲醇、乙腈（色谱纯，德国 Merck 公司）；β - 葡萄糖醛苷酶/芳基硫酸酯酶，活性分别为 30U/mL 及 60U/mL（德国 Merck 公司）；甲酸（色谱级，美国 Sigma 公司）；乙酸钠三水合物、乙酸、高氯酸、氢氧化钠及氯化钠（分析纯，广州化学试剂厂）；无水硫酸镁（$MgSO_4$，分析纯，上海晶纯生化科技股份有限公司）；十八烷基键合硅胶吸附剂（Bondesil - C_{18}）、N - 丙基乙二胺吸附剂（Bondesil - PSA）（美国 Agilent 公司）。实验用水为二次蒸馏水。

26 种 β - 受体激动剂标准品：克伦特罗（CLB）、莱克多巴胺（RTP）、特布他林（TER）、福莫特罗（FMT）、班布特罗（BMT）、沙美特罗（SMT）、丙卡特罗（PCT）、异丙肾上腺素（IPN）、氯丙那林（CPN）、托特罗定（TOL）及环仑特罗（CCB），纯度≥95.0%，购自中国药品生物制品检定所；塞布特罗（CBT）、利托君（RIT）、妥布特罗（TUL）、马布特罗（MBT）、齐帕特罗（ZIL）及苯乙醇胺 A（PEA），纯度≥98.0%，购自加拿大 TRC 公司；溴布特罗（BBT）、非诺特罗（FNT）、克仑潘特（CPT）及克仑丙罗（CLP），纯度≥97.0%，购自德国 Dr. Ehrenstorfer 公司；沙丁胺醇（SBT）、西马特罗（CMT）、马喷特罗（MPT）及异舒普林（IXP），纯度≥99.0%，购自美国 Sigma 公司；喷布特罗（PBT），纯度为 99.5%，购自欧洲药典委员会；克伦特罗 - D_9（CLB - D_9）及沙丁胺醇 - D_3（SBT - D_3），纯度≥98.0%，购自加拿大 CDN 公司。

Poroshell 120 EC - C_{18}（100 mm × 2.1 mm，2.7 μm）、Poroshell 120 Bonus - RP（100 mm × 2.1 mm，2.7 μm）、Poroshell 120 PFP（100 mm × 2.1 mm，4.0 μm）、Poroshell 120 Phenyl - Hexyl（100 mm × 2.1 mm，4.0 μm）均购自美国 Agilent 公司；CORTECS C_{18+}（100 mm × 2.1 mm，2.7 μm）购自美国 Waters 公司。

2. 标准溶液的配制

1）标准储备液及混合标准中间储备液

准确称取适量的 β - 受体激动剂标准品及同位素内标（CLB - D_9 及 SBT - D_3），用甲醇分别配制成质量浓度为 100 mg/L 的标准储备液。根据需要，将待测物标准储备液用甲醇稀释成质量浓度为 1 ~ 10 mg/L 的混合标准中间储备液。所有储备液置于棕色瓶中，-20℃保存。

2）混合内标中间储备液

用 0.2%（体积分数）甲酸水 - 乙腈（90：10，体积比）溶液稀释内标物标准储备液，配制成质量浓度均为 200 μg/L 的 CLB - D_9 及 SBT - D_3 混合内标中间储备液，置棕色瓶中，4℃保存。

3）混合标准工作溶液

使用前根据需要吸取一定量的混合标准中间储备液和混合内标中间储备液，用 0.2%（体积分数）甲酸水 - 乙腈（90：10，体积比）溶液稀释成适当浓度的混合标准工作液，该溶液中 CLB - D_9 和 SBT - D_3 的质量浓度均为 10 μg/L。

3. 样品处理

1）水解

准确称取匀质试样 2.0 g，置于 50 mL 聚丙烯塑料离心管中，加入 10 mL 0.2 mol/L 乙酸钠缓冲溶液（称取 13.6 g 乙酸钠三水合物，溶于 500 mL 水中，用适量乙酸调 pH 至 5.2 即得），涡旋混匀，加入 100 μL 混合内标中间储备液及 50 μL β - 葡萄糖醛苷酶/芳基硫酸酯酶，充分涡旋 5 min 后，置于 37℃恒温箱内酶解 12 h。

2）提取

酶解后取出，涡旋混匀，以 10000 r/min 的速度离心 10 min，准确移取 5 mL 上清液于 15 mL 聚丙烯离心管中，加 3 ~ 5 滴高氯酸沉淀蛋白，涡旋混匀。以 10000 r/min 的速度离心 5 min，将上清液全部转移至 50 mL 聚丙烯离心管中，用 10 mol/L NaOH 溶液调至 pH 为 9.0。加入 2.0 g NaCl 及 8 mL 乙腈，涡旋提取 5 min，以 5000 r/min 的速度离心 5 min 后，将有机相全部转移至 15 mL 聚丙烯离心管中，待净化。

3）净化

在待净化样液中，加入净化剂（内含 1000 mg 无水硫酸镁、200 mg Bondesil - C_{18} 及 100 mg Bondesil -

PSA），涡旋 1min 混匀，静置 10 min，以 5000 r/min 的速度离心 5 min。将上清液全部转移至梨形瓶，40 ℃水浴下氮吹浓缩至干，准确加入 1 mL 0.2%（体积分数）甲酸水 – 乙腈（90∶10，体积比）溶液，超声 30 s 溶解残渣，混匀，过 0.22 μm 滤膜，进行 LC-MS/MS 分析。

4. 色谱 – 质谱测定

1）色谱条件

色谱柱：Poroshell 120 Phenyl – Hexyl 柱（100 mm ×2.1 mm，4.0 μm）；流动相 A：0.2%（体积分数）甲酸水溶液；流动相 B：乙腈；流速：0.3 mL/min；进样体积：5 μL；柱温：30 ℃。梯度洗脱程序：0 ～ 2.0 min，3% B；2.0～5.0 min，3% ～5% B；5.0～8.0 min，5% ～12% B；8.0～12.0 min，12% B；12.0～13.0 min，12% ～15% B；13.0～17.0 min，15% B；17.0～18.0 min，15% ～18% B；18.0～20.0 min，18% B；20.0～21.0 min，18% ～25% B；21.0～22.0 min，25% ～30% B；22.0～25.0 min，30% ～40% B；25.0～26.0 min，40% B；26.0～26.1 min，40% ～3% B；26.1～30.0 min，3% B。

2）质谱条件

离子源：电喷雾离子源（ESI）；扫描方式：正离子；采集方式：多反应监测（MRM）；雾化气压力：276 kPa；干燥气流量：11.0 L/min；干燥气温度：350℃；毛细管电压：4 kV；两个四极杆分析器（MS1 及 MS2）的分辨率：Unit；所有待测物的质谱采集参数见表 4 – 21。

3）测定方法

取样品溶液和混合标准工作溶液各 5.0 μL 注入 HPLC-MS/MS 测定，以待测物色谱峰的保留时间和两对 MRM 离子对为依据进行定性。按内标法计算待测物含量，IPN、SBT、TER、CMT、ZIL、CBT、FNT、RIT、CCB、CPN 及 CLP 等 11 种待测物以 SBT – D$_3$ 为内标物，其余 15 种待测物以 CLB – D$_9$ 为内标物。

表 4 – 21　26 种 β – 受体激动剂的质谱参数

序号	药物名称	缩写	保留时间	母离子（m/z）	子离子（m/z）	碎裂电压/V	碰撞能量/V
1	西马特罗 Cimaterol	CMT	4.2	202.1	160.1*，143.1	130	12，20
2	异丙肾上腺素 Isoprenaline	IPN	2.0	212.1	152.1*，107.1	93	16，28
3	氯丙那林 Clorprenaline	CPN	11.2	214.1	154.0*，118.0	85	16，28
4	特布他林 Terbutaline	TER	3.7	226.1	152.1*，107.0	88	12，32
5	妥布特罗 Tulobuterol	TUL	13.7	228.1	154.1*，118.1	83	16，32
6	塞布特罗 Cimbuterol	CBT	7.3	234.2	160.1*，143.1	86	12，24
7	沙丁胺醇 Salbutemol	SBT	3.4	240.2	222.1，148.1*	96	4，16
8	齐帕特罗 Zilpaterol	ZIL	4.8	262.2	244.1*，185.0	73	8，24
9	克伦丙罗 Clenproperol	CLP	11.5	263.1	245.0*，132.1	76	8，28
10	克伦特罗 Clenbuterol	CLB	14.3	277.1	168.0*，132.1	100	32，28

（续表4-21）

序号	药物名称	缩写	保留时间	母离子（m/z）	子离子（m/z）	碎裂电压/V	碰撞能量/V
11	利托君 Ritodrine	RIT	9.6	288.2	150.1，121.1*	99	16，20
12	环仑特罗 Cycloclenbuterol	CCB	9.6	289.1	150.1，121.0*	120	16，20
13	丙卡特罗 Procaterol	PCT	18.7	291.2	168.1*，132.1	98	32，32
14	喷布特罗 Penbutolol	PBT	26.4	292.2	201.1*，133.1	95	20，24
15	莱克多巴胺 Ractopamine	RTP	13.0	302.2	164.0*，107.1	100	15，32
16	异舒普林 Isoxsuprine	IXP	20.0	302.2	150.2，107.1*	104	20，32
17	非诺特罗 Fenoterol	FNT	9.4	304.2	135.1，107.1*	116	16，36
18	马布特罗 Mabuterol	MBT	17.9	311.1	217.0*，202.1	94	24，36
19	马喷特罗 Mapenterol	MPT	22.7	325.1	237.1*，217.1	106	16，28
20	托特罗定 Tolterodine	TOL	26.0	326.2	197.1，147.1*	135	28，28
21	克仑潘特 Clenpenterol	CPT	22.7	327.1	239.0*，219.0	140	16，24
22	福莫特罗 Formoterol	FMT	16.7	345.2	149.1*，121.0	102	16，40
23	苯乙醇胺A Phenylethanolamine A	PEA	25.4	345.2	150.1*，121.0	100	20，40
24	溴布特罗 Brombuterol	BBT	17.5	367.0	292.9*，214.0	114	16，32
25	班布特罗 Bambuterol	BMT	20.2	368.2	294.1，72.1*	115	16，40
26	沙美特罗 Salmeterol	SMT	26.6	416.3	380.3*，232.2	130	16，20
27	克伦特罗-D_9 Clenbuterol-D_9	CLB-D_9	14.3	286.1	204.1*	100	12
28	沙丁胺醇-D_3 Salbutemol-D_3	SBT-D_3	3.4	243.1	151.1*	100	15

注：*表示定量离子（Quantitative ion）。

4.3.2.2　结果与讨论

1. 质谱条件的优化

由于 β - 受体激动剂均有胺类结构，部分还具有1,2 - 苯二酚（儿茶酚）官能团，属于极性较强的化合物，因此适合采用电喷雾离子源（ESI）进行离子化。将质量浓度为1.0 mg/L 的26种 β - 受体激动剂类药物混合标准溶液，注入电喷雾离子源，分别进行正、负离子模式的全扫描分析，所有化合物响应最好的准分子离子峰均在正离子模式下获得，其母离子均为 $[M + H]^+$。在此基础上，通过选择离子监测方式分别对每个化合物的碎裂电压进行优化，使得母离子的响应最大。然后对母离子采用子离子全扫描方式分析，通过调整碰撞能量使得目标碎片离子的响应最大。根据欧盟发布的 2002/657/EC 决议，质谱相关分析方法必须满足鉴定分值不少于4分的规定，1个母离子的分值计1分，1个子离子的分值计1.5分。因此每个待测物选取两对特征最显著且响应强度最高的 MRM 离子对（包括1个母离子及2个不同的子离子，共计4分）及相应的仪器参数作为最终的质谱采集参数，见表4 - 21。

2. 色谱条件的优化

本方法中色谱条件的优化主要考虑在尽可能短的时间内实现结构相近化合物（尤其是同分异构体）的分离，同时最大程度地增强部分极性较大的苯二酚型化合物（如异丙肾上腺素等）及苯酚型化合物（如沙丁胺醇等）的保留，以减少因化合物弱保留而可能存在的强基质效应。

1）色谱柱的选择

β - 受体激动剂是在 β - 苯乙醇胺基本结构基础上修饰所得到的一系列化合物，其结构非常接近，分离难度较大。为了在短时间内实现最大程度的色谱分离，本研究比较了 Poroshell 120 EC - C_{18}、Poroshell 120 Bonus - RP、Poroshell 120 PFP、Poroshell 120 Phenyl - Hexyl 及 CORTECS C_{18+} 等5款不同类型的色谱柱。

结果显示，在相同的流动相组成条件下，Poroshell 120 PFP 和 CORTECS C_{18+} 两款色谱柱对较强极性化合物的保留较弱，不适用于分析 β - 受体激动剂类药物；色谱柱 Poroshell 120 Bonus - RP 分离出来的峰明显少于剩余的两款；Poroshell 120 EC - C_{18} 及 Poroshell 120 Phenyl - Hexyl 色谱柱所能分离的色谱峰最多，其中前者能很好地将弱极性化合物分离，但对于中间保留时间部分的化合物分离能力较弱，而后者明显对 β - 受体激动剂类药物有最佳的选择性，峰数多，且峰形良好。可能是因为键合了苯基 - 己基的色谱柱除了具有与 C_{18} 填料色谱柱相类似的疏水相互作用，另外其苯基与 β - 受体激动剂上的苯环存在 $\pi - \pi$ 相互作用，两种分离模式的协同作用，从而改善了色谱分离度及其峰形。因此选择 Poroshell 120 Phenyl - Hexyl 色谱柱作为本方法的分析柱。

2）流动相的组成

由于 β - 受体激动剂类化合物的质谱采集参数均在 ESI 源正离子模式下获得，因此为了保持足够的质谱检测灵敏度，根据 ESI 离子化机理，最好在流动相中加入酸性添加剂。在 Poroshell 120 Phenyl - Hexyl 色谱柱上，考察了不同的流动相组成，主要有 0.2%（体积分数）甲酸 - 乙腈及 0.2%（体积分数）甲酸（含 10 mmol/L甲酸铵）- 乙腈。

结果表明，0.2% 甲酸（含 10 mmol/L 甲酸铵）- 乙腈流动相条件下，在保留时间 9 ～ 10min 范围内的色谱峰严重堆积，分离度极差，且峰形展宽。多次试验以及调节梯度洗脱程序，该问题依然存在，这可能是由于甲酸铵的存在导致个别化合物的解离；在无甲酸铵存在的 0.2% 甲酸 - 乙腈流动相条件下，通过反复优化梯度洗脱条件，得到所有色谱峰均为尖锐的窄峰，且峰形对称，大多数化合物的分离度高，几乎均达到基线分离。图4 - 12 为26种 β - 受体激动剂的总离子流色谱图。

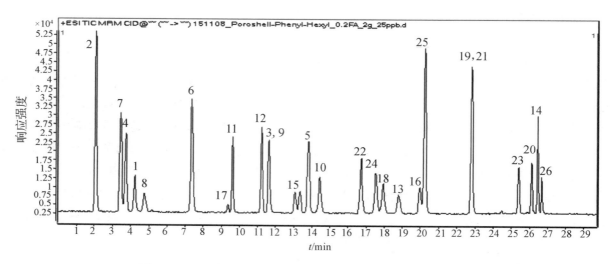

图 4 - 12　26 种 β - 受体激动剂混合标准溶液的总离子流色谱图

3. 样品前处理条件的优化

1）样品水解方式的选择

β - 受体激动剂存在苯酚型、苯二酚型及苯胺型 3 种结构类型的化合物，而药物在体内的代谢规律与其化学结构密切相关。有关资料显示，苯酚型如莱克多巴胺、沙丁胺醇等化合物在动物体内代谢过程中，易在葡萄糖醛酸转移酶及芳香硫酸酶的作用下发生轭合，生成各种结合物，而其他类型的 β - 受体激动剂则较少发生轭合反应。因此在建立 β - 受体激动剂药物多残留分析方法时，必须先对样品进行水解，使目标分析物从结合态变成游离态，便于后续提取。常用的可食用动物组织样品的水解方法主要为酸水解法及酶解法，为了比较两者的水解效率，本研究采用猪肉样品进行实验室能力验证，酶解法按照 GB/T 22286—2008 的规定进行，而酸水解的实验方法除水解部分采用 0.1 mol/L 高氯酸水解外，其余步骤均与酶解法完全一致。试验结果表明，采用酸水解法对莱克多巴胺的定量结果约为酶解法的 70%。因此为了保证结果的准确性，本研究选用酶水解法。

2）样品提取条件的优化

为了简化提取和净化过程，本研究选用乙腈作为提取溶剂，采用 dSPE 技术进行净化。比较了样液在不同 pH 值条件下，乙腈对待测物的绝对提取回收率，结果见表 4 - 22。

表 4 -22　样液 pH 值对乙腈提取回收率的影响

序号	药品	绝对回收率/%			
		pH = 2.0	pH = 7.0	pH = 9.0	pH = 11.0
1	CMT	32.6	48.1	69.6	73.2
2	IPN	6.2	18.9	35.2	32.6
3	CPN	23.2	49.8	73.6	72.8
4	TER	8.5	25.3	40.5	41.3
5	TUL	31.2	52.6	86.6	87.6
6	CBT	24.6	46.3	83.6	79.6
7	SBT	10.2	21.3	38.2	37.5
8	ZIL	13.5	30.6	75.6	82.1

（续表 4 - 22）

序号	药品	绝对回收率/%			
		pH = 2.0	pH = 7.0	pH = 9.0	pH = 11.0
9	CLP	37.6	63.5	90.5	88.4
10	CLB	40.3	67.2	89.4	86.3
11	RIT	30.2	56.7	85.6	82.7
12	CCB	31.3	52.1	87.2	89.5
13	PCT	37.3	61.2	92.4	84.9
14	PBT	43.3	70.3	102.3	98.5
15	RTP	36.2	68.2	86.3	90.8
16	IXP	36.3	65.3	87.9	79.8
17	FNT	21.2	35.2	79.8	86.3
18	MBT	36.6	62.2	78.6	82.7
19	MPT	33.6	56.3	85.9	82.6
20	TOL	38.6	69.6	96.4	92.7
21	CPT	32.7	63.1	87.1	90.6
22	FMT	28.9	59.6	90.6	85.6
23	PEA	33.1	53.7	79.6	82.7
24	BBT	29.9	49.6	86.3	85.7
25	BMT	21.8	50.2	80.8	82.4
26	SMT	54.8	72.6	93.2	98.7

结果表明，在酸性（pH = 2.0）及中性（pH = 7.0）条件下，乙腈对 26 种 β - 受体激动剂的提取率均不理想。由于该类药物具有弱碱性，随着 pH 值的增大，其提取率明显增加，但 pH = 9.0 及 pH = 11.0 的结果无太大差异，因此实验选择在 pH = 9.0 的样液中进行待测物的提取。对于极性较大的异丙肾上腺素（IPN）、特布他林（TER）及沙丁胺醇（SBT），在各种 pH 值条件下的绝对回收率均低于其他待测物，但通过同位素稀释法进行校正，其回收率可满足残留分析的要求。

3）正交试验优化样品净化条件

尽管经高氯酸沉淀蛋白质后，已经除去了样液中的大部分杂质，但仍有少量脂肪及色素等干扰物存在，需要进一步净化。十八烷基键合硅胶（C_{18}）、N - 丙基乙二胺（PSA）及石墨化炭黑（GCB）是常用的 dSPE 净化吸附剂，而无水硫酸镁（用量通常为 500 ～ 1500 mg）主要用于吸收样液中的水分，以保证 PSA 的吸附能力。其中 C_{18}（用量通常为 100 ～ 300 mg）可以有效去除脂肪杂质，PSA（用量通常为 100 ～ 300 mg）可以去除有机酸、色素和金属离子。为了获得最佳的净化剂用量配比，本研究选取因素 A（无水硫酸镁用量）、因素 B（Bondesil - C_{18} 用量）及因素 C（Bondesil - PSA 用量）等 3 个因素，每个因素取 3 个水平按照 L9（3^3）正交表试验，比较在加标浓度水平为 10 μg/kg 时，各因素各水平下的回收率和净化效果，以选择最佳组合。正交试验因素水平见表 4 - 23。

表 4 – 23　净化剂用量配比的正交试验因素水平

水平	因素		
	MgSO$_4$（A）/mg	Bondesil – C$_{18}$（B）/mg	Bondesil – PSA（C）/mg
1	500	100	100
2	1000	200	200
3	1500	300	300

正交试验结果表明，使用 1000 mg MgSO$_4$、200 mg Bondesil – C$_{18}$ 及 100 mg Bondesil – PSA 组成的净化剂可以获得良好的净化效果。

4. 基质效应的消除

与其他分析手段不同，质谱分析往往会存在基质效应。在液相色谱 – 质谱分析中，客观存在的基质效应会对分析方法的灵敏度、精密度以及准确度造成影响。减少基质效应的方法通常包括稀释样品溶液、增加净化步骤、采用同位素内标物、配制基质匹配标准溶液以及优化色谱 – 质谱条件等。

本研究采用同位素稀释内标法，并通过优化色谱分离条件能很好地消除基质效应，同时还减少了样品处理过程中可能带来的误差，有效地保证了定性、定量结果的准确可靠。所有方法学指标均能很好地满足兽药残留检测的方法要求。

5. 线性范围、线性方程与检出限

在优化的色谱 – 质谱条件下，对制备好的 6 个浓度水平的系列混合标准工作溶液进行测定。26 种待测物均以其定量离子对峰面积与相应同位素内标峰面积的比值（y）为纵坐标，以质量浓度（x，μg/L）为横坐标作内标定量工作曲线，获得回归方程，线性相关系数在 0.9949 ～ 0.9999 之间，表明各待测物在相应的浓度范围内呈良好的线性关系；以信噪比（S/N）≥3 确定 26 种待测物的检出限（LOD）为 0.03 ～ 0.3μg/kg，以 S/N≥10 确定其定量限（LOQ）为 0.1 ～ 1.0μg/kg。结果见表 4 – 24。

表 4 – 24　26 种 β – 受体激动剂的回归方程、线性范围、相关系数、检出限及定量限

序号	药物	回归方程	线性范围/（μg·L^{-1}）	相关系数 r^2	LOD/（μg·kg^{-1}）	LOQ/（μg·kg^{-1}）
1	CMT	$y = 0.09645x - 0.01942$	0.5 ～ 50	0.9995	0.1	0.3
2	IPN	$y = 0.08616x + 0.00057$	0.5 ～ 50	0.9999	0.3	1.0
3	CPN	$y = 0.05217x - 0.00276$	0.5 ～ 50	0.9993	0.05	0.2
4	TER	$y = 0.37806x + 0.68582$	0.5 ～ 50	0.9968	0.3	1.0
5	TUL	$y = 0.07079x - 0.06088$	0.5 ～ 50	0.9993	0.05	0.2
6	CBT	$y = 0.06878x - 0.08779$	0.5 ～ 50	0.9995	0.03	0.1
7	SBT	$y = 0.02498x - 0.02403$	0.5 ～ 50	0.9985	0.3	1.0
8	ZIL	$y = 0.10083x - 0.14841$	0.5 ～ 50	0.9989	0.1	0.3
9	CLP	$y = 0.09847x - 0.14841$	0.5 ～ 50	0.9971	0.05	0.2
10	CLB	$y = 0.17352x + 0.11717$	0.5 ～ 50	0.9994	0.05	0.2
11	RIT	$y = 0.08938x - 0.11556$	0.5 ～ 50	0.9993	0.05	0.2

（续表 4 - 24）

序号	药物	回归方程	线性范围/ ($\mu g \cdot L^{-1}$)	相关系数 r^2	LOD/ ($\mu g \cdot kg^{-1}$)	LOQ/ ($\mu g \cdot kg^{-1}$)
12	CCB	$y = 0.00687x - 0.00421$	$1.0 \sim 100$	0.9989	0.3	1.0
13	PCT	$y = 0.03698x - 0.06795$	$0.5 \sim 50$	0.9991	0.1	0.3
14	PBT	$y = 0.05609x + 0.04542$	$0.5 \sim 50$	0.9993	0.1	0.3
15	RTP	$y = 0.07644x - 0.10836$	$0.5 \sim 50$	0.9981	0.1	0.3
16	IXP	$y = 0.05273x - 0.10238$	$0.5 \sim 50$	0.9972	0.1	0.3
17	FNT	$y = 0.12873x + 0.06390$	$1.0 \sim 100$	0.9984	0.3	1.0
18	MBT	$y = 0.08055x - 0.11334$	$0.5 \sim 50$	0.9949	0.1	0.3
19	MPT	$y = 0.04025x - 0.12195$	$0.5 \sim 50$	0.9982	0.1	0.3
20	TOL	$y = 0.03243x + 0.03433$	$0.5 \sim 50$	0.9995	0.1	0.3
21	CPT	$y = 0.01005x - 0.00084$	$0.5 \sim 50$	0.9996	0.1	0.3
22	FMT	$y = 0.12805x - 0.14095$	$0.5 \sim 50$	0.9991	0.1	0.3
23	PEA	$y = 0.07888x + 0.04635$	$0.5 \sim 50$	0.9991	0.1	0.3
24	BBT	$y = 0.08282x - 0.16371$	$0.5 \sim 50$	0.9981	0.03	0.1
25	BMT	$y = 0.03148x - 0.08511$	$0.5 \sim 50$	0.9967	0.1	0.3
26	SMT	$y = 0.02681x + 0.02079$	$0.5 \sim 50$	0.9993	0.1	0.3

6. 方法的回收率与精密度

按前述方法，取阴性猪肉样品，做 3 个浓度水平的加标回收实验，每个加标水平做 6 个平行测定，计算每个待测物的平均回收率及相对标准偏差（RSD），结果见表 4 - 25。结果显示，方法的平均回收率为 65.3% ～ 108.5%，RSD 为 2.7% ～ 13.3%，方法的准确度和精密度均达到残留检测的相关法规要求。

表 4 - 25　样品中 26 种 β - 受体激动剂的平均回收率及相对标准偏差（$n = 6$）

药物	加标浓度/ ($\mu g \cdot kg^{-1}$)	平均回收率/ %	RSD/%	药物	加标浓度/ ($\mu g \cdot kg^{-1}$)	平均回收率/ %	RSD/%
CMT	0.5	76.3	11.3	IPN	0.5	78.1	11.9
	1.0	83.5	6.9		1.0	92.0	7.2
	2.0	93.2	7.8		2.0	90.2	9.6
CPN	0.5	69.5	8.5	TER	0.5	86.1	7.2
	1.0	78.2	9.3		1.0	88.6	3.8
	2.0	92.4	7.8		2.0	100.2	2.9
TUL	0.5	80.8	9.2	CBT	0.5	87.8	6.7
	1.0	92.8	5.9		1.0	96.3	9.4
	2.0	91.1	3.7		2.0	94.8	7.8
SBT	0.5	83.9	6.1	ZIL	0.5	94.2	12.2
	1.0	92.7	3.1		1.0	105.9	9.8
	2.0	95.3	6.2		2.0	97.8	6.3

（续表 4 - 25）

药物	加标浓度/ (μg·kg⁻¹)	平均回收率/ %	RSD/%	药物	加标浓度/ (μg·kg⁻¹)	平均回收率/ %	RSD/%
CLP	0.5	93.4	5.7	CLB	0.5	96.5	7.7
	1.0	97.9	2.7		1.0	98.3	8.3
	2.0	101.2	3.2		2.0	97.8	6.1
RIT	0.5	79.3	8.9	CCB	1.0	73.8	9.3
	1.0	88.6	6.8		2.0	89.8	7.9
	2.0	97.4	4.8		5.0	92.6	7.1
PCT	0.5	85.5	6.9	PBT	0.5	68.2	10.3
	1.0	93.4	7.6		1.0	79.8	9.7
	2.0	99.6	8.9		2.0	82.6	10.3
RTP	0.5	86.3	6.6	IXP	0.5	82.6	9.6
	1.0	92.7	8.6		1.0	99.8	8.2
	2.0	98.7	6.4		2.0	96.3	9.7
FNT	1.0	69.3	13.3	MBT	0.5	82.6	8.2
	2.0	82.8	12.5		1.0	98.4	8.1
	5.0	90.2	9.2		2.0	85.7	9.7
MPT	0.5	86.3	4.9	TOL	0.5	70.8	12.1
	1.0	98.6	5.9		1.0	86.7	8.4
	2.0	96.2	3.8		2.0	82.8	7.6
CPT	0.5	84.3	5.9	FMT	0.5	80.9	8.2
	1.0	92.2	7.3		1.0	102.5	9.1
	2.0	93.1	4.6		2.0	96.2	6.3
PEA	0.5	102.3	10.6	BBT	0.5	78.6	7.2
	1.0	98.8	8.2		1.0	96.5	8.9
	2.0	108.5	9.2		2.0	92.2	7.3
BMT	0.5	93.2	5.2	SMT	0.5	65.3	8.3
	1.0	105.2	9.1		1.0	78.6	10.2
	2.0	96.9	6.9		2.0	86.3	9.1

4.3.3　液相色谱 - 串联质谱法同时测定畜禽肉中 5 类 63 种兽药残留

本方法借鉴 Anastassiades 等提出的快速（quick）、简便（easy）、廉价（cheap）、高效（effective）、耐用（rugged）、安全（safe）的 QuEChERS 样品处理技术理念，采用分散固相萃取，结合高效液相色谱 - 串联质谱法（LC-MS/MS），通过优化样品前处理方法及色谱 - 质谱条件，建立了同时提取、一步净化、一次进样分析，动态多反应监测（dynamic multiple reaction monitoring，DMRM）同时测定畜禽肉中 β - 内酰胺类（18 种）、喹诺酮类（15 种）、磺胺类（21 种）、磺胺类增效剂（3 种）以及抗寄生虫类（6 种）共 5 类 63 种兽药的新方法。该方法简便快速、灵敏可靠，能满足各国法规的限量要求，可为畜禽产品中药物多残留的定性、定量分析提供技术支持，亦可为动物源性食品中残留兽药的分析提供借鉴。

4.3.3.1　实验部分

1. 仪器与试剂

仪器：Agilent 1200 SL Series RRLC/6410B Triple Quard MS 快速高效液相色谱/串联四极杆质谱联用仪

（美国 Agilent 公司）；AS 3120 超声波发生器（天津奥特赛恩斯仪器有限公司）；Anke TDL – 40B 离心机（上海安亭科学仪器厂）；DC12H 水浴式氮吹浓缩仪（上海安谱科学仪器有限公司）；XW – 80A 快速混匀器（海门市麒麟医用仪器厂）。

试剂：甲醇、乙腈、N,N – 二甲基甲酰胺（色谱纯，德国 Merck 公司）；甲酸（LC-MS 级，美国 Sigma 公司）；乙二胺四乙酸二钠二水合物（$Na_2EDTA·2H_2O$）、乙酸（分析纯，广州化学试剂厂）；C_{18} 吸附剂（天津博纳艾杰尔科技有限公司）；实验用水为二次蒸馏水。

15 种 QNs 标准品：氟甲喹、萘啶酸、恶喹酸、依诺沙星、氧氟沙星、诺氟沙星、培氟沙星、环丙沙星、洛美沙星、丹诺沙星、恩诺沙星、沙拉沙星、双氟沙星、司帕沙星及马波沙星；21 种 SAs 标准品：磺胺脒、磺胺醋酰、磺胺吡啶、磺胺嘧啶、磺胺甲嘧啶、磺胺二甲嘧啶、磺胺索嘧啶、磺胺噻唑、磺胺甲噻二唑、磺胺甲氧哒嗪、磺胺对甲氧嘧啶、磺胺间甲氧嘧啶、磺胺氯哒嗪、磺胺邻二甲氧嘧啶、磺胺间二甲氧嘧啶、磺胺甲噁唑、磺胺二甲异噁唑、磺胺苯酰、磺胺喹噁啉、磺胺苯吡唑及磺胺氯吡嗪；3 种 SPs 标准品：二甲氧甲基苄氨嘧啶、三甲氧苄氨嘧啶及二甲氧苄氨嘧啶，均购自德国 Dr. Ehrenstorfer 公司；18 种 β – 内酰胺类标准品：青霉素 G、青霉素 V、阿莫西林、氨苄西林、苯唑西林、氯唑西林、哌拉西林、双氯西林、萘夫西林、阿洛西林、甲氧西林、头孢拉定、头孢唑啉、头孢哌酮、头孢噻吩、头孢克肟、头孢噻肟及头孢氨苄，均购自中国药品生物制品检定所；6 种 APs 标准品：乙胺嘧啶、氯羟吡啶、氯苯胍、癸氧喹酯、盐霉素及氨丙啉，均购自上海陶素生化科技有限公司。

2. 标准溶液的配制

β – 内酰胺类以 50%（体积比）乙腈水为溶剂，喹诺酮类以 2%（体积比）甲酸乙腈为溶剂，磺胺类及其增效剂以乙腈为溶剂，抗寄生虫类以甲醇为溶剂（如遇难溶物质可先用少量 N,N – 二甲基甲酰胺溶解），将 63 种兽药标准品分别配制成质量浓度为 1 000 mg/L 的标准储备溶液，置棕色储液瓶避光 4℃保存，临用时根据需要，用 0.1 mol/L Na_2EDTA 水溶液 – 乙腈（80∶20，体积比）稀释成适当浓度的混合标准工作液。

3. 样品处理

准确称取匀质后的禽畜肉试样 2.00g，置于 15 mL 带螺旋盖的聚丙烯离心管中，准确加入 2.00 mL 0.1 mol/L Na_2EDTA 溶液，在快速混匀器上充分涡旋混匀 1 min 后，准确加入 8.00 mL 含 1%（体积分数）乙酸的乙腈溶液，涡旋提取 2 min，超声提取 5 min，4 000 r/min 离心 5 min，移取上清液 7 mL 至另一离心管，加入 100 mg C_{18} 吸附剂，涡旋混匀 30 s，4 000 r/min 离心 5 min，准确移取 5.00 mL 上清液至带有 1.00 mL 刻度的梨形瓶，于 45 ℃水浴下氮吹浓缩至 0.8 mL，用水定容至刻度，涡旋混匀，过 0.22 μm 滤膜，待上机测定。

4. 空白基质匹配混合标准溶液的配制

取空白基质样品，按上述方法进行样品处理，浓缩至约 0.8 mL 后，加入上述配制的混合标准工作溶液 0.1 mL，用水定容至 1.00 mL 刻度，涡旋混匀，过 0.22 μm 滤膜，即得。

5. 色谱 – 质谱分析

1）色谱条件

Poroshell EC – C_{18} 柱（100 mm × 2.1 mm，2.4 μm）；柱温：30 ℃；流速：0.3 mL/min；进样量：5 μL；流动相：A 为 0.4%（体积比）甲酸水溶液，B 为甲醇 – 乙腈（20∶80，体积比）；梯度洗脱程序：0 ～1 min，2% ～5% B；1 ～2 min，5% ～10% B；2 ～4 min，10% ～15% B；4 ～8 min，15% ～18% B；8 ～10 min，18% ～25% B；10 ～12 min，25% ～35% B；12 ～14 min，35% ～50% B；14 ～15 min，50% ～90% B；15 ～16 min，90% ～95% B；16 ～20 min，95% B；20 ～20.1 min，95% ～2% B。

2）质谱条件

电喷雾离子源（ESI）；正离子扫描模式；动态多反应监测（DMRM）采集方式；干燥气温度：350 ℃；干燥气流量：10.0 L/min；雾化气压力：276 kPa；毛细管电压：4 kV；MS1 及 MS2 均为单位分辨率；所

有待测药物的质谱采集参数见表4-26。

3）测定方法

取样品溶液和空白基质匹配混合标准工作液各5.0 μL注入快速液相色谱－串联四极杆质谱仪进行测定，以其标准溶液峰的保留时间和两对DMRM离子对为依据进行定性，以定量离子对的峰面积计算样品中相应待测物的含量。

表4-26　待测药物的动态多反应监测（DMRM）质谱采集参数

序号	药　　物	缩写	保留时间/ min	时间窗口/ min	母离子 （m/z）	子离子 （m/z）	碎裂电压/ V	碰撞能量/ V
1	磺胺脒 Sulfaguanidine	SGN	1.5	4	215.1	156.1*，108.1	85	12，20
2	磺胺氯吡嗪 Sulfaclozine	SCL	13.2	4	285.1	156.1*，92.1	110	15，25
3	磺胺索嘧啶 Sulfisomidine	SIM	4.7	4	279.1	186.1*，124.1	105	16，20
4	磺胺醋酰 Sulfacetamide	SAA	4.0	4	215.1	156.1*，108.1	85	12，20
5	磺胺嘧啶 Sulfadiazine	SD	4.5	4	251.1	156.1*，108.1	100	10，20
6	磺胺吡啶 Sulfapyridine	SP	5.2	4	250.1	184.1，156.1*	100	15，13
7	磺胺噻唑 Sulfathiazole	STZ	5.3	4	256.1	156.1*，92.1	100	13，26
8	磺胺甲嘧啶 Sulfamerazine	SM	5.6	4	265.1	172.1，156.1*	100	13，13
9	磺胺二甲嘧啶 Sulfamethazine	SM2	6.8	4	279.1	186.1*，156.1	105	16，18
10	磺胺间甲氧嘧啶 Sulfamonomethoxine	SMM	9.3	7	281.1	215.1，156.1*	100	14，14
11	磺胺对甲氧嘧啶 Sulfameter	SME	7.6	7	281.1	215.1，156.1*	100	14，14
12	磺胺甲氧哒嗪 Sulfamethoxypyridazine	SMD	7.4	7	281.1	215.1，156.1*	100	14，14
13	磺胺甲噻二唑 Sulfamethizole	SMT	7.7	4	271.1	156.1*，108.1	100	10，22
14	磺胺氯哒嗪 Sulfachlorpyridazine	SCD	9.9	4	285.2	156.1*，108.2	100	10，24
15	磺胺邻二甲氧嘧啶 Sulfadoxine	SDX	11.1	4	311.1	156.1*，108.1	140	16，30
16	磺胺甲噁唑 Sulfamethoxazole	SMZ	11.2	4	254.1	156.1*，92.2	100	12，25
17	磺胺二甲异噁唑 Sulfisoxazole	SIZ	12.2	4	268.1	156.1*，113.1	100	9，14

序号	药　物	缩写	保留时间/ min	时间窗口/ min	母离子 （m/z）	子离子 （m/z）	碎裂电压/ V	碰撞能量/ V
18	磺胺苯酰 Sulfabenzamide	SBA	12.9	4	277.1	156.1*, 108.1	80	8, 24
19	磺胺间二甲氧嘧啶 Sulfadimethoxine	SDM	13.6	4	311.1	156.1*, 108.1	140	16, 30
20	磺胺喹噁啉 Sulfachinoxalin	SQX	13.8	4	301.1	156.1*, 92.1	114	16, 32
21	磺胺苯吡唑 Sulfaphenazole	SPZ	13.8	4	315.1	160.1*, 156.1	100	20, 18
22	二甲氧甲基苄氨嘧啶 Ormetoprim	OMP	8.1	4	275.2	259.1*, 123.1	140	28, 24
23	三甲氧苄氨嘧啶 Trimethoprim	TMP	7.1	4	291.2	261.2, 230.2*	160	28, 24
24	二甲氧苄氨嘧啶 Diaveridine	DVD	6.2	4	261.1	245.1*, 123.1	140	28, 24
25	恩诺沙星 Enrofloxacin	ENR	10.3	4	360.2	342.2*, 316.2	142	20, 20
26	培氟沙星 Pefloxacin	PEF	8.6	4	334.2	316.2*, 290.2	134	20, 16
27	环丙沙星 Ciprofloxacin	CIP	8.8	4	332.1	314.2*, 231.1	137	20, 40
28	洛美沙星 Lomefloxacin	LOM	9.4	4	352.2	308.2, 265.1*	130	16, 24
29	沙拉沙星 Sarafloxacin	SAR	11.4	4	386.1	368.1*, 342.2	145	24, 16
30	诺氟沙星 Norfloxacin	NOR	8.3	4	320.1	302.2*, 231.1	142	20, 40
31	马波沙星 Marbofloxacin	MAR	7.5	4	363.1	320.1*, 276.1	120	14, 14
32	氧氟沙星 Ofloxacin	OFL	8.3	4	362.2	318.2*, 261.1	150	16, 28
33	双氟沙星 Difloxacin	DIF	11.5	4	400.2	356.2*, 299.1	145	20, 28
34	氟甲喹 Flumequine	FLU	15.6	4	262.1	244.1*, 202.1	110	16, 36
35	丹诺沙星 Danofloxacin	DAN	9.9	4	358.2	340.2*, 255.1	147	24, 40
36	萘啶酸 Nalidixic acid	NDA	15.0	4	233.1	215.1*, 104.1	110	15, 36
37	司帕沙星 Sparfloxacin	SPA	11.7	4	393.2	349.2*, 292.1	145	20, 24
38	恶喹酸 Oxolinic acid	OXO	13.0	4	262.1	216.1*, 160.1	110	32, 40
39	依诺沙星 Enoxacin	ENO	7.8	4	321.1	303.1*, 232.1	114	20, 36

（续表 4 – 26）

序号	药　　物	缩写	保留时间/min	时间窗口/min	母离子（m/z）	子离子（m/z）	碎裂电压/V	碰撞能量/V
40	阿莫西林 Amoxicillin	AMO	4.2	4	366.1	208.1，114.1*	85	8，16
41	青霉素 G Penicilline – G	PEN-G	15.2	4	335.1	176.1*，160.1	100	20，18
42	青霉素 V Penicilline – V	PEN-V	16.1	4	351.1	160.1*，114.1	105	8，30
43	氨苄西林 Ampicillin	AMP	7.3	4	350.1	192.1*，160.1	110	12，8
44	苯唑西林 Oxacillin	OXA	16.4	4	402.1	243.1，160.1*	100	10，10
45	氯唑西林 Cloxacillin	CLO	16.6	4	436.1	277.1，160.1*	96	12，8
46	哌拉西林 Piperacillin	PIP	14.9	4	518.2	160.1，143.1*	120	8，16
47	双氯西林 Dicloxacillin	DIC	16.8	4	470.1	311.1，160.1*	115	12，8
48	萘夫西林 Nafcillin	NAF	16.6	4	415.1	199.1*，171.1	120	12，30
49	阿洛西林 Azlocillin	AZL	13.8	4	462.2	218.1*，175.1	107	20，40
50	甲氧西林 Methicillin	MET	14.4	4	381.1	222.1，165.1*	115	16，20
51	头孢氨苄 Cefalexin	LEX	7.5	4	348.1	174.1，158.1*	75	12，4
52	头孢拉定 Cefradine	RAD	8.6	4	350.1	176.1*，158.1	61	8，4
53	头孢唑啉 Cefazolin	CFZ	10.2	4	455.1	323.1*，156.1	90	8，12
54	头孢哌酮 Cefoperazone	CFP	12.3	4	646.2	530.1，143.1*	120	8，32
55	头孢噻吩 Cefalotin	CEF	14.3	4	414.1	337.1*，152.1	71	4，16
56	头孢克肟 Cefixime	CFM	8.5	4	454.1	285.1*，126.1	118	12，36
57	头孢噻肟 Cefotaxime	CTX	8.2	4	456.1	396.1*，324.1	128	4，12
58	氯羟吡啶 Clopidol	CPD	5.3	4	192.1	101.1*，51.1	124	32，40
59	癸氧喹酯 Decoquinate	DEC	18.2	4	418.3	372.3*，204.1	150	24，40
60	氯苯胍 Robenidine	ROB	16.4	4	334.1	155.1，138.1*	145	20，28
61	盐霉素 Salinomycin	SAL	21.3	4	773.5	431.3*，531.4	170	50，50

（续表4-26）

序号	药　物	缩写	保留时间/min	时间窗口/min	母离子（m/z）	子离子（m/z）	碎裂电压/V	碰撞能量/V
62	乙胺嘧啶 Pyrimethamine	PYR	12.7	4	249.1	233.1，177.1*	119	32，32
63	氨丙啉 Amprolium	APL	1.1	4	243.2	150.1*，94.1	60	8，8

注：*表示定量离子（Quantitative ion）。

4.3.3.2　结果与讨论

1. 质谱条件的优化

将配制好的质量浓度为 0.5～1.0 μg/mL 的 63 种药物混合工作溶液，在电喷雾离子源下，分别进行正离子和负离子全扫描分析，所有待测化合物响应最佳的准分子离子峰均在正离子模式下获得，除部分 β-Lactams 药物的母离子为 $[M+NH_4]^+$ 及氨丙啉母离子为 $[M]^+$ 外，其余 4 类药物的母离子均为 $[M+H]^+$。在这基础上，通过选择离子监测方式分别优化每个化合物的碎裂电压（fragmentor）使其母离子的响应最大化，然后对其采用子离子全扫描分析，通过优化碰撞能量（CE）使得子离子的响应最大化，根据欧盟 2002/657/EC 决议中有关质谱分析方法必须满足鉴定点数不少于 4 分的规定，为每个待测药物选取最佳的两对 MRM 离子对及相应的参数作为最终的质谱采集参数。

然而，同时测定的化合物数目越多，MRM 离子对的采集通道也就越多，分配给每个采集通道的离子驻留时间（dwell time）就越少，而离子驻留时间对检测的灵敏度和准确定量有重要影响。为了实现既能同时测定 63 种化合物，又能提供较高的检测灵敏度和确保定量的准确性，本实验采用动态多反应监测（DMRM）模式进行数据的采集。该采集方式下，MRM 离子对采集通道根据设定好的待测物保留时间及相应的时间窗口（Delta RT）有针对性地开放，进行数据采集，而不在此时间窗口内的 MRM 离子对采集通道将不被开放，这样极大地减少了采集通道的冗余，保证了离子的驻留时间，提高了数据的采集效率。

2. 色谱条件的优化

为了获得最佳的色谱分离效果以及最短的分析时间，本研究考察了 Poroshell EC-C₁₈（2.1 mm×100 mm，2.4 μm）、CORTECS C₁₈₊（2.1 mm×100 mm，2.7 μm）、BDS Hypersil C₁₈（2.1 mm×150 mm，2.4 μm）及 Atlantis dC₁₈（2.1 mm×150 mm，3.0 μm）4 种不同类型的色谱柱。后两款 150 mm 的色谱柱分析时间均较长，且分离性能并不突出，CORTECS C₁₈₊ 色谱柱分析时间较短，但喹诺酮类药物的峰形很差，而 Poroshell EC-C₁₈ 色谱柱对 63 种待测物均有良好峰形，分析时间也较短，因此选其作为本研究的分析柱。由于 5 类兽药的极性差异较大，同类化合物又因结构相似不易分离，尤其是其中 8 组同分异构体的分离，加上 QNs 的母核结构中 3，4 位分别为羧基及酮羰基，极易与 Fe^{3+}、Al^{3+}、Ca^{2+} 等金属离子络合，造成峰形拖尾、展宽，保留时间漂移等现象，这都成为药物多残留同时分析时优化色谱分离条件的难点。根据以往的经验，本实验选择乙腈作为有机相，考察了在水相中添加不同浓度的甲酸、乙酸、甲酸铵及乙酸铵对色谱分离和质谱灵敏度的影响，发现添加有甲酸及乙酸时峰形及其灵敏度普遍较好，且由于甲酸酸性更强，其效果更优于乙酸，而其余添加剂的加入对分离和响应无明显改善。经对甲酸添加浓度的反复试验，最终选择含 0.4%（体积分数）甲酸的水溶液作为水相，以获得较好的分离效果。采用选定的流动相和色谱柱，优化梯度洗脱程序，所有待测物均获得良好的峰形及较高的灵敏度，7 组同分异构体均达到基线分离，但有 1 组同分异构体（SMD、SME 及 SMM）未得到较好分离，尝试向有机相乙腈中加入不同体积分数（5%、10%、15%、20%、25%）的甲醇，情况有所改善，最终选择甲醇-乙腈（20∶80，体积比）作为有机相可以获得良好的分离，8 组同分异构体的分离情况如图 4-13 所示，所有 63 种待测物的总离子流色谱图见图 4-14。

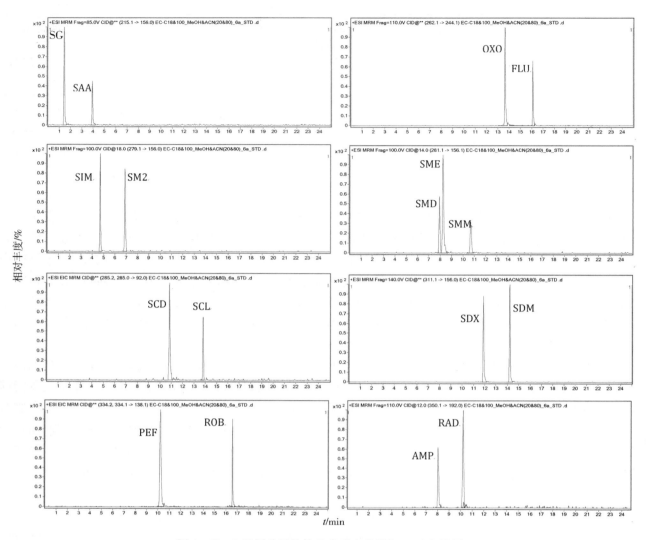

图 4 – 13　8 组同分异构体的多反应监测（MRM）色谱图

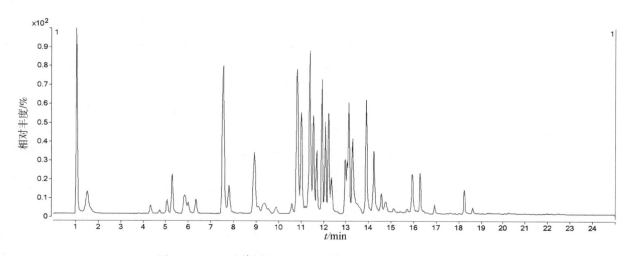

图 4 – 14　63 种待测物混合标准溶液的总离子流（TIC）色谱图

3. 样品前处理方法的优化

1）样品提取溶剂的选择

5 类待测物中，β-内酰胺类大多以钠盐形式存在，属于极性较强、酸碱环境下相对不稳定的物质，常用的提取溶剂是一定比例的乙腈-水溶液，其余 4 类药物极性较弱，通常采用乙腈或酸化乙腈为提取溶剂。而禽畜肉的主要基质干扰是蛋白质及脂肪，此外还有少量色素。因此，为兼顾极性不同的各类药物，同时尽可能去除样品中的干扰物，笔者采用水与有机溶剂（乙腈、乙酸化乙腈及甲酸化乙腈）作为提取剂进行条件优化。有机溶剂如乙腈具有良好的沉淀蛋白能力，但实验发现，在加入有机溶剂前，必须先用水对样品进行处理，否则将影响大多数药物（尤其是 β-内酰胺类）的提取回收率。这可能与水具有良好的

组织渗透性有关，它能分散样品，涡旋后起到匀浆效果，可增大后续所加有机溶剂与样品的接触面积，而且对于强极性药物来说，水还是良好的提取溶剂。加入有机溶剂提取后，5 类药物的平均提取效率如图 4-15 所示。结果表明，β-内酰胺类及 QNs 的提取回收率受提取溶剂的酸性影响较大，前者的高低次序为乙腈 > 乙酸化乙腈 > 甲酸化乙腈，后者的情况则刚好相反，而其余 3 类药物的提取回收率均大于 80%，这与它们的结构和理化性质相符合。此外，QNs 的基质效应始终明显，且重复性差，考虑到这可能与 QNs 母核结构容易与金属离子发生络合有关。为此，本研究将第一

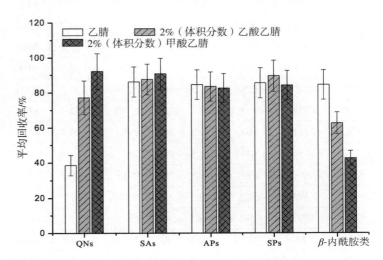

图 4-15　5 类药物在不同提取溶剂下的提取效果

步用到的纯水替换为不同浓度的 Na_2EDTA 水溶液进行实验，因 EDTA 是一个具有六齿配体的良好螯合剂，可竞争络合基质中存在的大多数金属离子，使 QNs 游离出来。结果表明，浓度为 0.1 mol/L Na_2EDTA 水溶液可以很好地降低 QNs 的基质效应，同时大大改善其重复性结果。在这个基础上继续优化有机溶剂，最终选择 1%（体积分数）乙酸化乙腈，各类化合物均能获得较理想的回收率。

2）分散固相萃取条件的优化

样品经过乙腈沉淀蛋白后已经去除绝大部分干扰物，但仍可能存在少量的脂肪杂质。为了提高净化效率和减少待测物的损失，本研究采用分散固相萃取的净化手段。丙基乙二胺（PSA）、C_{18} 及石墨化炭黑（GCB）为常用的吸附剂，其中 C_{18} 具有良好的除脂能力，因此选其作为净化吸附剂。实验比较了不同用量（50 mg、100 mg、200 mg）C_{18} 吸附剂的净化效果，结果表明，100 mg 的 C_{18} 用量可以获得良好的净化效果，且不会对待测物产生明显吸附。

3）基质效应的消除

在液相色谱-质谱分析中，基质效应客观存在且不可能完全消除。为了部分消除和（或）补偿基质效应给结果带来的偏差，通常采用同位素内标、稀释样品溶液、配制基质匹配标准溶液以及优化色谱-质谱条件等方法。本研究通过优化色谱分离条件以及采用配制空白基质匹配标准溶液的方法很好地消除了样品的基质效应，得到的方法学指标完全能满足残留检测的要求。

4. 线性范围、线性方程与检出限

在选定的色谱分离条件和质谱测定参数下，将 6 个水平的系列质量浓度混合标准工作溶液上机测定。63 种药物均以峰面积（y）为纵坐标，以质量浓度（x，$\mu g/L$）为横坐标作定量工作曲线，得到线性回归方程，相关系数为 0.9935～0.9999，表明各化合物在相应的浓度范围内呈良好的线性关系；采用标准加入法进行测定，以定量离子信噪比（S/N）≥ 3 确定样品的检出限（LOD），$S/N \geq 10$ 为定量限（LOQ），得到

63 种药物的 LOD 为 0.1～3.0μg/kg，LOQ 为 0.5～10.0μg/kg。结果见表 4－27。

表 4－27　63 种药物的回归方程、线性范围、相关系数、检出限及定量限

药物	回归方程	线性范围/(μg·L⁻¹)，相关系数 r^2	LOD，LOQ/(μg·kg⁻¹)	药物	回归方程	线性范围/(μg·L⁻¹)，相关系数 r^2	LOD，LOQ/(μg·kg⁻¹)
SGN	$y=1000.3x-148.7$	0.5～100,0.9999	0.1,0.5	DIF	$y=3143.3x-881.5$	1～100,0.9999	0.5,1.0
SCL	$y=1586.3x-946.1$	0.5～100,0.9997	0.1,0.5	FLU	$y=9405.2x-2239.0$	0.5～100,0.9997	0.1,0.5
SIM	$y=11932.1x+9351.9$	0.5～100,0.9975	0.1,0.5	DAN	$y=1671.6x-1163.6$	1～100,0.9995	0.5,1.0
SAA	$y=994.4x-148.7$	2～100,0.9999	0.5,2.0	NDA	$y=12183.4x-2300.8$	0.5～100,0.9996	0.1,0.5
SD	$y=1760.2x-16.4$	0.5～100,0.9996	0.1,0.5	SPA	$y=1884.4x+1527.6$	1～100,0.9958	0.5,1.0
SP	$y=3708.4x+2350.7$	0.5～100,0.9979	0.1,0.5	OXO	$y=1782.2x+1116.9$	1～100,0.9989	0.5,1.0
STZ	$y=1732.0x-151.6$	0.5～100,0.9993	0.1,0.5	ENO	$y=1703.0x-782.7$	1～100,0.9982	0.5,1.0
SM	$y=2421.18x+698.17$	0.5～100,0.9988	0.1,0.5	AMO	$y=394.5x-1107.6$	5～200,0.9978	2.0,5.0
SM2	$y=11564.5x+9351.8$	0.5～100,0.9975	0.1,0.5	PEN－G	$y=1036.6x-1467.1$	5～200,0.9977	2.0,5.0
SMM	$y=3998.3x+1690.1$	0.5～100,0.9983	0.1,0.5	PEN－V	$y=2016.4x-6284.6$	5～200,0.9984	2.0,5.0
SME	$y=3929.9x+1723.7$	0.5～100,0.9984	0.1,0.5	AMP	$y=818.9x-2055.8$	5～200,0.9991	2.0,5.0
SMD	$y=3962.0x+1690.0$	0.5～100,0.9983	0.1,0.5	OXA	$y=1403.0x-4447.6$	5～200,0.9983	2.0,5.0
SMT	$y=1724.6x-431.4$	0.5～100,0.9983	0.1,0.5	CLO	$y=1079.0-3501.8$	2～200,0.9979	1.0,2.0
SCD	$y=1586.0x-946.0$	0.5～100,0.9997	0.1,0.5	PIP	$y=2141.7x-6347.9$	2～200,0.9986	1.0,2.0
SDX	$y=9302.9x+20425.8$	0.5～100,0.9939	0.1,0.5	DIC	$y=843.2x-3429.6$	5～200,0.9989	2.0,5.0
SMZ	$y=1511.8x-504.5$	0.5～100,0.9996	0.1,0.5	NAF	$y=5004.2-7658.5$	5～200,0.9984	2.0,5.0
SIZ	$y=1699.1x-848.4$	0.5～100,0.9998	0.1,0.5	AZL	$y=2521.3x-7155.2$	2～200,0.9989	1.0,2.0
SBA	$y=3533.6x+485.4$	0.5～100,0.9996	0.1,0.5	MET	$y=2990.7x-3522.4$	2～200,0.9977	1.0,2.0
SDM	$y=8837.8x+17030.9$	0.5～100,0.9940	0.1,0.5	LEX	$y=636.6x-297.8$	5～200,0.9987	2.0,5.0
SQX	$y=1700.8x+898.8$	0.5～100,0.9982	0.1,0.5	RAD	$y=408.9x+42.1$	5～200,0.9935	2.0,5.0
SPZ	$y=1857.5x+1527.6$	0.5～100,0.9958	0.1,0.5	CFZ	$y=364.5x-268.2$	5～200,0.9985	2.0,5.0
OMP	$y=8590.3x+2599.7$	0.5～100,0.9990	0.1,0.5	CFP	$y=334.9x-308.0$	5～200,0.9995	2.0,5.0
TMP	$y=4327.8x+1038.2$	0.5～100,0.9994	0.1,0.5	CEF	$y=299.7x-140.3$	5～200,0.9977	2.0,5.0
DVD	$y=9376.8x+5053.8$	0.5～100,0.9987	0.1,0.5	CFM	$y=602.9x-454.4$	5～200,0.9998	2.0,5.0
ENR	$y=3298.3x-1597.4$	1～100,0.9999	0.5,1.0	CTX	$y=1045.2x-528.4$	5～200,0.9996	2.0,5.0
PEF	$y=1708.7x-727.8$	1～100,0.9997	0.5,1.0	CPD	$y=3557.1x+321.7$	10～200,0.9995	3.0,10.0
CIP	$y=1325.2x-1376.6$	1～100,0.9989	0.5,1.0	DEC	$y=555.3x+593.2$	10～200,0.9986	3.0,10.0
LOM	$y=7733.1x-4557.5$	1～100,0.9998	0.5,1.0	ROB	$y=4357.9x+2116.7$	10～200,0.9971	3.0,10.0
SAR	$y=2605.7x-1309.8$	1～100,0.9997	0.5,1.0	SAL	$y=683.5x+1314.8$	10～200,0.9956	3.0,10.0
NOR	$y=607.9x-843.2$	1～100,0.9980	0.5,1.0	PYR	$y=6282.5x+1169.5$	5～200,0.9995	2.0,5.0
MAR	$y=1233.0x-502.7$	1～100,0.9997	0.5,1.0	APL	$y=361.6x+635.9$	10～200,0.9954	3.0,10.0
OFL	$y=4911.1x-1288.3$	1～100,0.9999	0.5,1.0				

5. 方法的回收率与精密度

取空白猪肉、牛肉及鸡肉，分别做 3 个浓度水平的加标回收率实验，每个加标水平均按本实验方法做 6 个平行实验，计算每个化合物的平均回收率为 62.2% ～ 112.0%，相对标准偏差（RSD）为 3.1% ～ 16.3%。方法的准确度及精密度均符合残留检测有关标准和法规的要求，结果见表 4 − 28。

表 4 − 28　猪肉、牛肉及鸡肉中 63 种药物的平均回收率及相对标准偏差（$n = 6$）

药物	加标浓度/（μg·kg⁻¹）	平均回收率/%	RSD/%	药物	加标浓度/（μg·kg⁻¹）	平均回收率/%	RSD/%	药物	加标浓度/（μg·kg⁻¹）	平均回收率/%	RSD/%
SGN	0.5	71.6 ～ 82.9	5.6 ～ 16.3	ENR	1.0	72.3 ～ 84.6	3.9 ～ 11.6	AMO	5.0	62.2 ～ 86.8	7.2 ～ 13.2
	1.0	91.0 ～ 98.0	4.6 ～ 10.2		2.0	70.6 ～ 86.8	4.6 ～ 10.5		10.0	76.8 ～ 89.2	7.0 ～ 12.8
	2.0	94.0 ～ 112.0	5.2 ～ 11.3		4.0	84.9 ～ 98.5	4.2 ～ 13.6		20.0	75.6 ～ 93.6	6.5 ～ 11.0
SCL	0.5	69.2 ～ 84.6	7.4 ～ 10.6	PEF	1.0	75.6 ～ 82.9	3.6 ～ 10.8	PEN − G	5.0	65.0 ～ 82.3	6.7 ～ 12.8
	1.0	87.0 ～ 94.6	5.7 ～ 12.5		2.0	87.6 ～ 93.6	4.9 ～ 13.2		10.0	70.6 ～ 84.6	7.1 ～ 13.0
	2.0	92.1 ～ 107.5	4.8 ～ 10.2		4.0	94.5 ～ 104.6	4.5 ～ 11.6		20.0	76.4 ～ 89.7	6.2 ～ 12.4
SIM	0.5	72.8 ～ 93.3	4.5 ～ 12.6	CIP	1.0	74.6 ～ 86.1	4.1 ～ 12.2	PEN − V	5.0	67.2 ～ 84.9	6.4 ～ 11.7
	1.0	91.2 ～ 109.1	4.2 ～ 11.0		2.0	82.6 ～ 92.8	4.9 ～ 11.3		10.0	78.2 ～ 96.8	7.0 ～ 12.6
	2.0	92.1 ～ 100.7	5.2 ～ 8.9		4.0	94.6 ～ 110.6	5.3 ～ 15.3		20.0	74.8 ～ 92.4	6.1 ～ 10.9
SAA	2.0	67.8 ～ 75.6	3.6 ～ 9.7	LOM	1.0	74.6 ～ 86.2	6.2 ～ 11.2	AMP	5.0	66.7 ～ 81.6	8.2 ～ 14.9
	4.0	91.1 ～ 98.2	4.6 ～ 11.4		2.0	88.1 ～ 92.6	5.6 ～ 10.6		10.0	75.6 ～ 88.9	7.4 ～ 13.8
	8.0	93.8 ～ 111.6	4.9 ～ 13.5		4.0	91.6 ～ 97.8	4.7 ～ 12.1		20.0	72.6 ～ 84.7	7.2 ～ 13.5
SD	0.5	74.6 ～ 89.6	3.8 ～ 10.6	SAR	1.0	76.3 ～ 85.4	4.5 ～ 11.3	OXA	5.0	65.9 ～ 79.5	7.6 ～ 13.4
	1.0	91.6 ～ 104.3	4.7 ～ 9.8		2.0	86.0 ～ 96.2	4.9 ～ 12.0		10.0	77.9 ～ 92.4	7.9 ～ 12.0
	2.0	93.9 ～ 100.9	3.7 ～ 8.6		4.0	89.1 ～ 102.6	4.3 ～ 10.2		20.0	77.2 ～ 97.5	7.2 ～ 11.7
SP	0.5	79.8 ～ 96.2	4.2 ～ 9.4	NOR	1.0	78.1 ～ 89.6	4.6 ～ 11.8	CLO	2.0	70.2 ～ 82.6	6.9 ～ 12.7
	1.0	92.0 ～ 99.1	4.6 ～ 6.8		2.0	83.4 ～ 99.2	5.2 ～ 9.7		4.0	74.6 ～ 96.7	7.2 ～ 13.1
	2.0	96.8 ～ 104.2	3.8 ～ 7.6		4.0	91.0 ～ 106.2	5.6 ～ 10.3		8.0	79.4 ～ 92.6	6.7 ～ 12.4
STZ	0.5	78.2 ～ 99.5	4.1 ～ 9.5	MAR	1.0	78.2 ～ 89.8	6.1 ～ 11.3	PIP	2.0	64.8 ～ 81.6	8.1 ～ 12.7
	1.0	92.1 ～ 109.3	4.2 ～ 10.3		2.0	89.1 ～ 96.8	5.6 ～ 10.1		4.0	75.8 ～ 84.6	7.4 ～ 13.0
	2.0	91.7 ～ 97.8	3.1 ～ 6.7		4.0	89.6 ～ 110.5	5.3 ～ 10.9		8.0	76.5 ～ 88.2	6.7 ～ 12.1
SM	0.5	76.2 ～ 88.4	5.1 ～ 10.1	OFL	1.0	72.6 ～ 82.6	3.9 ～ 12.9	DIC	5.0	65.2 ～ 79.8	7.6 ～ 13.2
	1.0	95.4 ～ 104.7	4.9 ～ 9.2		2.0	86.5 ～ 98.2	4.2 ～ 10.5		10.0	76.8 ～ 83.5	6.7 ～ 11.8
	2.0	97.9 ～ 104.4	4.6 ～ 10.6		4.0	91.6 ～ 106.8	4.0 ～ 10.3		20.0	74.8 ～ 86.8	7.2 ～ 12.7
SM2	0.5	92.1 ～ 100.7	6.3 ～ 9.7	DIF	1.0	73.6 ～ 83.4	5.7 ～ 11.4	NAF	5.0	66.2 ～ 83.8	7.8 ～ 13.7
	1.0	91.2 ～ 109.3	4.2 ～ 10.3		2.0	86.4 ～ 97.6	5.3 ～ 10.9		10.0	74.2 ～ 91.4	6.8 ～ 12.8
	2.0	89.7 ～ 104.6	4.6 ～ 11.2		4.0	84.2 ～ 96.8	4.8 ～ 11.6		20.0	72.9 ～ 92.1	7.2 ～ 11.9
SMM	0.5	74.6 ～ 92.6	3.8 ～ 10.3	FLU	0.5	73.6 ～ 81.2	3.9 ～ 10.5	AZL	2.0	68.0 ～ 84.8	7.5 ～ 12.7
	1.0	98.3 ～ 110.6	4.9 ～ 11.6		1.0	84.2 ～ 96.4	4.9 ～ 11.8		4.0	76.5 ～ 87.9	6.9 ～ 12.3
	2.0	92.8 ～ 102.6	5.6 ～ 10.1		2.0	87.6 ～ 98.3	5.8 ～ 10.7		8.0	76.9 ～ 89.8	7.2 ～ 12.7
SME	0.5	76.5 ～ 95.8	3.6 ～ 12.6	DAN	1.0	72.9 ～ 84.6	6.1 ～ 10.9	MET	2.0	67.8 ～ 86.7	7.2 ～ 13.4
	1.0	96.5 ～ 103.5	4.8 ～ 9.7		2.0	85.4 ～ 102.6	5.1 ～ 11.6		4.0	72.6 ～ 90.4	7.4 ～ 12.7
	2.0	94.2 ～ 107.2	3.9 ～ 10.1		4.0	86.8 ～ 107.6	4.8 ～ 10.8		8.0	76.4 ～ 89.9	6.9 ～ 11.0

药物	加标浓度/ (μg·kg^{-1})	平均回收率/%	RSD/%	药物	加标浓度/ (μg·kg^{-1})	平均回收率/%	RSD/%	药物	加标浓度/ (μg·kg^{-1})	平均回收率/%	RSD/%
SMD	0.5	77.2～94.1	4.1～11.6	NDA	0.5	76.8～89.6	5.6～13.5	LEX	5.0	69.1～84.0	8.7～14.3
	1.0	90.6～98.8	4.8～8.7		1.0	88.6～95.9	4.6～11.7		10.0	76.2～92.1	7.8～13.7
	2.0	92.6～106.1	4.9～9.3		2.0	89.3～98.7	4.8～10.7		20.0	74.8～94.2	6.7～13.8
SMT	0.5	84.2～93.8	3.6～8.7	SPA	1.0	74.9～83.8	5.2～11.9	RAD	5.0	63.7～82.1	8.4～12.8
	1.0	92.5～101.5	4.6～8.6		2.0	89.6～96.8	4.6～11.0		10.0	76.4～87.2	7.9～13.1
	2.0	91.9～97.5	3.5～9.2		4.0	84.6～98.3	4.6～12.3		20.0	75.1～86.8	7.2～12.0
SCD	0.5	69.2～89.6	4.9～12.6	OXO	1.0	72.2～86.5	7.0～12.4	CFZ	5.0	66.6～86.4	7.5～13.1
	1.0	87.2～95.6	4.2～9.3		2.0	77.6～98.6	6.2～11.1		10.0	71.8～91.6	6.9～12.8
	2.0	90.1～107.2	6.2～11.8		4.0	94.1～101.6	6.5～11.6		20.0	78.5～92.4	7.0～11.8
SDX	0.5	72.8～84.4	4.2～8.9	ENO	1.0	71.6～86.3	5.6～10.8	CFP	5.0	66.0～84.0	8.1～13.2
	1.0	96.3～98.9	4.9～11.5		2.0	84.6～93.6	5.7～11.3		10.0	74.2～90.2	7.4～12.8
	2.0	92.2～97.8	5.2～10.6		4.0	91.1～106.5	6.2～11.6		20.0	74.8～94.2	7.0～12.7
SMZ	0.5	73.6～92.5	3.5～12.6	CPD	10	77.8～90.4	6.5～12.3	CEF	5.0	67.8～88.2	7.9～13.0
	1.0	93.6～100.4	5.8～10.7		20	82.6～96.5	5.6～13.2		10.0	79.3～93.5	6.7～12.8
	2.0	96.0～106.2	5.3～9.5		40	91.2～103.8	4.6～11.7		20.0	76.8～91.2	7.3～11.9
SIZ	0.5	82.1～90.8	4.6～8.7	DEC	10	78.6～89.2	6.3～10.8	CFM	5.0	65.2～82.6	9.1～13.5
	1.0	87.6～93.6	4.1～10.6		20	82.4～96.3	5.7～11.4		10.0	72.5～88.1	7.8～12.7
	2.0	96.7～99.5	4.9～11.9		40	84.9～103.5	4.9～12.7		20.0	76.8～91.2	8.2～13.1
SBA	0.5	80.6～92.4	5.2～12.6	ROB	10	74.6～84.1	7.2～11.9	CTX	5.0	67.2～80.0	8.7～13.8
	1.0	91.5～93.8	4.2～9.7		20	87.6～106.2	6.5～12.3		10.0	78.2～90.8	7.6～14.1
	2.0	97.7～101.4	5.4～10.6		40	86.1～102.3	6.6～10.8		20.0	76.9～91.0	7.8～13.6
SDM	0.5	75.6～87.2	4.6～11.7	SAL	10	75.6～82.6	5.9～12.4	OMP	0.5	79.2～90.6	4.3～10.2
	1.0	96.3～98.9	3.7～9.8		20	86.6～95.8	6.7～11.2		1.0	85.0～102.8	4.8～11.1
	2.0	91.0～97.8	4.9～10.8		40	88.7～103.0	5.3～11.1		2.0	87.8～98.5	4.3～10.8
SQX	0.5	72.6～85.2	5.3～11.2	PYR	5	76.1～84.2	6.2～11.7	TMP	0.5	78.4～86.8	5.6～11.6
	1.0	92.7～97.8	4.9～10.2		10	79.9～95.6	5.7～10.7		1.0	86.1～96.7	5.3～10.8
	2.0	95.7～107.8	4.6～11.6		20	86.5～97.5	6.6～12.2		2.0	88.9～107.0	4.9～10.5
SPZ	0.5	71.2～93.6	4.6～14.2	APL	10	72.2～90.6	7.0～13.6	DVD	0.5	82.6～92.1	6.1～10.8
	1.0	97.5～103.2	4.3～11.6		20	83.6～106.2	6.8～12.4		1.0	85.7～99.6	5.2～11.7
	2.0	94.7～100.9	5.2～9.8		40	92.6～108.1	6.6～12.6		2.0	90.6～98.5	6.3～10.2

4.3.4　典型案例介绍

【案例一】　采用本方法对购自 3 家超市及某农贸市场 5 家肉档共 8 批次猪瘦肉样品进行 26 种 β - 受体激动剂残留筛查，除购自某农贸市场的 1 个样品检出苯乙醇胺 A 外，其余样品的所有检测结果均为阴性。空白样品及阳性样品的总离子流色谱图如图 4 - 16 所示。

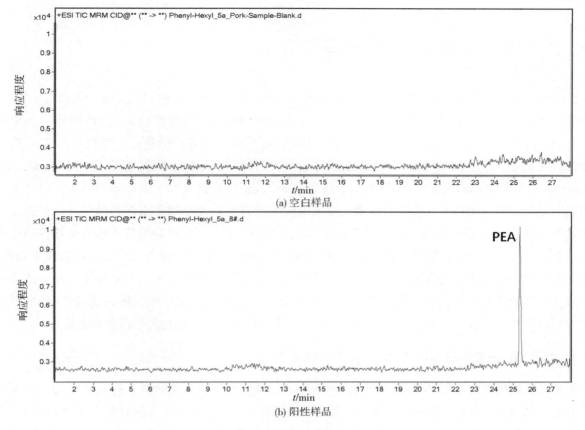

图 4-16　空白样品及阳性样品的总离子流色谱图

【案例二】　采用本方法对购买自市场及超市的猪肉（5 例）、牛肉（2 例）及鸡肉（3 例）进行全面筛查，发现在某超市购买的 1 例猪肉磺胺二甲嘧啶为阳性，定量结果为 36.5 μg/kg，典型图谱见图 4-17。其余样品均未检出本文涉及的 63 种兽药。为验证本方法的可靠性，对阳性猪肉样品采用 GB/T 20759—2006 方法进行验证，其磺胺二甲嘧啶的定量结果为 39.6 μg/kg，两法所得结果非常接近。结果表明，本法适用于畜禽产品中兽药残留的定性筛查及定量测定。

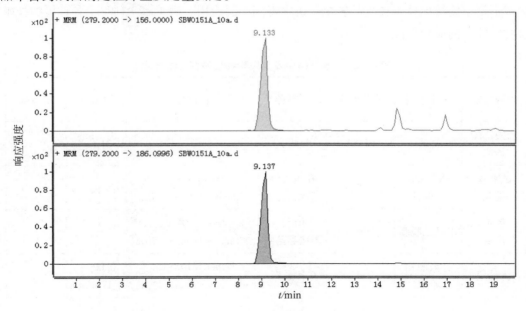

图 4-17　猪肉中磺胺二甲嘧啶的 MRM 图

4.4　水产品中安全风险物质残留的测定

水产品是指水生的具有一定食用价值的动植物及其腌制、干制的各种初加工品，包括鱼、虾、贝类、藻类等。在水产养殖行业中，四环素类（TCs）、喹诺酮类（QNs）、磺胺类（SAs）及磺胺增效剂甲氧苄啶（TMP）、氯霉素类（chloramphenicols）作为抗菌药物被广泛应用。孔雀石绿等三苯甲烷类（TPMs）染料因价格低廉，常被非法用于水产寄生虫病的防治或作为消毒剂用于延长鲜活水产品的寿命。雌激素（estrogens）、雄激素（androgens）、孕激素（progestogens）及糖皮质激素（glucocorticoids）等，因其具有影响动物性别分化、缩短动物生长周期的作用，常被不法水产养殖户非法用于水产养殖中，以提高水产品的养殖效率。TPMs及某些抗生素具有致突变、致畸、致癌的严重危害，过量的抗生素将使细菌的耐药性增强。已有研究表明，儿童性早熟、妇女乳腺癌和子宫癌发病率的上升与动物源性食品中性激素残留有关，氯霉素类药物则对人体造血机能产生严重的副作用。这些药物一般较稳定，不易降解，在水产品中的残留可通过食物链进入人体，激素类药物在体内仍具有生物活性而严重影响人体的正常生理功能。因此，建立快速、简便、灵敏、可靠、可同时测定水产品中多种兽药残留量的检测手段非常必要。

4.4.1　水产品中安全风险物质残留的测定方法概述

近年来，用于测定水产品中四环素类、喹诺酮类、磺胺类及磺胺增效剂、孔雀石绿等三苯甲烷类以及雄激素、雌激素、孕激素及糖皮质激素、氯霉素类药物残留的方法主要有酶联免疫法（ELISA）、高效液相色谱法（HPLC）、高效液相色谱 – 质谱法（HPLC-MS）、高效液相色谱 – 高分辨质谱法（HPLC – HRMS）。简便快速的酶联免疫法尽管具有较高的灵敏度，但易出现交叉反应及假阳性；而普及率高的高效液相色谱法由于仅靠保留时间定性，抗干扰能力差，易导致假阳性，并且样品前处理繁琐、要求较高，以及灵敏度不能满足残留检测要求等原因而逐渐不被采用；高效液相色谱 – 高分辨质谱法具有高灵敏度、快速和高准确度的特点，但由于仪器价格昂贵，不能得到广泛应用。而采用 LC-MS/MS 技术检测时无需对样品进行衍生化处理，可同时对多目标物进行测定，具有高选择性、高灵敏度、高通量的优势，弥补了前述方法的诸多不足，使得该技术在食品安全分析中得到广泛应用。表 4 – 29 列举了各种检测技术在水产品中安全风险物质残留的应用情况。

表 4 – 29　水产品中安全风险物质残留分析技术

序号	发表时间	提取方法	净化手段	检测方法	待测物种类	色谱柱	检出限	定量限	文献
1	2010	乙酸乙酯提取	离心	ELISA	氯霉素	—	0.01μg/kg	—	谭慧[113]
2	2009	试剂盒提取	PRS 固相萃取柱	HPLC	孔雀石绿和结晶紫	Eclipse C$_{18}$（250mm×4.6mm，5μm）	0.5μg/kg	—	吴仕辉[116]
3	2010	二氯甲烷提取	正己烷脱脂	HPLC	10 种磺胺类药物	Zorbax SB C$_{18}$（250mm×4.6mm，5μm）	—	—	彭宁[117]
4	2011	乙腈提取	分散固相萃取	HPLC	9 种激素	Hypersil BDS C$_{18}$（300mm×4.6mm，5μm）	0.06～0.17mg/kg	—	Klinsunthorn[114]

序号	发表时间	提取方法	净化手段	检测方法	待测物种类	色谱柱	检出限	定量限	文献
5	2011	氨水乙腈快速溶剂萃取	正己烷和乙醚去脂净化	高效液相色谱－紫外串联荧光检测	4 种氟喹诺酮	Venusil MP－C$_{18}$（250mm×4.6mm，5μm）	1.3～3.0 μg/kg	—	于辉[118]
6	2013	酸化乙腈提取	正己烷	HPLC	6 种四环素类和喹诺酮类	Inertil ODS－SP C$_{18}$（250mm×4.6mm，5μm）	2.0～8.0μg/kg	—	洪波[119]
7	2014	乙腈提取	—	HPLC	孔雀石绿和结晶紫及其代谢产物	Zorbax SB C$_{18}$（250mm×4.6mm，3μm）	0.0020mg/kg	—	向仲朝[120]
8	2005	碱化乙酸乙酯提取	Supelclean C$_{18}$柱固相萃取柱	LC-MS/MS（MRM）	3 种氯霉素类	XTerra MS C$_{18}$（150mm×2.1mm，3.5μm）	0.01～0.05 ng/g	—	彭涛[121]
9	2007	乙腈	正己烷脱脂	HPLC-MS/MS	12 种磺胺类和喹诺酮类	Clovsil－C$_{18}$（150mm×4.6mm，5μm）	10～50 μg/kg	—	李佐卿[122]
10	2009	乙酸乙酯提取	正己烷脱脂	LC-MS/MS（SRM）	3 种氯霉素类	Hypersil Gold C$_{18}$（150mm×21mm，21μm）	0.01～0.03μg/kg	—	王志杰[123]
11	2010	乙酸乙腈提取	正己烷脱脂	LC-MS/MS	3 种四环素类	Luna C$_{18}$（150mm×2.0mm，5μm）	20 μg/kg	—	洪武兴[124]
12	2010	酶解后甲醇提取	LC－C$_{18}$和LC－NH$_2$固相萃取柱	UPLC-MS/MS	7 种性激素类	Acquity UPLC BHE C$_{18}$（100mm×2.1mm，1.7μm）	0.08～0.17μg/kg	0.24～0.58μg/kg	张爱芝[125]
13	2010	柠檬酸磷酸盐缓冲液（McIlvaine）提取	固相萃取（SPE）净化	UPLC-MS/MS	20 种喹诺酮类	Waters Acquity UPLC™ BEH Shield C$_{18}$（50mm×2.1mm，1.7μm）	—	0.34～8.13μg/kg	祝颖[126]
14	2010	乙酸乙酯提取	固相萃取小柱净化	UPLC-MS/MS	21 种磺胺类	Acquitytm BEH C$_{18}$（100mm×2.1mm，1.7μm）	0.01～0.20μg/kg	0.03～0.67μg/kg	孙玉增[127]
15	2010	三乙胺－乙腈（1+99)提取	正己烷萃取	HPLC-MS/MS	3 种磺胺类	Acquity UPLC™ BEH C$_{18}$（100mm×2.1mm，1.7μm）	10μg/kg	—	李兵[128]
16	2012	乙腈提取	中性氧化铝和正己烷净化	HPLC-MS/MS	7 种大环内酯类抗生素	MGⅡ C$_{18}$（150mm×2.0mm，5μm）	1μg/kg	4μg/kg	朱世超[129]
17	2012	酸化乙腈提取	乙腈饱和正己烷除脂	HPLC-MS/MS	19 种喹诺酮类	Ultimate XB－C$_{18}$（150mm×2.1mm，5μm）	0.5～1.0μg/kg	1.0～2.0μg/kg	钱卓真[130]
18	2012	乙腈提取	正己烷脱脂	HPLC-MS/MS	10 种大环内酯类抗生素	Hypersil Gold C$_{18}$（100mm×2.1mm，5μm）	0.2μg/kg	1.0μg/kg	高玲[131]

（续表 4 - 29）

序号	发表时间	提取方法	净化手段	检测方法	待测物种类	色谱柱	检出限	定量限	文献
19	2013	酸化乙腈提取	C₁₈吸附剂分散固相萃取	LC-MS/MS	三苯甲烷类、氯霉素类、磺胺类、氟喹诺酮类和四环素类共5类23种	Atlantis C₁₈ （150mm×2.1mm，3μm）	0.3～5.0μg/kg	—	郭萌萌[132]
20	2014	酸性乙腈提取	正己烷脱脂	UPLC-MS/MS	6种喹诺酮	Acquity UPLC BHE C₁₈ （100mm×2.1mm，1.7μm）	0.03～0.25μg/kg	0.1～0.8μg/kg	刘正才[133]
21	2015	乙腈提取	氯化钠与二氯甲烷萃取净化，过中性氧化铝柱	UPLC-MS/MS	5种三苯甲烷类	BEH C₁₈ （50mm×2.1mm，1.7μm）	1.0μg/L	—	宋凯[134]
22	2016	1%醋酸乙腈提取	QuEChERS方法净化	UPLC-MS/MS	24种喹诺酮类磺胺类	Waters BEH C₁₈ （100mm×2.1mm，1.7μm）	—	0.5～1μg/kg	金钥[135]
23	2017	乙腈提取	分散固相萃取法（dSPE）	UPLC-MS/MS	12种磺胺类药物	Acquity UPLC BEH C₁₈ （50mm×2.1mm，1.7μm）	0.007～0.02μg/kg	0.02～0.08μg/kg	余丽梅[136]
24	2017	乙腈提取	乙腈饱和正己烷萃取	UPLC－Q－Orbitrap HRMS	21种磺胺类和12种喹诺酮类药物	Waters Acquiyt UPLC® BEH C₁₈ （100mm×2.1mm，1.7μm）	—	2μg/kg	杨璐齐[137]
25	2017	甲酸乙腈提取	PSA和C₁₈净化	HPLC－Q－TOF－MS	15种喹诺酮类	Acquity UPLC BEH C₁₈ （100mm×2.1mm，1.7μm）	0.5～1.5μg/kg	—	章红[115]

4.4.2 液相色谱－串联质谱法同时测定水产品中5类33种药物残留

实际上，在水产养殖业中，同时使用多类药物的现象较为普遍，因此建立药物多残留测定的方法变得非常重要。目前同时测定两类或三类药物的方法亦有报道，但同时测定上述5类药物在水产品中残留的液相色谱－串联质谱法尚未见报道。本方法采用快速高效液相色谱－串联质谱法（RRLC-MS/MS），通过优化样品前处理及色谱－质谱条件，建立了同时提取、动态多反应监测（DMRM）同时测定四环素类、喹诺酮类、磺胺类、磺胺增效剂和三苯甲烷类共5类33种水产品用药的新方法。该方法简便快速、灵敏可靠，可为水产品中药物多残留的定性定量分析提供技术保障，亦可为动物源性食品中兽药残留分析提供借鉴。

4.4.2.1 实验部分

1. 仪器与试剂

仪器：Agilent 1200 SL Series RRLC/6410B Triple Quard MS 快速高效液相色谱－串联四极杆质谱联用仪（美国 Agilent 公司）；AS 3120 超声波发生器（天津奥特赛恩斯仪器有限公司）；Anke TDL－40B 离心机（上海安亭科学仪器厂）；DC12H 水浴式氮吹浓缩仪（上海安谱科学仪器有限公司）；XW－80A 快速混匀器（海门市麒麟医用仪器厂）。

标准品：四环素（TC）、土霉素（OTC）、金霉素（CTC）、强力霉素（DOX）（中国药品生物制品检定所）；依诺沙星（ENO）、氧氟沙星（OFL）、诺氟沙星（NOR）、培氟沙星（PEF）、环丙沙星（CIP）、洛美沙星（LOM）、丹诺沙星（DAN）、恩诺沙星（ENR）、沙拉沙星（SAR）、双氟沙星（DIF）、司帕沙星（SPAR）、磺胺醋酰（SAA）、磺胺甲噻二唑（SMTZ）、磺胺二甲异噁唑（SFZ）、磺胺氯哒嗪（SCP）、磺胺嘧啶（SDZ）、磺胺甲基异噁唑（SMZ）、磺胺噻唑（STZ）、磺胺甲基嘧啶（SMR）、磺胺吡啶（SPD）、磺胺二甲嘧啶（SDM）、磺胺苯吡唑（SPA）、磺胺对甲氧嘧啶（SMD）、磺胺邻二甲氧嘧啶（SDX）、甲氧苄氨嘧啶（TMP）、孔雀石绿（MG）、无色孔雀石绿（LMG）、结晶紫（CV）、无色结晶紫（LCV），氘代孔雀石绿（MG-D$_5$）、氘代无色孔雀石绿（LMG-D$_6$），德国 Dr. Ehrenstorfer 公司产品。

标准溶液的配制：用甲醇为溶剂分别配制质量浓度为 1 000mg/L 的标准储备溶液，置棕色容量瓶避光 4℃保存，临用时根据需要，用初始流动相稀释成适当浓度的混合标准溶液，经 0.22 μm 滤膜过滤后作为工作液。

乙腈、甲醇、甲酸、乙酸均为色谱纯，酸性氧化铝、磷酸氢二钠（Na$_2$HPO$_4$·12H$_2$O）、柠檬酸（C$_6$H$_8$O$_7$·H$_2$O）、乙二胺四乙酸二钠（Na$_2$EDTA·2H$_2$O）均为分析纯，上述试剂均购自广州化学试剂厂；实验用水为二次蒸馏水。

Na$_2$EDTA-Mcllvaine 缓冲溶液（0.1mol/L）：称取 10.92 g 磷酸氢二钠，12.93 g 柠檬酸，37.23 g 乙二胺四乙酸二钠溶解于 1L 水中，摇匀后用 0.1mol/L 盐酸调至 pH4.5。

2. 样品前处理

准确称取均匀质试样 5.00g，置于 50 mL 聚四氟乙烯离心管中，加入 100 μL 质量浓度为 50 μg/L 的内标溶液，加入 2 mL 0.1 mol/L Na$_2$EDTA-Mcllvaine 缓冲溶液，涡旋混合 1 min，再加入 10 mL 乙腈，涡旋混匀 2 min 后，超声提取 10min，4000 r/min 离心 10 min，取全部上清液于 100 mL 烧杯中；向残渣加入 4.0 g 酸性氧化铝，充分搅匀，加入 10 mL 乙腈，涡旋混匀 1 min，超声提取 10 min，4000 r/min 离心 10 min，合并上清液，于 45℃水浴氮吹浓缩至约 2 mL，转移至 1.0 mL 刻度的梨形瓶中，用乙腈洗涤烧杯多次，洗涤液合并入梨形瓶中，继续于 45℃氮吹浓缩至 1.0 mL。加入 1.0 mL 50% 乙腈水溶液，混匀，加入 3 mL 正己烷除脂，取下层溶液过 0.22 μm 滤膜后备用。

3. 色谱质谱条件

1）色谱条件

BDS Hypersil C$_8$ 柱（100 mm × 2.1 mm，2.4 μm）；柱温：30℃；流速：0.3mL/min；进样量：5μL；流动相：A 为含 0.4%（体积分数）甲酸 + 10 mmol/L 乙酸铵的水溶液，B 为含 0.4%（体积分数）甲酸的乙腈；梯度洗脱程序：0 ~ 10min，10% ~ 80% B；10 ~ 11min，80% ~ 100% B；11 ~ 13min，100% B；13 ~ 13.1min，100% ~ 10% B；13.1 ~ 16min，10% B。

2）质谱条件

电喷雾离子源（ESI）；正离子扫描模式；动态多反应监测采集方式；干燥气温度：350℃；干燥气流量：10.0 L/min；雾化气压力：276 kPa；毛细管电压：4 kV；MS1 及 MS2 均为单位分辨率；33 种药物及 2 种同位素内标（MG-D$_5$ 和 LMG-D$_6$）的具体质谱采集参数见表 4-30。

4. 测定方法

取样品溶液和混合标准溶液各 5.0 μL 注入快速液相色谱-串联四极杆质谱仪进行测定，以其标准溶液峰的保留时间和 DMRM 两对质谱监测离子对为依据进行定性，以定量离子对的峰面积计算样品中相应待测物的含量。

表4-30　动态多反应监测(DMRM)质谱采集参数

序号	药物	保留时间/min	时间窗口/min	母离子(m/z)	子离子(m/z)	碎裂电压/V	碰撞能量/V
1	TC	6.3	4	445.2	427.1, 410.1*	104	8, 16
2	OTC	4.9	4	461.2	443.2, 426.1*	105	8, 16
3	DOX	10.1	4	445.2	321.1*, 154.0	140	32, 20
4	CTC	11.0	4	479.1	462.1, 444.1*	135	16, 20
5	ENO	4.7	4	321.1	303.1*, 232.0	114	20, 36
6	OFL	5.6	4	362.2	318.2*, 261.1	150	16, 28
7	NOR	5.6	4	320.1	302.2*, 231.1	142	20, 40
8	PEF	5.9	4	334.2	316.2*, 290.2	134	20, 16
9	CIP	6.1	4	332.1	314.2*, 231.1	137	20, 40
10	LOM	6.8	4	352.2	308.2, 265.1*	130	16, 24
11	DAN	7.0	4	358.2	340.2*, 255.1	147	24, 40
12	ENR	7.7	4	360.2	342.2, 316.2*	142	20, 20
13	SAR	10.4	4	386.1	368.1*, 342.2	145	24, 16
14	DIF	10.6	4	400.2	382.2*, 356.2	145	20, 20
15	SPAR	10.7	4	393.2	349.2*, 292.1	145	20, 24
16	SAA	2.1	4	215.0	156.0*, 108	100	6, 18
17	SMTZ	5.1	4	271.1	156.1*, 108	100	10, 22
18	SFZ	10.5	4	268.1	156.1*, 113.1	100	9, 14
19	SCP	7.1	4	285.2	156.1*, 108.2	100	10, 24
20	SDZ	2.5	4	251.1	156.1*, 108.1	100	10, 20
21	SMZ	8.9	4	254.1	156.0*, 92.2	100	12, 25
22	STZ	3.0	4	256.1	156.0*, 92.1	100	13, 26
23	SMR	3.4	4	265.1	172.0, 156.0*	100	13, 13
24	SPD	3.1	4	250.1	184.1, 156.0*	100	15, 13
25	SDM	4.3	4	279.2	186.1*, 156.0	100	14, 18
26	SPA	11.2	4	315.0	160.0*, 156.0	100	20, 18
27	SMD	5.0	4	281.1	215.1, 156.0*	100	14, 14
28	SDX	8.3	4	311.0	156.0*, 108.0	100	14, 32
29	TMP	4.6	4	291.2	261.2, 230.2*	160	28, 24
30	MG	12.2	4	329.2	313.2*, 208.1	150	40, 45
31	LMG	12.2	4	331.2	315.2, 239.1*	137	36, 36
32	LCV	10.8	4	374.3	358.2*, 253.2	175	40, 40
33	CV	12.6	4	372.2	356.2*, 340.2	180	44, 50
34	MG-D$_5$**	12.2	4	334.2	318.2	180	44
35	LMG-D$_6$**	12.2	4	337.3	240.1	165	36

注：* 表示定量离子(quantitative ion)；** 表示同位素内标物(isotope internal standard)。

4.4.2.2 结果与讨论

1. 质谱条件的优化

根据待测物的化学结构及已有报道，这5类待测物均适合在ESI源的正离子模式下进行离子化，其母离子均为[M+H]⁺。因而，我们将35种标准品储备液用甲醇稀释成质量浓度为0.5～1.0μg/mL的标准品混合溶液，在ESI(+)模式下，分别对待测物进行质谱参数优化。通过选择离子监测，优化碎裂电压，使[M+H]⁺的响应最大，然后以其为母离子，对其子离子进行全扫描分析，通过优化碰撞能量使得子离子的响应最大，最后得到MRM离子对及质谱采集参数。

另外，为了减轻样品中杂质对质谱系统的污染，本实验在进入质谱前采用了类似溶剂延迟的功能，色谱柱流出液经六通切换阀切换至废液中，1.5min后才切换至质谱中采集数据，至13.0min结束，同时六通切换阀又将柱流出液切换至废液中。这样使得极性较强和极性较弱的杂质均在这前后被切换至质谱仪之外。

2. 色谱条件的优化

优化色谱条件，目的是使分离效果最好和检测时间最短，同时选择有利于离子化的流动相以使质谱的检测灵敏度最高。这5类物质中，由于TCs结构中含有多个羟基、QNs结构中含有叔氨基、TPMs结构含强碱性基团，使这三类物质易与色谱填料中的残余硅醇基和金属离子通过氢键或离子交换作用，造成峰形拖尾、展宽，保留时间漂移等现象，成为多残留色谱条件优化的难点。本实验选择甲醇、乙腈及不同比例的甲醇-乙腈作为有机相进行比较，同时考察了在流动相中添加不同浓度的甲酸及乙酸铵对色谱分离和质谱灵敏度的影响，发现部分化合物在含甲醇的有机相中峰形或响应较差，在甲酸含量低于0.4%（体积分数）的流动相中，TCs及QNs的峰形严重展宽，且响应降低，在不含乙酸铵的流动相中，TPMs的响应剧降，峰形分裂、展宽。经反复试验，最终选择含0.4%（体积分数）甲酸+10mmol/L乙酸铵的水溶液为流动相A，含0.4%（体积分数）甲酸的乙腈为流动相B，此时，33种待测物均有对称的峰形、较高的灵敏度。优化后33种药物混合标准溶液的MRM色谱图见图4-18。

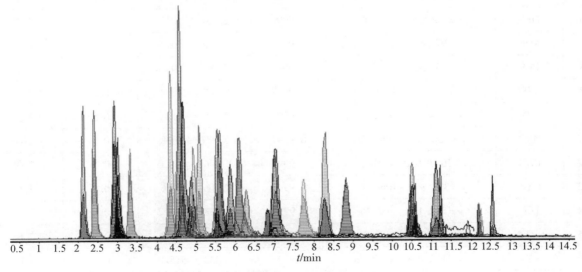

图4-18 33种药物混合标准溶液的MRM色谱图

3. 样品前处理条件的优化

分别提取净化这5类化合物的方法已有许多报道，但均不适用于33种药物的同时提取和净化。本研究考察了纯乙腈、（甲酸）乙酸化乙腈、Na₂EDTA-Mcllvaine缓冲溶液-乙腈为提取溶剂的提取效果，发现这3种溶剂对QNs及SAs的提取回收率均较好，TCs的回收率只在Na₂EDTA-Mcllvaine缓冲溶液-乙腈作为提取剂时才能达到要求，但TPMs的回收率始终较低。为提高TPMs的回收率，尝试加入对甲苯磺酸与盐酸羟胺等缓冲液，结果并不如文献报道的理想，而在先加入酸性氧化铝粉末分散样品，再用乙腈提取时，回收率有较大提高。反复试验后，建立了用不同溶剂分两步提取的方法对样品中33种药物进行提取。

考虑到固相萃取净化的时间较长和成本较高，而质谱的六通切换阀又能实现类似溶剂延迟的功能，故将提取液浓缩，经正己烷脱脂后直接上机测定。与已有文献方法相比，本方法简便快速，检测对象更广泛，TCs、SAs、QNs及TMPs四类待测物的回收率及重复性均满足分析要求。虽然TPMs类的回收率稍低，但通过同位素内标校正，可得到较高的回收率（结果见表4-32）。

4. 线性范围、线性方程与检出限

在选定的色谱分离条件和质谱测定参数下，将6个水平的系列混合标准工作溶液上机测定。TPMs类药物以目标物峰面积与内标物峰面积之比（y）为纵坐标，其余4类药物直接以目标物峰面积（y）为纵坐标，以目标物的质量浓度（x，$\mu g/mL$）为横坐标作定量工作曲线，得到线性回归方程，相关系数为0.9928～0.9999，表明各化合物在相应的质量浓度范围内呈良好的线性关系。采用标准加入法进行测定，以定量离子信噪比（S/N）大于3确定样品的检出限（LOD），S/N大于10为定量限（LOQ），得到33种药物的LOD为0.1～2.0 $\mu g/kg$，LOQ为0.5～5.0 $\mu g/kg$。结果见表4-31。

表4-31 33种药物的线性范围、回归方程、相关系数、检出限及定量限

序号	药物	回归方程	相关系数 r^2	线性范围/（ng·mL^{-1}）	LOD/（μg·kg^{-1}）	LOQ/（μg·kg^{-1}）
1	TC	$y = 415.79x - 6052.22$	0.9960	3.992～1996	1.0	3.0
2	OTC	$y = 382.32x + 2631.28$	0.9992	4.000～2000	1.0	3.0
3	DOX	$y = 2982.63x - 3147.03$	0.9999	4.008～2004	1.0	3.0
4	CTC	$y = 60.37x - 2224.77$	0.9928	3.968～1984	2.0	5.0
5	ENO	$y = 1380.13x + 11155.12$	0.9990	2.090～1045	0.5	2.0
6	OFL	$y = 1361.86x - 63.59$	0.9999	2.084～1042	0.5	2.0
7	NOR	$y = 1167.87x + 12761.13$	0.9979	2.028～1014	0.5	2.0
8	PEF	$y = 974.56x + 5178.51$	0.9991	2.066～1033	0.5	2.0
9	CIP	$y = 1313.85x + 10982.54$	0.9987	2.008～1004	0.5	2.0
10	LOM	$y = 364.06x - 772.39$	0.9996	2.224～1112	0.5	2.0
11	DAN	$y = 1302.83x + 961.75$	0.9997	2.077～1038	0.5	2.0
12	ENR	$y = 1077.16x - 4218.75$	0.9997	1.996～998.0	0.5	2.0
13	SAR	$y = 372.89x + 1064.89$	0.9999	2.012～1006	0.6	2.5
14	DIF	$y = 392.14x - 302.19$	0.9999	1.958～979.2	0.6	2.5
15	SPAR	$y = 214.51x + 2059.78$	0.9989	2.077～1038	0.6	2.5
16	SAA	$y = 2112.06x - 2217.28$	0.9998	1.030～515.0	0.3	1.0
17	SMTZ	$y = 3018.26x - 4995.75$	0.9998	1.020～510.0	0.3	1.0
18	SFZ	$y = 575.02x + 8758.13$	0.9953	1.010～505.0	0.3	1.0
19	SCP	$y = 2982.63x - 3147.02$	0.9998	1.010～505.0	0.3	1.0
20	SDZ	$y = 2149.28x - 1335.06$	0.9998	1.000～500.0	0.3	1.0
21	SMZ	$y = 1990.09x - 2672.35$	0.9999	1.010～505.0	0.3	1.0

（续表 4 - 31）

序号	药物	回归方程	相关系数 r^2	线性范围/ （ng·mL^{-1}）	LOD/ （μg·kg^{-1}）	LOQ/ （μg·kg^{-1}）
22	STZ	$y = 2853.66x - 4429.27$	0.9998	1.030～515.0	0.3	1.0
23	SMR	$y = 1741.04x - 2789.21$	0.9997	1.030～515.0	0.3	1.0
24	SPD	$y = 2000.51x - 3283.40$	0.9996	1.020～510.0	0.3	1.0
25	SDM	$y = 3812.89x - 4724.38$	0.9997	1.010～505.0	0.3	1.0
26	SPA	$y = 1239.85x - 4232.94$	0.9997	1.050～525.0	0.3	1.0
27	SMD	$y = 2400.94x - 5054.83$	0.9997	1.010～505.0	0.3	1.0
28	SDX	$y = 3230.18x - 7476.32$	0.9999	1.160～580.0	0.3	1.0
29	TMP	$y = 2340.89x - 679.53$	0.9998	2.020～1010	0.3	1.0
30	MG	$y = 5173.29x - 8915.10$	0.9988	0.2650～132.5	0.1	0.5
31	LMG	$y = 4436.57x - 6976.61$	0.9991	0.2550～127.5	0.1	0.5
32	CV	$y = 3254.26x - 5144.83$	0.9989	0.2635～131.8	0.1	0.5
33	LCV	$y = 5952.83x - 8213.64$	0.9987	0.2550～127.5	0.1	0.5

5. 方法的回收率与精密度

取空白鱼肉样品，做 3 个浓度水平的加标回收率实验，每个加标水平均按本实验方法做 6 个平行测定，计算每个化合物的平均回收率为 63.6%～115.2%，相对标准偏差（RSD）为 4.6%～14.6%，均符合残留检测有关标准和法规的要求，结果见表 4 - 32。

表 4 - 32　样品中 33 种药物的回收率及相对标准偏差（$n = 6$）

药物	加标水平/ （μg·kg^{-1}）	回收率/%	RSD/%	药物	加标水平/ （μg·kg^{-1}）	回收率/%	RSD/%	药物	加标水平/ （μg·kg^{-1}）	回收率/%	RSD/%
TC	5.0	68.2	10.3	ENR	2.5	87.1	11.2	SMR	1.0	108.8	10.5
	20.0	94.3	6.9		10.0	94.5	9.0		5.0	110.4	9.6
	40.0	95.6	8.2		20.0	105.6	5.2		10.0	106.4	10.3
OTC	5.0	66.3	9.6	SAR	2.5	84.6	9.8	SPD	1.0	83.2	11.2
	20.0	89.6	10.6		10.0	103.8	8.4		5.0	98.5	8.3
	40.0	91.2	6.7		20.0	104.6	6.9		10.0	103.2	10.1
DOX	5.0	68.3	11.5	DIF	2.5	85.9	10.6	SDM	1.0	102.2	8.2
	20.0	88.5	6.8		10.0	101.6	10.2		5.0	105.2	6.5
	40.0	92.7	7.3		20.0	106.2	5.6		10.0	104.2	7.2
CTC	2.5	63.6	14.3	SPAR	2.5	82.5	12.8	SPA	1.0	65.4	8.3
	10.0	95.7	10.6		10.0	103.1	10.7		5.0	107.3	10.6
	20.0	102.2	11.8		20.0	107.2	6.9		10.0	103.5	6.5
ENO	2.5	115.2	10.6	SAA	1.0	84.3	8.9	SMD	1.0	76.3	5.2
	10.0	109.6	7.6		5.0	92.7	6.5		5.0	108.5	11.8
	20.0	110.2	4.6		10.0	97.7	6.3		10.0	103.5	9.6

药物	加标水平/$(\mu g \cdot kg^{-1})$	回收率/%	RSD/%	药物	加标水平/$(\mu g \cdot kg^{-1})$	回收率/%	RSD/%	药物	加标水平/$(\mu g \cdot kg^{-1})$	回收率/%	RSD/%
OFL	2.5	83.4	12.7	SMTZ	1.0	76.4	7.6	SDX	1.0	83.2	10.9
	10.0	108.6	7.8		5.0	83.4	4.8		5.0	101.3	4.9
	20.0	110.3	6.9		10.0	82.5	4.9		10.0	100.2	7.9
NOR	2.5	85.3	12.4	SFZ	1.0	80.8	9.2	TMP	1.0	88.9	4.6
	10.0	105.4	8.1		5.0	95.9	7.2		5.0	96.5	5.3
	20.0	106.9	9.2		10.0	103.6	6.3		10.0	96.3	5.0
PEF	2.5	92.4	9.7	SCP	1.0	86.8	5.6	MG	0.5	85.5	13.2
	10.0	112.3	7.4		5.0	107.5	5.8		5.0	93.6	9.6
	20.0	109.2	4.9		10.0	103.6	7.6		10.0	98.4	11.2
CIP	2.5	102.2	9.9	SDZ	1.0	69.6	10.2	LMG	0.5	86.5	14.6
	10.0	98.6	9.4		5.0	109.5	6.2		5.0	104.3	10.3
	20.0	110.3	5.6		10.0	108.3	5.9		10.0	96.3	10.1
LOM	2.5	93.4	10.4	SMZ	1.0	71.3	7.5	CV	0.5	103.2	10.6
	10.0	97.6	7.8		5.0	96.7	6.3		5.0	102.5	8.3
	20.0	106.5	6.9		10.0	95.3	6.3		10.0	93.6	8.9
DAN	2.5	101.3	10.6	STZ	1.0	68.6	8.1	LCV	0.5	106.5	12.2
	10.0	104.3	5.9		5.0	106.6	6.6		5.0	103.6	9.3
	20.0	106.4	6.9		10.0	105.7	5.8		10.0	105.6	9.8

4.4.3　液相色谱 - 串联质谱法同时测定鱼肉中 30 种激素类及氯霉素类药物残留

　　目前，测定某一类激素或氯霉素类残留的 LC-MS/MS 方法已经较为成熟，同时测定多类激素残留的 LC-MS/MS 方法亦偶有报道，但同时测定鱼肉中 4 类激素及氯霉素类药物残留的液相色谱 - 串联质谱法尚未见报道。本方法采用最早在农药多残留中使用的 QuEChERS 技术进行样品处理，通过优化样品前处理条件及色谱 - 质谱条件，建立了一次同时提取、正负离子模式分别测定雌激素、雄激素、孕激素、糖皮质激素和氯霉素共 5 类 30 种药物残留的新方法。采用 QuEChERS 技术建立的本方法可为鱼类产品中多种药物多残留的定性定量分析提供技术保障，亦可为其他动物源性食品中多种兽药多残留分析提供借鉴。

4.4.3.1　实验部分

　　1. 仪器与试剂

　　仪器：Agilent 1200 SL Series RRLC/6410B Triple Quard MS 快速高效液相色谱 - 串联四极杆质谱联用仪（美国 Agilent 公司）；AS 3120 超声波发生器（功率 250 W，频率 33 kHz，天津奥特恩斯仪器有限公司）；Anke TDL - 40B 离心机（上海安亭科学仪器厂）；DC12H 水浴式氮吹浓缩仪（上海安谱科学仪器有限公司）；XW - 80A 快速混匀器（海门市麒麟医用仪器厂）。

　　30 种药物标准品：雌酮（Estrone，E1），17β - 雌二醇（17β-Estradiol，17β-E2），雌三醇（Estriol，E3），己烷雌酚（Hexoestrol，HES），己烯雌酚（Diethylstilbestrol，DES），双烯雌酚（Dienestrol，DIE），17α-炔雌醇（17α-Ethynylestradiol，17α-EE2），苯甲酸雌二醇（Estradiol benzoate，EB），氯霉素（Chloromycetin，CAP），甲砜霉素（Thiamphenicol，TAP），氟甲砜霉素（Florfenicol，FF），孕酮（Progesterone，P），17α-羟孕酮（17α-Hydroxyprogesterone，17α-OHP），甲羟孕酮（Medroxyprogesterone，MP），醋酸氯地孕酮（Chloromadinone 17-acetate，CA），醋酸甲地孕酮（Megestrol 17-acetate，MA），醋酸甲羟孕酮（Medroxyprogesterone 17-acetate，MPA），睾酮（Testosterone，TS），甲基睾酮（Methoxytestosterone，MTS），

诺龙（Nandrolone，NT），丙酸睾酮（Testosterone propionate，TSP），苯丙酸诺龙（Nandrolone phenylpropionate，NTPP），地塞米松（Dexamethasone，DX），醋酸地塞米松（Dexamethasone acetate，DXA），倍他米松（Betamethasone，BT），氢化可的松（Hydrocortisone，HCT），醋酸可的松（Cortisone acetate，CSA），泼尼松（Prednisone，PDN），氢化泼尼松（Prednisolone，PDS），醋酸泼尼松（Prednisone acetate，PA），纯度大于96.8%，购自德国Dr. Ehrenstorfer公司和美国Sigma Aldrich公司。

乙腈（色谱纯，德国Merck公司）；N－丙基乙二胺吸附剂（Bondesil-PSA）、十八烷基键合硅胶吸附剂（Bondesil－C_{18}，美国Agilent公司）；无水乙酸钠、无水硫酸镁（分析纯，上海阿拉丁试剂）；中性氧化铝、氯化钠、冰醋酸、氨水（分析纯，广州化学试剂厂）；实验用水为二次蒸馏水。

2. 标准溶液的配制

以甲醇为溶剂分别配制质量浓度为1 000mg/L的标准储备溶液，置棕色刻度管中于－18℃冰箱中保存。将上述储备液用甲醇逐级稀释为1 mg/L（雌激素为5 mg/L），用于优化质谱参数。根据各化合物的灵敏度，分别准确移取不同体积各化合物储备液于100 mL容量瓶，用甲醇配制成混合标准中间液，再以30%乙腈水溶液逐级稀释为混合标准工作溶液。

3. 样品前处理

1）提取

准确称取匀质后的鱼肉试样5.00g，置50 mL带螺旋盖的聚丙烯离心管中，加入8 mL水，在快速混匀器上充分涡旋混匀1 min。准确加入15.0 mL乙腈，涡旋混匀2 min，加入QuEChERS盐析剂（4.0 g无水硫酸镁、1.0 g氯化钠），快速摇匀，置冰水浴中降温，4 000 r/min离心10 min，移取上清液8 mL至另一个带螺旋盖的15 mL聚丙烯离心管，待净化。

2）净化

将QuEChERS净化粉（500 mg无水硫酸镁、500 mg中性氧化铝及200 mg PSA）一次全部加至装有8 mL提取液的离心管，涡旋混匀1 min，4 000 r/min离心5 min。准确移取5.0 mL上清液至10 mL具塞刻度试管，于45℃水浴下氮吹浓缩至近干，加入1.0 mL 30%乙腈水溶液复溶，超声30 s，涡旋混匀，过0.22 μm滤膜，待上机测定。

4. 基质匹配混合标准溶液的配制

取空白基质样品，按本实验方法进行样品处理，浓缩至干后，加入上述配置的混合标准工作溶液1.0 mL复溶，超声30 s，涡旋混匀，过0.22 μm滤膜，即得。

5. LC-MS/MS测定

1）色谱条件

（1）正离子模式。色谱柱：Zorbax Extend－C_{18}柱（100 mm×2.1 mm，3.5 μm）；柱温：30 ℃；流速：0.3 mL/min；进样量：5 μL；流动相：A为纯水，B为乙腈；梯度洗脱程序：0～3 min，30%～53% B；3～4 min，53%～57% B；4～6 min，57%～62% B；6～6.01 min，62%～90% B；6.01～7 min，90%～95% B；7～7.1 min，95%～30% B，保持3 min。

（2）负离子模式。色谱柱：Zorbax Extend－C_{18}柱（100 mm×2.1 mm，3.5 μm）；柱温：30 ℃；流速：0.3 mL/min；进样量：10 μL；流动相：A为0.1%氨水，B为乙腈；梯度洗脱程序：0～1 min，30% B；1～1.01min，30%～47% B；1.01～4 min，47%～50% B；4～4.01 min，50%～30% B，保持3 min。

2）质谱条件

电喷雾离子源（ESI）；正离子或负离子扫描模式；多反应监测（MRM）采集方式；干燥气温度为350℃；干燥气流量为10.0 L/min；雾化气压力：275.8 kPa（40.0psi）；毛细管电压：5 000 V；分辨率：MS1为Wide（负离子模式）或Unit（正离子模式），MS2均为Unit；在正离子模式下，采用分时间段采集模式。各个化合物的详细质谱采集参数见表4－33。

表 4 −33　30 种化合物的质谱采集参数

序号	化合物	保留时间/min	离子化模式	母离子 (m/z)	子离子 (m/z)	碎裂电压/V	碰撞能量/V	驻留时间/ms
(一)氯霉素类(Chloramphenicols)								
1	CAP	2.21	ESI⁻	321.0	257.1, 152.0*	137	4, 8	40
2	TAP	1.19	ESI⁻	354.0	290.1*, 185.0	145	4, 12	40
3	FF	2.06	ESI⁻	356.0	336.0*, 185.0	142	0, 12	40
(二)雌激素类(Estrogens)								
4	E1	5.18	ESI⁻	269.1	159.0, 143.0*	135	36, 45	40
5	17β-E2	4.34	ESI⁻	271.2	183.1, 145.1*	150	40, 40	40
6	E3	1.74	ESI⁻	287.2	171.1*, 145.1	135	36, 44	40
7	HES	6.15	ESI⁻	269.1	134.1, 119.0*	130	8, 45	40
8	DES	5.66	ESI⁻	267.1	237.1*, 222.1	140	24, 32	40
9	DIE	5.86	ESI⁻	265.1	235.0, 93.1*	140	20, 24	40
10	17α-EE2	4.94	ESI⁻	295.4	159.2, 145.2*	135	35, 43	40
11	EB	9.22	ESI⁺	377.2	105.0*, 77.1	140	24, 40	80
(三)孕激素(Progesterones)								
12	P	7.67	ESI⁺	315.2	109.1, 97.1*	147	28, 24	80
13	17α-OHP	5.47	ESI⁺	331.2	109.1, 97.1*	131	28, 28	60
14	MP	6.34	ESI⁺	345.5	123.0*, 97.0	140	24, 28	60
15	CA	7.75	ESI⁺	405.2	345.2, 309.2*	110	12, 12	80
16	MA	7.47	ESI⁺	385.2	325.3*, 267.2	102	12, 16	80
17	MPA	7.81	ESI⁺	387.3	327.3*, 123.1	90	12, 32	80
(四)雄激素(Androgens)								
18	TS	4.81	ESI⁺	289.4	109.1, 97.1*	140	28, 24	60
19	MTS	5.29	ESI⁺	303.5	109.1, 97.1*	100	23, 21	60
20	TSP	9.11	ESI⁺	345.2	109.1, 97.1*	140	22, 20	80
21	NT	4.35	ESI⁺	275.6	257.4, 109.1*	100	10, 20	60
22	NTPP	8.53	ESI⁺	407.3	257.2, 105.0*	140	20, 28	80
(五)糖皮质激素(Glucocorticoids)								
23	DX	3.33	ESI⁺	393.3	373.3*, 355.3	140	8, 10	60
24	DXA	5.04	ESI⁺	435.3	415.3, 397.2*	150	8, 8	60
25	BT	3.33	ESI⁺	393.2	279.2*, 237.2	140	15, 15	60
26	HCT	2.43	ESI⁺	363.4	309.3*, 159.3	135	20, 28	60
27	CSA	4.57	ESI⁺	403.4	325.4, 163.2*	120	25, 30	60
28	PDN	2.44	ESI⁺	361.2	343.1*, 147.1	111	4, 24	60
29	PDS	2.31	ESI⁺	359.3	267.4, 171.3*	135	14, 30	60
30	PA	4.44	ESI⁺	401.2	341.1*, 295.2	130	12, 20	60

注：* 表示定量离子。

3）测定方法

在正、负离子模式的测定条件下，分别将样品溶液和基质匹配混合标准溶液各 5.0 μL 或 10.0 μL 注入液相色谱－串联四极杆质谱仪进行测定，以其基质匹配混合标准溶液峰的保留时间和两对质谱监测离子对为依据进行定性，以定量离子对的峰面积计算样品中相应待测物的含量。

4.4.3.2　结果与讨论

1. 质谱条件的优化

根据待测物的化学结构及已有报道，雌激素类（除苯甲酸雌二醇）及氯霉素类化合物含有酚羟基，适合在 ESI 源的负离子模式下离子化，产生的母离子为 $[M-H]^-$，其余化合物因含有羧基等多电子基团而适合在 ESI 源的正离子模式下形成 $[M+H]^+$ 母离子。在相应的离子化模式下，分别将 30 种 1.0 mg/L（或 5.0 mg/L）的标准品溶液直接注入质谱仪进行质谱参数的优化。先通过母离子全扫描（MS1 Scan）确定化合物的准分子离子，再选择离子监测（SIM）优化其碎裂电压（frag）及毛细管电压，使 $[M+H]^+$ 或 $[M-H]^-$ 的响应最大，然后对母离子作子离子全扫描（product ion scan）分析，获得碎片离子信息，选择丰度较高的两个特征碎片离子，优化其碰撞能量使其响应最大，最后得到该化合物的两个 MRM 离子对及相应的质谱参数。

由于雌激素中性的甾体结构缺乏酸性或碱性基团，在溶液中较为稳定，不易形成离子，因而较难离子化。依据电喷雾电离的机理，以利于化合物去质子化的乙腈为有机相，同时在流动相中加入适量的氨水，改善该类化合物在负离子模式下的离子化效率。实验表明，以 0.1% 氨水－乙腈为流动相有效地提高了雌激素的响应，但同时也减弱了氯霉素类化合物在该模式下的响应，而由于氯霉素类响应很高，即使损失部分灵敏度仍能满足检测的需要。因此，为了照顾响应太低的雌激素，本方法仍然选择该流动相进行后续实验。

2. 色谱条件的优化

这 5 类化合物大多属于弱极性化合物，在 C_8、C_{18} 固定相中均有较好的保留，结合它们质谱行为的差异，分别建立正、负离子模式下的色谱条件。由于在负离子模式下，为提高雌激素的灵敏度，流动相需要使用 0.1% 氨水，使其 pH 达到 10.0 左右，不在普通硅胶基质 C_{18} 柱的 pH 耐受范围，Zorbax Extend – C_{18} 柱（2.1×100 mm，3.5 μm）可以耐受 pH 2.0～11.5 范围的流动相，因而选其作为本方法的分离柱。通常，在正离子模式下加入适量的甲酸或乙酸有利于提高质谱检测的灵敏度和改善类固醇激素的峰形，但在本研究优化的色谱条件下，不加酸性添加剂也能获得良好的峰形及优异的检测灵敏度。甾体类激素化合物具有相同的环戊烷骈多氢菲母核结构，部分化合物间的差异只在于是否多一个羟基（如雌酮与雌二醇）、多一个甲基（如睾酮与甲基睾酮）以及有无氢化（如己烯雌酚与己烷雌酚），这无疑加大了分离难度。通过反复试验梯度洗脱条件，最终实现了大多数化合物的分离。优化后 30 种药物混合标准溶液的 MRM 色谱图见图 4 – 19。

实验过程中发现，采用不同的溶剂作为标准稀释液或样品处理后的复溶溶液会对质谱响应及色谱峰形产生显著影响。比例过高的有机溶剂能明显增强质谱响应，同时也造成部分化合物峰形坍塌。经多次试验，确定以 30% 乙腈水溶液作为样品处理后复溶及标准溶液配制用溶液，可获得对称、尖锐的峰形和良好的质谱响应。

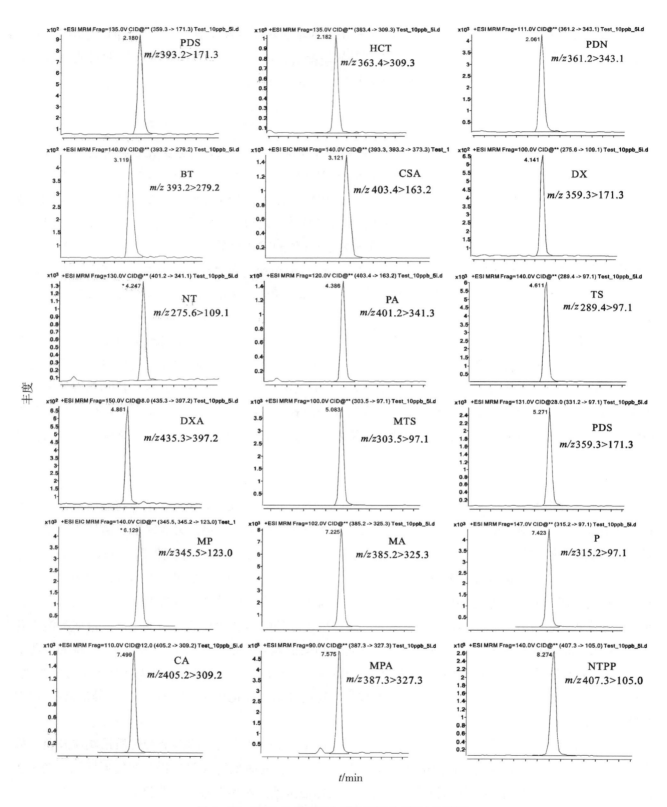

纵坐标：丰度

横坐标：t/min

图 4-19　30 种化合物混合标准溶液的 MRM 色谱图

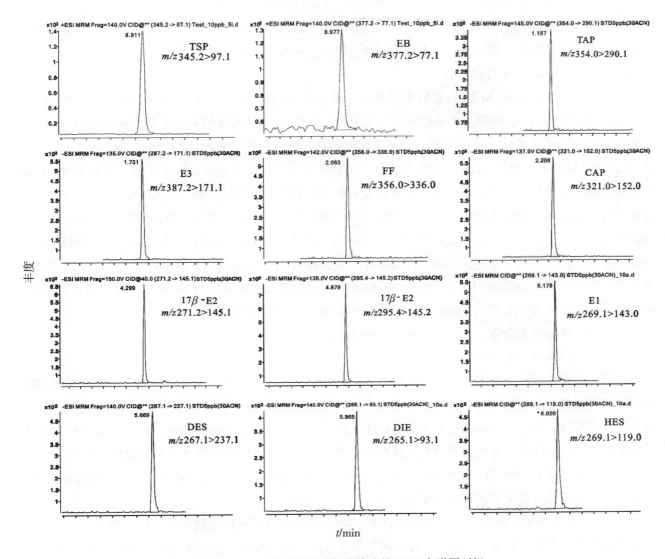

图 4 - 19　30 种化合物混合标准溶液的 MRM 色谱图(续)

3. QuEChERS 样品前处理条件的优化

1)提取方法的优化

已有研究表明,动物肌肉组织中的激素呈结合态的情况较少(如肌肉中睾酮可解离的结合态 < 20%, 17β - 雌二醇 < 5%),且 Shao Bing 等分别在无酶解或酶解条件下测定了肌肉、虾、牛奶中的内源性激素,表明两种条件下的测定结果无差异。为节省样品处理时间,本方法省略了酶解步骤。

这 30 种化合物多属于弱极性或中等极性,常用的提取溶剂涉及甲醇、乙腈、乙酸乙酯等。尽管甲醇已被国家标准选为激素多残留检测的提取溶剂,但鉴于其盐析效果不佳,本研究只考察 QuEChERS 常用提取溶剂(乙腈、乙酸乙酯及丙酮)的提取效果,发现乙腈与乙酸乙酯的提取回收率相当,且高于丙酮;但用乙酸乙酯提取的溶液颜色较深,表明其带出了不少弱极性基质成分,这将增加后续净化的压力;乙腈在有效提取目标物的同时具有沉淀蛋白的作用,且其带出的弱极性成分极少,因而选用乙腈作为 QuEChERS 的提取溶剂。在提取时,比较了直接加乙腈提取与先加水分散再加乙腈提取的处理方法,结果表明,事先加水将样品充分分散后再用乙腈提取可获得最大的回收率,其二次提取液中 30 种目标物的含量（不超过4%）均小于前者（部分化合物大于10%）。这可能跟乙腈具有的蛋白凝结作用有关，凝结的蛋白阻碍了其进入内部发生作用，而加水可以加大均质样品的分散程度，提高其比表面积，让提取溶剂与样品发生更广泛的接触，同时乙腈与水互溶，这也增加了它的渗透性，所以其提取效果最佳。

2）QuEChERS净化条件的优化

分散固相萃取是QuEChERS方法的净化手段，PSA、C_{18}、中性氧化铝及石墨化炭黑（GCB）是常用的吸附剂。PSA通常用于去除提取液中的脂类和糖类物质，C_{18}及中性氧化铝具有良好的除脂能力，GCB可去除提取液中的色素成分，但GCB对含苯环官能团的化合物有较强的吸附作用。鱼肉中含有丰富的蛋白质（在前面乙腈提取时已被沉淀）及脂肪类物质，而目标物几乎都含有苯环，故本研究只选取PSA、C_{18}及中性氧化铝作为净化吸附剂进行优化。为考察这3种吸附剂对30种目标物的吸附情况，在同一浓度水平的混合标准溶液中分别加入100 mg的3种吸附剂充分混匀1min，过0.22 μm滤膜后测定，发现C_{18}对待测物的吸附极强，有23种目标物的回收率小于30%，表明其不适用于该类化合物的净化，而PSA与中性氧化铝对大多数目标物吸附较少，可以作为净化剂进一步优化。根据鱼肉提取液中残留脂肪和水分的含量特点，考察了50～300 mg PSA、500～1000 mg无水硫酸镁及200～1000 mg中性氧化铝净化剂组合的净化效果。结果表明，采用500 mg无水硫酸镁、500 mg中性氧化铝及200 mg PSA为净化剂组合进行分散固相萃取时，样品溶液澄清，基质干扰较小，回收率最佳。

3）基质效应的评价及消除

尽管样品在经过乙腈沉淀蛋白、分散固相萃取后得到了良好的净化，但仍无法完全消除其基质效应。基质效应主要是由于基质成分和目标化合物在电喷雾离子源进行离子化时相互竞争的结果，包括基质增强效应和基质抑制效应。在液相色谱-质谱定性定量分析中，基质效应可以影响仪器的灵敏度和重复性，是影响可靠定性及准确定量的重要因素，这在基质复杂的样品（如动物源性食品及生物样本）中表现尤为明显。因而在建立LC-MS/MS检测方法时应对基质效应进行评价，并采取措施进行消除，以保证结果的准确可靠。基质效应可采用下式进行评价：

$$（基质匹配标准溶液所作曲线的斜率/无基质标准溶液所作曲线的斜率-1）×100\%$$

负值表示存在基质抑制效应，正值表示存在基质增强效应，绝对值越大提示基质效应越强。表4-34列出了30种化合物的基质效应评价，可以看出除甲基睾酮外，大部分化合物均存在不同程度的基质效应，且抑制多于增强。

消除基质效应，除改进样品净化手段外，还有使用同位素内标（理化性质与目标物几乎一致）、稀释样品溶液（降低基质成分浓度）、配制基质匹配标准溶液（为标准液提供与样品溶液相似的离子化环境）等方法。综合考虑，本方法采用配制基质匹配标准溶液的方法，很好地消除了基质带来的影响，完全能满足残留检测的要求。

表4-34　30种化合物的基质效应评价

序号	化合物	无基质匹配标准曲线		基质匹配标准曲线		基质效应/%
		r^2	斜率	r^2	斜率	
1	CAP	0.9993	604.6	0.9992	657.6	8.8
2	TAP	0.9998	406.2	0.9979	462.4	13.8
3	FF	0.9998	699.7	0.9995	852.2	21.8
4	E1	0.9997	28.68	0.9996	25.30	−11.8
5	17β-E2	0.9988	27.41	0.9996	20.52	−25.1
6	E3	0.9974	33.71	0.9996	37.67	11.7
7	HES	0.9999	109.3	0.9982	86.98	−20.4
8	DES	0.9992	151.7	0.9981	123.1	−18.9
9	DIE	0.9998	113.1	0.9978	88.69	−21.6
10	17α-EE2	0.9999	118.3	0.9987	97.76	−17.4
11	EB	0.9985	281.6	0.9970	68.97	−75.5
12	P	0.9998	958.9	0.9988	116.9	−87.8
13	17α-OHP	0.9976	767.4	0.9999	462.6	−39.7
14	MP	0.9986	1471	0.9974	581.6	−60.5
15	CA	0.9991	289.4	0.9982	31.01	−89.3
16	MA	0.9997	2080	0.9994	1072	−48.4
17	MPA	0.9995	600.6	0.9973	166.5	−72.3
18	TS	0.9995	357.9	0.9948	302.0	−15.6
19	MTS	0.9986	220.6	0.9997	221.0	0.2
20	TSP	0.9964	88.84	0.9919	57.55	−35.2
21	NT	0.9966	57.20	0.9967	73.63	28.7
22	NTPP	0.9970	634.7	0.9988	282.8	−55.4
23	DX	0.9981	359.3	0.9997	160.4	−55.4
24	DXA	0.9944	227.0	0.9990	64.82	−71.4
25	BT	0.9987	107.6	0.9998	48.50	−54.9
26	HCT	0.9958	217.8	0.9991	93.77	−56.9
27	CSA	0.9991	406.8	0.9996	267.7	−34.2
28	PDN	0.9989	217.3	0.9964	92.78	−57.3
29	PDS	0.9998	1412	0.9924	229.5	−83.7
30	PA	0.9987	330.90	0.9978	188.7	−43.0

4）线性范围、检出限与定量限

按4.4.3.1实验部分配制6个水平的基质匹配混合标准工作溶液，在选定的色谱分离条件和质谱测定参数下上机测定。以目标物定量离子的峰面积（y）为纵坐标、质量浓度（x，μg/L）为横坐标作定量工作曲线，得到线性回归方程，相关系数为0.9919～0.9999，表明各化合物在相应的浓度范围内呈良好的线性关系。采用标准添加法进行测定，以定量离子信噪比（S/N）大于3确定样品的检出限（LOD），S/N大于10为定量限（LOQ），得到30种药物的LOD为0.03～1.6 μg/kg，LOQ为0.10～5.0 μg/kg。结果见表4-35。

表 4-35 30 种化合物的线性范围、回归方程、相关系数、检出限及定量限

序号	化合物	回归方程	相关系数 r^2	线性范围/ ($\mu g \cdot L^{-1}$)	LOD/ ($\mu g \cdot kg^{-1}$)	LOQ/ ($\mu g \cdot kg^{-1}$)
1	CAP	$y = 657.68x - 89.01$	0.9992	0.56～56	0.03	0.10
2	TAP	$y = 462.42x - 496.65$	0.9979	0.68～68	0.04	0.13
3	FF	$y = 852.29x - 459.48$	0.9995	0.53～53	0.07	0.25
4	E1	$y = 25.30x - 409.99$	0.9996	10.5～2100	0.83	2.5
5	17β-E2	$y = 20.52x + 20.23$	0.9996	10.6～2120	0.62	2.0
6	E3	$y = 37.67x - 250.96$	0.9996	10.1～2020	0.46	1.5
7	HES	$y = 86.98x - 610.83$	0.9982	3.2～640	0.85	2.5
8	DES	$y = 123.10x - 1376.49$	0.9981	3.2～640	0.92	2.9
9	DIE	$y = 88.69x - 809.64$	0.9978	3.2～640	1.0	3.0
10	17α-EE2	$y = 97.76x - 295.76$	0.9987	11.2～2240	1.3	4.0
11	EB	$y = 68.97x - 849.56$	0.9970	5.1～510	1.6	5.0
12	P	$y = 116.93x - 122.35$	0.9988	0.51～51	0.32	1.0
13	17α-OHP	$y = 462.69x + 61.02$	0.9999	0.54～54	0.45	1.5
14	MP	$y = 581.66x - 610.64$	0.9974	0.54～54	0.25	0.8
15	CA	$y = 31.01x - 29.59$	0.9982	0.54～54	0.32	1.0
16	MA	$y = 1072.74x - 663.93$	0.9994	0.54～54	0.29	1.0
17	MPA	$y = 166.56x - 202.42$	0.9973	0.53～53	0.35	1.2
18	TS	$y = 302.01x + 1948.43$	0.9948	2.02～404	0.25	1.0
19	MTS	$y = 221.06x + 106.18$	0.9997	2.10～210	0.75	2.0
20	TSP	$y = 57.55x - 264.95$	0.9919	2.10～210	0.68	2.0
21	NT	$y = 73.63x + 431.19$	0.9967	2.08～208	0.80	2.5
22	NTPP	$y = 282.81x - 1096.81$	0.9988	2.04～102	0.95	3.0
23	DX	$y = 160.47x - 192.20$	0.9997	2.04～204	0.85	2.5
24	DXA	$y = 64.82x + 166.20$	0.9990	2.06～206	0.83	2.5
25	BT	$y = 48.50x + 38.67$	0.9998	2.04～204	0.92	3.0
26	HCT	$y = 93.77x - 88.89$	0.9991	0.90～90	0.67	2.0
27	CSA	$y = 267.71x + 20.76$	0.9996	2.1～420	0.84	2.5
28	PDN	$y = 92.78x - 421.82$	0.9964	2.0～200	0.65	2.0
29	PDS	$y = 229.57x - 870.31$	0.9924	1.1～110	0.62	2.0
30	PA	$y = 188.75x + 808.05$	0.9978	2.1～210	0.91	3.0

5）回收率与精密度

取空白鱼肉样品，添加 3 个浓度水平的 30 种化合物混合标准溶液混匀，按前述处理方法及测定条件进行回收率试验，每个加标水平做 6 个平行测定，计算每个化合物的平均回收率为 63.1% ～ 118.5% ，相对标准偏差（RSD）为 3.8% ～ 18.2% ，均符合残留检测有关标准和法规的要求。结果见表 4 – 36 。

表 4 –36　样品中 30 种化合物的回收率和相对标准偏差（ $n = 6$ ）

药物	加标水平/ （μg·kg^{-1}）	回收率/%	RSD/%	药物	加标水平/ （μg·kg^{-1}）	回收率/%	RSD/%	药物	加标水平/ （μg·kg^{-1}）	回收率/%	RSD/%
CAP	1	103.6	8.7	EB	10	65.6	14.3	NT	10	86.9	14.3
	5	89.4	7.7		50	80.9	8.9		50	102.3	8.2
	20	102.8	5.6		100	79.5	11.1		100	91.6	10.1
TAP	1	105.3	9.1	P	5	106.5	18.2	NTPP	10	112.0	9.8
	5	98.6	8.2		25	96.2	7.9		50	93.6	7.6
	20	103.5	10.5		50	98.9	11.3		100	104.1	10.3
FF	1	91.2	10.7	17α – OHP	5	80.3	14.9	DX	10	76.1	12.8
	5	94.6	11.2		25	102.2	6.5		50	97.1	3.8
	20	102.1	9.6		50	97.6	8.7		100	89.8	6.9
E1	5	68.5	9.8	MP	5	101.3	8.2	DXA	10	69.9	10.3
	25	85.2	10.6		25	86.9	10.7		50	88.6	7.9
	100	93.8	7.6		50	98.1	7.8		100	101.5	11.3
17β-E2	5	82.2	8.8	CA	5	118.5	13.5	BT	10	77.4	9.6
	25	87.5	10.6		25	96.7	4.9		50	95.8	12.8
	100	96.4	10.2		50	104.6	9.5		100	103.4	14.3
E3	5	73.8	11.8	MA	5	81.9	10.9	HCT	10	64.1	9.8
	25	76.7	6.4		25	103.1	7.9		50	77.6	7.3
	100	88.3	9.3		50	99.6	7.3		100	72.6	6.6
HES	5	64.9	14.2	MPA	5	108.2	8.9	CSA	10	68.3	7.9
	25	80.5	9.5		25	79.8	12.3		50	79.4	10.5
	100	95.1	10.0		50	91.9	10.3		100	80.9	8.8
DES	5	71.9	13.6	TS	5	65.9	13.6	PDN	10	67.9	11.5
	25	85.6	14.9		25	95.3	7.8		50	77.9	8.9
	100	84.7	8.6		50	92.9	7.3		100	75.4	10.6
DIE	5	74.5	6.3	MTS	10	63.1	12.0	PDS	10	70.6	7.9
	25	83.2	10.2		50	88.9	10.6		50	83.3	10.3
	100	90.8	8.2		100	95.3	6.8		100	76.9	4.9
17α-EE2	10	71.3	16.3	TSP	10	69.9	7.8	PA	10	70.7	9.7
	50	95.9	6.8		50	95.4	10.6		50	89.2	6.9
	200	84.3	7.9		100	89.6	5.6		100	86.9	5.5

4.4.4　典型案例介绍

从广州市某大型水产批发市场及某农贸市场购买了不同种类的鱼、虾、贝类等水产品，小规模调研了 20 种水产品中 9 类 70 种鱼药的残留情况，测定结果见表 4-37。从表中数据可见：

水产品中喹诺酮类药物残留较多，如黄鳝中的恩诺沙星高达 2229 μg/kg、环丙沙星 495 μg/kg，另有少量诺氟沙星和氧氟沙星；白鳝中的恩诺沙星 289 μg/kg、环丙沙星 73.4 μg/kg；草鱼、大头鱼、鲈鱼、鳊鱼、黄骨鱼、田鸡中的恩诺沙星也在 30～140 μg/kg 范围不等，远远超过国标下限的规定（1 μg/kg）。

三苯甲烷类药物也是水产品中残留较多的一类，如检出隐性孔雀石绿，桂花鱼中高达 400 μg/kg，黄骨鱼中为 99 μg/kg，远远超过国标下限规定的 2 μg/kg，典型图谱见图 4-20；其他水产品除了北极贝、螃蟹、麻虾之外，均检出少量的结晶紫或孔雀石绿，但含量较低，未超过国标下限规定的 2 μg/kg，然而有一半超过了欧盟规定的最大残留限量 0.5 μg/kg。

白贝、白鳝、黄鳝中检测了土霉素，白贝中为 21.8 μg/kg，白鳝中为 6.8 μg/kg，黄鳝中为 6.5 μg/kg，均超过了国标 5 μg/kg 的规定。

多宝鱼中含有较多呋喃唑酮（AOZ），达 59 μg/kg；呋喃西林（SEM），达 3.8 μg/kg。远超过了国标 0.5 μg/kg 的下限规定。

黄鳝中残留较多的甲氧苄啶，达 228 μg/kg，田鸡、黄骨鱼、鲈鱼、鳊鱼中也有少量甲氧苄啶，含量在 1 μg/kg 左右。

濑尿虾和黄骨鱼中检出氟甲砜霉素分别为 0.45 μg/kg 和 0.35 μg/kg，也超过国标下限规定的 0.1 μg/kg。

对于人们较为关心的激素类药物，只有草鱼中检出了 22.5 μg/kg 氢化可的松超标，白贝、濑尿虾、大头鱼检出 1.1～1.3 μg/kg 的己烯雌酚，但未超标，而媒体曾经报道过的白鳝、黄鳝、田鸡等均未检测激素类药物残留。

以上初步调研结果表明广东水产品中药物残留情况仍然严重。本研究为政府部门对水产品食用安全的监管提供了原始数据。

表 4-37　20 种水产品中 70 种药物残留检测结果

单位：μg/kg

类别	编号	化合物	1 白贝	2 花甲	3 圣子皇	4 白鳝	5 黄鳝	6 多宝鱼	7 元贝	8 濑尿虾	9 花螺	10 野生麻虾王	11 北极贝	12 螃蟹	13 草鱼	14 大头鱼	15 桂花鱼	16 鲈鱼	17 鳊鱼	18 黄骨鱼	19 麻虾	20 田鸡
雌激素(8)	01	雌酮	N.D.	N.D.	N.D.	N.D.	N.D.	N.D.	N.D.	N.D.	N.D.	N.D.	N.D.	N.D.	N.D.	N.D.	N.D.	N.D.	N.D.	N.D.	N.D.	N.D.
	02	雌二醇	N.D.	N.D.	N.D.	N.D.	N.D.	N.D.	N.D.	N.D.	N.D.	N.D.	N.D.	N.D.	N.D.	N.D.	N.D.	N.D.	N.D.	N.D.	N.D.	N.D.
	03	雌三醇	N.D.	N.D.	N.D.	N.D.	N.D.	N.D.	N.D.	N.D.	N.D.	N.D.	N.D.	N.D.	N.D.	N.D.	N.D.	N.D.	N.D.	N.D.	N.D.	N.D.
	04	己烷雌酚	N.D.	N.D.	N.D.	N.D.	N.D.	N.D.	N.D.	N.D.	N.D.	N.D.	N.D.	N.D.	N.D.	N.D.	N.D.	N.D.	N.D.	N.D.	N.D.	N.D.
	05	己烯雌酚	1.1	N.D.	N.D.	N.D.	N.D.	N.D.	N.D.	1.3	N.D.	N.D.	N.D.	N.D.	N.D.	1.2	N.D.	N.D.	N.D.	N.D.	N.D.	N.D.
	06	双烯雌酚	N.D.	N.D.	N.D.	N.D.	N.D.	N.D.	N.D.	N.D.	N.D.	N.D.	N.D.	N.D.	N.D.	N.D.	N.D.	N.D.	N.D.	N.D.	N.D.	N.D.
	07	炔雌醇	N.D.	N.D.	N.D.	N.D.	N.D.	N.D.	N.D.	N.D.	N.D.	N.D.	N.D.	N.D.	N.D.	N.D.	N.D.	N.D.	N.D.	N.D.	N.D.	N.D.
	08	苯甲酸雌二醇	N.D.	N.D.	N.D.	N.D.	N.D.	N.D.	N.D.	N.D.	N.D.	N.D.	N.D.	N.D.	N.D.	N.D.	N.D.	N.D.	N.D.	N.D.	N.D.	N.D.

（续表 4-37）

类别	编号	化合物	1 白贝	2 花甲	3 圣子皇	4 白鳝	5 黄鳝	6 多宝鱼	7 元贝	8 濑尿虾	9 花螺	10 野生麻虾王	11 北极贝	12 螃蟹	13 草鱼	14 大头鱼	15 桂花鱼	16 鲈鱼	17 鳊鱼	18 黄骨鱼	19 麻虾	20 田鸡
雄激素(5)	09	诺龙	N.D.	N.D.	N.D.	N.D.	N.D.	N.D.	N.D.	N.D.	N.D.	N.D.	N.D.	N.D.	N.D.	N.D.	N.D.	N.D.	N.D.	N.D.	N.D.	N.D.
	10	睾酮	N.D.	N.D.	N.D.	N.D.	N.D.	N.D.	N.D.	N.D.	N.D.	N.D.	N.D.	N.D.	N.D.	N.D.	N.D.	N.D.	N.D.	N.D.	N.D.	N.D.
	11	甲基睾酮	N.D.	N.D.	N.D.	N.D.	N.D.	N.D.	N.D.	N.D.	N.D.	N.D.	N.D.	N.D.	N.D.	N.D.	N.D.	N.D.	N.D.	N.D.	N.D.	N.D.
	12	丙酸睾酮	N.D.	N.D.	N.D.	N.D.	N.D.	N.D.	N.D.	N.D.	N.D.	N.D.	N.D.	N.D.	N.D.	N.D.	N.D.	N.D.	N.D.	N.D.	N.D.	N.D.
	13	苯丙酸诺龙	N.D.	N.D.	N.D.	N.D.	N.D.	N.D.	N.D.	N.D.	N.D.	N.D.	N.D.	N.D.	N.D.	N.D.	N.D.	N.D.	N.D.	N.D.	N.D.	N.D.
孕激素(6)	14	孕酮/黄体酮	N.D.	N.D.	N.D.	N.D.	N.D.	N.D.	N.D.	N.D.	N.D.	N.D.	N.D.	N.D.	N.D.	N.D.	N.D.	N.D.	N.D.	N.D.	N.D.	N.D.
	15	17α-羟孕酮	N.D.	N.D.	N.D.	N.D.	N.D.	N.D.	N.D.	N.D.	N.D.	N.D.	N.D.	N.D.	N.D.	N.D.	N.D.	N.D.	N.D.	N.D.	N.D.	N.D.
	16	甲羟孕酮	N.D.	N.D.	N.D.	N.D.	N.D.	N.D.	N.D.	N.D.	N.D.	N.D.	N.D.	N.D.	N.D.	N.D.	N.D.	N.D.	N.D.	N.D.	N.D.	N.D.
	17	醋酸甲羟孕酮	N.D.	N.D.	N.D.	N.D.	N.D.	N.D.	N.D.	N.D.	N.D.	N.D.	N.D.	N.D.	N.D.	N.D.	N.D.	N.D.	N.D.	N.D.	N.D.	N.D.
	18	醋酸甲地孕酮	N.D.	N.D.	N.D.	N.D.	N.D.	N.D.	N.D.	N.D.	N.D.	N.D.	N.D.	N.D.	N.D.	N.D.	N.D.	N.D.	N.D.	N.D.	N.D.	N.D.
	19	醋酸氯地孕酮	N.D.	N.D.	N.D.	N.D.	N.D.	N.D.	N.D.	N.D.	N.D.	N.D.	N.D.	N.D.	N.D.	N.D.	N.D.	N.D.	N.D.	N.D.	N.D.	N.D.
皮质激素(9)	20	地塞米松	N.D.	N.D.	N.D.	N.D.	N.D.	N.D.	N.D.	N.D.	N.D.	N.D.	N.D.	N.D.	N.D.	N.D.	N.D.	N.D.	N.D.	N.D.	N.D.	N.D.
	21	醋酸地塞米松	N.D.	N.D.	N.D.	N.D.	N.D.	N.D.	N.D.	N.D.	N.D.	N.D.	N.D.	N.D.	N.D.	N.D.	N.D.	N.D.	N.D.	N.D.	N.D.	N.D.
	22	倍他米松	N.D.	N.D.	N.D.	N.D.	N.D.	N.D.	N.D.	N.D.	N.D.	N.D.	N.D.	N.D.	N.D.	N.D.	N.D.	N.D.	N.D.	N.D.	N.D.	N.D.
	23	氢化可的松	N.D.	N.D.	N.D.	N.D.	N.D.	N.D.	N.D.	N.D.	N.D.	N.D.	N.D.	N.D.	22.5	N.D.	N.D.	N.D.	N.D.	N.D.	N.D.	N.D.
	24	醋酸可的松	N.D.	N.D.	N.D.	N.D.	N.D.	N.D.	N.D.	N.D.	N.D.	N.D.	N.D.	N.D.	N.D.	N.D.	N.D.	N.D.	N.D.	N.D.	N.D.	N.D.
	25	泼尼松	N.D.	N.D.	N.D.	N.D.	N.D.	N.D.	N.D.	N.D.	N.D.	N.D.	N.D.	N.D.	N.D.	N.D.	N.D.	N.D.	N.D.	N.D.	N.D.	N.D.
	26	氢化泼尼松	N.D.	N.D.	N.D.	N.D.	N.D.	N.D.	N.D.	N.D.	N.D.	N.D.	N.D.	N.D.	N.D.	N.D.	N.D.	N.D.	N.D.	N.D.	N.D.	N.D.
	27	醋酸泼尼松	N.D.	N.D.	N.D.	N.D.	N.D.	N.D.	N.D.	N.D.	N.D.	N.D.	N.D.	N.D.	N.D.	N.D.	N.D.	N.D.	N.D.	N.D.	N.D.	N.D.
	28	醋酸氟轻松	N.D.	N.D.	N.D.	N.D.	N.D.	N.D.	N.D.	N.D.	N.D.	N.D.	N.D.	N.D.	N.D.	N.D.	N.D.	N.D.	N.D.	N.D.	N.D.	N.D.
喹诺酮类(11)	29	双氟沙星	N.D.	N.D.	N.D.	N.D.	N.D.	N.D.	N.D.	N.D.	N.D.	N.D.	N.D.	N.D.	N.D.	N.D.	N.D.	N.D.	N.D.	N.D.	N.D.	N.D.
	30	司帕沙星	N.D.	N.D.	N.D.	N.D.	N.D.	N.D.	N.D.	N.D.	N.D.	N.D.	N.D.	N.D.	N.D.	N.D.	N.D.	N.D.	N.D.	N.D.	N.D.	N.D.
	31	沙拉沙星	N.D.	N.D.	N.D.	N.D.	N.D.	N.D.	N.D.	N.D.	N.D.	N.D.	N.D.	N.D.	N.D.	N.D.	N.D.	N.D.	N.D.	N.D.	N.D.	N.D.
	32	氧氟沙星	N.D.	N.D.	N.D.	N.D.	4.2	N.D.	N.D.	N.D.	N.D.	N.D.	N.D.	N.D.	N.D.	N.D.	N.D.	N.D.	N.D.	N.D.	N.D.	N.D.
	33	恩诺沙星	N.D.	N.D.	N.D.	289	2229	N.D.	N.D.	N.D.	N.D.	N.D.	N.D.	N.D.	41.2	30.2	N.D.	140	66.9	138	N.D.	43.5
	34	丹诺沙星	N.D.	N.D.	N.D.	N.D.	N.D.	N.D.	N.D.	N.D.	N.D.	N.D.	N.D.	N.D.	N.D.	N.D.	N.D.	N.D.	N.D.	N.D.	N.D.	N.D.
	35	洛美沙星	N.D.	N.D.	N.D.	N.D.	N.D.	N.D.	N.D.	N.D.	N.D.	N.D.	N.D.	N.D.	N.D.	N.D.	N.D.	N.D.	N.D.	N.D.	N.D.	N.D.
	36	培氟沙星	N.D.	N.D.	N.D.	N.D.	N.D.	N.D.	N.D.	N.D.	N.D.	N.D.	N.D.	N.D.	N.D.	N.D.	N.D.	N.D.	N.D.	N.D.	N.D.	N.D.
	37	环丙沙星	N.D.	N.D.	N.D.	73.4	495	N.D.	N.D.	N.D.	N.D.	N.D.	N.D.	N.D.	N.D.	N.D.	N.D.	4.7	<1.0	31.6	N.D.	42.3
	38	伊诺沙星	N.D.	N.D.	N.D.	N.D.	N.D.	N.D.	N.D.	N.D.	N.D.	N.D.	N.D.	N.D.	N.D.	N.D.	N.D.	N.D.	N.D.	N.D.	N.D.	N.D.
	39	诺氟沙星	N.D.	N.D.	N.D.	3.5	4.9	N.D.	N.D.	N.D.	N.D.	N.D.	N.D.	N.D.	N.D.	N.D.	N.D.	1.7	N.D.	5.1	N.D.	N.D.
孔雀石绿类(4)	40	孔雀石绿	N.D.	N.D.	N.D.	N.D.	N.D.	N.D.	N.D.	N.D.	N.D.	N.D.	N.D.	N.D.	N.D.	0.26	N.D.	N.D.	N.D.	N.D.	N.D.	N.D.
	41	隐性孔雀石绿	N.D.	N.D.	N.D.	N.D.	N.D.	N.D.	N.D.	N.D.	N.D.	N.D.	N.D.	N.D.	N.D.	1.1	400	1.2	N.D.	99	N.D.	N.D.
	42	结晶紫	0.53	<0.5	<0.5	<0.5	<0.5	<0.5	<0.5	0.64	<0.5	<0.5	N.D.	N.D.	0.8	1.6	0.5	0.6	1.8	0.6	N.D.	0.6
	43	隐性结晶紫	N.D.	N.D.	N.D.	N.D.	N.D.	N.D.	N.D.	N.D.	N.D.	N.D.	N.D.	N.D.	N.D.	1.4	N.D.	N.D.	N.D.	1.2	N.D.	N.D.

（续表 4-37）

类别	编号	化合物	1 白贝	2 花甲	3 圣子皇	4 白鳝	5 黄鳝	6 多宝鱼	7 元贝	8 濑尿虾	9 花螺	10 野生麻虾王	11 北极贝	12 螃蟹	13 草鱼	14 大头鱼	15 桂花鱼	16 鲈鱼	17 鳊鱼	18 黄骨鱼	19 麻虾	20 田鸡
四环素类（4）	44	金霉素	N.D.	N.D.	N.D.	N.D.	N.D.	N.D.	N.D.	N.D.	N.D.	N.D.	N.D.	N.D.	N.D.	N.D.	N.D.	N.D.	N.D.	N.D.	N.D.	N.D.
	45	土霉素	21.8	N.D.	N.D.	6.8	6.5	<0.5	N.D.	N.D.	N.D.	N.D.	N.D.	N.D.	N.D.	N.D.	N.D.	N.D.	N.D.	N.D.	N.D.	N.D.
	46	四环素	N.D.	N.D.	N.D.	N.D.	N.D.	N.D.	N.D.	N.D.	N.D.	N.D.	N.D.	N.D.	N.D.	N.D.	N.D.	N.D.	N.D.	N.D.	N.D.	N.D.
	47	强力霉素	N.D.	N.D.	N.D.	N.D.	N.D.	N.D.	N.D.	N.D.	N.D.	N.D.	N.D.	N.D.	N.D.	N.D.	N.D.	N.D.	N.D.	N.D.	N.D.	N.D.
磺胺类（13）	48	磺胺苯吡唑	N.D.	N.D.	N.D.	N.D.	N.D.	N.D.	N.D.	N.D.	N.D.	N.D.	N.D.	N.D.	N.D.	N.D.	N.D.	N.D.	N.D.	N.D.	N.D.	N.D.
	49	磺胺邻二甲氧嘧啶	N.D.	N.D.	N.D.	N.D.	N.D.	N.D.	N.D.	N.D.	N.D.	N.D.	N.D.	N.D.	N.D.	N.D.	N.D.	N.D.	N.D.	N.D.	N.D.	N.D.
	50	磺胺氯哒嗪	N.D.	N.D.	N.D.	N.D.	N.D.	N.D.	N.D.	N.D.	N.D.	N.D.	N.D.	N.D.	N.D.	N.D.	N.D.	N.D.	N.D.	N.D.	N.D.	N.D.
	51	磺胺对甲氧嘧啶	N.D.	N.D.	N.D.	N.D.	N.D.	N.D.	N.D.	N.D.	N.D.	N.D.	N.D.	N.D.	N.D.	N.D.	N.D.	N.D.	N.D.	N.D.	N.D.	N.D.
	52	磺胺二甲嘧啶	N.D.	N.D.	N.D.	N.D.	N.D.	N.D.	N.D.	N.D.	N.D.	N.D.	N.D.	N.D.	N.D.	N.D.	N.D.	N.D.	N.D.	N.D.	N.D.	N.D.
	53	磺胺甲噻二唑	N.D.	N.D.	N.D.	N.D.	N.D.	N.D.	N.D.	N.D.	N.D.	N.D.	N.D.	N.D.	N.D.	N.D.	N.D.	N.D.	N.D.	N.D.	N.D.	N.D.
	54	磺胺二甲异噁唑	N.D.	N.D.	N.D.	N.D.	N.D.	N.D.	N.D.	N.D.	N.D.	N.D.	N.D.	N.D.	N.D.	N.D.	N.D.	N.D.	N.D.	N.D.	N.D.	N.D.
	55	磺胺甲基嘧啶	N.D.	N.D.	N.D.	N.D.	N.D.	N.D.	N.D.	N.D.	N.D.	N.D.	N.D.	N.D.	N.D.	N.D.	N.D.	N.D.	N.D.	N.D.	N.D.	N.D.
	56	磺胺噻唑	N.D.	N.D.	N.D.	N.D.	N.D.	N.D.	N.D.	N.D.	N.D.	N.D.	N.D.	N.D.	N.D.	N.D.	N.D.	N.D.	N.D.	N.D.	N.D.	N.D.
	57	磺胺甲基异噁唑	N.D.	N.D.	N.D.	N.D.	N.D.	N.D.	N.D.	N.D.	N.D.	N.D.	N.D.	N.D.	N.D.	N.D.	N.D.	N.D.	N.D.	N.D.	N.D.	N.D.
	58	磺胺嘧啶	N.D.	N.D.	N.D.	N.D.	N.D.	N.D.	N.D.	N.D.	N.D.	N.D.	N.D.	N.D.	N.D.	N.D.	N.D.	N.D.	N.D.	N.D.	N.D.	N.D.
	59	磺胺吡啶	N.D.	N.D.	N.D.	N.D.	N.D.	N.D.	N.D.	N.D.	N.D.	N.D.	N.D.	N.D.	N.D.	N.D.	N.D.	N.D.	N.D.	N.D.	N.D.	N.D.
	60	磺胺醋酰	N.D.	N.D.	N.D.	N.D.	N.D.	N.D.	N.D.	N.D.	N.D.	N.D.	N.D.	N.D.	N.D.	N.D.	N.D.	N.D.	N.D.	N.D.	N.D.	N.D.
磺胺增效剂	61	甲氧苄啶	N.D.	N.D.	N.D.	N.D.	228	N.D.	N.D.	N.D.	N.D.	N.D.	N.D.	N.D.	N.D.	N.D.	N.D.	<1.0	<1.0	<1.0	N.D.	1.3
硝基呋喃类（4）	62	AMOZ	N.D.	N.D.	N.D.	N.D.	N.D.	N.D.	N.D.	N.D.	N.D.	N.D.	N.D.	N.D.	N.D.	N.D.	N.D.	N.D.	N.D.	N.D.	N.D.	N.D.
	63	AOZ	N.D.	N.D.	N.D.	N.D.	N.D.	59	N.D.	N.D.	N.D.	N.D.	N.D.	N.D.	N.D.	N.D.	N.D.	0.88	N.D.	N.D.	N.D.	N.D.
	64	AHD	N.D.	N.D.	N.D.	N.D.	N.D.	N.D.	N.D.	N.D.	N.D.	N.D.	N.D.	N.D.	N.D.	N.D.	N.D.	N.D.	N.D.	N.D.	N.D.	N.D.
	65	SEM	N.D.	N.D.	N.D.	N.D.	N.D.	3.8	N.D.	N.D.	N.D.	N.D.	N.D.	2.1	N.D.	N.D.	N.D.	N.D.	N.D.	N.D.	N.D.	N.D.
氯霉素类（3）	66	氯霉素	N.D.	N.D.	N.D.	N.D.	N.D.	N.D.	N.D.	N.D.	N.D.	N.D.	N.D.	N.D.	N.D.	N.D.	N.D.	N.D.	N.D.	N.D.	N.D.	N.D.
	67	甲砜霉素	N.D.	N.D.	N.D.	N.D.	N.D.	N.D.	N.D.	N.D.	N.D.	N.D.	N.D.	N.D.	N.D.	N.D.	N.D.	N.D.	N.D.	N.D.	N.D.	N.D.
	68	氟甲砜霉素	N.D.	N.D.	N.D.	N.D.	N.D.	N.D.	0.45	N.D.	N.D.	N.D.	N.D.	N.D.	N.D.	N.D.	N.D.	N.D.	N.D.	0.35	N.D.	N.D.
水产消毒剂类（2）	69	三氯生	N.D.	N.D.	N.D.	N.D.	N.D.	N.D.	N.D.	N.D.	N.D.	N.D.	N.D.	N.D.	N.D.	N.D.	N.D.	N.D.	N.D.	N.D.	N.D.	N.D.
	70	二氯异氰尿酸和三氯异氰尿酸	N.D.	N.D.	N.D.	N.D.	N.D.	N.D.	N.D.	N.D.	N.D.	N.D.	N.D.	N.D.	N.D.	N.D.	N.D.	N.D.	N.D.	N.D.	N.D.	N.D.

注：N. D. 代表未检出。

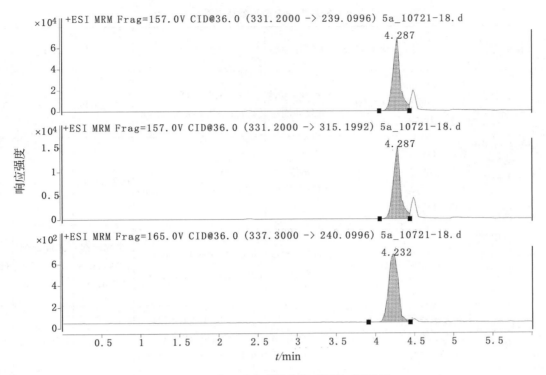

图 4 - 20　黄骨鱼中隐性孔雀石绿的 MRM 图

4.5　饲料中安全风险物质残留的测定

近年来，诸如"瘦肉精"中毒等动物源性食品安全事件时有发生，引起人们高度关注。饲料作为动物的食粮，其质量安全直接关系到人类的身体健康、动物源性食品的安全、养殖业与饲料工业的发展、出口创汇与对外贸易，甚至关系到社会的稳定。在影响饲料安全的诸多因素中，非法添加违禁药物以及违规使用抗生素等各种药物导致动物源性食品中兽药残留超标是极为重要的因素之一。自 2002 年，我国农业部已陆续发布了第 176 号、第 193 号和第 1519 号等公告，明确规定了禁用于动物饲养的几大类数十种药物；欧美等发达国家也相继发出禁令，不同程度地禁止在饲料中使用抗生素。因此，建立一种适用于饲料中多类别多品种药物的快速高通量测定方法非常必要，这对保障饲料安全及动物源性食品安全具有重要意义。

4.5.1　饲料中安全风险物质残留的测定方法概述

目前，针对 β - 受体激动剂、β - 内酰胺类、抗球虫药、大环内酯类、林可胺类、喹诺酮类、磺胺类及磺胺类增效剂等不同类别药物残留的检测已有大量报道，但其检测对象大多数为动物源性食品，用于饲料中药物多残留检测的方法相对较少。已有报道的检测方法主要有气相色谱 - 质谱法（GC-MS）、高效液相色谱法（HPLC）、高效液相色谱 - 串联质谱法（HPLC-MS - MS）及高效液相色谱 - 飞行时间质谱法（HPLC - TOF - MS）。这些方法大多存在可同时分析的药物类别单一、覆盖面窄，样品处理方法繁杂、费时、成本高等问题，不利于实现快速、简便、高通量的大规模低成本筛查。表 4 - 38 列举了各种检测技术在饲料中安全风险物质残留的应用情况。

表4-38 饲料中安全风险物质残留分析技术

序号	发表时间	提取方法	净化手段	检测方法	待测物种类	色谱柱	检出限	定量限	文献
1	2008	乙酸钠缓冲液提取	Waters Oasis MCX3$_{CC}$固相萃取小柱净化	GC/MS	8种β-受体激动剂	HP-5MS (150mm×2.1mm×3.5μm)	0.2 μg/kg	—	张丽英[149]
2	2004	甲醇-1.0%偏磷酸（体积比20：80）提取	Waters OASIS® MCX（60mg/3mL)固相萃取SPE柱净化	SPE-HPLC法	8种磺胺类物质	Cloversil-C$_{18}$ (250mm×4.6mm, 5μm)	0.2 μg/kg	—	秦燕[150]
3	2008	二氯甲烷-1mol/L醋酸钠提取	正己烷脱脂	HPLC法	三甲氧苄胺嘧啶	Inertisil ODS3Unitary C$_{18}$ (250mm×4.6mm, 5μm)	不同类型饲料0.9～2.0 μg/kg	不同类型饲料2.3～4.3μg/kg	程林丽[151]
4	2013	0.15甲酸-甲醇提取	混合阳离子固相萃取柱（PCX)净化	UPLC法	苯乙醇胺A	Acquity UPLC BEH Shield RP18 (100mm×2.1mm, 1.7μm)	—	1.0 mg/kg	王瑞国[152]
5	2015	酸化乙腈提取	碱性氧化铝柱SPE小柱净化	UPLC法	8种磺胺类物质	Symmetry-C$_{18}$ (150mm×4.6mm, 5μm)	—	2mg/kg	周殿芳[153]
6	2015	乙腈提取	离心过膜	HPLC法	5种青霉素类	C$_{18}$ (250mm×4.6mm, 5μm)	0.5 mg/kg	5 mg/kg	张小燕[154]
7	2016	乙腈提取	正己烷脱脂	HPLC法	沙米珠利	Unitary C$_{18}$ (250mm×4.6mm, 5μm)	—	1mg/kg	赵娟[155]
8	2017	乙腈提取	碱性氧化铝固相萃取柱净化	HPLC	4种磺胺类	C$_{18}$ (250mm×4.6mm, 5μm)	0.025～0.133μg/g	—	陈卿卿[156]
9	2005	甲醇盐酸提取	Waters Oasis HLB固相萃取（SPE)柱净化	HPLC-ESI-MS/MS	10种磺胺类	Cloversil C$_{18}$ 碱性反相色谱柱 (15cm×2.1mm, 5μm)	—	0.5～2.0μg/kg	秦燕[157]
10	2011	甲醇：0.1mol/L HCl(体积比20：80）提取	MCX（3CC 60mg)固相萃取小柱净化	UPLC-MS/MS	16种β-受体激动剂	Agilent SB C$_{18}$ (100mm×3mm, 1.8μm)	0.01mg/kg	0.05 mg/kg	李丹妮[158]
11	2013	甲酸水溶液提取	多壁碳纳米管（MWCNTs)为吸附剂的分散固相萃取（dSPE)净化	LC-MS/MS	11种β-受体激动剂	Acquity UPLC BEH C$_{18}$ (50mm×2.1mm, 1.7μm)	—	0.05～0.48μg/kg	应永飞[159]
12	2013	乙酸乙酯提取	正己烷净化	UPLC-MS/MS	3种氯霉素类	Acquity UPLC BEH C$_{18}$ (50mm×2.1mm, 1.7μm)	—	0.30～0.5μg/kg	李佩佩[160]

（续表4-38）

序号	发表时间	提取方法	净化手段	检测方法	待测物种类	色谱柱	检出限	定量限	文献
13	2014	乙腈提取	混合阳离子交换固相萃取柱(PCX)净化	稳定同位素稀释UPLC-MS/MS法	24种禁用兽药	Waters BHE C$_{18}$（100mm×2.1mm，1.7μm）	1.0μg/kg	2.0μg/kg	周鹏[161]
14	2015	氨水和乙酸乙酯提取	正己烷除脂，Sep-Pak C$_{18}$固相萃取柱净化	UPLC-MS/MS	3种氯霉素类	Waters Acquity UPLC BEH C$_{18}$（50mm×2.1mm，1.7μm）	0.1μg/kg	0.3μg/kg	张伟[162]
15	2015	甲醇-盐酸溶液提取	HLB固相萃取柱净化	LC-MS/MS	4种四环素类抗生素	菲罗门 Luna C$_{18}$（150mm×2.0mm，3μm）	—	50μg/kg	张凌燕[163]
16	2015	含1%甲酸的甲醇溶液提取	HLB固相萃取柱净化	HPLC-MS/MS	6种氟喹诺酮类	Waters Acquity UPLC BEH C$_{18}$（50mm×2.1mm，1.7μm）	60.0μg/kg	200.0μg/kg	郝向洪[164]
17	2015	1%甲酸-甲醇溶液提取	0.2μm滤膜过滤	UPLC-MS/MS	6种氟喹诺酮类	Acquity UPLC BHE C$_{18}$（50mm×2.1mm，1.7μm）	2.0μg/kg	5.0μg/kg	封家旺[165]
18	2016	0.1%乙酸乙腈提取	Oasis HLB固相萃取柱净化	UPLC-MS/MS	18种喹诺酮类	Acquity UPLC BHE C$_{18}$（100mm×2.1mm，1.7μm）	0.005~0.2mg/kg	—	彭玉芬[166]
19	2014	盐酸甲醇提取液提取	混合型阳离子交换柱，3mL(60mg)	HPLC-MS/MS	13种β-受体激动剂	C$_{18}$（100mm×2.1mm，1.7μm）	—	—	贾涛[167]
20	2015	甲醇和0.1mmol/L盐酸提取	HLB柱净化	HPLC-MS/MS	10种磺胺类	Zorbax XDB-C$_{18}$（15cm，2.1μm）	—	—	薛瑞婷[168]
21	2016	Na$_2$EDTA-Mcllvainc缓冲溶液提取	Phenomenex Strata-X固相萃取柱净化	HPLC-MS/MS	4种四环素类	Luna C$_{18}$（150mm×2.0mm，5μm）	5μg/kg	20μg/kg	林欣[169]
22	2017	乙腈提取	正己烷去除脂肪	UPLC-MS/MS	6种大环内酯及林可胺类	Shimadzu Shim-pack XR-ODSII（75mm×2.0mm，1.7μm）	1.0~20.0μg/kg	10.0~100.0μg/kg	韩镌竹[170]
23	2017	Na$_2$EDTA-Mcllvaine缓冲液提取	PRIME HLB固相萃取小柱净化	UPLC-MS-MS	6种四环素类药物及其异构体	Acquity UPLC^{TM} BEH C$_{18}$（2.1mm×50mm，1.7μm）	5.0μg/kg	10.0μg/kg	陶娅[171]
24	2018	甲酸-乙腈（体积比1:99）提取	0.22μm滤膜过滤	UPLC-MS/MS	7种氟喹诺酮类	Acquity UPLC BHE C$_{18}$（50mm×2.1mm，1.7μm）	2μg/kg	—	周鑫[172]
25	2016	乙腈-0.1%甲酸溶液（体积比80:20）提取	离心	UPLC-Q-Exactive Orbitrap	19种磺胺类	Agilent SB C$_{18}$（100mm×3.0mm，1.8μm）	50μg/kg	100μg/kg	严凤[173]
26	2013	酸性乙腈提取	0.22μm滤膜过滤	HPLC-TOF-MS	11种β-受体激动剂	Zorbax XDB-C$_{18}$（50mm×2.1mm，1.8μm）	2μg/kg	5μg/kg	姚凤花[174]

4.5.2　液相色谱－串联质谱法快速测定饲料中87种药物残留

本方法主要借鉴 Anastassiades 等提出的 QuEChERS 样品处理技术理念，采用高效液相色谱－串联质谱仪（HPLC-MS/MS），建立了同时提取、分散固相萃取快速净化、一次进样分析、动态多反应监测（dynamic multiple reaction monitoring，DMRM），同时快速测定饲料中17种 β-受体激动剂、18种 β-内酰胺类、6种抗球虫类、5种大环内酯类、2种林可胺类、15种喹诺酮类、21种磺胺类及3种磺胺类增效剂等8类共计87种兽药的高通量新方法，尚未见文献报道。本法可分析的药物类别全、种类多、覆盖面广；检测灵敏度较高，能满足各国法规限量要求；操作简便快速，可为饲料中药物多组分定性筛查及定量分析提供技术支持，用于饲料监管，能降低执法成本，提高监控水平。

4.5.2.1　实验部分

1. 仪器与试剂

Agilent 1200 SL Series RRLC/6410B Triple Quard MS 快速高效液相色谱－串联四极杆质谱联用仪（美国 Agilent 公司）；AS 3120 超声波发生器（天津奥特赛恩斯仪器有限公司）；Anke TDL-40B 离心机（上海安亭科学仪器厂）；XW-80A 快速混匀器（海门市麒麟医用仪器厂）。

87种标准物质（见表4-39）购自德国 Dr. Ehrenstorfer 公司、美国 Sigma Aldrich 公司、中国食品药品检定研究院及上海陶素生化科技有限公司。甲醇、乙腈、N，N-二甲基甲酰胺（色谱纯，德国 Merck 公司）；甲酸（LC-MS 级，美国 Sigma 公司）；乙二胺四乙酸二钠二水合物（$Na_2EDTA \cdot 2H_2O$，分析纯，广州化学试剂厂）；Bondesil-PSA 吸附剂（美国 Agilent 公司）；实验用水为二次蒸馏水。

2. 标准溶液的配制

β-内酰胺类以50%（体积分数）乙腈水溶液为溶剂，喹诺酮类以2%（体积分数）甲酸-乙腈为溶剂，其余化合物均以乙腈为溶剂（如遇难溶物质可先用适量 N，N-二甲基甲酰胺溶解），将87种兽药标准品分别配制成质量浓度为1000 mg/L 的标准储备溶液，置棕色储液瓶中避光-18℃保存，临用时根据需要，用0.1 mol/L Na_2EDTA 溶液-乙腈（体积比为50:50）稀释成适当浓度的混合标准工作液。

3. 样品处理

准确称取匀质后的饲料试样4.00 g，置于50 mL 聚丙烯离心管中，加入5.00 mL 0.1mol/L Na_2EDTA 溶液，在快速混匀器上充分涡旋混匀1 min，加入20.00 mL 甲醇-乙腈（体积比为50:50）溶液，涡旋混匀，超声提取15min，4 000 r/min 离心10 min，移取上清液5 mL 置15mL 聚丙烯离心管，加入300 mg Bondesil-PSA 吸附剂，涡旋1 min，4 000 r/min 离心5 min，过0.22 μm 滤膜，待上机测定。

4. 空白基质匹配混合标准溶液的配制

取阴性样品，按本节实验部分方法处理样品，得到空白基质溶液，用于配制空白基质匹配混合标准工作溶液。

5. 色谱与质谱条件

1）色谱条件

采用 Poroshell EC-C_{18}（100 mm×2.1 mm，2.4 μm）色谱柱，以0.4%（体积分数）甲酸水溶液为流动相 A，甲醇-乙腈（体积比为20:80）为流动相 B，梯度洗脱。洗脱程序为：0~1min，2%~5% B；1~2min，5%~10% B；2~4min，10%~12% B；4~8min，12% B；8~10min，12%~25% B；10~12min，25%~30% B；12~14min，30%~40% B；14~15min，40%~90% B；15~16min，90%~95% B；16~20min，95% B；20~20.1min，95%~2% B；20.1~25min，2% B。柱温：30℃；流速：0.3mL/min；进样体积：5μL。

2）质谱条件

电喷雾（ESI）离子源；正离子模式；动态多反应监测（DMRM）采集方式；干燥气温度：350℃；干燥气流量：10.0 L/min；雾化气压力：276 kPa；毛细管电压：4 kV；MS1 及 MS2 均为单位分辨率。87 种化合物的质谱采集参数见表4-39。

表4-39　87种待测药物的质谱采集参数

序号	化合物	缩写	保留时间/min	时间窗口/min	母离子（m/z）	子离子（m/z）	碎裂电压/V	碰撞能量/V
（一）β-受体激动剂（β-Agonists）								
1	西马特罗 Cimaterol	CIMA	4.3	3	202.1	160.1*，143.1	130	12，20
2	特布他林 Terbutaline	TER	4.3	3	226.1	152.1*，107.1	103	12，32
3	妥布特罗 Tulobuterol	TUL	11.9	3	228.1	154.1*，118.1	83	16，32
4	塞布特罗 Cimbuterol	CIMB	5.5	3	234.2	160.1*，143.1	86	12，24
5	沙丁胺醇 Salbutamol	SAL	4.3	3	240.2	222.1，148.1*	96	4，16
6	齐帕特罗 Zilpaterol	ZIL	4.3	3	262.2	244.1*，185.0	73	8，24
7	克伦普罗 Clenproperol	CLP	9.2	3	263.1	245.0*，132.1	76	8，28
8	克伦特罗 Clenbuterol	CLB	11.9	3	277.1	132.1*，168.0	100	28，32
9	莱克多巴胺 Ractopamine	RAC	11.5	3	302.0	284.0，164.0*	100	10，15
10	异舒普林 Isoxsuprine	ISP	13.4	3	302.2	284.2*，107.1	104	12，32
11	菲诺特罗 Fenoterol	FEN	6.3	3	304.2	107.1*，135.1	116	36，16
12	马布特罗 Mabuterol	MAB	13.2	3	311.1	237.0*，217.0	94	16，24
13	马喷特罗 Mapenterol	MAP	14.6	3	325.1	237.1*，217.1	106	16，28
14	福莫特罗 Formoterol	FOR	12.5	3	345.2	149.1*，121.0	102	16，40
15	苯乙醇胺 A Phenylethanolamine A	PEA	15.9	3	345.2	150.1*，118.1	100	36，20

序号	化合物	缩写	保留时间/ min	时间窗口/ min	母离子 （m/z）	子离子 （m/z）	碎裂电压/ V	碰撞能量/ V
16	溴布特罗 Brombuterol	BRO	12.8	3	367.0	293.0*，214.0	114	16，32
17	班布特罗 Bambuterol	BAM	13.4	3	368.2	294.1，72.1*	115	16，40
（二）β－内酰胺类（β－Lactams）								
18	青霉素 G Penicilline G	PEN－G	16.2	3	335.1	176.1*，160.1	100	20，18
19	头孢氨苄 Cefalexin	LEX	9.3	3	348.1	174.1，158.1*	75	12，4
20	氨苄西林 Ampicillin	AMP	9.2	3	350.1	192.1*，160.1	110	12，8
21	头孢拉定 Cefradine	RAD	11.1	3	350.1	176.1*，158.1	61	8，4
22	青霉素 V Penicilline V	PEN－V	16.6	3	351.1	160.1*，114.1	105	8，30
23	阿莫西林 Amoxicillin	AMO	4.4	3	366.1	208.1，114.1*	85	8，16
24	甲氧西林 Methicillin	MET	15.6	3	381.1	222.1，165.1*	115	16，20
25	苯唑西林 Oxacillin	OXA	16.7	3	402.1	243.1，160.1*	100	10，10
26	头孢噻吩 Cefalotin	CEF	15.3	3	414.1	337.1*，152.1	71	4，16
27	萘夫西林 Nafcillin	NAF	16.9	3	415.1	199.1*，171.1	120	12，30
28	氯唑西林 Cloxacillin	CLO	16.8	3	436.1	277.1，160.1*	96	12，8
29	头孢克肟 Cefixime	CFM	11.1	3	454.1	285.1*，126.1	118	12，36
30	头孢唑啉 Cefazolin	CFZ	11.9	3	455.1	323.1*，156.1	90	8，12
31	头孢噻肟 Cefotaxime	CTX	10.5	3	456.1	396.1*，324.1	128	4，12

序号	化合物	缩写	保留时间/min	时间窗口/min	母离子（m/z）	子离子（m/z）	碎裂电压/V	碰撞能量/V
32	阿洛西林 Azlocillin	AZL	15.1	3	462.2	218.1*，175.1	107	20，40
33	双氯西林 Dicloxacillin	DIC	17.0	3	470.1	311.1，160.1*	115	12，8
34	哌拉西林 Piperacillin	PIP	16.0	3	518.2	160.1，143.1*	120	8，16
35	头孢哌酮 Cefoperazone	CFP	13.3	3	646.2	530.1，143.1*	120	8，32

（三）抗球虫类（Coccidiostats）

序号	化合物	缩写	保留时间/min	时间窗口/min	母离子（m/z）	子离子（m/z）	碎裂电压/V	碰撞能量/V
36	氯羟吡啶 Clopidol	CPD	5.3	3	192.1	101.1*，51.1	124	32，40
37	乙胺嘧啶 Pyrimethamine	PYR	13.8	3	249.1	233.1，177.1*	119	32，32
38	氯苯胍 Robenidine	ROB	16.7	3	334.1	155.1*，138.1	145	20，28
39	癸氧喹酯 Decoquinate	DEC	18.5	3	418.3	372.3*，204.1	150	24，40
40	盐霉素 Salinomycin	SAL	21.3	3	773.5	431.3*，531.4	170	50，50
41	马杜霉素 Maduramicin	MAD	18.9	3	934.6	629.5*，393.3	175	24，28

（四）大环内酯类（Macrolides）

序号	化合物	缩写	保留时间/min	时间窗口/min	母离子（m/z）	子离子（m/z）	碎裂电压/V	碰撞能量/V
42	红霉素 Erythromycin	ERY	16.1	3	734.4	158.2，576.4	166	45，16
43	交沙霉素 Josamycin	JOS	16.6	3	828.5	174.1*，109	145	36，50
44	罗红霉素 Roxithromycin	ROX	16.5	3	837.5	679.5，158.2*	159	36，20
45	螺旋霉素 Spiramycin	SPI	13.6	3	843.5	174.1*，142.1	155	40，36
46	泰乐菌素 Tylosin	TYL	16.2	3	916.5	174.1*，101.0	200	40，50

序号	化合物	缩写	保留时间/ min	时间窗口/ min	母离子 （m/z）	子离子 （m/z）	碎裂电压/ V	碰撞能量/ V
（五）林可胺类（Lincosamides）								
47	林可霉素 Lincomycin	LIN	6.4	3	407.2	126.1*，359.1	150	28，16
48	克林霉素 Clindamycin	CLI	13.9	3	425.2	126.1*，377.1	140	28，16
（六）喹诺酮类（Quinolones）								
49	萘啶酸 Nalidixic acid	NDA	16.0	3	233.1	215.1*，104.1	110	15，36
50	噁喹酸 Oxolinic acid	OXO	14.1	3	262.1	216.1*，160.1	110	32，40
51	氟甲喹 Flumequine	FLU	16.4	3	262.1	244.1*，202.1	110	16，36
52	诺氟沙星 Norfloxacin	NOR	10.9	3	320.1	302.2*，231.1	142	20，40
53	依诺沙星 Enoxacin	ENO	10.1	3	321.1	303.1*，232.1	114	20，36
54	环丙沙星 Ciprofloxacin	CIP	11.3	3	332.1	314.2*，231.1	137	20，40
55	培氟沙星 Pefloxacin	PEF	11.1	3	334.2	316.2*，290.2	134	20，16
56	洛美沙星 Lomefloxacin	LOM	11.6	3	352.2	308.2，265.1*	130	16，24
57	丹诺沙星 Danofloxacin	DAN	11.8	3	358.2	340.2*，255.1	147	24，40
58	恩诺沙星 Enrofloxacin	ENR	11.9	3	360.2	342.2*，316.2	142	20，20
59	氧氟沙星 Ofloxacin	OFL	10.8	3	362.2	318.2*，261.1	150	16，28
60	马波沙星 Marbofloxacin	MAR	9.2	3	363.1	320.1*，276.1	120	14，14
61	沙拉沙星 Sarafloxacin	SAR	12.5	3	386.1	368.1*，342.2	145	24，16
62	司帕沙星 Sparfloxacin	SPA	12.7	3	393.2	349.2*，292.1	145	20，24
63	双氟沙星 Difloxacin	DIF	12.5	3	400.2	356.2*，299.1	145	20，28

序号	化合物	缩写	保留时间/min	时间窗口/min	母离子（m/z）	子离子（m/z）	碎裂电压/V	碰撞能量/V
（七）磺胺类（Sulfonamides）								
64	磺胺脒 Sulfaguanidine	SGN	1.5	3	215.1	156.1*，108.1	85	12，20
65	磺胺醋酰 Sulfacetamide	SAA	4.0	3	215.1	156.1*，108.1	85	12，20
66	磺胺吡啶 Sulfapyridine	SP	5.4	3	250.1	184.1，156.1*	100	15，13
67	磺胺嘧啶 Sulfadiazine	SD	4.5	3	251.1	156.1*，108.1	100	10，20
68	磺胺甲噁唑 Sulfamethoxazole	SMZ	12.2	3	254.1	156.1*，92.2	100	12，25
69	磺胺噻唑 Sulfathiazole	STZ	5.5	3	256.1	156.1*，92.1	100	13，26
70	磺胺甲嘧啶 Sulfamerazine	SM	5.8	3	265.1	172.1，156.1*	100	13，13
71	磺胺二甲异噁唑 Sulfisoxazole	SIZ	13.0	3	268.1	156.1*，113.1	100	9，14
72	磺胺甲噻二唑 Sulfamethizole	SMT	8.7	3	271.1	156.1*，108.1	100	10，22
73	磺胺苯酰 Sulfabenzamide	SBA	13.7	3	277.1	156.1*，108.1	80	8，24
74	磺胺索嘧啶 Sulfisomidine	SIM	4.9	3	279.1	186.1*，124.1	105	16，20
75	磺胺二甲嘧啶 Sulfamethazine	SM2	7.2	3	279.1	186.1*，156.1	105	16，18
76	磺胺甲氧哒嗪 Sulfamethoxypyridazine	SMD	8.3	7	281.1	215.1，156.1*	100	14，14
77	磺胺对甲氧嘧啶 Sulfameter	SME	8.8	7	281.1	215.1，156.1*	100	14，14
78	磺胺间甲氧嘧啶 Sulfamonomethoxine	SMM	11.3	7	281.1	215.1，156.1*	100	14，14
79	磺胺氯哒嗪 Sulfachlorpyridazine	SCD	11.3	3	285.2	156.1*，108.2	100	10，24
80	磺胺氯吡嗪 Sulfaclozine	SCL	14.2	3	285.1	156.1*，92.1	110	15，25

序号	化合物	缩写	保留时间/ min	时间窗口/ min	母离子 （m/z）	子离子 （m/z）	碎裂电压/ V	碰撞能量/ V
81	磺胺喹噁啉 Sulfachinoxalin	SQX	14.8	3	301.1	156.1*，92.1	114	16，32
82	磺胺邻二甲氧嘧啶 Sulfadoxine	SDX	12.1	3	311.1	156.1*，108.1	140	16，30
83	磺胺间二甲氧嘧啶 Sulfadimethoxine	SDM	14.6	3	311.1	156.1*，108.1	140	16，30
84	磺胺苯吡唑 Sulfaphenazole	SPZ	14.6	3	315.1	160.1*，156.1	100	20，18
（八）磺胺类增效剂（Sulfonamides potentiators）								
85	二甲氧苄氨嘧啶 Diaveridine	DVD	6.9	3	261.1	245.1*，123.1	140	28，24
86	二甲氧甲基苄氨嘧啶 Ormetoprim	OMP	10.0	3	275.2	259.1*，123.1	140	28，24
87	三甲氧苄氨嘧啶 Trimethoprim	TMP	8.1	3	291.2	261.2，230.2*	160	28，24

注：＊表示定量离子。

4.5.2.2　结果与讨论

1. 质谱参数与色谱条件的优化

在电喷雾离子源下，分别对浓度为 $0.5 \sim 1.0$ μg/mL 的待测物标准溶液做正离子和负离子全扫描分析，所有待测化合物均在正离子模式下获得响应最佳的准分子离子峰，除部分 β – 内酰胺类药物的母离子为 $[M+NH_4]^+$ 外，其余 7 类药物的母离子均为 $[M+H]^+$。在此基础上，优化每个化合物的碎裂电压（fragmentor）使其母离子的响应最大化，然后对其采用子离子全扫描分析，通过优化碰撞能量（collision energy）使得子离子的响应最大化。根据欧盟 2002/657/EC 决议中有关质谱分析方法必须不少于 4 个识别点的规定，为每个待测药物选取质谱响应最佳的两对 MRM 离子对及相应的参数作为最终的质谱采集参数。由于同时测定的化合物较多，采用 DMRM 模式进行数据采集，以确保准确定量的情况下仍有较高的检测灵敏度。

由于 8 类兽药极性差异较大，同类化合物又因结构相似不易分离，尤其是其中 11 组同分异构体的分离，加上喹诺酮类药物的母核结构中 3、4 位分别为羧基及酮羰基，极易与 Fe^{3+}、Al^{3+}、Ca^{2+} 等金属离子络合，造成峰形拖尾、展宽，保留时间漂移等现象，这些成为该方法优化色谱分离条件的难点。根据前期研究经验，选用 Poroshell EC – C_{18}（100 mm×2.1 mm，2.4 μm）色谱柱，以含 0.4%（体积分数）甲酸的水溶液为水相，甲醇 – 乙腈（体积比 20∶80）为有机相，优化梯度洗脱条件，经反复试验，所有待测物均有良好的峰形及较高的灵敏度，且 11 组同分异构体均达到基线分离。分离难度最大的 5 组磺胺类药物同分异构体的分离情况如图 4 – 21 所示，所有待测物混合标准溶液的总离子流色谱图如图 4 – 22 所示。

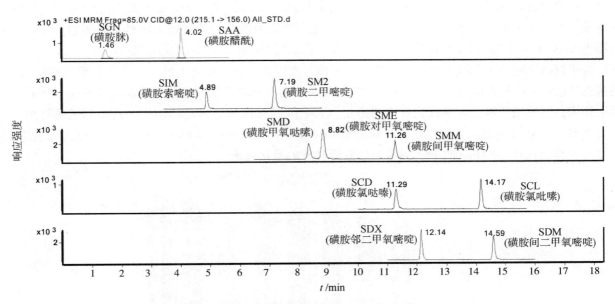

图 4 - 21　5 组磺胺类药物同分异构体的多反应监测色谱图

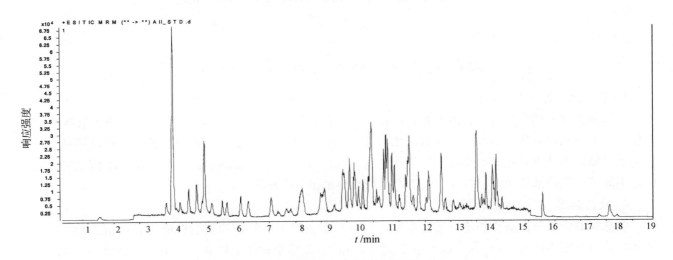

图 4 - 22　87 种待测物混合标准溶液的总离子流色谱图

2. 样品前处理条件的优化

对于多类别多种类药物残留分析方法而言，采用简单的提取和净化步骤将尽可能多的药物保留在提取液中是最理想的样品前处理方法。由于本研究涉及的药物理化性质差异大，提取剂的选取必须兼顾这 8 类药物中极性较强的 β - 内酰胺类药物及极性最弱的聚醚类抗球虫药物，而饲料主要由脂类、蛋白、糖类及无机盐等组成，为尽量减少这些基质的干扰，分别选用水、0.1mol/L Na$_2$EDTA 水溶液及有机溶剂（甲醇、乙腈）进行优化。实验发现，在加入有机溶剂前，先用水对样品进行处理，会增加大多数药物（尤其是 β - 内酰胺类）的提取回收率，这可能是由于水对饲料样品具有良好的润湿性，能使均质样品更加细化，从而增大有机溶剂与样品的接触面积，而且对于强极性药物来说，水是良好的提取溶剂。另外，在水中加入 0.1 mol/L 的螯合剂 Na$_2$EDTA，可络合饲料中存在的大多数金属离子，极大地改善了喹诺酮类的重复性及其提取回收率。

在此基础上，考察了甲醇、乙腈、甲醇 - 乙腈（体积比 75∶25）、甲醇 - 乙腈（体积比 50∶50）及甲醇 - 乙腈（体积比 25∶75）对 87 种药物的提取率。结果表明，选用甲醇 - 乙腈（体积比 50∶50）为有机溶剂时，大多数药物的回收率最佳。另外，加入的有机溶剂比例过低时，部分抗球虫类及大环内酯类药物的回收率偏低，当加入的有机溶剂比例为80%时，所有化合物的回收率均能较好地满足分析要求。因此，实验选用5mL 0.1mol/L Na$_2$EDTA溶液及20 mL 甲醇–乙腈(体积比50∶50)为提取溶剂。

为了提高净化效率和减少目标物的损失，采用分散固相萃取的净化手段。石墨化炭黑(GCB)、C$_{18}$及丙基乙二胺(PSA)是常用的吸附剂，但GCB及C$_{18}$分别对含苯环官能团的化合物及弱极性化合物有很强的吸附作用，不适用于本文大多数化合物的净化，而PSA可去除饲料样品溶液中的脂类和糖类物质，因此选PSA作为净化吸附剂。实验比较了不同用量(50、100、200、300、400mg)PSA吸附剂的净化效果(如图4–23)，综合比较，300mg的PSA用量可以获得较好的净化效果。

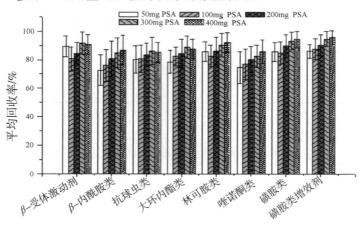

图4–23 不同用量PSA对8类药物平均回收率的影响

3. 基质效应的消除

在液相色谱–质谱分析中，由于客观存在的基质效应常导致定量结果有较大偏差，为了消除和(或)补偿基质效应给定量带来的偏差，通常采用同位素内标、稀释样品溶液、配制基质匹配标准溶液以及优化色谱–质谱条件等方法。本研究通过优化色谱分离条件以及采用配制空白基质匹配标准溶液的方法较好地消除了样品的基质效应，各项方法学指标均能满足相关检测要求。

4. 线性范围、线性方程与检出限

在选定的色谱分离条件和质谱测定参数下，将6个浓度水平的系列混合标准工作溶液上机测定。87种药物均以峰面积(y)为纵坐标，以质量浓度(x，μg/L)为横坐标作工作曲线，得到线性回归方程，相关系数为0.9965～0.9999，表明各化合物在相应的浓度范围内呈良好的线性关系。采用标准添加法进行测定，以定量离子信噪比(S/N)大于3确定样品的检出限(LOD)，S/N大于10为定量限(LOQ)，得到87种药物的LOD为3～15μg/kg，LOQ为10～50μg/kg。表4–40列出了12种代表性药物的线性范围、回归方程、相关系数、检出限及定量限。

表4–40 12种代表性药物的线性范围、回归方程、相关系数、检出限及定量下限

药物	回归方程	线性范围/ (μg·L^{-1})， 相关系数	LOD, LOQ/ (μg·kg^{-1})	药物	回归方程	线性范围/ (μg·L^{-1})， 相关系数	LOD, LOQ/ (μg·kg^{-1})
CIMA	$y = 771.0x - 26.0$	2～200, 0.9970	5, 15	LIN	$y = 903.0x - 441.2$	1～100, 0.9997	3, 10
BAM	$y = 1059.9x - 1427.8$	2～200, 0.9999	5, 15	NDA	$y = 738.5x - 2989.4$	2～200, 0.9993	5, 15
PEN–G	$y = 52.1x + 149.5$	5～500, 0.9980	15, 50	DIF	$y = 233.7x - 2456.1$	5～500, 0.9992	15, 50
CFP	$y = 126.8x - 1035.1$	5～500, 0.9985	15, 50	SGN	$y = 41.9x + 91.2$	5～500, 0.9998	10, 25
CPD	$y = 232.8x - 717.8$	5～500, 0.9998	10, 25	SPZ	$y = 62.4x - 325.4$	10～1000, 0.9996	15, 50
ERY	$y = 125.9x + 525.1$	1～100, 0.9983	3, 10	DVD	$y = 499.5x - 691.6$	2～200, 0.9998	5, 15

5. 回收率与精密度

取阴性饲料样品,分别做3个浓度水平的加标回收实验,每个加标水平均按本方法做6个平行测定,计算得到87种化合物的平均回收率为63.7%~108.8%,相对标准偏差(RSD)为3.5%~15.2%,方法的准确度及精密度均符合饲料中药物残留检测有关标准和法规的要求,表4-41为12种代表性药物的平均回收率及相对标准偏差。

表4-41 12种代表性药物的平均回收率及相对标准偏差($n=6$)

药物	加标水平/ ($\mu g \cdot kg^{-1}$)	平均回收率/%	RSD/%	药物	加标水平/ ($\mu g \cdot kg^{-1}$)	平均回收率/%	RSD/%
CIMA	15,75,150	82.5,93.0,96.8	5.7,4.9,6.8	DIF	50,250,500	72.9,90.4,97.3	10.4,12.0,9.7
BAM	15,75,150	90.8,93.6,99.5	8.7,10.6,7.9	SGN	25,125,250	70.2,74.7,92.6	15.2,10.1,12.4
PEN-G	50,250,500	78.4,83.8,95.4	7.6,9.7,10.6	SPZ	50,250,500	70.8,83.8,87.0	11.2,9.3,10.5
CFP	50,250,500	68.3,82.5,91.9	13.9,9.8,11.2	DVD	15,75,150	80.3,96.7,103.0	4.6,5.6,7.8
CPD	25,125,250	77.8,89.6,93.8	8.6,9.5,10.2	LIN	10,50,100	70.6,82.5,93.8	11.9,12.3,10.8
ERY	10,50,100	73.5,89.5,95.8	11.5,9.8,6.5	NDA	15,75,150	63.7,79.5,86.7	13.1,10.7,12.1

4.5.3 典型案例介绍

采用本方法对收集到的12批次鸡、鸭、猪等畜禽饲料进行筛查分析,结果在大鸡配合饲料中检出喹乙醇(质量分数0.3%)、氯苯胍(0.54 mg/kg),在鸡混料中检出氯羟吡啶(13.9 mg/kg),乳猪仔料中检出磺胺间甲氧嘧啶(35 μg/kg)及三甲氧苄氨嘧啶(168 μg/kg),其余样品均未检出本文涉及的87种兽药。喹乙醇的典型图谱见图4-24。实验结果表明,本法灵敏、可靠、快速、简便、覆盖面广,适用于畜禽饲料中药物残留的全面筛查及准确定量。

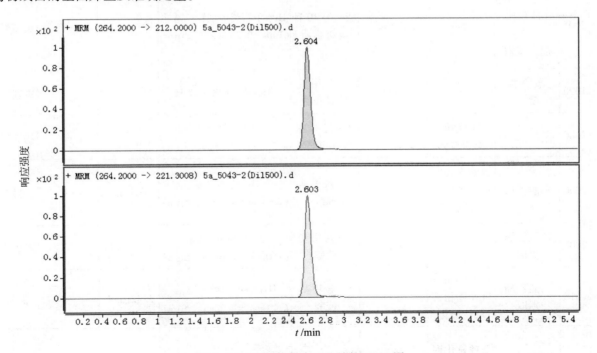

图4-24 大鸡饲料中喹乙醇的 MRM 图

4.6 调味品中安全风险物质残留的测定

调味品,一般由大豆、淀粉、小麦、食盐等原料经过制油、发酵等程序酿制而成。调味品的成分比较复杂,除食盐外,还有氨基酸、糖类、有机酸、色素及香料等成分,而含糖的食品在加工和贮存过程中会发生糖的热降解反应和美拉德反应,这两个反应都会产生5-羟甲基糠醛(5-HMF),进而热分解产生糠醛和5-甲基糠醛,这3种物质均属于调味品中的安全风险物质。糠醛类物质在体内不断积累会引起中毒。如2005年广州某医院收到一病例,一位十多岁的男孩,其症状为胸口痛、呕吐、抽筋、无法正常进食。在多家医院接受治疗,一个多月均无好转,病情日益严重,无法找到有效的治疗方法。后来,病人血液经气相色谱-质谱法检测发现含有较高的糠醛类物质,经过3次血液透析治疗,糠醛类有毒物质含量明显下降,病人康复。

4.6.1 糠醛类物质残留的测定方法概述

目前测定糠醛类物质含量的方法主要有紫外分光光度法、气相色谱法、气相色谱-质谱法、高效液相色谱法和液相色谱-质谱法。而目前对于同时测定调味品中糠醛、5-甲基糠醛和5-羟甲基糠醛含量的方法尚未见报道。因而建立一种快速、方便、经济的多残留检测方法,有利于保障人们的消费安全。表4-42列举了各种检测技术在食品中糠醛类物质残留检测的应用情况。

表4-42 食品中糠醛类物质残留分析技术

序号	发表时间	提取方法	净化手段	检测方法	待测物种类	色谱柱	检出限	定量限	文献
1	2005	甲醇-丙酮(体积比1:1)超声提取	过滤	GC/MS	糠醛等10种有害物质	HP-1石英毛细管色谱柱(15m×0.2mm×0.25μm)	—	—	吴惠勤[183]
2	1996	蒸馏水溶解	—	HPLC	5-羟甲基糠醛和糖	Aminex HPX-87 H	—	—	袁建平[184]
3	2006	—	0.45μm滤膜过滤	HPLC	5-羟甲基糠醛和糠醛	Inertsil ODS-3 C_{18} (250mm×4.6mm,5μm)	0.02~0.04mg/L	—	杨朝霞[185]
4	2006	草酸提取	六氰合铁酸钾-乙酸锌溶液处理	HPLC	5-羟甲基糠醛	Kromasil C_{18} (250mm×4.6mm,5μm)	0.005mg/kg	—	吴榕[186]
5	2008	乙酸乙酯提取	—	HPLC	5-羟甲基糠醛	Diamonsil™ C_{18} (150mm×4.6mm,5μm)	0.1mg/L	—	王妙飞[187]
6	2010	乙酸乙酯提取	AGT Cleanert PCX固相萃取柱净化	HPLC	5-羟甲基糠醛	Hypersil ODS-2 C_{18} (250mm×4.6mm,5μm)	3.42μg/L	—	张燕[182]
7	2014	去离子水提取	亚铁氰化钾和乙酸锌溶液沉淀蛋白	HPLC	5-羟甲基-2-糠醛等6种糠醛类物质	Symmetry 300™ C_{18} (250mm×4.6mm,5μm)	0.02~0.07μg/mL	0.08~0.26μg/mL	高夫超[188]

（续表 4 – 42）

序号	发表时间	提取方法	净化手段	检测方法	待测物种类	色谱柱	检出限	定量限	文献
8	2014	甲醇 – 0.02mol/L 乙酸铵溶液（体积比 20∶80）提取	0.45μm 滤膜过滤	HPLC	3 种糠醛类物质	Intersil ODS（250mm×4.6mm，5μm）	0.3～0.5mg/kg	—	汪辉[189]
9	2018	10%（体积分数）甲醇溶液提取	—	HPLC	5 – 羟甲基糠醛	Agilent Zorbax SB – C$_{18}$（250mm×4.6mm，5μm）	0.01μg/mL	0.03μg/mL	张玉荣[190]

4.6.2　调味品中糠醛类安全风险物质残留的测定

本研究采用气相色谱 – 串联质谱法同时对调味品中糠醛、5 – 甲基糠醛和 5 – 羟甲基糠醛进行快速检测，样品直接萃取后上机测定，采用极性柱分离，通过"母离子＞子离子"的多反应监测模式（MRM）测定。该方法前处理过程简单，不需要衍生化，准确可靠，简便易行，检出限达到 0.005mg/kg，是一种理想的快速检测方法。

4.6.2.1　实验部分

1. 仪器与试剂

Agilent 7000A 三重四极杆气相色谱 – 串联质谱仪（GC-MS/MS，美国安捷伦公司），TDL – 80 – 2B 低速台式离心机（上海安亭科学仪器厂）。

糠醛、5 – 甲基糠醛和 5 – 羟甲基糠醛标准品（纯度≥98%，百灵威科技有限公司）；正己烷、二氯甲烷、乙酸乙酯、乙腈（色谱纯，德国 CNW Technologies GmbH 公司）；实验用水均为蒸馏水。

2. 标准工作溶液的制备

分别准确称取适量的每种标准物质，用乙酸乙酯配制成浓度为 1.0mg/mL 的混合标准储备溶液，在 0～4℃冰箱中保存备用。临用时准确移取一定体积的混合标准储备溶液，根据需要用乙酸乙酯稀释成系列浓度 0.001、0.01、0.1、1.0、5.0、10、20mg/L 的混合标准工作溶液。

3. 样品前处理

液体试样：称取 2.000g 液体试样（酱油、酸水解植物蛋白调味液、烤鳗调味汁等）于 20mL 刻度磨口试管中，加入 10mL 乙酸乙酯，充分震荡摇匀 10min，于 3000r/min 下离心 3min 后，取上清液过 0.45μm 滤膜后，进行 GC-MS/MS 分析。

固体试样：称取 2.000g 固体试样、半固体试样（酱油粉，酸水解植物蛋白调味粉，其他调味粉、调味酱等）于 100mL 烧杯中，加入 4.0mL 水，搅拌成液体状，以下步骤按液体试样操作。

4. 分析条件

1）色谱条件

色谱柱：AB – INOWAX（30m×0.25mm×0.25μm）弹性石英毛细管柱；载气：He（99.999%）；碰撞气：N$_2$；恒流，柱流量：1.2 mL/min；分流进样，分流比：10∶1；进样量：1.0 μL；进样口温度：250℃；柱始温 70℃，保留 2min，程序升温以 30℃/min 升至 220℃，保持 13min。

2）质谱条件

离子源：EI 源；离子源温度：230℃；四极杆温度：150℃；色谱 – 质谱连接口温度：280℃；电子能量：70eV；电子倍增器电压 1 500V；溶剂延迟时间：3min；扫描方式：多反应监测模式；选择母离子、

子离子、碰撞能量及保留时间见表4－43。

表4－43　糖醛类物质母离子、子离子、碰撞能量及保留时间信息

化合物	保留时间/min	母离子（m/z）	子离子（m/z）	碰撞能量/V
糠醛 Furfural	5.01	95*	39*	25
		96	39	25
5－甲基糠醛 5－Methylfurfural	5.57	109	53	10
		110*	53*	25
5－羟甲基糠醛 5－Hydroxymethylfurfural	9.91	97	41	15
		97*	69*	5

注：＊表示定量离子对。

5. 测定方法

取样品溶液和标准溶液各 1.0μL 注入气相色谱－串联质谱仪进行分析，得到 GC-MS/MS 多反应监测图，以标准溶液峰的保留时间和质谱监测特征离子对为依据进行定性，以定量离子对的峰面积外标法分别计算样品中糠醛、5－甲基糠醛和5－羟甲基糠醛的含量。

4.6.2.2　结果与讨论

1. 样品前处理条件的优化

1）提取溶剂的选择

选用正己烷、二氯甲烷、乙酸乙酯、乙腈、乙酸乙酯－乙腈（体积比5∶5）不同极性的溶剂进行实验，结果表明，以乙酸乙酯和乙腈作为提取溶剂，回收率均很高，但考虑到乙腈的毒性较大，最终采用乙酸乙酯作为提取溶剂。回收率见表4－44。

表4－44　不同提取溶剂下的回收率（%）

提取溶剂	糠醛 Furfural	5－甲基糠醛 5-Methylfurfural	5－羟甲基糠醛 5-Hydroxymethylfurfural
正己烷	43.7	46.0	40.5
二氯甲烷	50.2	52.5	48.0
乙酸乙酯	91.6	92.5	95.0
乙腈	92.0	91.0	96.5
乙酸乙酯－乙腈（体积比5∶5）	87.0	84.2	88.0

2）提取溶剂用量及提取次数的选择

用乙酸乙酯作为提取溶剂，通过选择不同的溶剂用量（8、10、12、15、20、25 mL）进行实验，提取1次、2次、3次进行比较，其回收率结果列于表4－45。可以看出，用 10mL 提取溶剂提取 1 次已完全满足要求。

表4-45 不同溶剂用量下的回收率（%）

溶剂用量/mL	糖醛Furfural			5-甲基糖醛5-Methylfurfural			5-羟甲基糠醛5-Hydroxymethylfurfural		
	1次	2次	3次	1次	2次	3次	1次	2次	3次
8	84.0	85.2	88.0	83.5	86.7	89.0	82.0	86.5	90.3
10	93.5	93.0	92.0	95.0	95.0	95.2	94.8	94.5	95.0
12	93.2	90.0	89.0	94.2	93.8	87.0	92.6	92.6	90.4
15	92.8	91.0	87.8	95.0	96.5	92.1	91.8	91.0	88.8
20	92.4	91.5	88.2	93.0	94.5	91.4	90.5	92.0	90.0
25	92.0	91.0	92.2	96.0	93.5	92.0	94.0	94.8	91.5

2. 色谱柱的选择

分别选择 AB-1MS、AB-5MS、AB-1701、AB-INOWAX 不同极性的色谱柱进行实验，结果表明，采用 AB-1MS、AB-5MS 和 AB-1701 色谱柱分离，由于 3 种化合物均含有醛基，极性稍大，所以色谱峰出现严重的拖尾现象，柱流失相对较大；采用 AB-INOWAX 极性色谱柱分离，峰形尖锐、对称，灵敏度较高，柱流失小，柱寿命长。因此选择 AB-INOWAX 色谱柱分离糠醛、5-甲基糠醛和 5-羟甲基糠醛。

3. 质谱条件的优化

通过全扫描确定糠醛、5-甲基糠醛和 5-羟甲基糠醛的质谱图（见图 4-25），糠醛以 m/z 96 和 m/z 95 作为母离子，5-甲基糠醛以 m/z 110 和 m/z 109 作为母离子，5-羟甲基糠醛以 m/z 97 作为母离子，进行子离子扫描，由其产生的二级质谱结果见图 4-26。通过对不同碰撞能量（5、10、15、20、25、30、35、40、45V）进行优化，分别选择碎片离子中丰度较大的 2 个离子作 MRM 模式，以响应值较高的离子对作为定量离子对，消除了调味品中复杂基质的干扰，提高检测的灵敏度及准确度。3 种糠醛类物质优化后的 MRM 参数见表 4-43。

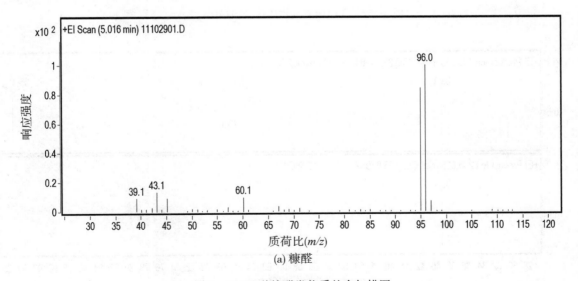

(a) 糠醛

图4-25 3种糠醛类物质的全扫描图

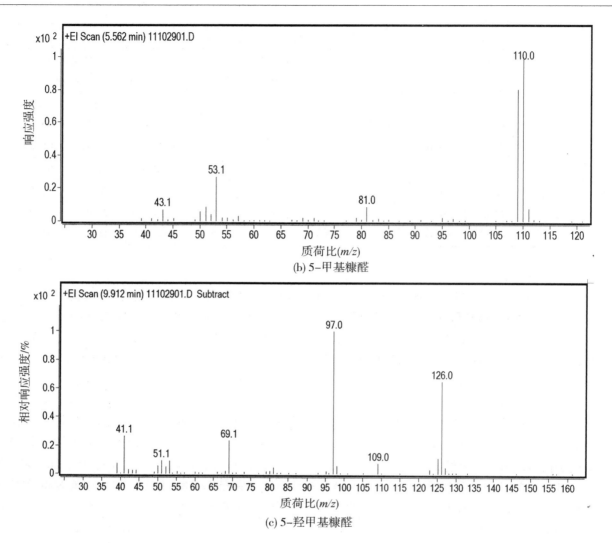

(b) 5-甲基糠醛

(c) 5-羟甲基糠醛

图4-25　3种糠醛类物质的全扫描图（续）

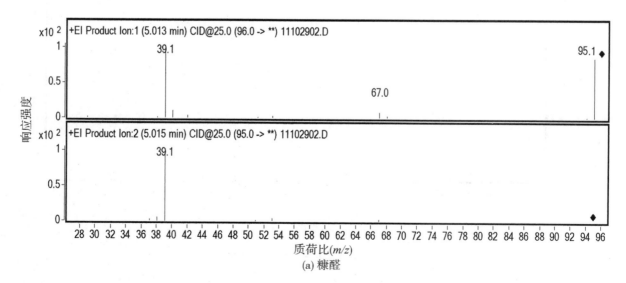

(a) 糠醛

图4-26　3种糠醛类物质的子离子扫描图

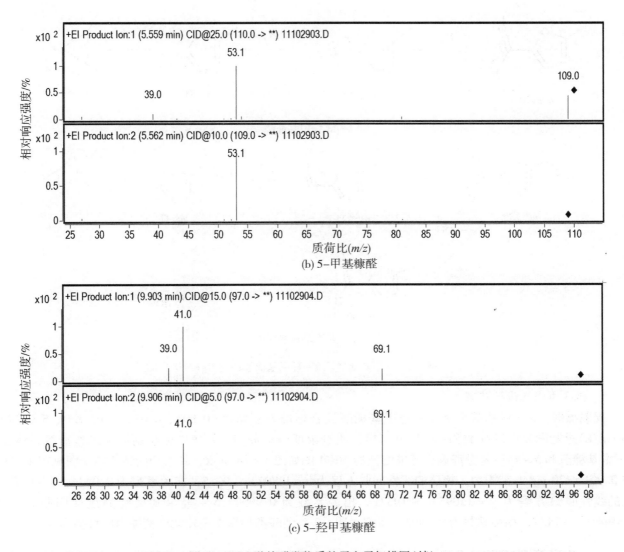

(b) 5-甲基糠醛

(c) 5-羟甲基糠醛

图 4-26　3 种糠醛类物质的子离子扫描图(续)

4. 各组分的特征碎片离子归属及其可能的质谱断裂机理

糠醛、5-甲基糠醛和 5-羟甲基糠醛分子结构中均含有醛基，易发生均裂，失去一个 H 质子，得到 M-1 的特征峰，再脱去中性分子 CO，得到 M-29 的特征峰，3 种糠醛类物质质谱图中各个特征碎片离子的归属及其可能的质谱断裂机理见图 4-27。

m/z96　　　　m/z95　　　　m/z67　　　　m/z39

(a) 糠醛

图 4-27　糠醛、5-甲基糠醛及 5-羟甲基糠醛的质谱碎裂机理

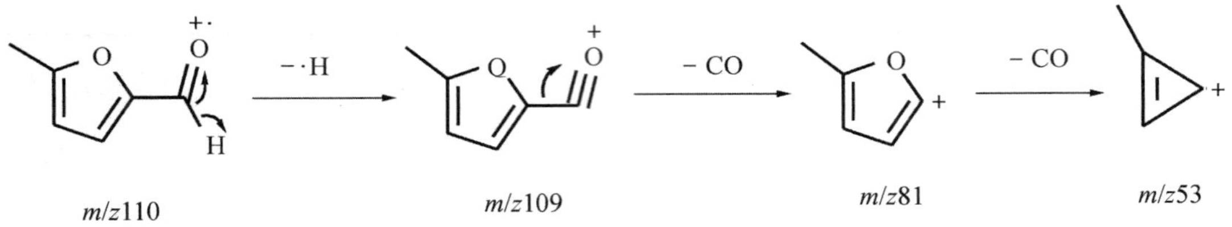

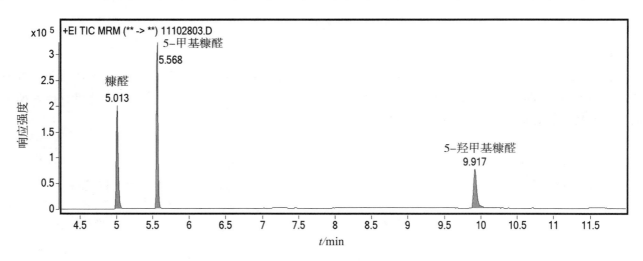

(b) 5-甲基糠醛

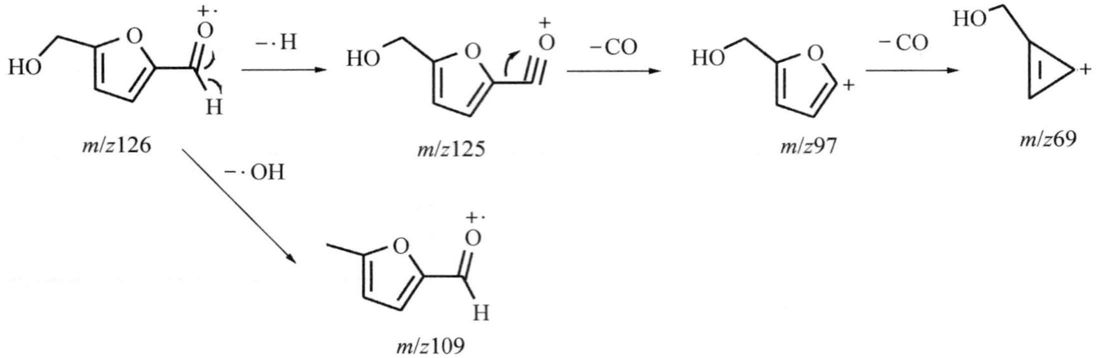

(c) 5-羟甲基糠醛

图 4-27 糠醛、5-甲基糠醛及 5-羟甲基糠醛的质谱碎裂机理(续)

5. 标准曲线及线性范围

配制糠醛、5-甲基糠醛和 5-羟甲基糠醛混合标准系列浓度(0.001、0.01、0.1、1.0、5.0、10、20 mg/L)进行测定,以峰面积(y)为纵坐标,质量浓度(x,mg/L)为横坐标绘制标准工作曲线,糠醛、5-甲基糠醛和 5-羟甲基糠醛混合标准溶液的 MRM 图如图 4-28 所示,其监测的特征离子图见图 4-29。在 0.001~20 mg/L 范围内,糠醛的线性回归方程为 $y = 137973x + 9925$,相关系数为 0.9994,5-甲基糠醛的线性回归方程为 $y = 150957x + 10321$,相关系数为 0.9990,5-羟甲基糠醛的线性回归方程为 $y = 96893x + 7437$,相关系数为 0.9995,研究表明,3 种糠醛类物质在一定浓度范围内线性关系好。

图 4-28 3 种糠醛类物质的 MRM 图

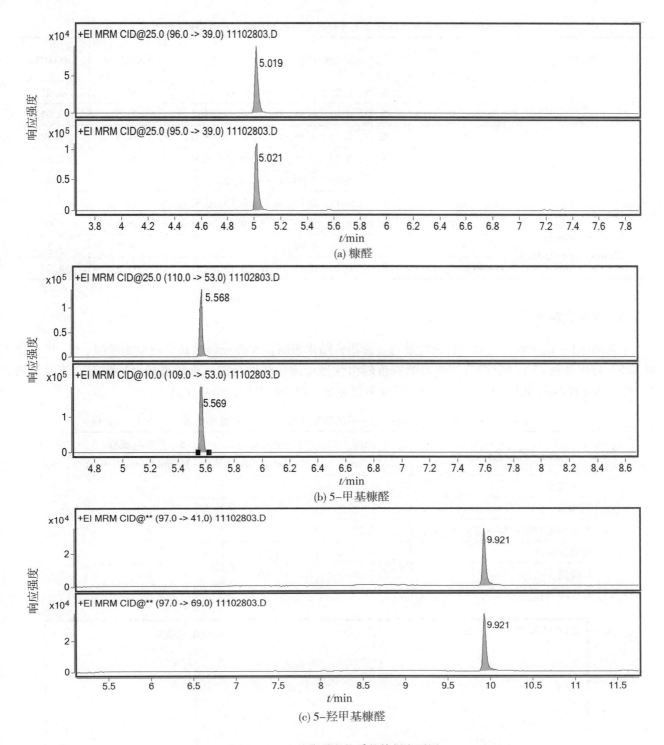

图 4 - 29　3 种糠醛类物质的特征离子图

6. 回收率、精密度及检出限

　　称取 18 份酱油空白样，分别添加高、中、低浓度的标准溶液，每种浓度平行测定 6 个样品，按实验方法处理样品后同时测定糠醛、5 - 甲基糠醛和 5 - 羟甲基糠醛的含量，计算回收率和精密度，结果见表 4 - 46。从表可看出，各化合物的回收率为 85.7% ~ 95.3%，相对标准偏差（RSD）小于 5%。

　　在酱油空白样品中，添加一定浓度的 3 种糠醛类物质标准溶液，测定检出限。按 3 倍信噪比确定 3 种糠醛类物质的检出限，均达到 0.005 mg/kg。

表 4 –46 GC-MS/MS 法测定 3 种糠醛的回收率及相对标准偏差($n = 6$)

化合物	加标水平/ $(mg \cdot kg^{-1})$	测得值/ $(mg \cdot kg^{-1})$	回收率/%	RSD/%
糠醛 Furfural	10	8. 78, 8. 35, 8. 40, 8. 60, 9. 00, 8. 30	85. 7	3. 22
	1. 0	0. 92, 0. 91, 0. 88, 0. 95, 0. 93, 0. 90	91. 5	2. 65
	0. 2	0. 17, 0. 18, 0. 16, 0. 18, 0. 18, 0. 18	87. 5	4. 78
5 – 甲基糠醛 5 – Methylfurfural	10	8. 90, 9. 12, 9. 20, 8. 70, 9. 25, 9. 30	90. 8	2. 56
	1. 0	0. 92, 0. 89, 0. 90, 0. 93, 0. 92, 0. 90	91. 0	1. 70
	0. 2	0. 17, 0. 17, 0. 19, 0. 18, 0. 18, 0. 17	88. 3	4. 62
5 – 羟甲基糠醛 5 – Hydroxymethylfurfural	10	9. 45, 9. 20, 9. 60, 9. 55, 9. 65, 9. 70	95. 3	1. 90
	1. 0	0. 95, 0. 96, 0. 94, 0. 98, 0. 95, 0. 93	95. 2	1. 81
	0. 2	0. 18, 0. 19, 0. 17, 0. 18, 0. 19, 0. 19	91. 8	4. 27

4.6.3 典型案例介绍

【案例一】 运用本方法对各种调味品进行分析，结果表明，大部分调味品中均检出糠醛、5 – 甲基糠醛和 5 – 羟甲基糠醛，如果样液的检测响应值超出仪器检测的线性范围，可适当稀释后测定，结果见表 4 – 47。实际样品的 MRM 图见图 4 – 30，可观察到各化合物的峰形好，信噪比高。

表 4 –47 不同样品中糠醛、5 – 甲基糠醛和 5 – 羟甲基糠醛的含量 单位：mg/kg

样品名称	糠醛 Furfural	5 – 甲基糠醛 5 – Methylfurfural	5 – 羟甲基糠醛 5 – Hydroxymethylfurfural
蒸鱼酱油	0. 072	0. 090	0. 88
调味粉	0. 015	0. 073	0. 51
酸水解植物蛋白调味液	4. 50	3. 42	10. 6
烤鳗调味汁	1. 10	0. 45	15. 5
烧烤酱	3. 20	2. 80	18. 0

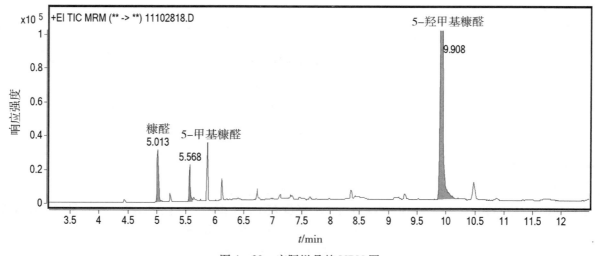

图 4 – 30 实际样品的 MRM 图

【案例二】 2002年5月，广州南方医院收到一个患奇怪病症的十多岁男孩，其症状是胸口痛、呕吐、抽筋、不能进食，已在几家医院治疗过，一个多月均无好转，病情越来越严重，直至出现生命危险，然而由于病因不明，找不到合适的治疗方法，医生表示可能要放弃治疗。在此情况下男孩母亲要求检验是否中毒，帮助查找病因。为了抢救病人，本课题组采用气相色谱－质谱法（GC/MS）对男孩血液进行全面分析，重点检查是否含有有毒物质。结果从中鉴定出10种成分，主要成分为糠醛、5－甲基糠醛、5－羟甲基糠醛、2，3－二氢化－3，5－二羟基－6－甲基－4H－吡喃－4－酮等对人体有害的物质，典型图谱见图4－31。

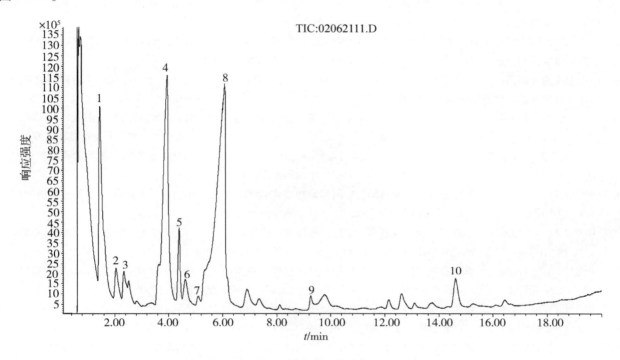

图4－31 病人血液的总离子流色谱图

糠醛类物质对人体有害，食用后可导致腹泻、肚痛等中毒症状。根据测定结果，试图寻找解毒药物，但这些物质中毒后无特效解药，给治疗带来困难。后来笔者建议医院采用血液透析方法处理，并对血液透析前后的血样对比分析，结果表明透析后糠醛等有毒物质含量明显下降，经过3次血液透析治疗，男孩很快康复。

男孩体内这些有毒物质究竟是怎样产生的？为了查找原因，用GC-MS法对患者吃过的各种食物进行全面分析，查找这些有毒物质的来源，发现该男孩所吃的龟苓膏中含有这些糠醛类物质。进一步研究龟苓膏中糠醛的来源，发现这些糠醛类物质主要来源于制作龟苓膏时违规使用的糖蜜（俗称"桔水"）。糖蜜是糖厂制糖过程中的废液，存在较多的杂质，包括对人体有害的糠醛类物质，不能作为食品使用。一些不法厂家用糖蜜代替蔗糖或焦糖色素添加到龟苓膏及其他甜品中，存在严重的安全隐患。男孩正是由于长期食用这种劣质龟苓膏，导致有毒物质不断积累而引起中毒。

此GC-MS分析结果为抢救病人提供了科学依据，也为糠醛中毒病人找到了有效的治疗方法。利用GC-MS分析筛查寻找未知有毒物质成分，并与临床相结合，是治疗疑难杂症的一种有效途径。

参考文献

［1］ 王炼，黎源倩. β_2－兴奋剂类药物的分析进展［J］. 中国卫生检验杂志，2006，16（12）：1540－1544.

［2］ MITCHELL G A, DUNNAVAN G. Illegal use of beta－adrenergic agonists in the United States［J］. Journal of Animal Science, 1998, 76（1）：208－211.

［3］KUIPER H A，NOORDAM M Y，VAN DOORENFLIPSEN M M，et al. Illegal use of beta – adrenergic agonists：European Community［J］. Journal of Animal Science，1998，76(1)：195 – 207.

［4］赵狲. 关于瘦肉精中毒事件频发的思考［J］. 肉类工业，2013(12)：42 – 44.

［5］胡萍，余少文，李红，等. 中国 13 省 1999—2005 年瘦肉精食物中毒个案分析［J］. 深圳大学学报：理工版，2008，25 (1)：1 – 8.

［6］中华人民共和国卫生部，中国国家标准化管理委员会. 畜、禽肉中土霉素、四环素、金霉素残留量的测定 高效液相色谱法：GB/T 5009. 116—2003［S］. 北京：中国标准出版社，2004.

［7］中华人民共和国国家质量监督检验检疫总局，中国国家标准化管理委员会. 动物源产品中喹诺酮类残留量的测定 液相色谱 – 串联质谱法：GB/T 20366—2006［S］. 北京：中国标准出版社，2006.

［8］中华人民共和国国家质量监督检验检疫总局，中国国家标准化管理委员会. 猪组织中四环素族抗生素残留量检测方法 微生物学检测方法：GB/T 20444—2006［S］. 北京：中国标准出版社，2006.

［9］中华人民共和国国家质量监督检验检疫总局，中国国家标准化管理委员会. 畜禽肉中十六种磺胺类药物残留量的测定 液相色谱 – 串联质谱法：GB/T 20759—2006［S］. 北京：中国标准出版社，2007.

［10］中华人民共和国国家质量监督检验检疫总局，中国国家标准化管理委员会. 可食动物肌肉中土霉素、四环素、金霉素、强力霉素残留量的测定 液相色谱 – 紫外检测法：GB/T 20764—2006［S］. 北京：中国标准出版社，2007.

［11］中华人民共和国国家质量监督检验检疫总局，中国国家标准化管理委员会. 动物源性食品中磺胺类药物残留测定方法 放射受体分析法：GB/T 21173—2007［S］. 北京：中国标准出版社，2008.

［12］中华人民共和国国家质量监督检验检疫总局，中国国家标准化管理委员会. 动物源性食品中 β 内酰胺类药物残留分析法 放射受体分析法：GB/T 21174 – 2007［S］. 北京：中国标准出版社，2008.

［13］中华人民共和国国家质量监督检验检疫总局，中国国家标准化管理委员会. 动物源性食品中 β – 受体激动剂残留检测方法 液相色谱 – 质谱/质谱法：GB/T 21313—2007［S］. 北京：中国标准出版社，2008.

［14］中华人民共和国国家质量监督检验检疫总局，中国国家标准化管理委员会. 动物源性食品中磺胺类药物残留量的测定 高效液相色谱 – 质谱/质谱法：GB/T 21316—2007［S］. 北京：中国标准出版社，2008.

［15］中华人民共和国国家质量监督检验检疫总局，中国国家标准化管理委员会. 动物源性食品中四环素类兽药残留量检测方法 液相色谱 – 质谱/质谱法与高效液相色谱法：GB/T 21317—2007［S］. 北京：中国标准出版社，2008.

［16］中华人民共和国国家质量监督检验检疫总局，中国国家标准化管理委员会. 动物源性食品中多种 β – 受体激动剂残留量的测定 液相色谱串联质谱法：GB/T 22286—2008 ［S］. 北京：中国标准出版社，2008.

［17］中华人民共和国国家质量监督检验检疫总局，中国国家标准化管理委员会. 动物源性食品中氯霉素类药物残留量测定：GB/T 22338—2008［S］. 北京：中国标准出版社，2008.

［18］中华人民共和国国家质量监督检验检疫总局，中国国家标准化管理委员会. 牛奶和奶粉中 16 种磺胺类药物残留量的测定 液相色谱 – 串联质谱法：GB/T 22966—2008［S］. 北京：中国标准出版社，2009.

［19］中华人民共和国国家质量监督检验检疫总局，中国国家标准化管理委员会. 牛奶和奶粉中土霉素、四环素、金霉素、强力霉素残留量的测定 液相色谱 – 紫外检测法：GB/T 22990—2008［S］. 北京：中国标准出版社，2009.

［20］中华人民共和国农业部，中华人民共和国国家卫生和计划生育委员会. 食品安全国家标准 牛奶中喹诺酮类药物多残留的测定 高效液相色谱法：GB 29692—2013［S］. 北京：中国标准出版社，2014.

［21］中华人民共和国农业部，中华人民共和国国家卫生和计划生育委员会. 食品安全国家标准 动物性食品中 13 种磺胺类药物多残留的测定 高效液相色谱法：GB 29694—2013［S］. 北京：中国标准出版社，2014.

［22］中华人民共和国国家质量监督检验检疫总局. 动物源性食品中抗生素类药物残留检测方法 微生物抑制法：SN/T 1750—2006［S］. 北京：中国标准出版社，2006.

［23］中华人民共和国国家质量监督检验检疫总局. 动物源性食品中 16 种喹诺酮类药物残留量检测方法 液相色谱 – 质谱/质谱法：SN/T 1751. 2—2007 ［S］. 北京：中国标准出版社，2007.

［24］中华人民共和国国家质量监督检验检疫总局. 进出口动物源性食品中喹诺酮类药物残留量的测定 第 3 部分：高效液相色谱法：SN/T 1751. 3—2011［S］. 北京：中国标准出版社，2011.

［25］中华人民共和国国家质量监督检验检疫总局. 动物组织中磺胺类抗生素残留量检测方法 放射免疫受体筛选法：SN/T 1765—2006［S］. 北京：中国标准出版社，2006.

［26］中华人民共和国国家质量监督检验检疫总局. 进出口动物源性食品中磺胺类药物残留量的检测方法 酶联免疫吸附法：

SN/T 1960—2007[S]. 北京：中国标准出版社，2007.

[27]　中华人民共和国国家质量监督检验检疫总局. 进出口动物源食品中14种β-内酰胺类抗生素残留量检测方法 液相色谱-质谱/质谱法：SN/T 2050—2008[S]. 北京：中国标准出版社，2008.

[28]　中华人民共和国国家质量监督检验检疫总局. 进出口动物源性食品中β-内酰胺类药物残留检测方法 微生物抑制法：SN/T 2127—2008[S]. 北京：中国标准出版社，2009.

[29]　中华人民共和国国家质量监督检验检疫总局. 出口动物源食品中抗球虫药物残留量检测方法 液相色谱-质谱质谱法：SN/T 3144—2011[S]. 北京：中国标准出版社，2012.

[30]　中华人民共和国国家质量监督检验检疫总局. 出口猪肉、虾、蜂蜜中多类药物残留量的测定 液相色谱-质谱质谱法：SN/T 3155—2012[S]. 北京：中国标准出版社，2012.

[31]　中华人民共和国国家质量监督检验检疫总局. 出口动物源食品中多类禁用药物残留量检测方法 液相色谱-质谱质谱法：SN/T 3235—2012[S]. 北京：中国标准出版社，2013.

[32]　中华人民共和国国家质量监督检验检疫总局. 出口牛奶中β-内酰胺类和四环素类药物残留快速检测法 ROSA法：SN/T 3256—2012[S]. 北京：中国标准出版社，2013.

[33]　中华人民共和国国家质量监督检验检疫总局. 出口动物源性食品中磺胺类药物残留量的测定 免疫亲和柱净化-HPLC和LC-MSMS法：SN/T 4057—2014[S]. 北京：中国标准出版社，2013.

[34]　浙江省质量技术监督局. 动物源性食品中20种磺胺类药物残留的液相色谱串联质谱测定法：DB33/T 746—2009[S]. 2009.

[35]　吉林省卫生厅. 食品安全地方标准 动物源性食品中24种受体激动剂残留量的测定 液相色谱-串联质谱法：DBS22/004—2013[S]. 2013.

[36]　中华人民共和国国家质量监督检验检疫总局，中国国家标准化管理委员会. 水产品中孔雀石绿和结晶紫残留量的测定：GB/T 19857—2005[S]. 北京：中国标准出版社，2005.

[37]　中华人民共和国国家质量监督检验检疫总局，中国国家标准化管理委员会. 水产品中孔雀石绿和结晶紫残留量的测定 高效液相色谱荧光检测法：GB/T 20361—2006[S]. 北京：中国标准出版社，2006.

[38]　中华人民共和国国家质量监督检验检疫总局，中国国家标准化管理委员会. 鳗鱼及制品中十五种喹诺酮类药物残留量的测定 液相色谱-串联质谱法：GB/T 20751—2006[S]. 北京：中国标准出版社，2007.

[39]　中华人民共和国国家质量监督检验检疫总局，中国国家标准化管理委员会. 河豚鱼、鳗鱼中十八种磺胺类药物残留量的测定 液相色谱-串联质谱法：GB/T 22951—2008[S]. 北京：中国标准出版社，2009.

[40]　中华人民共和国国家质量监督检验检疫总局，中国国家标准化管理委员会. 河豚鱼、鳗鱼中土霉素、四环素、金霉素、强力霉素残留量的测定 液相色谱-紫外检测法：GB/T 22961—2008[S]. 北京：中国标准出版社，2009.

[41]　中华人民共和国国家质量监督检验检疫总局. 鳗鱼及其制品中磺胺类药物残留量测定方法 高效液相色谱法：SN/T 1965—2007[S]. 北京：中国标准出版社，2007.

[42]　中华人民共和国农业部. 水产品中土霉素、四环素、金霉素残留量的测定：SC/T 3015—2002[S]. 北京：中国标准出版社，2002.

[43]　中华人民共和国农业部. 水产品中孔雀石绿残留量的测定 液相色谱法：SC/T 3021—2004[S]. 北京：中国标准出版社，2004.

[44]　安徽省质量技术监督局. 水产品中孔雀石绿残留的检测——胶体金免疫层析法：DB34/T 2252—2014[S]. 2014.

[45]　福建省质量技术监督局. 水产品中喹诺酮类药物残留量的测定 高效液相色谱法：DB35/T 898—2009[S]. 2009.

[46]　中华人民共和国国家质量监督检验检疫总局，中国国家标准化管理委员会. 饲料中磺胺类药物的测定 高效液相色谱法：GB/T 19542—2007[S]. 北京：中国标准出版社，2007.

[47]　中华人民共和国国家质量监督检验检疫总局. 饲料中氟喹诺酮类药物含量的检测方法 液相色谱-质谱质谱法：SN/T 3649—2013[S]. 北京：中国标准出版社，2014.

[48]　河北省质量技术监督局. 饲料中土霉素、四环素、金霉素的测定：DB13/T 1384. 2—2011[S]. 2011.

[49]　河北省质量技术监督局. 饲料中20种磺胺类药物的测定：DB13/T 1384. 10—2011[S]. 2011.

[50]　浙江省质量技术监督局. 配合饲料中磺胺类药物的测定 高效液相色谱法：DB33/T 701—2008[S]. 2008.

[51]　安徽省质量技术监督局. 饲料中五种喹诺酮类药物的测定 液相色谱-串联质谱法：DB34/T 1998—2013[S]. 2013.

[52]　中华人民共和国国家质量监督检验检疫总局，中国国家标准化管理委员会. 蜂蜜中羟甲基糠醛含量的测定方法 液相

色谱－紫外检测法：GB/T 18932.18—2003[S]．北京：中国标准出版社，2004.

[53] 中华人民共和国国家质量监督检验检疫总局．饮料中棒曲霉素和5-羟甲基糠醛的测定方法 液相色谱－质谱法和气相色谱－质谱法：SN/T 1859—2007[S]．北京：中国标准出版社，2007.

[54] 中华人民共和国农业部．乳与乳制品中5－羟甲基糠醛含量的测定 高效液相色谱法：NY/T 1332—2007[S]．2007.

[55] 中华人民共和国农业部．鸡蛋中氟喹诺酮类药物残留量的测定 高效液相色谱法：农业部 781 号公告－6—2006[S]．2006.

[56] 中华人民共和国农业部．猪鸡可食性组织中四环素类残留检测方法 高效液相色谱法：农业部 958 号公告－2—2007[S]．2007.

[57] 中华人民共和国农业部．水产品中磺胺类药物残留量的测定 液相色谱法：农业部 958 号公告－12—2007[S]．2007.

[58] 中华人民共和国农业部．动物性食品中磺胺类药物残留检测 酶联免疫吸附法：农业部 1025 号公告－7—2008[S]．2008.

[59] 中华人民共和国农业部．动物性食品中氟喹诺酮类药物残留检测 酶联免疫吸附法：农业部 1025 号公告－8—2008[S]．2008.

[60] 中华人民共和国农业部．鸡肉、猪肉中四环素类药物残留检测 液相色谱－串联质谱法：农业部 1025 号公告－12—2008

[61] 中华人民共和国农业部．动物性食品中氟喹诺酮类药物残留检测 高效液相色谱法：农业部 1025 号公告－14—2008[S]．2008.

[62] 中华人民共和国农业部．动物源性食品中β－受体激动剂残留检测 液相色谱－串联质谱法：农业部 1025 号公告－18—2008[S]．2008.

[63] 中华人民共和国农业部．动物性食品中四环素类药物残留检测 酶联免疫吸附法：农业部 1025 号公告－20—2008[S]．2008.

[64] 中华人民共和国农业部．动物源食品中磺胺类药物残留检测 液相色谱－串联质谱法：农业部 1025 号公告－23—2008[S]．2008.

[65] 中华人民共和国农业部．饲料中 16 种β－受体激动剂的测定 液相色谱——串联质谱法：农业部 1029 号公告－1—2011[S]．2011.

[66] 中华人民共和国农业部．猪肝和猪尿中β－受体激动剂残留检测 气相色谱－质谱法：农业部 1031 号公告－3—2008[S]．2008.

[67] 中华人民共和国农业部．饲料中 13 种β－受体激动剂的检测 液相色谱－串联质谱法：农业部 1063 号公告－6—2008[S]．2008.

[68] 中华人民共和国农业部．饲料中 8 种β－受体激动剂的监测 气相色谱－质谱法：农业部 1063 号公告－7—2008[S]．2008.

[69] 中华人民共和国农业部．水产品中 17 种磺胺类及 15 种喹诺酮类药物残留量的测定 液相色谱－串联质谱法：农业部 1077 号公告－1—2008[S]．2008.

[70] 中华人民共和国农业部．饲料中 9 种磺胺类药物的测定 高效液相色谱法：农业部 1486 号公告－7—2010[S]．2010.

[71] 中华人民共和国农业部．饲料中氟喹诺酮类药物的测定 液相色谱－串联质谱法：农业部 2086 号公告－4—2014[S]．2014.

[72] 中华人民共和国农业部．饲料中磺胺类和喹诺酮类药物的测定 液相色谱——串联质谱法：农业部 2349 号公告－5—2015[S]．2015.

[73] 陈小锋，李瑞芳，刘曙照．对克伦特罗具有高特异性的酶联免疫吸附分析法研究[J]．分析化学，2013，41(6)：940－943.

[74] 王硕，李细芬，生威，等．增强化学发光酶免疫法对猪肉中盐酸克伦特罗的检测[J]．分析测试学报，2010，29(3)：215－219.

[75] 龚倩，郗存显，聂福平，等．猪肉中β－受体激动剂 AlphaLISA 检测方法的建立[J]．分析测试学报，2017，36(1)：117－121.

[76] 谢维平，黄盈煜，胡桂莲．气相色谱法直接测定动物组织中盐酸克仑特罗的残留量[J]．色谱，2003，21(2)：192.

[77] 臧李纳，湛社霞，孙世宏，等．DAD－FLD 串联 SPE－HPLC 测定肉制品中沙丁胺醇、莱克多巴胺和克仑特罗[J]．中

国卫生检验杂志，2012，22(5)：1006 - 1008.

[78] 朱永林，邵德佳. 气相色谱 - 质谱法同时测定猪肝中盐酸克伦特罗、莱克多巴胺残留[J]. 中国兽药杂志，2005(3)：129 - 137.

[79] 李延华，王伟军，张兰威，等. 试管扩散法与国标 TTC 法检测牛乳中 β - 内酰胺类抗生素残留[J]. 食品科学，2008 (6)：252 - 254.

[80] 姜侃，陈宇鹏，金燕飞，等. 应用酶联免疫法快速检测乳品中 β - 内酰胺类抗生素残留[J]. 中国乳品工业，2010(1)：51 - 54.

[81] 苏明明，肖姗姗，张瑜，等. 酶联免疫试剂盒检测牛血清中磺胺类药物残留[J]. 检验检疫学刊，2016(2)：17 - 19，30.

[82] 杨勇，罗奕，吴琳琳，等. 薄层色谱法测定牛奶、蜂蜜中 6 种氟喹诺酮类药物残留[J]. 江苏农业科学，2015(10)：380 - 383.

[83] 李晓雯，迟秋池，夏苏捷，等. 高效液相色谱 - 四极杆 - 飞行时间质谱法检测猪肉中 22 种磺胺类兽药残留[J]. 食品安全质量检测学报，2015(5)：1735 - 1742.

[84] LIU C, LING W, XU W, et al. Simultaneous determination of 20 beta - agonists in pig muscle and liver by high - performance liquid chromatography/tandem mass spectrometry [J]. Journal of Aoac International, 2011, 94(2)：420 - 427.

[85] 鲁立良，王远，郝家勇，等. 基质固相分散/高效液相色谱 - 串联质谱法分析肉肠中 4 种 β_2 - 受体激动剂残留[J]. 分析测试学报，2012，31(5)：535 - 540.

[86] 卢剑，武中平，车文军，等. 固相萃取 - 超高效液相色谱 - 串联质谱法测定祛痘化妆品中 4 种林可胺类化合物[J]. 香料香精化妆品，2015(3)：33 - 37.

[87] 张学亮，罗云敬，姜洁，等. 分子印迹固相萃取 - 超高效液相色谱 - 串联质谱法测定猪肉中 5 种 β_2 - 受体激动剂残留[J]. 色谱，2015，33(8)：838 - 842.

[88] XIONG L, GAO Y Q, LI W H, et al. Simple and sensitive monitoring of β_2 - agonist residues in meat by liquid chromatography - tandem mass spectrometry using a QuEChERS with preconcentration as the sample treatment [J]. Meat Science, 2015, 105：96 - 107.

[89] 蒋万枫，董诗竹，李钰. 气相色谱 - 串联质谱法测定动物组织中 6 种 β - 受体激动剂残留量研究[J]. 现代农业科技，2012(3)：33 - 34.

[90] 汪辉，彭新凯，王玉枝，等. 高效液相色谱 - 串联质谱法测定加工肉制品中莱克多巴胺及克伦特罗的含量[J]. 分析测试学报，2012，31(5)：509 - 516.

[91] 刘洪斌，李颖，姚喜梅，等. 羊奶及奶粉中 27 种 β - 受体激动剂类药物残留 UPLC-MS/MS 检测方法[J]. 食品工业科技，2017 (23)：214 - 220.

[92] 颜春荣，张波，方萍，等. 猪肉中 19 种 β - 受体激动剂的液相色谱串联四极杆 - 飞行时间质谱(Q - TOF)筛查和确证方法研究[J]. 分析试验室，2015(1)：35 - 39.

[93] 王谦，温凯，沈建忠. β - 内酰胺类抗生素残留分析的新型荧光检测物[J]. 中国兽医杂志，2016(5)：84 - 86，55.

[94] 李品艾，张会芬，张玲. UPLC 法同时测定猪肝中五种磺胺类药物与氯丙嗪残留量[J]. 中国当代医药，2010(20)：77 - 78，80.

[95] 任杨. 高效液相色谱 - 荧光检测法测定牛奶中 4 种氟喹诺酮类药物残留[J]. 饲料与畜牧，2017(20)：25 - 27.

[96] 李玲，赵晓磊，王璇，等. 分子印迹固相萃取高效液相色谱联用检测猪肉中的磺胺类兽药残留[J]. 食品工业科技，2017(19)：249 - 255.

[97] 杜玥，杨慧元，徐伟东. 液相色谱 - 串联质谱法测定猪肉中 23 种磺胺及其增效剂残留[J]. 药物分析杂志，2010(3)：471 - 478.

[98] 高洋洋，张朝晖，刘鑫，等. 超高效液相色谱 - 串联质谱法测定动物源性食品中的磺胺增效剂[J]. 色谱，2014(5)：524 - 528.

[99] 王盈予，夏曦，李晓薇，等. 超高效液相色谱 - 串联质谱法测定鸡皮及脂肪组织中抗球虫类药物残留[J]. 分析化学，2014，42(3)：409 - 414.

[100] 刘谦. 基质固相分散萃取 - 液相色谱串联质谱对肠衣中磺胺类药物残留的测定[J]. 中国动物检疫，2014(7)：97 - 100.

［101］王宏伟，杨春光，曹冬梅，等．LC-MS－MS 法检测牛奶中 14 种 β－内酰胺类兽药的残留量［J］．中国乳品工业，2015 (1)：39－43.

［102］杨盛茹，姚喜梅，丁长河，等．采用分散固相萃取－超高效液相色谱－串联质谱法同时测定鹌鹑蛋及肉中多种喹诺酮类药物残留［J］．河南工业大学学报：自然科学版，2017(4)：57－63.

［103］阚广磊，王小娟，魏洪涛，等．液相色谱－串联质谱法检测蜂蜜中 15 种喹诺酮类和 17 种磺胺类药物残留［J］．食品安全质量检测学报，2017(9)：3571－3578.

［104］杨梅，孙思，王安波，等．超高效液相色谱－串联质谱法测定猪肉中磺胺类药物残留量［J］．食品安全质量检测学报，2017(9)：3633－3638.

［105］陆苑，伍萍，杨淑婷，等．高效液相色谱－串联质谱法测定猪肉中氯霉素和五种磺胺类药物的残留量［J］．食品工业科技，2017(24)：259－263，267.

［106］ZHAO W. Chinese academy of inspection and quarantine［C］//Advanced Management Science (ICAMS)，2010 IEEE International Conference on IEEE，2010：430－433.

［107］EECKHAUT AV，LANCKMANS K，SARRE S，et al. Validation of bioanalytical LC-MS/MS assays：evaluation of matrix effects［J］．Journal of Chromatography B Analytical Technologies in the Biomedical & Life Sciences，2009，877(23)：2198.

［108］GONZ LEZ－ANTU A A，DOM NGUEZ－ROMERO J C，GARC A－REYES J F，et al. Overcoming matrix effects in electrospray：quantitation of β－agonists in complex matrices by isotope dilution liquid chromatography－mass spectrometry using singly (13)C－labeled analogues［J］．Journal of Chromatography A，2013，1288：40.

［109］ANASTASSIADES M，LEHOTAY S J. Fast and easy multiresidue method employing acetonitrile［J］．Journal of Aoac International，2003，86(2)：412.

［110］ABDALLAH H，ARNAUDGUILHEM C，JABER F，et al. Multiresidue analysis of 22 sulfonamides and their metabolites in animal tissues using quick，easy，cheap，effective，rugged，and safe extraction and high resolution mass spectrometry (hybrid linear ion trap－Orbitrap)［J］．Journal of Chromatography A，2014，1355：61－72.

［111］王立琦，贺利民，曾振灵，等．液相色谱－串联质谱检测兽药残留中的基质效应研究进展［J］．质谱学报，2011，32 (6)：321－332.

［112］宫向红，徐英江，任传博，等．HPLC 测定水产品中孔雀石绿、亚甲基蓝、结晶紫及其代谢物的残留量［J］．食品科学，2012，33(4)：144－147.

［113］谭慧，麦琦．酶联免疫分析法测定水产品中氯霉素残留量［J］．中国卫生检验杂志，2010，30(7)：1649－1650.

［114］KLINSUNTHORN N，PETSOM A，NHUJAK T. Determination of steroids adulterated in liquid herbal medicines using QuEChERS sample preparation and high－performance liquid chromatography［J］．Journal of Pharmaceutical and Biomedical Analysis，2011，55(5)：1175－1178.

［115］章红，易路遥，熊雯，等．QuEChERS－四极杆飞行时间高分辨质谱法快速筛查典型水产品中的喹诺酮类药物残留［J］．农产品质量与安全，2017(4)：70－74.

［116］吴仕辉，朱新平，郑光明，等．高效液相色谱法检测水产品中的孔雀石绿和结晶紫［J］．广东海洋大学学报，2009 (1)：54－57.

［117］彭宁，杨建荣，黄雪松．海参中十种磺胺类药物残留量的高效液相色谱检测［J］．食品工业科技，2010(4)：355－357.

［118］于辉，赵萍．快速溶剂萃取－高效液相色谱－紫外串联荧光检测法测定太平湖白鱼中 4 种氟喹诺酮类药物残留［J］．中国食品卫生杂志，2011(4)：322－325.

［119］洪波，曾春芳，高峰，等．高效液相色谱－紫外法测定水产品中四环素类、喹诺酮类抗生素残留［J］．湖南农业科学，2013(21)：81－84.

［120］向仲朝，岳蕴瑶，张婷，等．水产品中孔雀石绿和结晶紫及其代谢产物的高效液相色谱测定法［J］．中国卫生检验杂志，2014，24(6)：788－790.

［121］彭涛，李淑娟，储晓刚，等．高效液相色谱/串联质谱法同时测定虾中氯霉素、甲砜霉素和氟甲砜霉素残留量［J］．分析化学，2005，33(4)：463－466.

［122］李佐卿，倪梅林，俞雪钧，等．液相色谱－串联质谱法检测水产品中磺胺类和喹诺酮类药物残留［J］．分析测试学报，2007(4)：508－510，514.

[123] 王志杰，冷凯良，孙伟红，等．水产品中氯霉素、甲砜霉素和氟甲砜霉素残留量高效液相色谱－串联质谱内标测定方法的研究［J］．渔业科学进展，2009，30(2)：115－119.

[124] 洪武兴，孙良娟，刘益锋，等．液质联用法检测水产品中四环素类残留［J］．现代食品科技，2010，26(7)：756－758.

[125] 张爱芝，王全林，沈坚，等．超高效液相色谱－串联质谱法同时测定鱼制品中残留的7种性激素［J］．色谱，2010，28(2)：190－196.

[126] 祝颖，张虹．UPLC-MS/MS法同时检测水产品中喹诺酮类药物残留［J］．中国食品学报，2010，10(2)：206－213.

[127] 孙玉增，徐英江，刘慧慧，等．液相色谱－串联质谱法测定海产品中21种磺胺类药物残留［J］．食品科学，2010，31(2)：120－123.

[128] 李兵，程慧，占春瑞．高效液相色谱－串联质谱法测定鳗鱼中磺胺增效剂残留量［J］．理化检验(化学分册)，2010(11)：1348－1350.

[129] 朱世超，钱卓真，吴成业．水产品中7种大环内酯类抗生素残留量的HPLC-MS/MS测定法［J］．南方水产科学，2012(1)：54－60.

[130] 钱卓真，朱世超，魏博娟，等．高效液相色谱－串联质谱法测定水产品中19种喹诺酮类药物残留［J］．中国渔业质量与标准，2012，2(3)：68－76.

[131] 高玲，张丹，曹军，等．高效液相色谱－串联质谱法测定水产品中大环内酯类药物残留［J］．中国兽药杂志，2012(4)：29－33.

[132] 郭萌萌，谭志军，孙晓杰，等．液相色谱－串联质谱法同时测定水产品中三苯甲烷类、氯霉素类、磺胺类、氟喹诺酮类和四环素类渔药残留［J］．中国渔业质量与标准，2013，3(1)：51－58.

[133] 刘正才，杨方，林永辉，等．超高效液相色谱串联质谱法测定鳗鱼中大环内酯类和林可酰胺类抗生素残留量的研究［J］．福建分析测试，2010(3)：1－5.

[134] 宋凯，严忠雍，张小军，等．UPLC-MS－MS法检测水产品中亮绿、孔雀石绿和结晶紫及其代谢物［J］．安徽农业科学，2015，43(35)：164－166，169.

[135] 金钥，孙延斌，崔进，等．水产品中喹诺酮类和磺胺类兽药残留检测方法的建立［J］．食品研究与开发，2016(19)：122－127.

[136] 余丽梅，张聪，宋超，等．分散固相萃取－超高液相色谱/质谱测定水产品中磺胺类抗生素的残留量［J］．中国农学通报，2017(26)：128－135.

[137] 杨璐齐，李蓉，高永清，等．UPLC－Q－Orbitrap HRMS同时检测水产品中磺胺和喹诺酮类药物残留［J］．食品与机械，2017(8)：38－43.

[138] BOSCHER A, GUIGNARD C, PELLET T, et al. Development of a multi－class method for the quantification of veterinary drug residues in feeding stuffs by liquid chromatography－tandem mass spectrometry［J］. Journal of Chromatography A, 2010, 1217(41): 6394.

[139] SAMANIDOU V, EVAGGELOPOULOU E, TRO TZM ULLER M, et al. Multi－residue determination of seven quinolones antibiotics in gilthead seabream using liquid chromatography－tandem mass spectrometry［J］. Journal of Chromatography A, 2008, 1203(2): 115－123.

[140] 张志刚，施冰，陈鹭平，等．液相色谱法同时测定水产品中孔雀石绿和结晶紫残留［J］．分析化学，2006，34(5)：663－667.

[141] YI Y, BING S, JING Z, et al. Determination of the residues of 50 anabolic hormones in muscle, milk and liver by very－high－pressure liquid chromatography－electrospray ionization tandem mass spectrometry［J］. Journal of Chromatography B, 2009, 877(5－6): 489－496.

[142] SHAO B, ZHAO R, MENG J, et al. Simultaneous determination of residual hormonal chemicals in meat, kidney, liver tissues and milk by liquid chromatography－tandem mass spectrometry［J］. Analytica Chimica Acta, 2005, 548(1－2): 41－50.

[143] TSO J, AGA D S. A systematic investigation to optimize simultaneous extraction and liquid chromatography tandem mass spectrometry analysis of estrogens and their conjugated metabolites in milk［J］. Journal of Chromatography A, 2010, 1217(29): 4784－4795.

[144] 杨建武．饲料安全监管呼唤饲料立法(1)［J］．饲料广角，2007，12)：23－25，44.

[145] 中华人民共和国农业部畜牧业司．中华人民共和国农业部公告第176号［EB/OL］．(2008－04－16). http://

jiuban. moa. gov. cn/zwllm/zcfg/nybgz/200806/t20080606_ 1056925. htm.

[146] 中华人民共和国农业部兽医局. 中华人民共和国农业部公告第 193 号［EB/OL］.（2011 – 04 – 22）. http：// jiuban. moa. gov. cn/zwllm/tzgg/gg/201104/t20110422_ 1976324. htm.

[147] 中华人民共和国农业部畜牧业司. 中华人民共和国农业部公告第 1519 号［EB/OL］.（2011 – 01 – 13）. http：// www. moa. gov. cn/govpublic/XMYS/201101/t20110113_ 1806088. htm.

[148] 陈燕军. 对欧盟禁用动物抗生素添加剂的再思考［J］. 中国禽业导刊, 2006, 21）：9 – 10, 53.

[149] 张丽英, 王宗义, 尚彬如, 等. 气相色谱/质谱法同步检测饲料中 8 种 β – 受体激动剂［R］. 杭州：中国畜牧兽医学会动物营养学分会第八届全国会员代表大会暨第十次动物营养学术研讨会, 2008.

[150] 秦燕, 张美金, 林海丹, 等. 饲料中八种磺胺药物的高效液相色谱测定［J］. 分析测试学报, 2004, 23(4)：88 – 91.

[151] 程林丽, 张素霞, 沈建忠, 等. 饲料中三甲氧苄胺嘧啶的 HPLC 检测［J］. 分析测试学报, 2008, 27(1)：88 – 90.

[152] 王瑞国, 苏晓鸥, 王培龙, 等. 超高效液相色谱法测定饲料中苯乙醇胺 A［J］. 分析化学, 2013, 41(3)：389 – 393.

[153] 周殿芳, 陈建武, 彭婕, 等. UPLC 法检测渔用饲料中八种磺胺类药物残留的研究［J］. 化学通报, 2015(5)：467 – 470.

[154] 张小燕. 液相色谱法检测饲料中青霉素类残留量［J］. 轻工标准与质量, 2015(1)：53 – 54.

[155] 赵娟, 张可煜, 薛飞群, 等. 饲料中抗球虫药物——沙咪珠利的高效液相色谱内标检测法研究［J］. 中国饲料, 2016 (3)：32 – 35.

[156] 陈卿卿, 金迁, 林灵超. 固相萃取 – 高效液相色谱法同时测定饲料中 4 种磺胺类药物残留［J］. 化学分析计量, 2017 (3)：84 – 87.

[157] 秦燕, 张美金, 林海丹. 高效液相色谱 – 电喷雾串联质谱法测定动物饲料中的 10 种磺胺［J］. 色谱, 2005, 23(4)： 397 – 400.

[158] 李丹妮, 严凤, 张文刚, 等. 液质串联法测定饲料中 16 种 β – 受体激动剂［J］. 饲料研究, 2011(12)：43 – 47.

[159] 应永飞, 朱聪英, 陈慧华, 等. 多壁碳纳米管分散固相萃取结合 LC-MS/MS 测定饲料中 11 种 β – 受体激动剂［J］. 中国畜牧杂志, 2013(9)：68 – 73.

[160] 李佩佩, 张小军, 梅光明, 等. 超高效液相色谱 – 串联质谱法检测渔用饲料中氯霉素类药物［J］. 中国渔业质量与标准, 2013, 3(3)：44 – 50.

[161] 周鹏, 林钦, 黄红霞, 等. 稳定同位素稀释超高效液相色谱 – 串联质谱法测定饲料中24 种禁用兽药含量［J］. 分析化学, 2014, 42(2)：233 – 238.

[162] 张伟, 彭麟, 江善祥. 超高效液相色谱 – 串联质谱法测定畜禽饲料中氯霉素类药物含量［J］. 南京农业大学学报, 2015, 38(3)：453 – 458.

[163] 张凌燕, 郭平, 万建春. 高效液相色谱 – 串联质谱法检测猪用饲料中 4 种四环素类抗生素含量的研究［J］. 饲料研究, 2015(15)：50 – 53.

[164] 郝向洪, 初惠君, 徐彦军. 液相色谱 – 串联质谱法测定饲料中氟喹诺酮类药物［J］. 中国饲料, 2015(7)：32 – 34, 39.

[165] 封家旺, 李封赛, 顾庆云, 等. 高效液相色谱 – 串联质谱法测定饲料中 6 种氟喹诺酮类兽药残留［J］. 畜牧与兽医, 2015, 47(3)：101 – 103.

[166] 彭玉芬, 蔡杰, 蔡勤仁, 等. 固相萃取/UPLC-MS/MS 法检测饲料中 18 种喹诺酮类药物的研究［J］. 中国兽药杂志, 2016, 50(12)：51 – 58.

[167] 贾涛, 刘辉. 液相色谱 – 串联质谱法同时检测饲料中 13 种 β – 受体激动剂［J］. 饲料研究, 2014(3)：55 – 57, 67.

[168] 薛瑞婷, 李栋, 王改芳. 动物饲料中常用磺胺药物的检测方法［J］. 中国畜牧兽医文摘, 2015, 31(12)：50 – 51.

[169] 林欣, 孙良娟, 王浪, 等. 液相色谱 – 质谱/质谱法检测饲料中四环素类药物残留［J］. 粮食与饲料工业, 2016(9)： 61 – 63.

[170] 韩镌竹, 杨文腰, 玄兵, 等. 超高效液相色谱 – 串联质谱法同时测定饲料中 6 种大环内酯及林可胺类抗生素残留［J］. 现代畜牧兽医, 2017(7)：1 – 9.

[171] 陶娅, 郭文欣, 李蕊, 等. 超高效液相色谱 – 串联质谱法测定饲料中四环素类药物及其异构体［J］. 农产品质量与安全, 2017(6)：65 – 68.

[172] 周鑫, 张建雄, 李继丰, 等. 超高效液相色谱串联质谱法测定饲料中 7 种氟喹诺酮类药物［J］. 养殖与饲料, 2018 (1)：4 – 6.

[173] 严凤, 李丹妮, 吴剑平, 等. 超高效液相色谱－四级杆－静电场轨道肼高分辨质谱筛查测定饲料中 19 种磺胺类药物 [J]. 中国兽药杂志, 2016, 50(2): 29–36.

[174] 姚凤花, 冯永巍. 高效液相色谱串联飞行时间质谱法快速检测饲料中多种 β－受体激动剂 [J]. 粮食与饲料工业, 2013(1): 62–64.

[175] EC. Commission Decision 2002/657/EC of 12 August 2002. European Communites. [S]. 2002,

[176] 蓝芳, 张毅, 岳振峰, 等. 液相色谱－四极杆/飞行时间质谱快速筛查饲料中 36 种违禁药物 [J]. 分析测试学报, 2012, 31(12): 1471–1478.

[177] 孙良娟, 李红权, 梁锋, 等. 高效液相色谱串联质谱法同时测定饲料中 4 种硝基呋喃类抗生素 [J]. 分析测试学报, 2013, 32(8): 978–982.

[178] 沈参秋. 糖品物色香味化学 [M]. 广州: 华南理工大学出版社, 1994.

[179] 高静辉. 炼油废水中糠醛含量的测定研究 [J]. 辽宁化工, 2002, 31(8): 358–359.

[180] 吴惠勤, 张桂英, 黄芳, 等. 酱油中 3－氯－1,2－丙二醇的气相色谱－质谱分析 [J]. 分析化学, 2003, 31(3): 345–347.

[181] 谢萍. 大口径毛细管柱气相色谱法测定工业糠醛含量 [J]. 分析测试学报, 1995, 14(3): 54–57.

[182] 张燕, 郭天鑫, 于姣, 等. 离子交换固相萃取高效液相色谱联用法检测食品中的 5－羟甲基糠醛 [J]. 食品科学, 2010, 31(18): 212–215.

[183] 吴惠勤, 林晓珊, 黄芳, 等. 气相色谱－质谱法鉴定中毒病人血液中的有毒物质 [J]. 质谱学报, 2005, 26(2): 96–98.

[184] 袁建平, 郭祀远, 李琳. 高效液相色谱法同时测定食品和药品中的糖及其降解产物 5－羟甲基糠醛 [J]. 分析化学, 1996, 24(1): 57–60.

[185] 杨朝霞, 李梅, 董建军, 等. 高效液相色谱同时测定啤酒中的 5－羟甲基糠醛和糠醛[J]. 酿酒科技, 2006(9): 88–90.

[186] 吴榕, 孟瑾, 韩奕奕. 高效液相色谱法测定牛乳中的 5－羟甲基糠醛 [J]. 食品工业, 2006(4): 49–51.

[187] 王妙飞, 张水华, 郭新东, 等. 高效液相色谱法测定酱油中的 5－羟甲基糠醛[J]. 现代食品科技, 2008, 24(2): 188–190.

[188] 高夫超, 崔长日, 魏月, 等. 高效液相色谱法测定蜂王浆中 6 种糠醛类物质含量 [J]. 食品安全质量检测学报, 2014, 5(11): 3603–3609.

[189] 汪辉, 黎瑛, 夏立新, 等. 高效液相色谱法测定葡萄干中糠醛类物质 [J]. 理化检验(化学分册), 2014, 50(11): 1377–1381.

[190] 张玉荣, 王瑞忠, 鲁静. 药用蜂蜜中 5－羟甲基糠醛的限量检查方法研究 [J]. 药物分析杂志, 2018(2): 326–330.

[191] 施祖灏, 张小燕, 卜士金, 等. 高效液相色谱－串联质谱法检测鸡肉中 9 种化学合成类抗球虫药多残留[J]. 色谱, 2012(9): 883–888.

5　保健食品中安全风险物质检测方法

近年来，保健食品行业在我国形成了一个规模庞大的产业。然而由于该行业发展过快、过热，呈现出较为混乱的局面，一些不法商家为了吸引消费者，牟取暴利，故意夸大疗效，在产品中随意添加见效快、副作用大的化学药，为消费者埋下了健康隐患。目前，保健食品中非法添加化学药的情形主要集中在如下五大类保健品中：补肾壮阳类、减肥类、降血糖类、降血压类、降血脂类。其添加化学药的品种除了常见的治疗西药外，还有自行合成的类似物、衍生物，品种错综复杂，并且不断有新的化合物出现。相关管理部门对此类现象已经加大监管和惩治力度，取得了一定的效果。但是由于标准的缺陷以及相关检测技术支撑不够，容易导致漏检，因此需要更多更有效的方法作为技术支撑。本章对上述五大类保健食品中非法添加的化学药进行了系统分析，并对已发现的化学药建立了液相色谱－串联质谱多项同时筛查方法。

5.1　补肾壮阳类保健食品非法添加化学药检测方法

"补肾壮阳"这个名称来源于我国传统中医，是一种从中医学角度治疗"阳痿"的疗法，需要结合身体五脏六腑的症状来辨证论治，并采用多种中药复配治疗，且周期长，一般疗程为 2 周以上，无毒副作用，属于治本疗法。针对阳痿类疾病，西医称之为"勃起功能障碍"（ED），一般采用西药磷酸二酯酶－5（PED－5）抑制剂来治疗，几小时内见效，但是毒副作用大，只能治标。中医和西药疗效的差别，以及消费者对产品追求立竿见影的心理，使得不法商家有机可乘，他们往往宣称是纯中药，实际上在其中添加了化学药。早期这类化学药多数被添加在保健品中，近几年来随着保健品市场监管力度的加大，这些物质又被添加到食品中，例如糖果、咖啡、酒类、固体饮料等等。壮阳类化学药的非法添加，一直以来是非法添加的重灾区，屡禁不止，不法商家为了逃避检验，不断合成新的类似物，几乎每年都有新的化合物出现，迄今为止已经报道过的此类化合物达 80 多种，综合分析这些化合物化学结构，基本都与西地那非、伐地那非、他达拉非这几种化合物类似，都是采用相同的中间体，经过不同基团取代后合成的。这些化学药多被添加在中草药或复杂的食品基质中，利用复杂基质增加其隐蔽性，给此类非法添加化学药的检测带来极大的困难。本节主要解析壮阳类化学药的主要特征及相关检测方法。

5.1.1　壮阳类化学药概述

壮阳类化学药包括：PED－5 抑制剂、蛋白同化制剂、肾上腺素受体阻滞剂、多巴胺（DA）受体激动剂和天然前列腺素（PG）类，本实验室总结多年来客户送检样品的检出情况以及有关文献报道，发现最为常见且品种最多的还是 PED－5 抑制剂。本节主要介绍近年来已经报道过的壮阳类化学药成分、药理作用和毒副作用。

5.1.1.1　化学成分及理化性质

PED－5 抑制剂类化合物大部分在甲醇中溶解，部分在甲醇中微溶，在二氯甲烷和二甲基甲酰胺中溶解，根据其分子结构进行分类，大致可分为 5 类：

（1）西地那非类，如西地那非、去甲西地那非、羟基豪莫西地那非、豪莫西地那非、羟基硫代豪莫西地那非、那莫西地那非、硫基西地那非等。

（2）伐地那非类，如伐地那非、伪伐地那非、乙酰伐地那非、阿伐那非、羟基伐地那非、羟基硫代伐地那非等。

（3）他达拉非类，如他达拉非、氨基他达拉非、N－去甲基他达拉非、辛基他达拉非、氯丁他达拉非、乙基他达拉非、乙酰氨基他达拉非、2－丙醇他达拉非、5－羟基糠醛氨基他达拉非、正丁基他达拉非等。

（4）红地那非类，如红地那非、羟基红地那非、那莫红地那非、去乙基红地那非、二乙酰胺红地那非、去甲基红地那非、二甲基红地那非、氧代红地那非等。

（5）爱地那非类，如爱地那非、丙氧酚爱地那非、爱地酸、丙氧酚硫代爱地那非、硫代爱地那非等。

分析已经报道过的 PED－5 抑制剂类化合物，有些成分为同分异构体，有些成分不同作者给其命名不同但实为同一物质，归纳起来总计 72 种，其名称和分子结构信息见表 5－1。

表 5－1　壮阳类化学药名称及结构信息

序号	化合物中英文名	CAS 号	分子式	精确质量数	化学结构式	lgP	熔点/℃
1	育亨宾 Yohimbe	146－48－5	$C_{21}H_{26}N_2O_3$	354.1943	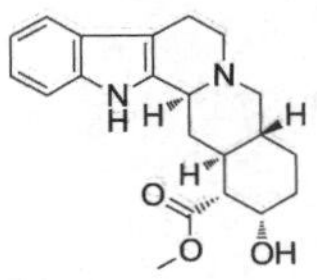	2.73	213.50
2	羟基伐地那非 Hydroxy vardenafil	224785－98－2	$C_{23}H_{32}N_6O_5S$	504.2155	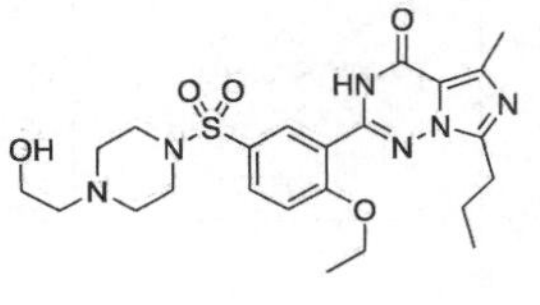	—	—
3	N－去乙基伐地那非 N-Desethyl vardenafil	448184－46－1	$C_{21}H_{28}N_6O_4S$	460.1893	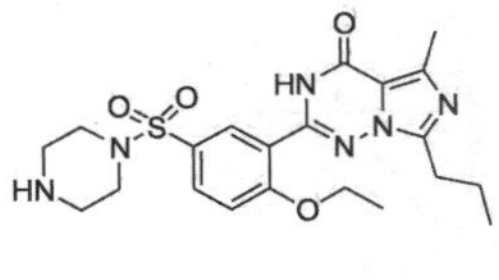	—	—
4	爱地那非 Methisosildenafil（Aildenafil/Dimethyl sildenafil）	496835－35－9	$C_{23}H_{32}N_6O_4S$	488.2206	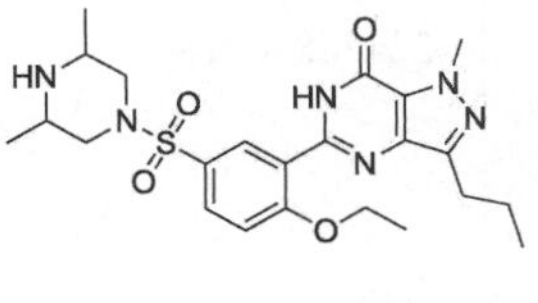	—	—
5	羟基红地那非 Hydroxy acetildenafil	147676－56－0	$C_{25}H_{34}N_6O_4$	482.2642	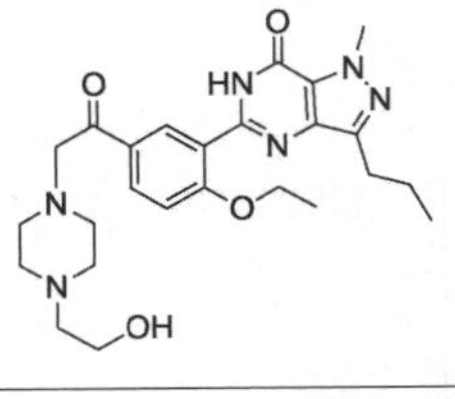	—	129～132
6	那莫红地那非 Noracetidenafil	949091－38－7	$C_{24}H_{32}N_6O_3$	452.2536	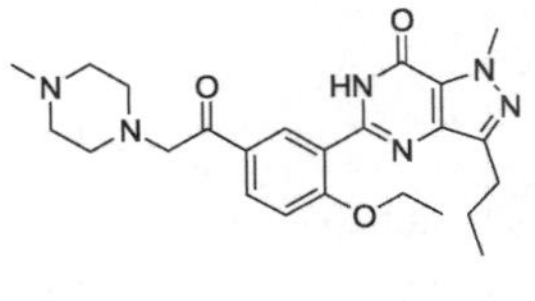	—	135～139

（续表 5 - 1）

序号	化合物中英文名	CAS 号	分子式	精确质量数	化学结构式	lgP	熔点/℃
7	红地那非 Acetildenafil	831217 - 01 - 7	$C_{25}H_{34}N_6O_3$	466. 2692	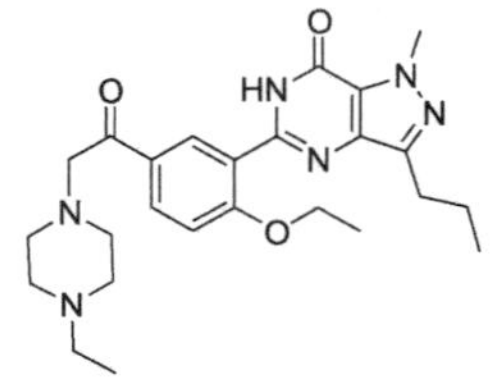	—	131～133
8	Piperiacetildenafil	147676 - 50 - 4	$C_{24}H_{31}N_5O_3$	437. 2427	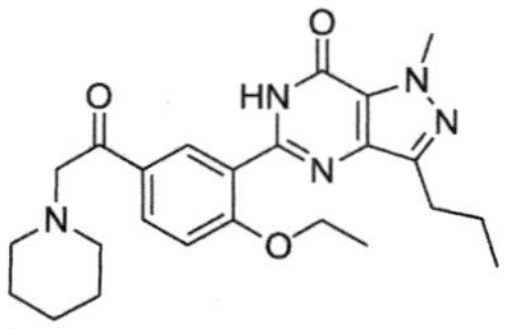	—	151～152
9	羟基豪莫西地那非 Hydroxy-homosildenafil	139755 - 85 - 4	$C_{23}H_{32}N_6O_5S$	504. 2155	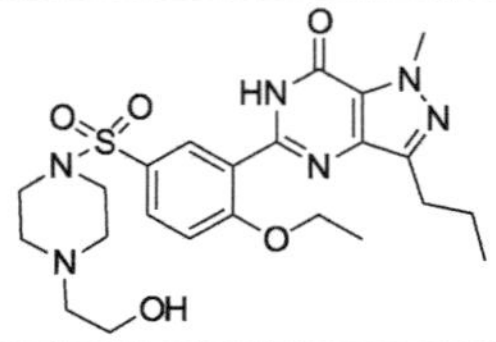	—	183～185
10	去甲西地那非 Desmethyl sildenafil	139755 - 82 - 1	$C_{21}H_{28}N_6O_4S$	460. 1893	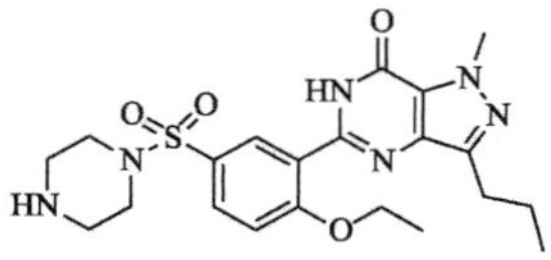	2.09	158～160
11	西地那非 Sildenafil	139755 - 83 - 2	$C_{22}H_{30}N_6O_4S$	474. 2049	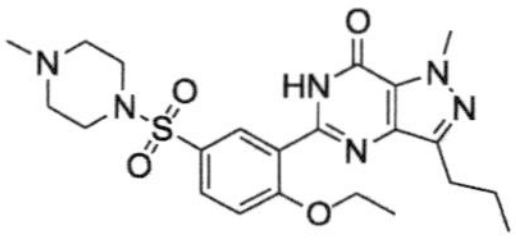	2.30	187～189
12	伐地那非 Vardenafil	224785 - 91 - 5	$C_{23}H_{32}N_6O_4S$	488. 2206	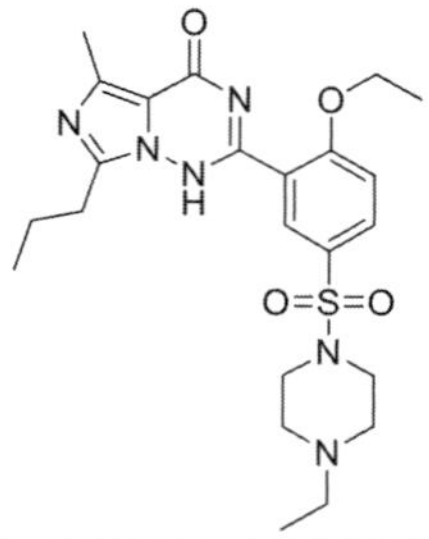	—	214～216
13	豪莫西地那非 Homosildenafil	642928 - 07 - 2	$C_{23}H_{32}N_6O_4S$	488. 2206	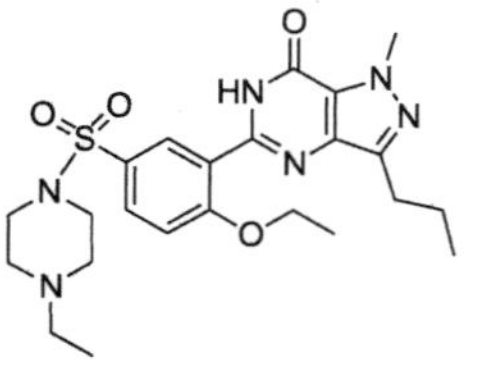	—	192～194
14	乌地那非 Udenafil	268203 - 93 - 6	$C_{25}H_{36}N_6O_4S$	516. 2519	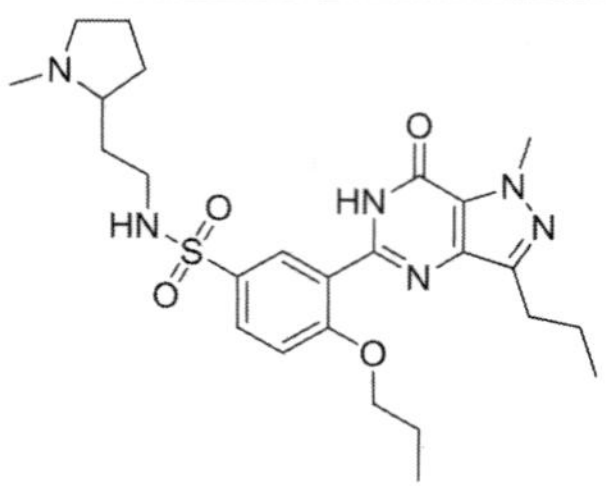	—	152～159

（续表 5 - 1）

序号	化合物中英文名	CAS 号	分子式	精确质量数	化学结构式	lgP	熔点/℃
15	氨基他达拉非 Aminotadalafil	385769 - 84 - 6	$C_{21}H_{18}N_4O_4$	390.1328	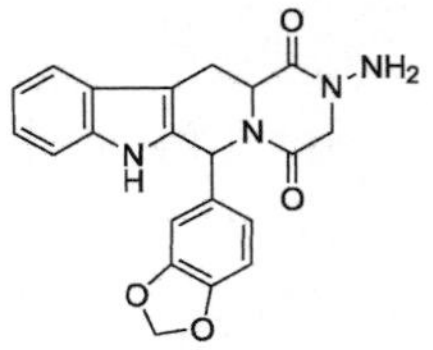	—	259～261
16	N-去甲基他达拉非 N-Desmethyl tadalafil	171596 - 36 - 4	$C_{21}H_{17}N_3O_4$	375.1219	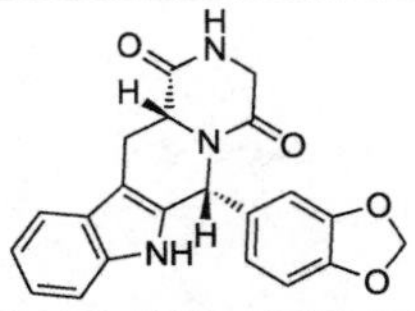	—	285～290
17	那非乙酰酸 Acetil-acid	—	$C_{18}H_{20}N_4O_4$	356.1485	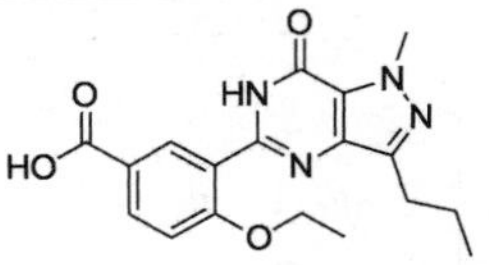	—	—
18	他达拉非 （西力士） Tadalafil （Cialis）	171596 - 29 - 5	$C_{22}H_{19}N_3O_4$	389.1375	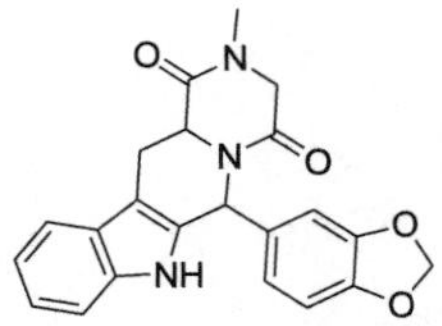	0.04	276～279
19	苯酰胺那非 Xanthoanthrafil	1020251 - 53 - 9	$C_{19}H_{23}N_3O_6$	389.1587	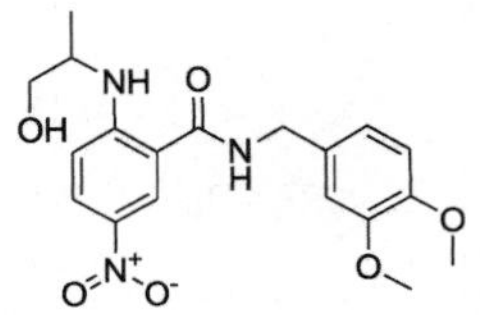	2.65	154～156
20	庆地那非 Gendenafil	147676 - 66 - 2	$C_{19}H_{22}N_4O_3$	354.1692	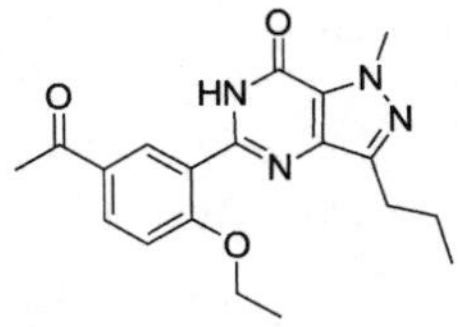	3.51	190～193
21	硫代爱地那非 Thioaildenafil	856190 - 47 - 1	$C_{22}H_{30}N_6O_3S_2$	490.1821	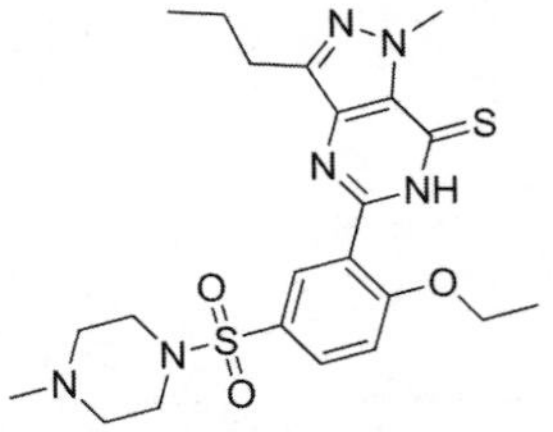	—	370.6±34.3
22	羟基硫代豪莫西地那非 Hydroxythio-homosildenafil	479073 - 82 - 0	$C_{23}H_{32}N_6O_4S_2$	520.1926	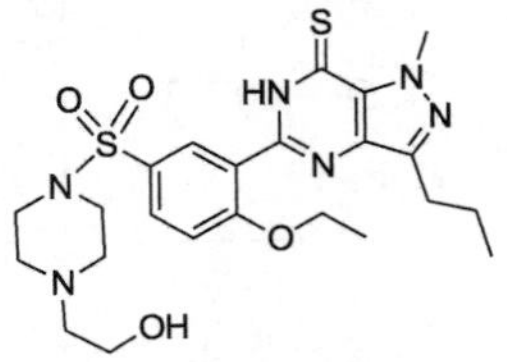	—	174～177
23	硫代豪莫西地那非 Thiohomosildenafil	479073 - 80 - 8	$C_{23}H_{32}N_6O_3S_2$	504.1977	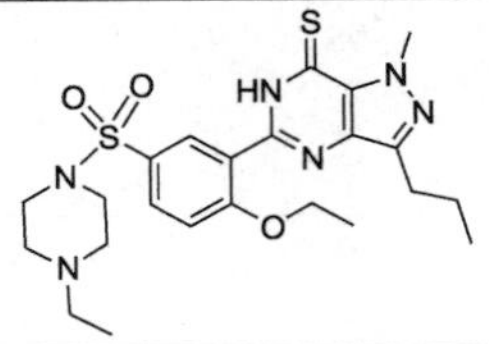	—	178～180

（续表5-1）

序号	化合物中英文名	CAS 号	分子式	精确质量数	化学结构式	lgP	熔点/℃
24	那莫西地那非 Norneosildenafil	371959－09－0	$C_{22}H_{29}N_5O_4S$	459.1940		4.07	190～193
25	氯丁他达拉非 Chloropretadalafil	171489－59－1	$C_{22}H_{19}ClN_2O_5$	426.0983		2.58	215～218℃
26	硫基西地那非 Thiosildenafil	479073－79－5	$C_{22}H_{30}N_6O_3S_2$	490.1821		0.93	172～174
27	Imidazosagatriazinone	139756－21－1	$C_{17}H_{20}N_4O_2$	312.1586		—	—
28	伪伐地那非 Pseudovardenafil	224788－34－5	$C_{22}H_{29}N_5O_4S$	459.1940		4.25	181～183
29	阿伐那非 Avanafil	330784－47－9	$C_{23}H_{26}ClN_7O_3$	483.1786			150～152
30	米罗那非 Mirodenafil	862189－95－5	$C_{26}H_{37}N_5O_5S$	531.2515		—	—
31	酚妥拉明 Phentolamine	50－60－2	$C_{17}H_{19}N_3O$	281.1528		—	—
32	西地那非杂质 C Desethyl sildenafil	139755－91－2	$C_{20}H_{26}N_6O_4S$	446.1736		—	—

序号	化合物中英文名	CAS 号	分子式	精确质量数	化学结构式	lgP	熔点/℃
33	西地那非杂质 A Isobutyl sildenafil	1391053 - 95 - 4	$C_{23}H_{32}N_6O_5S^-$	504.2160		—	—
34	西地那非二聚物杂质 Sildenafil dimerimpurity	1346602 - 67 - 2	$C_{38}H_{46}N_{10}O_8S_2$	834.2942		—	—
35	N-辛基去甲他达拉非 N-Octyl nortadalafil	1173706 - 35 - 8	$C_{29}H_{33}N_3O_4$	486.2393		—	—
36	Chlorodenafil	1058653 - 74 - 9	$C_{19}H_{21}ClN_4O_3$	388.1302		—	—
37	N - 乙基他达拉非 N-Ethyltadalafil	1609405 - 34 - 6	$C_{23}H_{21}N_3O_4$	403.1532		—	—
38	去碳西地那非 Descarbonsildenafil	1393816 - 99 - 3	$C_{21}H_{30}N_6O_4S$	462.2049		—	154～158
39	二乙酰胺红地那非 Dioxoacetildenafil	—	$C_{25}H_{30}N_6O_5$	494.2278		—	—
40	乙酰伐地那非 Acetylvardenafil	1261351 - 28 - 3	$C_{25}H_{34}N_6O_3$	466.2692		—	—

（续表5-1）

序号	化合物中英文名	CAS号	分子式	精确质量数	化学结构式	lgP	熔点/℃
41	酮红地那非 （氧代红地那非） Oxohongdenafil	1446144-70-2	$C_{25}H_{32}N_6O_4$	480.2485	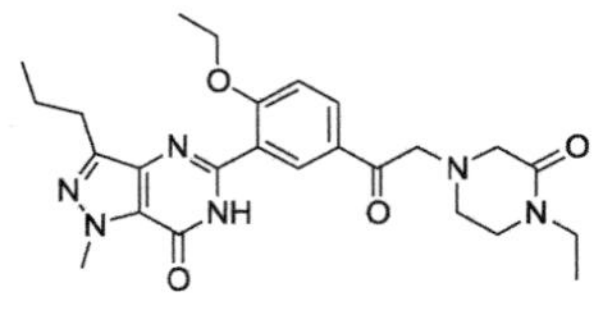	—	—
42	丙氧酚爱地那非 Propoxyphenyl aildenafil	1391053-82-9	$C_{24}H_{34}N_6O_4S$	502.2362	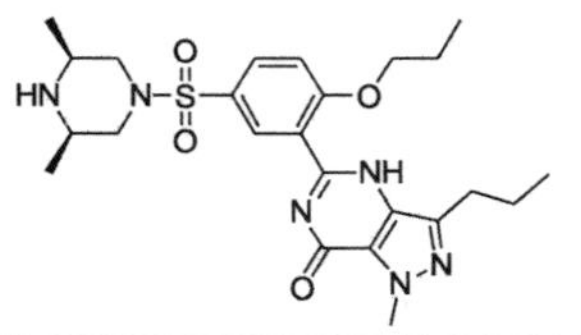	—	—
43	西地那非氯磺酰 Sildenafil chlorosulfonyl	—	$C_{17}H_{19}ClN_4O_4S$	410.0816	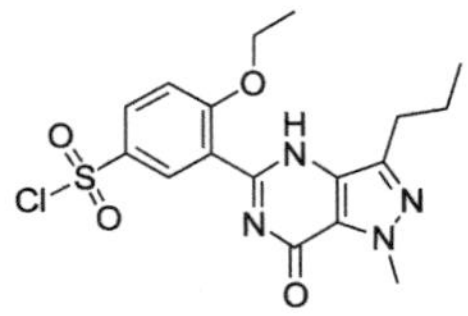	—	198～200
44	N-去乙基红地那非 N-Desmethyl acetildenafil	147676-55-9	$C_{23}H_{30}N_6O_3$	438.2379	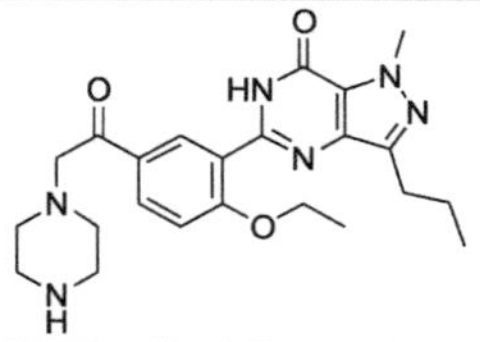	—	62～64
45	卡巴地那非 Carbodenafil	944241-52-5	$C_{24}H_{32}N_6O_3$	452.2536	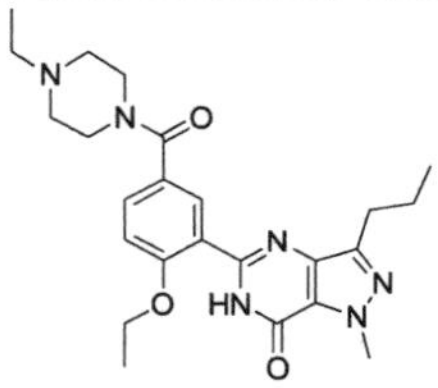	—	—
46	桂地那非 Cinnamyldenafil	1446089-83-3	$C_{32}H_{38}N_6O_3$	554.3005	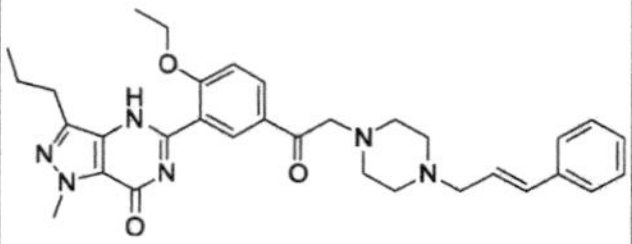	—	—
47	Isopiperazinonafil	—	$C_{25}H_{34}N_6O_4$	482.2642	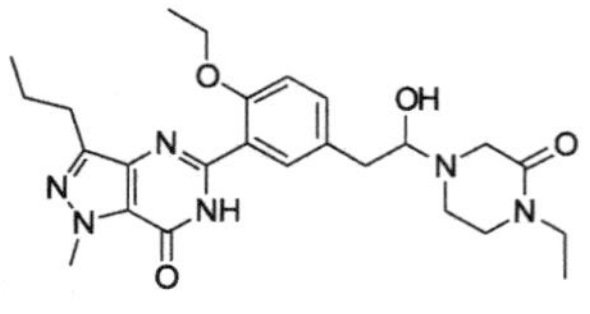	—	—
48	硝地那非 Nitrodenafil	147676-99-1	$C_{17}H_{19}N_5O_4$	357.1437	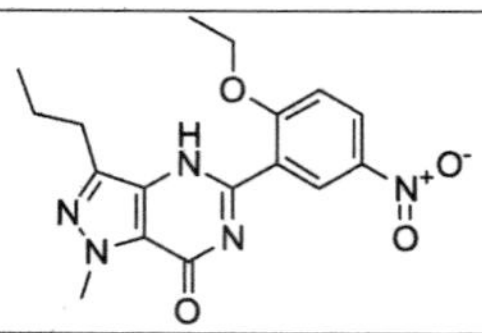	—	—
49	哌唑那非 Piperazinonafil	1335201-04-1	$C_{25}H_{34}N_6O_4$	482.2642	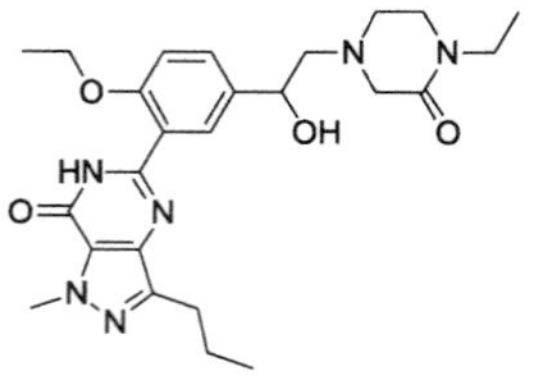	—	—

（续表 5 - 1）

序号	化合物中英文名	CAS 号	分子式	精确质量数	化学结构式	lgP	熔点/℃
50	Nitrosoprodenafil	1266755 - 08 - 1	$C_{27}H_{35}N_9O_5S_2$	629. 2203	—	—	—
51	亚硝地那非 Muta-prodenafil	1387577 - 30 - 1	$C_{27}H_{35}N_9O_5S_2$	629. 2203	—	—	—
52	乙酰氨基他达拉非 Acetaminotadalafil	1446144 - 71 - 3	$C_{23}H_{20}N_4O_5$	432. 1434	—	—	—
53	苄基西地那非 Benzylsidenafil	1446089 - 82 - 2	$C_{28}H_{34}N_6O_4S$	550. 2362	—	—	—
54	去哌嗪硫代西地那非 Depiperazino- thiosildenafil	1353018 - 10 - 6	$C_{17}H_{20}N_4O_4S_2$	408. 0926	—	—	—
55	二甲基红地那非 Dimethylacetildenafil	1290041 - 88 - 1	$C_{25}H_{34}N_6O_3$	466. 2692	—	—	—
56	2 - 羟丙基去甲他 达拉非 Hydroxypropy- lnortadalafil	1353020 - 85 - 5	$C_{24}H_{23}N_3O_5$	433. 1638	—	—	—
57	羟基硫代伐地那非 Hydroxythiovar- denafil	912576 - 30 - 8	$C_{23}H_{32}N_6O_4S_2$	520. 1927	—	—	—
58	5 - 羟基糠醛氨基 他达拉非 5-Hydroxymethyl- furfural aminotadalafil	—	$C_{27}H_{22}N_4O_6$	498. 1539	—	—	—

（续表 5 - 1）

序号	化合物中英文名	CAS 号	分子式	精确质量数	化学结构式	lgP	熔点/℃
59	N－正丁基他达拉非 N-Buylnortadalafil	171596 - 31 - 9	$C_{25}H_{25}N_3O_4$	431.1845	—	—	—
60	丙氧酚羟基豪莫西地那非 Proxyphenyl hydroxyhomosildenafil	139755 - 87 - 6	$C_{24}H_{34}N_6O_5S$	518.2311	—	—	—
61	丙氧酚西地那非 Propoxyphenyl sidenafil	877777 - 10 - 1	$C_{23}H_{32}N_6O_4S$	488.2206	—	—	—
62	丙氧酚硫代爱地那非 Propoxyphenyl thioaildenafil	856190 - 49 - 3	$C_{24}H_{34}N_6O_3S_2$	518.2134	—	—	—
63	丙氧酚硫代羟基豪莫西地那非 Propexyphenyl thiohydroxyhomosildenafil	479073 - 90 - 0	$C_{24}H_{34}N_6O_4S_2$	534.2083	—	—	—
64	反式氨基他达拉非 (+)-Trans-aminotadalafil	—	$C_{21}H_{18}N_4O_4$	390.1328	—	—	—
65	他达拉非杂质 D Tadalafil imprutity D	—	$C_{22}H_{18}N_3O_4Cl$	423.0986	—	—	—
66	他达拉非杂质 B Tadalafil impurity B	951661 - 82 - 8	$C_{20}H_{19}N_3O_3$	349.1426	—	—	—
67	二代西地那非 Sildenafil 2nd	—	$C_{21}H_{29}N_5O_6S$	479.1839	—	—	—

序号	化合物中英文名	CAS 号	分子式	精确质量数	化学结构式	lgP	熔点/℃
68	去甲基哌嗪西地那非磺酸 Demethylpiperazinyl sildenafil sulfonic acid	1357931 - 55 - 5	$C_{17}H_{20}N_4O_5S$	392.1154	—	—	—
69	二代硫去甲基卡巴地那非 Dithiodesmethyl-carbodenafil	1333233 - 46 - 7	$C_{23}H_{30}N_6OS_2$	470.1923	—	—	—
70	羟基氯地那非 Hydroxychlorode-nafil	1391054 - 00 - 4	$C_{19}H_{23}N_4O_3Cl$	390.1459	—	—	—
71	硫喹哌非 Thioquinapiperifil	220060 - 39 - 9	$C_{24}H_{28}N_6OS$	448.2045	—	—	—
72	去甲基卡巴地那非 Desmethyl carbodenafil	147676 - 79 - 7	$C_{23}H_{30}N_6O_3$	438.2379	—	—	—

5.1.1.2 药理作用

西地那非、他达拉非、伐地那非是 20 世纪 90 年代美国批准上市的 3 种药物，2014 年新批上市的阿伐那非是第 4 个 PDE - 5 抑制剂，用于改善男性勃起功能障碍。壮阳类化学药的作用机理均为 PDE - 5 的选择性抑制，能够通过抑制海绵体内环单磷酸鸟苷（cGMP）的降解，增加海绵体内 cGMP 的水平，松弛平滑肌，血液流入海绵体，利于阴茎勃起。临床研究证明，西地那非对多种疾病伴勃起功能障碍均有效。有文献报道，西地那非局部应用可有效治疗肛裂；另有研究报道它还可以用于治疗肺动脉高压。

5.1.1.3 毒副作用

壮阳类化学药均具有不同程度毒副作用，如头晕头痛、面部充血、鼻塞、眼睛充血、视力下降，严重的会引起血尿、血精、异常勃起、震颤、虚脱，原患有前列腺炎、前列腺增生者则会加重病情，严重者会导致血压骤降而引起心脏病发作，甚至造成生命危险。

5.1.2 相关标准方法

目前执行的标准有进出口标准《出口保健食品中育亨宾、伐地那非、西地那非、他达那非的测定 液相色谱 - 质谱法》（SN/T 4054—2014），此标准规定了保健品中 4 种化学药的测定方法；另有国家食品药品监督管理总局（简称食药总局）发布的 2017 年第 138 号文件《保健食品中 75 种非法添加化学药物的检测》和药品检验补充检验方法和检验项目批准件《补肾壮阳类中成药中 PDE - 5 型抑制剂的快速检测方法》（编号 2009030），两个标准方法所包含的成分均为：那莫红地那非、红地那非、伐地那非、羟基豪莫西地那非、西地那非、豪莫西地那非、氨基他达拉非、他达拉非、硫代爱地那非、伪伐地那非和那莫西地那非，一共 11 项化学药。

5.1.3 检测方法综述

现有法规方法能为监管提供一定的技术支撑，但实际不法商家均能避开这些成分而添加法规以外的成分，这就给监管留下了漏洞，有不少文献报道了其他的测试方法以及其他的化学药品种。本实验室综合文献所报道方法，归纳壮阳类化合物的检测方法如下。

1. 化学反应法

广东省药品检验所朱炳辉等发明了一种化学反应快速检测法，随后又生产出相应的快筛检测试剂盒。该方法分析成本低、操作简单、使用安全，不需要专门的检测设备，但是该试剂盒只能筛查出含有那非和拉非两大类化合物，对于硫代类及其他结构类型的化合物则检测不出，存在漏检的可能。

2. 近红外光谱法（NIR 法）

NIR 法是通过测定被测物质在近红外光谱区的特征光谱，并利用适宜的化学计量学方法提取相关信息后，对被测物质进行定性、定量分析的一种分析技术。周嵩煜等建立的 NIR 应急检验方法，简单、易操作，不破坏样品，但是该方法准确率不高，仅为 60%，阳性样品还需进一步采用液相色谱－质谱法确证。

3. 解吸附电晕束电离质谱法（DCBI－MS 法）

作为新型敞开式直接离子化技术，DCBI－MS 电离源可直接在大气压条件下将目标物解吸进入质谱分析。吴双等利用该技术快速定性及半定量保健食品中非法添加的他达拉非、西地那非及伐地那非。DCBI－MS 法在检测过程中操作简单、快速，样品处理简便，灵敏度及准确率高，同时可以对未知化合物进行结构解析，但是只能对已知化合物进行半定量。

4. 薄层色谱法（TLC 法）

TLC 法属于最早期的色谱分离方法，张红波等采用 TLC 法鉴别阳春玉液中是否含有西地那非；查登峰等采用 TLC 法检测酚妥拉明，得到最低检出限为 0.5 mg/mL。TLC 法虽然操作简单、便捷、廉价，被广泛应用于药物分析当中，但分辨率较差，存在干扰而易出现假阳性，检测结果仍需要高效液相色谱－质谱法确证。

5. 高效液相色谱法（HPLC 法）

HPLC 法自 20 世纪 60 年代后期在经典液相色谱法的基础上迅速发展起来，被广泛应用于化工分析、药品分析、食品分析等领域，在保健品添加违禁药物的监督检查工作中也发挥着至关重要的作用。张朔生等应用 HPLC 法检测出某补肾壮阳药中违法添加了西地那非。董跃伟等采用 HPLC 法测定中药制剂中的西地那非和他达拉非。邢俊波等建立高效液相色谱法同时分析测定补肾壮阳类中成药及保健食品中非法添加的 7 种西药成分，并对市场上 4 种不同剂型的补肾壮阳类中成药及保健食品进行检测，其中某批五子衍宗丸中判定可能添加了红地那非，含量为 4.03 mg/g。但 HPLC 法仅依据色谱峰的保留时间定性，容易受其他干扰峰干扰，导致假阳性结果出现，同时 HPLC 法也不具备对被测样品进行结构鉴定的能力，最终需要质谱法确证才能做出最终的定性判定。

6. 液相色谱－质谱法（LC-MS 法）

LC-MS 法通过液相色谱分离样品中的各组分，在质谱中经离子化、质量分析，检测出各组分的分子离子、碎片离子，是一种集分离、结构鉴定、定性分析、定量分析于一身的检测技术，具有高准确度、高灵敏度、低检出限、自动化程度高等优点，非常适合于复杂混合样品中各微量药物的确证。朱捷等建立了液相色谱－串联质谱法（LC-MS/MS）同时检测补肾壮阳类保健食品中可能非法添加的 11 种化学药成分。迟少云等建立了检测补肾壮阳类保健食品中非法添加的红地那非、伐地那非和羟基豪莫西地那非等 11 种化学药物的高效液相色谱－质谱法（HPLC-MS），并应用该方法检测了 20 批样品，在 18 批样品中检出西地那非。蒋丽萍等采用超高效液相色谱－串联质谱法（UPLC-MS/MS），建立了检测抗疲劳类保健食品中非法添加的甲磺酸酚妥拉明、甲睾酮、司坦唑醇和达那唑等9种壮阳类化学药物的方法，并应用该方法检测了68批保健品，其中41批检出非法添加了化学药物，样品中检出枸橼酸西地那非、他达拉非、爱地那非和硫代爱地那非。丁博等采用液相色谱–四极杆–飞行时间质谱（LC–Q–TOF–MS）建立了86种壮阳化学药的定性分析方法。Lee等建立了38种壮阳化学药液相色谱–质谱测定方法。

综合分析以上6种方法，针对补肾壮阳类非法添加化学药物的监督检查，若不具备液相色谱–质谱仪条件，则需先用化学反应法、NIR法、TLC法、HPLC法初筛检测，对初筛发现的阳性样品及疑似阳性样品再进一步采用质谱方法确证。若具备液相色谱–串联质谱仪器条件，直接采用质谱筛查一次测定确证，快速而且结果准确可靠。

另外，结合HPLC–紫外法和近年来发展起来的LC–Q–TOF–MS法，还能发现和鉴定出新的类似物，LC–Q–TOF–MS能测定得到目标物的精确分子离子及二级碎片离子，将测试所得到的信息与文献报道的信息做对照，可以初步判断化合物名称。现将文献报道过的45种化合物名称及二级碎片离子信息归纳如表5–2所示，以供参考。

表5–2　部分壮阳化学药液相色谱–质谱正离子信息

序号	化合物中英文名称	精确相对分子质量	主要离子质荷比（m/z）
1	育亨宾 Yohimbe	354.1943	355，117，144，158，194，212，224，
2	羟基伐地那非 Hydroxy vardenafil	504.2155	505，376，312，299，151，99
3	N–去乙基伐地那非 N-Desethyl vardenafil	460.1893	461，332，313，299，285，151，85
4	爱地那非 Methisosildenafil	488.2206	489，467，461，377，313，312，283，127，111， 113，99，97，72
5	羟基红地那非 Hydroxy acetildenafil	482.2642	483，439，396，297，166，143，97
6	那莫红地那非 Noracetidenafil	452.2536	453，435，425，406，396，380，367，355，353， 339，325，324，313，297
7	红地那非 Acetildenafil	466.2692	467，396，297，111
8	Piperiacetildenafil	437.2427	438，380，297，166，133，98，70
9	羟基豪莫西地那非 Hydroxyhomosildenafil	504.2155	505，487，461，423，377，311，312，283，284， 225，166，129，112，99，97
10	去甲西地那非 Desmethyl sildenafil	460.1893	461，378，312，299，284，85
11	西地那非 Sildenafil	474.2049	475，447，418，391，377，374，346，329，311，297，283， 255，163，160，100，58
12	伐地那非 Vardenafil	488.2206	489，461，420，377，376，375，346，339，329，312，299， 283，169，151，123，99

（续表5－2）

序号	化合物中英文名称	精确相对分子质量	主要离子质荷比（m/z）
13	豪莫西地那非 Homosildenafil	488. 2206	489，467，461，377，313，312，283， 127，111，113，99，97，72
14	乌地那非 Udenafil	516. 2519	517，474，432，364，325，299，283，255，191，112
15	氨基他达拉非 Aminotadalafil	390. 1328	391，302，269，262，241，239，224，197，169，135
16	N－去甲基他达拉非 N-Desmethyl tadalafil	375. 1219	376，274，262，233，197，169，135
17	那非乙酰酸 Acetil-acid	356. 1485	357，329，300，285，268，256，242，166，136
18	他达拉非（西力士） Tadalafil（Cialis）	389. 1376	390，302，268，262，250，240，197，169，135
19	苯酰胺那非 Xanthoanthrafil	389. 1587	390，252，223，151，107
20	庆地那非 Gendenafil	354. 1692	355，327，311，299，285，256，216，166，136，97，69
21	硫代爱地那非 Thioaildenafil	504. 1977	505，448，393，327，312，299，271，182，112，99
22	羟基硫代豪莫西地那非 Hydroxythiohomosildenafil	520. 1926	521，477，393，299，129，99
23	硫代豪莫西地那非 Thiohomosildenafil	504. 1977	505，477，421，393，357，355，343，327，315， 299，271，113，99
24	那莫西地那非 Norneosildenafil	459. 1940	460，434，329，312，299，283，256，166，84
25	氯丁他达拉非 Chloropretadalafil	426. 0983	427，391，349，334，302，287，274， 244，229，159，135
26	硫基西地那非 Thiosildenafil	490. 1821	491，407，393，343，341，327，315，312， 299，283，271，163，99
27	Imidazosagatriazinone	312. 1586	313，287，269，256，244，227，201，173，120，94，68
28	伪伐地那非 Pseudovardenafil	459. 1940	460，432，403，391，377，349，329，312，301， 299，284，270，256，169，151
29	乙酰伐地那非 Acetylvardenafil	469. 2692	470，467，409，234，88，74
30	苯基西地那非 Benzylsidenafil	550. 2362	551，377，283
31	去哌嗪硫代西地那非 Depiperazinothiosildenafil	408. 0926	409，381，351，327，299，285，272

(续表 5 - 2)

序号	化合物中英文名称	精确相对分子质量	主要离子质荷比(m/z)
32	去碳西地那非 Descarbonsildenafil	462.2049	463，418，377，360，311，299，283，255，151，87
33	二甲基红地那非 Dimethylacetildenafil	466.2692	467，279，149，177
34	5 - 羟基糠醛氨基他达拉非 5-Hydroxymethylfurfural aminotadalafil	498.1539	499，377，262，250，135
35	酮红地那非 Oxohongdenafil	480.2485	481，451，396，354，339，312，297，289
36	丙氧酚爱地那非 Propoxyphenyl aildenafil	502.2362	503，252
37	丙氧酚羟基豪莫西地那非 Proxyphenyl hydroxyhomosildenafil	518.2311	519，501，325，299，283，129，112，99
38	丙氧酚西地那非 Propoxyphenyl sidenafil	488.2206	489.2，325，283，299
39	丙氧酚硫代羟基豪莫西地那非 Propexyphenyl thiohydroxyhomosildenafil	534.2083	535，517，359，341，315，299，271，129，112，99
40	N - 辛基去甲他达拉非 N-Octylnortadalafil	487.2471	488，366，227
41	Chlorodenafil	388.1302	389，360，311，291，254，183，136，68
42	桂地那非 Cinnamyldenafil	554.3005	555，488，354，297，283，215，166，117，91
43	Dithio-desmethyl-carbodenafil	470.1923	471，371，343
44	Nitrodenafil	357.1437	358，307，289，261，217，176，154，136，107，89，77
45	Thioqunapiperifil	448.2045	449，363，246，225，204，121」

5.1.4 液相色谱 - 串联质谱法快速筛查 28 种壮阳类化学药

本方法建立了 28 种壮阳类化学药的高效液相色谱 - 串联质谱(HPLC-MS/MS)快速筛查方法，方法优化了色谱分离条件和质谱参数，重点研究了其中 3 组同分异构体的分离与鉴别，使得定性、定量更准确。该方法已成功应用于日常检验工作中。

5.1.4.1 实验部分

1. 仪器与试剂

仪器：Agilent 1200LC/6410B MS 液相色谱/串联四极杆质谱联用仪；HS - 3120 超声波清洗器；赛多利斯 TP - 114 电子天平(美国 Sartorious 公司)。甲醇、乙腈为色谱纯试剂(德国 Merck 公司)，实验用水为二次蒸馏水，其余所用试剂均为分析纯(广州化学试剂厂)。

28 种对照品均购于安谱公司(纯度均大于 99%)，名称分别为：育亨宾、羟基伐地那非、N - 去乙基伐地那非、爱地那非、羟基红地那非、那莫红地那非、红地那非、Piperiacetildenafil、羟基豪莫西地那非、去甲西地那非、西地那非、伐地那非、豪莫西地那非、乌地那非、氨基他达拉非、N - 去甲基他达那非、那非乙酰酸、他达拉非、苯酰胺那非、庆地那非、硫代爱地那非、羟基硫代豪莫西地那非、硫代豪莫西地那非、那莫西地那非、氯丁他达拉非、硫基西地那非、Imidazosagatriazinone、伪伐地那非。

2. 标准溶液配制

分别准确称取各标准品 5.00 mg，用甲醇超声溶解并定容至 25 mL[其中氨基他达拉非和西地那非在纯甲醇中不完全溶解，需要加入少量二甲基甲酰胺（DMF）助溶]，得到 200 mg/L 的标准储备液，临用时用甲醇将上述标准溶液稀释为系列混合标准液。

3. 样品前处理

固体样品：片剂磨成细粉，胶囊取内容物，准确称取 1.0 g，置于 25 mL 容量瓶中，加入甲醇约 20 mL，在超声波提取器中超声处理 20 min，用甲醇定容至刻度，过 0.20 μm 微孔滤膜后，待测。

液体样品：取 1 g 溶液置于 25 mL 容量瓶中，用甲醇定容至刻度，超声 5 min，过 0.20 μm 微孔滤膜后，待测。

4. 测定方法

1）液相色谱条件

色谱柱：Aglient Extend C_{18}（2.1 mm × 100 mm，3.5 μm）；流动相：A 为乙腈，B 为 10 mmol/L 乙酸铵水溶液；流速 0.25 mL/min，柱温为 30 ℃，进样量 2 μL。梯度洗脱程序：流动相 A 体积分数变化 $[\varphi(A) + \varphi(B) = 100\%]$ 为 0 ～ 8 min，30% ～ 80%；8 ～ 12 min，80%；12 ～ 16 min，80% ～ 30%。

2）质谱条件

离子源为电喷雾（ESI）离子源，正离子电离模式，干燥气（N_2）温度 350 ℃，雾化气（N_2）压力 275.8 kPa，干燥气（N_2）流量 10 L/min，电喷雾电压 4000 V，扫描方式为多反应监测（MRM）模式，优化后的质谱分析参数见表 5－3。

表 5－3　28 种壮阳药的保留时间及质谱分析参数

序号	化合物	参考保留时间 t/min	定性离子对（m/z）	碎裂电压/V	碰撞能量/V
1	育亨宾 Yohimbe	2.6	355/224 355/212*	120	51 67
2	羟基伐地那非 Hydroxy vardenafil	2.8	505/299 505/99*	150	34 38
3	N－去乙基伐地那非 N-Desethyl vardenafil	2.8	462/312 462/284*	100	14 22
4	爱地那非 Methisosildenafil	6.4	489/283 489/99*	100	35 45
5	羟基红地那非 Hydroxy acetildenafil	3.3	483/143 483/127*	157	28 44
6	那莫红地那非 Noracetidenafil	3.6	453/297* 453/97	100	6 18
7	红地那非 Acetildenafil	4.0	467/297 467/111*	135	14 24
8	Piperiacetildenafil	5.4	438/297 438/98*	100	34 38
9	羟基豪莫西地那非 Hydroxyhomosildenafil	6.0	505/299 505/99*	150	45 45

（续表5-3）

序号	化合物	参考保留时间 t/min	定性离子对 (m/z)	碎裂电压/V	碰撞能量/V
10	去甲西地那非 Desmethyl sildenafil	6.0	462/312 462/284*	157	28 44
11	西地那非 Sildenafil	6.1	475/100 475/58*	100	6 18
12	伐地那非 Vardenafil	3.1	489/312 489/151*	100	35 45
13	豪莫西地那非 Homosildenafil	6.7	489/283 489/99*	100	45 45
14	乌地那非 Udenafil	7.4	517/325 517/283*	150	40 52
15	氨基他达拉非 Aminotadalafil	7.7	391/169 391/269*	100	34 40
16	N-去甲基他达拉非 N-Desmethyl tadanafil	7.9	376/262 376/169*	157	28 44
17	那非乙酰酸 Acetil-acid	8.5	357/300 357/329*	110	48 70
18	他达拉非（西力士） Tadalafil(Cialis)	9.0	390/169 390/268*	150	26 26
19	苯酰胺那非 Xanthoanthrafil	9.1	390/107 390/151*	150	38 42
20	庆地那非 Gendenafil	10.0	355/327 355/285*	150	28 44
21	硫代爱地那非 Thioaildenafil	10.1	505/299 505/99*	150	26 26
22	羟基硫代豪莫西地那非 Hydroxythiohomosildenafil	10.2	521/297 521/99*	150	17 45
23	硫代豪莫西地那非 Thiohomosildenafil	10.3	505/299 505/99*	150	38 42
24	那莫西地那非 Norneosildenafil	10.3	462/312 462/284*	100	6 18
25	氯丁他达拉非 Chloropretadalafil	10.4	427/135 427/274*	110	52 50
26	硫基西地那非 Thiosildenafil	10.5	491/58 491/299*	130	45 40
27	Imidazosagatriazinone	10.8	313/285 313/256*	100	6 18
28	伪伐地那非 Pseudovardenafil	10.9	462/312 462/284*	140	40 52

注：* 表示定量离子对（m/z）。

5.1.4.2　结果与讨论

1. 质谱条件的优化

28 种化合物分子结构中均具有仲胺或叔胺基团，适合采用正离子化模式，分别配制 10 mg/L 的标准溶液，进行质谱条件的优化，实验结果表明，在离子源正电离方式下均可获得较高丰度的 [M + H]⁺ 准分子离子峰。根据欧盟 2002/657/EC 指令规定，对于质谱确证方法必须达到 4 个确证点的要求，低分辨液相色谱 – 质谱联用仪检测应在确定母离子的基础上选择两个以上的子离子，在确定母离子后，采用子离子扫描方式进行二级质谱分析，28 种化合物的二级质谱图如图 5 - 1 所示，得到丰度相对较高的二级碎片离子，为了便于鉴别，对同分异构体尽量选择相同的子离子，再根据保留时间和子离子的丰度比进行定性，m/z 505 选择 m/z 99 和 m/z 299，m/z 489 选择 m/z 99 和 m/z 283，而伐地那非的二级离子 m/z 99 响应强度太低，再增加 m/z 151 离子以便准确定性，各成分最终根据保留时间和离子丰度比来定性。

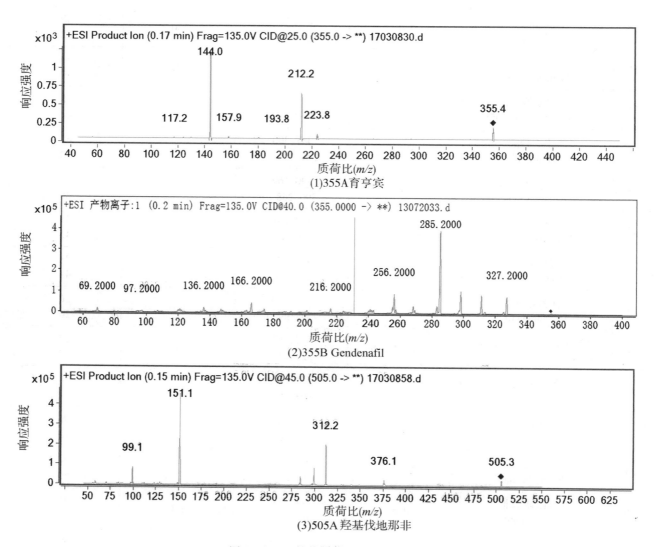

图 5 - 1　28 种壮阳药二级碎片质谱图

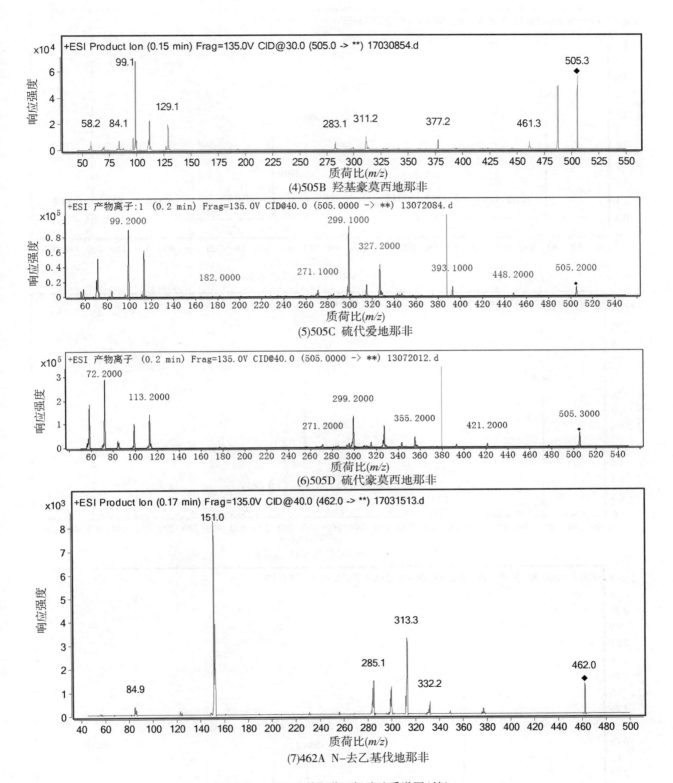

(4)505B 羟基豪莫西地那非

(5)505C 硫代爱地那非

(6)505D 硫代豪莫西地那非

(7)462A N-去乙基伐地那非

图5-1 28种壮阳药二级碎片质谱图(续)

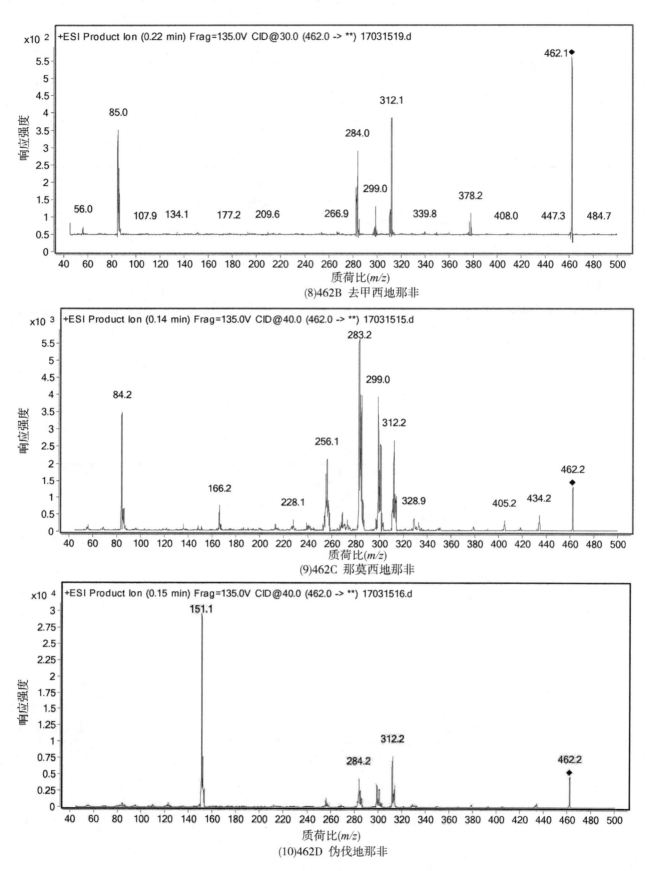

(8)462B 去甲西地那非

(9)462C 那莫西地那非

(10)462D 伪伐地那非

图5-1　28种壮阳药二级碎片质谱图(续)

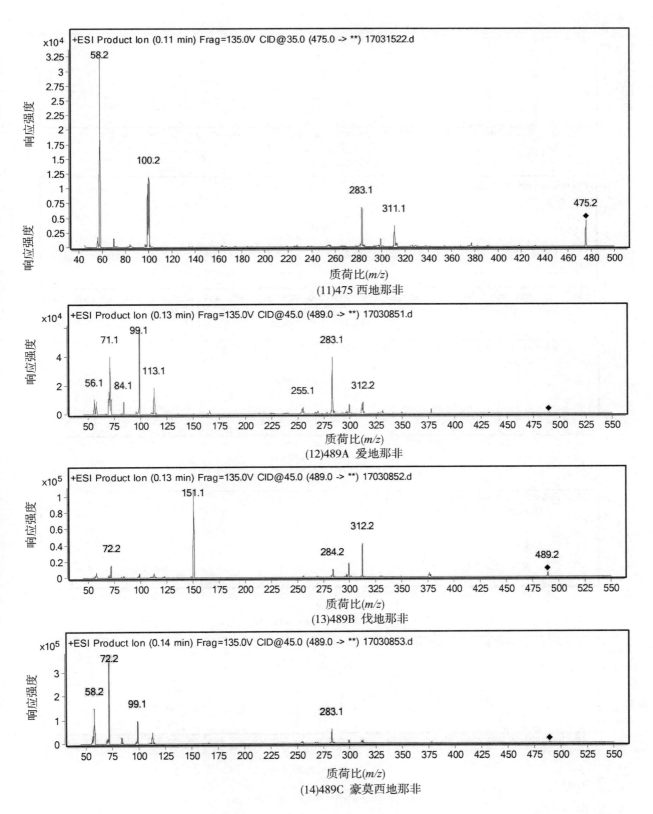

(11)475 西地那非

(12)489A 爱地那非

(13)489B 伐地那非

(14)489C 豪莫西地那非

图 5-1 28 种壮阳药二级碎片质谱图(续)

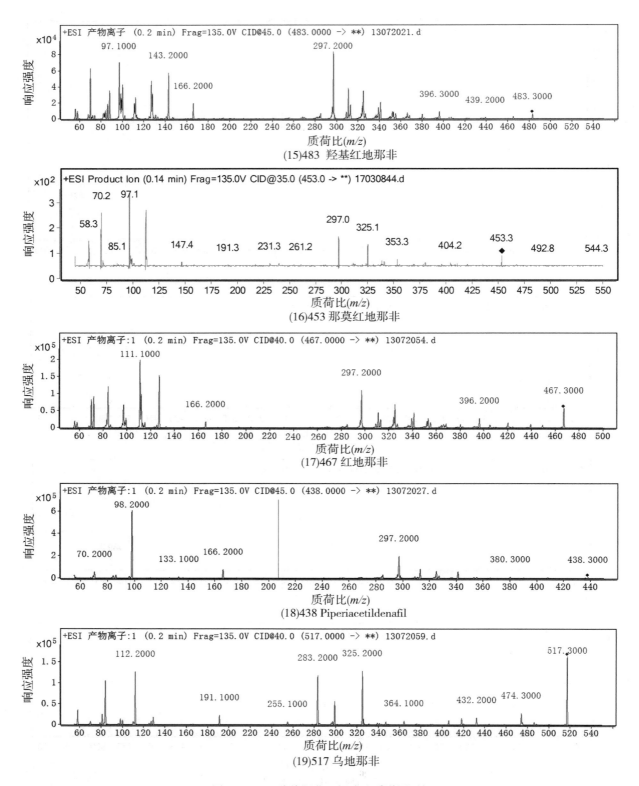

图 5-1　28 种壮阳药二级碎片质谱图(续)

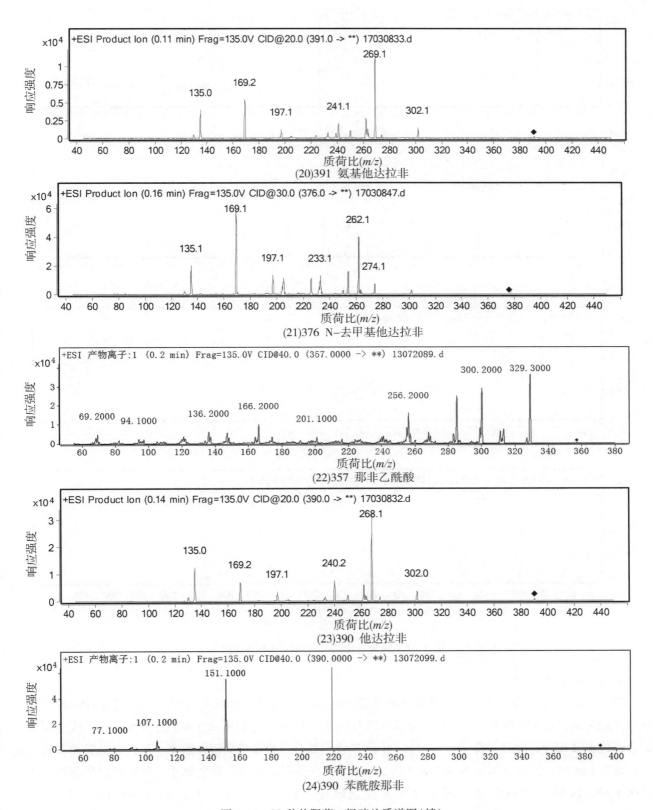

图 5-1　28 种壮阳药二级碎片质谱图(续)

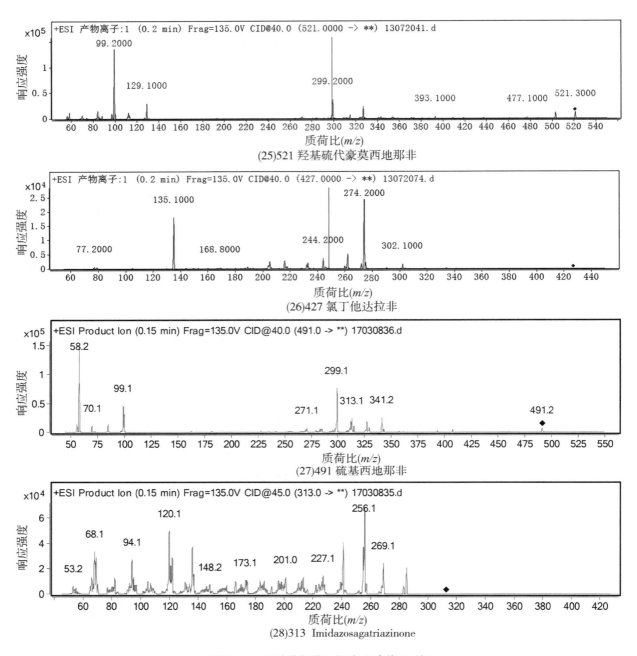

图 5 - 1　28 种壮阳药二级碎片质谱图(续)

2. 色谱条件的优化

28 种壮阳药中，母离子相同二级碎片离子部分相同的同分异构体共有 3 对，每对同分异构体需要分离后才能够通过保留时间定性。3 对同分异构体分别是：准分子离子为 m/z 489 的爱地那非、伐地那非和豪莫西地那非 3 种；准分子离子为 m/z 505 的羟基伐地那非、羟基豪莫西地那非、硫代爱地那非和硫代豪莫西地那非 4 种；准分子离子为 m/z 462 的 N - 去乙基伐地那非、去甲西地那非、那莫西地那非和伪伐地那非 4 种。试验分别对比了不同型号的 4 种色谱柱，A：Thermo C_8 (2.1 mm × 100 mm，2.4 μm)；B：Thermo C_{18} (2.1 mm × 150 mm，2.4 μm)；C：Aglient Extend C_{18} (2.1 mm × 100 mm，3.5 μm)；D：Agilent poroshell 120 SB - C_{18} (2.1 mm × 100 mm，2.7 μm)。结果表明：使用 A 柱和 D 柱分离时得到个别峰如红地那非出峰稍有拖尾，以及母离子为 m/z 489 的伐地那非和豪莫西地那非不能分离；使用 B 柱由于柱相对较长、粒径小，流动相中加入乙酸铵时柱压容易升高导致超压，使操作不便；C柱对于3种同分异构体的分离比较理想，峰形对称，所以选择C柱作为色谱柱。

流动相对比了甲醇－水、乙腈－水混合溶剂，并分别添加乙酸、乙酸铵进行试验，研究其对28种壮阳化学药的色谱行为和离子化程度的影响。研究发现，加入适量的酸会促进胺的电离，提高其离子化效率，获得更高灵敏度。但在流动相中加入乙酸后，母离子为m/z 505的一对同分异构体硫代爱地那非和硫代豪莫西地那非不能被有效分离；在乙腈－水体系的流动相中加入乙酸铵后，各异构体的分离效果最好，拖尾色谱峰也减少。因此选择乙腈－乙酸铵水溶液为流动相体系，梯度洗脱。

综合以上因素，得到最佳色谱条件为：Aglient Extend C_{18}色谱柱，乙腈－乙酸铵水溶液为流动相，梯度洗脱。此条件下所得加标量为2.5 mg/kg的样品（进样浓度为0.1 mg/L）的定量特征离子流图如图5-2所示，总离子流图如图5-3所示。

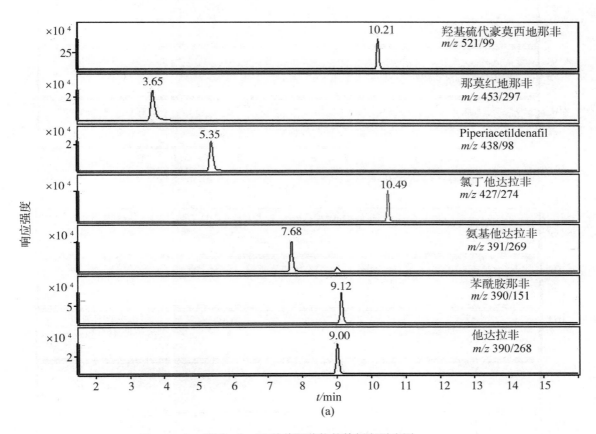

图5-2　28种壮阳药物的特征离子流图

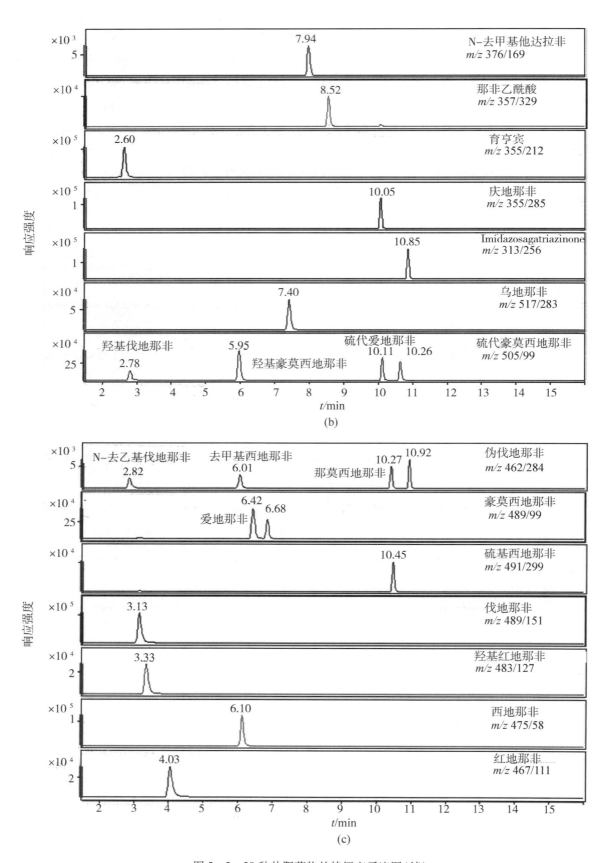

图5-2　28种壮阳药物的特征离子流图(续)

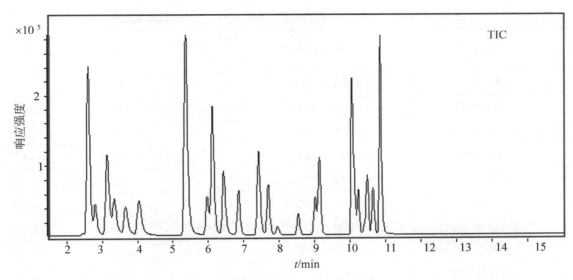

图 5 - 3 28 种壮阳药物总离子流图

3. 样品前处理条件的优化和基质效应

28 种壮阳药均不溶于水，溶于极性有机溶剂，对比采用甲醇、乙醇以及乙腈作为溶剂，结果发现甲醇的提取率最高，达到 90% 以上，故选择甲醇作为提取溶剂。但试验发现对于基质复杂的胶囊样品，甲醇提取物直接测定时，部分有基质抑制效应而导致回收率偏低。为考察基质效应，分别采用甲醇和基质提取液作溶剂配制标准溶液，分别测试得到标准曲线。采用计算公式 $ME = B/A \times 100\%$ 计算（式中 B 为基质曲线斜率，A 为标准曲线斜率），得到的 ME 值中，那莫红地那非（65%）、红地那非（68%）、N - 去乙基伐地那非（72%）3 种低于 85%，其余 14 种均在 85% ～ 115% 之间。曾试验采用固相萃取柱净化除杂处理，分别对比了 C_{18} 固相萃取小柱和阳离子交换固相萃取小柱，结果发现固相萃取法对于某些组分的提取效果很好。采用 C_{18} 固相萃取小柱（60 mg，3 mL，安谱公司）时，西地那非、伐地那非经过固相萃取柱后，因为基质抑制效应降低而获得了更高的回收率；但是 28 种成分极性差别大，另有几种容易在过柱过程中流失导致回收率偏低，如那莫红地那非和红地那非。采用阳离子交换固相萃取小柱（60 mg，3 mL，安谱公司）时，发现也有几种物质回收率偏低，如氨基他达拉非、羟基硫代豪莫西地那非，固相萃取净化法不适合此类物质同时测定的前处理。结合实际使用壮阳药物追求其即时见效的特殊性，同时考虑成本问题，添加情况一般以一种为主，且量大，才能达到预期效果，因此对于含量大于 0.01%（质量分数）的成分，结合采用高效液相色谱 - 紫外法定量更加准确可靠。对于含量低的成分采用空白基质加标法来定量，以抵消基质效应。高效液相色谱法测定参考条件为：色谱柱，Aglient TC - C_{18}（4.6 mm × 250 mm，5 μm）；流动相：A 为甲醇，B 为 25 mmol/L 乙酸铵水溶液；流速 1.0 mL/min，柱温为 30 ℃，进样量 10 μL。梯度洗脱程序：流动相 A 的体积分数变化 [$\varphi(A) + \varphi(B) = 100\%$] 为 0 ～ 15 min，55% ～ 80%；15 ～ 20 min，80% ～ 100%；20 ～ 21 min，100% ～ 55%；21 ～ 27 min，55%。

4. 线性范围与检出限

将上述浓度为 10、5、1.0、0.5、0.1、0.05、0.01、0.005、0.002 mg/L 的混合标准溶液在最优化条件下测定，得到 28 种药物浓度（x，mg/L）与峰面积（y）的关系，计算得到回归方程，以信噪比 $S/N \geqslant 3$ 时的浓度计算得到检出限（LOD）等参数，见表 5 - 4。

表 5 - 4 28 种壮阳药物的回归方程、线性范围、相关系数和检出限

序号	药物	回归方程	线性范围/ $(\mu g \cdot mL^{-1})$	相关系数	LOD/ $(mg \cdot kg^{-1})$
1	那非乙酰酸	$y = 114541x + 506$	0.02 ～ 5.0	0.9996	0.05
2	苯酰胺那非	$y = 30246x + 6049$	0.02 ～ 5.0	0.9994	0.05
3	氨基他达拉非	$y = 1076x + 215$	0.1 ～ 10	0.9994	1.25
4	N - 去甲基他达拉非	$y = 2805x + 561$	0.1 ～ 10	0.9992	1
5	他达拉非	$y = 6629x + 1326$	0.1 ～ 10	0.9991	0.25
6	育亨宾	$y = 6359x + 1272$	0.1 ～ 10	0.9994	0.25
7	羟基豪莫西地那非	$y = 18556x + 3711$	0.02 ～ 5.0	0.9995	0.13
8	去甲西地那非	$y = 25745x + 5149$	0.02 ～ 5.0	0.9994	0.13
9	羟基红地那非	$y = 2555x + 511$	0.05 ～ 10	0.9996	1.25
10	羟基伐地那非	$y = 4069x + 814$	0.1 ～ 10	0.9996	0.25
11	N - 去乙基伐地那非	$y = 57702x + 11541$	0.02 ～ 5.0	0.9994	0.05
12	氯丁他达拉非	$y = 12265x + 2453$	0.02 ～ 5.0	0.9996	0.05
13	爱地那非	$y = 2849x + 570$	0.1 ～ 10	0.9996	0.25
14	乌地那非	$y = 31996x + 6399$	0.02 ～ 5.0	0.9991	0.08
15	西地那非	$y = 57118x + 21141$	0.02 ～ 5.0	0.9996	0.05
16	庆地那非	$y = 2399x + 480$	0.1 ～ 10	0.9992	1
17	红地那非	$y = 54107x + 21457$	0.02 ～ 5.0	0.9996	0.05
18	伐地那非	$y = 2555x + 511$	0.05 ～ 10	0.9996	1.25
19	豪莫西地那非	$y = 4069x + 814$	0.1 ～ 10	0.9996	0.25
20	那莫红地那非	$y = 57702x + 11541$	0.02 ～ 5.0	0.9994	0.05
21	伪伐地那非	$y = 12265x + 2453$	0.02 ～ 5.0	0.9996	0.05
22	那莫西地那非	$y = 2849x + 570$	0.1 ～ 10	0.9996	0.25
23	Piperiacetildenafil	$y = 31996x + 6399$	0.02 ～ 5.0	0.9991	0.08
24	羟基硫代豪莫西地那非	$y = 57118x + 21141$	0.02 ～ 5.0	0.9996	0.05
25	Imidazosagatriazinone	$y = 2399x + 480$	0.1 ～ 10	0.9992	1
26	硫代爱地那非	$y = 54107x + 21457$	0.02 ～ 5.0	0.9996	0.05
27	硫基西地那非	$y = 2399x + 480$	0.1 ～ 10	0.9992	1
28	硫代豪莫西地那非	$y = 54107x + 21457$	0.02 ～ 5.0	0.9996	0.05

5. 回收率和精密度

采用经测定不含有 28 种壮阳药物的保健品胶囊及保健酒样品，添加不同浓度标准溶液，分别进行加标回收率和精密度试验，结果见表 5 - 5。取 6 次操作的平均值，28 种壮阳药在 3 种不同添加浓度下的胶囊样品回收率为 72.0% ～ 101%，相对标准偏差(RSD) < 15%，保健酒样品的回收率为 78.6% ～ 102%，RSD < 10%，另外取一份加标样品溶液在一天内的不同时间点(共 6 个时间点，间隔控制 4 h)测定，得到

28 种药物日内精密度均小于 8.0%，在不同日期（连续 5 天内的同一时间）测定，得到日间精密度均小于 15%，可见该类物质在溶液中稳定，可满足定量分析要求。

表 5-5　3 个加标水平下的壮阳药回收率及精密度（n=6）

序号	化合物	1 mg/kg 添加量		5 mg/kg 添加量		10 mg/kg 添加量	
		回收率/%	RSD/%	回收率/%	RSD/%	回收率/%	RSD/%
1	那非乙酰酸	101.4	9.5	100.4	9.8	99.6	7.8
2	苯酰胺那非	68.7	8.9	67.5	8.9	60.6	8.5
3	氨基他达拉非	103.3	7.4	99.7	9.5	98.4	8.9
4	N-去甲基他达拉非	77.8	10.2	79.4	10.5	89.1	11.2
5	他达拉非	102.3	8.4	99.2	8.9	101.6	8.9
6	育亨宾	102.1	8.6	98.4	9.8	92.3	8.5
7	羟基豪莫西地那非	104.1	7.8	100.4	7.7	93.8	7.3
8	去甲西地那非	1021	9.8	101.2	7.8	101.4	8.1
9	羟基红地那非	101.2	10.4	104.3	11.2	107.2	11.1
10	羟基伐地那非	100.1	10.9	102.6	10.5	101.3	10.7
11	N-去乙基伐地那非	89.4	8.7	87.3	8.9	89.5	5.1
12	氯丁他达拉非	82.5	9.2	87.2	7.6	84.2	7.5
13	爱地那非	98.6	9.5	101.4	8.7	100.2	8.7
14	乌地那非	102.7	9.3	92.4	7.2	98.3	8.6
15	西地那非	103.2	11.5	101.2	11.5	102.2	10
16	庆地那非	102.2	8.9	104.4	6.6	105.3	7.5
17	红地那非	101.3	7.5	102.2	7.8	100.7	7.1
18	伐地那非	102.2	8.7	103.4	11	101.3	7.8
19	豪莫西地那非	102.2	8.6	103.4	7.8	101.3	7.5
20	那莫红地那非	100.3	6.8	101.2	8.5	103.2	6.7
21	伪伐地那非	103.2	8.6	104.5	6.6	105.7	7.5
22	那莫西地那非	105.3	6.9	101.2	7.6	100.7	6.8
23	Piperiacetildenafil	91.2	8.7	92.4	6.6	93.3	7.5
24	羟基硫代豪莫西地那非	101	8.9	104.2	8.5	102.3	8.5
25	Imidazosagatriazinone	100.5	9.2	97.8	6.6	96.2	7.5
26	硫代爱地那非	72.3	8.7	73.2	9.8	79.7	10.2
27	硫基西地那非	84.7	9.6	85.8	6.6	90.2	7.5
28	硫代豪莫西地那非	105.3	10.5	105.2	8.7	104.7	7.9

5.1.5　典型案例介绍

【案例一】　2015 年 8 月，本实验室收到一位客户送来的玛卡样品，据客户反映，食用该玛卡后壮阳效果特别明显，而对比食用其他玛卡却无相同效果，客户的供应商宣称该玛卡是来自南美秘鲁安第斯山 4000 米以上的高原物产，非常宝贵。为此本实验室先采用 HPLC 筛查，通过对比样品玛卡和普通玛卡液相色谱图，从中发现了可疑添加物，再结合质谱（MS）、红外光谱（IR）以及核磁共振（NMR）分析方法剖析此化合物结构。

　　样品液相色谱图见图 5-4 和图 5-5，从图分析可见，图 5-4 相对图 5-5 多出一个明显色谱峰（保留时间为 7.746 min），由此推测有添加物存在，采用已建立好的 LC-MS/MS 快速筛查法测试，结果为阴性，疑似物也不在 26 种范围内（当时只建立了 26 种化学药同时筛查方法），因此，需采用 MS、IR 以及 NMR 等手段进一步剖析其结构。

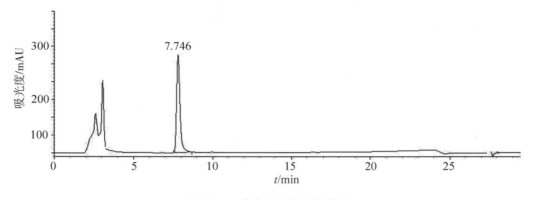

图 5-4　受检玛卡样品色谱图

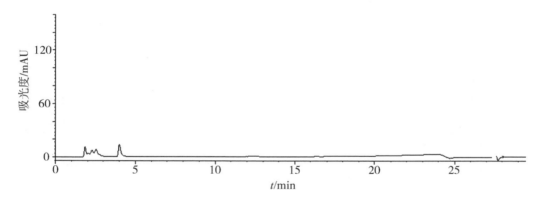

图 5-5　玛卡对照样品色谱图

　　进一步将目标物提取净化，取样品细粉 10.0 g 置于 50 mL 具塞锥形瓶中，加入甲醇浸泡过夜，过滤，浓缩至干，得到淡黄色混合物，加入 20 mL 水溶解，混合物呈浑浊液，再用二氯甲烷（10 mL、5 mL）萃取 2 次，取二氯甲烷层，浓缩至 5 mL，置于 2～8 ℃冰箱过夜，得到析出沉淀，过滤并用水小心淋洗，干燥，最终得到目标物。取一份该目标物用甲醇溶解后做进一步的 LC-MS 分析，一份用氘代氯仿溶解后做 NMR 分析，一份粉末做 IR 分析。

　　采用液相色谱－质谱直接进样方式，对目标物做相对分子质量全扫描（MS Scan），得到 m/z 376 的母离子，分析该离子比他达拉非相对分子质量小 14，推测可能是少一个亚甲基（—CH$_2$）；然后将 m/z 376 母离子用 10V 的碰撞诱导解离（CID）电压（又称碎裂电压）打碎进行二级子离子扫描，得到碎片离子 m/z 254（图 5-6）。进一步增加 CID 电压到 20V，得到一系列二级碎片离子，m/z 分别为 254、226、197、169、135（图 5-7），对比质谱图中二级碎片离子，与氨基他达拉非和他达拉非均有相同的离子 m/z 135、169、197；综合 IR 以及 NMR 分析结果，最后推测出该成分为去甲基他达拉非，其结构式以及裂解机理见图 5-8。

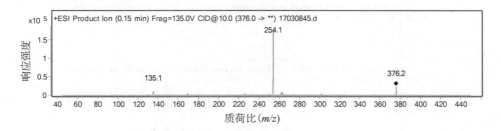

图 5 - 6　未知物二级碎片质谱图(碰撞能量为 10V)

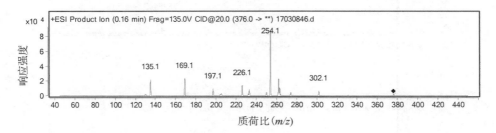

图 5 - 7　未知物二级碎片质谱图(碰撞能量为 30V)

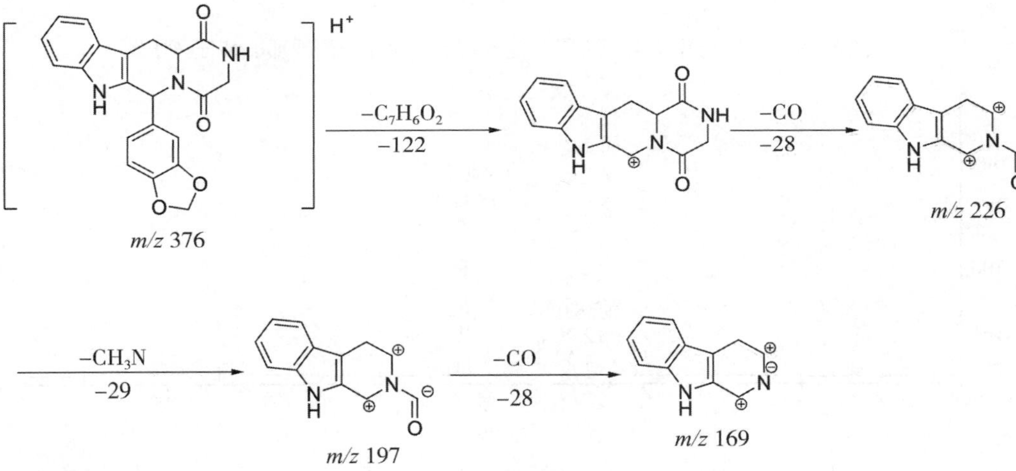

图 5 - 8　未知物裂解机理推测

最后购置标准品 N - 去甲基他达拉非作对照，确认该物质就是 N - 去甲基他达拉非。因此本实验室又把该物质纳入方法筛查范围内，加上另外一种 N - 去乙基伐地那非，建立了"液相色谱 - 串联质谱法筛查保健品及中成药中非法添加 28 种壮阳化学药"的方法。

【案例二】　2017 年 7 月，本实验室接到一个客户送来的样品，根据客户反映，其父亲在医院昏迷 3 天不醒，亲属和医院均查不清原因，后来在病者个人物品里找到一个标签模糊的小瓶子，里面还有两粒外观为片剂的药片，根据医生的建议，筛查是否含有壮阳成分和降糖药，经过测试，结果显示，该片剂中含有西地那非 168 mg、他达拉非 25 mg，未检出降糖药，此药片中壮阳药剂量已经远超出了临床最大推荐用量(西地那非 100 mg/次，他达拉非 20 mg/次)，医生根据此检测结果，给病人采取相应的治疗方案，病人才得以康复。测试样品质谱图见图 5 - 9，高效液相色谱图见图 5 - 10。

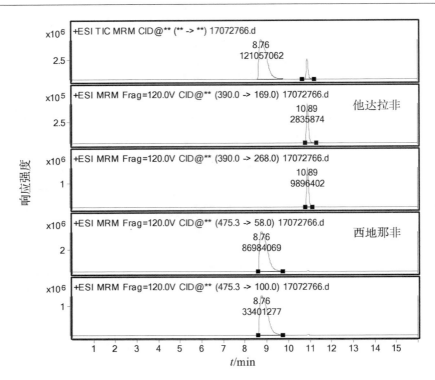

图5-9 送检药片总离子流图和检出物他达拉非、西地那非特征离子图

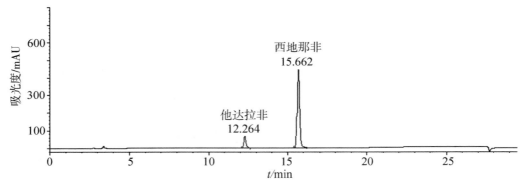

图5-10 送检药片的高效液相色谱图

【案例三】 2017年8月，本实验室收到广州××生物科技有限公司送来的"酵素水解蛋白B"样品，采用已经建立的28项壮阳化学药同时筛查方法测试，结果检出含硫代爱地那非0.050%（质量分数），硫代豪莫西地那非11.0%（质量分数），色谱图和质谱图分别见图5-11和图5-12。

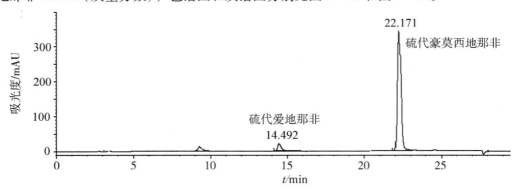

图5-11 送检样品液相色谱图

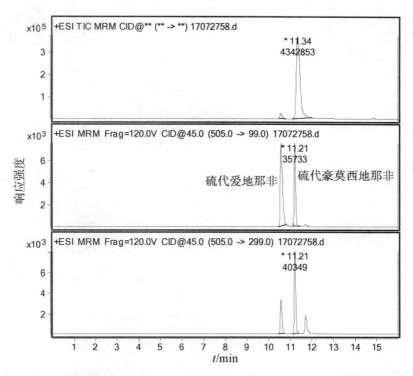

图 5 - 12　送检样品质谱总离子流图和检出物硫代爱地那非、硫代豪莫西地那非特征离子图

【案例四】　2017 年 10 月，本实验室收到广州××生物科技有限公司送来的"1012 咖啡"样品，采用已经建立的 28 项壮阳化学药同时筛查方法测试，结果检出育亨宾含量 13.2%（质量分数），谱图见图 5 - 13 和图 5 - 14。

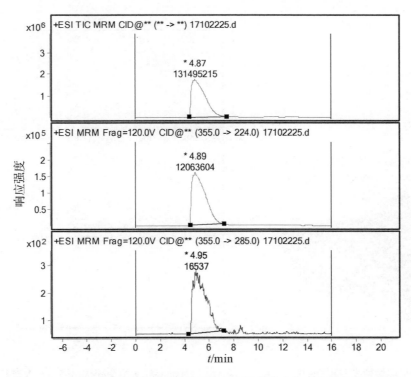

图 5 - 13　送检的"1012 咖啡"样品总离子流图和检出物育亨宾特征离子图

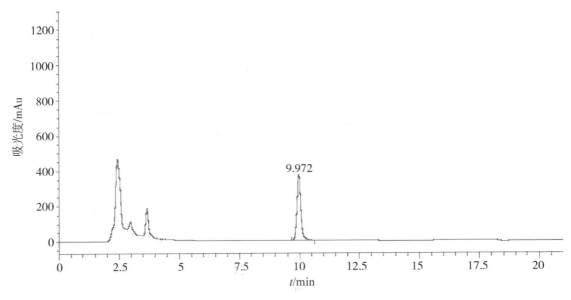

图 5 - 14　送检的"1012 咖啡"样品液相色谱图

【案例五】　2018 年 1 月，本实验室收到一位客户送来的"能量糖果"样品（图 5 - 15），粒重 4.2459 g。据客户反映，该产品是采用最新和最先进的技术去发酵、浓缩和提炼锁阳、人参中的活性成分，同时添加水解蛋白、益生元中提取的酶素和糖浆等加工而成，产品中还添加了麦芽、石榴等成分，食用该糖果后，补肾壮阳效果特别显著。为此采用已经建立的 28 项壮阳化学药同时筛查方法测试，结果发现其中的添加物 N - 去甲基他达拉非含量 0.66%（质量分数）。同时对其他标签添加物进行测试，并没有检出人参提取物主要有效成分人参皂苷 Rg1 和 Rb1，只检出了果糖、葡萄糖、麦芽糖成分。样品质谱图和高效液相色谱图分别见图 5 - 16 和图 5 - 17。

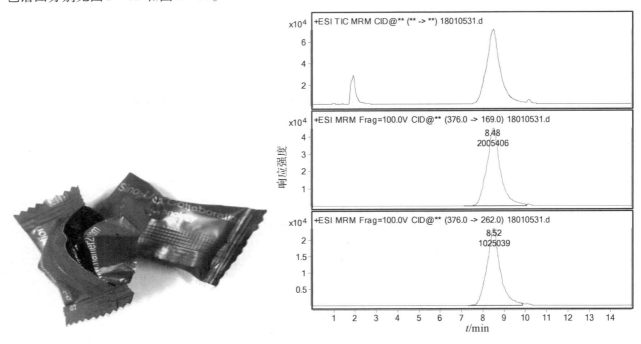

图 5 - 15　送检的"能量糖果"样品照片　　图 5 - 16　送检样品总离子流图和检出物 N - 去甲基他达拉非特征离子图

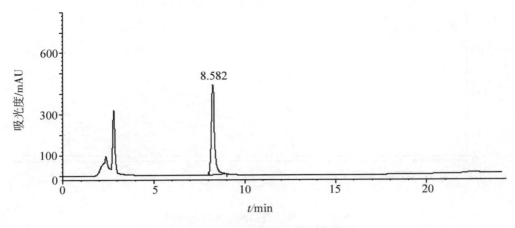

图 5 – 17　送检样品高效液相色谱图

【案例六】　2018 年 2 月，本实验室收到一位客户送来的"活蛎态牡蛎人参压片糖果"样品，包装盒标注的配料为异麦芽酮糖醇、淀粉、牡蛎粉、菊粉。采用 28 项壮阳化学药同时筛查方法测试，检测发现含去 N – 甲基他达拉非 22 mg/kg，总离子流图和检出物 N – 去甲基他达拉非特征离子流图见图 5 – 18，样品高效液相色谱图见图 5 – 19。

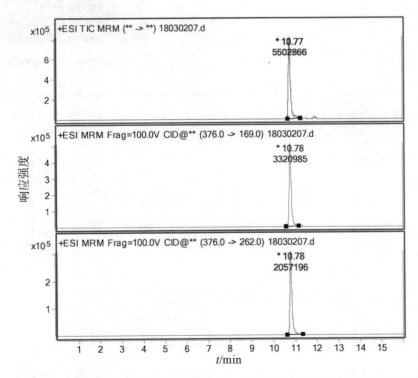

图 5 – 18　送检样品总离子流图和检出物 N – 去甲基他达拉非特征离子流图

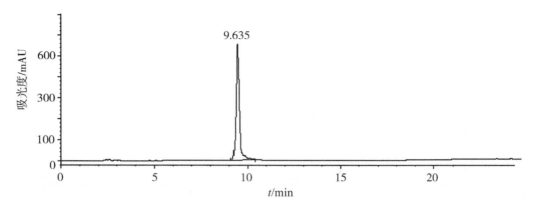

图 5 - 19　送检样品高效液相色谱图

【案例七】　2018 年 3 月，本实验室收到一客户送来的 × × 牌"黄精芦笋压片糖果"样品（见图 5 - 20），采用 28 项壮阳化学药同时筛查方法测试，结果检出含有氨基他达拉非 0.39%（质量分数）。样品质谱图见图 5 - 21，样品液相色谱图见图 5 - 22。

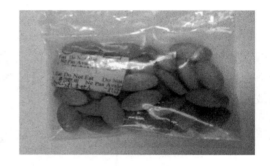

图 5 - 20　送检样品照片

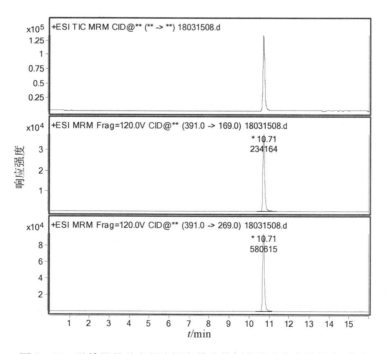

图 5 - 21　送检样品总离子流图和检出物氨基他达拉非特征离子图

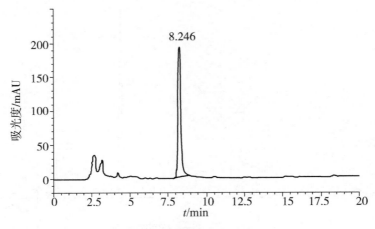

图 5-22　送检样品液相色谱图

【案例八】　2018 年 3 月，本实验室收到一位客户送来的"男神丹 TM 人参牡蛎黄秋葵压片糖果"样品（见图 5-23），批号为 20180101，采用 28 项壮阳化学药同时筛查方法测试，结果检出含 N-去甲基他达拉非 0.55%（质量分数）和硫代豪莫西地那非 0.61%（质量分数），谱图见图 5-24 和图 5-25。

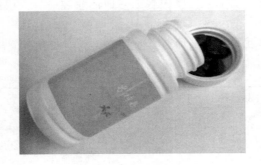

图 5-23　被检样品照片

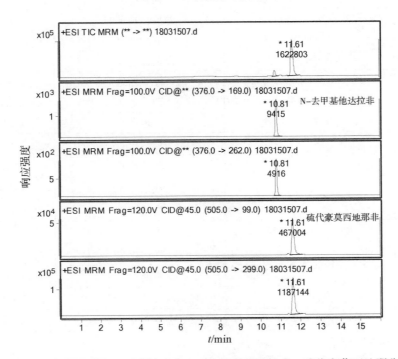

图 5-24　"男神丹"样品总离子流图和检出物 N-去甲基他达拉非、硫代豪莫西地那非特征离子图

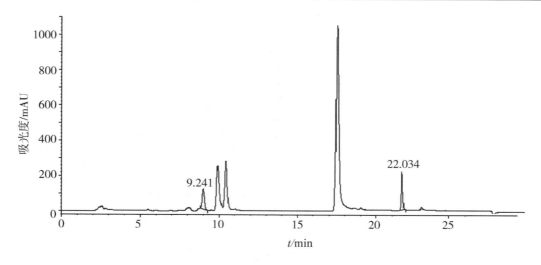

图 5-25　"男神丹"样品高效液相色谱图

近 3 年来本实验室检测了客户委托送检样品 500 多个，样品类型包括胶囊、片剂、酒、咖啡、糖果等，部分阳性样品检测结果列举于表 5-6。其中检出频率最高的是西地那非和他达拉非，另有少部分检出羟基硫代豪莫西地那非、去甲西地那非、硫代豪莫西地那非等成分，保健酒中化学物添加量（此处指质量分数，下同）一般为 0.01% ～ 0.05%，咖啡类中添加量为 0.1% ～ 1%，片剂及胶囊中添加量为 0.2% ～ 20%，由此可见此类药品非法添加现象普遍存在，需引起相关部门重视。

表 5-6　部分阳性样品检测结果

序号	样品名称	检出成分	检出量*
1	逍遥散	硫代爱地那非	9.32%
2	石斛咖啡	硫代爱地那非	0.14%
3	华佗生精丸	西地那非	17.7%
4	德国黑蚂蚁生精片	西地那非	15.9%
5	硒虫草玛咖粉片	豪莫西地那非	1.80%
6	仙根酒	西地那非	106mg/L
7	中药	豪莫西地那非	1.10%
8	保健酒	硫代豪莫西地那非	100mg/L
9	壮天阳酒	西地那非	123mg/L
10	玛咖黑麦复合胶囊	红地那非	1.23%
11	A 进口粉	他达拉非	7.50%
		爱地那非	68.0%
12	中药益气粉	伐地那非	1.20%
		他达拉非	4.60%
13	NEW HERO 胶囊	他达拉非	3.20%
14	样品 A 粉	他达拉非	0.01%
		氨基他达拉非	6.70%
15	神龙壹号	羟基硫代豪莫西地那非	7.10%
16	锁阳人参含片	去甲西地那非	2.10%

注：* 检出量中的百分数均为质量分数。

5.2　减肥类保健食品非法添加化学药检测方法

肥胖是指不正常或者过快的脂肪积累，是一系列慢性疾病如糖尿病、高血压、高血脂等心血管疾病的影响因素。鉴于医疗和精神层面的影响，病人常服用一些非处方药或宣称有减肥功能的食品或保健品，由此市场上出现了各式各样的减肥产品。有些产品打着纯中药制剂的旗号，实际在其中添加了具有减肥或辅助减肥效果的化学药，而消费者在不知情的情况下长期或过量服用这些产品，会对身体产生极大伤害。本节主要介绍减肥类保健品中可能添加的化学药成分及有关检测方法。

5.2.1　减肥类化学药概述

引起肥胖的原因复杂，减肥的途径也各有不同，统计文献有关这方面的报道，减肥保健食品中可能非法添加的化合物有近100种，其中以西布曲明、酚酞、奥利司他、氢氯噻嗪、氟西汀等最为常见。本节主要介绍这些化合物的特征、药理和毒副作用。

5.2.1.1　化学成分及理化性质

各种化合物所含功能基团不同，溶解性、极性等理化性质也有不同，双胍类药物在水中易溶，在甲醇中溶解，在乙醇中微溶，在氯仿或乙醚中不溶。匹可硫酸钠在水中溶解，其余成分都能在甲醇中溶解。常见的非法添加药物按作用机制可分为以下7大类：

（1）食欲抑制剂，如西布曲明、N-去甲基西布曲明、N-去二甲基西布曲明、芬氟拉明、利莫那班、安非拉酮、氯卡色林、苯佐卡因、苯丁胺、苄非他明、氯苯丁胺、苯双甲吗啉、苯甲吗啉及安非泼拉酮等。

（2）能量消耗增强剂，如咖啡因、麻黄碱、伪麻黄碱、安非他明等。

（3）泻药，如酚酞、吡沙可啶、双醋酚丁、匹可硫酸钠等。

（4）降血脂药物，如奥利司他、阿卡波糖、辛伐他汀、洛伐他汀等。

（5）利尿剂，如呋塞米、螺内酯、氢氯噻嗪、吲达帕胺、布美他尼、氨苯蝶啶等。

（6）抗抑郁剂，如氟西汀、安非他酮、帕罗西汀、西酞普兰、奈法唑酮等。

（7）降血糖剂，如二甲双胍、苯乙双胍等。

部分减肥类化学药分子结构信息如表5-7所示。

表5-7　部分减肥类化学药分子结构信息

序号	化合物中英文名	CAS号	分子式	精确质量数	化学结构式	lg$P$	熔点/℃
1	西布曲明 Sibutramine	106650-56-0	$C_{17}H_{26}ClN$	279.17538	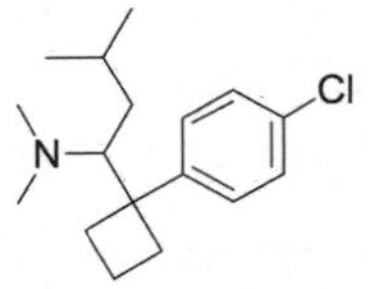	5.73	191～192
2	芬氟拉明 Fenfluramine	458-24-2	$C_{12}H_{16}F_3N$	231.12348	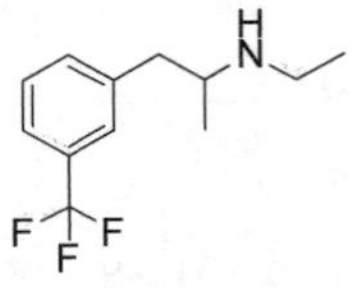	3.36	108～112

（续表5－7）

序号	化合物 中英文名	CAS 号	分子式	精确质量数	化学结构式	lgP	熔点/℃
3	利莫那班 Rimonabant	168273－06－1	$C_{22}H_{21}Cl_3N_4O$	462.07809	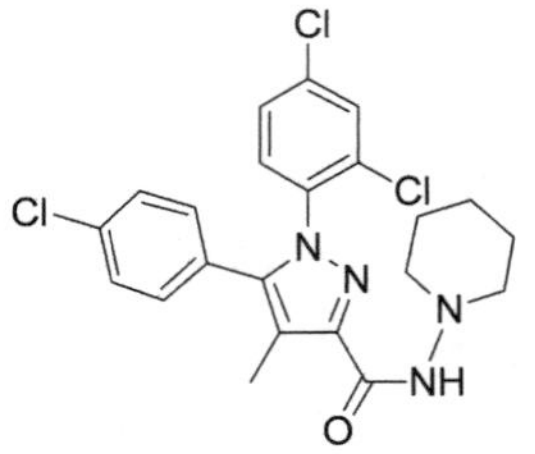	6.08	—
4	N－去二甲基 西布曲明 （东布曲明） N-di-Desmethyl sibutramine	262854－36－4	$C_{15}H_{22}ClN$	251.14408	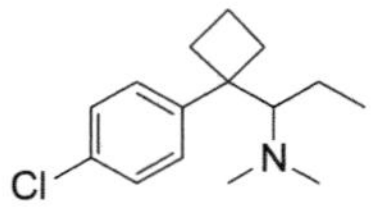	—	—
5	奥利司他 Orlistat	96829－58－2	$C_{29}H_{53}NO_5$	495.39237	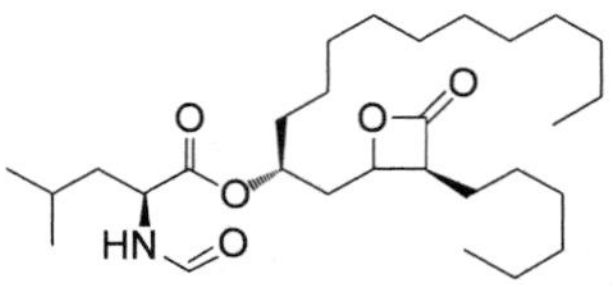	8.19	45.00
6	酚酞 Phenolphthalein	77－09－8	$C_{20}H_{14}O_4$	318.08921	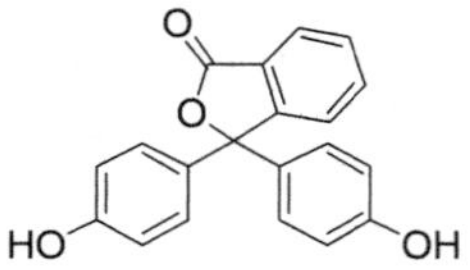	3.06	258～263
7	氯噻嗪 Chlorothiazide	58－94－6	$C_7H_6ClN_3O_4S_2$	294.94882	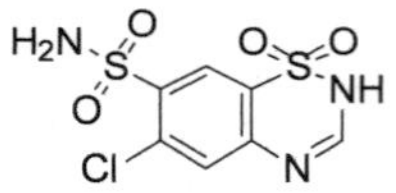	－0.02	342～343
8	氢氯噻嗪 Hydrochlorothiazide	58－93－5	$C_7H_8ClN_3O_4S_2$	296.96447	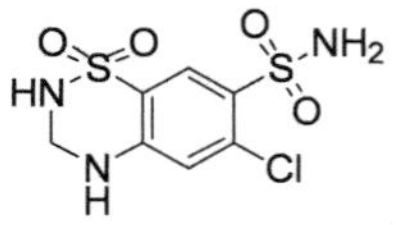	－0.07	273.00
9	氯卡色林 Lorcaserin	616202－92－7	$C_{11}H_{14}ClN$	195.08148	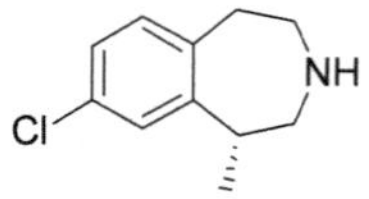	3.57	—
10	氯噻酮 Chlortalidone	77－36－1	$C_{14}H_{11}ClN_2O_4S$	338.01281	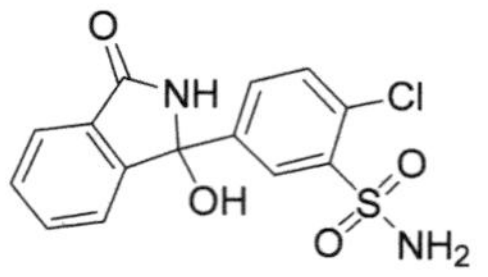	0.85	265～267
11	呋噻米 Furosemide	54－31－9	$C_{12}H_{11}ClN_2O_5S$	330.00772	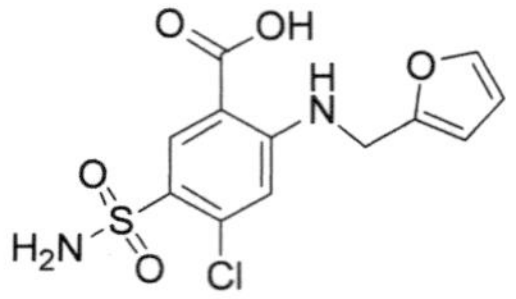	2.03	220.00

（续表 5 - 7）

序号	化合物 中英文名	CAS 号	分子式	精确质量数	化学结构式	lgP	熔点/℃
12	氟西汀 Fluoxetine	54910 - 89 - 3	$C_{17}H_{18}F_3NO$	309.13405	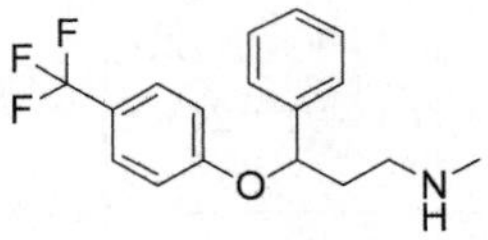	4.05	180.50
13	比沙可啶 Bisacodyl	603 - 50 - 9	$C_{22}H_{19}NO_4$	361.1314	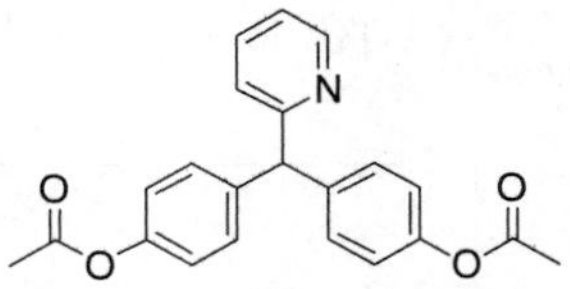	3.37	138.00
14	阿尔噻嗪 Althiazide	5588 - 16 - 9	$C_{11}H_{14}ClN_3O_4S_3$	382.98349	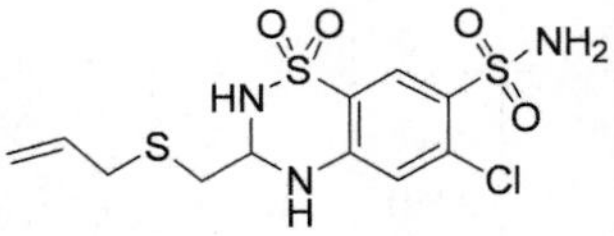	—	206～207
15	阿卡波糖 Acarbose	56180 - 94 - 0	$C_{25}H_{43}NO_{18}$	645.24798	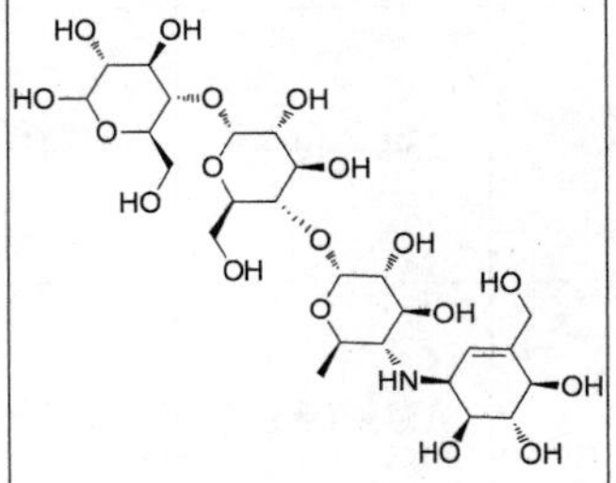	—	165～170
16	盐酸阿米洛利 Amiloride hydrochloride	2016 - 88 - 8	$C_6H_8ClN_7O \cdot HCl$	265.02456	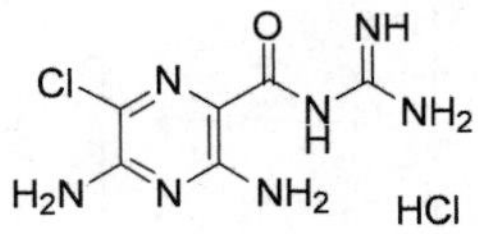	—	293～294
17	安非拉酮 Amfepramone	90 - 84 - 6	$C_{13}H_{19}NO$	205.14667	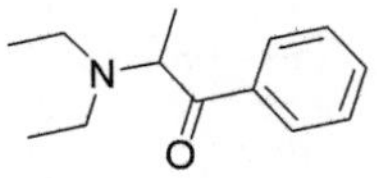	—	—
18	安非他明 Amphetamine	300 - 62 - 9	$C_9H_{13}N$	135.10479	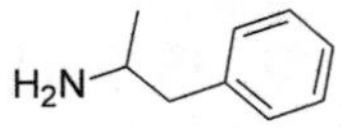	—	—
19	安非他酮 Bupropion	34911 - 55 - 2	$C_{13}H_{18}ClNO$	239.10769	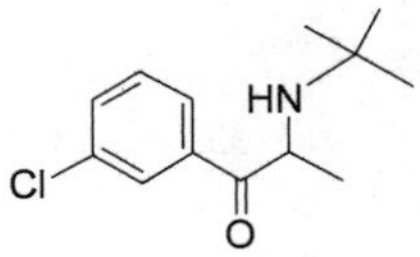	—	—
20	氨苯蝶啶 Triamterene	396 - 01 - 0	$C_{12}H_{11}N_7$	253.10759	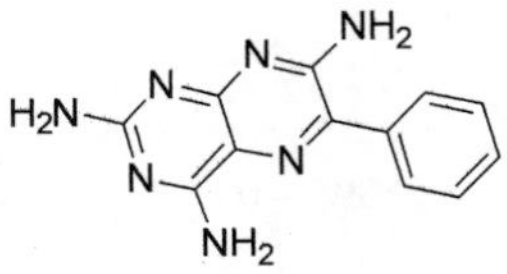	—	316.00

（续表 5 - 7）

序号	化合物 中英文名	CAS 号	分子式	精确质量数	化学结构式	lgP	熔点/℃
21	苯丙氨酸 Phenylalanine	150 - 30 - 1(DL), 63 - 91 - 2(L)	$C_9H_{11}NO_2$	165.07898		—	101 ～ 104
22	苯丙醇胺 Phenylpropanolamine	14838 - 15 - 4	$C_9H_{13}NO$	151.09971		—	101 ～ 102
23	苯丁胺 Phentermine	122 - 09 - 8	$C_{10}H_{15}N$	149.12045		—	- 50.00
24	苯氟雷司 Benfluorex	23602 - 78 - 0	$C_{19}H_{20}F_3NO_2$	351.14462		—	—
25	苯甲吗啉 Phenmetrazine	134 - 49 - 6	$C_{11}H_{15}NO$	177.11536		—	—
26	苯双甲吗啉 Phendimetrazine	634 - 03 - 7	$C_{12}H_{17}NO$	191.13101		—	—
27	苯乙双胍 Phenformin	114 - 86 - 3	$C_{10}H_{15}N_5$	205.13275		—	—
28	苄非他明 Benzfetamine	156 - 08 - 1	$C_{17}H_{21}N$	239.16740		—	—
29	苄氟噻嗪 Bendroflumethiazide	73 - 48 - 3	$C_{15}H_{14}F_3N_3O_4S_2$	421.03778		—	205 ～ 207
30	苄噻嗪 Benzthiazide	91 - 33 - 8	$C_{15}H_{14}ClN_3O_4S_3$	430.98349		—	231 ～ 232
31	布美他尼 Bumetanide	28395 - 03 - 1	$C_{17}H_{20}N_2O_5S$	364.10928		—	230 ～ 231

序号	化合物 中英文名	CAS 号	分子式	精确质量数	化学结构式	lgP	熔点/℃
32	茶碱 Theophylline	58 - 55 - 9	$C_7H_8N_4O_2$	180.06472	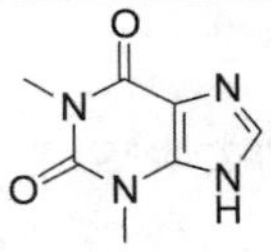	—	271～273
33	二甲双胍 Metformin	657 - 24 - 9	$C_4H_{11}N_5$	129.10144	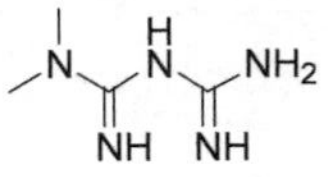	—	—
34	氟苯丙胺 Fenfluramine	458 - 24 - 2	$C_{12}H_{16}F_3N$	231.12349	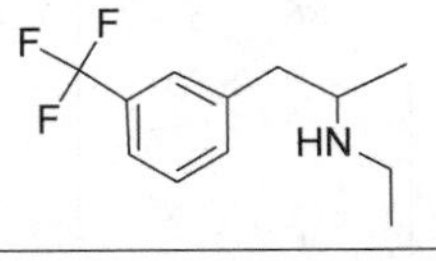	—	—
35	环噻嗪 Cyclothiazide	2259 - 96 - 3	$C_{14}H_{16}ClN_3O_4S_2$	389.02707	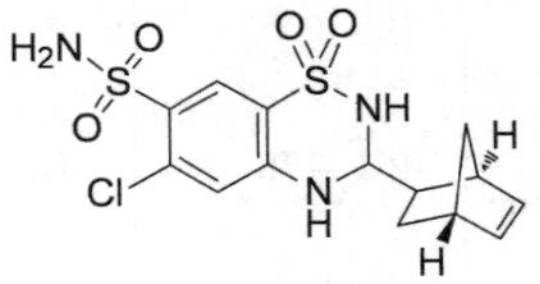	—	234.00
36	吉非罗齐 Gemfibrozil	25812 - 30 - 0	$C_{15}H_{22}O_3$	250.15689	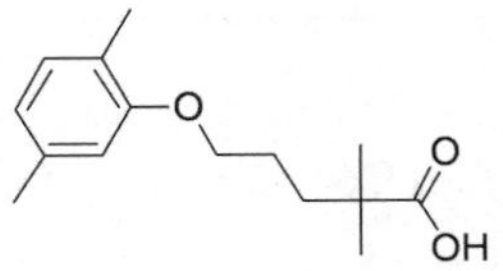	—	61～63
37	甲基麻黄碱 Methylephedrine	552 - 79 - 4	$C_{11}H_{17}NO$	179.13101	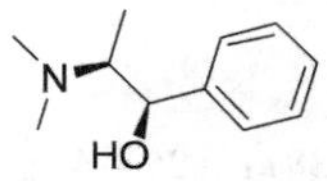	—	86～88
38	咖啡因 Caffeine	58 - 08 - 2	$C_8H_{10}N_4O_2$	194.08038	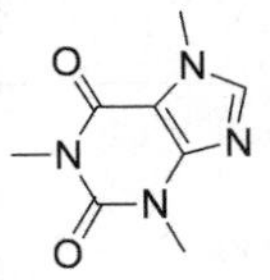	—	234～237
39	可可碱 Theobromine	83 - 67 - 0	$C_7H_8N_4O_2$	180.06473	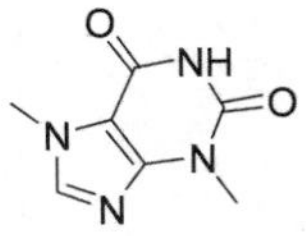	—	345～350
40	克仑潘特 Clenpenterol	37158 - 47 - 7	$C_{13}H_{20}Cl_2N_2O$	290.09527	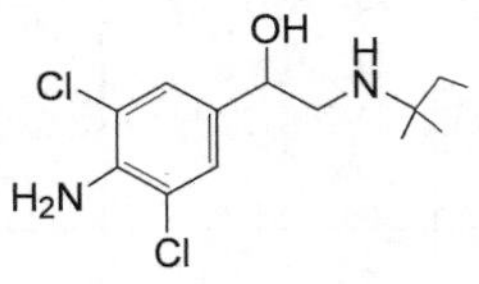	—	—
41	克伦特罗 Clenbuterol	37148 - 27 - 9	$C_{12}H_{18}Cl_2N_2O$	276.07962	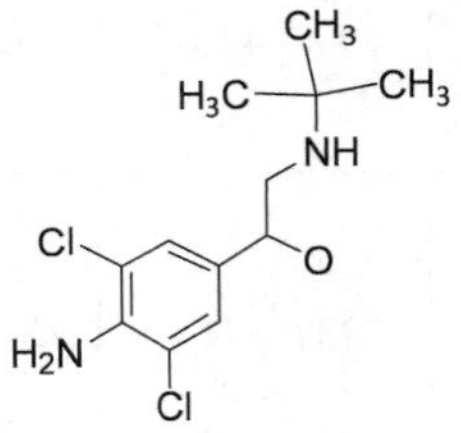	2.00	112～115

（续表 5－7）

序号	化合物 中英文名	CAS 号	分子式	精确质量数	化学结构式	lgP	熔点/℃
42	莱克多巴胺 Ractopamine	97825－25－7	$C_{18}H_{23}NO_3$	301.16779	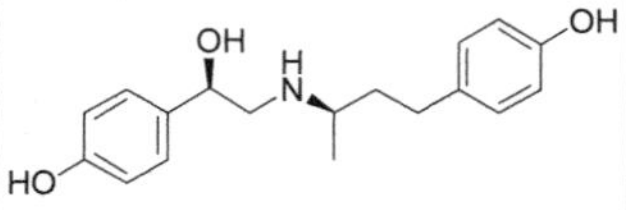	2.41	165～167
43	舒布硫胺 Sulbutiamine	3286－46－2	$C_{32}H_{46}N_8O_6S_2$	702.29816	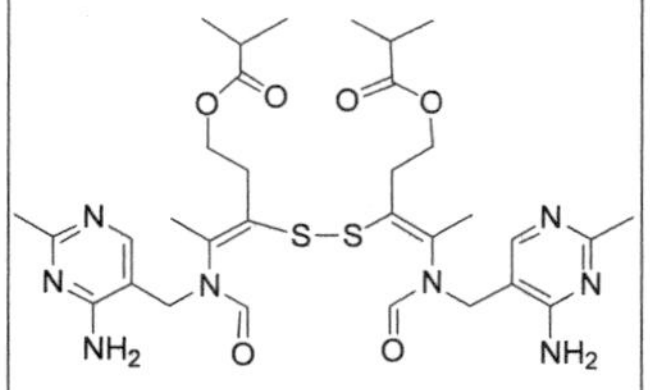	—	—
44	对氯苯丁胺 Chlorophentermine	461－78－9	$C_{10}H_{14}ClN$	183.08148	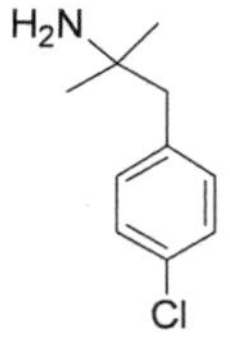	—	255.80
45	氯苄雷司 Clobenzorex	13364－32－4	$C_{16}H_{18}ClN$	259.11276	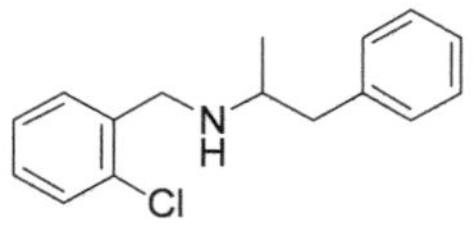	—	—
46	氯丙那林 Clorprenaline	3811－25－4	$C_{11}H_{16}ClNO$	213.09204	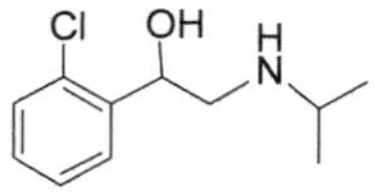	1.82	79.14
47	氯帕胺 Clopamide	636－54－4	$C_{14}H_{20}ClN_3O_3S$	345.09140	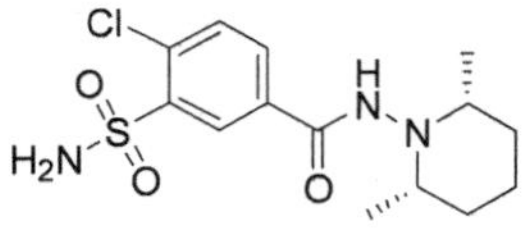	—	248～249
48	螺内酯 Spironolactone	52－01－7	$C_{24}H_{32}O_4S$	416.20212	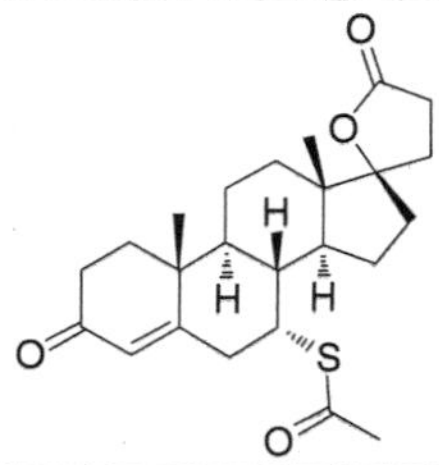	—	207～208
49	麻黄碱 Ephedrine	299－42－3	$C_{10}H_{15}NO$	165.11536	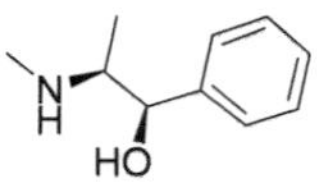	—	37～39
50	马吲哚 Mazindol	22232－71－9	$C_{16}H_{13}ClN_2O$	284.07166	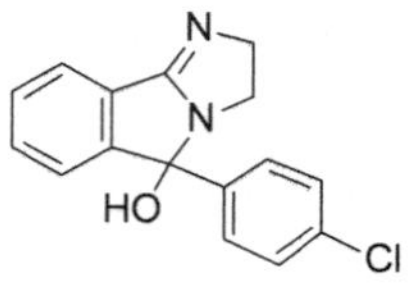	—	215～217

序号	化合物中英文名	CAS 号	分子式	精确质量数	化学结构式	lgP	熔点/℃
51	美托拉宗 Metolazone	17560 - 51 - 9	$C_{16}H_{16}ClN_3O_3S$	381.05499		—	252～254
52	奈法唑酮 Nefazodone	83366 - 66 - 9	$C_{25}H_{32}ClN_5O_2$	469.22446		—	180～182
53	帕罗西汀 Paroxetine	61869 - 08 - 7	$C_{19}H_{20}FNO_3$	329.14273		—	114～116
54	氢氟噻嗪 Hydroflumethiazide	135 - 09 - 1	$C_8H_8F_3N_3O_4S_2$	330.99084		—	272～273
55	舍曲林 Sertraline	79617 - 96 - 2	$C_{17}H_{17}Cl_2N$	305.07379		—	—
56	托拉塞米 Torasemide	56211 - 40 - 6	$C_{16}H_{20}N_4O_3S$	348.12561		—	163～164
57	伪麻黄碱 Pseudoephedrine	90 - 82 - 4	$C_{10}H_{15}NO$	165.11536		—	118～120
58	溴布特罗 Brombuterol	41937 - 02 - 4	$C_{12}H_{18}Br_2N_2O$	363.97858		2.49	161.90
59	烟酰胺 Nicotinamide	98 - 92 - 0	$C_6H_6N_2O$	122.04801		—	128～131
60	依他尼酸 Ethacrynic acid	58 - 54 - 8	$C_{13}H_{12}Cl_2O_4$	302.01126		—	125.00

（续表5-7）

序号	化合物 中英文名	CAS 号	分子式	精确质量数	化学结构式	lgP	熔点/℃
61	吲达帕胺 Indapamide	26807-65-8	C$_{16}$H$_{16}$ClN$_3$O$_3$S	365.06009	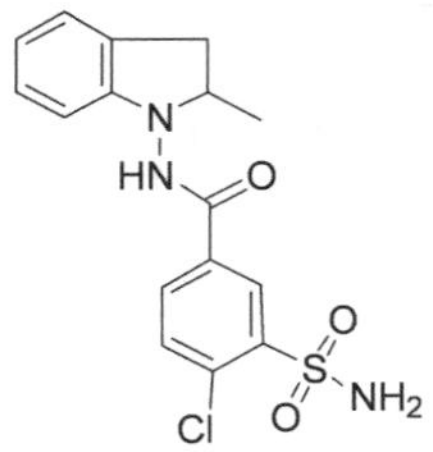	—	160～162
62	左旋肉碱 L-Carnitine	541-15-1	C$_7$H$_{15}$NO$_3$	161.10519	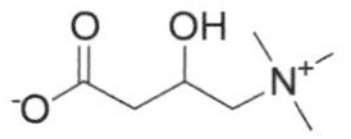	—	197～212
63	2,4-二硝基苯酚 2,4-Dinitrophenol	51-28-5	C$_6$H$_4$N$_2$O$_5$	184.01202	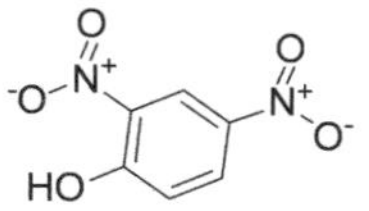	—	108～112
64	3,3′,5′-三碘 甲状腺原氨酸 3,3′,5′-Triiodo- L-thyronine	6893-02-3	C$_{15}$H$_{12}$I$_3$NO$_4$	650.79004	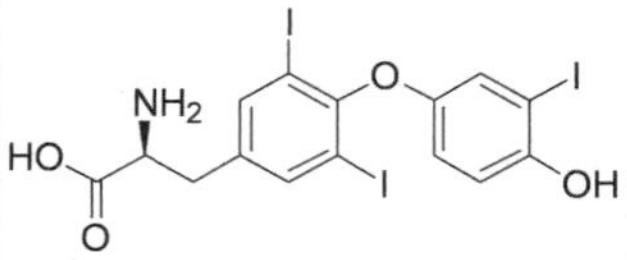	—	234～238
65	3,3′,5-三碘 甲状腺氨酸 3,3′,5-Triiodo- L-thyronine	5817-39-0	C$_{15}$H$_{12}$I$_3$NO$_4$	650.79004	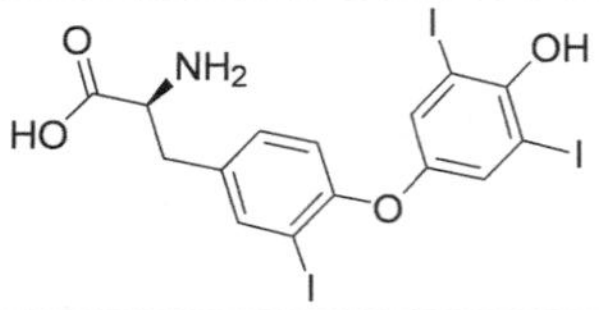	—	234～238
66	3,5-L-二碘 甲状腺氨酸 3,5-Diiodo- L-thyronine	1041-01-6	C$_{15}$H$_{13}$I$_3$NO$_4$	524.89339	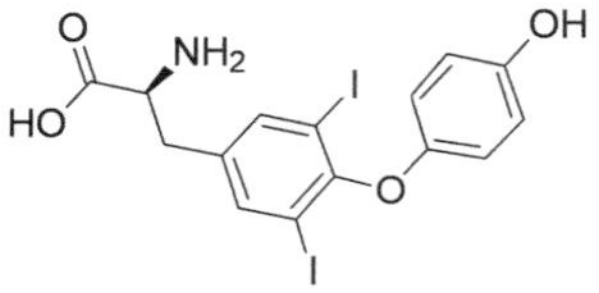	—	255～260

5.2.1.2 药理作用

食欲抑制剂通过兴奋下丘脑饱觉中枢，控制食欲中枢，再通过神经的作用抑制食欲，使肥胖者容易接受饮食量控制；能量消耗增强剂通过提高机体能量代谢，增加热量消耗而减轻体重；泻药能刺激结肠推动性蠕动产生作用；抗抑郁剂因增加5-羟色胺(5-HT)和阻断α受体而干扰睡眠和影响血压，中枢和外周自主神经功能的失平衡会诱发惊厥及摄食、体重的改变。降血糖、降血脂和利尿药物经过代谢后能达到辅助减肥的功效，其药理作用详见本章第5.3、5.4、5.5节。

5.2.1.3 毒副作用

减肥类化学药在临床上均具有不同程度的毒副作用。有研究表明，西布曲明的不良反应发生率为59.2%，主要表现为头疼与头晕(18.4%)、便秘(14.4%)、口干与口苦(13.6%)等；另有报道，服用西布曲明产生口干、便秘、头痛、失眠等不良反应的总发生率为22.27%。有报道称，酚酞可诱发心律失常和呼吸窘迫症，过量可引起高血糖、低血钙、低血钾、肌肉痉挛或乏力等电解质紊乱综合征，以及肺水肿、呼吸麻痹、血压降低甚至死亡。氟西汀可导致恶心、呕吐、口干、焦虑、失眠、头痛，颤抖等症状。

5.2.2 相关标准方法

针对减肥类化学药的检测，我国现行的标准有药品检验补充检验方法和检验项目批准件（编号200604），其中包括 3 种成分：西布曲明、麻黄碱和芬氟拉明；食药总局发布的 2017 年第 138 号文件《保健食品中 75 种非法添加化学药物的检测》，其中包括了减肥类化学药 6 项，分别为：酚酞、西布曲明、N - 单去甲基西布曲明、N，N - 双去甲基西布曲明、芬氟拉明、麻黄碱。

5.2.3 检测方法综述

保健食品以及中成药本身化学成分极其复杂，加上具有减肥及辅助减肥功能的化学药物种类繁多，因此检测方法也很多，文献所报道的方法主要包括：理化鉴别法、高效液相色谱法（HPLC）、液相色谱 - 质谱法（LC-MS），以及其他方法如红外光谱法（IR）、核磁共振法（NMR）、薄层色谱扫描法（TLC）等，其中 LC-MS 法具有高通量多品种同时检测的优势，也作为最终确证方法。

1. 理化鉴别法

一般情况下，保健食品基质复杂，理化鉴别技术由于灵敏度较低，仅适合于常量分析，不适合微量及痕量分析，可用于保健食品中非法添加化学药物的初筛工作。常见的理化鉴别技术有颜色反应、沉淀反应等。黄诺嘉等建立了检测减肥类中成药、保健食品和食品中非法添加酚酞、西布曲明的理化鉴别方法。酚酞的筛查方法为：取样品适量，置于具塞试管中，加入乙醇 2 mL，振摇 1 min，过滤，得供试液。取供试液 2～5 滴，滴入 2 mL 2%（质量分数）氢氧化钠溶液，摇匀，若溶液颜色立即显现玫瑰红色，表明其中可能含有酚酞。西布曲明的筛查方法为：取样品适量，置于具塞试管中，加入 2 mL 乙酸乙酯，振摇约 1 min，静置 1 min，过滤，得供试液。向供试液中加 0.3 mol/L 硫酸溶液 1 mL，振摇约 1 min，静置分层，沿管壁加入重铬酸钾试液 4～5 滴，若下层液生成黄色沉淀，表明其中可能含有西布曲明。

2. HPLC 法

HPLC 法是检测中药及保健食品中非法添加化学药物最为广泛的方法，通过比较样品色谱峰与对照品色谱峰的保留时间及紫外光谱图来测定样品是否含有与对照品一致的化学成分，再用峰面积比来定量。邢俊波等建立了应用 HPLC 法同时检测减肥类保健食品中咖啡因、脱氧肾上腺素、酪氨酸、麻黄碱、大麦芽碱和对羟基苯丙醇胺的方法，利用该方法对 46 个样品进行了筛查，发现超过一半的样品中含有咖啡因，3 个样品中含有脱氧肾上腺素，1 个样品中含有麻黄碱。王静文等建立了采用超高效液相色谱法（UPLC）同时测定减肥类保健食品中安非他酮、苯佐卡因、螺内酯、大黄素、苯乙双胍等 25 种非法添加化学药物含量的方法，筛查结果显示，17 种减肥保健食品中 3 种样品添加了酚酞，1 种样品添加了大黄素。

3. LC-MS 法

以 LC 作为分离系统，MS 作为检测系统，兼具 LC 高效的分离能力与 MS 高专属性、高灵敏度的特性，检测时可以同时得到化合物的保留时间、相对分子质量、离子碎片等信息，从而对其结构进行确证，结果可靠。迟少云等报道了减肥类保健食品中能量消耗剂（咖啡因、麻黄碱、伪麻黄碱、去甲麻黄碱、去甲伪麻黄碱）和食欲抑制剂（西布曲明、氟苯丙胺、苯二甲吗啉、苯甲吗啉、苯丁胺、甲苯叔丁胺、苯氟雷司、甲基苯丙胺、芬氟拉明）的液相色谱 - 高分辨质谱联用（LC-HRMS）检测方法，并应用该方法从 36 个样品中检测出 4 个添加麻黄碱或伪麻黄碱的样品，8 个添加咖啡因的样品。朱健等建立了减肥类保健食品中非法添加苯丙醇胺、氢氯噻嗪、芬氟拉明、吲达帕胺、布美他尼等 13 种减肥类化学药物成分的 UPLC-MS/MS 检测方法，并应用该方法对 65 批样品进行检验，发现 14 批样品中含有西布曲明，12 批样品中检出酚酞。宫旭等采用 UPLC-MS/MS 法测定了减肥、降脂、通便 3 类共 74 批药次保健食品中添加的 37 种药物，检出 9 批为非法添加阳性样品。胡青等采用超高效液相色谱 – 三重四极杆质谱法（UPLC-QQQ-MS）测定了食品中 34 种非法添加减肥类化合物，选择了酵素、左旋肉碱泡腾片、减肥胶囊、酵素饮品、代餐饼干、减肥奶茶、减肥茶、左旋肉碱咖啡粉 8 种基质作为代表性基质考查了基质效应，对市售样品及某涉案专项样品（共 80 批）进行了检测，共检出 12 种化合物，检出频次达 40 次。

4. TLC 法

TLC 法具有操作简便、分析速度快等特点，在药物分析中应用广泛，适用于纯品或不复杂样品的分析。许凤等建立了减肥类保健食品中非法添加盐酸芬氟拉明的薄层色谱 – 显微红外光谱法（TLC-MicroIR）联用的定性检测方法，但该方法灵敏度相对较低，测定范围有限，图谱中不同化合物信号可能出现重叠的效果，造成假阳性检测结果，一般需采用专属性更高的质谱法及液相色谱 – 质谱法予以进一步确认。

5.2.4 液相色谱 – 串联质谱法同时筛查 30 种减肥类化学药

近年来本实验室一直在研究减肥类物质的筛查检测方法，在筛查品种以及检测技术上有了较多的积累，已建立了能同时筛查 30 种减肥类化学药的方法。这 30 种物质均是实际检测工作中被检样品中添加的成分，有的成分是经过分析鉴定出来的，其中西布曲明和酚酞的被检出频率最高；氟西汀是从实际样品检测过程中发现并鉴定出的成分。方法采用正、负离子切换模式采集数据，提高了噻呋米、氯噻酮、氯噻嗪、氢氯噻嗪的灵敏度，达到同时、快速、简便测定的目的。

5.2.4.1 实验部分

1. 仪器与试剂

Agilent 1200 SL Series RRLC /6410B Triple Quard MS 快速高效液相色谱 – 串联四极杆质谱联用仪（美国 Agilent 公司）；赛多利斯 TP – 114 电子天平（美国 Sartorious 公司）；KQ2200 型台式机械超声波清洗器（东莞市超声波设备有限公司）。甲醇、乙腈为色谱纯试剂（德国 Merck 公司），乙酸铵（阿拉丁试剂公司），实验用水为二次蒸馏水，其余所用试剂均为分析纯。

30 种标准品名称为：二甲双胍、阿卡波糖、氯噻嗪、苯乙双胍、氢氯噻嗪、罗格列酮、氯卡色林、氯噻酮、芬氟拉明、吡格列酮、呋噻米、氟西汀、酚酞、东布曲明、西布曲明、格列吡嗪、甲苯磺丁脲、阿托伐他汀、格列齐特、比沙可啶、格列苯脲、格列美脲、格列喹酮、氯贝丁酯、瑞格列奈、洛伐他汀、辛伐他汀、利莫那班、非诺贝特、奥利司他，纯度均大于 95.2%，均购自中国食品药品检定研究院和德国 Dr. Ehrenstorfer 公司。

2. 标准溶液配制

分别准确称取各标准品 5.00 mg，用甲醇（二甲双胍和阿卡波糖用水）超声溶解并定容至 10 mL，得到 500 mg/L 的标准储备液。临用时用基质提取液将上述标准溶液稀释为系列混合标准工作液。

3. 样品前处理

片剂去除糖衣部分，磨成细粉，胶囊取内容物，准确称取 0.1 g，置 10 mL 容量瓶中，加甲醇 8 mL，超声处理 20 min，用甲醇定容至刻度，过 0.20 μm 微孔滤膜，待测。

4. 测定方法

1）液相色谱条件

色谱柱：Aglient poroshell 120 EC – C$_{18}$（4.6 mm×100 mm，2.7 μm）；流动相：A 为乙腈，B 为水溶液 [含有 10 mmol/L 甲酸铵，0.1%（体积分数）甲酸，10%（体积分数）甲醇]；流速 0.25 mL/min，柱温为 30 ℃，进样量 2 μL。梯度洗脱程序：流动相 A 的体积分数变化 $[\varphi(A)+\varphi(B)=100\%]$ 为 0～2 min：0；2～3 min：0～25%；3～5 min：25%～80%；5～8 min：80%～100%；8～10 min：100%；10～11 min：

100%～0；11～14 min：0。

2）质谱条件

离子源为电喷雾离子源，干燥气（N₂）温度 350 ℃，雾化气（N₂）压力 275.8 kPa，干燥气（N₂）流量 10 L/min，电喷雾电压 4000 V，扫描方式为多反应监测（MRM）模式，采用正负离子切换方式采集，优化后的质谱分析参数见表 5-8。

表 5-8　30 种减肥化学药的质谱分析参数

序号	化学药中英文名	分子式	保留时间/ t/min	母离子 (m/z)	子离子 (m/z)	丰度比	碰撞能量/ V	碎裂电压/ V
1	二甲双胍 Metformin	$C_4H_{11}N_5$	3.05	130^+	60^* 71	1.6	45 44	120 120
2	阿卡波糖 Acarbose	$C_{25}H_{43}NO_{18}$	5.88 6.98	646^+	146 304^*	1.6	45 45	120
3	氯噻嗪 Chlorothiazide	$C_7H_6ClN_3O_4S_2$	7.57	294^-	214^* 179	2.2	45 45	120 120
4	苯乙双胍 Phenformin	$C_{10}H_{15}N_5$	7.58	206^+	60^* 105	3.0	45 45	120 120
5	氢氯噻嗪 Hydrochlorothiazide	$C_7H_8ClN_3O_4S_2$	7.67	296^-	269^* 205	2.3	45 35	80 80
6	罗格列酮 Rosiglitazone	$C_{18}H_{19}N_3O_3S$	7.71	358^+	135^* 94	1.6	40 35	80 80
7	氯卡色林 Lorcaserin	$C_{11}H_{14}ClN$	7.80	196^+	129^* 179	2.5	8 32	120 120
8	氯噻酮 Chlorthalidone	$C_{14}H_{11}ClN_2O_4S$	7.85	337^-	190^* 146	46	45 45	120 120
9	芬氟拉明 Fenfluramine	$C_{12}H_{16}F_3N$	7.99	232^+	159^* 187	3.8	45 45	120 120
10	吡格列酮 Pioglitazone	$C_{19}H_{20}N_2O_3S$	8.25	357^+	134^* 119	2.3	45 35	80 80
11	呋噻米 Furosemide	$C_{12}H_{11}ClN_2O_5S$	8.29	329^-	285^* 205	1.4	8 32	120 120
12	氟西汀 Fluoxetine	$C_{17}H_{18}F_3NO$	8.38	310^+	44^* 148	1.2	40 35	100 100
13	酚酞 Phenolphthalein	$C_{20}H_{14}O_4$	8.45	319^+	225^* 197	1.6	40 35	80 80
14	东布曲明 N-di-Desmethyl sibutramine	$C_{15}H_{22}ClN$	8.46	252^+	125^* 139	2.1	40 35	80 80
15	西布曲明 Sibutramine	$C_{17}H_{26}ClN$	8.60	280^+	125^* 139	2.4	45 35	80 80

序号	化学药中英文名	分子式	保留时间/ t/min	母离子 （ m/z ）	子离子 （ m/z ）	丰度比	碰撞能量/ V	碎裂电压/ V
16	格列吡嗪 Glipizide	$C_{21}H_{27}N_5O_4S$	8.63	446$^+$	321* 103	2.4	45 45	120 120
17	甲苯磺丁脲 Tolbutamide	$C_{12}H_{18}N_2O_3S$	8.83	271$^+$	74* 91	1.1	40 35	80 80
18	阿托伐他汀 Atorvastatin	$C_{33}H_{35}FN_2O_5$	9.18	559$^+$	440* 250	2.0	40 35	80 80
19	格列齐特 Gliclazide	$C_{15}H_{21}N_3O_3S$	9.28	324$^+$	127* 91	1.1	40 35	80 80
20	比沙可啶 Bisacodyl	$C_{22}H_{19}NO_4$	9.28	362$^+$	184* 226	1.1	45 45	120 120
21	格列苯脲 Glibenclamide	$C_{23}H_{28}ClN_3O_5S$	9.45	494$^+$	369* 169	1.1	45 45	120 120
22	格列美脲 Glimepiride	$C_{24}H_{34}N_4O_5S$	9.63	491$^+$	352* 126	2.3	45 35	80 80
23	格列喹酮 Gliquidone	$C_{27}H_{33}N_3O_6S$	10.10	528$^+$	403* 386	1.2	40 35	100 100
24	氯贝丁酯 Clofibrate	$C_{12}H_{15}ClO_3$	10.65	243$^+$	169* 197	3.8	10 5	100 100
25	瑞格列奈 Repaglinide	$C_{27}H_{36}N_2O_4$	10.81	453$^+$	230* 162	2.1	40 35	80 80
26	洛伐他汀 Lovastatin	$C_{24}H_{36}O_5$	10.87	405$^+$	199* 173	1.2	40 35	100 100
27	辛伐他汀 Simvastatin	$C_{25}H_{38}O_5$	11.34	419$^+$	199* 225	46	45 45	120 120
28	利莫那班 Rimonabant	$C_{22}H_{21}Cl_3N_4O$	11.49	465$^+$	365* 84	15	40 35	80 80
29	非诺贝特 Fenofibrate	$C_{20}H_{21}ClO_4$	11.53	361$^+$	233* 139	2.5	8 32	120 120
30	奥利司他 Orlistat	$C_{29}H_{53}NO_5$	12.30	496$^+$	319* 160	1.5	45 45	120 120

注：带"*"的表示定量离子；带"+"的表示正离子模式；带"-"的表示负离子模式。

5.2.3.2　结果与讨论

1. 质谱条件的优化

分别将30种化学药的标准溶液注入质谱仪进行质谱参数的优化，获得相应的[M+H]$^+$和[M-H]$^-$准分子离子峰，然后针对母离子做二级子离子全扫描，获得碎片离子信息，选择丰度较高的2个碎片离子作为特征离子，优化碰撞能量使其响应强度最大，最后得到该化合物的2个MRM离子对以及相应的质谱参数。

由于不同物质化学性质各异，在电喷雾离子源中离子化程度不同，优化参数时需采用不同浓度进样，才能得到理想参数，氯贝丁酯不容易离子化，在 10 mg/L 以下不能得到分子离子峰，改用较高浓度 100 mg/L 进样，才能得到其分子离子峰 m/z 243，氯噻嗪、氯噻酮、呋噻米和氢氯噻嗪 4 种化合物，理论上采用正、负离子检测均可，因此试验分别优化得到其正、负离子的 MRM 参数。

为得到每种物质的理想灵敏度，试验对比采用正离子 MRM 模式和正、负离子切换采集 MRM 模式，对比氯噻嗪、氯噻酮、呋噻米和氢氯噻嗪 4 种物质的检出限，结果正离子模式下得到氯噻嗪、氯噻酮检出限为 5 mg/kg，呋噻米和氢氯噻嗪为 10 mg/kg，而负离子模式下能得到更低的检出限，氯噻嗪、氢氯噻嗪和呋噻米为 0.01 mg/kg；氯噻酮为 0.05 mg/kg，比正离子模式低 1 ～ 2 个数量级，显著增加了此类物质的灵敏度。

2. 色谱条件的优化

各种物质的理化性质差别大，在色谱柱上保留特征也不同，为了得到理想的色谱峰及合适的分离度，对比选择了性质不同的 4 种色谱柱，考察其保留特征及分离情况。4 种色谱柱型号分别为 A：Agilent Poroshell 120 EC – C_{18}（3.0 mm × 100 mm，2.7 μm）；B：Agilent Poroshell 120 Phenyl Hexyl（2.1 mm × 100 mm，2.7 μm）；C：Agilent Poroshell 120 PFP（2.1 mm × 100 mm，2.7 μm）；D：Agilent Poroshell 120 EC – C_{18}（4.6 mm × 50 mm，2.7 μm），结果表明：使用 B 柱时得到阿卡波糖保留时间短，保留时间为 1.61 min 和 2.08 min，二甲双胍出峰时间为 1.3 min，几乎没有保留与溶剂流出；使用 C 柱时阿卡波糖出峰时间为 1.5 min，几乎无保留，另有芬氟拉明和氯卡色林峰形拖尾严重；D 柱和 A 柱型号一致，只是柱内径粗且长度短，结果是阿卡波糖色谱峰拖尾严重，各种物质相对分离不如 A 柱理想。综上所述，采用 A 柱得到各色谱峰分离比较理想，峰形对称，所以选择 A 柱作为分离柱。

流动相对比了甲醇 – 水和乙腈 – 水混合溶剂，并分别添加甲酸铵和甲酸，考察它们对 30 种化合物的色谱行为和离子化程度。加入甲酸会提高正离子物质的灵敏度，加入甲酸铵可提高负离子物质灵敏度。若只加入甲酸铵，会导致西布曲明峰严重展开几乎得不到明显色谱峰，加入甲酸后峰形明显改善，检出限降低 2 ～ 3 个数量级，而加入甲酸后阿卡波糖分裂为 2 个峰，但 2 个峰均峰形尖锐，不影响其检出限和定量准确性。

综合以上各因素，得到最佳色谱条件为：色谱柱为 Agilent Poroshell 120 EC – C_{18}（3.0 mm × 100 mm，2.7 μm）；流动相：A 为乙腈，B 为水溶液[含有 10 mmol/L 甲酸铵、0.1%（体积分数）甲酸、10%（体积分数）甲醇]，在水相中加入 10% 甲醇，能改善各物质的分离，并防止流动相产生微生物或沉淀导致柱压升高，此条件下所得各种化合物的总离子流图和定量特征离子流图如图 5 – 26 所示。

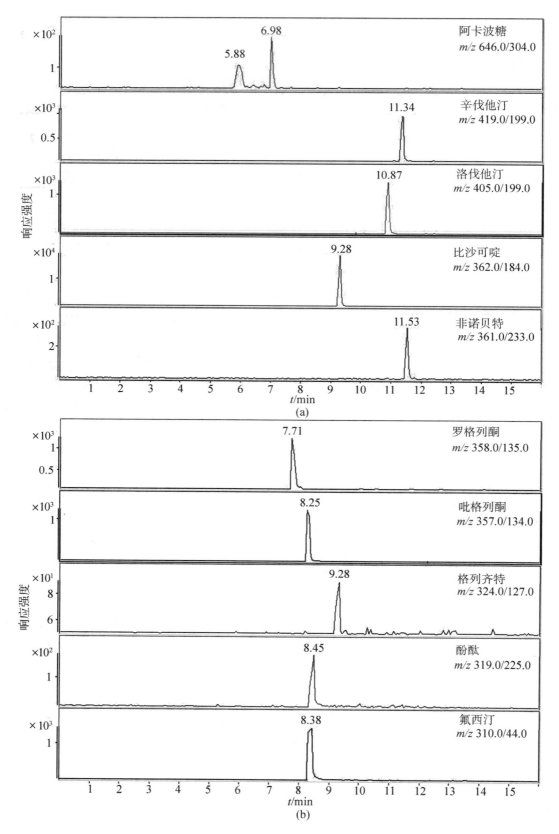

图 5 – 26　30 种化学药混合标准溶液的 MRM 色谱图

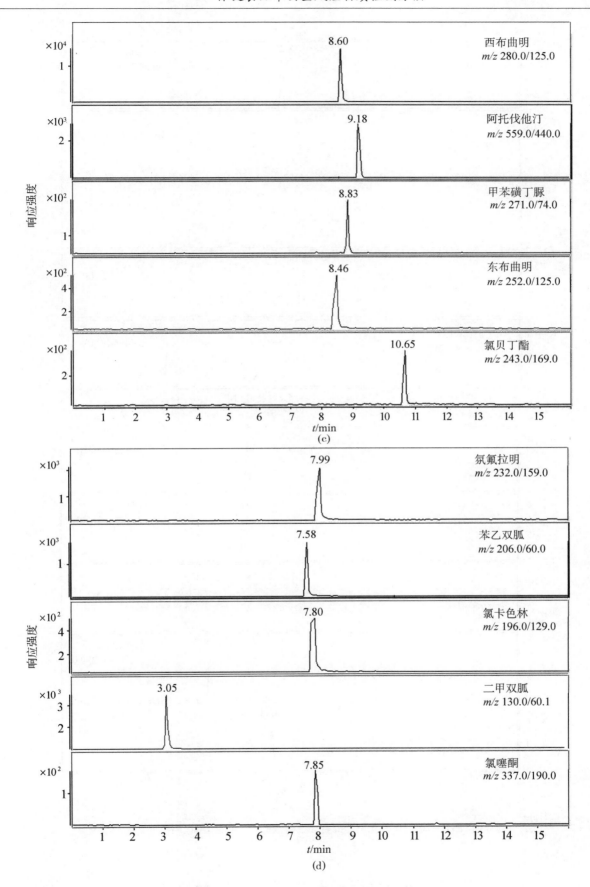

图 5 - 26 30 种化学药混合标准溶液的 MRM 色谱图(续)

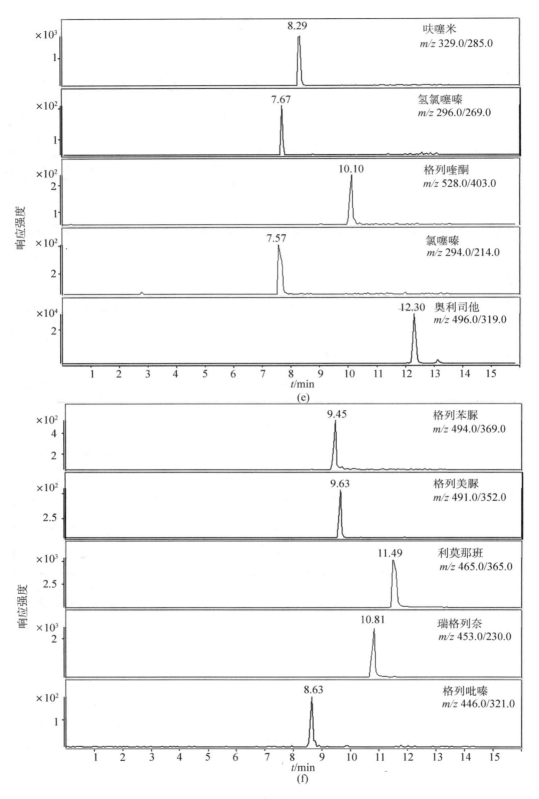

图 5 - 26　30 种化学药混合标准溶液的 MRM 色谱图(续)

3. 样品前处理条件的优化

二甲双胍和阿卡波糖均在水中易溶，在甲醇中溶解，在乙醇中微溶，阿卡波糖在乙腈中不溶，其余各项均在甲醇中溶解。为了获得较好的回收率和除杂效果，试验对比了纯甲醇、80%（体积分数）甲醇、60%甲醇3种提取溶剂的提取效果。结果表明，纯甲醇作提取剂能得到的每个成分的理想回收率，且滤液洁净，无需进一步净化，简化了样品前处理过程，因此采用甲醇作为提取溶剂。

4. 基质效应的考察

本研究通过考察标准曲线斜率法考察基质效应，基质效应（ME）强弱的表示方法为：ME =（基质匹配标准溶液所作曲线的斜率/无基质标准溶液所作曲线的斜率 − 1）× /100%，ME 为负值表示存在基质抑制效应，正值表示存在基质增强效应。ME% 绝对值为 0 ～ 20% 时，表示存在较弱的基质效应；绝对值为 20% ～ 50% 时，表示存在中等的基质效应；绝对值 > 50%，表示存在较强的基质效应。实验分别用空白基质作溶剂和甲醇作溶剂配制相同浓度的混合系列标准溶液，对 30 种化合物进行基质效应的评价，结果表明：30 种化合物均存在不同程度的基质效应，其绝对值为 3% ～ 68%，其中二甲双胍基质抑制效应为 68%，比格列酮基质抑制效应为 65%，格列喹酮基质增强效应为 54%，格列比嗪基质抑制效应为 62%，其余基质效应均小于 25%。综合考虑，本实验采用基质匹配标准溶液的方法，以便较好地消除基质影响，满足检测要求。

5. 线性范围、检出限

采用空白基质提取液作溶剂，基质选用常见的几种具有减肥通便效果的中药决明子、荷叶、芦荟、大黄、番泻叶、泽泻、首乌、山楂按照等比例混合粉碎，用甲醇稀释 100 倍超声萃取，过滤待用。配制浓度为 10、5、0.5、0.1、0.05、0.01、0.005、0.001 mg/L 的系列混合标准溶液，以浓度（x）为横坐标，峰面积（y）为纵坐标，计算回归方程，以信噪比 $S/N \geq 3$ 时的浓度计算检出限（LOD），以 3 倍检出限得到定量限（LOQ），结果如表 5 - 9 所示。从表中可以看出每种物质在线性范围内相关系数大于 0.99，检出限为 0.003 ～ 0.1 mg/kg，能够满足检测的要求。

表 5 - 9　30 种减肥化学药的回归方程、线性范围、相关系数及检出限与定量限

序号	化学药	回归方程	线性范围/ ($mg \cdot L^{-1}$)	相关系数	LOD/ ($mg \cdot kg^{-1}$)	LOQ/ ($mg \cdot kg^{-1}$)
1	二甲双胍	$y = 791387x - 73078$	0.01 ～ 5.0	0.9913	0.003	0.01
2	阿卡波糖	$y = 38731x + 10214$	0.5 ～ 50	0.9941	0.1	0.5
3	氯噻嗪	$y = 15348x + 1142$	0.1 ～ 50	0.9965	0.01	0.1
4	苯乙双胍	$y = 43207x + 1791$	0.01 ～ 10	0.9954	0.003	0.01
5	氢氯噻嗪	$y = 11138x + 80$	0.05 ～ 5.0	0.9990	0.01	0.05
6	罗格列酮	$y = 223689x + 23381$	0.1 ～ 50	0.9949	0.02	0.1
7	氯卡色林	$y = 87542x + 4704$	0.05 ～ 5.0	0.9993	0.01	0.05
8	氯噻酮	$y = 8131x + 95$	0.1 ～ 50	0.9999	0.02	0.1
9	芬氟拉明	$y = 196306x + 11140$	0.01 ～ 10	0.9982	0.005	0.01
10	吡格列酮	$y = 1133323x + 54944$	0.01 ～ 10	0.9985	0.005	0.01
11	呋噻米	$y = 22238x + 134$	0.05 ～ 5.0	0.9999	0.01	0.05
12	氟西汀	$y = 425331x + 26459$	0.001 ～ 5.0	0.9933	0.003	0.01
13	酚酞	$y = 90739x + 1144$	0.001 ～ 5.0	0.9999	0.02	0.1

（续表 5 - 9）

序号	化学药	回归方程	线性范围/ (mg·L^{-1})	相关系数	LOD/ (mg·kg^{-1})	LOQ/ (mg·kg^{-1})
14	东布曲明	$y = 54107x + 21457$	0.001 ～ 5.0	0.9996	0.025	0.1
15	西布曲明	$y = 1097554x + 54269$	0.001 ～ 5.0	0.9996	0.025	0.1
16	格列吡嗪	$y = 134574x - 337$	0.001 ～ 5.0	0.9999	0.01	0.05
17	甲苯磺丁脲	$y = 42697x + 4769$	0.001 ～ 5.0	0.9953	0.02	0.1
18	阿托伐他汀	$y = 98466x + 2034$	0.001 ～ 5	0.9999	0.05	0.5
19	格列齐特	$y = 218930x + 47991$	0.001 ～ 5.0	0.9997	0.05	0.2
20	比沙可啶	$y = 2158776x + 68214$	0.001 ～ 5.0	0.9990	0.003	0.01
21	格列苯脲	$y = 827971x - 2800$	0.001 ～ 5.0	0.9998	0.005	0.02
22	格列美脲	$y = 424309x - 3305$	0.001 ～ 5.0	0.9997	0.002	0.01
23	格列喹酮	$y = 121347x + 10717$	0.001 ～ 5.0	0.9905	0.003	0.01
24	氯贝丁酯	$y = 13552x + 248$	0.01 ～ 10.0	0.9999	0.02	0.1
25	瑞格列奈	$y = 369993x + 146821$	0.001 ～ 5.0	0.9925	0.05	0.2
26	洛伐他汀	$y = 40731x + 10934$	0.001 ～ 10	0.9955	0.02	0.1
27	辛伐他汀	$y = 55570x + 6527$	0.001 ～ 5.0	0.9947	0.02	0.1
28	利莫那班	$y = 1830475x + 268506$	0.001 ～ 5.0	0.9936	0.005	0.05
29	非诺贝特	$y = 186924x + 24078$	0.001 ～ 5.0	0.9920	0.007	0.02
30	奥利司他	$y = 37427x + 1080$	0.001 ～ 5.0	0.9987	0.03	0.10

6. 回收率和精密度

采用经测定不含上述减肥药物的胶囊，添加不同浓度标准溶液，分别进行低、中、高 3 个浓度水平的添加回收率试验，结果见表 5 - 10，取 6 次操作的平均值计算回收率及 RSD，30 种减肥化学药的回收率范围都在 70.1% ～ 114.8% 之间，RSD < 15%，另取一份混合标准溶液，浓度为 0.1 mg/L，在一天内的不同时间点（共 6 个时间点，间隔 4 h）测定，得到每种物质的日内精密度均小于 6.0%，满足定量分析要求。

表 5 - 10　3 个浓度加标水平下的减肥化学药回收率及精密度（n = 6）

序号	化学药	1mg/kg 添加量		5mg/kg 添加量		25mg/kg 添加量	
		回收率/%	RSD/%	回收率/%	RSD/%	回收率/%	RSD/%
1	二甲双胍	75.0	11.2	79.6	10.8	74.4	8.9
2	阿卡波糖	102.5	9.5	109.2	9.3	114.8	7.8
3	氯噻嗪	102.0	8.6	101.1	7.3	104.3	7.4
4	苯乙双胍	88.3	5.4	82.7	6.5	82.4	6.4
5	氢氯噻嗪	107.1	7.1	105.7	7.2	104.1	6.2
6	罗格列酮	73.8	11.9	78.4	13.6	77.1	11.6
7	氯卡色林	96.0	8.6	97.2	7.8	93.6	7.9

（续表 5 - 10）

序号	化学药	1mg/kg 添加量		5mg/kg 添加量		25mg/kg 添加量	
		回收率/%	RSD/%	回收率/%	RSD/%	回收率/%	RSD/%
8	氯噻酮	77.1	7.3	71.4	7.6	74.3	7.1
9	芬氟拉明	76.8	8.6	72.4	8.2	72.2	8.5
10	吡格列酮	87.1	8.3	91.4	7.6	94.3	7.1
11	呋噻米	72.0	8.9	71.4	7.3	72.8	7.6
12	氟西汀	76.1	6.2	75.7	4.9	76.2	5.9
13	酚酞	101.1	10.4	102.2	9.16	104.4	11.3
14	东布曲明	77.1	9.3	71.4	10.6	74.3	9.4
15	西布曲明	84.0	12.6	88.3	12.1	89.2	11.5
16	格列吡嗪	108.1	5.3	114.4	5.4	102.3	7.7
17	甲苯磺丁脲	100.1	10.3	105.6	10.6	102.3	10.1
18	阿托伐他汀	90.4	7.3	91.3	7.5	94.5	6.1
19	格列齐特	70.1	6.9	77.2	7.3	74.2	6.1
20	比沙可啶	101.0	10.5	102.8	11.1	101.8	10.6
21	格列苯脲	88.0	8.7	88.4	8.9	84.6	8.4
22	格列美脲	87.1	8.3	81.4	8.6	84.3	7.1
23	格列喹酮	90.7	12.3	91.4	12.6	94.3	8.9
24	氯贝丁酯	102.1	12.3	101.4	12.6	104.3	11.1
25	瑞格列奈	78.1	9.3	79.4	9.6	74.3	8.5
26	洛伐他汀	96.0	6.5	100	5.8	94.2	7.7
27	辛伐他汀	84.0	6.9	91.6	6.8	89.2	7.4
28	利莫那班	77.8	5.9	74.8	6.5	78.0	5.4
29	非诺贝特	84.1	8.1	81.4	7.6	84.3	7.1
30	奥利司他	81.3	9.6	81.6	7.4	84.2	7.7

5.2.5 典型案例介绍

【案例一】 2014 年 9 月，本实验室收到某客户送检的"养生之道中药美体系列"样品，其标签所列出的全是中药成分，经过筛查，检出其中含有西布曲明 288 mg/kg、酚酞 146 mg/kg，谱图见图 5 - 27 和图 5 - 28。

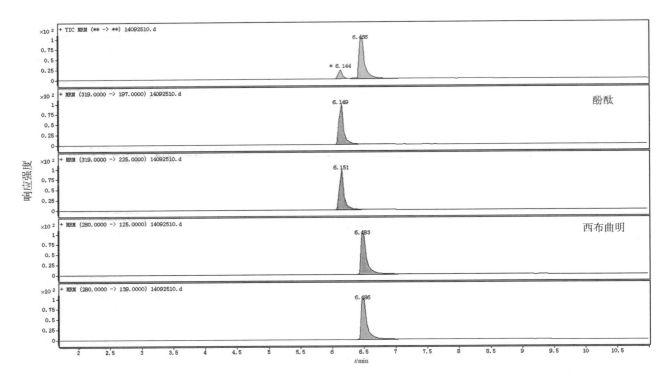

图 5 - 27　送检样品总离子流图和检出物特征离子流图

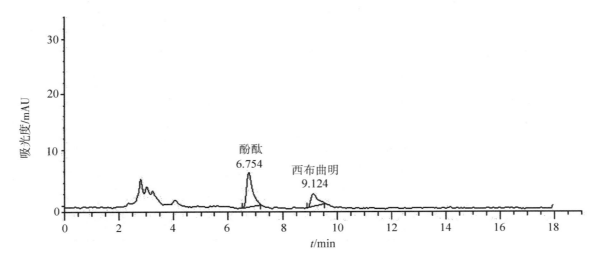

图 5 - 28　送检样品 HPLC 定量液相色谱图
注：6. 754 min 为西布曲明，9. 124 min 为酚酞。

【案例二】　2015 年 9 月，本实验室收到客户送检的"A08 号"减肥胶囊，其标签显示均为中药成分，经过筛查，检出其中含有西布曲明 42.4%，酚酞 0.021%（质量分数），谱图见图 5 - 29 和图 5 - 30。

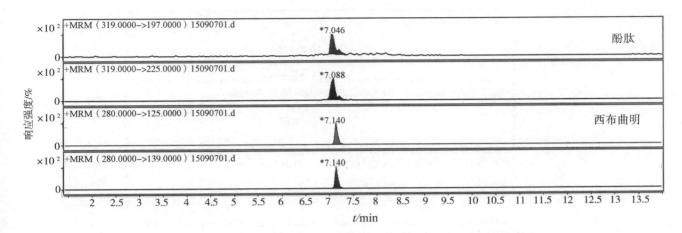

图 5 - 29 送检样品总离子流图和检出物特征离子流图

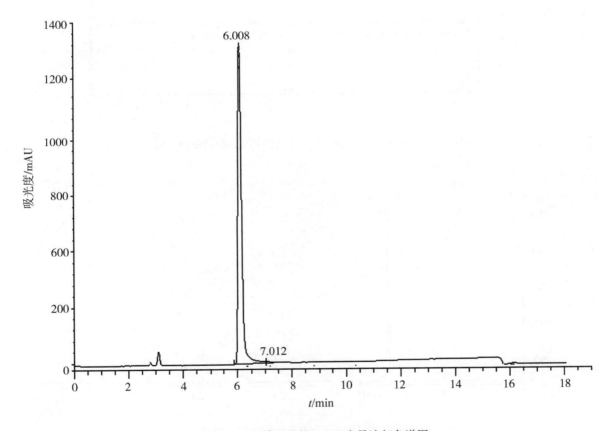

图 5 - 30 送检样品的 HPLC 定量液相色谱图

注：6.008 min 为西布曲明，7.012 min 为酚酞。

【案例三】 2017 年 4 月，本实验室收到广州市公安局越秀区分局送来的"YANHEF"减肥颗粒，采用所建立的减肥药 30 项同时筛查方法，发现其中添加了比沙可啶（质量分数为 1.8%）和氟西汀（质量分数为 4.0%）两种西药，谱图见图 5 - 31 和图 5 - 32。减肥化学药中，从 2000 年到 2009 年，减肥最热门的药物是西布曲明，2010 年 10 月这一成分被明令禁止使用后，不法商家则采用其他类似效果或辅助减肥效果的化学药代替。

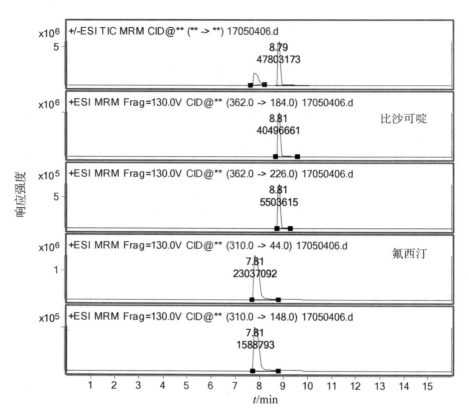

图 5 - 31　送检的减肥颗粒总离子流图和检出物特征离子图

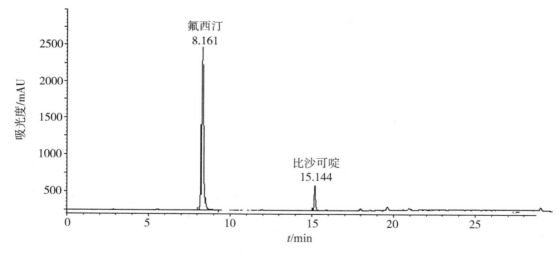

图 5 - 32　送检的减肥颗粒高效液相色谱图

　　近几年来，本实验室检测了客户委托送检样品 300 多个，样品类型有胶囊、片剂、原料粉、袋泡茶等等，其中检出频率最高的是西布曲明和酚酞，少部分检出氯卡色林、氟西汀和二甲双胍成分；另外采用个人购买方式网上采购了 15 种不同品牌和来源的样品，结果显示此类非法添加现象仍然存在，部分典型阳性样品检测结果见表 5 - 11。

表5-11 部分阳性样品测定结果

序号	样品名称	结　　　　果
1	Slimming capsule(减肥胶囊)	Fluoxetine(氟西汀)223mg/kg
2	No. 2 capsules(2号胶囊)	Sibutramine(西布曲明)2.5%；Phenolphthalein(酚酞)25.7 mg/kg
3	Slimming capsule(减肥胶囊)	Lorcaserin(氯卡色林)0.18%
4	Raw material powder(原料粉末)	Lorcaserin(氯卡色林)97.3%
5	No. A08 capsules(第A08号胶囊)	Sibutramine(西布曲明)42.4%；Phenolphthalein(酚酞)0.021%
6	Slimming capsule(减肥胶囊)	Sibutramine(西布曲明)7.1%；Phenolphthalein(酚酞)9.2%
7	Slimming capsule(减肥胶囊)	Sibutramine(西布曲明)6.4%；Phenolphthalein(酚酞)7.1%
8	Raw material powder(原料粉末)	Sibutramine(西布曲明)99.1%
9	Slimming capsule(减肥胶囊)	Sibutramine(西布曲明)288mg/kg；Phenolphthalein(酚酞)146mg/kg
10	Slimming capsule(减肥胶囊)	Sibutramine(西布曲明)1.3mg/kg；Metformin(二甲双胍)0.13mg/kg
11	Slimming capsule(减肥胶囊)	Sibutramine(西布曲明)2.9mg/kg；Metformin(二甲双胍)1.6mg/kg
12	Slimming capsule(减肥胶囊)	Sibutramine(西布曲明)0.79 mg/kg；Metformin(二甲双胍)0.43mg/kg；Clofibrate(氯贝丁酯)0.12mg/kg
13	Slimming capsule(减肥胶囊)	Sibutramine（西布曲明）8.31%；N-di-Desmethyl sibutramine（东布曲明）0.48%；Phenolphthalein(酚酞)8.09%

注：检测结果中的百分数为质量分数。

5.3　降糖类保健食品中非法添加化学药检测方法

糖尿病(diabetes mellitus, DM)是一种常见病和多发病，是由多种病因引起的以慢性高血糖为特征的代谢性疾病，其可因胰岛素分泌或作用的缺陷，或者两者同时存在而引起。近年来，糖尿病发病率处于上升趋势，其危害程度仅次于恶性肿瘤和心血管疾病，是威胁人类健康的第三大疾病。针对糖尿病的治疗可采用中医治疗和西医治疗，但西药副作用大，过量服用会产生严重不良反应，而中药对于糖尿病等慢性疾病的长期治疗和并发症的防治有其独特的优势，已成为人们预防和长期服用的首选。但是不法分子为了增加疗效，在中成药或保健品中非法添加了降糖类化学药，而且加入量通常超过最大剂量，患者服用这样的中成药或保健食品容易发生严重不良反应，对患者的身体健康危害极大。如2009年在新疆发生的2例糖尿病患者服用假冒广西平南制药厂生产的糖脂宁胶囊导致死亡的恶性案件。本节主要介绍降糖类化学药的化学成分以及相关检测方法。

5.3.1　降糖类化学药概述

降糖类化学药其分子结构不同，降糖的机理也不同。统计现有文献的报道，降糖类保健食品中可能非法添加的化合物有几十种，其中以二甲双胍和格列本脲最为常见。本节主要介绍这些化合物的分子结构特征、药理和毒副作用。

5.3.1.1　化学成分与理化性质

非法添加降糖类化学药品种较多，其理化性质与分子中所含的官能团有关，双胍类和α-葡萄糖苷酶类均能在水和甲醇中溶解，在氯仿或乙醚中不溶。其他磺酰脲类、非磺酰脲类、噻唑烷酮类在甲醇和乙醇中可溶解，而在水中几乎不溶。按照作用机制可分为 5 大类：

（1）双胍类，包括盐酸二甲双胍、盐酸苯乙双胍、盐酸丁双胍等。

（2）磺酰脲类，包括甲苯磺丁脲、格列本脲、格列齐特、格列喹酮、格列吡嗪、格列美脲等。

（3）噻唑烷酮类（胰岛素增敏剂），包括吡格列酮、罗格列酮等。

（4）非磺酰脲类（促胰岛素分泌药），包括瑞格列奈、那格列奈、米格列奈等。

（5）α - 葡萄糖苷酶抑制剂，包括阿卡波糖、伏格列波糖、维格列波糖等。

部分降糖类化学药的精确相对分子质量及化学结构信息见表 5 - 12。

表 5 - 12　部分降糖类化学药分子式、结构式、精确相对分子质量信息

序号	化合物中英文名	CAS 号	分子式	精确质量数	化学结构式	lgP	熔点/℃
1	格列美脲 Glimepiride	93479 - 97 - 1	$C_{24}H_{34}N_4O_5S$	490.22499		4.70	212 ～ 214
2	瑞格列奈 Repaglinide	135062 - 02 - 1	$C_{27}H_{36}N_2O_4$	452.26751		6.19	129 ～ 130
3	罗格列酮 Rosiglitazone	122320 - 73 - 4	$C_{18}H_{19}N_3O_3S$	357.11471		3.19	153 ～ 155
4	苯乙双胍 Phenformin	114 - 86 - 3	$C_{10}H_{15}N_5$	205.13275		0.67	176.5
5	阿卡波糖 Acarbose	56180 - 94 - 0	$C_{25}H_{43}NO_{18}$	645.24801		—	165 ～ 170
6	格列苯脲 Glibenclamide	10238 - 21 - 8	$C_{23}H_{28}ClN_3O_5S$	493.14382		4.79	173 ～ 175

序号	化合物 中英文名	CAS 号	分子式	精确质量数	化学结构式	lg$P$	熔点/℃
7	二甲双胍 Metformin	657 – 24 – 9	$C_4H_{11}N_5$	129.10145	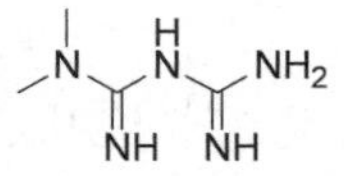	– 1.40	—
8	格列吡嗪 Glipizide	29094 – 61 – 9	$C_{21}H_{27}N_5O_4S$	445.17838	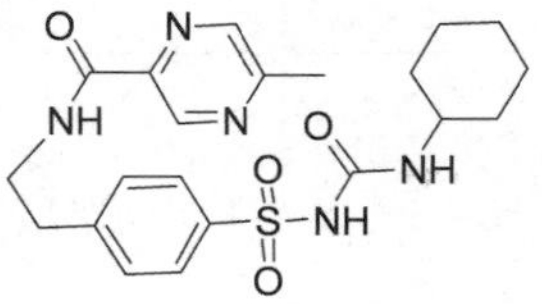	1.91	208 ～ 209
9	格列齐特 Gliclazide	21187 – 98 – 4	$C_{15}H_{21}N_3O_3S$	323.13036	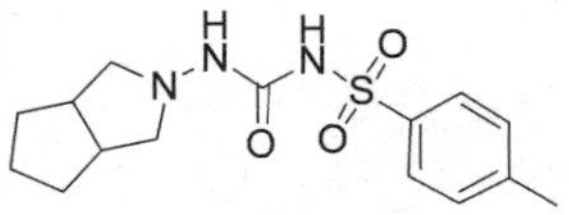	2.12	163 ～ 169
10	吡格列酮 Pioglitazone	112529 – 15 – 4	$C_{19}H_{20}N_2O_3S$	356.11946	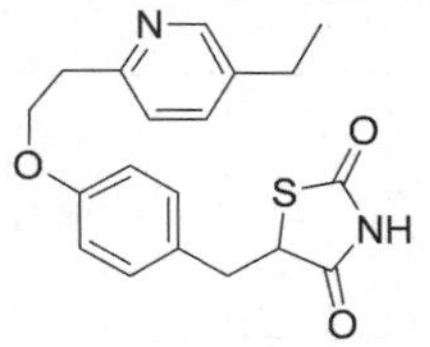	3.96	189 ～ 191
11	格列喹酮 Gliquidone	33342 – 05 – 1	$C_{27}H_{33}N_3O_6S$	527.20901	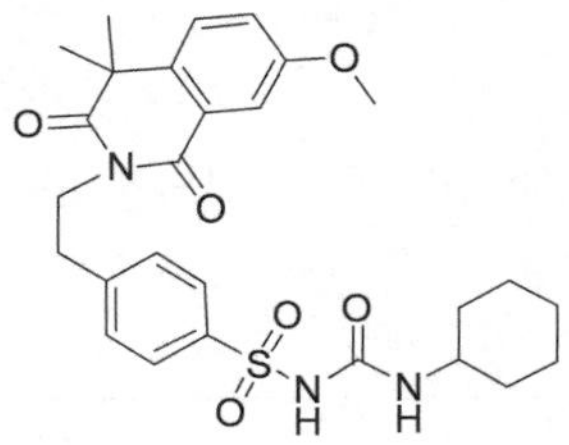	—	179.00
12	甲苯磺丁脲 Tolbutamide	64 – 77 – 7	$C_{12}H_{18}N_2O_3S$	270.10381	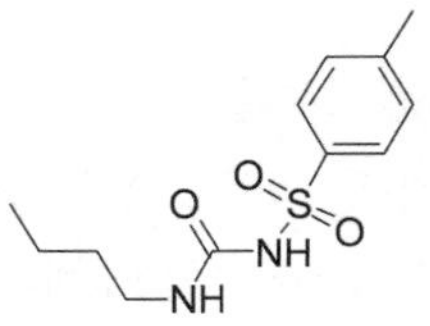	2.34	128 ～ 130
13	那格列奈 Nateglinide	105816 – 04 – 4	$C_{19}H_{27}NO_3$	317.19909	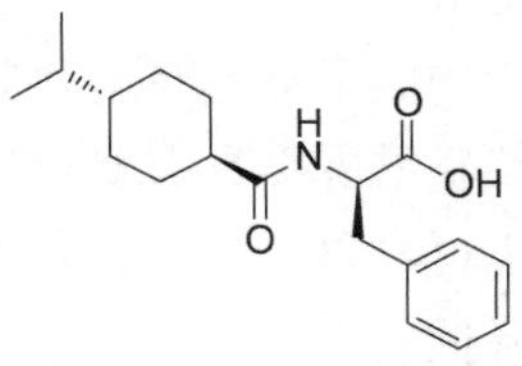	4.70	137 ～ 141
14	格列波脲 Glibornuride	26944 – 48 – 9	$C_{18}H_{26}N_2O_4S$	366.16133	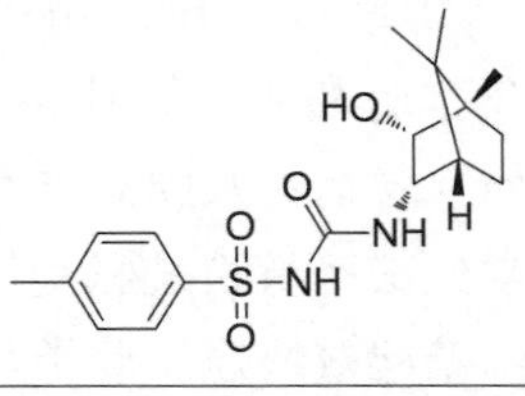	2.88	—
15	丁二胍 Buformin	1190 – 53 – 0	$C_6H_{15}N_5$	157.13275	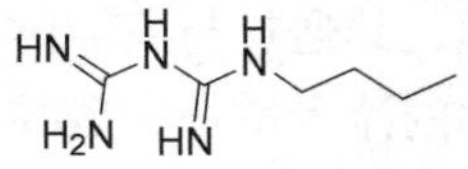	—	177.00

（续表 5 - 12）

序号	化合物 中英文名	CAS 号	分子式	精确质量数	化学结构式	lgP	熔点/℃
16	米格列奈 Mitiglinide	145375 - 43 - 5	$C_{19}H_{25}NO_3$	315.18344	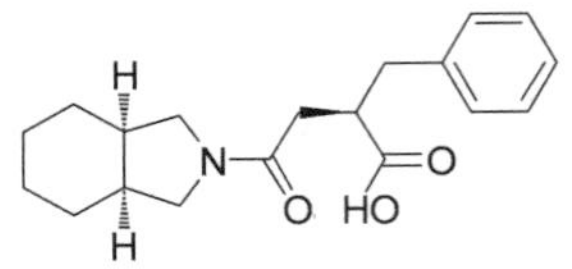	3.62	—
17	伏格列波糖 Voglibose	83480 - 29 - 9	$C_{10}H_{21}NO_7$	267.13180	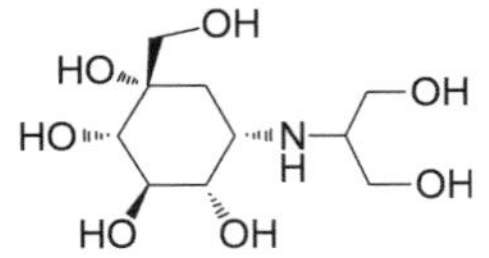	-4.20	162～163
18	米格列醇 Miglitol	72432 - 03 - 2	$C_8H_{17}NO_5$	207.11067	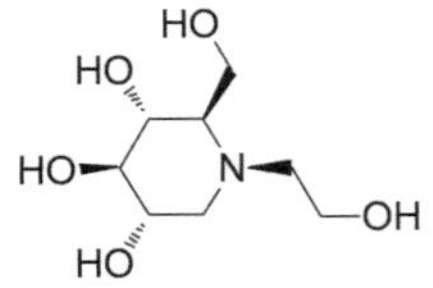	—	114.00
19	氯磺丙脲 Chlorpropamide	94 - 20 - 2	$C_{10}H_{13}ClN_2O_3S$	276.03354	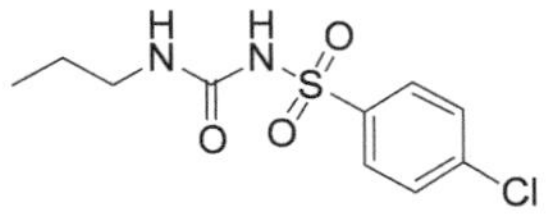	—	128.00
20	妥拉磺脲 Tolazamide	1156 - 19 - 0	$C_{14}H_{21}N_3O_3S$	311.13036	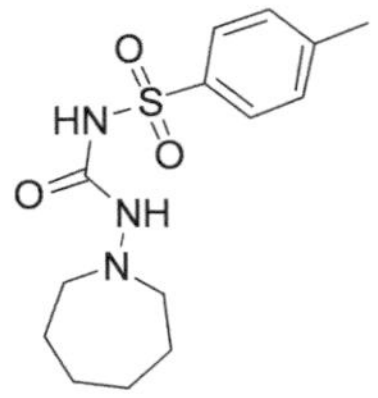	—	162～164

5.3.1.2　药理作用

双胍类药物降糖机制是增加基础状态下糖的无氧酵解，抑制肠道内葡萄糖的吸收，增加外周组织对葡萄糖的利用，减少糖原生成和减少肝糖输出，增加胰岛素受体的结合和受体后作用，改善对胰岛素的敏感性。磺酰脲类药属于促胰岛素分泌剂，其降糖作用是通过刺激胰岛 β 细胞分泌胰岛素，从而增加体内的胰岛素水平，使血糖降低。

格列本脲可促进抗利尿激素分泌并增强其作用，但不降低肾小球滤过率及渗透清除率，可以用于治疗尿崩症。另外，第三代磺酰脲类具有影响凝血的功能，能改善血小板功能、防治血小板凝聚、降低血液黏度和改善微循环，也可改善糖尿病患者血管壁中纤溶酶原激酶活性，使血管内纤溶酶活性正常化以及血浆纤维蛋白原水平降低。

噻唑烷二酮类胰岛素增敏剂，其作用机制与特异性激活过氧化物酶体增殖因子激活的 γ 型受体（PPAR - γ）有关。通过增加骨骼肌、肝脏、脂肪组织对胰岛素的敏感性，提高细胞对葡萄糖的利用而发挥降低血糖的疗效，可使空腹血糖及胰岛素和 C 肽水平明显降低，对餐后血糖和胰岛素也有降低作用。

非磺酰脲类促胰岛素分泌药与磺酰脲受体的结合与解离的速度均较为迅速，促进胰岛素分泌的作用快而短，口服吸收快，降糖起效快速。此类药物是通过刺激胰腺释放胰岛素使血糖水平快速降低，此作用依赖于胰岛中的 β 细胞，其通过与不同的受体结合以关闭 β 细胞膜中 APT - 依赖性钾通道，使 β 细胞去极化，打开钙通道，使钙的流入增加，诱导 β 细胞分泌胰岛素。

5.3.1.3　毒副作用

服用降血糖西药均具有不同程度的毒副作用，例如甲苯磺丁脲类会对肝功能造成损害而导致黄疸，引起的低血糖症状严重且时间长，有时可致命；格列美脲会导致低血糖、虚弱、头晕、胃肠不适、恶心等；盐酸二甲双胍和苯乙双胍易发生乳酸性酸中毒的心力衰竭、腹水等；磺酰脲类药不良反应为低血糖反应，另有粒细胞计数减少（表现为咽痛、发热、感染）、血小板减少症（表现为出血、紫癜）等血液系统反应；非磺酰脲类药不良反应以低血糖反应、体重增加、呼吸道感染、类流感样症状、咳嗽等最为常见，心肌缺血等心血管不良反应的发生率大约为 4%，偶尔会有皮疹、荨麻疹、瘙痒、发红、皮肤过敏等反应；双胍类药不良反应为腹泻、腹痛、食欲减退、厌食、胃胀、乏力、口苦、金属味、腹部不适；噻唑烷二酮类典型不良反应为贫血、血容量增加、血细胞比容降低、血红蛋白降低等，副作用还有嗜睡、水肿、头痛、胃肠道刺激症状等。

5.3.2　相关标准方法

针对降糖类中成药及保健食品中非法添加化学药的现有检测标准为食药总局发布的药品检验补充检验方法和检验项目批准件（批准件编号为 2009029）和食药总局发布 2017 年的第 138 号文件《保健食品中 75 种非法添加化学药物的检测》，这些检验方法包括了甲苯磺丁脲、格列本脲、格列齐特、格列吡嗪、格列喹酮、格列美脲、马来酸罗格列酮、瑞格列奈、盐酸吡格列酮、盐酸二甲双胍、盐酸苯乙双胍、丁二胍等共 12 种化学药物的筛查和验证，但还有其他药物未被覆盖。

5.3.3　检测方法综述

食药蓝管部门依据法定方法的执法有力地打击了降糖类中成药和保健食品的非法添加行为，但是有些商家为了逃避检验，新的非法添加品种层出不穷，亟需更先进、更全面的检测方法。文献报道的方法有很多，较多的是采用高效液相色谱法（HPLC）、液相色谱 - 质谱法（LC-MS），另有方法如薄层色谱法（TLC）、显微共聚焦拉曼光谱法、近红外光谱法（NIR）、高效毛细管电泳法（HPCE）也有报道。

1. TLC 法

TLC 法经济、简便、快速，是切实有效的初筛方法，同时还可用于药品快检车上中药、保健食品非法添加降糖药品的快速筛查。但经 TLC 检验呈阳性的样品，需进一步用 LC-MS 法确证。施亚琴等采用硅胶 GF254 薄层板，三氯甲烷 - 环己烷 - 乙醇 - 冰醋酸（体积比 8∶12∶1∶1）为展开剂，碘化铋钾试液为显色剂，建立了快速筛查中成药及保健食品中添加磺酰脲类化学降糖药的 TLC 法，磺酰脲类化学降糖药格列喹酮、格列齐特、格列美脲、格列本脲和格列吡嗪显红色斑点，在中成药中的最低检出限分别为 0.2 mg/g、0.3 mg/g、0.2 mg/g、0.1 mg/g、0.2 mg/g。

2. HPLC 法

HPLC 法具有同时分离、分析的功能，在检测分析中发挥着重要作用。付大友等建立了降糖类中成药中非法添加的盐酸二甲双胍、格列本脲、格列吡嗪 3 种化学物质同时分离测定的 HPLC 法，结果怀疑 2 种降糖制剂含有二甲双胍、格列本脲、格列吡嗪 3 种化学物质，另一种含有盐酸二甲双胍、格列吡嗪 2 种违禁成分，并进行了定量检测。励炯等建立了保健食品中非法添加 13 种降糖性化学成分的 HPLC 快速检测方法，在 86 批降糖类保健食品中检出 17 批添加化学药，检出率为 20%，样品中检出了格列本脲、盐酸苯乙双胍、马来酸罗格列酮、格列美脲、盐酸二甲双胍、盐酸吡格列酮。

3. LC-MS 法

LC-MS 法是检验中成药和保健品中非法添加化学药品的理想方法，利用保留时间和质谱数据双重定性，结果可靠，避免假阳性。殷帅等建立了液相色谱 - 电喷雾离子化质谱法，并测定了 12 种辅助降糖类化学药品：盐酸苯乙双胍、盐酸二甲双胍、甲苯磺丁脲、格列齐特、格列吡嗪、格列本脲、格列美脲、盐酸吡格列酮、马来酸、罗格列酮、格列喹酮和瑞格列奈，最小检出量为 0.01～1.4 mg/kg。另外，刘福艳等、张翠英等、胡青等均建立了 HPLC-MS 法，对中成药和保健食品中非法添加的降糖类化学药进行检测和验证，但方法所测试品种不够全面。

5.3.4　高效液相色谱 – 串联质谱法快速筛查20种降糖类化学药

本实验室建立了中药及保健品中常见20种降糖类化学药的高效液相色谱 – 串联质谱(HPLC-MS/MS)快速筛查方法,适用于保健品、中草药以及中成药中降糖类化学药的筛查检测。

1. 仪器与试剂

Agilent 1200 SL Series RRLC/6410B Triple Quard MS 快速高效液相色谱/串联四极杆质谱联用仪(美国 Agilent 公司);赛多利斯 TP – 114 电子天平(美国 Sartorious 公司);KQ2200 型台式机械超声波清洗器(东莞市超声波设备有限公司)。甲醇、乙腈为色谱纯试剂(德国 Merck 公司),乙酸铵(阿拉丁试剂),实验用水为二次蒸馏水,其余所用试剂均为分析纯。

20种标准品名称为:二甲双胍、阿卡波糖、苯乙双胍、罗格列酮、吡格列酮、格列吡嗪、甲苯磺丁脲、格列齐特、格列苯脲、格列美脲、格列喹酮、瑞格列奈、丁二胍、那格列奈、米格列奈、米格列醇、维格列波糖、氯磺丙脲、妥拉磺脲、格列波脲,纯度均大于98.2%(质量分数),均购自中国食品药品检定研究院和德国 Dr. Ehrenstorfer 公司。

2. 标准溶液配制

分别准确称各标准品5.00 mg,用甲醇(二甲双胍和阿卡波糖用水)超声溶解并定容至10 mL,得到500 mg/L 的标准储备液。临用时用基质提取液将上述标准溶液稀释为系列混合标准工作液。

3. 样品前处理

片剂去除糖衣部分磨成细粉,胶囊取内容物,准确称取0.1 g 置10 mL 容量瓶中,加甲醇8 mL,超声处理20 min,再用水定容至刻度,超声5 min,过0.20 μm 微孔滤膜,待测。

4. 测定方法

1)液相色谱条件

色谱柱:Aglient poroshell 120 EC – C_{18}(4.6 mm×100 mm,2.7 μm);流动相:A 为乙腈,B 为水溶液[含有10 mmol/L 甲酸铵,0.1%(体积分数)甲酸,10%(体积分数)甲醇];流速0.25 mL/min,柱温为30 ℃,进样量2 μL。梯度洗脱程序:流动相 A 的体积分数变化[$\varphi(A) + \varphi(B) = 100\%$]为0～2 min,0;2～3 min,0～25%;3～5 min,25%～80%;5～8 min,80%～100%;8～10 min,100%;10～11 min,100%～0;11～14 min,0。

2)质谱条件

离子源为电喷雾离子源,干燥气(N₂)温度350 ℃,雾化气(N₂)压力275.8 kPa,干燥气(N₂)流量10 L/min,电喷雾电压4000 V,扫描方式为多反应监测(MRM)模式,采用正离子方式采集,优化后的质谱分析参数见表5 – 13。

表5 – 13　20种降糖类化学药的质谱分析参数

序号	化学药中英文名	母离子(m/z)	子离子(m/z)	碎裂电压/V	碰撞能量/V
1	二甲双胍 Metformin	130⁺	60*, 71	45, 45	120, 120
2	阿卡波糖 Acarbose	646⁺	146*, 304	45, 45	120, 120
3	苯乙双胍 Phenformin	206⁺	60*, 105	45, 45	120, 120

（续表5-13）

序号	化学药中英文名	母离子(m/z)	子离子(m/z)	碎裂电压/V	碰撞能量/V
4	罗格列酮 Rosiglitazone	358 +	135 *，94	40，35	80，80
5	吡格列酮 Pioglitazone	357 +	134 *，119	45，35	80，80
6	格列吡嗪 Glipizide	446 +	321 *，103	45，45	120，120
7	甲苯磺丁脲 Tolbutamide	271 +	74 *，91	40，35	80，80
8	格列齐特 Gliclazide	324 +	127 *，91	40，35	80，80
9	格列苯脲 Glibenclamide	494 +	369 *，169	45，45	120，120
10	格列美脲 Glimepiride	491 +	352 *，126	45，35	80，80
11	格列喹酮 Gliquidone	528 +	403 *，386	40，35	100，100
12	瑞格列奈 Noracetildenafil	453 +	230 *，162	40，35	80，80
13	丁二胍 Buformin	158 +	60 *，116	15，16	100，100
14	那格列奈 Nateglinide	318 +	166 *，120	12，20	135，135
15	米格列奈 Mitiglinide	316 +	298 *，126	15，50	135，135
16	格列波脲 Glibornuride	367.1 +	170 *，152	99，20	120，120
17	米格列醇 Miglitol	207.8 +	145.8 *，189.8	15，25	100，100
18	维格列波糖 Voglibose	267.9 +	94.7 *，110.7	15，20	100，100
19	氯磺丙脲 Chlorpropamide	276.8 +	174.7 *，110.6	18，30	120，120
20	妥拉磺脲 Tolazamide	312.0 +	114.7 *，154.7	21，28	135，135

注：带 * 的表示定量离子；带 + 的表示正离子模式。

5.3.5　典型案例介绍

【案例一】　2013 年 9 月，本实验室收到客户送检的"×××养身胶囊"，宣称能"一次性告别糖尿病"，主要成分为莲芯、莲子、山楂、葛根等天然食用植物，经现代中医药生产工艺提取、浓缩、分离等先进技术精制而成，具有清除糖毒、脂毒、血热酸毒等多项功效。经过筛查，检出其中含有苯乙双胍 3.00%（质量分数，下同）、格列苯脲 1.00%。该胶囊规格为每粒 400 mg，食用方法为每次 1～2 粒，每日 3 次，由此计算苯乙双胍每日服用量为 72 mg，格列苯脲每日服用量为 24 mg，而根据相关规定，临床用药苯乙双胍最大日剂量为 75 mg，格列苯脲最大日剂量为 15 mg，两者日服用量接近或超过最大日服用量，不知情的病人服用后，将会给身体健康带来极大的危害。检测谱图见图 5-33。

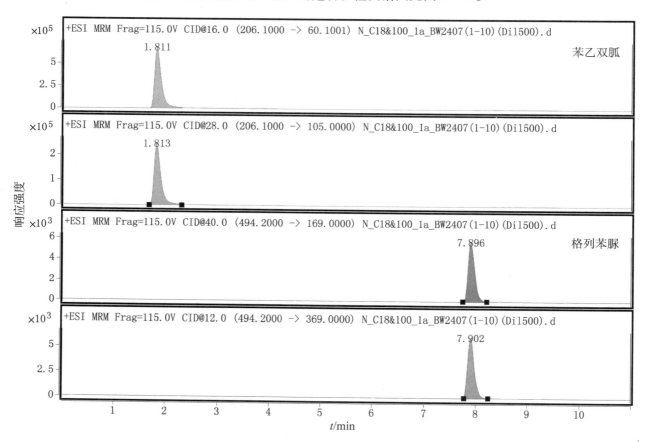

图 5-33　×××养身胶囊提取物特征离子图

【案例二】　2014 年 6 月，本实验室收到客户送检的"××牌益宁胶囊"，经过筛查，检出其中含有二甲双胍 0.65%（质量分数，下同），苯乙双胍 1.40%，格列苯脲 0.37%，谱图见图 5-34。

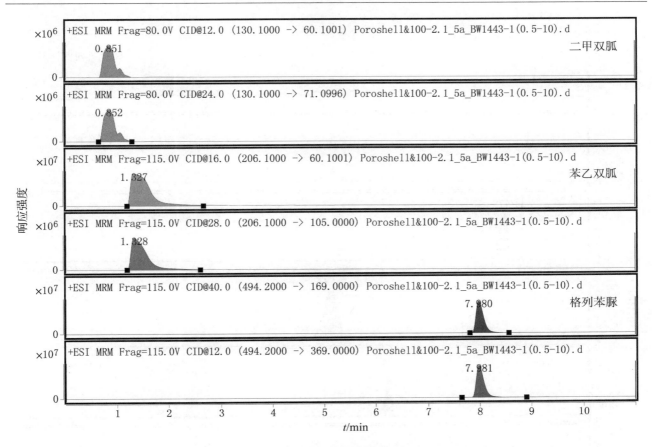

图 5 - 34　"××牌益宁胶囊"样品提取物特征离子流图

【案例三】　2014 年 9 月，本实验室收到客户送检的某品牌保健食品"养胰平糖黄精山药胶囊"，其说明书声称是由山药、黄精、葛根、茯苓等纯天然草本植物制成的"纯天然药食产品"，适于中老年血糖偏高人群服用，在一些偏远地方作为一种"高效"降血糖保健品推销。采用本实验室建立的液相色谱－串联质谱法快速筛查方法测试，结果检出含二甲双胍 0.09 mg/g、苯乙双胍 17.1 mg/g、罗格列酮 8.11 mg/g 及格列苯脲 2.49 mg/g，检测谱图见图 5 - 35。

【案例四】　2016 年 3 月，本实验室收到客户送检的"中药药丸颗粒"样品，其标签显示全是中药成分，经过筛查，检出其中含有二甲双胍 0.18%（质量分数，下同），苯乙双胍 0.31%，格列苯脲 0.16%。

降糖类中药及保健品中添加化学药检出阳性频率仅次于补肾壮阳类，因此加强政策监管，打击非法传播虚假保健品、食品、药品广告，让非法添加化学药成分的降糖中药和保健品无市场，给糖尿病患者创造一个安全用药环境势在必行。同时也需要告诫糖尿病患者，糖尿病需终身治疗，寻求快速治疗方案或相信"偏方"都是行不通的。

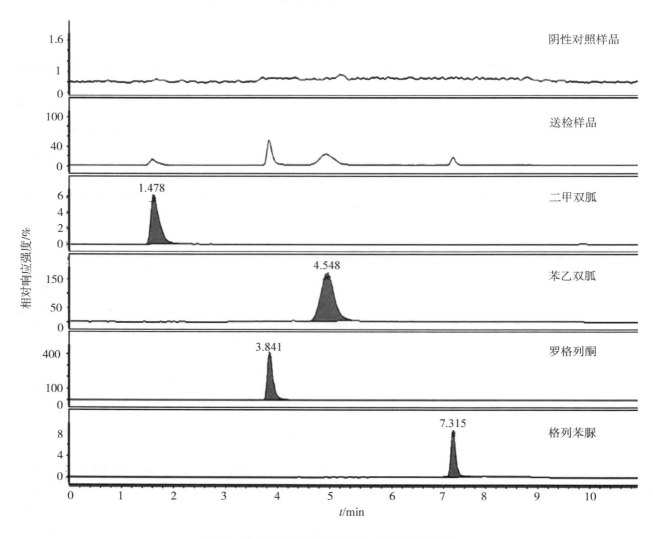

图 5 – 35　样品总离子流图和检出物特征离子图

5.4　降血压类保健食品中非法添加化学药检测方法

　　高血压是最为常见的慢性疾病之一，是以动脉血压持续升高为特征的心血管综合征，是我国心脑血管病最主要的危险因素，也是一种世界性的常见的严重危害人们健康的疾病。高血压可引起心衰、肾衰、中风、冠心病、糖尿病等并发症。高血压也是我国心脑血管病死亡的主要原因，无论发病率还是病死率，高血压均占据前列，且每年仍有众多的新发病例。西药治疗高血压疾病虽然见效快、降压作用较强，但存在着许多的副作用；相对来说，中药降血压虽然不如西药见效快，但更加安全。很多高血压患者担心长时间服用西药不良反应较大，所以更青睐于降血压类的中成药和保健食品。受利益驱使，一些不法分子及商家为了增强产品功效，会在降血压类中成药和保健食品中非法添加化学药物，患者在不知情的情况下若同时服用其他降压类西药，超量服用容易造成肝、肾、心脏的损伤及不良反应，严重者可导致死亡。本节主要介绍降血压类化学药的化学成分及相关检测方法。

5.4.1 降血压类化学药概述

不同降血压化学药其作用机理不同，治疗时可从多方面作用达到调节血压的目的，例如有影响肾素–血管紧张素系统的降压药，如卡托普利、厄贝沙坦；有肾上腺素神经阻断药，如可乐定、酚苄明；有钙拮抗剂，如硝苯地平；有利尿降压药，如氢氯噻嗪；还有其他药物，如血管平滑肌松弛药肼屈嗪、K⁺通道开放剂二氮嗪、5–羟色胺受体拮抗药酮色林、前列环素合成促进药西氯他宁等。本小节主要介绍这些化合物的特征、药理和毒副作用。

5.4.1.1 化学成分及理化性质

常见的降血压药物按照功能机理分可分为 7 类，每类分子结构中均含有特殊的功能团，从而理化性质有所不同，美托洛尔一般使用时采用酒石酸盐形式，因而极易溶于水，其余化学成分基本能在甲醇和乙醇中溶解或微溶。

(1)血管紧张素转化酶(ACE)抑制药：卡托普利、赖诺普利、依那普利、喹那普利、贝那普利、地拉普利、阿拉普利、西拉普利等。

(2)血管紧张素Ⅱ受体拮抗药：缬沙坦、氯沙坦、厄贝沙坦、替米沙坦、坎地沙坦、替米沙坦等。

(3)中区性降压药：可乐定、甲基多巴、胍那苄、雷美尼定、莫索尼定等。

(4)肾上腺素 α–受体阻断药：哌唑嗪、特拉唑嗪、多沙唑嗪、布那唑嗪、酚苄明等。

(5)肾上腺素 β–受体阻断药：阿替洛尔、美托洛尔、比索洛尔、普萘洛尔、卡替洛尔、吲哚洛尔、布拉洛尔等。

(6)钙拮抗药物：硝苯地平、氨氯地平、尼莫地平、非洛地平、尼群地平、尼索地平、维拉帕米、西尼地平、拉西地平、尼可地尔等。

(7)利尿降压药：呋塞米、氢氯噻嗪、氯噻酮、吲达帕胺、氨苯蝶啶等。

部分降血压类化学药分子结构信息如表 5–14 所示。

表 5–14 部分降血压类化学药分子结构信息

序号	化合物中英文名	CAS 号	分子式	精确质量数	化学结构式	lgP	熔点/℃
1	阿替洛尔 Atenolol	29122 – 68 – 7	$C_{14}H_{22}N_2O_3$	266.16304		0.16	154.00
2	盐酸可乐定 Clonidine hydrochloride	4205 – 91 – 8	$C_9H_{10}Cl_3N_3$	264.99403		—	312.00
3	氢氯噻嗪 Hydrochlorothiazide	58 – 93 – 5	$C_7H_8ClN_3O_4S_2$	296.96447		– 0.07	273.00
4	卡托普利 Captopril	62571 – 86 – 2	$C_9H_{15}NO_3S$	217.07726		0.34	104 ~ 108

（续表 5 - 14）

序号	化合物 中英文名	CAS 号	分子式	精确质量数	化学结构式	lgP	熔点/℃
5	贝那普利 Benazepril	86541 - 75 - 5	$C_{24}H_{28}N_2O_5$	424.19982	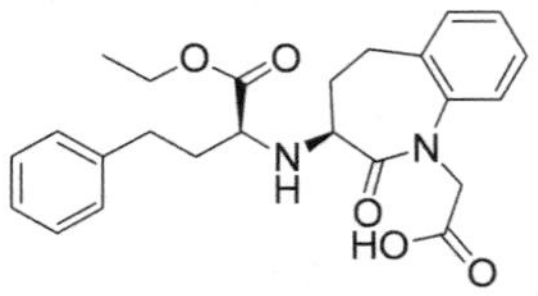	3.50	148～149
6	利血平 Reserpine	50 - 55 - 5	$C_{33}H_{40}N_2O_9$	608.27338	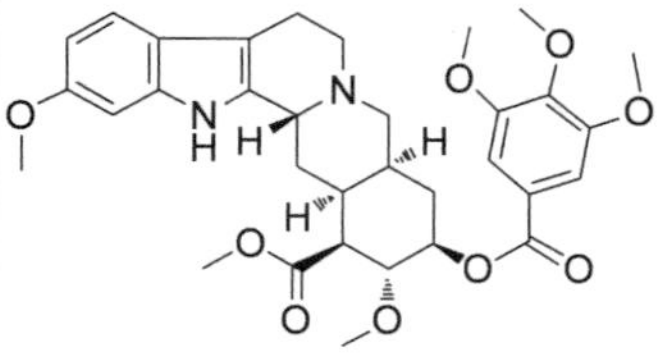	—	265.00
7	硝苯地平 Nifedipine	21829 - 25 - 4	$C_{17}H_{18}N_2O_6$	346.11649	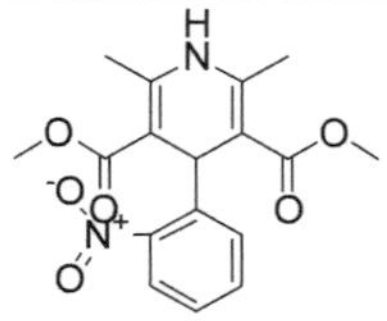	2.50	171～175
8	氨氯地平 Amlodipine	88150 - 42 - 9	$C_{20}H_{25}ClN_2O_5$	408.14520	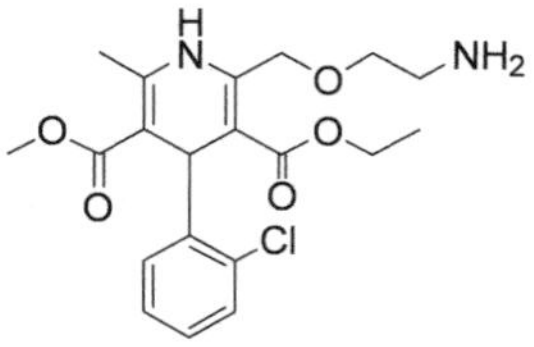	3.00	133～135
9	替米沙坦 Telmisartan	144701 - 48 - 4	$C_{33}H_{30}N_4O_2$	514.23688	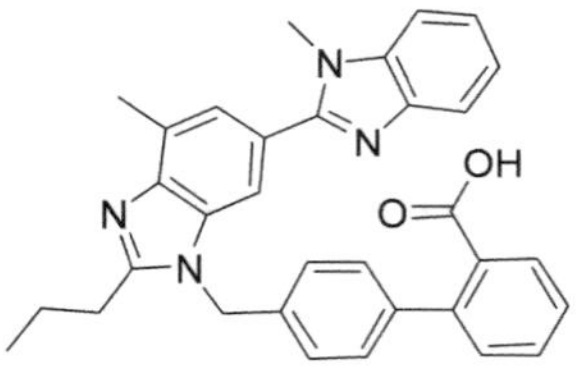	—	261～263
10	缬沙坦 Valsartan	137862 - 53 - 4	$C_{24}H_{29}N_5O_3$	435.22704	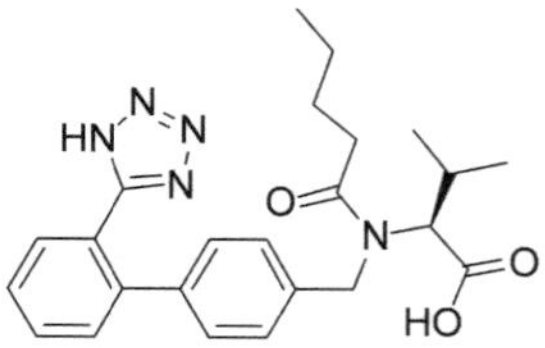	3.65	116～117
11	厄贝沙坦 Irbesartan	138402 - 11 - 6	$C_{25}H_{28}N_6O$	428.23246	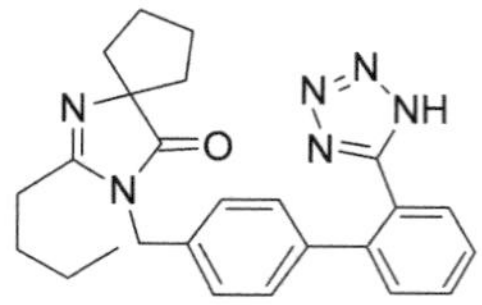	5.31	180～181
12	非洛地平 Felodipine	86189 - 69 - 7	$C_{18}H_{19}Cl_2NO_4$	383.06911	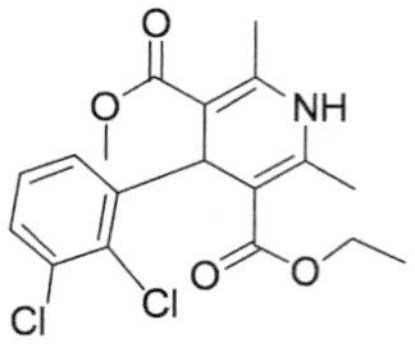	3.86	144.00

序号	化合物 中英文名	CAS 号	分子式	精确质量数	化学结构式	lgP	熔点/℃
13	美托洛尔 Metoprolol	37350 - 58 - 6	$C_{15}H_{25}NO_3$	267.18344	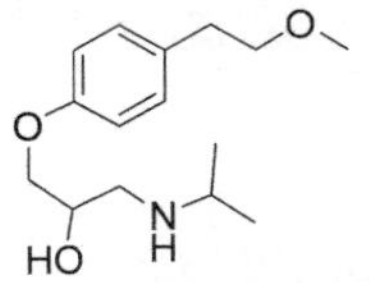	1.88	51 ～ 53
14	尼莫地平 Nimodipine	66085 - 59 - 4	$C_{21}H_{26}N_2O_7$	418.17400	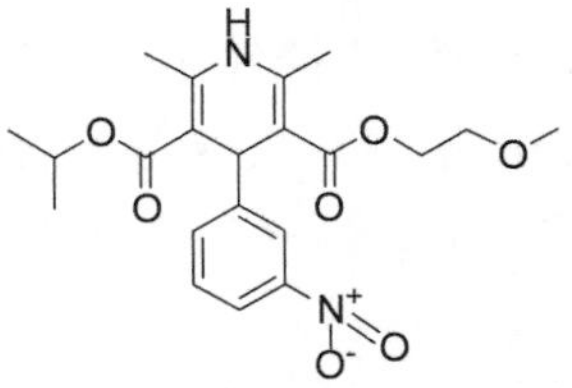	3.05	125.00
15	吲达帕胺 Indapamide	26807 - 65 - 8	$C_{16}H_{16}ClN_3O_3S$	365.06009	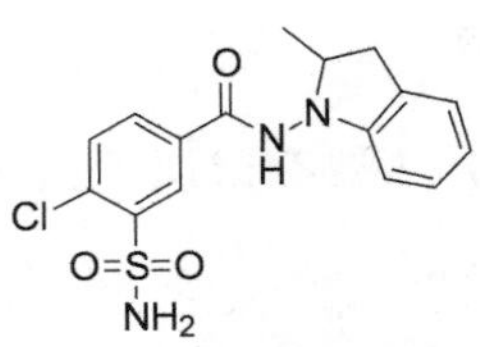	2.66	160 ～ 162

5.4.1.2　药理作用

利尿药降压机制与利尿排钠有关，初期降压作用可能是通过排钠利尿，减少血容量，导致心输出量降低。长期服用利尿药，虽然血容量和心输出量可逐渐恢复至用药前水平，但是外周血管阻力和血压仍持续下降，长期降压作用可能由于排钠而降低血管平滑肌内 Na^+ 的浓度，并可能通过 Na^+ - Ca^{2+} 交换机制，使细胞内 Ca^{2+} 减少，引起血管平滑肌舒张（细胞内 Ca^{2+} 减少使血管平滑肌对收缩血管物质如去甲肾上腺素等的亲和力和反应性降低，对舒张血管物质的敏感性增强，因而血管舒张）。此外，尚可能与直接舒张血管平滑肌及诱导动脉壁产生扩血管物质如激肽、前列腺素（PGE_2）等有关。

钙通道阻滞剂是通过阻滞细胞膜 L - 型钙通道，抑制平滑肌 Ca^{2+} 进入血管平滑肌细胞内，使血管平滑肌松弛、心肌收缩力降低，从而使心肌氧耗降低，心肌供血得到改善，缺血心肌细胞得到保护，充分发挥抗血压的作用。

肾上腺素受体阻断药降压机制主要是对血管 $\alpha 1$ 受体的阻断作用和直接舒张血管作用，或（和）阻断心脏 $\beta 1$ 受体，可使心率减慢，心收缩力减弱，心输出量减少，心肌耗氧量下降，血压稍降低。

血管紧张素转化酶（ACE）抑制药可抑制血管紧张素Ⅰ转化酶的活性，抑制血管紧张素Ⅰ向血管紧张素Ⅱ的转换，同时还可作用于缓激肽系统，抑制缓激肽降解，从而扩张血管，降低血压，减轻心脏后负荷，保护靶器官的功能。

血管紧张素Ⅱ受体拮抗药通过拮抗血管紧张素受体，阻断循环和局部组织中 AngⅡ所致的动脉血管收缩、交感神经兴奋和压力感受器敏感性增加等，同时通过改善血流动力学而增加一氧化氮和前列环素（PG1）合成，维持正常的血管张力，从而达到降压作用。

中枢性降压药主要是作用于中枢 $\alpha 2$ 受体或咪唑啉受体产生作用，如可乐定等。

5.4.1.3　毒副作用

服用降血压西药均具有不同程度的毒副作用。例如：长期服用噻嗪类利尿药可致低血钠、低血钾，由于代偿作用，可引起血浆肾素 - 血管紧张素 - 醛固酮系统活性增高；此外，利尿药还可增加血中胆固醇、甘油三酯及低密度脂蛋白胆固醇、血糖和尿酸的含量。卡托普利类降压药对于不同个体可出现顽固的干咳，诱发高血钾、蛋白尿、血管神经性水肿、皮疹、胃痛、白细胞减少、发热等等。可乐定类降压药常见的不良反应是口干和便秘，其他的有嗜睡、焦虑、抑郁、眩晕、腮腺肿痛、水肿、恶心、体重增加、心动过缓、轻度直立性低血压、食欲不振等；硝苯地平类降压药可引起心率加快、颜面潮红、便秘，严重的有低血压、心动过缓和房室传导阻滞等。

5.4.2　相关标准方法

针对降血压类中成药和保健食品中非法添加化学药的检测标准有：食药总局发布的药品检验补充检验方法和检验项目批准件（批准件编号为 2009032），食药总局发布的 2017 年第 138 号文件《保健食品中 75种非法添加化学药物的检测》。这些文件中的检验方法包括了阿替洛尔、盐酸可乐定、氢氯噻嗪、卡托普利、哌唑嗪、利血平、硝苯地平、氨氯地平、尼索地平、非洛地平、尼群地平、硝苯地平等 12 种降血压类化学药的筛查和验证。

5.4.3　检测方法综述

已报道的检测方法主要有薄层色谱法、近红外光谱法、液相色谱法、液相色谱－质谱联用法、气相色谱－质谱联用法等。

1. 薄层色谱法

薄层色谱法操作简单、经济、快速，但由于薄层色谱法检测灵敏度相对较低，容易出现假阳性的结果，需进一步通过液相色谱－质谱联用技术确证。吴公平等建立了辅助降压类保健品中哌唑嗪、硝苯地平、阿替洛尔、卡托普利等 7 种非法添加化学药的薄层色谱快速检查方法。

2. 近红外光谱法

近红外光谱分析技术具有分析速度快、样品处理简单、无需试剂、无污染等特点，因而被广泛应用于药品、食品等的分析测定。池文杰等建立了能够快速筛查降压类中成药中是否添加氢氯噻嗪的近红外特征谱段相关系数法，但是近红外光谱法对于多成分筛查存在局限性。

3. 液相色谱法

液相色谱法是使用最为广泛的技术，谢清萍建立了同时测定降压类中成药中可能违禁添加的氢氯噻嗪、卡托普利、氨苯蝶啶、呋塞米、贝那普利和硝苯地平的高效液相色谱分析方法；陈国权等采用液相色谱法测定降血压类健康产品中的 6 种二氢吡啶类成分：氨氯地平、硝苯地平、尼群地平、尼莫地平、尼索地平和非洛地平；胡青等建立了同时测定中药及保健食品中可能违禁添加的阿替洛尔、可乐定、哌唑嗪、利血平等 11 种降压化学药物的高效液相色谱法。

4. 液相色谱－质谱联用法

液相色谱－质谱联用技术兼具液相色谱的分离能力与质谱的高专属性和高灵敏度，可通过对比保留时间、化合物相对分子质量、碎片离子等信息对化合物进行确证。丁宝月等建立了一种快速准确检测调节血压类中成药及保健食品中非法添加卡托普利、可乐定、利血平、甲基多巴、氢氯噻嗪等 34 种化学药物的方法；王峥帅等建立了降压类中成药和保健食品中非法添加阿替洛尔、妥拉唑林、特拉唑嗪、美托洛尔等 8 种降压药物的高效液相色谱－四极杆串联－飞行时间质谱联用快速定性检测方法。朱慧果等采用液相色谱－质谱联用技术测定辅助降血压保健食品中 11 种钙通道阻滞剂类药物：地尔硫卓、维拉帕米、尼卡地平、氨氯地平、硝苯地平、尼群地平、尼莫地平、尼索地平、非洛地平、西尼地平、拉西地平。

5. 气相色谱－质谱联用法

气相色谱－质谱联用技术兼具气相色谱的分离能力和质谱的高专属性，特别是在无对照品的情况下通过固定电子轰击能量使化合物电离，采集该化合物的质谱图与标准的质谱图库进行比较，一般可确认该化合物。李涛等建立的质谱扫描方法能够快速检测降压类中成药及保健食品中是否添加尼群地平、尼莫地平等 7 种降压药物，但是该法仅仅适用于能气化的化合物，有一定局限性。

5.4.4 高效液相色谱－串联质谱法快速筛查 15 种降血压类化学药

本实验室建立了中药及保健品中常见 15 种降血压类化学药的高效液相色谱－串联质谱（LC-MS/MS）快速筛查方法，适用于保健品、中草药以及中成药中降血压类化学药的筛查检测。优化了色谱条件以及质谱参数，样品经粉碎后采用甲醇超声萃取，高效液相色谱分离，电喷雾质谱正、负离子切换采集模式，多反应监测（MRM）方式测定，外标峰面积法定量。

5.4.4.1 实验部分

1. 仪器与试剂

Agilent 1200 SL Series RRLC/6410B Triple Quard MS 快速高效液相色谱/串联四极杆质谱联用仪（美国 Agilent 公司）；赛多利斯 TP－114 电子天平（美国 Sartorious 公司）；KQ2200 型台式机械超声波清洗器（东莞市超声波设备有限公司）。甲醇、乙腈为色谱纯试剂（德国 Merck 公司），乙酸铵、甲酸铵、甲酸均为阿拉丁试剂，实验用水为二次蒸馏水，其余所用试剂均为分析纯。

15 种标准品：阿替洛尔、盐酸可乐定、氢氯噻嗪、卡托普利、利血平、硝苯地平、氨氯地平、替米沙坦、缬沙坦、厄贝沙坦、非洛地平、美托洛尔、贝那普利、吲达帕胺、尼莫地平，纯度均大于 95%，购自中国食品药品检定研究院。

2. 标准溶液配制

分别准确称各标准品 5.00 mg，用甲醇超声溶解并定容至 10 mL，得到 500 mg/L 的标准储备液，置于 4 ℃冰箱中保存，可保存 2 个月。临用时用药材基质提取液作溶剂，将上述标准溶液稀释为系列混合标准工作液。

3. 样品前处理

片剂去除糖衣部分，磨成细粉，胶囊取内容物，准确称取 1 g 置 25 mL 容量瓶中，加甲醇 20 mL，超声处理 15 min，用甲醇定容至刻度，过滤，待测。

空白基质药材提取液制备：取天麻、山楂、川芎、白芷、丹参、黄精、何首乌、地黄八味药材按照等比例混合粉碎，准确称取 1 g 置于 25 mL 容量瓶中，加甲醇 20 mL，超声处理 15 min，用甲醇定容至刻度，过滤。

4. 测定方法

1）液相色谱条件

色谱柱：Aglient poroshell 120 EC－C$_{18}$（4.6 mm×100 mm，2.7 μm）；流动相：A 为 10 mmol/L 甲酸铵（含体积分数为 0.1% 的甲酸水溶液），B 为乙腈；流速 0.35 mL/min，柱温：30 ℃；进样量：2 μL。梯度洗脱程序：流动相 B 的体积分数变化 [$\varphi(A) + \varphi(B) = 100\%$] 为 0～8 min，30%～80%；8～12 min，80%；12～12.1 min，80%～30%；12.1～15 min，30%。

2）质谱条件

离子源为电喷雾离子源，干燥气（N$_2$）温度 350 ℃，雾化气（N$_2$）压力 275.8 kPa，干燥气（N$_2$）流量 10 L/min，电喷雾电压 4000 V，扫描方式为多反应监测（MRM）模式，采用正、负离子模式，优化后的各质谱参数见表 5－15。

表 5 - 15　15 种降血压类化学药的质谱分析参数

序号	化合物	离子模式	定性离子对 （m/z）	碎裂电压/V	碰撞能量/V
1	阿替洛尔 Atenolol	正	267/190*，267/225	110	18，20
2	盐酸可乐定 Clonidine hydrochloride	正	230/172*，230/160	110	30，32
3	氢氯噻嗪 Hydrochlorothiazide	负	296/269*，296/205	115	30，35
4	卡托普利 Captopril	正	218/116*，218/172	110	10，12
5	贝那普利 Benazepril	正	425/351*，425/190	135	16，20
6	利血平 Reserpine	正	609/397*，609/448	180	37，37
7	硝苯地平 Nifedipine	正	347/254*，347/195	120	10，15
8	氨氯地平 Amlodipine	正	409/238*，409/294	101	8，8
9	替米沙坦 Telmisartan	正	515/497*，515/276	140	36，40
10	缬沙坦 Valsartan	正	436/207*，436/291	88	16，28
11	厄贝沙坦 Irbesartan	正	429/207*，429 /195	135	24，20
12	非洛地平 Felodipine	正	384/338*，384/352	94	8，4
13	美托洛尔 Metoprolol	正	268/116*，268/72	135	16，20
14	尼莫地平 Nimodipine	正	419/343*，419/301	135	16，20
15	吲达帕胺 Indapamide	正	366/132*，366/91	135	16，20

注：带 * 表示定量离子。

5.4.4.2　结果与讨论

1. 质谱条件的优化

取 15 种标准品溶液进样，在不接色谱柱条件下逐一进行质谱参数的优化，获得相应的灵敏度较高的母离子，氢氯噻嗪负离子响应强度高，采用负离子模式检测，其余各物质正离子响应强度较高，采用正离子模式检测，针对母离子作二级子离子全扫描，获得子离子信息，选择丰度较高的 2 个子离子作为特征离子，优化碰撞能量，最后得到该化合物的 MRM 离子对以及相应的质谱参数（见表 5 - 15）。

2. 色谱条件的优化

试验对比选择了不同型号的色谱柱分析检测该 15 种物质，基本都能得到各化合物的色谱峰，但采用粒径为 2.7 μm 的实心超高效分离色谱柱对多种成分分析具有较好的分离度和峰形，15 种化合物能在 12 min 内全部出峰。另外对比了乙腈 - 乙酸铵和乙腈 - 甲酸铵两种流动相体系，结果显示，乙腈 - 甲酸铵体系能得到更理想的色谱峰和更高的灵敏度，而且此流动相条件下负离子模式的氢氯噻嗪灵敏度也不受影响。因此得到合适的色谱条件为：Aglient poroshell 120 EC - C$_{18}$（4.6 mm × 100 mm，2.7 μm），流动相：A 为乙腈，B 为水溶液 [含有 10 mmol/L 甲酸铵，0.1%（体积分数）甲酸，10%（体积分数）甲醇]，梯度洗脱，此条件下所得各种化合物的定量特征离子流图如图 5 - 36 所示。

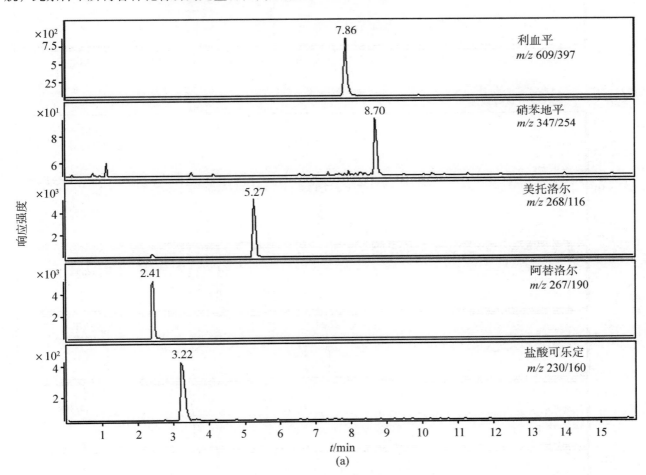

图 5 - 36　15 种化合物定量特征离子流图

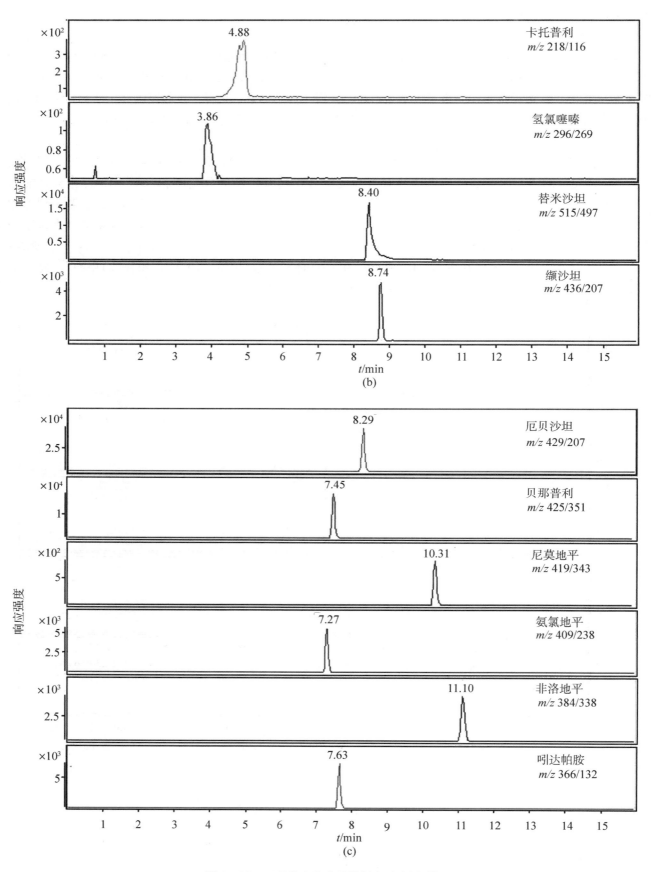

图 5 – 36　15 种化合物定量特征离子流图(续)

3. 样品前处理条件的优化

15 种降血压类化学药均在甲醇中溶解。为了获得较好的回收率和除杂效果，试验对比了纯甲醇、75%（体积分数）甲醇、50%（体积分数）甲醇 3 种提取溶剂的提取效果，结果表明，纯甲醇作提取剂能得到每个成分的理想回收率，且样品前处理过程简单快速。为了避免基质效应影响，定量采用空白基质配制标准溶液外标法定量。

4. 线性范围、检出限

用空白基质提取液作溶剂，分别配制浓度为 5、1.0、0.5、0.1、0.05、0.01、0.005、0.001 mg/L 的系列混合标准溶液。以浓度（x，mg/L）为横坐标，峰面积（y）为纵坐标，计算回归方程，以信噪比 $S/N \geqslant 3$ 时的浓度计算检出限（LOD），结果如表 5 - 16 所示。每种物质在其线性范围内相关系数均大于 0.99，检出限为 0.003 ~ 0.1 mg/L，能够满足检测的要求。

表 5 - 16　15 种降压类化学药的回归方程、线性范围、相关系数和检出限

序号	化合物	回归方程	线性范围/（mg·L^{-1}）	相关系数	LOD/（mg·L^{-1}）
1	阿替洛尔	$y = 27859x + 1069$	0.001 ~ 5	0.9941	0.001
2	盐酸可乐定	$y = 3127x + 361.2$	0.01 ~ 10	0.9954	0.01
3	氢氯噻嗪	$y = 731x + 52.3$	0.05 ~ 10	0.9949	0.02
4	卡托普利	$y = 6219x + 281.0$	0.01 ~ 10	0.9991	0.01
5	贝那普利	$y = 103790x + 581.8$	0.001 ~ 5.0	0.9985	0.001
6	利血平	$y = 4979x + 216.8$	0.01 ~ 10	0.9952	0.01
7	硝苯地平	$y = 199x + 21.4$	0.05 ~ 10	0.9968	0.02
8	氨氯地平	$y = 30598x + 1804$	0.005 ~ 5.0	0.9978	0.005
9	替米沙坦	$y = 194315x + 8021$	0.001 ~ 5.0	0.9985	0.001
10	缬沙坦	$y = 26328x + 1823$	0.005 ~ 5.0	0.9972	0.005
11	厄贝沙坦	$y = 267640x + 11457$	0.001 ~ 5.0	0.9969	0.001
12	非洛地平	$y = 35362x + 2283$	0.001 ~ 5.0	0.9987	0.01
13	美托洛尔	$y = 3014x + 219.4$	0.01 ~ 10	0.9921	0.01
14	尼莫地平	$y = 5178x + 146.7$	0.01 ~ 10	0.9945	0.01
15	吲达帕胺	$y = 6032x + 136.9$	0.01 ~ 10	0.9963	0.01

5. 回收率和精密度

用经测定不含 15 种降血压药物的胶囊作空白样品，添加不同浓度标准溶液，分别进行低、中、高 3 个添加浓度水平的回收率试验，结果见表 5 - 17，取 6 次操作的平均值计算回收率以及相对标准偏差（RSD），15 种化学药成分的回收率范围为 70.2% ~ 104.2%，RSD < 15%，另取一份混合标准溶液（浓度为 0.5 mg/L），在一天内的不同时间点（共 6 个时间点，间隔 4 h）测定，得到每种物质的日内精密度均小于 5.5%，满足定量分析要求。

表5-17　3个加标水平下的降血压类化学药回收率及精密度(n=6)

序号	化合物	2mg/kg 添加量		10mg/kg 添加量		20mg/kg 添加量	
		回收率/%	RSD/%	回收率/%	RSD/%	回收率/%	RSD/%
1	阿替洛尔	101.4	7.9	100.4	6.8	100.6	7.8
2	盐酸可乐定	89.7	5.2	97.5	6.4	97.6	6.5
3	氢氯噻嗪	101.2	7.1	107.7	8.5	108.4	8.1
4	卡托普利	102.8	9.2	99.4	9.1	102.1	9.1
5	贝那普利	101.3	8.4	101.2	8.9	100.6	7.2
6	利血平	81.1	7.6	78.4	8.8	72.3	7.5
7	硝苯地平	84.1	6.8	80.4	7.7	83.8	8.3
8	氨氯地平	92.1	6.8	91.2	7.9	96.4	8.5
9	替米沙坦	88.2	7.4	85.3	8.2	81.2	8.1
10	缬沙坦	102.1	7.9	103.6	6.5	104.3	7.7
11	厄贝沙坦	99.4	6.7	97.3	6.9	92.5	9.1
12	非洛地平	102.5	5.2	101.2	7.6	102.2	9.5
13	美托洛尔	70.6	8.5	70.4	7.7	78.2	9.7
14	尼莫地平	101.7	8.1	102.4	7.2	104.3	9.6
15	吲达帕胺	101.2	11.1	87.2	10.5	88.2	9.2

5.4.5　典型案例介绍

2015年5月，本实验室收到客户送检的某品牌"葛根木瓜胶原蛋白固体材料"保健食品，其说明书声称是由葛根、木瓜等纯天然药物采用高科技加工工艺制成，无任何西药成分，适于高血压人群。采用本实验室建立的中药及保健品中常见15种降血压类化学药的高效液相色谱-串联质谱快速筛查方法筛查测试，结果样品中检出利血平682 mg/kg。

5.5　降血脂类保健食品中非法添加化学药检测方法

高脂血症(HLP)是指由于血脂代谢或转运异常使血浆中的一种或多种脂质过高，血清总胆固醇、甘油三酯或低密度脂蛋白水平过高和(或)血清高密度脂蛋白胆固醇过低的病症。对于高脂血症的治疗，西医治疗见效快且疗效显著，中医都强调辨证论治，注重人体的整体调理，方证结合，治病周期相对较长。某些不法厂商受利益驱动，在中药制剂或保健品中非法掺杂化学合成降血脂药，使其治疗效果加快以吸引更多的消费者。近年来化学合成降血脂药的副作用正逐渐被人们重视，例如他汀类降血脂药的副作用会使人患横纹肌溶解症，重者可导致急性肾衰。1997-2001年，食品药品监督管理局(FDA)收到他汀类有关肌病副作用的报告871例，死亡报告38例。本节主要介绍降血脂类化学药的成分及相关检测方法。

5.5.1　降血脂类化学药概述

目前降血脂类化学药种类繁多、专属性强，临床应用时需针对不同类型的症状给予对症治疗。临床将高脂血症分为3种类型：甘油三酯型高脂血症，治疗药物主要采用贝特类、烟酸类降血脂药物；高胆固醇血症，治疗药物主要采用胆汁酸螯合剂如考来替泊；胆固醇与甘油三酯均偏高的混合型高脂血症，需要联合用药。本节主要介绍这些药物的特征、药理和毒副作用。

5.5.1.1 化学成分及理化性质

常见的降血脂类化学药按照作用机理可分为 4 类，较常见的非法添加的降血脂类化学药有下列的第 (1)、第(3)和第(4)类，其分子结构中均含有特殊的官能团，他汀类溶于水和甲醇、乙腈；苯氧酸类溶于甲醇、乙醇，几乎不溶于水。

(1)羟甲基戊二酰辅酶 A(HMG – CoA)还原酶抑制药，如洛伐他汀、辛伐他汀、普伐他汀、氟伐他汀、阿托伐他汀、匹伐他汀等。

(2)胆汁酸螯合剂，如考来烯胺(又称消胆胺、降胆敏、降脂 1 号)、考来替泊、地维烯胺、考来替兰、考来维兰等。

(3)苯氧酸类，如氯贝丁酯(又称氯苯丁酯、安妥明)、非诺贝特、苯扎贝特、利贝特、吉非贝齐等。

(4)烟酸类，如烟酸、烟酸肌醇酯、盐酸铝等。

部分降血脂类化学药的分子结构信息见表 5 – 18。

表 5 – 18　部分降血脂类化学药分子结构信息

序号	化合物中英文名	CAS 号	分子式	精确质量数	化学结构式	lg$P$	熔点/℃
1	辛伐他汀 Simvastatin	79902 – 63 – 9	$C_{25}H_{38}O_5$	418.27192	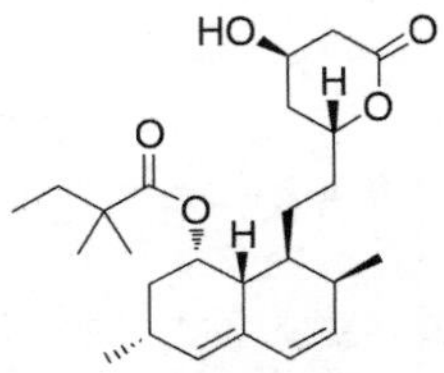	4.68	139.00
2	洛伐他汀 Lovastatin	75330 – 75 – 5	$C_{24}H_{36}O_5$	404.25627	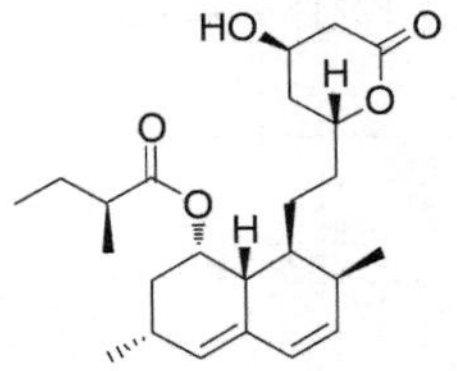	4.26	175.00
3	普伐他汀 Pravastatin	81093 – 37 – 0	$C_{23}H_{36}O_7$	424.24610	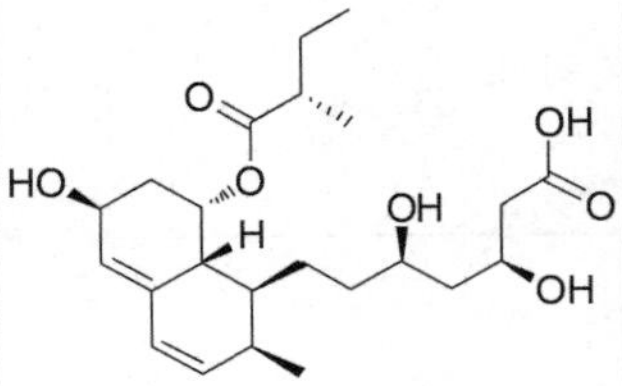	3.10	171.2～173
4	瑞舒伐他汀 Rosuvastatin	147098 – 20 – 2	$C_{22}H_{28}FN_3O_6S$	481.16828	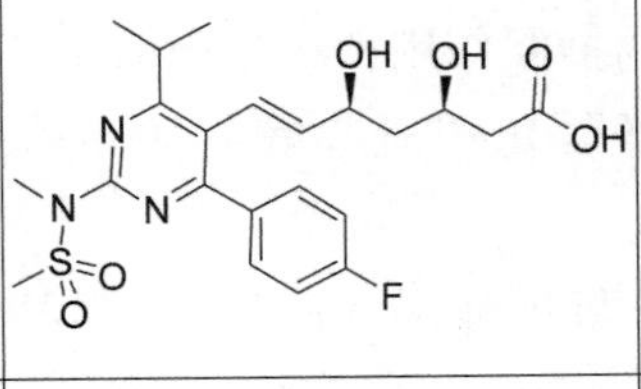	2.48	122.00
5	阿托伐他汀 Atorvastatin	110862 – 48 – 1	$C_{33}H_{35}FN_2O_5$	558.25300	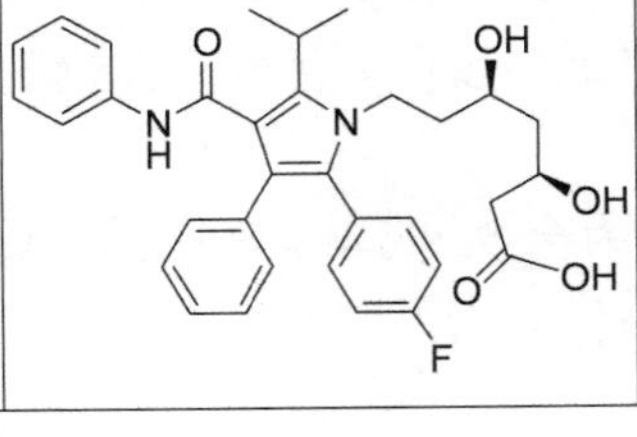	—	176～178

序号	化合物中英文名	CAS 号	分子式	精确质量数	化学结构式	lg$P$	熔点/℃
6	氟伐他汀 Fluvastatin	93957 - 54 - 1	$C_{24}H_{26}FNO_4$	411.18459	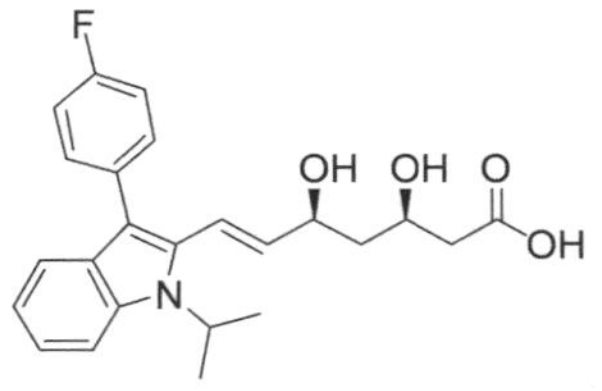	4.85	—
7	匹伐他汀 Pitavastatin	147511 - 69 - 1	$C_{25}H_{24}FNO_4$	421.16894	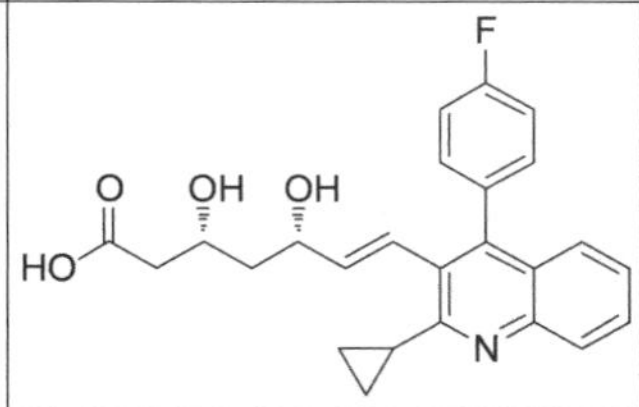	4.82	—
8	苯扎贝特 Benzafibrate	41859 - 67 - 0	$C_{19}H_{20}ClNO_4$	361.10809	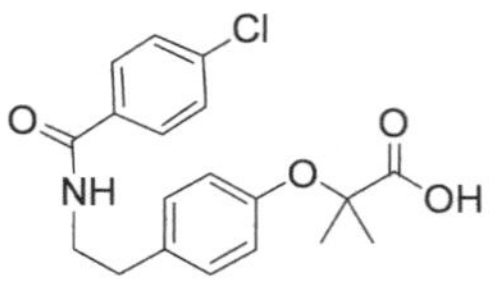	4.25	184.00
9	非诺贝特 Fenofibrate	49562 - 28 - 9	$C_{20}H_{21}ClO_4$	360.11284	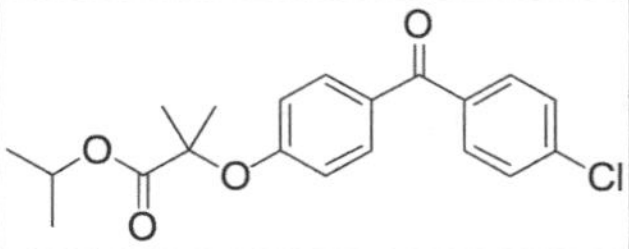	5.19	80～81
10	环丙贝特 Ciprofibrate	52214 - 84 - 3	$C_{13}H_{14}Cl_2O_3$	288.03200	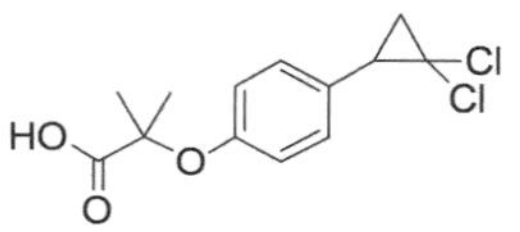	3.94	114～118
11	吉非贝齐 Gemfibrozil	25812 - 30 - 0	$C_{15}H_{22}O_3$	250.15689	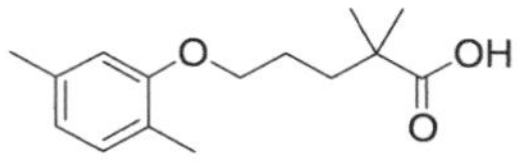	4.77	61～63
12	氯贝丁酯(安妥明) Clofibrate	637 - 07 - 0	$C_{12}H_{15}ClO_3$	242.07097	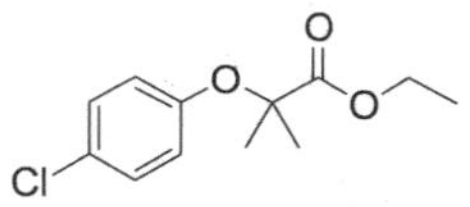	3.62	118～119

5.5.1.2 药理作用

他汀类药物结构与羟甲基戊二酰辅酶 A 相似，且对羟甲基戊二酰辅酶 A 还原酶的亲和力更大，对该酶可产生竞争性的抑制作用，结果使血脂总胆固醇(TC)、低密度脂蛋白(LDL)和载脂蛋白 B(Apo-B)水平降低，对动脉粥样硬化和冠心病有防治作用。该类药也可使三酰甘油(TG)水平降低和高密度脂蛋白(HDL)轻度升高。

胆汁酸螯合剂能明显降低血浆 TC、LDL 水平，且呈剂量依赖性，Apo-B 水平也相应降低，但对 HDL、TG 和极低密度脂蛋白(VLDL)影响较小。

苯氧酸类可增强脂蛋白酶活性，促进肝脏合成脂肪酸，促进 HDL 合成和胆固醇的逆运转，以及促进 LDL 的清除。

烟酸类是"较为全效"的调节血脂药，伴随治疗剂量增加，烟酸降低 TG 及 LDL、升高 HDL 的作用也随之增强，并同时伴有脂蛋白 a 降低。

5.5.1.3 毒副作用

服用降血脂类化学药均具有不同程度的毒副作用。例如：他汀类、苯氧酸类会导致肌病、肌痛、横纹肌溶解症、胰腺炎、肝脏冬氨酸氨基转氨酶(AST)及丙氨酸氨基转氨酶(ALT)升高、史蒂文斯-约翰综合征、大疱性表皮坏死松解症、多形性红斑等。烟酸类会导致面部浮肿、面部潮红、外周水肿、少见心房颤动、心动过速、肌病、肌痛、体位性低血压以及心悸等。胆汁酸螯合剂最主要的不良反应是腹胀、消化不良和便秘。氯贝丁酯的不良反应主要有胃肠道反应、皮疹、乏力、脱发、阳痿、乳房触痛，个别患者有肌痛、血清磷酸肌酸激酶和转氨酶增高的情况；此外，还有服用该药会增大胆石症、胰腺炎、胃肠道肿瘤形成概率的报道。洛伐他汀临床因严重不良反应而停药者为1%～2%，大剂量时，2%～9%出现胃肠道反应、肌痛、皮肤潮红、失眠、视力模糊及味觉障碍等暂时性不良反应，长期用药极少数患者会出现短暂性血清转氨酶、碱性磷酸酶、肌酸磷酸激酶(CPK)增高。

5.5.2 相关标准方法

针对降血脂类保健品及中成药非法添加化学药的检测标准有食药总局发布的2017年第138号文件《保健食品中75种非法添加化学药物的检测》，该文件中包括有洛伐他汀羟酸钠盐、辛伐他汀、洛伐他汀、美伐他汀、脱羟基洛伐他丁和烟酸6种降血脂类化学药品的液相色谱-串联质谱检测方法。

5.5.3 检测方法综述

文献报道的检测方法主要包括薄层色谱法、液相色谱法、液相色谱-质谱联用法，其中液相色谱-质谱联用为首选方法。邓鸣等建立了中成药及保健食品中非法添加9种调血脂类药物成分(普伐他汀钠、苯扎贝特、阿托伐他汀钙、氟伐他汀钠、氯贝丁酯、美伐他汀、吉非罗齐、洛伐他汀、辛伐他汀)的高效液相色谱快速检验方法，适合基层药监部门的快速筛查。姜树银等建立了Q-Orbitrap高分辨质谱方法，用于降血脂类中成药和保健食品中非法添加物的快速筛查鉴定和定量，在38批降血脂类中成药和保健食品中检出2批阳性样品，采用Full MS/dd-MS^{2}模式，在1个分析周期(10 min)内完成对样品中分析物的分离和高精度一级、二级扫描，得到准确质量数和准确碎片离子信息，同时对潜在的阳性样品进行定量分析。

5.5.4 高效液相色谱-串联质谱法快速筛查12种降血脂类化学药

本实验室在实际检验过程中不断积累经验数据，建立了中药及保健品中常见12种降血脂类化学药的高效液相色谱-串联质谱(LC-MS/MS)快速筛查方法。它适用于保健品、中草药以及中成药中降血脂类化学药的筛查检测。

1. 仪器与试剂

Agilent 1200 SL Series RRLC/6410B Triple Quard MS快速高效液相色谱/串联四极杆质谱联用仪(美国Agilent公司)；赛多利斯TP-114电子天平(美国Sartorious公司)；KQ2200型台式机械超声波清洗器(东莞市超声波设备有限公司)。甲醇、乙腈为色谱纯试剂(德国Merck公司)，乙酸铵为阿拉丁试剂，实验用水为二次蒸馏水，其余所用试剂均为分析纯。

12种标准品名称为：辛伐他汀、洛伐他汀、普伐他汀、瑞舒伐他汀、阿托伐他汀、氟伐他汀、匹伐他汀、苯扎贝特、非诺贝特、环丙贝特、吉非贝齐、氯贝丁酯(安妥明)，纯度均大于98.2%，购于中国食品药品检定研究院和德国Dr. Ehrenstorfer公司。

2. 标准溶液配制

分别准确称各标准品5.00 mg，用甲醇超声溶解并定容至10 mL，得到500 mg/L的标准储备液，临用时用基质提取液将上述标准溶液稀释为系列混合标准工作液。

3. 样品前处理

片剂去除糖衣部分，磨成细粉，胶囊取内容物，准确称取 0.1 g 置 10 mL 容量瓶中，加甲醇 8 mL，超声处理 20 min，甲醇定容至刻度，过 0.20 μm 微孔滤膜，待测。

4. 测定方法

1）液相色谱条件

色谱柱：Aglient poroshell 120 EC - C_{18}（4.6 mm × 100 mm，2.7 μm）；流动相：A 为乙腈，B 为水溶液 [含有 10 mmol/L 甲酸铵，0.1%（体积分数）甲酸，10%（体积分数）甲醇]；流速 0.25 mL/min；柱温为 30 ℃；进样量 2 μL。梯度洗脱程序——流动相 A 的体积分数变化（A + B = 100%）：0 ～ 2 min：0；2 ～ 3 min：0 ～ 25%；3 ～ 5 min：25% ～ 80%；5 ～ 8 min：80% ～ 100%；8 ～ 10 min：100%；10 ～ 11 min：100% ～ 0；11 ～ 14 min：0。

2）质谱条件

离子源为电喷雾离子源，干燥气（N_2）温度 350 ℃，雾化气（N_2）压力 275.8 kPa，干燥气（N_2）流量 10 L/min，电喷雾电压 4000 V，扫描方式为多反应监测（MRM）模式，采用正负离子切换方式采集，优化后的质谱分析参数见表 5 - 19。

表 5 - 19　12 种降血脂类化学药的质谱分析参数

序号	名称	分子式	母离子形式	[母离子（m/z）]（碎裂电压/V）	[定性离子 1（m/z）]（碰撞能量 1/V）	[定性离子 2（m/z）]（碰撞能量 2/V）	检出限/（mg·L^{-1}）
1	辛伐他汀 Simvastatin	$C_{25}H_{38}O_5$	$[M+H]^+$	419（120）	199（45）	225（45）	0.01
2	洛伐他汀 Lovastatin	$C_{24}H_{36}O_5$	$[M+H]^+$	405（130）	199（10）	173（30）	0.01
3	普伐他汀 Pravastatin	$C_{23}H_{36}O_7$	$[M-H]^-$	423（120）	328（15）	321（18）	0.01
4	瑞舒伐他汀 Rosuvastatin	$C_{22}H_{28}FN_3O_6S$	$[M+H]^+$	482/481（100）	258（15）	258（15）	0.01
5	阿托伐他汀 Atorvastatin	$C_{33}H_{35}FN_2O_5$	$[M+H]^+$	559（130）	440（24）	250（40）	0.01
6	氟伐他汀 Fluvastatin	$C_{24}H_{26}FNO_4$	$[M+H]^+$	412（135）	226（15）	224（20）	0.01
7	匹伐他汀 Pitavastatin	$C_{25}H_{24}FNO_4$	$[M+H]^+$	422（100）	261（15）	97（20）	0.01
8	苯扎贝特 Benzafibrate	$C_{19}H_{20}ClNO_4$	$[M-H]^-$	360（120）	274（15）	——	0.01
9	非诺贝特 Fenofibrate	$C_{20}H_{21}ClO_4$	$[M+H]^+$	361（86）	233（16）	139（30）	0.01
10	环丙贝特 Ciprofibrate	$C_{13}H_{14}Cl_2O_3$	$[M-H]^-$	287（120）	85（15）	——	0.01
11	吉非贝齐 Gemfibrozil	$C_{15}H_{22}O_3$	$[M-H]^-$	249（120）	121（25）	——	0.01
12	氯贝丁酯（安妥明） Clofibrate	$C_{12}H_{15}ClO_3$	$[M+H]^+$	243（100）	197（5）	169（10）	0.01

5.5.5　典型案例介绍

2016年8月，本实验室收到客户送检的保健食品"××牌降脂片"，宣称是由山楂提取物、大豆胚芽、酵母膏等纯天然药物制成，无任何西药成分，适于高血脂人群服用。采用本实验室建立的中药及保健品中常见12种降血脂类化学药液相色谱－串联质谱快速筛查方法测试，结果检出含有洛伐他汀585 mg/kg。

参考文献

[1] KEE C L, GE X, GILARD V, et al. A review of synthetic phosphodiesterase type 5 inhibitors (PDE-5i) found as adulterants in dietary supplements[J]. Journal of Pharmaceutical & Biomedical Analysis, 2017, 147: 250-277.

[2] DHAVALKUMAR NARENDRABHAI P, Lin L, Chee-Leong K, et al. Screening of synthetic PDE-5 inhibitors and their analogues as adulterants: analytical techniques and challenges [J]. Journal of Pharmaceutical & Biomedical Analysis, 2014, 87 (1434): 176.

[3] 芮耀诚. 实用药物手册[M]. 北京: 人民军医出版社, 2010.

[4] 刘毅东. 西地那非局部应用可有效治疗肛裂[J]. 中国男科学杂志, 2007(12): 20.

[5] 关英霞. 西地那非治疗肺动脉高压的临床研究[D]. 昆明: 昆明医学院, 2009.

[6] 朱炳辉, 林文生, 梁祈. 药品、保健品和食品中枸橼酸西地那非掺杂的快速测定方法: CN1563953A [P]. 2004-03-24.

[7] 周嵩煜, 周天祥. NIR法对补肾壮阳类中成药浓缩丸中非法添加西地那非的定性分析[J]. 中国药事, 2010, (12): 1210-1212.

[8] 吴双, 王华, 朱慧果, 等. 解吸附电晕束电离质谱法快速筛选保健食品中非法添加的5型磷酸二酯酶抑制剂[J]. 分析化学, 2012(7): 1081-1085.

[9] 张红波, 高长青, 郭凯, 等. 3种壮阳药中枸橼酸西地那非和淫羊藿的鉴别[J]. 中国药业, 2006(3): 43-44.

[10] 丁博, 陈文锐, 韦晓群, 等. 功能食品中违禁磷酸二酯酶5抑制剂类和减肥类西药的检测[J]. 检验检疫学刊, 2015, 25(2): 11-20, 24.

[11] 张朔生, 陈欣, 李红英. 高效液相色谱法检测补肾壮阳药中违法添加品枸橼酸西地那非[J]. 山西中医学院学报, 2006(4): 44-45.

[12] 董跃伟. 高效液相色谱法测定中药制剂中西地那非和他达拉非含量[J]. 昆明医学院学报, 2009(12): 41-44.

[13] 邢俊波, 曹红, 张炯, 等. 高效液相色谱法同时测定补肾壮阳类中成药及保健食品中非法添加7种化学药成分[J]. 时珍国医国药, 2014(2): 451-453.

[14] 朱捷, 何微, 马桂娟. HPLC-MS/MS法同时测定补肾壮阳类保健食品中非法添加11种化学药成分[J]. 当代化工, 2015(11): 2729-2732.

[15] 迟少云, 裴琳, 王超. 液相色谱－离子阱质谱联用法快速检测补肾壮阳类保健食品中非法添加的11种化学物质[J]. 中国卫生检验杂志, 2015(22): 3852-3854.

[16] 蒋丽萍, 屠婕红, 徐宏祥, 等. UPLC-MS/MS法测定抗疲劳类保健食品中非法添加的9种壮阳类化学药物[J]. 中草药, 2015(15): 2238-2245.

[17] 丁博, 王志元, 谢建军, 等. QuEChERS前处理技术联合液相色谱－四极杆飞行时间质谱法检测保健食品中24种违禁降血糖、降血压和降血脂药物[J]. 色谱, 2016, 34(6): 583-590.

[18] LEE E S, JI H L, HAN K M, et al. Simultaneous determination of 38 phosphodiestrase-5 inhibitors in illicit erectile dysfunction products by liquid chromatography-electrospray ionization-tandem mass spectrometry[J]. Journal of Pharmaceutical & Biomedical Analysis, 2013, 83(1): 171-178.

[19] 李建辉, 张朝晖, 王琳, 等. 减肥保健食品中非法添加物检测方法研究进展[J]. 食品安全质量检测学报, 2017, (5): 1585-1595.

[20] 董志. 药理学[M]. 北京: 人民卫生出版社, 2012.

[21] 史轶蘩, 潘长玉, 李光伟, 等. 西布曲明在中国肥胖症患者中的疗效及安全性分析[J]. 中华内分泌代谢杂志, 2002 (1): 74-78.

[22] 邹大进, 吴坚, 徐茂锦. 国产西布曲明对超重和单纯性肥胖患者的近期疗效及安全性分析[J]. 第二军医大学学报,

2002（5）：544 – 547.

[23] 王静文，曹进，王钢力，等．保健食品中非法添加药物检测技术研究进展[J]．药物分析杂志，2014（1）：1 – 11.

[24] 黄诺嘉，杨文红，黄奕滨．减肥类中成药、保健食品、食品中非法添加酚酞、西布曲明等化学成分的快筛检测方法研究[J]．食品与药品，2011（3）：114 – 117.

[25] 王静文，黄湘鹭，曹进，等．超高效液相色谱法同时测定减肥类保健食品中非法添加的 25 种药物[J]．色谱，2014（2）：151 – 156.

[26] 朱健，裘一婧，沈国芳．UPLC-MS/MS 法快速检测减肥类保健品中 13 种非法添加化学成分[J]．中草药，2014（4）：509 – 515.

[27] 宫旭，芦丽，冯有龙，等．UPLC-MS/MS 法测定减肥降脂通便三类保健食品中添加的 37 种药物[J]．药物分析杂志，2016（5）：918 – 928.

[28] 胡青，孙健，冯睿，等．超高效液相色谱 – 三重四极杆质谱法测定食品中 34 种非法添加减肥类化合物 [J]．色谱，2017（6）：594 – 600.

[29] 许凤，李莉，张宏莲，等．薄层色谱扫描法对减肥保健食品中酚酞的定性定量分析 [J]．药物分析杂志，2014（9）：1634 – 1640.

[30] 万艳娟，吴军林，吴清平．罗汉果降血糖作用及机理研究进展[J]．食品研究与开发，2016 （11）：188 – 191.

[31] 黄海燕，饶伟文，钟建理．降糖类中成药和保健食品中非法添加化学药品的研究概况 [J]．中国药业，2014（5）：94 – 96.

[32] 施亚琴，姚静，张启明，等．薄层色谱法快速筛查降血糖中成药及保健食品中添加磺酰脲类化学降糖药[J]．药物分析杂志，2007（1）：36 – 39.

[33] 付大友，陈祥辉，谭文渊，等．降糖类中成药中非法添加化学成分的测定[J]．现代化工，2012（1）：94 – 96.

[34] 励炯，曹青文，王姣斐，等．基于实心核颗粒色谱技术结合 HPLC 法快速测定保健食品中非法添加 13 种降糖化学成分 [J]．中草药，2017（13）：2666 – 2673.

[35] 殷帅，吴公平，雷玉萍．液质联用法检测中成药和保健食品中添加辅助降血糖类药品的研究[J]．药物分析杂志，2010（12）：2400 – 2403.

[36] 刘福艳，谢元超，刘福强，等．液相色谱 – 质谱联用法检测 2 种中药降糖制剂中非法掺入的二甲双胍、苯乙双胍、格列吡嗪、格列本脲 [J]．药物分析杂志，2009（3）：440 – 444.

[37] 张翠英，李振国，徐金玲．中药制剂及保健品中违禁添加 7 种降糖药物的 LC-MS/MS 定性检测[J]．中国药学杂志，2008（9）：707 – 709.

[38] 胡青，崔益泠，张甦，等．降血脂和降血糖类中药及保健食品中违禁添加 17 种化学药物的液相色谱 – 离子阱质谱定性检测[J]．中国医药工业杂志，2009（2）：124 – 127.

[39] 徐文峰，徐硕，金鹏飞．辅助降血压类中成药和保健食品中非法添加化学药物检测技术的研究进展[J]．中国医药导报，2016（31）：61 – 64.

[40] 吴公平，雷玉萍，黎银波，等．辅助降压类保健品中非法添加化学药品的快速筛选方法 [J]．中国药业，2010（14）：42 – 43.

[41] 池文杰，张勋，陈海滨，等．近红外特征谱段相关系数法测定降压类中成药中添加氢氯噻嗪[J]．药物分析杂志，2014（2）：310 – 313.

[42] 谢清萍．中成药中可能违禁添加 6 种化学降压药物的 HPLC 法测定[J]．中国医药工业杂志，2010（6）：450 – 452.

[43] 陈国权，雷毅．高效液相色谱法测定降血压类健康产品中的 6 种二氢吡啶类成分[J]．理化检验（化学分册），2016（7）：770 – 773.

[44] 胡青，张甦，王柯，等．中药及保健食品中违禁添加 7 种降压类化学药物的 HPLC – DAD 法测定[J]．中国医药工业杂志，2010（8）：601 – 603.

[45] 丁宝月，屠婕红，薛磊冰，等．UPLC-MS/MS 法快速测定降压类中成药及保健食品中非法添加 34 种化学药的研究[J]．中草药，2015（5）：688 – 696.

[46] 王玲帅，舒展，朱洁，等．中成药和保健食品中 18 种非法添加降压药物的 HPLC – QTOF/MS 定性检测[J]．中国药师，2016（6）：1084 – 1087.

[47] 朱慧果，赵勇，吴双，等．HPLC-MS 联用测定辅助降血压保健食品中添加钙通道阻滞剂类药物[J]．药物分析杂志，2013（7）：1141 – 1150.

[48] 李涛，朱小红，林芳. GC-MS 联用方法检测降压类中成药及保健食品中非法添加的化学药物[J]. 药物分析杂志，2010 (11)：2212－2215.

[49] 颜腾龙，易有金. 药食两用中药降血脂作用研究进展[J]. 食品安全质量检测学报，2014(3)：934－941.

[50] 张喆，高青，车宝泉，等. 中药和保健食品中非法添加降脂类药物的检测方法研究[J]. 药物分析杂志，2008(12)：2069－2072.

[51] 邓鸣，朱斌，尹利辉. 中成药及保健食品中非法添加调血脂类药物的 HPLC 快速检测方法研究[J]. 药物分析杂志，2016(9)：1639－1647.

[52] 姜树银，郭常川，石峰，等. Q－Orbitrap 高分辨质谱用于降血脂类中成药和保健食品中非法添加物的快速筛查、鉴定和定量[J]. 药物分析杂志，2015(8)：1447－1452.

6 化妆品中安全风险物质检测方法

当前，化妆品已成为人们的日用必需品，其安全性也已成为人们普遍关注的问题。如在宣称美白类化妆品中非法添加糖皮质激素，以达到快速美白除皱嫩肤的作用；在宣称丰胸类化妆品中非法添加雌激素及孕激素，通过促进乳腺管增生的途径达到丰胸效果；在宣称祛痘类化妆品中非法添加氯霉素类、四环素类、喹诺酮类、磺胺类及大环内酯类等抗生素药物，以达到消炎抗菌的目的。长期使用这些非法添加具有治疗作用化学成分的化妆品，将会对人体造成严重危害。本章将围绕消费者常用的几大类功能型化妆品中可能非法添加的主要安全风险物质的高通量质谱检测技术进行系统全面的介绍。

6.1 美白类化妆品中非法添加糖皮质激素的检测方法

在日常生活中，面膜等宣称具有美白功效的化妆品是目前消费量最大的化妆品之一，但其安全性却令人担忧。近年来，诸如"毒面膜"致消费者"毁容"的化妆品安全事件频频被各大媒体报道，因使用被称作"皮肤鸦片"的"激素面膜"而患上激素性皮炎的患者日益增多，引起人们的高度关注。这类产品涉及的安全风险物质主要为糖皮质激素，此类化合物对皮肤具有显著的消炎祛痘作用，同时还可抑制纤维细胞增生，减少 5 - 羟色胺形成，因此对皮肤还有一定的嫩白作用，但长期使用含有糖皮质激素的化妆品，将会引起皮肤变薄、毛细血管扩张、毛囊萎缩，一旦停用，皮肤会发红、发痒，出现红斑、丘疹、脱屑等激素依赖性皮炎症状。

但仍有一些不法厂商将其非法添加到化妆品中，通过提高化妆品功效来吸引消费者，以牟取不当利益。类似的不法行为在我国各级食品药品监督管理部门组织开展的化妆品监督抽检中被多次发现。更为严重的是，在日常检测工作中发现，不法厂商为规避监管，非法添加政府禁止添加物质以外的功能类似物质。

6.1.1 糖皮质激素概述

糖皮质激素（glucocorticoids，GCs）是由肾上腺皮质束状带分泌的一类甾体激素，主要为皮质醇（cortisol），具有调节糖、脂肪和蛋白质的生物合成和代谢的作用，还具有抑制免疫应答、抗炎、抗毒、抗休克作用。因其调节糖类代谢的活性最早为人们所认识，而被称为"糖皮质激素"。GCs 与肾上腺皮质分泌的调节体内水和电解质平衡的盐皮质激素（mineralocorticoid）统称为肾上腺皮质激素。

6.1.1.1 理化性质

GCs 的基本结构特征包括肾上腺皮质激素所具有的 C_3 的羰基、C_{4-5} 的双键和 17β 酮醇侧链以及 GCs 独有的 17α - OH 和 11β - OH，其化学结构式如图 6 - 1 所示，R_1、R_2 为取代基团，取代基不同，生成一系列功能相似的物质。GCs 这一概念不仅包括具有上述特征和活性的内源性物质，还包括很多经过结构优化的具有类似结构和活性的人工合成药物。目前 GCs 是临床应用较多的一类药物。GCs 根据其血浆半衰期分为短效、中效、长效 3 类，短效激素包括氢化可的松、可的松；中效激素包括强的松、强的松龙、甲

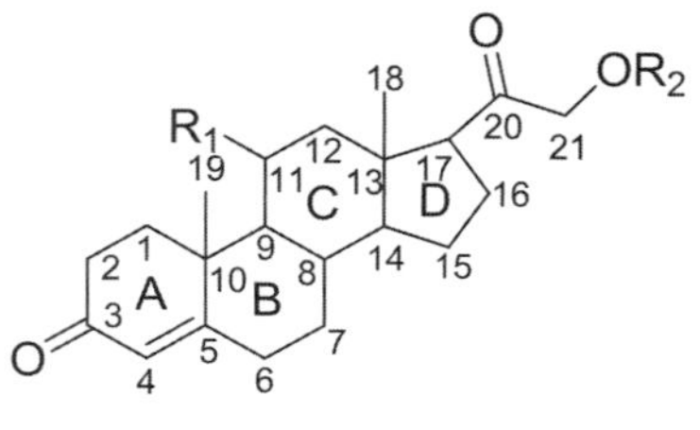

图 6 - 1 糖皮质激素的化学结构式

注：R_1、R_2 为不同的取代基团

基强的松龙、氟羟强的松龙；长效激素包括地塞米松、倍他米松等。目前，发现有86种糖皮质激素，其化学信息详见表6-1。

表6-1 常见糖皮质激素的主要理化性质

序号	化合物 中英文名	CAS号	分子式	精确质量数	化学结构式	lg$P$	熔点/℃
1	曲安西龙 Triamcinolone	124-94-7	$C_{21}H_{27}FO_6$	394.17917	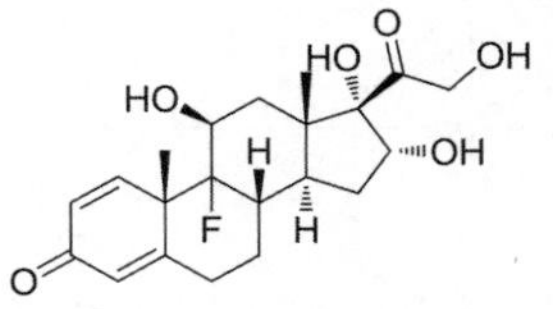	1.16	229.89
2	泼尼松龙 Prednisolone	50-24-8	$C_{21}H_{28}O_5$	360.19367	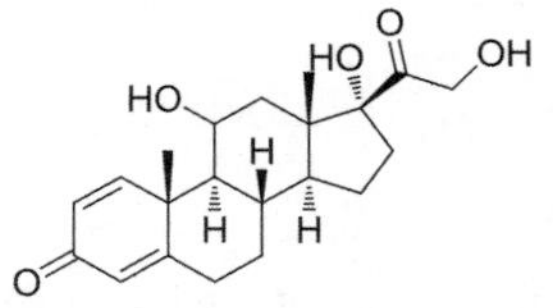	1.62	215.25
3	氢化可的松 Hydrocortisone	50-23-7	$C_{21}H_{30}O_5$	362.20932	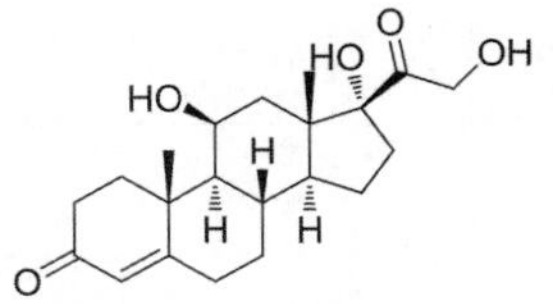	1.61	214.53
4	泼尼松 Prednisone	53-03-2	$C_{21}H_{26}O_5$	358.17802	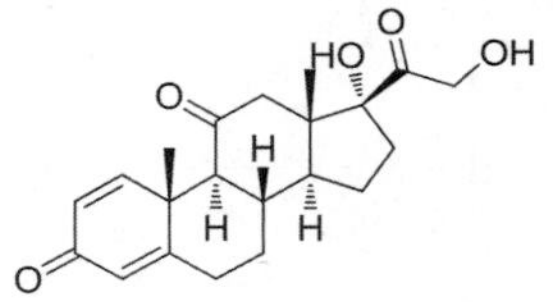	1.46	213.56
5	可的松 Cortisone	53-06-5	$C_{21}H_{28}O_5$	360.19367	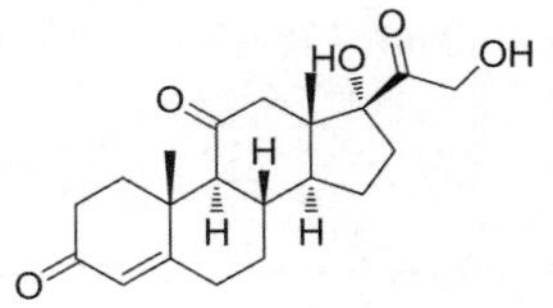	1.47	212.85
6	甲基泼尼松龙 Methylprednisolone	83-43-2	$C_{22}H_{30}O_5$	374.20932	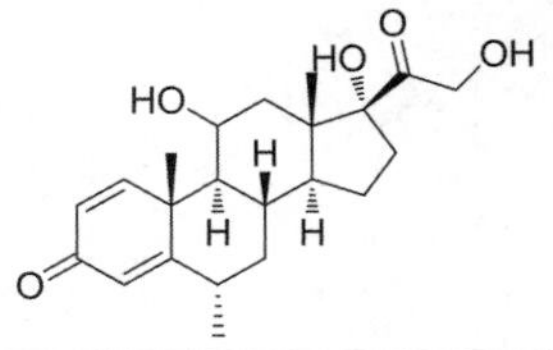	1.82	219.10
7	倍他米松 Betamethasone	378-44-9	$C_{22}H_{29}FO_5$	392.19990	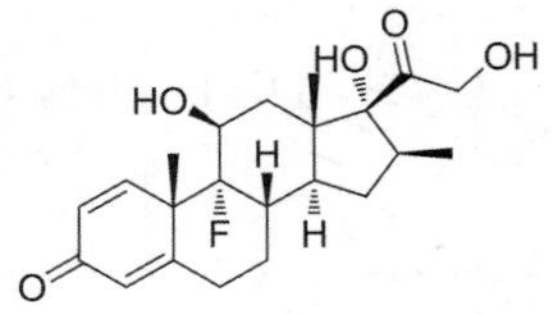	1.94	216.77
8	地塞米松 Dexamethasone	50-02-2	$C_{22}H_{29}FO_5$	392.19990	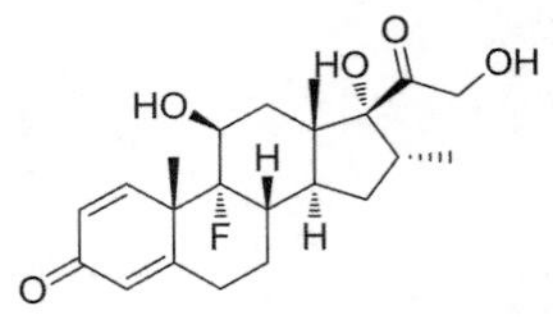	1.94	216.77

（续表6-1）

序号	化合物 中英文名	CAS 号	分子式	精确质量数	化学结构式	lgP	熔点/℃
9	氟米松 Flumethasone	2135-17-3	$C_{22}H_{28}F_2O_5$	410.19048	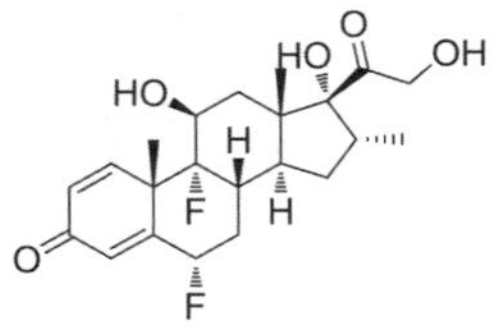	1.94	215.72
10	倍氯米松 Beclomethasone	4419-39-0	$C_{22}H_{29}ClO_5$	408.17035	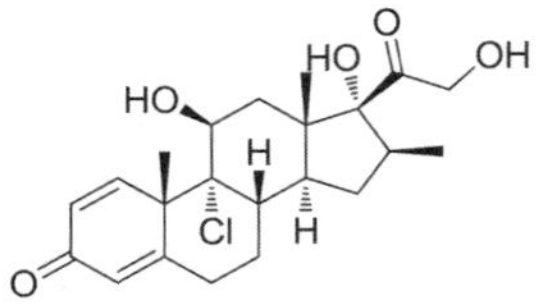	—	198.00
11	曲安奈德 Triamcinolone acetonide	76-25-5	$C_{24}H_{31}FO_6$	434.21047	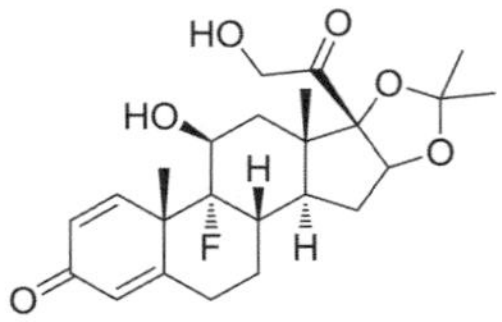	2.53	223.42
12	氟氢缩松 Fludroxycortide	1524-88-5	$C_{24}H_{33}FO_6$	436.22612	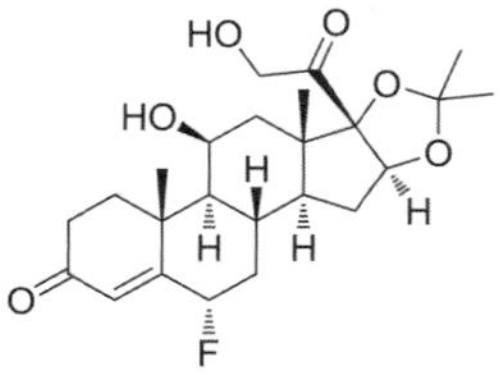	2.87	224.00
13	曲安西龙双醋酸酯 Triamcinolone diacetate	67-78-7	$C_{25}H_{31}FO_8$	478.20030	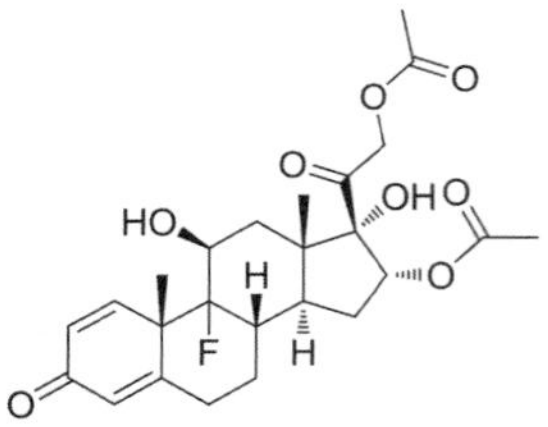	1.92	229.35
14	泼尼松龙醋酸酯 Prednisolone 21-acetate	52-21-1	$C_{23}H_{30}O_6$	402.20424	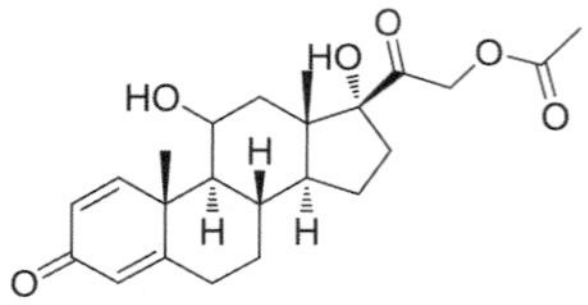	2.40	218.01
15	氟米龙 Fluoromethalone	426-13-1	$C_{22}H_{29}FO_4$	376.20499	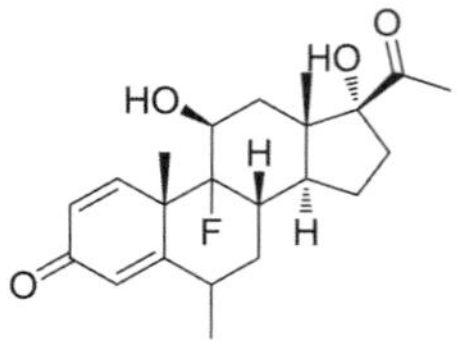	2.00	196.47
16	氢化可的松醋酸酯 Hydrocortisone 21-acetate	50-03-3	$C_{23}H_{32}O_6$	404.21989	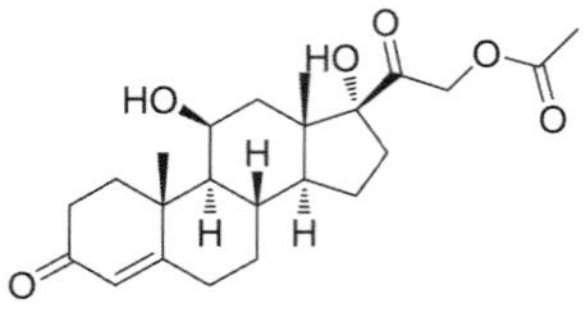	2.19	217.35

（续表6-1）

序号	化合物 中英文名	CAS 号	分子式	精确质量数	化学结构式	lgP	熔点/℃
17	地夫可特 Deflazacort	14484 - 47 - 0	$C_{25}H_{31}NO_6$	441.21514	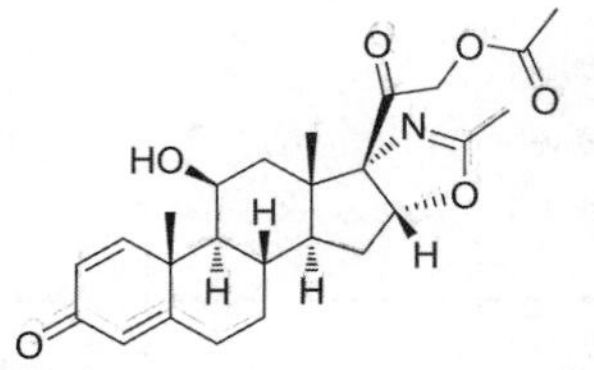	1.31	229.78
18	氟氢可的松醋酸酯 Fludrocortisone 21-acetate	514 - 36 - 3	$C_{23}H_{31}FO_6$	422.21047	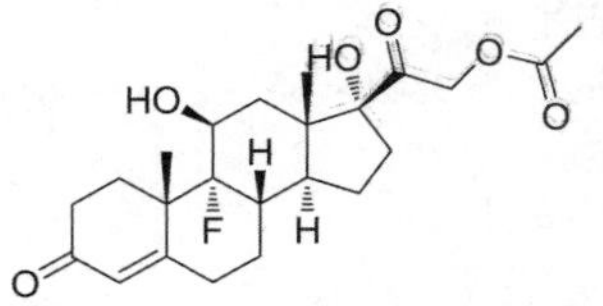	2.26	214.97
19	泼尼松醋酸酯 Prednisone 21-acetate	125 - 10 - 0	$C_{23}H_{28}O_6$	400.18859	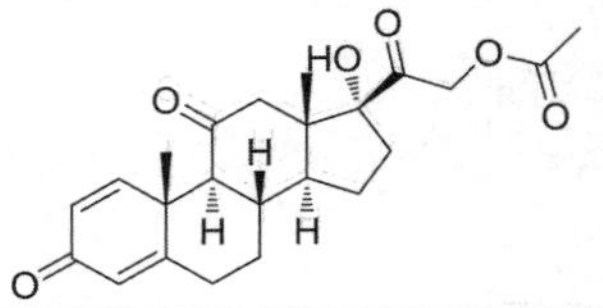	1.93	216.33
20	可的松醋酸酯 Cortisone 21-acetate	50 - 04 - 4	$C_{23}H_{30}O_6$	402.20424	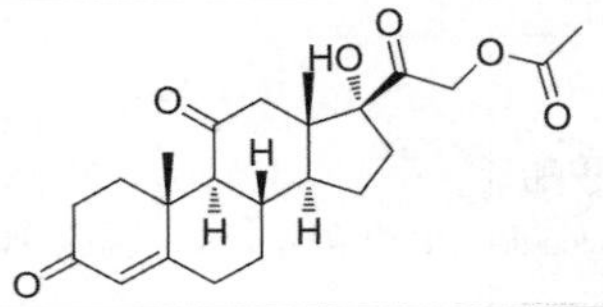	2.1	215.62
21	甲基泼尼松龙 醋酸酯 Methylprednisolone 21-acetate	53 - 36 - 1	$C_{24}H_{32}O_6$	416.21989	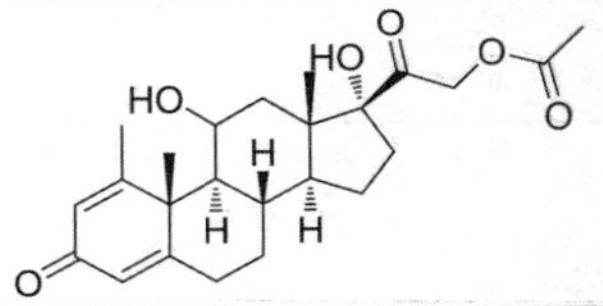	2.56	221.86
22	倍他米松醋酸酯 Betamethasone 21-acetate	987 - 24 - 6	$C_{24}H_{31}FO_6$	434.21047	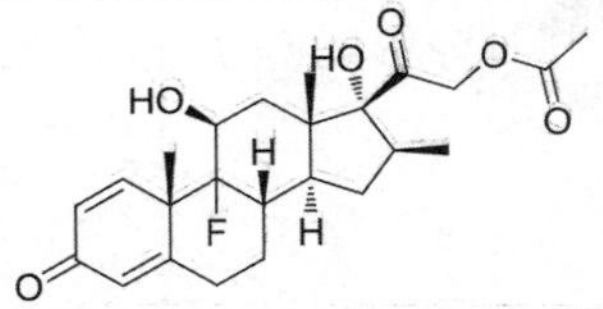	2.91	219.53
23	22(R) - 布地奈德 22(R)-Budesonide	51372 - 29 - 3	$C_{25}H_{34}O_6$	430.23554	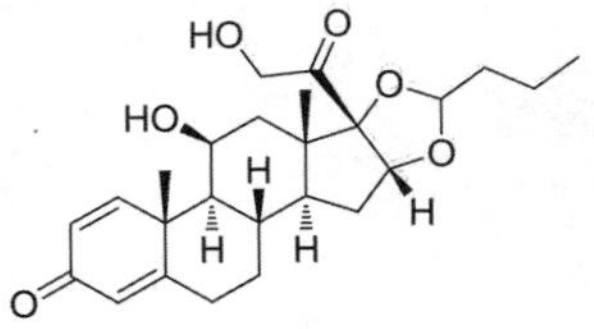	3.98	234.03
24	22(S) - 布地奈德 22(S)-Budesonide	51372 - 28 - 2	$C_{25}H_{34}O_6$	430.23554	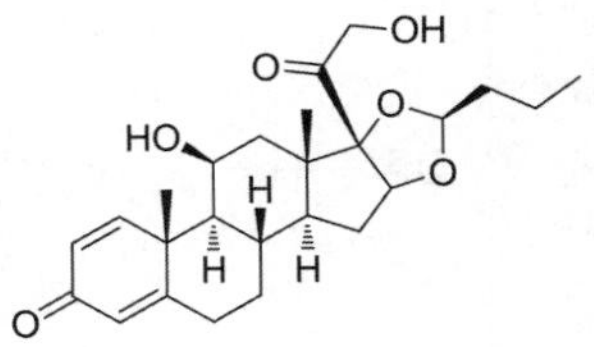	3.98	234.03
25	氢化可的松丁酸酯 Hydrocortisone 17-butyrate	13609 - 67 - 1	$C_{25}H_{36}O_6$	432.25119	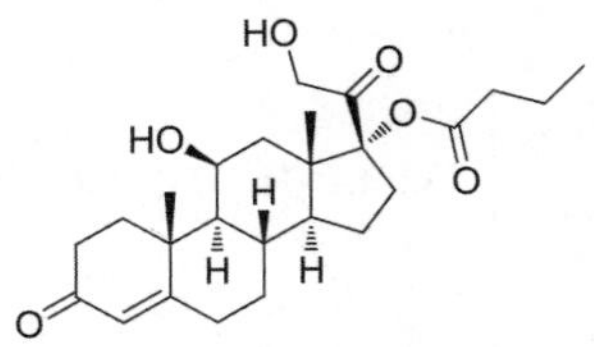	3.18	232.43

（续表6-1）

序号	化合物 中英文名	CAS 号	分子式	精确质量数	化学结构式	lgP	熔点/℃
26	地塞米松醋酸酯 Dexamethasone 21-acetate	1177－87－3	$C_{24}H_{31}FO_6$	434.21047		2.91	219.53
27	氟米龙醋酸酯 Fluorometholone 17-acetate	3801－06－7	$C_{24}H_{31}FO_5$	418.21555		1.50	203.52
28	氢化可的松戊酸酯 Hydrocortisone 17-valerate	57524－89－7	$C_{26}H_{38}O_6$	446.26684		3.79	237.85
29	曲安奈德醋酸酯 Triamcinolone acetonide 21-acetate	3870－07－3	$C_{26}H_{33}FO_7$	476.22103		2.91	226.19
30	氟轻松醋酸酯 Fluocinonide	356－12－7	$C_{26}H_{32}F_2O_7$	494.21161		3.19	225.15
31	二氟拉松双醋酸酯 Diflorasone diacetate	33564－31－7	$C_{26}H_{32}F_2O_7$	494.21161		2.93	219.46
32	倍他米松戊酸酯 Betamethasone 17-valerate	2152－44－5	$C_{27}H_{37}FO_6$	476.25742		3.60	240.08
33	泼尼卡酯 Prednicarbate	73771－04－7	$C_{27}H_{36}O_8$	488.24102		3.20	245.72

序号	化合物 中英文名	CAS号	分子式	精确质量数	化学结构式	lgP	熔点/℃
34	哈西奈德 Halcinonide	3093-35-4	$C_{24}H_{32}ClFO_5$	454.19223	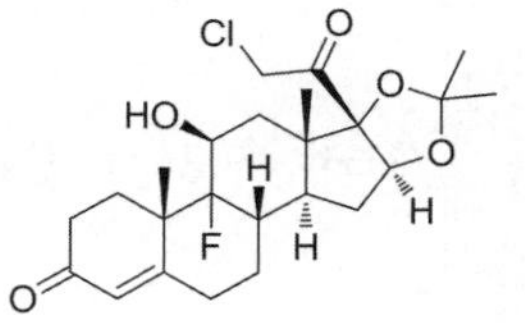	2.93	216.93
35	阿氯米松双丙酸酯 Alclomethasone dipropionate	66734-13-2	$C_{28}H_{37}ClO_7$	520.22278	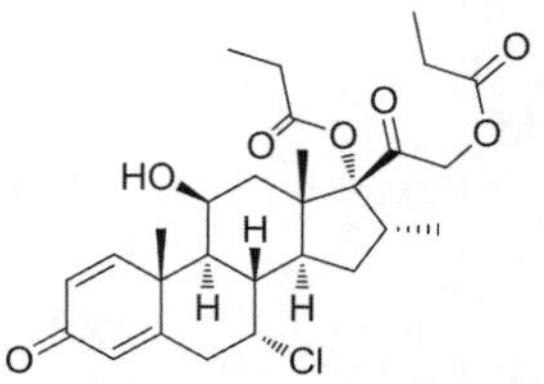	—	212~216
36	安西奈德 Amcinonide	51022-69-6	$C_{28}H_{35}FO_7$	502.23668	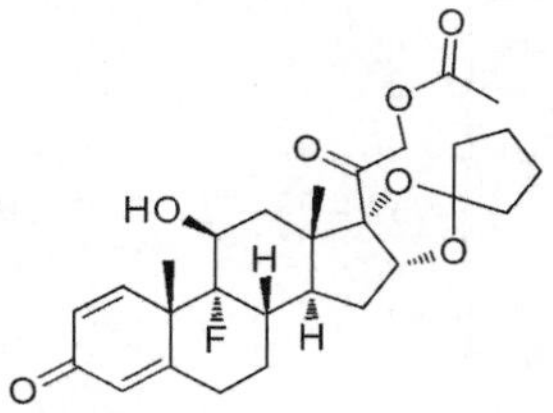	—	—
37	氯倍他索丙酸酯 Clobetasol 17-propionate	25122-46-7	$C_{25}H_{32}ClFO_5$	466.19223	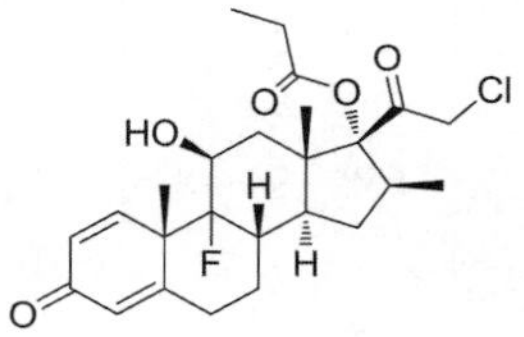	3.50	223.46
38	氟替卡松丙酸酯 Fluticasone propionate	80474-14-2	$C_{25}H_{31}F_3O_5S$	500.18443	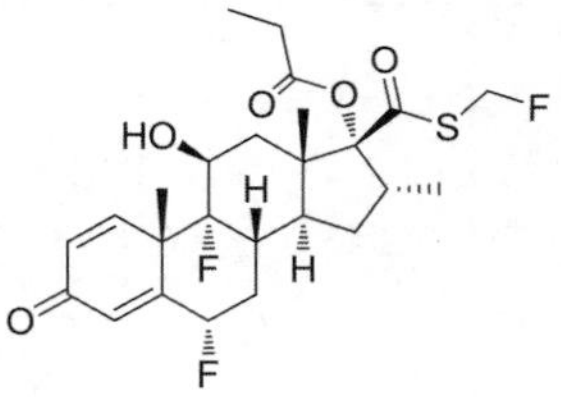	—	275.00
39	莫米他松糠酸酯 Mometasone furoate	83919-23-7	$C_{27}H_{30}Cl_2O_6$	520.14194	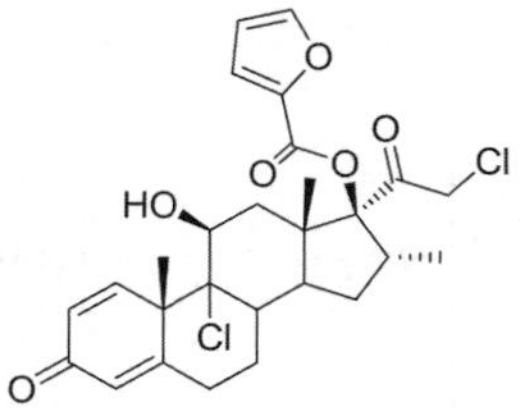	—	218~220
40	倍他米松双丙酸酯 Betamethasone dipropionate	5593-20-4	$C_{28}H_{37}FO_7$	504.25233	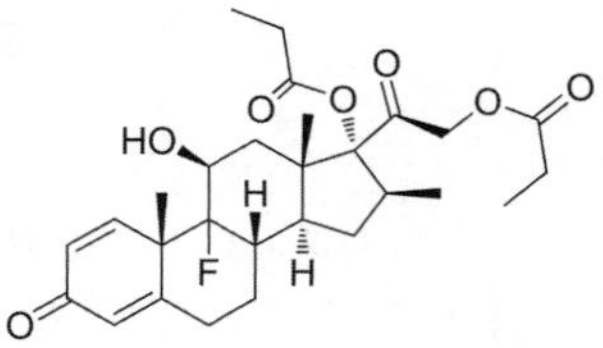	—	178.00

序号	化合物 中英文名	CAS 号	分子式	精确质量数	化学结构式	lgP	熔点/℃
41	倍氯米松双丙酸酯 Beclometasone dipropionate	5534-09-8	$C_{28}H_{37}ClO_7$	520.22278		—	117~120
42	氯倍他松丁酸酯 Clobetasone 17-butyrate	25122-57-0	$C_{26}H_{32}ClFO_5$	478.19223		3.76	227.19
43	氟轻松 Fluocinolone acetonide	67-73-2	$C_{24}H_{30}F_2O_6$	452.20105		2.48	222.38
44	地索奈德 Desonide	638-94-8	$C_{24}H_{32}O_6$	416.21989		4.16	225.75
45	环索奈德 Ciclesonide	126544-47-6	$C_{32}H_{44}O_7$	540.30870		—	202~209
46	卤美他松（卤甲松） Halometasone	50629-82-8	$C_{22}H_{27}ClF_2O_5$	444.15151		2.58	223.39
47	帕拉米松 Paramethasone	53-33-8	$C_{22}H_{29}FO_5$	392.19990		1.68	218.05

（续表6-1）

序号	化合物中英文名	CAS号	分子式	精确质量数	化学结构式	lgP	熔点/℃
48	帕拉米松乙酸酯 Paramethasone acetate	1597-82-6	$C_{24}H_{31}FO_6$	434.21047		2.43	220.82
49	戊酸双氟可龙 Diflucortolone valerate	59198-70-8	$C_{27}H_{36}F_2O_5$	478.25308		3.62	221.60
50	异氟泼尼龙 Isoflupredone	338-95-4	$C_{21}H_{27}FO_5$	378.18425		4.13	212.92
51	去羟米松 Desoximetasone	382-67-2	$C_{22}H_{29}FO_4$	376.20499		2.35	203.61
52	卤贝他索丙酸酯 Halobetasol propionate	66852-54-8	$C_{25}H_{31}ClF_2O_5$	484.18281		2.85	222.42
53	氟尼缩松 Flunisolide	1524-88-5	$C_{24}H_{31}FO_6$	434.21047		2.87	224.00
54	依碳氯替泼诺 Loteprednol etabonate	82034-46-6	$C_{24}H_{31}ClO_7$	466.17583		2.63	233.39
55	氟可龙 Fluocortolone	152-97-6	$C_{22}H_{29}FO_4$	376.20499		2.06	204.90

（续表 6 - 1）

序号	化合物 中英文名	CAS 号	分子式	精确质量数	化学结构式	lgP	熔点/℃
56	瑞美松龙 Rimexolone	49697 - 38 - 3	$C_{24}H_{34}O_3$	370. 25079	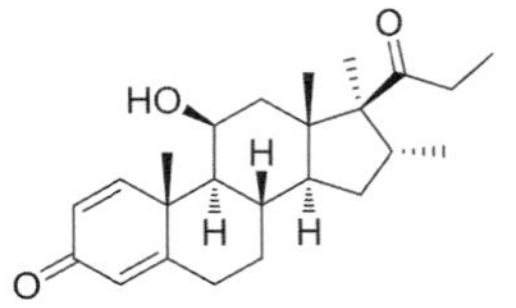	3. 28	193. 62
57	苯甲酸倍他米松 Betamethasone 17-benzoate	22298 - 29 - 9	$C_{29}H_{33}FO_6$	496. 22612	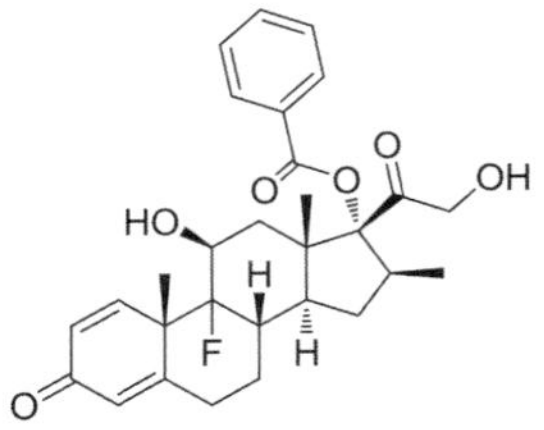	3. 92	257. 71
58	泼尼松龙特戊酸酯 Prednisolone 21-pivalate	1107 - 99 - 9	$C_{26}H_{36}O_6$	444. 25119	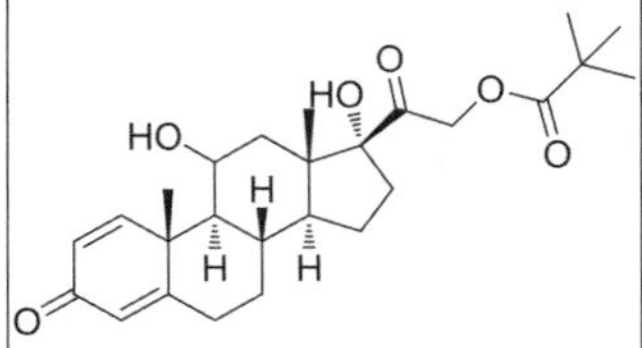	3. 50	228. 86
59	倍他米松丙酸酯 Betamethasone 17-propionate	5534 - 13 - 4	$C_{25}H_{33}FO_6$	448. 22612	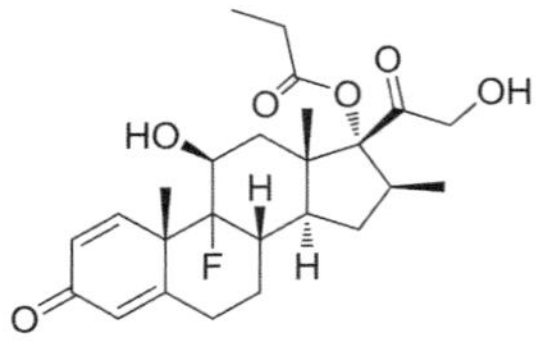	2. 95	229. 24
60	地塞米松异烟酸酯 Dexamethasone 21-isonicotinate	2265 - 64 - 7	$C_{28}H_{32}FNO_6$	497. 22137	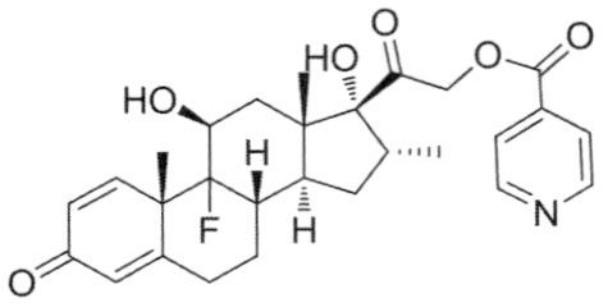	2. 73	255. 96
61	地塞米松特戊酸酯 （地塞米松新戊酸酯） Dexamethasone 21-pivalate	1926 - 94 - 9	$C_{27}H_{37}FO_6$	476. 25742	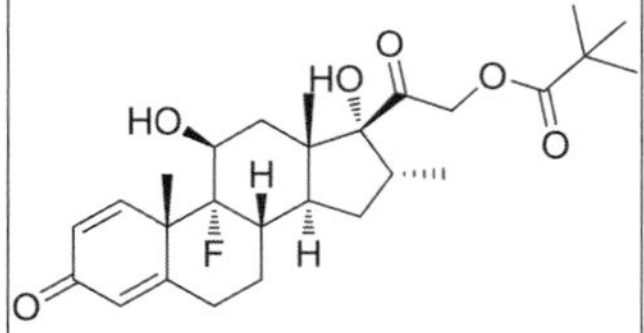	—	—
62	氟米松特戊酸酯 （氟米松新戊酸酯） Flumethasone 21-pivalate	2002 - 29 - 1	$C_{27}H_{36}F_2O_6$	494. 24800	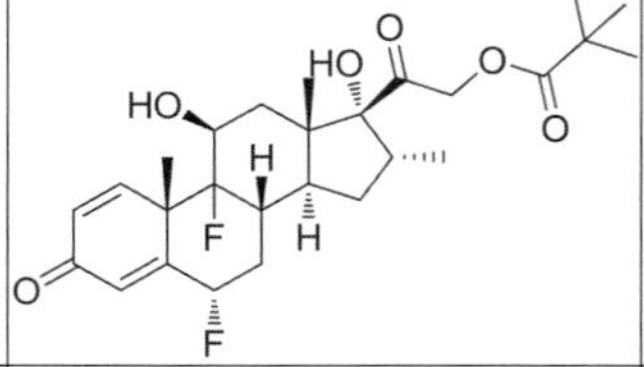	3. 86	229. 34
63	氟可龙特戊酸酯 Fluocortolone 21-pivalate	29205 - 06 - 9	$C_{27}H_{37}FO_5$	460. 26250	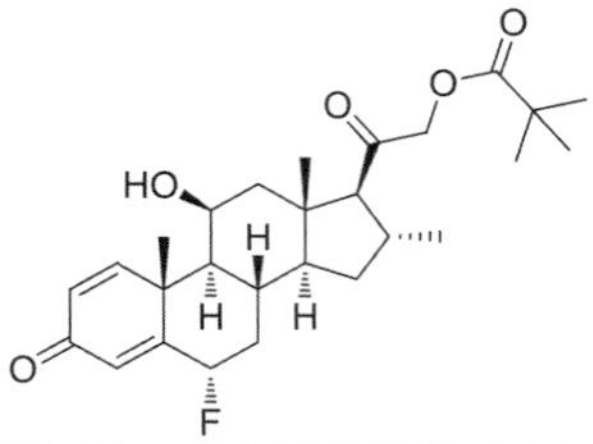	3. 60	218. 51

序号	化合物 中英文名	CAS 号	分子式	精确质量数	化学结构式	lg$P$	熔点/℃
64	异氟泼尼松醋酸酯 （9-氟醋酸泼尼松龙） Isoflupredone acetate （9-α-Fluoropre- dnisolone acetate）	338 - 98 - 7	$C_{23}H_{29}FO_6$	420.19482	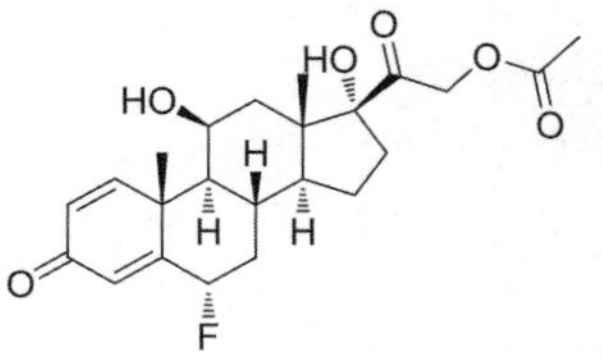	2.04	215.68
65	氢化可的松 环戊丙酸酯 Hydrocortisone 21-cypionate	508 - 99 - 6	$C_{29}H_{42}O_6$	486.29814	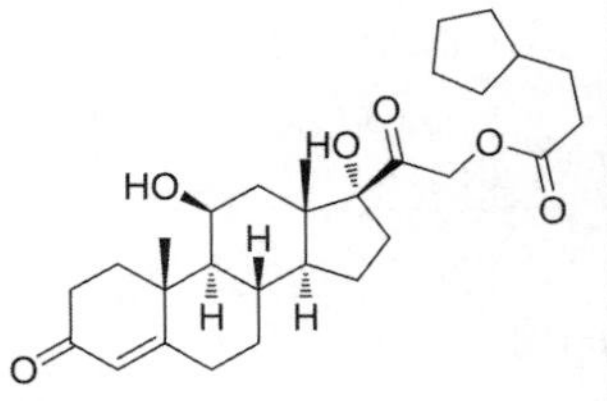	5.12	251.74
66	氢化可的松半琥酯 Hydrocortisone hemisuccinate	2203 - 97 - 6	$C_{25}H_{34}O_8$	462.22537	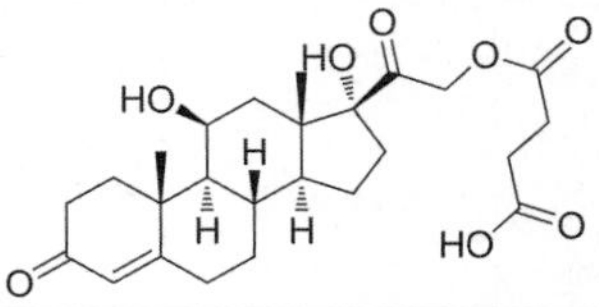	—	261.23
67	甲泼尼松 Meprednisone	1247 - 42 - 3	$C_{22}H_{28}O_5$	372.19367	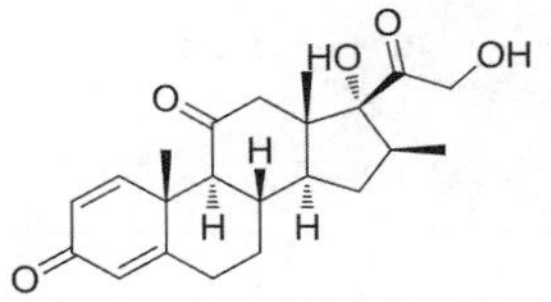	2.56	217.41
68	甲泼尼松醋酸酯 Meprednisone acetate	1106 - 03 - 2	$C_{24}H_{30}O_6$	414.20424	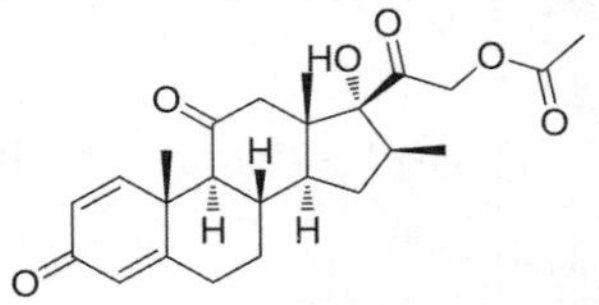	2.35	220.18
69	己曲安奈德 Triamcinolone hexacetonide	5611 - 51 - 8	$C_{30}H_{41}FO_7$	532.28363	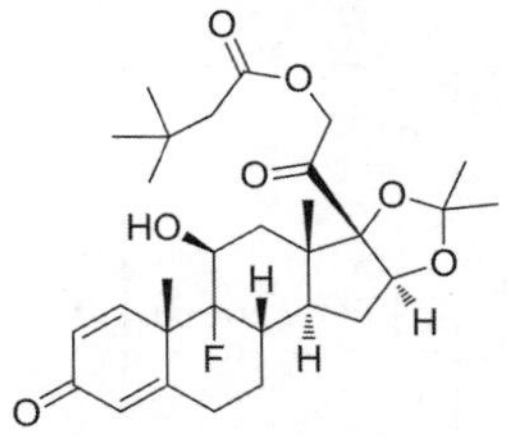	—	—
70	双氟拉松 Diflorasone	2557 - 49 - 5	$C_{22}H_{28}F_2O_5$	410.19048	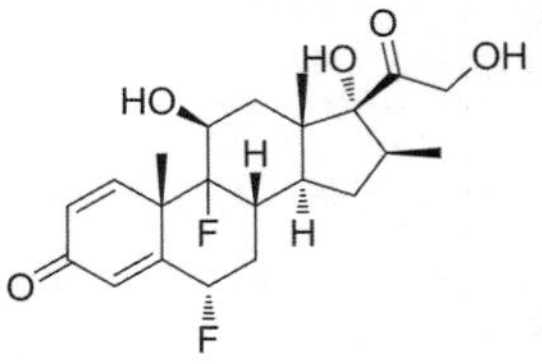	1.94	215.72
71	氟氢可的松 Fludrocortisone	127 - 31 - 1	$C_{21}H_{29}FO_5$	380.19990	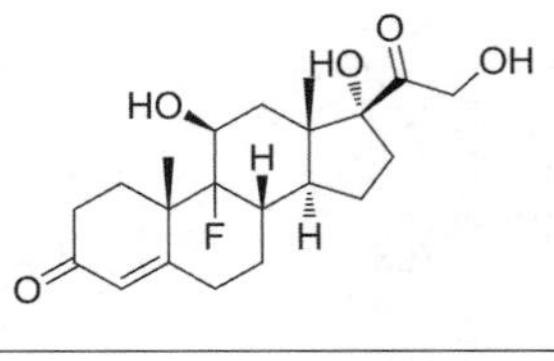	1.67	212.20

（续表 6 - 1）

序号	化合物 中英文名	CAS 号	分子式	精确质量数	化学结构式	lgP	熔点/℃
72	16α-羟基泼尼松龙 16α-Hydroxypre- dnisonlone	13951 - 70 - 7	$C_{21}H_{28}O_6$	376.18859		1.06	232.22
73	16α-羟基泼尼松龙 醋酸酯 16α-Hydroxypre- dnisonlone acetate	86401 - 80 - 1	$C_{23}H_{30}O_7$	418.19915		—	—
74	6α-氟-异氟泼尼龙 6α-Fluoro- isoflupredone	806 - 29 - 1	$C_{21}H_{26}F_2O_5$	396.17483		1.17	211.88
75	甲基泼尼松龙 琥珀酸酯 Methylprednisolone hemisuccinate	2921 - 57 - 5	$C_{26}H_{34}O_8$	474.22537		2.30	265.79
76	甲基泼尼松龙 乙丙酸酯 （醋丙酸甲基泼 尼松龙） Methylprednisolone aceponate	86401 - 95 - 8	$C_{27}H_{36}O_7$	472.24610		3.27	226.50
77	氯可托龙特戊酸酯 Clocortolone pivalate	34097 - 16 - 0	$C_{27}H_{36}ClFO_5$	494.22353		3.82	224.26
78	乌倍他索 （卤贝他索） Ulobetasol （Halobetasol）	98651 - 66 - 2	$C_{22}H_{27}ClF_2O_4$	428.15659		2.18	209.94
79	丁乙酸泼尼松龙 （丁乙酸氢化泼尼松） Prednisolone 21-tebutate	7681 - 14 - 3	$C_{27}H_{38}O_6$	458.26684		3.99	234.28

序号	化合物 中英文名	CAS 号	分子式	精确质量数	化学结构式	lgP	熔点/℃
80	新戊酸替可的松 （21-巯基氢化可 的松特戊酸酯） Tixocortol pivalate	55560-96-8	$C_{26}H_{38}O_5S$	462.24400	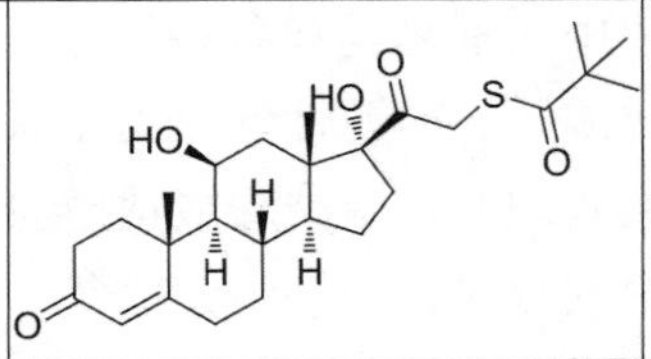	2.70	242.05
81	氯泼尼醇 Cloprednol	5251-34-3	$C_{21}H_{25}ClO_5$	392.13905	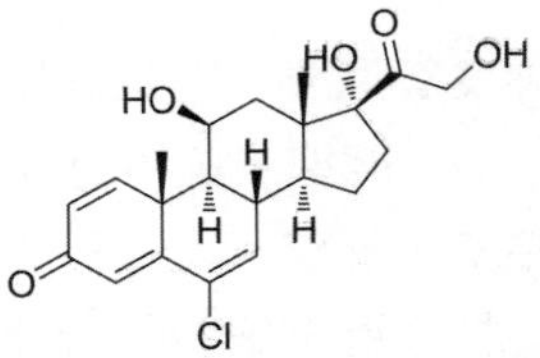	1.68	223.62
82	地塞米松戊酸酯 Dexamethasone 17-valerate	33755-46-3	$C_{27}H_{37}FO_6$	476.25740	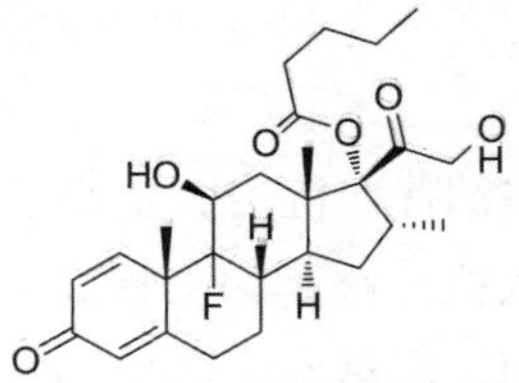	3.60	240.08
83	二氟孕甾丁酯 （双氟泼尼酯） Difluprednate	23674-86-4	$C_{27}H_{34}F_2O_7$	508.22726	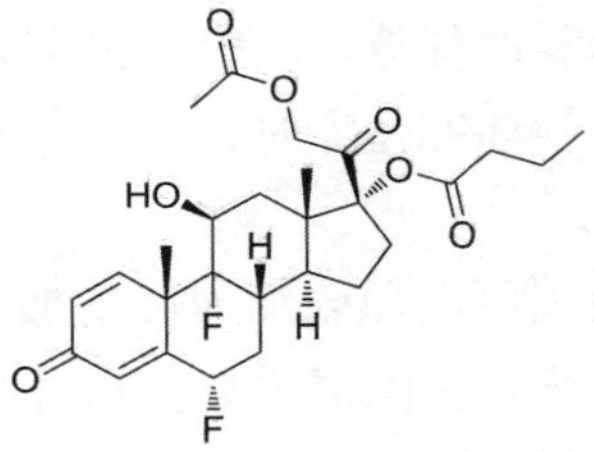	—	—
84	双氟美松醋酸酯 Flumethasone acetate	2823-42-9	$C_{24}H_{30}F_2O_6$	452.20105	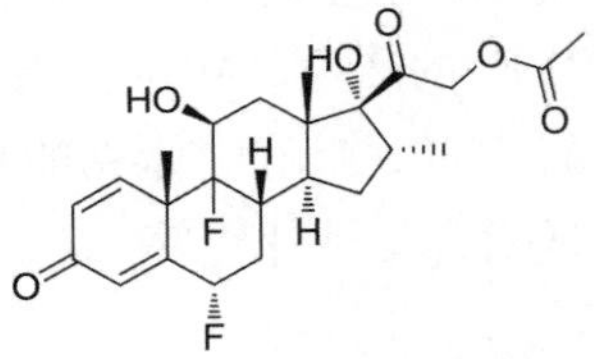	2.33	218.49
85	醋丙氢可的松 Hydrocortisone aceponate	74050-20-7	$C_{26}H_{36}O_7$	460.24610	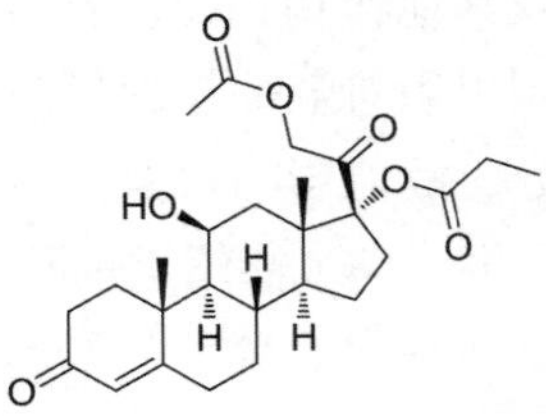	3.06	221.94
86	甲羟松 Medrysone	2668-66-8	$C_{22}H_{32}O_3$	344.23514	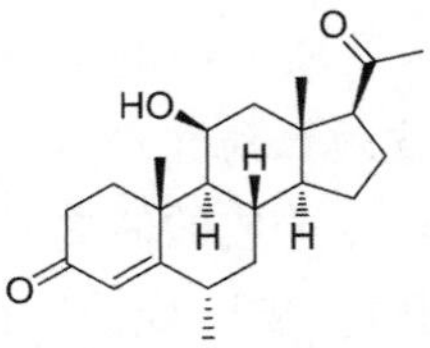	2.55	183.32

6.1.1.2　功效与用途

1. 抗炎作用

GCs 能降低毛细血管通透性，抑制对各种刺激因子引起的炎症反应能力，以及机体对致病因子的反应性。该作用在于 GCs 能使小血管收缩，增强血管内皮细胞的致密程度，减轻静脉充血，减少血浆渗出，抑制白细胞的游走、浸润和巨噬细胞的吞噬功能。这些作用能明显减轻炎症早期的红、肿、热、痛等症状的发生与发展。GCs 产生抗炎作用的另一机制是抑制白细胞破坏的同时，又有稳定溶酶体膜，使其不易破裂，减少溶酶体中水解酶类和各种因子释放的作用。这些酶有组织蛋白酶、溶菌酶、过氧化酶、前激肽释放因子、趋化因子、内源性致热因子等。大剂量的 GCs 稳定溶酶体膜即可抑制由这些酶或因子所引起的局部或全身的病理变化，减缓或改善炎症引起的局部或全身反应。在炎症晚期，大剂量 GCs 能抑制胶原纤维和黏蛋白的合成，抑制组织修复，阻碍伤口愈合。

2. 抗过敏反应

过敏反应是一种变态反应，它是抗原与机体内抗体或与致敏的淋巴细胞相互结合、相互作用而产生的细胞或组织反应。GCs 能抑制抗体免疫引起的速发性变态反应，以及免疫复合体引起的变态反应或细胞性免疫引起的延缓性变态反应，是一种有效的免疫抑制剂。GCs 的抗过敏作用很可能在于抑制巨噬细胞对抗原的吞噬和处理，抑制淋巴细胞的转化，增加淋巴细胞的破坏与解体，抑制抗体的形成而干扰免疫反应。GCs 的抗炎作用实际上起着抑制免疫反应的基础作用。

3. 抗毒素作用

GCs 能增加机体的代谢能力，提高机体对不利刺激因子的耐受力，降低机体细胞膜的通透性，阻止各种细菌的内毒素侵入机体细胞内，提高机体细胞对内毒素的耐受性。GCs 不能中和毒素，而且对毒性较强的外毒素无作用。GCs 抗毒素作用的另一途径与稳定溶酶体膜密切相关。这种作用减少溶酶体内各种致炎、致热内源性物质的释放，减轻对体温调节中枢的刺激作用，降低毒素致热源性的作用。因此，用于治疗严重中毒性感染如败血症时，常具有迅速而良好的退热作用。

4. 抗休克作用

大剂量 GCs 有增强心肌收缩力、增加微循环血量、减轻外周阻力、降低微血管的通透性、扩张小动脉、改善微循环、增强机体抗休克的能力。GCs 能改善休克时的微循环，改善组织供氧，减少或阻止细胞内溶酶体的破裂，减少或阻止蛋白水解酶的释放，阻止蛋白水解酶作用下多肽的心肌抑制因子(myocardia-depressnat factor，MDF)的产生。MDF 具有抑制心肌收缩、降低心输出量的作用，在休克过程中，这种作用又加剧微循环障碍。GCs 能阻断休克的恶性循环，可用于各种休克的治疗，如中毒性休克、心源性休克、过敏性休克及低血容量性休克等。

5. 其他作用

对有机物代谢及其他作用，GCs 有促进蛋白质分解，使氨基酸在肝内转化，合成葡萄糖和糖原的作用；同时，又能抑制组织对葡萄糖的摄取，因而有升高血糖的作用。GCs 类的皮质醇(氢化可的松)结构与醛固酮有类似之处，故能影响水盐代谢。长期大剂量应用 GCs，会引起体内钠潴留和钾的排出增加，但比盐皮质激素的作用弱。GCs 能增进消化腺的分泌机能，加速胃肠黏膜上皮细胞的脱落，使黏膜变薄而损伤，故可诱发或加剧溃疡病的发生。

6.1.1.3 毒副作用

在临床应用中，长期或大剂量应用 GCs 可能产生以下不良反应：

1. 医源性肾上腺皮质机能亢进

长期大剂量应用 GCs 造成的体内 GCs 水平过高的一系列症状，包括肌肉萎缩(长期氮负平衡造成，多发生于四肢的大肌肉群)、皮肤变薄、向心性肥胖、痤疮、体毛增多、高血压、高血脂、低血钾(会与肌肉萎缩合并造成肌无力)、尿糖升高、骨质疏松等。

2. 诱发或加重感染或使体内潜在的感染病灶转移

这主要是因为 GCs 只有抗炎的作用，对造成感染的病原体并不能产生杀灭作用，而且 GCs 还会抑制免疫，降低机体抵御细菌、病毒和真菌感染的能力，这极大地增加了感染病灶恶化和扩散的概率。

3. 造成消化性溃疡

GCs 有刺激胃酸和胃蛋白酶分泌的作用，会降低胃黏膜对消化液的抵御能力，可以诱发或加重胃或十二指肠溃疡，称甾体激素溃疡。甾体激素溃疡的特征有：表浅、多发，易发生在幽门前窦部，症状较少呈隐匿性，出血率和穿孔率很高。

4. 诱发胰腺炎和脂肪肝

GCs 可使胰液分泌增加、变黏稠，或使胆胰壶腹括约肌、胰管收缩，或降低胰腺的微循环，直接损伤胰腺组织，促使胰腺炎的发生。长期超生理剂量应用 GCs 可引起脂肪的代谢紊乱，表现为向心性肥胖，诱发脂肪肝。

5. 影响胎儿发育

妊娠前 3 个月孕妇使用 GCs 可引起胎儿发育畸形，妊娠后期大剂量使用会抑制胎儿下丘脑垂体前叶发育，造成肾上腺皮质萎缩，发生产后皮质机能不全的症状。

6. 医源性肾上腺皮质功能不全

由于长时间使用 GCs 引起下丘脑 – 垂体前叶 – 肾上腺皮质轴产生负反馈调节，内源性肾上腺皮质激素的分泌会受到抑制，突然停药后会产生反跳现象和停药反应，停药半年内受到惊吓发生严重应激状态会出现肾上腺皮质功能不全症状，表现为恶心、呕吐、食欲不振、低血糖、低血压、休克等。

7. 诱发精神分裂症和癫痫

GCs 可增强多巴胺 B – 羟化酶和苯乙醇胺 – M 甲基转换酶的活性，增加去甲肾上腺素、肾上腺素的合成。去甲肾上腺素能抑制色氨酸羟化酶活性，降低中枢神经系统血清素浓度，扰乱两者递质的平衡，出现情绪及行为异常。可见欣快感、激动、不安、谵妄、定向力障碍、失眠、情绪异常、诱发或加重精神分裂症。大剂量还可诱发癫痫发作或惊厥。

6.1.2　相关法规和标准

鉴于潜在的安全和健康风险，世界主要国家的化妆品法规均明令禁止在化妆品中添加糖皮质激素。我国 2015 年版的《化妆品安全技术规范》将 GCs 列为化妆品禁用组分，欧盟、东盟、日本、韩国等国家和地区的化妆品法规亦有此规定。自 2009 年开始，我国陆续出台了多项检测方法标准，用于化妆品中糖皮质激素的测定，如表 6 – 2 所示。

表 6 – 2　我国化妆品中糖皮质激素测定方法的标准

序号	标准名称	测定的化合物	检出限	定量限
1	GB/T 24800.2—2009《化妆品中 41 种糖皮质激素的测定 液相色谱/串联质谱法和薄层层析法》	41 种糖皮质激素	0.03 mg/kg	0.1 mg/kg
2	SN/T 2533—2010《进出口化妆品中糖皮质激素类与孕激素类检测方法》	曲安西龙、泼尼松龙、氢化可的松、甲泼尼松龙、倍他米松、地塞米松、氟米松、曲安奈德、氟氢松、醋酸氢化可的松、醋酸氟氢可的松、醋酸泼尼松、醋酸可的松、醋酸地塞米松、哈西奈德、17α – 羟基醋酸去氧皮质酮、丙酸倍氯米松等	10 μg/kg	—
3	《面膜类化妆品中氟轻松检测方法》（国家食药总局 2016 年第 88 号通告附件）	氟轻松	0.03 mg/kg	0.1 mg/kg
4	SN/T 4504—2016《出口化妆品中氯倍他索、倍氯米松、氯倍他索丙酸酯的测定 液相色谱 – 质谱/质谱法》	氯倍他索、倍氯米松、氯倍他索丙酸酯	0.03 mg/kg	0.1 mg/kg

6.1.3 检测方法综述

目前，用于化妆品中 GCs 的检测方法主要有液相色谱法、液相色谱－串联质谱法和液相色谱－高分辨质谱法。表6－3 详细归纳了质谱检测技术在化妆品中糖皮质激素检测方面的应用情况。

表6－3 质谱检测技术在化妆品中糖皮质激素检测中的应用

序号	待测物（测定种类）	提取方法	净化手段	色谱柱	检测方法	检出限	定量限	文献
1	糖皮质激素（10）	甲醇，超声提取	正己烷除脂，Oasis HLB SPE①	Capcell Pak MG Ⅲ C₁₈柱（100mm×2.0mm，5μm）	LC－QQQ	2.5～5 μg/kg	5～10 μg/kg	[1]
2	氯倍他索丙酸酯，倍他米松双丙酸酯	乙腈，充分振摇	无	ZORBAX Eclipse XDB－C₁₈柱（50mm×4.6mm，1.8μm）	LC－QQQ	0.12，0.20μg/kg	0.59，0.66μg/kg	[2]
3	糖皮质激素（6）	甲醇（醋酸调pH 为4.0），超声提取	正己烷除脂	Shim－pack VP－ODS C₁₈柱（150mm×2.0mm，5μm）	LC－QQQ	—	0.1～1ng/g	[3]
4	糖皮质激素（5）	乙腈，充分振摇	无	ZORBAX Eclipse XDB－C₁₈柱（50mm×4.6mm，1.8μm）	LC－QQQ	1.4～2.39μg/kg	4.68～7.97μg/kg	[4]
5	氢化可的松及曲安奈德	用饱和氯化钠溶液分散后加入乙腈，超声提取	无	Symmetry C₁₈柱（100mm×2.1mm，3.5μm）	LC－QQQ	<25 pg	—	[5]
6	糖皮质激素（21）	用饱和氯化钠溶液分散后加入乙腈，涡旋提取	物理絮凝（亚铁氰化钾及乙酸锌），Oasis HLB SPE	Shim－pack XR－ODS C₁₈柱（75mm×3.0mm，1.8μm）	LC－QQQ	0.005～0.053μg/g	0.017～0.177μg/g	[6]
7	糖皮质激素（6）	四氢呋喃，超声提取，0.1%甲酸水－0.1%甲酸乙腈（体积比为80：20）稀释	无	Synergy C₁₈柱（150mm×2.0mm）	LC－QQQ	9.6～32ng/mL	29～95ng/mL	[7]
8	糖皮质激素（12）	乙腈，高速匀浆	分散固相萃取	Acquity HSS－T3（100mm×2.1mm，1.8μm）	LC－QQQ	—	5～50μg/kg	[8]
9	糖皮质激素（7）	乙腈，超声提取	冷冻离心，GPC②净化	ZORBAX Eclipse XDB－C₁₈柱（100mm×2.1mm，1.8μm）	LC－QQQ	0.1～0.4mg/kg	—	[9]
10	糖皮质激素（9）	甲醇，超声提取	正己烷除脂	Acquity UPLC BEH C₁₈柱（50mm×2.1mm，1.7μm）	LC－LTQ－Orbitrap	5μg/kg	—	[10]
11	糖皮质激素（11）	乙腈，超声提取	无	Atlantis T3（150mm×4.6mm，3μm）	LC－QQQ	0.25～1ng/mL	0.75～3ng/mL	[11]

序号	待测物（测定种类）	提取方法	净化手段	色谱柱	检测方法	检出限	定量限	文献
12	氯倍他索、倍他米松及氯倍他索丙酸酯	甲醇，超声提取	Oasis HLB SPE	XBridge C$_{18}$柱（150mm×2.1mm，3.5μm）	LC-QQQ	—	0.1 μg/kg	[12]
13	丙酸倍氯米松，倍他米松，丙酸氟替卡松	50%（体积分数）乙腈溶液，稀释	LLE[③]	XBridge C$_{18}$柱（150mm×2.1mm，3.5μm）	LC-QQQ	0.031，0.027，0.028μg/mL	0.094，0.081，0.085μg/mL	[13]
14	糖皮质激素（12）	加水涡旋，再加NaCl及乙腈，超声提取	正己烷除脂	Acquity UPLC BEH C$_{18}$柱（100mm×2.1mm，1.7μm）	LC-LTQ-Orbitrap	1～2μg/kg	3～5μg/kg	[14]
15	糖皮质激素（53）	加水涡旋分散，再加甲醇，超声提取	物理絮凝（亚铁氰化钾及乙酸锌），Cleanert PEP SPE	CORTECS C$_{18}$柱（100mm×2.1mm，2.7μm）	LC-QQQ	3μg/kg	10μg/kg	[15]
16	糖皮质激素（10）	乙腈，振摇提取	无	Hypersil Gold PFP（100mm×2.1mm，1.9μm）	LC-QQQ	0.085～0.109mg/kg	0.102～0.121mg/kg	[16]
17	地索奈德21-醋酸酯	甲醇，超声提取	物理絮凝（亚铁氰化钾及乙酸锌），Oasis HLB SPE	Poroshell 120 SB C$_{18}$柱（75mm×2.1mm，1.8μm）	LC-QQQ	0.03μg/g	0.10μg/g	[17]
18	糖皮质激素（86）	加水涡旋分散，再加乙腈，超声提取	物理絮凝（亚铁氰化钾及乙酸锌），QuEChERS[④]	Poroshell 120 PFP（100mm×2.1mm，2.7μm）	LC-Q-TOF	0.006～0.015mg/kg	0.02～0.05mg/kg	[18]
19	糖皮质激素（81）	加水涡旋分散，再加乙腈，超声提取	物理絮凝（亚铁氰化钾及乙酸锌），QuEChERS	Poroshell 120 PFP（100mm×2.1mm，2.7μm）	LC-QQQ	0.002～0.006μg/g	0.005～0.020μg/g	[19]

注：①SPE：固相萃取；②GPC：凝胶渗透色谱；③LLE：液液萃取；④QuEChERS（quick，easy，cheap，effective，rugged，safe），一种用于农产品检测的快速样品前处理技术。

6.1.4　检测方法示例

为打击非法添加 GCs 的行为，克服标准方法滞后困难（如现有标准方法只测 42 种糖皮质激素，而本课题组发现市场上出现添加 42 种以外 GCs 的现象），本课题组收集发现的非法添加品种，建立了同时测定 81 种糖皮质激素的分散固相萃取-同位素稀释-液相色谱-串联质谱（dSPE-ID-LC-MS/MS）法及同时测定 86 种糖皮质激素的液相色谱-四极杆串联飞行时间质谱（LC-Q-TOF-MS）高通量筛查方法。

6.1.4.1　dSPE-ID-LC-MS/MS 法同时快速测定化妆品中 81 种糖皮质激素

1. 实验部分

1）仪器设备、实验试剂及标准品

主要仪器设备及实验试剂分别见表6-4及表6-5。

表6-4 主要仪器设备

仪器设备名称	型号	生产厂商
高效液相色谱/串联四极杆质谱联用仪	1200 SL Series RRLC /6410B Triple Quard MS	美国 Agilent 公司
超声波发生器	AS 3120	天津奥特赛恩斯仪器有限公司
离心机	H1850	湖南湘仪实验室仪器开发有限公司
水浴式氮吹浓缩仪	DC12H	上海安谱科学仪器有限公司
快速混匀器	XW-80A	海门市麒麟医用仪器厂

表6-5 主要实验试剂

试剂名称	规格/纯度	生产厂商
乙腈	色谱纯	美国 Thermo Fisher Scientific 公司
甲醇	色谱纯	美国 Thermo Fisher Scientific 公司
乙酸	LC-MS 级	美国 Thermo Fisher Scientific 公司
氯化钠	分析纯	广州化学试剂厂
无水硫酸镁	分析纯	上海晶纯生化科技股份有限公司
亚铁氰化钾[$K_4Fe(CN)_6 \cdot 3H_2O$]	分析纯	广州化学试剂厂
乙酸锌($C_4H_6O_4Zn \cdot 2H_2O$)	分析纯	广州化学试剂厂
十八烷基键合硅胶颗粒(Bondesil-C_{18})	40 μm, 100 目	美国 Agilent 公司
N-丙基乙二胺颗粒(Bondesil-PSA)	40 μm, 100 目	美国 Agilent 公司
实验用水	二次蒸馏水	实验室自制

81 种 GCs 标准品：曲安西龙(TL)、泼尼松龙(PL)、氢化可的松(HC)、泼尼松(PN)、可的松(CS)、倍他米松(BM)、地塞米松(DM)、曲安奈德(TAN)、泼尼松龙醋酸酯(PLA)、氟米龙(FML)、氢化可的松醋酸酯(HCA)、地夫可特(DF)、氟氢可的松醋酸酯(FCSA)、泼尼松醋酸酯(PNA)、可的松醋酸酯(CSA)、布地奈德(BDN)、氢化可的松丁酸酯(HCB)、地塞米松醋酸酯(DMA)、氟米龙醋酸酯(FMLA)、曲安奈德醋酸酯(TANA)、氟轻松醋酸酯(FCD)、哈西奈德(HCN)、氯倍他索丙酸酯(CLBP)、倍他米松双丙酸酯(BMDP)和倍氯米松双丙酸酯(BCDP)(纯度 >95.0%，中国食品药品检定研究院)；氟氢缩松(FDT)、曲安西龙双醋酸酯(TLDA)、氢化可的松戊酸酯(HCV)、阿氯米松双丙酸酯(ACDP)、瑞美松龙(RMX)、倍他米松苯甲酸酯(BMB)、氢化可的松环戊丙酸酯(HCC)和氯可托龙特戊酸酯(CCLP)(纯度 >95.0%，美国药典委员会)；泼尼卡酯(PNC)、氟替卡松丙酸酯(FTCP)、氟轻松(FCAN)、泼尼松龙特戊酸酯(PLP)、地塞米松异烟酸酯(DMIN)、地塞米松特戊酸酯(DMP)、氟米松特戊酸酯(FMP)、氟可龙特戊酸酯(FCLP)、氢化可的松琥珀酸酯(HCHS)和己曲安奈德(TLHN)(纯度 >95.0%，欧洲药品质量管理局)；倍氯米松(BC)、甲基泼尼松龙醋酸酯(MPA)、倍他米松醋酸酯(BMA)、双氟拉松双醋酸酯(DFDA)、倍他米松戊酸酯(BMV)、安西奈德(AN)、莫米他松糠酸酯(MMF)、氯倍他松丁酸酯(CBB)、地索奈德(DN)、环索奈德(CCN)、卤美他松(HM)、帕拉米松(PM)、帕拉米松醋酸酯(PMA)、双氟可龙戊酸酯(DFV)、异氟泼尼龙(IFP)、去羟米松(DOM)、卤贝他索丙酸酯(HBTP)、氟尼缩松(FN)、依碳氯替泼诺(LE)、氟可龙(FCL)、倍他米松丙酸酯(BMP)、异氟泼尼龙醋酸酯(IFPA)、甲泼尼松(MPN)、甲泼尼松醋酸酯(MPNA)、双氟拉松(DF)、氟氢可的松(FCS)、16α-羟基泼尼松龙(HPL)、6α-氟-异氟泼尼龙(FIFP)、甲基泼尼松龙琥珀酸酯(MPHS)、甲基泼尼松龙醋丙酸酯(MPAP)、卤贝他索(HBT)、地

塞米松戊酸酯(DMV)、替可的松特戊酸酯(TCP)、氯泼尼醇(CLP)和双氟泼尼酯(DFP)(纯度＞98.0%，加拿大 TRC 公司)；16α-羟基泼尼松龙醋酸酯(HPLA)(纯度 95.0%，美国 Matrix Scientific 公司)；甲基泼尼松龙(MP)(纯度 98.9%，德国 Dr. Ehrenstorfer 公司)；氟米松(FM)(纯度 99.0%，挪威 CHIRON 公司)。

7 种 GCs 同位素内标：氢化可的松-D_2(HC-D_2)(纯度 99.0%，加拿大 CDN 公司)；甲基泼尼松龙-D_3(MP-D_3)、氟米松-D_3(FM-D_3)、地夫可特-D_3(DF-D_3)、氯倍他索丙酸酯-D_5(CLBP-D_5)、倍他米松双丙酸酯-D_{10}(BMDP-D_{10})和环索奈德-D_7(CCN-D_7)(纯度≥95%，加拿大 TRC 公司)。

2)标准溶液的配制

准确称取适量 GCs 标准品和同位素内标，用乙腈分别溶解，配制质量浓度为 1 000 mg/L 的单标准储备液，置于棕色瓶中，于-20 ℃保存。

将 7 种同位素内标的单标准储备液用乙腈稀释成质量浓度为 5 mg/L 的混合内标工作液，置于棕色瓶中，于 4 ℃保存。

根据需要，吸取各单标准储备液适量，用 50%(体积分数)乙腈水溶液稀释并配制成所需浓度的混合标准工作液，其中各同位素内标的质量浓度均为 50 μg/L，置于棕色瓶中，于 4 ℃保存。

3)样品前处理

准确称取均匀试样 1.0 g(精确至 0.01 g)于 50 mL 聚丙烯离心管中，准确加入 40 μL 混合内标工作液和 10 mL 水，充分涡旋分散，加入 10 mL 乙腈，涡旋提取 1 min，超声提取 10 min 后，加入 106 g/L 的亚铁氰化钾溶液和 219 g/L 的乙酸锌溶液各 0.2 mL，涡旋混匀 1 min，加入盐析剂(1.0 g NaCl + 2.0 g $MgSO_4$)，振摇 1 min，以 5 000 r/min 离心 10 min 后，准确移取上层清液 5 mL 于 15 mL 聚丙烯离心管中，加入净化剂(150 mg Bondesil-C_{18} + 150 mg Bondesil-PSA + 1 000 mg $MgSO_4$)，涡旋混匀 1 min，以 5 000 r/min 离心 5 min，将上清液全部转移至带 2 mL 刻度的具尾梨形瓶，置于 45 ℃水浴中氮吹浓缩至 1 mL，用水定容至刻度，涡旋混匀，过 0.22 μm 滤膜，待上机分析。

4)分析条件

(1)色谱条件

色谱柱：Poroshell 120 PFP 色谱柱(100 mm × 2.1 mm，2.7 μm，美国 Agilent 公司)；柱温：30 ℃；流动相 A：0.2%(体积分数)乙酸水溶液；流动相 B：乙腈；流速：0.35 mL/min；进样量：5 μL。梯度洗脱程序详见表 6-6。

表 6-6 流动相梯度洗脱程序

序号	时间/min	流动相 A 体积分数/%	流动相 B 体积分数/%
1	0～5	80	20
2	5～10	75	25
3	10～20	62	38
4	20～28	52	48
5	28～31	48	52
6	31～33	5	95
7	33～39	80	20

(2)质谱条件。

离子源：电喷雾(ESI)离子源；扫描方式：正离子扫描；采集方式：动态多反应监测(DMRM)；雾化气压力：276 kPa；干燥气流量：11.0 L/min；干燥气温度：350 ℃；毛细管电压：4 000 V；采集时间窗口

（delta retention time）：2 min。其他质谱参数见表6 −7。

表6 −7　81种糖皮质激素和7种同位素内标的质谱参数

序号	中英文名称	保留时间/min	母离子（m/z）	子离子（m/z）	碎裂电压/V	碰撞能量/V	内标序号
1	曲安西龙 Triamcinolone（TL）	4.64	395.2	225.1*/147.0	65	20/28	85
2	泼尼松龙 Prednisolone（PL）	7.23	361.2	171.0/147.0*	65	28/24	85
3	氢化可的松 Hydrocortisone（HC）	6.93	363.2	327.2/121.0*	95	12/24	85
4	泼尼松 Prednisone（PN）	8.45	359.2	171.0/147.0*	95	36/32	85
5	可的松 Cortisone（CS）	8.68	361.2	163.0*/121.0	85	24/32	85
6	甲基泼尼松龙 Methylprednisolone（MP）	12.01	375.2	185.0/161.0*	85	28/20	82
7	倍他米松 Betamethasone（BM）	12.91	393.2	373.2*/355.2	75	0/8	82
8	地塞米松 Dexamethasone（DM）	13.42	393.2	373.2*/355.2	75	0/8	82
9	氟米松 Flumethasone（FM）	15.99	411.2	253.1*/121.0	70	12/40	83
10	倍氯米松 Beclomethasone（BC）	15.15	409.2	279.2*/147.0	65	16/36	83
11	曲安奈德 Triamcinolone acetonide（TAN）	17.01	435.2	415.2*/397.2	75	4/12	84
12	氟氢缩松 Fludroxycortide（FDT）	17.66	437.2	181.1*/121.0	130	40/40	83
13	曲安西龙双醋酸酯 Triamcinolone diacetate（TLDA）	17.85	479.2	339.2/321.1*	80	12/12	84
14	泼尼松龙醋酸酯 Prednisolone 21-acetate（PLA）	16.32	403.2	289.1/147.0*	80	16/24	83
15	氟米龙 Fluorometholone（FML）	16.84	377.2	173.1*/121.0	80	24/36	85
16	氢化可的松醋酸酯 Hydrocortisone 21-acetate（HCA）	16.21	405.2	327.2/309.2*	90	16/16	83
17	地夫可特 Deflazacort（DF）	17.85	442.2	142.0*/124.0	105	36/50	84

序号	中英文名称	保留时间/ min	母离子 （m/z）	子离子 （m/z）	碎裂电压/ V	碰撞能量/ V	内标 序号
18	氟氢可的松醋酸酯 Fludrocortisone 21-acetate（FCSA）	17.22	423.2	239.1*/181.1	110	28/36	83
19	泼尼松醋酸酯 Prednisone 21-acetate（PNA）	18.61	401.2	295.2*/147.0	100	12/28	84
20	可的松醋酸酯 Cortisone 21-acetate（CSA）	18.67	403.2	343.2/163.1*	120	20/28	84
21	甲基泼尼松龙醋酸酯 Methylprednisolone 21-acetate（MPA）	19.37	417.2	253.1/161.1*	65	20/24	84
22	倍他米松醋酸酯 Betamethasone 21-acetate（BMA）	19.92	435.2	415.2*/397.2	75	4/12	84
23	布地奈德 Budesonide（BDN）	20.74	431.2	173.1/147.0*	90	28/36	84
24	氢化可的松丁酸酯 Hydrocortisone 17-butyrate（HCB）	20.51	433.3	345.2*/121.0	105	8/24	84
25	地塞米松醋酸酯 Dexamethasone 21-acetate（DMA）	20.69	435.2	415.2*/397.2	75	4/12	84
26	氟米松醋酸酯 Fluorometholone 17-acetate（FMLA）	22.66	419.2	321.2/279.1*	75	8/12	86
27	氢化可的松戊酸酯 Hydrocortisone 17-valerate（HCV）	22.93	447.3	345.2*/121.0	100	8/32	86
28	曲安奈德醋酸酯 Triamcinolone acetonide 21-acetate（TANA）	23.96	477.3	339.1*/321.1	90	12/16	86
29	氟轻松醋酸酯 Fluocinonide（FCD）	25.91	495.2	319.1*/121.0	90	16/44	86
30	二氟拉松双醋酸酯 Diflorasone diacetate（DFDA）	26.83	495.2	317.1*/279.1	85	8/12	86
31	倍他米松戊酸酯 Betamethasone 17-valerate（BMV）	25.52	477.3	355.2*/279.1	80	8/16	86
32	泼尼卡酯 Prednicarbate（PNC）	26.52	489.2	289.1*/147.0	70	16/32	86
33	哈西奈德 Halcinonide（HCN）	26.25	455.2	181.1/121.0*	125	40/48	86
34	阿氯米松双丙酸酯 Alclomethasone dipropionate（ACDP）	27.81	521.2	301.1*/171.0	65	12/44	86
35	安西奈德 Amcinonide（AN）	27.11	503.2	399.2*/339.1	75	8/12	86
36	氯倍他索丙酸酯 Clobetasol 17-propionate（CLBP）	28.22	467.2	373.1*/355.1	65	8/8	86

（续表6-7）

序号	中英文名称	保留时间/min	母离子（m/z）	子离子（m/z）	碎裂电压/V	碰撞能量/V	内标序号
37	氟替卡松丙酸酯 Fluticasone propionate（FTCP）	30.55	501.2	313.1/293.1*	90	8/12	87
38	莫米他松糠酸酯 Mometasone furoate（MMF）	29.51	521.2	355.1*/263.1	85	12/28	87
39	倍他米松双丙酸酯 Betamethasone dipropionate（BMDP）	28.96	505.3	319.1*/279.1	75	12/16	87
40	倍氯米松双丙酸酯 Beclomethasone dipropionate（BCDP）	30.22	521.2	337.2*/301.1	75	16/16	87
41	氯倍他松丁酸酯 Clobetasone 17-butyrate（CBB）	32.24	479.2	279.1/71.1*	80	16/16	88
42	氟轻松 Fluocinolone acetonide（FCAN）	19.53	453.2	337.1/121.0*	85	12/44	84
43	地索奈德 Desonide（DN）	16.01	417.2	173.0/147.0*	77	32/36	83
44	环索奈德 Ciclesonide（CCN）	33.59	541.3	323.1*/147.0	98	16/44	88
45	卤美他松 Halometasone（HM）	20.84	445.2	169.0/155.0*	85	28/40	84
46	帕拉米松 Paramethasone（PM）	14.41	393.2	337.2*/171.1	65	8/32	82
47	帕拉米松醋酸酯 Paramethasone acetate（PMA）	21.15	435.2	319.1*/171.1	85	8/28	84
48	双氟可龙戊酸酯 Diflucortolone valerate（DFV）	31.94	479.2	355.2*/85.0	95	12/20	88
49	异氟泼尼龙 Isoflupredone（IFP）	8.11	379.2	265.1*/147.1	65	16/24	85
50	去羟米松 Desoximetasone（DOM）	17.78	377.2	171.0/147.0*	75	20/32	84
51	卤贝他索丙酸酯 Halobetasol propionate（HBTP）	29.65	485.2	261.1/121.0*	80	20/50	87
52	氟尼缩松 Flunisolide（FN）	17.81	435.2	339.1*/321.1	85	8/12	84
53	依碳氯替泼诺 Loteprednol etabonate（LE）	26.98	467.2	359.1/265.1*	98	8/20	86
54	氟可龙 Fluocortolone（FCL）	18.29	377.2	147.0*/121.0	80	32/36	84
55	瑞美松龙 Rimexolone（RMX）	26.23	371.3	173.1/121.1*	95	16/36	86

序号	中英文名称	保留时间/min	母离子（m/z）	子离子（m/z）	碎裂电压/V	碰撞能量/V	内标序号
56	苯甲酸倍他米松 Betamethasone 17-benzoate（BMB）	26.24	497.2	355.1*/279.1	95	8/16	86
57	泼尼松龙特戊酸酯 Prednisolone 21-pivalate（PLP）	24.74	445.2	307.1*/147.0	90	12/32	86
58	倍他米松丙酸酯 Betamethasone 17-propionate（BMP）	22.38	449.2	355.2*/279.1	85	8/16	84
59	地塞米松异烟酸酯 Dexamethasone 21-isonicotinate（DMIN）	22.96	498.2	124.0*/106.0	130	48/40	86
60	地塞米松特戊酸酯 Dexamethasone 21-pivalate（DMP）	27.84	477.3	439.2/355.2*	90	8/8	86
61	氟米松特戊酸酯 Flumethasone 21-pivalate（FMP）	29.07	495.2	477.2*/253.1	80	4/16	88
62	氟可龙特戊酸酯 Fluocortolone 21-pivalate（FCLP）	30.83	461.3	341.2*/303.1	85	8/12	87
63	异氟泼尼松龙醋酸酯 Isoflupredone acetate（IFPA）	17.02	421.2	305.1*/147.0	65	12/36	83
64	氢化可的松环戊丙酸酯 Hydrocortisone 21-cypionate（HCC）	30.02	487.3	327.2*/309.1	115	20/20	87
65	氢化可的松半琥珀 Hydrocortisone hemisuccinate（HCHS）	15.66	463.2	327.2*/309.1	70	12/12	83
66	甲泼尼松 Meprednisone（MPN）	13.47	373.2	171.0*/159.0	70	36/32	82
67	甲泼尼松醋酸酯 Meprednisone acetate（MPNA）	21.34	415.2	337.1/309.1*	120	8/12	84
68	己曲安奈德 Triamcinolone hexacetonide（TLHN）	32.51	533.3	415.2*/397.2	85	12/12	88
69	双氟拉松 Diflorasone（DF）	15.24	411.2	253.1*/121.0	70	12/40	83
70	氟氢可的松 Fludrocortisone（FCS）	8.21	381.2	239.1*/181.1	115	28/36	85
71	16α-羟基泼尼松龙 16α-Hydroxyprednisonlone（HPL）	4.01	377.2	173.1/147.0*	80	24/32	84
72	16α-羟基泼尼松龙醋酸酯 16α-Hydroxyprednisonlone acetate（HPLA）	11.45	419.2	323.2*/147.0	65	8/32	82
73	6α-氟-异氟泼尼龙 6α-Fluoro-isoflupredone（FIFP）	11.36	397.2	253.1*/121.0	85	16/36	82
74	甲基泼尼松龙琥珀酸酯 Methylprednisolone hemisuccinate（MPHS）	18.71	475.2	185.1/161.1*	75	32/28	84

（续表6-7）

序号	中英文名称	保留时间/min	母离子（m/z）	子离子（m/z）	碎裂电压/V	碰撞能量/V	内标序号
75	甲基泼尼松龙乙丙酸酯 Methylprednisolone aceponate（MPAP）	25.99	473.3	381.2*/161.0	65	4/24	86
76	氯可托龙特戊酸酯 Clocortolone pivalate（CCLP）	32.89	495.2	477.2*/457.2	80	4/8	88
77	卤贝他索 Halobetasol（HBT）	22.91	429.2	253.1*/121.0	80	16/44	86
78	地塞米松戊酸酯 Dexamethasone 17-valerate（DMV）	26.10	477.3	355.2*/279.1	80	8/16	86
79	新戊酸替可的松 Tixocortol pivalate（TCP）	26.21	463.2	361.2/343.2*	105	16/16	86
80	氯泼尼醇 Cloprednol（CLP）	16.07	393.2	271.1/205.0*	80	16/28	83
81	双氟泼尼酯 Difluprednate（DFP）	28.05	509.2	303.1*/279.1	62	12/12	86
82	甲基泼尼松龙-D$_3$ Methylprednisolone-D$_3$（MP-D$_3$）	12.01	378.2	161.1*	90	24	—
83	氟米松-D$_3$ Flumethasone-D$_3$（FM-D$_3$）	15.97	414.2	253.1*	65	12	—
84	地夫可特-D$_3$ Deflazacort-D$_3$（DF-D$_3$）	17.79	445.2	142.0*	125	40	—
85	氢化可的松-D$_2$ Hydrocortisone-D$_2$（HC-D$_2$）	7.05	365.2	122.0*	130	24	—
86	氯倍他索丙酸酯-D$_5$ Clobetasol 17-propionate-D$_5$（CLBP-D$_5$）	28.21	472.2	355.1*	90	12	—
87	倍他米松双丙酸酯-D$_{10}$ Betamethasone dipropionate-D$_{10}$（BMDP-D$_{10}$）	28.89	515.3	279.2*	100	16	—
88	环索奈德-D$_7$ Ciclesonide-D$_7$（CCN-D$_7$）	33.58	548.4	323.2*	80	16	—

注：*表示定量离子；表中内标序号对应表6-1中的序号。

（3）测定方法。

取样品溶液和混合标准工作溶液各5.0 μL，注入液相色谱-串联四极杆质谱联用仪，按照本节规定的色谱-质谱条件进行测定，以待测物色谱峰的保留时间和两对MRM离子对为依据进行定性。

定性必须同时满足：①样液中待测物的保留时间与标准溶液中对应化合物的保留时间相对偏差在±2.5%之内；②比较样品溶液谱图中各待测物MRM离子对的相对丰度比与标准溶液谱图中对应的MRM离子对的相对丰度比，两者数值的相对偏差必须满足表6-8的条件，方可确定为同一物质。定量时，以定量离子对的色谱峰面积按内标法计，所有化合物对应的内标物详见表6-7。

表6-8　相对离子丰度比的最大允许偏差

相对离子丰度比 Z/%	$Z>50$	$20<Z<50$	$10<Z<20$	$Z\leqslant 10$
最大允许偏差/%	±20	±25	±30	±50

2. 结果与讨论

1) 质谱条件的优化

在电喷雾离子源的正离子模式和负离子模式下,分别对质量浓度为1.0 mg/L的各待测物单标准溶液进行一级全扫描分析,获得准分子离子或加合离子。在正离子模式下,除BC的基峰离子为[M+H-H$_2$O]$^+$,BM、DM、BMA、DMA和IFPA的基峰离子为[M+H-HF]$^+$外,其余待测物的基峰离子均为准分子离子[M+H]$^+$;负离子模式下,除化合物HCHS、HPL、HPLA、MPHS和TCP的基峰离子为[M-H]$^-$外,其余待测物的基峰离子均为加合离子[M+CH$_3$COO]$^-$,且该模式下基峰的相对丰度大多不足正离子模式下的1/2。因此,实验在正离子模式下进一步优化质谱条件,同时为保持统一,母离子均选择[M+H]$^+$,通过选择离子监测模式分别优化每个化合物的碎裂电压,获得最佳的母离子响应。然后,对母离子进行子离子全扫描,按欧盟2002/657/EC决议的规定,选择两个主要特征子离子,通过优化碰撞能量使其响应最佳。优化后的质谱参数见表6-7。

2) 色谱条件的优化

81种GCs是在环戊烷骈多氢菲基本母核基础上修饰得到的系列化合物,涉及具有相同单位质量的15组共43种化合物,其中包括10组共25个同分异构体,部分化合物的母离子和子离子均相同,仅依据质谱难以准确定性。因此,实现这15组化合物的良好分离是本法准确定性定量分析的前提和关键。

(1) 色谱柱的选择。

对于分离分析含有众多同分异构体的GCs而言,选择一款具有独特选择性的色谱柱非常必要。目前已报道的方法几乎均采用含有C$_{18}$填料的色谱柱,分离效果不甚理想,尤其是对结构极为相似的差向异构体。本研究首先尝试采用兼具疏水和π-π相互作用的Poroshell 120 Phenyl-Hexyl(100 mm×2.1 mm,2.7 μm)和Xselect CSH Phenyl-Hexyl(100 mm×2.1 mm,3.5 μm)色谱柱进行分离,尽管对大多数化合物具有良好的分离效果,但仍较难实现差向异构体如DM与BM的分离。

据文献报道,五氟苯基(PFP)色谱柱是键合了五氟苯基官能团的硅胶柱,除具有传统C$_{18}$填料的疏水相互作用外,还可与化合物发生π-π、偶极-偶极、电荷转移和离子交换等作用,使其对结构相近的化合物尤其是位置异构体及卤代物具有独特的选择性。本研究比较了采用Poroshell 120 PFP(100 mm×2.1 mm,2.7 μm)和Xselect HSS PFP(100 mm×2.1 mm,3.5 μm)色谱柱时的分离效果,结果显示,前者对GCs有较佳的选择性,最难分离的几组差向异构体如DM和BM、DMA和BMA的分离度均有明显改善,获得的色谱峰数量多且峰形佳。因此选用Poroshell 120 PFP色谱柱(100 mm×2.1 mm,2.7 μm)作为本方法的分析柱。

(2) 流动相的选择

前文已选择电喷雾正离子模式采集质谱数据,因此,在流动相中加入酸性添加剂可获得更好的质谱响应。在选定的色谱柱上,考察了3种常用的流动相体系[0.2%(体积分数)甲酸水溶液-乙腈、含10 mmol/L甲酸铵的0.2%甲酸水溶液-乙腈和0.2%乙酸水溶液-乙腈]对目标物的分离效果。结果表明,大多数GCs在0.2%乙酸水溶液-乙腈流动相体系下可获得最佳的质谱响应及良好的色谱峰形。经进一步优化梯度洗脱程序,所有化合物均获得了良好的分离,且保留时间分布均匀,并实现了10组共25个同分异构体的基线分离。具有相同单位质量的难分离的15组化合物的分离情况见图6-2。

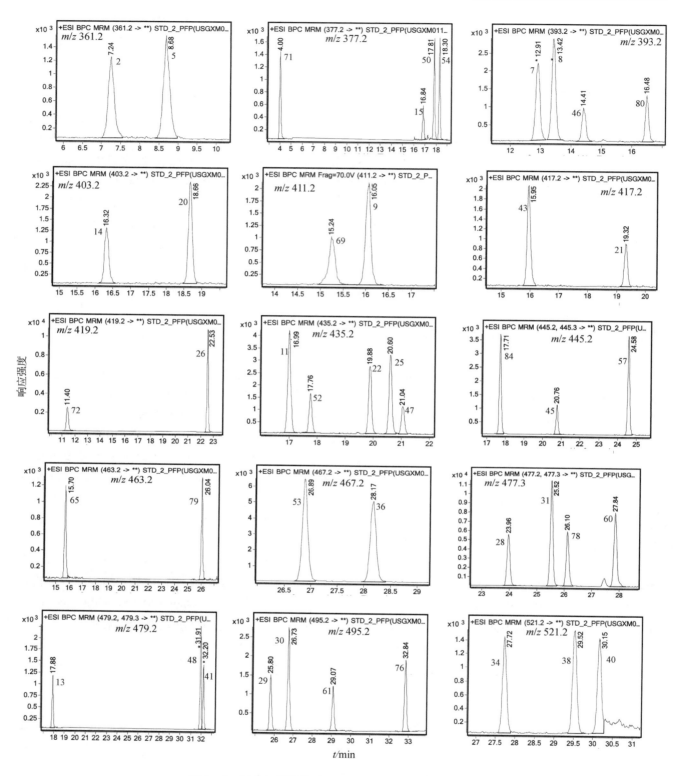

图 6-2　具有相同单位质量的 15 组化合物的基峰色谱图

注：图中各基峰序号对应表 6-7 中的序号。

3）样品前处理条件的优化

根据 GCs 的结构特点及极性大小分布情况，本实验选取分布在各个保留时间段的共 10 种代表性 GCs 作为样品前处理优化的研究对象。

（1）样品提取条件的优化。

在前期研究中考察并获知甲醇及乙腈为适合提取化妆品中 GCs 的有机溶剂，考虑到甲醇的盐析分层效果差于乙腈，不利于后续采用分散固相萃取（dSPE）技术进行净化，因此本法选用乙腈作为提取溶剂。在此基础上，采用分别添加了 50 μg/kg 待测物的 4 种不同基质化妆品阴性样品，考察了直接加乙腈提取（方法Ⅰ）与先加水分散后加乙腈提取（方法Ⅱ）两种提取方式对 GCs 提取回收率的影响，结果如图 6 - 3 所示。结果表明，对于爽肤水等化妆水基质，两种方法的提取回收率无显著差异；而对于膏霜、乳液及粉剂等基质，方法Ⅱ的提取回收率则明显高于方法Ⅰ。这可能是由于水提高了样品的分散程度，同时乙腈与水互溶，也增加了提取溶剂渗透性，所以其提取效果最佳，而直接加乙腈往往导致沉淀包裹，阻止溶剂渗透样品。因此，本法选择在加入乙腈进行提取前，先用水充分溶解或分散样品。

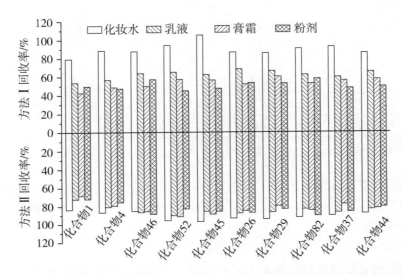

图 6 - 3　不同提取方式对 4 类基质化妆品中 10 种代表性糖皮质激素回收率的影响

注：图中化合物编号对应表 6 - 7 的序号。

（2）净化条件的优化。

常用的 dSPE 吸附剂主要有 C_{18}、N - 丙基乙二胺（PSA）和石墨化炭黑（GCB）等。其中 C_{18} 可以有效去除弱极性杂质，而 PSA 在脱水剂无水硫酸镁存在的情况下可以有效去除有机酸、色素和金属离子。GCB 尽管对色素等干扰物有良好的吸附能力，但其对甾醇类化合物亦有极强的吸附作用，而 GCs 的结构与甾醇极为相似。因此，选择 C_{18} 和 PSA 作为吸附剂，并与脱水剂无水硫酸镁组成 dSPE 的净化剂。

为获得最佳的净化效果，本研究以添加了 50 μg/kg 待测物的膏霜化妆品中 10 种代表性化合物的平均回收率为指标，选取 Bondesil - C_{18} 用量（100、150、200 mg）、Bondesil - PSA 用量（100、150、200 mg）和无水硫酸镁用量（500、1 000、1 500 mg）共 3 个因素和 3 个水平，按照 $L_9(3^4)$ 正交表进行试验。试验方案及结果见表 6 - 9。

表 6 - 9　净化剂组成的正交试验设计方案及结果

序号	因素			10 种代表性化合物的平均回收率/%
	Bondesil - C_{18} 用量/mg	Bondesil - PSA 用量/mg	无水硫酸镁用量/mg	
1	100	100	500	92.1
2	100	150	1000	93.6
3	100	200	1500	91.2
4	150	100	1000	97.2

（续表6-9）

序号	因　素			10种代表性化合物的平均回收率/%
	Bondesil - C$_{18}$用量/mg	Bondesil - PSA用量/mg	无水硫酸镁用量/mg	
5	150	150	1500	97.6
6	150	200	500	93.8
7	200	100	1500	92.7
8	200	150	500	93.8
9	200	200	1000	92.8
T_1	276.9	282.0	279.7	
T_2	288.6	285.0	283.6	
T_3	279.3	277.8	281.5	
$\bar{x}_1$	92.3	94.0	93.2	
$\bar{x}_2$	96.2	95.0	94.5	
$\bar{x}_3$	93.1	92.6	93.8	
R	3.9	2.4	1.3	

注：T表示某因素水平的实验响应总和；$\bar{x}$表示某因素水平的平均实验响应总和；R表示$\bar{x}$的最大偏差。

结果表明，影响回收率指标因素的主次顺序为 Bondesil - C$_{18}$用量 > Bondesil - PSA用量 > 无水硫酸镁用量；最佳的净化剂组成为 150 mg Bondesil - C$_{18}$ + 150 mg Bondesil - PSA + 1 000 mg MgSO$_4$，此时可获得良好的净化效果和回收率。

4）基质效应的评价

与其他分析手段不同，质谱分析尤其是电喷雾质谱分析往往会存在基质效应（ME），影响方法的灵敏度、精密度和准确度。本文采用提取后添加法对基质最复杂的膏霜样品进行了基质效应评价，按照公式：ME =（1 - 空白基质溶液中添加相同浓度待测物的响应值/纯溶剂中相应待测物的响应值）×100% 计算，得到81种 GCs 的 ME，见表6-10。ME = 0，表示无基质效应的理想情形；ME < 0，表示基质增强效应；ME > 0，表示基质抑制效应。绝对值越大则表示基质效应越明显。结果表明，大多数化合物的 ME 在 ±20% 内，属于弱基质效应，且以基质抑制效应为主。

表6-10　81种糖皮质激素的线性关系和基质效应相关参数

序号[①]	线性方程[②]	相关系数	LOD/(μg·g^{-1})	LOQ/(μg·g^{-1})	回收率(n=6)[③]/%	RSD(n=6)[③]/%	ME/%
1	$y = 0.7192x + 0.0313$	0.9996	0.004	0.012	73.7, 88.9, 89.0	12.2, 9.8, 10.3	18.9
2	$y = 2.073x + 0.0134$	0.9999	0.006	0.020	72.8, 87.5, 95.2	11.4, 9.0, 9.2	15.5
3	$y = 1.4504x + 0.0043$	0.9998	0.006	0.020	86.2, 95.3, 102.3	10.6, 6.9, 8.2	10.1
4	$y = 1.1803x - 0.0429$	0.9986	0.006	0.020	82.2, 89.3, 97.5	9.8, 10.1, 8.9	11.3
5	$y = 2.3466x - 0.1405$	0.9978	0.006	0.020	83.1, 97.3, 96.2	8.9, 7.6, 5.3	13.6
6	$y = 0.5156x - 0.0206$	0.9994	0.002	0.005	81.2, 96.3, 94.3	5.2, 4.3, 6.2	11.3
7	$y = 2.2231x - 0.0813$	0.9998	0.002	0.005	88.4, 95.2, 97.8	3.6, 6.6, 5.9	9.6
8	$y = 2.3314x - 0.0273$	0.9999	0.002	0.005	89.2, 96.3, 98.2	5.9, 7.8, 7.6	11.9

（续表6-10）

序号[①]	线性方程[②]	相关系数	LOD/ ($\mu g \cdot g^{-1}$)	LOQ/ ($\mu g \cdot g^{-1}$)	回收率($n=6$)[③]/%	RSD($n=6$)[③]/%	ME/%
9	$y = 0.7491x - 0.0153$	0.9996	0.003	0.010	84.1, 95.5, 105.2	7.4, 10.1, 5.3	12.2
10	$y = 0.1292x - 0.0043$	0.9998	0.005	0.015	79.2, 95.4, 98.7	6.6, 8.7, 6.4	9.5
11	$y = 0.5964x + 0.0175$	0.9995	0.004	0.012	76.3, 89.4, 96.3	8.3, 6.7, 9.2	7.8
12	$y = 0.0624x + 0.0011$	0.9997	0.002	0.005	85.7, 103.3, 98.2	9.2, 9.6, 5.3	-9.1
13	$y = 0.1871x + 0.012$	0.9990	0.004	0.012	78.1, 86.3, 92.3	11.3, 9.3, 9.4	12.3
14	$y = 0.3321x - 0.0328$	0.9943	0.002	0.005	77.9, 96.8, 98.4	7.9, 8.4, 5.5	13.4
15	$y = 0.2282x - 0.0342$	0.9968	0.004	0.012	76.3, 93.5, 97.3	6.6, 7.2, 5.2	9.5
16	$y = 0.2394x - 0.0167$	0.9977	0.002	0.005	79.5, 96.3, 95.8	7.2, 7.3, 6.1	14.5
17	$y = 0.3947x - 0.0169$	0.9996	0.004	0.012	77.8, 93.2, 96.2	8.2, 9.3, 6.6	11.1
18	$y = 0.1256x - 0.0107$	0.9971	0.002	0.005	82.2, 98.3, 96.2	9.7, 6.2, 8.1	13.2
19	$y = 0.3051x - 0.0243$	0.9971	0.004	0.012	86.3, 95.3, 97.2	8.3, 9.5, 7.2	8.9
20	$y = 0.4970x - 0.0204$	0.9992	0.002	0.005	83.1, 97.3, 95.5	7.9, 6.7, 8.1	13.3
21	$y = 0.1502x - 0.0092$	0.9981	0.002	0.005	79.3, 89.4, 98.1	9.3, 11.8, 6.7	14.7
22	$y = 0.6937x - 0.0305$	0.9991	0.004	0.012	86.5, 101.3, 98.9	4.3, 5.4, 4.7	10.4
23	$y = 0.2449x - 0.0029$	0.9995	0.005	0.015	80.8, 95.5, 96.2	9.8, 7.8, 8.3	15.7
24	$y = 0.2998x - 0.0076$	0.9997	0.002	0.005	79.3, 96.4, 93.5	8.3, 5.7, 6.0	8.9
25	$y = 0.7526x - 0.0208$	0.9999	0.003	0.010	83.2, 96.7, 95.9	7.5, 9.0, 5.6	10.1
26	$y = 2.0519x + 0.0016$	0.9997	0.002	0.005	76.8, 98.3, 94.4	5.4, 8.2, 8.5	9.8
27	$y = 0.5807x - 0.0115$	0.9999	0.002	0.005	80.5, 94.9, 98.3	9.5, 5.0, 7.6	11.0
28	$y = 0.4937x - 0.0252$	0.9991	0.006	0.020	72.8, 86.9, 95.8	10.3, 7.8, 9.2	12.1
29	$y = 0.2789x + 0.001$	0.9999	0.002	0.005	75.6, 90.8, 93.7	9.3, 8.2, 9.5	14.5
30	$y = 0.5951x + 0.0048$	0.9999	0.002	0.005	74.6, 94.8, 92.9	9.5, 9.1, 8.0	13.3
31	$y = 0.9454x - 0.0202$	0.9997	0.006	0.020	78.7, 96.5, 93.8	8.2, 6.3, 8.8	9.9
32	$y = 0.5870x - 0.0231$	0.9989	0.002	0.005	77.8, 93.9, 97.8	11.2, 6.9, 8.3	13.6
33	$y = 0.0585x + 0.0032$	0.9975	0.004	0.012	76.8, 92.4, 91.9	10.3, 9.3, 6.2	14.5
34	$y = 0.2813x - 0.0025$	0.9998	0.006	0.020	71.9, 86.8, 92.3	12.3, 9.3, 10.1	18.7
35	$y = 0.6820x - 0.0223$	0.9997	0.002	0.005	78.4, 93.2, 95.2	9.9, 8.3, 10.3	16.3
36	$y = 0.4635x - 0.0194$	0.9996	0.002	0.005	92.7, 98.6, 97.3	5.5, 8.2, 6.2	12.6
37	$y = 0.5571x - 0.0206$	0.9997	0.002	0.005	79.3, 92.3, 89.5	9.4, 8.9, 9.8	14.6
38	$y = 0.3501x + 0.0025$	0.9997	0.004	0.012	77.5, 87.4, 92.4	11.7, 8.3, 9.3	17.5
39	$y = 0.5578x - 0.0052$	0.9996	0.002	0.005	87.0, 95.2, 97.3	8.4, 8.9, 7.3	18.9
40	$y = 0.2970x + 0.0086$	0.9983	0.006	0.020	75.4, 89.8, 86.5	13.1, 9.2, 11.2	18.3
41	$y = 0.4739x - 0.0142$	0.9998	0.006	0.020	78.9, 92.3, 94.1	9.0, 10.3, 8.5	16.8
42	$y = 0.2194x + 0.0058$	0.9999	0.002	0.005	83.4, 97.5, 96.9	7.4, 8.2, 6.3	9.6
43	$y = 0.3681x - 0.0041$	0.9998	0.002	0.005	80.8, 101.2, 97.9	9.3, 8.2, 7.2	10.2
44	$y = 0.5666x - 0.0158$	0.9998	0.002	0.005	90.5, 95.9, 98.5	10.2, 8.9, 9.6	19.5
45	$y = 0.1029x + 0.0011$	0.9998	0.006	0.020	81.0, 93.4, 95.6	6.5, 4.6, 5.8	6.5
46	$y = 0.3765x - 0.0114$	0.9995	0.006	0.020	89.3, 96.4, 97.3	6.5, 8.2, 7.1	-8.0
47	$y = 0.1692x - 0.0091$	0.9974	0.006	0.020	82.3, 94.3, 93.5	12.2, 8.4, 9.1	19.0
48	$y = 0.7131x - 0.0471$	0.9993	0.005	0.015	82.9, 87.6, 95.3	8.9, 6.9, 9.2	-11.5
49	$y = 0.6340x - 0.0052$	0.9999	0.006	0.020	76.4, 92.3, 90.9	9.0, 10.3, 8.4	17.1
50	$y = 0.3002x + 0.0244$	0.9983	0.006	0.020	80.2, 93.2, 89.5	11.8, 9.3, 11.2	18.5
51	$y = 0.1280x + 0.0042$	0.9991	0.002	0.005	84.5, 96.3, 96.8	4.3, 6.5, 3.2	6.7
52	$y = 0.1712x + 0.0167$	0.9978	0.005	0.015	80.4, 95.3, 97.2	7.6, 5.6, 8.8	13.6

（续表 6 – 10）

序号①	线性方程②	相关系数	LOD/ ($\mu g \cdot g^{-1}$)	LOQ/ ($\mu g \cdot g^{-1}$)	回收率($n=6$)③/%	RSD($n=6$)③/%	ME/%
53	$y = 1.4493x - 0.0721$	0.9995	0.006	0.020	85.2, 96.3, 95.8	5.4, 6.3, 5.2	13.4
54	$y = 0.2978x + 0.0255$	0.9981	0.006	0.020	80.3, 94.2, 96.2	6.3, 5.3, 7.1	8.8
55	$y = 0.2363x - 0.0131$	0.9981	0.002	0.005	90.3, 98.3, 97.2	7.4, 6.3, 8.3	10.9
56	$y = 0.8824x - 0.0197$	0.9983	0.002	0.005	89.1, 99.3, 96.5	6.3, 3.5, 5.2	6.6
57	$y = 0.3121x - 0.0282$	0.9977	0.002	0.005	83.5, 90.4, 95.6	4.2, 9.5, 5.4	7.4
58	$y = 0.5607x + 0.008$	0.9996	0.002	0.005	78.4, 94.3, 93.7	9.3, 5.6, 8.3	12.4
59	$y = 0.4930x - 0.0273$	0.9988	0.002	0.005	90.1, 97.6, 95.3	5.6, 4.3, 3.6	9.3
60	$y = 0.6143x - 0.0444$	0.9988	0.002	0.005	76.5, 89.3, 93.2	10.2, 8.5, 9.3	11.3
61	$y = 0.3514x - 0.0281$	0.9976	0.006	0.020	79.3, 95.3, 92.9	8.9, 9.6, 5.6	13.5
62	$y = 0.3693x - 0.0157$	0.9999	0.002	0.005	84.5, 97.4, 105.3	8.3, 3.5, 9.8	9.8
63	$y = 0.2033x - 0.0151$	0.9961	0.002	0.005	92.0, 103.1, 98.2	5.3, 6.7, 3.6	9.9
64	$y = 0.4342x - 0.0213$	0.9996	0.002	0.005	86.3, 97.3, 94.2	6.9, 7.8, 5.2	8.9
65	$y = 0.2736x - 0.0329$	0.9976	0.002	0.005	83.9, 98.4, 98.9	5.6, 3.6, 2.9	3.5
66	$y = 0.3469x + 0.00633$	0.9994	0.002	0.005	88.4, 97.9, 96.8	4.5, 4.5, 3.3	4.3
67	$y = 0.3183x - 0.022$	0.9959	0.006	0.020	82.3, 95.3, 97.3	5.6, 5.3, 3.8	4.6
68	$y = 2.3789x - 0.0657$	0.9998	0.002	0.005	90.2, 95.3, 93.6	9.7, 8.4, 9.0	17.6
69	$y = 0.2771x - 0.0049$	0.9998	0.006	0.020	78.9, 96.3, 95.2	8.6, 5.6, 7.6	6.7
70	$y = 0.3387x + 0.0071$	0.9999	0.004	0.012	85.3, 97.3, 95.6	7.2, 6.4, 8.9	12.2
71	$y = 0.2706x - 0.0104$	0.9997	0.002	0.020	68.8, 89.4, 86.9	13.0, 9.3, 10.2	22.4
72	$y = 0.5152x - 0.041$	0.9951	0.002	0.005	81.4, 95.3, 97.3	8.9, 5.6, 7.3	15.6
73	$y = 0.5187x - 0.0137$	0.9997	0.002	0.005	85.3, 92.3, 96.7	5.6, 8.3, 5.9	7.8
74	$y = 0.1357x - 0.017$	0.9961	0.002	0.005	86.5, 95.6, 95.8	7.6, 8.6, 5.7	14.5
75	$y = 0.9858x + 0.0068$	0.9999	0.002	0.005	83.4, 94.5, 95.7	9.4, 8.5, 7.4	16.8
76	$y = 0.6144x - 0.0205$	0.9998	0.006	0.020	78.3, 95.3, 94.2	9.8, 7.5, 9.4	13.3
77	$y = 0.2619x - 0.0054$	0.9999	0.002	0.005	87.5, 93.5, 97.8	8.7, 10.2, 8.9	14.6
78	$y = 0.5269x - 0.0313$	0.9992	0.002	0.005	85.5, 96.2, 95.3	9.0, 5.6, 7.3	15.5
79	$y = 0.2039x - 0.0085$	0.9989	0.004	0.012	82.4, 97.3, 96.6	5.3, 3.7, 6.2	9.0
80	$y = 0.2785x - 0.0238$	0.9981	0.004	0.012	85.2, 96.3, 95.3	7.9, 8.2, 5.2	11.5
81	$y = 0.5240x + 0.0102$	0.9995	0.002	0.005	86.4, 98.4, 96.7	8.2, 5.4, 6.1	13.2

注：①表中序号与表 6 – 7 中序号对应。

　　②线性方程中，y 为定量离子对与相应同位素内标峰面积的比值；x 为对应质量浓度（$\mu g/L$）。

　　③ LOD：检出限；LOQ：定量限；RSD：相对标准偏差。回收率和 RSD 数据中，3 个数据由左至右依次对应低、中、高 3 个样品添加水平（0.02、0.10、0.20 $\mu g/g$）。

　　为消减基质效应的影响，采用同位素内标法进行定量，结合优化后的样品前处理手段和色谱分离条件，获得了较为满意的方法学数据。另外，同位素内标的使用还有效监控了实验过程，很好地消除了系统误差，提高了定量结果的准确性，避免了假阴性结果。

　　5）线性关系、检出限与定量限

　　在优化的色谱 - 质谱条件下，对制备好的 6 个水平的系列混合标准工作溶液（质量浓度为 2～200 $\mu g/L$）进行测定。81 种 GCs 均以其定量离子对与相应同位素内标峰面积的比值（y）为纵坐标、对应的质量浓度（x，$\mu g/L$）为横坐标绘制标准曲线，获得回归方程，线性相关系数为 0.9943～0.9999，表明待测物在各自的线性范围内呈良好的线性关系。取空白样品，添加一定浓度的混合标准溶液，按前述方法进行前处理和测定，以信噪比 $S/N \geqslant 3$ 和 $S/N \geqslant 10$ 确定 81 种待测物的 LOD 和 LOQ（见表 6 – 10）。结果表明，81

种待测物的 LOD 和 LOQ 分别为 0.002～0.006 μg/g 和 0.005～0.020 μg/g。

6）回收率与精密度

取适量空白膏霜化妆品，在低、中、高 3 个添加水平(0.02、0.10、0.20 μg/g)下进行加标回收试验，每个水平平行测定 6 次，计算每个待测物的平均回收率和 RSD(见表 6-10)。结果显示，方法的平均回收率为 68.8%～105.3%，RSD 为 2.9%～13.1%。

3. 实际样品测定

应用本法筛查了客户委托送检的 137 个化妆品样品，发现阳性样品 16 个，检出率为 11.7%，3 个阳性样品被检出含有两种以上的 GCs。检出的化合物分别为 DN(6 个)、FCAN(5 个)、DF(3 个)、CLBP(2个)、DM(1 个)、TAN(1 个)、TANA(1 个)、BMV(1 个)和 HPL(1 个)，含量在 16.9～158 μg/g 之间，其中化合物 DN、DF 和 HPL 均不在法定检测方法的监测名单中。典型阴性和阳性样品的基峰色谱图见图6-4。结果表明，非法添加法定检测方法监测名单之外 GCs 的现象已相当普遍，而使用本法能准确可靠地发现非法添加物，显著提高化妆品安全风险的监控水平。

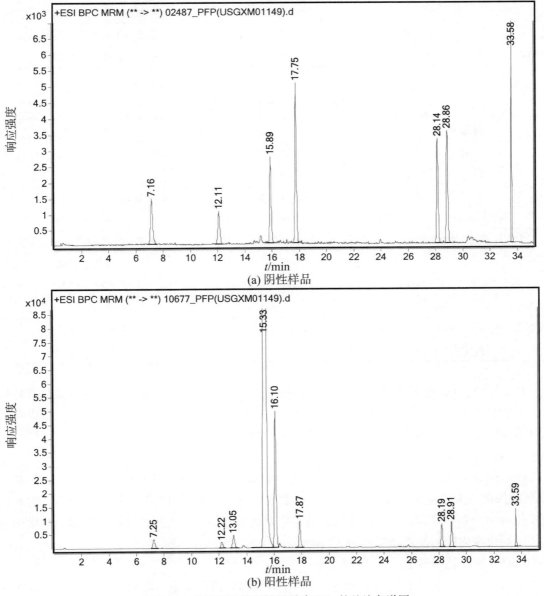

图 6-4　典型阴性和阳性样品中 GCs 的基峰色谱图

6.1.4.2　LC－Q－TOF－MS 高通量筛查化妆品中 86 种糖皮质激素

1. 实验部分

1）仪器与试剂

所有化妆品样品（包括水剂、乳液、膏霜及粉剂等类型）均为客户委托送检样品。

主要仪器设备及实验试剂分别见表 6－11 及表 6－12。

表 6－11　主要仪器设备

仪器设备名称	型号	生产厂商
超高分辨精确质量四极杆飞行时间液质联用仪［配有 Dual Agilent Jet Stream Electrospray Ionization（Dual AJS ESI）源、Agilent MassHunter Workstation Software（version B. 05.00）及 Agilent MassHunter PCDL Manager（B. 04.00）等软件］	Agilent 1290 UHPLC& 6540B QTOF－MS	美国 Agilent 公司
超声波发生器	AS 3120	天津奥特赛恩斯仪器有限公司
离心机	H1850	湖南湘仪实验室仪器开发有限公司
快速混匀器	XW－80A	海门市麒麟医用仪器厂

表 6－12　主要实验试剂

试剂名称	规格/纯度	生产厂商
乙腈	色谱纯	美国 Thermo Fisher Scientific 公司
甲醇	色谱纯	美国 Thermo Fisher Scientific 公司
乙酸	LC－MS 级	美国 Thermo Fisher Scientific 公司
氯化钠（NaCl）	分析纯	广州化学试剂厂
无水硫酸镁（$MgSO_4$）	分析纯	上海晶纯生化科技股份有限公司
三水亚铁氰化钾（$K_4Fe(CN)_6 \cdot 3H_2O$）	分析纯	广州化学试剂厂
二水乙酸锌（$C_4H_6O_4Zn \cdot 2H_2O$）	分析纯	广州化学试剂厂
十八烷基键合硅胶颗粒（Bondesil－C_{18}）	40 μm，100 目	美国 Agilent 公司
N－丙基乙二胺颗粒（Bondesil－PSA）	40 μm，100 目	美国 Agilent 公司
实验用水	二次蒸馏水	实验室自制

86 种 GCs 标准物质：纯度≥95%，分别购自中国食品药品检定研究院、欧洲药品质量管理局、美国药典委员会、加拿大 TRC 公司、美国 Matrix Scientific 公司、德国 Dr. Ehrenstorfer 公司及挪威 CHIRON 公司。10 种同位素内标物质：纯度≥95%，购自加拿大 TRC 公司。

2）标准溶液的配制

以甲醇或乙腈为溶剂，将所有 GCs 及同位素内标物质分别配制成 1 000 mg/L 的单标储备液，置棕色瓶中于－20 ℃保存，保存期 6 个月。将 10 种同位素内标单标储备液用乙腈稀释成 10 mg/L 的混合内标工作液，置棕色瓶中于 4 ℃保存，保存期 4 周。适量吸取各单标储备液，用乙腈配制成适当浓度的混合标准工作液，其中同位素内标的质量浓度均为 50 μg/L。

3）QuEChERS 样品处理方法

准确称取均匀试样 1.0 g（精确至 0.01 g）于 50 mL 聚丙烯离心管中，准确加入 50 μL 混合内标工作液及 10 mL 水，充分涡旋分散，加入 10 mL 乙腈，涡旋提取 1 min，超声提取 10 min；加入沉淀剂 106 g/L

亚铁氰化钾溶液及 219 g/L 乙酸锌溶液各 0.2 mL，涡旋混匀 1 min，加入盐析剂（1.0 g NaCl 及 2.0 g MgSO₄），振摇 1 min，5 000 r/min 离心 10 min；移取上层清液 5 mL 至 15 mL 聚丙烯离心管，加入净化剂（内含 0.15g Bondesil – C₁₈、0.15g Bondesil – PSA 及 1.0 g MgSO₄），涡旋混匀 1 min，静置 5 min，5 000 r/min 离心 5 min，过 0.22 μm 滤膜，待上机分析。

4）色谱 – 质谱测定方法

（1）色谱条件。

色谱柱：美国 Agilent Poroshell 120 PFP 柱（100 mm×2.1 mm，2.7 μm）；流动相：A 相为 0.2%（体积分数）乙酸水溶液，B 相为乙腈；梯度洗脱程序详见表 6 – 13。流速：0.4 mL/min；进样量：5 μL；柱温：35 ℃。图 6 – 5 为 86 种糖皮质激素的总化合物色谱（TCC）图。

表 6 – 13　流动相梯度洗脱程序

序号	时间/min	流动相 A 体积分数 /%	流动相 B 体积分数 /%
1	0～4	82	18
2	4～8	78	22
3	8～18	68	32
4	18～25	58	42
5	25～30	55	45
6	30～32	50	50
7	32～35	45	55
8	35～36.5	5	95
9	36.5～40	82	18

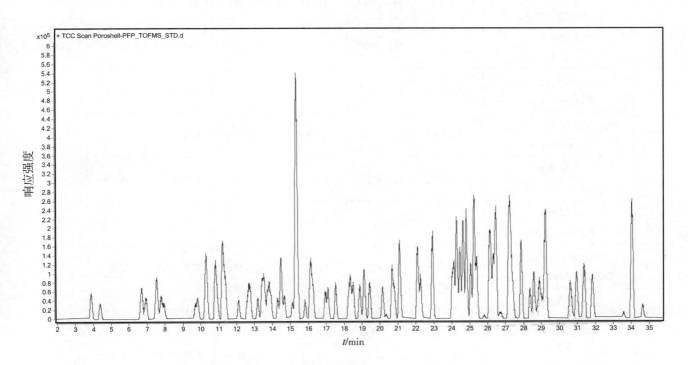

图 6 – 5　86 种糖皮质激素的总化合物色谱图

（2）质谱条件。

电喷雾双喷离子源正离子模式（ESI⁺）；毛细管电压：4 000 V；干燥气（氮气）温度：325 ℃；干燥气流量：10 L/min；鞘气（氮气）温度：325 ℃；鞘气流速：11 L/min；雾化气（氮气）压力 275.8 kPa；锥孔电压：60 V；碎裂电压：125 V。全扫描范围：m/z 50～1 000，采用参比内标溶液对质量轴作实时校正，参比内标溶液包含嘌呤（m/z 121.050 9）和 HP - 0921（m/z 922.009 8）。二级碎片离子数据通过 Targeted MS/MS 模式在确定的保留时间、母离子和最佳碰撞能量下获得，如表 6 - 14 所示。

表 6 - 14　86 种糖皮质激素质谱分析参数

序号	中英文名称	化学式	理论质量数	保留时间/min	母离子形式	实测质量数（m/z）	质量精度/×10⁻⁶	碰撞能量/V
1	曲安西龙 Triamcinolone	$C_{21}H_{27}FO_6$	394.1792	4.55	[M+H]⁺	395.1867	-0.54	25
2	泼尼松龙 Prednisolone	$C_{21}H_{28}O_5$	360.1937	6.10	[M+H]⁺	361.2009	0.11	15
3	氢化可的松 Hydrocortisone	$C_{21}H_{30}O_5$	362.2093	6.46	[M+H]⁺	363.2165	0.45	40
4	泼尼松 Prednisone	$C_{21}H_{26}O_5$	358.1780	7.50	[M+H]⁺	359.1852	0.12	15
5	可的松 Cortisone	$C_{21}H_{28}O_5$	360.1937	6.95	[M+H]⁺	361.2013	-0.8	40
6	甲基泼尼松龙 Methylprednisolone	$C_{22}H_{30}O_5$	374.2093	10.10	[M+H]⁺	375.2166	0.16	15
7	倍他米松 Betamethasone	$C_{22}H_{29}FO_5$	392.1999	10.18	[M+H]⁺	393.2071	0.34	20
8	地塞米松 Dexamethasone	$C_{22}H_{29}FO_5$	392.1999	10.65	[M+H]⁺	393.2071	0.35	15
9	氟米松 Flumethasone	$C_{22}H_{28}F_2O_5$	410.1905	13.07	[M+H]⁺	411.1975	0.57	20
10	倍氯米松 Beclomethasone	$C_{22}H_{29}ClO_5$	408.1704	12.85	[M+H]⁺	409.1778	0.02	25
11	曲安奈德 Triamcinolone acetonide	$C_{24}H_{31}FO_6$	434.2105	14.04	[M+H]⁺	435.2176	0.29	20
12	氟氢缩松 Fludroxycortide	$C_{24}H_{33}FO_6$	436.2261	14.94	[M+H]⁺	437.2330	-0.75	20
13	曲安西龙双醋酸酯 Triamcinolone diacetate	$C_{25}H_{31}FO_8$	478.2003	14.98	[M+H]⁺	479.2073	0.24	15
14	泼尼松龙醋酸酯 Prednisolone 21-acetate	$C_{23}H_{30}O_6$	402.2042	13.38	[M+H]⁺	403.2115	0.15	30
15	氟米龙 Fluoromethalone	$C_{22}H_{29}FO_4$	376.2050	13.84	[M+H]⁺	377.2120	0.85	20

序号	中英文名称	化学式	理论质量数	保留时间/min	母离子形式	实测质量数（m/z）	质量精度/×10⁻⁶	碰撞能量/V
16	氢化可的松醋酸酯 Hydrocortisone 21-acetate	$C_{23}H_{32}O_6$	404.2199	13.38	$[M+H]^+$	405.2276	1.02	25
17	地夫可特 Deflazacort	$C_{25}H_{31}NO_6$	441.2151	15.75	$[M+H]^+$	442.2227	-0.68	40
18	氟氢可的松醋酸酯 Fludrocortisone 21-acetate	$C_{23}H_{31}FO_6$	422.2105	15.04	$[M+H]^+$	423.2179	0.26	45
19	泼尼松醋酸酯 Prednisone 21-acetate	$C_{23}H_{28}O_6$	400.1886	14.24	$[M+H]^+$	401.1957	1.2	25
20	可的松醋酸酯 Cortisone 21-acetate	$C_{23}H_{30}O_6$	402.2042	15.88	$[M+H]^+$	403.2119	1.09	15
21	甲基泼尼松龙醋酸酯 Methylprednisolone 21-acetate	$C_{24}H_{32}O_6$	416.2199	16.74	$[M+H]^+$	417.2270	0.36	20
22	倍他米松醋酸酯 Betamethasone 21-acetate	$C_{24}H_{31}FO_6$	434.2105	17.31	$[M+H]^+$	435.2176	0.52	20
23	22(R)-布地奈德 22(R)-Budesonide	$C_{25}H_{34}O_6$	430.2355	18.26	$[M+H]^+$	431.2428	0.21	20
24	22(S)-布地奈德 22(S)-Budesonide	$C_{25}H_{34}O_6$	430.2355	18.63	$[M+H]^+$	431.2429	-0.12	20
25	氢化可的松丁酸酯 Hydrocortisone 17-butyrate	$C_{25}H_{36}O_6$	432.2512	20.69	$[M+H]^+$	433.2589	-0.65	25
26	地塞米松醋酸酯 Dexamethasone 21-acetate	$C_{24}H_{31}FO_6$	434.2105	18.17	$[M+H]^+$	435.2175	0.53	20
27	氟米龙醋酸酯 Fluorometholone 17-acetate	$C_{24}H_{31}FO_5$	418.2156	20.56	$[M+H]^+$	419.2231	-0.62	35
28	氢化可的松戊酸酯 Hydrocortisone 17-valerate	$C_{26}H_{38}O_6$	446.2668	23.89	$[M+H]^+$	447.2741	0.08	20
29	曲安奈德醋酸酯 Triamcinoloneacetonide 21-acetate	$C_{26}H_{33}FO_7$	476.2210	22.24	$[M+H]^+$	477.2279	0.77	25
30	氟轻松醋酸酯 Fluocinonide	$C_{26}H_{32}F_2O_7$	494.2116	24.20	$[M+H]^+$	495.2187	0.58	15
31	二氟拉松双醋酸酯 Diflorasone diacetate	$C_{26}H_{32}F_2O_7$	494.2116	25.11	$[M+H]^+$	495.2187	0.54	20
32	倍他米松戊酸酯 Betamethasone 17-valerate	$C_{27}H_{37}FO_6$	476.2574	24.09	$[M+H]^+$	477.2642	1.31	15
33	泼尼卡酯 Prednicarbate	$C_{27}H_{36}O_8$	488.2410	25.49	$[M+H]^+$	489.2480	0.44	15

（续表6-14）

序号	中英文名称	化学式	理论质量数	保留时间/min	母离子形式	实测质量数（m/z）	质量精度/×10⁻⁶	碰撞能量/V
34	哈西奈德 Halcinonide	$C_{24}H_{32}ClFO_5$	454.1922	25.17	$[M+H]^+$	455.1993	0.69	40
35	阿氯米松双丙酸酯 Alclomethasone dipropionate	$C_{28}H_{37}ClO_7$	520.2228	26.08	$[M+H]^+$	521.2298	0.71	15
36	安西奈德 Amcinonide	$C_{28}H_{35}FO_7$	502.2367	26.08	$[M+H]^+$	503.2443	-0.67	40
37	氯倍他索丙酸酯 Clobetasol 17-propionate	$C_{25}H_{32}ClFO_5$	466.1922	26.47	$[M+H]^+$	467.1995	0.28	25
38	氟替卡松丙酸酯 Fluticasone propionate	$C_{25}H_{31}F_3O_5S$	500.1844	29.22	$[M+H]^+$	501.1903	3.12	20
39	莫米他松糠酸酯 Mometasone furoate	$C_{27}H_{30}Cl_2O_6$	520.1419	27.86	$[M+H]^+$	521.1490	0.73	25
40	倍他米松双丙酸酯 Betamethasone dipropionate	$C_{28}H_{37}FO_7$	504.2523	27.91	$[M+H]^+$	505.2597	-0.31	15
41	倍氯米松双丙酸酯 Beclometasone dipropionate	$C_{28}H_{37}ClO_7$	520.2228	28.55	$[M+H]^+$	521.2298	0.67	15
42	氯倍他松丁酸酯 Clobetasone 17-butyrate	$C_{26}H_{32}ClFO_5$	478.1922	31.04	$[M+H]^+$	479.1994	0.58	25
43	氟轻松 Fluocinolone acetonide	$C_{24}H_{30}F_2O_6$	452.2011	16.97	$[M+H]^+$	453.2082	0.38	15
44	地索奈德 Desonide	$C_{24}H_{32}O_6$	416.2199	13.95	$[M+H]^+$	417.2271	0.13	20
45	环索奈德 Ciclesonide	$C_{32}H_{44}O_7$	540.3087	34.19	$[M+H]^+$	541.3159	0.27	35
46	卤美他松 Halometasone	$C_{22}H_{27}ClF_2O_5$	444.1515	18.43	$[M+H]^+$	445.1584	0.19	15
47	帕拉米松 Paramethasone	$C_{22}H_{29}FO_5$	392.1999	11.63	$[M+H]^+$	393.2071	0.17	15
48	帕拉米松乙酸酯 Paramethasone acetate	$C_{24}H_{31}FO_6$	434.2105	18.77	$[M+H]^+$	435.2176	0.47	20
49	戊酸双氟可龙 Diflucortolone valerate	$C_{27}H_{36}F_2O_5$	478.2531	30.83	$[M+H]^+$	479.2602	0.32	15
50	异氟泼尼龙 Isoflupredone	$C_{21}H_{27}FO_5$	378.1843	6.64	$[M+H]^+$	379.1914	0.26	15
51	去羟米松 Desoximetasone	$C_{22}H_{29}FO_4$	376.2050	14.95	$[M+H]^+$	377.2123	0.12	20

（续表 6 - 14）

序号	中英文名称	化学式	理论质量数	保留时间/min	母离子形式	实测质量数（m/z）	质量精度/×10⁻⁶	碰撞能量/V
52	卤贝他索丙酸酯 Halobetasol propionate	$C_{25}H_{31}ClF_2O_5$	484.1828	28.13	$[M+H]^+$	485.1898	0.71	20
53	氟尼缩松 Flunisolide	$C_{24}H_{31}FO_6$	434.2105	14.91	$[M+H]^+$	435.2176	0.48	30
54	依碳氯替泼诺 Loteprednol etabonate	$C_{24}H_{31}ClO_7$	466.1758	25.30	$[M+H]^+$	467.1831	0.46	40
55	氟可龙 Fluocortolone	$C_{22}H_{29}FO_4$	376.2050	15.48	$[M+H]^+$	377.2124	-0.12	30
56	瑞美松龙 Rimexolone	$C_{24}H_{34}O_3$	370.2508	24.73	$[M+H]^+$	371.2580	0.15	15
57	苯甲酸倍他米松 Betamethasone 17-benzoate	$C_{29}H_{33}FO_6$	496.2261	24.74	$[M+H]^+$	497.2333	0.21	25
58	泼尼松龙特戊酸酯 Prednisolone 21-pivalate	$C_{26}H_{36}O_6$	444.2512	22.34	$[M+H]^+$	445.2584	0.17	15
59	倍他米松丙酸酯 Betamethasone 17-propionate	$C_{25}H_{33}FO_6$	448.2261	20.40	$[M+H]^+$	449.2331	0.77	30
60	地塞米松异烟酸酯 Dexamethasone 21-isonicotinate	$C_{28}H_{32}FNO_6$	497.2214	21.14	$[M+H]^+$	498.2285	0.43	20
61	地塞米松特戊酸酯 Dexamethasone 21-pivalate	$C_{27}H_{37}FO_6$	476.2574	26.33	$[M+H]^+$	477.2646	0.07	10
62	氟米松特戊酸酯 Flumethasone 21-pivalate	$C_{27}H_{36}F_2O_6$	494.2480	27.34	$[M+H]^+$	495.2549	0.34	20
63	氟可龙特戊酸酯 Fluocortolone 21-pivalate	$C_{27}H_{37}FO_5$	460.2625	29.28	$[M+H]^+$	461.2698	0.16	25
64	异氟泼尼松醋酸酯 9-α-Fluoroprednisolone acetate	$C_{23}H_{29}FO_6$	420.1948	14.24	$[M+H]^+$	421.2020	0.41	15
65	氢化可的松环戊丙酸酯 Hydrocortisone 21-cypionate	$C_{29}H_{42}O_6$	486.2981	28.52	$[M+H]^+$	487.3054	0.17	15
66	氢可琥珀酸酯 Hydrocortisone hemisuccinate	$C_{25}H_{34}O_8$	462.2254	12.71	$[M+H]^+$	463.2327	0.17	20
67	甲泼尼松 Meprednisone	$C_{22}H_{28}O_5$	372.1937	10.77	$[M+H]^+$	373.2009	0.2	15
68	甲泼尼松醋酸酯 Meprednisone acetate	$C_{24}H_{30}O_6$	414.2042	19.13	$[M+H]^+$	415.2114	0.29	15
69	己曲安奈德 Triamcinolone hexacetonide	$C_{30}H_{41}FO_7$	532.2836	31.57	$[M+H]^+$	533.2908	0.27	20

序号	中英文名称	化学式	理论质量数	保留时间/min	母离子形式	实测质量数（m/z）	质量精度/×10⁻⁶	碰撞能量/V
70	双氟拉松 Diflorasone	$C_{22}H_{28}F_2O_5$	410.1905	12.21	$[M+H]^+$	411.1977	0.24	20
71	氟氢可的松 Fludrocortisone	$C_{21}H_{29}FO_5$	380.1999	6.77	$[M+H]^+$	381.2071	0.43	35
72	16α – 羟基泼尼松龙 16α-Hydroxyprednisonlone	$C_{21}H_{28}O_6$	376.1886	3.71	$[M+H]^+$	377.1958	0.21	20
73	16α – 羟基泼尼松龙醋酸酯 16α-Hydroxyprednisonlone acetate	$C_{23}H_{30}O_7$	418.1992	8.86	$[M+H]^+$	419.2063	0.36	20
74	6α – 氟 – 异氟泼尼龙 6α-Fluoro-isoflupredone	$C_{21}H_{26}F_2O_5$	396.1748	8.98	$[M+H]^+$	397.1819	0.59	20
75	甲基泼尼松龙琥珀酸酯 Methylprednisolone hemisuccinate	$C_{26}H_{34}O_8$	474.2254	16.20	$[M+H]^+$	475.2324	0.62	25
76	甲基泼尼松龙乙丙酸酯 Methylprednisolone aceponate	$C_{27}H_{36}O_7$	472.2461	24.37	$[M+H]^+$	473.2535	− 0.31	25
77	氯可托龙特戊酸酯 Clocortolone pivalate	$C_{27}H_{36}ClFO_5$	494.2235	31.89	$[M+H]^+$	495.2308	0.3	10
78	乌倍他索 Ulobetasol	$C_{22}H_{27}ClF_2O_4$	428.1566	20.97	$[M+H]^+$	429.1639	0.39	20
79	丁乙酸泼尼松龙 Prednisolone 21-tebutate	$C_{27}H_{38}O_6$	458.2668	25.36	$[M+H]^+$	459.2740	0.29	20
80	新戊酸替可的松 Tixocortol pivalate	$C_{26}H_{38}O_5S$	462.2440	24.37	$[M+H]^+$	463.2512	− 0.01	20
81	氯泼尼醇 Cloprednol	$C_{21}H_{25}ClO_5$	392.1391	13.67	$[M+H]^+$	393.1462	0.52	15
82	地塞米松戊酸酯 Dexamethasone 17-valerate	$C_{27}H_{37}FO_6$	476.2574	24.58	$[M+H]^+$	477.2646	1.63	15
83	双氟泼尼酯 Difluprednate	$C_{27}H_{34}F_2O_7$	508.2273	26.52	$[M+H]^+$	509.2344	0.27	20
84	双氟美松醋酸酯 Flumethasone acetate	$C_{24}H_{30}F_2O_6$	452.2011	20.06	$[M+H]^+$	453.2081	0.45	20
85	醋丙氢可的松 Hydrocortisone aceponate	$C_{26}H_{36}O_7$	460.2461	21.98	$[M+H]^+$	461.2535	0.96	25
86	甲羟松 Medrysone	$C_{22}H_{32}O_3$	344.2351	19.95	$[M+H]^+$	345.2425	− 3.01	20
87	氘代甲基泼尼松龙 6α-Methyl prednisolone-D₃	$C_{22}H_{27}D_3O_5$	377.2282	9.44	$[M+H]^+$	378.2343	− 3.46	30

序号	中英文名称	化学式	理论质量数	保留时间/min	母离子形式	实测质量数（m/z）	质量精度/×10⁻⁶	碰撞能量/V
88	氘代倍他米松 Betamethasone-D₅	$C_{22}H_{24}D_5FO_5$	397.2313	10.10	[M+H]⁺	398.2372	-3.42	15
89	氘代地塞米松 Dexamethasone-D₅	$C_{22}H_{24}D_5FO_5$	397.2313	10.58	[M+H]⁺	398.2373	-2.86	20
90	氘代氟米松 Flumethasone-D₃	$C_{22}H_{25}D_3F_2O_5$	413.2093	13.14	[M+H]⁺	414.2151	-3.55	20
91	氘代倍氯米松 Beclomethasone-D₅	$C_{22}H_{24}D_5ClO_5$	413.2017	12.16	[M+H]⁺	414.2080	-2.96	25
92	氘代地夫可特 Deflazacort-D₃	$C_{25}H_{28}D_3NO_6$	444.2340	14.85	[M+H]⁺	445.2399	-2.72	45
93	氘代氢化可的松 Cortisol-1,2-D₂	$C_{21}H_{28}D_2O_5$	364.2219	5.98	[M+H]⁺	365.2284	-2.16	45
94	氘代丙酸氯倍他索 Clobetasol 17-propionate-D₅	$C_{25}H_{27}D_5ClFO_5$	471.2236	26.62	[M+H]⁺	472.2290	-4.17	30
95	氘代倍他米松二丙酸酯 Betamethasone-D₁₀ dipropionate	$C_{28}H_{27}D_{10}FO_7$	514.3151	27.34	[M+H]⁺	515.3199	-4.76	15
96	氘代环索奈德 Ciclesonide-D₇	$C_{32}H_{37}D_7O_7$	547.3526	34.14	[M+H]⁺	548.3577	-4.03	25

（3）定性筛查与定量测定。

在优化的色谱－质谱条件下，将处理好的待测样液和混合标准工作液作一级全扫描分析。用一级精确质量数据库对采集的样品数据进行检索，若得分高于 70 分，则初步确定含有可疑目标物；在最佳碰撞能量下，对可疑化合物的母离子作二级子离子扫描，将获得的碎片离子谱图与二级碎片离子质谱图数据库进行反向匹配，观察镜像比对结果，确证目标化合物；对筛查出的阳性化合物，以相近保留时间的同位素标准物质为内标，以相应母离子的峰面积按内标法计算目标物含量。

2. 结果与讨论

1）色谱条件的优化

GCs 是在环戊烷骈多氢菲基本母核结构基础上修饰得到的一系列化合物，涉及大量同分异构体，尤其是多组差向异构体，结构差异极小，分离难度较大。因此，实现同分异构体的良好分离是高通量质谱可靠定性和准确定量分析的前提和关键。

在前期研究的基础上，本文选用具有多重保留机制的 Poroshell 120 PFP（2.1 mm × 100 mm，2.7 μm）及 Poroshell 120 Phenyl - Hexyl（2.1 mm × 100 mm，2.7 μm）进行对比试验。结果表明，在 3 种不同流动相组成条件下，五氟苯基（PFP）柱较苯基－己基（Phenyl-Hexyl）柱均表现出更好的选择性，可实现地塞米松与倍他米松、22(R) - 布地奈德与 22(S) - 布地奈德等差向异构体的良好分离。究其原因，这可能是 PFP 柱除具有苯基官能团的疏水相互作用与 π - π 相互作用外，还因其具有的高电负性氟官能团增加了与化合物的偶极－偶极及电荷转移作用，从而改善了其对结构相近化合物的选择性，而苯基－己基柱只有疏水相互作用与 π - π 相互作用。因此，选择 Poroshell 120 PFP（2.1 mm × 100 mm，2.7 μm）色谱柱作为本法的分析柱，并对流动相和梯度洗脱程序等色谱条件进行反复优化，使得 86 种 GCs 的保留时间分布较均匀

（11.8% 的化合物在 0 ～ 10 min，23.5% 在 10 ～ 15 min，20.0% 在 15 ～ 20 min，17.6% 在 20 ～25 min，22.4% 在 25 ～ 30 min，4.7% 在 30 ～ 35 min），并实现了所有 12 组共 30 个同分异构体的良好分离。图 6 - 6 为所有同分异构体的色谱分离情况。

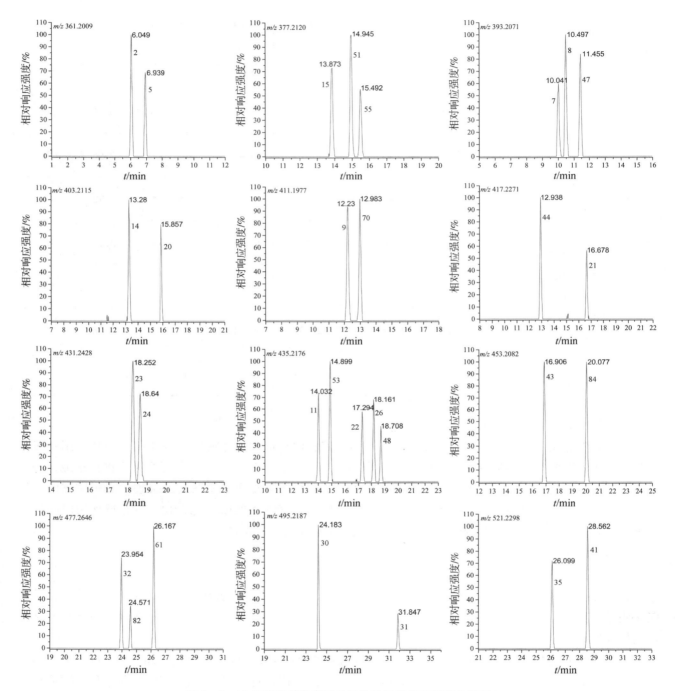

图 6 - 6　12 组糖皮质激素同分异构体的基峰离子流色谱图

注：峰序号对应表 6 - 14 的化合物序号。

　2）质谱条件的优化及筛查数据库的建立

　（1）质谱条件的优化。

　在电喷雾双喷离子源的正离子模式和负离子模式下，对质量浓度为 1.0 mg/L 的所有化合物标准溶液分别做不同碎裂电压下的一级全扫描及二级碎片离子扫描。正离子模式的一级扫描结果显示，碎裂电压为 125 V 时获得最佳响应，少数化合物的基峰离子为加合离子 $[M+Na]^+$，其余 GCs 的基峰离子为准分子离子 $[M+H]^+$，碎裂电压过低不利于离子的传输，而过高的碎裂电压易引起部分化合物源内裂解，生成大量 $[M+H-H_2O]^+$ 或 $[M+H-HF]^+$ 等碎片离子；而负离子模式的一级扫描结果显示，少数化合物的基峰离子为 $[M-H]^-$，其余 GCs 的基峰离子为加合离子 $[M+COOH]^-$，且该模式下基峰强度大多低于正离子模式。比较二级碎片离子扫描结果，负离子模式的碎片信息明显少于正离子模式，$[M+Na]^+$ 的碎片信息明显少于 $[M+H]^+$。因此，选择在正离子模式下以 $[M+H]^+$ 为母离子建立筛查数据库。

在二级质谱优化过程中发现，大多数 GCs 在较低碰撞能量（通常小于 15 V）下主要发生脱 H_2O、脱 HF 及 17 位支链的不同程度断裂等裂解方式，生成 $[M+H-H_2O]^+$、$[M+H-2H_2O]^+$、$[M+H-HF]^+$、$[M+H-2HF]^+$、$[M+H-H_2O-HF]^+$ 等碎片离子；随着碰撞能量的不断增加，环戊烷骈多氢菲母核相继发生开环裂解，以地塞米松为例，D 环开裂产生 m/z 237.1274 碎片离子，C 环开裂产生 m/z 199.1117、m/z 185.0961、m/z 171.0804 及 m/z 161.0961 等碎片离子，B 环开裂产生 m/z 147.0804、m/z 135.0804、m/z 121.0648 及 m/z 107.0491 等碎片离子，其中某些碎片离子在其他 GCs 的二级谱图中均能发现，这表明含有相同基本母核的 GCs 大多遵循类似质谱裂解规律而产生相同的特征碎片离子，与文献报道一致。以地塞米松为例，GCs 可能的裂解途径及主要特征碎片结构如图 6-7 所示。

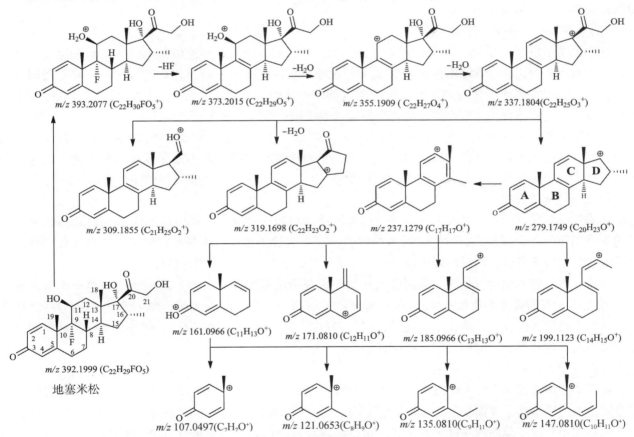

图 6-7 糖皮质激素可能的质谱裂解机理及特征碎片结构（以地塞米松为例）

（2）一级精确质量数据库的建立。

在优化的色谱条件下进样，对 86 种 GCs 作正离子模式下的飞行时间质谱（TOF-MS）全扫描分析，通过化合物分子式检索一级精确质量数据，当精确质量数偏差低于 5×10^{-6}，且得分超过 90 的化合物被识别，将该色谱峰对应的化合物名称、分子式、精确相对分子质量、母离子形式、母离子精确质量数及保留时间等信息导入 PCDL 数据库软件，得到 86 种 GCs 的一级精确质量数据库，用于软件初步筛查分析。表 6-14 列出了所有化合物的质谱信息。

（3）二级碎片离子质谱图数据库的建立。

在优化的色谱条件下进样，对已获得精确质量数的母离子作不同碰撞能量（$5 \sim 50$ eV，以 5 eV 为间隔）的 Targeted MS/MS 扫描，采集并分析所有二级碎片离子的质谱图，选择碎片离子信息较为丰富的 4 个碰撞能量下的碎片离子质谱图导入 PCDL 数据库软件与对应化合物关联，得到 86 种 GCs 的二级碎片离子质谱图数据库，用于精确质量数据库初筛结果的最终确认。另外，将高于基峰响应 10% 的碎片离子作为该化合物的定性点，取定性点最多的碰撞能量作为其确证的最佳条件，列入表 6 – 14。结果表明，所有待测物的定性点均达到 5 个以上，完全满足欧盟 2002/657/EC 决议对质谱分析方法的规定。

3）样品前处理条件的优化

（1）样品提取条件的优化。

在前期研究中发现，甲醇或乙腈可以作为提取化妆品中 GCs 的溶剂，考虑到甲醇的盐析效果较差，不利于后续采用 QuEChERS 方式净化样液，因此选用乙腈作为提取溶剂。实验比较了样品直接加乙腈与先加水分散样品再加乙腈的提取效果，结果表明，对于化妆水等水剂基质，两者的提取回收率无显著差异；而对于膏霜、乳液及粉剂等基质，后者的提取回收率则明显高于前者。这可能是由于水提高了样品的分散程度，同时乙腈与水互溶，增加了提取溶剂渗透性，所以其提取效果最佳，而直接加乙腈往往导致沉淀包裹，阻止溶剂渗透样品。

（2）QuEChERS 净化条件的优化。

化妆品基质复杂，尽管经亚铁氰化钾 – 乙酸锌进行物理絮凝后，样液中的大分子杂质如蜡质、硅油等已基本除去，但仍含少量增溶剂如蓖麻油及色素等杂质，需要进一步净化。现有方法主要采用固相萃取净化方式，成本高且步骤较多，难以实现高通量快速筛查。为此，实验采用更简便快速的 QuEChERS 净化手段。针对样液中可能残存的杂质，选用可有效吸附弱极性杂质的 Bondesil – C_{18} 以及可去除有机酸、色素及金属离子的 Bondesil – PSA 作为净化吸附剂。另外，样液残留的水分能降低 Bondesil – PSA 的吸附能力，因此选用无水硫酸镁作为水分吸收剂。通过比较不同配比净化剂的净化效果，最终确定的净化剂组合为 0.15 g Bondesil – C_{18} + 0.15 g Bondesil – PSA + 1.0 g $MgSO_4$，可获得良好的净化效果及回收率。

4）基质效应的评价

基质效应是质谱分析尤其是液相色谱 – 电喷雾质谱分析中普遍存在的共流出干扰物对目标物离子造成的不可预期的离子抑制（大多数情形）或增强效应。本实验采用同位素稀释内标法，结合优化的样品净化手段和色谱分离条件，很好地减少或消除了基质效应，方法各项性能指标良好。

为验证本筛查方法的可靠性，采用已建立的一级精确质量数及二级碎片离子质谱图数据库对添加了 86 种糖皮质激素的膏霜类化妆品样品（0.1 mg/kg）进行自动检索。结果表明，86 种化合物均与一级精确质量数据库检索匹配良好，质量精度均在 5×10^{-6} 以内，检索得分均高于 75，二级碎片离子的种类和相对丰度均与二级碎片离子质谱图数据库匹配良好。

5）线性范围与检出限

对 6 个质量浓度在 $2 \sim 200$ μg/L 之间的系列混合标准工作溶液进行测定。所有 GCs 均以其母离子与相应同位素内标母离子峰面积的比值（y）为纵坐标，以质量浓度（x，μg/L）为横坐标作内标定量工作曲线，各目标物在相应浓度范围内线性关系良好，相关系数均大于 0.99。以信噪比 $S/N \geqslant 3$ 确定 86 种目标物的检出限为 $0.006 \sim 0.015$ mg/kg，$S/N \geqslant 10$ 确定定量限为 $0.02 \sim 0.05$ mg/kg，完全满足现行法规要求。

6）回收率与精密度

按前述方法，取基质最复杂的空白膏霜样品，做 3 个添加水平（LOQ、5LOQ、10LOQ）的加标回收试验，每个添加水平做 6 个平行测定，计算各待测物的平均回收率及相对标准偏差（RSD）。结果显示，方法的平均加标回收率在 66.2% ~ 112.8% 之间，RSD 在 4.6% ~ 13.9% 之间，准确度和精密度均符合相关法规要求。所有化合物的方法学数据详见表 6 – 15。

表 6-15 膏霜化妆品中 86 种糖皮质激素筛查的回收率和精密度(n=6)

序号	回收率/%	RSD/%	序号	回收率/%	RSD/%	序号	回收率/%	RSD/%
1	67.8~92.3	7.8~12.1	30	69.4~97.1	5.3~10.2	59	73.6~102.8	8.3~12.6
2	71.9~98.2	6.1~9.6	31	67.3~89.6	6.1~12.3	60	74.8~106.3	5.3~10.2
3	82.7~97.1	4.7~8.5	32	72.9~98.3	4.9~9.5	61	75.8~103.2	7.2~10.6
4	76.7~88.6	7.6~9.3	33	68.8~101.8	5.0~9.6	62	72.5~98.2	4.9~11.2
5	73.4~93.3	6.1~10.6	34	71.9~99.8	4.8~10.2	63	69.9~96.7	4.8~7.9
6	75.2~103.6	6.9~11.3	35	78.3~93.9	5.6~8.6	64	73.5~107.2	5.6~10.3
7	75.7~95.7	4.7~8.9	36	76.8~102.6	4.7~10.1	65	68.8~87.3	5.5~9.6
8	80.7~96.6	5.6~9.7	37	72.8~98.3	5.8~12.3	66	69.8~106.3	6.3~11.2
9	78.6~97.8	5.1~10.2	38	71.2~89.3	5.7~10.3	67	68.5~98.3	6.8~9.7
10	66.2~106.5	6.8~10.9	39	68.4~98.2	4.9~13.5	68	75.6~89.2	5.8~10.6
11	72.8~98.6	7.2~11.8	40	77.3~99.6	5.2~10.9	69	71.6~99.8	5.3~11.8
12	68.9~88.9	6.5~9.6	41	73.4~96.7	5.0~12.5	70	78.3~98.6	5.9~10.8
13	78.6~96.6	5.8~12.6	42	72.0~98.8	7.2~10.3	71	72.9~112.8	6.3~13.5
14	72.1~105.3	4.6~10.2	43	69.0~95.2	6.7~9.8	72	78.3~98.8	5.8~10.1
15	75.3~107.2	5.9~13.4	44	73.1~102.5	6.9~12.1	73	70.3~103.2	5.0~8.3
16	74.8~97.9	6.3~12.4	45	72.8~100.8	6.3~11.9	74	72.8~102.9	6.3~9.8
17	70.9~101.5	7.2~9.6	46	71.2~109.6	7.2~12.5	75	73.9~98.9	7.2~10.8
18	75.8~95.8	6.1~10.2	47	78.5~101.6	4.9~11.3	76	83.7~96.8	6.1~11.6
19	73.2~99.3	6.6~11.2	48	70.8~96.5	4.7~11.6	77	69.9~86.8	6.7~10.0
20	75.2~100.6	5.7~9.6	49	73.5~98.3	5.9~10.2	78	72.5~93.8	6.1~13.8
21	72.8~110.2	5.2~10.3	50	68.3~96.6	5.2~10.2	79	71.3~103.2	7.2~11.9
22	69.2~96.3	5.8~11.2	51	72.5~89.9	5.3~9.8	80	74.6~104.2	5.3~13.9
23	73.2~106.3	5.2~9.8	52	74.6~109.3	4.8~8.9	81	70.8~98.6	5.5~11.2
24	81.2~97.8	4.9~11.1	53	66.9~89.3	6.3~7.5	82	70.9~85.9	5.8~10.3
25	72.3~89.3	5.7~10.7	54	78.9~97.3	5.6~9.3	83	78.9~99.5	6.9~9.3
26	67.5~85.2	6.1~11.9	55	75.9~99.6	7.2~12.4	84	82.5~107.2	6.5~11.8
27	78.5~88.6	6.8~12.3	56	72.8~97.7	4.9~11.5	85	80.5~106.8	7.3~12.5
28	71.8~85.1	6.2~11.9	57	78.0~110.5	7.0~9.6	86	75.9~103.5	4.8~10.8
29	77.2~98.5	5.3~11.5	58	75.2~96.6	6.3~10.8			

注：化合物序号对应表 6-14 的化合物序号。

6.1.5 典型案例介绍

【案例一】"美白素"的真实成分

2014 年对于化妆品行业来说，可称得上是"面膜年"，各种新的面膜品牌接踵而至，有消息称，2014—2015 年两年间，很多生产糖皮质激素的药厂，出货量是以往的 10 倍以上。这些糖皮质激素到了原料商手中，就变身成"美白素"，然后进入到化妆品生产工厂的产品线中，最后流通到消费者手中，变成了各种"童颜神器""中国好面膜""特效嫩肤""一片顶七片""一夜变白"等神乎其神的特效面膜。本课题组采用 LC-MS/MS，在客户送检的化妆品原料"美白素"中发现了现行法定检测方法监测范围之外的糖皮质激素——地索奈德，含量高达 0.25%(质量分数)，结果如图 6-8 所示。

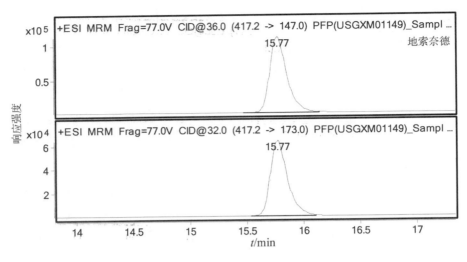

图 6-8　化妆品原料"美白素"的 MRM 色谱图

【案例二】　美白护肤产品是非法添加糖皮质激素的重灾区

2016 年 11 月中旬，单位某同事找到本课题组，讲述她最近使用一款某品牌美白护肤产品之后，感觉到皮肤迅速变得水润和显著变白，之前脸上的一些炎症也很快消失，效果比使用过的任何一款化妆品都要明显，但心里觉得不踏实，希望做安全风险物质筛查。

根据同事的描述，本课题组高度怀疑产品中添加了糖皮质激素。因此，采用 LC-MS/MS 方法，对其送检的美白护肤霜进行 53 项糖皮质激素筛查，测试结果如图 6-9 所示，检出了氟米龙、地塞米松及地塞米松醋酸酯等 GB/T 24800.2—2009 规定的糖皮质激素，含量分别为 1.2 mg/kg、4.6 mg/kg 及 128 mg/kg，远超过国标方法 0.1 mg/kg 的定量限，属于非法添加行为。

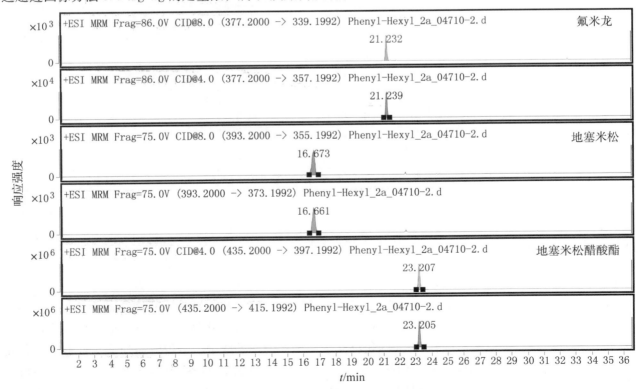

图 6-9　某品牌美白护肤产品的 MRM 色谱图

【案例三】 "速效"面膜化妆品中可能存在的猫腻

目前，市场上充斥着所谓的"三日美白""七日回春"的化妆品，面对速效美丽产品的诱惑，消费者往往被其神奇的功效迷惑。事实上，能在短则一两天、长则一周左右显效的化妆品，无一不是"激素化妆品"。2017 年 1 月，本中心收到了某客户送检的宣称具有神奇功效的"速效"面膜，据称能在使用 3 片之后让消费者判若两人。本课题组怀疑其含有大量的糖皮质激素，因此采用 LC - MS/MS 进行 81 项糖皮质激素筛查测试，结果如图 6 - 10 所示，在样品中检出了曲安奈德及曲安奈德醋酸酯等 GB/T 24800.2—2009 规定的糖皮质激素，含量分别高达 59.3 mg/kg 及 178 mg/kg。

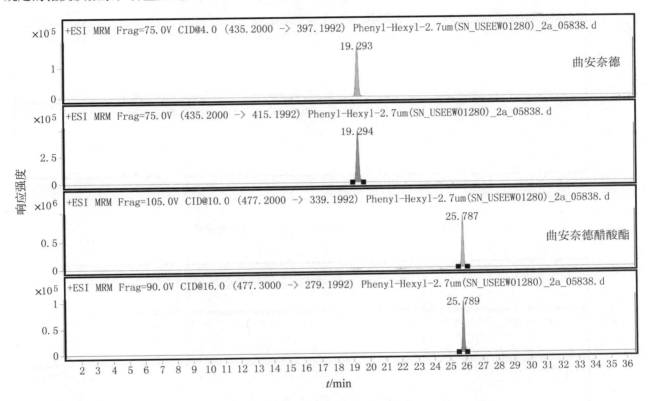

图 6 - 10 "速效"面膜化妆品的 MRM 色谱图

【案例四】 某品牌焕颜补水修护面膜惊现两种"皮肤鸦片"

糖皮质激素被称为"皮肤鸦片"，而有"皮肤鸦片"使用经验的消费者，通常的明显感受是，用的时候皮肤很舒服，一旦停用脸开始红肿、发热、刺痒等，犹如吸毒一般戒不掉，长期使用，皮肤将在"鸦片"的路上越陷越深，直至出现激素依赖性皮炎症状。

2017 年 3 月 10 日，客户杨小姐怀疑自用的某品牌焕颜补水修护面膜含有"皮肤鸦片"，因此送样到本中心检测。经 LC - MS/MS 筛查分析，确实在该面膜中检出了氯倍他索丙酸酯及氟轻松两种糖皮质激素，含量分别高达 46.6 mg/kg 及 52.6 mg/kg，测试谱图如图 6 - 11 所示。

【案例五】 某些宣称"纯天然"或"纯中药"化妆品的骗局

2017 年 12 月，某公司曲姓总经理送检一款"纯中药"祛痘霜，要求做糖皮质激素全面筛查。据其介绍，这款"纯中药"产品是某位知名专家的独家秘方且效果显著，而曲经理希望能买下该产品的秘方，但又担心产品安全性。本课题组采用 LC - MS/MS 对送检样品做 81 项糖皮质激素全面筛查分析，测试结果如图 6 - 12 所示，样品检出了泼尼松、泼尼松醋酸酯、可的松醋酸酯及氯倍他索丙酸酯等 GB/T 24800.2—2009 规定的糖皮质激素，含量分别为 52.9 mg/kg、1.56×10^3 mg/kg、12.8 mg/kg 及 46.1 mg/kg。

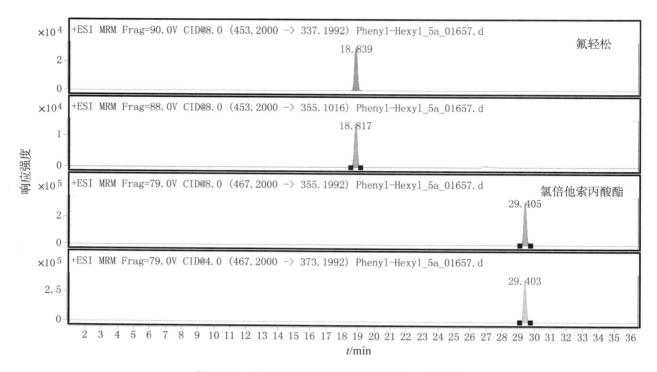

图 6-11　某品牌焕颜补水修护面膜的 MRM 色谱图

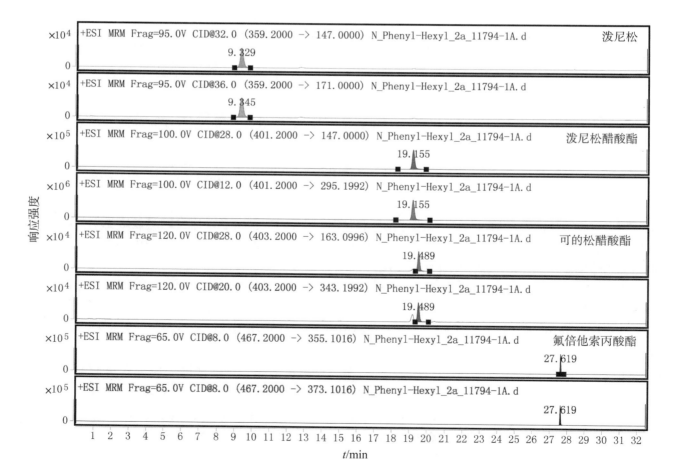

图 6-12　"纯中药"祛痘霜的 MRM 色谱图

【案例六】 中国广州分析测试中心助力监管部门实施化妆品安全风险监测

近年来，中国广州分析测试中心医药化工实验室（简称"药化室"）承担了广东省食品药品监督管理局下达的面膜类产品的监督性风险监测项目。药化室根据市场现状研究制定监测方案，针对面膜中非法添加激素的情况，研发出新的检测方法——固相萃取－液相色谱－串联质谱法同时测定化妆品中非法添加的 53 种糖皮质激素，对包括国标（GB/T 24800.2—2009）中的 41 种在内的 53 种糖皮质激素进行筛查，大大扩展了监测的范围，防止不良商家为逃避监管而添加国标法以外的其他糖皮质激素。监测结果表明，线上面膜类产品非法添加糖皮质激素的情况非常严重，除国标规定的 41 种糖皮质激素以外，许多面膜还违规添加了其他的糖皮质激素。根据本中心的监测结果，广东省食药局组织了飞行检查，并依法对不合格的产品进行了查处。这一项目对于有效监管化妆品网络销售市场、维护消费者利益有着积极的作用，也引起了媒体的关注。

2016 年 7 月 24 日，中央电视台新闻频道《每周质量报告》以"模糊的面膜"为题，对本中心的"面膜类化妆品监督性风险监测"进行了报道，吴惠勤研究员回答了记者的提问，介绍了本中心进行线上面膜风险监测的情况及其结果（图 6 - 13）。通过央视的平台，向广大消费者介绍了面膜类化妆品可能存在的安全风险，展示了对面膜等化妆品的质量检测过程及方法，这一报道对于提升社会各界对化妆品产品质量的关注度，以及提高消费者的维权意识和安全意识均有着重要的作用。

图 6 - 13 中央电视台新闻频道《每周质量报告》采访画面

6.2 祛痘类化妆品中非法添加抗生素类药物的检测方法

除了宣称具有美白功效的化妆品外，宣称祛痘类的化妆品也是非法添加化学药成分的重灾区。祛痘产品中有效成分的种类和含量不仅决定着祛痘效果的优劣，而且对消费者的健康也有一定影响，要求其在达到祛痘效果的同时，还应使用安全，不能对施用部位产生明显刺激和损伤，更不能产生任何抗药性。从这一意义上来说，与药品相比，化妆品的安全性要求更高。抗生素因具有抗菌和非特异性抗炎作用，常作为痤疮（青春痘）的治疗药物，它的滥用会导致细菌在巨大的环境压力下产生耐药性，还会对某些动物存在潜在的致癌作用，长期应用会给消费者带来伤害。以氯霉素为例，其有很强的致敏性和毒性，如果长期使用，可引起肝肾功能毒性，严重者可影响骨髓造血功能，引起再生障碍性贫血。因此这些产品属于违规产品或是"不安全产品"，为化妆品中的禁用物质。鉴于此，《化妆品安全技术规范》（2015 年版）规定抗生素类和甲硝唑为禁用物质，但仍有不少不法厂商依然将其非法添加到化妆品中，用于吸引消费者，以牟取不当利益。而类似的不法行为在我国各级食品药品监督管理部门组织开展的化妆品监督抽检中被多次发现。如 2016 年 1 月 9 日，广东省食品药品监督管理局发布了一份不合格化妆品通报，其中 8 个批次品种存在非法添加甲硝唑和氯霉素等物质。2015 年 12 月 25 日，广州市食药局公布，批号为"21JM1"的契尔氏雪盐止痘祛印膏等 6 批次化妆品被查出含有甲硝唑或氯霉素。

在我国，按规定普通化妆品严禁添加抗生素，只有少数特殊用途化妆品得到批准，可将氯霉素、甲硝唑等抗生素添加进化妆品，用于治疗粉刺和毛囊炎。添加抗生素可以起到给皮肤局部杀菌的作用，消费者如果长期使用含有抗生素的化妆品，脸部皮肤会变得比较柔嫩，黏膜血管丰富，对药物吸收非常快，即使化妆品中添加的抗生素含量很低，也会被迅速吸收，从而破坏皮肤表面的正常菌群，容易导致皮疹、速发性过敏等不良反应，而且有可能导致内脏损伤。我国不提倡抗生素的局部使用，包括此种少量添加在皮肤局部使用的化妆品。因为如果长期局部使用抗生素，易使与抗生素对抗的细菌产生耐药性，从而无法杀死细菌。如果化妆品中违禁添加了抗生素而并不标明、消费者不自知，则更易导致药物滥用，产生抗药性。虽然消费者使用后在短期内不会有异常反应，但当消费者因治疗疾病而选择该抗生素时，体内可能已经产生了抗药性，其结果甚至有可能导致全身性损害。

6.2.1 抗生素类药物概述

抗生素类药(antibiotics)，又称为抗细菌药(antibacterial)或抗细菌剂，是由微生物(包括细菌、真菌、放线菌属)或高等动植物在生活过程中所产生的具有抗病原体或其他活性的一类次级代谢产物，是能干扰其他生活细胞发育功能的化学物质。现临床常用的抗生素有转基因工程菌培养液中的提取物以及用化学方法合成或半合成的化合物。

按生产方式，抗生素可分为由微生物发酵法进行生物合成的抗生素如青霉素等；由化学全合成的抗生素如磺胺、喹诺酮类等；由化学半合成的抗生素如头孢菌素类、大环内酯类等。按化学结构，抗生素可分为喹诺酮类、磺胺类、β-内酰胺类、大环内酯类、氨基糖苷类、磺胺类、四环素类、林可胺类等。按功效与用途，抗生素可分为抗细菌类、抗真菌类、抗肿瘤类、抗病毒类、畜用类、农用类及其他微生物药物(如麦角菌产生的具有药理活性的麦角碱类，有收缩子宫的作用)等。

6.2.1.1 理化性质

根据文献报道和日常检测发现，化妆品中常被非法添加的抗生素主要有喹诺酮类、磺胺类、磺胺类抗菌增效剂、四环素类、氯霉素类、硝基咪唑类、大环内酯类、抗真菌类等8大类。

(1)喹诺酮类(quinolones，QNs)药物，又称吡酮酸类或吡啶酮酸类抗菌药，是一类含有4-喹诺酮母核的合成抗菌药。所有的QNs在3位均有1个羧基，根据7位是否有呈碱性的哌嗪环又可分为哌嗪喹诺酮(pK_1为5.5～5.6，pK_2为7.2～8.9)和酸性喹诺酮(pK_a为6.0～6.9)。游离形式的QNs一般易溶于稀碱、稀酸溶液和冰乙酸，在pH 6～8的水中溶解度最小，在甲醇、三氯甲烷、乙醚等多数有机溶剂中难溶或不溶，盐形式易溶于水，但不溶于乙酸。常见的喹诺酮类抗生素详见表6-16。

表6-16 常见喹诺酮类抗生素的主要理化性质

序号	化合物中英文名	CAS号	分子式	精确质量数	化学结构式	lg$P$	熔点/℃
1	恩诺沙星 Enrofloxacin	93106-60-6	$C_{19}H_{22}FN_3O_3$	359.16452	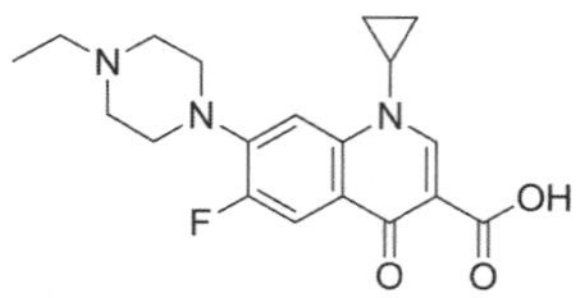	0.70	317.61
2	培氟沙星 Pefloxacin	70458-92-3	$C_{17}H_{20}FN_3O_3$	333.14887	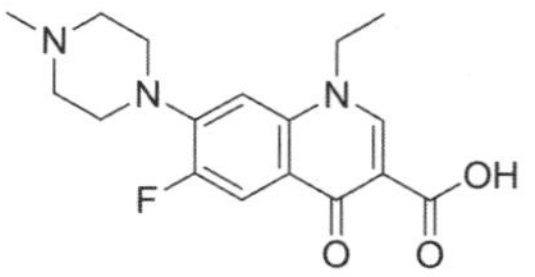	0.27	313.93
3	环丙沙星 Ciprofloxacin	85721-33-1	$C_{17}H_{18}FN_3O_3$	331.13322	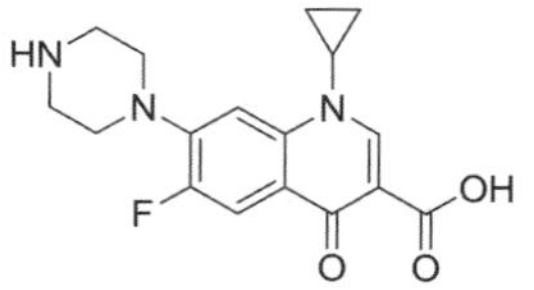	0.28	316.67

序号	化合物 中英文名	CAS 号	分子式	精确质量数	化学结构式	lgP	熔点/℃
4	洛美沙星 Lomefloxacin	98079 - 51 - 7	$C_{17}H_{19}F_2N_3O_3$	351.13945		- 0.30	315.50
5	沙拉沙星 Sarafloxacin	98105 - 99 - 8	$C_{20}H_{17}F_2N_3O_3$	385.12380		1.07	323.19
6	诺氟沙星 Norfloxacin	70458 - 96 - 7	$C_{16}H_{18}FN_3O_3$	319.13322		- 1.03	314.68
7	马波沙星 Marbofloxacin	115550 - 35 - 1	$C_{17}H_{19}FN_4O_4$	362.13903		- 2.92	318.46
8	氧氟沙星 Ofloxacin	82419 - 36 - 1	$C_{18}H_{20}FN_3O_4$	361.14378		- 2.00	317.69
9	双氟沙星 Difloxacin	98106 - 17 - 3	$C_{21}H_{19}F_2N_3O_3$	399.13945		0.89	322.44
10	氟甲喹 Flumequine	42835 - 25 - 6	$C_{14}H_{12}FNO_3$	261.08012		2.60	303.70
11	达氟沙星 （丹诺沙星） Danofloxacin	112398 - 08 - 0	$C_{19}H_{20}FN_3O_3$	357.14887		0.44	317.10
12	萘啶酸 Nalidixic acid	389 - 08 - 2	$C_{12}H_{12}N_2O_3$	232.08479		1.59	164.58

序号	化合物 中英文名	CAS 号	分子式	精确质量数	化学结构式	lgP	熔点/℃
13	司帕沙星 Sparfloxacin	111542 - 93 - 9	$C_{19}H_{22}F_2N_4O_3$	392.16600	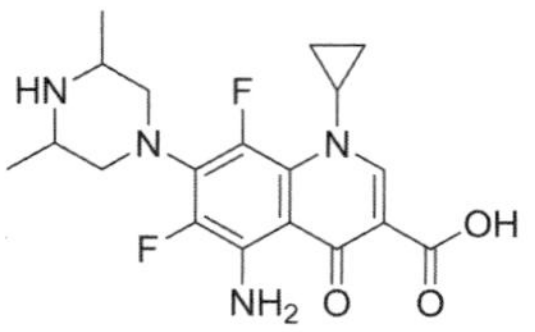	0.12	324.90
14	恶喹酸 Oxolinic acid	26893 - 27 - 6	$C_{13}H_{11}NO_5$	261.06372	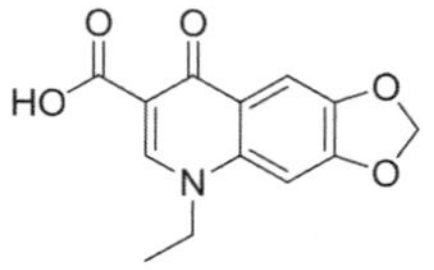	0.67	175.29
15	依诺沙星 Enoxacin	74011 - 58 - 8	$C_{15}H_{17}FN_4O_3$	320.12847	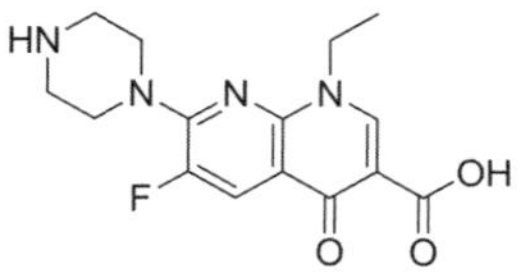	-0.20	315.48
16	氟罗沙星 Fleroxacin	79660 - 72 - 3	$C_{17}H_{18}F_3N_3O_3$	369.13003	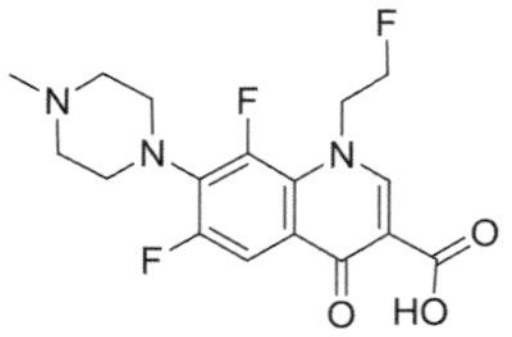	0.24	270.00
17	莫西沙星 Moxifloxacin	151096 - 09 - 2	$C_{21}H_{24}FN_3O_4$	401.17508	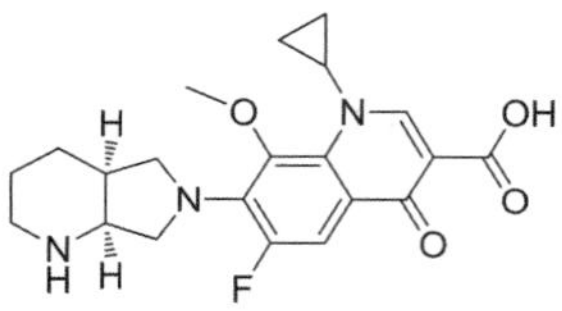	—	—

（2）磺胺类（sulfonamides，SAs）药物是最早用于治疗全身性细菌感染的合成抗菌药，其基本化学结构是对氨基苯磺酰胺，如图 6 - 14 所示。其结构中既有呈弱酸性的磺酰胺基，又有呈弱碱性的芳伯氨基，因此 SAs 有酸碱两性。SAs 一般为白色或黄色结晶粉末，无臭，基本无味，几乎不溶于水，易溶于稀碱溶液，制成钠盐后易溶于水，水溶液呈强碱性。常见的磺胺类抗生素详见表 6 - 17。

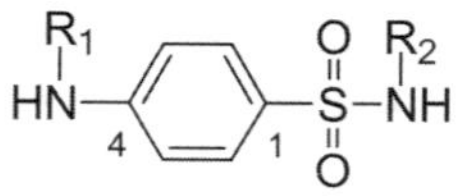

图 6 - 14　磺胺类药物的基本化学结构式

表 6 - 17　常见磺胺类抗生素的主要理化性质

序号	化合物 中英文名	CAS 号	分子式	精确质量数	化学结构式	lgP	熔点/℃
1	磺胺（磺酰胺） Sulfanilamide	63 - 74 - 1	$C_6H_8N_2O_2S$	172.03065	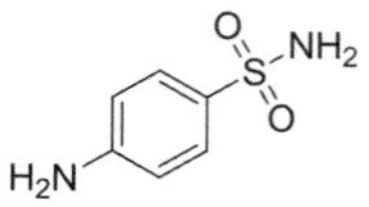	-0.62	124.42
2	磺胺脒 Sulfaguanidine	57 - 67 - 0	$C_7H_{10}N_4O_2S$	214.05245	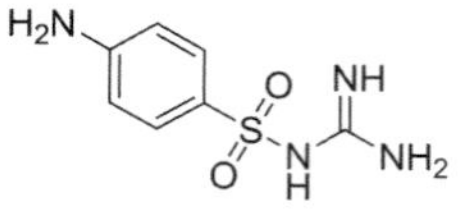	-0.99	158.54

序号	化合物中英文名	CAS 号	分子式	精确质量数	化学结构式	lg$P$	熔点/℃
3	磺胺索嘧啶（磺胺二甲异嘧啶）Sulfisomidin	515 – 64 – 0	$C_{12}H_{14}N_4O_2S$	278.08375	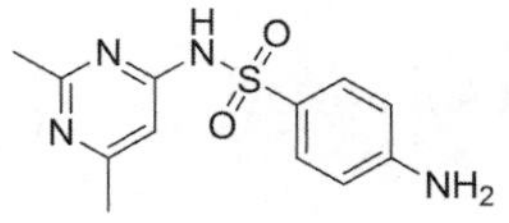	– 0.33	189.80
4	磺胺醋酰 Sulfacetamide	144 – 80 – 9	$C_8H_{10}N_2O_3S$	214.04121	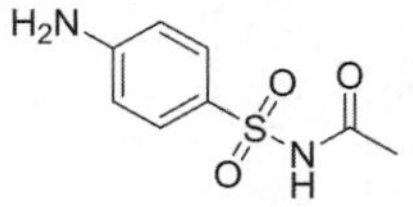	– 0.96	180.23
5	磺胺嘧啶 Sulfadiazine	68 – 35 – 9	$C_{10}H_{10}N_4O_2S$	250.05245	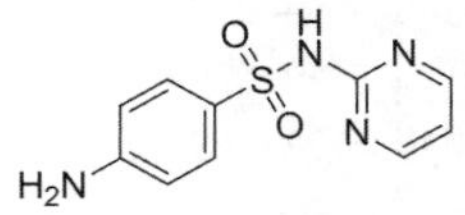	– 0.09	178.96
6	磺胺吡啶 Sulfapyridine	144 – 83 – 2	$C_{11}H_{11}N_3O_2S$	249.05720	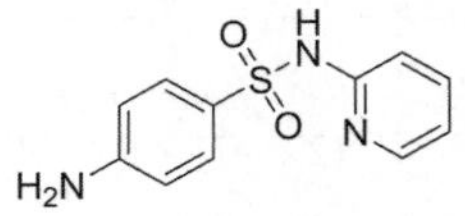	0.35	176.42
7	磺胺噻唑 Sulfathiazole	72 – 14 – 0	$C_9H_9N_3O_2S_2$	255.01362	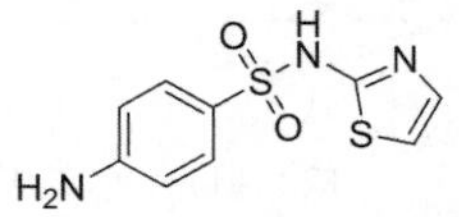	0.05	179.10
8	磺胺甲嘧啶 Sulfamerazine	127 – 79 – 7	$C_{11}H_{12}N_4O_2S$	264.06810	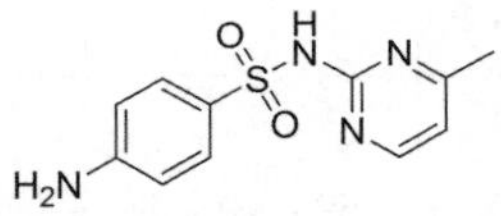	0.14	184.38
9	磺胺二甲嘧啶 Sulfamethazine	57 – 68 – 1	$C_{12}H_{14}N_4O_2S$	278.08375	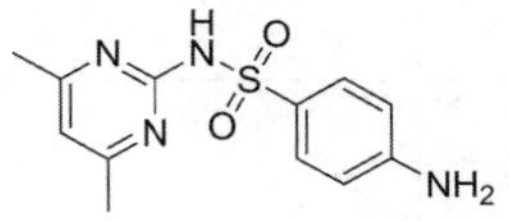	0.89	189.80
10	磺胺甲氧哒嗪 Sulfamethoxypyridazine	80 – 35 – 3	$C_{11}H_{12}N_4O_3S$	280.06301	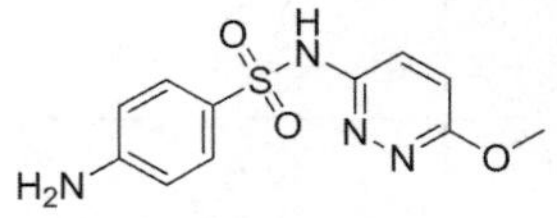	0.32	207.92
11	磺胺甲噻二唑 Sulfamethizol	144 – 82 – 1	$C_9H_{10}N_4O_2S_2$	270.02452	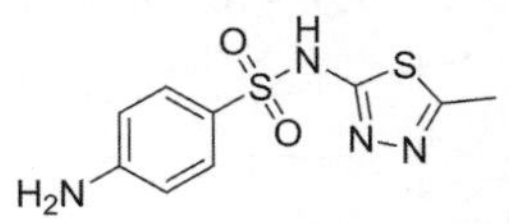	0.54	199.36
12	磺胺对甲氧嘧啶 Sulfameter（Sulfamethoxydiazine）	18179 – 67 – 4	$C_{11}H_{12}N_4O_3S$	280.06301	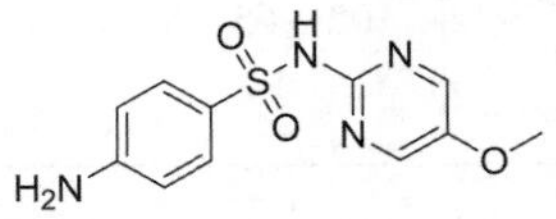	—	214～216
13	磺胺间甲氧嘧啶 Sulfamonomethoxine	1220 – 83 – 3	$C_{11}H_{12}N_4O_3S$	280.06301	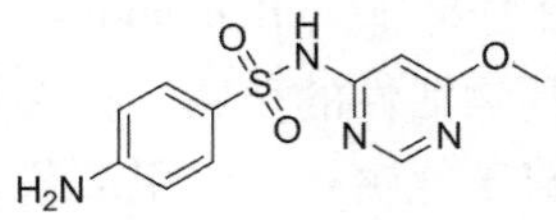	0.70	190.01
14	磺胺氯哒嗪 Sulfachloropyridazine	80 – 32 – 0	$C_{10}H_9ClN_4O_2S$	284.01347	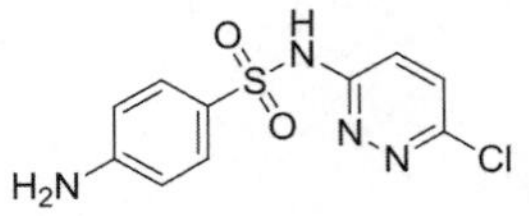	0.31	186～187

序号	化合物 中英文名	CAS 号	分子式	精确质量数	化学结构式	lgP	熔点/℃
15	磺胺多辛 （磺胺邻二甲氧嘧啶） （周效磺胺） Sulfadoxine	80 - 35 - 3	$C_{12}H_{14}N_4O_4S$	310.07358	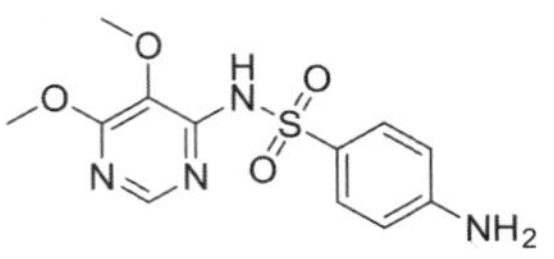	0.32	207.92
16	磺胺甲噁唑 （磺胺甲基异噁唑） Sulfamethoxazole	723 - 46 - 6	$C_{10}H_{11}N_3O_3S$	253.05211	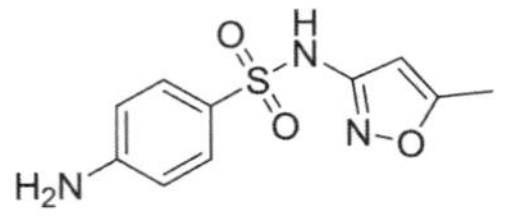	0.89	172.43
17	磺胺异噁唑 （磺胺二甲异噁唑） Sulfisoxazole	127 - 69 - 5	$C_{11}H_{13}N_3O_3S$	267.06776	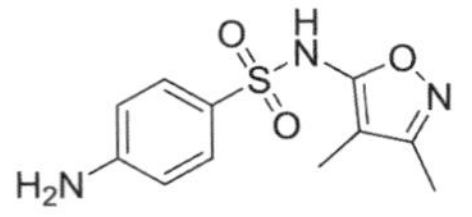	1.01	191.10
18	磺胺苯酰 （苯甲酰磺胺） Sulfabenzamide	127 - 71 - 9	$C_{13}H_{12}N_2O_3S$	276.05686	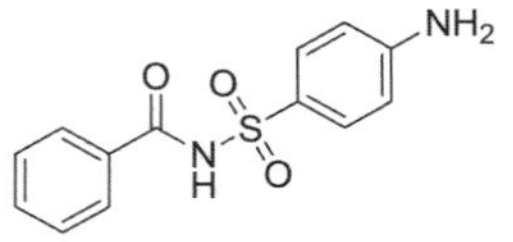	1.30	181.50
19	磺胺地索辛 （磺胺二甲氧嘧啶） （磺胺间二甲氧嘧啶） Sulfadimethoxine	122 - 11 - 2	$C_{12}H_{14}N_4O_4S$	310.07358	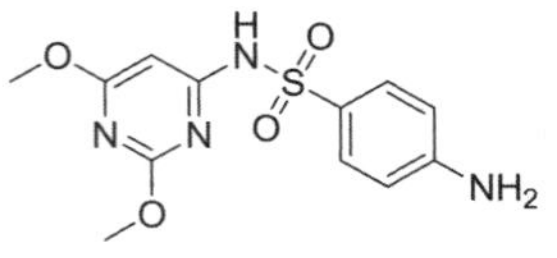	1.63	203.50
20	磺胺喹沙啉 （磺胺喹噁啉） Sulfachinoxalin	59 - 40 - 5	$C_{14}H_{12}N_4O_2S$	300.06810	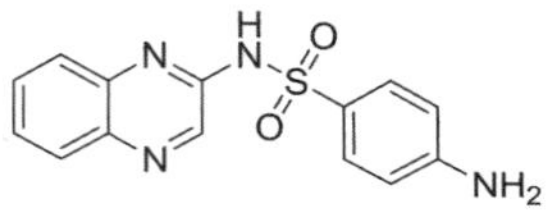	1.68	247.50
21	磺胺苯吡唑 Sulfaphenazole	526 - 08 - 9	$C_{15}H_{14}N_4O_2S$	314.08375	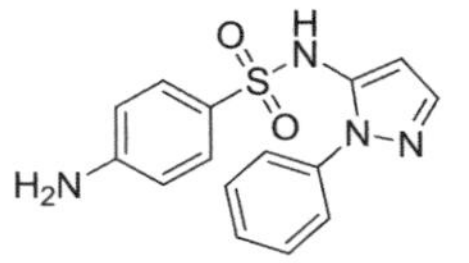	1.52	181.00
22	磺胺硝苯 Sulfanitran	122 - 16 - 7	$C_{14}H_{13}N_3O_5S$	335.05759	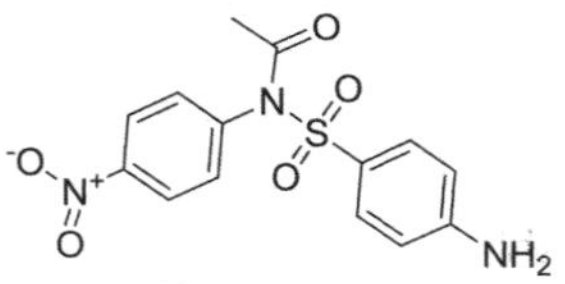	2.26	235.00
23	磺胺氯吡嗪 Sulfaclozine	102 - 65 - 8	$C_{10}H_9ClN_4O_2S$	284.01347	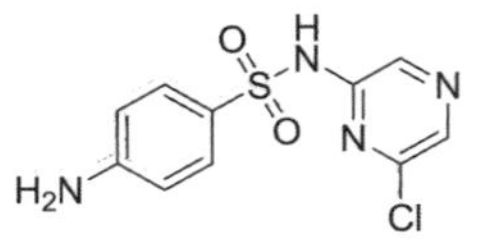	0.31	187.70

　　（3）磺胺类抗菌增效剂（sulfonamides potentiator，SPs）是一类与磺胺类抗菌药物配合使用时，以特定的机制增强该类抗菌药物活性的药物。抗菌增效剂的类型不同，其增效原理亦各不相同。常用的磺胺类抗菌增效剂有：三甲氧苄氨嘧啶、二甲氧苄氨嘧啶及二甲氧甲基苄氨嘧啶，其化学信息详见表 6 - 18。

表 6-18 常见磺胺类抗菌增效剂的主要理化性质

序号	化合物中英文名	CAS 号	分子式	精确质量数	化学结构式	lgP	熔点/℃
1	二甲氧甲基苄氨嘧啶（奥美普林）Ormetoprim	6981-18-6	$C_{14}H_{18}N_4O_2$	274.14298	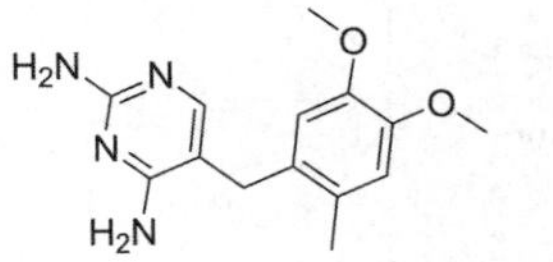	1.23	183.25
2	三甲氧苄氨嘧啶 Trimethoprim	738-70-5	$C_{14}H_{18}N_4O_3$	290.13789	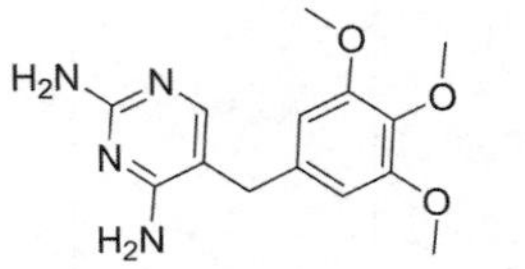	0.91	188.88
3	二甲氧苄氨嘧啶 Diaveridine	5355-16-8	$C_{13}H_{16}N_4O_2$	260.12733	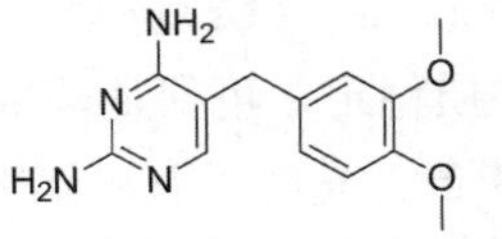	0.97	177.84

（4）四环素类（tetracyclines，TCs）药物具有共同的氢化骈四苯的基本母核，仅在5、6、7位上的取代基有所不同。其母核由 A、B、C、D 等4个环组成，主要官能团包括4位的二甲氨基、2位的酰胺基及10位的酚羟基等，也属于酸碱两性物质，易溶于酸性或碱性溶液，但难溶于水。TCs 在弱酸性溶液中相对较稳定，在酸性溶液（pH<2）、中性溶液或碱性溶液（pH>7）中均易发生降解而失效。干燥状态下稳定，但易吸水，需避光保存。TCs 的不稳定性主要表现在 A 环手性原子 C_4 的差向异构化性质、与 C 环 C_6 的羟基有关的降解反应和与金属离子的螯合反应。常见的四环素类抗生素详见表6-19。

表 6-19 常见四环素类抗生素的主要理化性质

序号	化合物中英文名	CAS 号	分子式	精确质量数	化学结构式	lgP	熔点/℃
1	美满霉素 Minocycline	10118-90-8	$C_{23}H_{27}N_3O_7$	457.18490	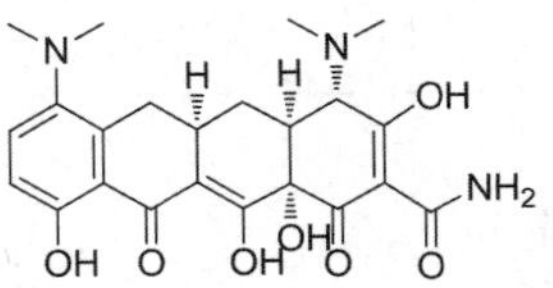	0.05	326.30
2	四环素 Tetracycline	60-54-8	$C_{22}H_{24}N_2O_8$	444.15327	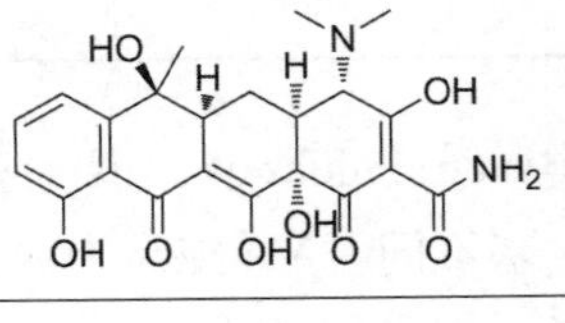	-1.30	327.19
3	土霉素 Oxytetracycline	79-57-2	$C_{22}H_{24}N_2O_9$	460.14818	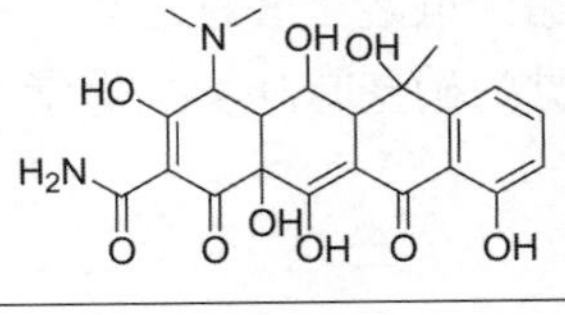	-1.72	326.65

序号	化合物 中英文名	CAS 号	分子式	精确质量数	化学结构式	lgP	熔点/℃
4	强力霉素 Doxycycline	564 - 25 - 0	$C_{22}H_{24}N_2O_8$	444.15327	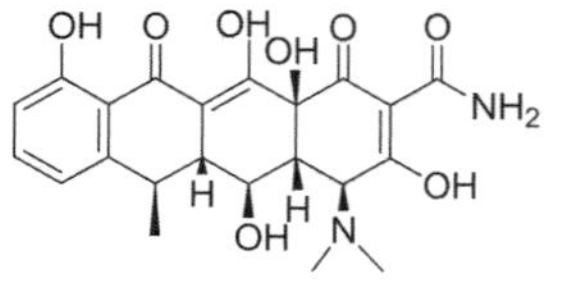	- 0.22	313.50
5	金霉素 Chlortetracycline	57 - 62 - 5	$C_{22}H_{23}ClN_2O_8$	478.11429	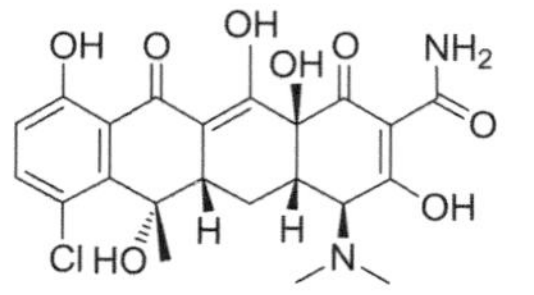	- 0.62	335.93

（5）氯霉素类（fenicols，FCs）药物，又称苯胺醇类药物，具有 1 - 苯基 - 2 - 氨基 - 1 - 丙醇的结构。干燥状态下，FCs 性质稳定，可保存药效达 2 年以上，其外观为白色针状或微带黄绿色的针状、长片状结晶或结晶性粉末，味苦，易溶于有机试剂，微溶于水。水溶液呈中性，在酸性溶液和中性溶液中较稳定，遇碱易分解失效。常见的氯霉素类抗生素详见表 6 - 20。

表 6 - 20　常见氯霉素类抗生素的主要理化性质

序号	化合物 中英文名	CAS 号	分子式	精确质量数	化学结构式	lgP	熔点/℃
1	氯霉素 Chloramphenicol	56 - 75 - 7	$C_{11}H_{12}Cl_2N_2O_5$	322.01233	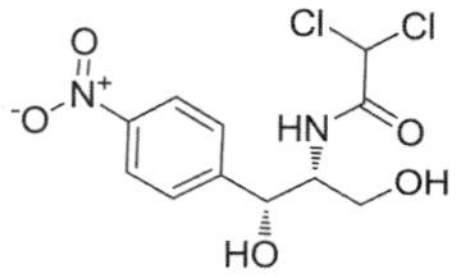	1.14	216.38
2	甲砜霉素 Thiophenicol	15318 - 45 - 3	$C_{12}H_{15}Cl_2NO_5S$	355.00480	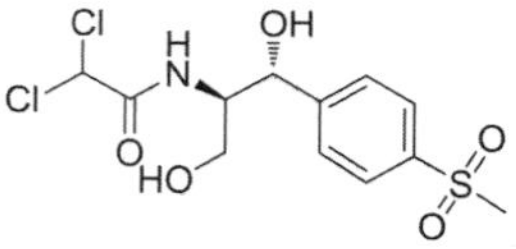	- 0.27	234.19
3	氟甲砜霉素 Florfenicol	73231 - 34 - 2	$C_{12}H_{14}Cl_2FNO_4S$	357.00046	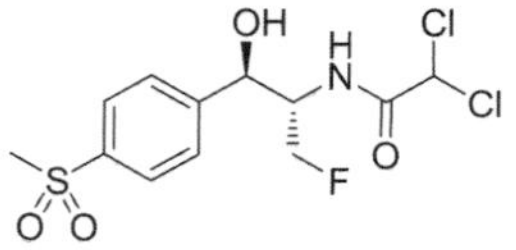	- 0.04	214.42

（6）硝基咪唑类（nitroimidazoles，NIs）药物的共同特点是咪唑环上带 N - 1 甲基和 5 - 硝基取代基，只有 C - 2 位上的取代基不同。NIs 纯品为白色或黄色结晶粉末，能不同程度地溶于水、丙酮、甲醇、乙醇、三氯甲烷和乙酸乙酯，也溶于酸性溶液，在碱性溶液中不稳定。对光敏感，一般保存于棕色瓶中，长时间干燥易挥发。常见的硝基咪唑类抗生素详见表 6 - 21。

表 6-21　常见硝基咪唑类抗生素的主要理化性质

序号	化合物中英文名	CAS 号	分子式	精确质量数	化学结构式	lgP	熔点/℃
1	甲硝唑 Metronidazole	443-48-1	$C_6H_9N_3O_3$	171.06439	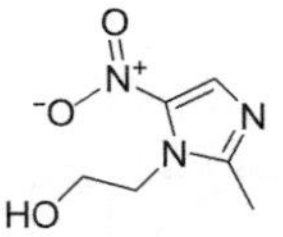	-0.59	127.00
2	洛硝哒唑（罗硝唑） Ronidazole	7681-76-7	$C_6H_8N_4O_4$	200.05455	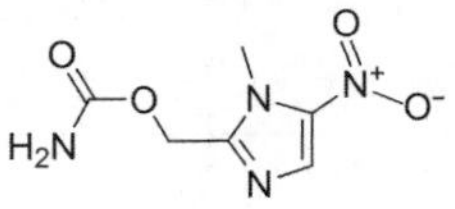	-0.38	146.00
3	二甲硝咪唑（地美硝唑） Dimetridazole	551-92-8	$C_5H_7N_3O_2$	141.05383	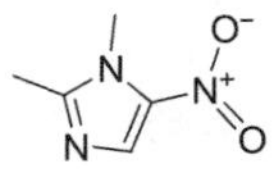	-1.23	194.00
4	替硝唑 Tinidazole	19387-91-8	$C_8H_{13}N_3O_4S$	247.06268	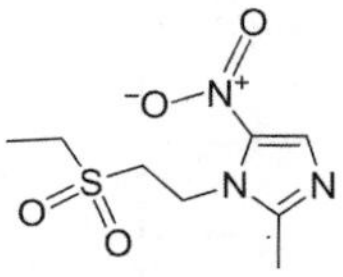	-0.35	174.00
5	特尼哒唑（特硝唑） Ternidazole	1077-93-6	$C_7H_{11}N_3O_3$	185.08004	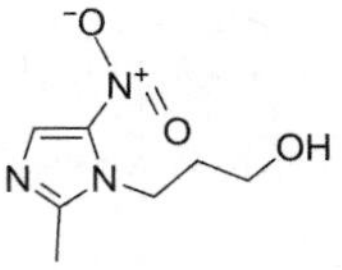	0.49	135.00
6	异丙硝唑 Ipronidazole	14885-29-1	$C_7H_{11}N_3O_2$	169.08513	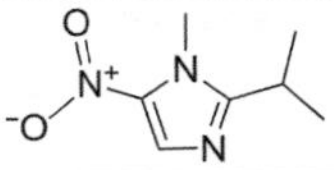	-0.32	202.00

（7）大环内酯类（macrolides，MLs）药物是一类具有 14～16 元大环内酯环的碱性抗生素，其基本结构特点均以 1 个大环内酯环为母体，内酯环外一般通过糖苷键连接 1～3 个配糖基，糖链长度 1～2 个单位，一般包括二甲氨基糖或者中性糖，连接的配糖基一般在自然界中较少见。MLs 均为无色弱碱性，相对分子质量较大（500～900），多呈负的旋光性。因其整体结构决定，大环内酯类药物易溶于酸性水溶液和极性溶剂，如甲醇、乙腈、乙酸乙酯、三氯甲烷、乙醚等，在饱和碳氢溶剂和水中微溶。常见的大环内酯类抗生素详见表 6-22。

表 6-22　常见大环内酯类抗生素的主要理化性质

序号	化合物中英文名	CAS 号	分子式	精确质量数	化学结构式	lgP	熔点/℃
1	红霉素 Erythromycin	114-07-8	$C_{37}H_{67}NO_{13}$	733.46124	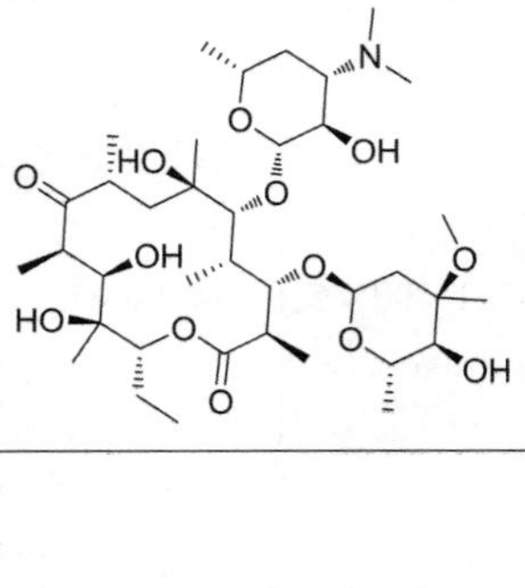	3.06	191.00

序号	化合物 中英文名	CAS 号	分子式	精确质量数	化学结构式	lgP	熔点/℃
2	罗红霉素 Roxithromycin	80214 – 83 – 1	$C_{41}H_{76}N_2O_{15}$	836. 52457	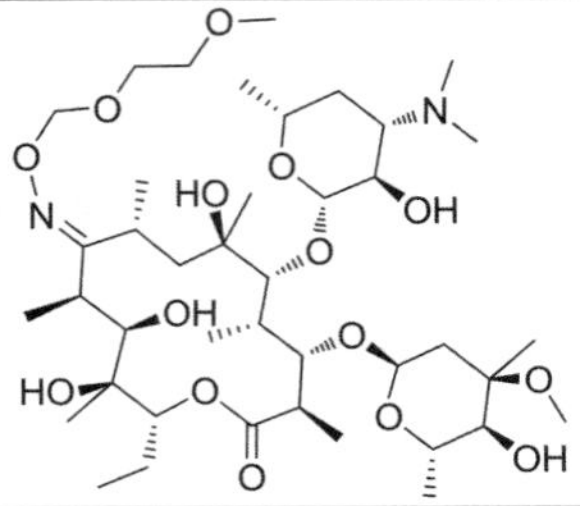	2.75	115 ～ 120
3	交沙霉素 Josamycin	16846 – 24 – 5	$C_{42}H_{69}NO_{15}$	827. 46672	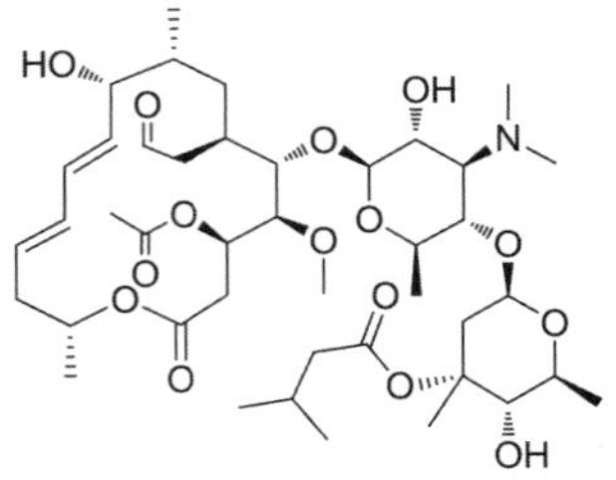	3.16	131.50
4	螺旋霉素 Spiramycin	8025 – 81 – 8	$C_{40}H_{67}NO_{14}$	843. 05270	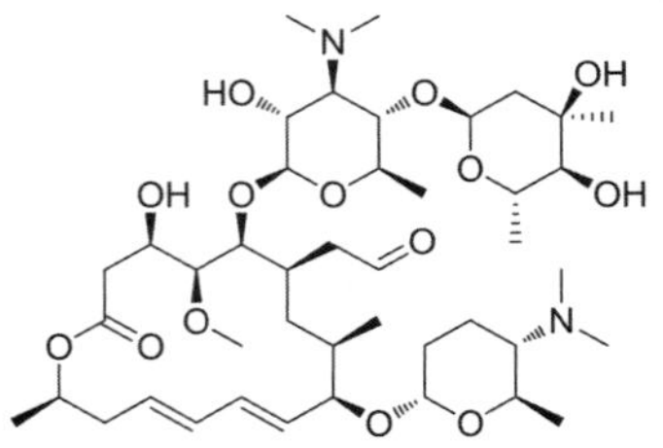	3.06	—
5	泰乐菌素 Tylosin	1401 – 69 – 0	$C_{46}H_{77}NO_{17}$	915. 51915	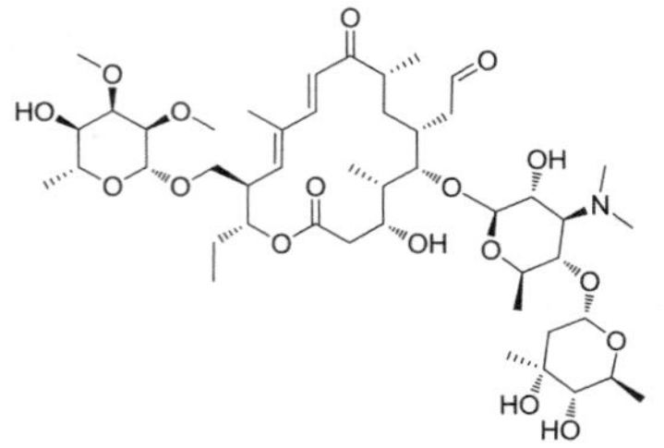	3.27	135 ～ 137
6	阿奇霉素 Azithromycin	83905 – 01 – 5	$C_{38}H_{72}N_2O_{12}$	748. 50853	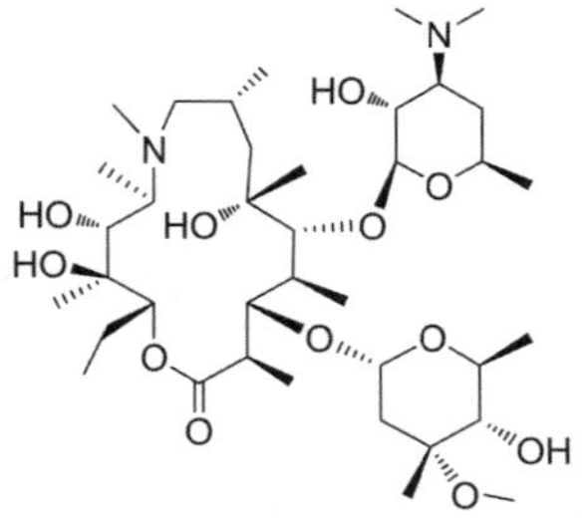	4.02	114.00
7	竹桃霉素 Oleandomycin	3922 – 90 – 5	$C_{35}H_{61}NO_{12}$	687. 42	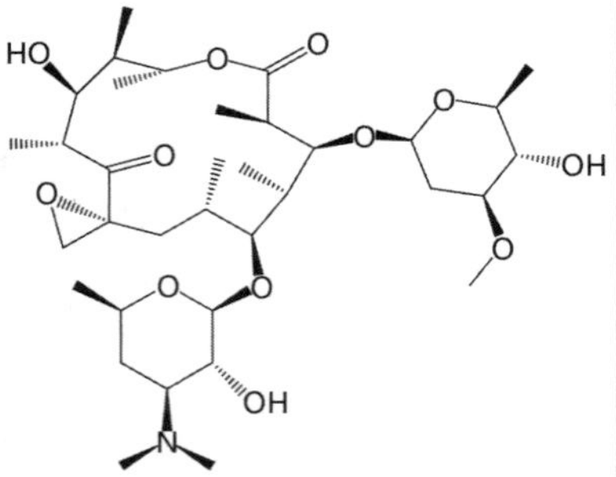	1.69	—

（8）抗真菌类（antifungals，AFs）药物种类繁多，考虑到化妆品中实际添加使用的种类，本节主要介绍合成的唑类抗真菌药，包括咪唑类（如克霉唑、酮康唑及咪康唑等）和三唑类（如氟康唑、伊曲康唑等）。常见的抗真菌类药物详见表6-23。

表6-23 常见抗真菌类抗生素的主要理化性质

序号	化合物中英文名	CAS号	分子式	精确质量数	化学结构式	lg$P$	熔点/℃
1	酮康唑 Ketoconazole	65277-42-1	$C_{26}H_{28}Cl_2N_4O_4$	530.14876	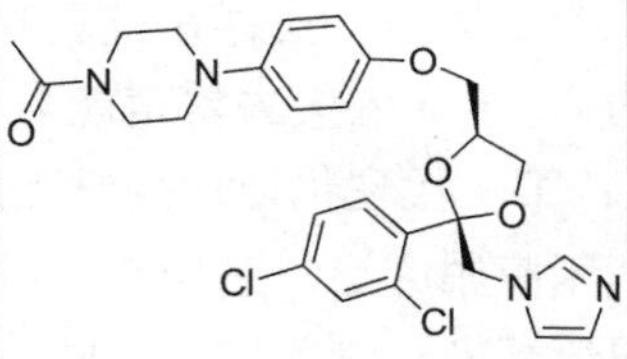	4.35	146.00
2	氟康唑 Fluconazole	86386-73-4	$C_{13}H_{12}F_2N_6O$	306.10407	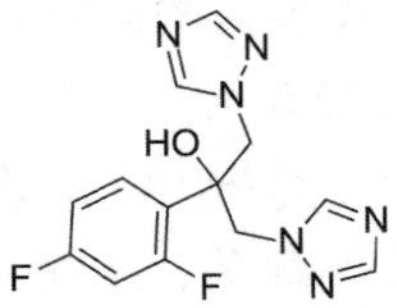	0.50	141.00
3	萘替芬 Naftifine	65472-88-0	$C_{21}H_{21}N$	287.16740	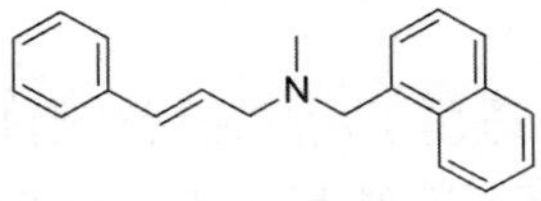	5.80	177.00
4	联苯苄唑 Bifonazole	60628-96-8	$C_{22}H_{18}N_2$	310.14700	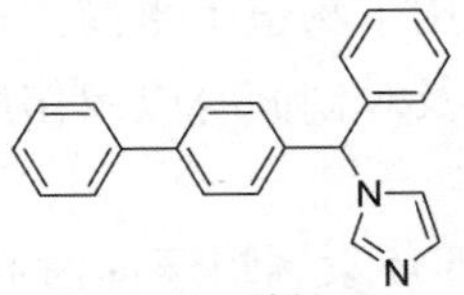	4.77	142.00
5	克霉唑 Clotrimazole	23593-75-1	$C_{22}H_{17}ClN_2$	344.10803	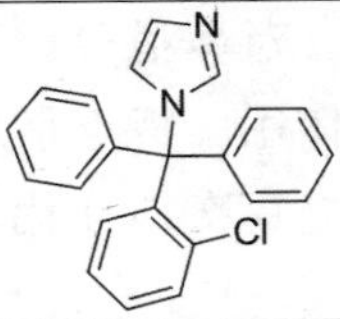	6.26	148.00
6	益康唑 Econazole	27220-47-9	$C_{18}H_{15}Cl_3N_2O$	380.02500	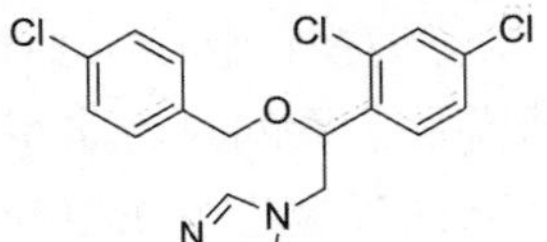	5.61	86.80
7	咪康唑 Miconazole	22916-47-8	$C_{18}H_{14}Cl_4N_2O$	413.98602	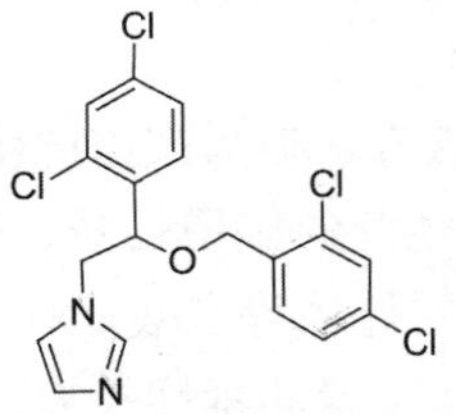	6.25	160.00
8	灰黄霉素 Griseofulvin	126-07-8	$C_{17}H_{17}ClO_6$	352.07137	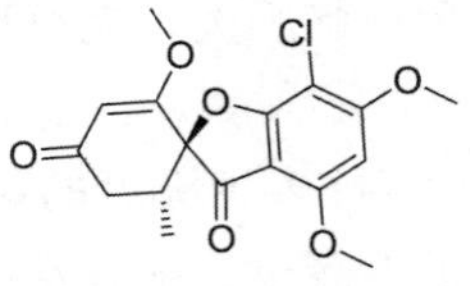	2.18	220.00

6.2.1.2 功效与用途

1. 喹诺酮类

（1）主要功效：作为杀菌剂，第一代喹诺酮类药物抗菌谱窄，主要杀灭革兰阴性菌，如吡哌酸对大肠杆菌、伤寒杆菌、变形杆菌、痢疾杆菌有作用。第二代抗菌谱广，对肠杆菌科细菌（革兰阴性）均有强大杀菌活性，有较弱的抗铜绿假单胞菌活性，对革兰阳性菌作用较差。第三代对革兰阴性菌作用增强，抗菌谱扩大，对金黄色葡萄球菌、肺炎链球菌、溶血性链球菌、肠球菌等革兰阳性球菌，衣原体，支原体，军团菌及结核菌均有较强活性，但对革兰阴性菌活性较弱。第四代抗菌谱扩大到对部分厌氧菌有效，对革兰阳性菌的活性明显提高。还存在抗菌作用后效应，革兰阳性或阴性菌与药物接触后，未被立即杀灭的细菌也在其后的 $2\sim6$ h 内失去繁殖能力。

（2）常见用途：第一代现仍使用的吡哌酸仅用于治疗敏感革兰阴性菌引起的尿路感染和肠道感染；第二、三代近年在临床应用广泛，适用于治疗敏感革兰阴性菌、革兰阳性菌引起的呼吸道感染、泌尿道感染、肠道感染、胆道感染，骨关节、皮肤、软组织感染以及前列腺炎、淋病等各种感染。对革兰阴性菌的临床疗效与第一、二代头孢菌素相似，第三代格帕沙星、左氧氟沙星等品种与第三代头孢菌素相似。

2. 磺胺类及其抗菌增效剂

（1）主要功效：磺胺类药的抗菌谱较广，对多数革兰阳性菌和阴性菌均有抑制作用。阳性菌中较敏感的有溶血性链球菌和肺炎球菌，金黄色葡萄球菌较不敏感；阴性菌中敏感的有脑膜炎球菌、流感杆菌、鼠疫杆菌、大肠杆菌、痢疾杆菌、布氏杆菌、变形杆菌和伤寒杆菌等。对沙眼衣原体、疟原虫及放线菌也有抑制作用。

（2）常见用途：适用于治疗流行性脑脊髓膜炎、泌尿系统感染、呼吸系统感染、肠道感染等全身性敏感菌感染。磺胺甲基异噁唑与甲氧苄啶的复方制剂因抗菌效力倍增而临床应用较广。肠道难吸收类磺胺可治疗菌痢、肠炎及用于肠道手术前给药，但由于耐药性等方面的原因现已少用。用于局部感染的磺胺因其抗铜绿假单胞菌及对创面有收敛作用，也适用于烧伤或大面积创伤后感染。

3. 四环素类

（1）主要功效：四环素属快速抑菌剂，高浓度时也有杀菌作用。该药抗菌谱广：①对多数革兰阳性菌和阴性菌均有抑制作用。对鼻疽单胞菌、杜克雷嗜血杆菌、布鲁菌属、霍乱弧菌等作用强，对幽门螺杆菌、鼠疫杆菌也有抑制作用。特点是对革兰阳性菌的作用不如青霉素和头孢菌素类，对革兰阴性菌作用不如氨基糖苷类。②对立克次体作用较强，对衣原体、支原体、螺旋体、放线菌也有抑制作用。③能间接抑制阿米巴原虫。

（2）常见用途：对立克次体感染，如斑疹伤寒、恙虫病和 Q 热；支原体属感染，如肺炎；衣原体属感染，如性病性淋巴肉芽肿、鹦鹉热、非特异性尿道炎、沙眼、回归热、霍乱等疗效好，作首选药。对革兰阳性菌及阴性菌所致的呼吸道、尿道与胆道感染，一般仅作次选药。此外，也适用于对青霉素过敏患者或耐青霉素的金黄色葡萄球菌感染。

4. 氯霉素类

（1）主要功效：氯霉素类为广谱抗菌药，对革兰阳性菌、阴性菌均有抑制作用，高浓度时也有杀菌作用。特点是对革兰阴性菌的作用较强，尤其对流感杆菌、肺炎链球菌、脑膜炎球菌等作用强。对立克次体属、螺旋体和沙眼衣原体等有效。

（2）常见用途：氯霉素的毒性较大，因此临床应用受限制，仅适用于某些敏感菌所致的严重感染，如伤寒、副伤寒流感杆菌性脑膜炎，立克次体感染等。局部用于治疗沙眼、结膜炎、耳部表浅感染。

5. 硝基咪唑类

（1）主要功效：具有抗多种厌氧的革兰阳性、革兰阴性细菌和原虫的活性，特别是溶组织内阿米巴、兰氏贾第鞭毛虫和阴道毛滴虫。部分 4-硝基咪唑类药物还有抗结核作用。少部分硝基咪唑类药物具有抗肿瘤作用。

（2）常见用途：作为抗厌氧菌、阴道滴虫和阿米巴原虫的首选类药物。

6. 大环内酯类

（1）主要功效：对革兰阳性菌、革兰阴性菌中的流感杆菌、百日咳杆菌、变形杆菌及厌氧球菌等有很高的抗菌活性。对军团菌、弯曲菌、衣原体、支原体、立克次体及某些螺旋体等有良效。对耐 β 内酰胺类及氨基糖苷类药物的细菌也有较好的作用。

（2）常见用途：作为青霉素过敏患者的替代药物，用于以下感染：① β 溶血性链球菌、肺炎链球菌中的敏感菌株所致的上、下呼吸道感染；②敏感 β 溶血性链球菌引起的猩红热及蜂窝织炎；③白喉及白喉带菌者。还可用于军团菌病、口腔感染、空肠弯曲菌肠炎、百日咳以及衣原体属、支原体属等所致的呼吸道和泌尿生殖系统感染等。

7. 抗真菌类

（1）主要功效：对真菌的抗菌谱广，对浅部真菌和深部真菌均有效。对大多数真菌均有抑制作用，并可抑制葡萄球菌、链球菌、炭疽杆菌等。真菌对唑类抗真菌药很少产生耐药性。

（2）常见用途：静脉滴注用于治疗多种深部真菌病，但因不良反应较多，仅作为两性霉素 B 无效或不能耐受时的替代药。局部应用可治疗五官、皮肤、阴道的念珠菌感染。

6.2.1.3 毒副作用

（1）喹诺酮类：①恶心、呕吐、食欲不振、腹痛、腹泻等胃肠道反应；②头昏、头痛、失眠、眩晕、情绪不安等神经系统反应，严重时可见复视、神志改变和幻觉、幻视，但极少见；③过敏症状，如血管神经性水肿、皮肤瘙痒和皮疹，发生率低，个别患者出现光敏性皮炎；④少数患者有肌无力、肌肉疼痛以及严重的关节痛和炎症，极少数青春期前病例出现可逆性关节痛。

（2）磺胺类：可引起黄疸、肝功能减退，严重者可见急性肝坏死。偶见粒细胞减少或缺乏、再生障碍性贫血及血小板减少症，对葡萄糖 – 6 – 磷酸脱氢酶缺乏者可致溶血性贫血、皮疹、药物热。皮疹中以麻疹样皮疹、固定性药疹较多见，也可引起光敏性皮炎。某些磺胺药及其乙酰化物肾脏排泄时尿中浓度高，在偏酸性尿中溶解度降低，易在尿路析出结晶，刺激肾脏引起蛋白尿、血尿、尿痛、尿少甚至尿闭等症状。

（3）四环素类：可引起药热和皮疹等过敏反应。长期使用广谱抗生素，使敏感菌受到抑制，而一些不敏感菌如真菌或耐药菌大量繁殖，造成新的感染，即二重感染，多见于老、幼、体弱、抵抗力低的患者。四环素类能与新形成的骨、牙组织中沉积的钙结合，造成牙齿黄染、龋齿或发育不全，还可抑制婴幼儿的骨骼生长。

（4）氯霉素类：氯霉素的主要毒性反应是抑制骨髓造血功能，可分为：①可逆性的血细胞减少，此反应与剂量和疗程有关，可表现为白细胞和粒细胞减少，继而血小板减少，停药后较易恢复。②不可逆再生障碍性贫血，此反应与剂量和疗程无关，常见于初次用药 3～12 周，各类血细胞减少，虽极罕见，但死亡率高。其次是灰婴综合征，表现为腹胀、呕吐、呼吸抑制乃至皮肤灰白、紫绀，最后循环衰竭、休克，40% 病人在症状出现后 2～3 天内可死亡。此外，口服会发生胃肠道反应，长期应用也会引起二重感染。少数病人出现神经炎中毒性精神病或皮疹、药物热、血管神经性水肿等过敏反应。

（5）硝基咪唑类：多见消化道不良反应，口腔金属味、恶心、呕吐、厌食、腹泻、腹痛等；大剂量见头痛、头晕等神经系统症状，偶有感觉异常、肢体麻木、共济失调和多发性神经炎等。此外，还具有致突变性和潜在的致癌性。

（6）大环内酯类：可引起腹痛、腹胀、恶心等胃肠道反应。可引起以胆汁淤积为主的肝损害，亦可致肝实质损害，可见阻塞性黄疸、转氨酶升高等。具有耳毒性，耳聋多见，先为听力下降，前庭功能受损。

（7）抗真菌类：静脉给药可发生寒战、发烧、血栓性静脉炎、高脂血症等，给药速度过快时还可发生心律失常，甚至呼吸、心跳停止。局部用药可见皮肤瘙痒、皮疹等。

6.2.2 相关法规和标准

鉴于潜在的安全和健康风险，世界主要国家和地区，如欧盟、东盟、日本、韩国的化妆品法规均明令禁止在化妆品中添加抗生素。我国 2015 年版的《化妆品安全技术规范》也将大多数抗生素列入了化妆品禁用组分。自 2009 年开始，我国陆续出台了多项标准检测方法，用于化妆品中抗生素的测定，如表 6 - 24 所示。

表 6 - 24　我国化妆品中抗生素类药物测定的标准方法

序号	方法名称	测定的化合物	检出限	定量限
1	GB/T 24800.1—2009《化妆品中九种四环素类抗生素的测定 高效液相色谱法》	四环素类 9 种	2.5 ～ 25 mg/kg	5 ～ 50 mg/kg
2	GB/T 24800.6—2009《化妆品中二十一种磺胺的测定 高效液相色谱法》	磺胺类 21 种	0.2 ～ 0.4 mg/kg	0.6 ～ 1.2 mg/kg
3	SN/T 2289—2009《进出口化妆品中氯霉素、甲砜霉素、氟甲砜霉素的测定 液相色谱 - 质谱/质谱法》	氯霉素、甲砜霉素、氟甲砜霉素	—	0.5 mg/kg
4	SN/T 3897—2014《化妆品中四环素类抗生素的测定》	四环素类 9 种	—	0.2 ～ 1 mg/kg
5	GB/T 30937—2014《化妆品中禁用物质甲硝唑的测定 高效液相色谱 - 串联质谱法》	甲硝唑	0.003 mg/kg	0.01 mg/kg
6	SN/T 4393—2015《进出口化妆品中喹诺酮药物测定 液相色谱 - 串联质谱法》	喹诺酮类 25 种	—	1.0 mg/kg
7	GB/T 35951—2018《化妆品中螺旋霉素等 8 种大环内酯类抗生素的测定 液相色谱 - 串联质谱法》	大环内酯类 8 种	—	—
8	《化妆品安全技术规范》（2015 年版）第四章 理化检验方法/2.1 氟康唑等 9 种组分	氟康唑等 9 种组分	0.4 ～ 10 mg/kg	2.0 ～ 50 mg/kg
9	《化妆品安全技术规范》（2015 年版）第四章 理化检验方法/2.2 盐酸美满霉素等 7 种组分	盐酸美满霉素等 7 种组分	1 ～ 50 mg/kg	3.3 ～ 150 mg/kg
10	《化妆品安全技术规范》（2015 年版）第四章 理化检验方法/2.3 依诺沙星等 10 种组分	依诺沙星等 10 种组分	0.05 ～ 0.5 mg/kg	0.1 ～ 1.0 mg/kg

6.2.3 检测方法综述

目前，用于化妆品中抗生素的检测方法主要有酶联免疫法、薄层色谱法、液相色谱法、液相色谱 - 串联质谱法（LC - MS/MS）和液相色谱 - 高分辨质谱法（LC - HRMS）。表 6 - 25 详细归纳了质谱检测技术在祛痘类化妆品中抗生素检测中的应用情况。

表6-25　质谱检测技术在祛痘类化妆品中抗生素类药物检测中的应用

序号	待测物（测定种类）	提取方法	净化手段	色谱柱	检测方法	检出限	定量限	文献
1	磺胺类（22）	加甲醇或四氢呋喃后加水，超声提取	无	Acquity UPLC BEH C$_{18}$柱（50mm×2.1mm，1.7μm）	LC-QQQ	3.5～14.1μg/kg	—	[20]
2	抗生素（6），甲硝唑	甲醇-0.1mol/L甲酸（体积比1:1），超声提取	无	Acquity UPLC BEH C$_{18}$柱（50mm×2.1mm，1.7μm）	LC-QQQ	3～20ng/g	—	[21]
3	四环素类（9）	甲醇-乙腈-0.01mol/L草酸水溶液（体积比1:2:7），涡旋提取	无	Zorbax SB-C$_{18}$柱（150mm×2.1mm，3.5μm），接Phenomenex C$_{18}$柱（3.0mm×4.0mm）预柱	LC-QQQ	0.2～0.5mg/kg	—	[22]
4	四环素类（12），林可酰胺类（3），硝基呋喃类（3），氯霉素，甲硝唑	甲醇-1%甲酸溶液（体积比1:9），冰浴超声提取	无	Zorbax SB-C$_{18}$柱（150mm×2.1mm，3.5μm）	LC-QQQ	0.01～0.2mg/kg	—	[23]
5	氯霉素，甲砜霉素及氟苯尼考	甲醇，超声提取	无	XBridge Phenyl（150mm×2.1mm，3.5μm）	LC-QQQ	2.5～10μg/kg	5～20μg/kg	[24]
6	呋喃妥因，呋喃唑酮，呋喃它酮，呋喃西林	乙腈+甲醇（体积比70:30），超声提取	无	Sunfire C$_{18}$柱（150mm×2.1mm，3.5μm）	LC-QQQ	2.0～2.5mg/kg	5.0～7.5mg/kg	[25]
7	磺胺类（17），喹诺酮类（14），硝基咪唑类（5）	甲醇，超声提取	正己烷脱脂	Acquity UPLC BEH C$_{18}$柱（100mm×2.1mm，1.7μm）	LC-LTQ/Orbitrap	5～10μg/kg	—	[26]
8	林可霉素，克林霉素	甲醇-0.1mol/L盐酸溶液（体积比1:1），超声提取	无	Zorbax SB-C$_{18}$柱（250mm×4.6mm，5μm）	LC-QQQ	3.9，5.0μg/kg	—	[27]
9	硝基咪唑类（4）	碳酸钠溶液溶解后以乙酸乙酯提取，经浓缩和（或）正己烷除脂，用N,O-双（三甲基硅烷基）乙酰胺衍生	无	DB-5 MS石英毛细管气相色谱柱（30m×0.25mm×0.25μm）	GC-MS	0.05～0.1mg/kg	0.2～0.4mg/kg	[28]
10	抗真菌类（50），硝基咪唑类（11）	甲醇-0.1mol/L盐酸溶液（体积比1:1），超声提取	无	Acquity UPLC BEH C$_{18}$柱（100mm×2.1mm，1.7μm）	LC-QQQ	0.02～1.0mg/kg	—	[29]

（续表 6 - 25）

序号	待测物 （测定种类）	提取方法	净化手段	色谱柱	检测方法	检出限	定量限	文献
11	四环素类（5），氯霉素，甲硝唑，林可酰胺类（2），糖皮质激素（8）	甲醇 - 0.1mol/L 盐酸溶液（体积比 1 : 1），超声提取	无	ACE C_{18}柱（75mm×2.1mm，3μm），接 C_{18}柱（10mm×2.1mm，3μm）预柱	LC - Q - Trap	—	—	[30]
12	四环素类（5），氯霉素，甲硝唑，林可酰胺类（3）	甲醇 - 0.1mol/L 甲酸（体积比 1 : 1），超声提取	无	Zorbax SB - C_{18}柱（75mm×4.6mm，3.5μm）	LC - QQQ	0.01 ~ 0.04 μg/g	0.02 ~ 0.1 μg/g	[31]

6.2.4　QuEChERS - LC - MS/MS 法同时快速测定祛痘类化妆品中 66 种抗生素

为打击祛痘类化妆品非法添加抗生素的行为，克服现有标准检测方法只能同时测定一类或两类化合物的低效率、高成本等问题，本实验室研究开发了可同时测定祛痘类化妆品中 8 大类共 66 种抗生素的 LC - MS/MS 高通量质谱检测方法，涉及的抗生素有 15 种喹诺酮类、21 种磺胺类、3 种磺胺类抗菌增效剂、5 种四环素类、5 种大环内酯类、6 种硝基咪唑类、8 种抗真菌类以及 3 种氯霉素类。

1. 仪器设备、实验试剂及标准品

主要仪器设备及实验试剂分别见表 6 - 26 及表 6 - 27。

表 6 - 26　主要仪器设备

仪器设备名称	型号	生产厂商
高效液相色谱/串联四极杆质谱联用仪	1200 SL Series RRLC /6410B Triple Quard MS	美国 Agilent 公司
超声波发生器	AS 3120	天津奥特赛恩斯仪器有限公司
离心机	H1850	湖南湘仪实验室仪器开发有限公司
水浴式氮吹浓缩仪	DC12H	上海安谱科学仪器有限公司
快速混匀器	XW - 80A	海门市麒麟医用仪器厂

表 6 - 27　主要实验试剂

试剂名称	规格/纯度	生产厂商
乙腈	色谱纯	美国 Thermo Fisher Scientific 公司
甲醇	色谱纯	美国 Thermo Fisher Scientific 公司
乙酸	LC-MS 级	美国 Thermo Fisher Scientific 公司
氯化钠	分析纯	广州化学试剂厂
无水硫酸镁	分析纯	上海晶纯生化科技股份有限公司
亚铁氰化钾（$K_4Fe(CN)_6 \cdot 3H_2O$）	分析纯	广州化学试剂厂
乙酸锌（$C_4H_6O_4Zn \cdot 2H_2O$）	分析纯	广州化学试剂厂
十八烷基键合硅胶颗粒（Bondesil - C_{18}）	40 μm，100 目	美国 Agilent 公司
N - 丙基乙二胺颗粒（Bondesil - PSA）	40 μm，100 目	美国 Agilent 公司
实验用水	二次蒸馏水	实验室自制

66 种抗生素标准品分别购自中国食品药品检定研究院、加拿大 TRC 公司、美国 Matrix Scientific 公司、德国 Dr. Ehrenstorfer 公司及美国 Sigma 公司。

2. 标准溶液的配制

准确称取适量标准品,用乙腈或甲醇分别溶解,配制质量浓度为 1 000 mg/L 的单标准储备液,置于棕色瓶 -20 ℃保存。根据需要,吸取各单标准储备液适量,用 50%(体积分数)乙腈水溶液稀释并配制成所需浓度的混合标准工作液,置棕色瓶于 4 ℃保存。

3. 样品前处理

准确称取均匀试样 1.0 g(精确至 0.01 g)于 50 mL 聚丙烯离心管中,加入 40 μL 混合内标工作液和 10 mL 水,充分涡旋分散,加入 10 mL 乙腈,涡旋提取 1 min,超声提取 10 min 后,分别加入 106 g/L 的亚铁氰化钾溶液和 219 g/L 的乙酸锌溶液各 0.2 mL,涡旋混匀 1 min,加入盐析剂(1.0 g NaCl + 2.0 g MgSO$_4$),振摇 1 min,以 5 000 r/min 离心 10 min 后,准确移取上层清液 5 mL 于 15 mL 聚丙烯离心管中,加入净化剂(150 mg Bondesil - C$_{18}$ + 150 mg Bondesil - PSA + 1000 mg MgSO$_4$),涡旋混匀 1 min,以 5 000 r/min 离心 5 min,将上清液全部转移至带 2 mL 刻度的具尾梨形瓶,置于 45 ℃水浴中氮吹浓缩至 1 mL,用水定容至刻度,涡旋混匀,过 0.22 μm 滤膜,待上机分析。

4. 分析条件

1)色谱条件

色谱柱:Poroshell 120 EC - C$_{18}$色谱柱(100 mm × 2.1 mm, 2.7 μm,美国 Agilent 公司);柱温:30 ℃;流动相 A:0.2%(体积分数)甲酸水溶液;流动相 B:0.2%(体积分数)甲酸乙腈溶液;流速:0.35 mL/min;进样量:5 μL。梯度洗脱程序详见表 6 - 28。

表 6 - 28 流动相梯度洗脱程序

序号	时间/min	流动相 A 体积分数 /%	流动相 B 体积分数 /%
1	0 ~ 5	80	20
2	5 ~ 10	75	25
3	10 ~ 20	62	38
4	20 ~ 28	52	48
5	28 ~ 31	48	52
6	31 ~ 33	5	95
7	33 ~ 39	80	20

2)质谱条件

离子源:电喷雾离子(ESI)源;扫描方式:正负离子模式扫描;采集方式:动态多反应监测(DMRM);雾化气压力:276 kPa;干燥气流量:11.0 L/min;干燥气温度:350 ℃;毛细管电压:4 000V;采集时间窗口:2 min。其他质谱参数见表 6 - 29。

表 6 - 29　66 种抗生素的质谱参数

序号	中英文名称	离子检测模式	母离子（m/z）	子离子（m/z）	碎裂电压/V	碰撞能量/V
（一）喹诺酮类（15 种）						
1	恩诺沙星 Enrofloxacin	ESI⁺	360. 2	342. 2/316. 2*	142	20/20
2	培氟沙星 Pefloxacin	ESI⁺	334. 2	361. 2*/290. 2	134	20/16
3	环丙沙星 Ciprofloxacin	ESI⁺	332. 1	315. 2*/231. 1	137	20/40
4	洛美沙星 Lomefloxacin	ESI⁺	352. 2	308. 2/265. 1*	130	16/24
5	沙拉沙星 Sarafloxacin	ESI⁺	386. 1	368. 1*/342. 2	145	24/16
6	诺氟沙星 Norfloxacin	ESI⁺	320. 1	302. 2*/231. 1	142	20/40
7	马波沙星 Marbofloxacin	ESI⁺	363. 1	320. 1*/276. 1	120	14/14
8	氧氟沙星 Ofloxacin	ESI⁺	362. 2	318. 2*/261. 1	150	16/28
9	双氟沙星 Difloxacin	ESI⁺	400. 2	356. 2*/299. 1	145	20/28
10	达氟沙星（丹诺沙星） Danofloxacin	ESI⁺	358. 2	340. 2*/255. 1	147	24/40
11	萘啶酸 Nalidixic acid	ESI⁺	233. 1	215. 1*/104. 1	110	15/36
12	司帕沙星 Sparfloxacin	ESI⁺	393. 2	349. 2*/292. 1	145	20/24
13	恶喹酸 Oxolinic acid	ESI⁺	262. 1	216. 1*/160. 1	110	32/40
14	依诺沙星 Enoxacin	ESI⁺	321. 1	303. 1*/232. 1	114	20/36
15	氟罗沙星 Fleroxacin	ESI⁺	369. 9	325. 9*/268. 9	150	20/25
（二）磺胺类（21 种）						
16	磺胺（磺酰胺） Sulfanilamide	ESI⁺	173. 2	91. 4/155. 9*	15	18/7
17	磺胺胍 Sulfaguanidine	ESI⁺	215. 1	156. 1*/108. 1	85	12/20
18	磺胺索嘧啶（磺胺二甲异嘧啶） Sulfisomidin	ESI⁺	279. 1	186. 1*/124. 1	105	16/20

序号	中英文名称	离子检测模式	母离子（m/z）	子离子（m/z）	碎裂电压/V	碰撞能量/V
19	磺胺醋酰 Sulfacetamide	ESI$^+$	215.1	156.1*/108.1	85	12/20
20	磺胺嘧啶 Sulfadiazine	ESI$^+$	251.1	156.1*/108.1	100	10/20
21	磺胺吡啶 Sulfapyridine	ESI$^+$	250.1	184.1/156.1*	100	15/13
22	磺胺噻唑 Sulfathiazole	ESI$^+$	256.1	156.1*/92.1	100	13/26
23	磺胺甲嘧啶 Sulfamerazine	ESI$^+$	265.1	172.1/156.1*	100	13/13
24	磺胺二甲嘧啶 Sulfamethazine	ESI$^+$	279.1	186.1*/156.1	105	16/18
25	磺胺甲氧哒嗪 Sulfamethoxypyridazine	ESI$^+$	281.1	215.1/156.1*	100	14/14
26	磺胺甲噻二唑 Sulfamethizol	ESI$^+$	271.1	156.1*/108.1	100	10/22
27	磺胺对甲氧嘧啶 Sulfameter(Sulfamethoxydiazine)	ESI$^+$	281.1	215.1/156.1*	100	14/14
28	磺胺间甲氧嘧啶 Sulfamonomethoxine	ESI$^+$	281.1	215.1/156.1*	100	14/14
29	磺胺氯哒嗪 Sulfachloropyridazine	ESI$^+$	285.2	156.1*/108.2	100	10/24
30	磺胺多辛(磺胺邻二甲氧嘧啶)（周效磺胺） Sulfadoxine	ESI$^+$	311.1	156.1*/108.1	140	16/30
31	磺胺甲噁唑(磺胺甲基异噁唑) Sulfamethoxazole	ESI$^+$	254.1	156.1*/92.2	100	12/25
32	磺胺异噁唑(磺胺二甲异噁唑) Sulfisoxazole	ESI$^+$	268.1	156.1*/113.1	100	9/14
33	磺胺苯酰(苯甲酰磺胺) Sulfabenzamide	ESI$^+$	277.1	156.1*/108.1	80	8/24
34	磺胺地索辛(磺胺间二甲氧嘧啶) Sulfadimethoxine	ESI$^+$	311.1	156.1*/108.1	140	16/30
35	磺胺喹沙啉(磺胺喹噁啉) Sulfachinoxalin	ESI$^+$	301.1	156.1*/92.1	114	16/32
36	磺胺苯吡唑 Sulfaphenazole	ESI$^+$	315.1	160.1*/156.1	100	20/18
（三）磺胺类抗菌增效剂（3 种）						
37	二甲氧甲基苄氨嘧啶(奥美普林) Ormetoprim	ESI$^+$	275.2	259.1*/123.1	140	28/24
38	三甲氧苄氨嘧啶 Trimethoprim	ESI$^+$	291.2	261.2/230.2*	160	28/24

（续表6-29）

序号	中英文名称	离子检测模式	母离子（m/z）	子离子（m/z）	碎裂电压/V	碰撞能量/V
39	二甲氧苄氨嘧啶 Diaveridine	ESI⁺	261.1	245.1*/123.1	140	28/24
（四）四环素类（5种）						
40	美满霉素 Minocycline	ESI⁺	458.3	441.1*/352.1	25	18/30
41	四环素 Tetracycline	ESI⁺	445.2	427.1/410.1*	104	8/16
42	土霉素 Oxytetracycline	ESI⁺	461.2	443.2/426.1*	105	8/16
43	强力霉素 Doxycycline	ESI⁺	479.1	462.1/444.1*	135	16/20
44	金霉素 Chlortetracycline	ESI⁺	445.2	321.0*/154.0	140	32/20
（五）硝基咪唑类（6种）						
45	甲硝唑 Metronidazole	ESI⁺	172.2	128.2/82.1*	25	15/20
46	洛硝哒唑（罗硝唑） Ronidazole	ESI⁺	201.2	140.2*/55.2	15	12/20
47	二甲硝咪唑（地美硝唑） Dimetridazole	ESI⁺	142.2	96.2*/81.2	25	15/20
48	替硝唑 Tinidazole	ESI⁺	248.2	121.2*/128.2	25	15/20
49	特尼哒唑（特硝唑） Ternidazole	ESI⁺	186.2	128.2/82.2*	20	15/20
50	异丙硝唑 Ipronidazole	ESI⁺	170.2	124.2*/109.2	30	17/30
（六）大环内酯类（5种）						
51	红霉素 Erythromycin	ESI⁺	734.4	158.2/576.4*	166	45/16
52	罗红霉素 Roxithromycin	ESI⁺	837.5	679.5/158.2*	159	36/20
53	交沙霉素 Josamycin	ESI⁺	828.5	174.1*/109	145	36/50
54	螺旋霉素 Spiramycin	ESI⁺	843.5	174.1*/142.1	155	40/36
55	泰乐菌素 Tylosin	ESI⁺	916.5	174.1*/101.0	200	40/50
（七）抗真菌类（8种）						
56	酮康唑 Ketoconazole	ESI⁺	531.0	489.0*/255.0	130	50/40
57	氟康唑 Fluconazole	ESI⁺	307.0	238.0*/220.0	130	15/15

序号	中英文名称	离子检测模式	母离子（m/z）	子离子（m/z）	碎裂电压/V	碰撞能量/V
58	萘替芬 Naftifine	ESI⁺	288.0	117.0*/141.0	110	25/15
59	联苯苄唑 Bifonazole	ESI⁺	311.0	243.0*/165.0	90	35/10
60	克霉唑 Clotrimazole	ESI⁺	277.0	165.0*/241.0	110	20/20
61	益康唑 Econazole	ESI⁺	381.0	125.0*/193.0	130	40/20
62	咪康唑 Miconazole	ESI⁺	417.0	159.0*/161.0	130	40/30
63	灰黄霉素 Griseofulvin	ESI⁺	353.0	165.0*/215.0	130	20/20
（八）氯霉素类（3种）						
64	氯霉素 Chloramphenicol	ESI⁻	321.0	257.1/152.0*	137	4/8
65	甲砜霉素 Thiophenicol	ESI⁻	354.0	290.1*/185.0	145	4/12
66	氟甲砜霉素 Florfenicol	ESI⁻	356.0	336.0*/185.0	142	0/12

注：＊表示定量离子。

5. 测定方法

取样品溶液和混合标准工作溶液各 5.0 μL，注入 LC - MS/MS，按照本节规定的色谱 - 质谱条件进行测定，以待测物色谱峰的保留时间和两对 MRM 离子对为依据进行定性。

定性必须同时满足：①样液中待测物的保留时间与标准溶液中对应化合物的保留时间相对偏差在 ±2.5% 之内；②比较样品溶液谱图中各待测物 MRM 离子对的相对丰度比与标准溶液谱图中对应的 MRM 离子对的相对丰度比，两者数值的相对偏差必须满足表 6-30 的要求，方可确定为同一物质。定量时，以定量离子对的色谱峰面积按外标法计算。

表6-30　相对离子丰度的最大允许偏差

相对离子丰度比 Z /%	Z > 50	20 < Z < 50	10 < Z < 20	Z ≤ 10
最大允许偏差 /%	±20	±25	±30	±50

6.2.5　典型案例介绍

【案例一】　非法添加多种抗生素的"杀鸡牌祛痘万能膏"

2016 年 3 月，广州南沙警方在工作中发现，群众网购的"杀鸡牌祛痘万能膏"（以下简称"杀鸡膏"，如图 6-15 所示）在使用后，皮肤出现红肿、过敏、溃烂等症状，怀疑该化妆品中非法添加激素、抗生素等禁用成分。对此，警方立即将"杀鸡膏"送检。经 LC - MS/MS 分析，本实验室从送检的"杀鸡膏"中检出有 5.1%（质量分数，下同）的磺胺甲噁唑

图6-15　送检的"杀鸡牌祛痘万能膏"

（磺胺类抗菌药）、1.1％的甲氧苄啶（磺胺类抗菌增效剂）、1.5％的氯霉素（抗生素）、0.28％的酮康唑（抗真菌药）和 70 mg/kg 的氯倍他索丙酸酯（糖皮质激素）等 5 种违禁组分，图 6－16 为"杀鸡膏"样品的 MRM 色谱图。

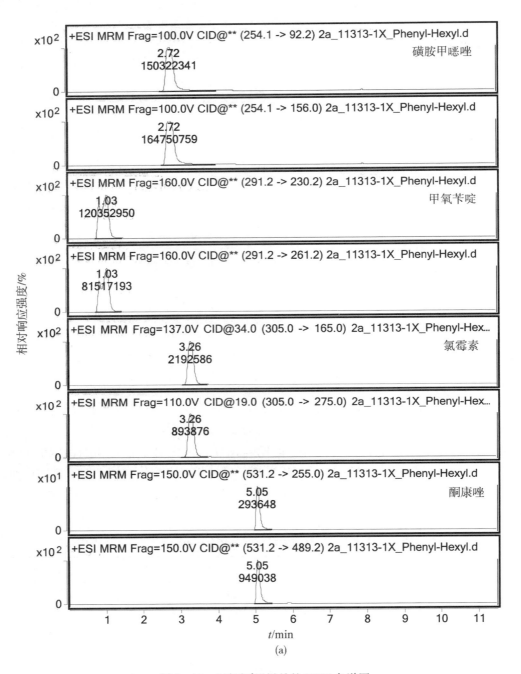

图 6－16　"杀鸡膏"样品的 MRM 色谱图

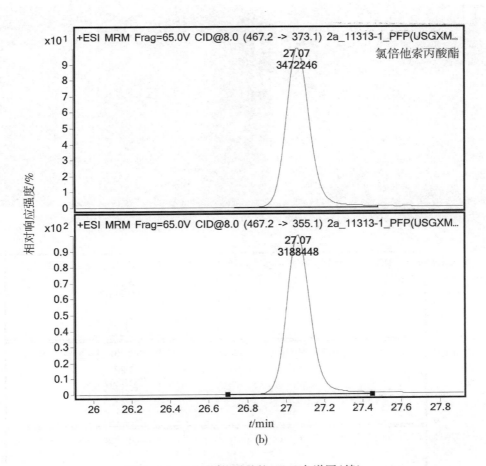

图 6－16 "杀鸡膏"样品的 MRM 色谱图（续）

警方随即成立专案组，以涉案人员为突破口，以查清涉案药膏的生产、仓储、运输等犯罪链条为主线，整合网内网外各种"大数据"资源，有步骤地开展调查取证工作。2016 年 11 月 11 日，警方组织警力，在番禺区和天河区分别收网一举捣毁生产、销售伪劣化妆品窝点，抓获刘某、赵某等 5 名犯罪嫌疑人，现场缴获伪劣的"杀鸡膏"成品 1 700 余盒，以及生产工具和原料一批。目前，犯罪嫌疑人刘某、赵某已被警方依法逮捕。

【案例二】 "效果神奇"的祛痘类化妆品散装产品可能存在的"猫腻"

2017 年 6 月，广东省珠海市食药监局接某消费者投诉，称其从某商家处购买的瓶装单独售卖的某品牌祛痘类化妆品效果神奇，但怀疑非法添加有祛痘类西药成分。监管部门随即将该产品送本中心做常规的化妆品中甲硝唑及抗生素等 7 项组分检测，结果检出含量较高的甲硝唑，该成分是具有祛痘功效的抗菌化学药，属化妆品违禁组分。根据检测结果，监管部门对该商家进行了突击抽查，发现该祛痘产品只是套装产品内其中的一瓶，并未发现有单独出售的瓶装产品，随即将套装产品抽样送检。经检验，并未发现违禁成分甲硝唑。为了消除疑虑，又采用 LC－MS/MS 对消费者购买的散装样品和监管部门抽检的套装样品（图 6－17）同时做进一步测定，发现消费者购买的散装样品不仅检出甲硝唑，还检出克林霉素及林可霉素两种抗生素，而监管部门现场抽检的套装样品中未检出任何违禁成分，图 6－18 为相关测试谱图。

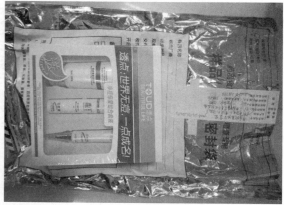

图 6 – 17　消费者购买的散装样品（左）和监管部门抽检的套装样品（右）

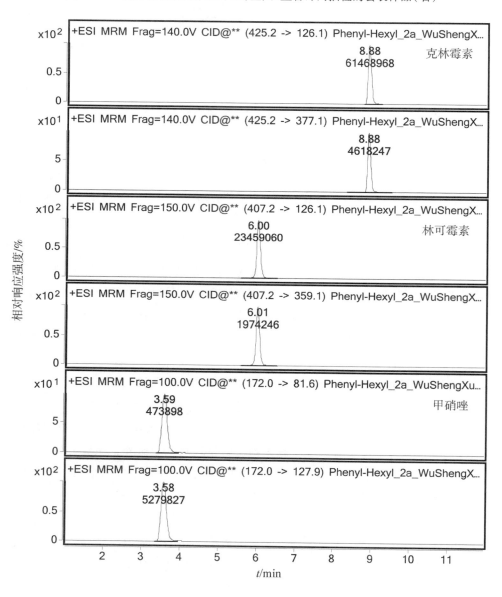

图 6 – 18　某品牌祛痘类化妆品的 MRM 色谱图

6.3 其他功能性化妆品中非法添加性激素的检测方法

爱美之心，人皆有之。无论男女老少，对提升自身魅力的努力从未间断过。譬如，丰胸，亦称隆胸或丰乳，是女性为了提升个人魅力而进行的针对性的美胸行为；健美塑形，是男女性为了塑造健康美丽身体曲线而采取的行为。诸如此类的爱美行为，实现方式有多种，其中，化学药的使用一直是较为常见且高效的形式。由于激素尤其是雌激素和孕激素在使用过程中可促进乳腺管增生，乳头、乳晕着色，从而达到丰胸美胸效果，一度在欧美等国的丰胸类或美乳类化妆品中获批使用，而具有蛋白同化作用的雄激素类药物则被广泛用于有助于体形健美的健美类化妆品中。后发现滥用这些性激素会导致皮肤过敏、代谢紊乱甚至诱发癌变等，风险巨大，世界各国先后明令禁止在各类化妆品中添加性激素，我国也未有公开宣称丰胸、美乳或健美功能的化学药获得批准。

日常检测发现，仍有不少化妆品产品存在非法添加雌激素、孕激素、雄激素等性激素类成分的行为。本实验室汇总了已发现或有文献报道的性激素成分，并研究建立了高分辨质谱高通量筛查方法，为相关类别化妆品的监管提供了技术支持。

6.3.1 性激素类药物概述

天然性激素主要是由性腺所分泌，肾上腺皮质及胎盘也有少量生成，主要包括雌激素、孕激素和雄激素等甾体类激素。

6.3.1.1 理化性质

（1）天然雌激素（estrogens）有雌二醇（estradiol）、雌酮（estrone）和雌三醇（estriol）。雌二醇是卵巢分泌的主要雌激素。合成雌激素是以雌二醇为母体，经过结构改变后获得了许多高效的衍生物，如炔雌醇（ethinylestradiol）。此外，也合成了一些有雌激素活性的非甾体化合物，如己烯雌酚（diethylstilbestrol），其虽不属甾体类，但其立体构型可看作是天然雌激素已断裂的多环状结构。常见的雌激素详见表6-31。

表6-31 常见雌激素的主要理化性质

序号	化合物中英文名	CAS号	分子式	精确质量数	化学结构式	lgP	熔点/℃
1	雌酮 Estrone	53-16-7	$C_{18}H_{22}O_2$	270.16198	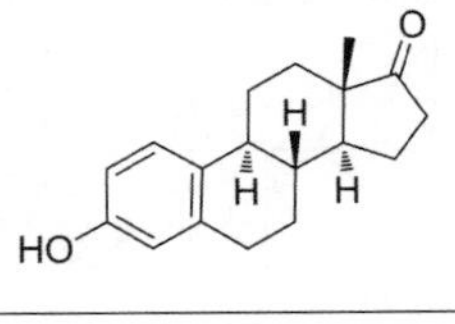	3.13	153.08
2	雌二醇 Estradiol	50-28-2	$C_{18}H_{24}O_2$	272.17763	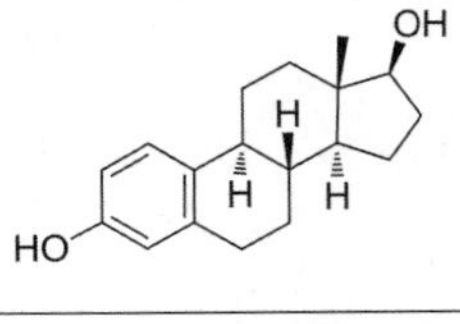	4.01	152.43
3	雌三醇 Estriol	50-27-1	$C_{18}H_{24}O_3$	288.17254	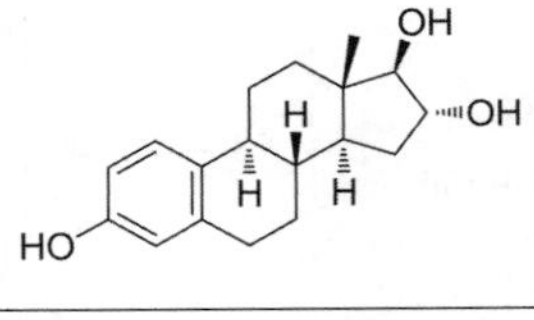	2.45	180.72

（续表6-31）

序号	化合物 中英文名	CAS 号	分子式	精确质量数	化学结构式	lg$P$	熔点/℃
4	己烷雌酚 Hexestrol	5776-72-7	$C_{18}H_{22}O_2$	270.16198	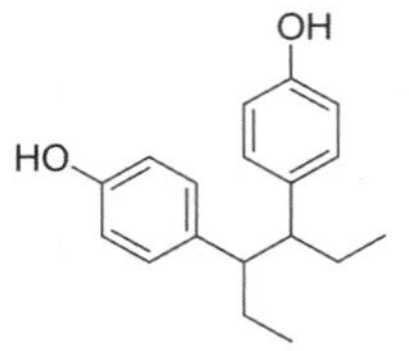	5.60	147.18
5	己烯雌酚 Diethylstilbestrol	6898-97-1	$C_{18}H_{20}O_2$	268.14633	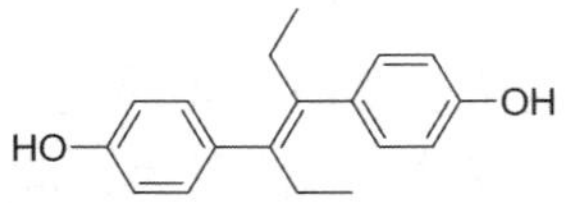	5.07	147.18
6	己二烯雌酚 Dienestrol	13029-44-2	$C_{18}H_{18}O_2$	266.13068	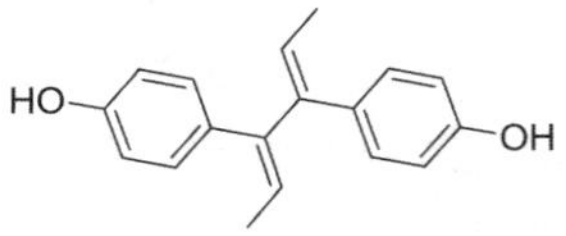	5.43	152.48
7	炔雌醇 Ethynyl estradiol	57-63-6	$C_{20}H_{24}O_2$	296.17763	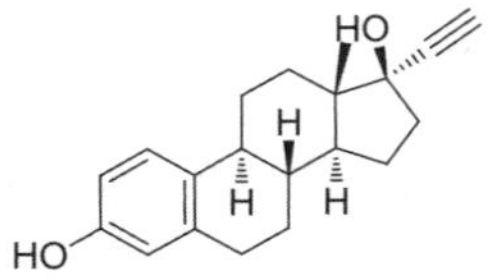	3.67	171.12
8	苯甲酸雌二醇 Estradiol benzoate	50-50-0	$C_{25}H_{28}O_3$	376.20384	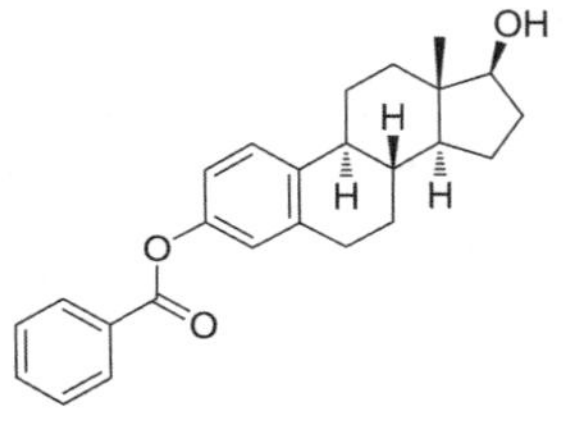	5.47	202.80

（2）天然雄激素（androgens）主要由睾丸间质细胞分泌，肾上腺皮质、卵巢和胎盘也有少量分泌，于1971年发现的睾酮（testosterone）是其主要成分。临床应用均是人工合成品及其衍生物，如甲睾酮、丙酸睾酮、苯乙酸睾酮（testosterone phenylacetate）等。常见的雄激素详见表6-32。

表6-32　常见雄激素的主要理化性质

序号	化合物 中英文名	CAS 号	分子式	精确质量数	化学结构式	lg$P$	熔点/℃
1	睾酮 Testosterone	58-22-0	$C_{19}H_{28}O_2$	288.20893	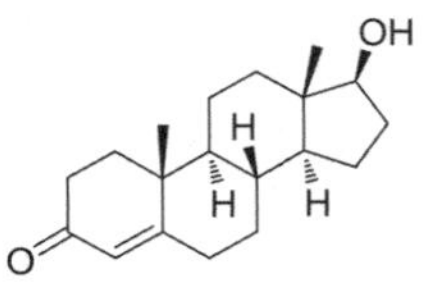	3.32	144.56
2	甲基睾酮 Methoxytestosterone	58-18-4	$C_{20}H_{30}O_2$	302.22458	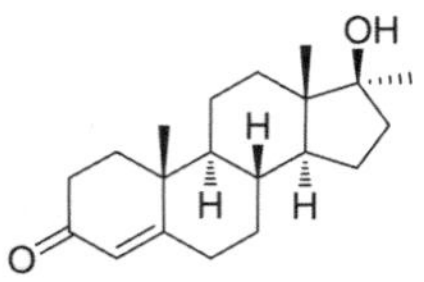	3.36	151.62

（续表6-32）

序号	化合物 中英文名	CAS号	分子式	精确质量数	化学结构式	lgP	熔点/℃
3	诺龙 Nandrolone	434-22-0	$C_{18}H_{26}O_2$	274.19328	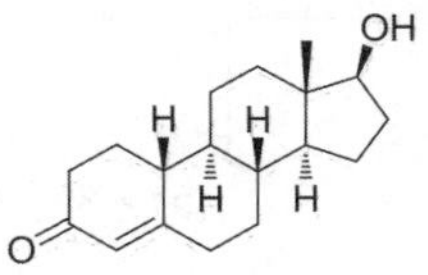	2.62	140.99
4	丙酸睾酮 Testosterone propionate	57-85-2	$C_{22}H_{32}O_3$	344.23514	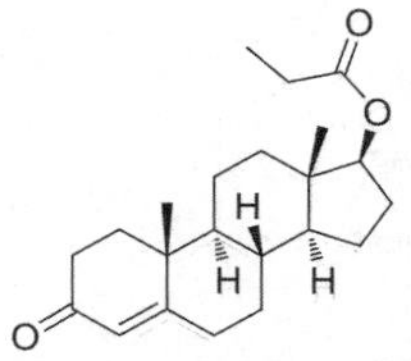	4.77	157.57
5	苯丙酸诺龙 Nandrolone phenylpropionate	62-90-8	$C_{27}H_{34}O_3$	406.25079	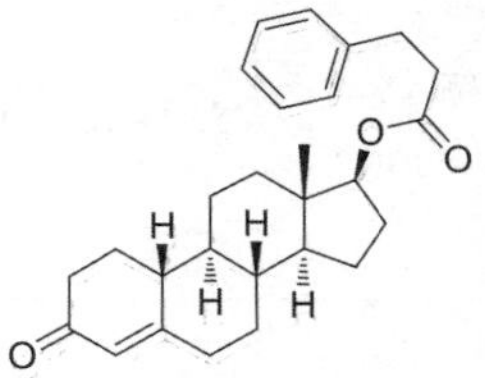	6.02	206.09
6	美睾诺龙 Mestanolone	521-11-9	$C_{20}H_{32}O_2$	304.24023	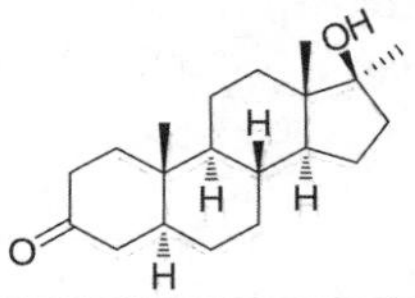	3.52	192.00
7	表雄酮 Epiandrosterone	481-29-8	$C_{19}H_{30}O_2$	290.22458	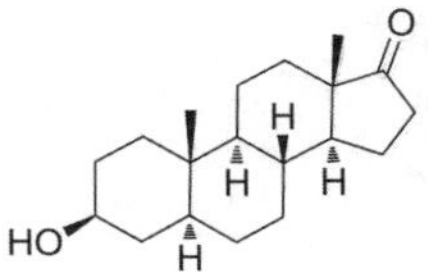	3.07	178.00
8	雄烯二酮 Androstenedione	63-05-8	$C_{19}H_{26}O_2$	286.19328	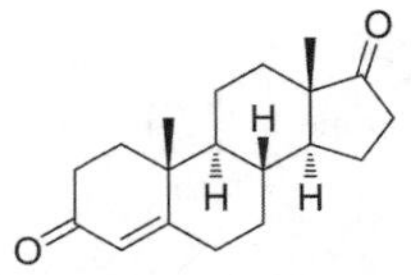	2.75	158.00
9	美雄酮 Metandienone	72-63-9	$C_{20}H_{28}O_2$	300.20893	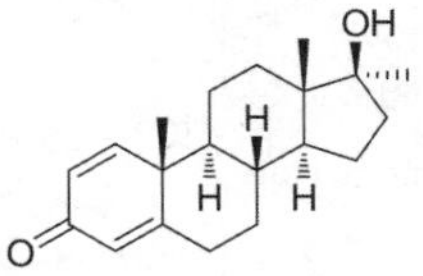	3.51	166.00

（3）天然孕激素（progestogens）主要由卵巢黄体分泌，妊娠3～4个月后黄体逐渐萎缩而由胎盘分泌代之，直至分娩。在近排卵期的卵巢及肾上腺皮质中也有一定量的孕激素产生。临床应用的孕激素均系人工合成品及其衍生物，常用的有黄体酮（progesterone）、17α-羟孕酮类如甲地孕酮（megestrol）、氯地孕酮（chlormadinone）和19-去甲睾丸酮类如炔诺孕酮（norgestrel）、炔诺酮（norethisterone）等。常见的孕激素详见表6-33。

表6-33　常见孕激素的主要理化性质

序号	化合物 中英文名	CAS 号	分子式	精确质量数	化学结构式	lgP	熔点/℃
1	孕酮 Progesterone	57-83-0	$C_{21}H_{30}O_2$	314.22458		3.87	121.00
2	17α-羟孕酮 17α-Hydroxyprogesterone	68-96-2	$C_{21}H_{30}O_3$	330.21949		3.17	222.00
3	甲羟孕酮 Medroxyprogesterone	520-85-4	$C_{22}H_{32}O_3$	344.23514		3.50	214.00
4	醋酸氯地孕酮 Chloromadinone 17-acetate	302-22-7	$C_{23}H_{29}ClO_4$	404.17545		3.95	213.00
5	醋酸甲地孕酮 Megestrol 17-acetate	595-33-5	$C_{24}H_{32}O_4$	384.23006		4.00	214.00
6	醋酸甲羟孕酮 Medroxyprogesterone 17-acetate	71-58-9	$C_{24}H_{34}O_4$	386.24571		4.09	188.16
7	醋酸羟孕酮 Hydroxyprogesterone acetate	302-23-8	$C_{23}H_{32}O_4$	372.23006		3.61	242.00
8	己酸羟孕酮 17α-Hydroxyprogesterone caproate	630-56-8	$C_{27}H_{40}O_4$	428.29266		5.74	122.00
9	炔诺酮 Norethindrone	68-22-4	$C_{20}H_{26}O_2$	298.19328		2.97	203.00

序号	化合物 中英文名	CAS 号	分子式	精确质量数	化学结构式	lg$P$	熔点/℃
10	甲炔诺酮 Norgestrel	6533 – 00 – 2	$C_{21}H_{28}O_2$	312.20893		3.48	206.00
11	醋酸美仑孕酮 Melengestrol acetate	2919 – 66 – 6	$C_{25}H_{32}O_4$	396.23006		4.21	220.00
12	地屈孕酮 Dydrogesterone	152 – 62 – 5	$C_{21}H_{28}O_2$	312.20893		3.45	169.00

6.3.1.2 功效与用途

1. 雌激素类药物

(1)主要功效：对未成年女性而言，具有促进女性性征和性器官发育的作用，如可使子宫发育、乳腺腺管增生及脂肪分布变化等。对成年女性而言，具有保持女性性征、月经周期，使子宫内膜增殖变厚（增殖期），并与黄体酮一同使子宫内膜转变为分泌期，提高子宫平滑肌对缩宫素的敏感性，同时使阴道上皮增生，浅表层细胞发生角化的作用。较大剂量的雌激素可作用于下丘脑垂体系统，抑制促性腺激素释放激素的分泌，发挥抗排卵作用。并能抑制乳汁分泌，但并不减少催乳素分泌，现认为主要是在乳腺水平干扰催乳素的作用所致。另还有抗雄性激素作用。此外，雌激素还能影响代谢，如有轻度水钠潴留作用，并能增加骨骼的钙盐沉积，加速骨骺闭合，大剂量下，还能升高血清甘油三酯和磷脂，降低血清胆固醇，也可使糖耐量降低，还有促凝血作用。

(2)常见用途：在临床上，雌激素常被用于绝经期综合征、卵巢功能不全与闭经、功能性子宫出血、乳房胀痛、晚期乳腺癌、避孕及由于雄激素分泌过多所致的青春期痤疮等疾病的治疗。

2. 雄激素类药物

(1)主要功效：能促进男性性征和性器官发育，如睾酮能使男性第二性征及外生殖器、前列腺、精囊生长发育，并保持其成熟状态。睾酮还可抑制垂体前叶分泌促性腺激素（负反馈），对女性可使雌激素分泌减少，尚有抗雌激素作用。具有同化作用，能明显地促进蛋白质的合成，减少氨基酸分解，使肌肉增长，体重增加，减轻氮质血症，还能促进免疫球蛋白的合成，增强机体的免疫功能和抗感染能力。在骨髓功能低下时，大剂量雄激素可促进细胞生长，这可能是促进肾脏分泌促红细胞生成素所致，也可能与直接刺激骨髓造血功能有关，增强骨髓造血功能。此外，雄激素还有类似糖皮质激素的抗炎作用，有增加肾脏远曲小管重吸收水钠和保钙作用，故易出现水、钠、钙、磷潴留现象。

(2)常见用途：在临床上，雄激素常被用于睾丸功能不全、功能性子宫出血、晚期乳腺癌及再生障碍性贫血等疾病的治疗。

3. 孕激素类药物

(1)主要功效：在月经后期，黄体酮在雌激素作用的基础上，使子宫内膜继续增厚、充血，腺体增生并分支，由增殖期转为分泌期，有利于孕卵着床和胚胎发育。黄体酮能抑制子宫收缩，并降低子宫对缩宫素的敏感性，有利于胎儿安全生长，其机制是黄体酮选择性地与缩宫素受体结合，抑制其介导的磷酸肌醇的生成与钙活动。一定剂量的孕激素可抑制垂体前叶促黄体生成素分泌，起负反馈作用。促使乳腺腺泡发育，为哺乳作准备。此外，孕激素还能竞争性地对抗醛固酮，从而促进 Na 离子和 Cr 离子的排泄并利尿，且有轻度升高体温作用，使月经周期的黄体相基础体温较高。

（2）常见用途：在临床上，孕激素常被用于功能性子宫出血、痛经、子宫内膜异位症、子宫内膜腺癌、前列腺肥大及前列腺癌等疾病的治疗。此外，对黄体功能不足的先兆性流产和习惯性流产有一定的安胎作用。

6.3.1.3 毒副作用

（1）雌激素类药物：常见恶心、呕吐、食欲不振、头晕等，早晨较多见。久用可致子宫内膜过度增生而引起出血，故有子宫出血倾向者及子宫内膜炎患者慎用。除前列腺癌和绝经期后乳腺癌外，禁用于其他肿瘤。该药在肝内代谢，可能会引起淤积性黄疸，故肝功能不良者慎用。

（2）雄激素类药物：女性患者长期应用该类药物，可引起男性化体征。男性患者可发生性欲亢进，长期用药后睾丸萎缩，精子生成抑制。该类药物大多数均能干扰肝内毛细胆管的排泄功能，引起胆汁淤积性黄疸。

（3）孕激素类药物：偶见头晕、恶心、乳房胀痛等。长期应用可引起子宫内膜萎缩、月经量减少，并易发阴道真菌感染。

总而言之，当性激素直接作用于皮肤时，短期内可见促进毛发生长、防止皮肤老化、祛除皮肤皱纹、增加皮肤弹性等作用，长期应用则可能导致色素沉积、产生黑斑、皮肤萎缩变薄，甚至具有高度的致癌风险。因此，在护肤化妆品中非法添加性激素的行为具有高度风险。

6.3.2 相关法规和标准

鉴于潜在的安全和健康风险，我国 2015 年版的《化妆品安全技术规范》将性激素列为化妆品禁用组分，欧盟、东盟、日本、韩国等国家和地区的化妆品法规亦有此规定。另外，我国陆续出台了多项标准检测方法，用于化妆品中性激素的测定，如表 6 - 34 所示。

表 6 - 34 我国相关标准中化妆品中性激素测定的标准方法

序号	方法名称	测定的化合物	检出限	定量限
1	SN/T 2533—2010《进出口化妆品中糖皮质激素类与孕激素类检测方法》	炔诺酮、孕酮、甲烯雌醇醋酸酯、甲炔诺酮、地屈孕酮、醋酸羟孕酮、醋酸甲地孕酮、米非司酮、醋酸氯地孕酮、醋酸甲羟孕酮、己酸羟孕酮等 11 种孕激素	10 μg/kg	—
2	《化妆品安全技术规范》（2015 年版）第四章 理化检验方法 2.4 雌三醇等 7 种组分	雌三醇、雌酮、己烯雌酚、雌二醇、睾丸酮、甲基睾丸酮和黄体酮等 7 种组分	4 ～ 80 μg/g	—
3	GB/T 34918—2017《化妆品中 7 种性激素的测定 超高效液相色谱 - 串联质谱法》	7 种性激素	—	—

6.3.3 检测方法综述

目前，用于化妆品中性激素的检测方法主要有酶联免疫法、薄层色谱法、气相色谱法、液相色谱法、气相色谱 - 串联质谱法、液相色谱 - 串联质谱法（LC - MS/MS）和液相色谱 - 高分辨质谱法（LC - HRMS）。

表6-35详细归纳了质谱检测技术在化妆品中性激素检测方面的应用情况。

表6-35 质谱检测技术在化妆品中性激素检测中的应用

序号	待测物 （测定种类）	提取方法	净化手段	色谱柱	检测方法	检出限	定量限	文献
1	雌激素（4）， 雄激素（2）， 孕激素（1）	乙醚，振荡提取	Oasis HLB SPE， 净化后加 七氟丁酸酐衍生化	DB-5MS 毛细管柱 （30m×0.25mm×0.25μm）	GC-MS- SIM	0.025～ 0.050μg/mL	—	[32]
2	雌激素（4）， 雄激素（2）， 孕激素（1）	乙醚，振荡提取	Oasis HLB SPE	Acquity UPLC BEH C$_{18}$柱 （50mm×2.1mm，1.7μm）	LC-QQQ	—	—	[33]
3	雌激素（4）， 雄激素（2）， 孕激素（1）	甲醇，超声提取	Oasis HLB SPE	ZORBAX Eclipse XDB-C$_{18}$柱 （50mm×2.1mm，1.8μm）	LC-QQQ	0.007～ 0.8 mg/kg	—	[34]
4	雌激素（7）， 雄激素（10）， 孕激素（8）	甲醇，超声提取	正己烷除脂	Acquity UPLC BEH Shield RP18 （100mm×2.1mm，1.7μm）	LC-QQQ	0.1～ 30.5μg/kg	0.4～ 101.8μg/kg	[35]
5	雌激素（6）， 雄激素（2）， 孕激素（2）	甲醇，超声提取	无	Acquity UPLC BEH C$_{18}$柱 （50mm×2.1mm，1.7μm）	LC-QQQ	0.002～ 0.2 μg/g	—	[36]
6	雌酮及孕酮	用饱和氯化钠 溶液分散后加入 乙腈，超声提取	无	Symmetry C$_{18}$柱 （100mm×2.1mm，3.5μm）	LC-QQQ	<25 pg	—	[5]
7	雌激素（4）， 雄激素（2）， 孕激素（1）	加饱和氯化钠 溶液振荡后加 1%（体积分数） 乙酸乙腈溶液， 超声提取	无	Waters C$_{18}$柱 （100mm×2.1mm，1.7μm）	LC-Q- Trap	—	2～ 5 μg/L	[37]
8	雌激素（6）， 雄激素（9）， 孕激素（12）	乙腈，高速匀浆	分散固相萃取	Acquity HSS-T3 （100mm×2.1mm，1.8μm）	LC-QQQ	—	5～ 50 μg/kg	[8]
9	雄激素（5）， 孕激素（3）	乙腈，超声提取	冷冻离心， GPC 净化	ZORBAX Eclipse XDB-C$_{18}$柱 （100mm×2.1mm，1.8μm）	LC-QQQ	0.1～ 4.0 mg/kg	—	[9]
10	雄激素（10）， 孕激素（5）	甲醇，超声提取	正己烷除脂	Acquity UPLC BEH C$_{18}$柱 （50mm×2.1mm，1.7μm）	LC-LTQ- Orbitrap	5～ 10 μg/kg	—	[10]
11	雄激素（15）	甲醇，超声提取	Oasis HLB SPE	Acquity UPLC BEH C$_{18}$柱 （50mm×2.1mm，1.7μm）	LC-QQQ	—	1～ 20 μg/kg	[38]
12	雌激素（4）， 雄激素（2）， 孕激素（1）	饱和氯化钠溶液， 2%（体积分数） 稀硫酸溶解， 环己烷萃取	C$_{18}$ SPE	ZORBAX Extend-C$_{18}$柱 （50mm×2.1mm，1.8μm）	LC-Q- TOF	3.5～ 65 ng/mg	—	[39]

序号	待测物 （测定种类）	提取方法	净化手段	色谱柱	检测方法	检出限	定量限	文献
13	雌激素（9）， 雄激素（6）， 孕激素（6）	甲醇-乙腈 （体积比1:1）， 涡旋萃取	Oasis HLB SPE	Acquity UPLC BEH C_{18}柱 （50mm×2.1mm，1.7μm）	LC-QQQ	—	0.05～ 0.61 mg/kg	[40]
14	雌激素（4）， 雄激素（8）， 孕激素（1）	先加水分散， 再加乙腈， 超声提取	QuEChERS	Luna Omega （50mm×2.1mm，1.6μm）	LC-QQQ	2～ 30ng/mL	5～ 50ng/mL	[41]
15	雌激素（4）， 孕激素（1）	甲醇，超声提取	无	Acquity UPLC BEH C_{18}柱 （50mm×2.1mm，1.7μm）	LC-QQQ	0.005～ 0.05 mg/L	0.02～ 0.2 mg/L	[42]

6.3.4　LC-Q-TOF-MS法同时快速测定功能性化妆品中29种性激素

为打击化妆品中非法添加性激素的行为，政府相关部门制定和发布了一些国家标准或行业标准。但这些方法只针对单一类或两类部分性激素的检测，覆盖的类别和品种不够广，对3大类性激素实行全面监测的检测成本高、效率低，容易出现漏检现象。本课题组研究建立了雌激素、雄激素及孕激素共3类29种性激素的一级精确质量数据库及二级碎片离子质谱图谱库，从而实现了一次同时提取、正负离子模式分别测定、无需标准品即可完成上述29种性激素的高通量质谱快速全面筛查与确证方法，极大地提高了检测效率，大大降低了单项激素的检测成本，缩短检测时间，从而实现对化妆品中非法添加性激素的有效监控。

6.3.4.1　实验部分

1. 仪器与试剂

主要仪器设备及实验试剂分别见表6-36及表6-37。

表6-36　主要仪器设备

仪器设备名称	型号	生产厂商
超高分辨精确质量四极杆飞行时间液质联用仪（配有Dual Agilent Jet Stream Electrospray Ionization（Dual AJS ESI）源、Agilent MassHunter Workstation Software（version B.05.00）及Agilent MassHunter PCDL Manager（B.04.00）等软件）	Agilent 1290 UHPLC，6540B Q-TOF-MS	美国Agilent公司
超声波发生器	AS 3120	天津奥特赛恩斯仪器有限公司
离心机	H1850	湖南湘仪实验室仪器开发有限公司
快速混匀器	XW-80A	海门市麒麟医用仪器厂

表 6-37　主要实验试剂

试剂名称	规格/纯度	生产厂商
乙腈	色谱纯	美国 Thermo Fisher Scientific 公司
甲醇	色谱纯	美国 Thermo Fisher Scientific 公司
乙酸	LC - MS 级	美国 Thermo Fisher Scientific 公司
氯化钠(NaCl)	分析纯	广州化学试剂厂
无水硫酸镁(MgSO$_4$)	分析纯	上海晶纯生化科技股份有限公司
三水亚铁氰化钾(K$_4$Fe(CN)$_6$·3H$_2$O)	分析纯	广州化学试剂厂
二水乙酸锌(C$_4$H$_6$O$_4$Zn·2H$_2$O)	分析纯	广州化学试剂厂
十八烷基键合硅胶颗粒(Bondesil - C$_{18}$)	40 μm，100 目	美国 Agilent 公司
N - 丙基乙二胺颗粒(Bondesil - PSA)	40 μm，100 目	美国 Agilent 公司
实验用水	二次蒸馏水	实验室自制

29 种标准物质：纯度≥95%，分别购自中国食品药品检定研究院、欧洲药品质量管理局、美国药典委员会、加拿大 TRC 公司、德国 Dr. Ehrenstorfer 公司。

2. 标准溶液的配制

以甲醇或乙腈为溶剂，将所有标准物质分别配制成 1000 mg/L 的单标储备液，置棕色瓶中于 -20℃ 保存，保存期 6 个月；将所有单标储备液用乙腈稀释成 1 mg/L 或 10 mg/L 的单标工作液，置棕色瓶中于 4℃保存，保存期 4 周；适量吸取各单标储备液，用乙腈配制成适当浓度的混合标准工作液。

3. 样品处理方法

准确称取均匀试样 1.0 g(精确至 0.01 g)于 50mL 聚丙烯离心管中，加入 10 mL 水，充分涡旋分散，加入 10 mL 乙腈，涡旋提取 1 min，超声提取 10 min；加入沉淀剂 106 g/L 亚铁氰化钾溶液及 219 g/L 乙酸锌溶液各 0.2 mL，涡旋混匀 1 min，加入盐析剂(1.0 g NaCl + 2.0 g MgSO$_4$)，振摇 1 min，5 000 r/min 离心 10 min；移取上层清液 5 mL 至 15 mL 聚丙烯离心管，加入净化剂(0.15 g Bondesil - C$_{18}$ + 0.15g Bondesil - PSA + 1.0 gMgSO$_4$)，涡旋混匀，静置 5 min，5 000 r/min 离心 5 min，过 0.22 μm 滤膜，待上机分析。

4. 分析条件

1)色谱条件

色谱柱：美国 Agilent Poroshell 120 PFP 柱(100 mm×2.1 mm，2.7 μm)；流动相：A 相为 5 mmol/L 氟化铵水溶液(负离子模式)或 0.2%(体积分数)乙酸水溶液(正离子模式)，B 相为乙腈；梯度洗脱程序详见表 6-38(负离子模式)及表 6-39(正离子模式)；流速：0.4 mL/min；进样量：5 μL；柱温：35℃。

表 6-38　流动相梯度洗脱程序(负离子模式)

序号	时间/min	流动相 A 体积分数 /%	流动相 B 体积分数 /%
1	0～2	95	5
2	2～5	80	20
3	5～8	50	50
4	8～10	20	80
5	10～15	10	90
6	15～18	95	5

表 6 – 39　流动相梯度洗脱程序（正离子模式）

序号	时间/min	流动相 A 体积分数 /%	流动相 B 体积分数 /%
1	0 ～ 2	70	30
2	2 ～ 5	50	50
3	5 ～ 8	20	80
4	8 ～ 12	5	95
5	12 ～ 15	5	95
6	15 ～ 20	70	30

2）质谱条件

电喷雾双喷离子源正离子模式（ESI$^+$）；毛细管电压：4 000 V；干燥气（氮气）温度：325 ℃；干燥气流量：10 L/min；鞘气（氮气）温度：325 ℃；鞘气流速：11 L/min；雾化气（氮气）压力：275.8 kPa；锥孔电压：60 V；碎裂电压：125 V。全扫描范围：m/z 50 ～ 1 000，采用参比内标溶液对质量轴作实时校正，参比内标溶液包含嘌呤（m/z 121.050 9）和 HP – 0921（m/z 922.009 8）。二级碎片离子数据通过 Targeted MS/MS 模式在确定的保留时间、母离子和最佳碰撞能量下获得，如表 6 – 40 所示。

电喷雾双喷离子源负离子模式（ESI$^-$）；毛细管电压：3 500 V；干燥气（氮气）温度：325 ℃；干燥气流量：10 L/min；鞘气（氮气）温度：325 ℃；鞘气流速：11 L/min；雾化气（氮气）压力：275.8 kPa；锥孔电压：60 V；碎裂电压：125 V。全扫描范围：m/z 50 ～ 1000，采用参比内标溶液对质量轴作实时校正，参比溶液包含三氟乙酸（m/z 112.985 5）和 HP – 0921（m/z 1033.988 1，HP – 0921 的三氟乙酸加合离子）。二级碎片离子数据通过 Targeted MS/MS 模式在确定的保留时间、母离子和最佳碰撞能量下获得，如表 6 – 40 所示。

表 6 – 40　29 种性激素的质谱参数

序号	中英文名称	化学式	理论质量数	母离子	实测质量数（m/z）	质量精度/×10^{-6}	碰撞能量/V
（一）雄激素（9 种）							
1	睾酮 Testosterone	$C_{19}H_{28}O_2$	288.2089	[M + H]$^+$	289.2176	2.77	30
2	甲基睾酮 Methoxytestosterone	$C_{20}H_{30}O_2$	302.2246	[M + H]$^+$	303.2332	2.67	20
3	诺龙 Nandrolone	$C_{18}H_{26}O_2$	274.1933	[M + H]$^+$	275.2013	0.74	20
4	丙酸睾酮 Testosterone propionate	$C_{22}H_{32}O_3$	344.2351	[M + H]$^+$	345.2441	3.29	25
5	苯丙酸诺龙 Nandrolone phenylpropionate	$C_{27}H_{34}O_3$	406.2508	[M + H]$^+$	407.2596	2.42	30
6	美睾酮 Mestanolone	$C_{20}H_{32}O_2$	304.2402	[M + H]$^+$	305.2492	3.74	25

（续表6-40）

序号	中英文名称	化学式	理论质量数	母离子	实测质量数（m/z）	质量精度/$\times 10^{-6}$	碰撞能量/V
7	表雄酮 Epiandrosterone	$C_{19}H_{30}O_2$	290.2246	$[M+H]^+$	291.2337	4.56	30
8	雄烯二酮 Androstenedione	$C_{19}H_{26}O_2$	286.1933	$[M+H]^+$	287.2023	4.10	25
9	美雄酮 Metandienone	$C_{20}H_{28}O_2$	300.2089	$[M+H]^+$	301.2177	3.04	20
（二）雌激素（8种）							
10	雌酮 Estrone	$C_{18}H_{22}O_2$	270.1620	$[M-H]^-$	269.1549	2.81	20
11	雌二醇 Estradiol	$C_{18}H_{24}O_2$	272.1776	$[M-H]^-$	271.1704	2.16	20
12	雌三醇 Estriol	$C_{18}H_{24}O_3$	288.1725	$[M-H]^-$	287.1656	3.14	15
13	己烷雌酚 Hexestrol	$C_{18}H_{22}O_2$	270.1620	$[M-H]^-$	269.1549	2.65	25
14	己烯雌酚 Diethylstilbestrol	$C_{18}H_{20}O_2$	268.1463	$[M-H]^-$	267.1387	0.89	20
15	己二烯雌酚 Dienestrol	$C_{18}H_{18}O_2$	266.1307	$[M-H]^-$	265.1236	2.75	15
16	炔雌醇 Ethynyl estradiol	$C_{20}H_{24}O_2$	296.1776	$[M-H]^-$	295.1711	4.33	20
17	苯甲酸雌二醇 Estradiol benzoate	$C_{25}H_{28}O_3$	376.2038	$[M+H]^+$	377.2131	3.74	35
（三）孕激素（12种）							
18	孕酮 Progesterone	$C_{21}H_{30}O_2$	314.2246	$[M+H]^+$	315.2328	1.10	35
19	17α-羟孕酮 17α-Hydroxy progesterone	$C_{21}H_{30}O_3$	330.2195	$[M+H]^+$	331.2278	1.45	30
20	甲羟孕酮 Medroxyprogesterone	$C_{22}H_{32}O_3$	344.2351	$[M+H]^+$	345.2432	0.64	40
21	醋酸氯地孕酮 Chloromadinone 17-acetate	$C_{23}H_{29}ClO_4$	404.1754	$[M+H]^+$	405.1846	3.22	45
22	醋酸甲地孕酮 Megestrol 17-acetate	$C_{24}H_{32}O_4$	384.2301	$[M+H]^+$	385.2386	1.93	40
23	醋酸甲羟孕酮 Medroxyprogesterone 17-acetate	$C_{24}H_{34}O_4$	386.2457	$[M+H]^+$	387.2546	2.69	35

（续表 6 - 40）

序号	中英文名称	化学式	理论质量数	母离子	实测质量数（m/z）	质量精度/ $\times 10^{-6}$	碰撞能量/ V
24	醋酸羟孕酮 Hydroxyprogesterone acetate	$C_{23}H_{32}O_4$	372.2301	$[M+H]^+$	373.2390	2.85	40
25	己酸羟孕酮 17α-Hydroxyprogesterone caproate	$C_{27}H_{40}O_4$	428.2927	$[M+H]^+$	429.3022	4.00	40
26	炔诺酮 Norethindrone	$C_{20}H_{26}O_2$	298.1933	$[M+H]^+$	299.2021	3.28	35
27	甲炔诺酮 Norgestrel	$C_{21}H_{28}O_2$	312.2089	$[M+H]^+$	313.2174	2.11	30
28	醋酸美仑孕酮 Melengestrol acetate	$C_{25}H_{32}O_4$	396.2301	$[M+H]^+$	397.2396	4.25	45
29	地屈孕酮 Dydrogesterone	$C_{21}H_{28}O_2$	312.2089	$[M+H]^+$	313.2176	2.76	40

5. 测定方法

1）质谱条件的优化

根据文献资料和相关经验，在 5 mmol/L 氟化铵水溶液 - 乙腈或 0.2%（体积分数）乙酸 - 乙腈的流动相体系下，对质量浓度为 1.0 mg/L（除雌激素外）或 10 mg/L（雌激素）的所有化合物标准溶液分别作电喷雾离子源正离子模式（ESI⁺）及电喷雾离子源负离子模式（ESI⁻）的一级全扫描及二级碎片离子扫描。结果显示，雄激素及孕激素在 ESI⁺ 下均能得到［M＋H］⁺ 离子，而雌激素中除了苯甲酸雌二醇可在 ESI⁺ 下得到［M＋H］⁺ 离子，其余雌激素类化合物只能在 ESI⁻ 下获得［M－H］⁻ 离子。因此，选择在正离子模式下以［M＋H］⁺ 为母离子对雄激素、孕激素及苯甲酸雌二醇建立筛查数据库，选择在负离子模式下以［M－H］⁻ 为母离子对除苯甲酸雌二醇之外的 7 种雌激素建立筛查数据库。

2）高分辨质谱筛查数据库的建立

在优化的色谱条件下进样，对 29 种性激素分别作正负离子模式下的 TOF - MS 全扫描分析，通过化合物分子式检索一级精确质量数据，精确质量数偏差低于 5×10^{-6}，且得分超过 90 的化合物可被识别，将该色谱峰对应的化合物名称、分子式、精确相对分子质量、母离子形式、母离子精确质量数及保留时间等信息导入 PCDL 数据库软件，得到 29 种性激素的一级精确质量数据库，用于软件初步筛查分析，图 6 - 19 为一级精确质量数据库的建立流程图。表 6 - 40 列出所有化合物的质谱信息。

在优化的色谱条件下进样，对已获得精确质量数的母离子作不同碰撞能量（5 ～ 50 eV，以 5 eV 为间隔）的 Targeted MS/MS 扫描，采集并分析所有二级碎片离子质谱图，选择碎片离子信息较为丰富的 4 个碰撞能量下的碎片离子质谱图导入 PCDL 数据库软件与对应化合物关

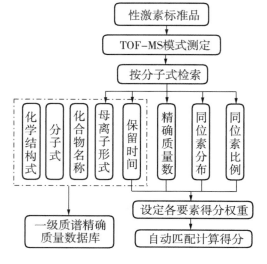

图 6 - 19　一级精确质量数据库的建立流程图

联，得到 29 种性激素的二级碎片离子质谱图数据库，用于精确质量数据库初筛结果的最终确认。另外，将高于基峰响应 10% 的碎片离子作为该化合物的定性点，取定性点最多的碰撞能量作为其确证的最佳条件，列入表 6 – 40。图 6 – 20 为二级碎片离子质谱图数据库的建立流程图。

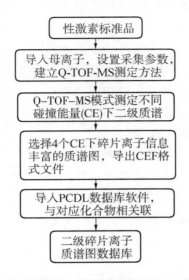

图 6 – 20 二级碎片离子质谱图数据库的建立流程图

3）精确质量数据库及碎片离子谱库检索流程

在优化的色谱－质谱条件下，将处理好的待测样液和混合标准工作液作一级全扫描分析。用一级精确质量数据库对采集的样品数据进行检索，得分高于 70 分，可初步确定含有可疑目标物；在最佳碰撞能量下，对可疑化合物的母离子作二级子离子扫描，将获得的碎片离子谱图与二级碎片离子质谱图数据库进行反向匹配，观察镜像比对结果，确证目标化合物；对筛查出的阳性化合物，以相近保留时间的同位素标准物质为内标，以相应母离子的峰面积按内标法计算目标物含量。图 6 – 21 为 LC – Q – TOF 高通量质谱筛查 29 种性激素的检索流程图。

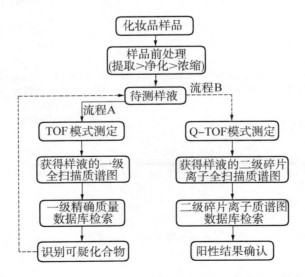

图 6 – 21 LC – Q – TOF 高通量质谱筛查 29 种性激素的检索流程图

6.3.5　典型案例介绍

　　目前，为了拥有好身材，一些女性会使用丰胸霜等产品，而不少丰胸产品以"一抹就变""给你诱人曲线"等广告词吸引广大女性消费者。但一些丰胸产品在使用之后，会使人的身体出现异常，这主要是其中非法添加了性激素所致。这些激素往往会被非法添加在美乳、丰胸的产品中，经皮肤吸收，以促进局部的乳腺发育。雌激素的过量使用会导致女性患乳腺癌，大大提高子宫肌瘤的发病率，还可引起月经不调、色素沉着、黑斑、皮肤变薄和萎缩等不良反应。

　　2017 年 7 月，在某公司委托的非特殊用途化妆品备案检测中，发现了某品牌丰胸美韵霜（图 6 - 22）中有高含量的己烯雌酚（质量分数为 0.11%）及黄体酮（质量分数为 0.12%）两种性激素，这两种物质均属于化妆品违禁组分。该产品的 MRM 色谱图详见图 6 - 23。

图 6 - 22　检出性激素的某品牌美韵霜

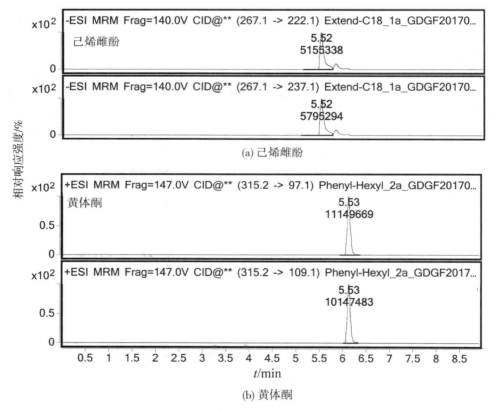

(a) 己烯雌酚

(b) 黄体酮

图 6 - 23　某品牌美韵霜的 MRM 色谱图

6.4 化妆品中有害元素的 ICP – MS 检测方法

6.4.1 化妆品中有害元素来源

化妆品中可能存在的安全性风险物质是指由化妆品原料带入、生产过程中产生或带入的，可能对人体健康造成潜在危害的物质。化妆品是直接与人身体接触的一类产品，因此其安全性应该引起格外的关注。化妆品中的有害元素来源又可分为恶意带入和生产过程中的意外带入。

1. 恶意带入

某些有害元素加到化妆品中有美白等效果，有些商家为了降低成本、追求非法利益，在化妆品生产过程中恶意添加这些有害的元素。如铅能够被人体皮肤很好地吸收，在化妆品中非法加入铅能促使皮肤吸收化妆品中其他物质成分，同时，铅还能很有效阻止人体黑色素的形成，因此，使用含有铅的化妆品能够让皮肤立马变得白亮。汞的化合物也具有短期内抑制黑色素产生的功效，具有增白、美白和祛斑的效果，从而令皮肤变得光滑细腻，因此也被非法添加进增白、美白和祛斑的化妆品中。

2. 意外带入

生产过程中的意外带入，最主要的是由生产原料带入。化妆品原料种类繁多，来源各异，在没有严格把关原料的情况下，很容易带入有害元素。特别是粉底、眼影等粉状、固体类化妆品，其原料中有矿物成分，如果不控制矿物质原料质量，就很容易造成金属超标。对于一些生产化妆品的小企业、小作坊，由于自身知识有限，在购买生产原料时，可能只知道某种原料具有美白作用，而不清楚原料的主要成分。

此外，重金属无处不在，就连人们日常生活的环境中都充满了重金属，因此，在化妆品的生产过程中，可能毫无意识地就将重金属带进了化妆品的成分中。

6.4.2 化妆品原料中有害元素的要求

《化妆品安全技术规范》(2015 年版)中共列出在化妆品组分中禁用的化学物质 1388 项，限用的化学物质 47 项，其中涉及禁用的有害元素及其化合物见表 6 – 41。从表 6 – 41 中可以看出，涉及的元素有：锑(Sb)、砷(As)、钡(Ba)、铍(Be)、镉(Cd)、铬(Cr)、钴(Co)、镍(Ni)、金(Au)、铅(Pb)、汞(Hg)、钕(Nd)、磷(P)、碘(I)、锶(Sr)、碲(Te)、铊(Tl)、硼(B)、锆(Zr)。

表 6 – 41 化妆品中禁用组分（节选）

序号	中文名称	英文名称
302	锑及其化合物	Antimony (CAS No. 7440 – 36 – 0) and its compounds
309	砷及其化合物	Arsenic (CAS No. 7440 – 38 – 2) and its compounds
318	钡盐类（除硫酸钡，脱毛产品中的硫化钡，及着色剂的不溶性钡盐、色淀和颜料外）	Barium salts, with the exception of barium sulfate, barium sulfide in depilatory products, and of barium lakes, salts and pigments prepared from the colouring agents
349	铍及其化合物	Beryllium (CAS No. 7440 – 41 – 7) and its compounds
375	镉及其化合物	Cadmium (CAS No. 7440 – 43 – 9) and its compounds
415	铬、铬酸及其盐类，以 Cr^{6+} 计	Chromium(CAS No. 7440 – 47 – 3); chromic acid and its salts(Cr^{6+})
425	苯磺酸钴	Cobalt benzenesulphonate (CAS No. 23384 – 69 – 2)

序号	中文名称	英文名称
426	二氯化钴	Cobalt dichloride（CAS No. 7646－79－9）
427	硫酸钴	Cobalt sulfate（CAS No. 10124－43－3）
491	三氧化二镍	Dinickel trioxide（CAS No. 1314－06－3）
592	五氧化二钒	Divanadium pentaoxide（CAS No. 1314－62－1）
786	金盐类	Gold salts
875	铅及其化合物	Lead （CAS No. 7439－92－1）and its compounds
904	汞及其化合物（除用于眼部化妆品的苯汞的盐类和硫柳汞外）	Mercury（CAS No.7439－97－6） and its compounds, except those special cases, such as phenylmercuric salts and thiomersal
958	N,N-二甲基苯胺四（戊氟化苯基）硼酸盐	N, N－dimethylanilinium tetrakis （pentafluorophenyl）borate （CAS No. 118612－00－3）
977	钕及其盐类	Neodymium（CAS No. 7440－00－8）and its salts
979	镍	Nickel（CAS No. 7440－02－0）
980	碳酸镍	Nickel carbonate（CAS No. 3333－67－3）
981	二氢氧化镍	Nickel dihydroxide（CAS No. 12054－48－7）
982	二氧化镍	Nickel dioxide（CAS No. 12035－36－8）
983	一氧化镍	Nickel monoxide（CAS No. 1313－99－1）
984	硫酸镍	Nickel sulfate（CAS No. 7786－81－4）
985	硫化镍	Nickel sulfide（CAS No. 16812－54－7）
1067	磷及金属磷化物	Phosphorus（CAS No. 7723－14－0）and metal phosphides
1163	碘酸钠	Sodium iodate（CAS No. 7681－55－2）
1168	乳酸锶	Strontium lactate（CAS No. 29870－99－3）
1169	硝酸锶	Strontium nitrate（CAS No. 10042－76－9）
1170	多羧酸锶	Strontium polycarboxylate
1213	碲及其化合物	Tellurium （CAS No. 13494－80－9 ）and its compounds
1217	四羰基镍	Tetracarbonylnickel（CAS No. 13463－39－3）
1228	铊及其化合物	Thallium （CAS No. 7440－28－0）and its compounds
1240	托硼生	Tolboxane（INN）（CAS No. 2430－46－8）
1265	二硫化三镍	Trinickel disulfide（CAS No. 12035－72－2）
1288	锆及其化合物（除氯化羟锆铝配合物和氯化羟锆铝甘氨酸配合物，及着色剂的不溶性钡盐、色淀和颜料外）	Zirconium（CAS No. 7440－67－7）and its compounds, with the exception of aluminium zirconium chloride hydroxide complexes and aluminium zirconium chloride hydroxide glycine complexes and of zirconium lakes, salts and pigments of colouring agents

注：节选自《化妆品安全技术规范》2015 年版表3－1。

对于化妆品原料，若技术上无法避免禁用物质作为杂质带入化妆品时，国家有限量规定的应符合其规定；未规定限量的，应进行安全性风险评估，确保在正常、合理及可预见的情况下不对人体健康产生危害。

使用含重金属或是有害元素超标的化妆品，可使体内有毒金属元素发生蓄积，有时可出现毒性反应，对人的健康造成危害，因此，《化妆品安全技术规范》（2015 年版）规定了化妆品中有害物质不得超过表6－42中的限值。

表 6 - 42　化妆品中有害元素限值

有害物质名称	限值/(mg·kg⁻¹)	备注
汞	1	含有机汞防腐剂的眼部化妆品除外
铅	10	—
砷	2	—
镉	5	—

注：来源于《化妆品安全技术规范》2015 年版。

6.4.3　相关标准

《化妆品安全技术规范》给出化了妆品中有害元素限值，同时也规定了部分元素的检测方法，但化妆品原料中有害元素检测则没有相关的检测方法，只能参考化妆品的检测方法。与原子吸收法和原子荧光法相比，电感耦合等离子体质谱(ICP - MS)法具有能够同时测定多种元素、灵敏度高、快速、线性范围宽的优点，所以《化妆品安全技术规范》(2015 年版)收入了 ICP - MS 测定化妆品中 37 种元素的方法，很好地满足了化妆品中有毒元素的检测，不足之处是没有规定有害元素 Sb 的检测方法。化妆品中有害元素检测的相关标准见表 6 - 43。

表 6 - 43　化妆品中有害元素检测的相关标准

序号	标准名称	测定元素	样品处理方法
1	《化妆品安全技术规范》(2015 年版)第四章 理化检验方法/1.6 锂等 37 种元素	Li、Be、Sc、V、Cr、Mn、Co、Ni、Cu、As、Rb、Sr、Ag、Cd、In、Cs、Ba、Hg、Tl、Pb、Bi、Th、La、Ce、Pr、Nd、Dy、Er、Eu、Gd、Ho、Lu、Sm、Tb、Tm、Y、Yb	湿式消解法和微波消解法
2	《化妆品安全技术规范》(2015 年版)第四章 理化检验方法/1.7 钕等 15 种元素	La、Ce、Pr、Nd、Dy、Er、Eu、Gd、Ho、Lu、Sm、Tb、Tm、Y、Yb	微波消解法
3	SN/T 2288—2009《进出口化妆品中铍、镉、铊、铬、砷、碲、钕、铅的检测方法 电感耦合等离子体质谱法》	Be、Cd、Tl、Cr、As、Te、Nd、Pb	微波消解法
4	SN/T 3828—2014《进出口化妆品中锑含量的测定 电感耦合等离子体质谱法》	Sb	微波消解法
5	GB/T 35828—2018《化妆品中铬、砷、镉、锑、铅的测定 电感耦合等离子体质谱法》	Cr、As、Cd、Sb、Pb	湿式消解法和微波消解法

化妆品需要经过消解，消耗其基质，将待测元素转化到溶液中。《化妆品安全技术规范》(2015 年版)中提到的样品前处理过程可归纳如下：

(1)湿式消解法：称取样品 0.5～1 g，置于烧杯或是锥形瓶中，同时做空白试剂。含乙醇等挥发性原料的化妆品，如香水、摩丝、沐浴液、染发剂、精华素、刮胡水、面膜等，先在水浴或是电热板上低温挥发。然后加入混合酸(体积比为硝酸：高氯酸 = 3：1)10～15 mL，由低温至高温加热消解，不时缓缓摇动使均匀混合，消解至冒白烟，消解液呈淡黄色或无色。浓缩消解液至 2～3 mL，冷却、定容、待测。对于某些粉质化妆品消解后存在一些沉淀物或悬浊物，定容后过滤。

(2)微波消解法：称取样品 0.3～0.5 g，置于清洗好的聚四氟乙烯消解罐内，同时做空白试剂。含乙醇等挥发性原料的化妆品，如香水、摩丝、沐浴液、染发剂、精华素、刮胡水、面膜等，先在100℃恒温电加热器或水浴上挥发(不得蒸干)。油脂类和膏粉类等干性物质，如唇膏、睫毛膏、眉笔、胭脂、唇线笔、粉饼、眼影、爽身粉、痱子粉等，取样后先加水0.5~1.0 mL，润湿摇匀。先加入硝酸3.0~5.0 mL、过氧化氢1.0~2.0 mL，有时根据需要还要加入氢氟酸0.5~1 mL，消解罐拧上罐盖，放进微波消解仪中，按设置好的消解条件消解。消解完后，冷却、赶酸、定容。对于某些粉质化妆品，消解后存在一些沉淀物或悬浊物，定容后过滤。

此外，SN/T 3828—2014中测定粉底及原料类化妆品中的锑时，采用了硝酸-氢氟酸消解体系；GB/T 35828—2018中测定口红、粉底类化妆品中的铬、砷、镉、锑、铅时，也采用了硝酸-氢氟酸消解体系。

6.4.4 相关文献方法

近年来，随着ICP-MS的普及，ICP-MS测定各类化妆品中有害元素的方法报道增多，不同的研究者通过优化各种基质化妆品的前处理方法，建立了准确的化妆品中元素含量的测试方法。

根据《化妆品安全技术规范》，微波消解多数采用硝酸或者硝酸-双氧水体系进行消解，实验中亦发现多数样品采用硝酸或硝酸-双氧水体系即可完全溶解，且二者的消解效果和测试结果并无明显差异。但是对于某些粉底、眼影及霜类化妆品而言，该体系并不能将所有目标元素有效地释放出来，原因在于上述化妆品中可能含有某些难溶的无机化合物，若只用硝酸或硝酸-双氧水体系，溶液中可能会存在一些沉淀物或悬浊物，样品因不完全消解而导致结果有偏差。

刘少轻等采用ICP-MS同时测定化妆品中砷、铅、汞、铬、铍、镉、锑、铊等8种有害金属元素时，比较了硝酸体系和硝酸-氢氟酸体系对此类化妆品进行前处理的效果，结果表明，硝酸-氢氟酸体系可将目标元素更为完全地释放出来，数据更为准确。笔者在测定某粉状化妆品中的锑元素时，发现在只用硝酸体系微波消解处理样品时，加入2.5 μg的锑标准溶液，ICP-MS测定的结果为未检出；当采用硝酸-氢氟酸体系微波消解处理样品时，回收率上升为80%。李丽敏等采用微波消解处理样品，用ICP-MS同时测定化妆品中铍、钒、铬、镍、砷、硒、锶、钼、钯、镉、钕、金、汞、铊、铅等15种有害元素，其在前处理过程采用的消解试剂除了硝酸外，还加了20 μL的硫酸改善消解效果。

6.4.5 典型案例介绍

【案例一】 有毒"红色爽身粉"

2017年11月，谭先生家人因为使用一种红色爽身粉出现身体不适，来广州医治。红色爽身粉没有标签，医生为确定病因，要求谭先生去第三方实验室检测爽身粉中的铅含量。谭先生将样品送到本实验室检测铅含量，因为爽身粉属于化妆品，于是实验室采用《化妆品安全技术规范》(2015年版)第四章理化检验方法/1.6 ICP-MS方法进行检测，结果铅含量已经超出了仪器的检测范围，且严重污染了仪器。经过清洗仪器，样品稀释重新测定后得到样品中铅的含量为87.0%(质量分数，下同)，同时采用原子吸收分光光度计验证了结果。铅的检测结果帮助医生找到谭先生家人身体不适的原因。

根据检测的结果和爽身粉的颜色，推断其就是红丹爽身粉。其实，红丹又名铅丹，是一种红橙色的结晶粉末，主要成分为四氧化三铅(Pb_3O_4)，具有很好的消炎、收敛、止惊作用，偏方中经常用来治疗皮肤疾患、口腔溃疡、慢性腹泻等。早在2009年，国家食品药品监督管理局就禁止了一切红丹爽身粉的生产和销售。

【案例二】 某美白效果明显的美容化妆品

2016年12月，某女士使用几次某美容院提供的美白晚霜化妆品后，发现美白效果明显。该女士在网络上看到，很多美白效果好的化妆品可能会含有重金属汞、激素等非法添加物。为了消除自己的担心，其将使用的化妆品送至实验室，要求检测化妆品中的重金属汞。实验室按照《化妆品安全技术规范》(2015

年版)规定的 ICP – MS 方法开展检测。最终,测得该化妆品中汞元素含量为 1.2%。

【案例三】 日常检测

化妆品中的 Hg、Pb、As、Cd 4 种有害元素一般按《化妆品安全技术规范》(2015 年版)的方法检测,其中 ICP – MS 法效率更高,是实验室优选的方法。表 6 – 44 和表 6 – 45 是日常化妆品检测中部分超标的化妆品检测结果。

表 6 – 44 化妆品中有害元素 Hg 检测结果

序号	样品名称	检测结果/ $(mg \cdot kg^{-1})$	序号	样品名称	检测结果/ $(mg \cdot kg^{-1})$
1	××晚霜	7 100	9	美颜双效紧致霜	4 400
2	增白祛斑霜	350 000	10	多肽净颜晚霜	10 000
3	BB 遮瑕粉底膏	232	11	雪润透红日霜	9 200
4	美容珍珠膏	3 100	12	晚霜	12 000
5	美容去斑膏	3 200	13	××晚霜	4 000
6	去斑美容霜	3 900	14	××日霜	2 300
7	美容珍珠膏	280	15	××晚霜	1 100
8	美颜赋活按摩霜	4 300			

表 6 – 45 化妆品中有害元素 Pb 检测结果

序号	样品名称	检测结果/ $(mg \cdot kg^{-1})$	序号	样品名称	检测结果/ $(mg \cdot kg^{-1})$
1	红色爽身粉	87 000	8	××调理泥膜	20.1
2	美颈养护膜	35.0	9	紧致美眸膜粉	18.8
3	火山泥醒肤面膜	42.2	10	植萃泥膜 1	55.7
4	植物热敷紧致粉	33.7	11	植萃泥膜 2	54.0
5	美颜靓肤膜粉	39.3	12	植萃泥膜 3	52.9
6	紧致塑颜精华粉	23.3	13	植萃泥膜 4	54.9
7	××调理泥膜	19.6	14	植萃泥膜 5	55.5

参考文献

[1] 王传现,刘罡一,倪昕路,等. 高效液相色谱 – 串联质谱法检测化妆品中糖皮质激素类违禁药物 [J]. 分析仪器,2008 (6):23 – 28.

[2] NAM Y S, KWON I K, LEE K – B. Monitoring of clobetasol propionate and betamethasone dipropionate as undeclared steroids in cosmetic products manufactured in Korea [J]. Forensic Science International, 2011, 210(1 – 3):144 – 148.

[3] 田媛,冯舒丹,黄美花,等. 化妆品中糖皮质激素类非法添加物的 LC-MS/MS 分析 [J]. 中国药科大学学报,2011(1): 53 – 57.

[4] NAM Y S, KWON I K, LEE Y, et al. Quantitative monitoring of corticosteroids in cosmetic products manufactured in Korea using LC-MS/MS [J]. Forensic Science International, 2012, 220(1 – 3):e23 – e28.

［5］WU C – S, JIN Y, ZHANG J – L, et al. Simultaneous determination of seven prohibited substances in cosmetic products by liquid chromatography-tandem mass spectrometry［J］. Chinese Chemical Letters, 2013, 24(6)：509 – 511.

［6］王伟萍, 张明玥, 蔺娟, 等. 超高效液相色谱 – 串联质谱法同时测定化妆品中 21 种糖皮质激素［J］. 药物分析杂志, 2013(5)：837 – 843.

［7］FIORI J, ANDRISANO V. LC-MS method for the simultaneous determination of six glucocorticoids in pharmaceutical formulations and counterfeit cosmetic products［J］. J Pharm Biomed Anal, 2014, 91：185 – 192.

［8］ZHAN J, NI M L, ZHAO H Y, et al. Multiresidue analysis of 59 nonallowed substances and other contaminants in cosmetics［J］. J Sep Sci, 2014, 37(24)：3684 – 3690.

［9］崔晗, 沈葆真, 陈溪, 等. 凝胶渗透色谱 – 液相色谱 – 串联质谱法同时测定化妆品中 15 种糖皮质激素和性激素［J］. 日用化学工业, 2014(5)：295 – 298.

［10］李兆永, 王凤美, 牛增元, 等. 超高效液相色谱 – 线性离子阱/静电场轨道阱高分辨质谱快速筛查化妆品中的 24 种激素［J］. 色谱, 2014(5)：477 – 484.

［11］JB G, BM O, AD P, et al. Liquid chromatography/tandem mass spectrometry for simultaneous determination of undeclared corticosteroids in cosmetic creams［J］. Rapid Communications in Mass Spectrometry Rcm, 2015, 29(24)：2319 – 2327.

［12］李海玉, 陈云霞, 马强, 等. 液相色谱 – 串联质谱法测定化妆品中的氯倍他索、倍氯米松和氯倍他索丙酸酯［J］. 中国卫生检验杂志, 2015(24)：4199 – 4202.

［13］PARK S, CHOI G Y, LEE S A, et al. Determination of corticosteroids in moisturizers by LC-MS/MS［J］. Mass Spectrometry Letters, 2016, 7(1)：26 – 29.

［14］李强, 张晓光, 马俊美, 等. 超高效液相色谱 – 高分辨率质谱法筛查化妆品中 12 种糖皮质激素［J］. 分析测试学报, 2016(2)：179 – 184.

［15］罗辉泰, 黄晓兰, 吴惠勤, 等. 固相萃取/液相色谱 – 串联质谱法同时测定面膜类化妆品中非法添加的 53 种糖皮质激素［J］. 分析测试学报, 2016(2)：119 – 126.

［16］GIACCONE V, POLIZZOTTO G, MACALUSO A, et al. Determination of ten corticosteroids in illegal cosmetic products by a simple, rapid, and high-performance LC-MS/MS method［J］. International Journal of Analytical Chemistry, 2017(2)：1 – 12.

［17］李燕飞, 谭建华, 熊小婷, 等. 液相色谱 – 串联质谱法测定化妆品中地索奈德 – 21 – 醋酸酯［J］. 当代化工, 2017(5)：1021 – 1023, 1027.

［18］罗辉泰, 黄晓兰, 吴惠勤, 等. QuEChERS – 同位素稀释 – 液相色谱 – 高分辨飞行时间质谱法高通量筛查化妆品中 86 种糖皮质激素［J］. 分析化学, 2017, 45(9)：1381 – 1388.

［19］罗辉泰, 黄晓兰, 吴惠勤, 等. 分散固相萃取 – 液相色谱 – 串联质谱法同时快速测定化妆品中 81 种糖皮质激素［J］. 色谱, 2017, 35(8)：816 – 825.

［20］马强, 王超, 王星, 等. 超高效液相色谱 – 串联质谱法同时测定化妆品中的 22 种磺胺类药物［J］. 分析化学, 2008(12)：1683 – 1689.

［21］刘华良, 李放, 杨润, 等. 超高效液相色谱 – 串联质谱法分析化妆品中的常见抗生素及甲硝唑［J］. 色谱, 2009(1)：50 – 53.

［22］赵晓亚, 李娟, 林雁飞, 等. 高效液相色谱 – 串联质谱法对化妆品中 9 种四环素类药物的同时测定［J］. 分析测试学报, 2009(10)：1138 – 1142, 1147.

［23］简龙海, 郑荣, 钟吉强, 等. LC-MS/MS 法同时测定祛痘类化妆品中林可霉素等 20 种禁用物质［J］. 分析试验室, 2014(12)：1459 – 1462.

［24］孟宪双, 马强, 李晶瑞, 等. 高效液相色谱 – 串联质谱法同时测定祛痘化妆品中的 3 种氯霉素类抗生素［J］. 分析试验室, 2014(3)：332 – 336.

［25］孟宪双, 马强, 张庆, 等. 祛痘化妆品中 4 种硝基呋喃类抗生素的高效液相色谱法测定及质谱确证［J］. 分析试验室, 2014(8)：880 – 884.

［26］王凤美, 牛增元, 罗忻, 等. 超高效液相色谱 – 线性离子阱/静电场轨道阱质谱对化妆品中抗生素类成分的快速筛查和确证［J］. 食品安全质量检测学报, 2014(12)：3911 – 3921.

［27］郑荣, 王柯. 除螨祛痘类化妆品中林可霉素和克林霉素的测定［J］. 中国卫生检验杂志, 2014(5)：677 – 678, 681.

［28］何东, 李秀英, 冼燕萍, 等. 气相色谱 – 质谱法测定祛痘化妆品中 4 种硝基咪唑类化合物［J］. 分析测试学报, 2015

（8）：911－916.

［29］孟茜，郑荣，王柯．高效液相色谱－串联质谱法测定化妆品中16种抗真菌类和硝基咪唑类化合物［J］．中国卫生检验杂志，2016（6）：784－788.

［30］刘颖，张帆，常艳，等．液质联用检索数据库技术快速检测祛痘类化妆品中的17种添加药物［J］．药物分析杂志，2017（9）：1693－1700.

［31］张燕惠，李玲玲，王红梅．高效液相色谱－串联质谱法测定化妆品中10种抗生素［J］．中国卫生检验杂志，2017（18）：2600－2602.

［32］吴维群，沈朝烨，杨玉林，等．GC-MS联用技术检测水性化妆品中性激素成分的方法研究［J］．环境与职业医学，2004（4）：307－309.

［33］刘华良，王联红，朱晓琳，等．化妆品中7种性激素的超高效液相色谱－串联质谱鉴定法［J］．中国卫生检验杂志，2010（1）：10－11，83.

［34］武中平，卢剑，高巍，等．液相色谱－串联质谱法测定化妆品中多种激素［J］．日用化学工业，2010（2）：153－156.

［35］黄百芬，叶蕾，韩见龙，等．同位素稀释液相色谱－串联质谱法同时测定功能性化妆品中的25种性激素［J］．中国卫生检验杂志，2011（5）：1048－1053.

［36］贾丽，刘希诺，王荣艳，等．超高效液相色谱串联质谱法测定化妆品中10种性激素残留［J］．分析试验室，2011（6）：57－60.

［37］许波，苌玲．液相色谱－四极杆－线性离子阱质谱仪联用法对护肤类化妆品中7种性激素的快速筛查［J］．贵阳医学院学报，2013（5）：479－481.

［38］李晶瑞，马强，孟宪双，等．超高效液相色谱－串联质谱法同时测定祛痘化妆品中的15种禁用雄激素［J］．分析测试学报，2015（1）：43－49.

［39］张晓璐，丁建，汪嘉丽．UPLC－QTOF－MS法快速测定化妆品中添加的7种性激素［J］．海峡药学，2015（10）：36－39.

［40］林志惠，赵彦，幸苑娜，等．超高效液相色谱－串联质谱法同时测定化妆品中21种性激素含量［J］．分析试验室，2017（4）：441－447.

［41］汪元符，刘志斌，熊震球，等．QuEChERS－UPLC-MS/MS监测护肤化妆品中13种性激素成分的非法添加［J］．中国合理用药探索，2017（3）：33－41.

［42］岳磊，李晓静．超高效液相色谱－质谱联用法同时测定化妆品中5种禁用性激素［J］．日用化学工业，2017（8）：476－480.

［43］刘少轻，刘翠梅，施燕支，等．电感耦合等离子体质谱法测定化妆品中八种有害金属元素［J］．环境化学，2006，25（6）：802－804.

［44］李丽敏，王欣美，王柯，等．电感耦合等离子体质谱法测定化妆品中15种有害元素［J］．理化检验：化学分册，2008，44（8）：728－731.

7 药品中安全风险物质检测方法

7.1 凉茶中非法添加西药成分的检测方法

凉茶是药茶、保健茶的一种，是岭南人民根据当地多雨潮湿的气候特点和水土特性，在长期预防暑热、疾病的过程中，以中医养生理论为指导，中草药为基础，研制总结出的一类具有清热解毒、生津止渴等功效的饮料总称。在凉茶行业快速发展的同时，激烈的市场竞争也带来不少问题。一些不法商家为增强疗效，在凉茶中非法添加解热镇痛药物、止咳平喘类药物、磺胺类药物、喹诺酮药物、四环素类药物等，已影响到整个凉茶行业的信用，还可能会给饮用者带来严重后果。其中，解热镇痛药物和止咳平喘类药物最为常见。因此，本节着重讲述解热镇痛类及止咳平喘类药物。

7.1.1 解热镇痛类及止咳平喘类药物概述

解热镇痛类药物是一类具有解热、镇痛作用的药物，其中除苯胺类外，绝大多数兼具消炎、抗风湿作用，有的还兼具抗痛风作用。

止咳药又称镇咳药，是一类可以抑制咳嗽反射，减轻咳嗽频度和强度的药物。平喘药是指具有预防、缓解或消除喘息症状的药物。应用平喘药的目的在于缓解气道阻塞症状，消除气道基本的炎症病变，预防哮喘的发作及复发。

7.1.1.1 理化性质

常见的解热镇痛类药物包括水杨酸类、苯胺类、吡唑酮类、丙酸类、乙酸类、灭酸类及昔康类等，其化学结构式及主要理化性质详见表 7-1。

表 7-1 凉茶中非法添加的常见解热镇痛类药物的主要理化性质

序号	化合物中英文名	CAS 号	分子式	精确质量数	化学结构式	$\lg P$	熔点/℃
1	对乙酰氨基酚 4-Acetamidophenol	103 - 90 - 2	$C_8H_9NO_2$	151.06333	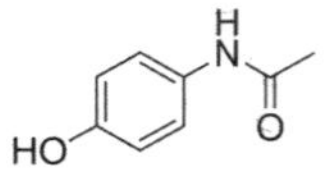	0.46	170.00
2	氨基比林 Aminophenazone	58 - 15 - 1	$C_{13}H_{17}N_3O$	231.13716	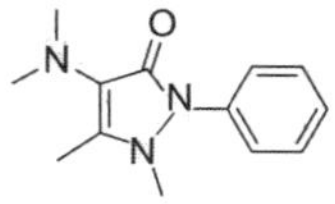	1.00	135.00
3	吡罗昔康 Piroxicam	36322 - 90 - 4	$C_{15}H_{13}N_3O_4S$	331.06268	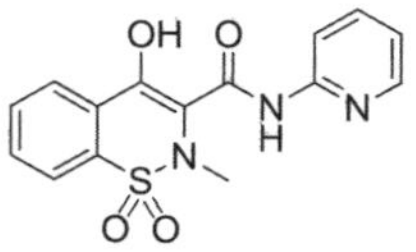	3.06	199.00

序号	化合物中英文名	CAS 号	分子式	精确质量数	化学结构式	lgP	熔点/℃
4	萘普生 Naproxen	22204 - 53 - 1	$C_{14}H_{14}O_3$	230.09429		3.18	153.00
5	尼美舒利 Nimesulide	51803 - 78 - 2	$C_{13}H_{12}N_2O_5S$	308.04669		2.60	144.00
6	双氯芬酸 Diclofenac	15307 - 79 - 6	$C_{14}H_{11}Cl_2NO_2$	295.01668		0.70	283.00
7	吲哚美辛 Indometacin	53 - 86 - 1	$C_{19}H_{16}ClNO_4$	357.07679		4.27	158.00
8	阿司匹林 Acetylsalicylic acid	50 - 78 - 2	$C_9H_8O_4$	180.04226		1.19	135.00
9	布洛芬 Ibuprofen	15687 - 27 - 1	$C_{13}H_{18}O_2$	206.13068		3.97	76.00
10	保泰松 Phenylbutazone	50 - 33 - 9	$C_{19}H_{20}N_2O_2$	308.15248		3.16	105.00

常见的止咳平喘类药物包括 β - 受体激动药、茶碱类及 M 受体阻断剂等，其化学结构式及主要理化性质详见表 7 - 2。

表 7 - 2 凉茶中非法添加的常见止咳平喘类药物的主要理化性质

序号	化合物中英文名	CAS 号	分子式	精确质量数	化学结构式	lgP	熔点/℃
1	茶碱 Theophylline	58 - 55 - 9	$C_7H_8N_4O_2$	180.06473		- 0.02	273.00

（续表7－2）

序号	化合物 中英文名	CAS 号	分子式	精确质量数	化学结构式	lgP	熔点/℃
2	二羟丙茶碱 Diprophylline	479 – 18 – 5	$C_{10}H_{14}N_4O_4$	254. 10150		－ 1. 46	162. 00
3	氯苯那敏 Chlorpheniramine	132 – 22 – 9	$C_{16}H_{19}ClN_2$	274. 12368		3. 38	244. 00
4	苯海拉明 Diphenhydramine	58 – 73 – 1	$C_{17}H_{21}NO$	255. 16231		3. 27	168. 00
5	喷托维林 Pentoxyverine	77 – 23 – 6	$C_{20}H_{31}NO_3$	333. 23039		4. 15	138. 00
6	苯丙哌林 Benproperine	2156 – 27 – 6	$C_{21}H_{27}NO$	309. 20926		5. 48	143. 00
7	可待因 Codeine	76 – 57 – 3	$C_{18}H_{21}NO_3$	299. 15214		1. 19	157. 00
8	吗啡 Morphine	57 – 27 – 2	$C_{17}H_{19}NO_3$	285. 13649		0. 89	255. 00
9	那可汀 Narcotine	128 – 62 – 1	$C_{22}H_{23}NO_7$	413. 14745		1. 97	174. 00
10	酮替芬 Ketotifen	34580 – 13 – 7	$C_{19}H_{19}NOS$	309. 11873		4. 88	152. 00

序号	化合物 中英文名	CAS 号	分子式	精确质量数	化学结构式	lgP	熔点/℃
11	福尔可定 Pholcodine	509-67-1	$C_{23}H_{30}N_2O_4$	398.22056	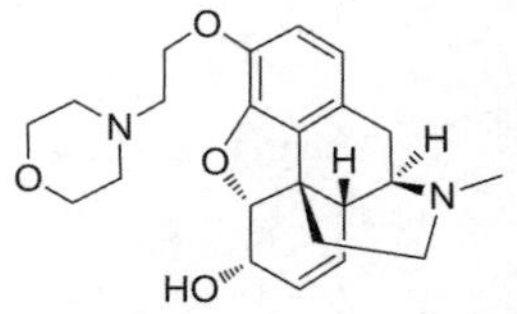	0.59	91.00
12	溴己新 Bromohexine	3572-43-8	$C_{14}H_{20}Br_2N_2$	373.99932	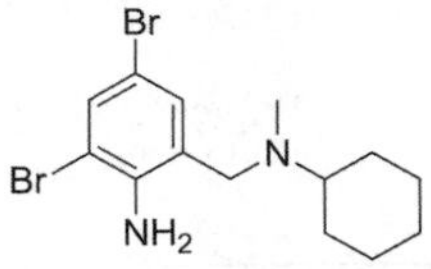	4.88	238.00
13	氨溴索 Ambroxol	18683-91-5	$C_{13}H_{18}Br_2N_2O$	375.97859	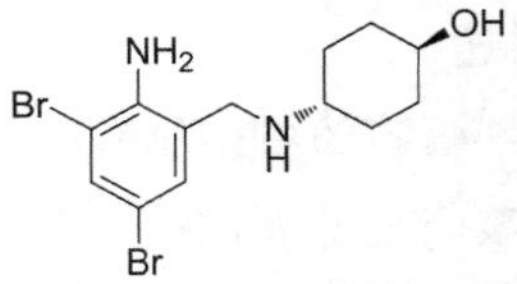	2.91	181.00
14	右美沙芬 Dextromethorphan	125-71-3	$C_{18}H_{25}NO$	271.19361	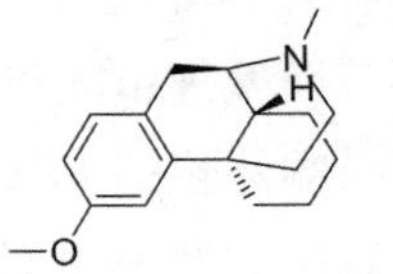	4.11	127.00
15	二氧丙嗪 Dioxopromethazine	13754-56-8	$C_{17}H_{20}N_2O_2S$	316.12455	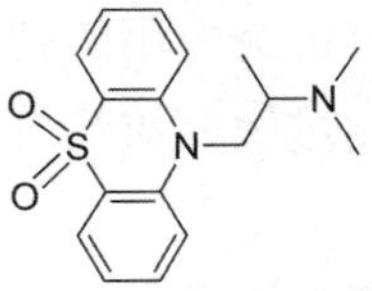	2.18	180.00
16	麻黄碱 Ephedrine	299-42-3	$C_{10}H_{15}NO$	165.11535	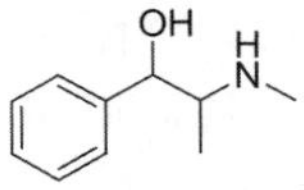	1.13	34.00
17	异丙肾上腺素 Isoprenaline	51-30-9	$C_{11}H_{17}NO_3$	211.12084	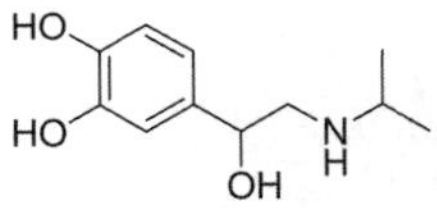	0.21	170.00
18	克伦特罗 Clenbuterol	37148-27-9	$C_{12}H_{18}Cl_2N_2O$	276.07962	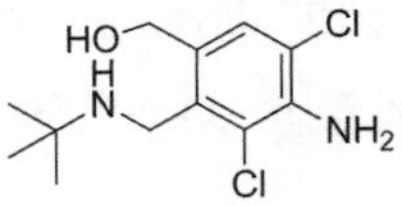	2.61	138.00
19	妥洛特罗 Tulobuterol	41570-61-0	$C_{12}H_{18}ClNO$	227.10769	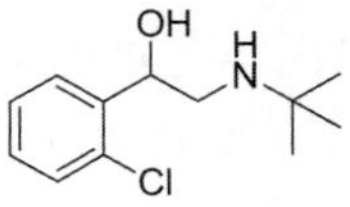	2.27	87.40
20	丙卡特罗 Procaterol	72332-33-3	$C_{16}H_{22}N_2O_3$	290.16304	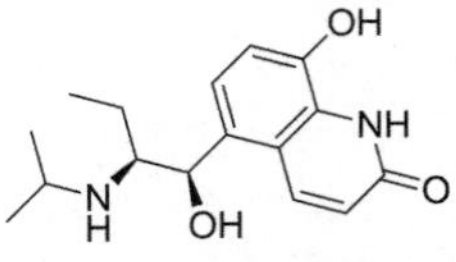	0.93	207.87

序号	化合物 中英文名	CAS 号	分子式	精确质量数	化学结构式	lgP	熔点/℃
21	特布他林 Terbutaline	23031 - 25 - 6	$C_{12}H_{19}NO_3$	225.13649	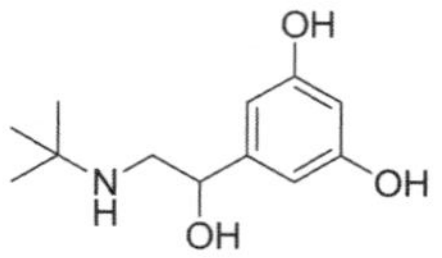	0.48	204～208
22	沙丁胺醇 Salbutamol	34391 - 04 - 3	$C_{13}H_{21}NO_3$	239.15214	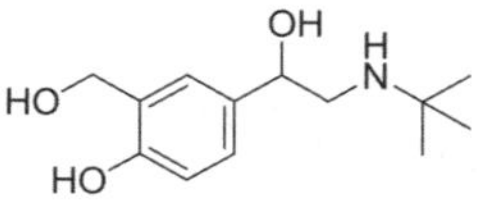	0.64	145.79

7.1.1.2　功效与用途

（1）镇咳作用：镇咳药可抑制咳嗽反射弧中的任何一个环节，具有镇咳作用。按其作用机制不同分为两大类：中枢性镇咳药及外周性镇咳药。中枢性镇咳药通过选择性地抑制延髓咳嗽中枢而发挥镇咳作用，包括可待因、喷托维林等。外周性镇咳药的作用机理是能通过抑制咳嗽反射弧中传入神经、传出神经、感受器中任何一个环节而发挥镇咳作用，如苯丙哌林等。

（2）平喘作用：平喘药包括支气管扩张药、抗炎平喘药和抗过敏药。支气管扩张药根据作用机制又可分为拟肾上腺素药、茶碱类及 M 受体阻断药，代表药物有特布他林、茶碱等。由于哮喘的病理特征是支气管的慢性炎症，具有抗炎作用的药物通过抑制气道炎症反应，可防止哮喘发作，代表药物有糖皮质激素类。抗过敏药可抑制过敏介质释放和轻度的抗炎作用，从而用于预防哮喘发作，如酮替芬等。

7.1.1.3　毒副作用

服用镇咳平喘类西药均具有不同程度的毒副作用，例如中枢性镇咳药常见的毒副作用有致幻，偶见震颤或不能自控的肌肉运动、流涕、惊厥、耳鸣、无力、寒战、睡眠障碍、多汗、原因不明的发热、嗜睡、情绪激动或疲乏等，长期服用会有依赖性。外周性镇咳药会导致口干、口渴、胃部烧灼感、困倦、疲乏、无力、头晕、嗜睡等。拟肾上腺素药会引起严重的低钾血症。茶碱类会引起心律失常、心率加快、肌肉颤动等。

7.1.2　相关法规和标准

鉴于潜在的安全和健康风险，国家法规明令禁止在凉茶中添加西药。按照《食品补充检验方法工作规定》有关规定，2017 年 12 月 18 日，国家食品药品监管总局通过 2017 年 160 号公告，批准发布了《饮料、茶叶及相关制品中对乙酰氨基酚等 59 种化合物的测定》。

7.1.3　检测方法综述

目前，用于凉茶中化学药物的检测方法主要有液相色谱法、薄层色谱法、液相色谱 - 串联质谱法。表 7 - 3 详细归纳了常见检测技术在凉茶非法添加西药成分检测中的应用情况。

表7-3 常见检测技术在凉茶非法添加西药成分检测中的应用

序号	待测物（测定种类）	提取方法	净化手段	色谱柱	检测方法	检出限	定量限	文献
1	对乙酰氨基酚，咖啡因	乙醇，超声提取	无	HYPERSIL ODS2 (200mm×4.6mm, 1.7μm)	LC-UVD	0.25 ng/L, 0.20 ng/L	—	[1]
2	对乙酰氨基酚	无	无	无	TLC	—	—	[2]
3	马来酸氯苯那敏，吡罗昔康，α-细辛脑等12种	乙腈，振荡提取	QuEChERS	XBridge BEH C$_{18}$柱 (100mm×2.1mm, 3.5μm)	LC-QQQ	0.1~2.1 μg/L	0.4~8.0 μg/L	[3]
4	解热镇痛类(3)，磺胺类(3)，喹诺酮类(3)，四环素类(2)	甲醇-乙腈(体积比1:1)，超声提取	无	Poroshell 120 EC C$_{18}$柱 (100mm×4.6mm, 2.7μm)	LC-UVD	1~5 mg/L	—	[4]
5	对乙酰氨基酚，马来酸氯苯那敏，氢溴酸右美沙芬，安替比林，盐酸苯海拉明，萘普生	0.8%(体积分数)甲酸乙腈，涡旋提取	QuEChERS	Acquity UPLC BEH C$_{18}$柱 (150mm×3.0mm, 1.7μm)	LC-QQQ	0.1~1.0 μg/L	0.4~4.0 μg/L	[5]

7.1.4 QuEChERS-LC-MS/MS法同时测定凉茶中非法添加的32种西药成分

为打击凉茶中非法添加西药成分的行为，本课题组研究开发了可同时测定凉茶饮料中解热镇痛类西药和止咳平喘类西药的LC-MS/MS高通量质谱检测方法，涉及32种化合物。

1. 仪器设备、实验试剂及标准品

主要仪器设备及实验试剂分别见表7-4及表7-5。

表7-4 主要仪器设备

仪器设备名称	型号	生产厂商
高效液相色谱/串联四极杆质谱联用仪	1200 SL Series RRLC /6410B Triple Quard MS	美国 Agilent 公司
超声波发生器	AS 3120	天津奥特赛恩斯仪器有限公司
离心机	H1850	湖南湘仪实验室仪器开发有限公司
水浴式氮吹浓缩仪	DC12H	上海安谱科学仪器有限公司
快速混匀器	XW-80A	海门市麒麟医用仪器厂

表7-5 主要实验试剂

试剂名称	规格/纯度	生产厂商
乙腈	色谱纯	美国 Thermo Fisher Scientific 公司
甲醇	色谱纯	美国 Thermo Fisher Scientific 公司
乙酸	LC-MS级	美国 Thermo Fisher Scientific 公司

试剂名称	规格/纯度	生产厂商
氯化钠	分析纯	广州化学试剂厂
无水硫酸镁	分析纯	上海晶纯生化科技股份有限公司
亚铁氰化钾[$K_4Fe(CN)_6 \cdot 3H_2O$]	分析纯	广州化学试剂厂
乙酸锌（$C_4H_6O_4Zn \cdot 2H_2O$）	分析纯	广州化学试剂厂
十八烷基键合硅胶颗粒（Bondesil - C_{18}）	40 μm，100 目	美国 Agilent 公司
N - 丙基乙二胺颗粒（Bondesil - PSA）	40 μm，100 目	美国 Agilent 公司
实验用水	二次蒸馏水	实验室自制

32 种标准品分别购自中国食品药品检定研究院、加拿大 TRC 公司、美国 Matrix Scientific 公司、德国 Dr. Ehrenstorfer 公司及美国 Sigma 公司。

2. 标准溶液的配制

准确称取适量标准品，用乙腈或甲醇分别溶解，配制质量浓度为 1 000 mg/L 的单标准储备液，置于棕色瓶中于 -20 ℃保存。根据需要，吸取各单标准储备液适量，用 50%（体积分数）乙腈水溶液稀释并配制成所需浓度的混合标准工作液，置于棕色瓶中于 4 ℃保存。

3. 样品前处理

准确称取均匀试样 1.0 g（精确至 0.01 g）于 50 mL 聚丙烯离心管中，准确加入 40 μL 混合内标工作液和 10 mL 水，充分涡旋分散，加入 10 mL 乙腈，涡旋提取 1 min，超声提取 10 min 后，分别加入 106 g/L 的亚铁氰化钾溶液和 219 g/L 的乙酸锌溶液各 0.2 mL，涡旋混匀 1 min，加入盐析剂（1.0 g NaCl + 2.0 g $MgSO_4$），振摇 1 min，以 5 000 r/min 离心 10 min 后，准确移取上层清液 5 mL 于 15 mL 聚丙烯离心管中，加入净化剂（150 mg Bondesil - C_{18} + 150 mg Bondesil - PSA + 1 000 mg $MgSO_4$），涡旋混匀 1 min，以 5 000 r/min 离心 5 min，将上清液全部转移至带 2 mL 刻度的具尾梨形瓶，置于 45 ℃水浴中氮吹浓缩至 1 mL，用水定容至刻度，涡旋混匀，过 0.22 μm 滤膜，待上机分析。

4. 分析条件

1）色谱条件

色谱柱：Poroshell 120 EC - C_{18}色谱柱（100 mm×2.1 mm，2.7 μm，美国 Agilent 公司）；柱温：30 ℃；流动相 A：0.2%（体积分数）甲酸（含 10 mmol/L 甲酸铵）水溶液，流动相 B：乙腈；流速：0.35 mL/min；进样量：5 μL。梯度洗脱程序详见表 7 - 6。

表 7 - 6　流动相梯度洗脱程序

序号	时间/min	流动相 A 体积分数 /%	流动相 B 体积分数 /%
1	0 ～ 1	95	5
2	1 ～ 2	90	10
3	2 ～ 5	65	35
4	5 ～ 7	50	50
5	7 ～ 9	30	70
6	9 ～ 10.5	5	95
7	10.5 ～ 15	95	5

2）质谱条件

离子源：电喷雾离子（ESI）源；扫描方式：正离子扫描；采集方式：多反应监测（MRM）；雾化气压力：276 kPa；干燥气流量：11.0 L/min；干燥气温度：350 ℃；毛细管电压：4 000 V。其他质谱参数见表7-7。

表7-7 凉茶中非法添加32种西药成分的质谱参数

序号	中英文名称	离子检测模式	母离子（m/z）	子离子（m/z）	碎裂电压/V	碰撞能量/V
1	对乙酰氨基酚 4-Acetamidophenol	ESI$^+$	152.2	110.1*/92.9	60	20/20
2	氨基比林 Aminophenazone	ESI$^+$	232.2	113.3*/97.2	76	19/37
3	吡罗昔康 Piroxicam	ESI$^+$	332.6	95.1*/121.0	60	20/20
4	萘普生 Naproxen	ESI$^+$	231.5	170.2*/153.0	60	25/20
5	尼美舒利 Nimesulide	ESI$^-$	307.2	121.5*/228.7*	65	35/20
6	双氯芬酸 Diclofenac	ESI$^-$	296.2	214.9*/250.1	60	20/20
7	吲哚美辛 Indometacin	ESI$^+$	358.0	139.0*/174.0	65	16/10
8	阿司匹林 Acetylsalicylic acid	ESI$^-$	179.0	137.0*/93.0	60	50/20
9	布洛芬 Ibuprofen	ESI$^+$	207.0	161.0*/105.0	66	8/18
10	保泰松 Phenylbutazone	ESI$^+$	309.7	160.2*/105.9	60	25/25
11	茶碱 Theophylline	ESI$^-$	178.9	164.0*/122.0	80	18/22
12	二羟丙茶碱 Diprophylline	ESI$^+$	255.1	181.1*/124.1	125	15/30
13	氯苯那敏 Chlorpheniramine	ESI$^+$	275.0	230.1*/202.0	67	15/45
14	苯海拉明 Diphenhydramine	ESI$^+$	256.9	168.1*/153.1	67	20/20
15	喷托维林 Pentoxyverine	ESI$^+$	334.4	100.0*/145	58	18/20
16	苯丙哌林 Benproperine	ESI$^+$	310.4	126.0*/91.0	64	16/28
17	可待因 Codeine	ESI$^+$	300.2	199.2*/165.3	80	40/60
18	吗啡 Morphine	ESI$^+$	286.1	201.2*/165.3	80	36/56
19	那可汀 Narcotine	ESI$^+$	414.2	220.2*/353.1	95	30/34

（续表7－7）

序号	中英文名称	离子检测模式	母离子（m/z）	子离子（m/z）	碎裂电压/V	碰撞能量/V
20	酮替芬 Ketotifen	ESI⁺	310.0	96.0*/213.0	80	29/38
21	福尔可定 Pholcodine	ESI⁺	399.4	114.0*/84.0	85	22/34
22	溴己新 Bromohexine	ESI⁺	377.2	114.0*/264.0	55	12/16
23	氨溴索 Ambroxol	ESI⁺	379.1	264.0*/116.0	86	12/14
24	右美沙芬 Dextromethorphan	ESI⁺	272.9	172.3*/214.2	63	54/54
25	二氧丙嗪 Dioxopromethazine	ESI⁺	317.3	86.0*/167.0	62	16/30
26	麻黄碱 Ephedrine	ESI⁺	166.2	148.2*/133.0	70	8/17
27	异丙肾上腺素 Isoprenaline	ESI⁺	212.1	152.1*/107.1	93	16/28
28	克伦特罗 Clenbuterol	ESI⁺	277.1	168.0*/132.1	100	32/28
29	妥洛特罗 Tulobuterol	ESI⁺	228.1	154.1*/118.1	83	16/32
30	丙卡特罗 Procaterol	ESI⁺	291.2	168.1*/132.1	98	32/32
31	特布他林 Terbutaline	ESI⁺	226.1	152.1*/107.0	88	12/32
32	沙丁胺醇 Salbutamol	ESI⁺	240.2	222.1/148.1*	96	4/16

注：＊为定量离子。

5. 测定方法

取样品溶液和混合标准工作溶液各5.0 μL，注入液相色谱－串联四极杆质谱联用仪，按照本节规定的色谱－质谱条件进行测定，以待测物色谱峰的保留时间和两对 MRM 离子对为依据进行定性。

定性必须同时满足：①样液中待测物的保留时间与标准溶液中对应化合物的保留时间相对偏差在 ±2.5% 之内；②比较样品溶液谱图中各待测物 MRM 离子对的相对丰度比与标准溶液谱图中对应的 MRM 离子对的相对丰度比，两者数值的相对偏差必须满足表7－8的要求，方可确定为同一物质。定量时，以定量离子对的色谱峰面积按外标法计。

表7－8 相对离子丰度的最大允许偏差

相对离子丰度比 Z /%	Z >50	20< Z <50	10< Z <20	Z≤10
最大允许偏差 /%	±20	±25	±30	±50

7.1.5 典型案例介绍

凉茶是由广东地区民间常用复方或单味土产草药煎熬而成的饮料，夏季可以消除体内暑气，冬季可以治疗因干燥引起的喉咙疼痛等症状，其清热解毒功效深受广东人民的喜爱。然而部分凉茶中非法添加的化学药物，在长期饮用凉茶的情况下会给人体带来危害。

【案例一】 "特效咽喉茶"中非法添加的西药成分

2016 年 3 月，顺德某市场监督管理部门送检几瓶名为"特效咽喉茶"的样品，要求本中心提供非法添加西药成分的筛查分析服务。采用 LC－MS/MS 方法进行筛查分析，结果如图 7－1 所示。在样品中发现含有非法添加西药成分对乙酰氨基酚，含量高达 0.20%（质量分数）。

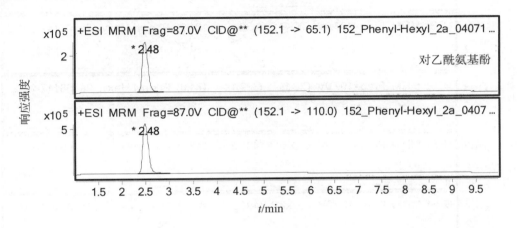

图 7－1 "特效咽喉茶"的 MRM 色谱图

【案例二】 凉茶店"黑色液体"中存在的西药成分

2016 年 3 月，顺德某市场监督管理部门在其辖区内查获一包"黑色液体"，怀疑其中含有非法添加的西药成分，要求本中心提供非法添加西药成分的筛查分析服务。采用 LC-MS/MS 方法进行筛查分析，结果如图 7－2 所示。在该样品中，发现含有非法添加西药成分吗啡，含量约为 97.2 mg/kg。

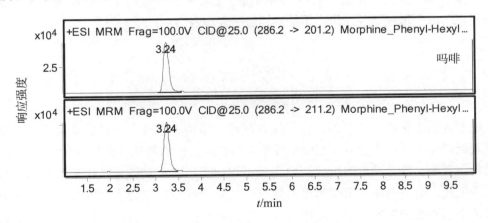

图 7－2 凉茶店"黑色液体"的 MRM 色谱图

【案例三】 某散装凉茶非法添加西药成分筛查

2017 年 2 月，某客户送来散装凉茶，要求进行可疑西药成分筛查。采用 LC－MS/MS 方法进行测试，结果如图 7－3 所示。在样品中发现了 3 种非法添加西药成分，分别为氨基比林、吡罗昔康及泼尼松醋酸酯，含量分别为 0.12%、0.65% 及 0.23%（质量分数）。

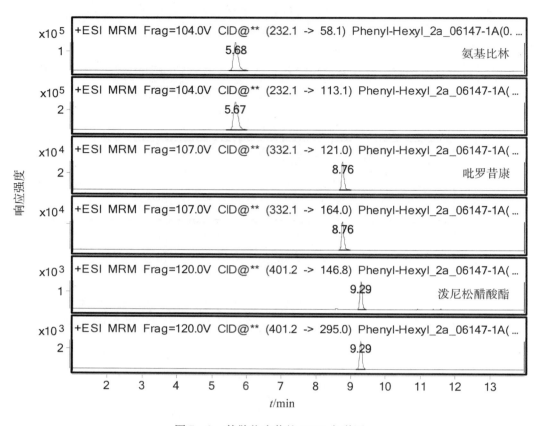

图 7 – 3 某散装凉茶的 MRM 色谱图

凉茶被纳入国家级非物质文化遗产名录,是传统手工技艺,也是广东文化的重要组成部分,希望凉茶经营者能够引以为戒,增强法律意识,不能以违法手段增强"疗效"。

7.2 抗痛风及抗风湿类中成药中非法添加西药成分的检测方法

近年来,随着人们生活水平的提高,传统饮食规律、结构不断改变,我国风湿病以及痛风的发病率不断上升并呈现低龄化,一些不法分子利用患者急于治疗而又惧怕药物不良反应的心理,违反相关规定,在宣称具有治疗风湿病、痛风功效的中成药中违规添加西药以扩大功效,从中牟取暴利。消费者在不知情的情况下长期使用,会给身体健康带来严重隐患,其安全性也已成为人们普遍关注的问题。本节将围绕中成药中可能非法添加的主要安全风险物质的高通量质谱检测技术进行系统全面的介绍。

7.2.1 抗痛风及抗风湿类药物概述

西医治疗风湿、类风湿、肌肉痛、骨痛、坐骨神经痛、关节炎等,通常采用一些具有解热、镇痛、抗炎作用的药物进行治疗。这类成分按结构和作用机制分为非甾体抗炎类(NSAIDs)和甾体抗炎类(SAIDs)两大类,而非甾体抗炎类又分为甲酸类、乙酸类、丙酸类、昔康类、吡唑酮类,甾体抗炎类主要为糖皮质激素。

痛风是体内嘌呤代谢紊乱所引起的疾病,表现为高尿酸血症,尿酸盐在关节、肾及结缔组织中析出结晶。急性发作时尿酸盐微结晶沉积于关节而引起局部粒细胞浸润及炎症反应,如未及时治疗则可发展为慢性痛风性关节炎或肾病变。急性痛风的治疗在于迅速缓解急性关节炎、纠正高尿酸血症等,可用秋水仙碱；慢性痛风的治疗旨在降低血中尿酸浓度，药物有别嘌醇和丙磺舒等。

7.2.1.1　理化性质

根据文献报道和日常检测发现，中成药中常被非法添加的抗风湿类药物主要为常用的非甾体类抗炎药物，包括传统非甾体抗炎药、选择性环氧酶－2（COX－2）抑制剂以及新型非甾体抗炎药三部分，而传统非甾体抗炎药是最常被非法添加的药物，如水杨酸类药物阿司匹林、吡唑酮类药物保泰松、芳基乙酸类药物双氯芬酸钠、芳基丙酸类药物布洛芬、邻氨基苯甲酸类（灭酸类）药物甲芬那酸以及苯并噻嗪类衍生物（昔康类）药物吡罗昔康等。而抗痛风类药物的结构并无规律性，主要包括秋水仙碱、丙磺舒、别嘌醇、非布司他以及苯溴马隆等。常见的抗痛风及抗风湿类药物的化学结构和部分理化信息详见表7－9。

表7－9　抗痛风及抗风湿类中成药中可能非法添加的常见化学药的主要理化性质

序号	化合物 中英文名	CAS 号	分子式	精确质量数	化学结构式	lgP	熔点/℃
1	苯溴马隆 Benzbromaron	3562－84－3	$C_{17}H_{12}Br_2O_3$	421.91532		6.03	151.00
2	非布司他 Febuxostat	144060－53－7	$C_{16}H_{16}N_2O_3S$	316.08816		4.87	208.00
3	别嘌醇 Allopurinol	315－30－0	$C_5H_4N_4O$	136.03851		－0.55	350.00
4	奥昔嘌醇 Oxipurinol	2465－59－0	$C_5H_4N_4O_2$	152.03343		－1.35	300.00
5	阿卤芬酯 Arhalofenate	24136－23－0	$C_{19}H_{17}ClF_3NO_4$	415.07982		3.98	—
6	雷西纳德 Lesinurad	878672－00－5	$C_{17}H_{14}BrN_3O_2S$	402.99901		5.96	—
7	托匹司他 Topiroxostat	577778－58－6	$C_{13}H_8N_6$	248.08104		1.35	206.00

序号	化合物 中英文名	CAS 号	分子式	精确质量数	化学结构式	lgP	熔点/℃
8	丙磺舒 Probenecid	57 - 66 - 9	$C_{13}H_{19}NO_4S$	285.10348	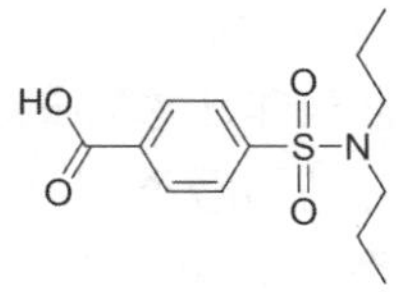	3.21	195.00
9	依托考昔 Etoricoxib	202409 - 33 - 4	$C_{18}H_{15}ClN_2O_2S$	358.05428	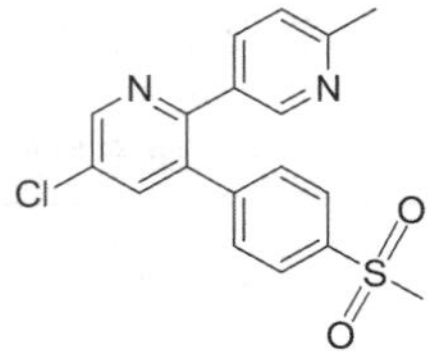	2.21	136.00
10	秋水仙碱 Colchicine	64 - 86 - 8	$C_{22}H_{25}NO_6$	399.16819	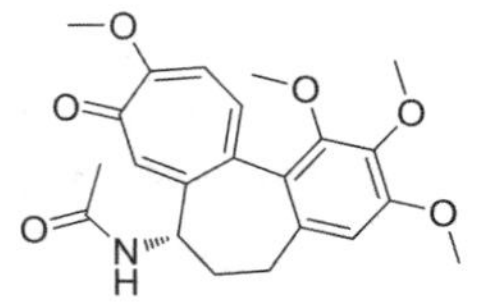	1.30	156.00
11	苯磺保泰松 Sulfinpyrazone	57 - 96 - 5	$C_{23}H_{20}N_2O_3S$	404.11946	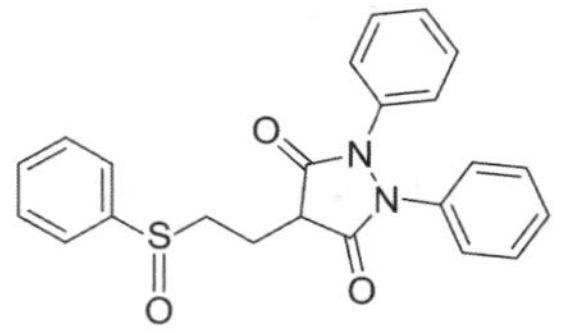	2.30	136.00
12	非普拉宗 Feprazone	30748 - 29 - 9	$C_{20}H_{20}N_2O_2$	320.15248	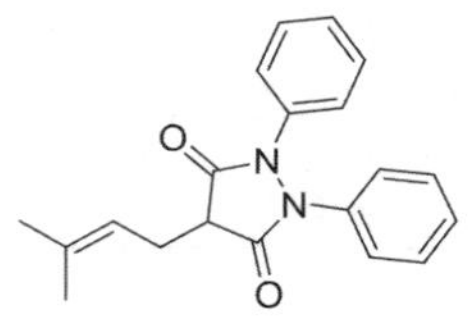	3.86	156.00
13	苯丙氨酯 Phenprobamate	673 - 31 - 4	$C_{10}H_{13}NO_2$	179.09463	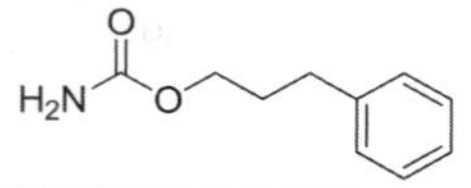	1.96	102.00
14	氟比洛芬 Flurbiprofen	51543 - 40 - 9	$C_{15}H_{13}FO_2$	244.08996	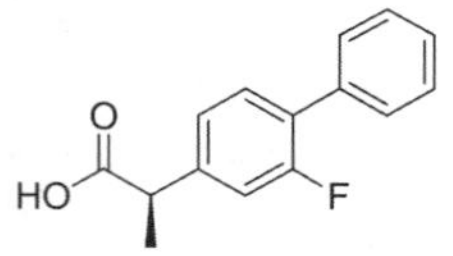	4.11	110.00
15	夫洛非宁 Floctafenine	23779 - 99 - 9	$C_{20}H_{17}F_3N_2O_4$	406.11404	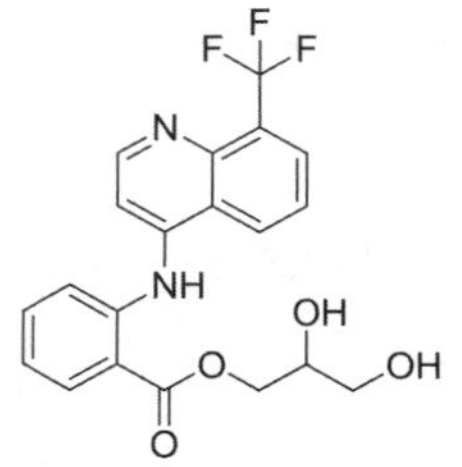	3.98	180.00
16	舒林酸 Sulindac	38194 - 50 - 2	$C_{20}H_{17}FO_3S$	356.08824	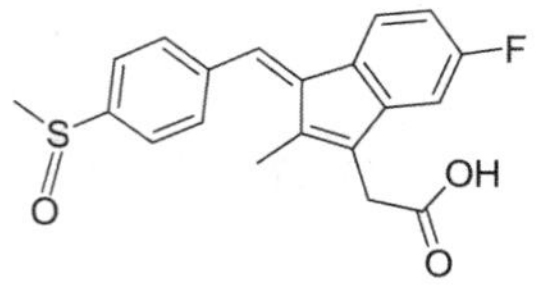	3.42	183.00

序号	化合物 中英文名	CAS 号	分子式	精确质量数	化学结构式	lg$P$	熔点/℃
17	非诺洛芬 Fenoprofen	29679－58－1	$C_{15}H_{14}O_3$	242.09429	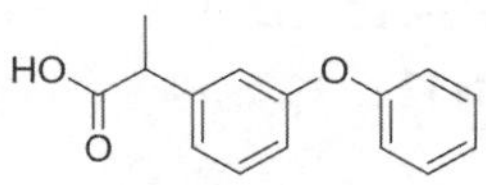	3.84	136.00
18	非诺贝特 Fenofibrate	49562－28－9	$C_{20}H_{21}ClO_4$	360.11284	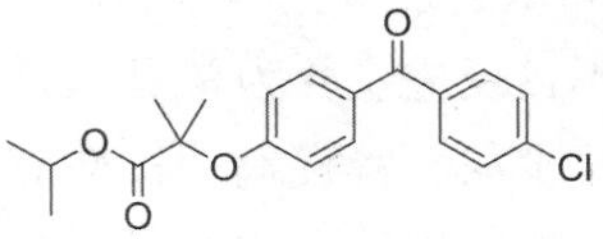	5.19	80.50
19	洛沙坦 Losartan	114798－26－4	$C_{22}H_{21}ClN_6O_2$	422.16219	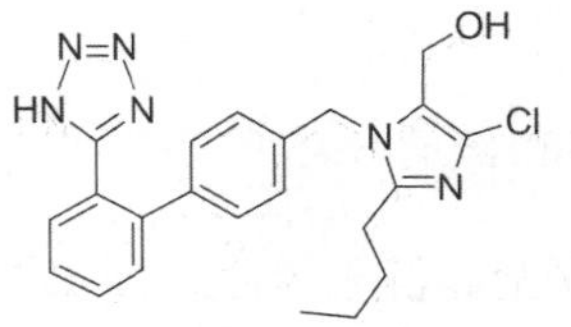	4.01	184.00

7.2.1.2 功效与用途

1. 抗风湿类

NSAIDs 主要的共同作用机制是通过抑制体内环氧酶活性而减少局部组织前列腺素及血栓素生物合成，从而产生解热、镇痛、抗炎及抗血小板聚集作用。其主要作用如下：

（1）抗炎、抗风湿作用。解热镇痛药均具有抗炎作用，对控制风湿性及类风湿性关节炎的症状有一定疗效，但不能根治，也不能防止疾病发展及并发症的发生。各种化学、物理性损伤和生物因子激活磷脂酶 A2 水解细胞膜磷脂，生成花生四烯酸，经 COX－2 催化加氧生成前列腺素（PGs），PGs 是参与炎症反应的活性物质，可致血管扩张和组织水肿，与缓激肽等协同致炎。损伤性因子也诱导多种细胞因子，如白细胞介素－1（IL－1）、白细胞介素－6（IL－6）、白细胞介素－8（IL－8）、肿瘤因子（TNF）等的合成，这些因子又能诱导 COX－2 表达，增加 PGs 合成。来自循环血液中的血管内皮细胞的黏附分子、细胞间黏附分子、血管细胞黏附分子和白细胞整合素是炎症反应初期的关键性因素。NSAIDs 的抗炎作用与抑制 PGs 合成，同时抑制某些细胞黏附分子的活性表达有关。

（2）镇痛作用。NSAIDs 产生中等程度的镇痛作用，作用部位主要在外周，对各种创伤引起的剧烈疼痛和内脏平滑肌绞痛无效，对慢性疼痛如头痛、关节肌肉疼痛、牙痛等效果较好。在组织损伤或炎症时，局部产生和释放致痛物质，同时 PGs 的合成增加。PGs 提高痛觉感受器对致痛物质的敏感性，对炎性疼痛起放大作用。

（3）解热作用。NSAIDs 通过抑制体温调节中枢 PGs 的合成来发挥解热作用。这类药物只能使发热者的体温下降，而对正常体温无影响。

2. 抗痛风类

急性痛风发作时，尿酸盐微结晶沉积于关节而引起局部粒细胞浸润及炎症反应，急性痛风的治疗在于迅速缓解急性关节炎、纠正高尿酸血症等，可用秋水仙碱；慢性痛风的治疗旨在降低血中尿酸浓度，其机制主要是通过别嘌醇、非布司他等黄嘌呤氧化酶抑制剂抑制尿酸生成；苯溴马隆、丙磺舒、磺吡酮等抑制肾小管尿酸转运体，减少尿酸重吸收以促进尿酸排泄。

7.2.1.3　毒副作用

1. 非甾体抗炎类药物不良反应

NSAIDs 抑制 PGs 的合成，因此在抗炎作用的同时，也造成了对胃肠道的副作用，主要表现为胃、十二指肠溃疡引起的上消化道出血；NSAIDs 还会引起严重的肾损害，造成血栓性不良事件（心肌梗死、不稳定心绞痛、心脏血栓、猝死等）、一过性肝功能异常、嗜睡、神情恍惚、头痛、头晕、耳鸣和视力减退等。

2. 抗痛风药物不良反应

秋水仙碱的不良反应主要为常见尿道刺激症状，如尿痛、血尿、尿频、尿急，严重者可致死；晚期中毒症状有血尿、少尿、肾衰竭；长期应用可引起骨髓造血功能抑制，如粒细胞和血小板计数减少、再生障碍性贫血等。抑制尿酸生成药会导致剥脱性皮炎、皮疹、过敏或紫癜性病变、多形性红斑等，偶见脱发。

7.2.2　相关法规和标准

鉴于潜在的安全和健康风险，国家法规明令禁止在中成药中添加抗痛风类以及抗风湿类药物。国家食品药品监督管理局发布了《国家食品药品监督管理局药品检验补充检验方法和检验项目批准件》（批准件编号：2009025），对抗风湿类中成药中可能非法添加的氢化可的松、地塞米松、醋酸泼尼松、阿司匹林、氨基比林、布洛芬、双氯芬酸钠、吲哚美辛、对乙酰氨基酚、甲氧苄啶、吡罗昔康、萘普生、保泰松等13 种西药成分的检测作了规定。但是，目前针对抗痛风类药物的相关法规和标准暂无。

7.2.3　检测方法综述

目前，用于中成药中抗痛风和抗风湿药物的检测方法主要有液相色谱法、气相色谱－串联质谱法、液相色谱－串联质谱法、液相色谱－四极杆串联飞行时间质谱法以及液相色谱－离子阱质谱法。表7－10 详细归纳了质谱检测技术在中成药中抗痛风和抗风湿类药物检测中的应用情况。

表 7－10　质谱检测技术在抗痛风及抗风湿类中成药中非法添加西药成分检测中的应用

序号	待测物（测定种类）	提取方法	净化手段	色谱柱	检测方法	检出限	定量限	文献
1	未知西药成分	不同溶剂，超声提取	无	DB－5 毛细管柱（30m×0.25mm×0.25μm）	GC－TOF－MS	—	—	[6]
2	萘普生，吲哚美辛	0.02 mol/L 醋酸铵－1%（体积分数）醋酸溶液－甲醇（体积比32:3:65）超声提取	无	Agilent C18柱（150mm×4.6mm，5μm）	LC－Trap－MS	0.5 ng，1.2 ng	—	[7]
3	吡罗昔康	甲醇，超声提取	无	SunFire C18柱（150mm×2.1mm，5μm）	LC－QQQ	0.12mg/粒	—	[8]
4	醋酸泼尼松，泼尼松	甲醇，超声提取	无	Agilent C18柱（150mm×4.6mm，5μm）	LC－QQQ	0.2 ng，0.3 ng	—	[9]
5	阿司匹林，氨基比林，布洛芬，双氯芬酸钠，吲哚美辛	甲醇，超声提取	无	SunFire C18柱（150mm×4.6mm，5μm）	LC－QQQ	91～1092 ng	—	[10]

（续表7－10）

序号	待测物（测定种类）	提取方法	净化手段	色谱柱	检测方法	检出限	定量限	文献
6	对乙酰氨基酚,甲氧苄啶,吡罗昔康,萘普生,保泰松	甲醇,超声提取	无	SunFire C$_{18}$柱（150mm×4.6mm, 5μm）	LC－QQQ	59～109 ng	—	[11]
7	醋酸泼尼松,醋酸地塞米松,双氯芬酸钠,布洛芬	甲醇,超声提取	无	Acquity UPLC BEH C$_{18}$柱（50mm×2.1mm, 1.7μm）	LC－QQQ	0.8～12.8 ng	—	[12]
8	糖皮质激素(3),非甾体抗炎类(10)	甲醇,超声提取	无	Eclipse Plus C$_{18}$柱（100mm×2.1mm, 1.8μm）	LC－QQQ	0.003 1～0.947 1ng	—	[13]
9	醋酸泼尼松,萘普生,醋酸地塞米松,双氯芬酸钠,吲哚美辛,布洛芬	甲醇,超声提取	无	Acquity UPLC BEH C$_{18}$柱（50mm×2.1mm, 1.7μm）	LC－Q－TOF	—	—	[14]
10	甲氧苄啶,糖皮质激素(3),非甾体抗炎类(4)	甲醇,超声提取	无	Acquity UPLC BEH C$_{18}$柱（100mm×2.1mm, 1.7μm）	LC－QQQ	0.1～2.3 μg/mL	0.4～4.9 μg/mL	[15]
11	布洛芬,双氯芬酸钠,吲哚美辛	甲醇,超声提取	无	Acquity UPLC BEH C$_{18}$柱（100mm×2.1mm, 1.7μm）	LC－QQQ	2.7～7.3 μg/mL	4.0～11 μg/mL	[16]
12	糖皮质激素(10)	甲醇,超声提取	无	Agilent SB C$_{18}$柱（100mm×2.1mm, 1.8μm）	LC－QQQ	14.7～16.3 ng	48.9～54.2 ng	[17]
13	糖皮质激素(9),非甾体抗炎类(8)	甲醇,超声提取	无	Acquity UPLC BEH C$_{18}$柱（50mm×2.1mm, 1.7μm）	LC－QQQ	0.001～0.4 μg/mL	—	[18]
14	甲氧苄啶,氢化可的松,非甾体抗炎类(8)	甲醇,超声提取	无	Acquity UPLC BEH C$_{18}$柱（50mm×2.1mm, 1.7μm）	LC－QQQ	0.001 5～0.018 μg	0.004 5～0.055 μg	[19]
15	非甾体抗炎类(12)	甲醇,超声提取	无	Hypersil Golden C$_{18}$柱（150mm×2.1mm, 5μm）	LC－QQQ	0.01～0.05 mg/g	0.02～0.2 mg/g	[20]

7.2.4　检测方法示例

7.2.4.1　LC－MS/MS 法同时快速测定中成药中 9 种尿酸调节类药物

目前,针对中成药和保健食品中非法添加尿酸调节类药物的检测方法尚未见报道。本课题组采用液相色谱－串联质谱仪,通过摸索样品前处理手段和优化色谱－质谱条件,首次研究建立了一次进样可同时测定中成药和保健食品中 9 种尿酸调节类药物的液相色谱－串联质谱法（LC-MS/MS）,这些药物包括别嘌醇、奥昔嘌醇、非布司他、托匹司他、丙磺舒、磺吡酮、雷西纳德、阿卤芬酯和氯沙坦。本法样品处理简便快速、成本低廉、灵敏度高、定性可靠、定量准确,已成功应用于日常分析检测工作中,可为中成药和保健食品中非法添加尿酸调节类药物的定性筛查及定量分析提供技术支持,为政府相关部门提高监控水平提供科学依据和技术保障。

1. 实验部分

1）仪器设备、实验试剂及标准品

主要仪器设备及实验试剂分别见表 7 − 11 及表 7 − 12。

表 7 − 11　主要仪器设备

仪器设备名称	型号	生产厂商
高效液相色谱∕串联四极杆质谱联用仪	1200 SL Series RRLC ∕6410B Triple Quard MS	美国 Agilent 公司
超声波发生器	AS 3120	天津奥特赛恩斯仪器有限公司
离心机	H1850	湖南湘仪实验室仪器开发有限公司
水浴式氮吹浓缩仪	DC12H	上海安谱科学仪器有限公司
快速混匀器	XW − 80A	海门市麒麟医用仪器厂

表 7 − 12　主要实验试剂

试剂名称	规格∕纯度	生产厂商
乙腈	色谱纯	美国 Thermo Fisher Scientific 公司
甲醇	色谱纯	美国 Thermo Fisher Scientific 公司
乙酸	LC-MS 级	Sigma 公司
甲酸	LC-MS 级	Sigma 公司
乙酸铵	LC-MS 级	Sigma 公司
甲酸铵	LC-MS 级	Sigma 公司
实验用水	二次蒸馏水	实验室自制

9 种对照品为：非布司他（Febuxostat，纯度 98%，加拿大 TRC 公司）；别嘌醇（Allopurinol，纯度 98%，加拿大 TRC 公司）；奥昔嘌醇（Oxipurinol，纯度 97%，加拿大 TRC 公司）；苯磺保泰松（Sulfinpyrazone，纯度 99%，美国 Sigma 公司）；丙磺舒（Probenecid，纯度 99.5%，中国食品药品检定研究院）；雷西纳德（Lesinurad，纯度 98%，加拿大 TRC 公司）；托匹司他（Topiroxostat，纯度 98.54%，美国 MCE 公司）；阿卤芬酯（Arhalofenate，MBX − 102，纯度 100%，美国 Sigma 公司）；洛沙坦（Losartan，纯度 99.9%，中国食品药品检定研究院）。

2）标准溶液的配制

分别准确称取各标准品 10.0 mg（精确至 0.01 mg）至 10 mL 容量瓶，用甲醇溶解并定容至刻度（其中奥昔嘌醇、托匹司他在甲醇中不能完全溶解，需加入少量二甲亚砜助溶），混匀得到 1 000 mg/L 的单标标准储备液，置棕色储液瓶中于 −20 ℃保存。临用时，用 10%（体积分数）乙腈或空白基质提取液将上述标准溶液稀释成系列混合标准溶液。

3）样品前处理

固体样品：胶囊取内容物，片剂、丸剂、颗粒剂研磨成粉末后混匀。准确称取均匀试样 1.0 g（精确至 0.01 g）于 10 mL 具塞刻度试管中，加入 2 mL 水，涡旋 1 min，加入 7 mL 乙腈，涡旋混匀，超声提取 20 min，取出放冷至室温，用乙腈定容至刻度，混匀，准确移取 1 mL 至 10 mL 具塞刻度试管中，用水稀释至刻度，混匀，过 0.22 μm 滤膜后，供 LC – MS/MS 测定。

液体样品：充分摇匀。准确称取试样 1.0 g（精确至 0.01 g）于 100 mL 具塞刻度试管中，用 10%（体积分数）乙腈定容至刻度，振摇混匀，过 0.22 μm 滤膜后，供 LC – MS/MS 测定。

4）分析条件

（1）色谱条件。

色谱柱：Agilent Poroshell 120 Bonus – RP（100 mm × 2.1 mm，2.7 μm，美国 Agilent 公司）；流动相：A 相为 0.1%（体积分数，下同）乙酸溶液（含 5 mmol/L 甲酸铵），B 相为乙腈；流速：0.4 mL/min；进样量：5 μL；柱温：30℃。梯度洗脱程序：流动相 B 的体积分数 [$\varphi(A) + \varphi(B) = 100\%$] 为 0 ～ 1.50 min，0；1.51 ～ 8.50 min，0 ～ 50%；8.50 ～ 8.51 min，50% ～ 75%；8.51 ～ 10.00 min，75% ～ 95%；10.00 ～ 11.50 min，95%；11.50 ～ 11.51 min，95% ～ 0；11.51 ～ 17.00 min，0。

（2）质谱条件。

离子源：ESI；扫描模式：正离子；采集方式：多反应监测（MRM）；干燥气（N_2）温度：350 ℃；雾化气（N_2）压力：276 kPa；干燥气（N_2）流量：9.0 L/min；毛细管入口端电压：5 000 V；优化后的质谱采集参数见表 7 – 13。

表 7 – 13 9 种尿酸调节类药物的质谱采集参数

序号	中英文名称	分子式	CAS 号	保留时间/min	监测离子对（m/z）	碎裂电压/V	碰撞能量/V
1	奥昔嘌醇 Oxipurinol	$C_5H_4N_4O_2$	2465 – 59 – 0	1.85	153.0/136.1* 153.0/52.1	68	16 40
2	别嘌醇 Allopurinol	$C_5H_4N_4O$	315 – 30 – 0	1.97	137.0/110.2 137.0/54.1*	60	20 30
3	托匹司他 Topiroxostat	$C_{13}H_8N_6$	577778 – 58 – 6	4.50	249.1/194.0* 249.1/167.0	120	28 32
4	洛沙坦 Losartan	$C_{22}H_{21}ClN_6O_2$	114798 – 26 – 4	6.23	423.2/192.1 423.2/180.2*	60	36 44
5	苯磺保泰松 Sulfinpyrazone	$C_{23}H_{20}N_2O_3S$	57 – 96 – 5	7.65	405.1/279.1* 405.1/185.1	115	16 24
6	丙磺舒 Probenecid	$C_{13}H_{19}NO_4S$	57 – 66 – 9	7.79	286.1/202.0* 286.1/121.0	90	12 24
7	阿卤芬酯 Arhalofenate	$C_{19}H_{17}ClF_3NO_4$	24136 – 23 – 0	8.10	416.1/212.1 416.1/86.1*	65	12 8
8	雷西纳德 Lesinurad	$C_{17}H_{14}BrN_3O_2S$	878672 – 00 – 5	8.19	404.1/386.0* 404.1/165.1	120	20 50
9	非布司他 Febuxostat	$C_{16}H_{16}N_2O_3S$	144060 – 53 – 7	10.57	317.1/261.0* 317.1/217.0	80	16 32

注：* 表示定量离子对。

5）测定方法

取样品溶液和混合标准工作溶液各 5.0 μL，注入液相色谱 – 串联四极杆质谱联用仪，按照本节规定的色谱－质谱条件进行测定，以待测物色谱峰的保留时间和两对 MRM 离子对为依据进行定性。

定性必须同时满足：①样液中待测物的保留时间与标准溶液中对应化合物的保留时间相对偏差在 ±2.5% 之内；②比较样品溶液谱图中各待测物 MRM 离子对的相对丰度比与标准溶液谱图中对应的 MRM 离子对的相对丰度比，两者数值的相对偏差必须满足表 7 - 14 的要求，方可确定为同一物质。

表 7 - 14　相对离子丰度的最大允许偏差

相对离子丰度比 Z /%	$Z > 50$	$20 < Z < 50$	$10 < Z < 20$	$Z \leqslant 10$
最大允许偏差 /%	± 20	± 25	± 30	± 50

2. 结果与讨论

1）质谱条件的优化

在电喷雾离子源的正离子模式和负离子模式下，分别对 5 mg/L 的 9 种待测物单标标准溶液作一级全扫描分析。实验表明，9 种尿酸调节类药物在两种电离模式均有响应，正离子模式下可获得 $[M + H]^+$ 准分子离子峰，而负离子模式下可获得 $[M - H]^-$ 准分子离子峰。但在负离子模式下，奥昔嘌醇和别嘌醇的质谱响应好于正离子模式下的质谱响应，而要在负离子模式获得较高的质谱信号，则需在流动相中添加碱性添加剂如氨水等，而较高的 pH 值又限制了色谱柱的选择。综合考虑，选用正离子模式作进一步优化，通过选择离子监测（SIM）优化毛细管出口端电压（碎裂电压），获得各化合物的母离子响应最佳的碎裂电压参数，然后对这些母离子作子离子全扫描分析，根据欧盟 2006/657/EC 决议中有关质谱分析方法必须不少于 4 个识别点的规定，为各待测物选取质谱响应最佳的两个子离子作为特征碎片离子，通过 MRM 方式优化碰撞能量使其响应最佳。优化后的质谱采集参数详见表 7 - 13。最终根据色谱保留时间和两对 MRM 离子对的丰度比定性鉴别各组分，以 MRM 定量离子对的峰面积为依据进行定量测定。

2）色谱条件的优化

（1）色谱柱的选择。

9 种尿酸调节类药物的极性跨度较大，从化学结构式可知，别嘌醇和奥昔嘌醇的极性偏大，在反相色谱上保留极弱，而其他 7 种待测物的极性较适中，在反相色谱中有较好的保留。因此，应侧重于选用对极性化合物有较好保留的反相色谱柱进行试验。实验比较了 3 款不同型号的色谱柱 Poroshell 120 SB - C$_{18}$（100 mm × 2.1 mm，2.7 μm）（色谱柱 A）、XSelect® HSS T3（100 mm × 2.1 mm，3.5 μm）（色谱柱 B）和 Poroshell 120 Bonus - RP（100 mm × 2.1 mm，2.7 μm）（色谱柱 C），结果表明：色谱柱 A 对奥昔嘌醇以及别嘌醇的分离效果较优，但对丙磺舒、苯磺保泰松、阿卤芬酯、雷西纳德等的分离效果较差；色谱柱 B 和色谱柱 C 均具有耐受 100% 水相环境的优点，更适用于极性化合物的分离，但部分待测物在色谱柱 B 上的峰形出现拖尾。综合比较，发现色谱柱 C 对 9 种尿酸调节类药物尤其是别嘌醇和奥昔嘌醇均有较好的保留，且分离效果理想，峰形对称、峰宽较窄，所以选择 Poroshell 120 Bonus - RP（100 mm × 2.1 mm，2.7 μm）作为本法的色谱分离柱。

（2）流动相的选择。

流动相及其添加剂对待测物的色谱保留行为、峰形和质谱响应均有较大影响。在选定的色谱柱上，以乙腈为有机相，分别考察了 0.1%（体积分数，下同）甲酸溶液、0.1% 乙酸溶液、5 mmol/L 甲酸铵溶液、5 mmol/L 乙酸铵溶液、0.1% 乙酸溶液（含 5 mmol/L 甲酸铵）、0.1% 甲酸溶液（含 5 mmol/L 甲酸铵）、0.1% 甲酸溶液（含 5 mmol/L 乙酸铵）和 0.1% 乙酸溶液（含 5 mmol/L 乙酸铵）等 8 种常用水相对待测物的分离情况。结果显示，采用 0.1% 甲酸溶液或 0.1% 乙酸溶液作为水相，质谱响应明显增强，但前者的分离度变差，而后者的保留时间延长、峰形变宽；采用 5 mmol/L 乙酸铵或 5 mmol/L 甲酸铵溶液作为流动相，质谱响应明显减弱，化合物分离效果变差。经反复试验，以 0.1% 乙酸溶液（含 5 mmol/L 甲酸铵）为水相，乙腈为有机相，采用梯度洗脱，可以获得最佳分离效果，且待测物的色谱峰拖尾明显减少，但其质谱灵敏度会受到较大影响。综合考虑，最终确定了前文所述的色谱分离条件，9 种尿酸调节类药物均具有较好的质谱响应、良好的色谱保留和色谱峰形。图 7-4 为 9 种待测物混合标准溶液的 MRM 色谱图。

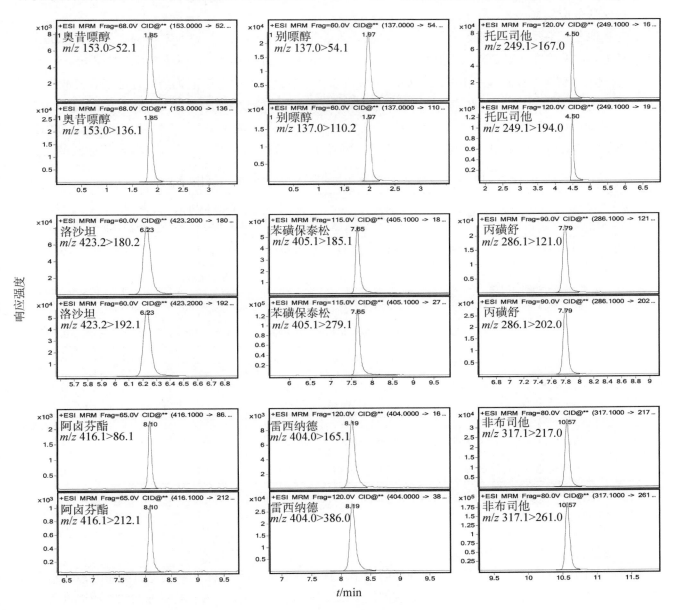

图 7-4　9 种尿酸调节类药物混合标准溶液的 MRM 色谱图

3）样品前处理条件优化

提取溶剂的选择在样品的预处理中显得尤为重要，而这又取决于目标化合物的理化性质和样品基质。本研究涉及的 9 种尿酸调节类药物，结构和性质虽然差别较大，但在甲醇、乙腈中均有一定的溶解度。中成药和保健食品多为酸性基质，一般多含氨基酸和糖苷等，此类物质极性大，易溶于甲醇和水；而乙腈极性范围宽，对多数化合物均有较好的溶解性和较高的提取率，对糖、脂肪、蛋白质化合物的提取率低，且分子小，组织穿透能力强。因此，本研究分别考察了甲醇、水-甲醇、乙腈、水-乙腈作为提取溶剂的提取效果。当甲醇、水-甲醇作为提取溶剂，易将极性较大的物质一并提取，造成较大的基质干扰。

使用纯乙腈作为提取溶剂时，部分待测物的提取回收率过低，而采用水-乙腈作为提取溶剂时，提取回收率明显提高，且基质影响不明显，但将该提取液直接进样，会影响奥昔嘌醇和别嘌醇等强极性待测物的色谱峰形，出现峰分叉或前延，这主要是进样溶液的有机相比例过高所致。因此，选择水-乙腈为提取溶剂，采用先提取后用水稀释的方法进行样品处理，可以得到较理想的提取效果和色谱峰形。

4）基质效应考察

与其他分析手段不同，质谱分析尤其是电喷雾质谱分析往往会存在基质效应（ME），影响方法的灵敏度、精密度和准确度。本研究采用提取后添加法对基质最复杂的胶囊样品进行了基质效应评价，用10%（体积分数）乙腈溶液和胶囊空白基质分别配制系列浓度的混合标准溶液，上机测定，考察各待测物的基质效应。采用公式 $ME = B/A$（B 为基质匹配标准曲线的斜率，A 为纯溶剂标准曲线的斜率），结果见表7-15。ME 比值越接近1，说明基质效应越小，反之亦然。从表7-15的 ME 值可以看出，9种待测物大多存在一定的基质效应，故采用空白基质配制基质匹配标准溶液进行含量测定，以保证定量结果的准确性。

表7-15　9种尿酸调节类药物的基质效应、线性方程、检出限等参数

序号	化学药	ME	线性方程	相关系数	线性范围/（μg·L⁻¹）	LOD/（mg·kg⁻¹）	LOQ/（mg·kg⁻¹）
1	奥昔嘌醇	0.9225	$y = 651x + 1029$	0.9986	20～1000	0.6	2.0
2	别嘌醇	1.1148	$y = 1123x - 9303$	0.9996	10～1000	0.3	1.0
3	托匹司他	0.9012	$y = 35095x + 63795$	0.9957	2.5～500	0.08	0.25
4	洛沙坦	0.9170	$y = 18715x + 34804$	0.9991	2.5～250	0.08	0.25
5	苯磺保泰松	1.1096	$y = 49701x - 28379$	0.9988	1.0～200	0.03	0.1
6	丙磺舒	0.9484	$y = 6127x - 16986$	0.9995	5.0～200	0.15	0.5
7	阿卤芬酯	1.0763	$y = 1061x - 18262$	0.9995	20～1000	0.6	2.0
8	雷西纳德	0.8691	$y = 16455x + 1135$	0.9999	2.0～200	0.3	1.0
9	非布司他	0.9477	$y = 75373x - 43689$	0.9985	2.5～250	0.08	0.25

注：①线性方程中 y 为峰面积；x 为化合物质量浓度，μg/L；

②LOD：检出限；LOQ：定量限。

5）线性关系、检出限与定量限

在优化的色谱-质谱条件下，对制备好的6个浓度水平的系列混合标准溶液进行测定，以各组分的 MRM 定量离子对峰面积（y）为纵坐标，对应的质量浓度（x，μg/L）为横坐标绘制标准曲线，得到线性回归方程，线性相关系数为0.9957～0.9999，表明各待测物具有良好的线性关系，见表7-15。采用标准添加法测定，以定量离子对的信噪比（S/N）不小于3确定待测物的检出限（LOD），S/N 不小于10确定待测物的定量限（LOQ），得到9种化合物的 LOD 为0.03～0.6 mg/kg，LOQ 为0.1～2.0 mg/kg，详见表7-15。

6）回收率与精密度

取阴性胶囊样品，在低、中、高3个添加水平下进行加标回收试验，每个加标水平按本方法处理后进行测定，每个水平平行测定6次，计算每个待测物的平均回收率和精密度（见表7-16）。结果显示，方法的平均回收率为79.2%～107.7%，相对标准偏差（RSD）为1.2%～11.5%。结果表明，方法具有良好的准确度和精密度，能满足9种尿酸调节类药物的测定要求。

表7-16 3个加标水平下9种尿酸调节类药物的回收率和精密度($n=6$)

序号	化学药	加标水平/（mg·kg^{-1}）	平均回收率/%	RSD /%
1	奥昔嘌醇	5，20，100	85.0，98.2，97.8	9.7，5.9，3.9
2	别嘌醇	5，20，100	95.1，92.6，96.1	6.2，4.4，2.3
3	托匹司他	0.25，1，5	82.4，83.1，90.5	5.0，7.4，5.8
4	洛沙坦	0.25，1，5	87.5，88.0，97.9	8.1，8.6，6.3
5	苯磺保泰松	0.1，0.4，2	92.1，89.8，92.2	11.5，4.2，5.1
6	丙磺舒	1，4，20	97.9，100.6，107.7	8.8，4.2，4.5
7	阿卤芬酯	5，20，100	79.2，84.3，96.7	8.6，7.7，1.2
8	雷西纳德	5，20，100	96.0，95.5，97.5	6.1，4.0，3.6
9	非布司他	0.25，1，5	84.9，79.2，87.5	9.2，6.7，5.3

7.2.4.2 UHPLC-MS/MS法同时快速测定49种抗痛风及抗风湿类化学药

目前，针对中成药和保健食品中的非法添加抗风湿类的检测方法虽已有报道，但可同时测定49种抗痛风及抗风湿类化学药的方法尚未见报道。本课题组采用超高效液相色谱-串联质谱仪，首次研究建立了一次进样，正、负离子模式同时测定中成药和保健食品中49种抗痛风及抗风湿类药物的UHPLC-MS/MS法，这些药物包括临床上常用的抗痛风类药物、糖皮质激素、传统型非甾体类药物及选择性COX-2抑制剂等。本法采用可快速切换正负极性的Agilent 6470A高灵敏度三重四极杆质谱仪以及具有极低延迟体积的Agilent 1290Ⅱ型超高效液相色谱系统，获得了极高的检测灵敏度和高分析通量，已成功应用于日常分析检测工作中，为中成药和保健食品中非法添加上述药物的定性筛查及定量分析提供技术支持。

1. 实验部分

1）仪器设备、实验试剂及标准品

主要仪器设备及实验试剂分别见表7-17及表7-18。

表7-17 主要仪器设备

仪器设备名称	型号	生产厂商
超高效液相色谱/三重四极杆质谱联用仪	Agilent 1290 Infinity Ⅱ UHPLC /6470A Triple Quard MS	美国 Agilent 公司
超声波发生器	AS 3120	天津奥特赛恩斯仪器有限公司
离心机	H1850	湖南湘仪实验室仪器开发有限公司
快速混匀器	XW-80A	海门市麒麟医用仪器厂

表7-18 主要实验试剂

试剂名称	规格/纯度	生产厂商
乙腈	色谱纯	德国 Merck 公司
甲醇	色谱纯	德国 Merck 公司
甲酸	LC-MS级	Sigma 公司
实验用水	屈臣氏饮用水（蒸馏制法）	广州屈臣氏食品饮料有限公司

49 种对照品：纯度均大于 95%，分别购自加拿大 TRC 公司、中国食品药品检定研究院、美国 MCE 公司、德国 Dr. Ehrenstorfer 及美国药典委员会。

2）标准溶液的配制

分别准确称取 49 种标准品 10.0 mg（精确至 0.01 mg）至 10mL 容量瓶，用甲醇溶解并定容至刻度，混匀得到 1 000 mg/L 的单标标准储备液，置棕色储液瓶中于 -20℃ 保存。临用时，用初始比例的流动相溶液或空白基质提取液将上述标准溶液稀释成系列混合标准溶液。

3）样品前处理

固体样品：胶囊取内容物，片剂、丸剂、颗粒剂研磨成粉末后混匀。准确称取均匀试样 0.5 g（精确至 0.01 g）于 25 mL 具塞刻度试管中，加入 5 mL 水，涡旋 1 min，加入 20mL 乙腈，涡旋混匀，超声提取 20 min，取出，放冷至室温，用乙腈定容至刻度，混匀，准确移取 1mL 至 10mL 具塞刻度试管，用水稀释至刻度，混匀，过 0.22 μm 滤膜后，供 UHPLC - MS/MS 测定。

液体样品：充分摇匀。准确称取试样 0.5 g（精确至 0.01 g）于 100 mL 具塞刻度试管中，用 8% 乙腈定容至刻度，振摇混匀，过 0.22 μm 滤膜后，供 UHPLC - MS/MS 测定。

4）分析条件

（1）色谱条件。

色谱柱：Agilent ZORBAX Eclipse Plus C_{18}（50 mm × 2.1 mm，1.8 μm，美国 Agilent 公司）；流动相：A 相为 0.1%（体积分数）甲酸溶液，B 相为乙腈；梯度洗脱程序：流动相 B 的体积分数变化 [$\varphi(A)$ + $\varphi(B)$ = 100%] 为 0 ~ 1 min，8%；1 ~ 2.5 min，8% ~ 25%；2.5 ~ 4 min，25% ~ 50%；4 ~ 5 min，50%；5 ~ 6.5 min，50% ~ 90%；6.5 ~ 8 min，90%；8 ~ 8.5 min，90% ~ 8%；8.5 ~ 10 min，8%。流速：0.4 mL/min；进样量：2μL；柱温：40℃。

（2）质谱条件。

离子源：AJS ESI；扫描模式：正、负离子；采集方式：多反应监测（MRM）；干燥气（N_2）温度：325 ℃；干燥气（N_2）流量：10.0 L/min；雾化气（N_2）压力：276 kPa；鞘气（N_2）温度：300 ℃；鞘气（N_2）流量：11.0 L/min；毛细管入口端电压：4 000 V（正离子）或 2 500 V（正离子）；优化后的质谱采集参数见表 7 - 19。

表 7 - 19　49 种抗痛风及抗风湿类药物的质谱采集参数

序号	中英文名称	母离子形式	母离子(m/z)	碎裂电压/V	子离子(m/z)	碰撞能量/V
1	对乙酰氨基酚 Acetaminophen	[M + H]⁺	152.1	95	110.0	16
					65.1*	40
2	氨基比林 Aminophenazone	[M + H]⁺	232.1	110	98.1*	20
					58.1	32
3	安乃近 Analgin	[M - H]⁻	310.1	95	191.0	12
					79.9*	48
4	安替比林 Antipyrine	[M + H]⁺	189.1	125	77.0*	52
					56.1	44
5	阿卤芬酯 Arhalofenate	[M + H]⁺	416.1	115	133.0	20
					89.0*	24
6	阿司匹林 Aspirin	[M - H]⁻	179.0	45	137.0	0
					93.0*	24

序号	中英文名称	母离子形式	母离子(m/z)	碎裂电压/V	子离子(m/z)	碰撞能量/V
7	赖氨匹林 Aspirin DL-lysin	[M－H]⁻	325.1	170	183.0	44
					119.0*	68
8	贝诺酯 Benorilate	[M＋H]⁺	314.1	120	272.1*	4
					121.0	16
9	苯溴马隆 Benzbromaron	[M－H]⁻	420.9	170	248.8	32
					78.9*	76
10	塞来昔布 Celecoxib	[M－H]⁻	380.1	170	316.1	24
					276.1*	32
11	氯唑沙宗 Chlorzoxazone	[M－H]⁻	168.0	120	132.0	20
					35.1*	40
12	秋水仙碱 Colchicine	[M＋H]⁺	400.2	150	310.1*	28
					282.1	32
13	草乌甲素 Crassicauline A	[M＋H]⁺	644.4	170	552.2*	44
					135.0	72
14	地塞米松 Dexamethasone	[M＋H]⁺	393.2	100	373.2	4
					237.1*	20
15	双氯芬酸 Diclofenac	[M＋H]⁺	296.0	100	215.0*	16
					214.0	40
16	乙水杨胺 Ethenzamide	[M＋H]⁺	166.1	85	121.0	20
					65.0*	40
17	依托昔布 Etoricoxib	[M＋H]⁺	359.1	160	280.0	36
					279.0*	48
18	非布司他 Febuxostat	[M＋H]⁺	317.1	125	217.0	36
					145.0*	48
19	芬布芬 Fenbufen	[M－H]⁻	253.1	85	209.1*	8
					153.0	24
20	非诺贝特 Fenofibrate	[M＋H]⁺	361.1	120	233.0*	16
					138.9	36
21	非普拉宗 Feprazone	[M＋H]⁺	321.2	100	265.0	16
					253.0*	16
22	夫洛非宁 Floctafenine	[M＋H]⁺	407.1	150	315.0	24
					295.0*	40
23	氟比洛芬 Flurbiprofen	[M－H]⁻	243.1	110	225.0	16
					199.1*	0
24	布洛芬 Ibuprofen	[M＋H]⁺	207.1	95	123.8	16
					64.9*	68

（续表 7 - 19）

序号	中英文名称	母离子形式	母离子（m/z）	碎裂电压/V	子离子（m/z）	碰撞能量/V
25	艾瑞昔布 Imrecoxib	[M + H]⁺	370.2	170	278.0	24
					236.0*	32
26	吲哚美辛 Indomethacin	[M − H]⁻	356.1	80	297.0	20
					282.0*	32
27	酮洛芬 Ketoprofen	[M + H]⁺	255.1	120	209.1	16
					105.0*	24
28	高乌甲素 Lappaconitine	[M + H]⁺	585.3	165	356.2	36
					162.0*	48
29	雷西纳德 Lesinurad	[M + H]⁺	404.0	115	385.9	20
					165.0*	72
30	氯诺昔康 Lornoxicam	[M − H]⁻	370.0	90	185.9*	16
					170.9	28
31	洛沙坦 Losartan	[M + H]⁺	423.2	110	207.0*	24
					180.0	48
32	甲芬那酸 Mefenamic Acid	[M − H]⁻	240.1	105	192.0	28
					180.1*	28
33	美洛昔康 Meloxicam	[M − H]⁻	350.0	105	286.0	12
					146.0*	20
34	美索巴莫 Methocarbamol	[M + H]⁺	242.1	105	118.0	8
					57.0*	28
35	萘普生 Naproxen	[M − H]⁻	229.1	50	183.0	4
					113.0*	16
36	尼美舒利 Nimesulide	[M − H]⁻	307.0	110	198.1	32
					122.0*	44
37	奥沙普秦 Oxaprozin	[M + H]⁺	294.1	120	276.0	16
					103.0*	36
38	非那西丁 Phenacetin	[M + H]⁺	180.1	95	138.0*	16
					110.0	24
39	保泰松 Phenylbutazone	[M − H]⁻	307.1	135	279.1*	16
					131.0	24
40	吡罗昔康 Piroxicam	[M + H]⁺	332.1	105	164.0	16
					121.0*	28
41	苯噻啶 Pizotifen	[M + H]⁺	296.2	145	165.0	68
					97.1*	32
42	丙磺舒 Probenecid	[M − H]⁻	284.1	105	240.1	16
					140.0*	24

序号	中英文名称	母离子形式	母离子(m/z)	碎裂电压/V	子离子(m/z)	碰撞能量/V
43	异丙安替比林 Propyphenazone	[M-H]⁻	229.1	55	183.0	4
					113.0*	16
44	水杨酸 Salicylic Acid	[M+H]⁺	139.0	80	121.0	12
					93.0*	24
45	苯磺保泰松 Sulfinpyrazone	[M+H]⁺	405.1	135	185.0	28
					158.0*	36
46	舒林酸 Sulindac	[M+H]⁺	357.1	150	248.0	36
					233.0*	60
47	替诺昔康 Tenoxicam	[M-H]⁻	336.0	90	272.0	8
					152.0*	20
48	罗通定 Tetrahydropalmatine	[M+H]⁺	356.2	150	192.0	32
					176.0*	60
49	托匹司他 Topiroxostat	[M-H]⁻	247.1	145	219.0	24
					192.0*	28

5）测定方法

取样品溶液和混合标准工作溶液各 2.0 μL，注入超高效液相色谱－三重四极杆质谱联用仪，按照本节规定的色谱－质谱条件进行测定，以待测物色谱峰的保留时间和两对 MRM 离子对为依据进行定性。

定性必须同时满足：①样液中待测物的保留时间与标准溶液中对应化合物的保留时间相对偏差在 ±2.5% 之内；②比较样品溶液谱图中各待测物 MRM 离子对的相对丰度比与标准溶液谱图中对应的 MRM 离子对的相对丰度比，两者数值的相对偏差必须满足表 7-14 的要求，方可确定为同一物质。

7.2.5 典型案例介绍

【案例一】 "神医"的秘密

2017 年 7 月 29 日，佛山市某市民的风湿痛发作，经其朋友介绍，向"医术高超，药到病除"的某神医求助，花近千元求得 5 小包"梁氏百草（古方）"等粉末（图 7-5）。果不其然，两包方剂服用之后，症状消失。可该市民总觉得不踏实，于是将样品送本中心检测是否含有可疑成分。经过 LC-MS/MS 分析，在送检样品中检出抗风湿及镇痛西药对乙酰氨基酚、氨基比林、吗啡及地塞米松醋酸酯，含量分别达到 0.26%、0.085%（质量分数）、25.8 mg/kg 及 35.2 mg/kg，测试结果如图 7-6 所示。

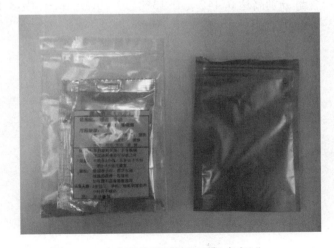

图 7-5　客户送检的"梁氏百草（古方）"

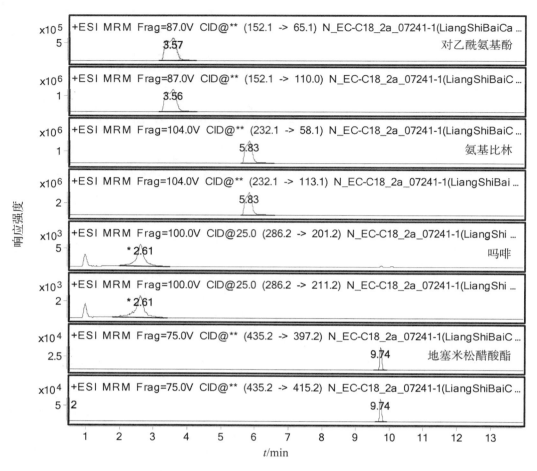

图 7 – 6　"梁氏百草（古方）"的 MRM 色谱图

【案例二】　"风湿消中药"胶囊中的西药

2016 年 3 月下旬，山东一位客户寄来 1 瓶"风湿消中药"胶囊，要求做抗风湿类西药成分筛查。本实验室采用 LC – MS/MS 进行筛查分析，在样品中检出萘普生、吡罗昔康、吲哚美辛、双氯芬酸及布洛芬，含量分别高达 0.44%、0.13%、0.70%、3.7% 及 2.1%（质量分数），测试结果如图 7 – 7 所示。

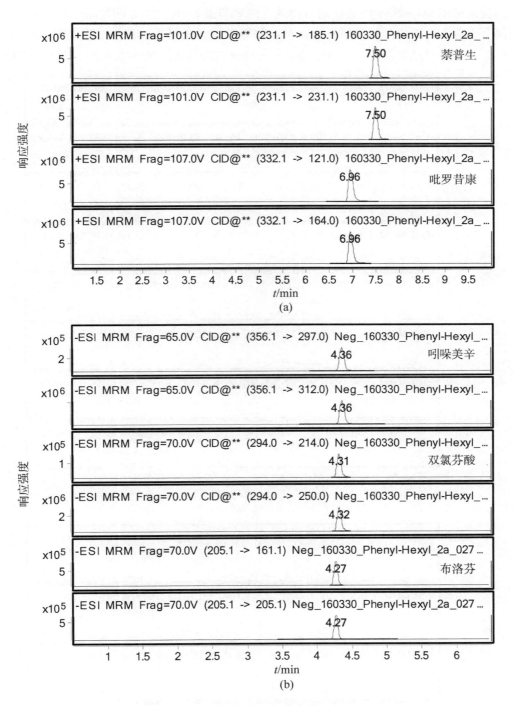

图 7 - 7 "风湿消中药"胶囊的 MRM 色谱图

【案例三】　我中心检测出的非法添加最严重的案例

2016 年 5 月，某客户送来 1 瓶宣称效果显著的治疗类风湿关节痛的中药胶囊，希望能排查非法添加的风险。本实验室采用 LC‒MS/MS 方法进行测试，结果如图 7‒8 所示。在样品中发现了多达 10 种的非法添加西药成分，分别为甲氧苄啶、萘普生、对乙酰氨基酚、泼尼松醋酸酯、泼尼松、吲哚美辛、吡罗昔康、保泰松、双氯芬酸及布洛芬，是历年来本中心检测出的非法添加种类最多、最严重的案例。

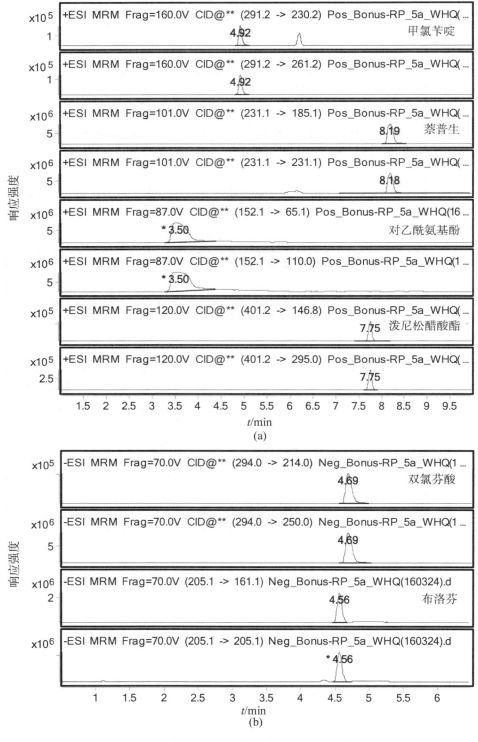

图 7‒8　治疗类风湿关节痛胶囊的 MRM 色谱图

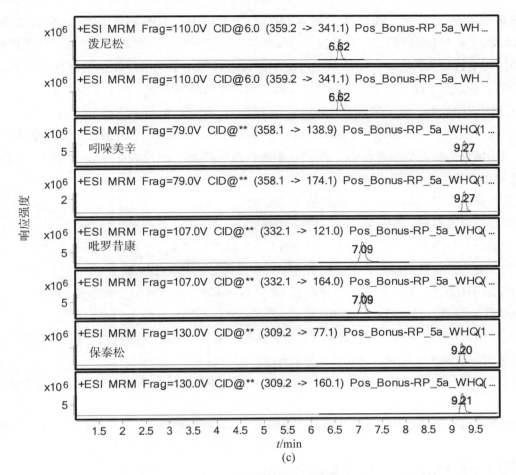

图 7 - 8　治疗类风湿关节痛胶囊的 MRM 色谱图(续)

7.3　中药材或中成药中非法添加合成色素的检测方法

　　近年来,中药染色现象时有发生,中药掺假染色将直接影响到临床用药安全和我国中药饮片产业的发展,甚至会阻碍中医药走向世界。色素按其来源和性质,可分为天然色素和人工合成色素两大类,天然色素一般对人体无害,但具有不稳定和着色效果差的特点,一般商家不会采用,人工合成色素都是以苯、甲苯、萘、蒽等有毒化工品经硝化、卤化、酰化、磺化、还原、重氮化、偶合等化学反应合成,体内代谢可能形成致癌性物质 β - 萘胺和 α - 氨基萘酚,而对人体造成伤害,但是人工合成色素相对天然色素具有色泽鲜艳、性质稳定、着色力强、不易褪色、价格低等优点。中药材本属于天然物质,除了按照规定方法炮制以外,不需要添加任何色素。然而不法商家受到利益驱使,将已经发霉变质的药材再加工染色后出售,所用的色素来源也不明确,有的甚至是工业色素,对用药安全带来极大的威胁。本节主要介绍非法添加人工色素的化学成分及相关检测方法。

7.3.1　非法添加人工色素概述

　　人工色素是能使其他物质获得鲜明而坚实颜色的有机物,根据文献报道,食品中易非法添加的人工色素有 50 种以上,本节主要介绍这些人工色素的分子结构特征、用途和毒副作用。

人工色素因官能团不同，理化性质差异较大，分子结构中含有两个或多个水溶性基团磺酸钠（—SO₃Na）的色素属于水溶性色素，极性较大，均能溶于水和甲醇，如柠檬黄、靛蓝、日落黄等，含有苯甲烷碱性基团的染料如孔雀石绿、结晶紫也溶于水，含有偶氮苯基团的中性色素如苏丹红类，属于脂溶性色素，易溶于苯，溶于油、脂肪、石蜡油、苯酚，微溶于乙醇和丙酮，几乎不溶于水。

按照官能团结构分类，人工色素大致可以分为7类：

（1）偶氮类中性染料，如苏丹红Ⅰ至苏丹红Ⅳ、苏丹红G、分散黄3、分散红、分散橙等。

（2）偶氮类酸性染料，如酸性橙11、酸性红1号、酸性红26、酸性大红GR、橙黄G、间胺黄、酸性间胺黄、橙黄Ⅱ、对位红、罗丹明B等。

（3）偶氮类碱性染料，如金胺O、碱性橙2、碱性橙21等。

（4）苯甲烷类碱性染料，如孔雀石绿、结晶紫等。

（5）氧杂蒽类碱性染料，如罗丹明B、罗丹明G、乙基罗丹明B、丁基罗丹明B等。

（6）蒽二酮类中性染料，如苏丹黄、苏丹橙G、苏丹蓝Ⅱ，甲苯胺红等。

（7）蒽醌类中性染料，如分散蓝Ⅰ、分散蓝106、散蓝124、分散橙37、分散橙11等。

按照酸碱性质分类，通常可以分为3大类：

（1）阴离子染料（直接染料、酸性染料），如酸性橙、酸性红1号、酸性红、酸性大红、橙黄、间胺黄、酸性间胺黄、金黄粉、橙黄、对位红、罗丹明等。

（2）阳离子染料即碱性染料，如碱性橙、碱性嫩黄、孔雀石绿、结晶紫、罗丹明、乙基罗丹明、丁基罗丹明等。

（3）非离子染料即中性染料，如苏丹黄、苏丹橙、苏丹蓝、甲苯胺红、分散蓝、散蓝分散橙、分散橙等。

部分常见人工色素结构式及理化性质见表7-20。

表7-20　部分常见人工色素的理化性质

序号	化合物中英文名	CAS号	分子式	精确质量数	化学结构式	lg$P$	熔点/℃
1	柠檬黄 Tartrazine	1934-21-0	$C_{16}H_9N_4Na_3O_9S_2$	533.95040	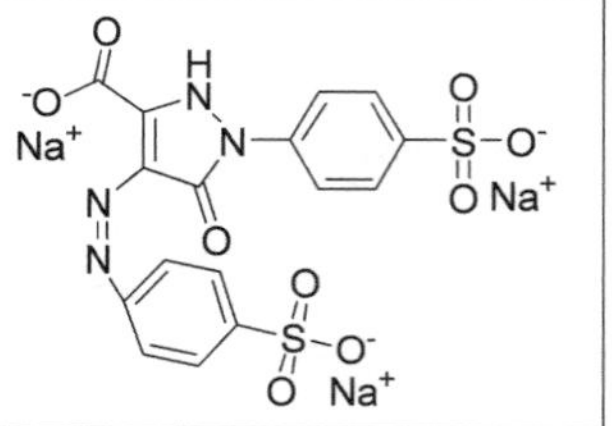	—	300.00
2	苋菜红（酸性红27）Amaranth（Acid Red 27）	915-67-3	$C_{20}H_{11}N_2Na_3O_{10}S_3$	603.92689	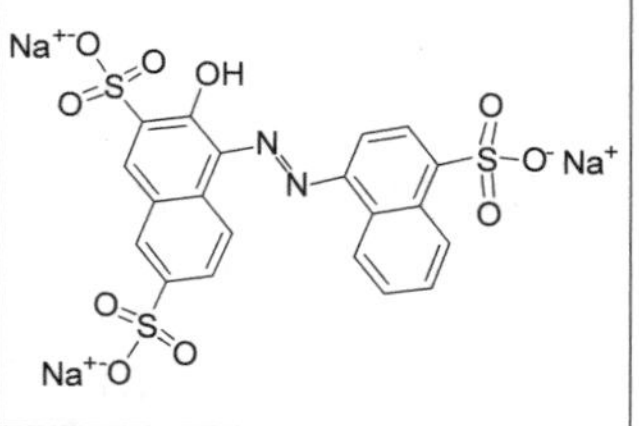	—	>300.00
3	酸性红18（胭脂红）Acid Red 18	2611-82-7	$C_{20}H_{11}N_2Na_3O_{10}S_3$	603.92689	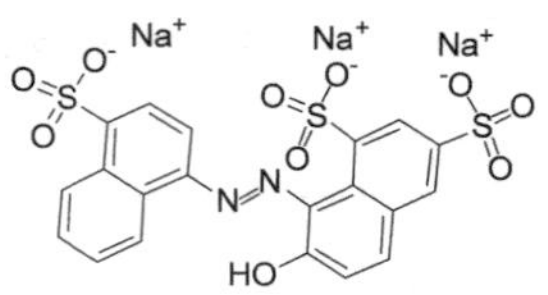	—	—

（续表 7 - 20）

序号	化合物中英文名	CAS 号	分子式	精确质量数	化学结构式	lgP	熔点/℃
4	日落黄（食品黄 3）Sunset Yellow（Food Yellow 3）	2783 - 94 - 0	$C_{16}H_{10}N_2Na_2O_7S_2$	451.97248	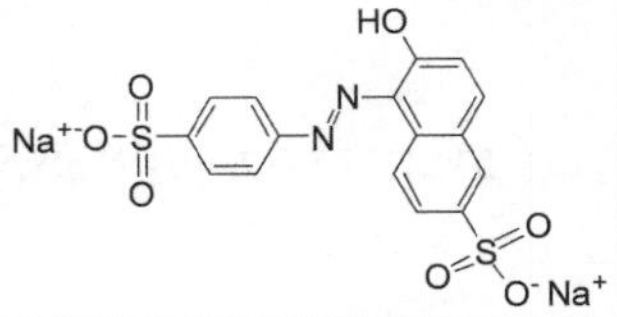	—	390.00
5	酸性橙 G Orange G	1936 - 96 - 5	$C_{16}H_{10}N_2Na_2O_7S_2$	451.97248	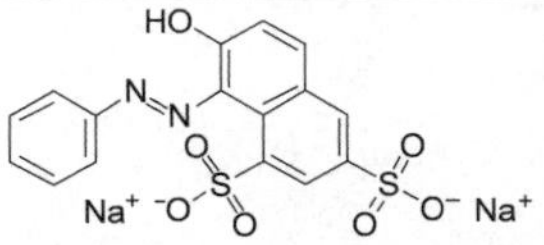	—	141.00
6	诱惑红 Allura Red	25956 - 17 - 6	$C_{18}H_{14}N_2Na_2O_8S_2$	495.99870	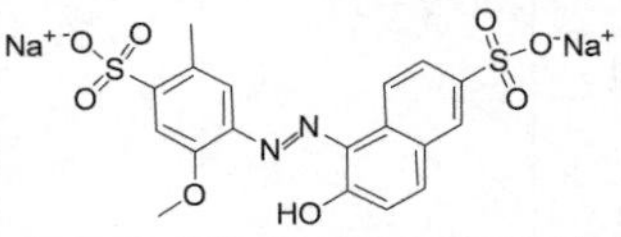	—	>300.00
7	亮蓝 Brilliant Blue FCF（Food Blue No. 8）	3844 - 45 - 9	$C_{37}H_{34}N_2Na_2O_9S_3$	792.12218	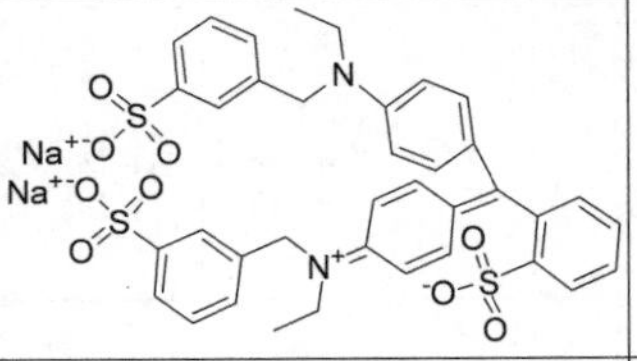		283.00
8	曙红 Eosin（Solvent Red 43）	17372 - 87 - 1	$C_{20}H_6Br_4Na_2O_5$	687.67441	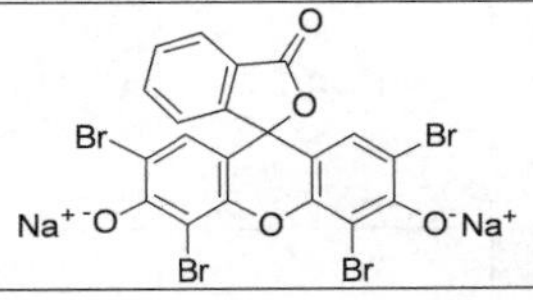	—	>300.00
9	亮黄（灿烂黄）Brilliant Yellow	3051 - 11 - 4	$C_{26}H_{18}N_4Na_2O_8S_2$	624.03614	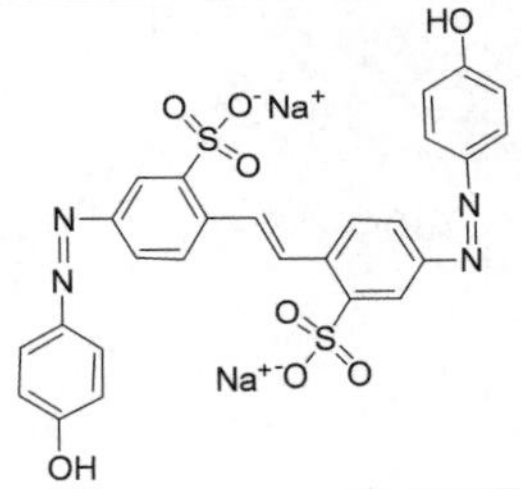		—
10	羊毛绿 Acid Green 50	3087 - 16 - 9	$C_{27}H_{25}N_2NaO_7S_2$	576.10009	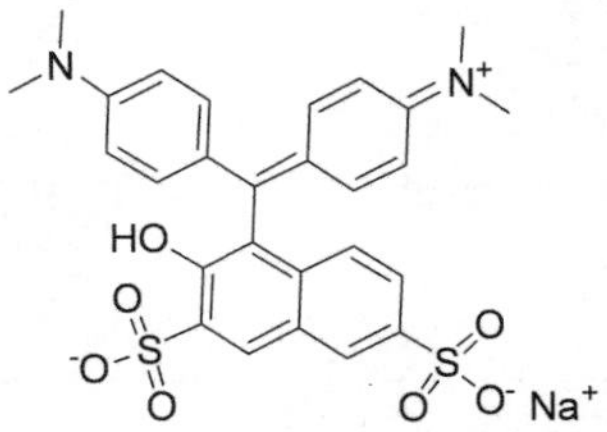	—	300.00
11	赤藓红 B Erythrosin B	568 - 63 - 8	$C_{20}H_6I_4Na_2O_5$	879.61893	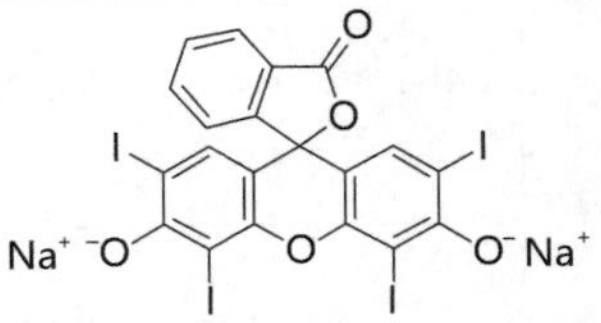	—	—
12	氨基黑 10B（酸性黑 1）Acid Black 1	1064 - 48 - 8	$C_{22}H_{14}Na_2O_9S_2$	616.00591	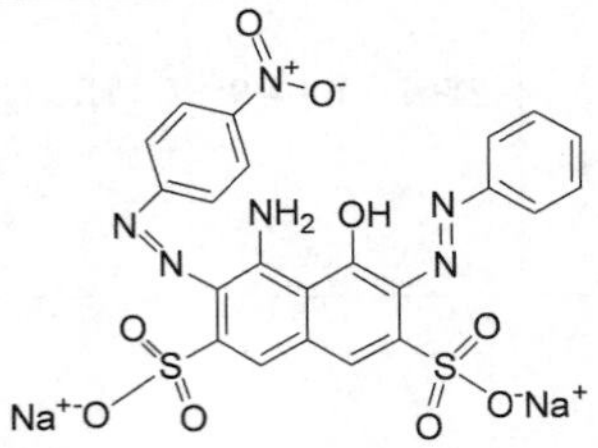	—	—

（续表7-20）

序号	化合物 中英文名	CAS 号	分子式	精确质量数	化学结构式	lgP	熔点/℃
13	酸性红73 Acid Red 73	5413-75-2	$C_{22}H_{14}N_4Na_2O_7S_2$	556.00993	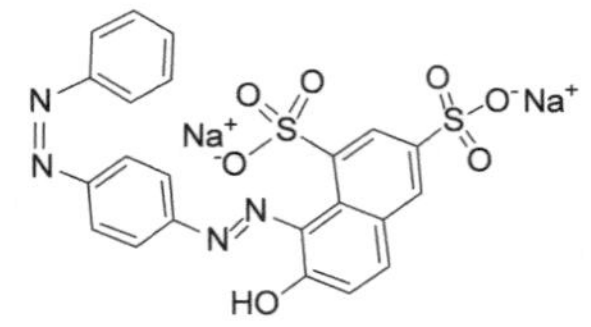	—	—
14	专利蓝VF Patent Blue （Acid Blue 1）	129-17-9	$C_{27}H_{31}N_2NaO_6S_2$	566.15212	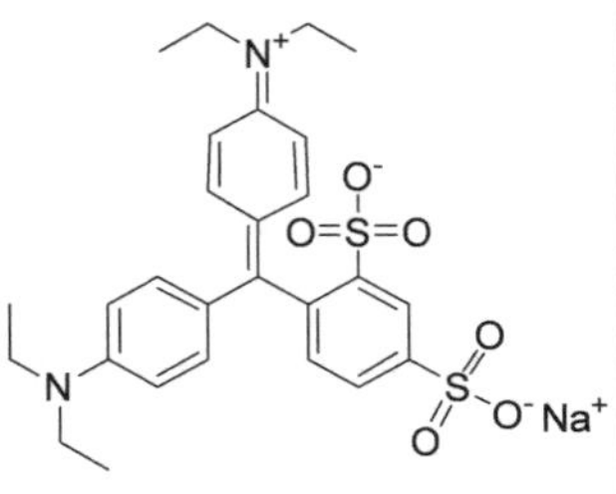	—	200.00
15	金橙Ⅰ Orange Ⅰ	523-44-4	$C_{16}H_{11}N_2NaO_4S$	350.03372	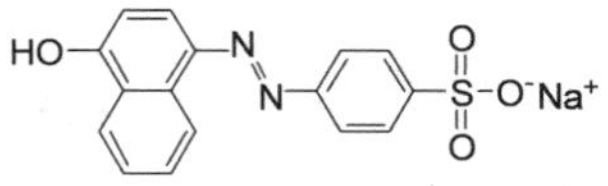	—	164.00
16	金橙Ⅱ Orange Ⅱ	633-96-5	$C_{16}H_{11}N_2NaO_4S$	350.03372	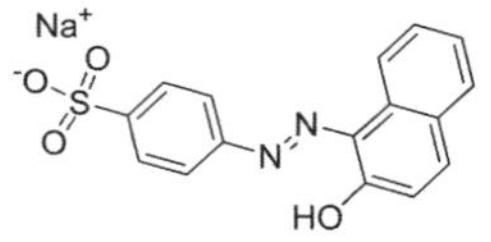	—	164.00
17	亮蓝G Brilliant Blue G （Acid Blue 90）	6104-58-1	$C_{47}H_{48}N_3NaO_7S_2$	853.28314	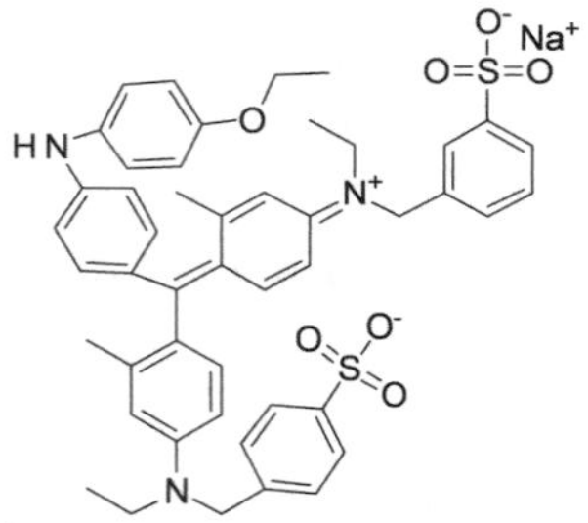	—	100.00
18	新品红 New Fuchsin	3248-91-7	$C_{22}H_{24}ClN_3$	365.16588	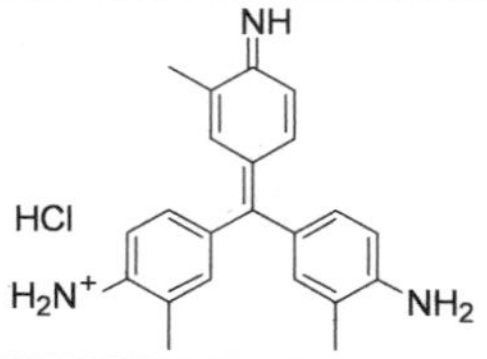	—	—
19	金胺O Auramine O	2464-27-2	$C_{17}H_{21}N_3$	267.17355	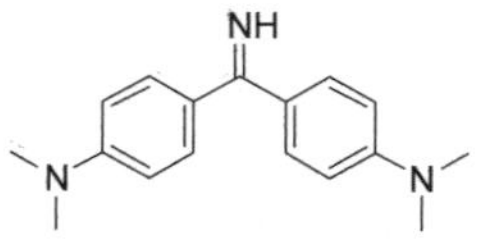	—	>250.00
20	偶氮玉红 Azorubine （Carmoisine）	3567-69-9	$C_{20}H_{12}N_2Na_2O_7S_2$	501.98813	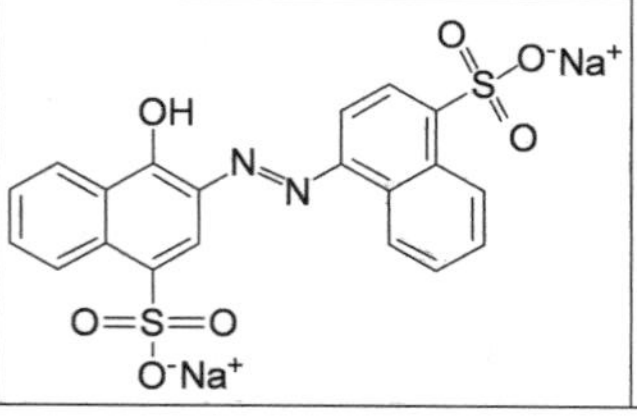	—	—

序号	化合物 中英文名	CAS 号	分子式	精确质量数	化学结构式	lg$P$	熔点/℃
21	罗丹明 B Rhodamine B	81 - 88 - 9	$C_{28}H_{31}ClN_2O_3$	478.20232	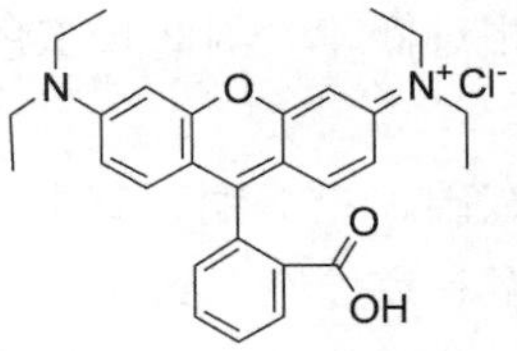	—	210 ～ 211
22	孔雀石绿 Malachite Green	569 - 64 - 2	$C_{23}H_{25}ClN_2$	364.17062	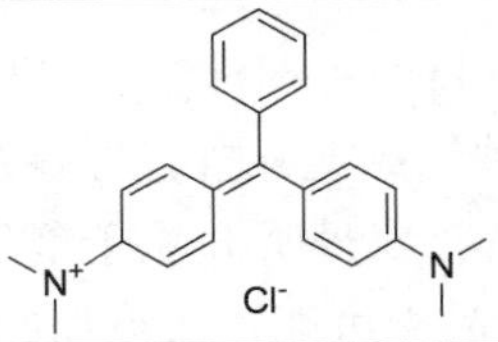	—	112 ～ 114
23	分散红 9 Disperse Red 9	82 - 38 - 2	$C_{15}H_{11}NO_2$	237.07898	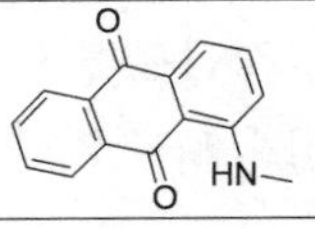	4.10	170 ～ 172
24	苏丹红 G Sudan Red G	1229 - 55 - 6	$C_{17}H_{14}N_2O_2$	278.10553	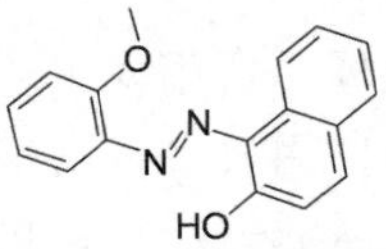	5.59	179.00
25	苏丹红 I Sudan Red I	842 - 07 - 9	$C_{16}H_{12}N_2O$	248.09496	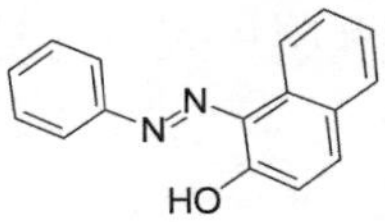	5.51	131 ～ 133
26	808 猩红 808 Scarlet	3789 - 75 - 1	$C_{23}H_{17}N_3O_2$	367.13208	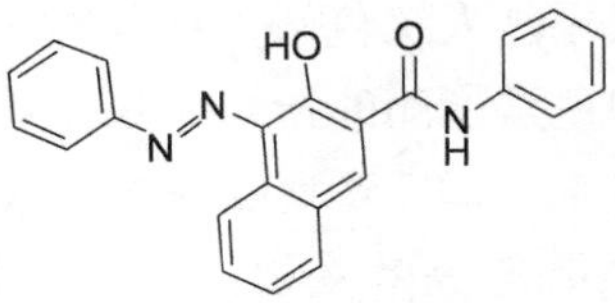	4.21	—
27	苏丹红 II Sudan Red II	3118 - 97 - 6	$C_{18}H_{16}N_2O$	276.12626	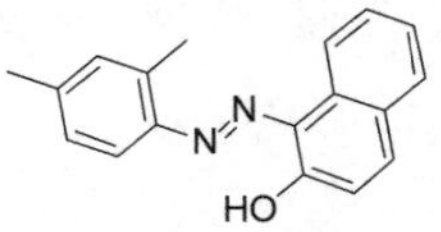	4.40	156 ～ 158
28	苏丹红 III Sudan Red III	85 - 86 - 9	$C_{22}H_{16}N_4O$	352.13241	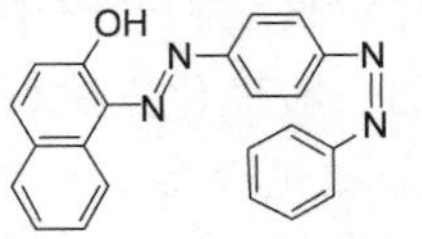	7.63	199.00
29	苏丹红 IV Sudan Red IV	85 - 83 - 6	$C_{24}H_{20}N_4O$	380.16371	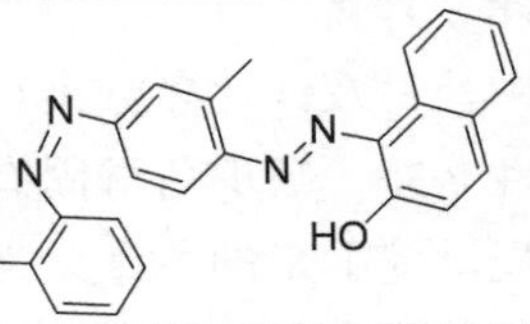	8.72	181 ～ 188
30	靛蓝 Indigo Carmine	860 - 22 - 0	$C_{16}H_8N_2Na_2O_8S_2$	465.95175	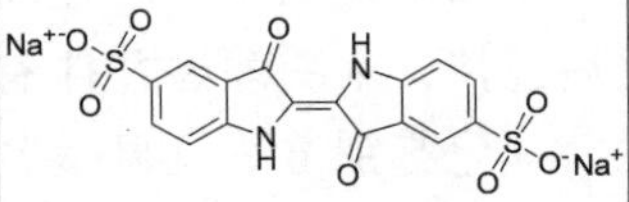	—	390 ～ 392

7.3.1.1　功能及用途

色素被适量地添加在食品中，能改善食品的色泽，以促进人的食欲，增加消化液的分泌，因而有利于消化和吸收，是食品的重要感官指标。人工色素被添加入食品后，色泽鲜艳，不易褪色，性能较稳定，且用量较低，价格相对低廉，因此人工色素的用量仍然占总色素用量的很大比例。

7.3.1.2　毒副作用

合成色素因含有砷、铅、铜、苯酚、苯胺、乙醚、氯化物和硫酸盐等而具有毒性，很多有机合成色素及其代谢产物甚至有致癌性、致突变性和其他毒性，对人体会造成不同程度的危害。例如，苏丹红是一类化工偶氮染料，分为苏丹红 I～IV 号，主要是工业用来增色，早在 1975 年，国际癌症研究机构将其归入第 3 类致癌物，目前各国都禁止将其作为食品添加剂使用。

罗丹明 B 是一种偶氮类染料，可导致老鼠皮下组织肉瘤，具有潜在的致癌和致突变性。1993 年起欧美国家和地区明令禁止罗丹明 B 用于食品加工，日本也禁止使用该物质。我国卫生部于 2011 年将苏丹红和罗丹明 B 列在《食品中可能违法添加的非食用物质和易滥用的食品添加剂品种名单（第一批）》中。

对位红（Para Red）亦称对硝基苯胺红，同苏丹红类似，对位红降解后产生"苯胺"，过量的"苯胺"被吸入人体，可能会造成组织缺氧、呼吸不畅，引起中枢神经系统、心血管系统和其他脏器受损，甚至导致不孕症。

英国最新的研究发现，食用人工色素会影响儿童身体健康，英国食品安全局耗资 75 万英镑开展进一步研究，研究结果显示食用过多色素可能会使儿童智商下降 5 分。6 种人工色素日落黄、柠檬黄、淡红色素、丽春红、喹啉黄及诱惑红的毒性堪比"含铅汽油"，因此英国对 6 种人工色素下了禁令，欧盟和美国等国家也都有关于禁用和限用人工色素的新法规。

7.3.2　相关标准方法

中药材中非法添加人工色素多项同时筛查测定的标准方法，现有《中国药典》（2015 年版）四部通则 9303，提供了多种色素检测的指导原则，对于具体测试以及检出限没有明确规定。另外还有针对食品类的国标法 GB/T 5009.35—2016《食品安全国家标准　食品中合成着色剂的测定》和 GB/T 21916—2008《水果罐头中合成着色剂的测定　高效液相色谱法》，其中只提供了食品中 8 种色素（新红、柠檬黄、苋菜红、胭脂红、日落黄、赤鲜红、亮蓝、靛蓝）的测定方法。

7.3.3　检测方法综述

综合文献报道，针对食品和药材中非法添加人工色素的检测，一般比较可靠的方法是液相色谱－质谱法，另有其他方法如一般理化方法、薄层色谱法等，现有报道方法综述如下。

1. 经验鉴别及一般理化方法

主要是通过色泽、外观、气味、性状的对比，以及显微鉴别等手段对中药染色掺假与否进行判断。通常经染色的伪劣中药材及饮片多数染色不均匀，掰开后断面内外颜色明显不一致，且与药材正品相比质地有差异，油润性略差，缺少药材固有气味和明显的标志理化鉴别特征。佐以水试法，水液很快被染色，静置片刻即出现沉淀下来的色素。例如西红花正品浸入水中，可见一条黄线下沉，水液为黄色，且液面无油状漂浮物，伪品多是玉米须、莲须经染红而成，故入水后浮在水面，水液呈红色；黄连伪品放入水中稍加浸泡之后搅拌，水变浑浊并伴有大量黄白色粉末状物下沉，正品无此现象。此外，药典上制定了某些药材的独特理化鉴别方法及显微鉴别特征，例如检测伪品制何首乌中的铁黑，可将样品用酸液溶后，参照药典一部附录中铁盐鉴别法进行试验。

2. 薄层色谱（TLC）法

TLC 法属于固－液吸附色谱，具有分离、鉴定双重功能，常用于前期定性初筛，有操作简单、成本较低、重现性较好等优点。魏清等用 70%（体积分数）乙醇浸泡提取，乙酸乙酯－正丁醇－乙醇－氨水－水

（体积比1∶3∶3∶1∶1）为展开剂，可见光下检视南五味子中非法添加的胭脂红、赤藓红和酸性红73，该法实用易行，可用于鉴别染色南五味子。栾洁等采用70%（体积分数）乙醇超声提取，正丁醇-冰醋酸-乙醇-水（体积比4∶1∶1∶2）为展开剂，可见光下检视，对红花中的酸性红73和胭脂红进行了定性鉴别。洪祥奇等采用丙酮-正己烷等溶剂提取样品的苏丹红，经固相萃取净化后用聚酰胺薄层板分离测定。该法同时测定了苏丹红Ⅰ、Ⅱ、Ⅲ3种同系物。

3. 高效液相色谱（HPLC）法

HPLC法可以连接不同检测器并进行定量分析，是目前色素检测中使用最广的方法。郑娟等采用二极管阵列检测器检测蒲黄和黄连中金橙G、日落黄等10种非法添加色素，可以为制药企业或药品监督管理部门控制蒲黄和黄连的质量提供一定的参考。梁选革等采用紫外检测器检测红花注射液中添加的金橙Ⅱ，可为红花注射液的质量控制提供参考。

4. 气相色谱-质谱联用（GC-MS）法

吴惠勤等选择耐高温、低流失的PR-SR石英毛细管柱，采用气相色谱-质谱选择离子检测（GC-MS/SIM）法同时测定食品中的苏丹红Ⅰ～Ⅳ，取得满意效果。但是对于不易气化的人工色素GC-MS法有很大的局限性。

5. 高效液相色谱-串联质谱（HPLC-MS/MS）法

LC-MS法检测灵敏度高、适用范围广，可以同时进行多残留的高通量分析，在违禁色素检测领域中的应用越来越多。葛会奇等采用超高效液相色谱-串联质谱仪对蒲黄、黄芩片中的金胺O进行定性检测，选择性强、灵敏度高。粟有志等建立了固相萃取-高效液相色谱-串联质谱联用同时测定枸杞中酸性红1、酸性红9、诱惑红等9种红色合成色素的分析方法。金卫红等采用液相色谱-离子阱质谱联用测定红花药材中金橙Ⅱ染料。付凌燕等采用薄层色谱和高效液相色谱法发现染色物，并最终用液相色谱-质谱联用确证法分析了市售西红花药材掺伪染色成分，对43批市售西红花药材进行了检测，其中32批检测出4种色素：柠檬黄、胭脂红、金胺O和新品红，可见液相色谱-质谱联用确证法的重要性。胡青等建立了快速液相色谱-四级杆串联高分辨飞行时间质谱定性测定中药中50种染色色素，并测试了83批市场随机抽取中药材样品，检出阳性样品12批，检出率高达14.46%，其中，检出率最高的色素是金胺O、金橙Ⅱ及酸性红73。

其他方法还有：光谱法、电化学法、免疫分析法，但这些方法只能针对性地分析一种或少数几种色素，所有方法中只有液相色谱-质谱法最具有优势，能够实现高通量多成分同时筛查。

7.3.4　中药材中30种人工色素的同时快速筛查方法

采用亚3 μm填料的色谱柱快速分离，正、负离子切换MRM模式采集，大大提高了灵敏度和检测效率；对同分异构体如胭脂红和苋菜红、日落黄和酸性橙、金橙Ⅰ和金橙Ⅱ进行了分离与鉴别。人工色素存在命名混乱的历史问题，采用本方法可确认不同来源、不同命名的人工色素是否是同一物质，例如本试验经过确认名称为胭脂红（丽春红4R）（Ponceau 4R）和酸性红18（Acid Red 18）实际为同一物质，羊毛绿（Lissamine Green B）、酸性绿50（Acid Green 50）和食用绿S（Food Greens）也为同一物质；发现部分色素如偶氮玉红、靛蓝和曙红3种物质具有不稳定性质；对比了不同流动相体系下人工色素的电离特征，得到各成分的最佳质谱参数以及最高灵敏度。为人工色素筛查测定提供了研究基础。

7.3.4.1　实验部分

1. 仪器与试剂

Agilent 1200LC/6410B MS液相色谱/串联四极杆质谱联用仪；HS-3120超声波清洗器，赛多利斯TP-114电子天平（美国Sartorious公司）。甲醇、乙腈为色谱纯试剂（德国Merck公司），水为二次蒸馏水，其他所用到的试剂均为分析纯（广州化学试剂厂）。

对照品柠檬黄[0.500 mg/mL，中国计量科学研究院，批号：GBW（E）100001a]；酸性红18（85%，上海麦克林生化科技有限公司，批号：C10018753）；苋菜红［0.500 mg/mL，中国计量科学研究院，批号：GBW（E）100002a］；胭脂红（98%，Dr. Ehrenstorfer GmbH，批号：40726）；日落黄［0.500 mg/mL，中国计量科学研究院，批号：GBW（E）100003a］；酸性橙 G（麦克林，批号：C10069969）；诱惑红［1.00 mg/mL，北京海岸鸿蒙标准物质技术有限责任公司，批号：GBW（E）100164］；亮蓝［0.500 mg/mL，中国计量科学研究院，批号：GBW（E）100005a］；曙红（国药集团化学试剂有限公司，批号：20161101）；亮黄（麦克林，批号：C10057730）；羊毛绿（82.0%，Dr. Ehrenstorfer GmbH，批号：50408）；赤藓红［中国计量科学研究院，批号：GBW（E）100191］；氨基黑 10B（麦克林，批号：C10019414）；酸性红 73（中国药品生物制品检定所，批号：111773 - 200701）；专利蓝 VF（阿拉丁，批号：30898）；金橙 I（国药集团化学试剂有限公司，批号：71030360）；亮蓝 G（麦克林，批号：C10060098）；新品红（Acros，批号：A0367159）；金胺O（中国药品生物制品检定所，批号：111770 - 200701）；偶氮玉红（85.0%，国药集团化学试剂有限公司，批号：10/2003）；罗丹明 B（95.0%，Dr. Ehrenstorfer GmbH，批号：10201）；孔雀石绿（98.0%，Dr. Ehrenstorfer GmbH，批号：00625）；分散红 9（≥98.0%，克拉玛尔上海试剂厂，批号：ZY170213）；苏丹红 G（99.8%，Dr. Ehrenstorfer GmbH，批号：50302）；苏丹红 I（99.0%，Dr. Ehrenstorfer GmbH，批号：30624）；808 猩红（中国食品药品检定研究院，批号：111940 - 201402）；苏丹红 II（Dr. Ehrenstorfer GmbH，批号：50305）；苏丹红 III（96.0%，Dr. Ehrenstorfer GmbH，批号：00421）；靛蓝（中国医药集团上海化学试剂有限公司，批号：20031224）；金橙 II（中国药品生物制品检定所，批号：111769 - 200701）。因标准品难购置，本方法采用试剂做对照并通过 LC - MS/MS 确认后使用。

2. 标准溶液配制

分别准确称各标准品 5.00 mg，用甲醇超声溶解并定容至 10 mL，得到 500 mg/L 的标准储备液，临用时用空白基质将上述标准溶液稀释为系列混合标准工作液。

3. 样品前处理

取 1 g 样品置于 10 mL 容量瓶中，用甲醇定容至刻度，超声 15 min，过 0.20 μm 微孔滤膜后，待测。

4. 测定方法

1）液相色谱条件

色谱柱：Agilent Poroshell 120 EC - C$_{18}$（3.0 mm × 100 mm，2.7 μm），流动相：A 为乙腈，B 为 10 mmol/L 乙酸铵水溶液；梯度洗脱程序：流动相 A 体积分数变化［φ（A）+ φ（B）= 100%］为 0 ~ 2 min，0；2 ~ 2.5 min，0 ~ 45%；2.5 ~ 7 min，45% ~ 90%；7 ~ 8 min，90% ~ 100%；8 ~ 16 min，100%；16 ~ 16.1 min，100% ~ 0；16.1 ~ 20 min，0；流速 0.3 mL/min，柱温为 30 ℃，进量 2 μL。

2）质谱条件

离子源：ESI；扫描模式：正、负离子；干燥气（N$_2$）温度：350 ℃；雾化气（N$_2$）压力：275.8 kPa；干燥气（N$_2$）流量：10 L/min；电喷雾电压：4 000 V；扫描方式：多反应监测（MRM），优化后的质谱分析参数见表 7 - 21。

表 7 - 21　30 种人工色素质谱分析参数

序号	化合物名称	母离子（m/z）	子离子（m/z）	碰撞能量/V	碎裂电压/V
1	柠檬黄 Tartrazine	233$^-$	198 211	8 5	100 100
2	苋菜红 Amaranth	539$^+$	348 223	25 35	120 120
3	胭脂红 Acid Red 18	537$^-$	302* 429	20 20	135 135
4	日落黄 Sunset Yellow	203$^-$	171* 207	20 20	120 120

（续表7－21）

序号	化合物名称	母离子(m/z)	子离子(m/z)	碰撞能量/V	碎裂电压/V
5	酸性橙 G Orange G	407⁻	302* 222	8 30	135 135
6	诱惑红 Allura Red	225⁻	207* 214	16 12	75 75
7	亮蓝 Brilliant Blue FCF	749⁺	306* 171	47 48	135 135
8	曙红 Eosin	647⁻	523* 442	20 30	135 135
9	亮黄 Brilliant Yellow	581⁺	93* 464	50 30	135 135
10	羊毛绿 Acid Green 50	555⁺	392* 473	40 35	135 135
11	赤藓红 Erythrosin B	835⁺	663* 537	47 47	135 135
12	酸性黑 1 Acid Black 1	573⁺	555* 93*	20 30	135 135
13	酸性红 73 Acid Red 73	255⁻	150.6* 241.1	10 4	74 74
14	专利蓝 VF Patent Blue	545⁺	164* 396	40 30	120 120
15	金橙 I Orange I	327⁺	171* 156	20 45	115 115
16	金橙 II Orange II	327⁺	171* 156	20 45	115 115
17	亮蓝 G Brilliant Blue G	832⁺	460* 646	80 80	135 135
18	新品红 New Fuchsin	330⁺	223* 300	40 40	135 135
19	金胺 O Auramin O	268⁺	147* 252	36 28	130 130
20	偶氮玉红 Azorubine	459⁺	442 223	25 30	120 120
21	罗丹明 B Rhodamine B	443⁺	399* 355	60 40	130 130
22	孔雀石绿 Malachite Green	329⁺	313* 208	40 45	180 180
23	分散红 9 Disperse Red 9	238⁺	223* 165	20 30	135 135
24	苏丹红 G Sudan Red G	279⁺	123* 108	16 36	107 107
25	苏丹红 I Sudan Red I	249⁺	93* 156	24 12	105 105
26	808 猩红 808 Scarlet	368⁺	275* 219	12 36	115 115

序号	化合物名称	母离子(m/z)	子离子(m/z)	碰撞能量/V	碎裂电压/V
27	苏丹红Ⅱ Sudan Red Ⅱ	277+	121* 106	16 40	98 98
28	苏丹红Ⅲ Sudan Red Ⅲ	353+	197* 128	20 40	125 125
29	苏丹红Ⅳ Sudan Red Ⅳ	381+	91* 224	28 20	100 100
30	靛蓝 Indigo Carmine	421-	341 261	25 30	120 120

注："＋"表示正离子模式；"－"表示负离子模式；"＊"表示定量离子。

7.3.4.2　结果与讨论

1. 质谱条件的优化

人工色素从分子结构看，类型多样，有吡唑啉酮类如柠檬黄和靛蓝，双萘类如胭脂红和苋菜红，苯萘型色素如日落黄和酸性橙，有三芳甲烷类如专利蓝。其分子结构中均有容易电离的氨基基团、磺酸基团及杂原子基团，均适合正离子和负离子模式检测，但是为了得到最高灵敏度离子，需要试验分别对比正、负离子模式下的响应情况。另外有些色素在负离子模式下产生双电荷离子$[M-H]^-$、$[M-2H]^{2-}$（M为脱钠加氢的中性分子）的离子各不相同，而且在不同流动相体系中产生单电荷和双电荷离子丰度也各有不同，试验通过对比不同流动相体系，选择各种物质的丰度较高的离子作为母离子，然后针对母离子作二级子离子全扫描，获得碎片离子信息，选择丰度较高的2个碎片离子作为特征离子，优化碰撞能量使其响应最大，最后得到该化合物的2个MRM离子对以及相应的质谱参数（见表7－18）。通过试验对比发现，在乙酸铵流动相体系下，赤藓红负离子模式灵敏度比正离子模式高；柠檬黄和日落黄在负离子模式下单电荷离子比双电荷离子灵敏度高10倍；亮蓝G采用单电荷正离子模式灵敏度比单电荷负离子模式以及双电荷负离子模式灵敏度都高。

2. 色谱条件的优化

30种人工色素中同分异构体共有3对，分别是苋菜红和胭脂红（保留时间分别为6.6 min和6.7 min）、日落黄和酸性橙G（保留时间分别为6.8 min和6.9 min）、金橙Ⅰ和金橙Ⅱ（保留时间分别为7.4 min和7.9 min）。为了分离同分异构体以及其他色素，对比了不同的流动相体系（分别在乙腈－水混合体系中添加甲酸、甲酸铵、乙酸铵试验）对30种人工色素的色谱行为和离子化程度的影响。适量酸的加入会促进正离子的电离，但对负离子抑制严重，此时，苋菜红、柠檬黄和日落黄检出限只能达到5 mg/L，流动相中加入乙酸铵大大提高了负离子的灵敏度。分别对比0.01、0.025、0.05 mol/L浓度的乙酸铵溶液，结果随着乙酸铵比例增大，灵敏度并没有增大的趋势，因此采用0.01 mol/L乙酸铵水溶液作为水系流动相。

30种待测成分极性差异大，为实现快速分离，本方法选择分离性能优异的核壳填料亚3 μm色谱柱进行液相色谱条件优化，这种色谱柱为实心的硅核结构，减小了颗粒内部扩散路径，相对传统色谱柱，其柱效大大提高且柱压大大减小，可在更短的时间内实现快速分离。分别考察了3种不同型号色谱柱：A柱为Agilent Poroshell 120 EC－C_{18}（3.0 mm×100 mm，2.7 μm）；B柱为Agilent Poroshell 120 Phenyl Hexyl（2.1 mm×100 mm，2.7 μm）；C柱为Agilent Poroshell 120 PFP（2.1 mm×100 mm，2.7 μm）；结果表明：采用C柱时两对同分异构体均不能被分离，采用B柱时对柠檬黄和苋菜红基本无保留，采用A柱对同分异构体分离好，因此方法选择A柱作为分离柱。

综合以上各因素，得到最佳色谱条件为：Agilent Poroshell 120 EC－C_{18}色谱柱，乙腈－乙酸铵水溶液为流动相，梯度洗脱。此条件下所得标准溶液（进样浓度为0.1 mg/L）的定量特征离子流图如图7－9所示。

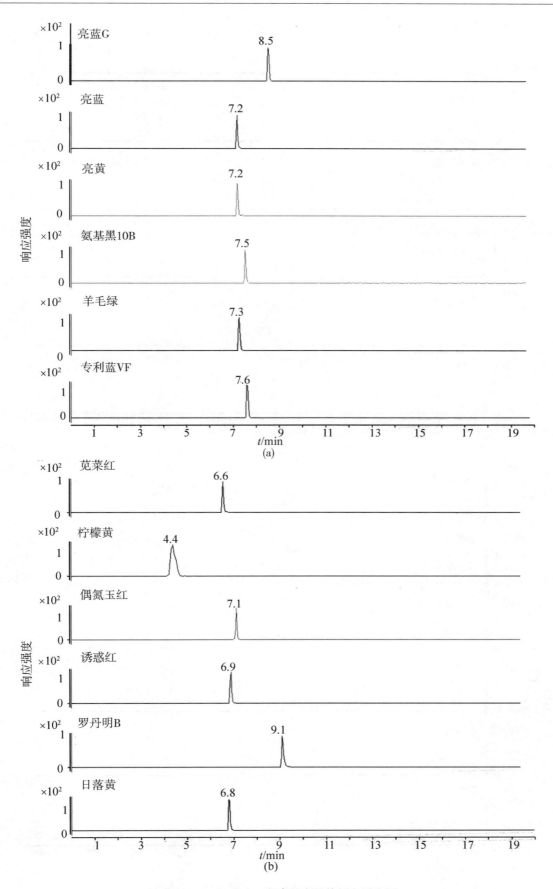

图7-9 30种人工色素的定量特征离子流图

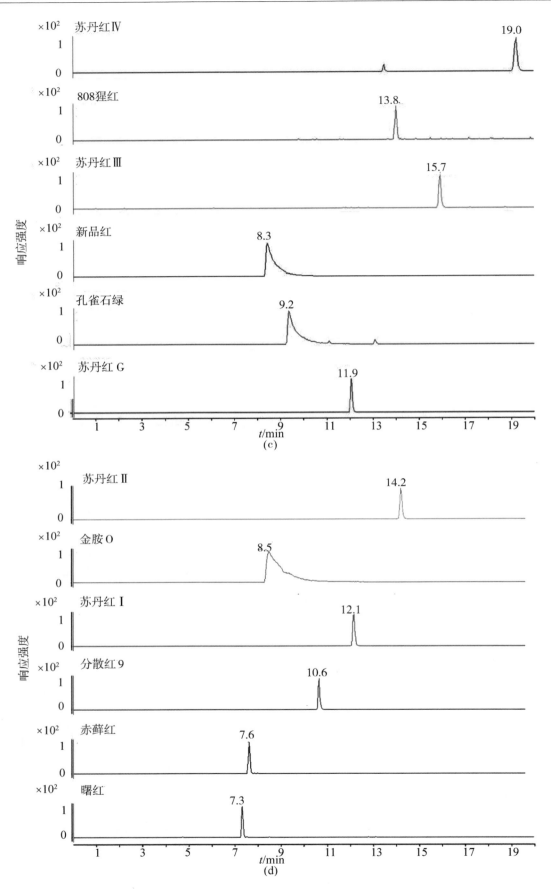

图7-9　30种人工色素的定量特征离子流图(续)

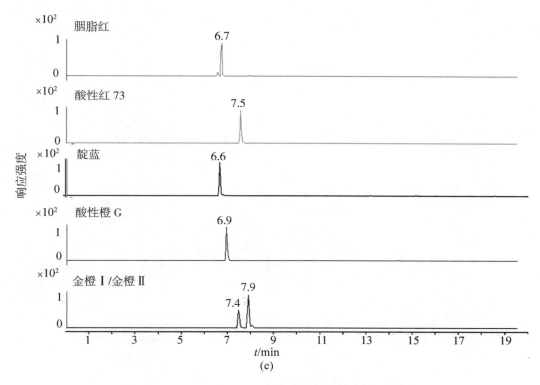

图 7-9　30 种人工色素的定量特征离子流图(续)

3. 样品前处理条件的优化和基质效应

30 种人工色素均为水溶性或醇溶性,试验对比采用甲醇、乙醇以及乙腈作为提取溶剂,结果表明甲醇的提取率最高,均达到 90% 以上,故选择甲醇作为提取溶剂,不需进一步净化,简化了样品前处理过程。但试验发现对于不同药材基质样品,甲醇提取物直接测定时,部分有基质抑制效应,考察基质效应分别采用甲醇作溶剂和基质提取液作溶剂配制标准溶液,分别测试得到标准曲线。采用计算公式 $ME = B/A \times 100\%$ 计算(式中 B 为基质标准曲线斜率,A 为甲醇标准曲线斜率)计算,得到的 ME 值中,氨基黑 10B(54%)、亮黄(61%)、日落黄(62%)3 种低于 65%,其余均在 66% ~ 114% 之间。为了最大限度消除基质效应,采用基质匹配法进行定量测定,采用对应的药材提取液作基质。

4. 线性范围、检出限

将上述浓度为 10、5、1、0.5、0.1、0.05、0.01、0.005、0.002、0.001 mg/L 的混合标准溶液在最优化条件下测定,得出 30 种药物浓度(x,mg/L)与峰面积(y)关系计算得到的回归方程,以信噪比 $S/N \geqslant$ 3 计算得到检出限(LOD)等参数,见表 7-22。

表 7-22　线性方程、线性范围、相关系数和检出限参数

序号	化合物	线性方程	线性范围/ ($\mu g \cdot mL^{-1}$)	相关系数	LOD/ ($\mu g \cdot mL^{-1}$)
1	柠檬黄 Tartrazine	$y = 2398x + 134$	0.01 ~ 10	0.9978	0.01
2	苋菜红 Amaranth	$y = 2539x + 123$	0.01 ~ 10	0.9833	0.01
3	胭脂红 Cochineal Carmine	$y = 3566x + 245$	0.01 ~ 10	0.9902	0.01

序号	化合物	线性方程	线性范围/（μg·mL^{-1}）	相关系数	LOD/（μg·mL^{-1}）
4	日落黄 Sunset Yellow	$y = 2640x + 54$	0.01～10	0.9841	0.01
5	酸性橙 G Orange G	$y = 6359x + 1272$	0.01～10	0.9994	0.01
6	诱惑红 Allura Red	$y = 18556x + 3711$	0.002～5.0	0.9995	0.001
7	亮蓝 Brilliant Blue FCF	$y = 1335x + 121$	0.01～5.0	0.9934	0.01
8	曙红 Y Eosin Y	$y = 1568x + 168$	0.01～10	0.9961	0.01
9	亮黄 Brilliant Yellow	$y = 1344x + 102$	0.01～10	0.9905	0.01
10	羊毛绿 Acid Green 50	$y = 6323x + 138$	0.02～5.0	0.9915	0.01
11	赤藓红 Erythrosin B	$y = 3754x + 6$	0.02～5.0	0.9975	0.01
12	酸性黑 1 Acid Black 1	$y = 5275x + 55$	0.01～10	0.9901	0.01
13	酸性红 73 Acid Red 73	$y = 31996x + 6399$	0.002～5.0	0.9991	0.001
14	专利蓝 VF Patent Blue	$y = 32730x + 1215$	0.002～5.0	0.9973	0.001
15	金橙 Ⅰ Orange Ⅰ	$y = 12145x + 93$	0.01～10	0.9934	0.01
16	金橙 Ⅱ Orange Ⅱ	$y = 13254x + 125$	0.01～10	0.9934	0.01
17	亮蓝 G Brilliant Blue G	$y = 4340x + 568$	0.01～5.0	0.9941	0.01
18	新品红 New Fuchsin	$y = 228004x + 13314$	0.001～5.0	0.9902	0.001
19	金胺 O Auramin O	$y = 244040x + 10574$	0.001～5.0	0.9976	0.001
20	偶氮玉红 Azorubine	$y = 3444x + 1043$	0.01～10	0.9938	0.01
21	罗丹明 B Rhodamine B	$y = 427696x + 50623$	0.001～5.0	0.9915	0.001
22	孔雀石绿 Malachite Green	$y = 279860x + 11048$	0.001～5.0	0.9925	0.001
23	分散红 9 Disperse Red 9	$y = 27389x + 655$	0.002～5.0	0.9973	0.001
24	苏丹红 G Sudan Red G	$y = 89088x + 1916$	0.002～5.0	0.9984	0.001
25	苏丹红 Ⅰ Sudan Red Ⅰ	$y = 24718x + 397$	0.002～5.0	0.9984	0.001

序号	化合物	线性方程	线性范围/ (μg·mL^{-1})	相关系数	LOD/ (μg·mL^{-1})
26	808猩红 808 Scarlet	$y = 415502x + 50510$	$0.001 \sim 5$	0.9903	0.001
27	苏丹红Ⅱ Sudan Red Ⅱ	$y = 35329x + 2308$	$0.002 \sim 5.0$	0.9964	0.001
28	苏丹红Ⅲ Sudan Red Ⅲ	$y = 6954x + 1871$	$0.002 \sim 5.0$	0.9953	0.001
29	苏丹红Ⅳ Sudan Red Ⅳ	$y = 9404x + 161$	$0.005 \sim 5.0$	0.9977	0.005
30	靛蓝 Indigo Carmine	$y = 5254x + 135$	$0.01 \sim 5.0$	0.9965	0.01

5. 回收率和精密度

采用经测定不含30种人工色素的西红花和血竭样品,添加不同浓度标准溶液,分别进行加标回收率和精密度试验,结果见表7－23,取6次操作的平均值,30种色素成分在3种不同添加浓度下的回收率范围都在64.2% ～ 106.2%之间,相对标准偏差RSD < 15%,另外取一份加标样品溶液(浓度为0.1 mg/L)在一天内的不同时间点(共6个时间点,间隔控制4 h)测定,得到30种物质日内精密度均小于7.0%,在不同日期(连续5天内的同一时间)测定,得到5天内精密度均小于12%,而偶氮玉红、靛蓝和曙红3种物质稍有降解趋势,因此低浓度的混合标准溶液或样品溶液制备后需要在3天内测试。

表7－23　3个加标水平下的人工色素回收率及精密度(n = 6)

序号	化合物	添加量/ (mg·kg^{-1})	西红花		血竭	
			回收率/%	RSD/%	回收率/%	RSD/%
1	柠檬黄 Tartrazine	0.25	72.1	6.3	85.9	5.4
		1.0	71.7	5.9	84.7	7.1
		2.0	70.3	6.2	84.1	7.4
2	苋菜红 Amaranth	0.25	87.5	12.6	85.7	7.4
		1.0	85.3	11.1	83.4	8.5
		2.0	82.3	10.4	92.0	6.8
3	胭脂红 Cochineal Carmine	0.25	90.1	7.8	89.2	6.9
		1.0	97.2	7.2	97.6	6.3
		2.0	88.2	7.5	92.4	6.7
4	日落黄 Sunset Yellow	0.25	78.5	11.9	89.2	6.9
		1.0	74.6	12.5	87.5	5.8
		2.0	76.5	10.4	86.8	7.9
5	酸性橙G Orange G	0.25	80.5	14.7	79.2	8.9
		1.0	75.4	11.2	72.9	8.3
		2.0	70.2	12.7	78.1	8.5
6	诱惑红 Allura Red	0.25	71.1	5.1	83.0	7.5
		1.0	68.8	5.5	82.5	6.3
		2.0	70.4	6.4	84.6	7.1

（续表7－23）

序号	化合物	添加量/ (mg·kg^{-1})	西红花		血竭	
			回收率/%	RSD/%	回收率/%	RSD/%
7	亮蓝 Brilliant Blue FCF	0.25	71.5	9.5	80.6	3.4
		1.0	72.9	9.3	81.2	3.6
		2.0	75.8	6.8	82.2	7.1
8	曙红 Eosin	0.25	84.9	6.9	72.2	7.2
		1.0	82.6	5.8	71.4	7.9
		2.0	84.1	6.4	70.8	7.3
9	亮黄 Brilliant Yellow	0.25	71.0	6.5	74.7	8.2
		1.0	70.5	6.8	70.9	7.6
		2.0	68.9	6.7	70.4	8.5
10	羊毛绿 Acid Green 50	0.25	92.8	13.6	90.0	7.7
		1.0	82.4	12.2	78.2	7.5
		2.0	80.1	9.5	72.6	5.4
11	赤藓红 Erythrosin B	0.25	86.8	9.5	81.4	6.1
		1.0	82.6	8.1	80.4	6.8
		2.0	78.8	8.9	89.9	5.9
12	酸性黑1 Acid Black 1	0.25	72.7	7.5	71.2	6.3
		1.0	70.4	7.0	66.5	5.9
		2.0	71.8	6.9	68.6	6.7
13	酸性红73 Acid Red 73	0.25	72.5	7.8	71.7	7.4
		1.0	70.4	7.6	76.5	7.3
		2.0	72.6	6.8	72.6	6.5
14	专利蓝VF Patent Blue	0.25	106.2	8.6	102.1	6.8
		1.0	96.4	7.8	90.3	7.4
		2.0	93.6	6.9	88.6	9.7
15	金橙 I Orange I	0.25	87.6	8.2	92.1	3.8
		1.0	92.6	8.8	91.9	6.5
		2.0	90.5	8.1	96.7	7.4
16	金橙 II Orange II	0.25	80.5	8.9	98.5	6.8
		1.0	86.6	7.8	93.6	5.9
		2.0	94.4	7.9	96.7	6.7
17	亮蓝G Brilliant Blue G	0.25	99.8	9.6	78.6	7.3
		1.0	89.1	7.4	72.6	4.7
		2.0	88.3	7.7	75.2	6.4
18	新品红 New Fuchsin	0.25	77.1	11.5	76.3	6.7
		1.0	71.4	11.6	75.8	6.8
		2.0	74.3	10.8	78.6	5.9
19	金胺O Auramin O	0.25	111.3	4.9	87.4	8.0
		1.0	105.2	3.8	99.6	6.3
		2.0	101.4	4.4	90.0	3.4

（续表7-23）

序号	化合物	添加量/ (mg·kg⁻¹)	西红花		血竭	
			回收率/%	RSD/%	回收率/%	RSD/%
20	偶氮玉红 Azorubine	0.25	76.5	6.5	74.7	7.8
		1.0	75.6	6.8	70.9	7.5
		2.0	74.5	6.7	70.4	7.1
21	罗丹明 B Rhodamine B	0.25	104.9	5.6	101.2	6.7
		1.0	118.0	5.2	90.6	6.5
		2.0	101.2	5.5	90.1	6.4
22	孔雀石绿 Malachite Green	0.25	100.2	4.5	101.1	4.1
		1.0	96.8	4.1	95.9	4.8
		2.0	91.8	4.6	99.8	5.9
23	分散红 9 Disperse Red 9	0.25	71.6	7.9	75.2	6.3
		1.0	72.6	7.6	76.5	6.8
		2.0	71.5	6.9	78.6	6.9
24	苏丹红 G Sudan Red G	0.25	98.2	5.6	91.7	5.4
		1.0	96.0	6.3	95.7	6.1
		2.0	94.6	5.4	96.8	4.5
25	苏丹红 I Sudan Red I	0.25	76.9	6.6	80.5	6.8
		1.0	78.9	6.8	80.5	7.4
		2.0	75.6	6.9	70.8	6.7
26	808 猩红 808 Scarlet	0.25	85.9	10.5	90.1	7.8
		1.0	89.6	11.4	81.9	8.7
		2.0	84.4	10.7	86.7	6.6
27	苏丹红 II Sudan Red II	0.25	98.6	9.6	67.7	7.3
		1.0	96.3	7.4	64.2	4.7
		2.0	94.2	7.7	65.8	6.4
28	苏丹红 III Sudan Red III	0.25	97.1	10.3	96.3	4.8
		1.0	91.4	9.6	95.8	4.3
		2.0	94.3	9.1	98.6	4.3
29	苏丹红 IV Sudan Red IV	0.25	82.1	8.2	72.1	5.8
		1.0	82.6	8.8	71.9	6.5
		2.0	78.5	8.4	76.7	6.4
30	靛蓝 Indigo Carmine	0.25	72.5	8.5	76.8	6.5
		1.0	76.1	7.8	75.4	5.4
		2.0	72.1	7.9	72.6	4.9

7.3.5　典型案例介绍

【案例一】 2017 年 7 月，本实验室收到某客户送检的几批名贵药材血竭，发现在测试醇不溶物时有一批的颜色与其他批次异常。因此采用本实验室所建立的"中药材中 30 种人工色素的同时快速筛查方法"测试，结果检出色素 808 猩红，测试图谱见图 7-10。

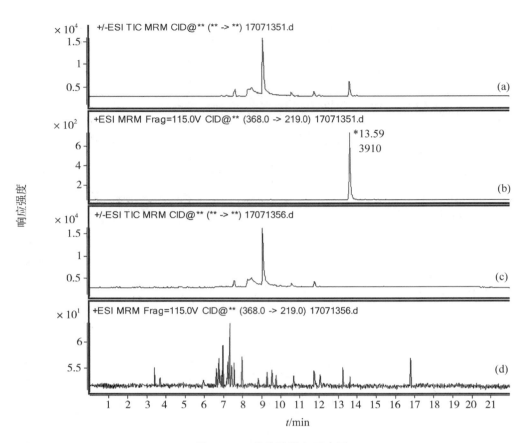

图 7 - 10　送检样品离子流图

注：（a）样品总离子流图；（b）808 猩红提取特征离子图；（c）血竭对照药材（阴性）总离子流图；（d）血竭对照药材（阴性）提取特征离子图

【案例二】　2017 年 7 月，本实验室收到某客户送检的药材延胡索，采用本实验室所建立的"中药材中 30 种人工色素的同时快速筛查方法"测试，结果检出色素金胺 O，测试图谱见图 7 - 11。

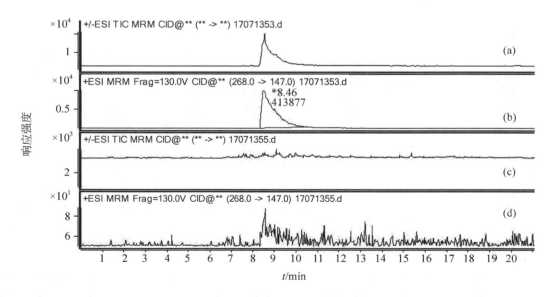

图 7 - 11　送检延胡索药材离子流图

注：（a）样品总离子流图；（b）金胺 O 提取特征离子图；（c）延胡索对照药材（阴性）总离子流图；（d）延胡索对照药材（阴性）提取金胺 O 特征离子图。

统计近几年来所检测的客户委托送样，发现人工色素检出率较高的有：血竭药材中检出罗丹明 B、猩红 808 和苏丹红Ⅳ；西红花药材中检出金胺 O；制何首乌中检出亮蓝等，详见表 7 – 24。

表 7 – 24　部分典型阳性样品列举

序号	样品名称	检出化合物	含量/(mg·kg⁻¹)
1	血竭	罗丹明 B Rhodamine B	2.32
2	血竭	808 猩红 808 Scarlet	1.14
3	西红花	金胺 O Auramin O	1.21
4	延胡索	金胺 O Auramin O	2.55
5	血竭	苏丹红Ⅳ Sudan Red Ⅳ	1.8
6	制何首乌	亮蓝 Brilliant Blue FCF	4.78
7	乌梅	亮蓝 G Brilliant Blue G	5.62

7.4　中药中重金属及有害元素的 ICP – MS 检测方法

7.4.1　中药中重金属及有害元素来源

中药是中华民族的瑰宝，是中华医学的重要组成部分，包括了药材和饮片、植物油脂和提取物、成方制剂和单味制剂等。中药的质量控制、有效性和安全性与人们的健康息息相关，关系到中药健康和可持续发展，也是影响中药走向世界的重要问题。其中，重金属及有害元素（Cu、As、Cd、Pb、Hg）含量是中药材质量控制的重要指标。

中药中重金属及有害元素的来源很多，植物类和动物类中药材原料在生长过程中会吸收其周围环境（如土壤、水体、空气）中的重金属及有害元素，某些中药材对重金属有富集作用，这些被污染的中药材原料，直接导致加工成的饮片、提取物和制剂含有重金属及有害元素。矿物类中药材来源更为复杂，也会夹杂各种重金属及有害元素，但是也要区别对待有些矿物类中药材，如朱砂、雄黄的主要成分本身就分别含有 Hg、As。此外，中药材的采收、运输、加工过程也会引入污染。

7.4.2　中药中重金属及有害元素限量

根据不同品种中药的自身特点，2015 年版《中国药典》规定了部分中药品种中重金属及有害元素的限量，不同品种的限量要求有些差别，具体限量见表 7 – 25。

表7-25　2015年版《中国药典》规定的中药中重金属及有害元素限量

序号	中药名	限量/(mg·kg⁻¹)				
		Cu	As	Cd	Hg	Pb
1	薄荷脑	20	2	0.3	0.2	5
2	山楂	20	2	0.3	0.2	5
3	丹参	20	2	0.3	0.2	5
4	水蛭	—	5	1	1	10
5	甘草	20	2	0.3	0.2	5
6	白芍	20	2	0.3	0.2	5
7	西洋参	20	2	0.3	0.2	5
8	牡蛎	20	2	0.3	0.2	5
9	阿胶	20	2	0.3	0.2	5
10	昆布	20	—	4	0.1	5
11	金银花	20	2	0.3	0.2	5
12	珍珠	20	2	0.3	0.2	5
13	枸杞子	20	2	0.3	0.2	5
14	海螵蛸	20	10	5	0.2	5
15	海藻	20	—	4	0.1	5
16	黄芪	20	2	0.3	0.2	5
17	蛤壳	20	2	0.3	0.2	5
18	蜂胶	—	—	—	—	8
19	人参茎叶总皂苷	20	2	0.2	0.2	2
20	人参总皂苷	20	2	0.2	0.2	3
21	三七总皂苷	20	2	0.3	0.2	5
22	妇必舒阴道泡腾片	20	2	0.3	0.2	5
23	活血止痛胶囊	—	300	—	12	60
24	蚝贝钙咀嚼片(蚝贝钙片)	—	2	—	0.2	5
25	紫雪散	10	2	0.3		5
26	灯盏花素	—	2	0.3	0.2	5
27	麦芽酚	—	—	—	—	10
28	茵陈提取物	20	2	0.3	0.2	5
29	积雪草总苷	20	2	0.3	0.2	5

注：一表示限量未作规定。

同时，《中国药典》四部通则0102规定，除另有说明外，中药注射剂中重金属及有害元素的限量，即按各品种项下每日最大使用量计算，铅含量不得超过12 μg，镉含量不得超过3 μg，砷含量不得超过6 μg，汞含量不得超过2 μg，铜含量不得超过150 μg。

在香港地区，香港中医药管理委员会在2004年4月颁布了《中成药注册安全性资料技术指引》，规定了在香港地区注册的中成药需提供重金属及有害元素含量，证明其安全性。以每日最大使用量计算，铅含量不得超过179 μg，镉含量不得超过3500 μg(每剂)，砷含量不得超过1500 μg，汞含量不得超过36 μg。

中药中的重金属及有害元素，除了我们重点关注的Cu、As、Cd、Pb、Hg五种元素外，还有其他元素，如阿胶中的Cr、矿物类中药材中的多种元素等。

7.4.3　中药中元素形态毒性分析

随着研究的深入，发现部分重金属的不同形态对人体的危害是不同的，典型的就是砷、汞、铬。砷的毒性与砷存在的形态密切相关，不同形态的砷毒性相差较大。在常见砷的化合物中，无机态砷(亚砷酸盐[As(Ⅲ)]和砷酸盐[As(Ⅴ)]毒性比较大，而有机态的砷中，一甲基砷酸(MMA)的毒性要大于二甲基砷酸(DMA)，砷甜菜碱(AsB)、砷胆碱(AsC)和砷糖等则基本上没有毒性。三价铬无毒，是人体的有益成分，而六价铬毒性很大。

7.4.4　中药中重金属及有害元素检测方法

《中国药典》(2015 年版)规定了中药中重金属及有害元素的检测方法(四部通则 2321)。其样品制备过程如下：将样品于 60℃ 干燥 2 h，粉碎成粗粉，取约 0.5 g 放入微波消解管中，加入 5 ~ 10 mL 浓硝酸，放入微波消解仪中消解，微波消解程序消解完全后，取出消解管，将消解液转移到 50 mL 量瓶中，并用超纯水定容到刻度。同时，除不加样品外，均按上述步骤进行消解制备全流程空白。这与香港中医药管理委员会《中成药注册安全性资料技术指引》附录的方法基本相同。这个方法基本能够将动植物源中药消解完全，可用于重金属及有害元素、其他元素的测定。不过，该法不适用于含有朱砂成分的中成药中 Hg 的测定，因为硝酸无法将朱砂溶解，可采用的改进方法就是王水消解样品。

周利等利用硝酸微波消解处理了 20 批冬虫夏草，采用 ICP – MS 测定了 Cu、As、Cd、Pb 和 Hg 5 种重金属元素，结果表明，Cu、Cd、Pb 和 Hg 在冬虫夏草子座中的含量高于虫体，而 As 主要集中于虫体部分，虫体中 As 的含量是子座的 7 ~ 12 倍。王宝丽等利用硝酸 – 双氧水微波消解处理了血清八味片，采用 ICP – MS 测定了 Be、B、As、Cd、Pb 和 Hg 等 32 种元素，并根据元素含量绘制了血清八味片中无机元素的分布曲线图。左甜甜等采用 ICP – MS 法测定 18 种 58 批动物药中重金属及有害元素的残留量，按照《中国药典》(2015 年版)水蛭等动物药重金属及有害元素限量标准，总体合格率为 74.1%，其中 Pb、Cd、As、Hg 元素均存在超标的情况，其中合格率分别为 91.4%、89.7%、86.2% 和 96.6%。

郭红丽等采用硝酸 – 双氧水消解样品，ICP – MS 方法测定注射用红花黄色素、注射用灯盏花素、注射用尿激酶、注射用鹿瓜多肽、注射用血塞通、注射用双黄连、痰热清注射液、丹参滴注液、银杏达莫注射液、丹红注射液中的 13 种金属元素(Pb、Cd、Hg、As、Cu、Fe、Mn、Ba、Zn、Al、Co、Cr、Ni)。对于中药注射液，其基体相对简单，除了采用消解的方式处理样品外，直接用水或用稀硝酸溶液稀释也可以得到满意的测试结果，同时还可降低空白的本底值。张静娇等采用直接将中药注射液稀释的方法处理样品，ICP – MS 测定了红花注射液等 5 种注射剂中的 Pb、Cd、Hg、As、Cu。

在元素的形态方面，郝春莉等采用甲醇 – 水(体积比 1∶1)超声法提取，LC-ICP – MS 测定了 15 种中药材中 6 种砷形态[砷胆碱(AsC)、砷甜菜碱(AsB)、三价砷 As(Ⅲ)、二甲基砷酸(DMA)、一甲基砷酸(MMA)和五价砷 As(Ⅴ)]，结果表明，15 种中药材中存在的主要砷形态是有毒的 As(Ⅴ)，另外还有少量的砷甜菜碱和砷胆碱，并且动物源中药中的有机砷含量明显高于植物源中药。陈秋生等采用人工胃液仿生提取，HPLC-ICP – MS 测定了含朱砂制剂中可溶性汞和含雄黄中成药中可溶性砷含量。

7.4.5　中药配方颗粒中铜、砷、镉、铅和汞含量的检测方法

7.4.5.1　实验部分

1. 仪器及试剂

电感耦合等离子体质谱仪，Agilent 7700x ICP – MS(美国安捷伦公司)；

微波消解仪，WX – 8000(上海屺尧仪器科技发展有限公司)；

标准溶液 1：多元素标准溶液(GSB 04 – 1767—2004)，100 μg/mL，生产厂家为国家有色金属及电子材料分析测试中心；

标准溶液 2：汞标准溶液（GSB G 62069 - 90），1 000 μg/mL，生产厂家为国家钢铁材料测试中心钢铁研究总院；

调谐溶液：ICP - MS 储备调谐溶液（Ce、Co、Li、Tl、Y），10 mg/L，安捷伦公司，part#5188 - 6564；

内标溶液：ICP - MS 混合内标溶液（含 Ge、In、Re 等），0.5 mg/L；

超纯浓硝酸（含量 65%），UP 级，苏州晶瑞化学有限公司；

超纯水：实验室自制；

实验样品：中药配方颗粒。

2. 测试方法

1）标准溶液配制

标准溶液配制方法见表 7 - 26 ～ 表 7 - 29。

表 7 - 26　铜、砷、镉和铅标准储备液的配制

工作标准储备液代码	标准溶液 1/mL	最终体积/mL（2% 硝酸）	最终质量浓度/（mg·L^{-1}）
WSA	1.0	10	10
WSB	0.5	50	1

表 7 - 27　汞标准储备液的配制

工作标准储备液代码	标准溶液 2/mL	最终体积/mL（2% 硝酸）	最终质量浓度/（mg·L^{-1}）
WSC	0.5	50	10
WSD	0.5 of WSC	50	0.1

表 7 - 28　铜、砷、镉和铅标准溶液的配制

标准溶液代码	适用元素	标准储备液体积/mL	最终体积/mL（2% 硝酸）	最终质量浓度/（μg·L^{-1}）
std - 0	Cu，As，Cd，Pb	0	50	0
std - 1	Cd	0.25 of std - 6	50	0.5
std - 2	As，Cd，Pb	0.5 of std - 6	50	1
std - 3	Cu，As，Cd，Pb	0.25 of WSB	50	5
std - 4	Cu，As，Cd，Pb	0.5 of WSB	50	10
std - 5	Cu，As，Cd，Pb	0.25 of WSA	50	50
std - 6	Cu，As，Cd，Pb	0.5 of WSA	50	100
std - 7	Cu	1.0 of WSA	50	200

表 7 - 29　汞标准溶液的配制

标准溶液代码	适用元素	标准储备液体积/mL	最终体积/mL（2% 硝酸）	最终质量浓度/（μg·L^{-1}）
Hg - 0	Hg	0	50	0
Hg - 1	Hg	0.25 of WSD	50	0.5
Hg - 2	Hg	0.5 of WSD	50	1
Hg - 3	Hg	1.0 of WSD	50	2
Hg - 4	Hg	2.5 of WSD	50	5
Hg - 5	Hg	5.0 of WSD	50	10

2）加标样品配制

按"样品预处理"的方法取样后，加入标准储备液（加标样品配制方法见表 7 - 30 ～ 表 7 - 33），再进行微波消解。

表 7 – 30 铜加标样品的配制

样品名称	标准溶液质量浓度/ $(mg \cdot L^{-1})$	标准溶液体积/mL	基体[①]/g	最终体积/mL	加标理论浓度[②]/ $(\mu g \cdot L^{-1})$	平行样品数
加标 1	10	0.15	0.50	50	30	3
加标 2	10	0.25	0.50	50	50	6
加标 3	10	0.5	0.50	50	100	3

注：①基体为中药配方颗粒；②加标理论浓度为样品定容后溶液中的质量浓度。

表 7 – 31 砷和铅加标样品的配制

样品名称	标准溶液质量浓度/ $(mg \cdot L^{-1})$	标准溶液体积/mL	基体[①] /g	最终体积/mL	加标理论浓度[②]/ $(\mu g \cdot L^{-1})$	平行样品数
加标 4	1	0.25	0.50	50	5	3
加标 5	10	0.15	0.50	50	30	6
加标 6	10	0.25	0.50	50	50	3

注：①基体为中药配方颗粒；②加标理论浓度为样品定容后溶液中的质量浓度。

表 7 – 32 镉加标样品的配制

样品名称	标准溶液质量浓度/ $(mg \cdot L^{-1})$	标准溶液体积/mL	基体[①]/g	最终体积/mL	加标理论浓度[②]/ $(\mu g \cdot L^{-1})$	平行样品数
加标 7	0.1	0.25	0.50	50	0.5	3
加标 8	1	0.25	0.50	50	5	6
加标 9	10	0.15	0.50	50	30	3

注：①基体为中药配方颗粒；②加标理论浓度为样品定容后溶液中的质量浓度。

表 7 – 33 汞加标样品的配制

样品名称	标准溶液质量浓度/ $(mg \cdot L^{-1})$	标准溶液体积/mL	基体[①]/g	最终体积/mL	加标理论浓度[②]/ $(\mu g \cdot L^{-1})$	平行样品数
加标 10	0.1	0.25	0.50	50	0.5	3
加标 11	1	0.25	0.50	50	5	6
加标 12	10	0.15	0.50	50	30	3

注：①基体为中药配方颗粒；②加标理论浓度为样品定容后溶液中的质量浓度。

3）样品预处理

取中药配方颗粒 0.5 g 于聚四氟乙烯消解管中，加入 6 mL 浓硝酸，放置 30 min 后，放入微波消解仪中消解，按表 7 – 34 微波消解程序消解完全后，取出消解管，在电热板上加热至无黄烟产生，消解液转移到 50 mL 比色管中，并用超纯水定容到刻度。同时，除不加样品外，均按上述步骤进行消解制备全流程空白。

表 7 – 34 微波消解程序

步骤	温度/℃	保温时间/min	最高压力/atm*
1	120	3	10
2	150	3	20
3	180	25	35

注：1 atm = 101.325 kPa。

4）测试条件

仪器等离子体点火后，稳定 20 min，按表 7 – 35 设置 ICP – MS 参数，建立批处理方法。依次测试标准溶液、全流程空白和样品溶液。

表 7 – 35　ICP – MS 参数

ICP – MS 设置	参　数
ICP	高频发生器输出功率：1.55 kW；等离子体气（氩气）：15.0 L/min；辅助气（氩气）：0.8 L/min；载气（氩气）：0.8 L/min；补偿气（氩气）：0.35 L/min；采样深度：10 mm
MS	扫描方式：跳峰；测量点/峰：3 点；扫描质量数：^{63}Cu，^{75}As，^{111}Cd，^{202}Hg，^{208}Pb，^{72}Ge，^{115}In，^{185}Re
碰撞池	碰撞气：氦气，4.3 mL/min（He 模式）
进样方式	自动进样，溶液提升速率：0.4 rps；溶液提升时间：30 s；溶液稳定速率：0.1 rps；溶液稳定时间：30 s；内标元素通过 T 形三通管在线引入；雾化器：MicroMist；雾化室温度：2 ℃
清洗程序	进样口用水清洗进样针外壁 15 s，进样管道分别用 5% 硝酸溶液和水清洗 20 s

7.4.5.2　方法学验证结果

1. 线性及线性范围

直接分析标准溶液（见表 7 – 28 和表 7 – 29），每个标准溶液进 1 针，以各元素的每秒计数（cps）与内标元素的每秒计数（cps）的比值（y）对每个标准溶液对应的质量浓度（x，μg/L）作回归曲线，得到各元素的标准曲线见图 7 – 12，线性方程、线性范围和相关系数等见表 7 – 36。

表 7 – 36　方法的线性、检出限和定量限参数

元素	内标	线性方程	相关系数 R	线性范围/（μg·L^{-1}）	仪器检出限/（μg·L^{-1}）	检出限/（μg·kg^{-1}）	定量限/（mg·kg^{-1}）
Cu	^{72}Ge	$y = 0.2389x + 0.0730$	1.000	5 ～ 200	0.026	2.6	0.5
As	^{72}Ge	$y = 0.0161x + 0.00051$	1.0000	1 ～ 100	0.024	2.4	0.1
Cd	^{115}In	$y = 0.0055x + 0.00014$	1.0000	0.5 ～ 100	0.012	1.2	0.05
Pb	^{185}Re	$y = 0.0344x + 0.0115$	0.9999	1 ～ 100	0.014	1.4	0.1
Hg	^{185}Re	$y = 0.0098x + 0.00082$	0.9998	0.5 ～ 10	0.063	6.3	0.05

2. 检出限

以连续分析 11 次 std – 0（Cu、As、Cd、Pb）或 Hg – 0（Hg），得到各元素的 cps，计算 11 次各元素的 cps 的标准偏差（SD）。以 3 SD 对应的质量浓度为仪器检出限，仪器检出限乘上样品的稀释倍数为方法的检出限，测定结果见表 7 – 36。检出限 Cu 为 2.6 μg/kg、As 为 2.4 μg/kg、Cd 为 1.2 μg/kg、Pb 为 1.4 μg/kg 和 Hg 为 6.3 μg/kg。

3. 定量限

以线性质量浓度最低点作为定量限浓度，测定结果见表 7 – 36。定量限 Cu 为 0.5 mg/kg、As 为 0.1 mg/kg、Cd 为 0.05 mg/kg、Pb 为 0.1 mg/kg 和 Hg 为 0.05 mg/kg。

4. 准确度（回收率）

按表 7 – 30 ～ 表 7 – 33 配制 5 种元素的加标样品，按给定的测试条件分析测得加标样品中各元素质量浓度。计算回收率，准确度用回收率表示。回收率 =（各元素质量浓度测定值 – 基体质量浓度）/各元素加标理论浓度 × 100%。结果见表 7 – 37，3 个浓度加标水平回收率为 80.8% ～ 115.1%，平均回收率为

86.9% ～112.2%，介于80%～120%之间，满足准确度要求。

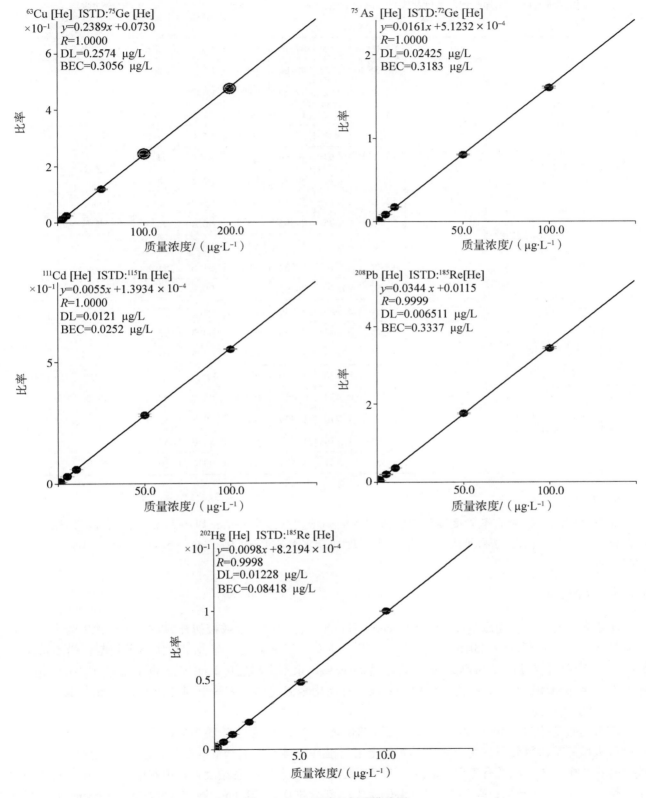

图 7－12　各元素的标准曲线图

表 7-37　方法的准确度和精密度

元素	基体质量浓度/(μg·L⁻¹)	加标理论浓度/(μg·L⁻¹)	测定质量浓度/(μg·L⁻¹)			回收率/%			平均回收率/%	RSD/%
Cu	36.63	30	64.09	64.56	64.10	91.5	93.1	91.6	92.1	—
		50	86.55	91.27	90.96	99.8	109.3	108.7	106.9	2.1
			90.35	91.82	89.63	107.4	110.4	106.0		
		100	134.9	128.2	139.8	98.3	91.6	103.2	97.7	—
As	2.151	5	6.823	6.952	6.899	93.4	96.0	95.0	94.8	—
		30	26.67	30.64	30.56	81.7	95.0	94.7	92.6	5.4
			30.16	30.79	30.70	93.4	95.5	95.2		
		50	52.83	57.11	57.39	101.4	109.9	110.5	107.3	—
Cd	0.143	0.5	0.547	0.595	0.595	80.8	90.4	90.4	87.2	—
		5	4.513	4.813	4.631	87.4	93.4	89.8	90.9	2.2
			4.726	4.716	4.733	91.7	91.5	91.8		
		30	26.97	27.40	26.93	89.4	90.9	89.3	89.9	—
Pb	0.643	5	5.410	5.418	5.536	95.3	95.5	97.9	96.2	—
		30	25.22	28.92	28.65	81.9	94.3	93.4	92.0	5.3
			28.89	29.03	28.75	94.2	94.6	93.7		
		50	54.31	58.20	57.69	107.3	115.1	114.1	112.2	—
Hg	0.004	0.5	0.459	0.429	0.467	91.0	85.0	92.6	89.5	—
		2	1.776	1.770	1.709	88.6	88.3	85.3	87.7	2.1
			1.796	1.779	1.713	89.6	88.8	85.5		
		4	3.382	3.587	3.471	84.5	89.6	86.7	86.9	—

5. 重复性

重复性(精密度)由在准确度实验中所使用的中间浓度溶液来评估,以各元素在中间浓度加标水平实际测定值的 RSD 表示,结果见表 7-37。3 个浓度加标水平的 RSD 为 2.1%~5.4%,小于 10%,满足重复性要求。

7.4.6　典型案例介绍

金银花为忍冬科植物忍冬(*Lonicera japonica* Thunb.)的干燥花蕾或带初开的花,是日常生活中常见的一味中药材。《中国药典》(2015 年版)一部金银花项下对其重金属及有害元素作出了规定:铅不得超过 5 mg/kg,镉不得超过 0.3 mg/kg,砷不得超过 2 mg/kg,汞不得超过 0.2 mg/kg,铜不得超过 20 mg/kg。金银花对重金属铅和镉有一定的富集作用,所以,各使用金银花的厂家需要对金银花中的重金属及有害元素进行检测。

笔者实验室按照《中国药典》(2015 年版)四部通则 2321 的方法开展中药中重金属及有害元素检测。广州某大型凉茶饮料公司在生产中需要大量使用金银花原料,为了严格控制原料质量,委托笔者实验室检测金银花中的重金属及有害元素。经过上百批次的金银花检测,总结发现金银花中 5 种元素大致范围如下:铜含量 8~15 mg/kg,砷含量 0.2~1.0 mg/kg,镉含量 0.1~0.4 mg/kg,汞含量 0~0.03 mg/kg,铅含量 0.5~50 mg/kg。5 种元素中镉和铅含量容易超过药典规定,且多数情况下只有一个元素超标,需要对其重点检测。对金银花的检测,保证了厂家购买和使用合格的原料,提高了其产品的安全性。

7.5　药品中多元素的 ICP – MS 检测方法

7.5.1　药品中杂质元素限度要求

药品中的元素杂质有如下几种来源：①合成中有意添加的催化剂残留；②生产中与生产设备或容器密闭系统相互作用而带入；③由药品的包装材料带入。因为元素杂质不能为患者提供任何治疗效果，所以它们在药品中的含量需要被控制在可接受的限度范围内。

随着检测仪器的发展和对药品安全性、质量控制更为严格的要求，美国药典提出了药品中杂质元素的限度要求；同时，欧洲医药局、人用药品注册技术要求国际协调会（ICH）也在不断提高药品中杂质元素的限度要求，见表 7 – 38。

此外，各国加强了对药品与包装材料的相容性研究，特别是注射剂与包装材料的相容性，国家食品药品监督管理局 2012 年发布了《化学药品注射剂与塑料包装材料相容性研究技术指导原则（试行）》和 2015 年发布了《化学药品注射剂与药用玻璃包装容器相容性研究技术指导原则（试行）》。其中，相容性研究本质依然是测试药品中的各种控制元素的含量。

表 7 – 38　部分元素杂质的每日暴露量

元素	口服 PDE/μg	注射 PDE/μg	吸入 PDE/μg
Cd	5	2	2
Pb	5	5	5
As	15	15	2
Hg	30	3	1
Co	50	5	3
V	100	10	1
Ni	200	20	5
Tl	8	8	8
Au	100	100	1
Pd	100	10	1
Ir	100	10	1
Os	100	10	1
Rh	100	10	1
Ru	100	10	1
Se	150	80	130
Ag	150	10	7
Pt	100	10	1
Li	550	250	25
Sb	1200	90	20
Ba	1400	700	300
Mo	3000	1500	10
Cu	3000	300	30
Sn	6000	600	60
Cr	11000	1100	3

7.5.2　药品中杂质元素的检测方法

ICP－MS 具有多元素同时测定、较宽的线性范围、较高的灵敏度等优点，是最适用于药品杂质元素测定的仪器。根据药品的不同性质，可以选择各种样品处理方法：

(1)直接稀释法，适用于可以溶于水性溶剂或酸性溶剂中的样品，这种方法处理简单、能有效地降低空白溶液的本底值。

(2)封闭容器消化法(微波消解法)：该样品制备方法是针对必须用浓酸封闭消化的样品，封闭容器消化法可以将挥发性杂质损失降到最低。

在美罗培南合成过程中会用到铑系或钯系催化剂，为保证药品美罗培南中催化剂铑或钯残留符合要求，笔者团队曾建立了美罗培南原料药中催化剂 Pd 和 Rh 的 ICP－MS 检测方法。姚春毅等采用2%(体积分数)硝酸稀释样品，建立了电感耦合等离子体质谱法快速测定布洛芬注射液中铝、钙、铬等15种元素含量的方法。该方法快速、准确、灵敏度高，可以为布洛芬注射液质量控制提供技术保障。郑子栋考察氨茶碱注射液中的金属元素含量，采用微波消解处理样品，建立了 ICP－MS 法测定氨茶碱注射液中14种元素的测定方法。陈宇堃等建立了 ICP－MS 法测定维生素 B_1 注射液中硼、铝、砷、钡、铅含量的方法，同时比较测试了26批次维生素 B1 注射液，为相容性研究提供数据。

7.5.2.1　某注射液中硅等14种元素含量检测方法

采用 ICP－MS 法测定某注射液中硅、钙、硼、铝、镁、钛、铬、铜、砷、镉、锡、锑、钡和铅的含量。

1. 实验部分

1)仪器及试剂

电感耦合等离子体质谱仪，Agilent 7700x ICP－MS(美国安捷伦公司)；

标准溶液1：铝等多元素标准溶液(GSB 04－1767－2004)，100 μg/mL，生产厂家为国家有色金属及电子材料分析测试中心；

标准溶液2：硅标准溶液(GSB G 62007－90)，500 μg/mL，生产厂家为国家钢铁材料测试中心钢铁研究总院；

标准溶液3：钙等多元素标准溶液(GNM－M04039－2013)，100 μg/mL，生产厂家为国家有色金属及电子材料分析测试中心，；

调谐溶液：ICP－MS 储备调谐溶液(Ce、Co、Li、Tl、Y)，10 mg/L，安捷伦公司；

内标溶液：ICP－MS 混合内标溶液(含 Ge、In、Re)，0.5 mg/L；

超纯浓硝酸(含量65%)，苏州晶瑞化学有限公司；

超纯水：由实验室自制。

2)测试方法

(1)标准溶液配制。按表7－39～表7－44方法配制标准溶液。

表7－39　硅标准储备液的配制

工作标准储备液代码	标准溶液 2/mL	最终体积/mL(2%硝酸)	最终质量浓度/(mg·L^{-1})
WSA	—	—	500
WSB	0.5	50	5

表7-40　硅标准溶液的配制

标准溶液代码	标准储备液体积/mL	最终体积/mL(2%硝酸)	最终质量浓度/(mg·L^{-1})
Si-0	0	50	0
Si-1	1 of WSB	50	0.1
Si-2	5 of WSB	50	0.5
Si-3	0.1 of WSA	50	1.0
Si-4	0.2 of WSA	50	2.0
Si-5	0.5 of WSA	50	5.0

表7-41　钙标准储备液的配制

工作标准储备液代码	标准溶液3/mL	最终体积/mL(2%硝酸)	最终质量浓度/(mg·L^{-1})
WSC	—	—	100

表7-42　钙标准溶液的配制

标准溶液代码	标准储备液体积/mL	最终体积/mL(2%硝酸)	最终质量浓度/(mg·L^{-1})
Ca-0	0	50	0
Ca-1	1 of Ca-5	50	0.1
Ca-2	2 of Ca-6	50	0.2
Ca-3	0.25 of WSC	50	0.5
Ca-4	0.5 of WSC	50	1.0
Ca-5	1 of WSC	50	2.0
Ca-6	2.5 of WSC	50	5.0

表7-43　硼等标准储备液的配制

工作标准储备液代码	标准溶液1/mL	最终体积/mL(2%硝酸)	最终质量浓度/(mg·L^{-1})
WSD	1.0	10	10
WSE	0.5	50	1

表7-44　硼等标准溶液的配制

标准溶液代码	适用元素	标准储备液体积/mL	最终体积/mL(2%硝酸)	最终质量浓度/(μg·L^{-1})
std-0	B, Al, Mg, Ti, Cr, Cu, As, Cd, Sn, Sb, Ba, Pb	0	50	0
std-1	Cr, Cu, As, Cd, Sb, Ba, Pb	0.25 of std-6	50	0.5
std-2	Cr, Cu, As, Cd, Sb, Ba, Pb	0.5 of std-6	50	1
std-3	B, Al, Mg, Ti, Cr, Cu, As, Cd, Sn, Sb, Ba, Pb	0.25 of WSE	50	5
std-4	B, Al, Mg, Ti, Cr, Cu, As, Cd, Sn, Sb, Ba, Pb	0.5 of WSE	50	10
std-5	B, Al, Mg, Ti, Cr, Cu, As, Cd, Sn, Sb, Ba, Pb	0.25 of WSD	50	50
std-6	B, Al, Mg, Ti, Cr, Cu, As, Cd, Sn, Sb, Ba, Pb	0.5 of WSD	50	100
std-7	B, Mg, Al, Ti, Sn	1.0 of WSD	50	200
std-8	B	2.5 of WSD	50	500

（2）加标样品配制。加标样品配制方法见表7-45～表7-48。

表7-45 硅加标样品的配制

样品名称	标准溶液质量浓度/（mg·L⁻¹）	标准溶液体积/mL	基体①/mL	最终体积/mL（2%硝酸）	加标理论浓度②/（mg·L⁻¹）	平行样品数
加标1	2	1	1	10	0.2	3
加标2	5	1	1	10	0.5	6
加标3	20	1	1	10	2	3

注：①基体为某注射液；②加标理论浓度为样品稀释后溶液中的质量浓度。

表7-46 钙加标样品的配制

样品名称	标准溶液质量浓度/（mg·L⁻¹）	标准溶液体积/mL	基体①/mL	最终体积/mL（2%硝酸）	加标理论浓度②/（mg·L⁻¹）	平行样品数
加标4	2	1	1	10	0.2	3
加标5	5	1	1	10	0.5	6
加标6	20	1	1	10	2	3

注：①基体为某注射液；②加标理论浓度为样品稀释后溶液中的质量浓度。

表7-47 硼、镁、铝、钛和锡加标样品的配制

样品名称	适用元素	标准溶液质量浓度/（mg·L⁻¹）	标准溶液体积/mL	基体①/mL	最终体积/mL（2%硝酸）	加标理论浓度②/（μg·L⁻¹）	平行样品数
加标7	Mg, Ti, Sn	0.05	1	1	10	5	3
加标8	Mg, Al	0.2	0.5	1	10	20	6
加标9	B, Al, Ti, Sn	1	0.5	1	10	50	6
加标10	B, Mg, Al, Ti, Sn	1	1	1	10	100	6
加标11	B	1	1.5	1	10	150	3

注：①基体为某注射液；②加标理论浓度为样品稀释后溶液中的质量浓度。

表7-48 铬、铜、砷、镉、锑、钡和铅加标样品的配制

样品名称	适用元素	标准溶液质量浓度/（mg·L⁻¹）	标准溶液体积/mL	基体①/mL	最终体积/mL（2%硝酸）	加标理论浓度②/（μg·L⁻¹）	平行样品数
加标12	Cr, Cd, Sb, Ba, Pb	0.005	1	1	10	0.5	3
加标13	Cr, Cu, As, Cd Sb, Ba, Pb	0.05	1	1	10	5	6
加标14	Cu, As	0.2	1	1	10	20	6
加标15	Cr, Cu, As, Cd Sb, Ba, Pb	1	0.5	1	10	50	3

注：①基体为某注射液；②加标理论浓度为样品稀释后溶液中的质量浓度。

（3）样品预处理。取某注射液样品 1mL 于 10mL 比色管中，用 2% 硝酸定容到刻度。

（4）测试条件。等离子体点火后，仪器稳定 20min，按表 7 - 49 设置 ICP - MS 参数，建立批处理方法。依次测试标准溶液、全流程空白和样品溶液。

表 7 - 49　ICP - MS 参数

ICP - MS 设置	参　数
ICP	高频发生器输出功率：1.55kW；等离子体气（氩气）：15.0 L/min；辅助气（氩气）：0.8 L/min；载气（氩气）：0.8 L/min；补偿气（氩气）：0.35 L/min；采样深度：10mm
MS	扫描方式：跳峰；测量点/峰：3 点；扫描质量数：^{28}Si、^{44}Ca、^{11}B、^{24}Mg、^{27}Al、^{47}Ti、^{52}Cr、^{63}Cu、^{75}As、^{111}Cd、^{118}Sn、^{121}Sb、^{137}Ba、^{208}Pb
碰撞池	碰撞气：氦气，4.3mL/min（He 模式，Ca、B、Mg、Al、Ti、Cr、Cu、As、Cd、Sn、Sb、Ba、Pb），10mL/min（HEHe 模式，Si）
进样方式	自动进样，溶液提升速率：0.4 rps；溶液提升时间：30s；溶液稳定速率：0.1rps；溶液稳定时间：30s；内标元素通过 T 形三通管在线引入；雾化器：MicroMist；雾化室温度：2℃
清洗程序	进样口水清洗进样针外壁 15s，进样管道分别用 5% 硝酸溶液和水清洗 20s

7.5.2.2　方法学验证结果

1. 线性及线性范围

直接分析标准溶液（见表 7 - 40、表 7 - 42 和表 7 - 44），每个标准溶液进 1 针，以各元素的每秒计数（cps）与内标元素的每秒计数（cps）的比值（y）对每个标准溶液对应的质量浓度（x，μg/L 或 mg/L）作回归曲线，得到各元素的标准曲线，见图 7 - 13，线性方程、线性范围和相关系数（见表 7 - 50）。

表 7 - 50　方法的线性方程、检出限和定量限

元素	线性方程	相关系数 R	线性范围/（μg·L^{-1} 或 mg·L^{-1}）*	仪器检出限/（μg·L^{-1}）	检出限/（μg·L^{-1}）	定量限/（mg·L^{-1}）
Si	$y = 3.4790x + 0.1648$	0.9993	0.1～5	7.0	70	0.23
Ca	$y = 0.9666x + 0.0299$	0.9999	0.1～5	11	110	0.37
B	$y = 0.0020x + 0.0025$	0.9997	5～500	0.37	3.7	0.012
Mg	$y = 0.0237x + 0.0547$	0.9999	5～200	0.37	3.7	0.012
Al	$y = 0.0105x + 0.0498$	0.9998	5～200	0.25	2.5	0.0083
Ti	$y = 0.0065x + 0.00074$	0.9999	5～200	0.35	3.5	0.012
Cr	$y = 0.1773x + 0.4620$	1.0000	0.5～100	0.016	0.16	0.00053
Cu	$y = 0.1434x + 0.0437$	0.9998	0.5～100	0.027	0.27	0.00090
As	$y = 0.0167x + 0.00018$	0.9999	0.5～100	0.015	0.15	0.00050
Cd	$y = 0.0036x + 0.000030$	0.9997	0.5～100	0.0086	0.086	0.00029
Sn	$y = 0.0084x + 0.00045$	0.9996	5～200	0.014	0.14	0.00047
Sb	$y = 0.0098x + 0.00014$	0.9996	0.5～100	0.016	0.16	0.00053
Ba	$y = 0.0038x + 0.0021$	0.9997	0.5～100	0.035	0.35	0.0012
Pb	$y = 0.0299x + 0.0041$	0.9998	0.5～100	0.020	0.20	0.00067

注：* 表示 Si、Ca 的单位为 mg/L，其他元素单位为 μg/L。

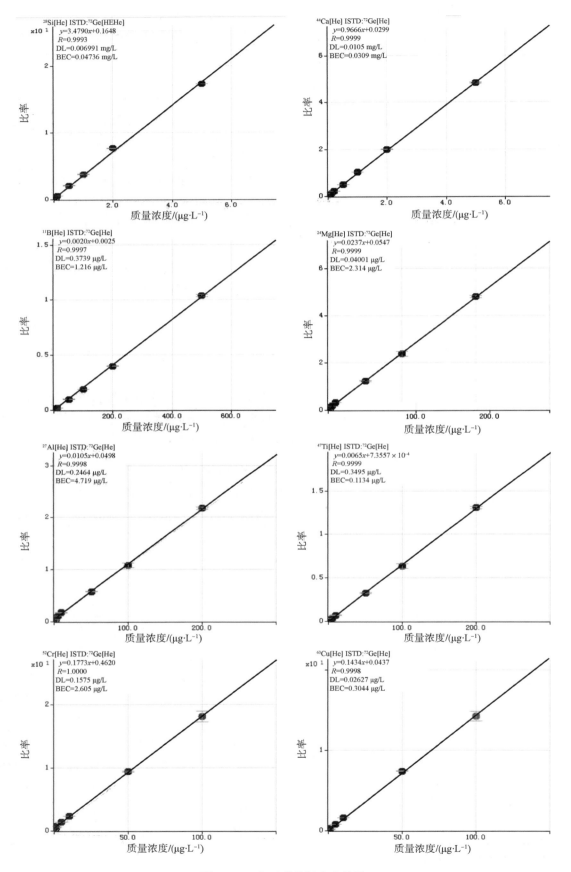

图 7 - 13　各元素的标准曲线图

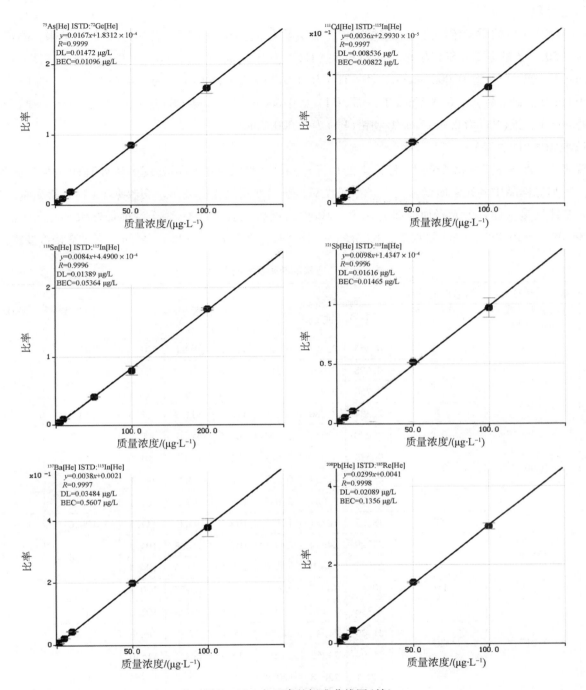

图 7 - 13　各元素的标准曲线图(续)

2)检出限

以分别连续分析 11 次 Si - 0(Si)、Ca - 0(Ca)和 std - 0(B、Mg、Al、Ti、Cr、Cu、As、Cd、Sn、Sb、Ba、Pb),得到各元素的 cps,计算 11 次各元素的 cps 的标准偏差(SD)。以 3 SD 对应的质量浓度为仪器检出限,仪器检出限乘上样品的稀释倍数为方法的检出限,测定结果见表 7 - 50。检出限硅(Si)为 70μg/L、钙(Ca)为 110μg/L、硼(B)为 3.7μg/L、镁(Mg)为 3.7μg/L、铝(Al)为 2.5μg/L、钛(Ti)为 3.5μg/L、铬(Cr)为 0.16μg/L、铜(Cu)为 0.27μg/L、砷(As)为 0.15μg/L、镉(Cd)为 0.086μg/L、锡(Sn)为 0.14μg/L、锑(Sb)为 0.16μg/L、钡(Ba)为 0.35μg/L 和铅(Pb)为 0.20μg/L。

3）定量限

以 10 SD 对应的质量浓度为仪器定量限，仪器定量限乘上样品的稀释倍数为方法的定量限，测定结果见表 7 - 50。定量限硅（Si）为 0.23mg/L、钙（Ca）为 0.37mg/L、硼（B）为 0.012mg/L、镁（Mg）为 0.012mg/L、铝（Al）为 0.0083mg/L、钛（Ti）为 0.012mg/L、铬（Cr）为 0.00053mg/L、铜（Cu）为 0.00090mg/L、砷（As）为 0.0050mg/L、镉（Cd）为 0.00029mg/L、锡（Sn）为 0.00047mg/L、锑（Sb）为 0.00053mg/L、钡（Ba）为 0.0012mg/L 和铅（Pb）为 0.00067mg/L。

4）准确度（回收率）

按表 7 - 45 ～ 表 7 - 48 配制 14 种元素的加标样品，按样品建立的预处理方法处理样品及测试条件，分析测得加标样品中各元素质量浓度，计算回收率，准确度用回收率表示。回收率 =（各元素质量浓度测定值 - 基体质量浓度）/各元素加标理论浓度× 100%。结果见表 7 - 51，3 个浓度加标水平各元素的回收率为 88.0%～119.8%，平均回收率为 89.7% ～ 118.5%，介于 80%～120% 之间，满足准确度要求。

表 7 -51　方法的准确度和精密度

元素	基体质量浓度/（μg·L⁻¹ 或 mg·L⁻¹）	加标理论浓度/（μg·L⁻¹ 或 mg·L⁻¹）	测定质量浓度/（μg·L⁻¹ 或 mg·L⁻¹）*			回收率/%			平均回收率/%	RSD/%
Si	0.154	0.2	0.355	0.358	0.357	100.5	102.0	101.5	101.3	—
		0.5	0.698	0.691	0.689	108.8	107.4	107.0	111.6	3.1
			0.720	0.737	0.736	113.2	116.6	116.4		
		2	2.394	2.380	2.320	112.0	111.3	108.3	110.5	—
Ca	0.063	0.2	0.270	0.251	0.254	103.5	94.0	95.5	97.7	—
		0.5	0.573	0.567	0.568	102.0	100.8	101.0	97.5	3.8
			0.525	0.537	0.533	92.4	94.8	94.0		
		2	2.122	2.087	2.085	103.0	101.2	101.1	101.8	—
B	135.6	50	188.2	183.1	191.5	105.2	95.0	111.8	104.0	—
		100	237.9	246.4	240.1	102.3	110.8	104.5	107.4	1.7
			246.5	246.9	240.0	110.9	111.3	104.4		
		150	305.3	300.1	286.0	113.1	109.7	100.3	107.7	—
Mg	2.017	5	7.316	7.157	7.16	106.0	102.8	102.8	103.9	—
		20	21.20	21.41	21.39	95.9	97.0	96.9	105.5	8.5
			25.04	24.63	25.02	115.1	113.1	115.0		
		100	120.1	120.8	120.8	118.1	118.8	118.8	118.5	—
Al	72.32	20	91.76	91.34	90.11	97.2	95.1	89.0	93.8	—
		50	128.6	123.3	127.6	112.6	102.0	110.6	107.9	1.5
			127.2	125.3	125.7	109.8	106.0	106.8		
		100	179.4	182.5	175.6	107.1	110.2	103.3	106.8	—
Ti	0.267	5	5.232	5.559	5.337	99.3	105.8	101.4	102.2	—
		50	50.04	49.25	50.24	99.5	98.0	99.9	99.0	1.2
			50.25	50.05	48.80	100.0	99.6	97.1		
		100	98.80	103.8	99.05	98.5	103.5	98.8	100.3	—

（续表7-51）

元素	基体质量浓度/（μg·L⁻¹或 mg·L⁻¹）	加标理论浓度/（μg·L⁻¹或 mg·L⁻¹）	测定质量浓度/（μg·L⁻¹或 mg·L⁻¹）*			回收率/%			平均回收率/%	RSD/%
Cr	0.265	0.5	0.841	0.842	0.811	115.2	115.4	109.2	113.3	—
		5	5.394	5.330	5.208	102.6	101.3	98.9	102.9	2.4
			5.490	5.556	5.493	104.5	105.8	104.6		
		50	51.11	49.53	50.98	101.7	98.5	101.4	100.6	—
Cu	0.871	5	5.862	5.890	5.845	99.8	100.4	99.5	99.9	—
		20	20.51	20.53	20.36	98.2	98.3	97.4	99.3	1.5
			21.04	20.83	21.14	100.8	99.8	101.3		
		50	52.19	50.33	52.03	102.6	98.9	102.3	101.3	—
As	1.803	5	7.587	7.581	7.732	115.7	115.6	118.6	116.6	—
		20	25.34	25.53	25.10	117.7	118.6	116.5	118.4	0.86
			25.68	25.60	25.62	119.4	119.0	119.1		
		50	61.67	59.88	61.68	119.7	116.2	119.8	118.5	—
Cd	0.012	0.5	0.556	0.525	0.512	108.8	102.6	100.0	103.8	—
		5	5.095	5.126	4.875	101.7	102.3	97.3	103.2	3.4
			5.327	5.311	5.290	106.3	106.0	105.6		
		50	51.49	48.61	51.68	103.0	97.2	103.3	101.2	—
Sn	0.061	5	5.388	5.372	5.301	106.5	106.2	104.8	105.9	—
		50	52.19	49.51	52.14	104.3	98.9	104.2	102.3	2.5
			52.04	51.67	49.67	104.0	103.2	99.2		
		100	99.12	103.2	98.26	99.1	103.1	98.2	100.1	—
Sb	0.015	0.5	0.556	0.582	0.560	108.2	113.4	109.0	110.2	—
		5	5.365	5.201	4.995	107.0	103.7	99.6	105.5	3.2
			5.415	5.445	5.324	108.0	108.6	106.2		
		50	52.45	50.08	52.67	104.9	100.1	105.3	103.4	—
Ba	0.188	0.5	0.766	0.731	0.682	115.6	108.6	98.8	107.7	—
		5	5.725	5.571	5.374	110.7	107.7	103.7	110.3	3.4
			5.786	5.890	5.858	112.0	114.0	113.4		
		50	52.76	50.50	53.22	105.1	100.6	106.1	103.9	—
Pb	0.291	0.5	0.731	0.744	0.744	88.0	90.6	90.6	89.7	—
		5	5.534	5.440	5.335	104.9	103.0	100.9	104.7	2.1
			5.585	5.614	5.642	105.9	106.5	107.0		
		50	52.91	52.07	53.00	105.2	103.6	105.4	104.7	—

注：* 表示 Si、Ca 的单位为 mg/L，其他元素单位为 μg/L。

5）重复性

重复性（精密度）由在准确度实验中所使用的中间浓度加标溶液来评估，以各元素实际测定值的 RSD 表示，结果见表7-51。各元素 RSD 为 0.86% ～ 8.5%，小于 10%，满足重复性要求。

6）实际样品测试

按上述方法测定 3 批某注射液样品，结果见表 7 - 52。

表 7 - 52　实际样品测试结果

样品序号	测定值/(mg·L⁻¹)													
	Si	Ca	B	Mg	Al	Ti	Cr	Cu	As	Cd	Sn	Sb	Ba	Pb
1	1.5	<1	1.4	<0.05	0.20	<0.05	<0.005	<0.005	0.011	<0.005	<0.05	<0.005	<0.005	<0.005
2	1.3	1.3	0.97	<0.05	0.27	<0.05	<0.005	<0.005	0.013	<0.005	<0.05	<0.005	<0.005	<0.005
2	1.1	<1	1.3	<0.05	0.24	<0.05	<0.005	<0.005	0.011	<0.005	<0.05	<0.005	<0.005	<0.005

参考文献

[1] 何文斌，何作民，潘志文. RP - HPLC 法测定凉茶中非法添加对乙酰氨基酚和咖啡因的含量 [J]. 中国药事，2011(2)：126 - 128，183.

[2] 谢文辉，陈少渠，陈伟美，等. 散装广东凉茶中对乙酰氨基酚的快速检测 [J]. 广东化工，2013(1)：104，113.

[3] 宋宁宁，张科明，刘向红，等. QuEChERS - 超高效液相色谱 - 串联质谱法快速测定凉茶中非法添加的 12 种化学药物 [J]. 色谱，2015(10)：1026 - 1031.

[4] 温家欣，陈林，赖宇红，等. 高效液相色谱法同时快速测定凉茶中 11 种非法添加化学药物 [J]. 分析测试学报，2016 (3)：285 - 291.

[5] 张宏峰，彭荣飞，罗晓燕，等. QuEChERS - 超高效液相色谱 - 串联质谱法测定散装凉茶中非法添加的 6 种化学药物 [J]. 中国卫生检验杂志，2017(16)：2287 - 2290，2294.

[6] 吴胜明，董标，王娜，等. GC - TOF - MS 技术快速鉴定抗风湿痛胶囊中添加的西药成分 [J]. 质谱学报，2007(4)：214 - 218.

[7] 刘福艳，谢元超，李毓秋，等. 液相色谱 - 离子阱质谱联用法检测抗风湿类中药制剂中非法掺入的萘普生、吲哚美辛 [J]. 药物分析杂志，2008(8)：1276 - 1279.

[8] 邱颖姮，王铁杰，杨敏，等. 液相色谱 - 质谱联用法测定中药抗风湿制剂中非法掺入吡罗昔康的研究 [J]. 中国新药杂志，2008(6)：506 - 509.

[9] 黄萍，凌霄. HPLC/MS/MS 法测定抗风湿中药制剂中糖皮质激素类化学药 [J]. 山东大学学报(医学版)，2009(12)：138 - 140.

[10] 来国防，程宾，鲁静. 液相色谱 - 质谱联用测定抗风湿类中药中非法添加化学药物成分 [J]. 时珍国医国药，2010 (4)：847 - 848.

[11] 来国防，程宾，鲁静. LC-MS 法测定抗风湿类中药非法添加化学药物成分 [J]. 中国药师，2010(4)：453 - 455.

[12] 赵凤菊，来国防，孙刚，等. UPLC/MS/MS 法检测抗风湿类制剂中添加醋酸泼尼松、醋酸地塞米松、双氯芬酸钠和布洛芬 [J]. 药物分析杂志，2010(6)：1035 - 1037.

[13] 周建良，方翠芬，陈勇，等. 快速液相色谱 - 串联质谱联用同时检测抗风湿类中药制剂中 13 种添加化学药物成分 [J]. 药物分析杂志，2013(2)：281 - 285.

[14] 黄卫平，李琴，唐靓，等. 超高效液相色谱 - 四极杆飞行时间质谱测定抗风湿类中药非法添加的化学药物成分 [J]. 中华中医药学刊，2014(11)：2707 - 2714.

[15] 励炯，沈国芳，朱建，等. UPLC-MS/MS 法测定抗风湿中成药中非法添加 8 种抗风湿性化学成分 [J]. 中草药，2014 (18)：2647 - 2651.

[16] 励炯，朱健，沈国芳，等. UPLC-MS/MS 测定抗风湿中成药中非法添加布洛芬、双氯芬酸钠和吲哚美辛 [J]. 中国现代应用药学，2014(10)：1234 - 1238.

[17] 刘泽涛，杨丽萍. 液相色谱 - 串联质谱法同时检测抗风湿类中成药中添加的 10 种糖皮质激素 [J]. 药物分析杂志，2015(7)：1231 - 1235.

[18] 李强，岳磊，李晓静. UPLC-MS/MS 法快速筛查抗风湿类中药贴剂中非法添加的 17 种化学药物成分 [J]. 中国药房，2017(12)：1692 - 1696.

[19] 罗廷顺，石桂兰，胡建勇，等．UPLC-MS/MS 法测定抗风湿中成药及保健品中非法添加 10 种抗风湿性化学成分[J]．药物评价研究，2017(11)：1576 – 1580.

[20] 言慧洁，刘伟，夏青松，等．UPLC-MS/MS 法同时检测抗风湿中药制剂中非法添加的 12 种非甾体抗炎药[J]．中国药房，2017(27)：3871 – 3875.

[21] 姜国萍，孙萍，朱日然．染色中药添加色素的检测技术研究进展[J]．时珍国医国药，2015(3)：694 – 696.

[22] 胡青，孙健，于泓，等．快速液相 – 四级杆串联高分辨飞行时间质谱定性测定中药中 50 种染色色素[J]．中国药学杂志，2016 (15)：1316 – 1323.

[23] 小文．英国食品安全局拟禁 6 种人工色素[J]．食品科技，2008(5)：232.

[24] 吴惠勤，黄晓兰，黄芳，等．食品中苏丹红 1 号的 GC-MS/SIM 快速分析方法研究[J]．分析测试学报，2005(3)：1 – 5.

[25] 吴晓春．西红花伪品的鉴别[J]．中成药，2005(7)：840 – 842.

[26] 石克，谢静，罗立骏，等．原子吸收分光光度法测定制何首乌中的铁黑[J]．药物分析杂志，2011(3)：583 – 585.

[27] 魏清，魏俊德，康红英．南五味子中非法添加染料胭脂红赤藓红和酸性红 73 快速鉴别法[J]．湖北中医药大学学报，2013(5)：38 – 40.

[28] 栾洁，倪艳娜，丁晴．红花饮片染色掺伪品的检测方法探讨[J]．安徽医药，2012(7)：917 – 919.

[29] 洪祥奇，张杨．薄层色谱测定食品中苏丹红染料方法的探讨[J]．中国卫生检验杂志，2006(11)：1330 – 1332.

[30] 郑娟，邹耀华．HPLC – PDA 法检测蒲黄和黄连中十种非法添加色素[J]．中国卫生检验杂志，2011 (5)：1078 – 1079，1082.

[31] 梁选革，张若燕，刘莉丽．HPLC 法测定红花注射液中色素金橙Ⅱ[J]．中国药事，2012(2)：137 – 139.

[32] 李娜，李晓丽，苗虹．食品中违禁色素检测方法的研究进展[J]．中国食品卫生杂志，2012(2)：185 – 189.

[33] 葛会奇，贾天柱．LC-MS/PAD 法测定非法染色的中药蒲黄和黄芩饮片中金胺 O[J]．辽宁中医杂志，2011(8)：1616 – 1618.

[34] 粟有志，刘俊，李艳美，等．固相萃取 – 高效液相色谱 – 串联质谱法测定枸杞中 9 种红色合成色素[J]．分析科学学报，2016(6)：846 – 850.

[35] 金卫红，谭力，张玫，等．液相色谱 – 离子阱质谱联用测定红花药材中金橙Ⅱ染料[C]//中国有机质谱学第十四届全国学术大会会议论文集，质谱学报，2007.

[36] 付凌燕，闵春艳，汪祺，等．市售西红花药材掺伪染色检测方法的实验研究[J]．药物分析杂志，2012，32(1)：74 – 77.

[37] 周利，郝庆秀，王升，等．微波消解 ICP – MS 法对冬虫夏草不同部位 5 种重金属元素的分布研究[J]．中国中药杂志，2017，42(15)：2934 – 2938.

[38] 王宝丽，李志，荆淼，等．微波消解 ICP – MS 法测定清血八味片中 32 种无机元素[J]．中草药，2017，48(10)：1983 – 1990.

[39] 左甜甜，李耀磊，金红宇，等．ICP – MS 法测定 18 种动物药中重金属及有害元素的残留量及初步风险分析[J]．药物分析杂志，2017(2)：237 – 242.

[40] 郭红丽，张硕，刘利亚，等．ICP – MS 法测定注射用灯盏花素等 10 种常用中药注射剂中 13 种金属元素[J]．中草药，2015，46(17)：2568 – 2572.

[41] 张静娇，姜范成，郑尚季，等．ICP – MS 法测定 6 种中药注射液中重金属含量研究[J]．中国药物评价，2017，34(3)：165 – 167.

[42] 郝春莉，王庚，余晶晶，等．15 种中药材中砷的形态分析[J]．分析测试学报，2009，28(8)：918 – 921.

[43] 陈秋生，程奕，孟兆芳，等．仿生提取 – 电感耦合等离子体质谱法测定含朱砂中药制剂中可溶性汞含量[J]．药物分析杂志，2012(6)：1036 – 1039.

[44] 陈秋生，程奕，孟兆芳，等．仿生提取 – LC-ICP – MS 测定含雄黄中成药中可溶性砷含量[J]．药物分析杂志，2010(10)：1829 – 1835.

[45] 张春华，陈亮，吴惠勤，等．微波消解 – ICP – MS 测定美罗培南中铑和钯残留[J]．广州化工，2014，42(9)：123 – 124.

[46] 姚春毅，李彪，贾海涛，等．电感耦合等离子质谱法快速测定布洛芬注射液中 15 种元素的含量[J]．中国药师，2016，19(5)：1000 – 1003.

[47] 郑子栋．ICP – MS 法测定氨茶碱注射液中的 14 种金属元素[J]．中国药事，2011，25(10)：1024 – 1025.

[48] 陈宇堃，薛巧如，梁蔚阳．ICP – MS 法测定维 B$_1$ 注射液中硼、铝、砷、钡、铅的含量[J]．药物分析杂志，2016(3)：536 – 540.

附录 各类安全风险物质化合物信息表

表1 β-受体激动剂

序号	中文名称	英文名称	CAS 号	分子式	精确质量数	lgP（辛醇－水分配系数）	熔点/℃
1	班布特罗	Bambuterol	81732－65－2	$C_{18}H_{29}N_3O_5$	367.21072	1.49	154.12
2	倍他洛儿	Betaxolol	63659－18－7	$C_{18}H_{29}NO_3$	307.21475	2.81	140.65
3	溴布特罗	Brombuterol	41937－02－4	$C_{12}H_{18}Br_2N_2O$	363.97858	2.49	161.19
4	溴代克伦特罗	Bromchlorbuterol	37153－52－9	$C_{12}H_{18}BrClN_2O$	320.02908	2.25	149.60
5	西马特罗	Cimaterol	54239－37－1	$C_{12}H_{17}N_3O$	219.13716	0.35	140.48
6	塞布特罗	Cimbuterol	54239－39－3	$C_{13}H_{19}N_3O$	233.15281	0.81	143.19
7	克伦特罗	Clenbuterol	37148－27－9	$C_{12}H_{18}Cl_2N_2O$	276.07962	2.00	112～115
8	克伦塞罗	Clencyclohexerol	157877－79－7	$C_{14}H_{20}Cl_2N_2O_2$	318.09018	1.69	343.41
9	克仑潘特	Clenpenterol	37158－47－7	$C_{13}H_{20}Cl_2N_2O$	290.09527	—	—
10	克伦丙罗（克伦普罗）	Clenproperol	38339－11－6	$C_{11}H_{16}Cl_2N_2O$	262.06397	1.55	135.39
11	氯丙那林	Clorprenaline	3811－25－4	$C_{11}H_{16}ClNO$	213.09204	1.82	79.14
12	可尔特罗（叔丁肾素）	Colterol	18866－78－9	$C_{12}H_{19}NO_3$	225.13649	0.67	141.77
13	环仑特罗	Cycloclenbuterol	50617－62－4	$C_{13}H_{18}Cl_2N_2O$	288.07962	—	—
14	非诺特罗	Fenoterol	13392－18－2	$C_{17}H_{21}NO_4$	303.14706	1.22	203.53
15	福莫特罗	Formoterol	73573－87－2	$C_{19}H_{24}N_2O_4$	344.17361	2.89	232.91
16	羟甲基克伦特罗	Hydroxymethylclenbuterol	38339－18－3	$C_{12}H_{18}Cl_2N_2O_2$	292.07452	0.94	170.48
17	异丙肾上腺素	Isoprenaline	51－30－9	$C_{11}H_{17}NO_3$	211.12084	—	170.00
18	异舒普林（苯氧丙酚胺）	Isoxsuprine	579－56－6	$C_{18}H_{23}NO_3$	301.16779	2.97	274.24
19	拉贝洛尔	Labetalol	36894－69－6	$C_{19}H_{24}N_2O_3$	328.17868	3.09	228.46
20	马布特罗	Mabuterol	56341－08－3	$C_{13}H_{18}ClF_3N_2O$	310.10598	2.32	135.33
21	马喷特罗	Mapenterol	54238－51－6	$C_{14}H_{20}ClF_3N_2O$	324.12163	3.83	135.66
22	美托洛儿	Metoprolol	37350－58－6	$C_{15}H_{25}NO_3$	267.18344	1.88	116.15
23	纳多洛尔	Nadolol	42200－33－9	$C_{17}H_{27}NO_4$	309.194	0.81	181.29
24	奥西那林（异丙喘宁）	Orciprenaline（Metaproterenol）	586－06－1	$C_{11}H_{17}NO_3$	211.12084	0.21	132.76

（续表1）

序号	中文名称	英文名称	CAS 号	分子式	精确质量数	lgP（辛醇－水分配系数）	熔点/℃
25	喷布特罗	Penbutolol	38363 – 40 – 5	$C_{18}H_{29}NO_2$	291.21983	4.15	131.33
26	苯乙醇胺 A（克伦巴胺）	Phenylethanolamine A	1346746 – 81 – 3	$C_{19}H_{24}N_2O_4$	344.17361	—	—
27	吡布特罗	Pirbuterol	38677 – 81 – 5	$C_{12}H_{20}N_2O_3$	240.1474	– 0.33	160.39
28	丙卡特罗	Procaterol	72332 – 33 – 3	$C_{16}H_{22}N_2O_3$	290.16304	0.93	207.87
29	普萘洛尔	Propranolol	318 – 98 – 9	$C_{16}H_{21}NO_2$	259.34344	3.48	132.76
30	莱克多巴胺	Ractopamine	97825 – 25 – 7	$C_{18}H_{23}NO_3$	301.16779	2.41	165～167
31	利托君（羟苄羟麻黄碱）	Ritodrine	26652 – 09 – 5	$C_{17}H_{21}NO_3$	287.15214	1.70	187.26
32	利妥特灵	Ritodrine	26652 – 09 – 5	$C_{17}H_{21}NO_3$	287.35354	1.70	187.26
33	沙丁胺醇	Salbutamol	34391 – 04 – 3	$C_{13}H_{21}NO_3$	239.15214	0.64	145.79
34	沙美特罗	Salmeterol	89365 – 50 – 4	$C_{25}H_{37}NO_4$	415.27226	4.15	243.54
35	特布他林	Terbutaline	23031 – 25 – 6	$C_{12}H_{19}NO_3$	225.13649	0.90	204～208
36	托特罗定	Tolterodine	124937 – 51 – 5	$C_{22}H_{31}NO$	325.24056	5.73	152.37
37	妥布特罗（妥洛特罗）	Tulobuterol	41570 – 61 – 0	$C_{12}H_{18}ClNO$	227.10769	2.27	87.40
38	齐帕特罗	Zilpaterol	117827 – 79 – 9	$C_{14}H_{19}N_3O_2$	261.14773	0.52	184.94

表2　β–内酰胺类药物

序号	中文名称	英文名称	CAS 号	分子式	精确质量数	lgP（辛醇－水分配系数）	熔点/℃
1	阿莫西林	Amoxicillin	26787 – 78 – 0	$C_{16}H_{19}N_3O_5S$	365.10454	0.87	329.94
2	氨苄西林（氨苄青霉素）	Ampicillin	69 – 53 – 4	$C_{16}H_{19}N_3O_4S$	349.10963	1.35	324.85
3	阿洛西林	Azlocillin	37091 – 66 – 0	$C_{20}H_{23}N_5O_6S$	461.13690	2.63	349.84
4	头孢羟氨苄	Cefadroxil	50370 – 12 – 2	$C_{16}H_{17}N_3O_5S$	363.08889	—	197.00
5	头孢氨苄	Cefalexin	15686 – 71 – 2	$C_{16}H_{17}N_3O_4S$	347.09398	0.65	—
6	头孢噻吩	Cefalotin	58 – 71 – 9	$C_{16}H_{16}N_2O_6S_2$	418.02692	0	275.12
7	头孢匹林	Cefapirin	21953 – 23 – 7	$C_{17}H_{17}N_3O_6S_2$	423.05588	—	—
8	头孢唑啉	Cefazolin	25953 – 19 – 9	$C_{14}H_{14}N_8O_4S_3$	454.03001	—	332.98
9	头孢吡肟	Cefepime	88040 – 23 – 7	$C_{19}H_{24}N_6O_5S_2$	480.12496	—	150.00
10	头孢克肟	Cefixime	79350 – 37 – 1	$C_{16}H_{15}N_5O_7S_2$	453.04129	0.12	335.42
11	头孢甲肟	Cefmenoxime	65085 – 01 – 0	$C_{16}H_{17}N_9O_5S_3$	511.05148	—	—
12	头孢哌酮	Cefoperazone	62893 – 19 – 0	$C_{25}H_{27}N_9O_8S_2$	645.14240	—	—

（续表2）

序号	中文名称	英文名称	CAS 号	分子式	精确质量数	lgP（辛醇－水分配系数）	熔点/℃
13	头孢噻肟	Cefotaxime	63527 – 52 – 6	$C_{16}H_{17}N_5O_7S_2$	455.05694	—	314.96
14	头孢拉定	Cefradine	38821 – 53 – 3	$C_{16}H_{19}N_3O_4S$	349.10963	3.41	326.24
15	头孢呋辛酯	Cefuroxime axetil	64544 – 07 – 6	$C_{20}H_{22}N_4O_{10}S$	510.10566	—	—
16	氯唑西林	Cloxacillin	61 – 72 – 3	$C_{19}H_{18}ClN_3O_5S$	435.06557	2.48	290.85
17	双氯西林	Dicloxacillin	3116 – 76 – 5	$C_{19}H_{17}Cl_2N_3O_5S$	469.02660	2.91	299.58
18	环烯氨苄青霉素	Epicillin	26774 – 90 – 3	$C_{16}H_{21}N_3O_4S$	351.12528	—	—
19	氮脒青霉素	Mecillinam	32887 – 01 – 7	$C_{15}H_{23}N_3O_3S$	325.14601	—	—
20	甲氧西林	Methicillin	61 – 32 – 5	$C_{17}H_{20}N_2O_6S$	380.10421	1.22	259.78
21	萘夫西林（乙氧萘青霉素）	Nafcillin	147 – 52 – 4	$C_{21}H_{21}N_2NaO_5S$	414.12494	—	287.27
22	苯唑西林	Oxacillin	66 – 79 – 5	$C_{19}H_{19}N_3O_5S$	401.10454	2.38	282.11
23	青霉素 G	Penicilline G	61 – 33 – 6	$C_{16}H_{18}N_2O_4S$	334.09873	1.83	243.10
24	青霉素 V	Penicilline V	87 – 08 – 1	$C_{16}H_{18}N_2O_5S$	350.09364	2.09	248.73
25	哌拉西林（氧哌嗪青霉素）	Piperacillin	61477 – 96 – 1	$C_{23}H_{27}N_5O_7S$	517.16312	—	—
26	替卡西林	Ticarcillin	34787 – 01 – 4	$C_{15}H_{16}N_2O_6S_2$	384.04498	—	—

表3　喹诺酮类药物

序号	中文名称	英文名称	CAS 号	分子式	精确质量数	lgP（辛醇－水分配系数）	熔点/℃
1	氨氟沙星	Amifloxacin	86393 – 37 – 5	$C_{16}H_{19}FN_4O_3$	334.14412	—	300.00
2	贝西沙星	Besifloxacin	141388 – 76 – 3	$C_{19}H_{21}ClFN_3O_3$	393.12555	—	—
3	西诺沙星	Cinoxacin	28657 – 80 – 9	$C_{12}H_{10}N_2O_5$	262.05897	—	261.00
4	环丙沙星	Ciprofloxacin	85721 – 33 – 1	$C_{17}H_{18}FN_3O_3$	331.13322	0.28	316.67
5	达氟沙星（丹诺沙星）	Danofloxacin	112398 – 08 – 0	$C_{19}H_{20}FN_3O_3$	357.14887	0.44	317.10
6	双氟沙星	Difloxacin	98106 – 17 – 3	$C_{21}H_{19}F_2N_3O_3$	399.13945	0.89	322.44
7	依诺沙星	Enoxacin	74011 – 58 – 8	$C_{15}H_{17}FN_4O_3$	320.12847	− 0.20	315.48
8	恩诺沙星	Enrofloxacin	93106 – 60 – 6	$C_{19}H_{22}FN_3O_3$	359.16452	0.70	317.61
9	氟罗沙星	Fleroxacin	79660 – 72 – 3	$C_{17}H_{18}F_3N_3O_3$	369.13003	0.24	270.00
10	氟甲喹	Flumequine	42835 – 25 – 6	$C_{14}H_{12}FNO_3$	261.08012	2.60	303.70
11	加雷沙星	Garenoxacin	194804 – 75 – 6	$C_{23}H_{20}F_2N_2O_4$	426.13911	—	226.00
12	格帕沙星	Grepafloxacin	119914 – 60 – 2	$C_{19}H_{22}FN_3O_3$	359.16452	—	189.00

（续表3）

序号	中文名称	英文名称	CAS 号	分子式	精确质量数	lgP（辛醇-水分配系数）	熔点/℃
13	依巴沙星	Ibafloxcain	91618 - 36 - 9	$C_{15}H_{14}FNO_3$	275.09577	—	—
14	洛美沙星	Lomefloxacin	98079 - 51 - 7	$C_{17}H_{19}F_2N_3O_3$	351.13945	-0.30	315.50
15	马波沙星	Marbofloxacin	115550 - 35 - 1	$C_{17}H_{19}FN_4O_4$	362.13903	-2.92	318.46
16	莫西沙星	Moxifloxacin	151096 - 09 - 2	$C_{21}H_{24}FN_3O_4$	401.17508	—	—
17	那氟沙星	Nadifloxacin	124858 - 35 - 1	$C_{19}H_{21}FN_2O_4$	360.14854	—	245.00
18	萘啶酸	Nalidixic acid	389 - 08 - 2	$C_{12}H_{12}N_2O_3$	232.08479	1.59	164.58
19	诺氟沙星	Norfloxacin	70458 - 96 - 7	$C_{16}H_{18}FN_3O_3$	319.13322	-1.03	314.68
20	氧氟沙星	Ofloxacin	82419 - 36 - 1	$C_{18}H_{20}FN_3O_4$	361.14378	-2.00	317.69
21	奥比沙星	Orbifloxacin	113617 - 63 - 3	$C_{19}H_{20}F_3N_3O_3$	395.14568	—	259.00
22	恶喹酸	Oxolinic acid	26893 - 27 - 6	$C_{13}H_{11}NO_5$	261.06372	0.67	175.29
23	培氟沙星	Pefloxacin	70458 - 92 - 3	$C_{17}H_{20}FN_3O_3$	333.14887	0.27	313.93
24	吡哌酸	Pipernidic acid	51940 - 44 - 4	$C_{14}H_{17}N_5O_3$	303.13314	—	255.00
25	吡咯酸	Piromidic acid	19562 - 30 - 2	$C_{14}H_{16}N_4O_3$	288.12220	—	—
26	普多沙星	Pradofloxacin	195532 - 12 - 8	$C_{21}H_{21}FN_4O_3$	396.15977	—	—
27	芦氟沙星	Rufloxacin	101363 - 10 - 4	$C_{17}H_{18}FN_3O_3S$	363.10529	—	—
28	沙拉沙星	Sarafloxacin	98105 - 99 - 8	$C_{20}H_{17}F_2N_3O_3$	385.12380	1.07	323.19
29	西他沙星	Sitafloxacin	127254 - 12 - 0	$C_{19}H_{18}ClF_2N_3O_3$	409.10048	—	—
30	司帕沙星	Sparfloxacin	111542 - 93 - 9	$C_{19}H_{22}F_2N_4O_3$	392.16600	0.12	324.90
31	替马沙星	Temafloxacin	108319 - 06 - 8	$C_{21}H_{18}F_3N_3O_3$	417.13003	—	274.00
32	托氟沙星	Tosufloxacin	100490 - 36 - 6	$C_{19}H_{15}F_3N_4O_3$	404.10962	—	—
33	曲伐沙星	Trovafloxacin	147059 - 72 - 1	$C_{20}H_{15}F_3N_4O_3$	416.10962	—	—

表4　磺胺类药物

序号	中文名称	英文名称	CAS 号	分子式	精确质量数	lgP（辛醇-水分配系数）	熔点/℃
1	磺胺苯酰(苯甲酰磺胺)	Sulfabenzamide	127 - 71 - 9	$C_{13}H_{12}N_2O_3S$	276.05686	1.30	181.50
2	磺胺醋酰	Sulfacetamide	144 - 80 - 9	$C_8H_{10}N_2O_3S$	214.04121	-0.96	180.23
3	磺胺喹沙啉(磺胺喹噁啉)	Sulfachinoxalin	59 - 40 - 5	$C_{14}H_{12}N_4O_2S$	300.0681	1.68	247.50
4	磺胺氯哒嗪	Sulfachloropyridazine	80 - 32 - 0	$C_{10}H_9ClN_4O_2S$	284.01347	0.31	186～187
5	磺胺氯吡嗪	Sulfaclozine	102 - 65 - 8	$C_{10}H_9ClN_4O_2S$	284.01347	0.31	187.70

（续表4）

序号	中文名称	英文名称	CAS 号	分子式	精确质量数	lgP（辛醇-水分配系数）	熔点/℃
6	磺胺嘧啶	Sulfadiazine	68-35-9	$C_{10}H_{10}N_4O_2S$	250.05245	-0.09	178.96
7	磺胺地索辛（磺胺间二甲氧嘧啶）	Sulfadimethoxine	122-11-2	$C_{12}H_{14}N_4O_4S$	310.07358	1.63	203.50
8	磺胺多辛（周效磺胺，磺胺邻二甲氧嘧啶）	Sulfadoxine	80-35-3	$C_{12}H_{14}N_4O_4S$	310.07358	0.32	207.92
9	磺胺脒	Sulfaguanidine	57-67-0	$C_7H_{10}N_4O_2S$	214.05245	-0.99	158.54
10	磺胺甲嘧啶	Sulfamerazine	127-79-7	$C_{11}H_{12}N_4O_2S$	264.0681	0.14	184.38
11	磺胺对甲氧嘧啶	Sulfameter（Sulfamethoxydiazine）	18179-67-4	$C_{11}H_{12}N_4O_3S$	280.06301	—	214～216
12	磺胺二甲嘧啶	Sulfamethazine	57-68-1	$C_{12}H_{14}N_4O_2S$	278.08375	0.89	189.80
13	磺胺甲噻二唑	Sulfamethizol	144-82-1	$C_9H_{10}N_4O_2S_2$	270.02452	0.54	199.36
14	磺胺甲噁唑（磺胺甲基异噁唑）	Sulfamethoxazole	723-46-6	$C_{10}H_{11}N_3O_3S$	253.05211	0.89	172.43
15	磺胺甲氧哒嗪	Sulfamethoxypyridazine	80-35-3	$C_{11}H_{12}N_4O_3S$	280.06301	0.32	207.92
16	磺胺间甲氧嘧啶	Sulfamonomethoxine	1220-83-3	$C_{11}H_{12}N_4O_3S$	280.06301	0.70	190.01
17	磺胺（磺酰胺）	Sulfanilamide	63-74-1	$C_6H_8N_2O_2S$	172.03065	-0.62	124.42
18	磺胺硝苯	Sulfanitran	122-16-7	$C_{14}H_{13}N_3O_5S$	335.05759	2.26	235.00
19	磺胺苯吡唑	Sulfaphenazole	526-08-9	$C_{15}H_{14}N_4O_2S$	314.08375	1.52	181.00
20	磺胺吡啶	Sulfapyridine	144-83-2	$C_{11}H_{11}N_3O_2S$	249.0572	0.35	176.42
21	磺胺噻唑	Sulfathiazole	72-14-0	$C_9H_9N_3O_2S_2$	255.01362	0.05	179.10
22	磺胺索嘧啶（磺胺二甲异嘧啶）	Sulfisomidin	515-64-0	$C_{12}H_{14}N_4O_2S$	278.08375	-0.33	189.80
23	磺胺异噁唑（磺胺二甲异噁唑）	Sulfisoxazole	127-69-5	$C_{11}H_{13}N_3O_3S$	267.06776	1.01	191.10

表5　磺胺类抗菌增效剂

序号	中文名称	英文名称	CAS 号	分子式	精确质量数	lgP（辛醇-水分配系数）	熔点/℃
1	二甲氧苄氨嘧啶	Diaveridine	5355-16-8	$C_{13}H_{16}N_4O_2$	260.12733	0.97	177.84
2	二甲氧甲基苄氨嘧啶（奥美普林）	Ormetoprim	6981-18-6	$C_{14}H_{18}N_4O_2$	274.14298	1.23	183.25
3	三甲氧苄氨嘧啶	Trimethoprim	738-70-5	$C_{14}H_{18}N_4O_3$	290.13789	0.91	188.88

表6　三苯甲烷类药物

序号	中文名称	英文名称	CAS号	分子式	精确质量数	lgP（辛醇-水分配系数）	熔点/℃
1	结晶紫	Crystal violet	548-62-9	$C_{23}H_{26}N_2$	407.21283	0.51	214.42
2	无色结晶紫	Leucocrystal miolet	603-48-5	$C_{25}H_{31}N_3$	373.2518	—	126.00
3	无色孔雀石绿	Leucomalachite green	129-73-7	$C_{23}H_{26}N_2$	330.2096	5.72	216.38
4	孔雀石绿	Malachite green	569-64-2	$C_{23}H_{25}ClN_2$	364.17063	0.62	234.19

表7　抗球虫类药物

序号	中文名称	英文名称	CAS号	分子式	精确质量数	lgP（辛醇-水分配系数）	熔点/℃
1	氨丙啉	Amprolium	121-25-5	$C_{14}H_{19}ClN_4$	278.12982	—	239.00
2	克拉珠利	Clazuril	101831-36-1	$C_{17}H_{10}Cl_2N_4O_2$	372.01808	—	—
3	氯羟吡啶	Clopidol	2971-90-6	$C_7H_7Cl_2NO$	190.99047	1.08	84.65
4	癸氧喹酯	Decoquinate	18507-89-6	$C_{24}H_{35}NO_5$	417.25152	5.94	219.89
5	地克珠利	Diclazuril	101831-37-2	$C_{17}H_9Cl_3N_4O_2$	405.97911	—	548.00
6	二硝托胺	Dinitolmide	148-01-6	$C_8H_7N_3O_5$	225.03857	—	183.00
7	乙氧酰胺苯甲酯	Ethopabate	59-06-3	$C_{12}H_{15}NO_4$	237.10011	—	148.00
8	氟嘌呤	Fluoropurine	1651-29-2	$C_5H_2ClFN_4$	171.9952	—	162.00
9	常山酮	Halofuginone	55837-20-2	$C_{16}H_{17}BrClN_3O_3$	413.01418	—	150.00
10	拉沙里菌素A钠盐	Lasalocid A sodium salt	25999-20-6	$C_{34}H_{53}NaO_8$	612.36381	—	180.00
11	马杜霉素	Maduramicin	61991-54-6	$C_{47}H_{80}O_{17} \cdot NH_3$	933.56610	—	165～167
12	莫能菌素	Monensin	17090-79-8	$C_{36}H_{62}O_{11}$	670.42921	—	103～105
13	乙胺嘧啶	Pyrimethamine	58-14-0	$C_{12}H_{13}ClN_4$	248.08287	2.69	176.47
14	氯苯胍	Robenidine	25875-50-7	$C_{15}H_{13}Cl_2N_5$	333.05480	—	252～254
15	盐霉素	Salinomycin	55721-31-8	$C_{42}H_{71}NaO_{12}$	772.47376	—	140～142
16	妥曲珠利	Toltrazuril	69004-03-1	$C_{18}H_{14}F_3N_3O_4S$	425.06571	—	—

表8　四环素类药物

序号	中文名称	英文名称	CAS号	分子式	精确质量数	lgP（辛醇-水分配系数）	熔点/℃
1	金霉素	Chlortetracycline	57-62-5	$C_{22}H_{23}ClN_2O_8$	478.11429	-0.62	335.93
2	地美环素	Demeclocycline	12-33-3	$C_{21}H_{21}ClN_2O_8$	464.09864	—	220.00
3	强力霉素	Doxycycline	564-25-0	$C_{22}H_{24}N_2O_8$	444.15327	-0.22	313.50
4	甲氯环素	Meclocycline	2013-58-3	$C_{22}H_{21}ClN_2O_8$	476.09864	—	—
5	美他环素	Metacycline	914-00-1	$C_{22}H_{24}N_2O_8$	444.15327	—	—

序号	中文名称	英文名称	CAS 号	分子式	精确质量数	lgP（辛醇－水分配系数）	熔点/℃
6	美满霉素	Minocycline	10118－90－8	$C_{23}H_{27}N_3O_7$	457.18490	0.05	326.30
7	土霉素	Oxytetracycline	79－57－2	$C_{22}H_{24}N_2O_9$	460.14818	－1.72	326.65
8	罗利环素	Rolitetracycline	751－97－3	$C_{27}H_{33}N_3O_8$	527.22677	—	—
9	四环素	Tetracycline	60－54－8	$C_{22}H_{24}N_2O_8$	444.15327	－1.30	327.19

表9　大环内酯类药物

序号	中文名称	英文名称	CAS 号	分子式	精确质量数	lgP（辛醇－水分配系数）	熔点/℃
1	阿奇霉素	Azithromycin	83905－01－5	$C_{38}H_{72}N_2O_{12}$	748.50853	4.02	114.00
2	红霉素	Erythromycin	114－07－8	$C_{37}H_{67}NO_{13}$	733.46124	3.06	191.00
3	交沙霉素	Josamycin	16846－24－5	$C_{42}H_{69}NO_{15}$	827.46672	3.16	131.50
4	竹桃霉素	Oleandomycin	3922－90－5	$C_{35}H_{61}NO_{12}$	687.42	1.69	—
5	罗红霉素	Roxithromycin	80214－83－1	$C_{41}H_{76}N_2O_{15}$	836.52457	2.75	115～120
6	螺旋霉素	Spiramycin	8025－81－8	$C_{40}H_{67}N_2O_{14}$	843.05270	3.06	—
7	泰乐菌素	Tylosin	1401－69－0	$C_{46}H_{77}NO_{17}$	915.51915	3.27	135～137

表10　林可胺类药物

序号	中文名称	英文名称	CAS 号	分子式	精确质量数	lgP（辛醇－水分配系数）	熔点/℃
1	克林霉素	Clindamycin	18323－44－9	$C_{18}H_{33}ClN_2O_5S$	424.17987	2.16	255.26
2	克林霉素磷酸酯	Clindamycin phosphate	24729－96－2	$C_{18}H_{34}ClN_2O_8PS$	504.1462	—	114.00
3	林可霉素	Lincomycin	154－21－2	$C_{18}H_{34}N_2O_6S$	406.21376	0.56	262.24
4	吡利霉素	Pirlimycin	79548－73－5	$C_{17}H_{31}ClN_2O_5S$	410.16422	—	—

表11　氯霉素类药物

序号	中文名称	英文名称	CAS 号	分子式	精确质量数	lgP（辛醇－水分配系数）	熔点/℃
1	氯霉素	Chloramphenicol	56－75－7	$C_{11}H_{12}Cl_2N_2O_5$	322.01233	1.14	216.38
2	棕榈氯霉素	Chloramphenicol palmitate	530－43－8	$C_{27}H_{42}Cl_2N_2O_6$	560.24199	—	—
3	琥珀酸氯霉素	Chloramphenicol succinate	3544－94－3	$C_{15}H_{16}Cl_2N_2O_8$	422.02837	—	126.00
4	氟甲砜霉素	Florfenicol	73231－34－2	$C_{12}H_{14}Cl_2FNO_4S$	357.00046	－0.04	214.42
5	甲砜霉素	Thiophenicol	15318－45－3	$C_{12}H_{15}Cl_2NO_5S$	355.00480	－0.27	234.19

表 12　糠醛类药物

序号	中文名称	英文名称	CAS 号	分子式	精确质量数	lgP（辛醇−水分配系数）	熔点/℃
1	5−羟甲基糠醛	5-Hydroxymethyl furfural	67−47−0	$C_6H_6O_3$	126.03169	—	28.00
2	5−甲基糠醛	5-Methyl furfural	620−02−0	$C_6H_6O_2$	110.03678	—	—
3	糠醛	Furfural	98−01−1	$C_5H_4O_2$	96.02113	—	−36.00

表 13　补肾壮阳类药物

序号	中文名称	英文名称	CAS 号	分子式	精确质量数	lgP（辛醇−水分配系数）	熔点/℃
1	育亨兵	Yohimbe	146−48−5	$C_{21}H_{26}N_2O_3$	354.1943	2.73	213.50
2	羟基伐地那非	Hydroxy vardenafil	224785−98−2	$C_{23}H_{32}N_6O_5S$	504.2155	—	—
3	N−去乙基伐地那非	N-Desethylvardenafil	448184−46−1	$C_{21}H_{28}N_6O_4S$	460.1893	—	—
4	爱地那非	Methisosildenafil/Aildenafil/Dimethyl sildenafil	496835−35−9	$C_{23}H_{32}N_6O_4S$	488.2206	—	—
5	羟基红地那非	Hydroxy acetildenafil	147676−56−0	$C_{25}H_{34}N_6O_4$	482.2642	—	129～132
6	那莫红地那非	Noracetidenafil	949091−38−7	$C_{24}H_{32}N_6O_3$	452.2536	—	135～139
7	红地那非	Acetildenafil	831217−01−7	$C_{25}H_{34}N_6O_3$	466.2692	—	131～133
8	—	Piperiacetildenafil	147676−50−4	$C_{24}H_{31}N_5O_3$	437.2427	—	151～152
9	羟基豪莫西地那非	Hydroxyhomosildenafil	139755−85−4	$C_{23}H_{32}N_6O_5S$	504.2155	—	183～185
10	去甲西地那非	Desmethyl sildenafil	139755−82−1	$C_{21}H_{28}N_6O_4S$	460.1893	2.09	158～160
11	西地那非	Sildenafil	139755−83−2	$C_{22}H_{30}N_6O_4S$	474.2049	2.30	187～189
12	伐地那非	Vardenafil	224785−91−5	$C_{23}H_{32}N_6O_4S$	488.2206	—	214～216
13	豪莫西地那非	Homosildenafil	642928−07−2	$C_{23}H_{32}N_6O_4S$	488.2206	—	192～194
14	乌地那非	Udenafil	268203−93−6	$C_{25}H_{36}N_6O_4S$	516.2519	—	152～159
15	氨基他达拉非	Aminotadalafil	385769−84−6	$C_{21}H_{18}N_4O_4$	390.1328	—	259～261
16	N−去甲基他达拉非	N-Desmethyl tadalafil	171596−36−4	$C_{21}H_{17}N_3O_4$	375.1219	—	285～290
17	那非乙酰酸	Acetil-acid	—	$C_{18}H_{20}N_4O_4$	356.1485	—	—
18	他达拉非（西力士）	Tadalafil（Cialis）	171596−29−5	$C_{22}H_{19}N_3O_4$	389.1375	0.04	276～279
19	苯酰胺那非	Xanthoanthrafil	1020251−53−9	$C_{19}H_{23}N_3O_6$	389.1587	2.65	154～156
20	庆地那非	Gendenafil	147676−66−2	$C_{19}H_{22}N_4O_3$	354.1692	3.51	190～193
21	硫代爱地那非	Thioaildenafil	856190−47−1	$C_{22}H_{30}N_6O_3S_2$	490.1821	—	370.6±34.3

序号	中文名称	英文名称	CAS 号	分子式	精确质量数	lg$P$ （辛醇 - 水 分配系数）	熔点/℃
22	羟基硫代豪莫西地那非	Hydroxythiohomosildenafil	479073 - 82 - 0	$C_{23}H_{32}N_6O_4S_2$	520.1926	—	174 ~ 177
23	硫代豪莫西地那非	Thiohomosildenafil	479073 - 80 - 8	$C_{23}H_{32}N_6O_3S_2$	504.1977	—	178 ~ 180
24	那莫西地那非	Norneosildenafil	371959 - 09 - 0	$C_{22}H_{29}N_5O_4S$	459.1940	4.07	190 ~ 193
25	氯丁他达拉非	Chloropretadalafil	171489 - 59 - 1	$C_{22}H_{19}ClN_2O_5$	426.0983	2.58	215 ~ 218
26	硫基西地那非	Thiosildenafil	479073 - 79 - 5	$C_{22}H_{30}N_6O_3S_2$	490.1821	0.93	172 ~ 174
27	—	Imidazosagatriazinone	139756 - 21 - 1	$C_{17}H_{20}N_4O_2$	312.1586	—	—
28	伪伐地那非	Pseudovardenafil	224788 - 34 - 5	$C_{22}H_{29}N_5O_4S$	459.1940	4.25	181 ~ 183
29	阿伐那非	Avanafil	330784 - 47 - 9	$C_{23}H_{26}ClN_7O_3$	483.1786	—	150 ~ 152
30	米罗那非	Mirodenafil	862189 - 95 - 5	$C_{26}H_{37}N_5O_5S$	531.2515	—	—
31	酚妥拉明	Phentolamine	50 - 60 - 2	$C_{17}H_{19}N_3O$	281.1528	—	—
32	西地那非杂质 C	Desethyl sildenafil	139755 - 91 - 2	$C_{20}H_{26}N_6O_4S$	446.1736	—	—
33	西地那非杂质 A	Isobutyl Sildenafil	1391053 - 95 - 4	$C_{23}H_{32}N_6O_5S^-$	504.2160	—	—
34	西地那非二聚物杂质	Sildenafil dimerimpurity	1346602 - 67 - 2	$C_{38}H_{46}N_{10}O_8S_2$	834.2942	—	—
35	N - 辛基去甲他达拉非	N-Octyl-nortadalafil	1173706 - 35 - 8	$C_{29}H_{33}N_3O_4$	486.2393	—	—
36	—	Chlorodenafil	1058653 - 74 - 9	$C_{19}H_{21}ClN_4O_3$	388.1302	—	—
37	N - 乙基他达拉非	N-Ethyltadalafil	1609405 - 34 - 6	$C_{23}H_{21}N_3O_4$	403.1532	—	—
38	去碳西地那非	Descarbonsildenafil	1393816 - 99 - 3	$C_{21}H_{30}N_6O_4S$	462.2049	—	—
39	二乙酰胺红地那非	Dioxoacetildenafil	—	$C_{25}H_{30}N_6O_5$	494.2278	—	154 ~ 158
40	乙酰伐地那非	Acetylvardenafil	1261351 - 28 - 3	$C_{25}H_{34}N_6O_3$	466.2692	—	—
41	红地那非 （酮氧代红地那非）	Oxohongdenafil	1446144 - 70 - 2	$C_{25}H_{32}N_6O_4$	480.2485	—	—
42	丙氧酚爱地那非	Propoxyphenyl aildenafil	1391053 - 82 - 9	$C_{24}H_{34}N_6O_4S$	502.2362	—	—
43	西地那非氯磺酰	Sildenafil chlorosulfonyl		$C_{17}H_{19}ClN_4O_4S$	410.0816	—	198 ~ 200
44	N - 去乙基红地那非	N-Desmethyl acetildenafil	147676 - 55 - 9	$C_{23}H_{30}N_6O_3$	438.2379	—	62 ~ 64
45	卡巴地那非	Carbodenafil	944241 - 52 - 5	$C_{24}H_{32}N_6O_3$	452.2536	—	—
46	桂地那非	Cinnamyldenafil	1446089 - 83 - 3	$C_{32}H_{38}N_6O_3$	554.3005	—	—
47	—	Isopiperazinonafil	—	$C_{25}H_{34}N_6O_4$	482.2642	—	—
48	硝地那非	Nitrodenafil	147676 - 99 - 1	$C_{17}H_{19}N_5O_4$	357.1437	—	—
49	哌唑那非	Piperazinonafil	1335201 - 04 - 1	$C_{25}H_{34}N_6O_4$	482.2642	—	—

（续表13）

序号	中文名称	英文名称	CAS 号	分子式	精确质量数	lgP（辛醇－水分配系数）	熔点/℃
50	—	Nitrosoprodenafil	1266755 – 08 – 1	$C_{27}H_{35}N_9O_5S_2$	629.2203	—	—
51	亚硝地那非	Muta-prodenafil	1387577 – 30 – 1	$C_{27}H_{35}N_9O_5S_2$	629.2203	—	—
52	乙酰氨基他达拉非	Acetaminotadalafil	1446144 – 71 – 3	$C_{23}H_{20}N_4O_5$	432.1434	—	—
53	苄基西地那非	Benzylsidenafil	1446089 – 82 – 2	$C_{28}H_{34}N_6O_4S$	550.2362	—	—
54	去哌嗪硫代西地那非	Depiperazino-thiosildenafil	1353018 – 10 – 6	$C_{17}H_{20}N_4O_4S_2$	408.0926	—	—
55	二甲基红地那非	Dimethylacetildenafil	—	$C_{25}H_{34}N_6O_3$	466.2692	—	—
56	2 – 羟丙基去甲他达拉非	Hydroxypropylnortadalafil	1353020 – 85 – 5	$C_{24}H_{23}N_3O_5$	433.1638	—	—
57	羟基硫代伐地那非	Hydroxythiovardenafil	912576 – 30 – 8	$C_{23}H_{32}N_6O_4S_2$	520.1927	—	—
58	5 – 羟基糠醛氨基他达拉非	5 – Hydroxymethylfurfural aminotadalafil	—	$C_{27}H_{22}N_4O_6$	498.1539	—	—
59	正丁基他达拉非	N – Butylnortadalafil	171596 – 31 – 9	$C_{25}H_{25}N_3O_4$	431.1845	—	—
60	丙氧酚羟基豪莫西地那非	Proxyphenyl hydroxyhomosildenafil	139755 – 87 – 6	$C_{24}H_{34}N_6O_5S$	518.2311	—	—
61	丙氧酚西地那非	Propoxyphenyl sidenafil	877777 – 10 – 1	$C_{23}H_{32}N_6O_4S$	488.2206	—	—
62	丙氧酚硫代爱地那非	Propoxyphenyl thioaildenafil	856190 – 49 – 3	$C_{24}H_{34}N_6O_3S_2$	518.2134	—	—
63	丙氧酚硫代羟基豪莫西地那非	Propexyphenyl thiohydroxyhomosildenafil	479073 – 90 – 0	$C_{24}H_{34}N_6O_4S_2$	534.2083	—	—
64	反式氨基他达那非	(+)-Trans-aminotad-alafil	—	$C_{21}H_{18}N_4O_4$	390.1328	—	—
65	他达拉非杂质 D	Tadalafil imprutity D	—	$C_{22}H_{18}N_3O_4Cl$	423.0986	—	—
66	他达拉非杂质 B	Tadalafil impurity B	951661 – 82 – 8	$C_{20}H_{19}N_3O_3$	349.1426	—	—
67	二代西地那非	Sildenafil 2nd	—	$C_{21}H_{29}N_5O_6S$	479.1839	—	—
68	去甲基哌嗪西地那非磺酸	Demethylpiperazinyl sildenafil sulfonic acid	1357931 – 55 – 5	$C_{17}H_{20}N_4O_5S$	392.1154	—	—
69	二代硫去甲基卡巴地那非	Dithiodesmethylcarbo-denafil	1333233 – 46 – 7	$C_{23}H_{30}N_6OS_2$	470.1923	—	—
70	羟基氯地那非	Hydroxychlorodenafil	1391054 – 00 – 4	$C_{19}H_{23}N_4O_3Cl$	390.1459	—	—
71	硫喹哌非	Thioquinapiperifil	220060 – 39 – 9	$C_{24}H_{28}N_6OS$	448.2045	—	—
72	去甲基卡巴地那非	Desmethyl carbodenafil	147676 – 79 – 7	$C_{23}H_{30}N_6O_3$	438.2379	—	—

表 14　减肥类药物

序号	中文名称	英文名称	CAS 号	分子式	精确质量数	lgP（辛醇-水分配系数）	熔点/℃
1	2,4-二硝基苯酚	2,4-Dinitrophenol	51-28-5	$C_6H_4N_2O_5$	184.01202	—	108～112
2	3,3′,5′-三碘甲状腺氨酸	3,3′,5′-Triiodo-L-thyronine	6893-02-3	$C_{15}H_{12}I_3NO_4$	650.79004		234～238
3	3,3′,5-三碘甲状腺氨酸	3,3′,5-Triiodo-L-thyronine	5817-39-0	$C_{15}H_{12}I_3NO_4$	650.79004		234～238
4	3,5-二碘甲状腺氨酸	3,5-Diiodo-L-thyronine	1041-01-6	$C_{15}H_{12}I_3NO_4$	524.89339	—	255～260
5	阿卡波糖	Acarbose	56180-94-0	$C_{25}H_{43}NO_{18}$	645.24798		165～170
6	阿尔噻嗪	Althiazide	5588-16-9	$C_{11}H_{14}ClN_3O_4S_3$	382.98349		206～207
7	安非拉酮	Amfepramone	90-84-6	$C_{13}H_{19}NO$	205.14667		—
8	盐酸阿米洛利	Amiloride hydrochloride	2016-88-8	$C_6H_8ClN_7O$	265.04256		293～294
9	安非他明	Amphetamine	300-62-9	$C_9H_{13}N$	135.10479		—
10	苄氟噻嗪	Bendroflumethiazide	73-48-3	$C_{15}H_{14}F_3N_3O_4S_2$	421.03778		205～207
11	苯氟雷司	Benfluorex	23602-78-0	$C_{19}H_{20}F_3NO_2$	351.14462		—
12	苄非他明	Benzfetamine	156-08-1	$C_{17}H_{21}N$	239.16740		—
13	苄噻嗪	Benzthiazide	91-33-8	$C_{15}H_{14}ClN_3O_4S_3$	430.98349		231～232
14	比沙可定	Bisacodyl	603-50-9	$C_{22}H_{19}NO_4$	361.1314	3.37	138.00
15	溴布特罗	Brombuterol	41937-02-4	$C_{12}H_{18}Br_2N_2O$	363.97858	2.49	161.90
16	布美他尼	Bumetanide	28395-03-1	$C_{17}H_{20}N_2O_5S$	364.10928		230～231
17	安非他酮	Bupropion	34911-55-2	$C_{13}H_{18}ClNO$	239.10769		—
18	咖啡因	Caffeine	58-08-2	$C_8H_{10}N_4O_2$	194.08038		234～237
19	氯噻嗪	Chlorothiazide	58-94-6	$C_7H_6ClN_3O_4S_2$	294.94882	-0.02	342～343
20	对氯苯丁胺	Chlorphentermine	461-78-9	$C_{10}H_{14}ClN$	183.08148	—	255.80
21	氯噻酮	Chlortalidone	77-36-1	$C_{14}H_{11}ClN_2O_4S$	338.01281	0.85	265～267
22	克伦特罗	Clenbuterol	37148-27-9	$C_{12}H_{18}Cl_2N_2O$	276.07962	2.00	112～115
23	克仑潘特	Clenpenterol	37158-47-7	$C_{13}H_{20}Cl_2N_2O$	290.09527		—
24	氯苄雷司	Clobenzorex	13364-32-4	$C_{16}H_{18}ClN$	259.11276		—
25	氯帕胺	Clopamide	636-54-4	$C_{14}H_{20}ClN_3O_3S$	345.09140		248～249
26	氯丙那林	Clorprenaline	3811-25-4	$C_{11}H_{16}ClNO$	213.09204	1.82	79.14
27	环噻嗪	Cyclothiazide	2259-96-3	$C_{14}H_{16}ClN_3O_4S_2$	389.02707		234.00
28	麻黄碱	Ephedrine	299-42-3	$C_{10}H_{15}NO$	165.11536		37～39
29	依他尼酸	Ethacrynic acid	58-54-8	$C_{13}H_{12}Cl_2O_4$	302.01126		125.00
30	芬氟拉明	Fenfluramine	458-24-2	$C_{12}H_{16}F_3N$	231.12348	3.36	108～112
31	氟苯丙胺	Fenfluramine	458-24-2	$C_{12}H_{16}F_3N$	231.12349		—
32	氟西汀	Fluoxetine	54910-89-3	$C_{17}H_{18}F_3NO$	309.13405	4.05	180.50
33	呋塞米	Furosemide	54-31-9	$C_{12}H_{11}ClN_2O_5S$	330.00772	2.03	220.00

（续表 14）

序号	中文名称	英文名称	CAS 号	分子式	精确质量数	lg$P$（辛醇-水分配系数）	熔点/℃
34	吉非罗齐	Gemfibrozil	25812-30-0	$C_{15}H_{22}O_3$	250.15689	—	61～63
35	氢氯噻嗪	Hydrochlorothiazide	58-93-5	$C_7H_8ClN_3O_4S_2$	296.96447	-0.07	273.00
36	氢氟噻嗪	Hydroflumethiazide	135-09-1	$C_8H_8F_3N_3O_4S_2$	330.99084	—	272～273
37	吲达帕胺	Indapamide	26807-65-8	$C_{16}H_{16}ClN_3O_3S$	365.06009	—	160～162
38	左旋肉碱	L-Carnitine	541-15-1	$C_7H_{15}NO_3$	161.10519	—	197～212
39	氯卡色林	Lorcaserin	616202-92-7	$C_{11}H_{14}ClN$	195.08148	3.57	—
40	马吲哚	Mazindol	22232-71-9	$C_{16}H_{13}ClN_2O$	284.07166	—	215～217
41	二甲双胍	Metformin	657-24-9	$C_4H_{11}N_5$	129.10144	—	—
42	甲基麻黄碱	Methylephedrine	552-79-4	$C_{11}H_{17}NO$	179.13101	—	86～88
43	美托拉宗	Metolazone	17560-51-9	$C_{16}H_{16}ClN_3O_3S$	381.05499	—	252～254
44	N-去二甲基西布曲明（东布曲明）	N-di-Desmethyl sibutramine	262854-36-4	$C_{15}H_{22}ClN$	251.14408	—	—
45	奈法唑酮	Nefazodone	83366-66-9	$C_{25}H_{32}ClN_5O_2$	469.22446	—	180～182
46	烟酰胺	Nicotinamide	98-92-0	$C_6H_6N_2O$	122.04801	—	128～131
47	奥利司他	Orlistat	96829-58-2	$C_{29}H_{53}NO_5$	495.39237	8.19	45.00
48	帕罗西汀	Paroxetine	61869-08-7	$C_{19}H_{20}FNO_3$	329.14273	—	114～116
49	苯双甲吗啉	Phendimetrazine	634-03-7	$C_{12}H_{17}NO$	191.13101	—	—
50	苯乙双胍	Phenformin	114-86-3	$C_{10}H_{15}N_5$	205.13275	—	—
51	苯甲吗啉	Phenmetrazine	134-49-6	$C_{11}H_{15}NO$	177.11536	—	—
52	酚酞	Phenolphthalein	77-09-8	$C_{20}H_{14}O_4$	318.08921	3.06	258～263
53	苯丁胺	Phentermine	122-09-8	$C_{10}H_{15}N$	149.12045	—	-50.00
54	苯丙氨酸	Phenylalanine	150-30-1	$C_9H_{11}NO_2$	165.07898	—	101～104
55	苯丙醇胺	Phenylpropanolamine	14838-15-4	$C_9H_{13}NO$	151.09971	—	101～102
56	伪麻黄碱	Pseudoephedrine	90-82-4	$C_{10}H_{15}NO$	165.11536	—	118～120
57	莱克多巴胺	Ractopamine	97825-25-7	$C_{18}H_{23}NO_3$	301.16779	2.41	165～167
58	利莫那班	Rimonabant	168273-06-1	$C_{22}H_{21}Cl_3N_4O$	462.07809	6.08	—
59	舍曲林	Sertraline	79617-96-2	$C_{17}H_{17}Cl_2N$	305.07379	—	—
60	西布曲明	Sibutramine	106650-56-0	$C_{17}H_{26}ClN$	279.17538	5.73	191～192
61	螺内酯	Spironolactone	52-01-7	$C_{24}H_{32}O_4S$	416.20212	—	207～208
62	舒布硫胺	Sulbutiamine	3286-46-2	$C_{32}H_{46}N_8O_6S_2$	702.29816	—	—
63	可可碱	Theobromine	83-67-0	$C_7H_8N_4O_2$	180.06473	—	345～350
64	茶碱	Theophylline	58-55-9	$C_7H_8N_4O_2$	180.06472	—	271～273
65	托拉塞米	Torasemide	56211-40-6	$C_{16}H_{20}N_4O_3S$	348.12561	—	163～164
66	氨苯蝶啶	Triamterene	396-01-0	$C_{12}H_{11}N_7$	253.10759	—	316.00

表15 降糖类药物

序号	中文名称	英文名称	CAS 号	分子式	精确质量数	lgP（辛醇－水分配系数）	熔点/℃
1	阿卡波糖	Acarbose	56180－94－0	$C_{25}H_{43}NO_{18}$	645.24801	—	165～170
2	丁二胍	Buformin	1190－53－0	$C_6H_{15}N_5$	157.13275	—	177.00
3	氯磺丙脲	Chlorpropamide	94－20－2	$C_{10}H_{13}ClN_2O_3S$	276.03354	—	128.00
4	格列波脲	Glibornuride	26944－48－9	$C_{18}H_{26}N_2O_4S$	366.16133	2.88	—
5	格列齐特	Gliclazide	21187－98－4	$C_{15}H_{21}N_3O_3S$	323.13036	2.12	163～169
6	格列美脲	Glimepiride	93479－97－1	$C_{24}H_{34}N_4O_5S$	490.22499	4.70	212～214
7	格列吡嗪	Glipizide	29094－61－9	$C_{21}H_{27}N_5O_4S$	445.17838	1.91	208～209
8	格列喹酮	Gliquidone	33342－05－1	$C_{27}H_{33}N_3O_6S$	527.20901	—	179.00
9	格列苯脲	Glibenclamide	10238－21－8	$C_{23}H_{28}ClN_3O_5S$	493.14382	4.79	173～175
10	二甲双胍	Metformin	657－24－9	$C_4H_{11}N_5$	129.10145	－1.40	—
11	米格列醇	Miglitol	72432－03－2	$C_8H_{17}NO_5$	207.11067	—	114.00
12	米格列奈	Mitiglinide	145375－43－5	$C_{19}H_{25}NO_3$	315.18344	3.62	—
13	那格列奈	Nateglinide	105816－04－4	$C_{19}H_{27}NO_3$	317.19909	4.70	137～141
14	苯乙双胍	Phenformin	114－86－3	$C_{10}H_{15}N_5$	205.13275	0.67	176.50
15	吡格列酮	Pioglitazone	112529－15－4	$C_{19}H_{20}N_2O_3S$	356.11946	3.96	189～191
16	瑞格列奈	Repaglinide	135062－02－1	$C_{27}H_{36}N_2O_4$	452.26751	6.19	129～130
17	罗格列酮	Rosiglitazone	122320－73－4	$C_{18}H_{19}N_3O_3S$	357.11471	3.19	153～155
18	妥拉磺脲	Tolazamide	1156－19－0	$C_{14}H_{21}N_3O_3S$	311.13036	—	162～164
19	甲苯磺丁脲	Tolbutamide	64－77－7	$C_{12}H_{18}N_2O_3S$	270.10381	2.34	128～130
20	伏格列波糖	Voglibose	83480－29－9	$C_{10}H_{21}NO_7$	267.1318	－4.20	162～163

表16 降血压类药物

序号	中文名称	英文名称	CAS 号	分子式	精确质量数	lgP（辛醇－水分配系数）	熔点/℃
1	氨氯地平	Amlodipine	88150－42－9	$C_{26}H_{31}ClN_2O_8S$	408.14520	3.00	133～135
2	阿替洛尔	Atenolol	29122－68－7	$C_{14}H_{22}N_2O_3$	266.16304	0.16	154.00
3	贝那普利	Benazepril	86541－75－5	$C_{24}H_{28}N_2O_5$	424.19982	3.50	148～149
4	卡托普利	Captopril	62571－86－2	$C_9H_{15}NO_3S$	217.07726	0.34	104～108
5	盐酸可乐定	Clonidine hydrochloride	4205－91－8	$C_9H_{10}Cl_3N_3$	264.99403	—	312.00
6	非洛地平	Felodipine	86189－69－7	$C_{18}H_{19}Cl_2NO_4$	383.06911	3.86	144.00

（续表 16）

序号	中文名称	英文名称	CAS 号	分子式	精确质量数	lgP（辛醇–水分配系数）	熔点/℃
7	氢氯噻嗪	Hydrochorothiazide	58 – 93 – 5	$C_7H_8ClN_3O_4S_2$	296.96447	– 0.07	273.00
8	吲达帕胺	Indapamide	26807 – 65 – 8	$C_{16}H_{16}ClN_3O_3S$	365.06009	2.66	160～162
9	厄贝沙坦	Irbesartan	138402 – 11 – 6	$C_{25}H_{28}N_6O$	428.23246	5.31	180～181
10	美托洛尔	Metoprolol	37350 – 58 – 6	$C_{15}H_{25}NO_3$	267.18344	1.88	126.00
11	硝苯地平	Nifedipine	21829 – 25 – 4	$C_{17}H_{18}N_2O_6$	346.11649	2.50	171～175
12	尼莫地平	Nimodipine	66085 – 59 – 4	$C_{21}H_{26}N_2O_7$	418.17400	3.05	125.00
13	利血平	Reserpine	50 – 55 – 5	$C_{33}H_{40}N_2O_9$	608.27338	—	265.00
14	替米沙坦	Telmisartan	144701 – 48 – 4	$C_{33}H_{30}N_4O_2$	514.23688	—	261～263
15	缬沙坦	Valsartan	137862 – 53 – 4	$C_{24}H_{29}N_5O_3$	435.22704	3.65	116～117

表 17　降血脂类药物

序号	中文名称	英文名称	CAS 号	分子式	精确质量数	lgP（辛醇–水分配系数）	熔点/℃
1	阿托伐他汀	Atorvastatin	110862 – 48 – 1	$C_{33}H_{35}FN_2O_5$	558.25300	—	176～178
2	苯扎贝特	Benzafibrate	41859 – 67 – 0	$C_{19}H_{20}ClNO_4$	361.10809	4.25	184.00
3	环丙贝特	Ciprofibrate	52214 – 84 – 3	$C_{13}H_{14}Cl_2O_3$	288.03200	3.94	114～118
4	氯贝丁酯（安妥明）	Clofibrate	637 – 07 – 0	$C_{12}H_{15}ClO_3$	242.07097	3.62	118～119
5	非诺贝特	Fenofibrate	49562 – 28 – 9	$C_{20}H_{21}ClO_4$	360.11284	5.19	80～81
6	氟伐他汀	Fluvastatin	93957 – 54 – 1	$C_{24}H_{26}FNO_4$	411.18459	4.85	—
7	吉非贝齐	Gemfibrozil	25812 – 30 – 0	$C_{12}H_{22}O_3$	250.15689	4.77	61～63
8	洛伐他汀	Lovastatin	75330 – 75 – 5	$C_{24}H_{36}O_5$	404.25627	4.26	175.00
9	匹伐他汀	Pitavastatin	147511 – 69 – 1	$C_{25}H_{24}FNO_4$	421.16894	4.82	—
10	普伐他汀	Pravastatin	81093 – 37 – 0	$C_{23}H_{36}O_7$	424.24610	3.10	171.2～173
11	瑞舒伐他汀	Rosuvastatin	147098 – 20 – 2	$C_{22}H_{28}FN_3O_6S$	481.16828	2.48	122.00
12	辛伐他汀	Simvastatin	79902 – 63 – 9	$C_{25}H_{38}O_5$	418.27192	4.68	139.00

表 18　糖皮质激素

序号	中文名称	英文名称	CAS 号	分子式	精确质量数	lgP（辛醇－水分配系数）	熔点/℃
1	16α－羟基泼尼松龙	16α-Hydroxyprednison-lone	13951－70－7	$C_{21}H_{28}O_6$	376.18859	1.06	232.22
2	16α－羟基泼尼松龙醋酸酯	16α-Hydroxyprednison-lone acetate	86401－80－1	$C_{23}H_{30}O_7$	418.19915	—	—
3	22(R)－布地奈德	22(R)-Budesonide	51372－29－3	$C_{25}H_{34}O_6$	430.23554	3.98	234.03
4	22(S)－布地奈德	22(S)-Budesonide	51372－28－2	$C_{25}H_{34}O_6$	430.23554	3.98	234.03
5	6α－氟－异氟泼尼龙	6α-Fluoro-isoflupredone	806－29－1	$C_{21}H_{26}F_2O_5$	396.17483	1.17	211.88
6	异氟泼尼松醋酸酯（9－氟醋酸泼尼松龙）	Isoflupredone acetate (9-α-Fluoroprednisolone acetate)	338－98－7	$C_{23}H_{29}FO_6$	420.19482	2.04	215.68
7	阿氯米松双丙酸酯	Alclomethasone dipropionate	66734－13－2	$C_{28}H_{37}ClO_7$	520.22278	—	212～216
8	安西奈德	Amcinonide	51022－69－6	$C_{28}H_{35}FO_7$	502.23668	—	—
9	倍氯米松双丙酸酯	Beclometasone dipropionate	5534－09－8	$C_{28}H_{37}ClO_7$	520.22278	—	117～120
10	倍氯米松	Beclomethasone	4419－39－0	$C_{22}H_{29}ClO_5$	408.17035	—	198.00
11	倍他米松	Betamethasone	378－44－9	$C_{22}H_{29}FO_5$	392.19990	1.94	216.77
12	苯甲酸倍他米松	Betamethasone 17-benzoate	22298－29－9	$C_{29}H_{33}FO_6$	496.22612	3.92	257.71
13	倍他米松丙酸酯	Betamethasone 17-propionate	5534－13－4	$C_{25}H_{33}FO_6$	448.22612	2.95	229.24
14	倍他米松戊酸酯	Betamethasone 17-valerate	2152－44－5	$C_{27}H_{37}FO_6$	476.25742	3.60	240.08
15	倍他米松醋酸酯	Betamethasone 21－acetate	987－24－6	$C_{24}H_{31}FO_6$	434.21047	2.91	219.53
16	倍他米松双丙酸酯	Betamethasone dipropionate	5593－20－4	$C_{28}H_{37}FO_7$	504.25233	—	178.00
17	环索奈德	Ciclesonide	126544－47－6	$C_{32}H_{44}O_7$	540.3087	—	202～209
18	氯倍他索丙酸酯	Clobetasol 17-propionate	25122－46－7	$C_{25}H_{32}ClFO_5$	466.19223	3.50	223.46
19	氯倍他松丁酸酯	Clobetasone 17-butyrate	25122－57－0	$C_{26}H_{32}ClFO_5$	478.19223	3.76	227.19
20	氯可托龙特戊酸酯	Clocortolone pivalate	34097－16－0	$C_{27}H_{36}ClFO_5$	494.22353	3.82	224.26
21	氯泼尼醇	Cloprednol	5251－34－3	$C_{21}H_{25}ClO_5$	392.13905	1.68	223.62
22	可的松	Cortisone	53－06－5	$C_{21}H_{28}O_5$	360.19367	1.47	212.85
23	可的松醋酸酯	Cortisone 21-acetate	50－04－4	$C_{23}H_{30}O_6$	402.20424	2.10	215.62
24	地夫可特	Deflazacort	14484－47－0	$C_{25}H_{31}NO_6$	441.21514	1.31	229.78
25	地索奈德	Desonide	638－94－8	$C_{24}H_{32}O_6$	416.21989	4.16	225.75

序号	中文名称	英文名称	CAS 号	分子式	精确质量数	lgP（辛醇－水分配系数）	熔点/℃
26	去羟米松	Desoximetasone	382－67－2	$C_{22}H_{29}FO_4$	376.20499	2.35	203.61
27	地塞米松	Dexamethasone	50－02－2	$C_{22}H_{29}FO_5$	392.19990	1.94	216.77
28	地塞米松戊酸酯	Dexamethasone 17-valerate	33755－46－3	$C_{27}H_{37}FO_6$	476.2574	3.60	240.08
29	地塞米松醋酸酯	Dexamethasone 21-acetate	1177－87－3	$C_{24}H_{31}FO_6$	434.21047	2.91	219.53
30	地塞米松异烟酸酯	Dexamethasone 21-isonicotinate	2265－64－7	$C_{28}H_{32}FNO_6$	497.22137	2.73	255.96
31	地塞米松特戊酸酯（地塞米松新戊酸酯）	Dexamethasone 21-pivalate	1926－94－9	$C_{27}H_{37}FO_6$	476.25742	—	—
32	双氟拉松	Diflorasone	2557－49－5	$C_{22}H_{28}F_2O_5$	410.19048	1.94	215.72
33	二氟拉松双醋酸酯	Diflorasone diacetate	33564－31－7	$C_{26}H_{32}F_2O_7$	494.21161	2.93	219.46
34	戊酸双氟可龙	Diflucortolone valerate	59198－70－8	$C_{27}H_{36}F_2O_5$	478.25308	3.62	221.60
35	二氟孕甾丁酯（双氟泼尼酯）	Difluprednate	23674－86－4	$C_{27}H_{34}F_2O_7$	508.22726	—	—
36	氟氢可的松	Fludrocortisone	127－31－1	$C_{21}H_{29}FO_5$	380.19990	1.67	212.20
37	氟氢可的松醋酸酯	Fludrocortisone 21-acetate	514－36－3	$C_{23}H_{31}FO_6$	422.21047	2.26	214.97
38	氟氢缩松	Fludroxycortide	1524－88－5	$C_{24}H_{33}FO_6$	436.22612	2.87	224.00
39	氟米松	Flumethasone	2135－17－3	$C_{22}H_{28}F_2O_5$	410.19048	1.94	215.72
40	氟米松特戊酸酯（氟米松新戊酸酯）	Flumethasone 21-pivalate	2002－29－1	$C_{27}H_{36}F_2O_6$	494.248	3.86	229.34
41	双氟美松醋酸酯	Flumethasone acetate	2823－42－9	$C_{24}H_{30}F_2O_6$	452.20105	2.33	218.49
42	氟尼缩松	Flunisolide	1524－88－5	$C_{24}H_{31}FO_6$	434.21047	2.87	224.00
43	氟轻松	Fluocinolone acetonide	67－73－2	$C_{24}H_{30}F_2O_6$	452.20105	2.48	222.38
44	氟轻松醋酸酯	Fluocinonide	356－12－7	$C_{26}H_{32}F_2O_7$	494.21161	3.19	225.15
45	氟可龙	Fluocortolone	152－97－6	$C_{22}H_{29}FO_4$	376.20499	2.06	204.90
46	氟可龙特戊酸酯	Fluocortolone 21-pivalate	29205－06－9	$C_{27}H_{37}FO_5$	460.2625	3.60	218.51
47	氟米龙	Fluoromethalone	426－13－1	$C_{22}H_{29}FO_4$	376.20499	2.00	196.47
48	氟米龙醋酸酯	Fluorometholone 17-acetate	3801－6－7	$C_{24}H_{31}FO_5$	418.21555	1.50	203.52
49	氟替卡松丙酸酯	Fluticasone propionate	80474－14－2	$C_{25}H_{31}F_3O_5S$	500.18443	—	275.00
50	哈西奈德	Halcinonide	3093－35－4	$C_{24}H_{32}ClFO_5$	454.19223	2.93	216.93
51	卤贝他索丙酸酯	Halobetasol Propionate	66852－54－8	$C_{25}H_{31}ClF_2O_5$	484.18281	2.85	222.42
52	卤美他松（卤甲松）	Halometasone	50629－82－8	$C_{22}H_{27}ClF_2O_5$	444.15151	2.58	223.39
53	氢化可的松	Hydrocortisone	50－23－7	$C_{21}H_{30}O_5$	362.20932	1.61	214.53

序号	中文名称	英文名称	CAS 号	分子式	精确质量数	lg$P$（辛醇–水分配系数）	熔点/℃
54	氢化可的松丁酸酯	Hydrocortisone 17-butyrate	13609 – 67 – 1	$C_{25}H_{36}O_6$	432.25119	3.18	232.43
55	氢化可的松戊酸酯	Hydrocortisone 17-valerate	57524 – 89 – 7	$C_{26}H_{38}O_6$	446.26684	3.79	237.85
56	氢化可的松醋酸酯	Hydrocortisone 21-acetate	50 – 03 – 3	$C_{23}H_{32}O_6$	404.21989	2.19	217.35
57	氢化可的松环戊丙酸酯	Hydrocortisone 21-cypionate	508 – 99 – 6	$C_{29}H_{42}O_6$	486.29814	5.12	251.74
58	醋丙氢可的松	Hydrocortisone Aceponate	74050 – 20 – 7	$C_{26}H_{36}O_7$	460.2461	3.06	221.94
59	氢化可的松半琥酯	Hydrocortisone hemisuccinate	2203 – 97 – 6	$C_{25}H_{34}O_8$	462.22537	—	261.23
60	异氟泼尼龙	Isoflupredone	338 – 95 – 4	$C_{21}H_{27}FO_5$	378.18425	4.13	212.92
61	依碳氯替泼诺	Loteprednol etabonate	82034 – 46 – 6	$C_{24}H_{31}ClO_7$	466.17583	2.63	233.39
62	甲羟松	Medrysone	2668 – 66 – 8	$C_{22}H_{32}O_3$	344.23514	2.55	183.32
63	甲泼尼松	Meprednisone	1247 – 42 – 3	$C_{22}H_{28}O_5$	372.19367	2.56	217.41
64	甲泼尼松醋酸酯	Meprednisone acetate	1106 – 03 – 2	$C_{24}H_{30}O_6$	414.20424	2.35	220.18
65	甲基泼尼松龙	Methylprednisolone	83 – 43 – 2	$C_{22}H_{30}O_5$	374.20932	1.82	219.10
66	甲基泼尼松龙醋酸酯（醋丙酸甲基泼尼松龙）	Methylprednisolone 21-acetate	53 – 36 – 1	$C_{24}H_{32}O_6$	416.21989	2.56	221.86
67	甲基泼尼松龙乙丙酸酯	Methylprednisolone aceponate	86401 – 95 – 8	$C_{27}H_{36}O_7$	472.24610	3.27	226.50
68	甲基泼尼松龙琥珀酸酯	Methylprednisolone hemisuccinate	2921 – 57 – 5	$C_{26}H_{34}O_8$	474.22537	2.30	265.79
69	莫米他松糠酸酯	Mometasone furoate	83919 – 23 – 7	$C_{27}H_{30}Cl_2O_6$	520.14194	—	218～220
70	帕拉米松	Paramethasone	53 – 33 – 8	$C_{22}H_{29}FO_5$	392.19990	1.68	218.05
71	帕拉米松乙酸酯	Paramethasone acetate	1597 – 82 – 6	$C_{24}H_{31}FO_6$	434.21047	2.43	220.82
72	泼尼卡酯	Prednicarbate	73771 – 04 – 7	$C_{27}H_{36}O_8$	488.24102	3.20	245.72
73	泼尼松龙	Prednisolone	50 – 24 – 8	$C_{21}H_{28}O_5$	360.19367	1.62	215.25
74	泼尼松龙醋酸酯	Prednisolone 21-acetate	52 – 21 – 1	$C_{23}H_{30}O_6$	402.20424	2.40	218.01
75	泼尼松龙特戊酸酯	Prednisolone 21-pivalate	1107 – 99 – 9	$C_{26}H_{36}O_6$	444.25119	3.50	228.86
76	丁乙酸泼尼松龙	Prednisolone 21-tebutate	7681 – 14 – 3	$C_{27}H_{38}O_6$	458.26684	3.99	234.28
77	泼尼松	Prednisone	53 – 03 – 2	$C_{21}H_{26}O_5$	358.17802	1.46	213.56
78	泼尼松醋酸酯	Prednisone 21-acetate	125 – 10 – 0	$C_{23}H_{28}O_6$	400.18859	1.93	216.33
79	瑞美松龙	Rimexolone	49697 – 38 – 3	$C_{24}H_{34}O_3$	370.25079	3.28	193.62
80	新戊酸替可的松	Tixocortol pivalate	55560 – 96 – 8	$C_{26}H_{38}O_5S$	462.244	2.70	242.05

（续表18）

序号	中文名称	英文名称	CAS 号	分子式	精确质量数	lgP（辛醇-水分配系数）	熔点/℃
81	曲安西龙	Triamcinolone	124-94-7	$C_{21}H_{27}FO_6$	394.17917	1.16	229.89
82	曲安奈德	Triamcinolone acetonide	76-25-5	$C_{24}H_{31}FO_6$	434.21047	2.53	223.42
83	曲安奈德醋酸酯	Triamcinolone acetonide 21-acetate	3870-7-3	$C_{26}H_{33}FO_7$	476.22103	2.91	226.19
84	曲安西龙双醋酸酯	Triamcinolone diacetate	67-78-7	$C_{25}H_{31}FO_8$	478.20030	1.92	229.35
85	己曲安奈德	Triamcinolone hexacetonide	5611-51-8	$C_{30}H_{41}FO_7$	532.28363	—	—
86	乌倍他索	Ulobetasol（Halobetasol）	98651-66-2	$C_{22}H_{27}ClF_2O_4$	428.15659	2.18	209.94

表19 硝基咪唑类药物

序号	中文名称	英文名称	CAS 号	分子式	精确质量数	lgP（辛醇-水分配系数）	熔点/℃
1	二甲硝咪唑（地美硝唑）	Dimetridazole	551-92-8	$C_5H_7N_3O_2$	141.05383	-1.23	194.00
2	异丙硝唑	Ipronidazole	14885-29-1	$C_7H_{11}N_3O_2$	169.08513	-0.32	202.00
3	甲硝唑	Metronidazole	443-48-1	$C_6H_9N_3O_3$	171.06439	-0.59	127.00
4	洛硝哒唑（罗硝唑）	Ronidazole	7681-76-7	$C_6H_8N_4O_4$	200.05455	-0.38	146.00
5	特尼哒唑（特硝唑）	Ternidazole	1077-93-6	$C_7H_{11}N_3O_3$	185.08004	0.49	135.00
6	替硝唑	Tinidazole	19387-91-8	$C_8H_{13}N_3O_4S$	247.06268	-0.35	174.00

表20 抗真菌类药物

序号	中文名称	英文名称	CAS 号	分子式	精确质量数	lgP（辛醇-水分配系数）	熔点/℃
1	联苯苄唑	Bifonazole	60628-96-8	$C_{22}H_{18}N_2$	310.14700	4.77	142.00
2	克霉唑	Clotrimazole	23593-75-1	$C_{22}H_{17}ClN_2$	344.10803	6.26	148.00
3	益康唑	Econazole	27220-47-9	$C_{18}H_{15}Cl_3N_2O$	380.02500	5.61	86.80
4	氟康唑	Fluconazole	86386-73-4	$C_{13}H_{12}F_2N_6O$	306.10407	0.50	141.00
5	灰黄霉素	Griseofulvin	126-07-8	$C_{17}H_{17}ClO_6$	352.07137	2.18	220.00
6	酮康唑	Ketoconazole	65277-42-1	$C_{26}H_{28}Cl_2N_4O_4$	530.14876	4.35	146.00
7	咪康唑	Miconazole	22916-47-8	$C_{18}H_{14}Cl_4N_2O$	413.98602	6.25	160.00
8	萘替芬	Naftifine	65472-88-0	$C_{21}H_{21}N$	287.16740	5.80	177.00

表21　雌激素

序号	中文名称	英文名称	CAS号	分子式	精确质量数	lgP（辛醇-水分配系数）	熔点/℃
1	己二烯雌酚	Dienestrol	13029－44－2	$C_{18}H_{18}O_2$	266.13068	5.43	152.48
2	己烯雌酚	Diethylstilbestrol	6898－97－1	$C_{18}H_{20}O_2$	268.14633	5.07	147.18
3	雌二醇	Estradiol	50－28－2	$C_{18}H_{24}O_2$	272.17763	4.01	152.43
4	苯甲酸雌二醇	Estradiol benzoate	50－50－0	$C_{25}H_{28}O_3$	376.20384	5.47	202.80
5	雌三醇	Estriol	50－27－1	$C_{18}H_{24}O_3$	288.17254	2.45	180.72
6	雌酮	Estrone	53－16－7	$C_{18}H_{22}O_2$	270.16198	3.13	153.08
7	炔雌醇	Ethynyl estradiol	57－63－6	$C_{20}H_{24}O_2$	296.17763	3.67	171.12
8	己烷雌酚	Hexestrol	5776－72－7	$C_{18}H_{22}O_2$	270.16198	5.60	147.18

表22　雄激素

序号	中文名称	英文名称	CAS号	分子式	精确质量数	lgP（辛醇-水分配系数）	熔点/℃
1	雄烯二酮	Androstenedione	63－05－8	$C_{19}H_{26}O_2$	286.19328	2.75	158.00
2	表雄酮	Epiandrosterone	481－29－8	$C_{19}H_{30}O_2$	290.22458	3.07	178.00
3	美睾诺龙	Mestanolone	521－11－9	$C_{20}H_{32}O_2$	304.24023	3.52	192.00
4	美雄酮	Metandienone	72－63－9	$C_{20}H_{28}O_2$	300.20893	3.51	166.00
5	甲基睾酮	Methoxytestosterone	58－18－4	$C_{20}H_{30}O_2$	302.22458	3.36	151.62
6	诺龙	Nandrolone	434－22－0	$C_{18}H_{26}O_2$	274.19328	2.62	140.99
7	苯丙酸诺龙	Nandrolone phenylpropionate	62－90－8	$C_{27}H_{34}O_3$	406.25079	6.02	206.09
8	睾酮	Testosterone	58－22－0	$C_{19}H_{28}O_2$	288.20893	3.32	144.56
9	丙酸睾酮	Testosterone propionate	57－85－2	$C_{22}H_{32}O_3$	344.23514	4.77	157.57

表23　孕激素

序号	中文名称	英文名称	CAS号	分子式	精确质量数	lgP（辛醇-水分配系数）	熔点/℃
1	17α－羟孕酮	17α-Hydroxyprogesterone	68－96－2	$C_{21}H_{30}O_3$	330.21949	3.17	222.00
2	己酸羟孕酮	17α-Hydroxyprogesterone caproate	630－56－8	$C_{27}H_{40}O_4$	428.29266	5.74	122.00
3	醋酸氯地孕酮	Chloromadinone 17－acetate	302－22－7	$C_{23}H_{29}ClO_4$	404.17545	3.95	213.00
4	地屈孕酮	Dydrogesterone	152－62－5	$C_{21}H_{28}O_2$	312.20893	3.45	169.00
5	醋酸羟孕酮	Hydroxyprogesterone acetate	302－23－8	$C_{23}H_{32}O_4$	372.23006	3.61	242.00

（续表23）

序号	中文名称	英文名称	CAS 号	分子式	精确质量数	lgP（辛醇－水分配系数）	熔点/℃
6	甲羟孕酮	Medroxyprogesterone	520－85－4	$C_{22}H_{32}O_3$	344.23514	3.50	214.00
7	醋酸甲羟孕酮	Medroxyprogesterone 17-acetate	71－58－9	$C_{24}H_{34}O_4$	386.24571	4.09	188.16
8	醋酸甲地孕酮	Megestrol 17-acetate	595－33－5	$C_{24}H_{32}O_4$	384.23006	4.00	214.00
9	醋酸美仑孕酮	Melengestrol acetate	2919－66－6	$C_{25}H_{32}O_4$	396.23006	4.21	220.00
10	炔诺酮	Norethindrone	68－22－4	$C_{20}H_{26}O_2$	298.19328	2.97	203.00
11	甲炔诺酮	Norgestrel	6533－00－2	$C_{21}H_{28}O_2$	312.20893	3.48	206.00
12	孕酮	Progesterone	57－83－0	$C_{21}H_{30}O_2$	314.22458	3.87	121.00

表24 解热镇痛类药物

序号	中文名称	英文名称	CAS 号	分子式	精确质量数	lgP（辛醇－水分配系数）	熔点/℃
1	对乙酰氨基酚	4－Acetamidophenol	103－90－2	$C_8H_9NO_2$	151.06333	0.46	170.00
2	阿司匹林	Acetylsalicylic acid	50－78－2	$C_9H_8O_4$	180.04226	1.19	135.00
3	氨基比林	Aminophenazone	58－15－1	$C_{13}H_{17}N_3O$	231.13716	1.00	135.00
4	双氯芬酸	Diclofenac	15307－79－6	$C_{14}H_{11}Cl_2NO_2$	295.01668	0.70	283.00
5	布洛芬	Ibuprofen	15687－27－1	$C_{13}H_{18}O_2$	206.13068	3.97	76.00
6	吲哚美辛	Indometacin	53－86－1	$C_{19}H_{16}ClNO_4$	357.07679	4.27	158.00
7	萘普生	Naproxen	22204－53－1	$C_{14}H_{14}O_3$	230.09429	3.18	153.00
8	尼美舒利	Nimesulide	51803－78－2	$C_{13}H_{12}N_2O_5S$	308.04669	2.6	144.00
9	保泰松	Phenylbutazone	50－33－9	$C_{19}H_{20}N_2O_2$	308.15248	3.16	105.00
10	吡罗昔康	Piroxicam	36322－90－4	$C_{15}H_{13}N_3O_4S$	331.06268	3.06	199.00

表25 止咳平喘类药物

序号	中文名称	英文名称	CAS 号	分子式	精确质量数	lgP（辛醇－水分配系数）	熔点/℃
1	氨溴索	Ambroxol	18683－91－5	$C_{13}H_{18}Br_2N_2O$	375.97859	2.91	181.00
2	苯丙哌林	Benproperine	2156－27－6	$C_{21}H_{27}NO$	309.20926	5.48	143.00
3	溴己新	Bromohexine	3572－43－8	$C_{14}H_{20}Br_2N_2$	373.99932	4.88	238.00
4	氯苯那敏	Chlorpheniramine	132－22－9	$C_{16}H_{19}ClN_2$	274.12368	3.38	244.00

（续表25）

序号	中文名称	英文名称	CAS 号	分子式	精确质量数	lgP（辛醇－水分配系数）	熔点/℃
5	克伦特罗	Clenbuterol	37148－27－9	$C_{12}H_{18}Cl_2N_2O$	276.07962	2.61	138.00
6	可待因	Codeine	76－57－3	$C_{18}H_{21}NO_3$	299.15214	1.19	157.00
7	右美沙芬	Dextromethorphan	125－71－3	$C_{18}H_{25}NO$	271.19361	4.11	127.00
8	二氧丙嗪	Dioxopromethazine	13754－56－8	$C_{17}H_{20}N_2O_2S$	316.12455	2.18	180.00
9	苯海拉明	Diphenhydramine	58－73－1	$C_{17}H_{21}NO$	255.16231	3.27	168.00
10	二羟丙茶碱	Diprophylline	479－18－5	$C_{10}H_{14}N_4O_4$	254.1015	－1.46	162.00
11	麻黄碱	Ephedrine	299－42－3	$C_{10}H_{15}NO$	165.11535	1.13	34.00
12	异丙肾上腺素	Isoprenaline	51－30－9	$C_{11}H_{17}NO_3$	211.12084	0.21	170.00
13	酮替芬	Ketotifen	34580－13－7	$C_{19}H_{19}NOS$	309.11873	4.88	152.00
14	吗啡	Morphine	57－27－2	$C_{17}H_{19}NO_3$	285.13649	0.89	255.00
15	那可汀	Narcotine	128－62－1	$C_{22}H_{23}NO_7$	413.14745	1.97	174.00
16	喷托维林	Pentoxyverine	77－23－6	$C_{20}H_{31}NO_3$	333.23039	4.15	138.00
17	福尔可定	Pholcodine	509－67－1	$C_{23}H_{30}N_2O_4$	398.22056	0.59	91.00
18	丙卡特罗	Procaterol	72332－33－3	$C_{16}H_{22}N_2O_3$	290.16304	0.93	207.87
19	沙丁胺醇	Salbutamol	34391－04－3	$C_{13}H_{21}NO_3$	239.15214	0.64	145.79
20	特布他林	Terbutaline	23031－25－6	$C_{12}H_{19}NO_3$	225.13649	0.48	204～208
21	茶碱	Theophylline	58－55－9	$C_7H_8N_4O_2$	180.06473	－0.02	273.00
22	妥洛特罗	Tulobuterol	41570－61－0	$C_{12}H_{18}ClNO$	227.10769	2.27	87.40

表26　抗风湿及抗痛风类药物

序号	中文名称	英文名称	CAS 号	分子式	精确质量数	lgP（辛醇－水分配系数）	熔点/℃
1	别嘌醇	Allopurinol	315－30－0	$C_5H_4N_4O$	136.03851	－0.55	350.00
2	阿卤芬酯	Arhalofenate	24136－23－0	$C_{19}H_{17}ClF_3NO_4$	415.07982	3.98	—
3	苯溴马隆	Benzbromaron	3562－84－3	$C_{17}H_{12}Br_2O_3$	421.91532	6.03	151.00
4	秋水仙碱	Colchicine	64－86－8	$C_{22}H_{25}NO_6$	399.16819	1.3	156.00
5	依托考昔	Etoricoxib	202409－33－4	$C_{18}H_{15}ClN_2O_2S$	358.05428	2.21	136.00
6	非布司他	Febuxostat	144060－53－7	$C_{16}H_{16}N_2O_3S$	316.08816	4.87	208.00
7	非诺贝特	Fenofibrate	49562－28－9	$C_{20}H_{21}ClO_4$	360.11284	5.19	80.50
8	非诺洛芬	Fenoprofen	29679－58－1	$C_{15}H_{14}O_3$	242.09429	3.84	136.00

（续表 26）

序号	中文名称	英文名称	CAS 号	分子式	精确质量数	lgP（辛醇-水分配系数）	熔点/℃
9	非普拉宗	Feprazone	30748－29－9	$C_{20}H_{20}N_2O_2$	320.15248	3.86	156.00
10	夫洛非宁	Floctafenine	23779－99－9	$C_{20}H_{17}F_3N_2O_4$	406.11404	3.98	180.00
11	氟比洛芬	Flurbiprofen	51543－40－9	$C_{15}H_{13}FO_2$	244.08996	4.11	110.00
12	雷西纳德	Lesinurad	878672－00－5	$C_{17}H_{14}BrN_3O_2S$	402.99901	5.96	—
13	洛沙坦	Losartan	114798－26－4	$C_{22}H_{21}ClN_6O_2$	422.16219	4.01	184.00
14	奥昔嘌醇	Oxipurinol	2465－59－0	$C_5H_4N_4O_2$	152.03343	－1.35	300.00
15	苯丙氨酯	Phenprobamate	673－31－4	$C_{10}H_{13}NO_2$	179.09463	1.96	102.00
16	丙磺舒	Probenecid	57－66－9	$C_{13}H_{19}NO_4S$	285.10348	3.21	195.00
17	苯磺保泰松	Sulfinpyrazone	57－96－5	$C_{23}H_{20}N_2O_3S$	404.11946	2.3	136.00
18	舒林酸	Sulindac	38194－50－2	$C_{20}H_{17}FO_3S$	356.08824	3.42	183.00
19	托匹司他	Topiroxostat	577778－58－6	$C_{13}H_8N_6$	248.08104	1.35	206.00

表 27　人工合成色素

序号	中文名称	英文名称	CAS 号	分子式	精确质量数	lgP（辛醇-水分配系数）	熔点/℃
1	柠檬黄	Tartrazine	1934－21－0	$C_{16}H_9N_4Na_3O_9S_2$	533.95040	—	300.00
2	苋菜红（酸性红27）	Amaranth（Acid Red 27）	915－67－3	$C_{20}H_{11}N_2Na_3O_{10}S_3$	603.92689	—	＞300.00
3	酸性红18（胭脂红）	Acid Red 18	2611－82－7	$C_{20}H_{11}N_2Na_3O_{10}S_3$	603.92689	—	—
4	日落黄（食品黄3）	Sunset Yellow（Food Yellow 3）	2783－94－0	$C_{16}H_{10}N_2Na_2O_7S_2$	451.97248	—	390.00
5	酸性橙 G	Orange G	193－15－8	$C_{16}H_{10}N_2Na_2O_7S_2$	451.97248	—	141.00
6	诱惑红	Allura Red	25956－17－6	$C_{18}H_{14}N_2Na_2O_8S_2$	495.99870	—	＞300.00
7	亮蓝	Brilliant Blue FCF（Food Blue No.8）	3844－45－9	$C_{37}H_{34}N_2Na_2O_9S_3$	748.15829	—	283.00
8	曙红	Eosin（Solvent Red 43）	15086－94－9	$C_{20}H_6Br_4Na_2O_5$	687.67441	—	＞300.00
9	亮黄（灿烂黄）	Brilliant Yellow	3051－11－4	$C_{26}H_{18}N_4Na_2O_8S_2$	624.03614	—	—
10	羊毛绿	Acid Green 50	3087－16－9	$C_{27}H_{25}N_2NaO_7S_2$	576.10009	—	300.00
11	赤藓红 B	Erythrosin B	568－63－8	$C_{20}H_6I_4Na_2O_5$	879.61893	—	—
12	氨基黑10B（酸性黑1）	Acid Black 1	1064－48－8	$C_{22}H_{14}N_6Na_2O_9S_2$	616.00591	—	—
13	酸性红73	Acid Red 73	5413－75－2	$C_{22}H_{14}N_4Na_2O_7S_2$	556.00993	—	—

序号	中文名称	英文名称	CAS 号	分子式	精确质量数	lgP（辛醇－水分配系数）	熔点/℃
14	专利蓝 VF	Patent Blue（Acid Blue 1）	129 – 17 – 9	$C_{27}H_{31}N_2NaO_6S_2$	566. 15212	—	200. 00
15	金橙 I	Orange I	523 – 44 – 4	$C_{16}H_{11}N_2NaO_4S$	350. 03372	—	164. 00
16	金橙 Ⅱ	Orange Ⅱ	633 – 96 – 5	$C_{16}H_{11}N_2NaO_4S$	350. 03372	—	164. 00
17	亮蓝 G	Brilliant Blue G（Acid Blue 90）	6104 – 58 – 1	$C_{47}H_{48}N_3NaO_7S_2$	853. 28314	—	100. 00
18	新品红	New Fuchsin	3248 – 91 – 7	$C_{22}H_{24}ClN_3$	365. 16588	—	—
19	金胺 O	Auramine O	2464 – 27 – 2	$C_{17}H_{21}N_3$	267. 17355	—	>250. 00
20	偶氮玉红	Azorubine（Carmoisine）	3567 – 69 – 9	$C_{20}H_{12}N_2Na_2O_7S_2$	501. 98813	—	—
21	罗丹明 B	Rhodamine B	81 – 88 – 9	$C_{28}H_{31}ClN_2O_3$	478. 20177	—	210～211
22	孔雀石绿	Malachite Green	569 – 64 – 2	$C_{23}H_{25}ClN_2$	364. 17063	—	112～114
23	分散红 9	Disperse Red 9	82 – 38 – 2	$C_{15}H_{11}NO_2$	237. 07898	4. 10	170～172
24	苏丹红 G	Sudan Red G	1229 – 55 – 6	$C_{17}H_{14}N_2O_2$	278. 10553	5. 59	179. 00
25	苏丹红 I	Sudan Red Ⅰ	842 – 07 – 9	$C_{16}H_{12}N_2O$	248. 09496	5. 51	131～133
26	808 猩红	808 Scarlet	3789 – 75 – 1	$C_{23}H_{17}N_3O_2$	367. 13208	4. 21	—
27	苏丹红 Ⅱ	Sudan Red Ⅱ	3118 – 97 – 6	$C_{18}H_{16}N_2O$	276. 12626	4. 40	156～158
28	苏丹红 Ⅲ	Sudan Red Ⅲ	85 – 86 – 9	$C_{22}H_{16}N_4O$	352. 13241	7. 63	199. 00
29	苏丹红 Ⅳ	Sudan Red Ⅳ	85 – 83 – 6	$C_{24}H_{20}N_4O$	380. 16371	8. 72	181～188
30	靛蓝	Indigo Carmine	860 – 22 – 0	$C_{16}H_8N_2Na_2O_8S_2$	465. 95175	—	390～392